随书附赠光盘

Interiors Details CAD Construction Atlas Ⅳ

室内细部CAD施工图集Ⅳ

主编/樊思亮 李岳君 杨 利

电视背景墙\造型墙\玄关\吧台\装饰品\人物\运动\电器\乐器\镜子\卫浴用品\厨房用具\植物\盆景

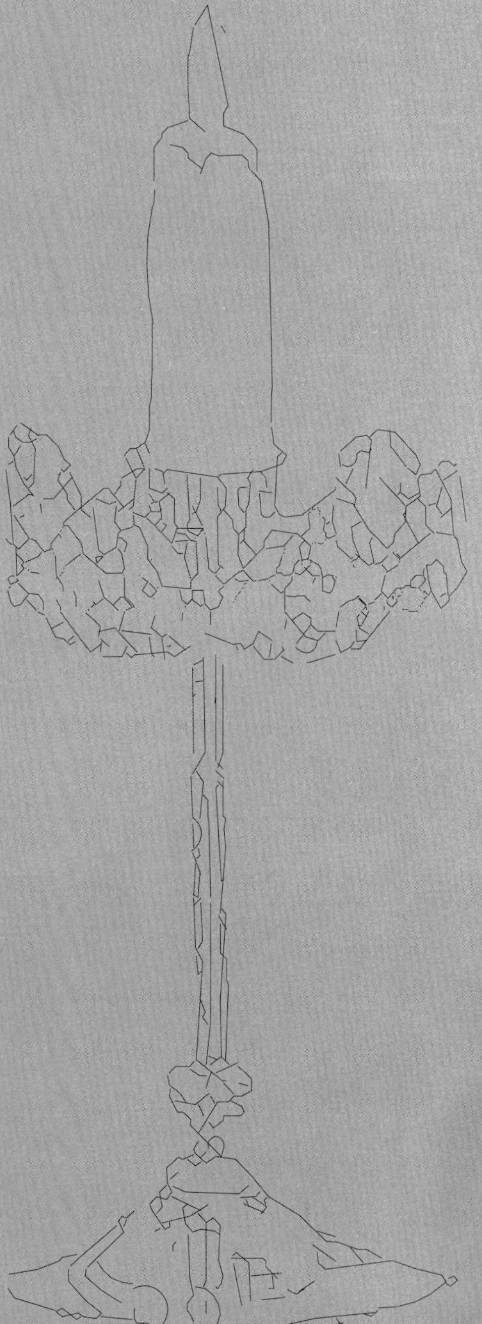

中国林业出版社

图书在版编目（CIP）数据
室内细部CAD施工图集Ⅳ / 樊思亮，李岳君，杨利 主编. -- 北京 :中国林业出版社，2013.9
ISBN 978-7-5038-7195-5
Ⅰ. ①室… Ⅱ. ①樊… Ⅲ. ①室内装饰设计－细部设计－计算机辅助设计－AutoCAD软件－图集 Ⅳ.①TU238-39
中国版本图书馆CIP数据核字(2013)第215949号

策　划：聚美文化

本书编委会

主　　编：樊思亮　李岳君　杨　利

副 主 编：赵胜华　刘文佳　杜　元　陈礼军　孔　强　郭　超　杨仁钰

参与编写人员：
陈　婧　张文媛　陆　露　何海珍　刘　婕　夏　雪　王　娟　黄　丽　程艳平
高丽媚　汪三红　肖　聪　张雨来　陈书争　韩培培　付珊珊　高囡囡　杨微微
姚栋良　张　雷　傅春元　邹艳明　武　斌　陈　阳　张晓萌　魏明悦　佟　月
金　金　李琳琳　高寒丽　赵乃萍　裴明明　李　跃　金　楠　邵东梅　李　倩
左文超　李凤英　姜　凡　郝春辉　宋光耀　于晓娜　许长友　王　然　王竞超
吉广健　马宝东　于志刚　刘　敏　杨学然

中国林业出版社 · 建筑与家居图书出版中心
责任编辑：李　顺　纪　亮
出版咨询：（010）83223051

出 版：中国林业出版社（100009 北京西城区德内大街刘海胡同7号）
网 站：http://lycb.forestry.gov.cn/
印 刷：北京卡乐富印刷有限公司
发 行：中国林业出版社发行中心
电 话：（010）83224477
版 次：2014年3月第1版
印 次：2014年3月第1次
开 本：889mm×1194mm 1／16
印 张：18
字 数：200千字
定 价：98.00元

前　言

本套室内细部CAD施工图集历经3年，现终于付印，从本套丛书的策划、材料收集，至最终出版，其历程之艰难，无以言表。但当本套书基本完成，将面向广大读者时，编者们深感欣慰。

当初组织各设计院和设计单位汇集材料，参编人员提供的材料可谓是“各有千秋”，让我们头疼不已。我们也从事设计工作，非常清楚在设计实践和制图中遇到的困难，正是因为这样，我们不断收集设计师朋友提供的建议和信息，不断修改和调整，希望这套施工图集不要沦为现今市面上大部分CAD图集一样，无轻无重，无章无序。

这套书即将付印，我们既兴奋又忐忑，最终检验我们所付出劳动的验金石——市场，才会给我最终的答案。但我们仍然信心百倍。

在此我们简要介绍本套书的特点:

首先，本套书区别于以往的CAD施工图集，对CAD模块进行非常详细的分类与调整，根据室内设计的要求，将本套书分为四大类，在这四类的基础上再进一步细分，争取做到让施工图设计者能得其中一本，而能把握一类的制图技巧和技术要点。

其次，就是本套图集的全面性和权威性，我们联合了近20所建筑及室内设计所编写这套图集，严格按照建筑及施工设计标准制定规范，让设计师在设计和制作施工图时有据可依，有章可循，并且能依此类推，应用至其他施工图中。

再次，我们对这套书作了严格的版权保护，光盘进行了严格的加密，这也是对作品提供者的保护和认同，我们更希望读者们有版权保护的意识，为我国的版权事业贡献力量。

施工图是室内设计中既基础而又非常重要的一部分，无论对于刚入行的制图员，还是设计大师，都是必不可少的一门技能。但这绝非一朝一夕能练就的，就像一句古语：“千里之行，始于足下”，希望广大设计同行能从中得到些东西，抑或发现些东西，我们更希望大家提出意见，甚或是批评，指导我们做得更好！

编著者

2013年9月

目 录
Contents

造型墙
玄关
吧台
装饰品

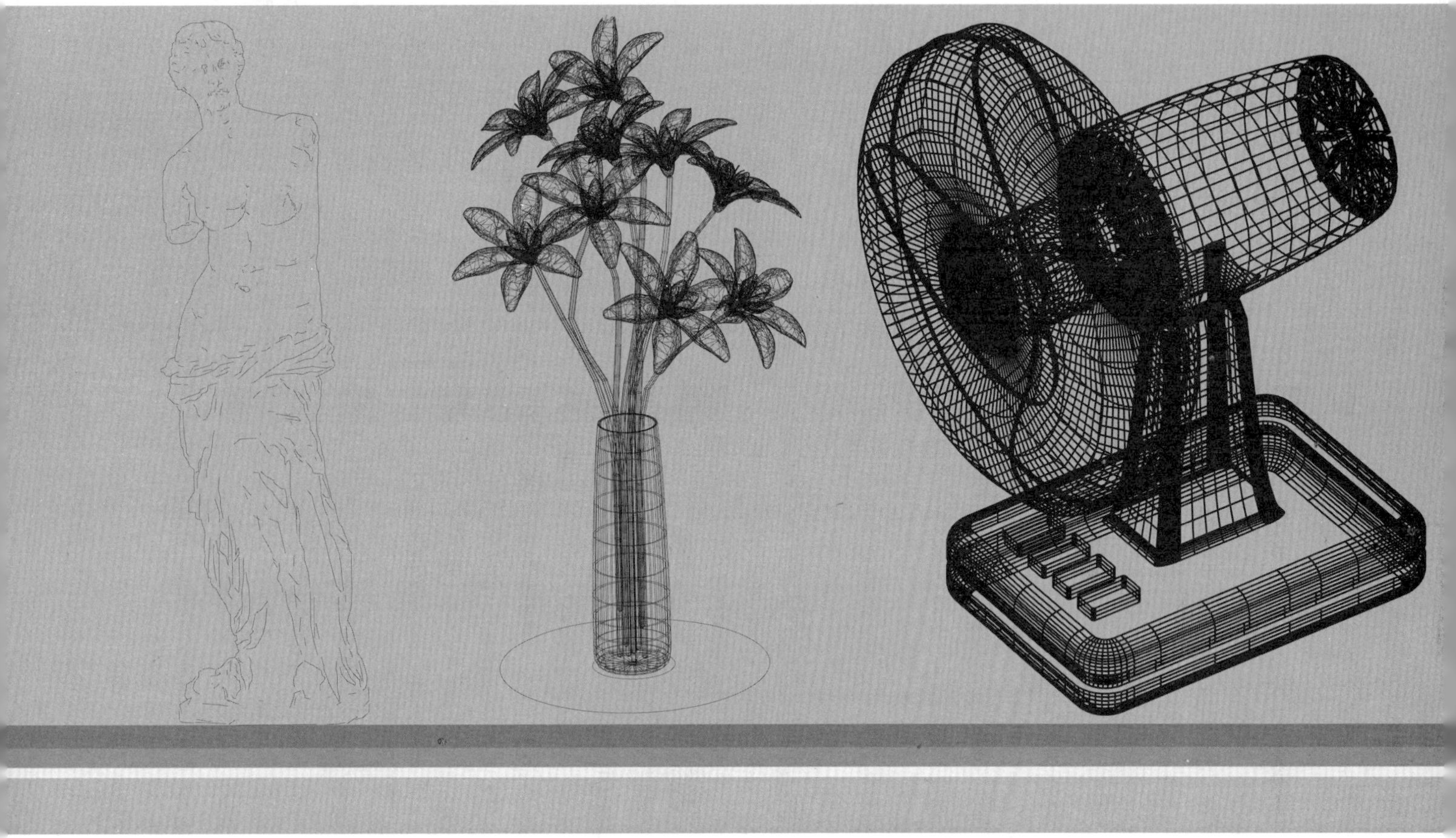

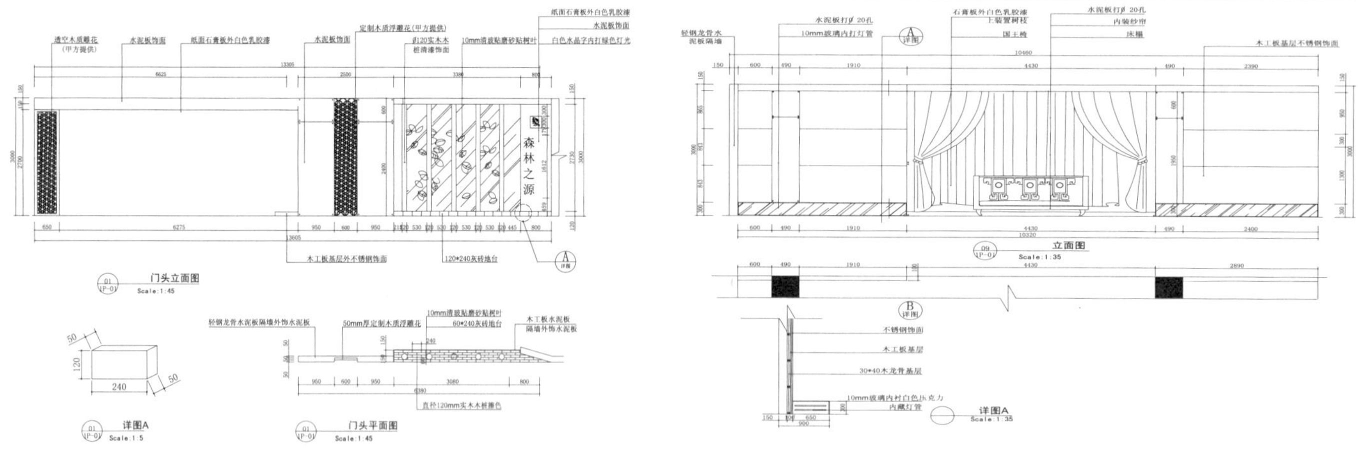

▲01电视背景墙

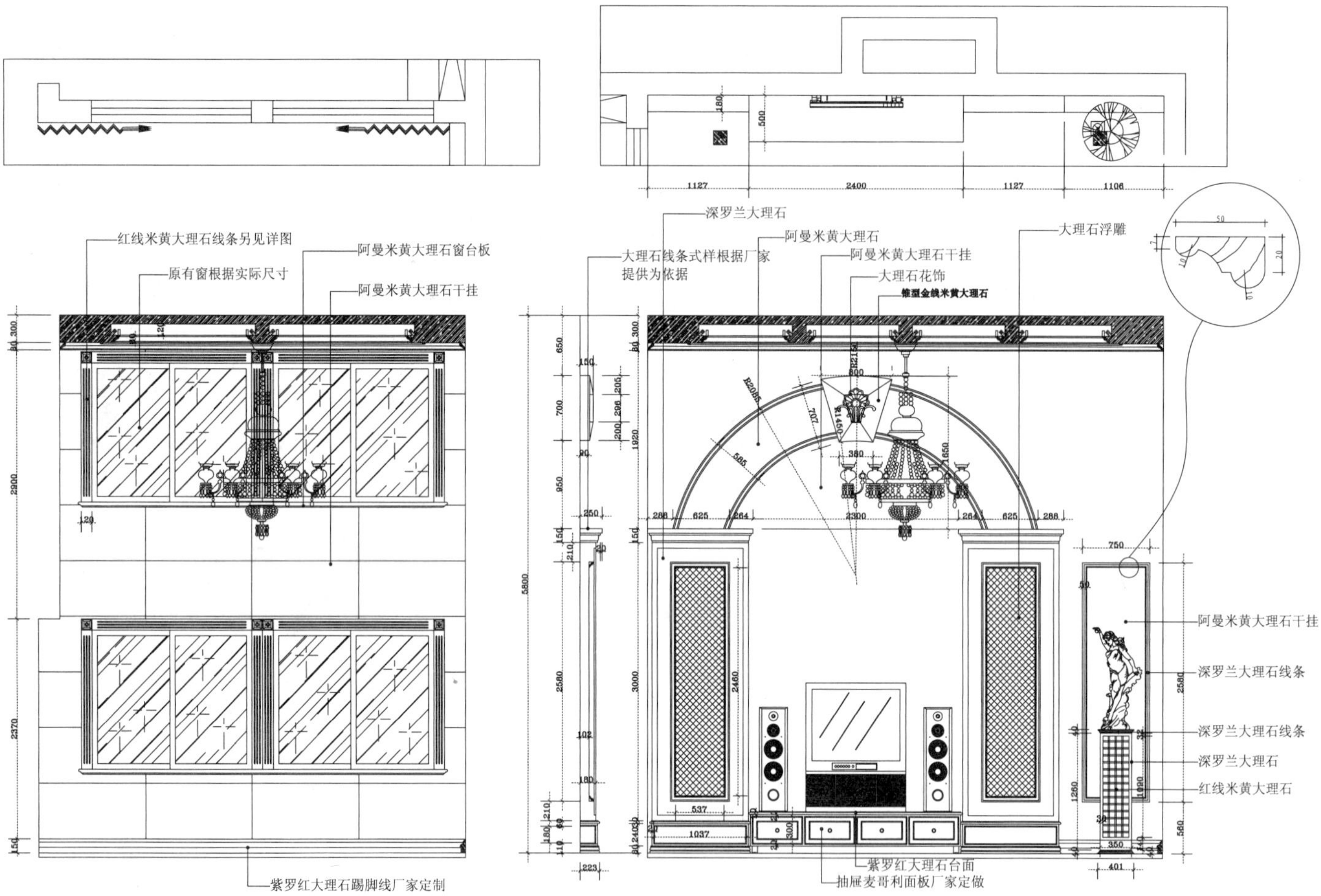

▲02电视背景墙

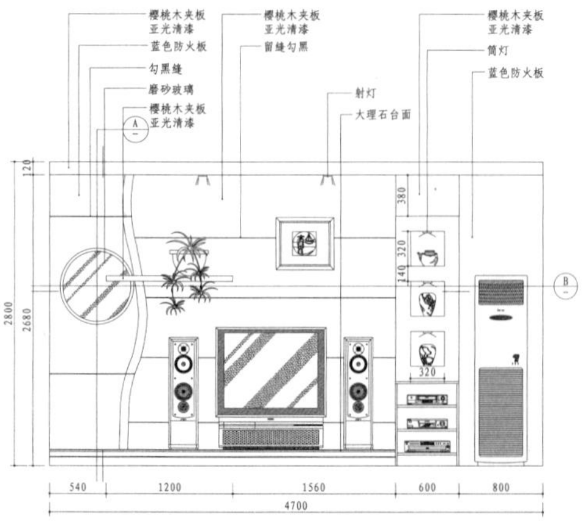

▲03电视背景墙

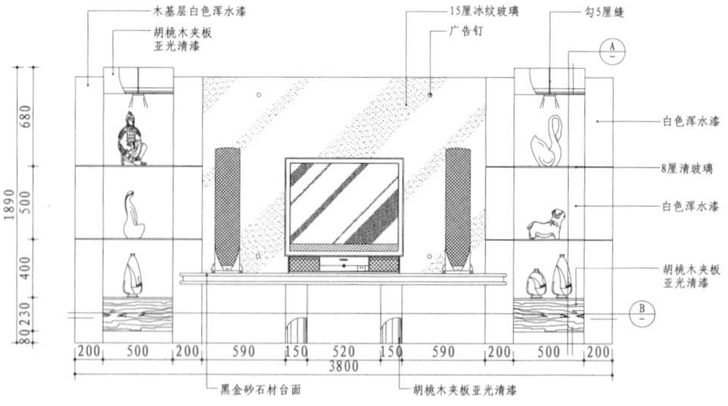

▲04电视背景墙

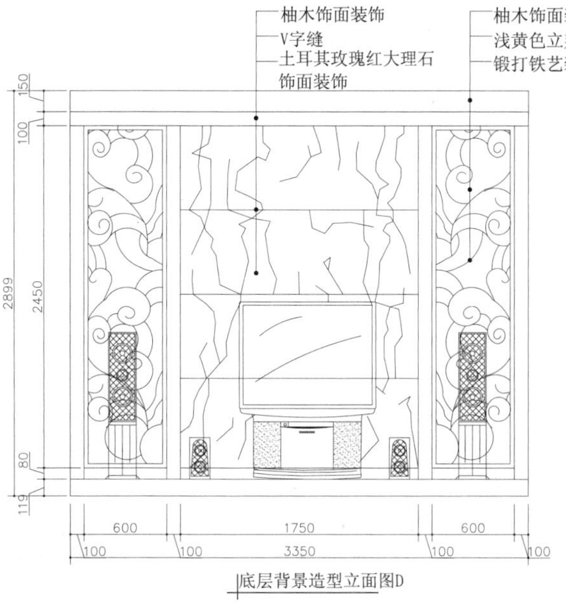
柚木饰面装饰
V字缝
土耳其玫瑰红大理石
饰面装饰
柚木饰面装饰
浅黄色立邦
锻打铁艺装饰
底层背景造型立面图D

▲05电视背景墙

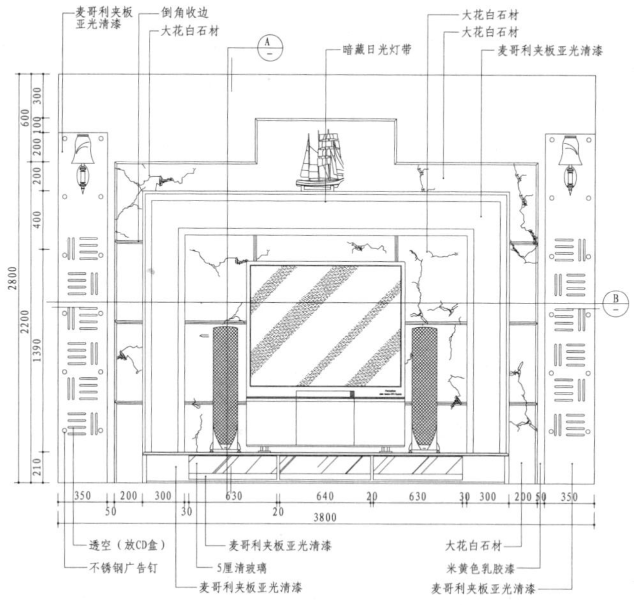
麦哥利夹板
亚光清漆
倒角收边
大花白石材
暗藏日光灯带
大花白石材
大花白石材
麦哥利夹板亚光清漆
透空（放CD盒）
不锈钢广告钉
麦哥利夹板亚光清漆
5厘清玻璃
麦哥利夹板亚光清漆
大花白石材
米黄色乳胶漆
麦哥利夹板亚光清漆

▲06电视背景墙

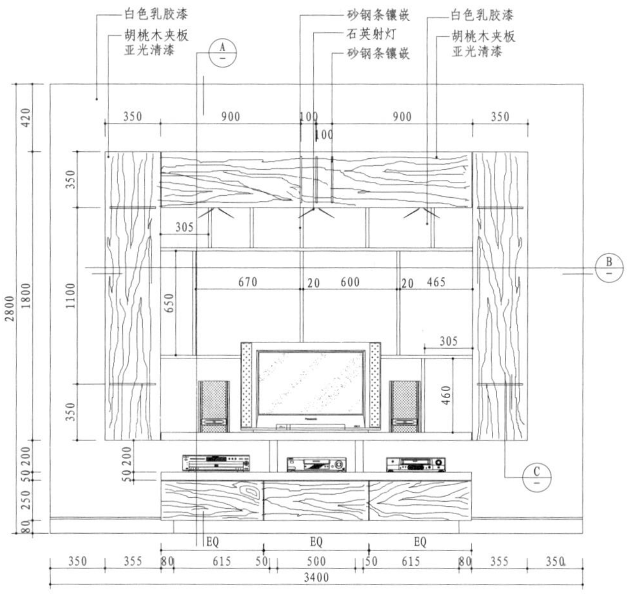
白色乳胶漆
胡桃木夹板
亚光清漆
砂钢条镶嵌
石英射灯
砂钢条镶嵌
白色乳胶漆
胡桃木夹板
亚光清漆

▲07电视背景墙

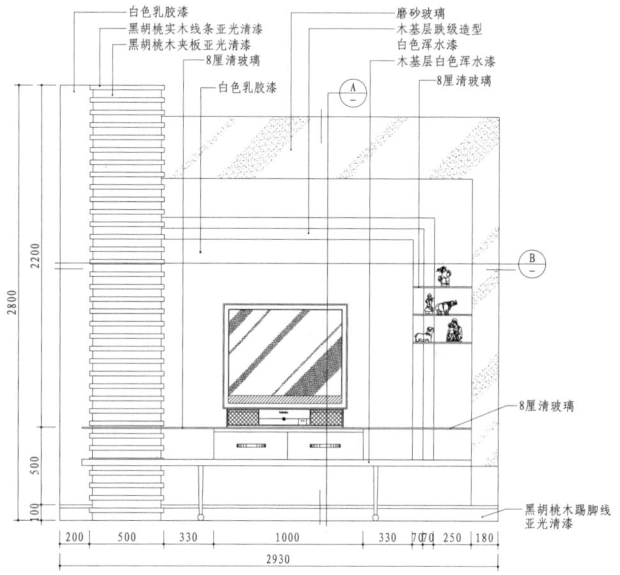
白色乳胶漆
黑胡桃实木线条亚光清漆
黑胡桃木夹板亚光清漆
8厘清玻璃
白色乳胶漆
磨砂玻璃
木基层跌级造型
白色浑水漆
木基层白色浑水漆
8厘清玻璃
8厘清玻璃
黑胡桃木踢脚线
亚光清漆

▲08电视背景墙

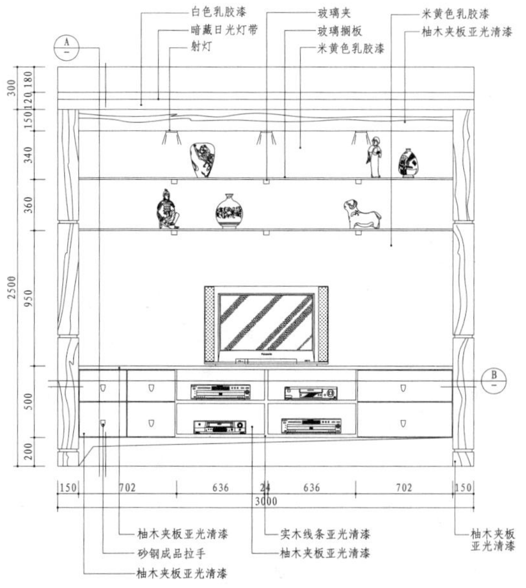
白色乳胶漆
暗藏日光灯带
射灯
玻璃夹
玻璃搁板
米黄色乳胶漆
米黄色乳胶漆
柚木夹板亚光清漆
柚木夹板亚光清漆
砂钢成品拉手
柚木夹板亚光清漆
实木线条亚光清漆
柚木夹板亚光清漆
柚木夹板
亚光清漆

▲09电视背景墙

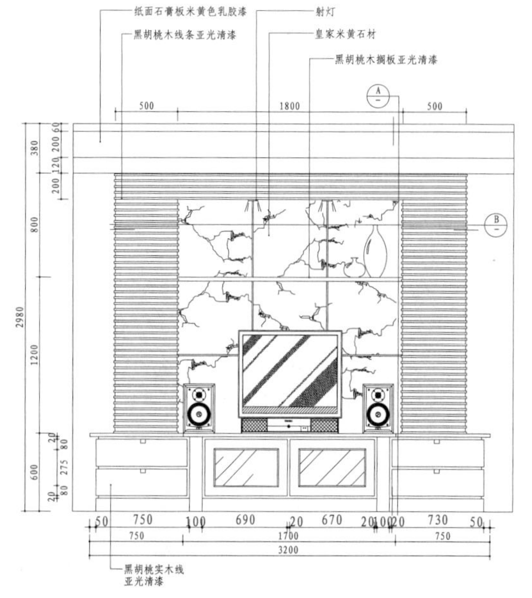

▲10电视背景墙

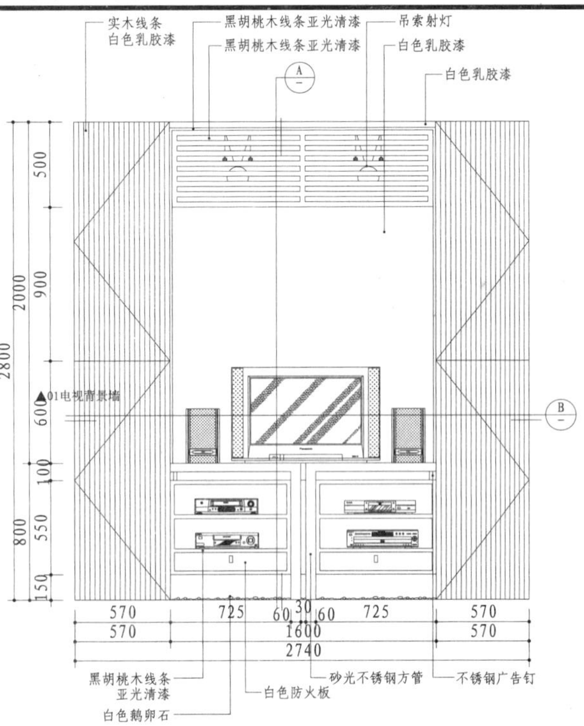

▲11电视背景墙

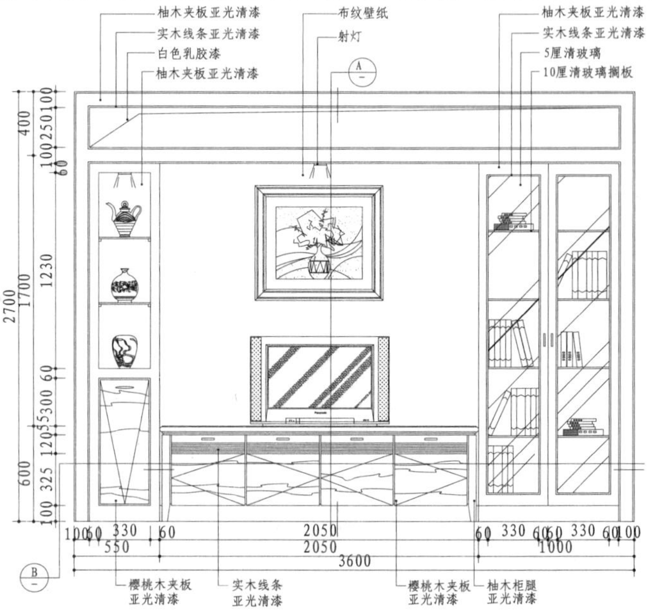

▲12电视背景墙

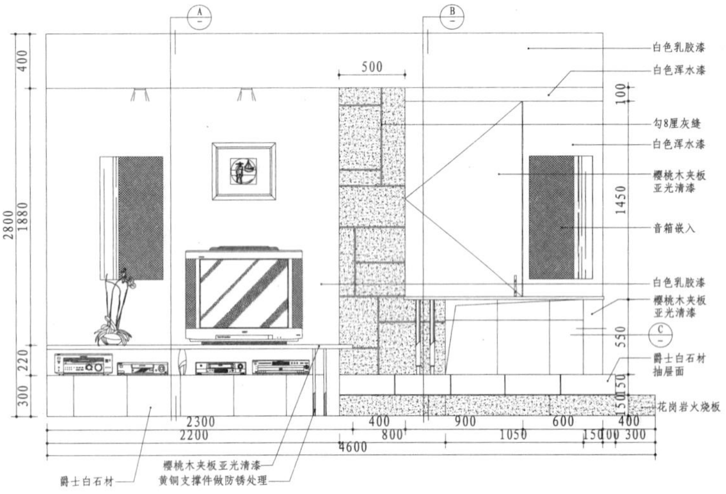

▲13电视背景墙

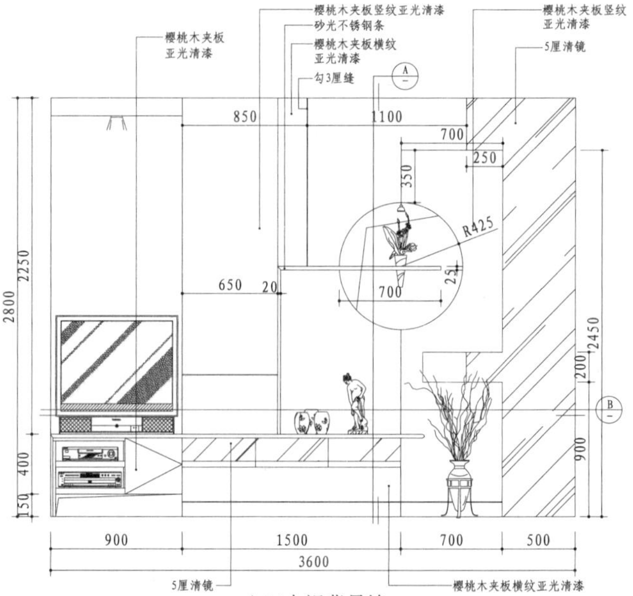

▲14电视背景墙

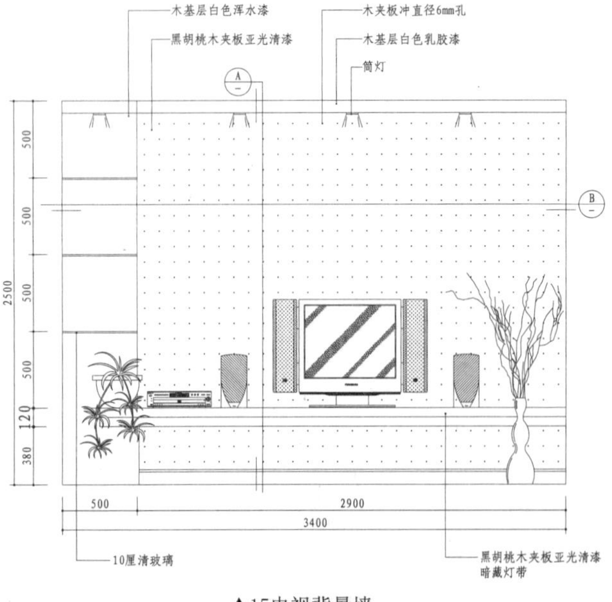

▲15电视背景墙

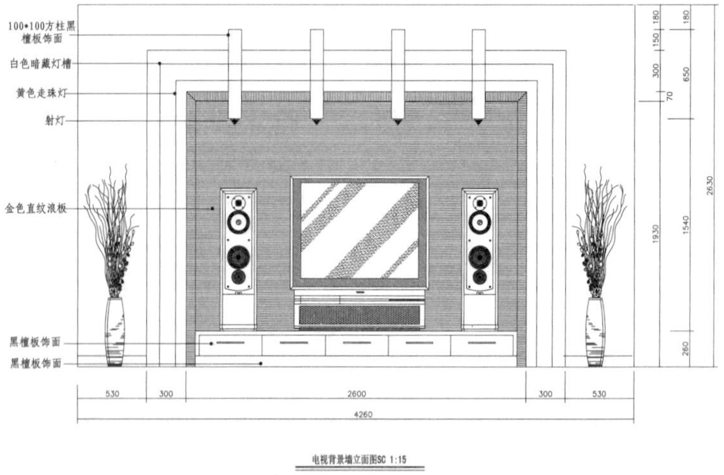

▲16电视背景墙

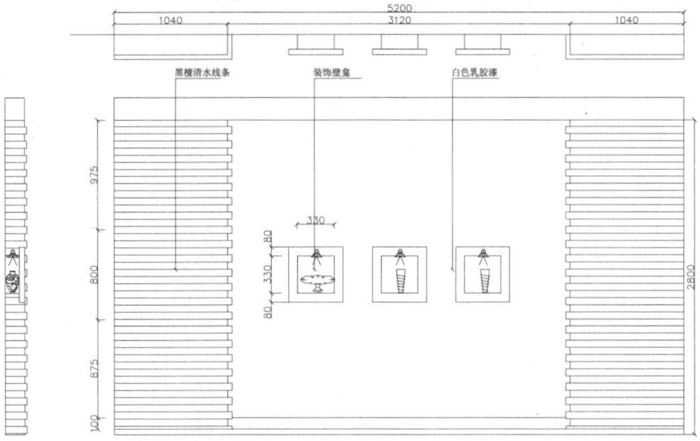

▲17电视背景墙

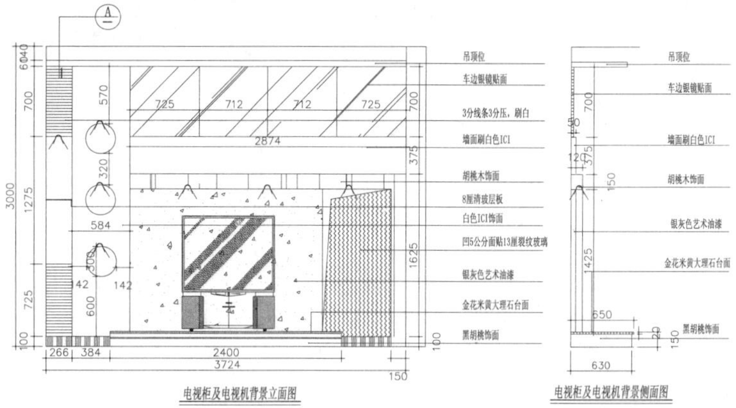

▲18电视背景墙

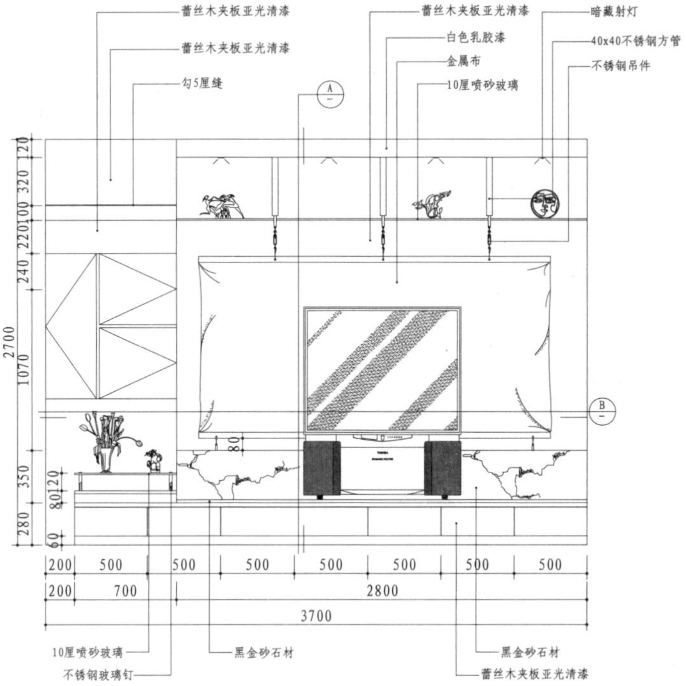

▲19电视背景墙

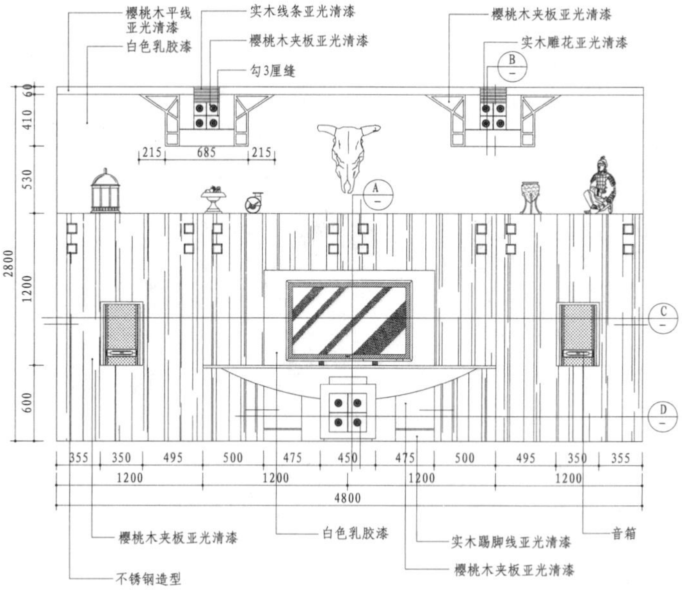

▲20电视背景墙

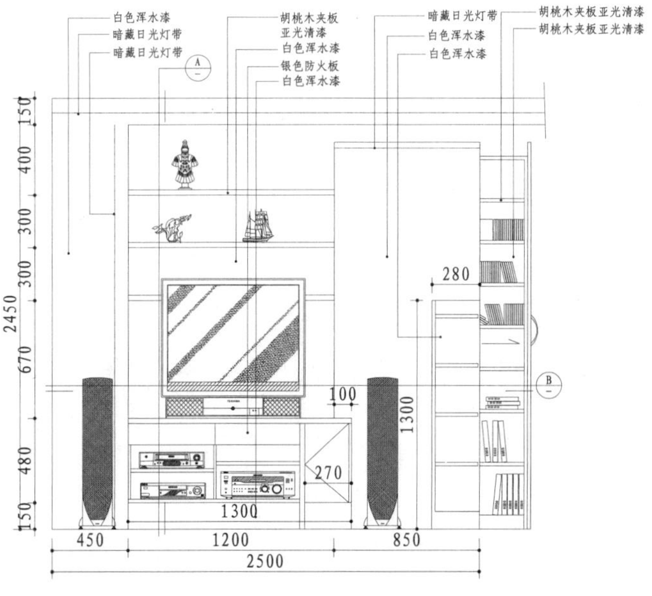

▲21电视背景墙

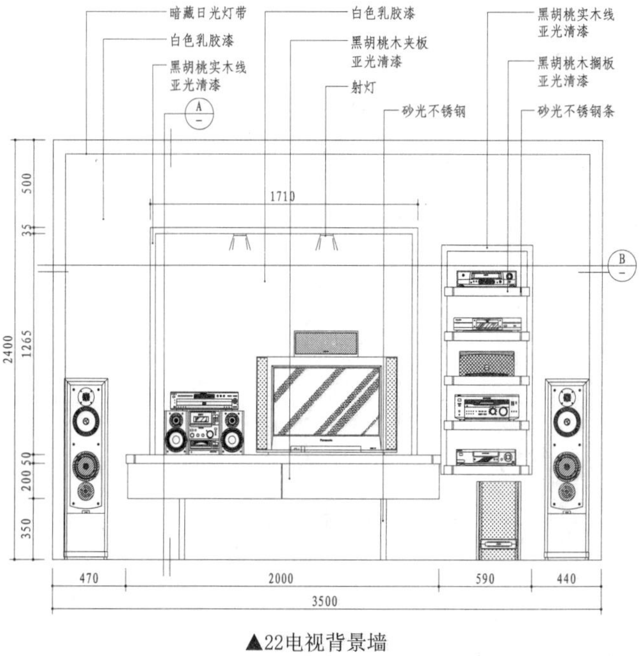

▲22电视背景墙

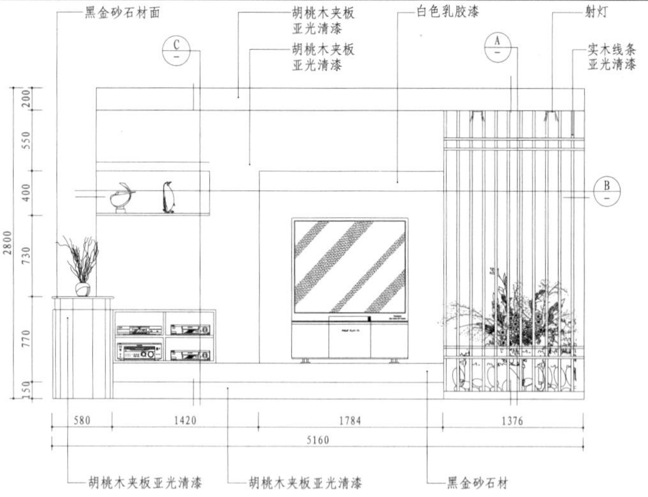

▲23电视背景墙

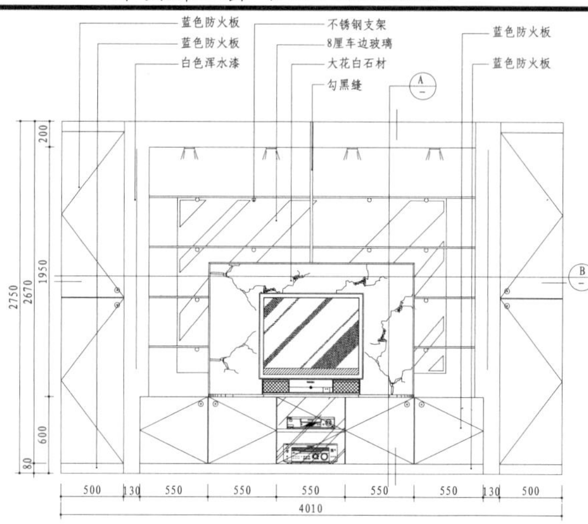

▲24电视背景墙

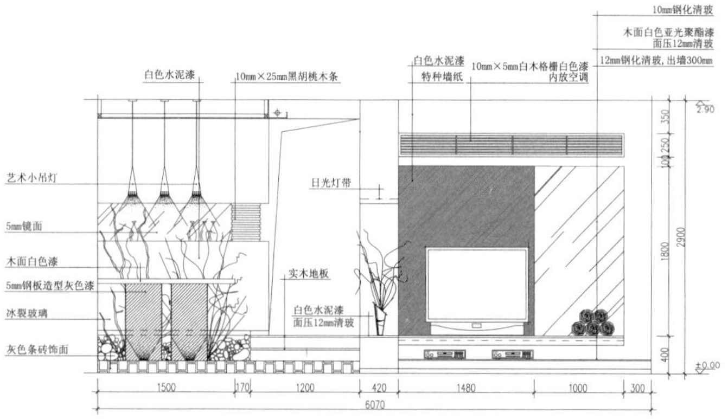

▲25电视背景墙

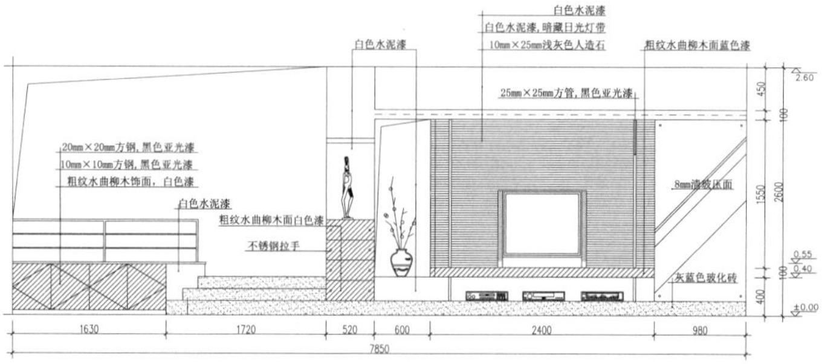

▲26电视背景墙

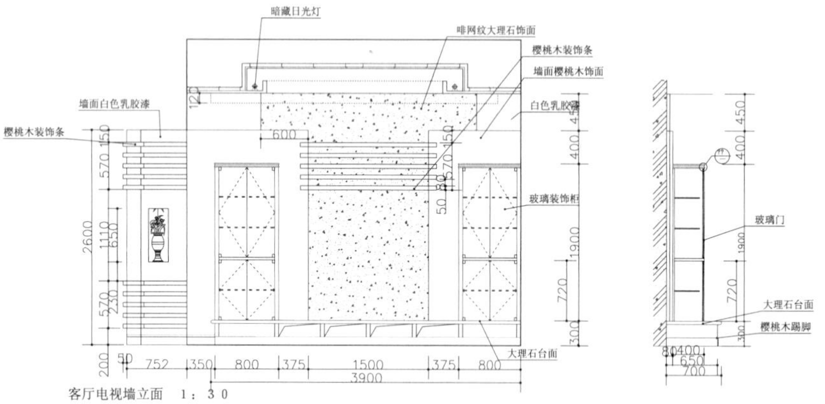

▲27电视背景墙

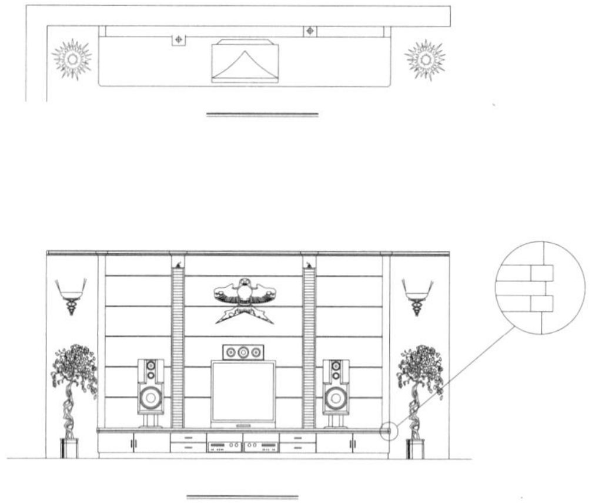

▲28电视背景墙

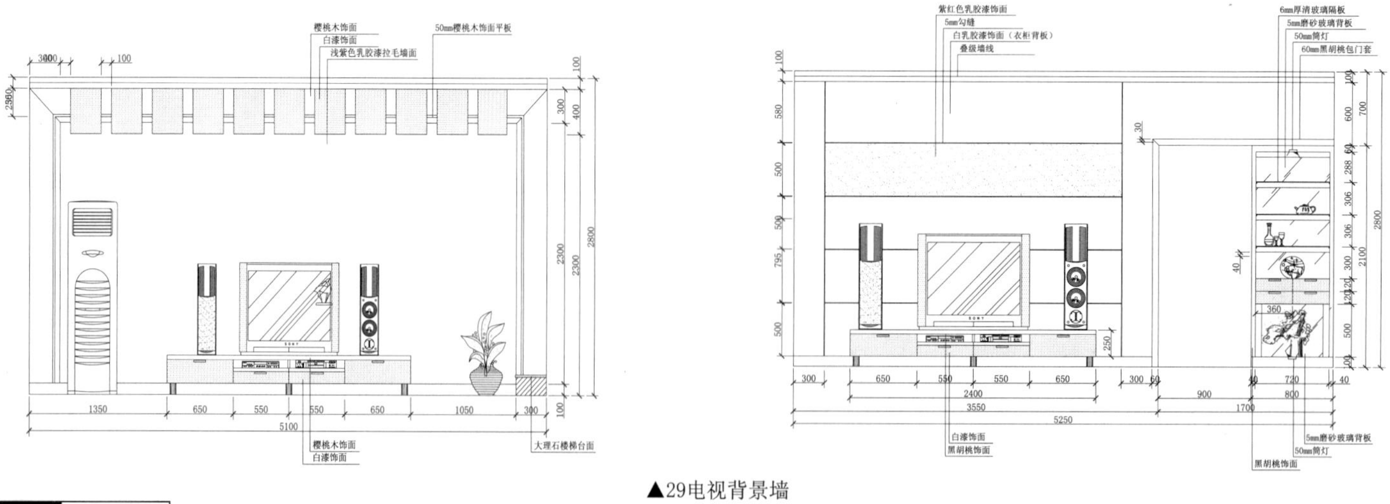

▲29电视背景墙

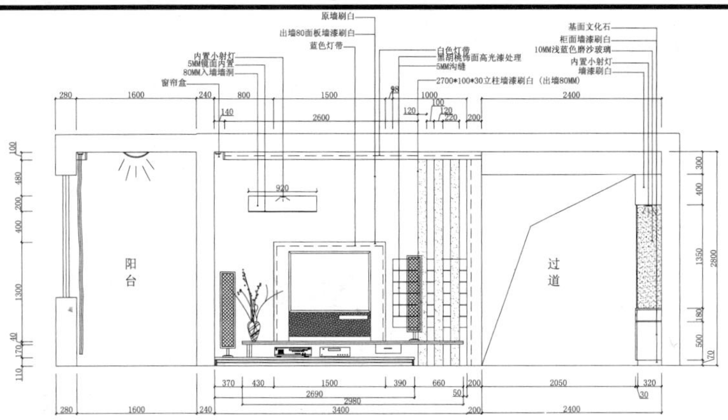

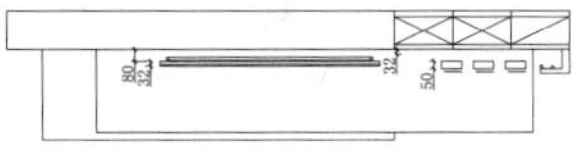

电视柜顶面

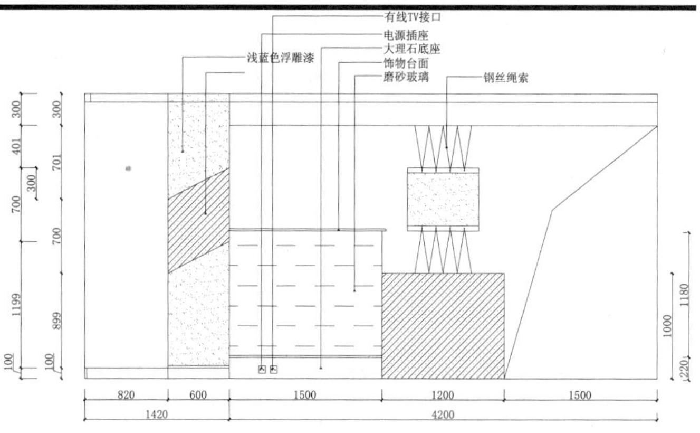

花园背景墙立面

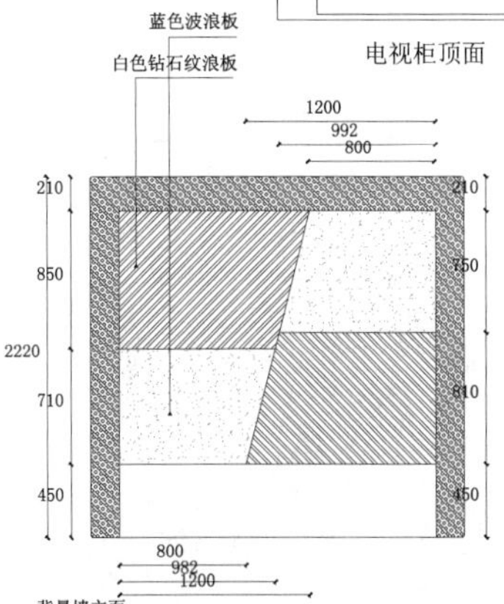
蓝色波浪板
白色钻石纹浪板

背景墙立面

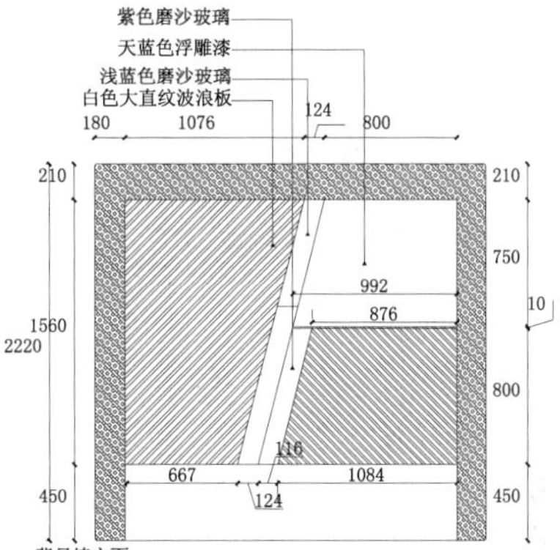
紫色磨沙玻璃
天蓝色浮雕漆
浅蓝色磨沙玻璃
白色大直纹波浪板

背景墙立面

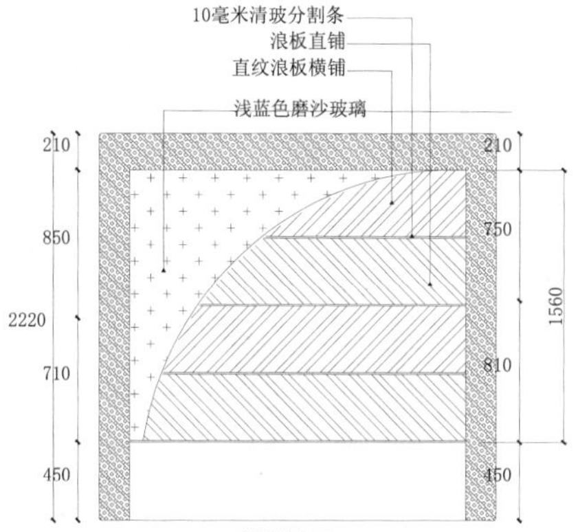
10毫米清玻分割条
浪板直铺
直纹浪板横铺
浅蓝色磨沙玻璃

背景墙立面

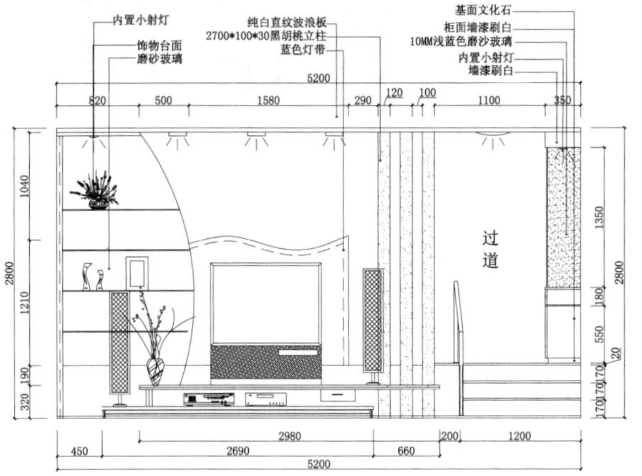

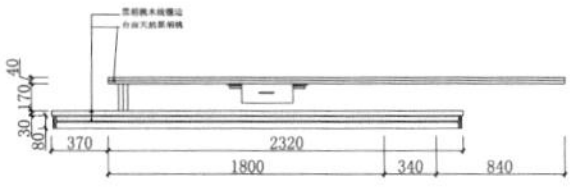

电视柜立面

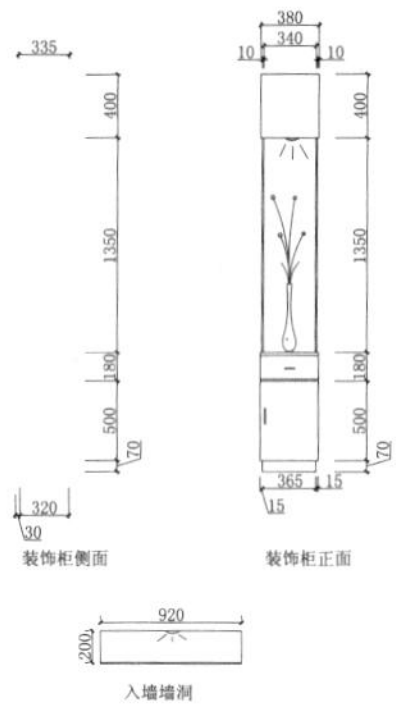
装饰柜侧面
装饰柜正面
入墙墙洞

▲30电视背景墙

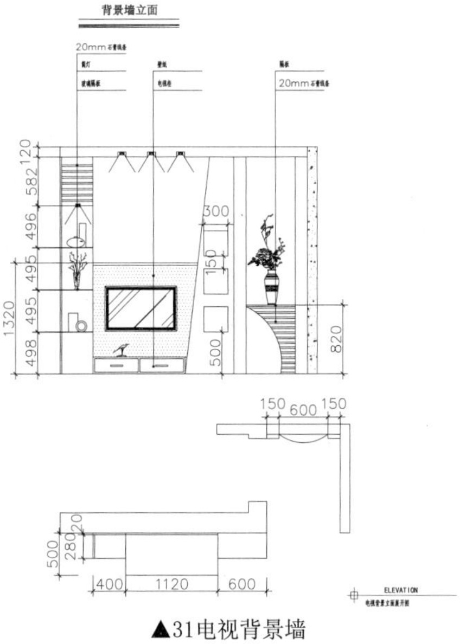
背景墙立面
ELEVATION

▲31电视背景墙

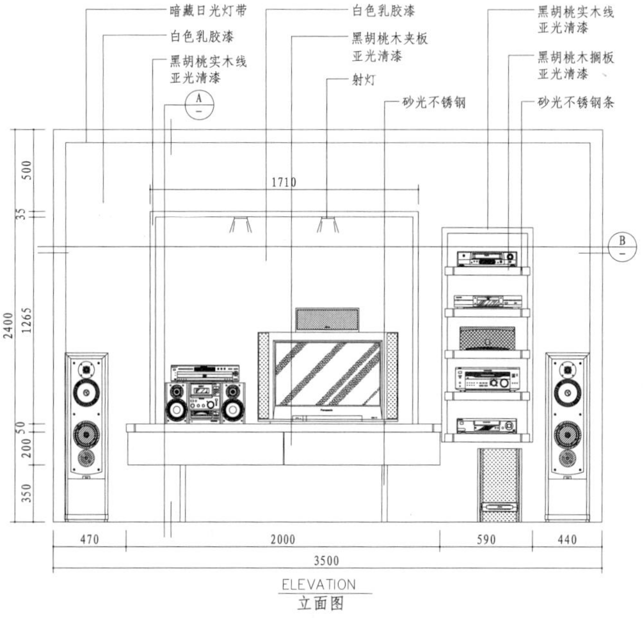

▲32电视背景墙

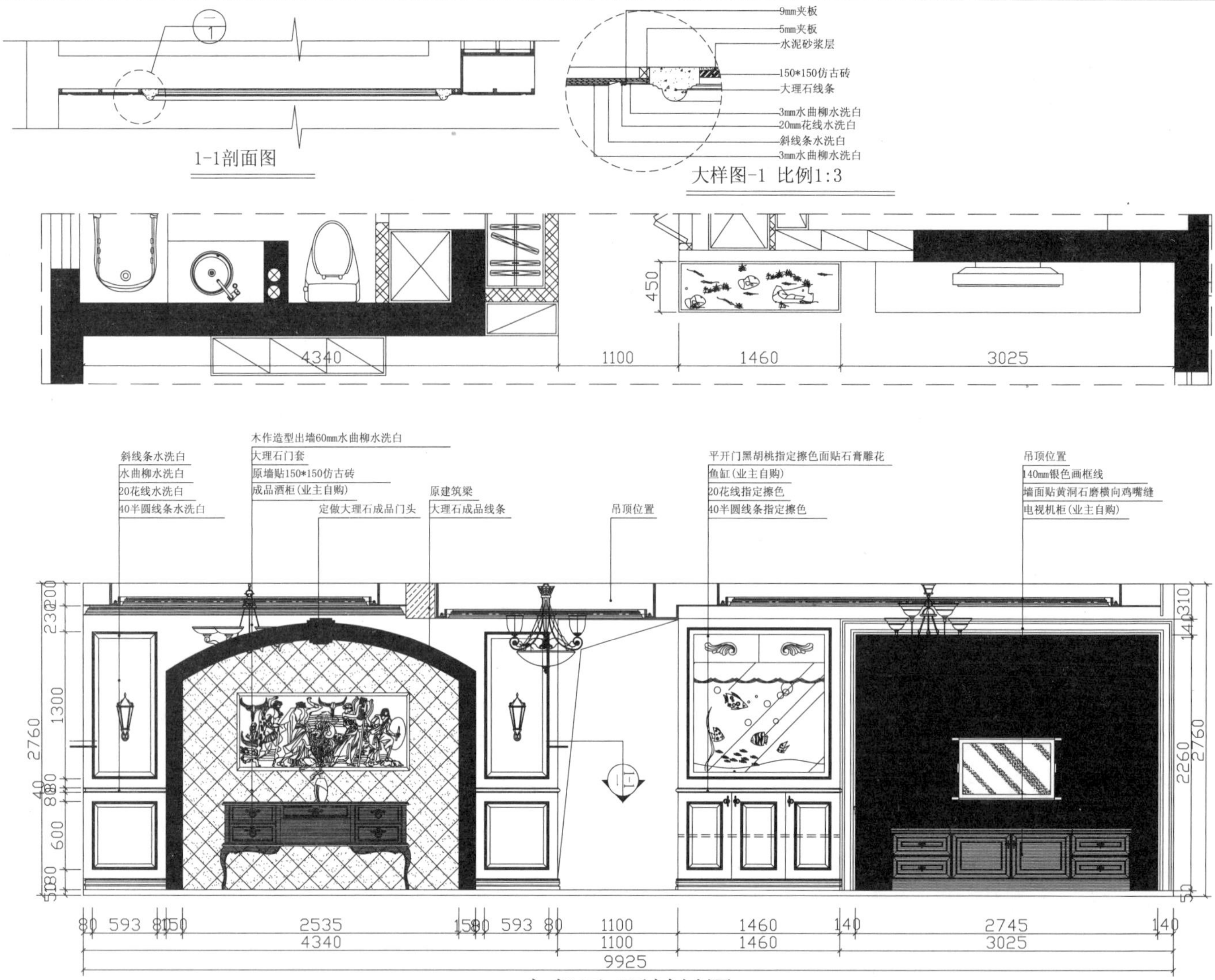
1-1剖面图
9mm夹板
5mm夹板
水泥砂浆层
150*150仿古砖
大理石线条
3mm水曲柳水洗白
20mm花线水洗白
斜线条水洗白
3mm水曲柳水洗白
大样图-1 比例1:3
斜线条水洗白
水曲柳水洗白
20花线水洗白
40半圆线条水洗白
木作造型出墙60mm水曲柳水洗白
大理石门套
原墙贴150*150仿古砖
成品酒柜(业主自购)
定做大理石成品门头
原建筑梁
大理石成品线条
吊顶位置
平开门黑胡桃指定擦色面贴石膏雕花
鱼缸(业主自购)
20花线指定擦色
40半圆线条指定擦色
吊顶位置
140mm银色画框线
墙面贴黄洞石磨横向鸡嘴缝
电视机柜(业主自购)
4340
1100
1460
3025
2745
9925

客餐厅B面材料图

▲33电视背景墙

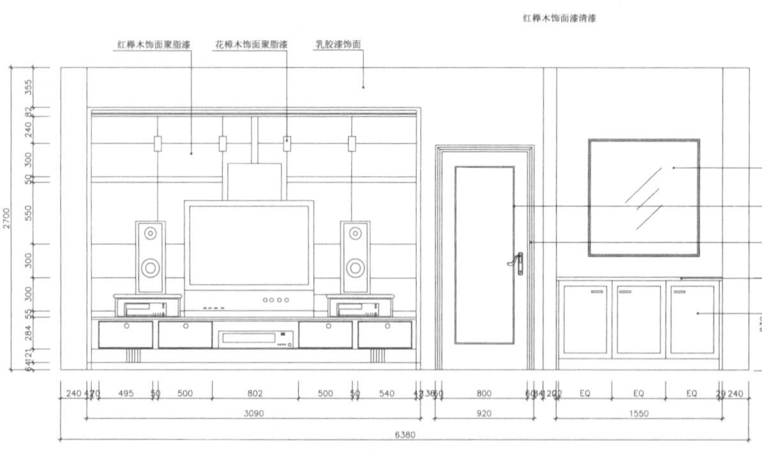
红榉木饰面漆清漆
红榉木饰面聚脂漆
花榉木饰面聚脂漆
乳胶漆饰面
普通银镜
实木线条收边
红榉木饰面聚脂漆
珍珠黑理石台面
防火板成品柜门
3090
920
1550
6380

⑭ 客厅立面图
1:25

▲34电视柜背景墙

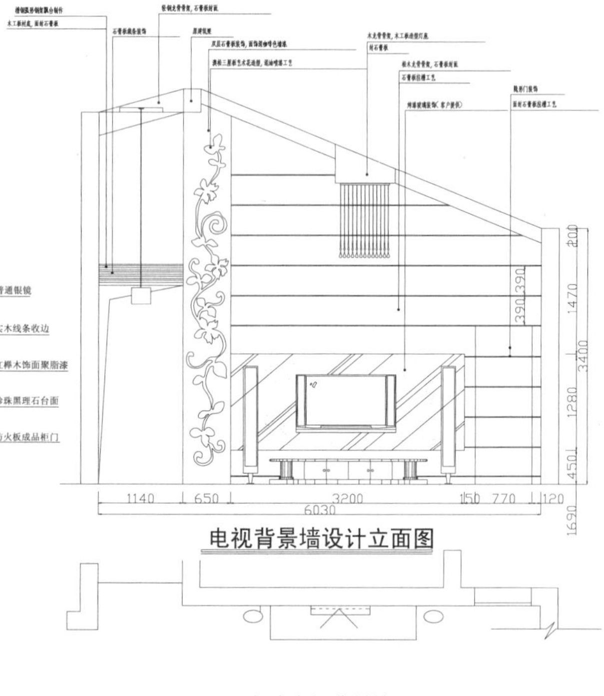

▲35复式电视背景墙

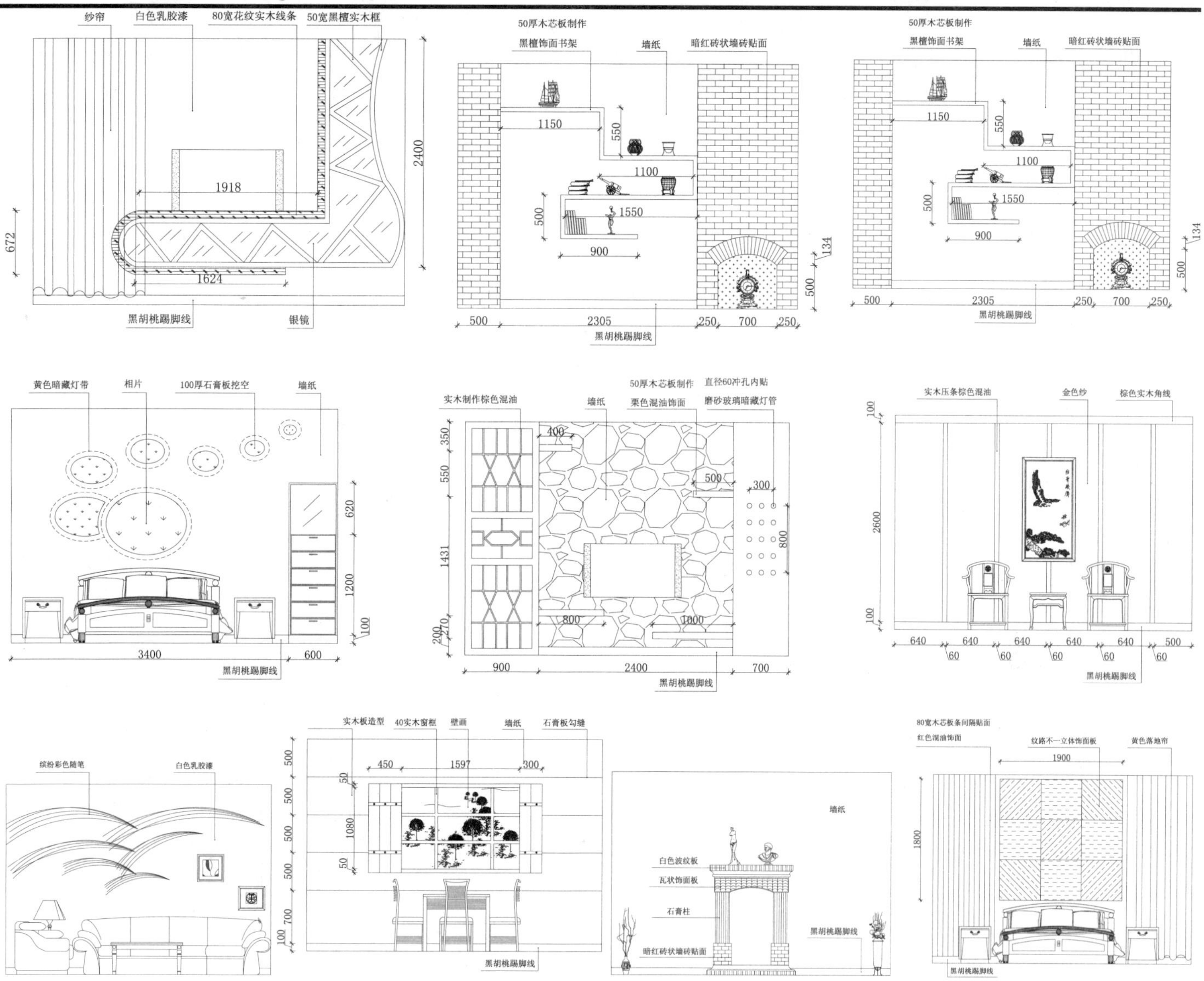

▲36复式电视背景墙

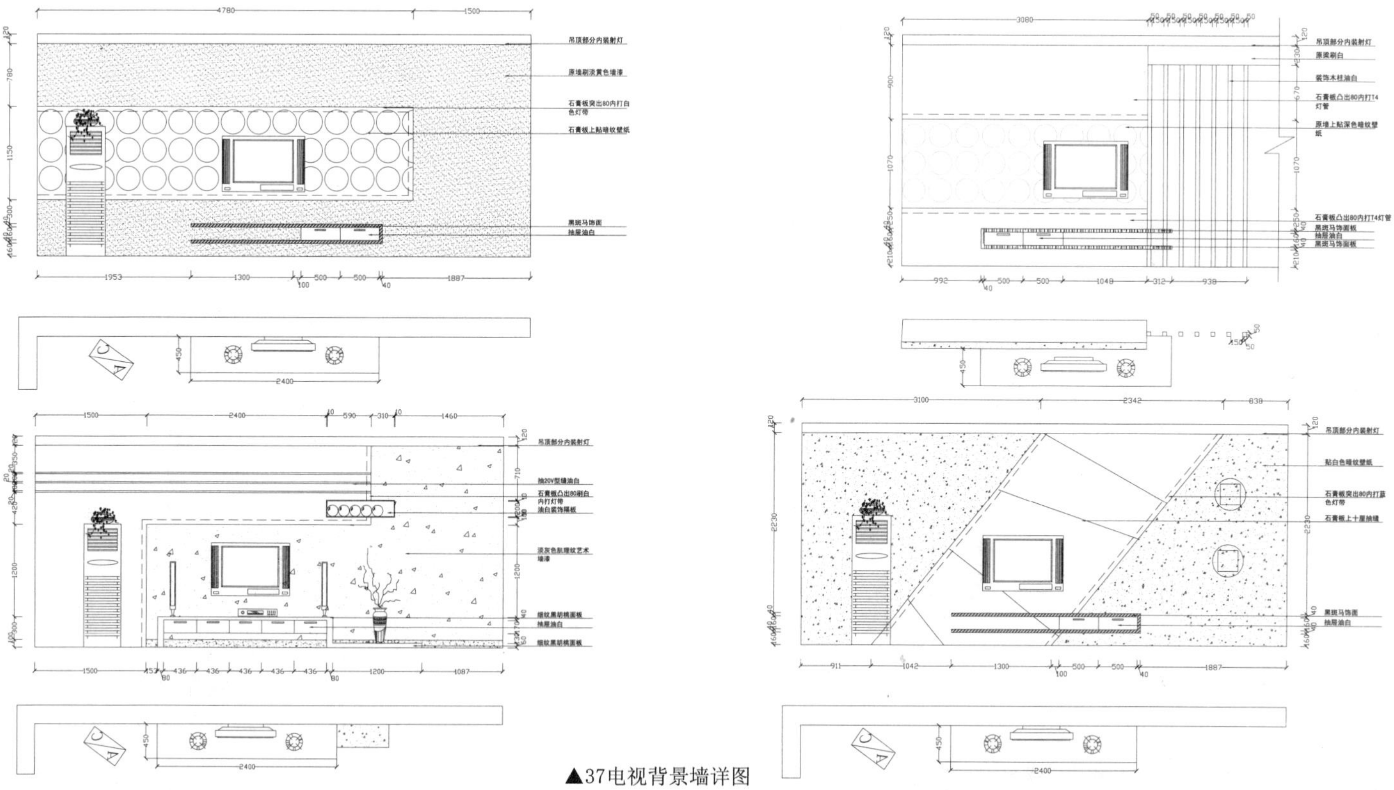

▲37电视背景墙详图

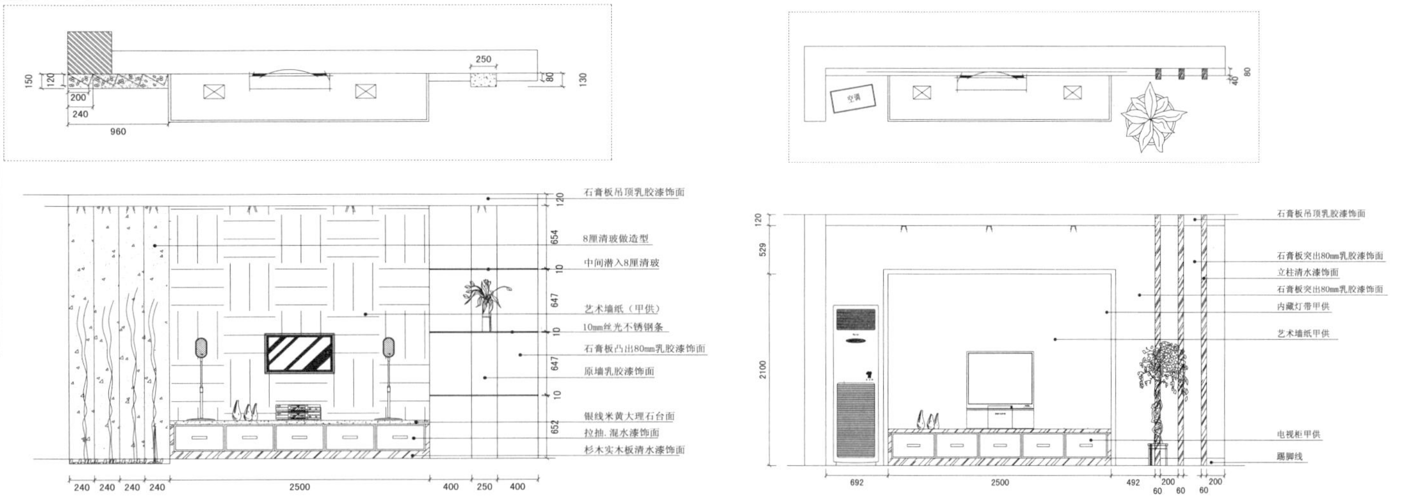

▲38两个电视背景墙

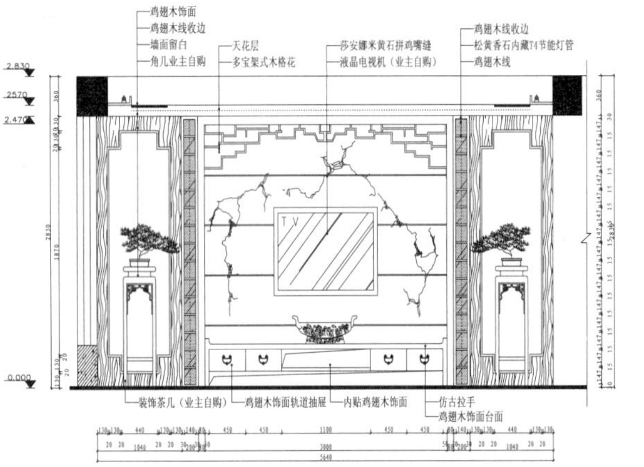

一楼客厅电视背景8立面图 1:30

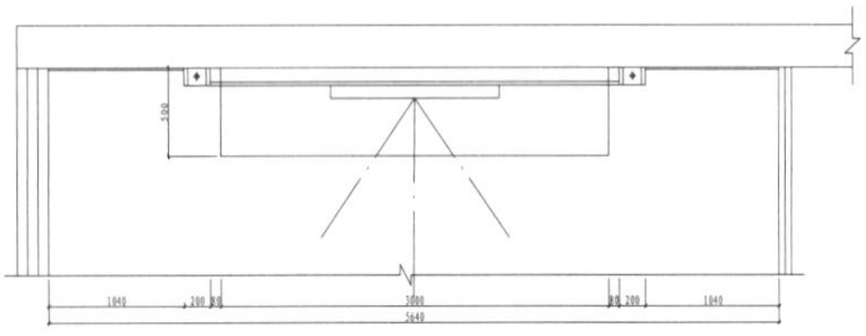

一楼客厅电视背景8平面图 1:30

▲39电视背景墙图块

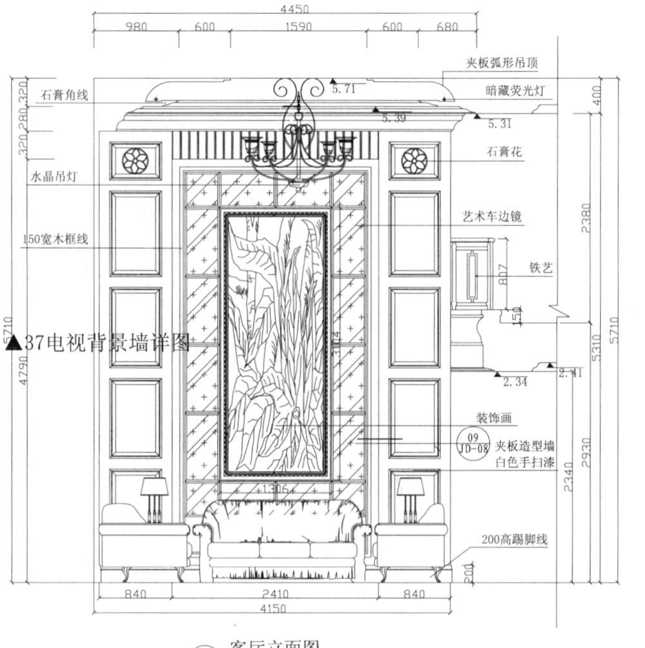

客厅立面图 SCALE 1:30

▲40欧式背景墙图块

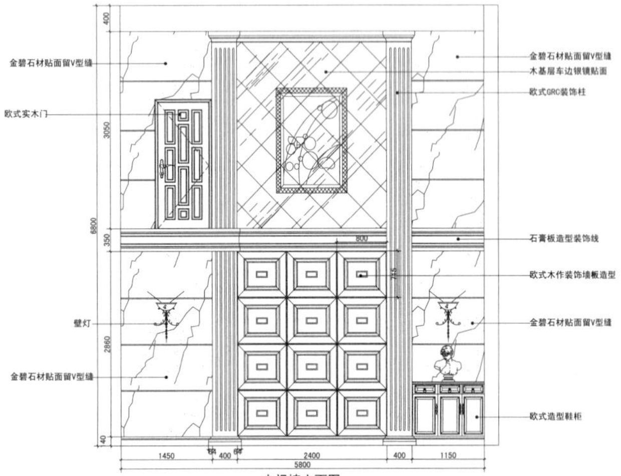

电视墙立面图

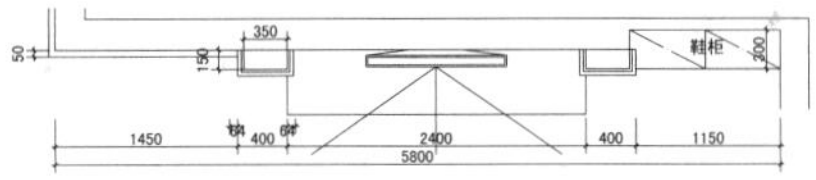

▲41欧式背景墙图块

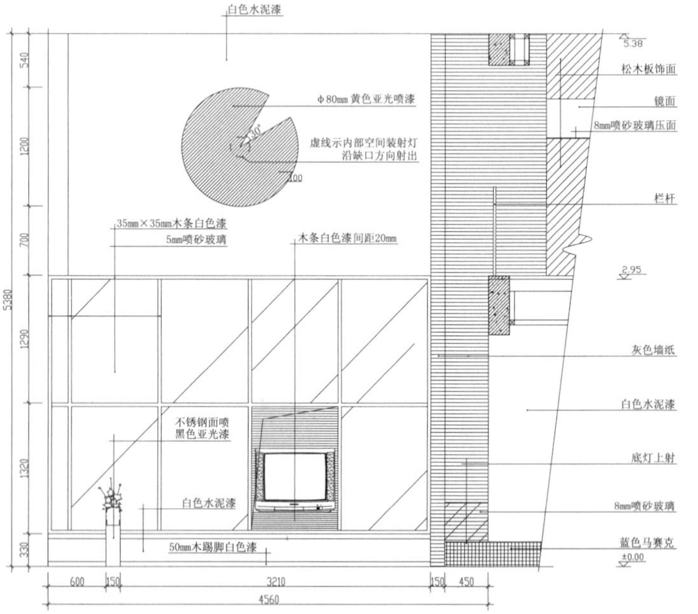

▲42电视墙造型详图

注：现场施工以实际尺寸为准。

客厅—A立面图 1:30

▲43电视墙造型详图

玻璃钉
暗藏日光灯带
6mm磨砂玻璃

柚木饰面
暗藏淡黄色镁氖灯带
6mm磨砂玻璃

黑白根大理石台面
樱桃木饰面电视柜
砂铝角

黑白根大理石台面
樱桃木饰面
暗藏日光灯带

白色乳胶漆饰面
防盗门

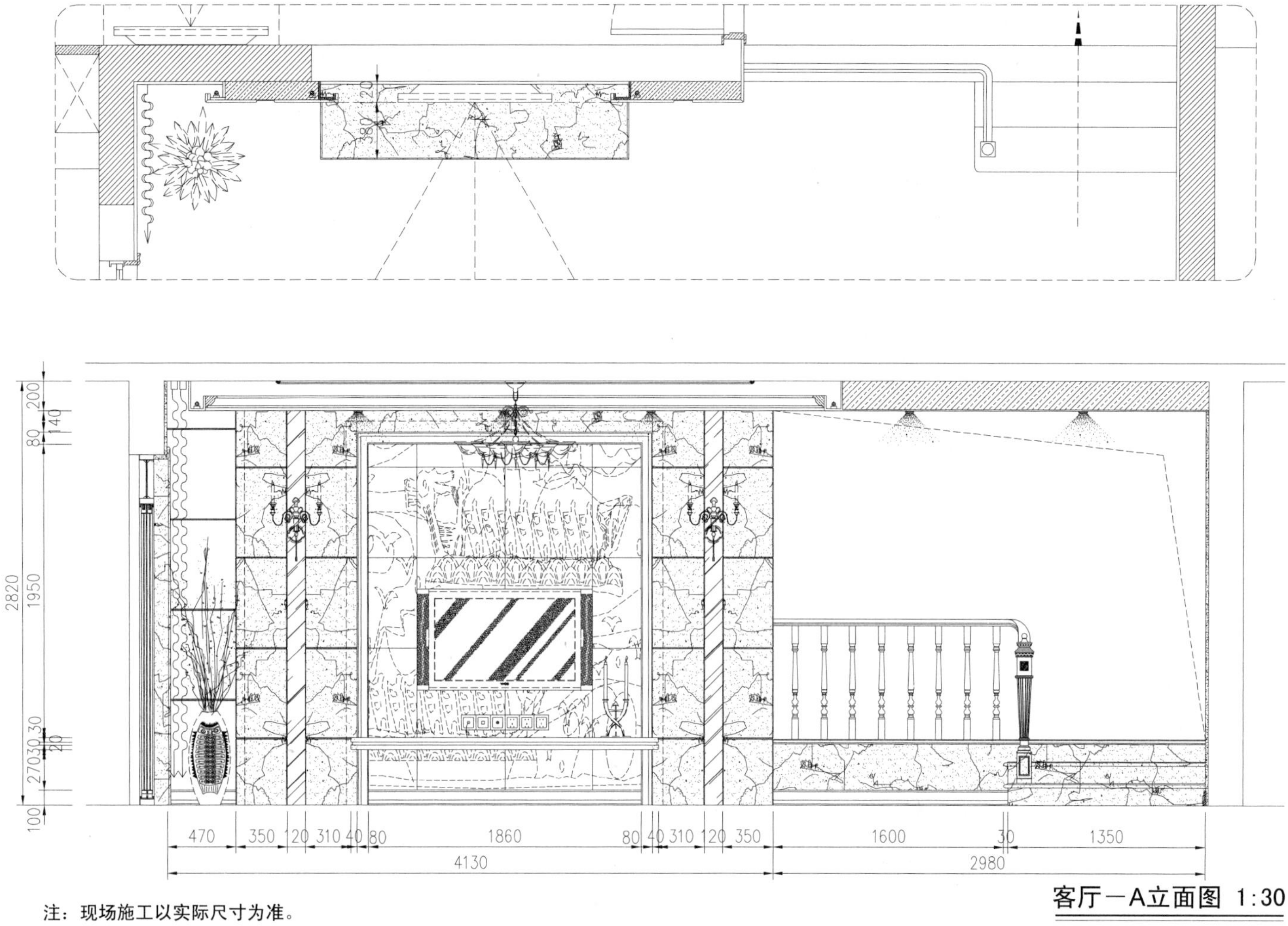

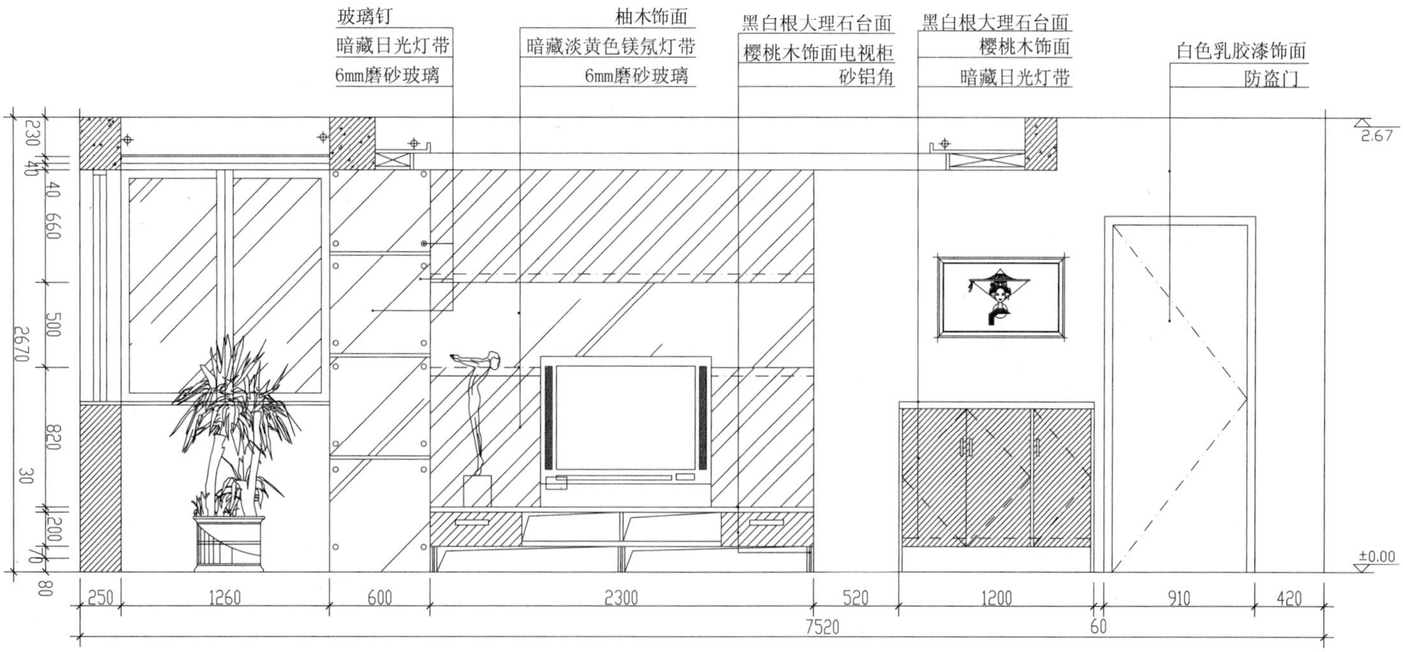

▲44电视墙造型详图

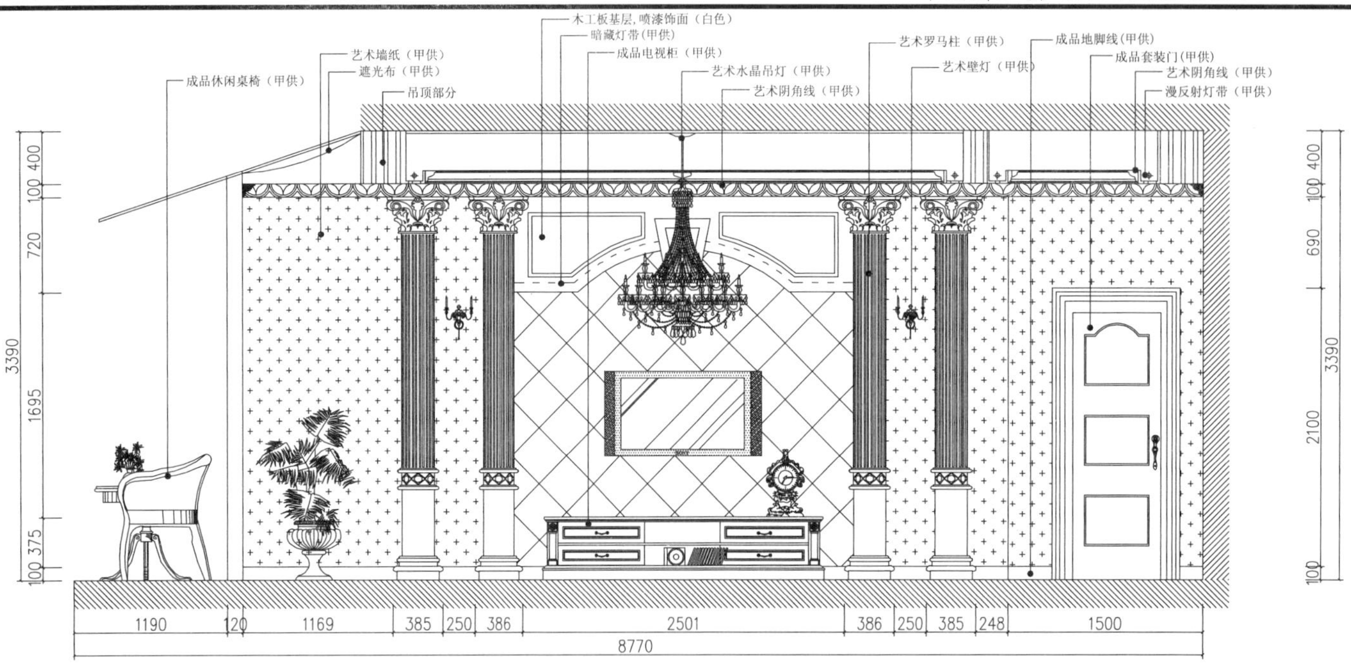
木工板基层,喷漆饰面（白色）
暗藏灯带(甲供)
成品电视柜（甲供）
艺术水晶吊灯（甲供）
艺术阴角线（甲供）
艺术罗马柱（甲供）
艺术壁灯（甲供）
成品地脚线(甲供)
成品套装门(甲供)
艺术阴角线（甲供）
漫反射灯带（甲供）
艺术墙纸（甲供）
遮光布（甲供）
吊顶部分
成品休闲桌椅（甲供）
1190
120
1169
385
250
386
2501
386
250
385
248
1500
8770
3390
400
100
720
1695
375
100
690
2100

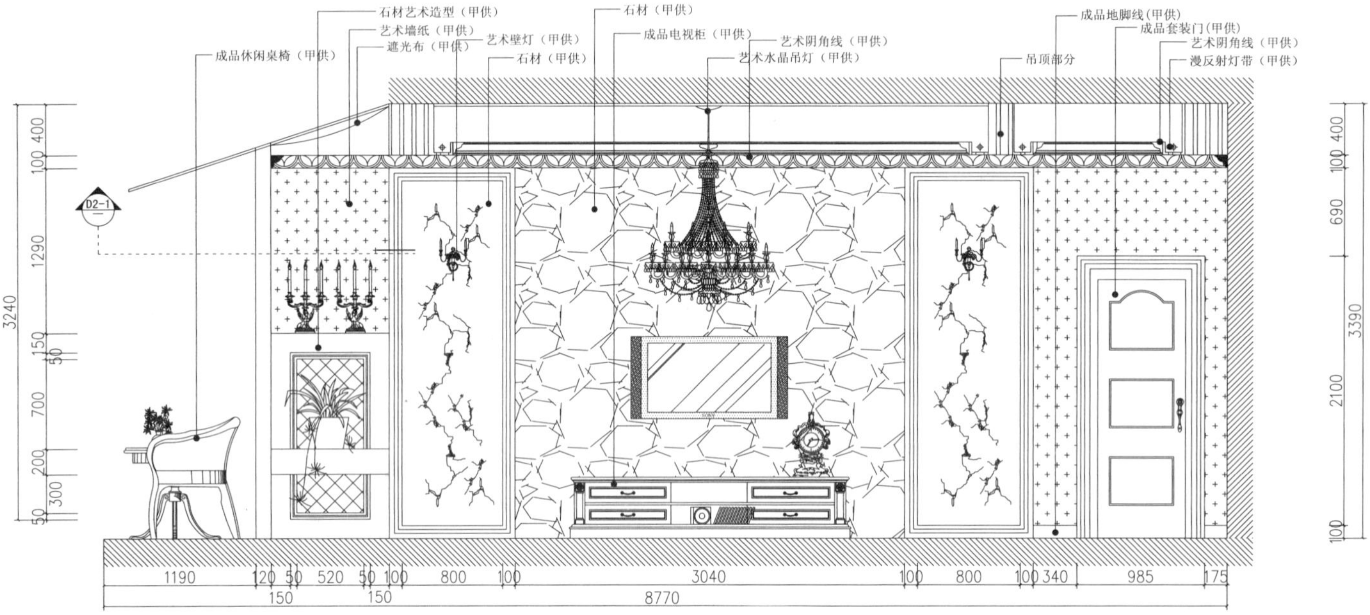
石材艺术造型（甲供）
艺术墙纸（甲供）
遮光布（甲供）
艺术壁灯（甲供）
石材（甲供）
石材（甲供）
成品电视柜（甲供）
艺术阴角线（甲供）
艺术水晶吊灯（甲供）
吊顶部分
成品地脚线(甲供)
成品套装门(甲供)
艺术阴角线（甲供）
漫反射灯带（甲供）
成品休闲桌椅（甲供）
D2-1
1190
120
50
520
50
100
800
100
3040
100
800
100
340
985
175
150
150
8770
3240
400
100
1290
150
50
700
200
300
50
690
3390
2100

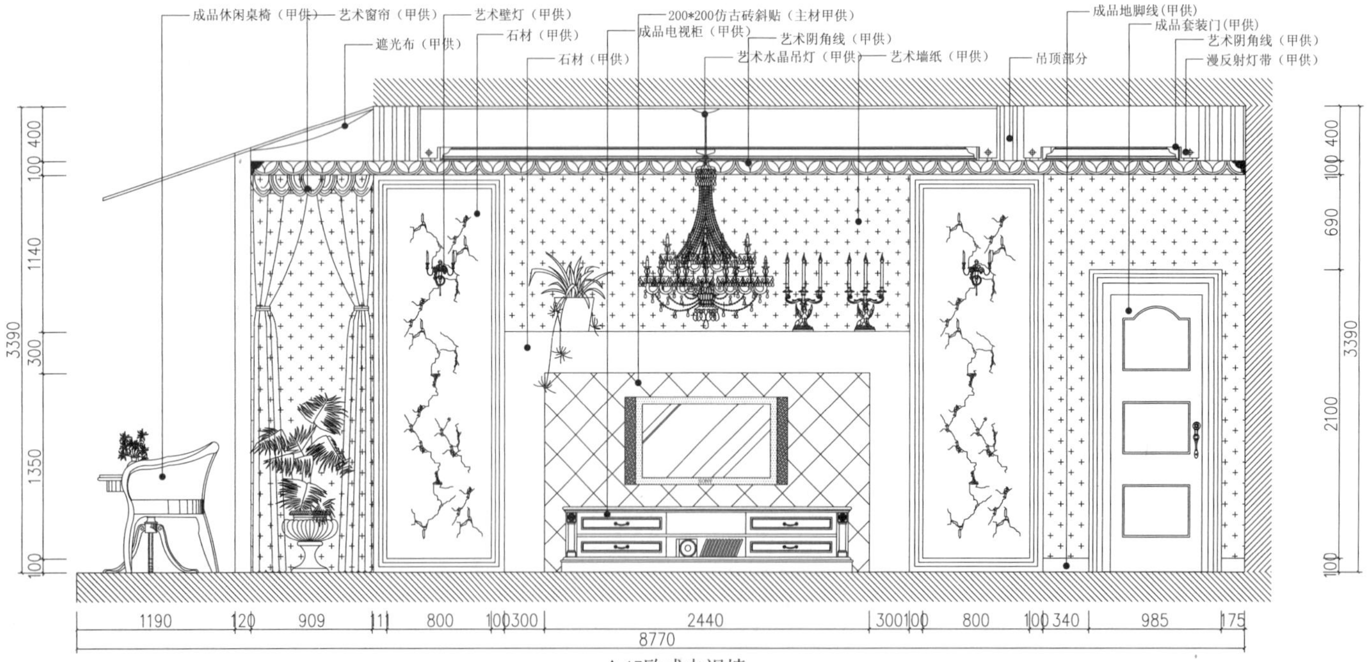
成品休闲桌椅（甲供）
艺术窗帘（甲供）
艺术壁灯（甲供）
遮光布（甲供）
石材（甲供）
石材（甲供）
200*200仿古砖斜贴（主材甲供）
成品电视柜（甲供）
艺术阴角线（甲供）
艺术水晶吊灯（甲供）
艺术墙纸（甲供）
吊顶部分
成品地脚线(甲供)
成品套装门(甲供)
艺术阴角线（甲供）
漫反射灯带（甲供）
1190
120
909
111
800
100
300
2440
300
100
800
100
340
985
175
8770
3390
400
100
1140
300
1350
100
690
2100

▲45欧式电视墙

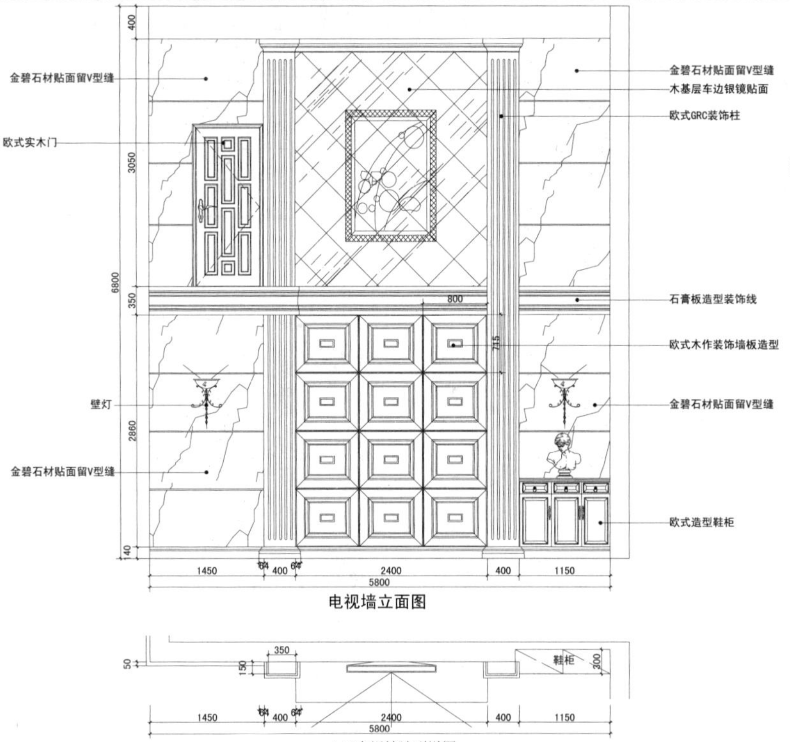

▲46电视墙造型详图

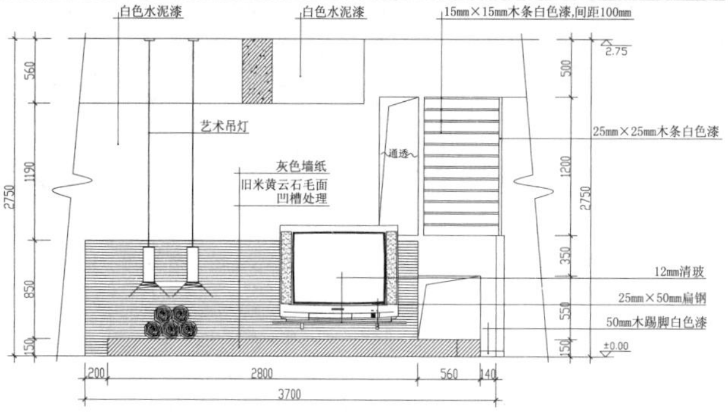

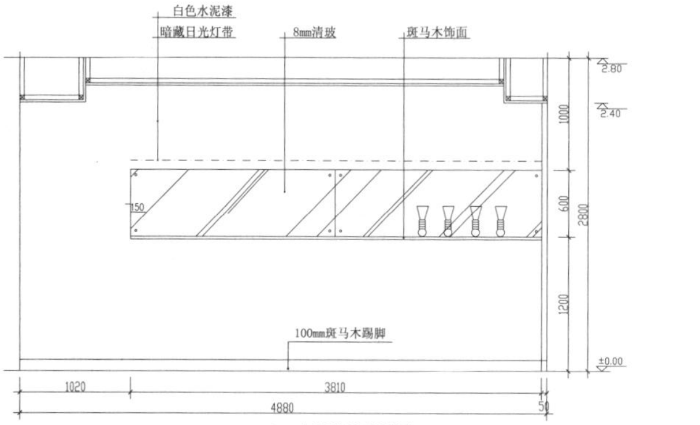

▲47电视墙造型详图

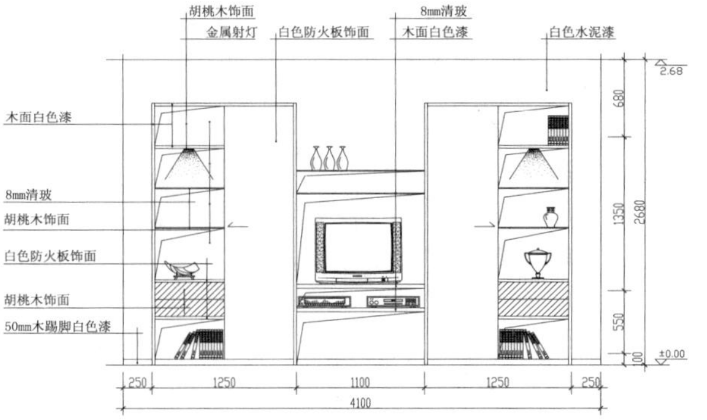

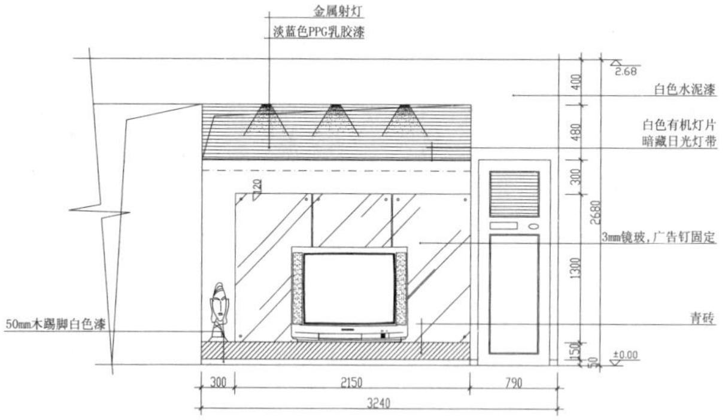

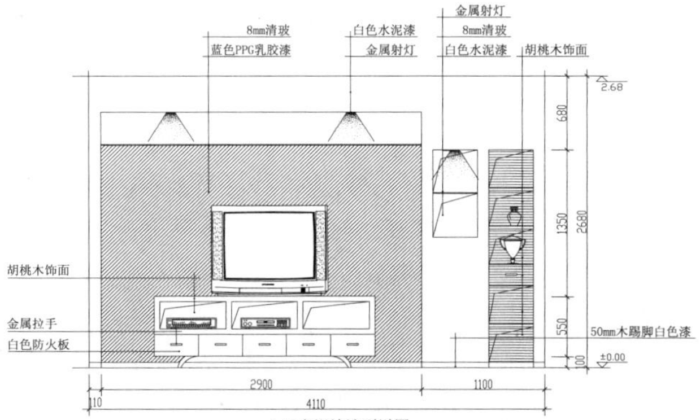

▲48电视墙造型详图

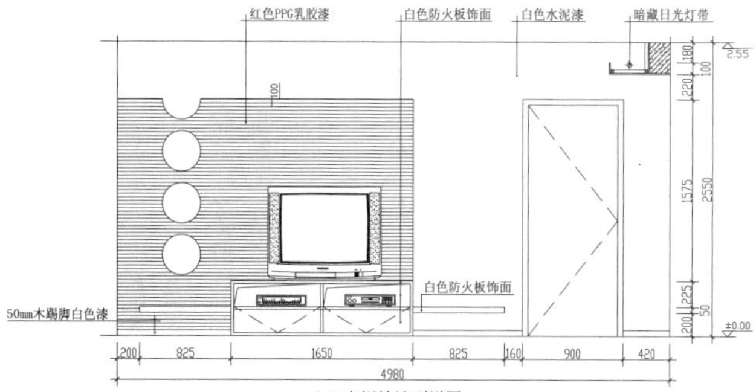

▲49电视墙造型详图

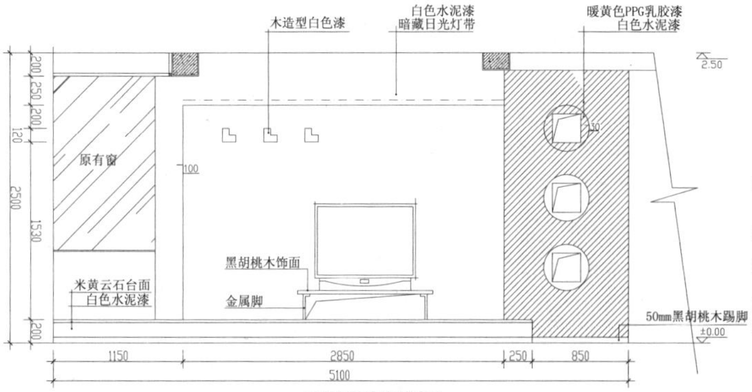

▲50电视墙造型详图

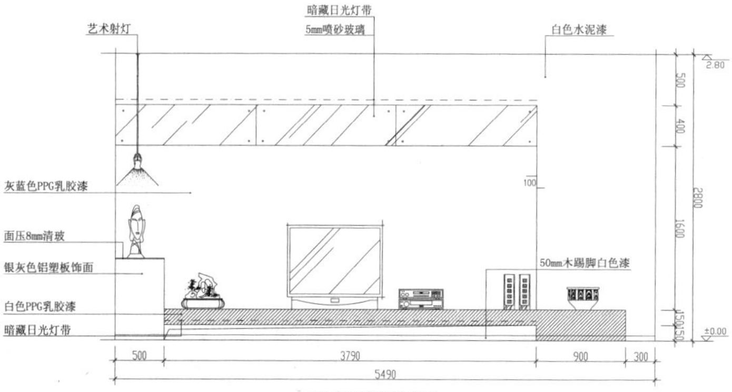

▲51电视墙造型详图

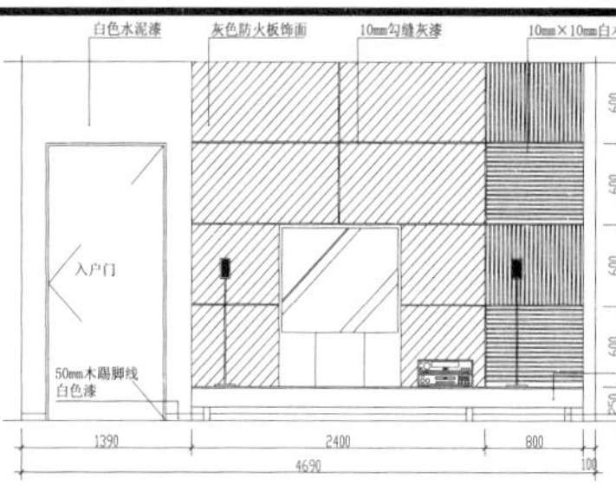

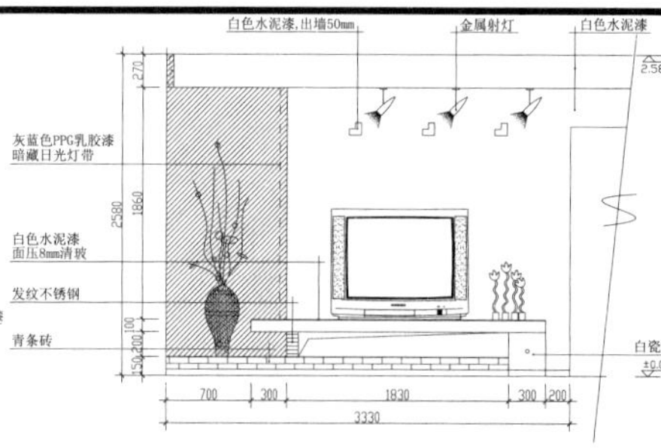

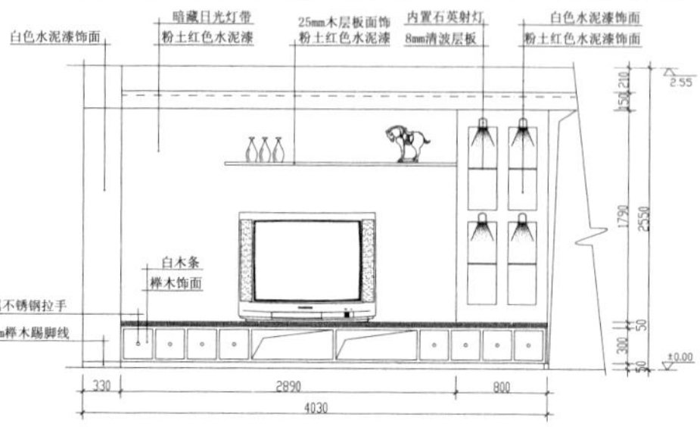

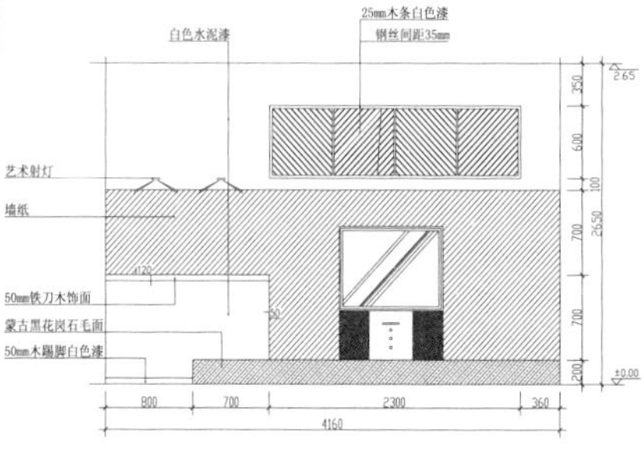

▲52电视墙造型详图

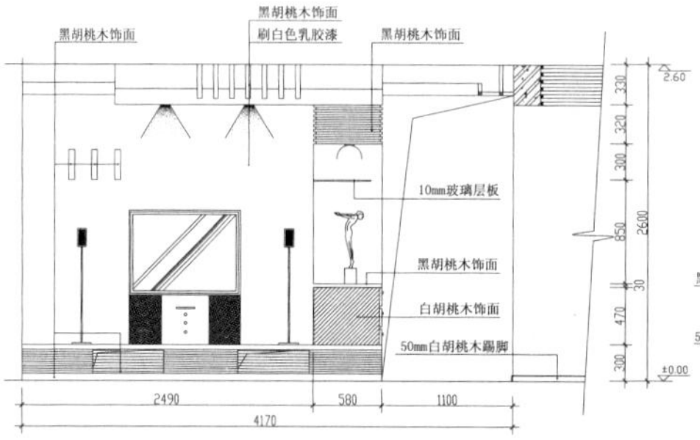

▲53电视墙造型详图

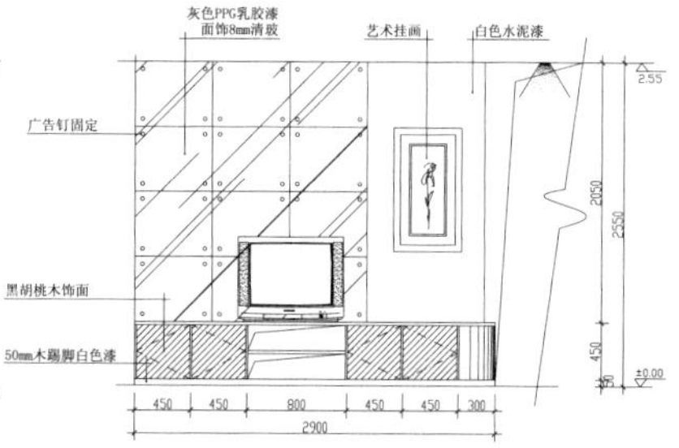

▲54电视墙造型详图

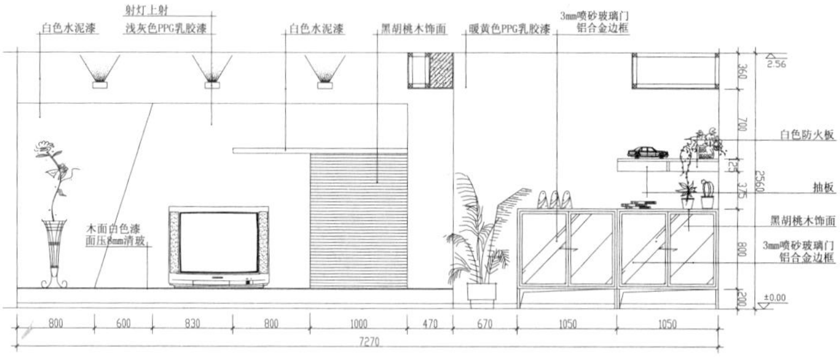

▲55电视墙造型详图

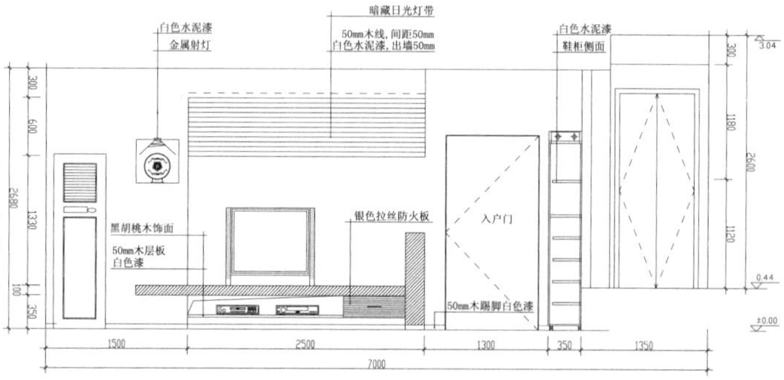

▲56电视墙造型详图

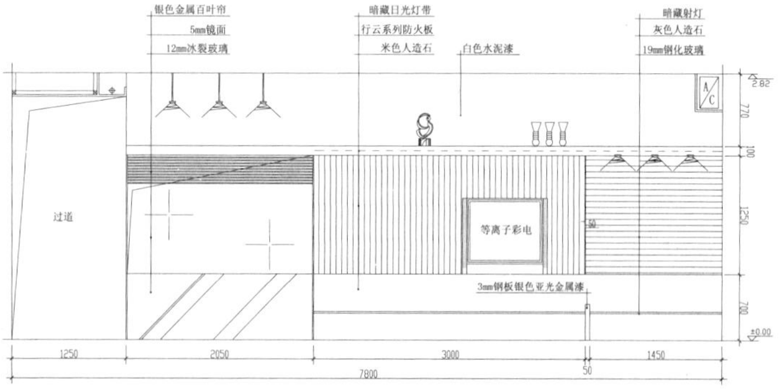

▲57电视墙造型详图

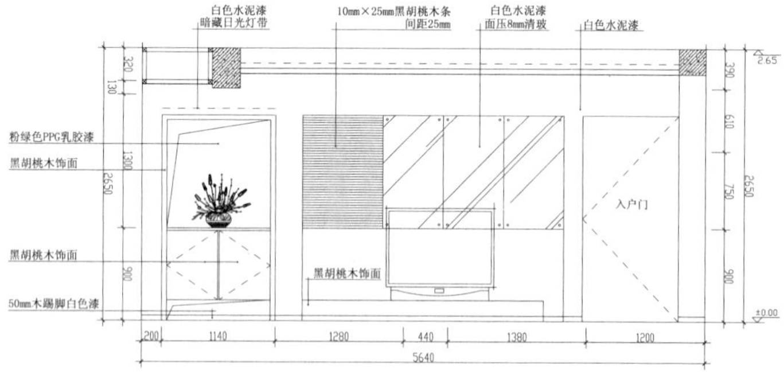

▲58电视墙造型详图

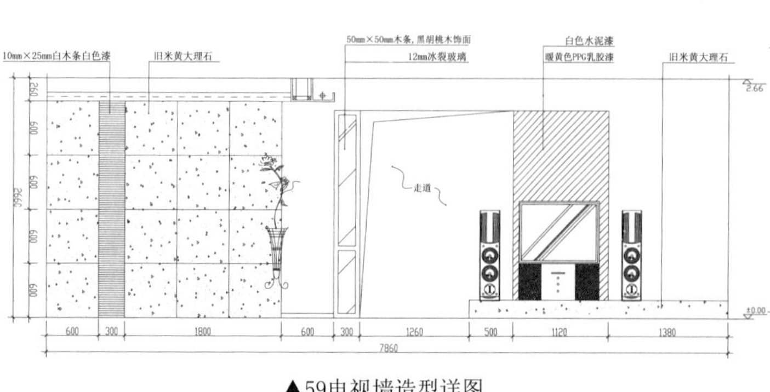

▲59电视墙造型详图

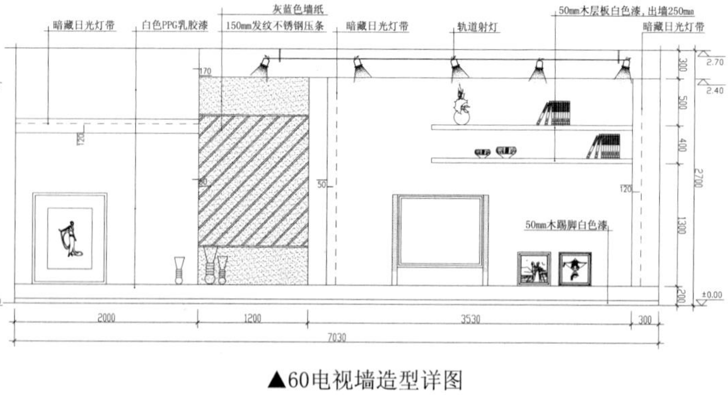

▲60电视墙造型详图

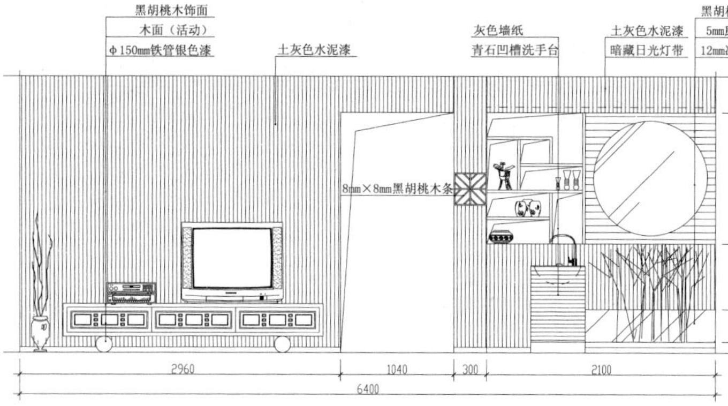

▲61电视墙造型详图

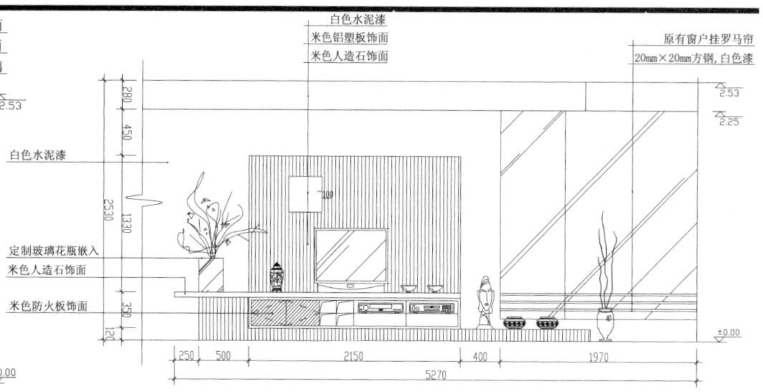

▲62电视墙造型详图

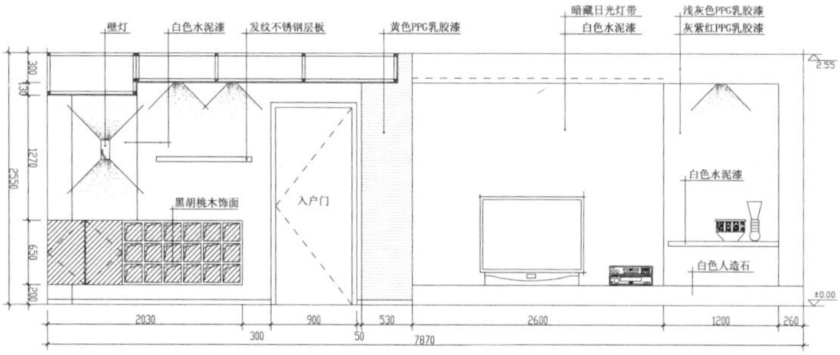

▲63电视墙造型详图

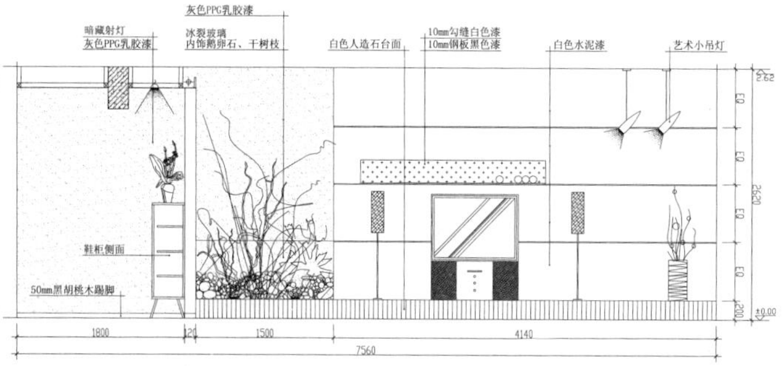

▲64电视墙造型详图

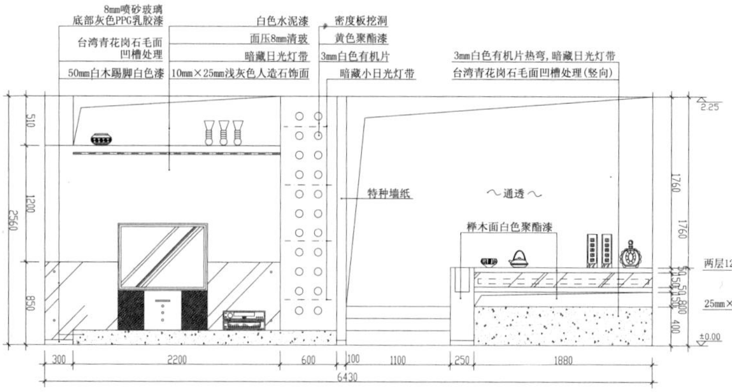

▲65电视墙造型详图

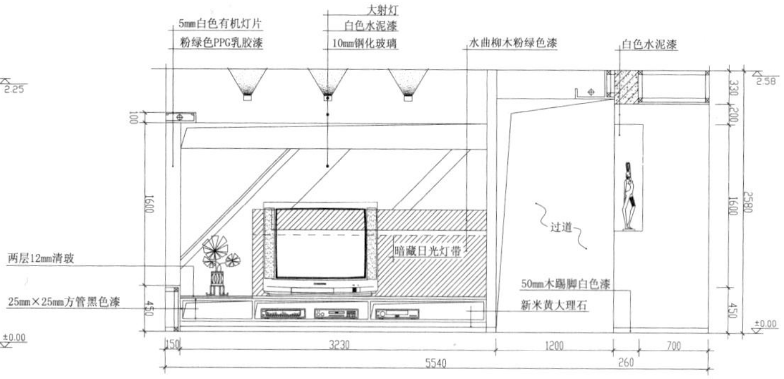

▲66电视墙造型详图

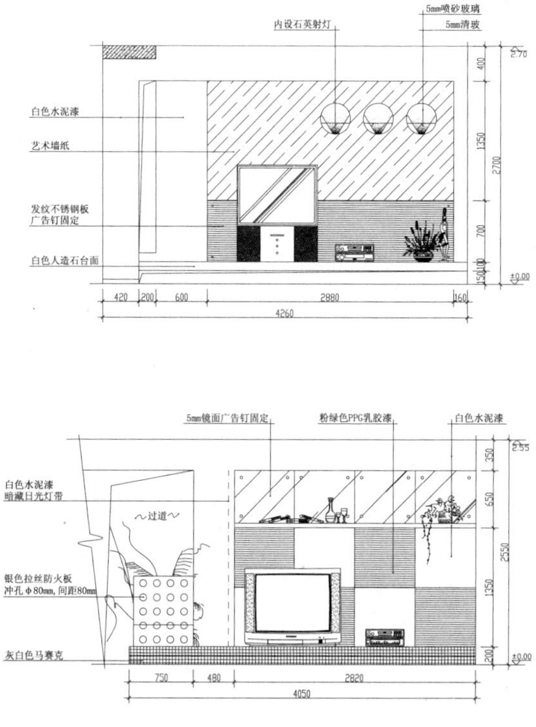

▲67电视墙造型详图

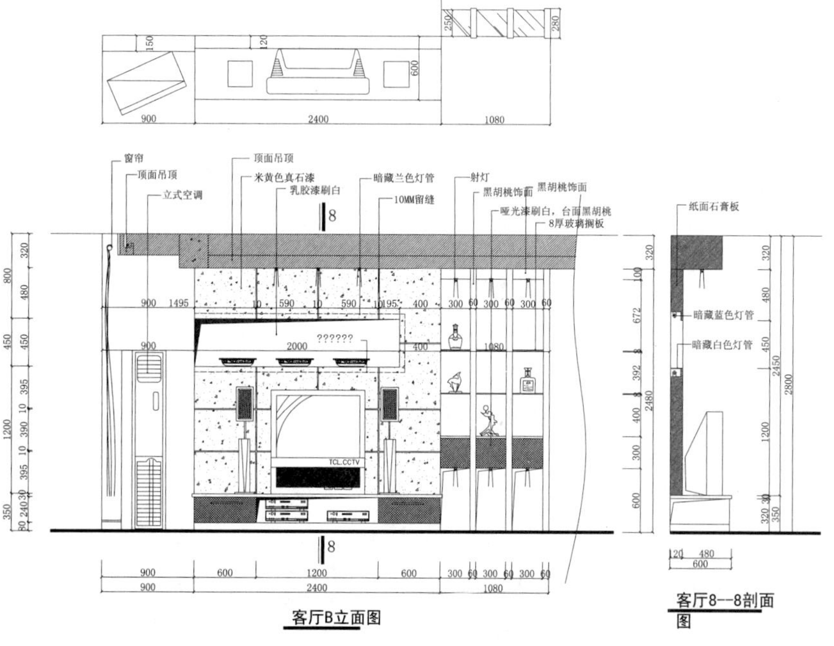

▲68电视墙造型详图

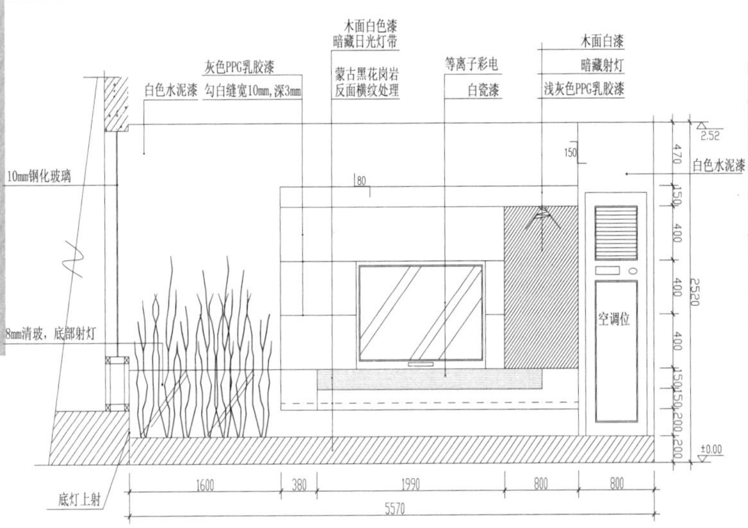

▲69电视墙造型详图

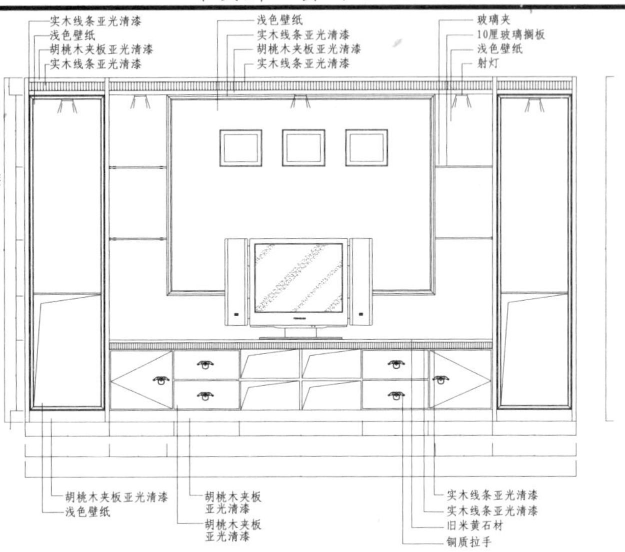

▲70电视墙造型详图

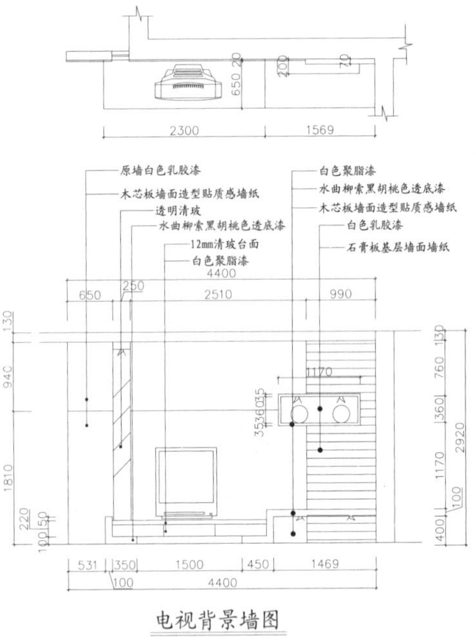

▲71电视墙造型详图

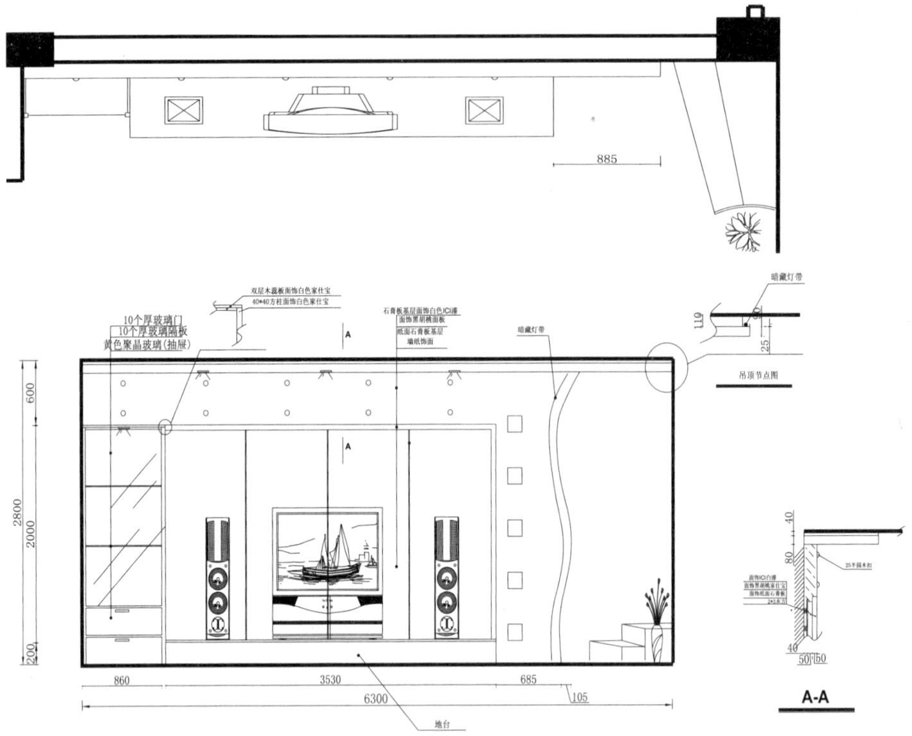

▲72电视墙造型详图

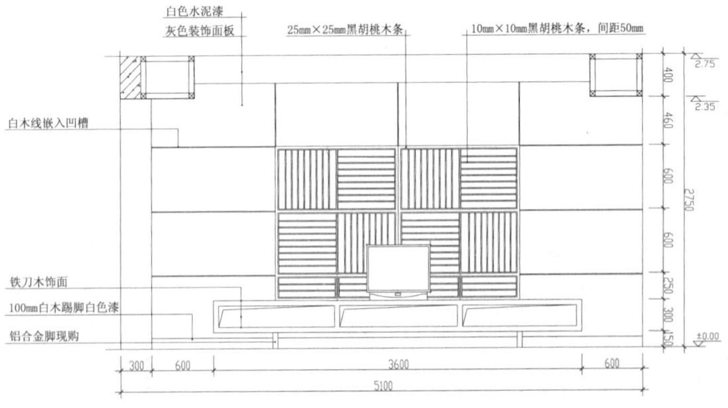

▲73电视墙造型详图

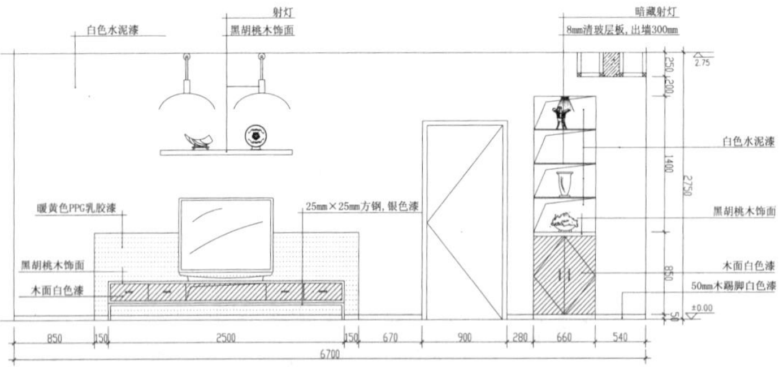

▲74电视墙造型详图

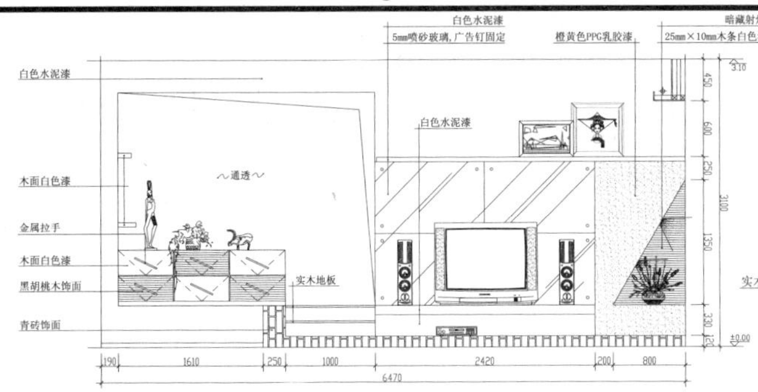

▲75电视墙造型详图

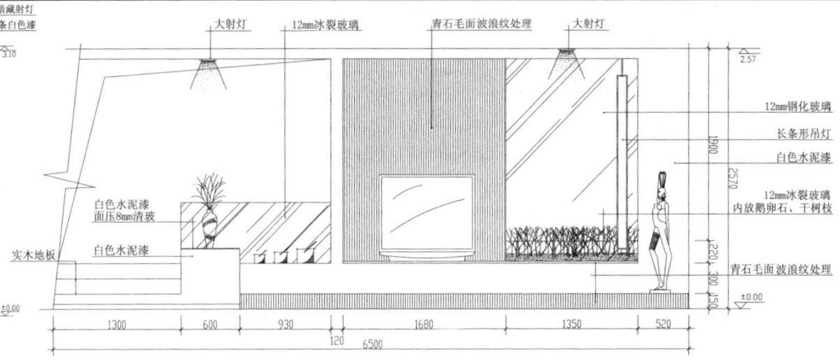

▲76电视墙造型详图

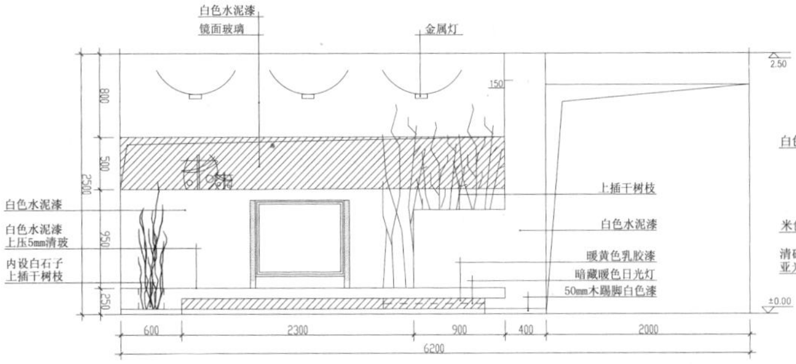

▲77电视墙造型详图

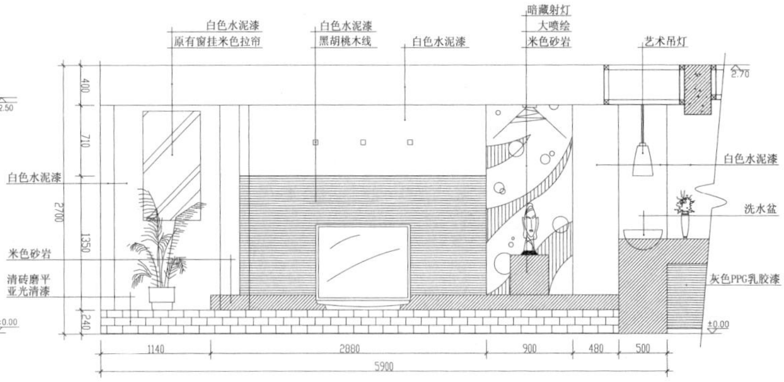

▲78电视墙造型详图

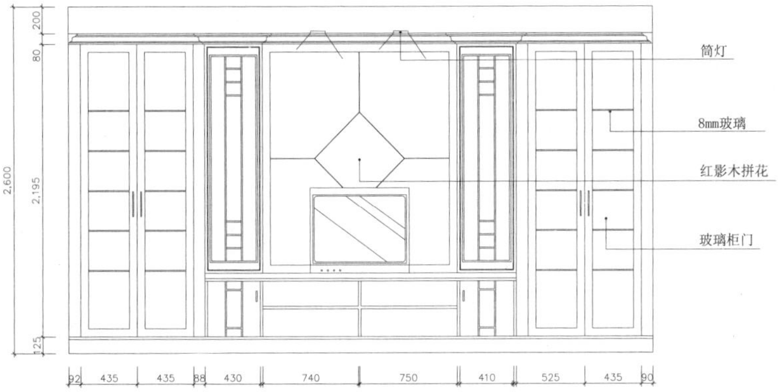

5 客厅立面图 1:20

▲79电视墙造型详图

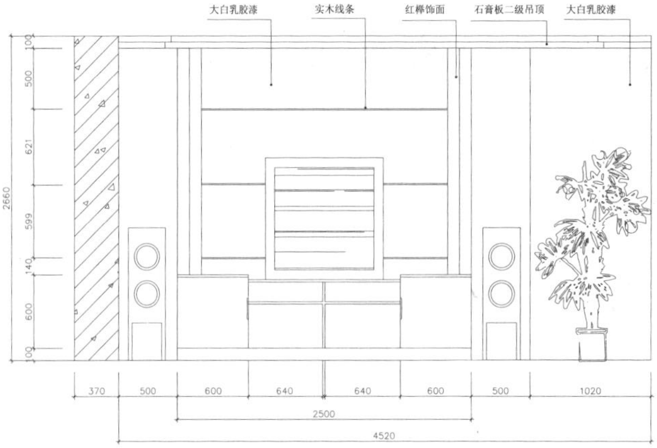

3 客厅立面图 1:20

▲80电视墙造型详图

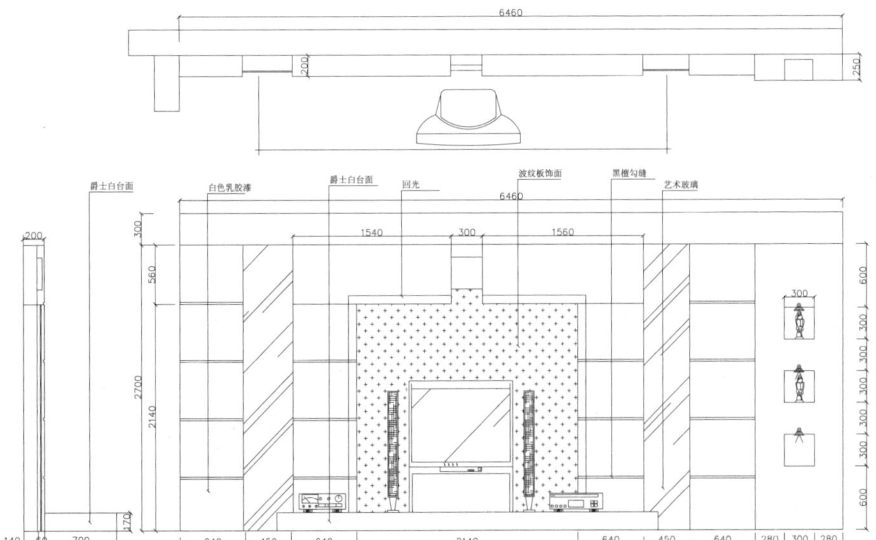

▲81电视墙造型详图

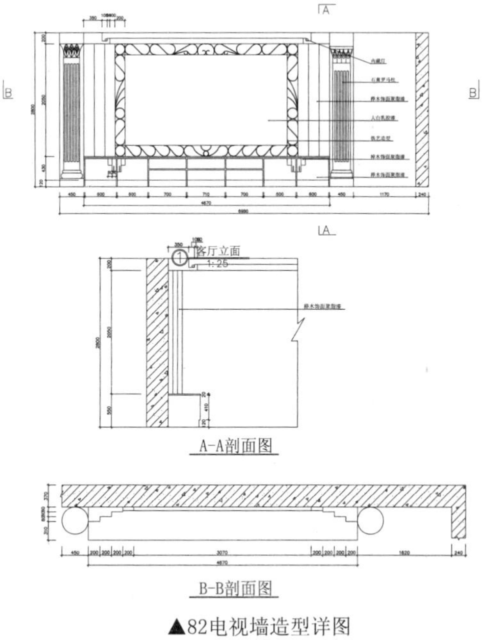

▲82电视墙造型详图

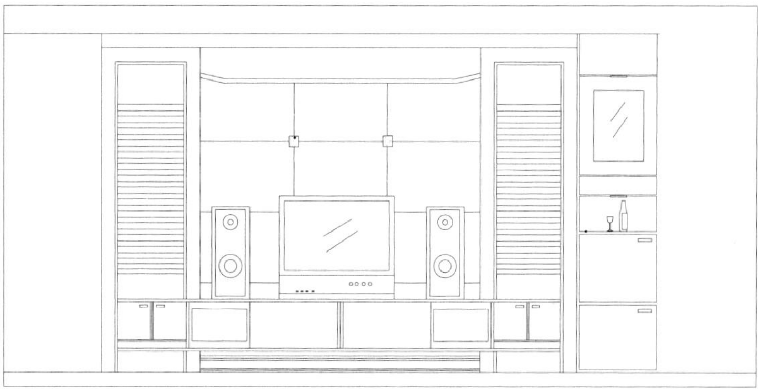

▲83电视墙造型详图

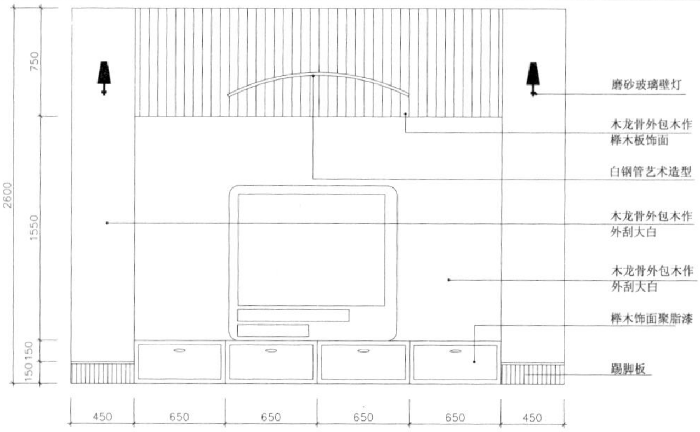
磨砂玻璃壁灯
木龙骨外包木作榉木板饰面
白钢管艺术造型
木龙骨外包木作外刮大白
木龙骨外包木作外刮大白
榉木饰面聚脂漆
踢脚板

▲84电视墙造型详图

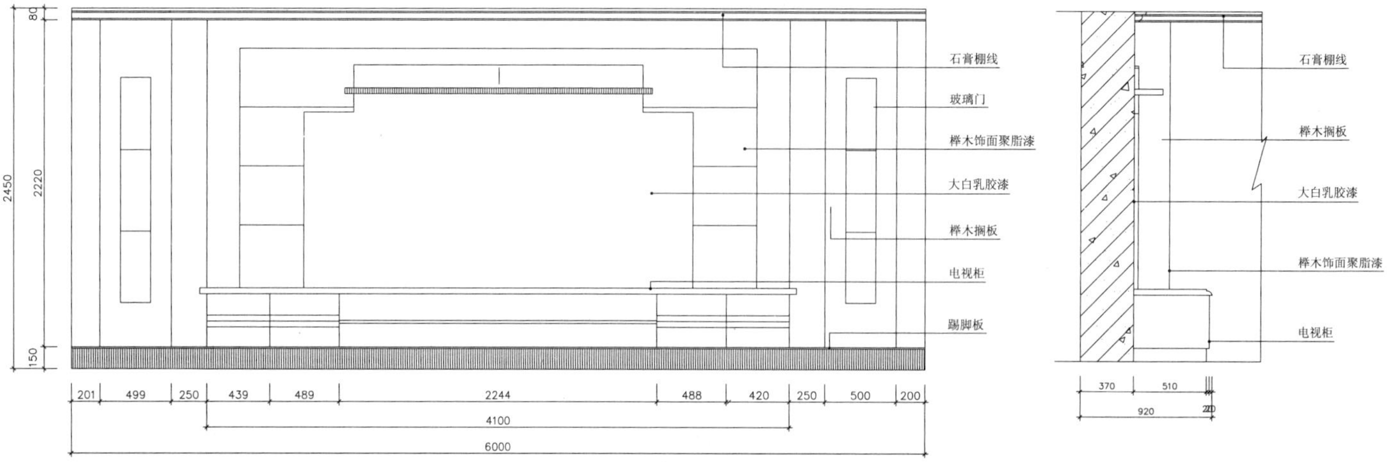
石膏棚线
玻璃门
榉木饰面聚脂漆
大白乳胶漆
榉木搁板
电视柜
踢脚板
石膏棚线
榉木搁板
大白乳胶漆
榉木饰面聚脂漆
电视柜

▲85电视墙造型详图

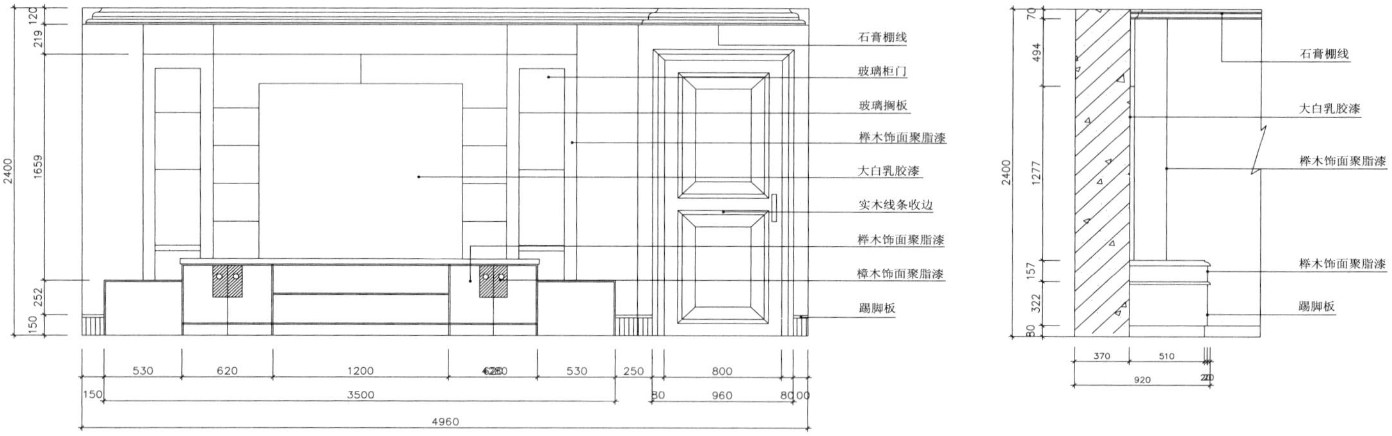
石膏棚线
玻璃柜门
玻璃搁板
榉木饰面聚脂漆
大白乳胶漆
实木线条收边
榉木饰面聚脂漆
樟木饰面聚脂漆
踢脚板
石膏棚线
大白乳胶漆
榉木饰面聚脂漆
榉木饰面聚脂漆
踢脚板

▲86电视墙造型详图

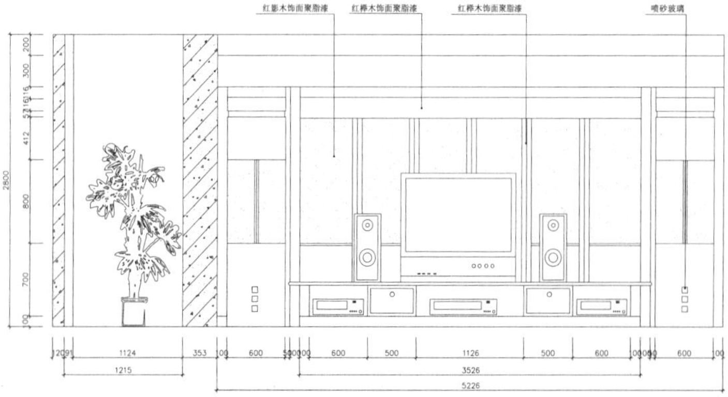

▲87电视墙造型详图

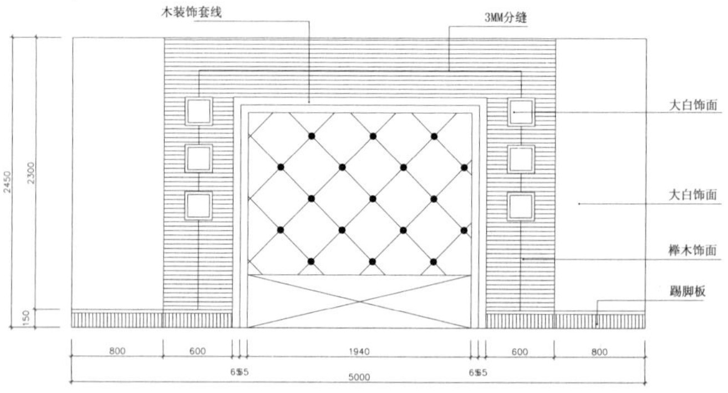
木装饰套线
3MM分缝
大白饰面
大白饰面
榉木饰面
踢脚板

▲88电视墙造型详图

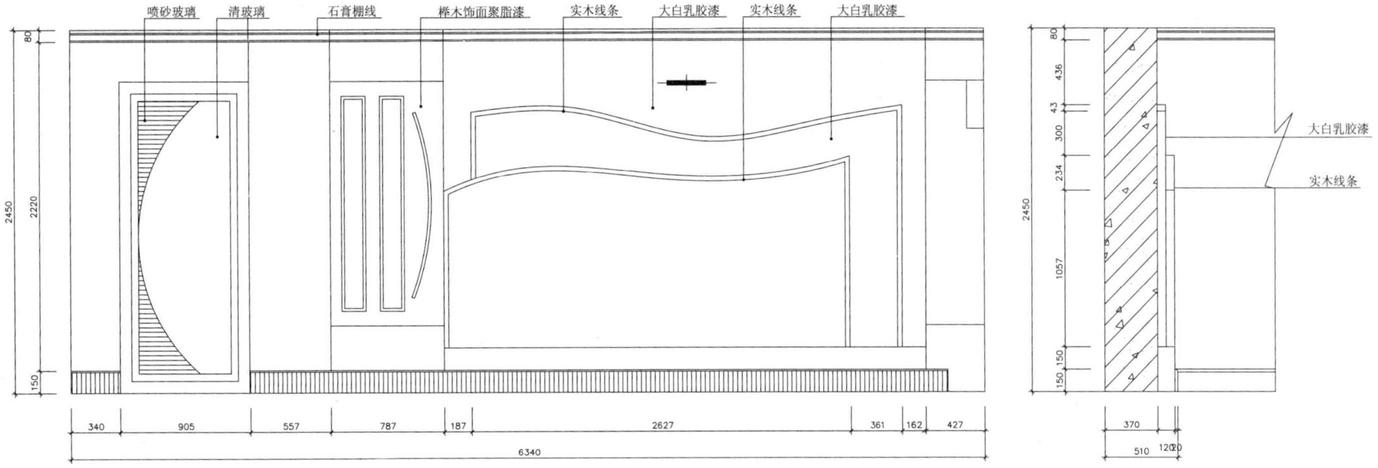
喷砂玻璃
清玻璃
石膏棚线
榉木饰面聚脂漆
实木线条
大白乳胶漆
实木线条
大白乳胶漆
大白乳胶漆
实木线条

▲89电视墙造型详图

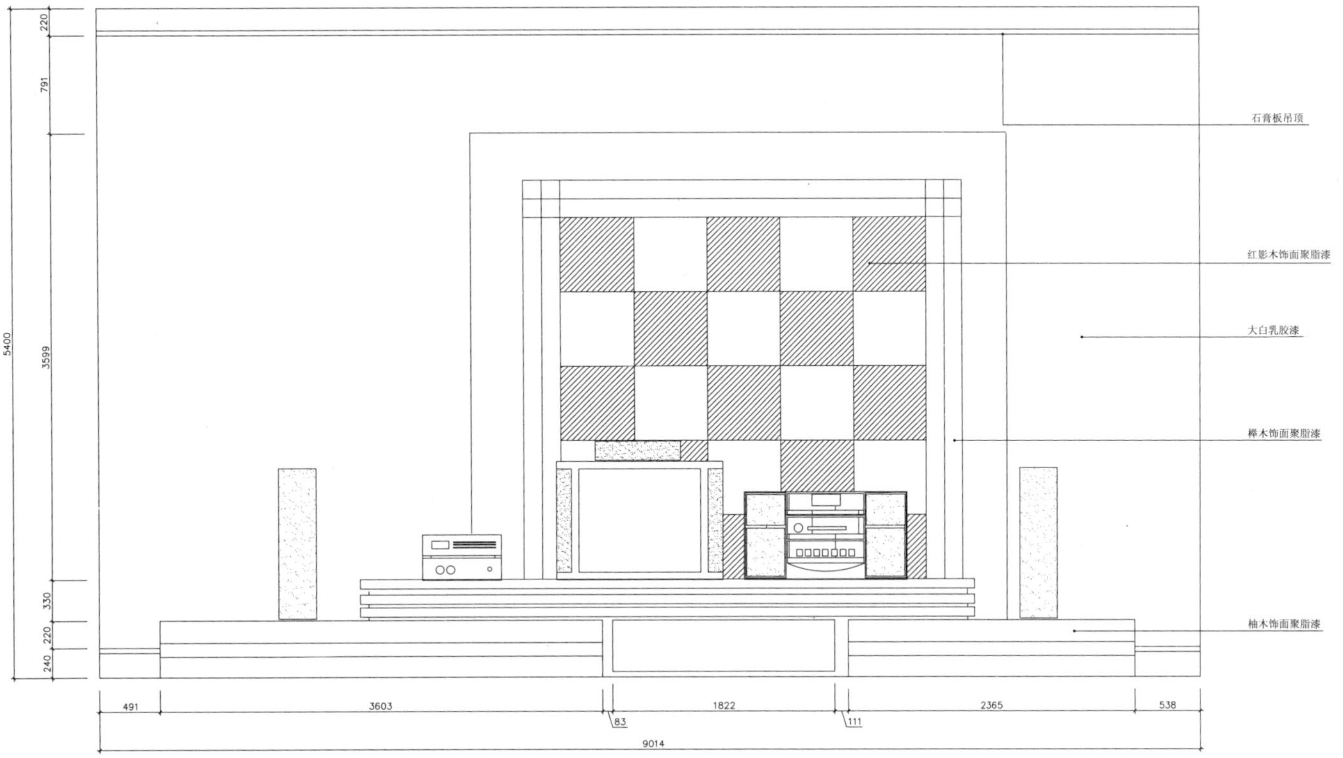
石膏板吊顶
红影木饰面聚脂漆
大白乳胶漆
榉木饰面聚脂漆
柚木饰面聚脂漆

▲90电视墙造型详图

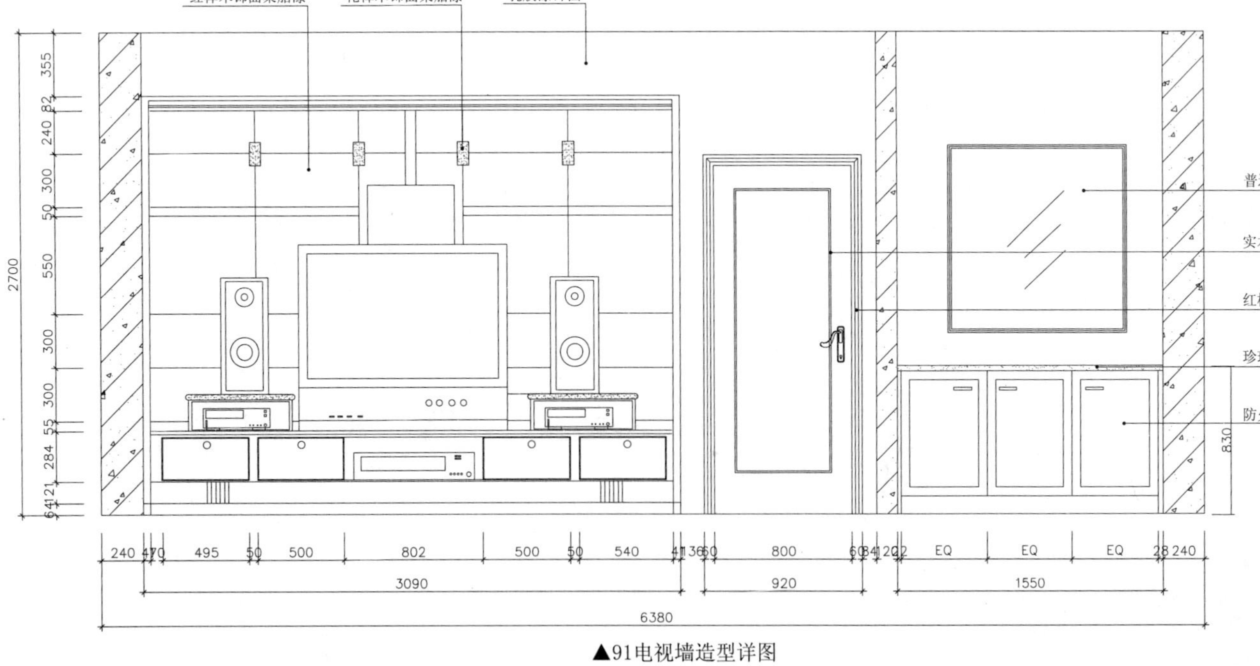
红榉木饰面聚脂漆
花樟木饰面聚脂漆
乳胶漆饰面
普通银镜
实木线条收边
红榉木饰面聚脂漆
珍珠黑理石台面
防火板成品柜门

▲91电视墙造型详图

电
视
背
景
墙

▲92电视墙造型详图

喷砂玻璃

大白乳胶漆

榉木饰面聚脂漆

柚木饰面聚脂漆

▲93电视墙造型详图

喷砂玻璃
墙画
红榉木饰面透明哑光漆
白色乳胶漆饰面
红榉木饰面透明哑光漆

▲94电视墙造型详图

文化石

太柚饰面聚脂漆

▲95电视墙造型详图

石膏板吊顶
内藏灯
大白乳胶漆
文化石
8mm玻璃搁板
榉木饰面聚脂漆

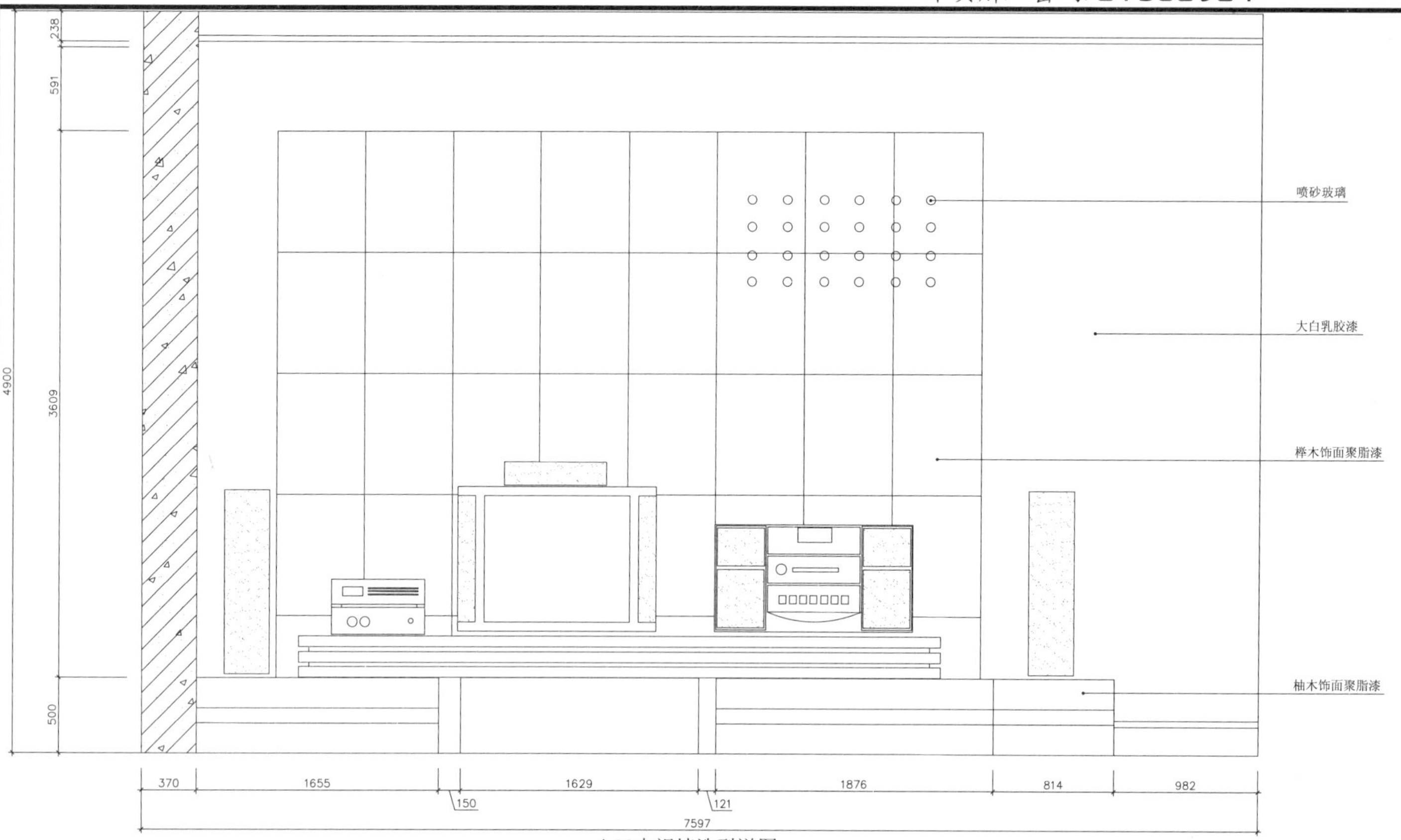

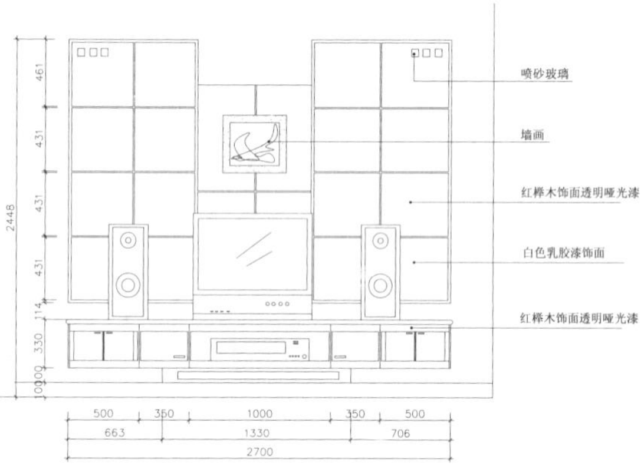

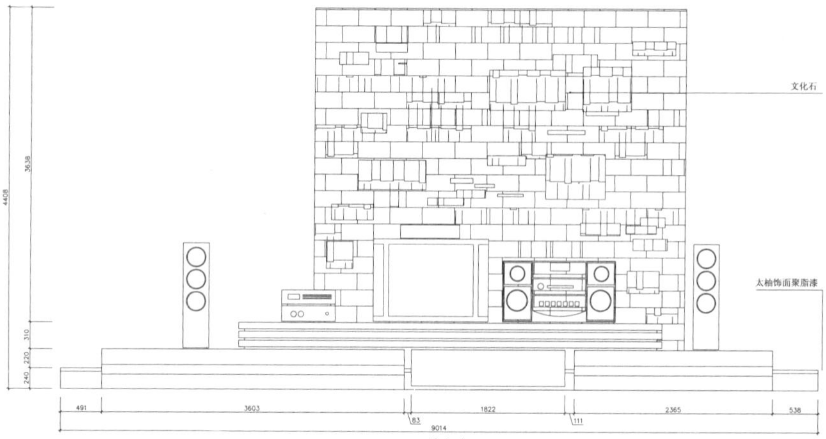

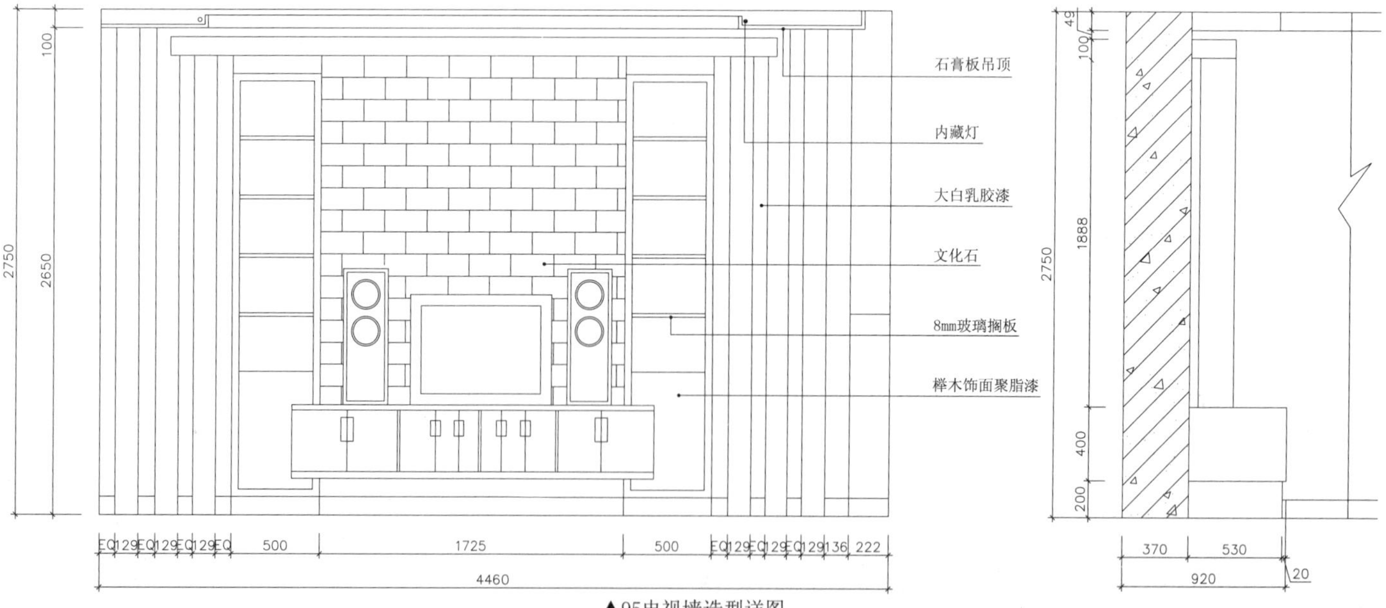

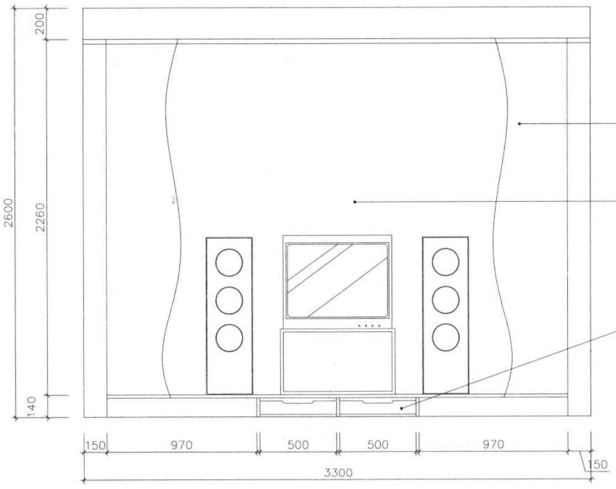
内藏美耐灯
大白乳胶漆
榉木饰面聚脂漆

▲96电视墙造型详图

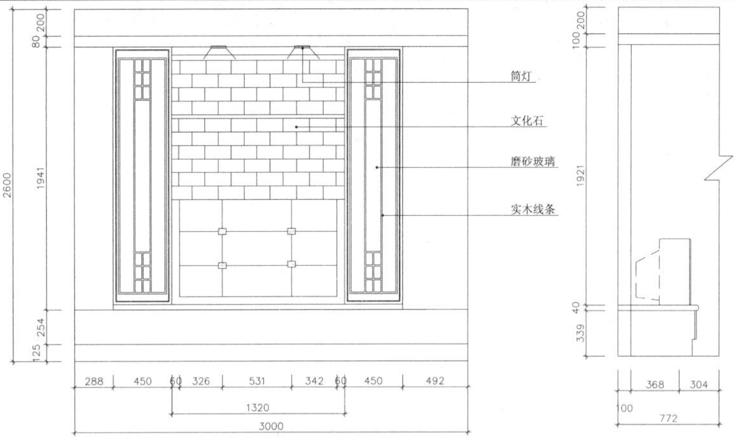
筒灯
文化石
磨砂玻璃
实木线条

▲97电视墙造型详图

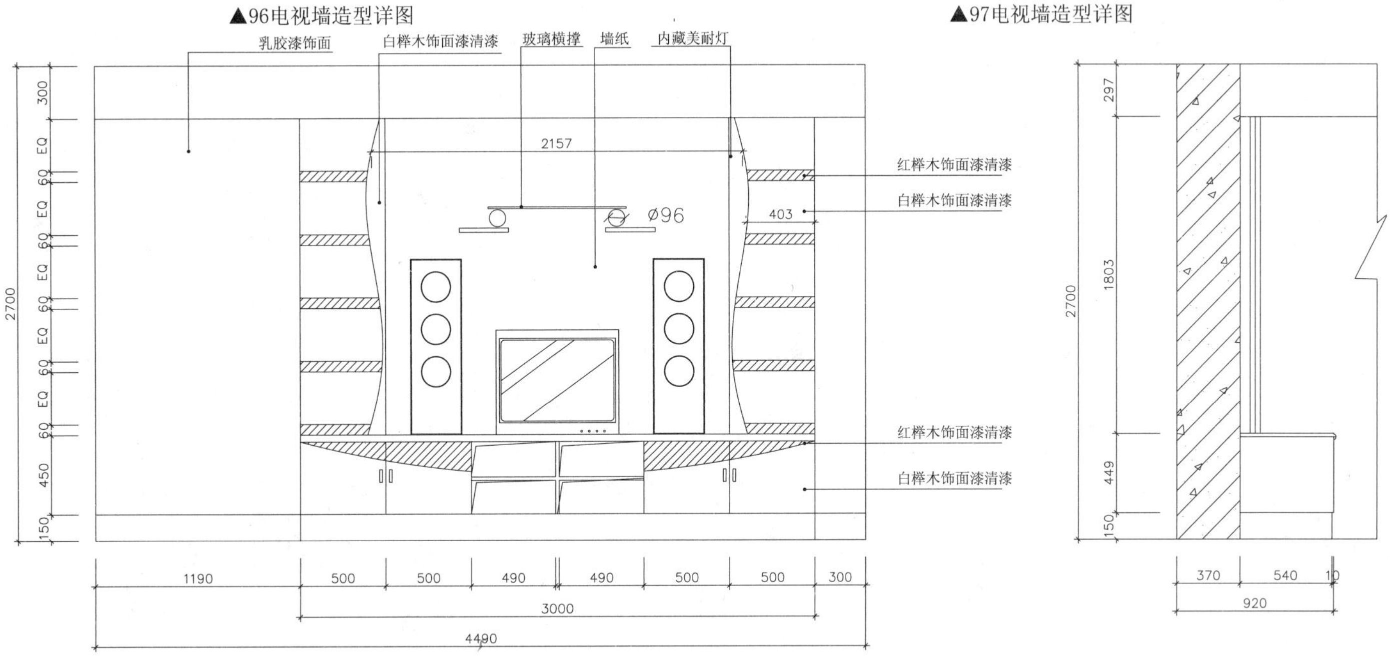
乳胶漆饰面
白榉木饰面漆清漆
玻璃横撑
墙纸
内藏美耐灯
红榉木饰面漆清漆
白榉木饰面漆清漆
红榉木饰面漆清漆
白榉木饰面漆清漆

▲98电视墙造型详图

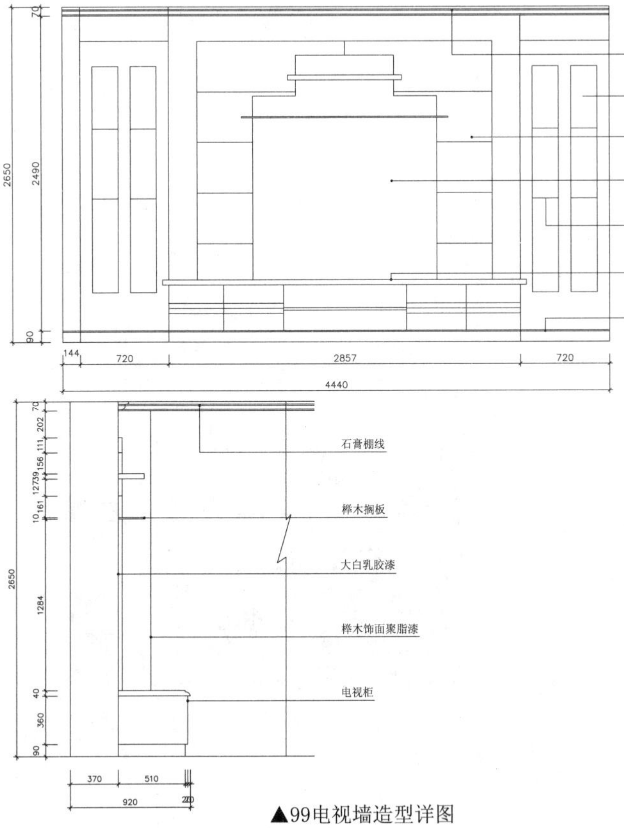
石膏棚线
玻璃门
榉木饰面聚脂漆
大白乳胶漆
榉木搁板
电视柜
踢脚板
石膏棚线
榉木搁板
大白乳胶漆
榉木饰面聚脂漆
电视柜

▲99电视墙造型详图

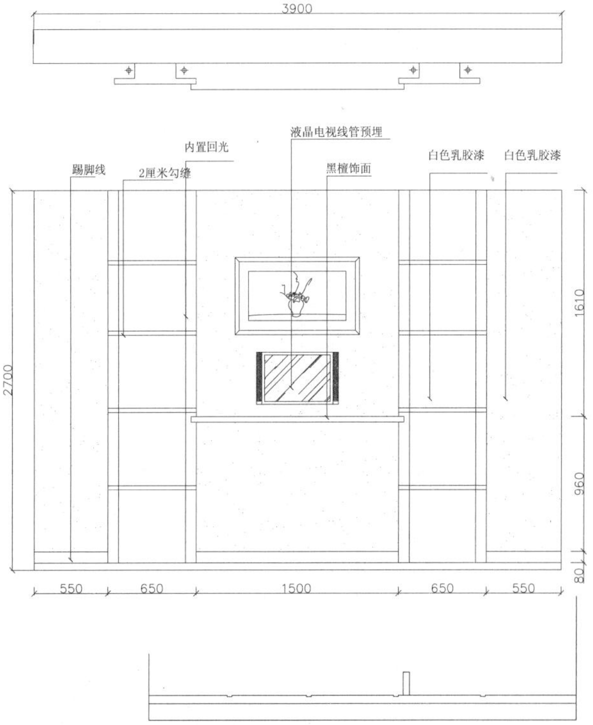
踢脚线
2厘米勾缝
内置回光
液晶电视线管预埋
黑檀饰面
白色乳胶漆
白色乳胶漆

▲100电视墙造型详图

本页解压密码: 81568984

电视背景墙

白色乳胶漆
暗藏日光灯带
射灯
玻璃夹
玻璃搁板
米黄色乳胶漆
米黄色乳胶漆
柚木夹板亚光清漆

木基层白色浑水漆
黑胡桃木夹板亚光清漆
木夹板冲直径6mm孔
木基层白色乳胶漆
筒灯

300 150120180
340
360
2500
950
500
200

150 702 636 24 636 702 150
3000

柚木夹板亚光清漆
砂钢成品拉手
柚木夹板亚光清漆
实木线条亚光清漆
柚木夹板亚光清漆
柚木夹板亚光清漆

ELEVATION
立面图

500
500
500
2500
500
500
120
380

500 2900
3400

10厘清玻璃

黑胡桃木夹板亚光清漆
暗藏灯带

ELEVATION
立面图

210 210 210
480 480
480 480
2200
480 480
480 480
550

750 750 750 750
3000

暗藏灯
勾黑缝
砂光不锈钢条亚光清漆
打孔不锈钢板
胡桃木夹板亚光清漆
爵士白石材台面
胡桃实木线亚光清漆
胡桃木夹板亚光清漆
胡桃实木线亚光清漆

40
600

ELEVATION
立面图

胡桃木夹板亚光清漆
射灯
清玻璃
12厘钢化玻璃
清玻璃
射灯
大花绿石材
清玻璃
大花绿石材台面
8厘玻璃搁板
清玻璃

80
620
1500
2800
500
100

80 520 520 536 248 536 520 520 80
1120 1320 1120
3560

8厘清玻璃
胡桃木夹板亚光清漆
胡桃木实木线条亚光清漆
胡桃木夹板亚光清漆
砂光不锈钢拉手

ELEVATION
立面图

15厘夹板烤漆
5厘磨砂玻璃
5厘磨砂玻璃
合金收条
15厘夹板烤漆
合金收条
直径40不锈钢管
5厘钢板

150 150
150
150
150
430
15
2150
715
150
120
150

150 150 150 150 150
750

120 5 750 5 120
450 100 450
1000

ELEVATION
立面图

樱桃木夹板亚光清漆
蓝色防火板
勾黑缝
磨砂玻璃
樱桃木夹板亚光清漆
樱桃木夹板亚光清漆
留缝勾黑
射灯
大理石台面
樱桃木夹板亚光清漆
筒灯
蓝色防火板

120
380
140 320
2800 2680
320

540 1200 1560 600 800
4700

ELEVATION
立面图

▲101电视背景墙详图

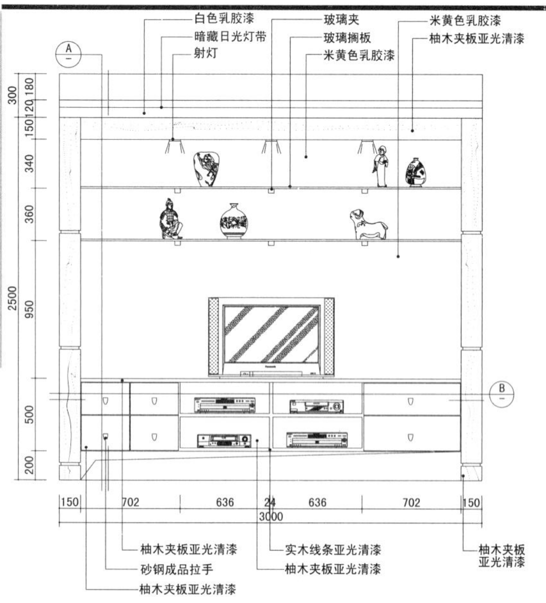

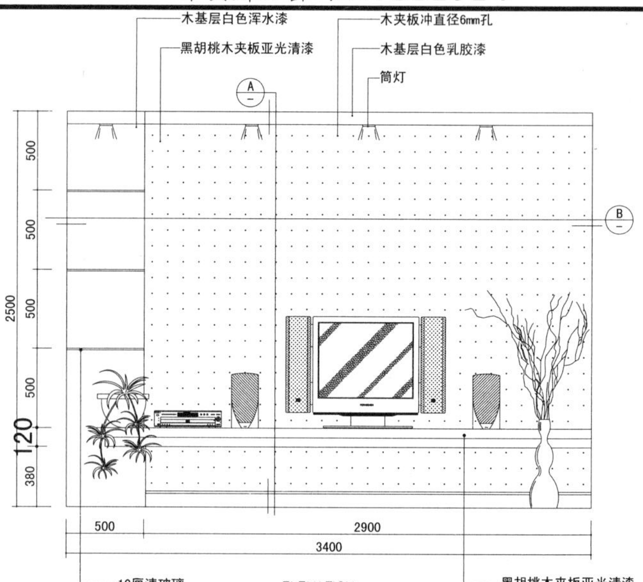

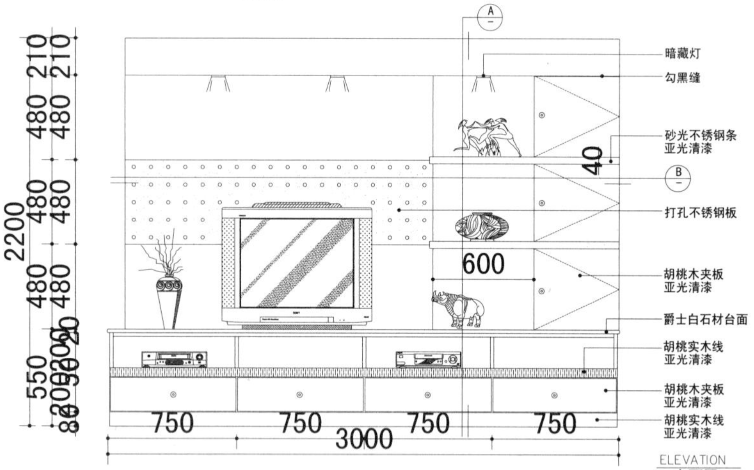

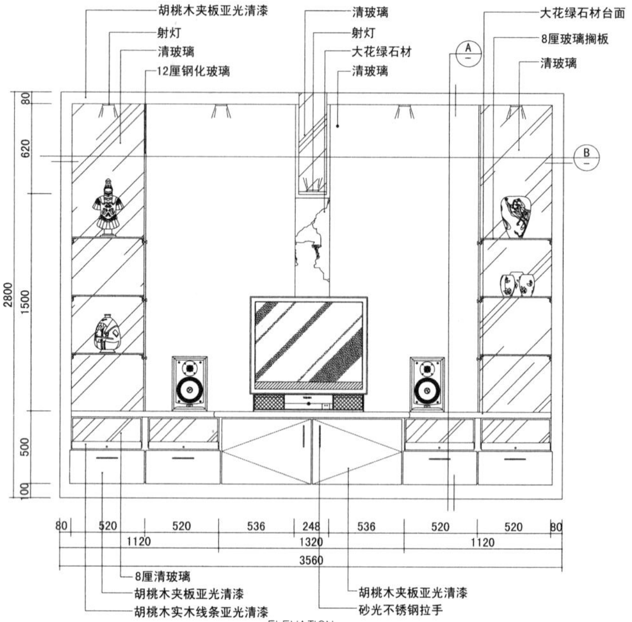

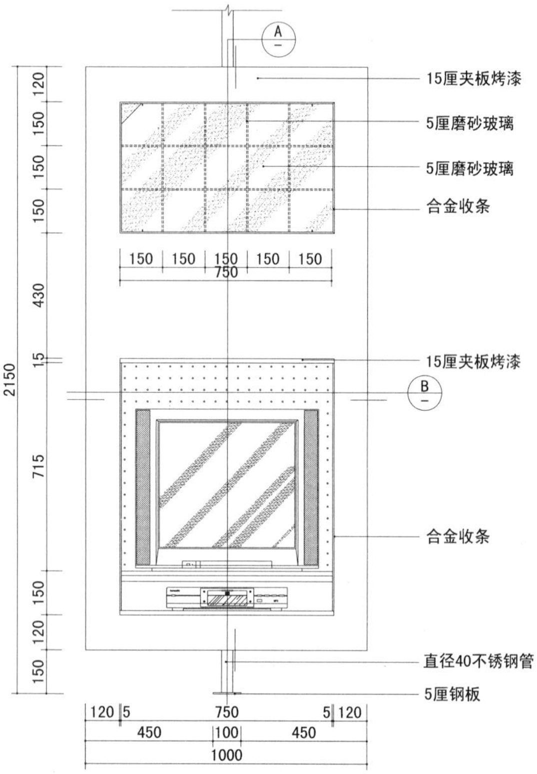

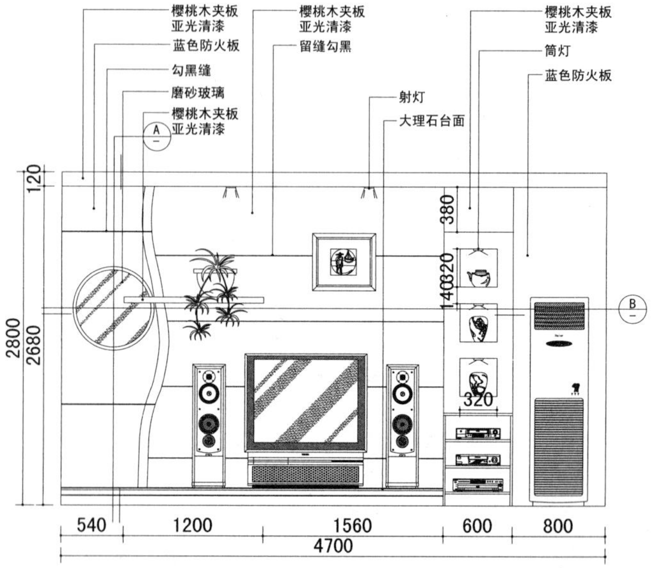

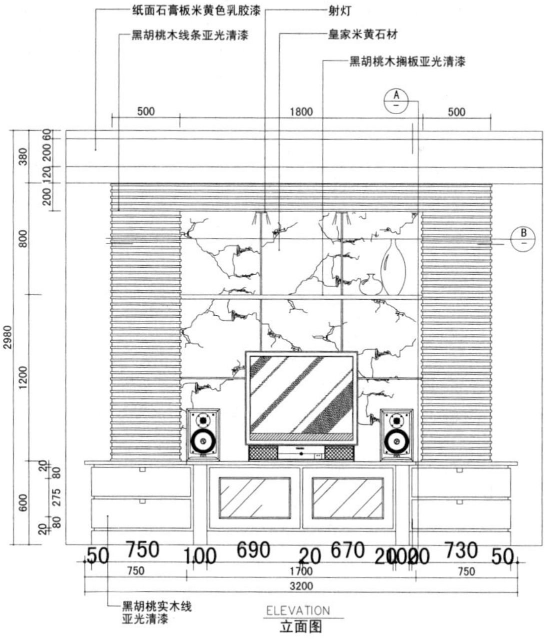
纸面石膏板米黄色乳胶漆
射灯
黑胡桃木线条亚光清漆
皇家米黄石材
黑胡桃木搁板亚光清漆
黑胡桃实木线
亚光清漆
ELEVATION
立面图

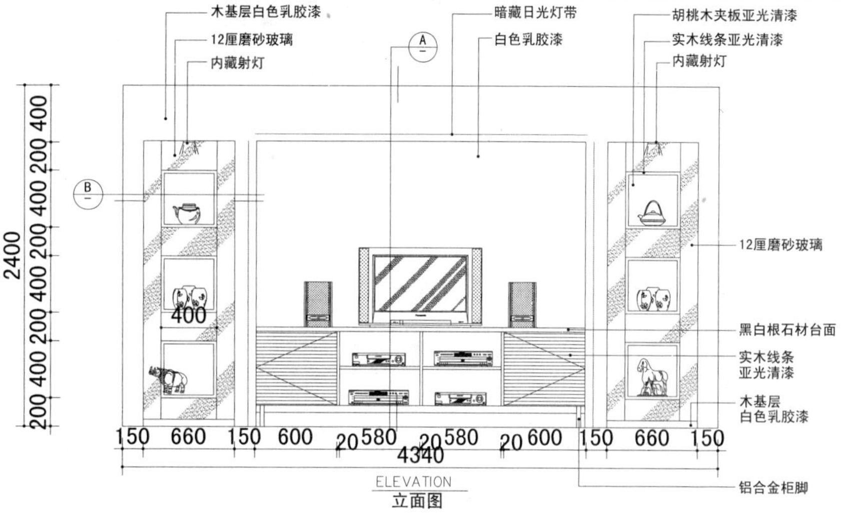
木基层白色乳胶漆
12厘磨砂玻璃
内藏射灯
暗藏日光灯带
白色乳胶漆
胡桃木夹板亚光清漆
实木线条亚光清漆
内藏射灯
12厘磨砂玻璃
黑白根石材台面
实木线条
亚光清漆
木基层
白色乳胶漆
铝合金柜脚
ELEVATION
立面图

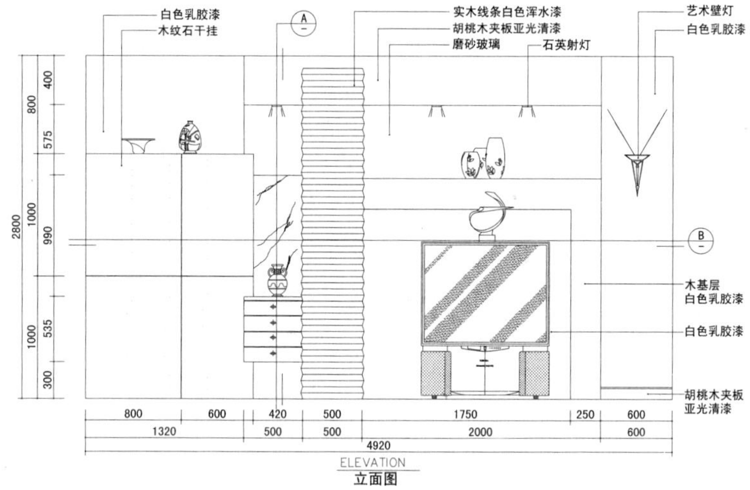
白色乳胶漆
木纹石干挂
实木线条白色浑水漆
胡桃木夹板亚光清漆
磨砂玻璃
石英射灯
艺术壁灯
白色乳胶漆
木基层
白色乳胶漆
白色乳胶漆
胡桃木夹板
亚光清漆
ELEVATION
立面图

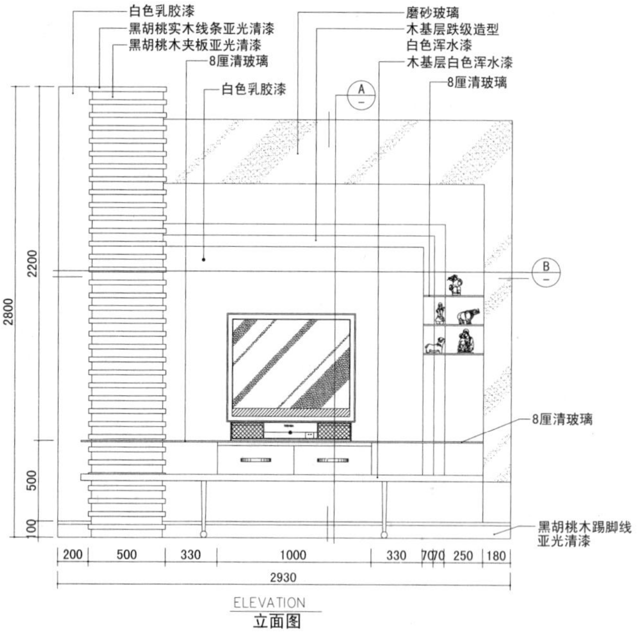
白色乳胶漆
黑胡桃实木线条亚光清漆
黑胡桃木夹板亚光清漆
8厘清玻璃
白色乳胶漆
磨砂玻璃
木基层跌级造型
白色浑水漆
木基层白色浑水漆
8厘清玻璃
8厘清玻璃
黑胡桃木踢脚线
亚光清漆
ELEVATION
立面图

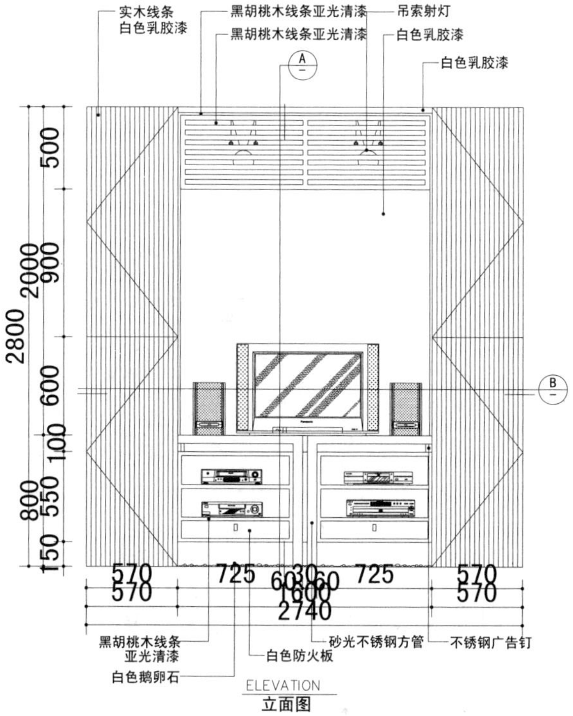
实木线条
白色乳胶漆
黑胡桃木线条亚光清漆
黑胡桃木线条亚光清漆
吊索射灯
白色乳胶漆
白色乳胶漆
黑胡桃木线条
亚光清漆
白色鹅卵石
白色防火板
砂光不锈钢方管
不锈钢广告钉
ELEVATION
立面图

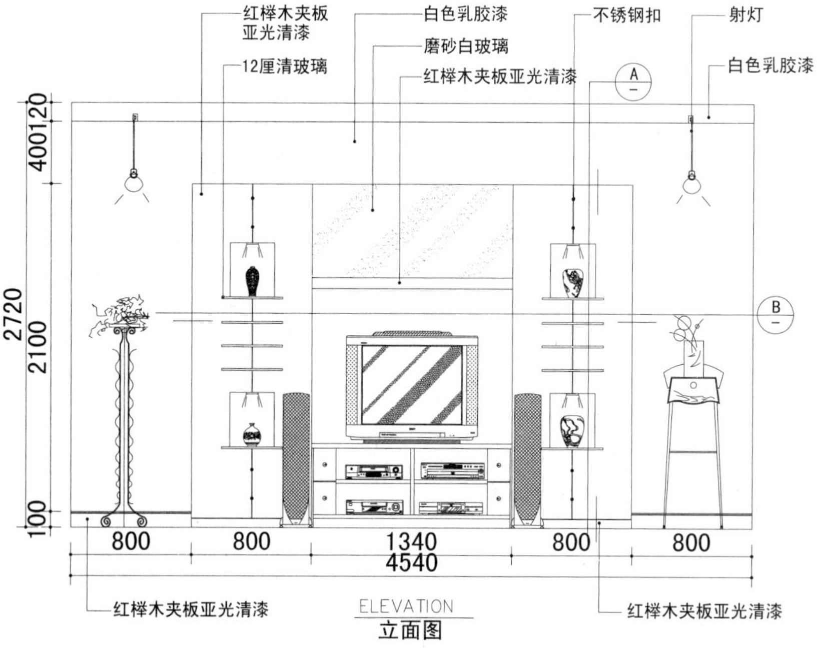
红榉木夹板
亚光清漆
12厘清玻璃
白色乳胶漆
磨砂白玻璃
红榉木夹板亚光清漆
不锈钢扣
射灯
白色乳胶漆
红榉木夹板亚光清漆
红榉木夹板亚光清漆
ELEVATION
立面图

▲101电视背景墙详图

电视背景墙

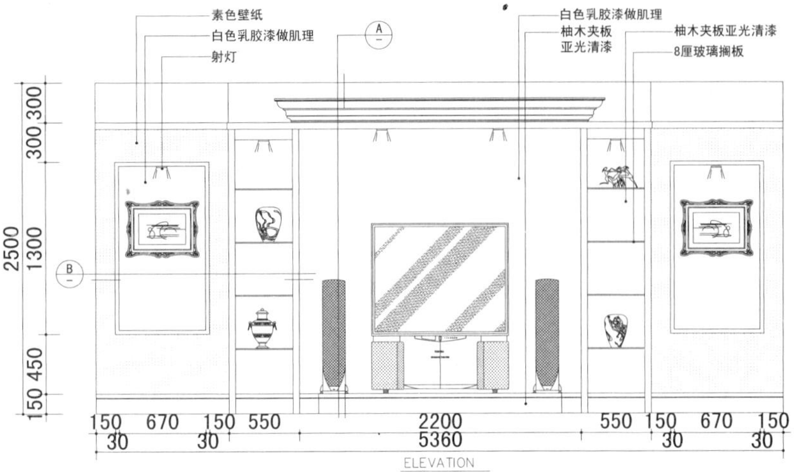

ELEVATION
立面图

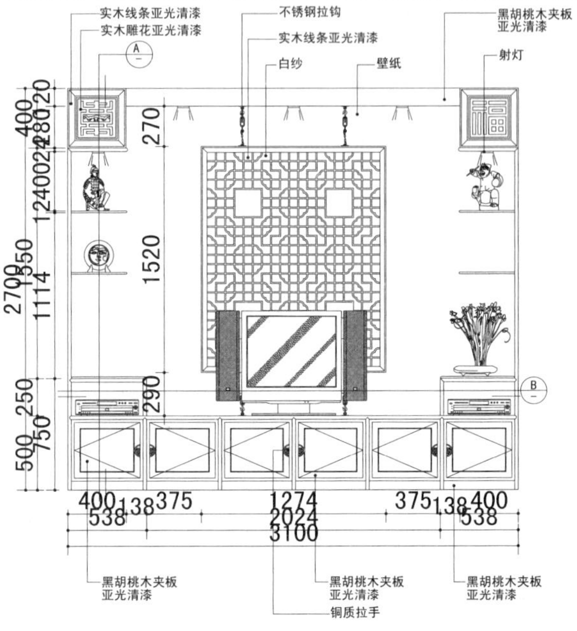

ELEVATION
立面图

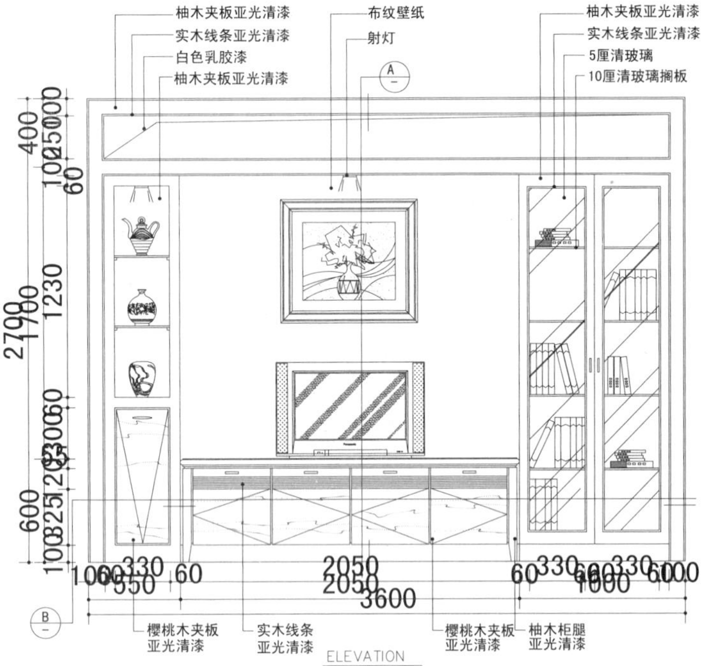

ELEVATION
立面图

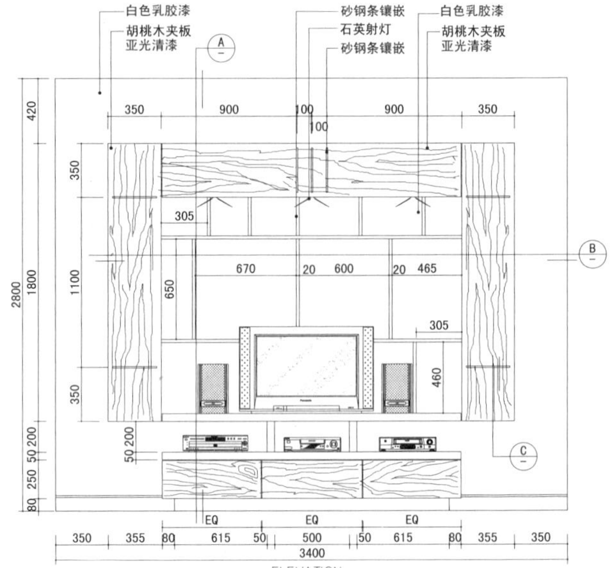

ELEVATION
立面图

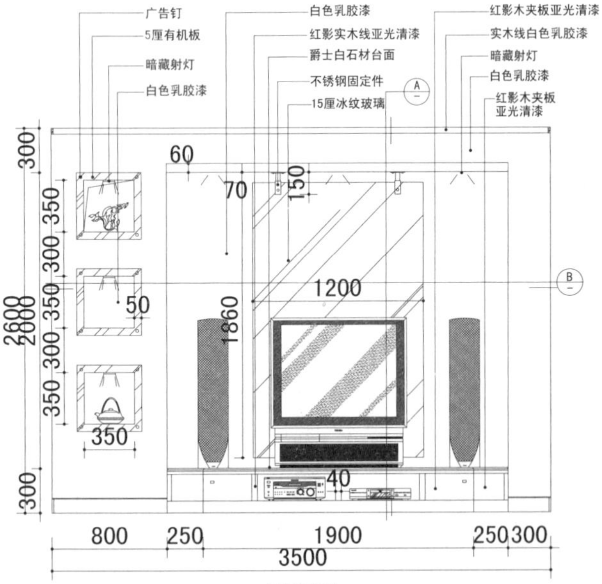

ELEVATION
立面图

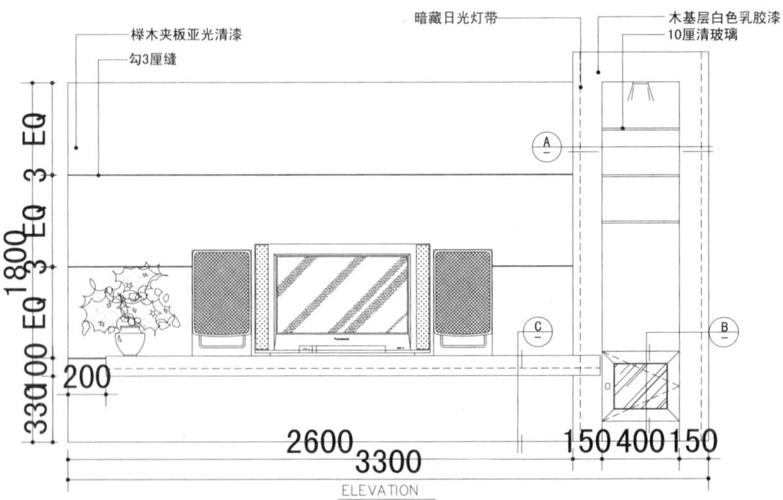

ELEVATION
立面图

▲101电视背景墙详图

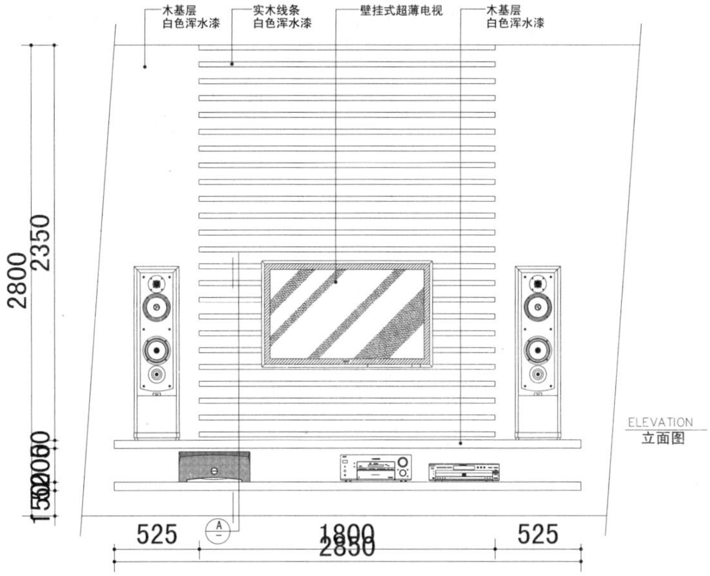
木基层
白色浑水漆
实木线条
白色浑水漆
壁挂式超薄电视
木基层
白色浑水漆
ELEVATION
立面图

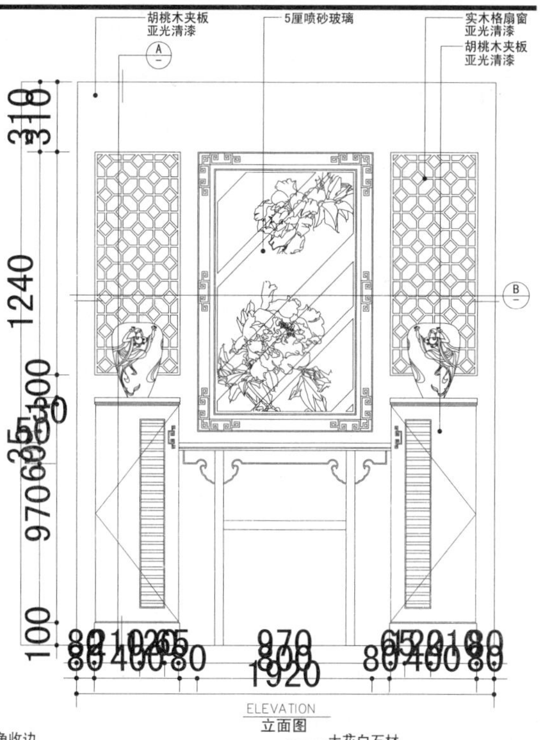
胡桃木夹板
亚光清漆
5厘喷砂玻璃
实木格扇窗
亚光清漆
胡桃木夹板
亚光清漆
ELEVATION
立面图

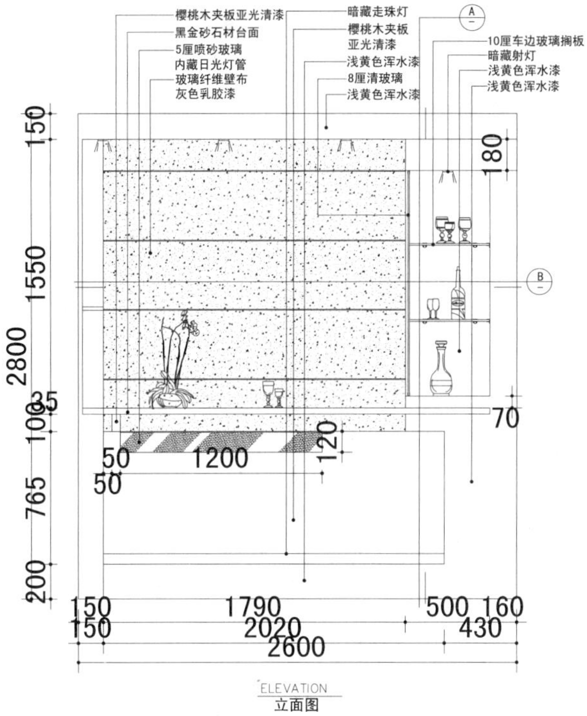
樱桃木夹板亚光清漆
黑金砂石材台面
5厘喷砂玻璃
内藏日光灯管
玻璃纤维壁布
灰色乳胶漆
暗藏走珠灯
樱桃木夹板
亚光清漆
浅黄色浑水漆
8厘清玻璃
浅黄色浑水漆
10厘车边玻璃搁板
暗藏射灯
浅黄色浑水漆
浅黄色浑水漆
ELEVATION
立面图

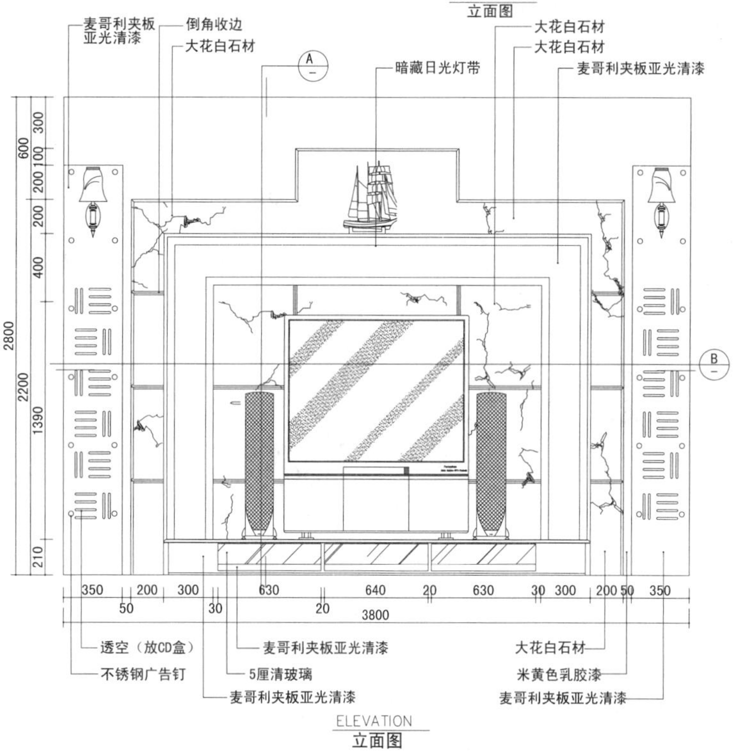
麦哥利夹板
亚光清漆
倒角收边
大花白石材
暗藏日光灯带
大花白石材
大花白石材
麦哥利夹板亚光清漆
透空（放CD盒）
不锈钢广告钉
麦哥利夹板亚光清漆
5厘清玻璃
麦哥利夹板亚光清漆
大花白石材
米黄色乳胶漆
麦哥利夹板亚光清漆
ELEVATION
立面图

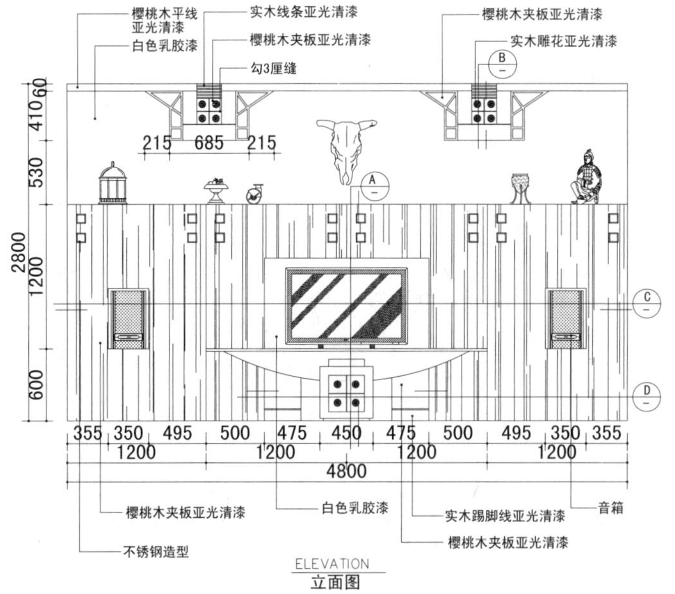
樱桃木平线
亚光清漆
白色乳胶漆
实木线条亚光清漆
樱桃木夹板亚光清漆
勾3厘缝
樱桃木夹板亚光清漆
实木雕花亚光清漆
樱桃木夹板亚光清漆
不锈钢造型
白色乳胶漆
实木踢脚线亚光清漆
樱桃木夹板亚光清漆
音箱
ELEVATION
立面图

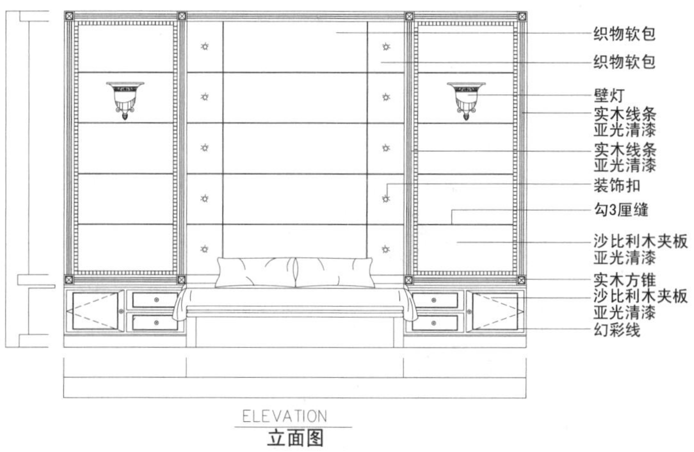
织物软包
织物软包
壁灯
实木线条
亚光清漆
实木线条
亚光清漆
装饰扣
勾3厘缝
沙比利木夹板
亚光清漆
实木方锥
沙比利木夹板
亚光清漆
幻彩线
ELEVATION
立面图

▲101电视背景墙详图

白色乳胶漆
白色浑水漆
勾8厘灰缝
樱桃木夹板亚光清漆
音箱嵌入
爵士白石材抽屉面
花岗岩火烧板
爵士白石材
樱桃木夹板亚光清漆
黄铜支撑件做防锈处理
ELEVATION
立面图
樱桃木夹板亚光清漆
樱桃木夹板竖纹亚光清漆
砂光不锈钢条
樱桃木夹板横纹亚光清漆
勾3厘缝
5厘清镜
樱桃木夹板横纹亚光清漆
ELEVATION
立面图
白色浑水漆
暗藏日光灯带
胡桃木夹板亚光清漆
银色防火板
胡桃木夹板亚光清漆
ELEVATION
立面图
9厘夹板不锈钢板
白色乳胶漆
不锈钢固件
5厘磨砂玻璃
清玻璃
广告钉
浅色壁纸
射灯
大花白石材
宝石蓝防火板
9厘夹板不锈钢板
不锈钢柱脚
榉木夹板
ELEVATION
正立面图
白色乳胶漆
不锈钢吊件
白色真丝布
射灯
弧形砂钢不锈钢板
不锈钢柱
胡桃木夹板亚光清漆
暗藏日光灯带
实木踢脚线白色浑水漆
实木线白色浑水漆
ELEVATION
立面图
10厘玻璃搁板
塑铝板
不锈钢管
白色乳胶漆
暗藏日光灯带
杉木板亚光清漆
10厘清玻璃
ELEVATION
立面图

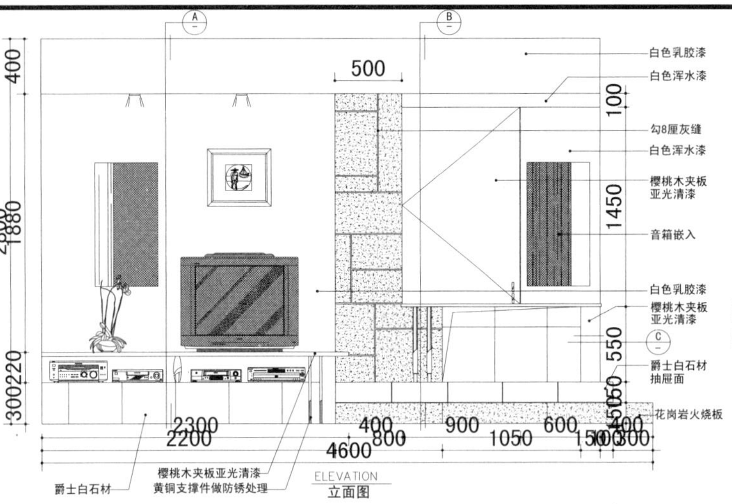

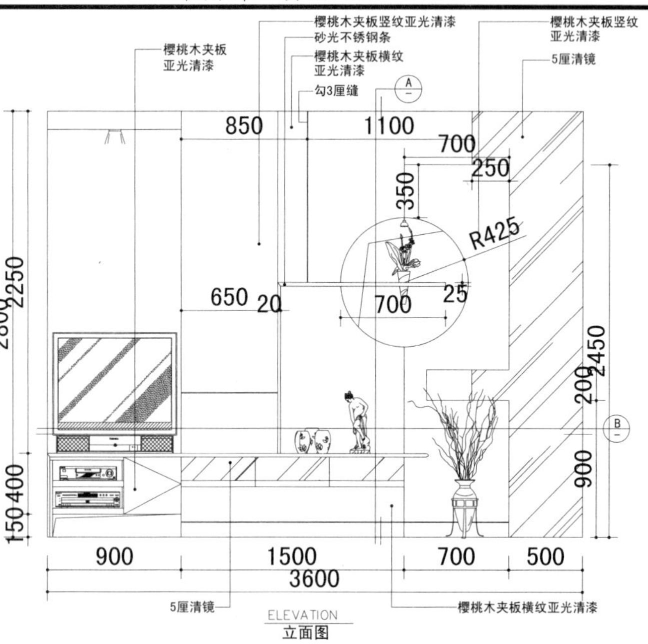

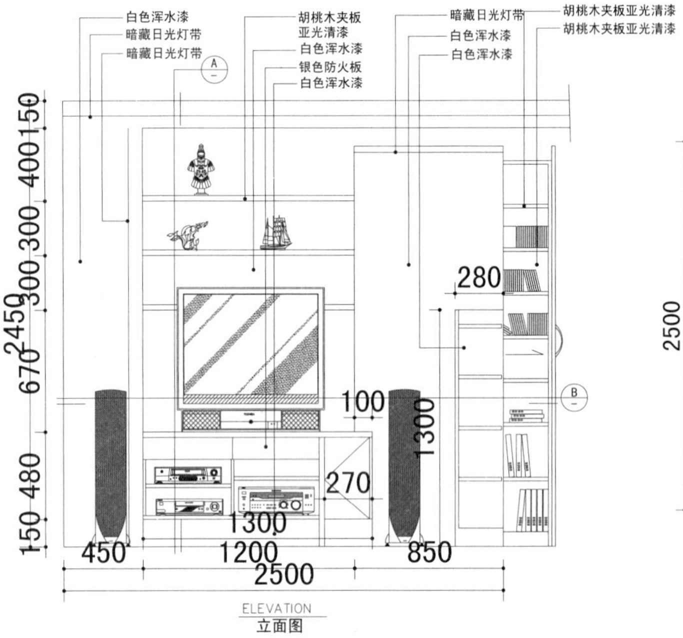

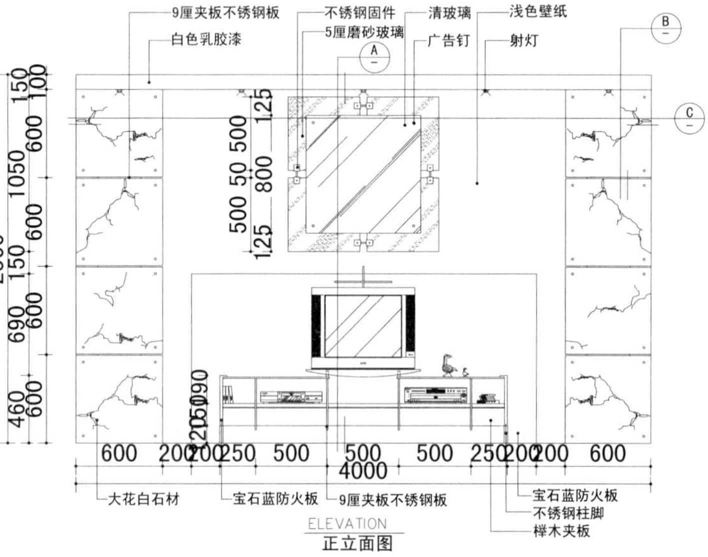

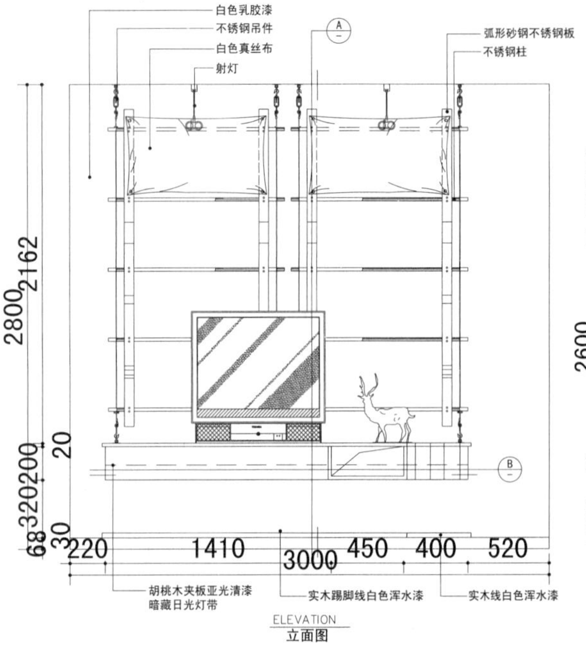

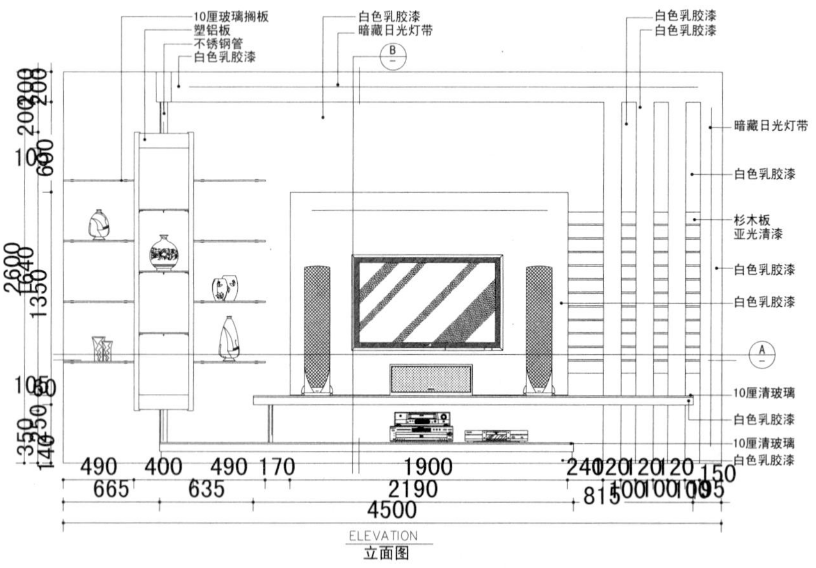

▲101电视背景墙详图

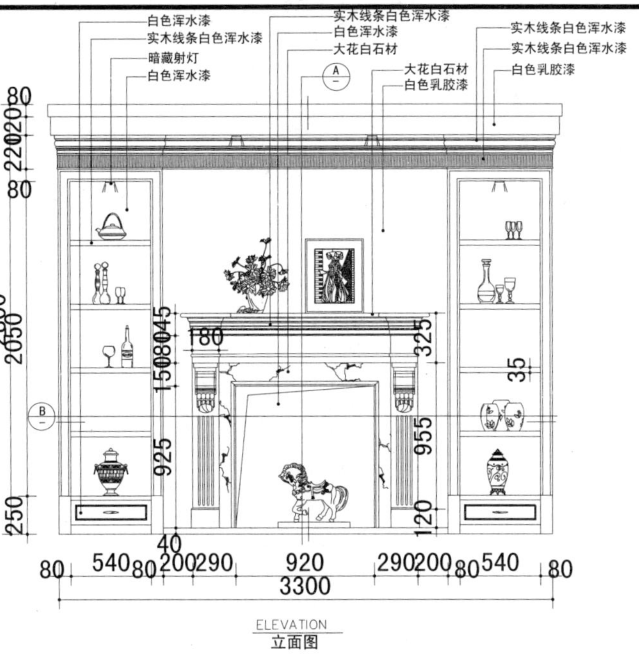
白色浑水漆
实木线条白色浑水漆
暗藏射灯
白色浑水漆
实木线条白色浑水漆
白色浑水漆
大花白石材
大花白石材
白色乳胶漆
实木线条白色浑水漆
实木线条白色浑水漆
白色乳胶漆
ELEVATION
立面图

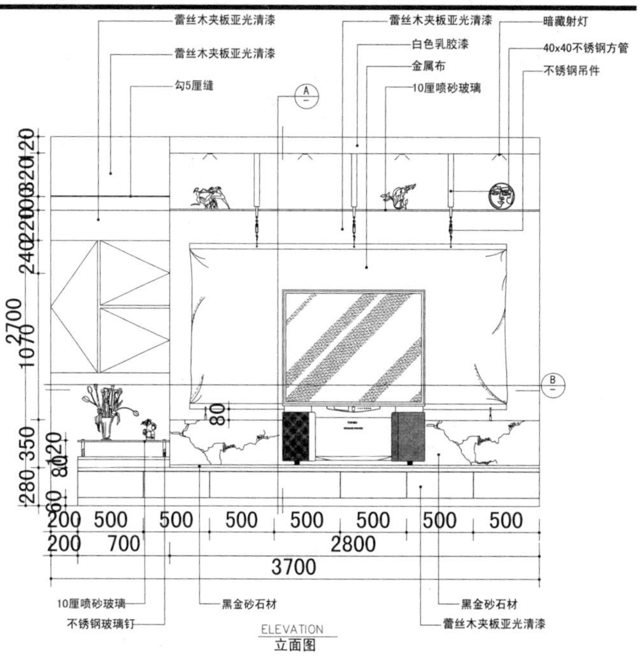
蕾丝木夹板亚光清漆
蕾丝木夹板亚光清漆
勾5厘缝
蕾丝木夹板亚光清漆
白色乳胶漆
金属布
10厘喷砂玻璃
暗藏射灯
40x40不锈钢方管
不锈钢吊件
10厘喷砂玻璃
不锈钢玻璃钉
黑金砂石材
黑金砂石材
蕾丝木夹板亚光清漆
ELEVATION
立面图

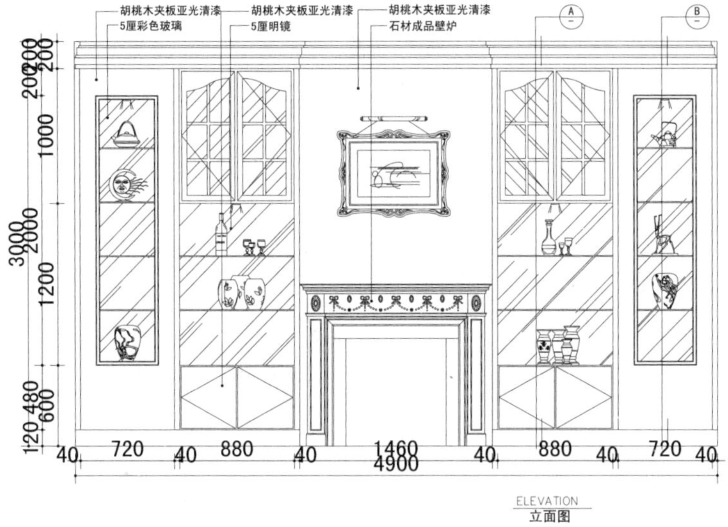
胡桃木夹板亚光清漆
5厘彩色玻璃
胡桃木夹板亚光清漆
5厘明镜
胡桃木夹板亚光清漆
石材成品壁炉
ELEVATION
立面图

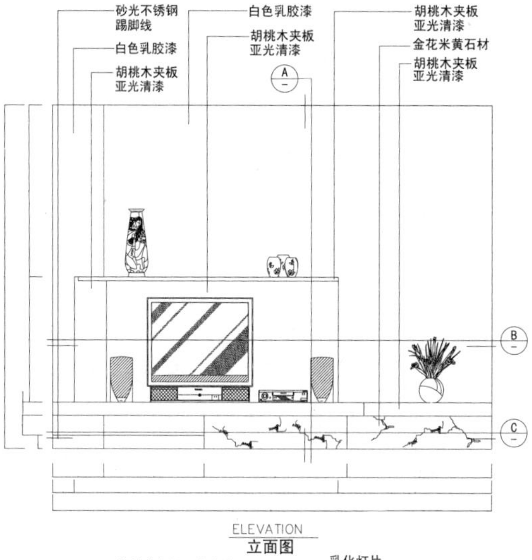
砂光不锈钢
踢脚线
白色乳胶漆
胡桃木夹板
亚光清漆
白色乳胶漆
胡桃木夹板
亚光清漆
胡桃木夹板
亚光清漆
金花米黄石材
胡桃木夹板
亚光清漆
ELEVATION
立面图

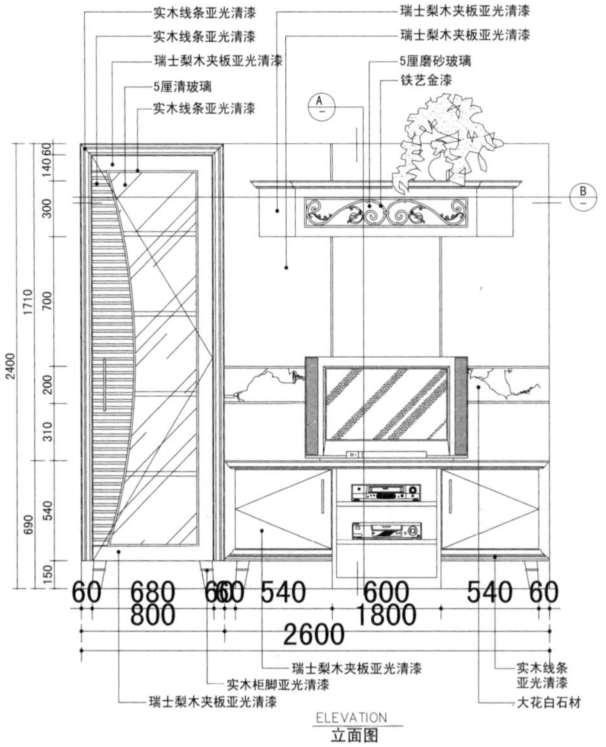
实木线条亚光清漆
实木线条亚光清漆
瑞士梨木夹板亚光清漆
5厘清玻璃
实木线条亚光清漆
瑞士梨木夹板亚光清漆
瑞士梨木夹板亚光清漆
5厘磨砂玻璃
铁艺金漆
瑞士梨木夹板亚光清漆
实木柜脚亚光清漆
瑞士梨木夹板亚光清漆
实木线条
亚光清漆
大花白石材
ELEVATION
立面图

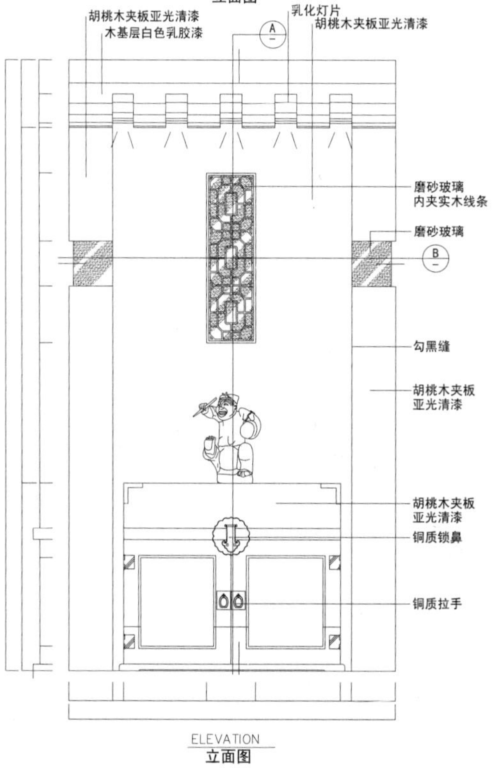
胡桃木夹板亚光清漆
木基层白色乳胶漆
乳化灯片
胡桃木夹板亚光清漆
磨砂玻璃
内夹实木线条
磨砂玻璃
勾黑缝
胡桃木夹板
亚光清漆
胡桃木夹板
亚光清漆
铜质锁鼻
铜质拉手
ELEVATION
立面图

▲101电视背景墙详图

第一个立面图（左上）

黑金砂石材面　胡桃木夹板亚光清漆　胡桃木夹板亚光清漆　白色乳胶漆　射灯　实木线条亚光清漆

胡桃木夹板亚光清漆　胡桃木夹板亚光清漆　黑金砂石材

尺寸: 580　1420　1784　1376　5160

2800　200　550　400　730　770　150

ELEVATION 立面图

第二个立面图（右上）

蓝色防火板　蓝色防火板　白色浑水漆　不锈钢支架　8厘车边玻璃　大花白石材　勾黑缝　蓝色防火板　蓝色防火板

ELEVATION 立面图

第三个立面图（左中）

暗藏日光灯带　白色乳胶漆　黑胡桃实木线亚光清漆　白色乳胶漆　黑胡桃木夹板亚光清漆　射灯　黑胡桃实木线亚光清漆　黑胡桃木搁板亚光清漆　砂光不锈钢　砂光不锈钢条

尺寸: 1710　470　2000　590　440　3500

2400　500　35　1265　350　200　50

ELEVATION 立面图

第四个立面图（右中）

倒斜边　金花米黄石材　木基层白色乳胶漆　暗藏灯带　白色乳胶漆　压花玻璃　金花米黄石材　沙比利木夹板亚光清漆　沙比利木夹板亚光清漆　沙比利木夹板亚光清漆

750　1000　750　800　1900　1500

2800　200　170　900　610　120　830

500　900　100　700　100　2500　2500　4200　100　550　1000　350

沙比利木夹板亚光清漆　沙比利木夹板亚光清漆　20×20砂钢方管

ELEVATION 立面图

第五个立面图（左下）

白色乳胶漆　实木线条亚光清漆　红影木夹板亚光清漆　5厘磨砂玻璃　白色乳胶漆　不锈钢拉手　红影木夹板亚光清漆

尺寸: 450　442　108　642　1016　1420　8　442　450

450　550　1300　550　450　3300

2700　1190　350　900　600　20

白色乳胶漆　红影木夹板亚光清漆　5厘磨砂玻璃　爵士白石材台面　红影木夹板亚光清漆

ELEVATION 立面图

第六个立面图（右下）

白色乳胶漆　黑胡桃木夹板亚光清漆　12厘车边玻璃　12厘玻璃搁板　射灯　190×190玻璃砖　黑金砂石材　白色乳胶漆　爵士白石材　直径16mm冲孔　暗藏日光灯带　黑胡桃木夹板亚光清漆

460　460　460　460　2600　560　200

400　230　570　500　2200　500　570　230　400　5600

爵士白石材

ELEVATION 立面图

▲101电视背景墙详图

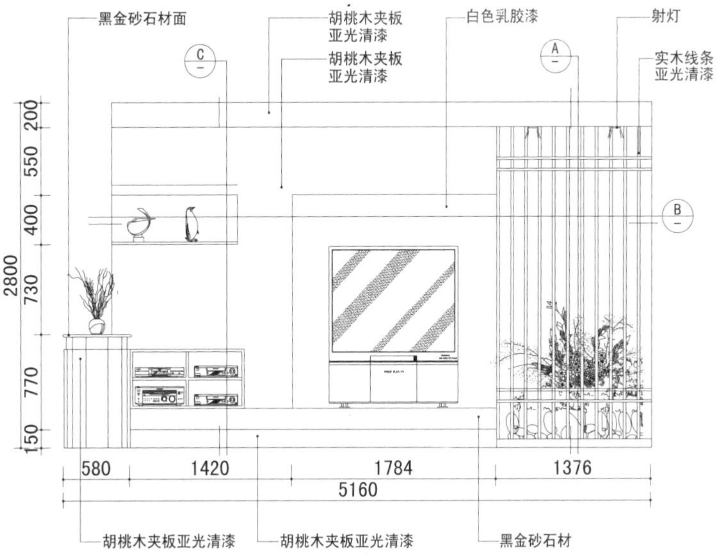

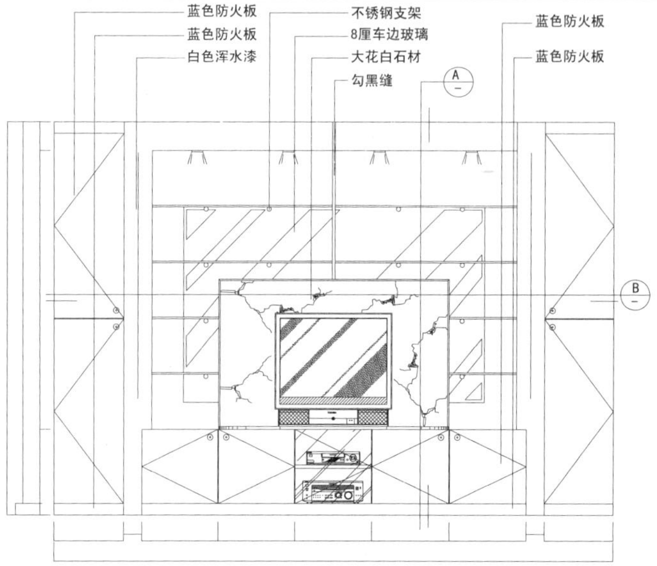

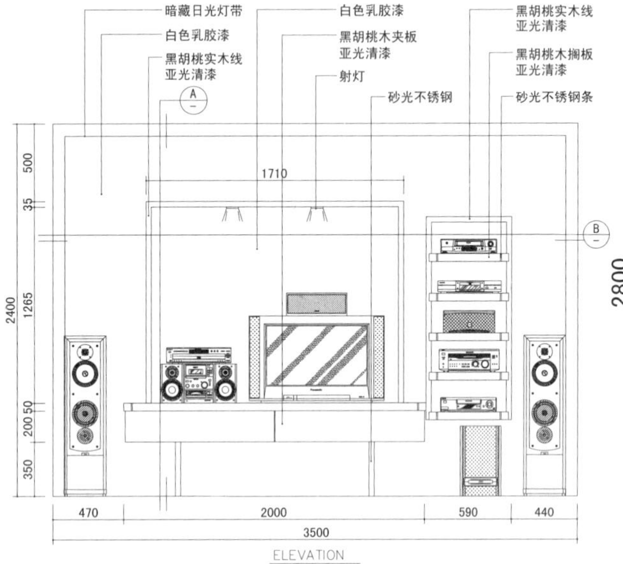

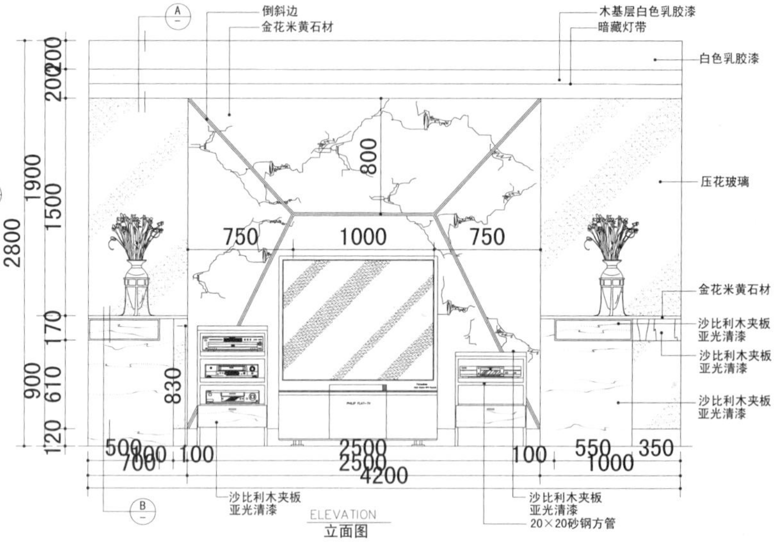

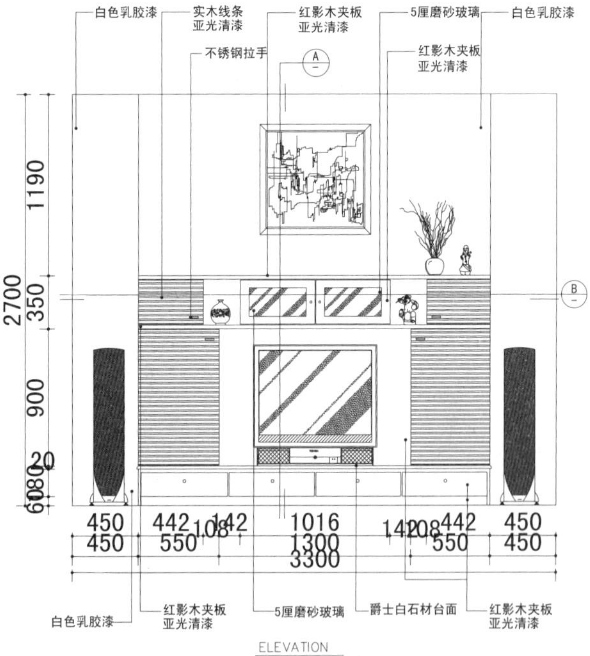

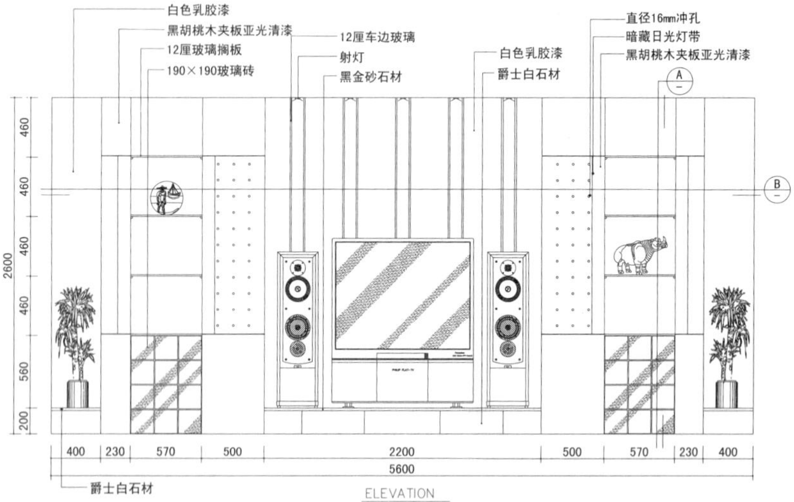

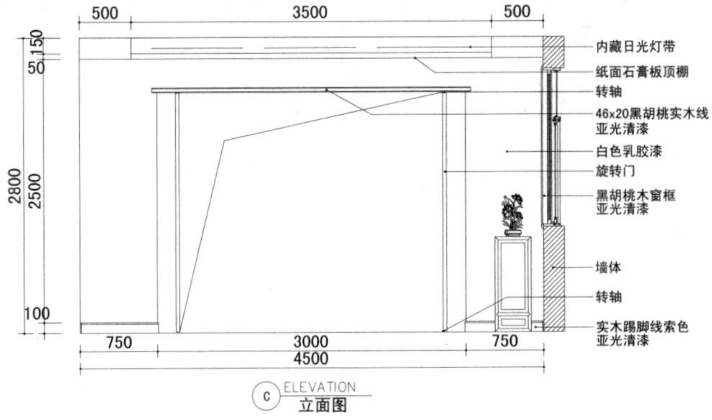

▲101电视背景墙详图

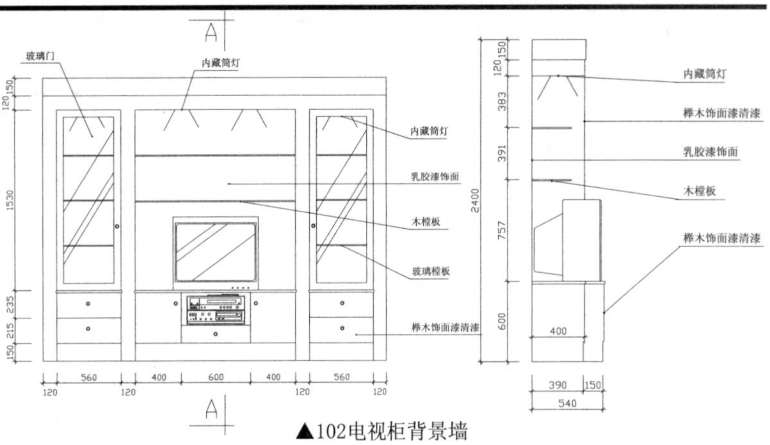

▲102电视柜背景墙

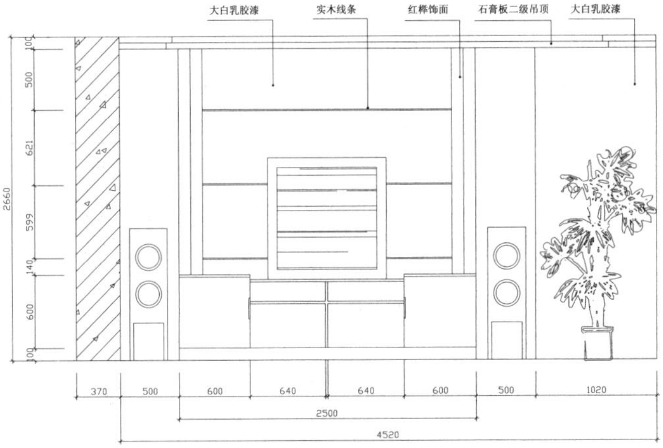

▲103电视柜背景墙

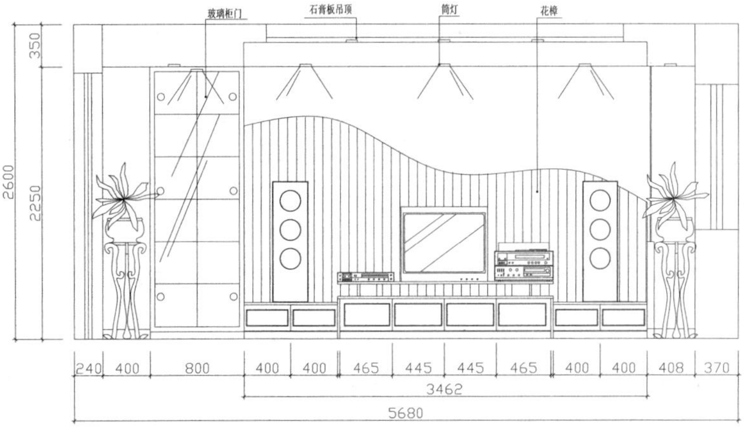

▲104电视柜背景墙

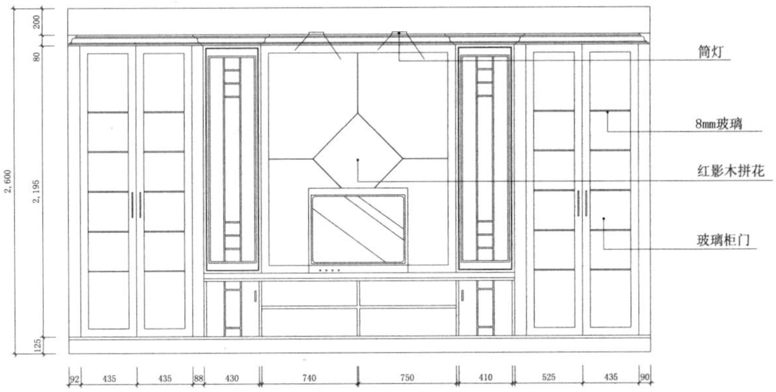

▲105电视柜背景墙

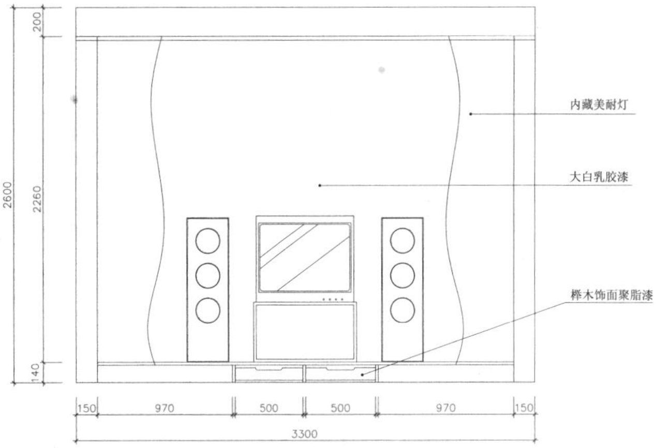

▲106电视柜背景墙

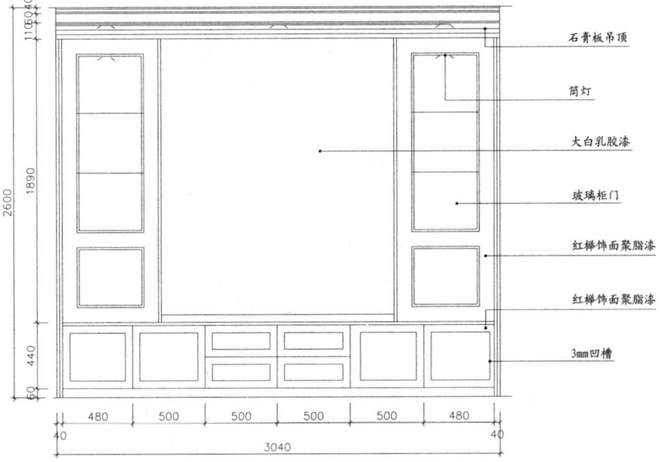

▲107电视柜背景墙

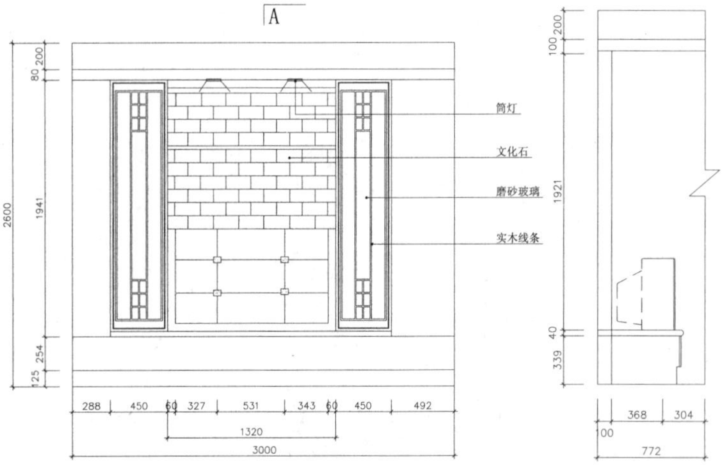

▲108电视柜背景墙

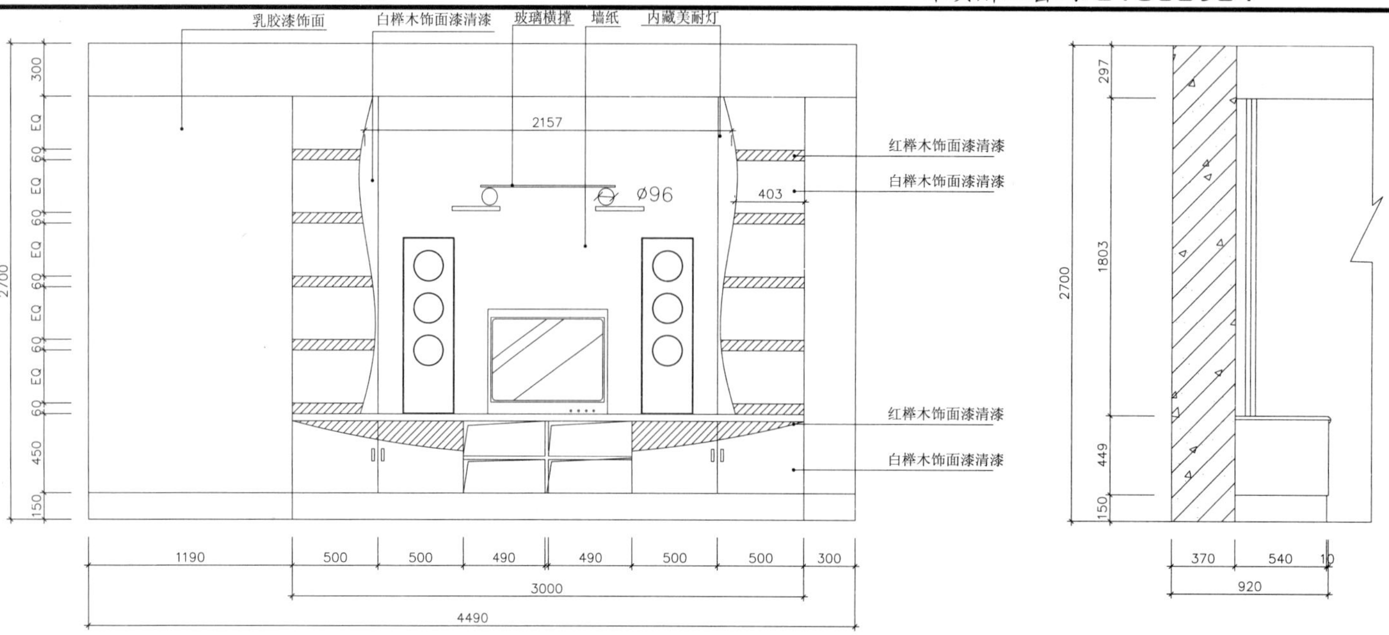
乳胶漆饰面
白榉木饰面漆清漆
玻璃横撑
墙纸
内藏美耐灯
红榉木饰面漆清漆
白榉木饰面漆清漆
红榉木饰面漆清漆
白榉木饰面漆清漆

▲109电视柜背景墙

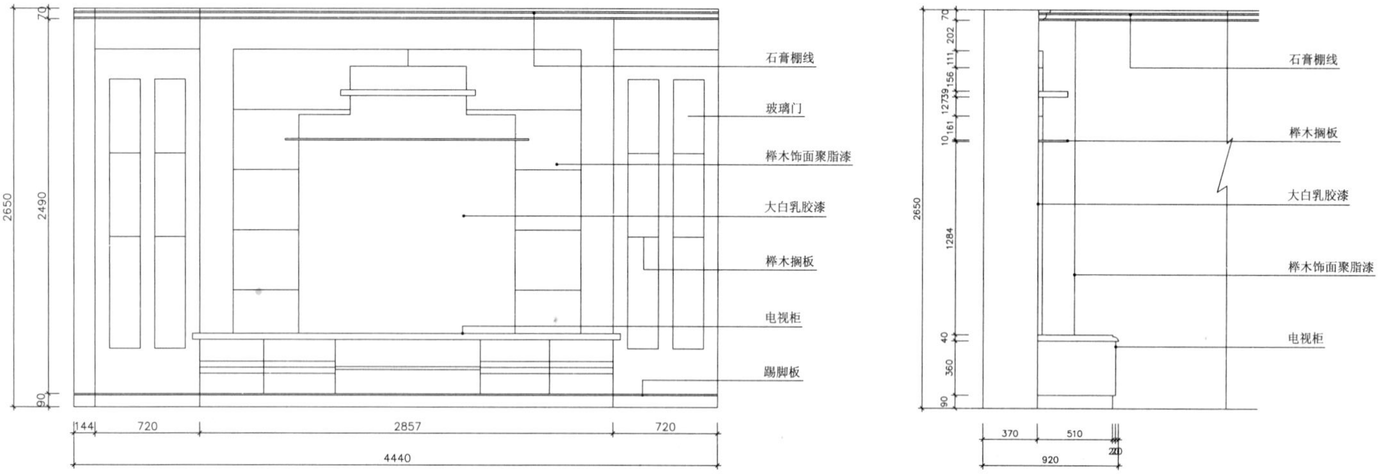
石膏棚线
玻璃门
榉木饰面聚脂漆
大白乳胶漆
榉木搁板
电视柜
踢脚板
石膏棚线
榉木搁板
大白乳胶漆
榉木饰面聚脂漆
电视柜

▲110电视柜背景墙

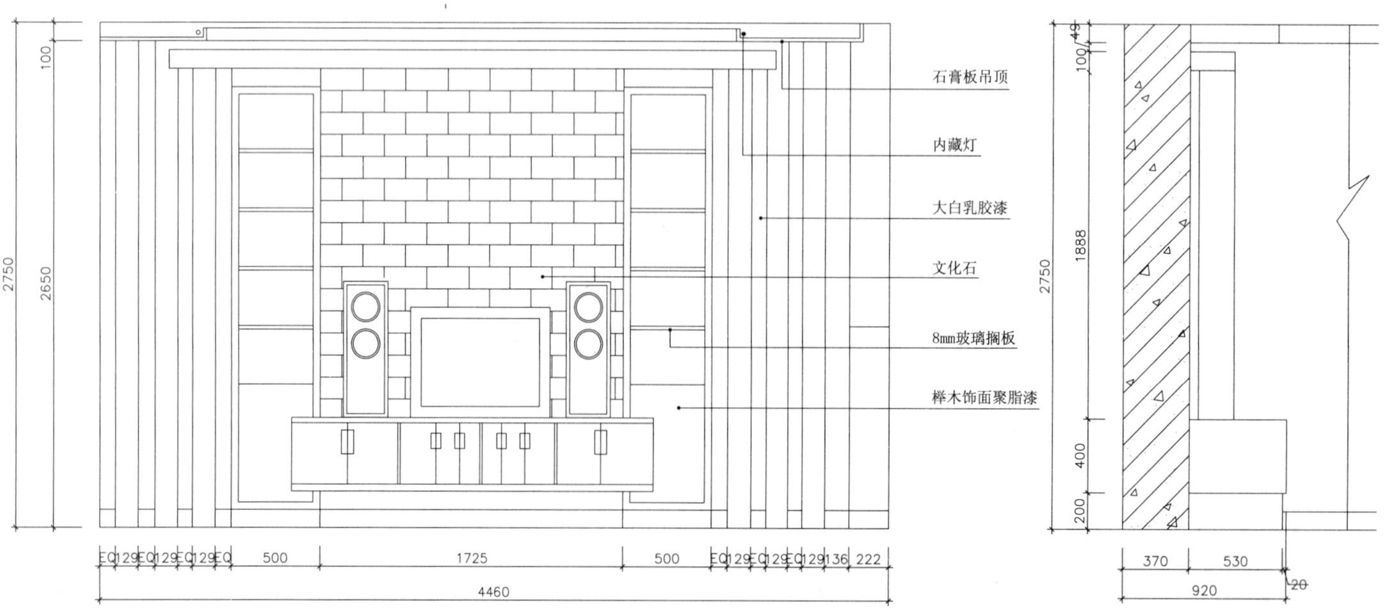
石膏板吊顶
内藏灯
大白乳胶漆
文化石
8mm玻璃搁板
榉木饰面聚脂漆

▲111电视柜背景墙

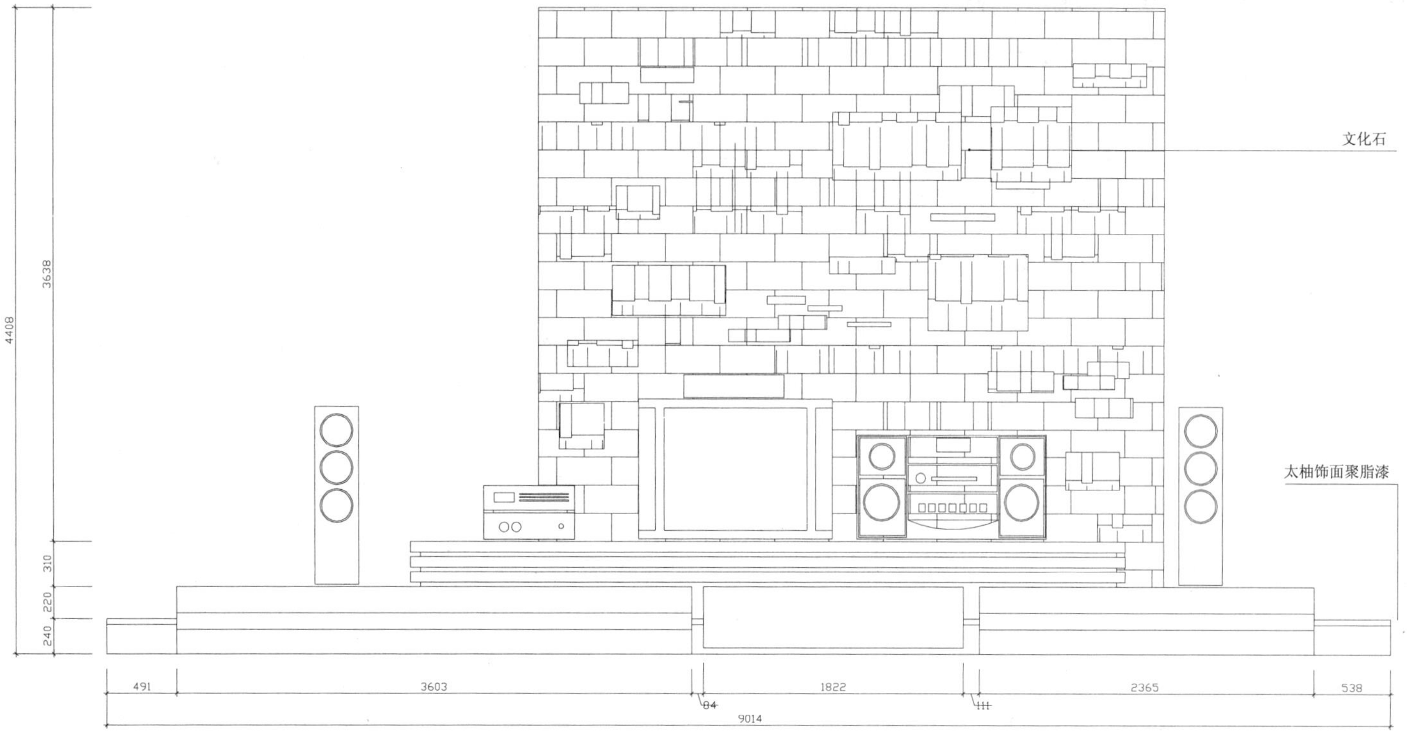

▲112电视柜背景墙

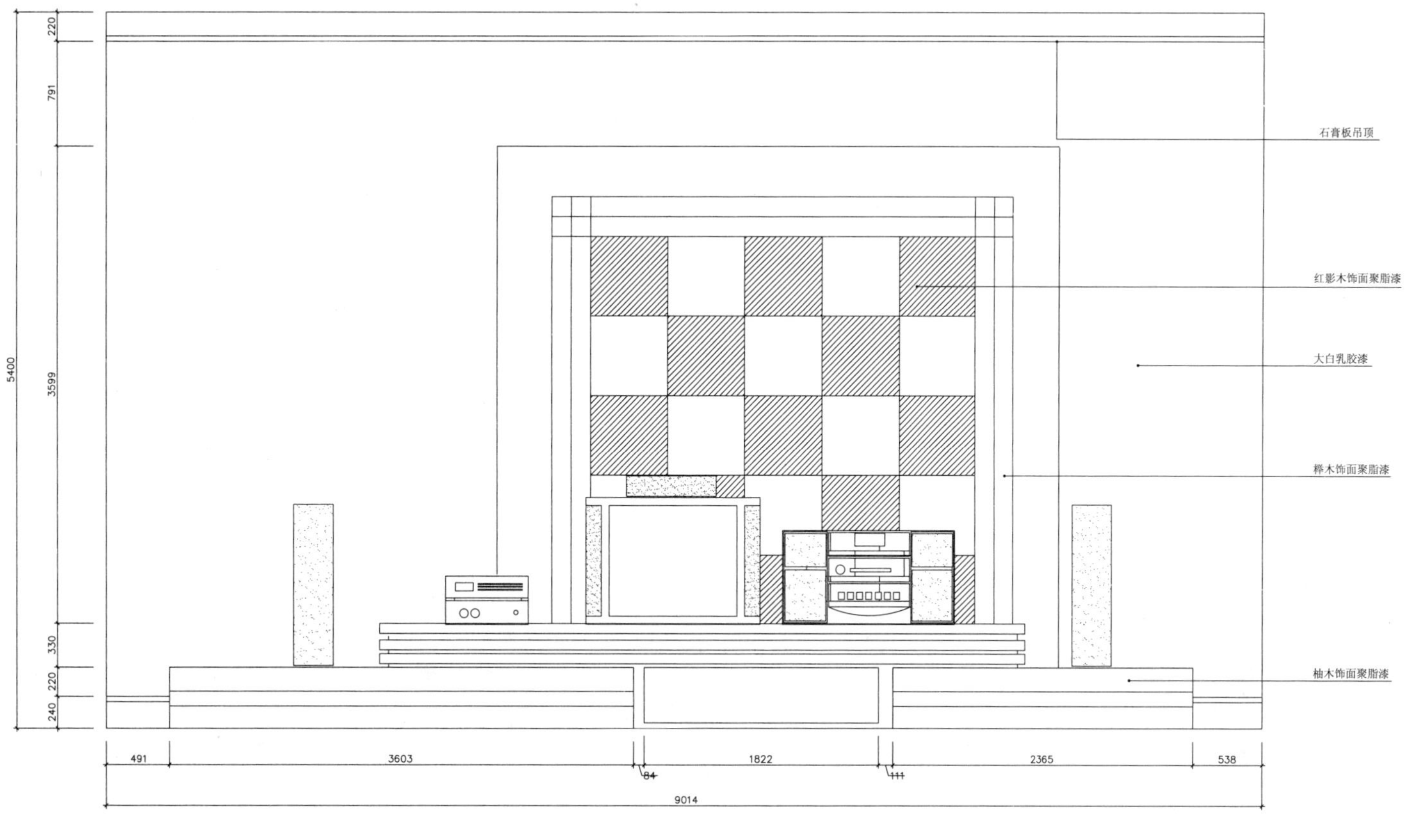

▲113电视柜背景墙

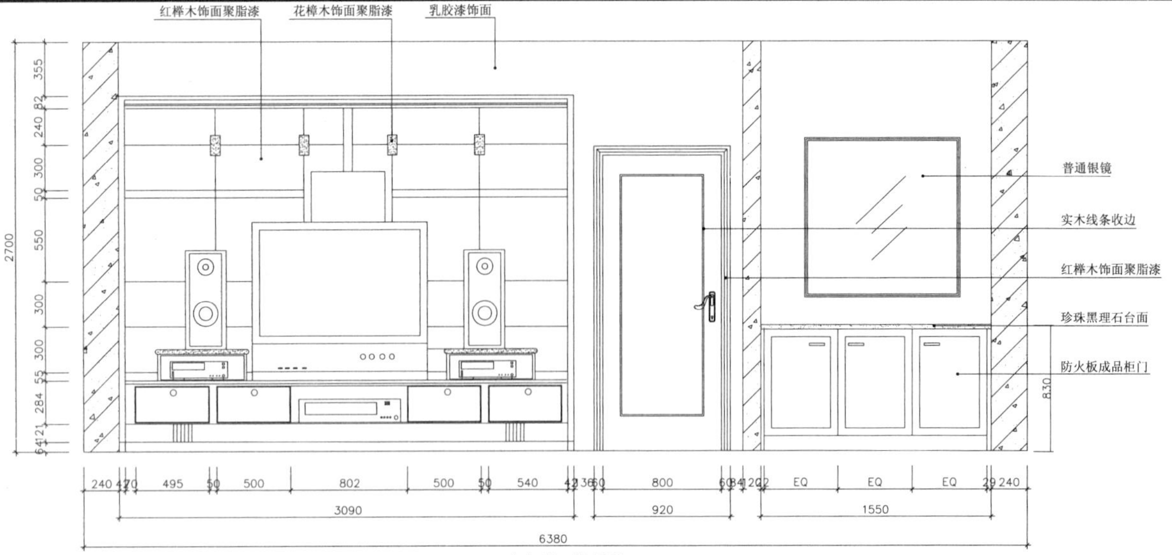
红榉木饰面聚脂漆
花榉木饰面聚脂漆
乳胶漆饰面
普通银镜
实木线条收边
红榉木饰面聚脂漆
珍珠黑理石台面
防火板成品柜门

▲114电视柜背景墙

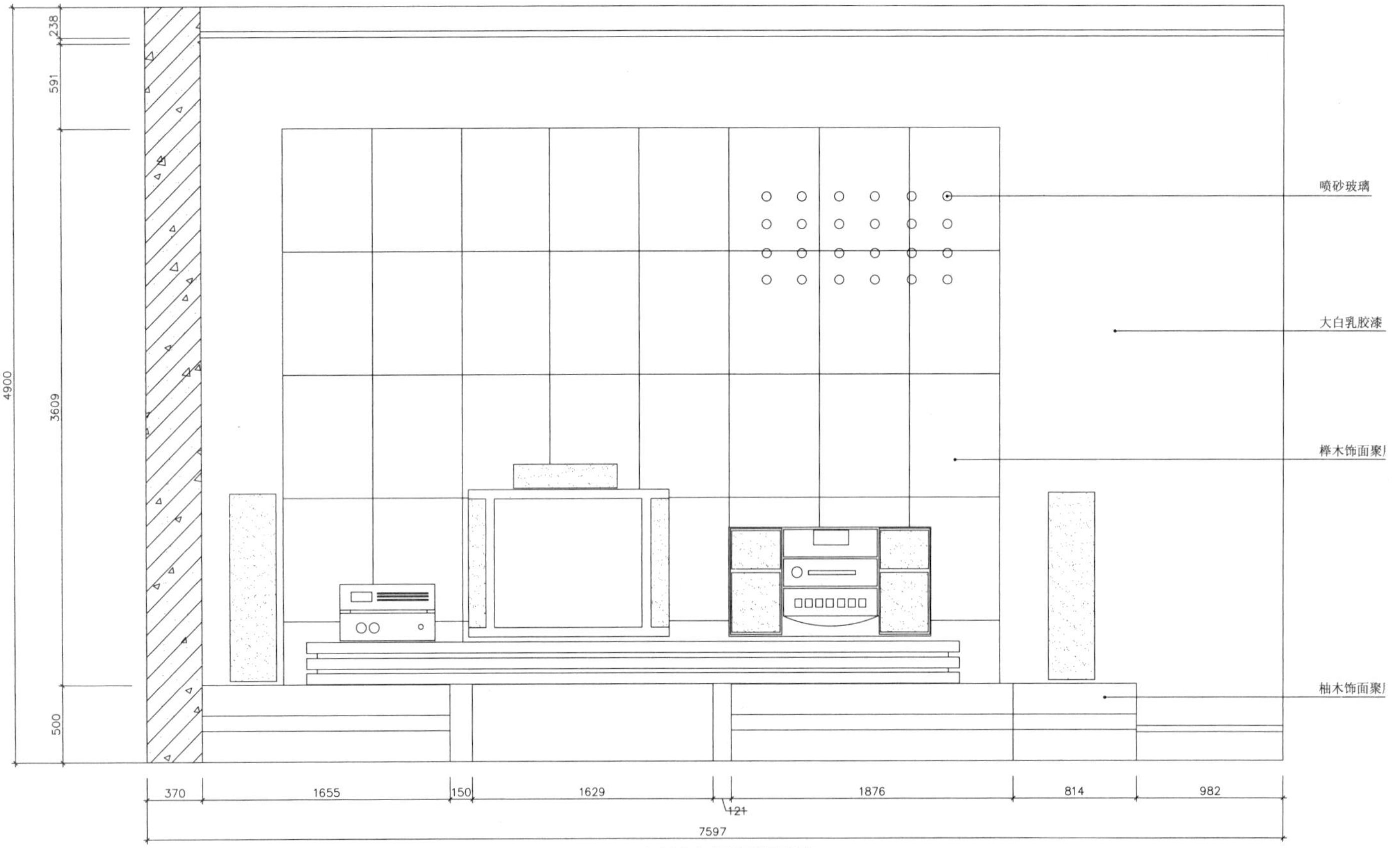
喷砂玻璃
大白乳胶漆
榉木饰面聚
柚木饰面聚

▲115电视柜背景墙

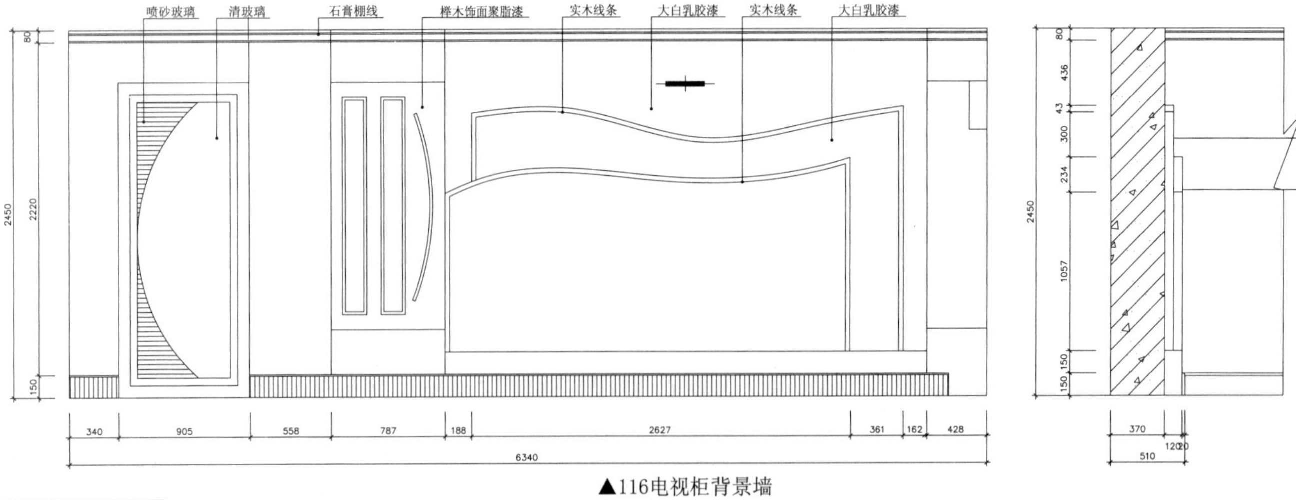
喷砂玻璃
清玻璃
石膏棚线
榉木饰面聚脂漆
实木线条
大白乳胶漆
实木线条
大白乳胶漆
大白乳胶漆
实木线条

▲116电视柜背景墙

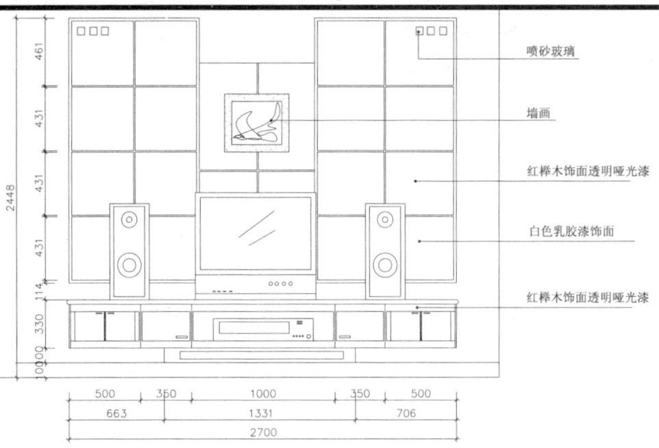

▲117电视柜背景墙

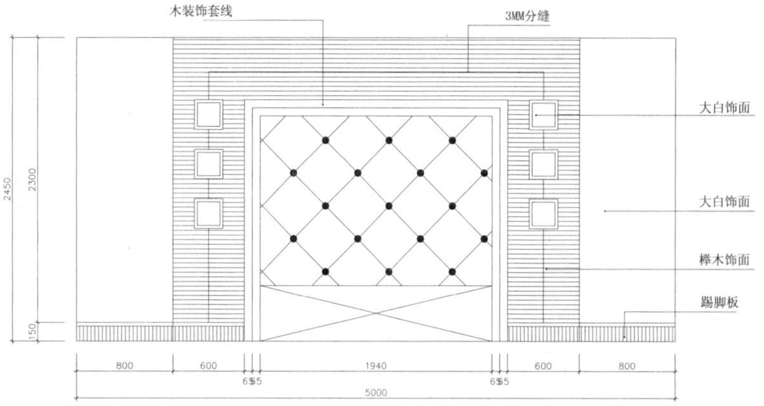

▲118电视柜背景墙

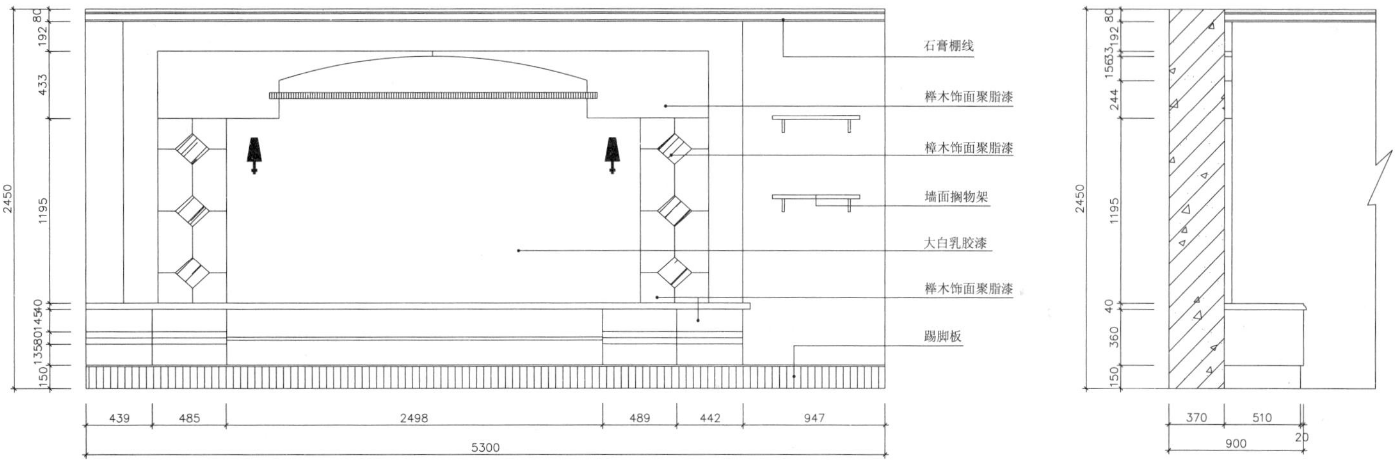

▲119电视柜背景墙

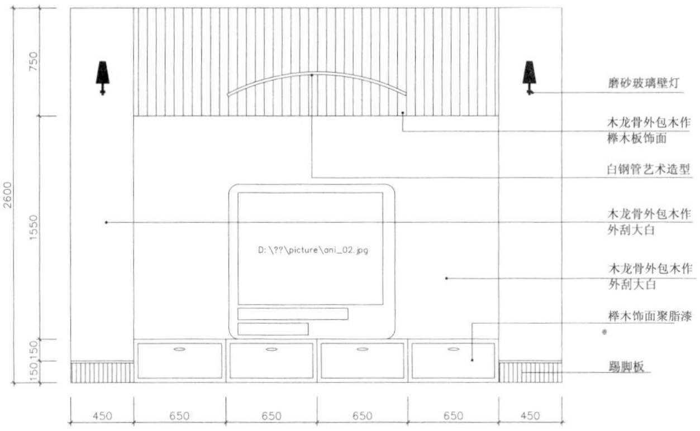

▲120电视柜背景墙

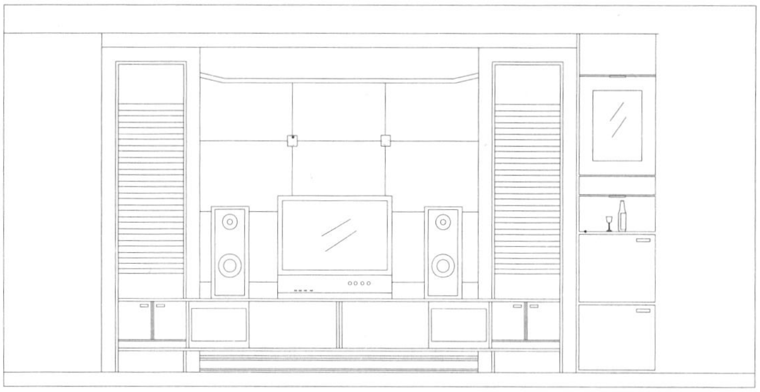

▲121电视柜背景墙

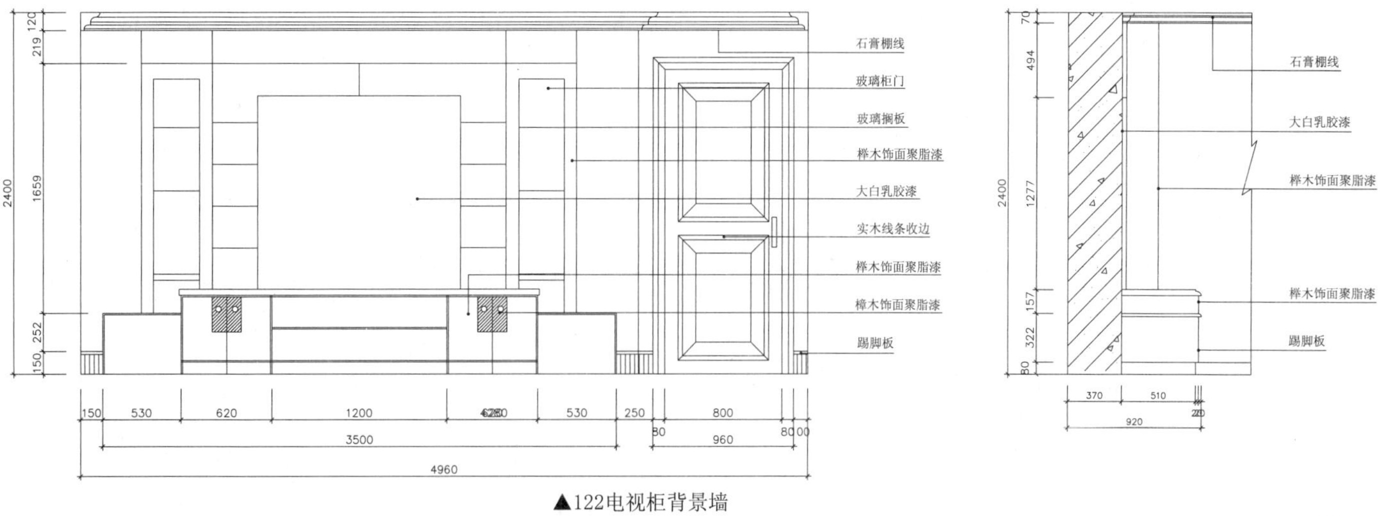

▲122电视柜背景墙

电视背景墙

红影木饰面聚脂漆　红榉木饰面聚脂漆　红榉木饰面聚脂漆　喷砂玻璃

▲123电视柜背景墙

石膏棚线
玻璃门
榉木饰面聚脂漆
大白乳胶漆
榉木搁板
电视柜
踢脚板

石膏棚线
榉木搁板
大白乳胶漆
榉木饰面聚脂漆
电视柜

▲124电视柜背景墙

实木线条　实木线条　实木线条　实木踢脚板　传菜口　沙比利木夹板
白色混水漆　白色混水漆　白色混水漆　白色混水漆　　　　　清漆
车边明镜　　　　　　装饰漆　　　金箔壁纸　射灯　素色欧式壁纸

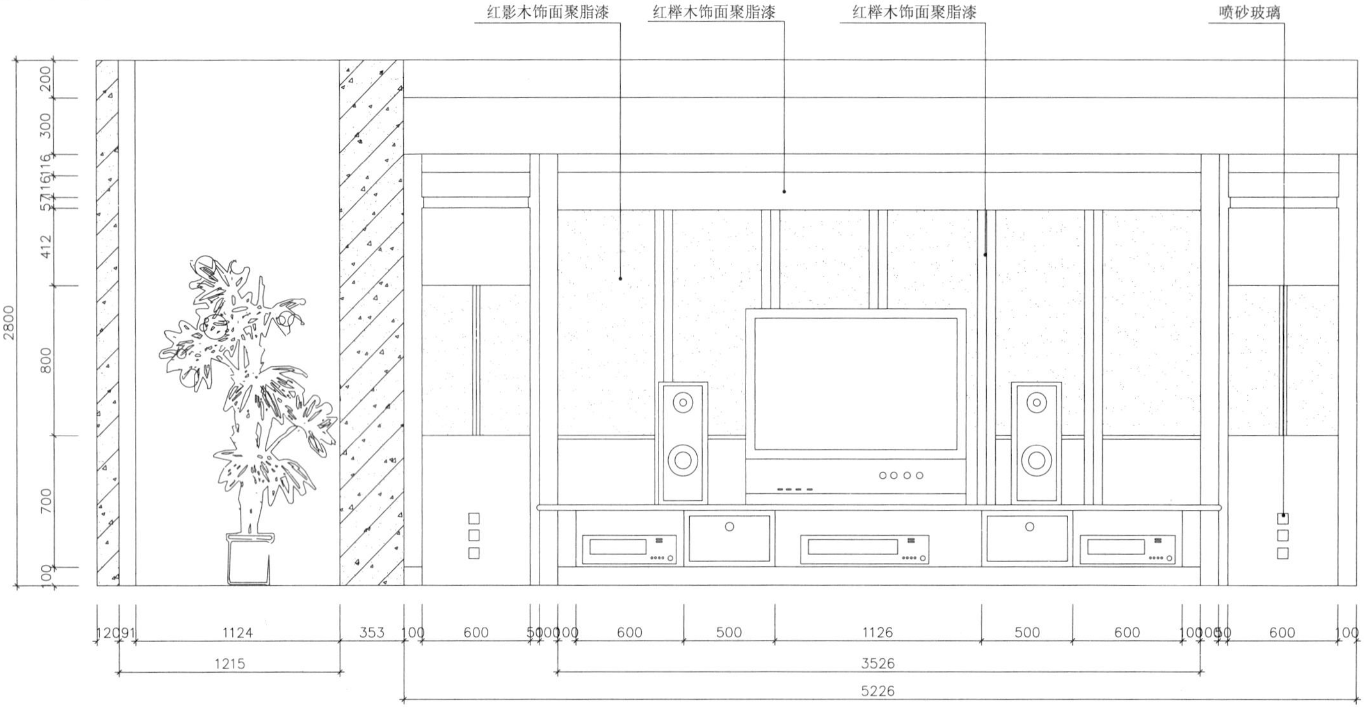

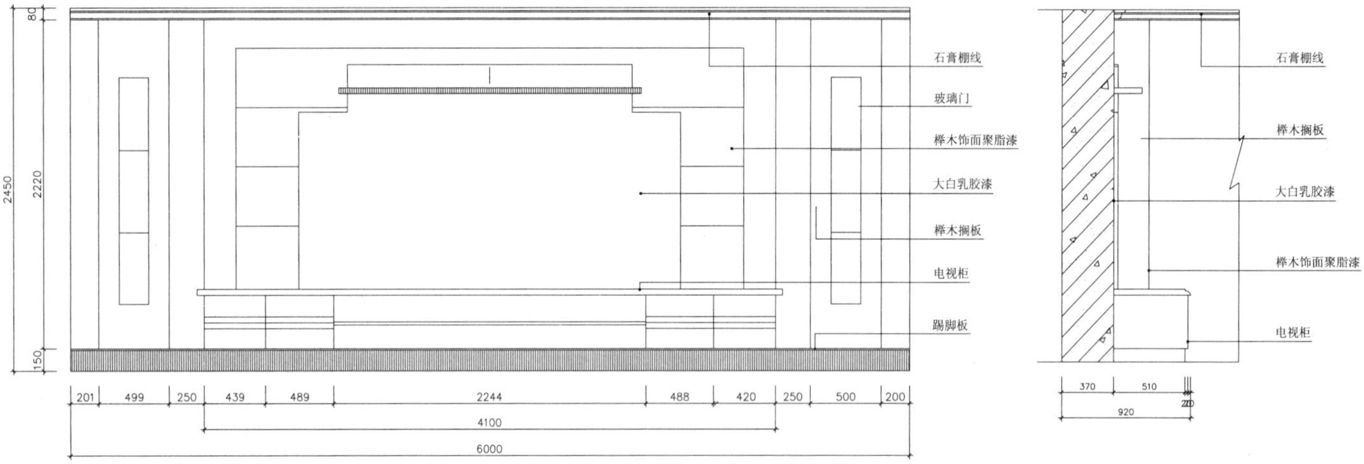

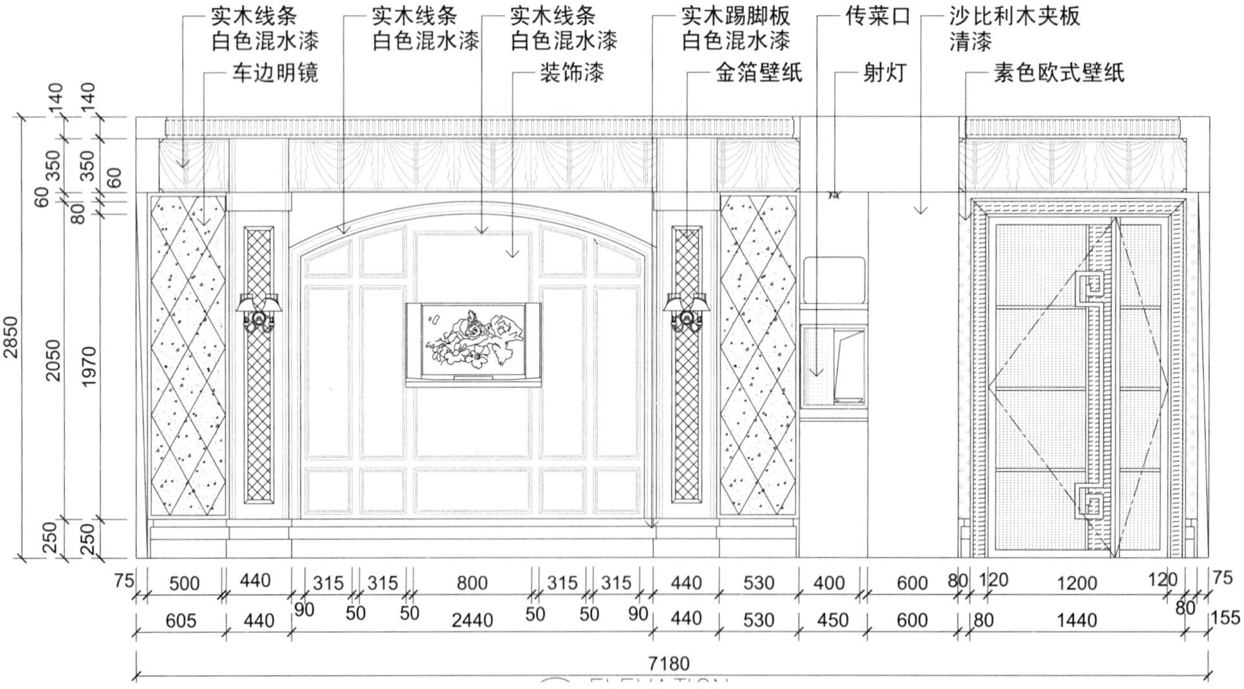

▲125新古典背景墙立面

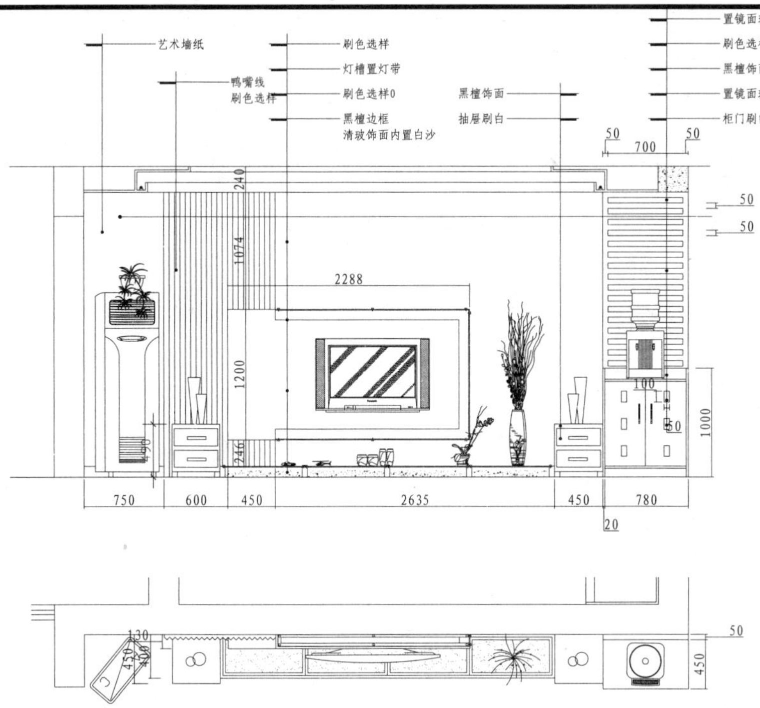

▲126装饰台与装饰背景

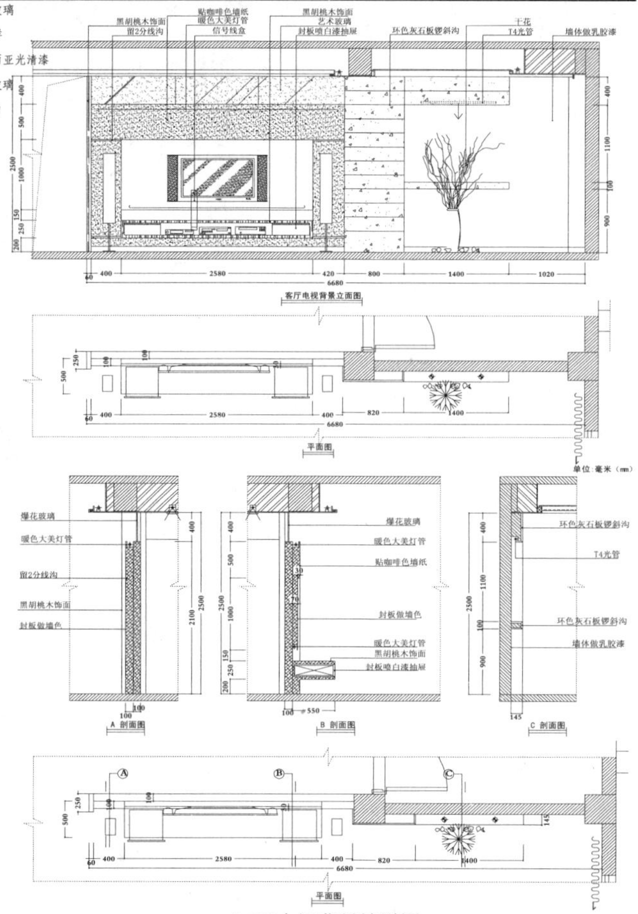

▲127电视背景墙详图

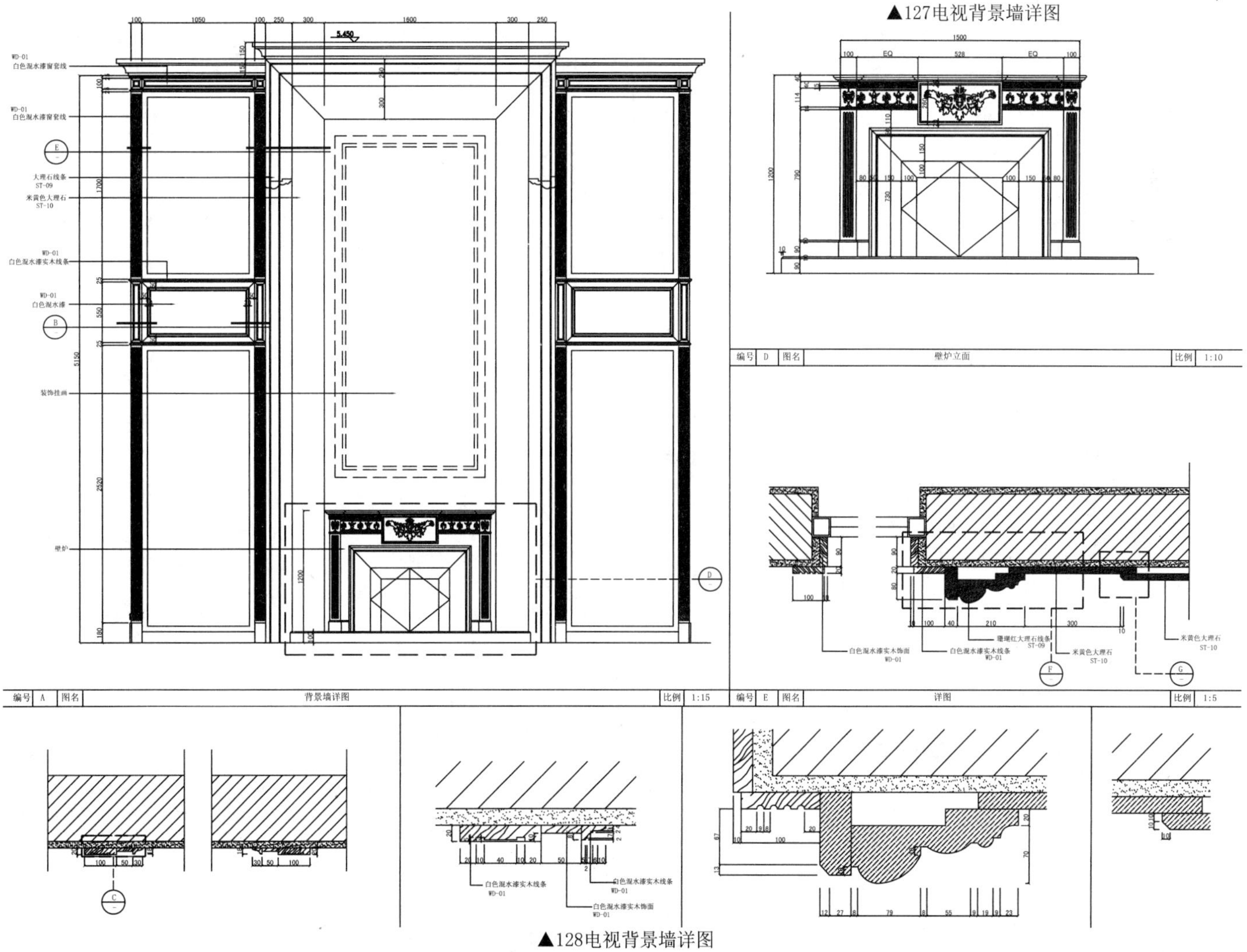

▲128电视背景墙详图

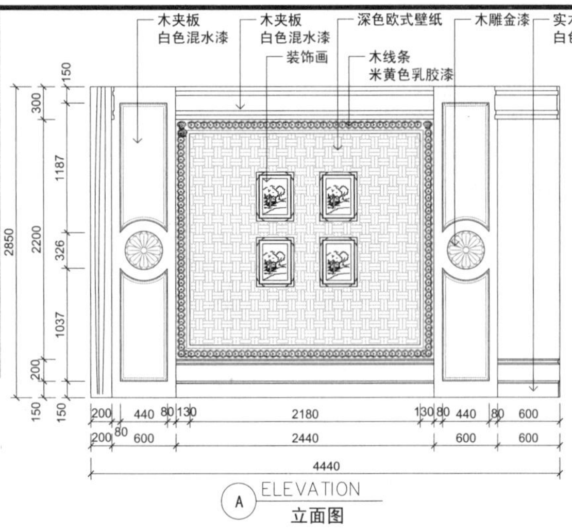

▲129电视背景墙详图

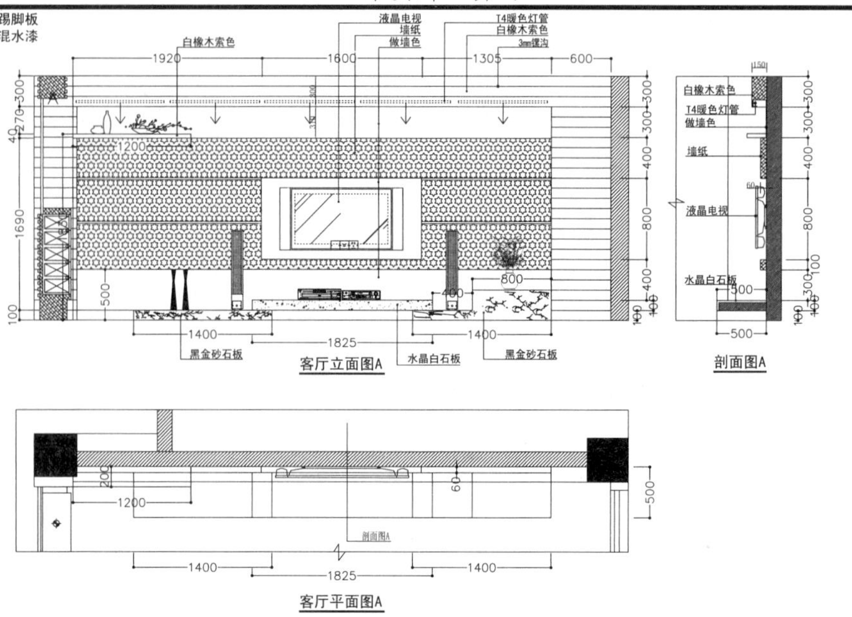

▲130客厅背景墙装修图

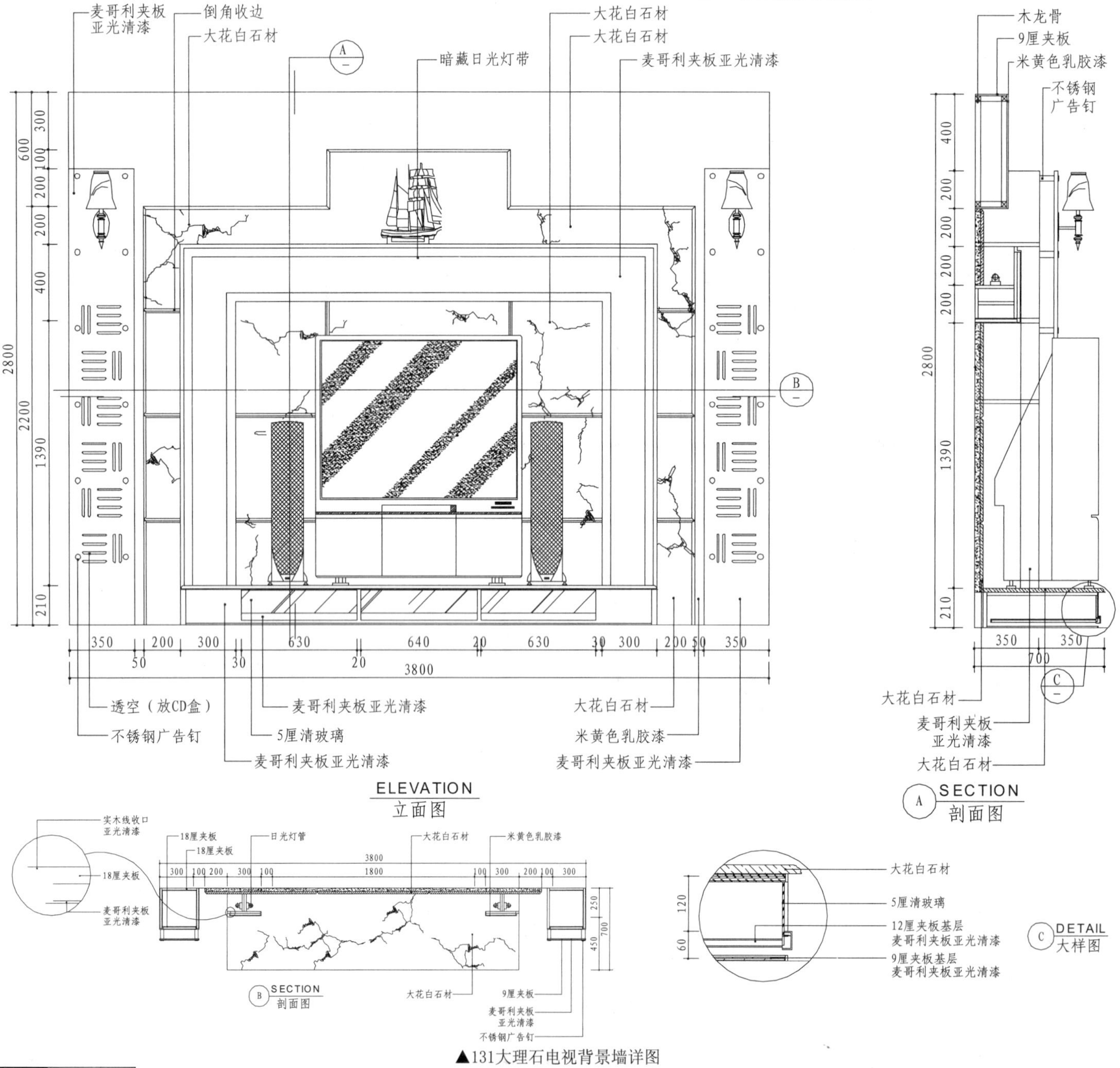

▲131大理石电视背景墙详图

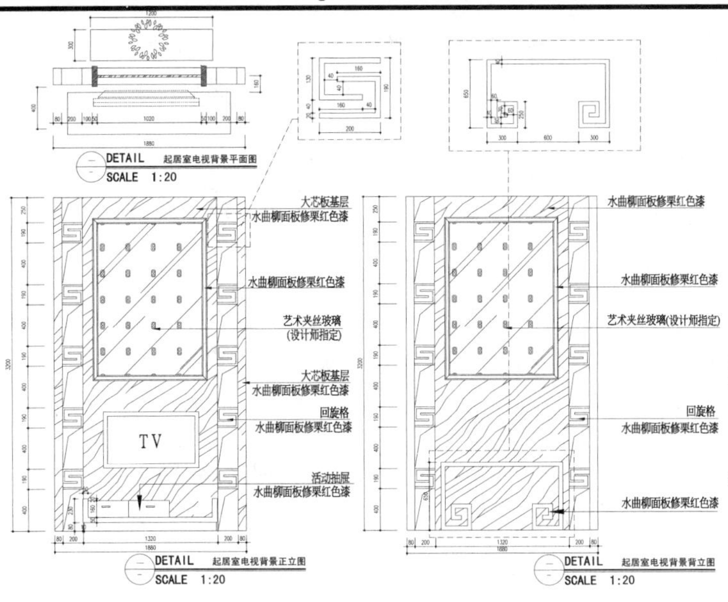

▲132电视背景墙详图

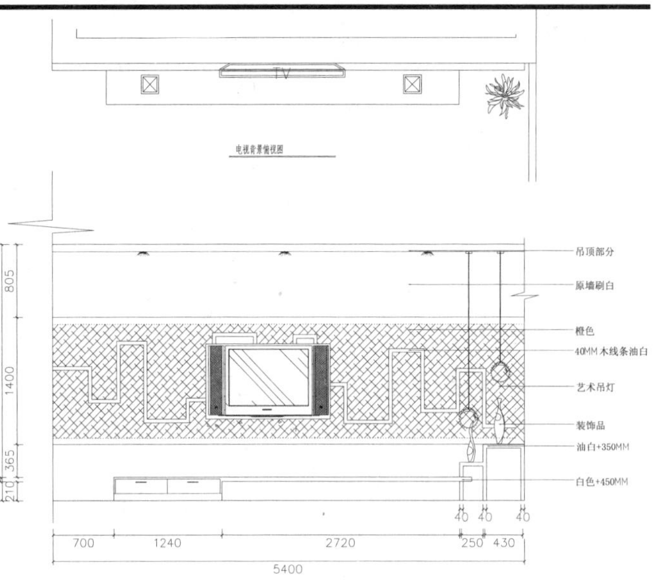

▲133电视背景墙详图

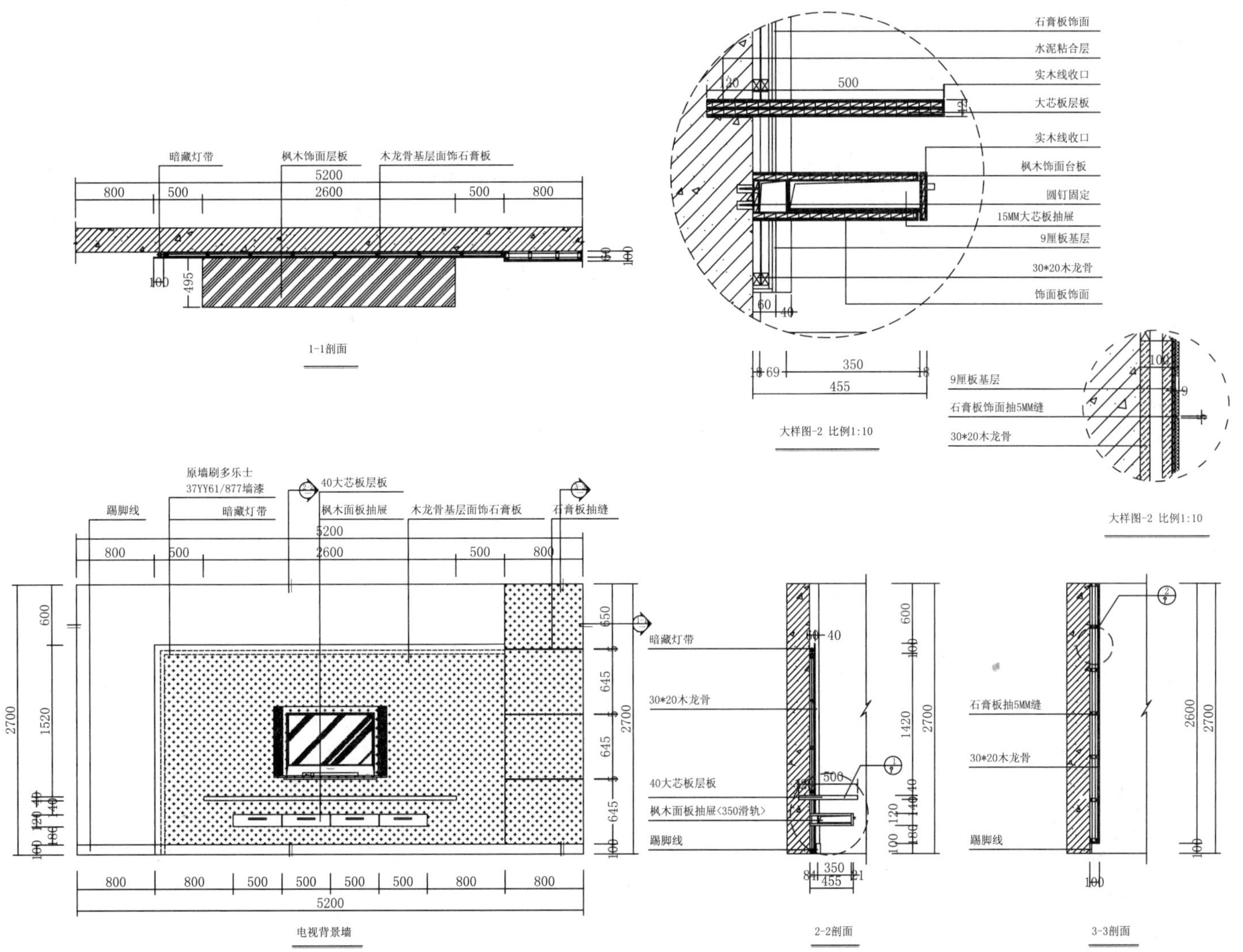

▲134电视背景墙详图

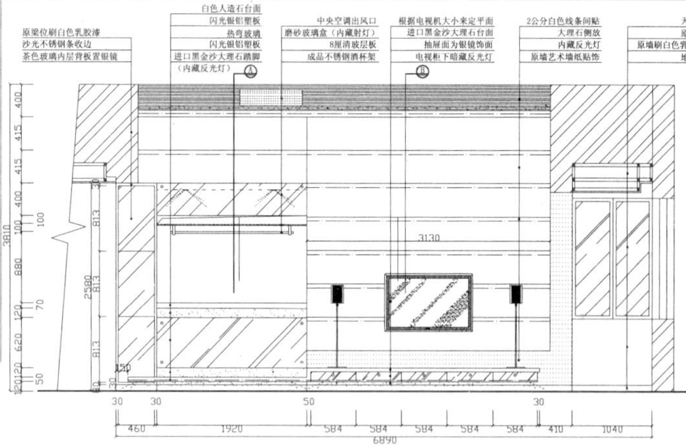

一楼客厅电视背景立面图

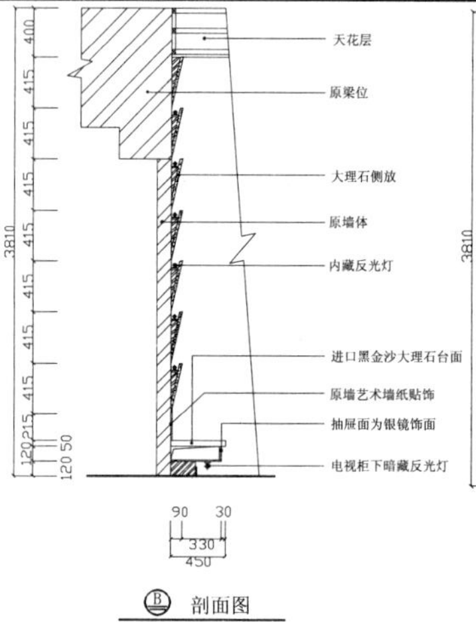

Ⓑ 剖面图

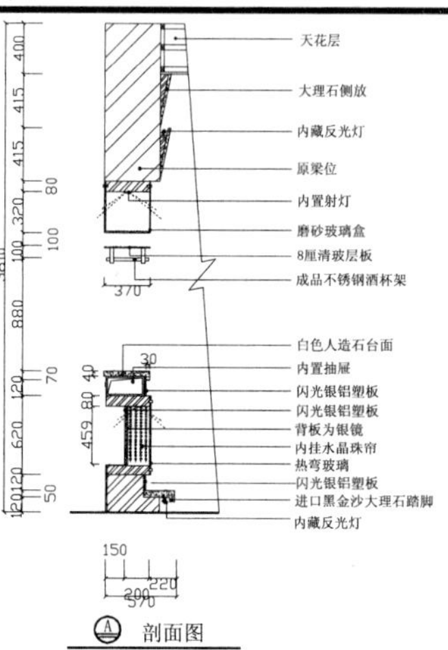

Ⓐ 剖面图

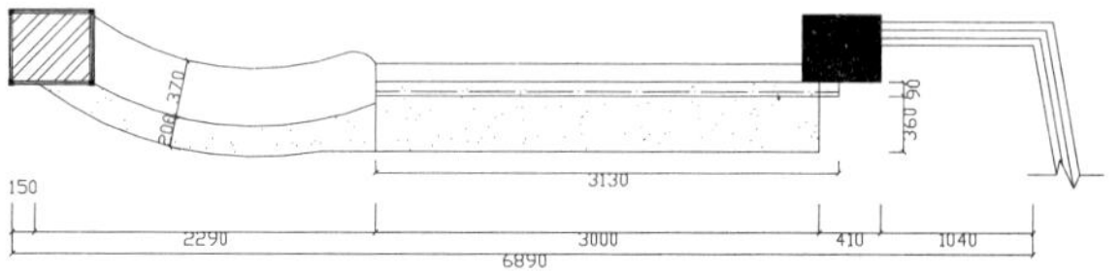

一楼客厅电视背景平面图

▲135电视背景墙详图

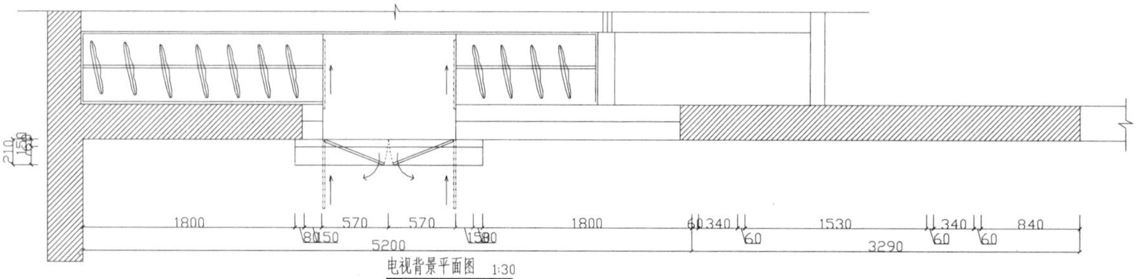

电视背景平面图 1:30

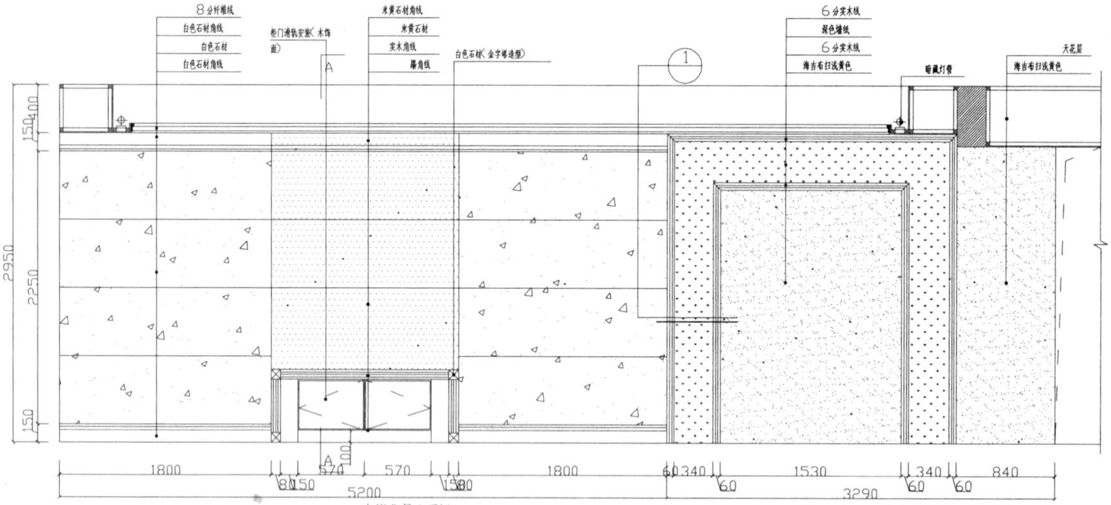

电视背景立面图 1:30

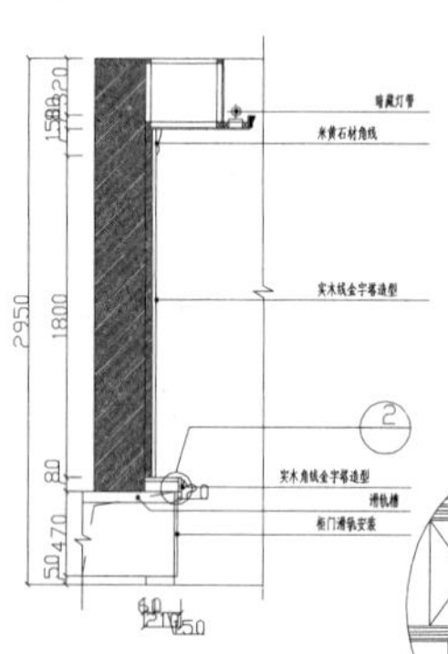

电视背景墙A－A
剖面图 1:30

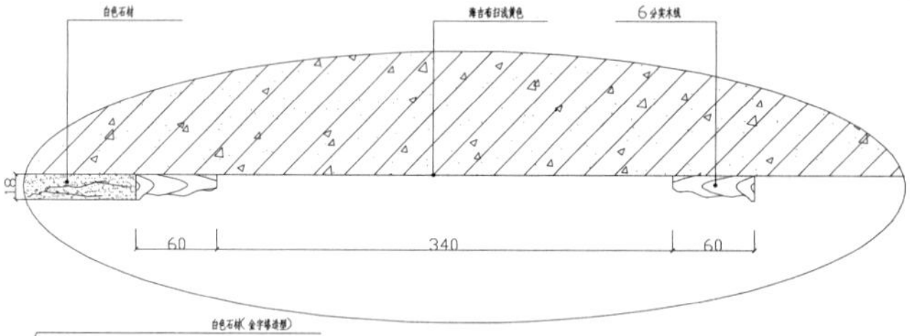

① 大样图 1:30

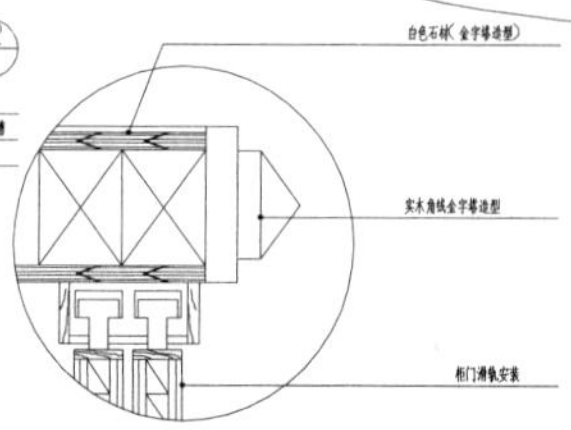

② 大样图 1:30

▲136电视背景墙详图

暖光灯带
⊄5cm石英灯
金线米黄大理石
金面黑底波纹板
5cm底板
毛面金线米黄大理石
1cm*5cm木线涂金
9mm板垫底
1.5cm*2cm木线刷白
樱桃木踢脚线
天花
米黄ICI
5厘水银镜
金线米黄毛面大理石
樱桃板踢脚线
侧面木线刷白连接正面
▲137电视背景墙详图
空调出风口
水曲柳索板栗色
麻石
20MM"V型缝"
8MM聚晶烤漆玻璃
麻石窗套
黑金砂大理石
水曲柳索白色
磨斜边
干挂
18厘夹板
水曲柳板
▲135电视背景墙详图
一楼电视背景立面图
E剖面图
原墙体
F剖面图
台面黑金砂大理石
水曲柳索白色
侧面水曲柳索板栗色
不锈钢拉手
题脚线水曲柳索板栗色
电视机柜祥图

▲138电视背景墙详图

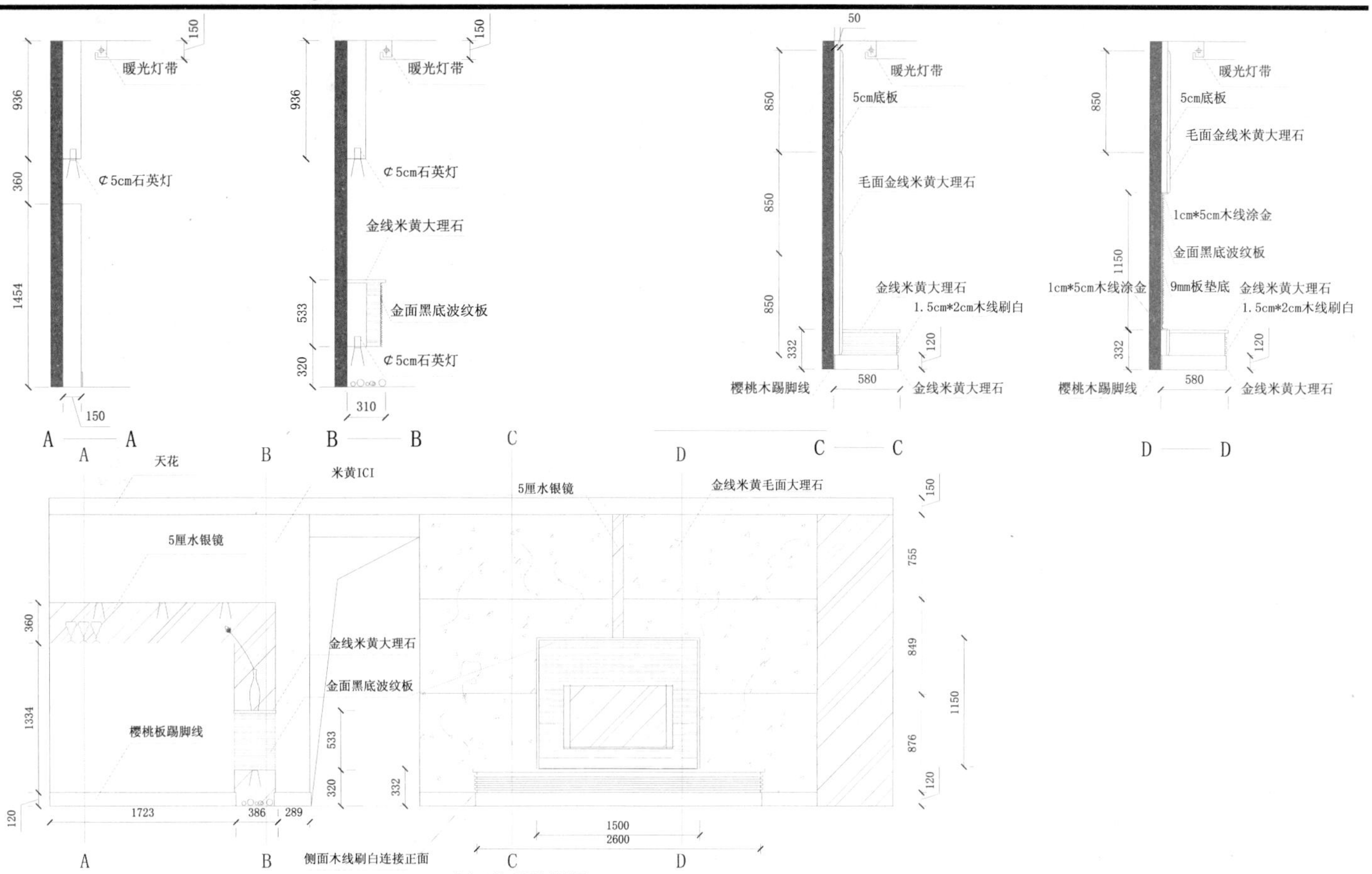

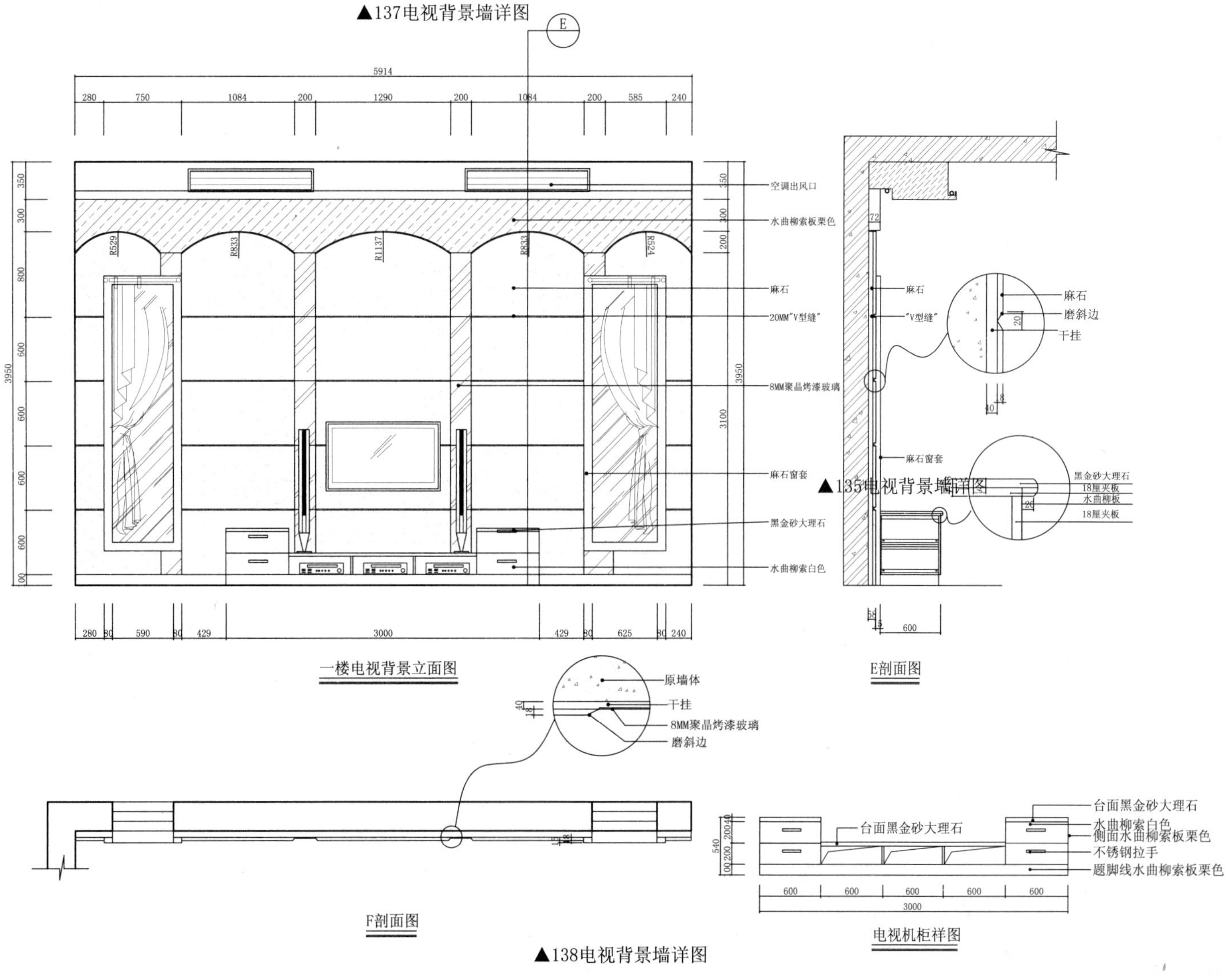

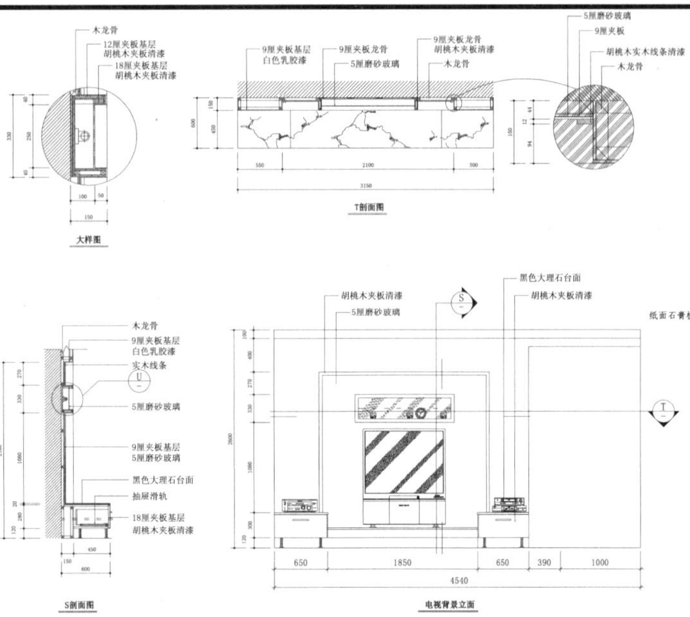

▲139电视背景墙详图

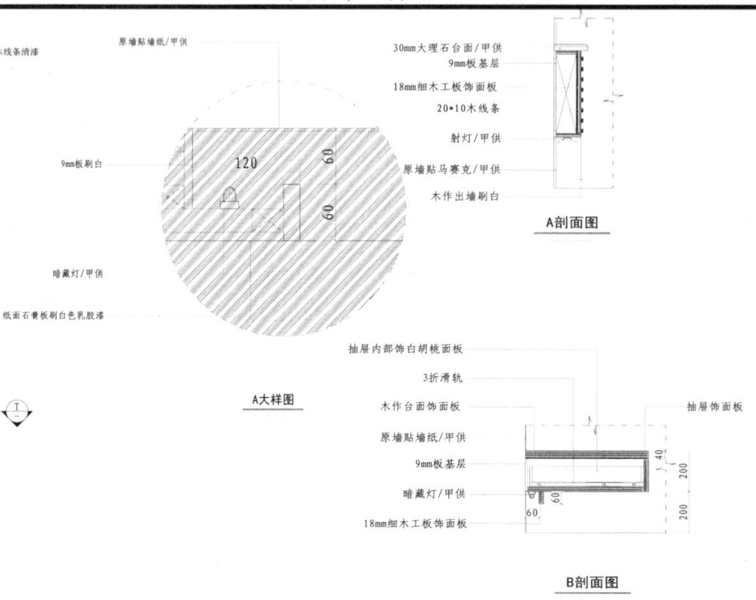

▲140电视背景墙详图

电视背景剖面图

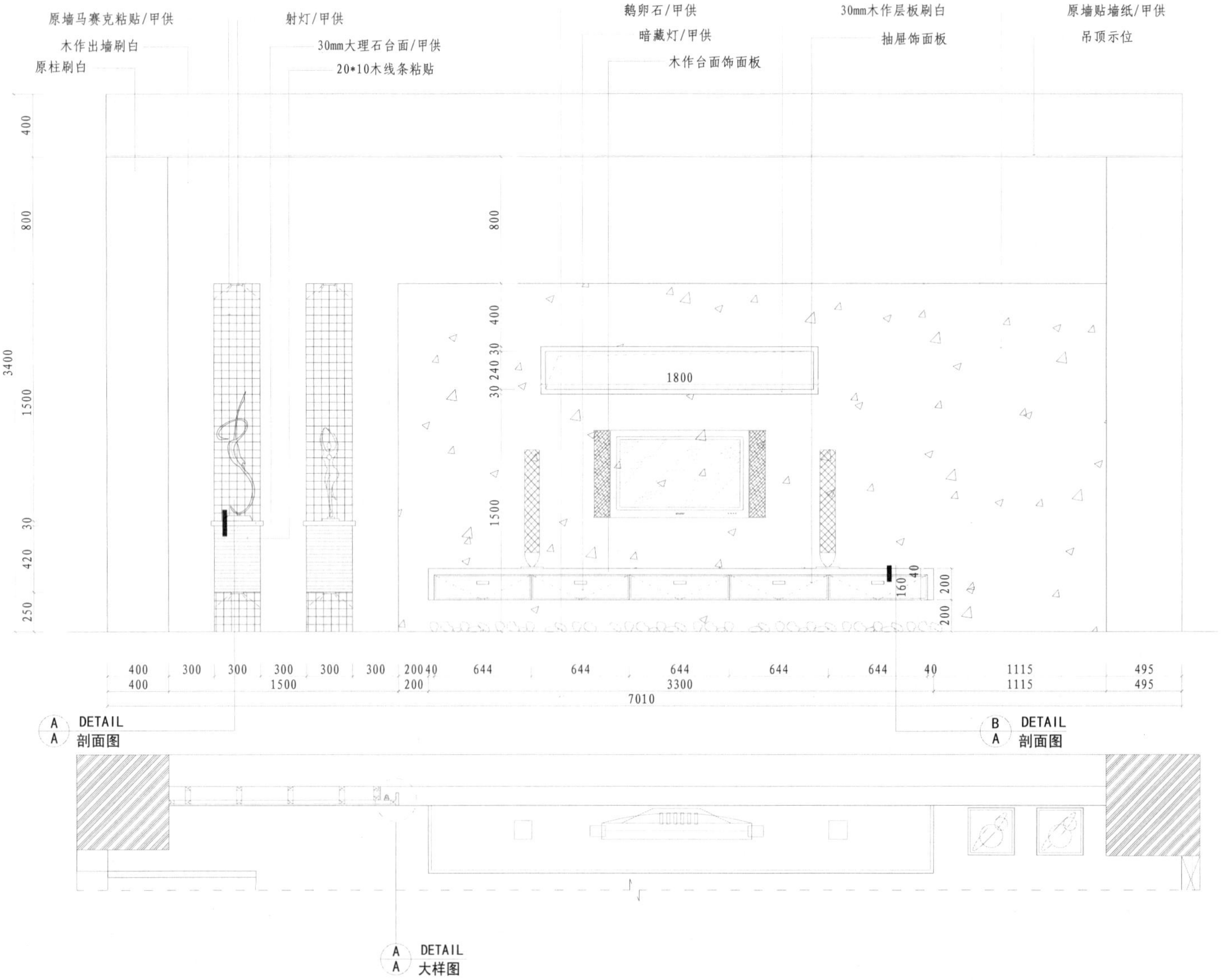

电视背景立面图 SCALE 1:25

▲140电视背景墙详图

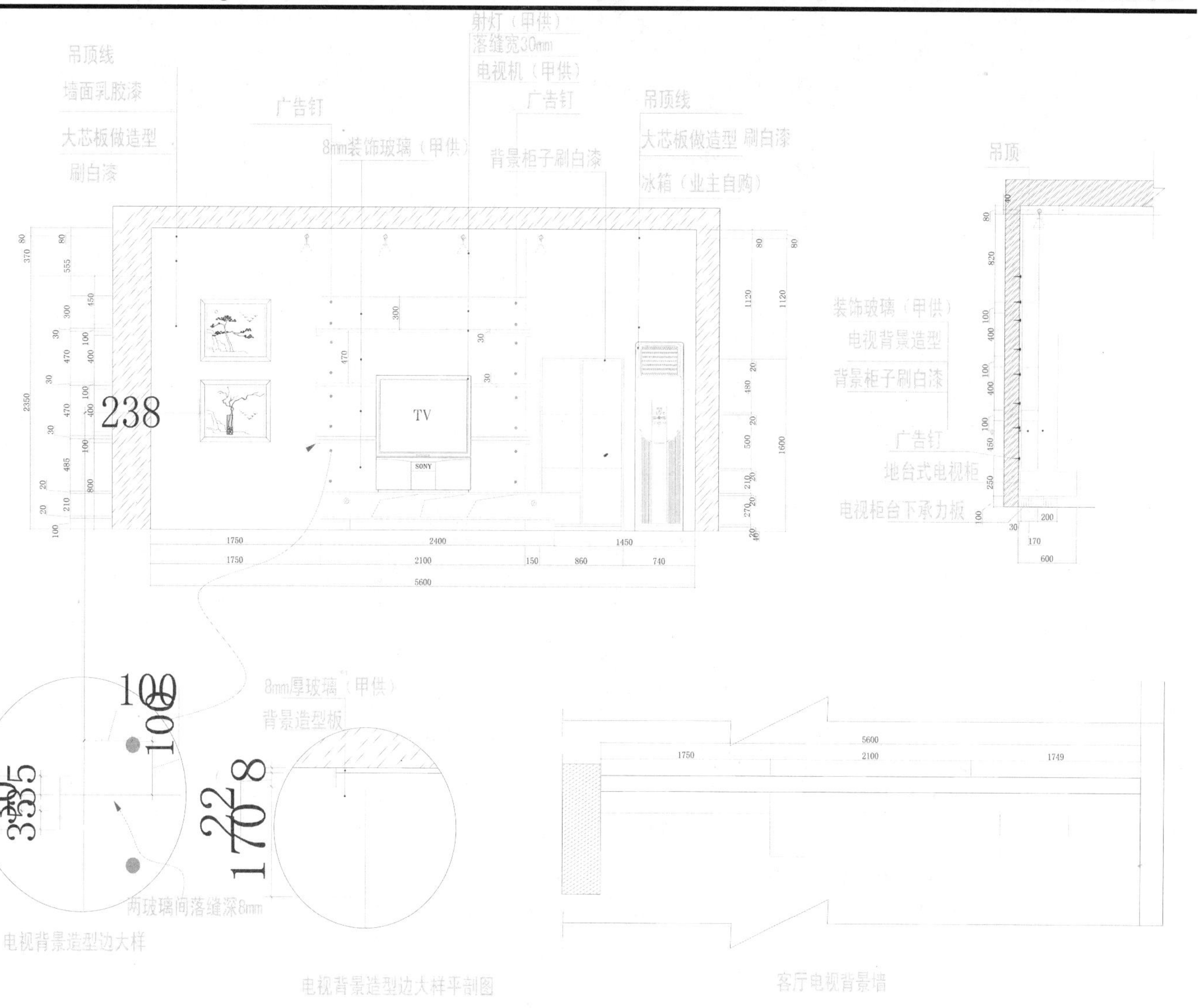
吊顶线
墙面乳胶漆
大芯板做造型
刷白漆
广告钉
8mm装饰玻璃（甲供）
射灯（甲供）
落缝宽30mm
电视机（甲供）
广告钉
背景柜子刷白漆
吊顶线
大芯板做造型 刷白漆
冰箱（业主自购）
吊顶
装饰玻璃（甲供）
电视背景造型
背景柜子刷白漆
广告钉
地台式电视柜
电视柜台下承力板
TV
SONY
8mm厚玻璃（甲供）
背景造型板
两玻璃间落缝深8mm
电视背景造型边大样
电视背景造型边大样平剖图
客厅电视背景墙

▲141电视背景墙详图

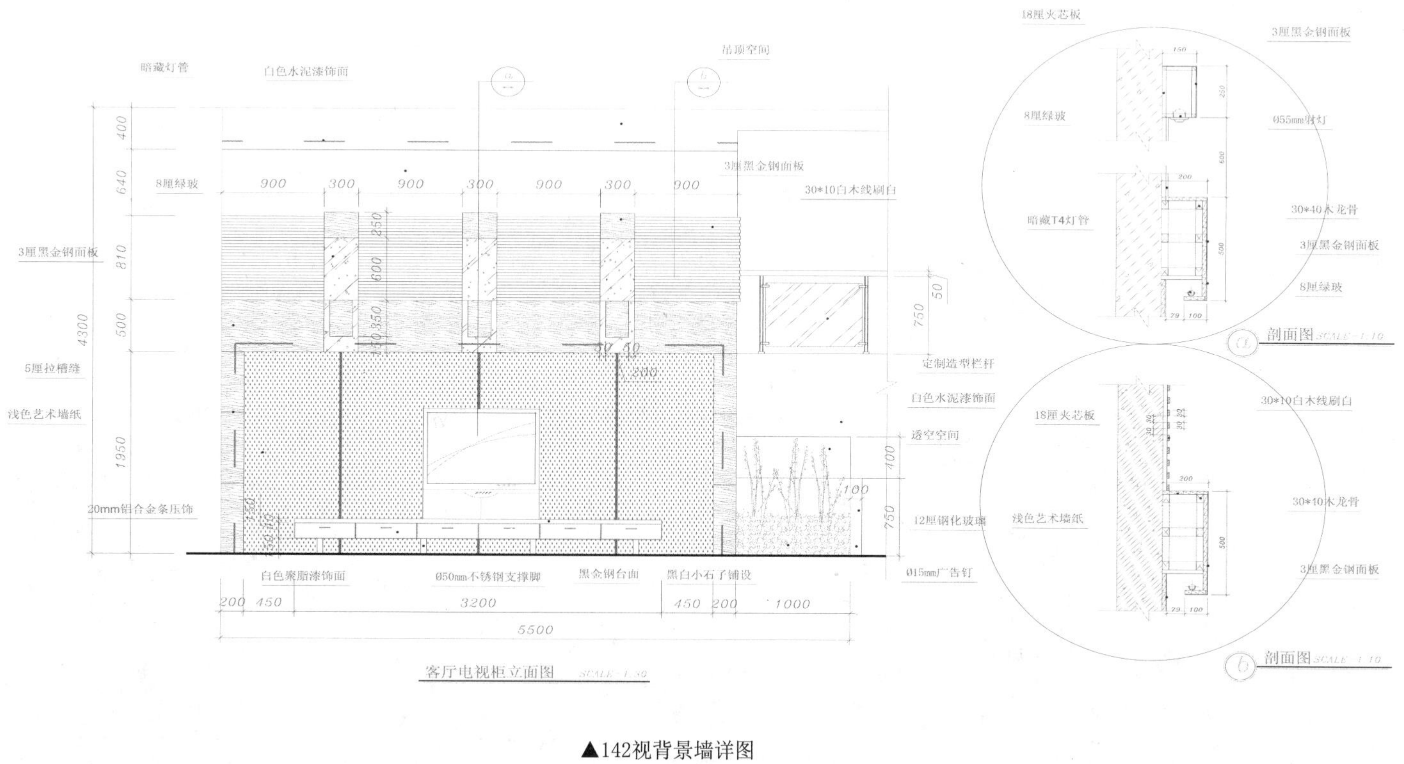
暗藏灯管
白色水泥漆饰面
吊顶空间
8厘绿玻
3厘黑金钢面板
30*10白木线刷白
3厘黑金钢面板
5厘拉槽缝
浅色艺术墙纸
20mm铝合金条压饰
定制造型栏杆
白色水泥漆饰面
透空空间
12厘钢化玻璃
Ø15mm广告钉
白色聚脂漆饰面
Ø50mm不锈钢支撑脚
黑金钢台面
黑白小石子铺设
客厅电视柜立面图
18厘夹芯板
3厘黑金钢面板
8厘绿玻
Ø55mm射灯
暗藏T4灯管
30*40木龙骨
3厘黑金钢面板
8厘绿玻
剖面图
18厘夹芯板
30*10白木线刷白
30*10木龙骨
浅色艺术墙纸
3厘黑金钢面板
剖面图

▲142视背景墙详图

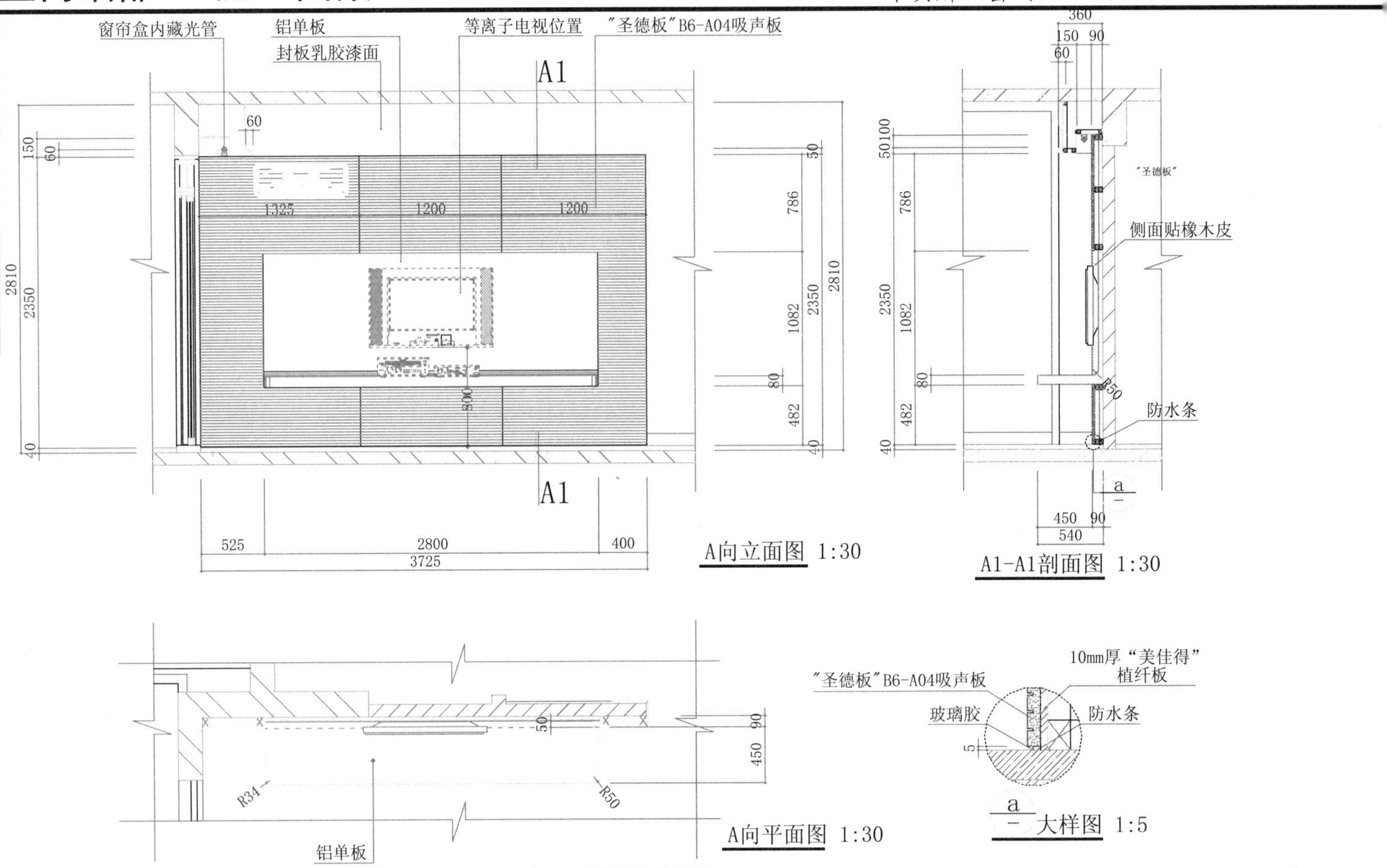
窗帘盒内藏光管
铝单板
封板乳胶漆面
等离子电视位置
"圣德板"B6-A04吸声板
A1
1325
1200
1200
525
2800
400
3725
A向立面图 1:30
"圣德板"
侧面贴橡木皮
防水条
450 90
540
A1-A1剖面图 1:30
10mm厚"美佳得"植纤板
"圣德板"B6-A04吸声板
玻璃胶
防水条
大样图 1:5
铝单板
A向平面图 1:30

▲143电视背景墙详图

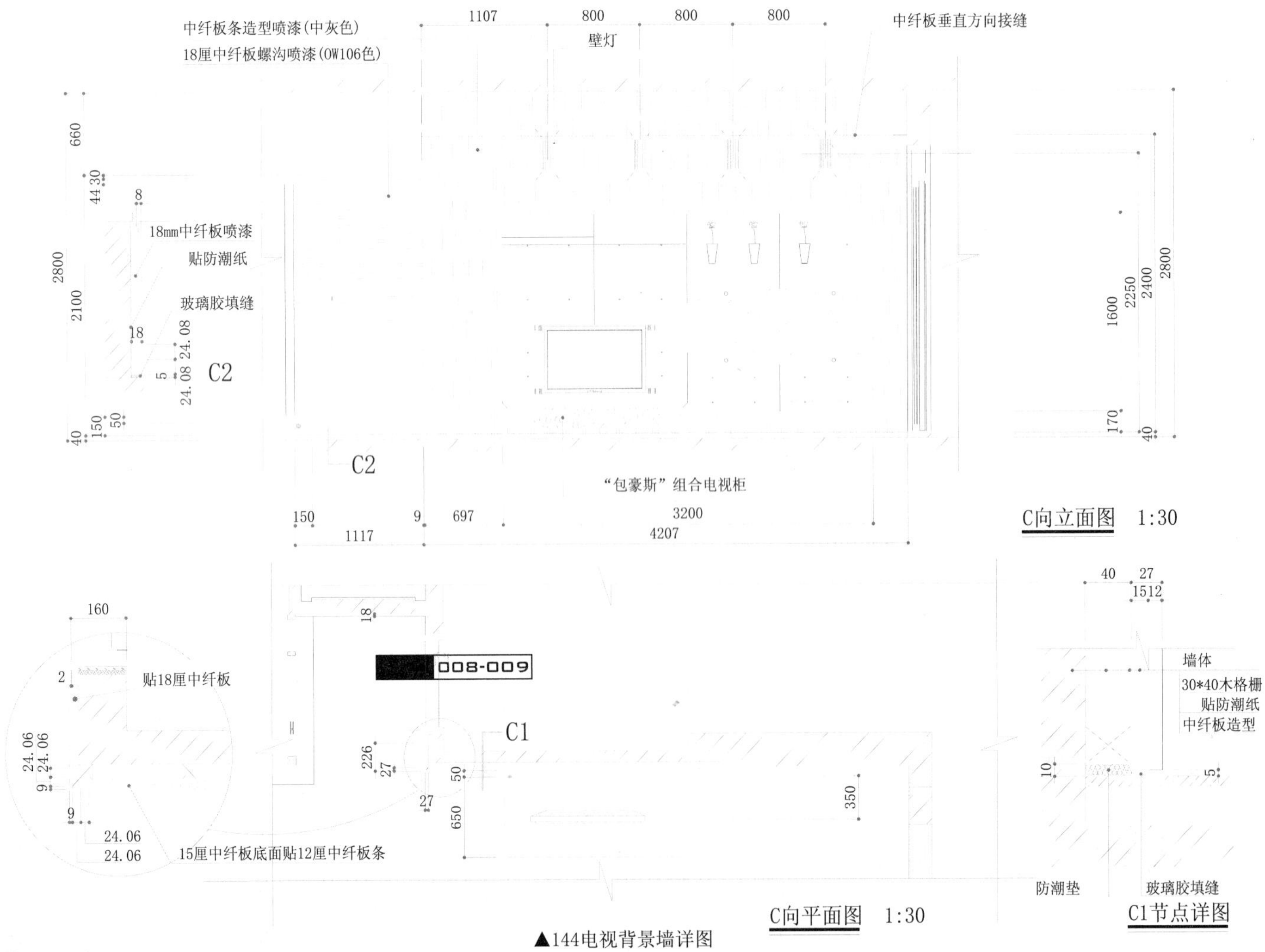
中纤板条造型喷漆(中灰色)
18厘中纤板螺沟喷漆(OW106色)
1107
800
800
800
壁灯
中纤板垂直方向接缝
18mm中纤板喷漆
贴防潮纸
玻璃胶填缝
C2
"包豪斯"组合电视柜
150
9
697
3200
1117
4207
C向立面图 1:30
贴18厘中纤板
15厘中纤板底面贴12厘中纤板条
C1
008-009
墙体
30*40木格栅
贴防潮纸
中纤板造型
防潮垫
玻璃胶填缝
C向平面图 1:30
C1节点详图

▲144电视背景墙详图

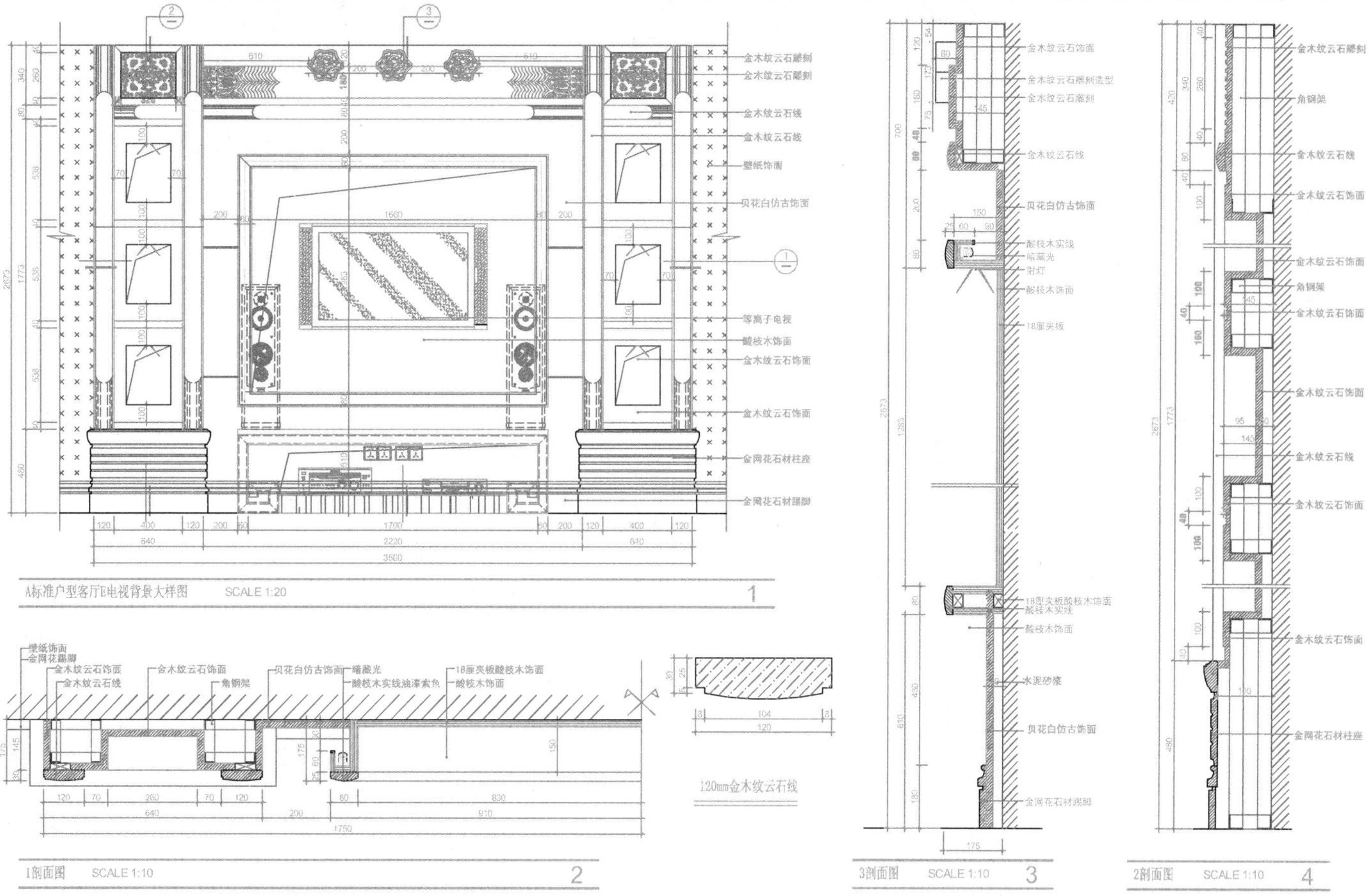

▲145电视背景墙造型详图

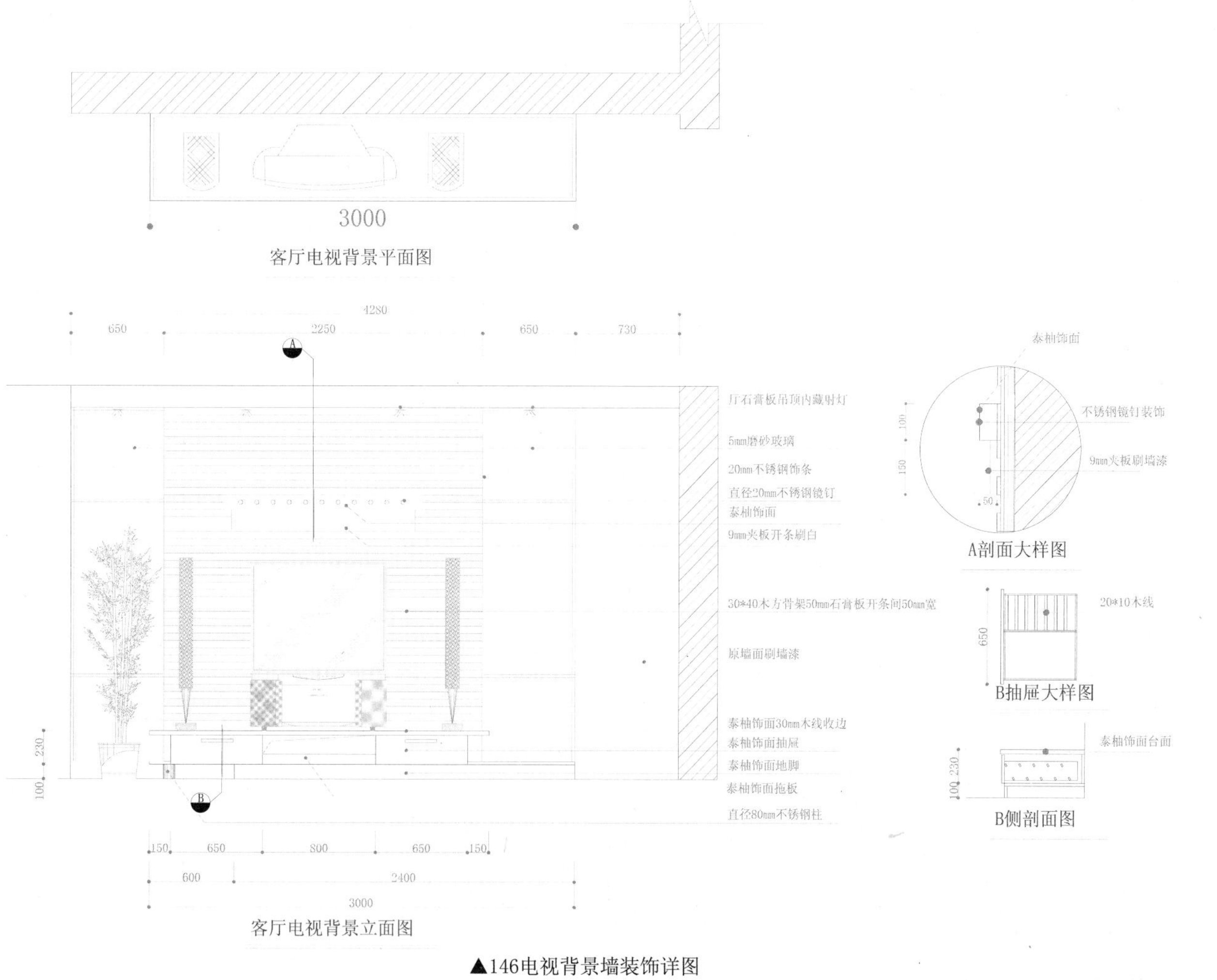

▲146电视背景墙装饰详图

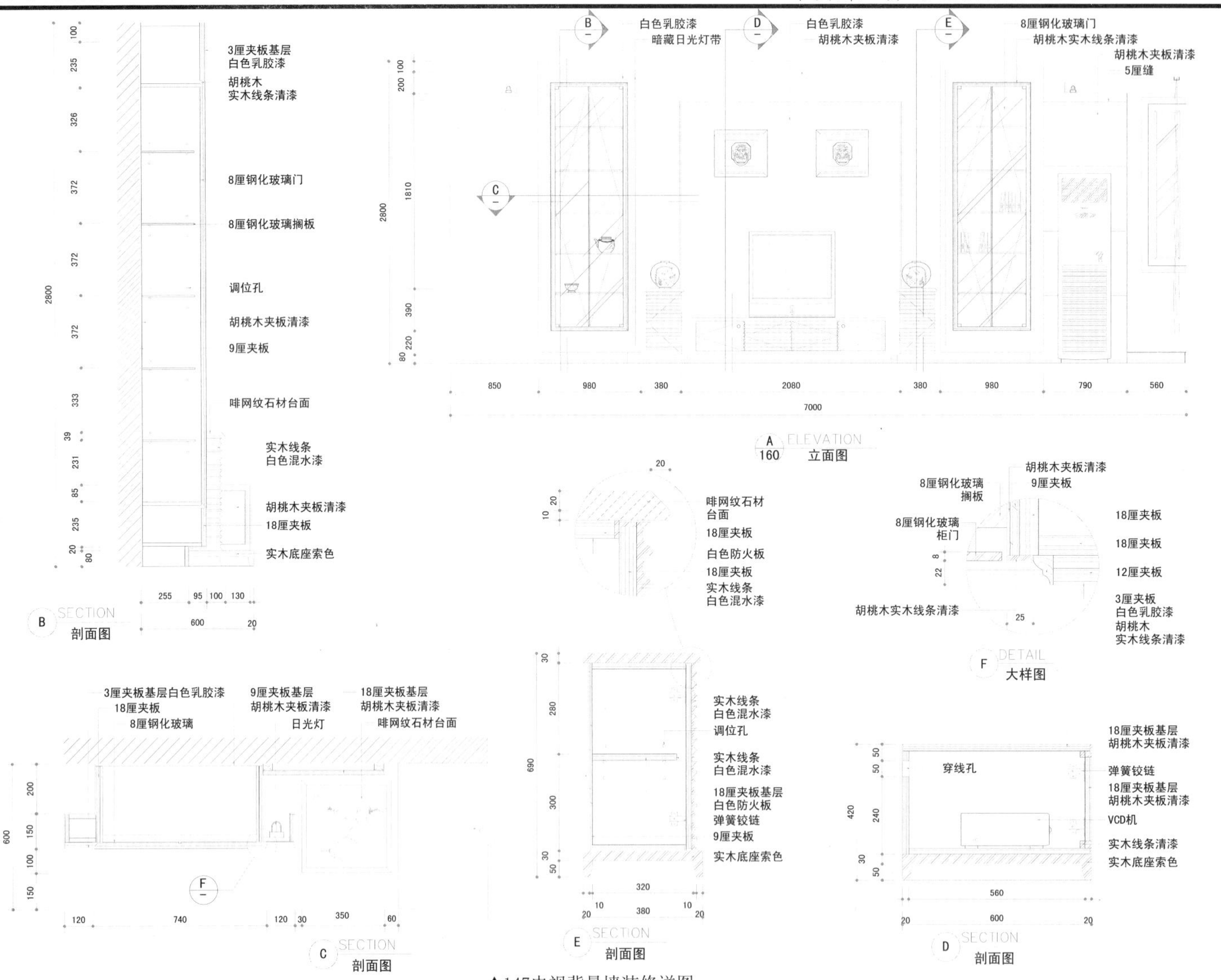
3厘夹板基层
白色乳胶漆
胡桃木
实木线条清漆
8厘钢化玻璃门
8厘钢化玻璃搁板
调位孔
胡桃木夹板清漆
9厘夹板
啡网纹石材台面
实木线条
白色混水漆
胡桃木夹板清漆
18厘夹板
实木底座索色
SECTION
剖面图
白色乳胶漆
暗藏日光灯带
白色乳胶漆
胡桃木夹板清漆
8厘钢化玻璃门
胡桃木实木线条清漆
胡桃木夹板清漆
5厘缝
ELEVATION
立面图
啡网纹石材
台面
18厘夹板
白色防火板
18厘夹板
实木线条
白色混水漆
8厘钢化玻璃
搁板
8厘钢化玻璃
柜门
胡桃木夹板清漆
9厘夹板
18厘夹板
18厘夹板
12厘夹板
3厘夹板
白色乳胶漆
胡桃木
实木线条清漆
胡桃木实木线条清漆
DETAIL
大样图
3厘夹板基层白色乳胶漆
18厘夹板
8厘钢化玻璃
9厘夹板基层
胡桃木夹板清漆
日光灯
18厘夹板基层
胡桃木夹板清漆
啡网纹石材台面
SECTION
剖面图
实木线条
白色混水漆
调位孔
实木线条
白色混水漆
18厘夹板基层
白色防火板
弹簧铰链
9厘夹板
实木底座索色
SECTION
剖面图
穿线孔
18厘夹板基层
胡桃木夹板清漆
弹簧铰链
18厘夹板基层
胡桃木夹板清漆
VCD机
实木线条清漆
实木底座索色
SECTION
剖面图

▲147电视背景墙装修详图

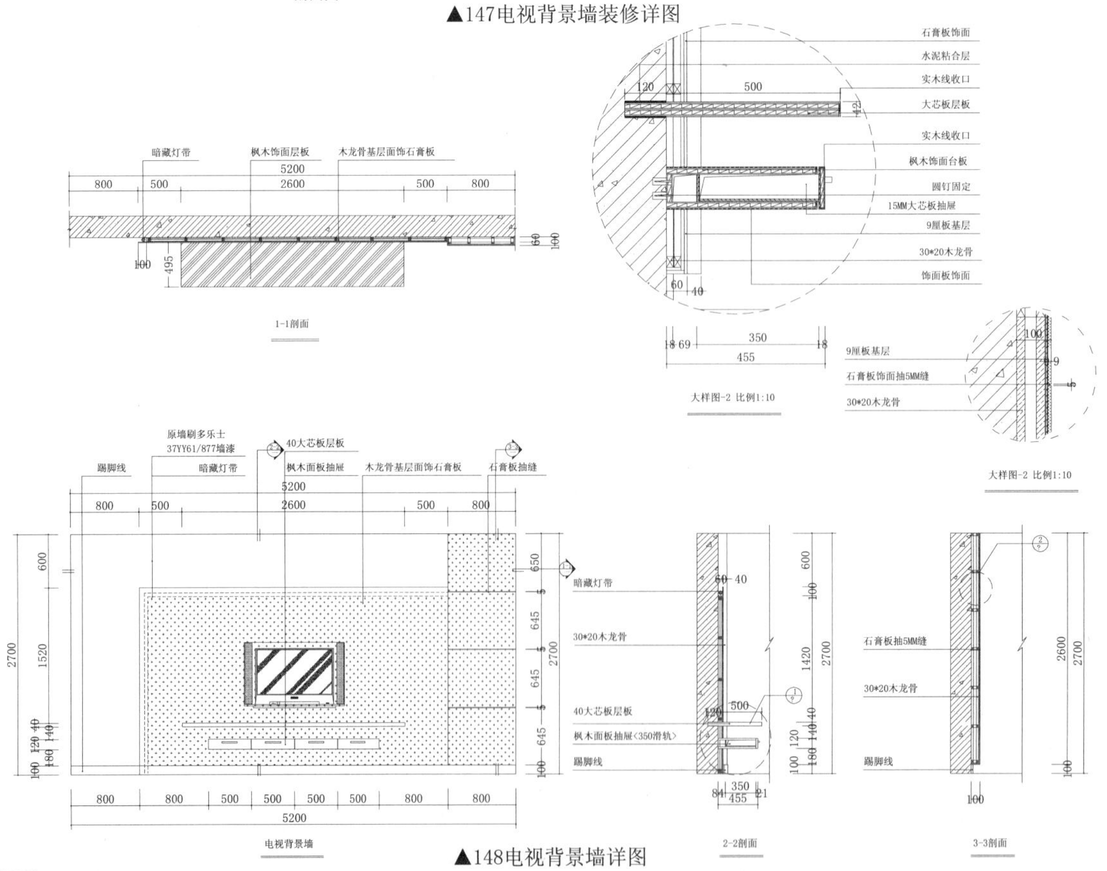
暗藏灯带
枫木饰面层板
木龙骨基层面饰石膏板
1-1剖面
石膏板饰面
水泥粘合层
实木线收口
大芯板层板
实木线收口
枫木饰面台板
圆钉固定
15MM大芯板抽屉
9厘板基层
30*20木龙骨
饰面板饰面
大样图-2 比例1:10
9厘板基层
石膏板饰面抽5MM缝
30*20木龙骨
大样图-2 比例1:10
原墙刷多乐士
37YY61/877墙漆
40大芯板层板
踢脚线
暗藏灯带
枫木面板抽屉
木龙骨基层面饰石膏板
石膏板抽缝
电视背景墙
暗藏灯带
30*20木龙骨
40大芯板层板
枫木面板抽屉(350滑轨)
踢脚线
2-2剖面
石膏板抽5MM缝
30*20木龙骨
踢脚线
3-3剖面

▲148电视背景墙详图

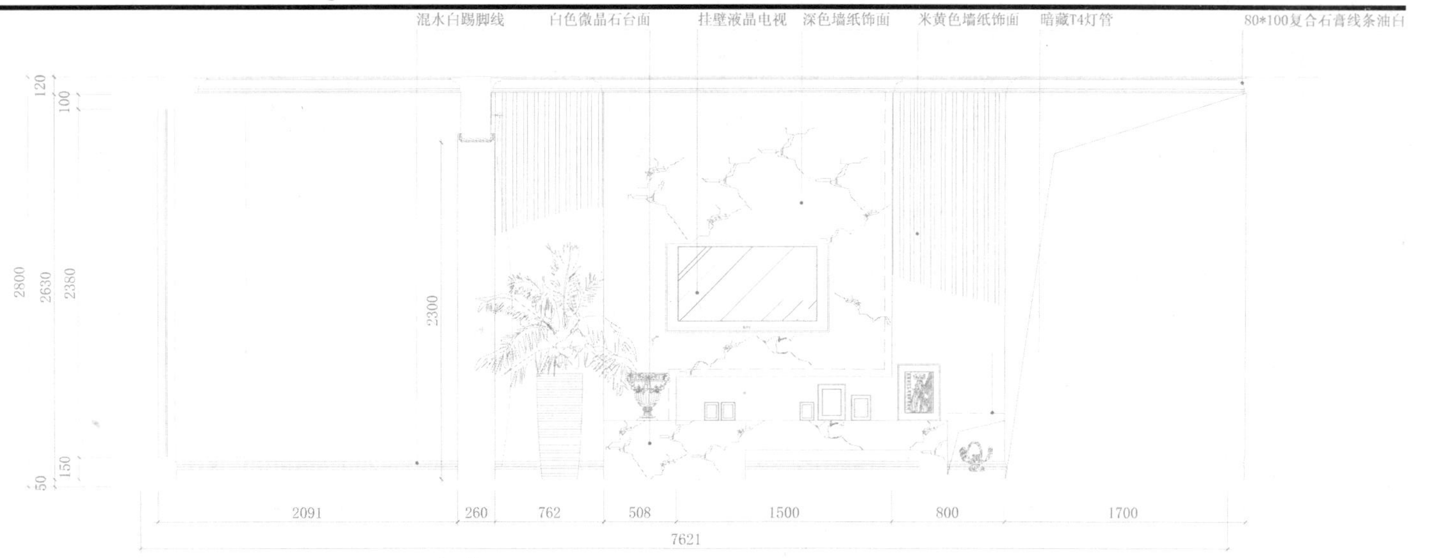

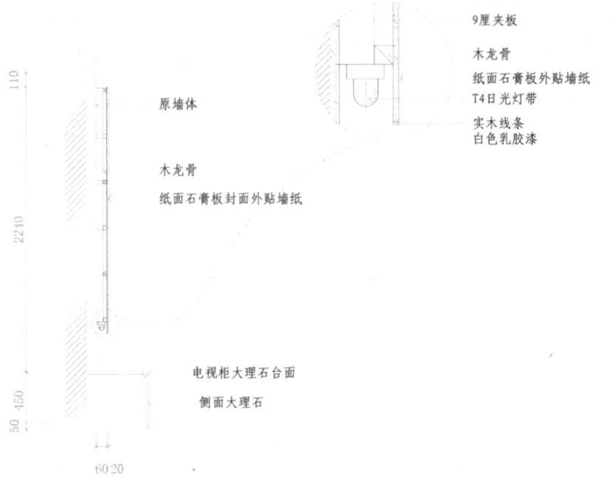
水泥砂浆
9厘夹板
木龙骨
纸面石膏板外贴墙纸
T4日光灯带
实木线条
白色乳胶漆
原墙体
木龙骨
纸面石膏板封面外贴墙纸
电视柜大理石台面
侧面大理石
110
2210
50 450
60 20

▲149电视背景详图

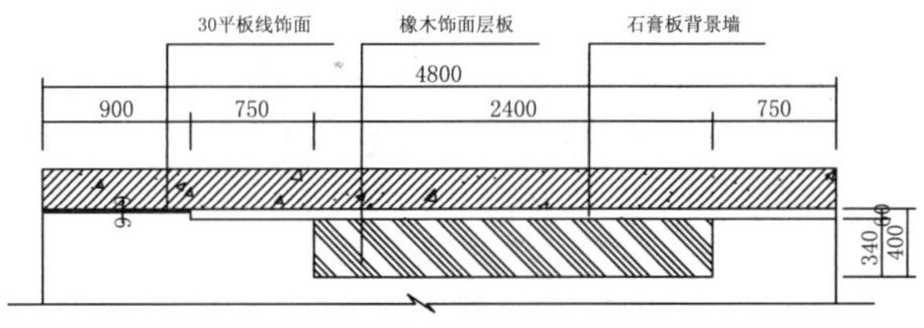
30平板线饰面
橡木饰面层板
石膏板背景墙
4800
900
750
2400
750
340
400

电视背景墙

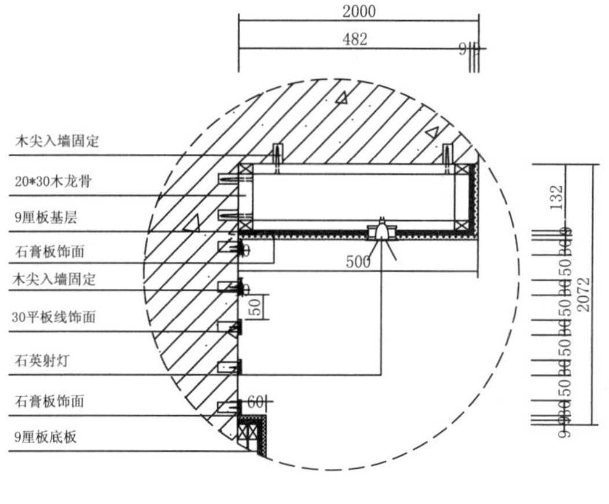
2000
482
木尖入墙固定
20*30木龙骨
9厘板基层
石膏板饰面
木尖入墙固定
30平板线饰面
石英射灯
石膏板饰面
9厘板底板
500
50
60
132
2072

大样图-1 比例1：10

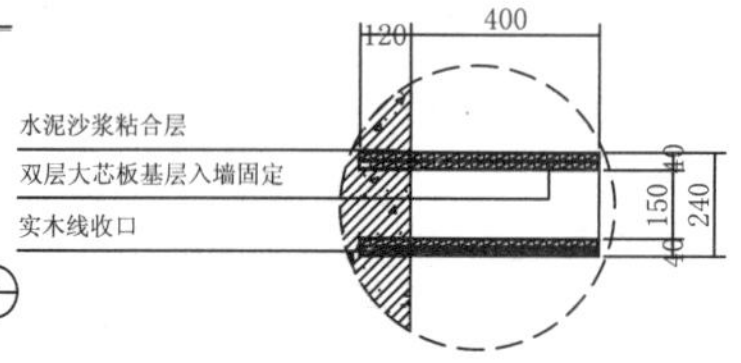
400
120
水泥沙浆粘合层
双层大芯板基层入墙固定
实木线收口
150
240

大样图-2 比例1：20

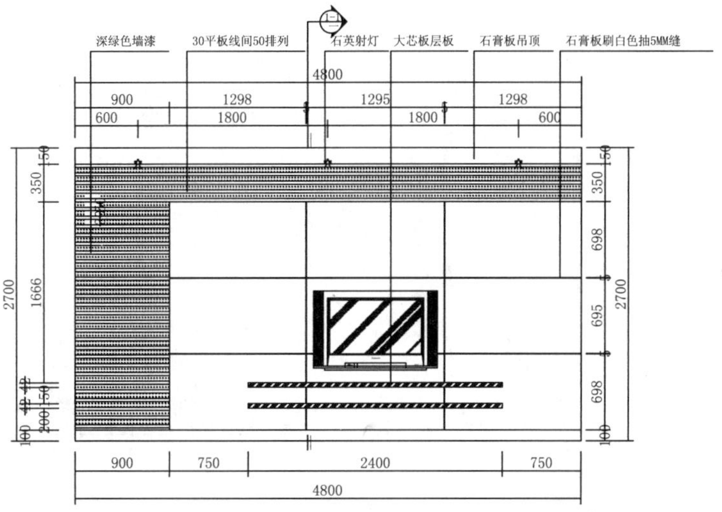
深绿色墙漆
30平板线间50排列
石英射灯
大芯板层板
石膏板吊顶
石膏板刷白色抽5MM缝
4800
900
1298
1295
1298
600
1800
1800
600
2700
1666
350
150
698
695
698
900
750
2400
750
4800

电视背景墙

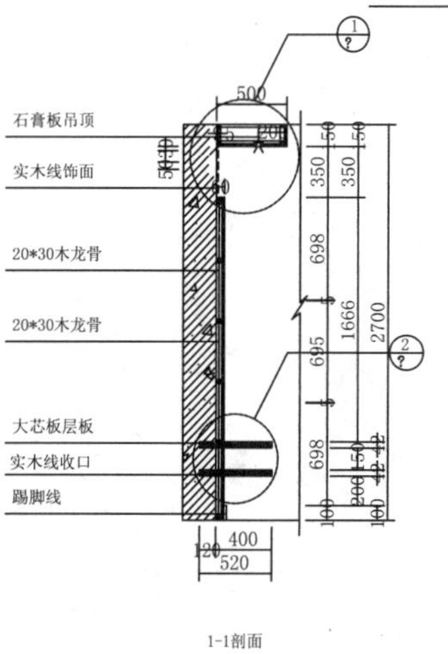
石膏板吊顶
实木线饰面
20*30木龙骨
20*30木龙骨
大芯板层板
实木线收口
踢脚线
500
350
698
695
698
1666
2700
120
400
520

1-1剖面

▲150电视背景详图

大样图-2

电视背景墙平面图

水曲柳擦色凸20
水银镜饰面
水曲柳擦色凸40
水曲柳擦色凸60

水曲柳擦色凸20
水银镜饰面
水曲柳擦色凸40
水曲柳擦色凸60

2-2剖面图 1:10

大样图-1

大样图-3 1:10

大样图-4 1:10

电视背景墙

1-1剖面图

▲151电视背景详图

装饰射灯 石材台面 石膏板饰面

电视背景墙平面图

石膏板饰面
石膏板饰面
石膏板饰面
大理石饰面
实木线收口
大芯板基层
9厘板框架
水曲柳擦白色饰面
350轨道

大样图-1 比例1:10

石膏板饰面
石膏板饰面
石膏板饰面

大样图-2 比例1:10

电视背景墙

1-1剖面

2-2剖面

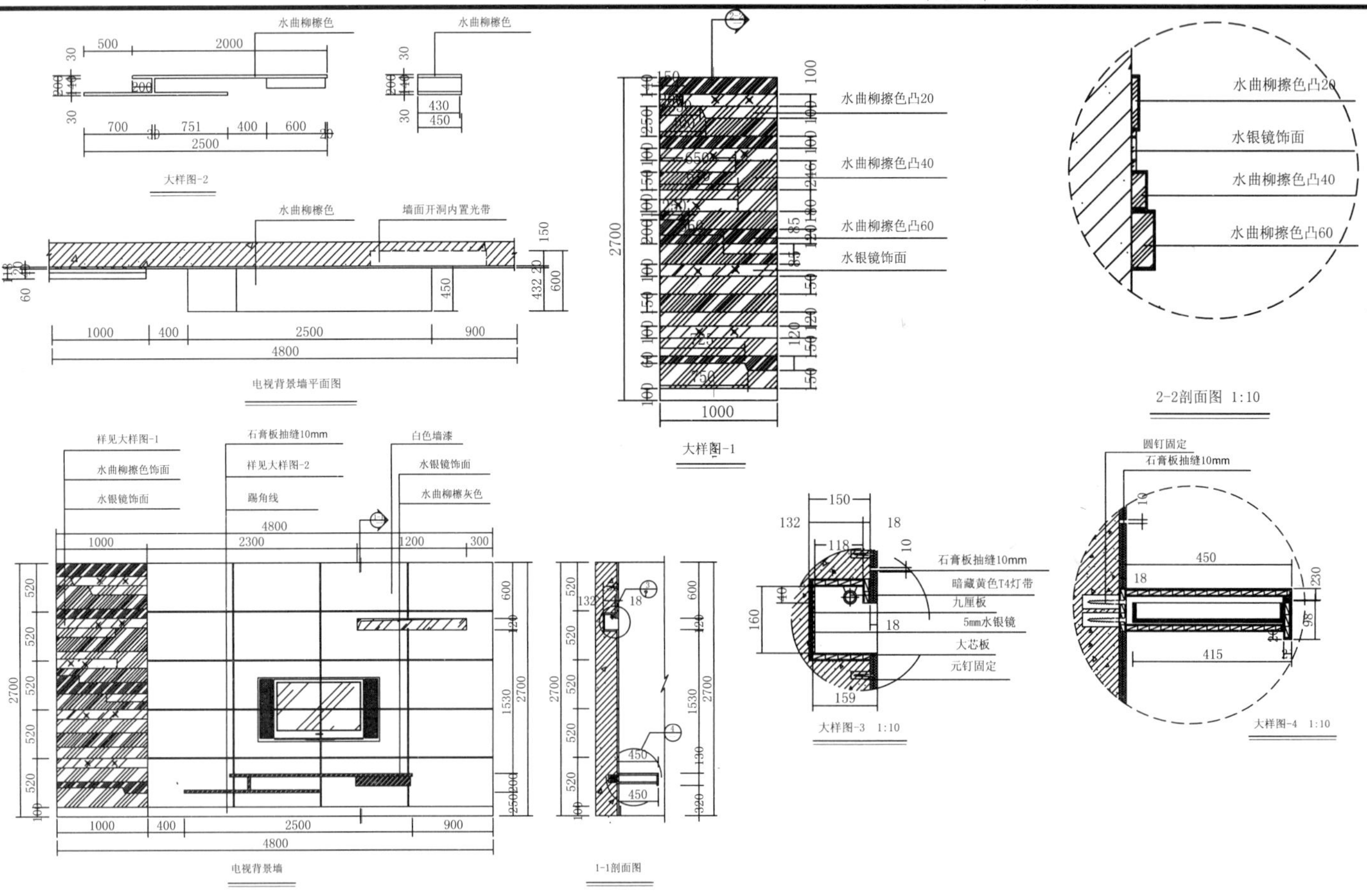

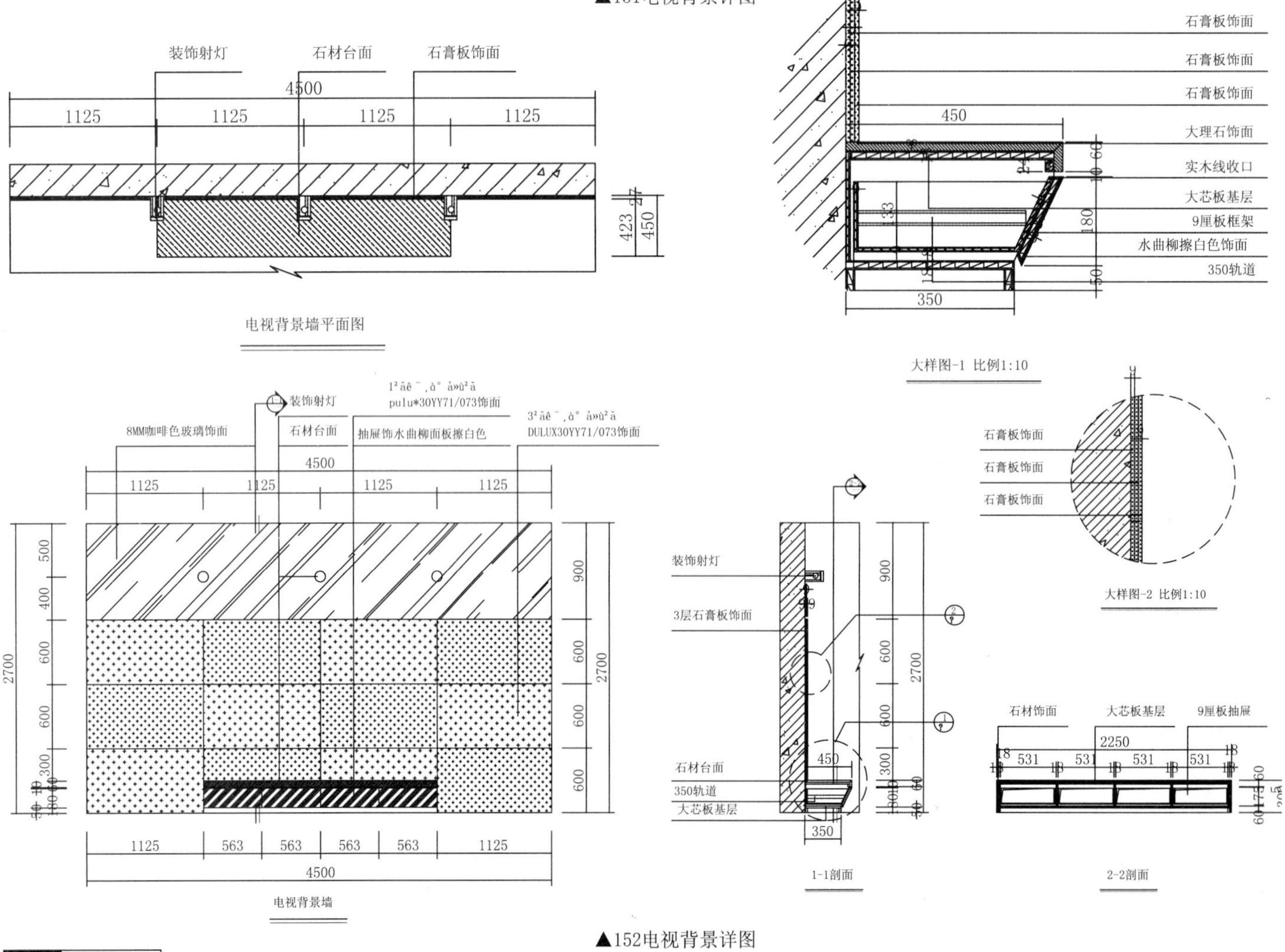

▲152电视背景详图

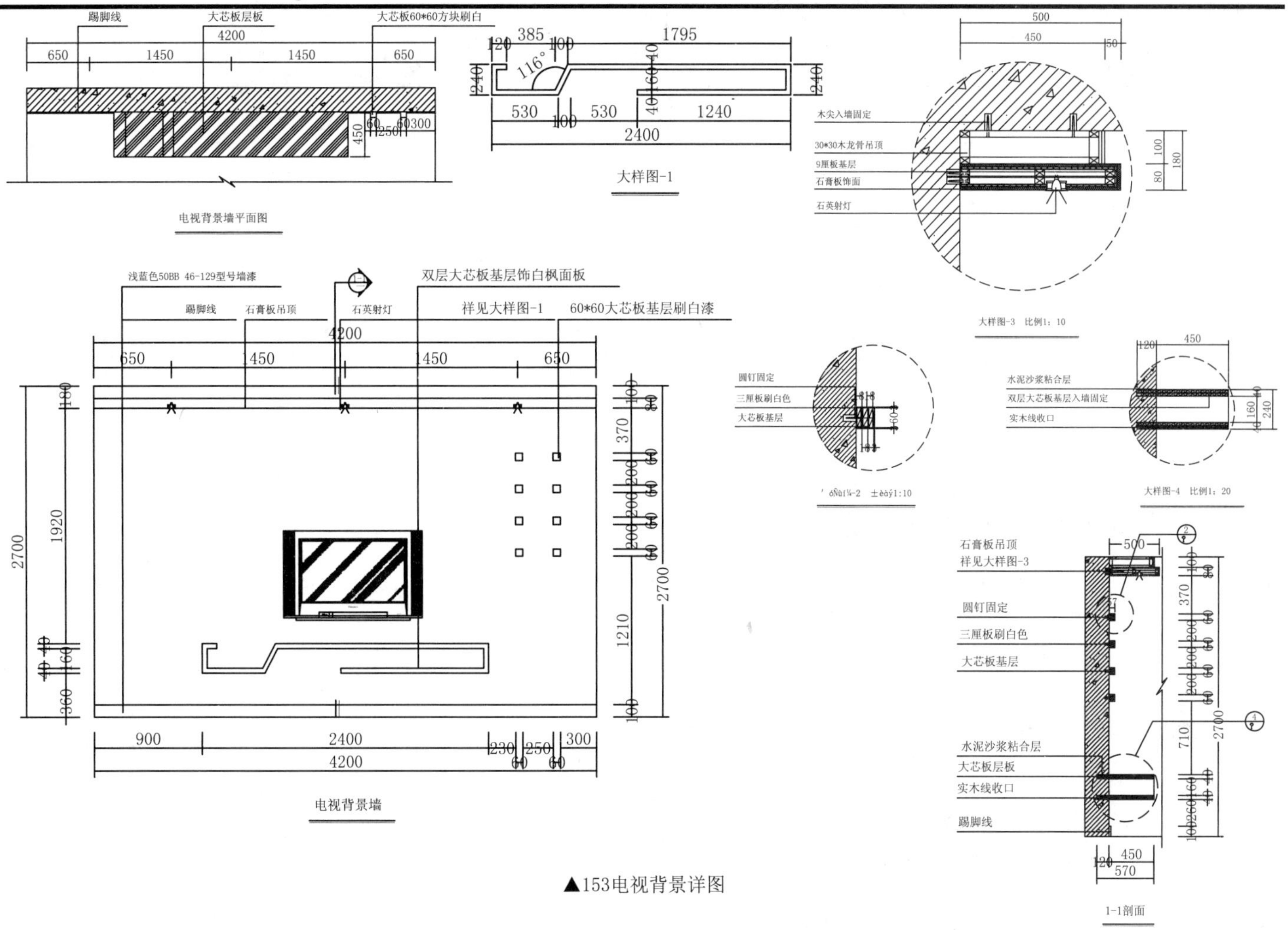

▲153电视背景详图

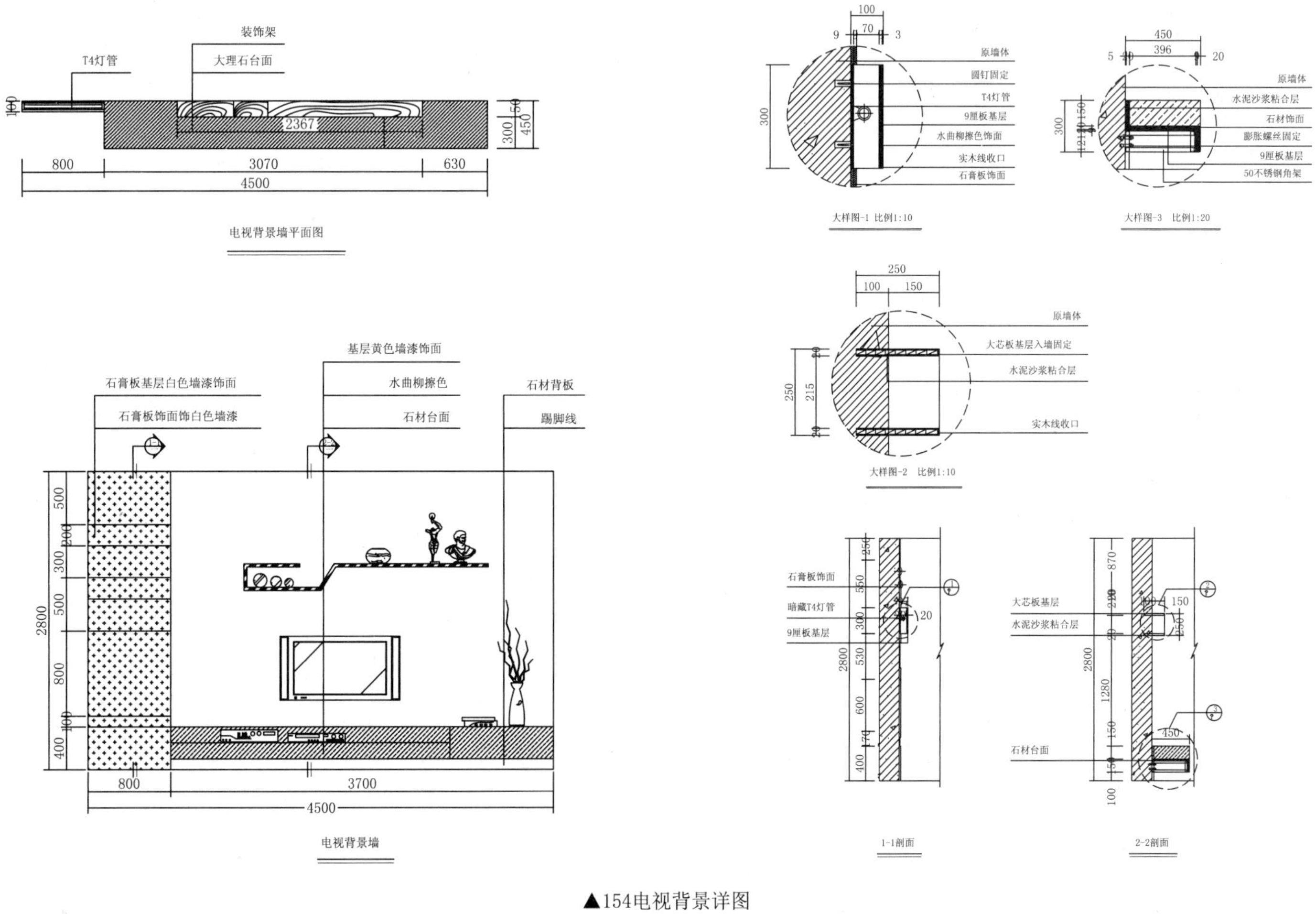

▲154电视背景详图

红色艺术墙纸（甲供）　白色混油端景台　40宽白色混油线条
花岗石台面（甲供）　∅5圆孔　石膏板造型墙内藏日光灯　漫反射灯槽　花岗石台面（甲供）

花岗石地台

3,005　1,165　1,730　4,145　551　786

▲155电视墙立面图块

TV32″（暗藏）　TV52″（装于凹墙壁龛内）　TV32″（暗藏）

3710

▲156电视墙节点

A 剖面图　B 剖面图

内藏灯
石膏罗马柱
榉木饰面聚脂漆
大白乳胶漆
铁艺造型
樟木饰面聚脂漆
榉木饰面聚脂漆

榉木饰面聚脂漆

A-A剖面图

4670

B-B剖面图

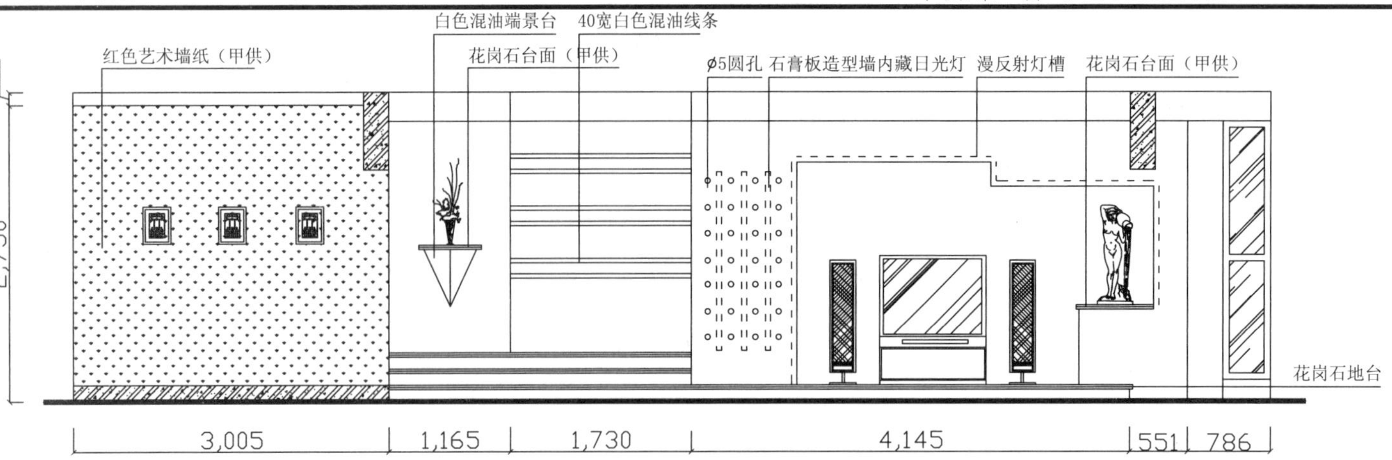

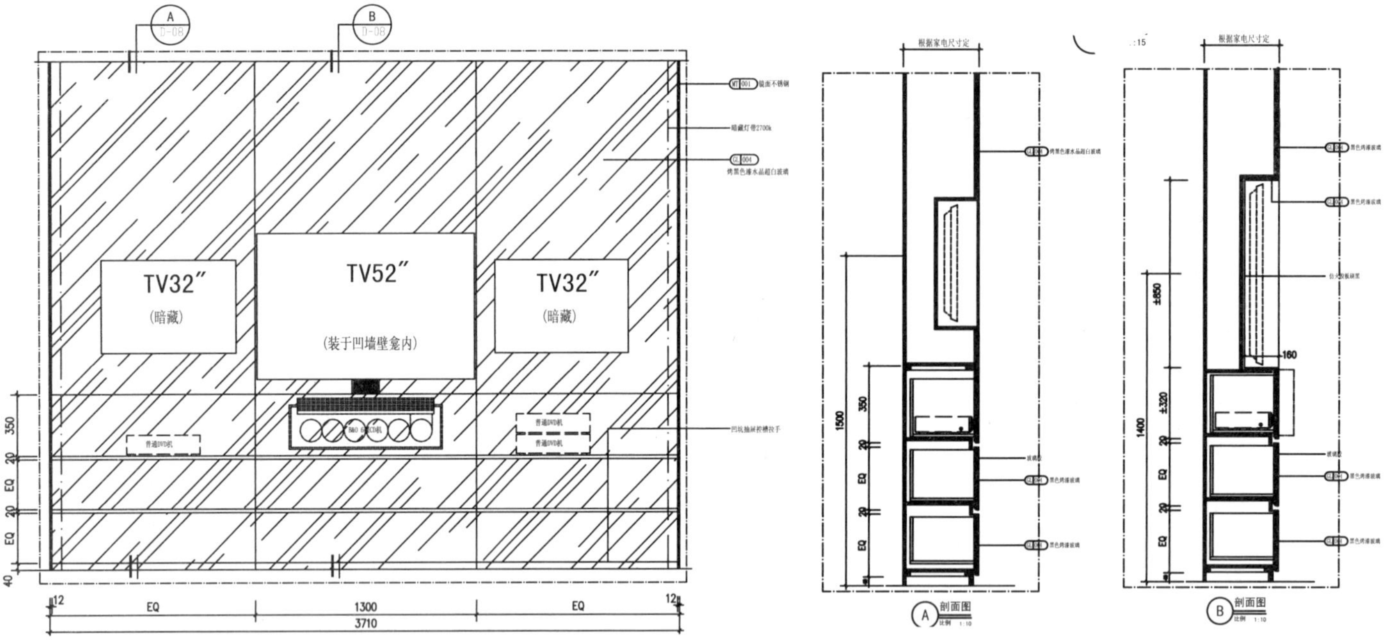

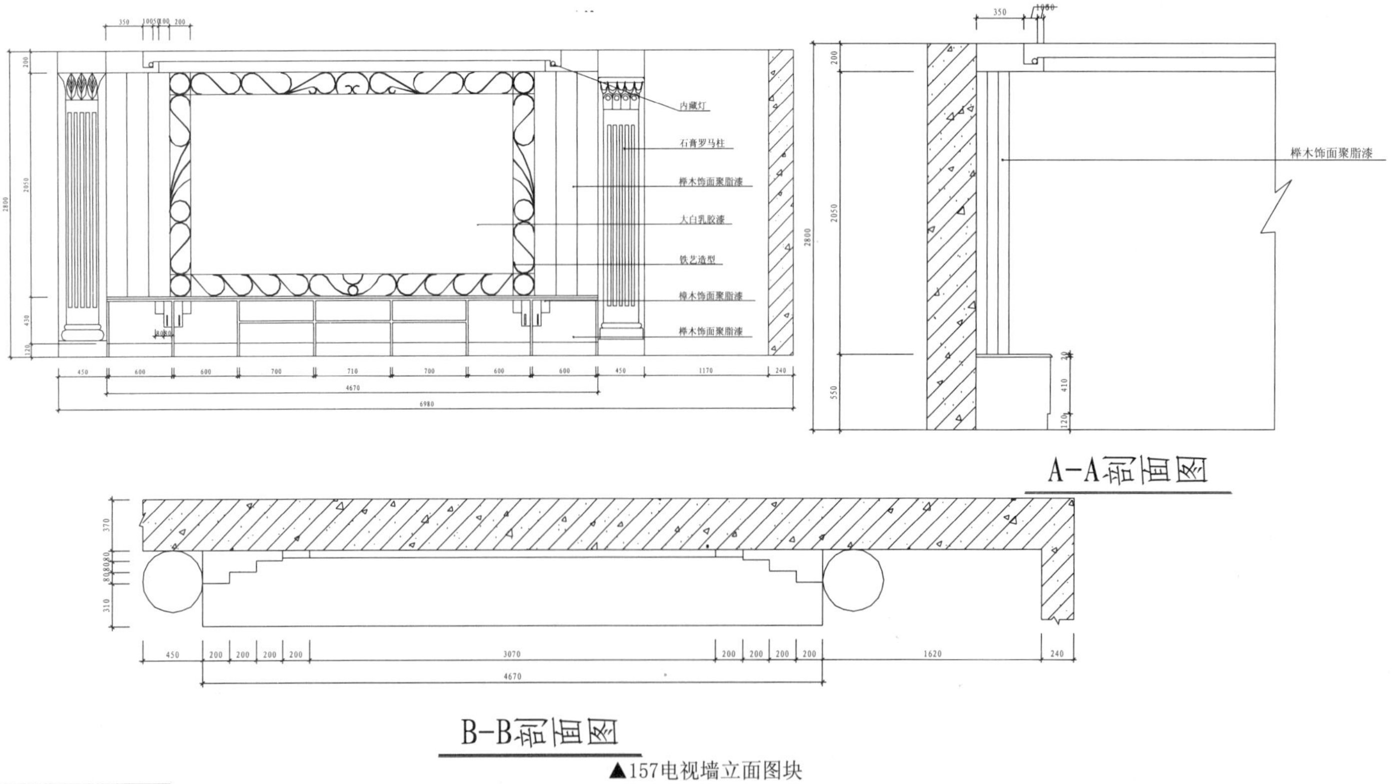

▲157电视墙立面图块

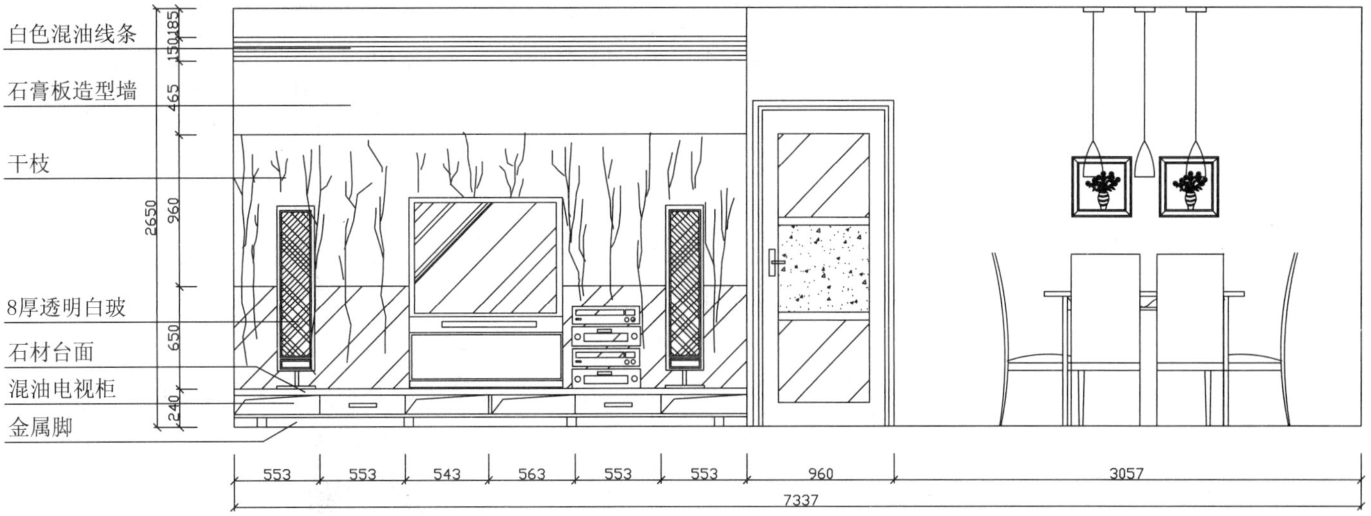

▲158电视墙立面图块

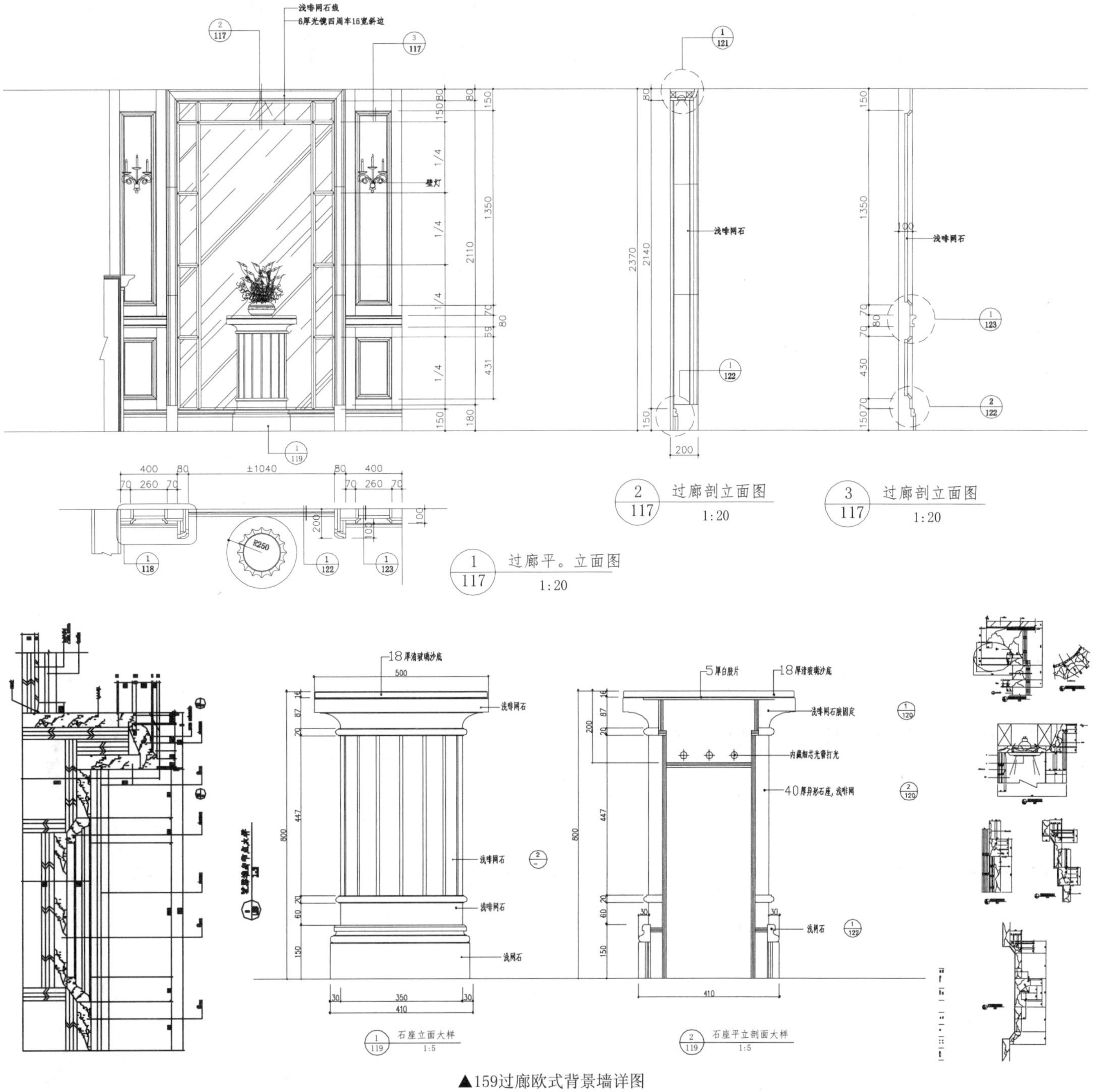

▲159过廊欧式背景墙详图

电视背景墙

A SECTION 剖面图

C DETAIL 大样图

ELEVATION 立面图

B SECTION 剖面图

▲160家居视听柜详图

▲161客厅电视背景墙

B 客厅立面图 Scale 1:40

01 详图 Scale 1:10

02 详图 Scale 1:10

03 剖面图 Scale 1:2

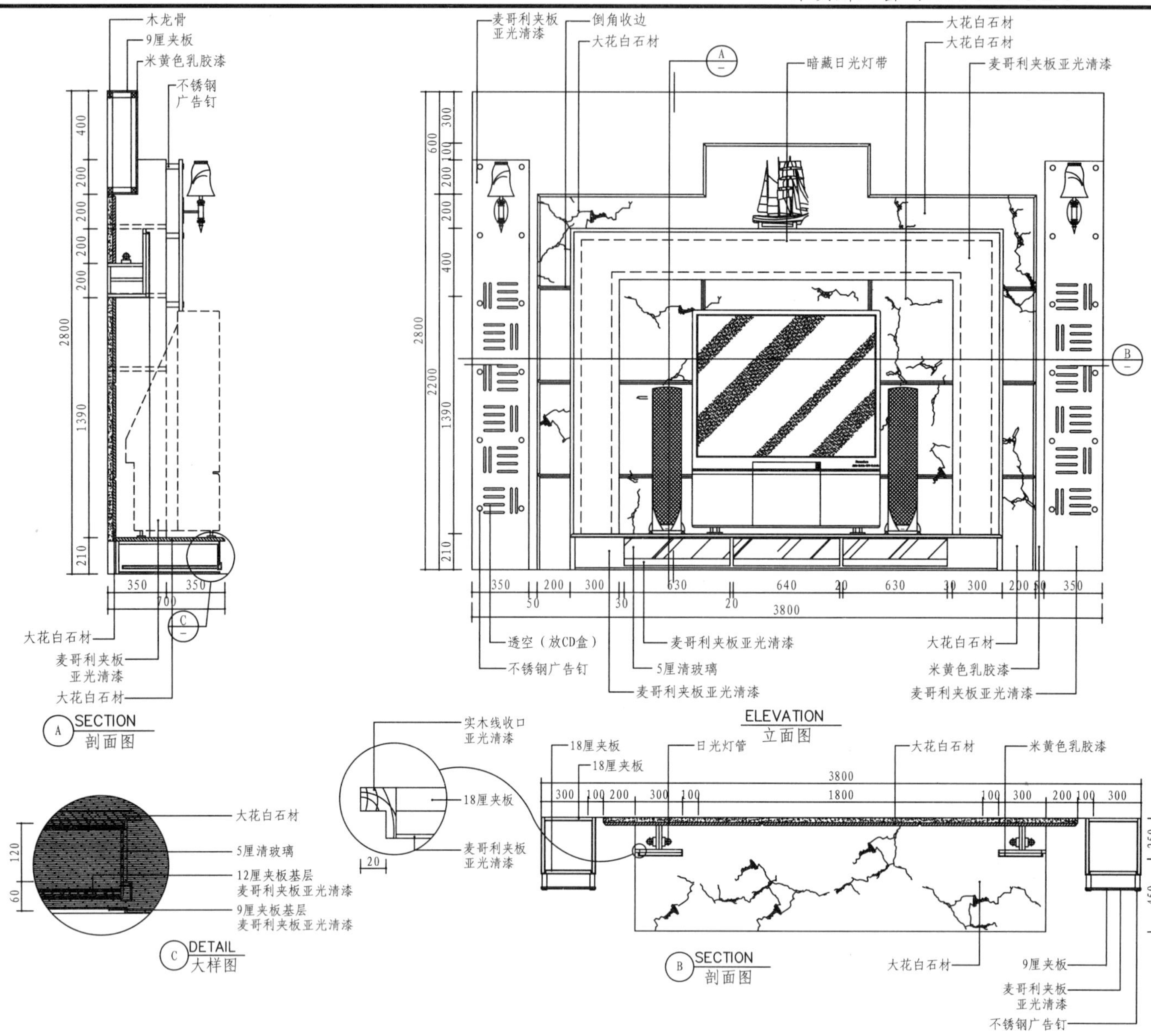

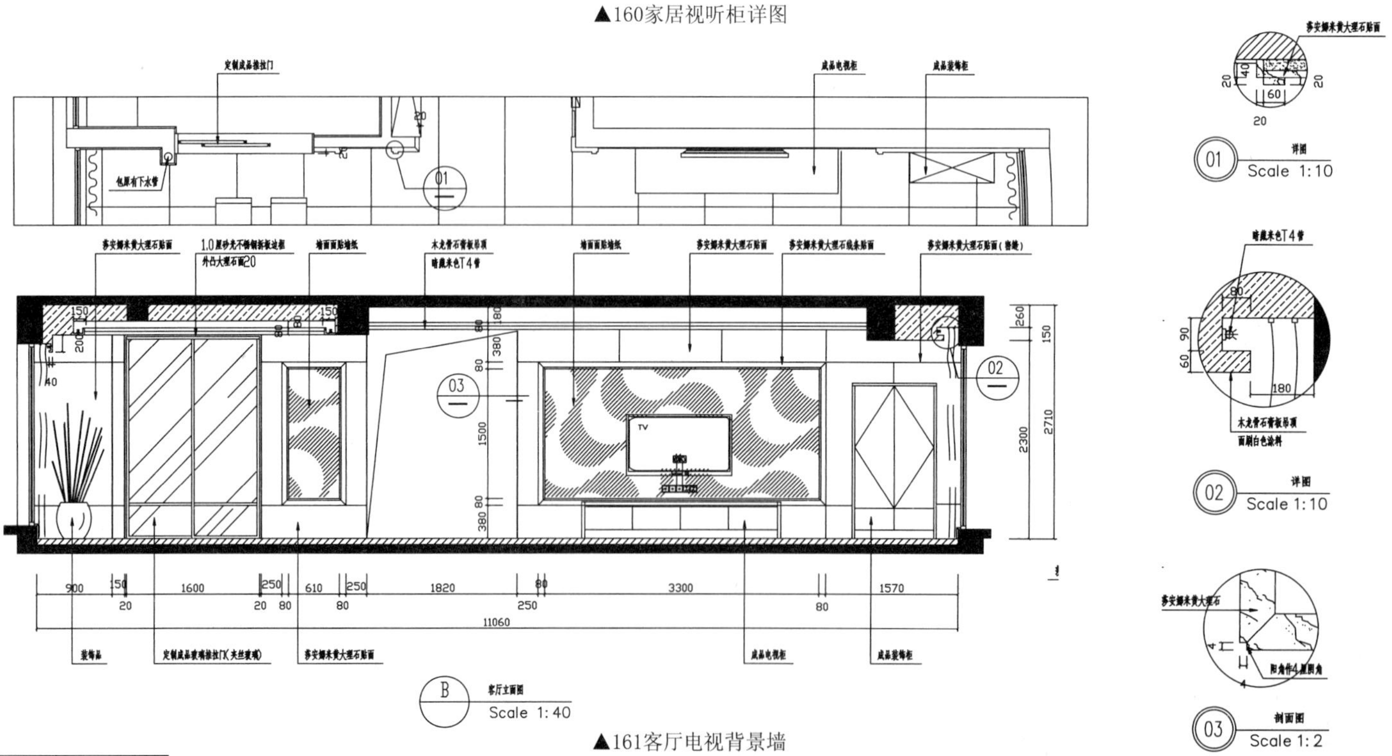

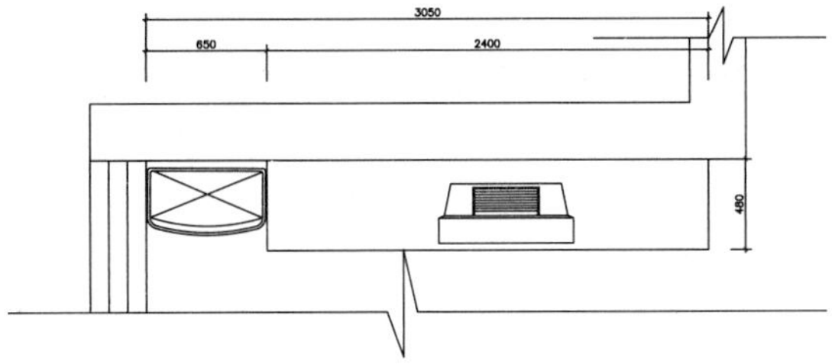

客厅A向平面图

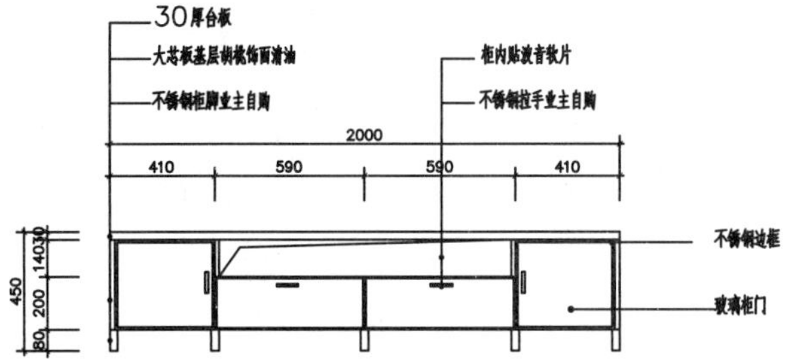

电视柜立面图

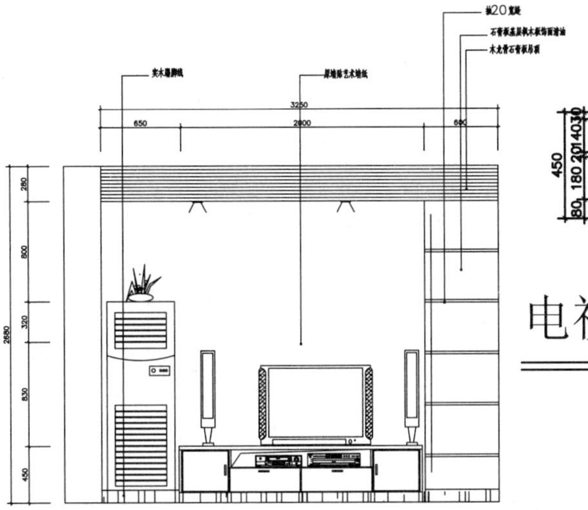

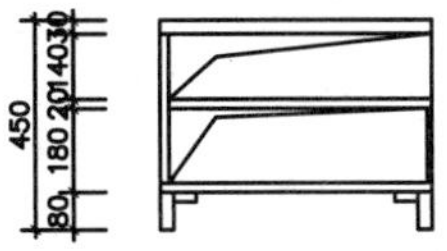

电视柜侧立面图

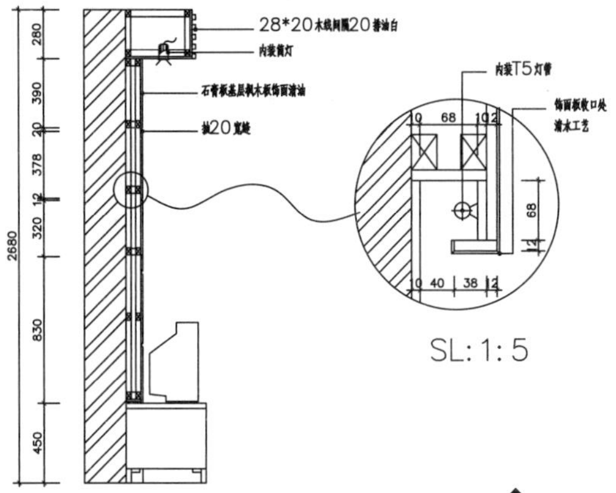

客厅A向立面图

客厅A向侧立面图

▲162客厅电视背景墙详图

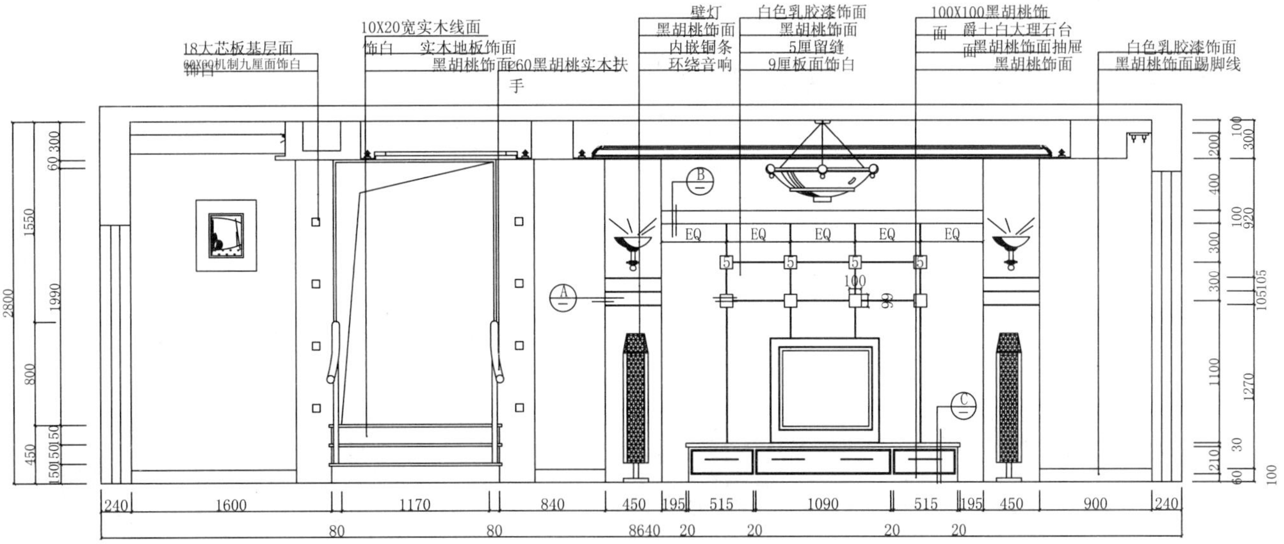

客厅A立面图 1：30

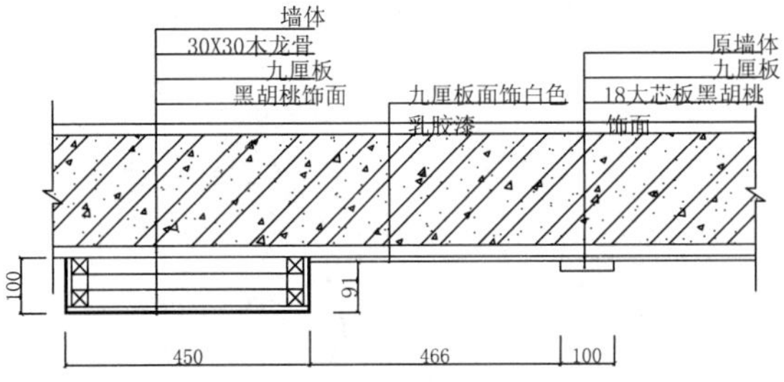

A-A剖面图 1：10

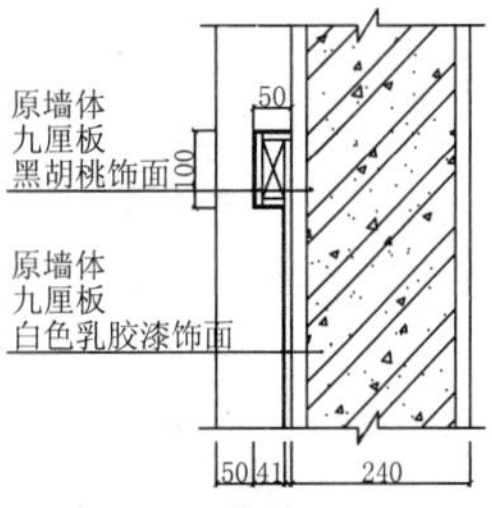

B-B剖面图 1：10

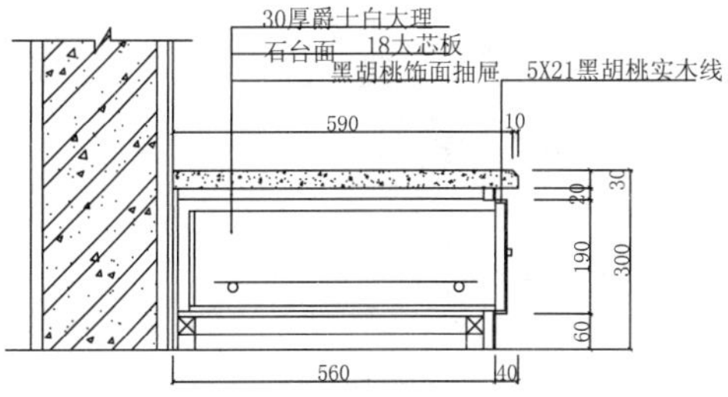

C-C剖面图 1：10

▲163客厅电视墙详图

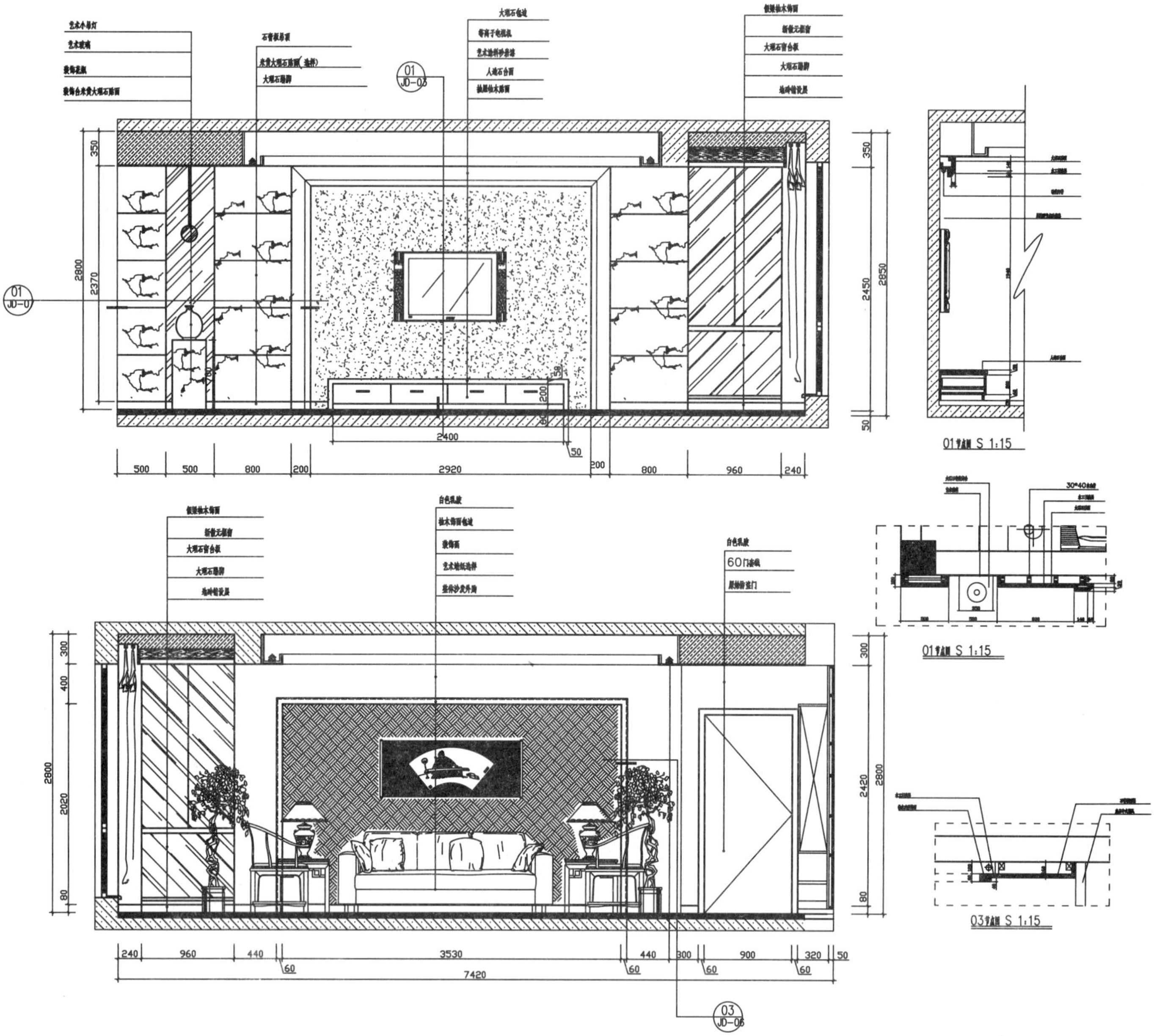

▲164客厅主立面图详图

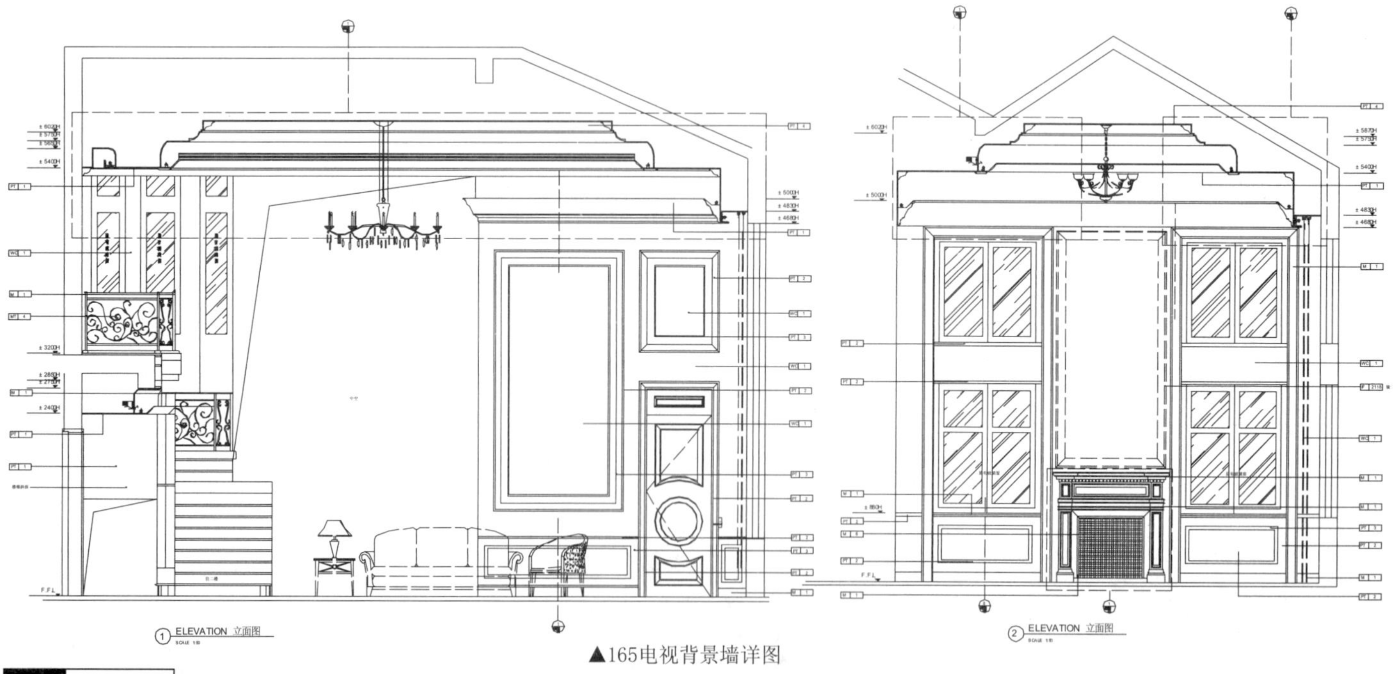

▲165电视背景墙详图

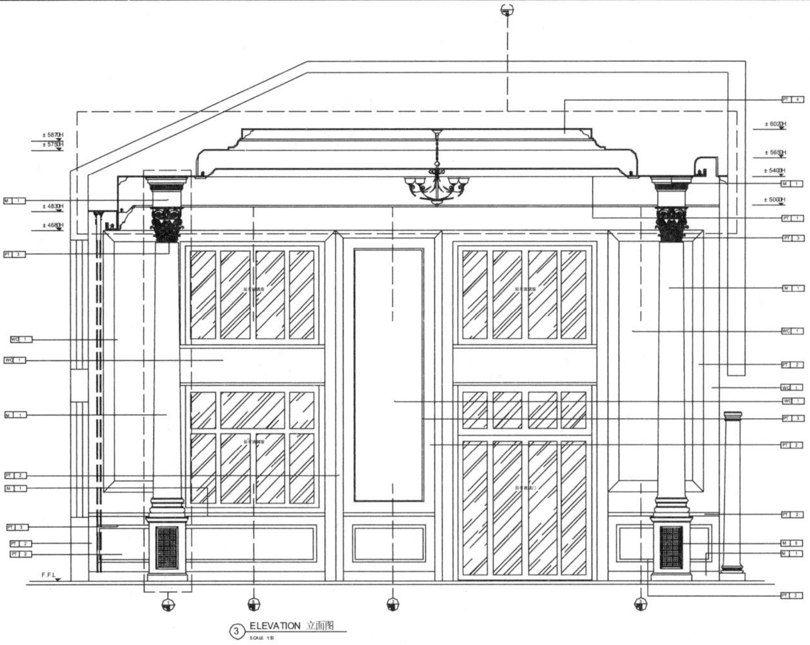

▲165电视背景墙详图

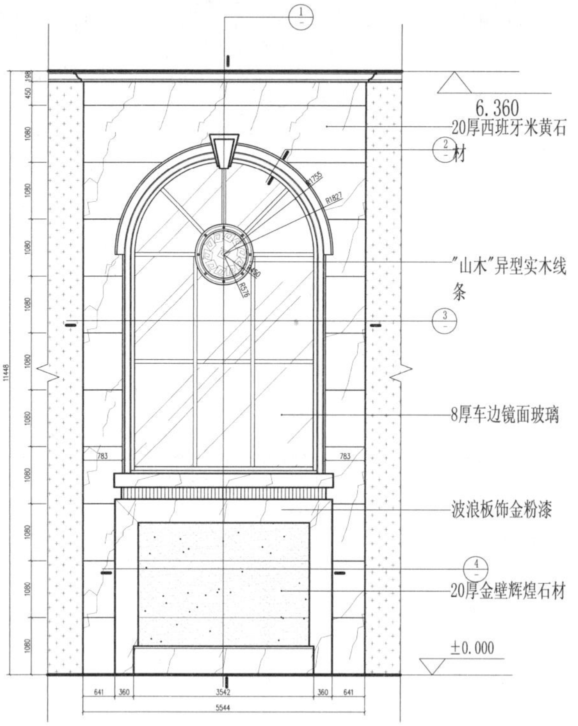

客厅电视墙立面详图

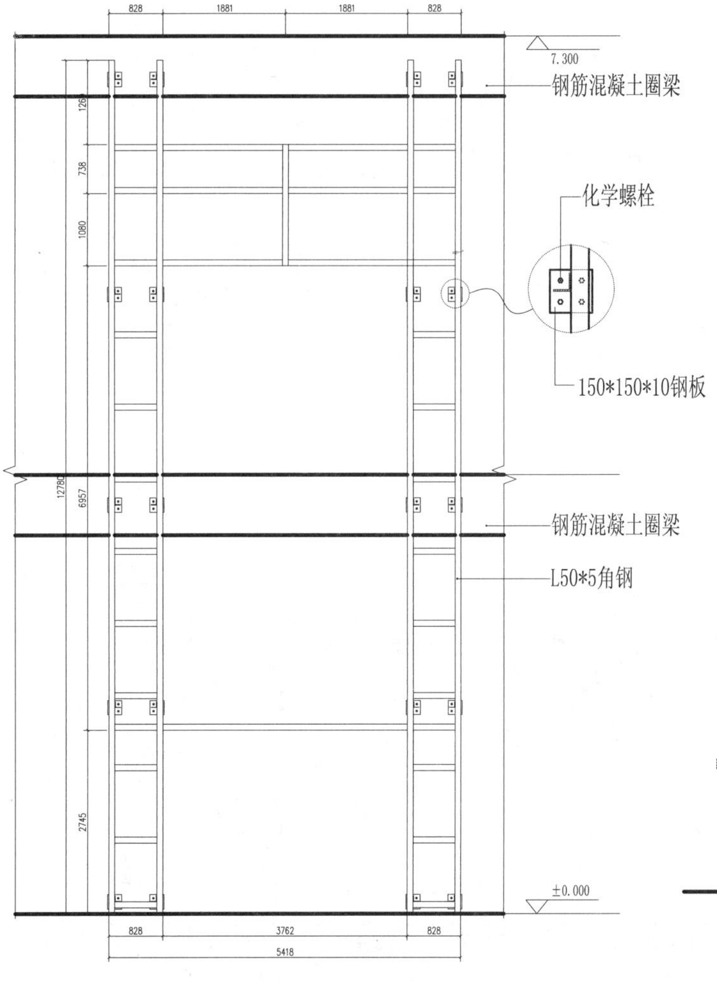

客厅电视墙石材干挂角钢分布图

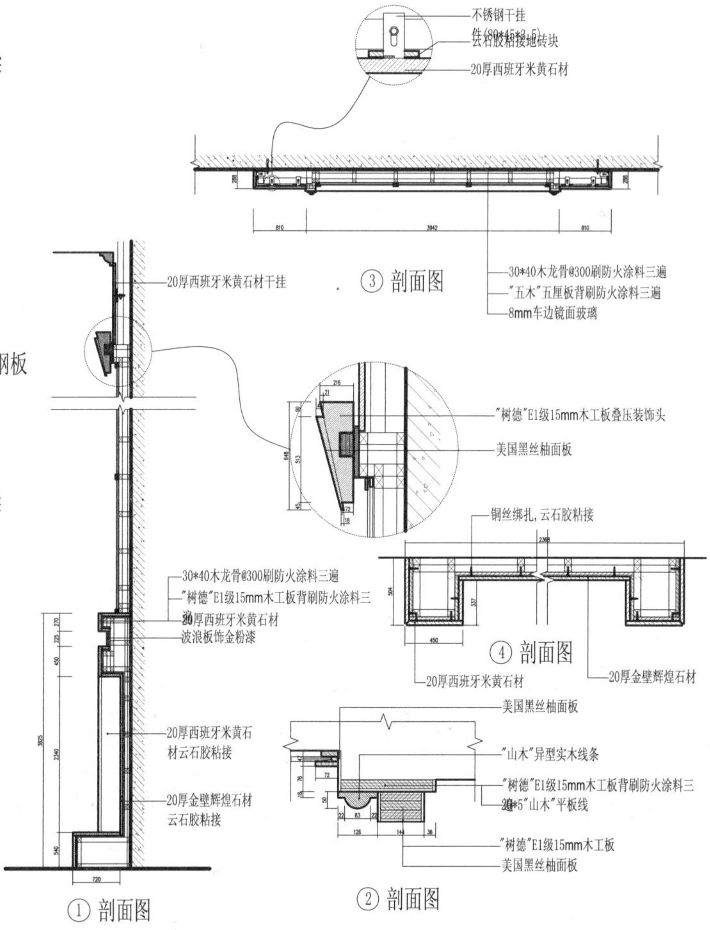

▲166木制电视柜详图

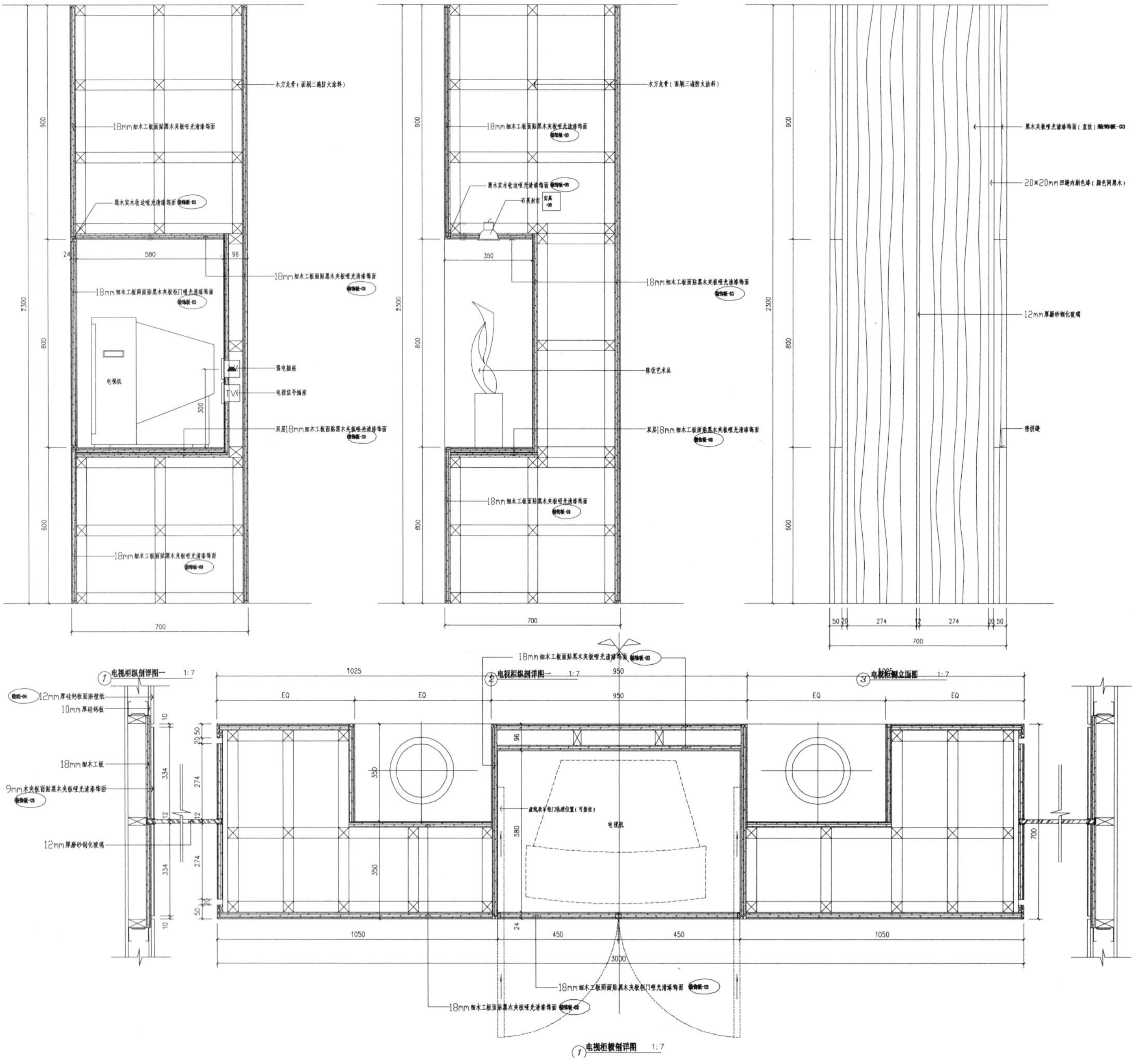

▲167欧别客厅电视墙电视背景墙详图

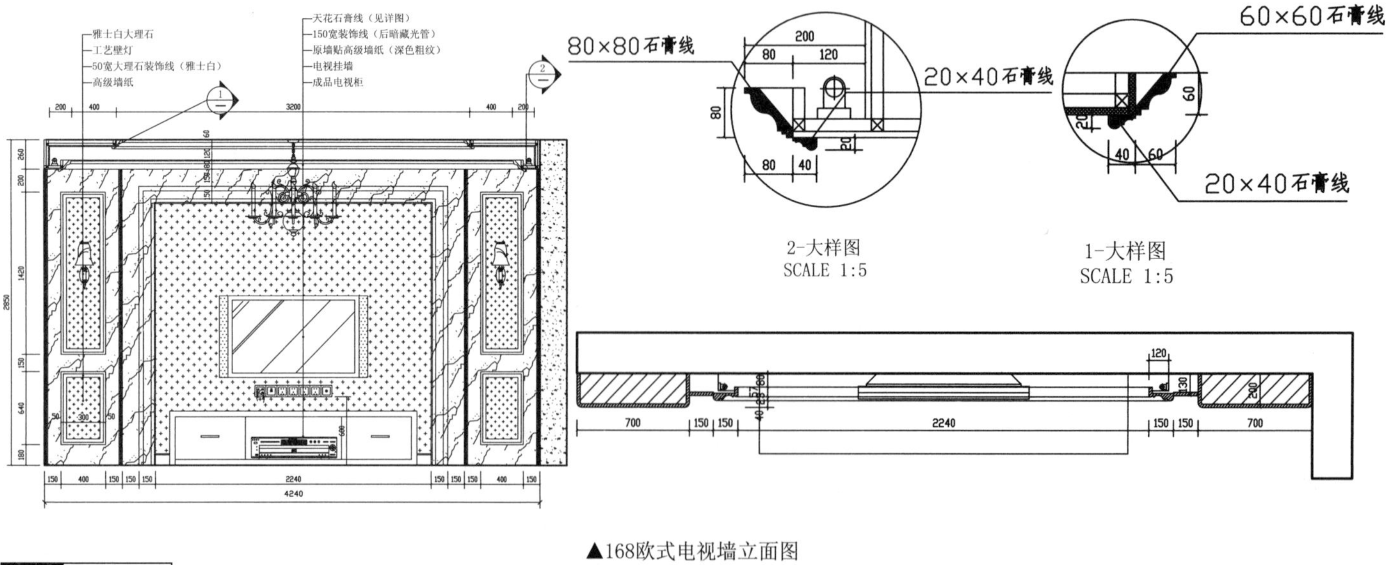

▲168欧式电视墙立面图

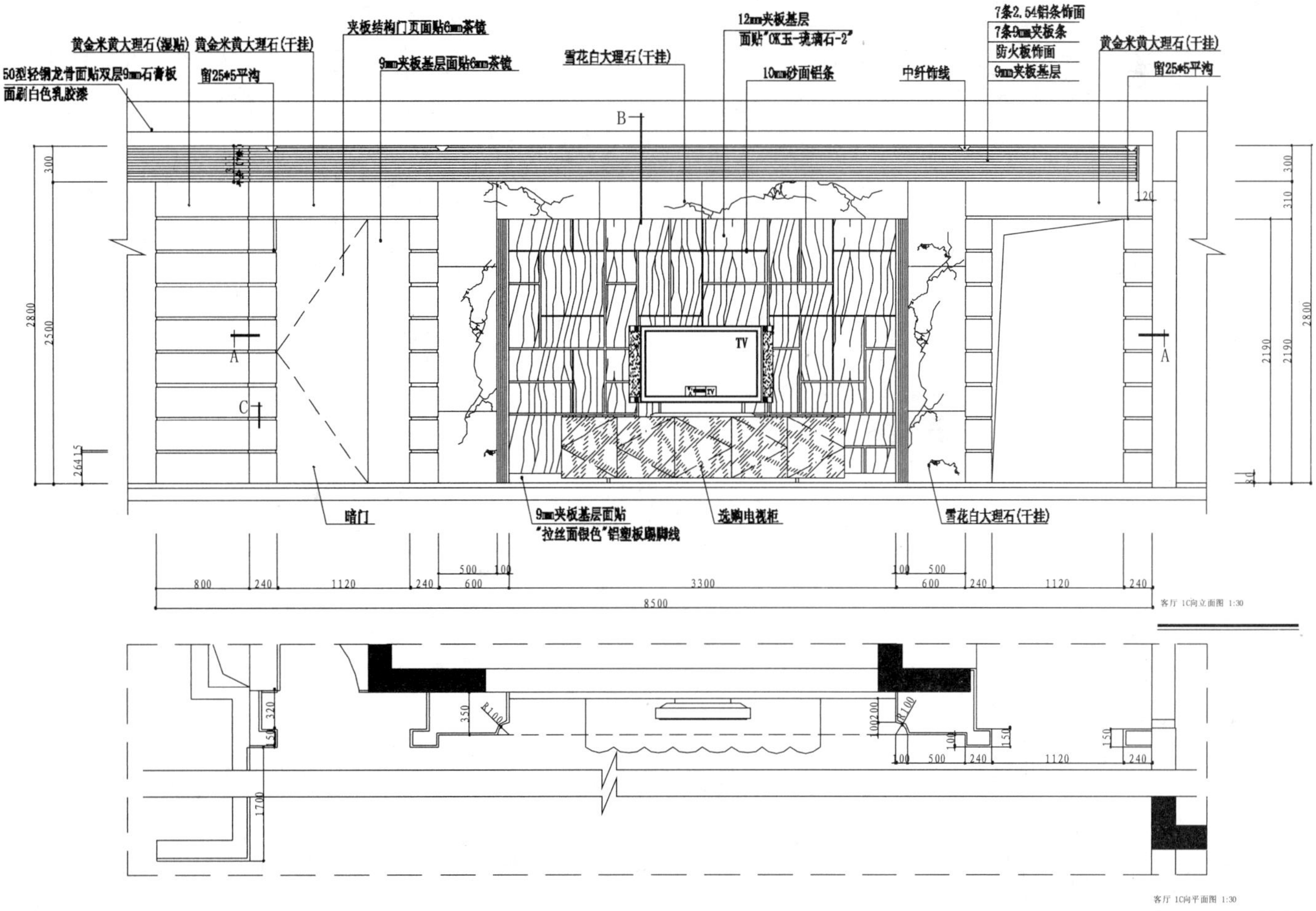

▲168欧式电视墙立面图

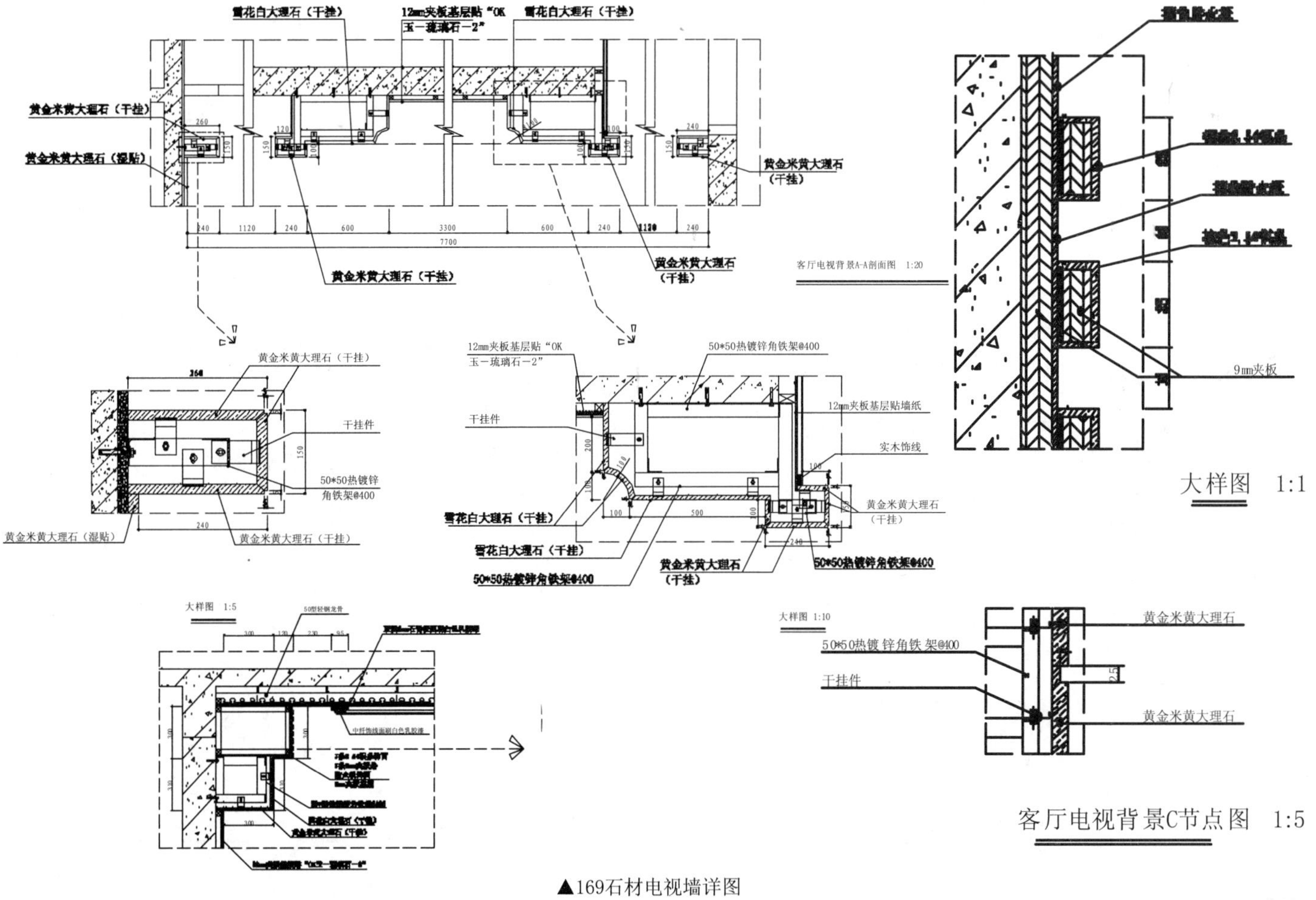

▲169石材电视墙详图

电视背景墙

電视柜石材台面详图-24 SC: 1:3
DETAIL

电视柜台面F-F剖图 SC: 1:3
SECTION

洗面台面详图-25 SC: 1:3
DETAIL

客厅红檀电器层架三视图 SC: 1:15
THREE VIEWS

客厅石材电视柜D立面图 SC: 1:30
ELEVATION

主卧卫生间洗面台A立面图 SC: 1:30
ELEVATION

▲170时尚套房背景装饰详图

电视背景墙剖面图

50mm窗帘护板装饰线大样图

30mm*15mm半圆木线大样图

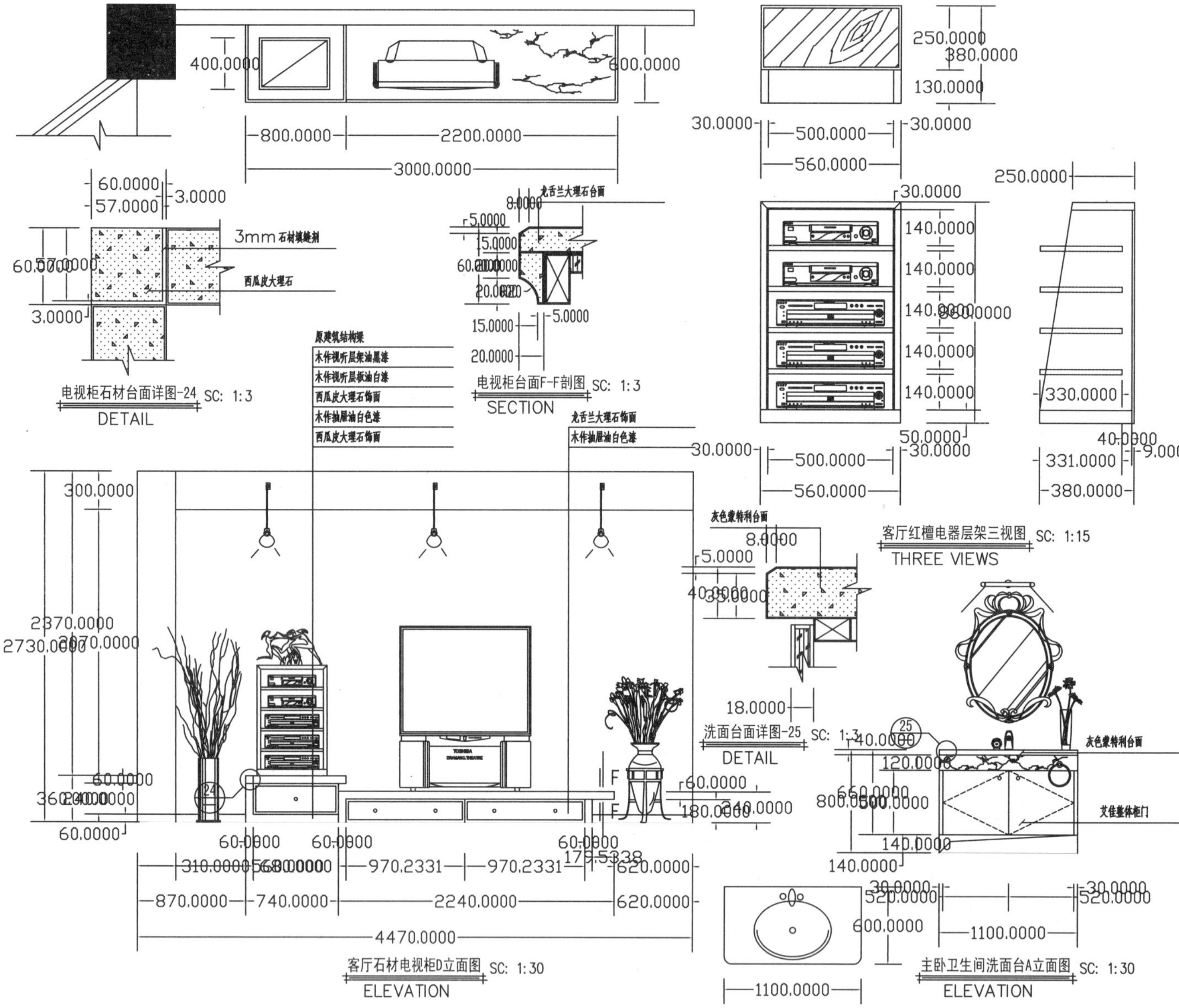

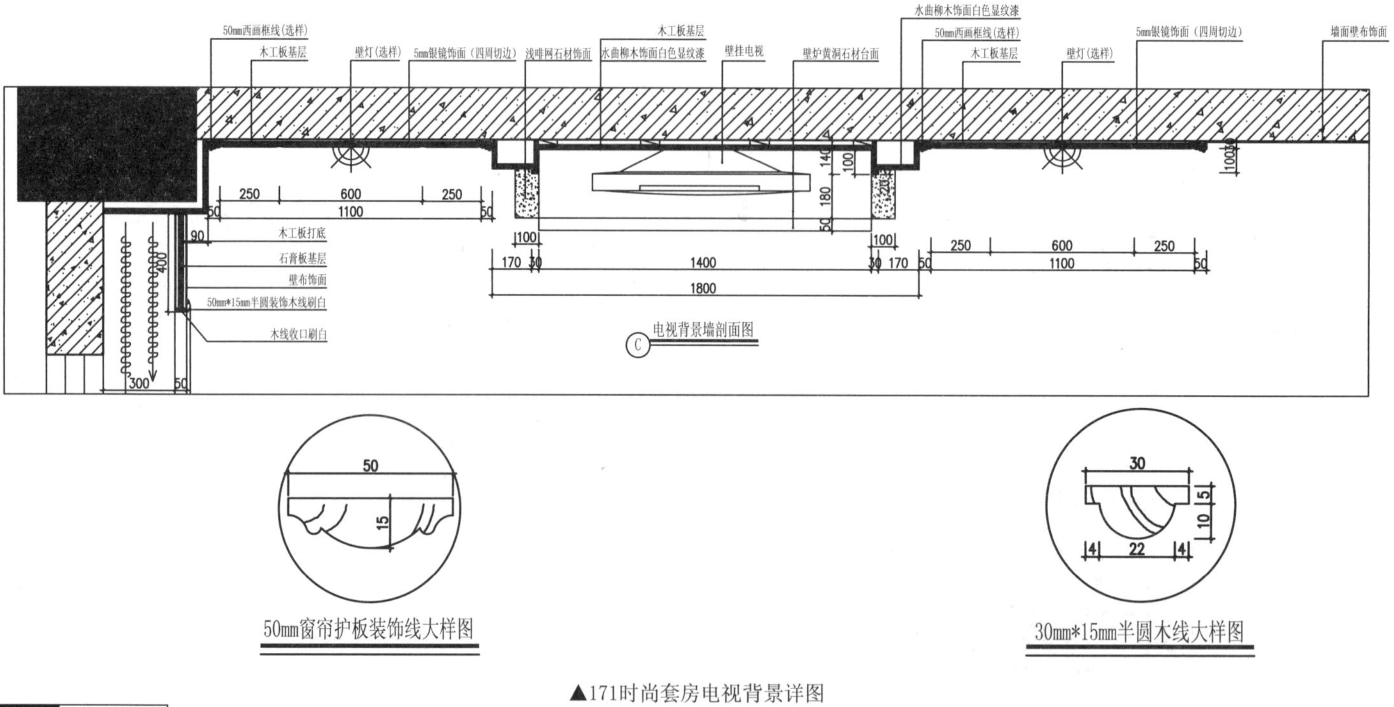

▲171时尚套房电视背景详图

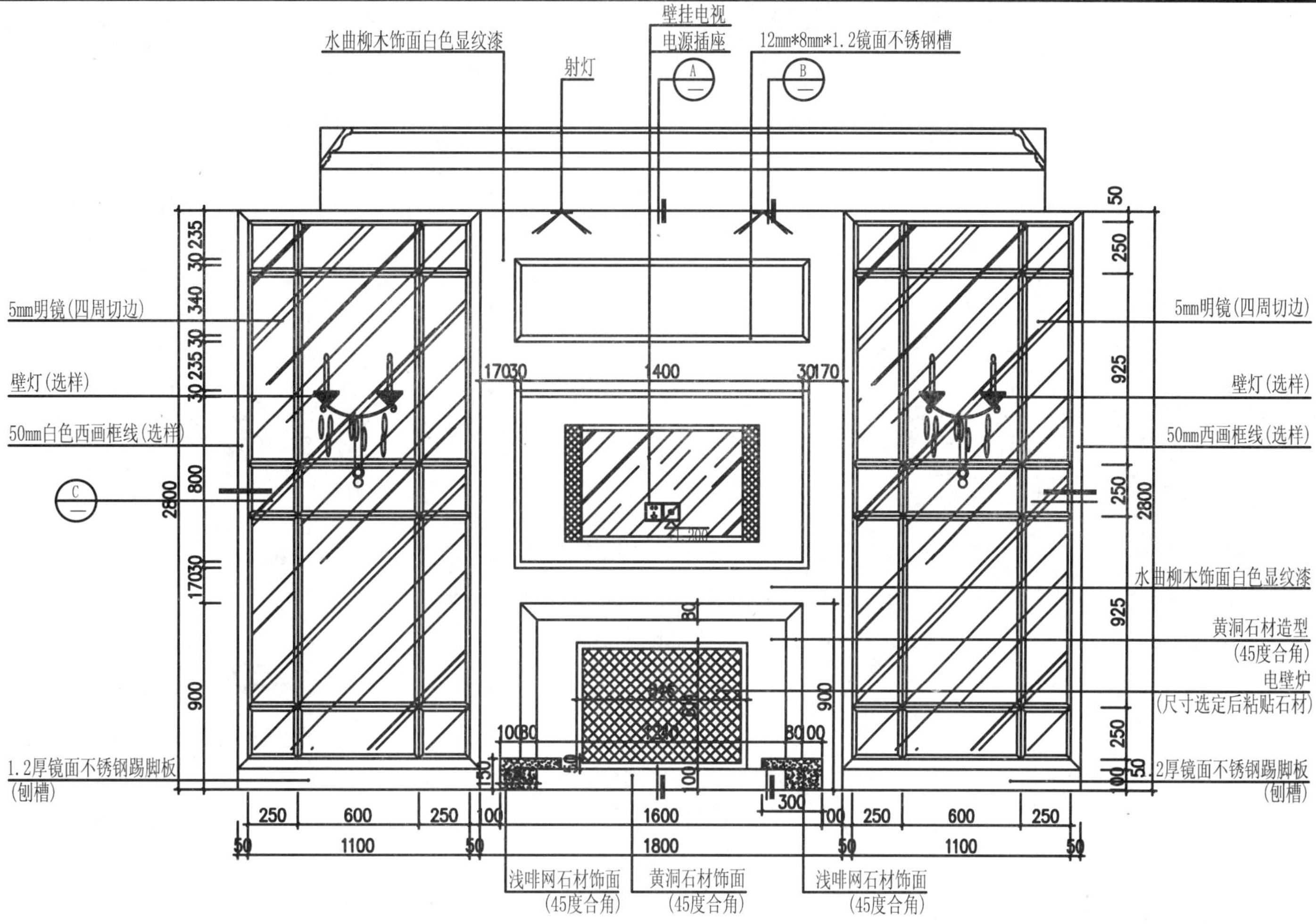

电视背景墙剖面图

①

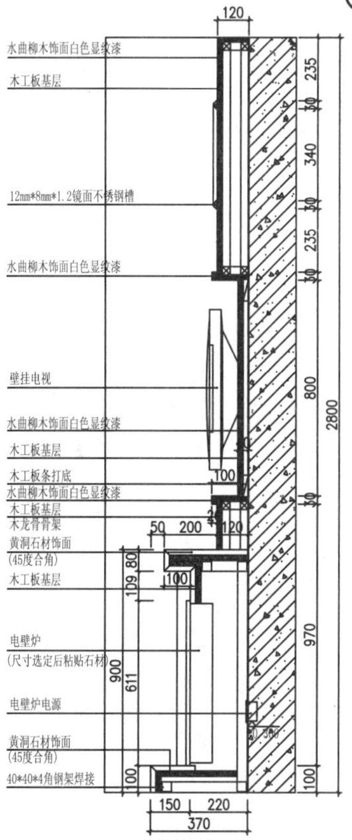

Ⓐ 电视背景墙剖面图

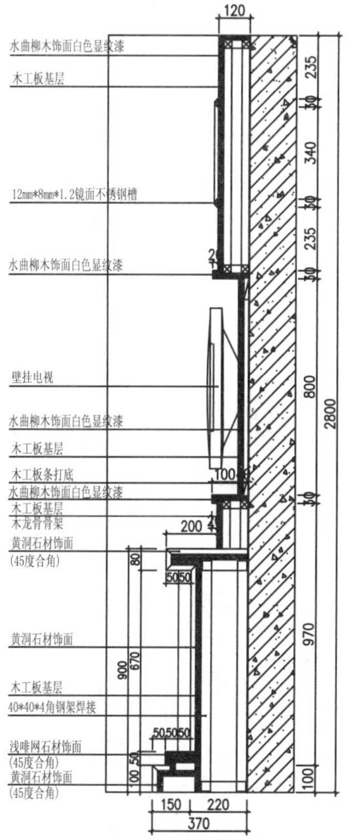

Ⓑ 电视背景墙剖面图

▲171时尚套房电视背景详图

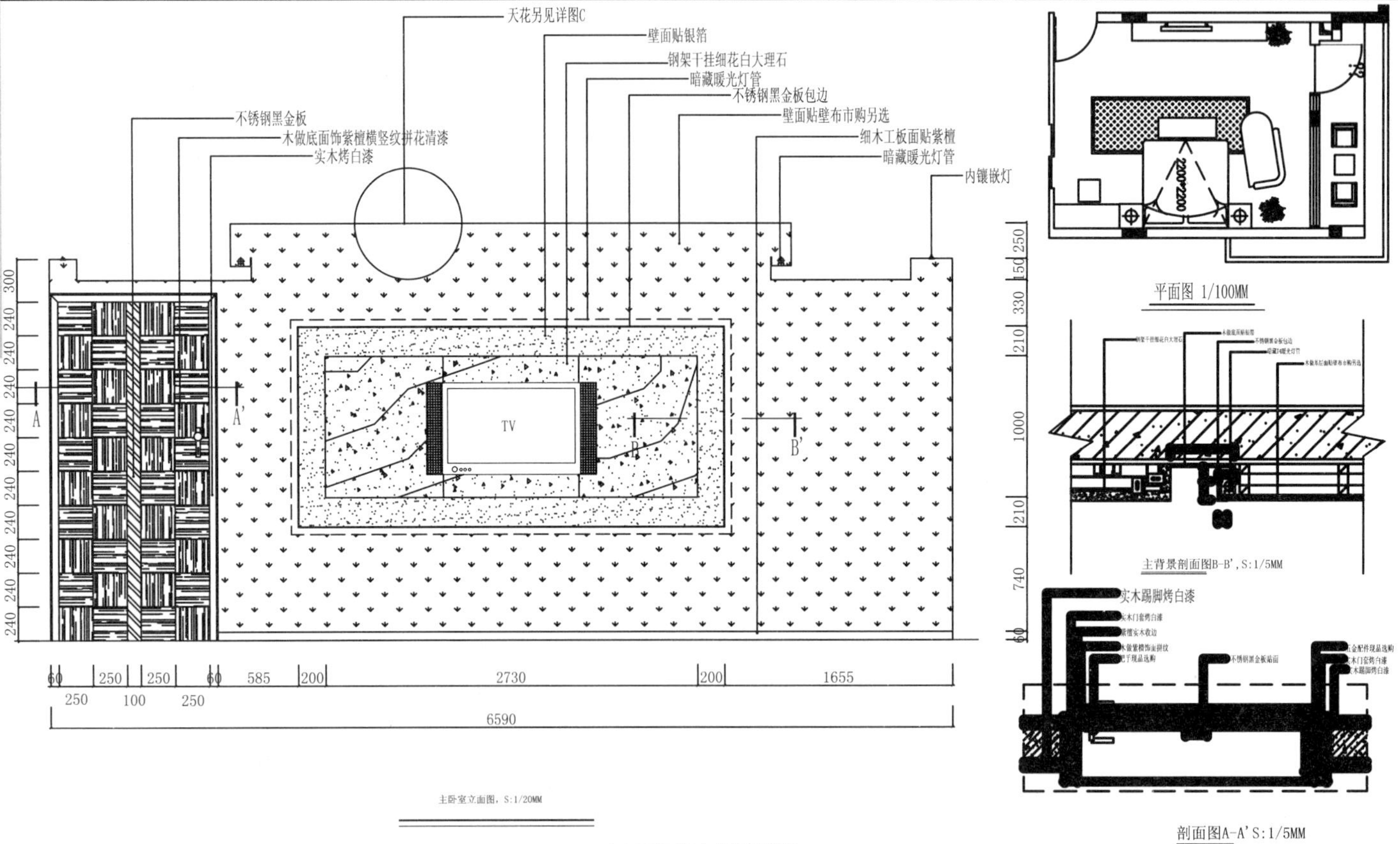
天花另见详图C
壁面贴银箔
钢架干挂细花白大理石
暗藏暖光灯管
不锈钢黑金板包边
不锈钢黑金板
木做底面饰紫檀横竖纹拼花清漆
实木烤白漆
壁面贴壁布市购另选
细木工板面贴紫檀
暗藏暖光灯管
内镶嵌灯
TV
A
A'
B'
B'
60
250
250
60
585
200
2730
200
1655
250
100
250
6590
主卧室立面图，S:1/20MM
平面图 1/100MM
主背景剖面图B-B', S:1/5MM
实木踢脚烤白漆
剖面图A-A' S:1/5MM

▲172卧室电视墙详图

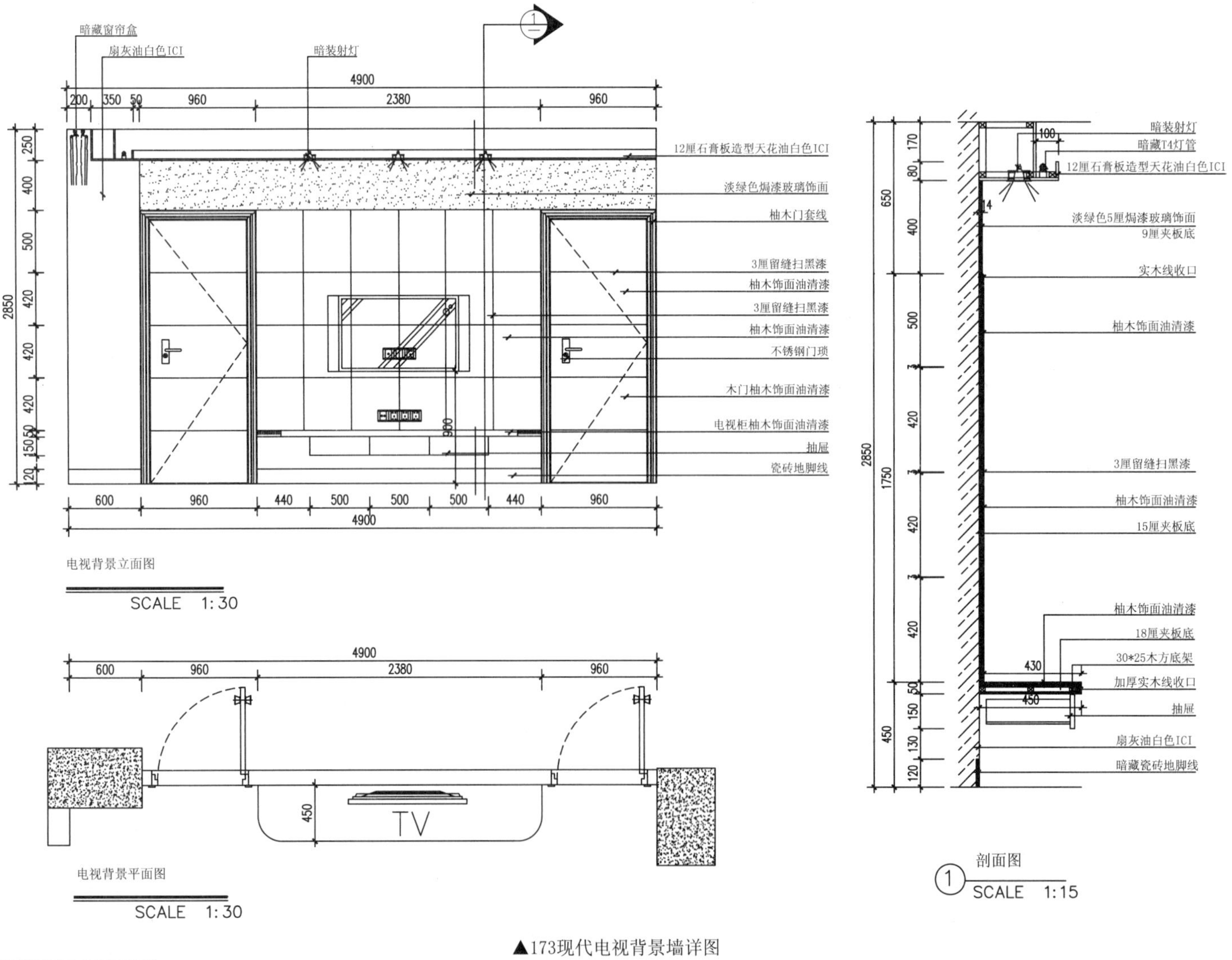
暗藏窗帘盒
扇灰油白色ICI
暗装射灯
4900
200
350
50
960
2380
960
12厘石膏板造型天花油白色ICI
淡绿色焗漆玻璃饰面
柚木门套线
3厘留缝扫黑漆
柚木饰面油清漆
3厘留缝扫黑漆
柚木饰面油清漆
不锈钢门项
木门柚木饰面油清漆
电视柜柚木饰面油清漆
抽屉
瓷砖地脚线
2850
600
960
440
500
500
500
440
960
4900
电视背景立面图
SCALE 1:30
4900
600
960
2380
960
450
TV
电视背景平面图
SCALE 1:30
暗装射灯
暗藏T4灯管
12厘石膏板造型天花油白色ICI
淡绿色5厘焗漆玻璃饰面
9厘夹板底
实木线收口
柚木饰面油清漆
3厘留缝扫黑漆
柚木饰面油清漆
15厘夹板底
柚木饰面油清漆
18厘夹板底
30*25木方底架
加厚实木线收口
抽屉
扇灰油白色ICI
暗藏瓷砖地脚线
剖面图
SCALE 1:15

▲173现代电视背景墙详图

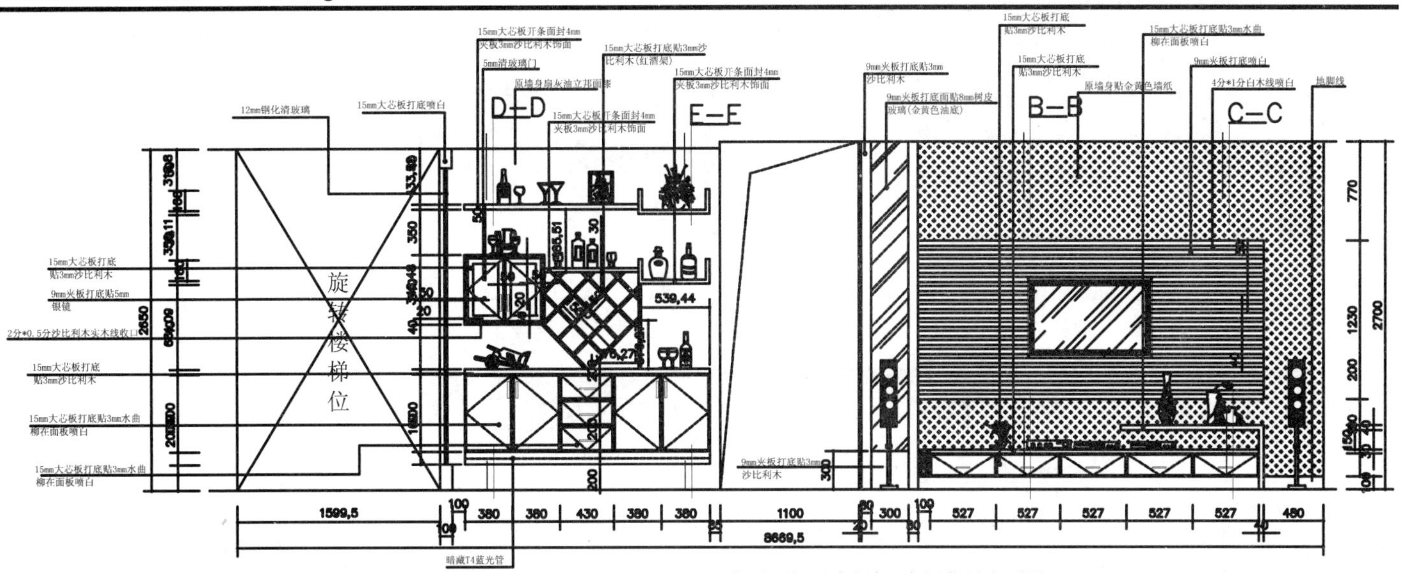

客厅酒柜及电视柜 电视背景立面图

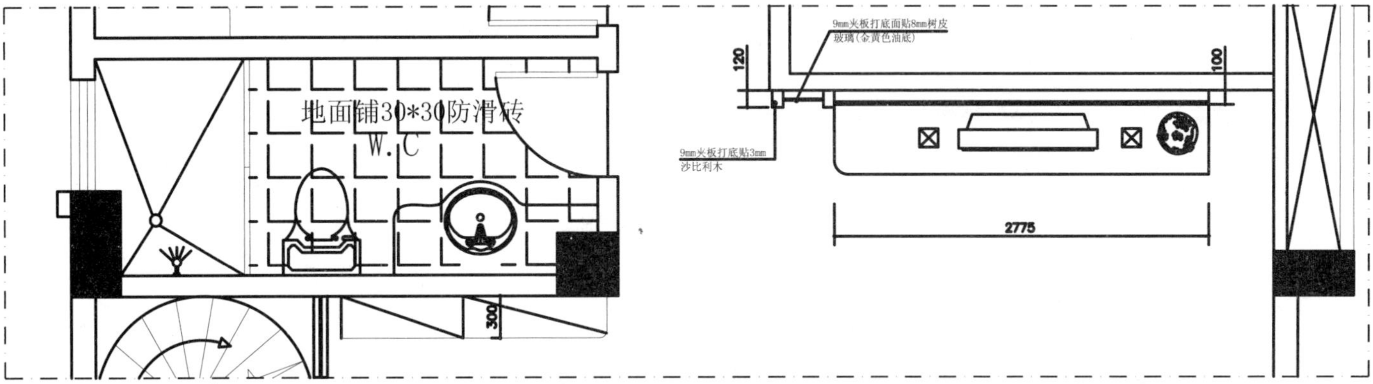

客厅酒柜及电视柜 电视背景平面大样图

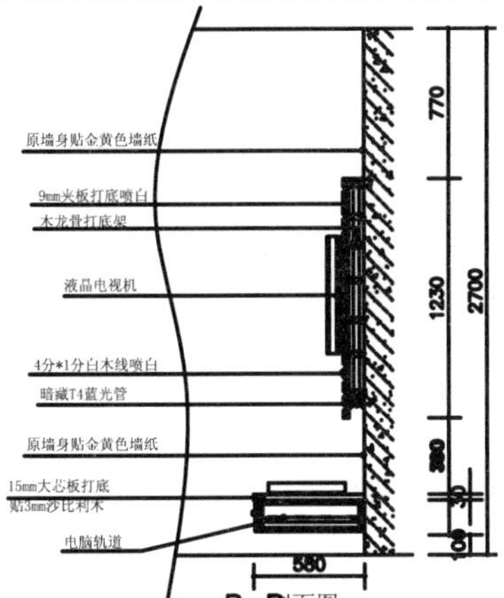

B-B剖面图

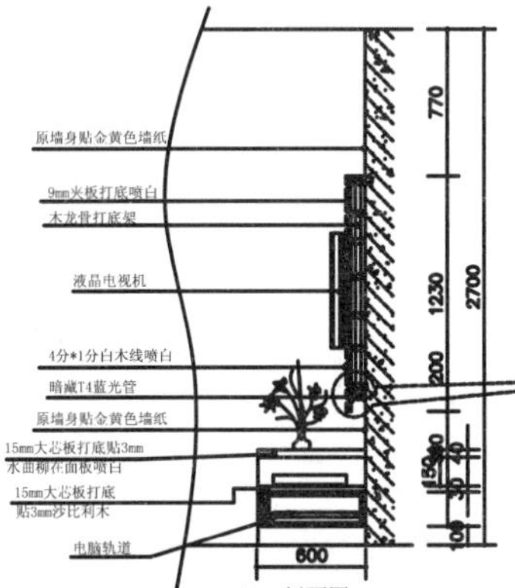

C-C剖面图

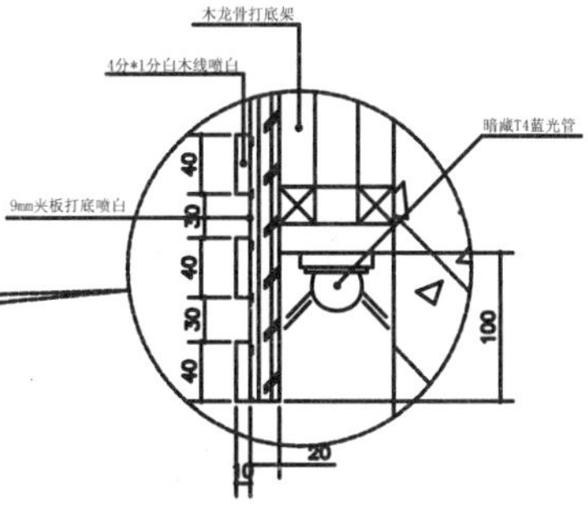

节点大样图

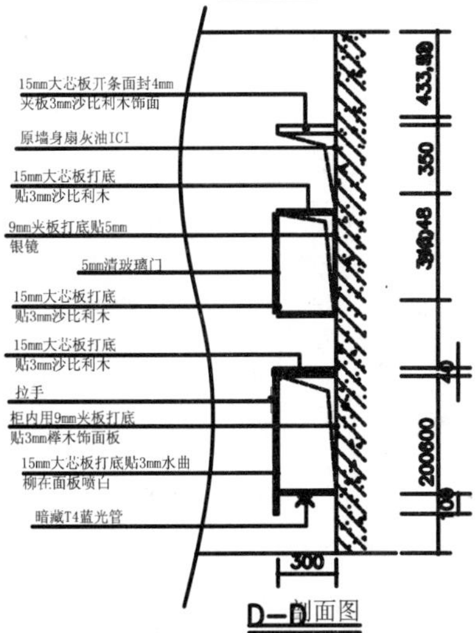

D-D剖面图

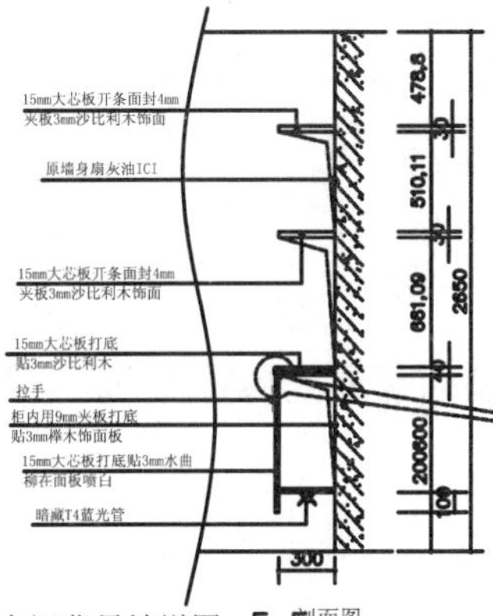

E-E剖面图

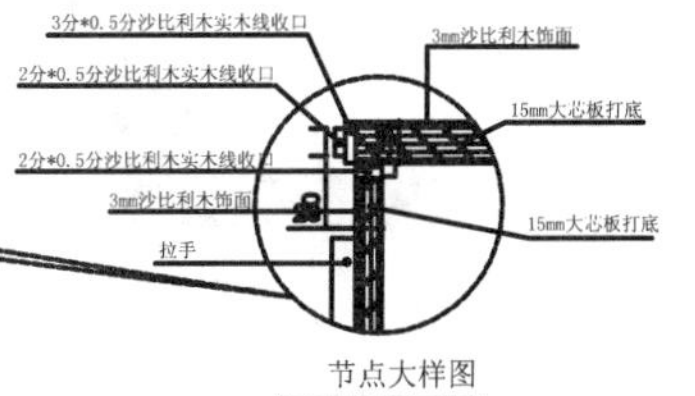

节点大样图

▲174现代客厅电视背景墙详图

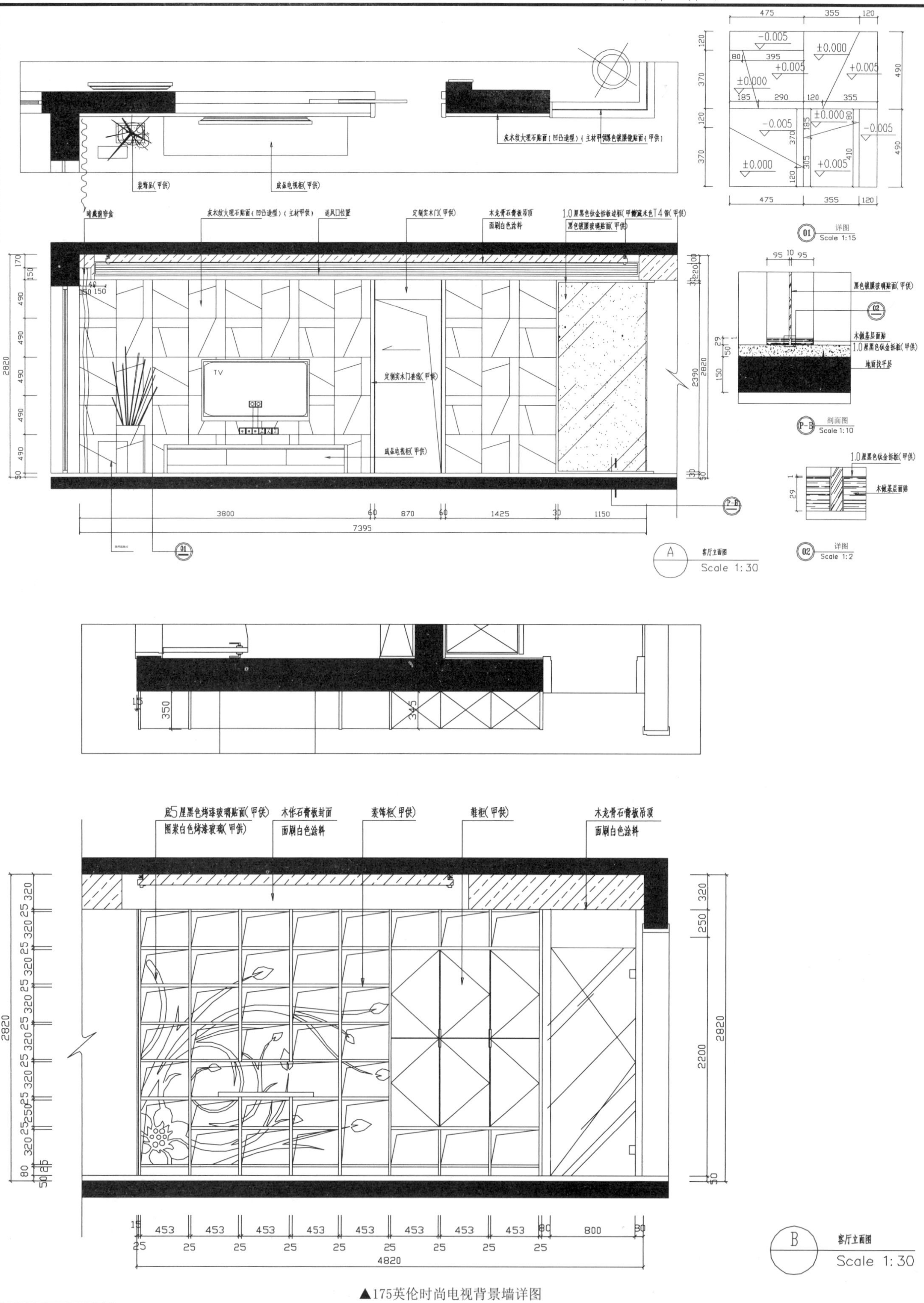

▲175英伦时尚电视背景墙详图

客厅C平面图 *SCALE=1:30*

大样图 *SCALE=1:1*

剖面图 *SCALE=1:10*

客厅C立面图 *SCALE=1:30*

剖面图 *SCALE=1:6*

▲176中式电视背景墙详图

1 大样图 1:10

2 大样图 1:2

A 剖面图 1:15

客厅C立面图:40

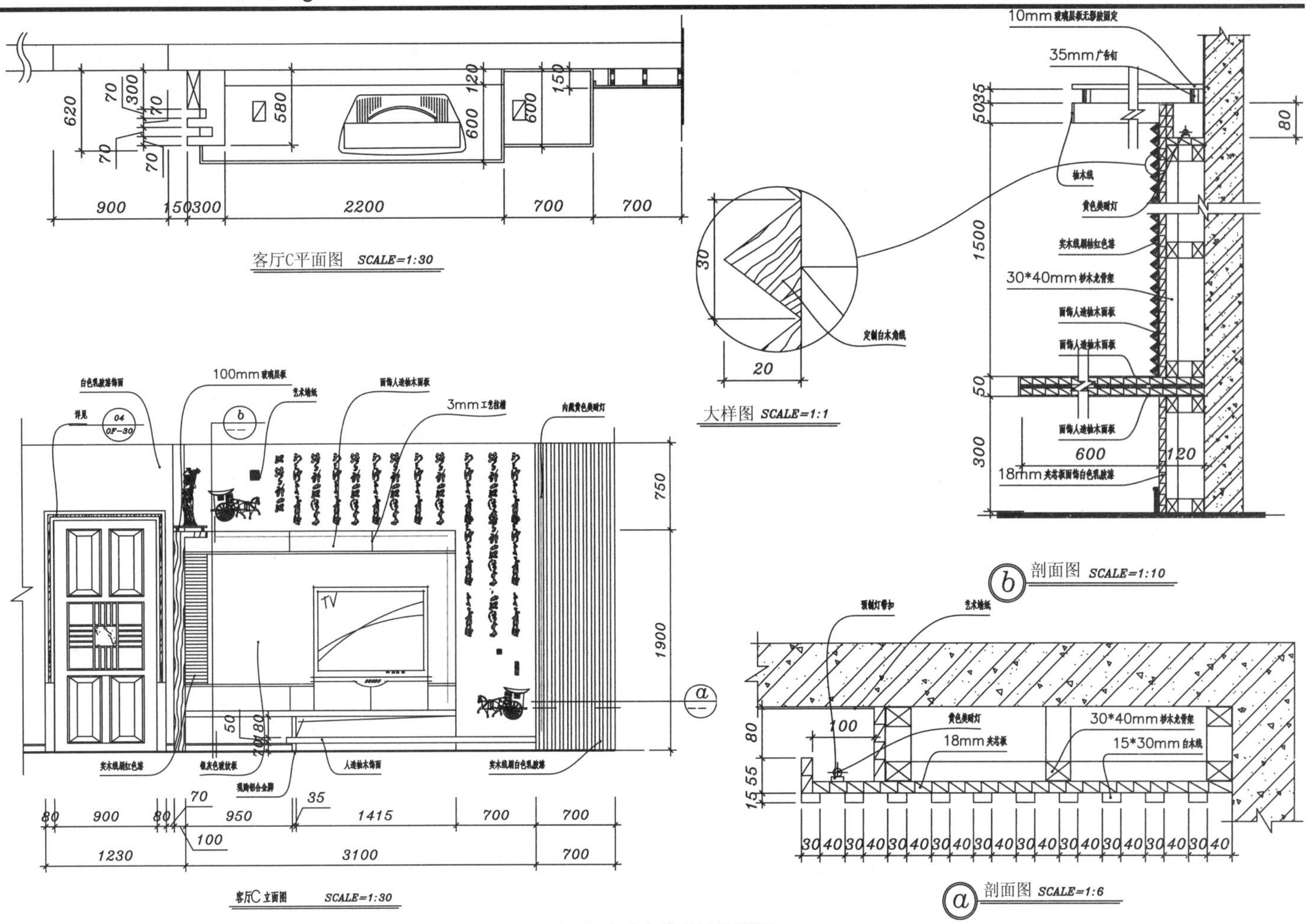

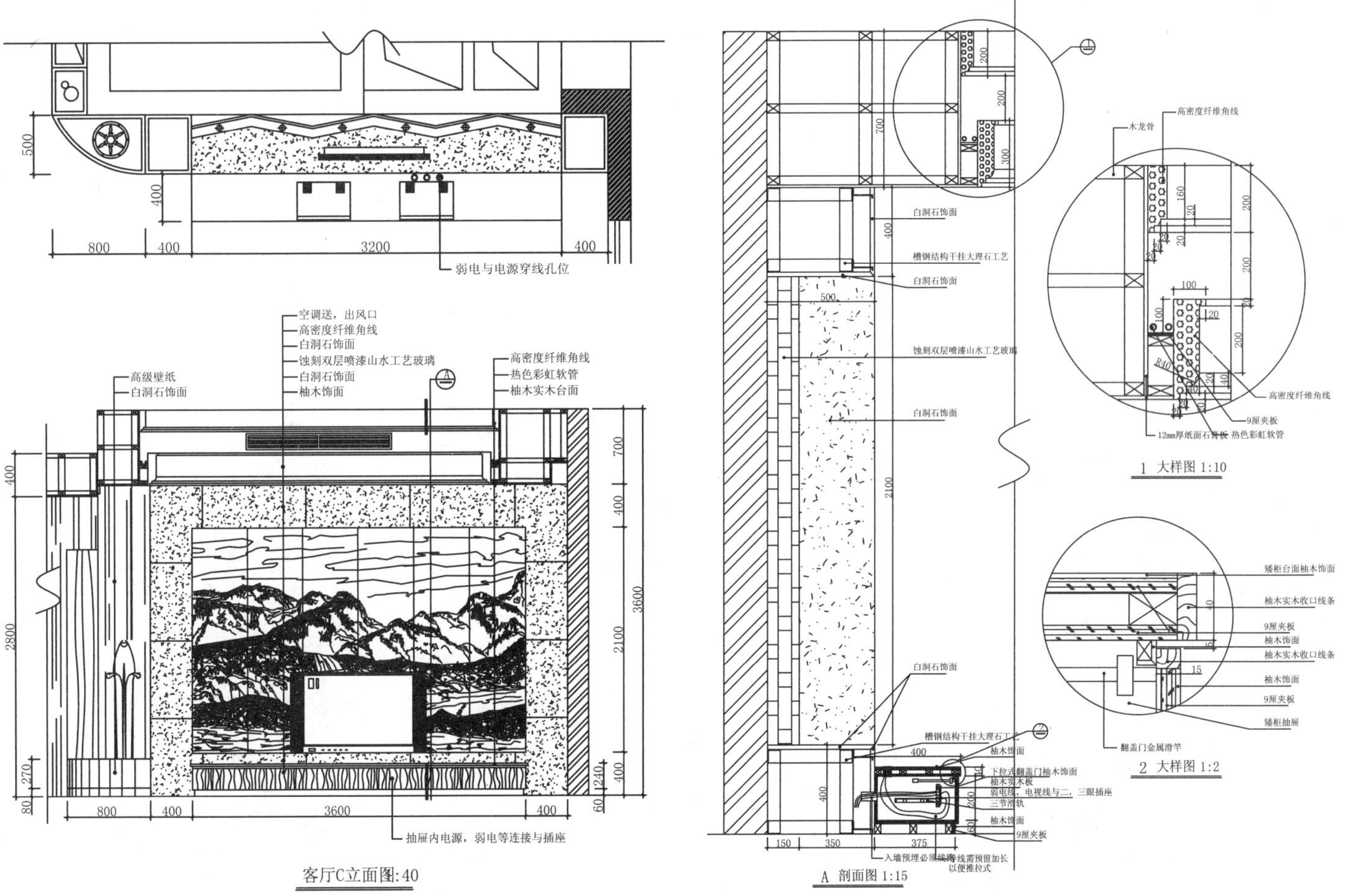

▲177中式工艺电视墙详图

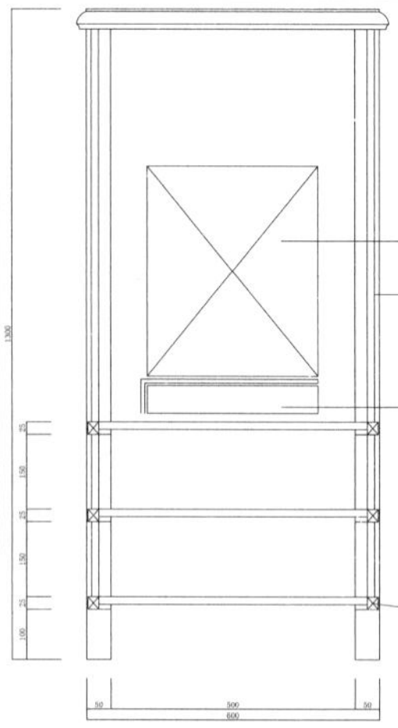

Ⓑ电视柜内侧立面图

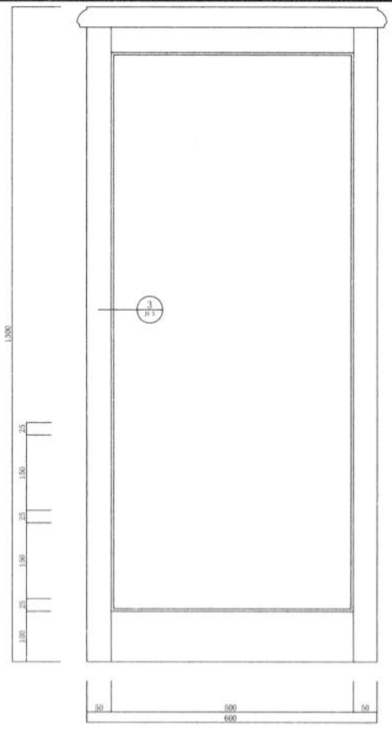
Ⓑ电视柜侧立面图

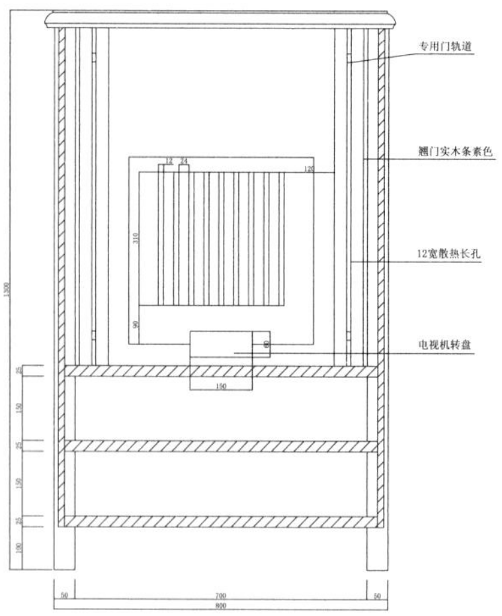

Ⓑ电视柜内立面图

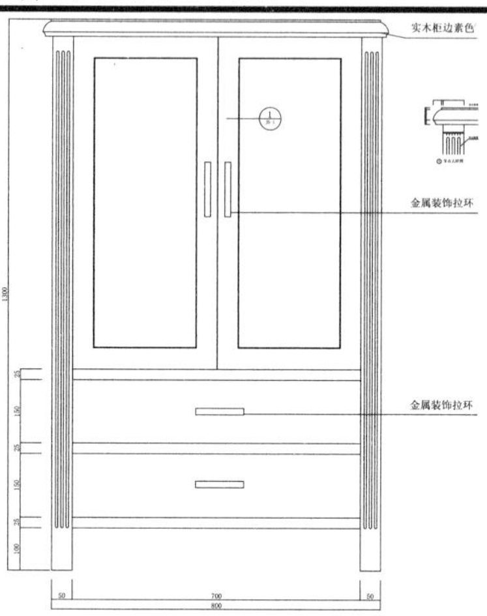

Ⓑ电视柜立面图

▲178电视柜详图

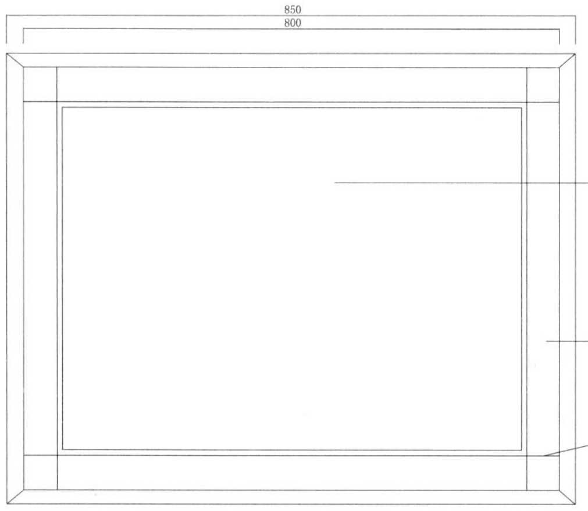

Ⓑ 电视柜平面图

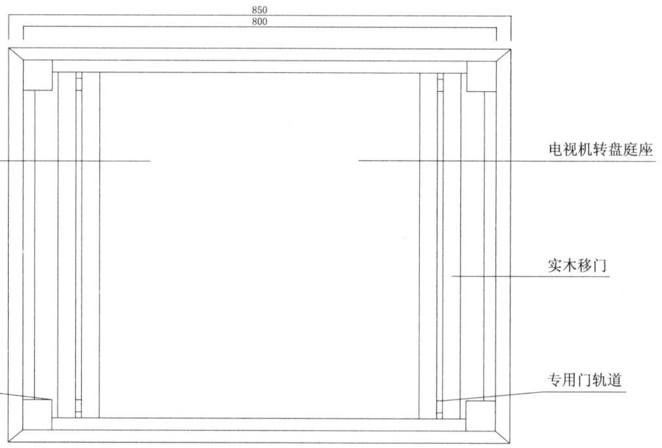

Ⓑ 电视柜内平面图

▲179电视柜详图

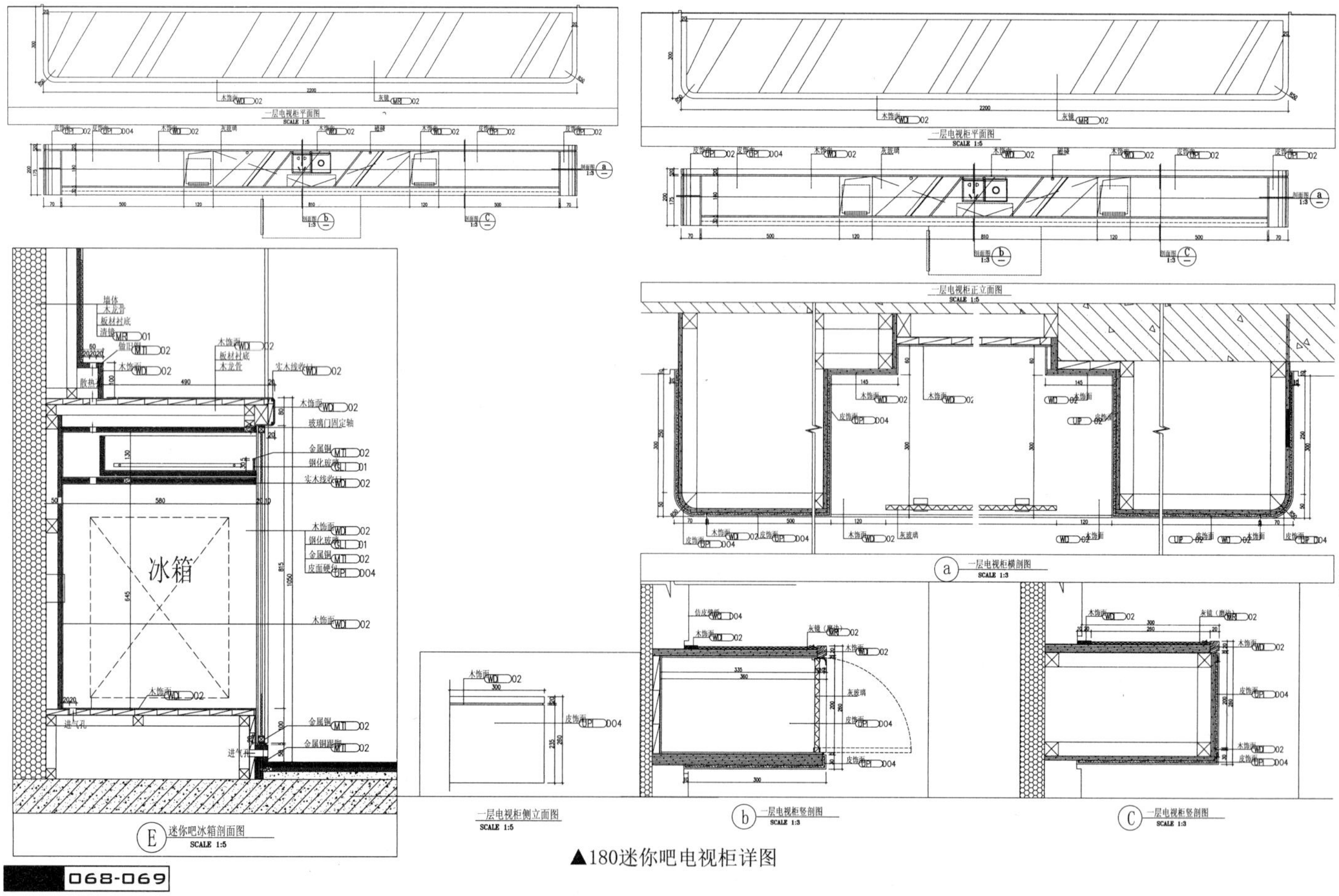

▲180迷你吧电视柜详图

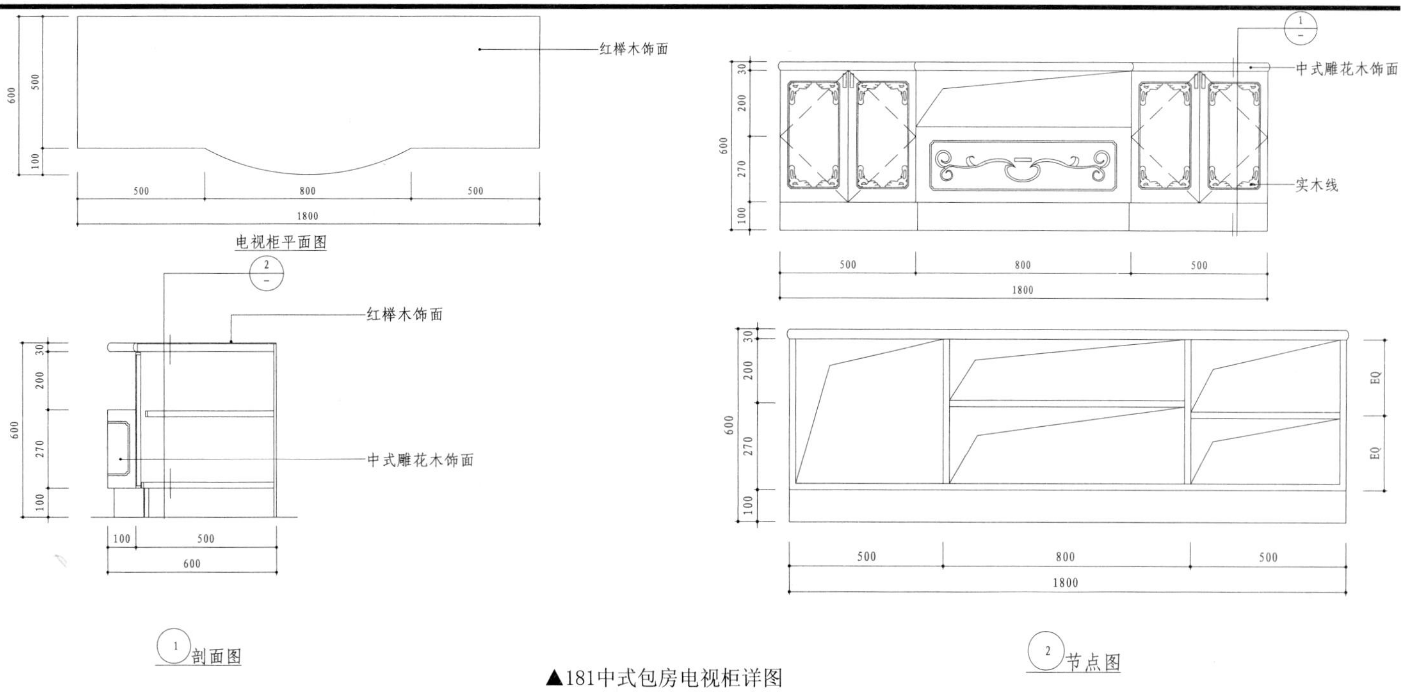

▲181中式包房电视柜详图

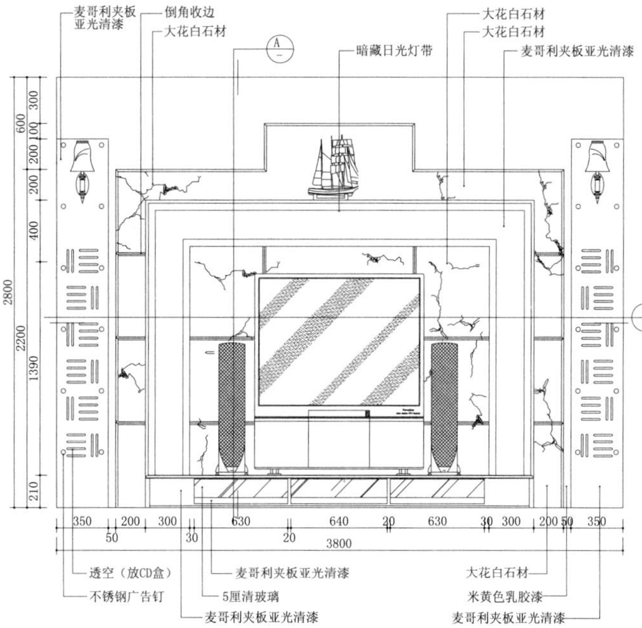

ELEVATION
立面图

▲182电视墙图块

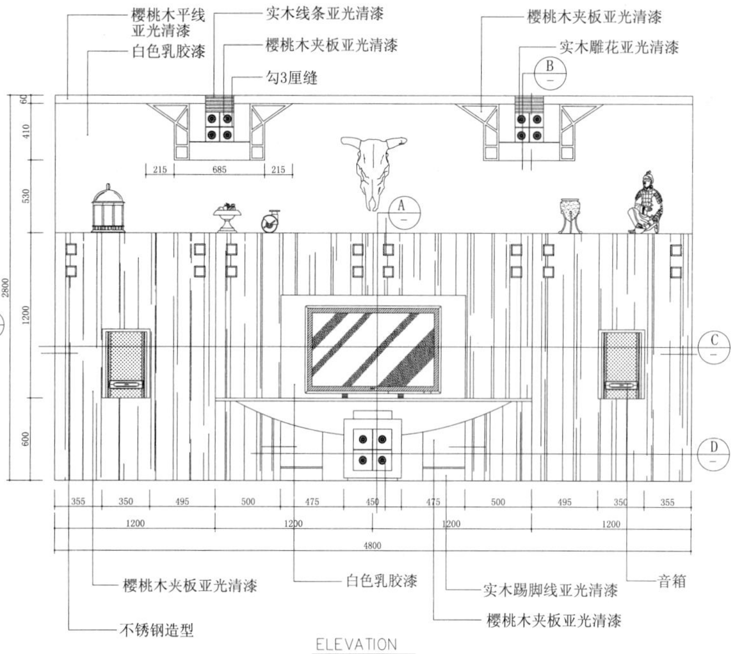

ELEVATION
立面图

▲183电视墙图块

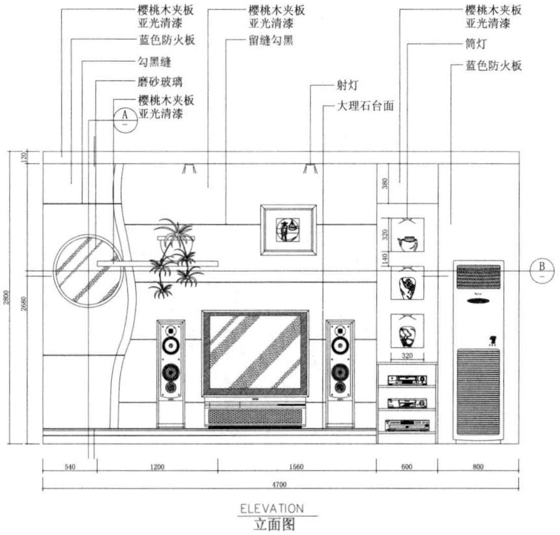

ELEVATION
立面图

▲184电视墙图块

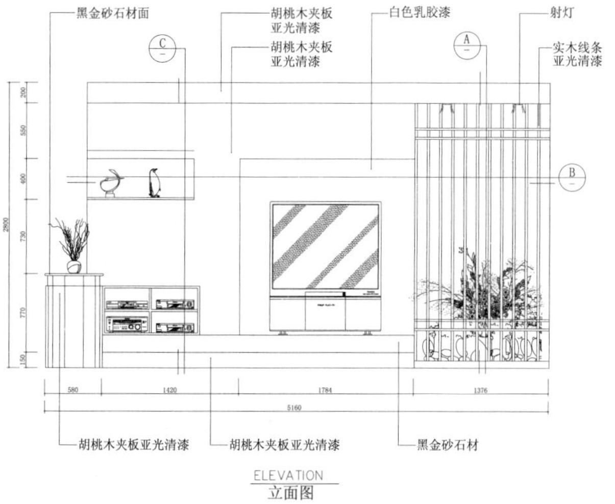

ELEVATION
立面图

▲185电视墙图块

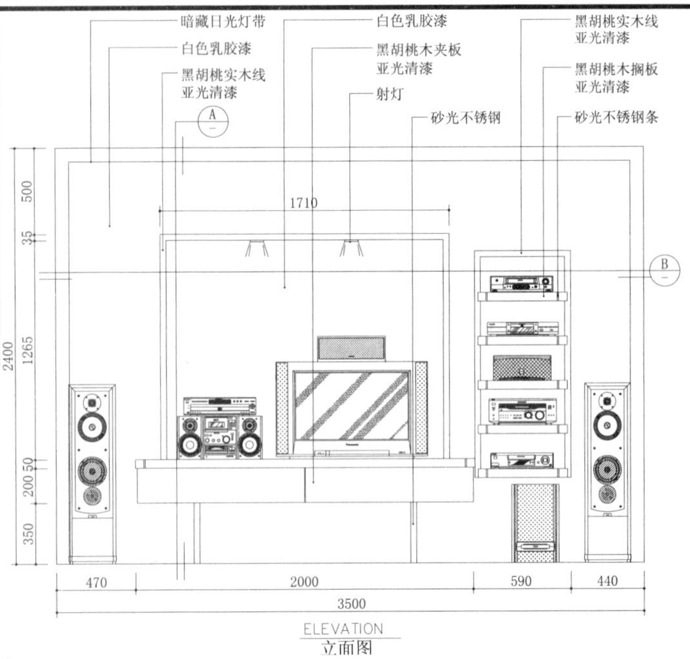
暗藏日光灯带
白色乳胶漆
黑胡桃实木线
亚光清漆
白色乳胶漆
黑胡桃木夹板
亚光清漆
射灯
砂光不锈钢
黑胡桃实木线
亚光清漆
黑胡桃木搁板
亚光清漆
砂光不锈钢条
1710
470
2000
590
440
3500
ELEVATION
立面图

▲186电视墙图块

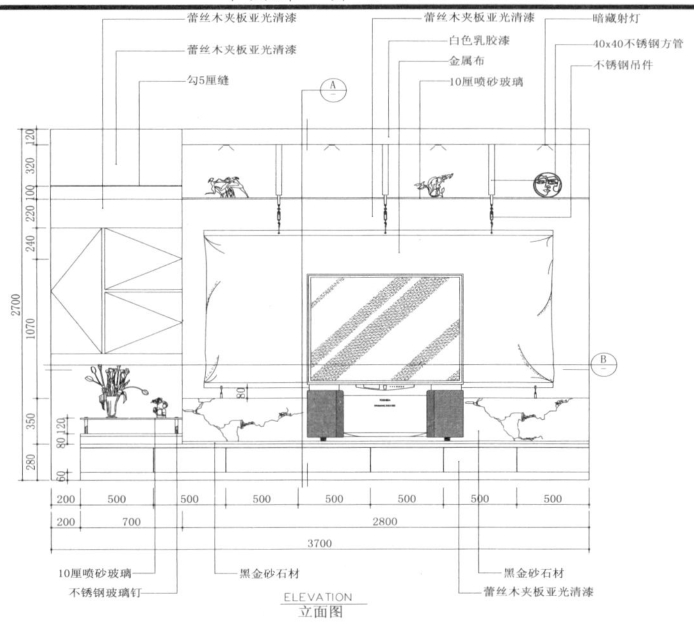
蕾丝木夹板亚光清漆
蕾丝木夹板亚光清漆
勾5厘缝
蕾丝木夹板亚光清漆
白色乳胶漆
金属布
10厘喷砂玻璃
暗藏射灯
40x40不锈钢方管
不锈钢吊件
3700
10厘喷砂玻璃
不锈钢玻璃钉
黑金砂石材
黑金砂石材
蕾丝木夹板亚光清漆
ELEVATION
立面图

▲187电视墙图块

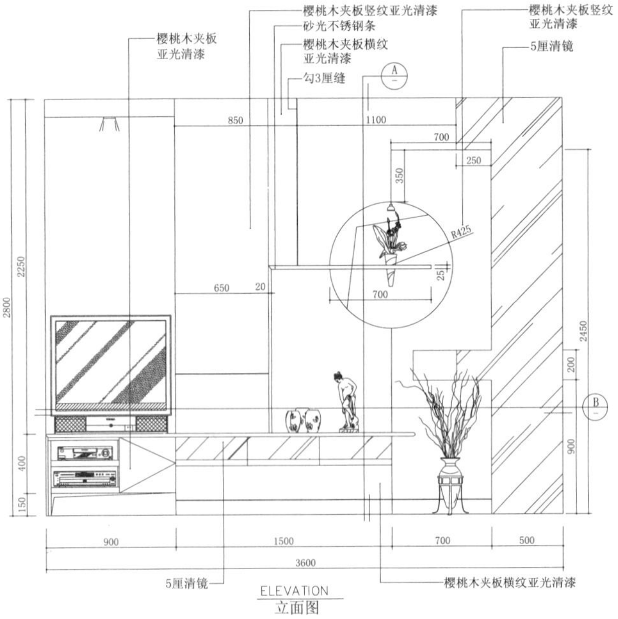
樱桃木夹板
亚光清漆
樱桃木夹板竖纹亚光清漆
砂光不锈钢条
樱桃木夹板横纹
亚光清漆
勾3厘缝
樱桃木夹板竖纹
亚光清漆
5厘清镜
R425
3600
5厘清镜
樱桃木夹板横纹亚光清漆
ELEVATION
立面图

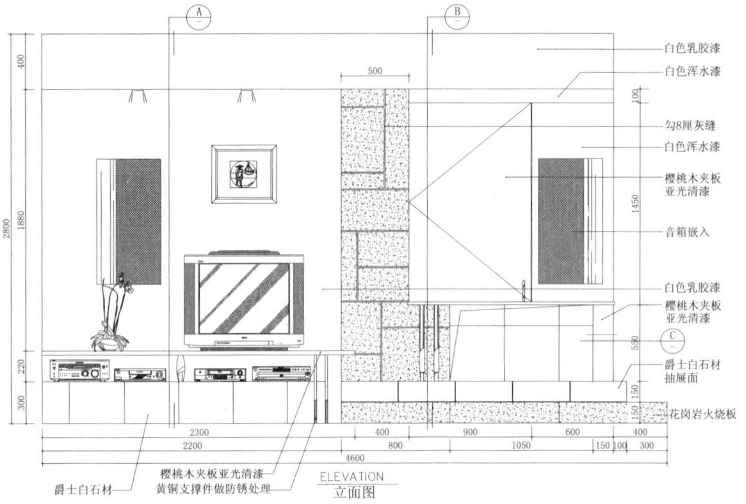
白色乳胶漆
白色浑水漆
勾8厘灰缝
白色浑水漆
樱桃木夹板
亚光清漆
音箱嵌入
白色乳胶漆
樱桃木夹板
亚光清漆
爵士白石材
抽展面
花岗岩火烧板
4600
爵士白石材
樱桃木夹板亚光清漆
黄铜支撑件做防锈处理
ELEVATION
立面图

▲188电视墙图块

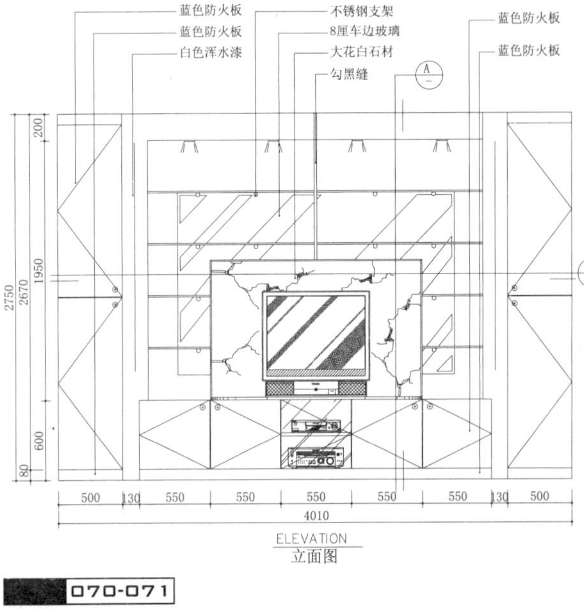
蓝色防火板
蓝色防火板
白色浑水漆
不锈钢支架
8厘车边玻璃
大花白石材
勾黑缝
蓝色防火板
蓝色防火板
4010
ELEVATION
立面图

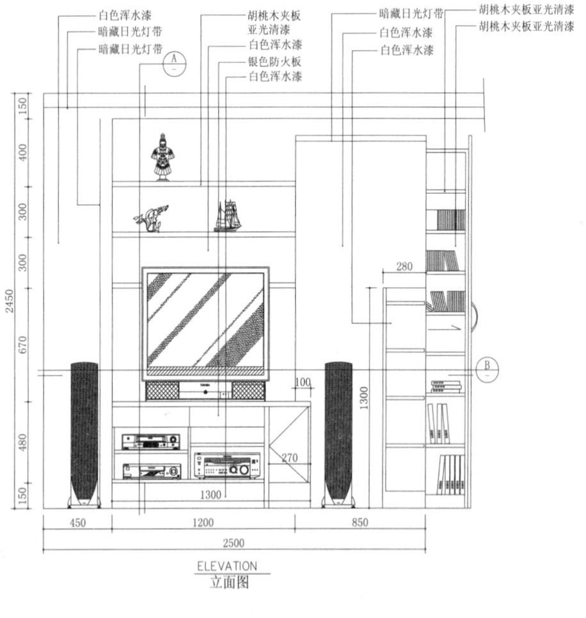
白色浑水漆
暗藏日光灯带
暗藏日光灯带
胡桃木夹板
亚光清漆
白色浑水漆
银色防火板
白色浑水漆
暗藏日光灯带
白色浑水漆
白色浑水漆
胡桃木夹板亚光清漆
胡桃木夹板亚光清漆
2500
ELEVATION
立面图

▲189电视墙图块

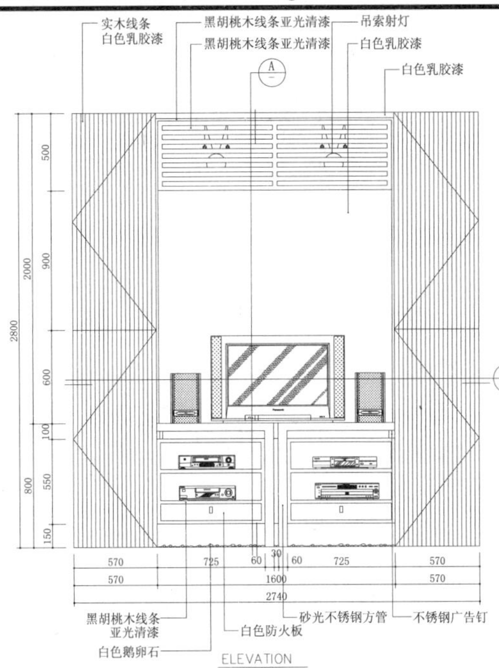
实木线条
白色乳胶漆
黑胡桃木线条亚光清漆
黑胡桃木线条亚光清漆
吊索射灯
白色乳胶漆
白色乳胶漆
黑胡桃木线条
亚光清漆
白色防火板
砂光不锈钢方管
不锈钢广告钉
白色鹅卵石

ELEVATION
立面图

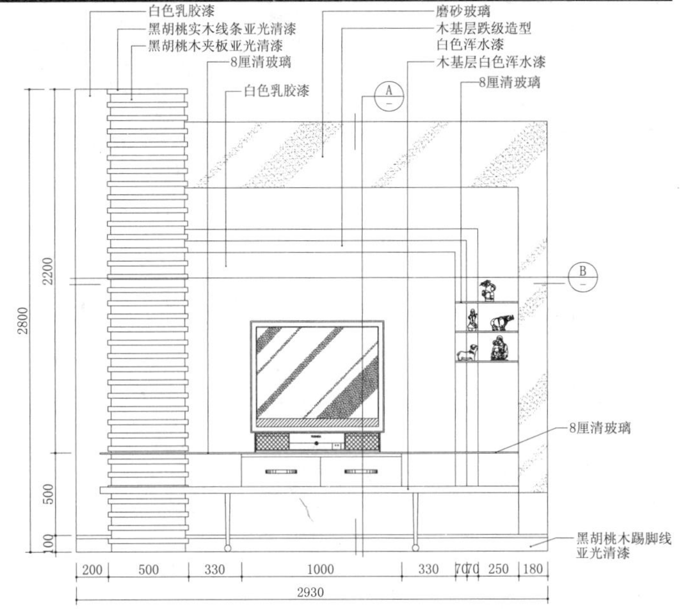
白色乳胶漆
黑胡桃实木线条亚光清漆
黑胡桃木夹板亚光清漆
8厘清玻璃
白色乳胶漆
磨砂玻璃
木基层跌级造型
白色浑水漆
木基层白色浑水漆
8厘清玻璃
8厘清玻璃
黑胡桃木踢脚线
亚光清漆

ELEVATION
立面图

▲190电视墙图块

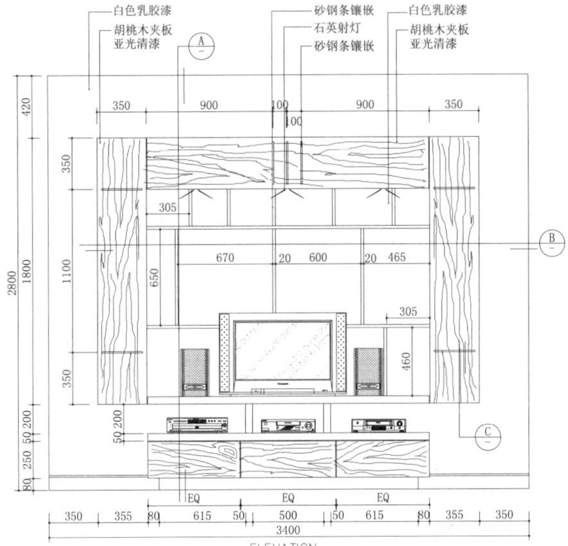
白色乳胶漆
胡桃木夹板
亚光清漆
砂钢条镶嵌
石英射灯
砂钢条镶嵌
白色乳胶漆
胡桃木夹板
亚光清漆

ELEVATION
立面图

▲190电视墙图块

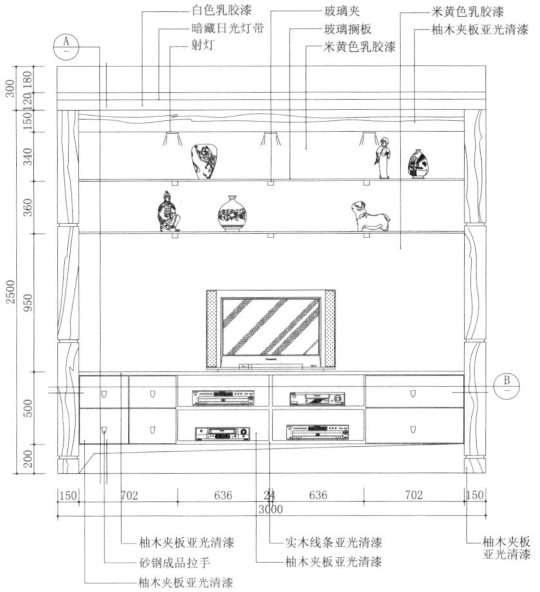
白色乳胶漆
暗藏日光灯带
射灯
玻璃夹
玻璃搁板
米黄色乳胶漆
米黄色乳胶漆
柚木夹板亚光清漆
柚木夹板亚光清漆
砂钢成品拉手
柚木夹板亚光清漆
实木线条亚光清漆
柚木夹板亚光清漆
柚木夹板
亚光清漆

▲191电视墙图块

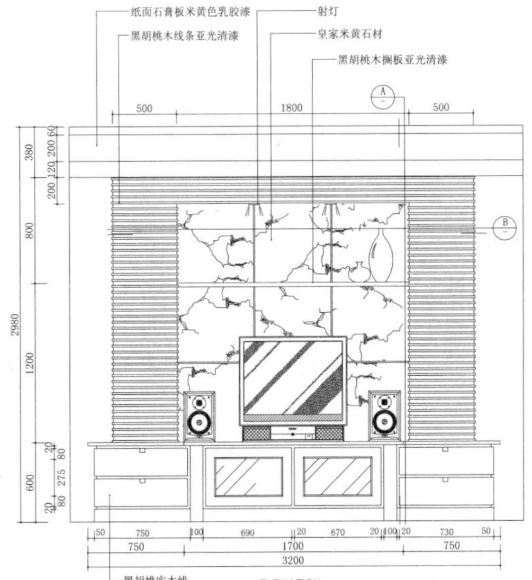
纸面石膏板米黄色乳胶漆
黑胡桃木线条亚光清漆
射灯
皇家米黄石材
黑胡桃木搁板亚光清漆
黑胡桃实木线
亚光清漆

ELEVATION
立面图

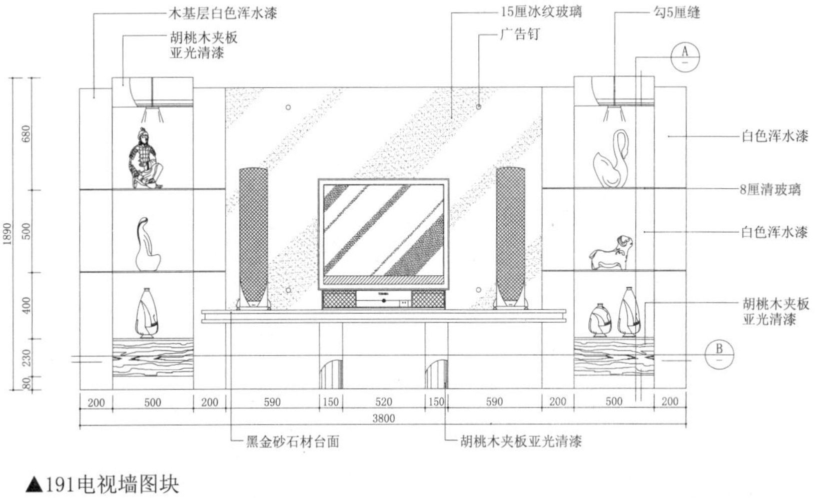
木基层白色浑水漆
胡桃木夹板
亚光清漆
15厘冰纹玻璃
广告钉
勾5厘缝
白色浑水漆
8厘清玻璃
白色浑水漆
胡桃木夹板
亚光清漆
黑金砂石材台面
胡桃木夹板亚光清漆

▲191电视墙图块

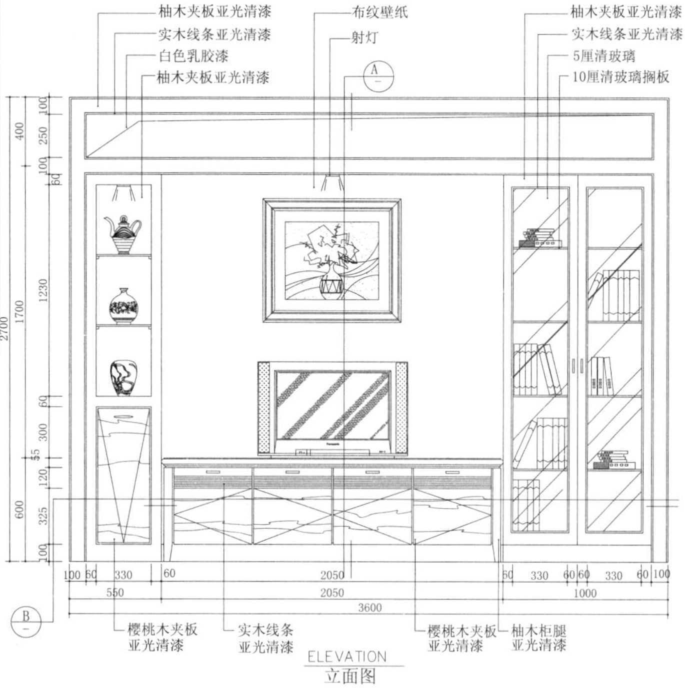
柚木夹板亚光清漆
实木线条亚光清漆
白色乳胶漆
柚木夹板亚光清漆
布纹壁纸
射灯
柚木夹板亚光清漆
实木线条亚光清漆
5厘清玻璃
10厘清玻璃搁板
樱桃木夹板
亚光清漆
实木线条
亚光清漆
樱桃木夹板
亚光清漆
柚木柜腿
亚光清漆
2050
3600
ELEVATION
立面图

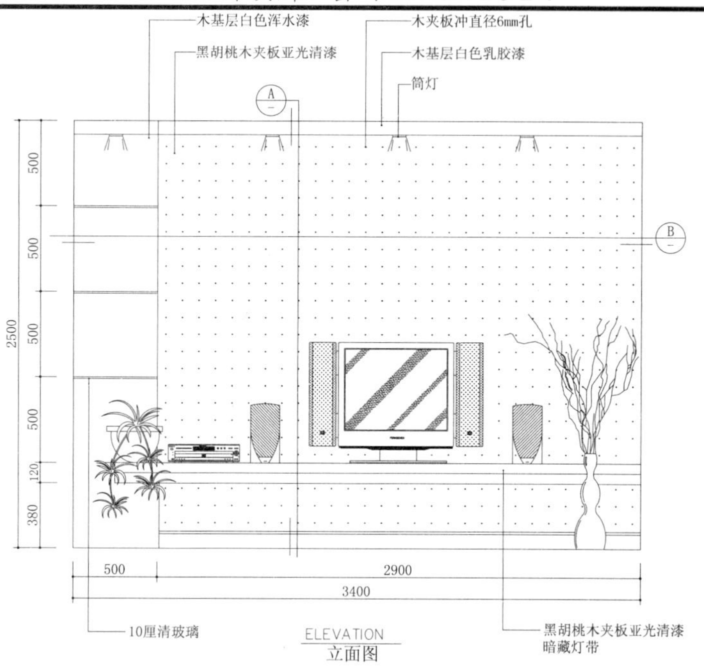
木基层白色浑水漆
黑胡桃木夹板亚光清漆
木夹板冲直径6mm孔
木基层白色乳胶漆
筒灯
2500
500
2900
3400
10厘清玻璃
黑胡桃木夹板亚光清漆
暗藏灯带
ELEVATION
立面图

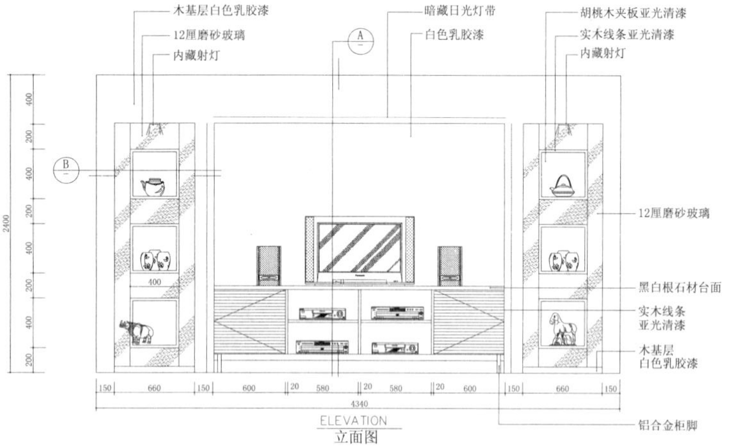
木基层白色乳胶漆
12厘磨砂玻璃
内藏射灯
暗藏日光灯带
白色乳胶漆
胡桃木夹板亚光清漆
实木线条亚光清漆
内藏射灯
12厘磨砂玻璃
黑白根石材台面
实木线条
亚光清漆
木基层
白色乳胶漆
铝合金柜脚
4340
ELEVATION
立面图

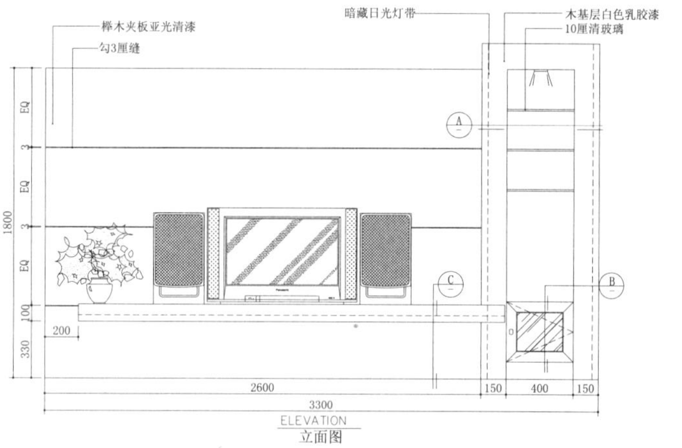
榉木夹板亚光清漆
勾3厘缝
暗藏日光灯带
木基层白色乳胶漆
10厘清玻璃
1800
2600
3300
ELEVATION
立面图

▲192电视墙图块

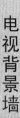

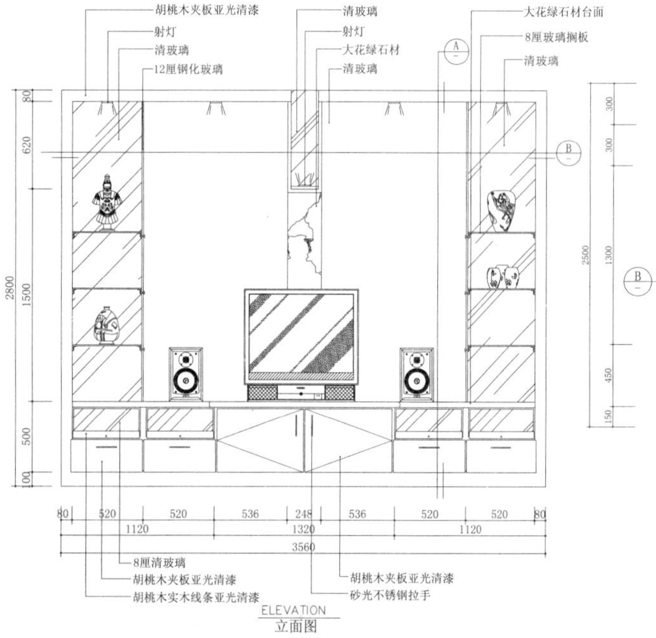
胡桃木夹板亚光清漆
射灯
清玻璃
12厘钢化玻璃
清玻璃
射灯
大花绿石材
清玻璃
大花绿石材台面
8厘玻璃搁板
清玻璃
2800
3560
8厘清玻璃
胡桃木夹板亚光清漆
胡桃木实木线条亚光清漆
胡桃木夹板亚光清漆
砂光不锈钢拉手
ELEVATION
立面图

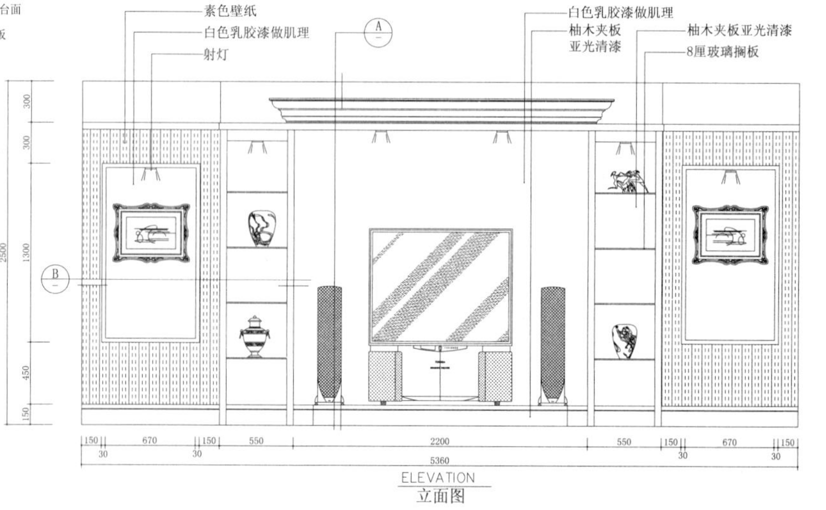
素色壁纸
白色乳胶漆做肌理
射灯
白色乳胶漆做肌理
柚木夹板
亚光清漆
柚木夹板亚光清漆
8厘玻璃搁板
2500
2200
5360
ELEVATION
立面图

▲193电视墙图块

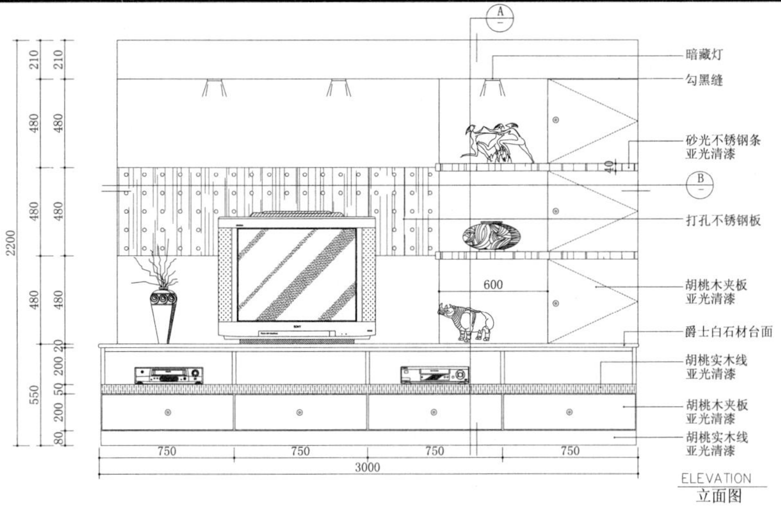
暗藏灯
勾黑缝
砂光不锈钢条
亚光清漆
打孔不锈钢板
胡桃木夹板
亚光清漆
爵士白石材台面
胡桃实木线
亚光清漆
胡桃木夹板
亚光清漆
胡桃实木线
亚光清漆
ELEVATION
立面图

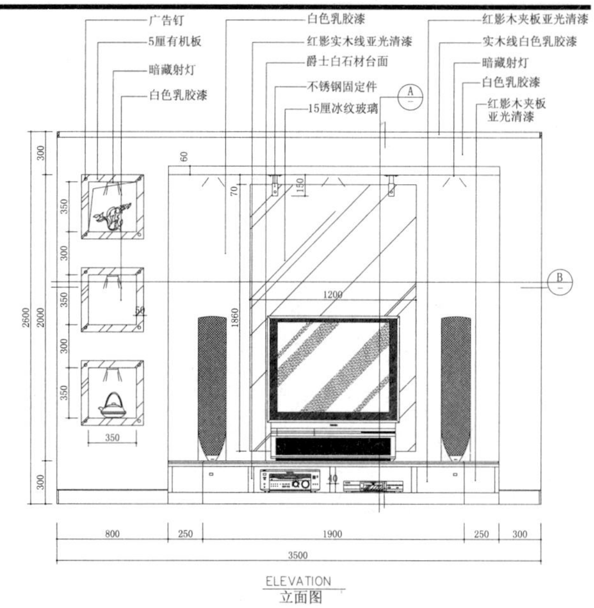
广告钉
5厘有机板
暗藏射灯
白色乳胶漆
白色乳胶漆
红影实木线亚光清漆
爵士白石材台面
不锈钢固定件
15厘冰纹玻璃
红影木夹板亚光清漆
实木线白色乳胶漆
暗藏射灯
白色乳胶漆
红影木夹板
亚光清漆
ELEVATION
立面图

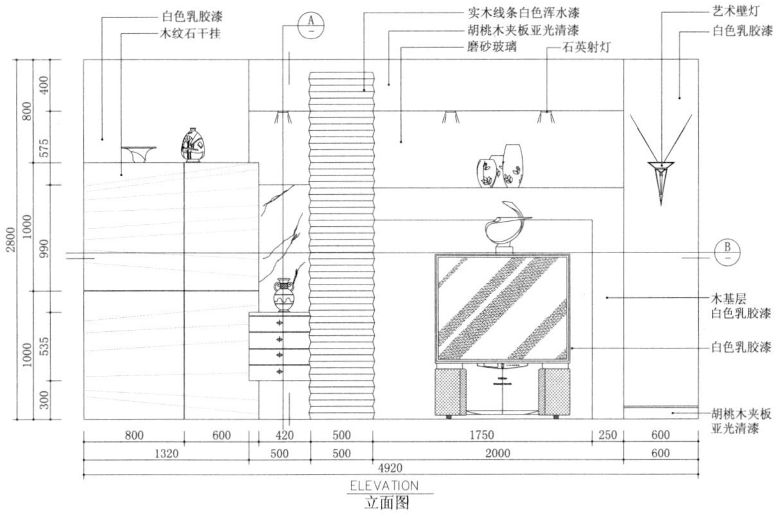
白色乳胶漆
木纹石干挂
实木线条白色浑水漆
胡桃木夹板亚光清漆
磨砂玻璃
石英射灯
艺术壁灯
白色乳胶漆
木基层
白色乳胶漆
白色乳胶漆
胡桃木夹板
亚光清漆
ELEVATION
立面图

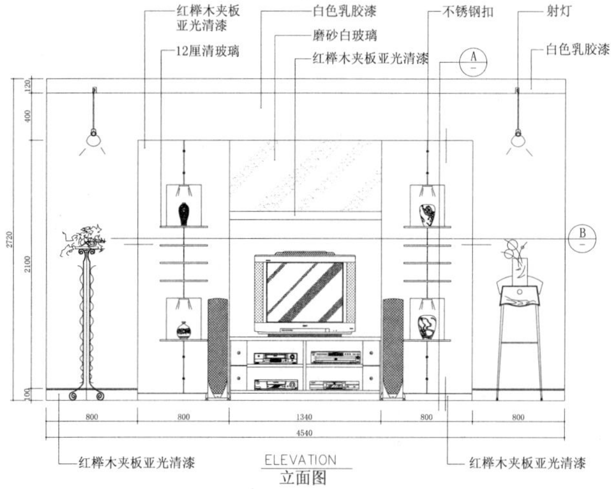
红榉木夹板
亚光清漆
12厘清玻璃
白色乳胶漆
磨砂白玻璃
红榉木夹板亚光清漆
不锈钢扣
射灯
白色乳胶漆
红榉木夹板亚光清漆
红榉木夹板亚光清漆
ELEVATION
立面图

▲194电视墙图块

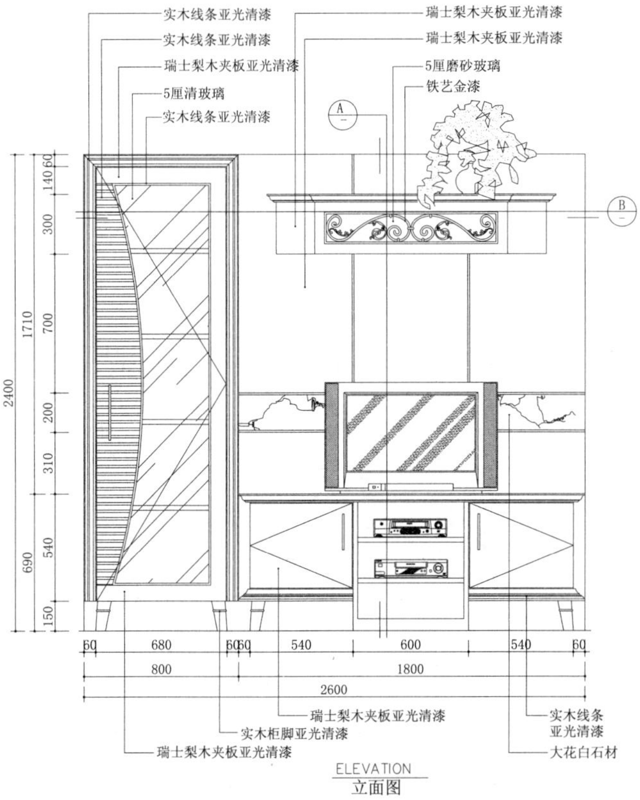
实木线条亚光清漆
实木线条亚光清漆
瑞士梨木夹板亚光清漆
5厘清玻璃
实木线条亚光清漆
瑞士梨木夹板亚光清漆
瑞士梨木夹板亚光清漆
5厘磨砂玻璃
铁艺金漆
瑞士梨木夹板亚光清漆
实木柜脚亚光清漆
瑞士梨木夹板亚光清漆
实木线条
亚光清漆
大花白石材
ELEVATION
立面图

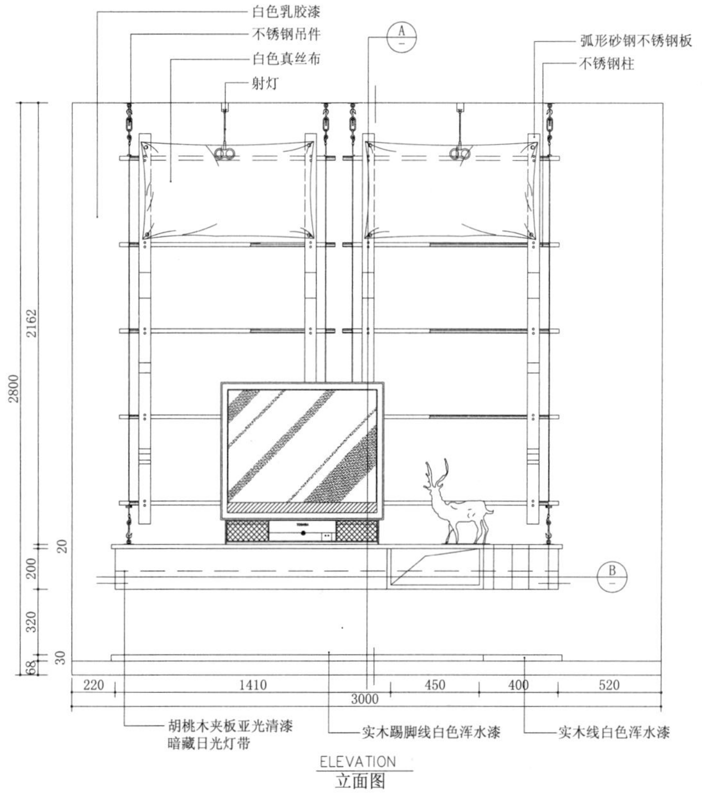
白色乳胶漆
不锈钢吊件
白色真丝布
射灯
弧形砂钢不锈钢板
不锈钢柱
胡桃木夹板亚光清漆
暗藏日光灯带
实木踢脚线白色浑水漆
实木线白色浑水漆
ELEVATION
立面图

▲195电视墙图块

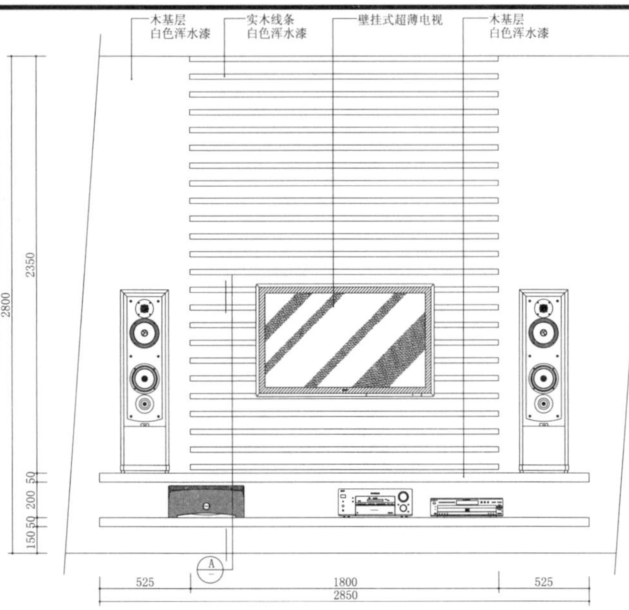

ELEVATION
立面图

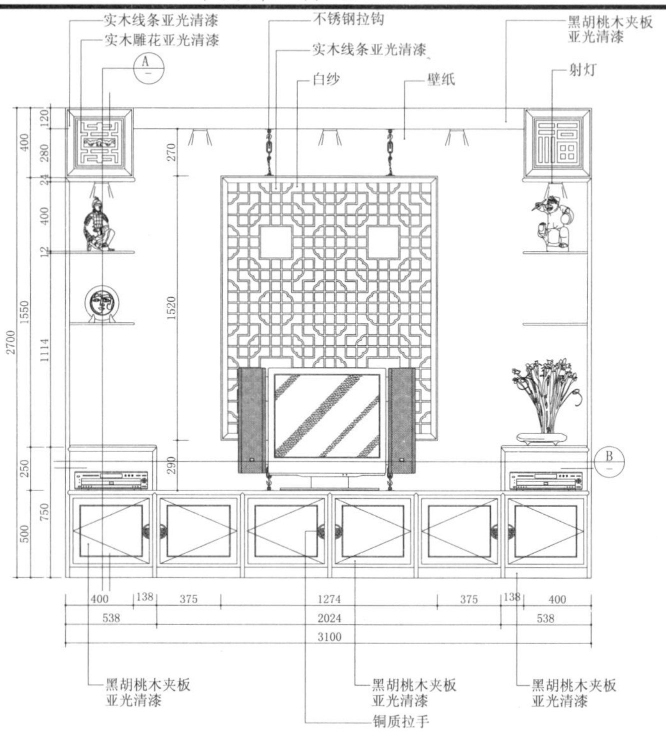
实木线条亚光清漆
实木雕花亚光清漆
不锈钢拉钩
实木线条亚光清漆
白纱
壁纸
黑胡桃木夹板
亚光清漆
射灯
400
138
375
1274
375
138
400
538
2024
538
3100
黑胡桃木夹板
亚光清漆
黑胡桃木夹板
亚光清漆
铜质拉手
黑胡桃木夹板
亚光清漆

ELEVATION
立面图

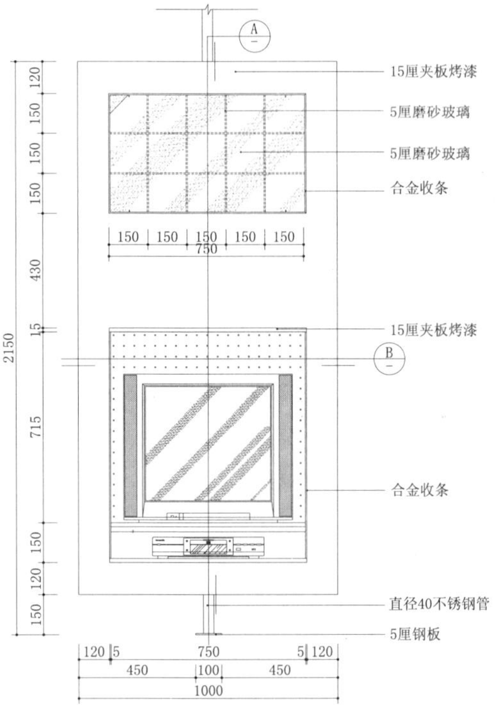

ELEVATION
立面图

▲196电视墙图块

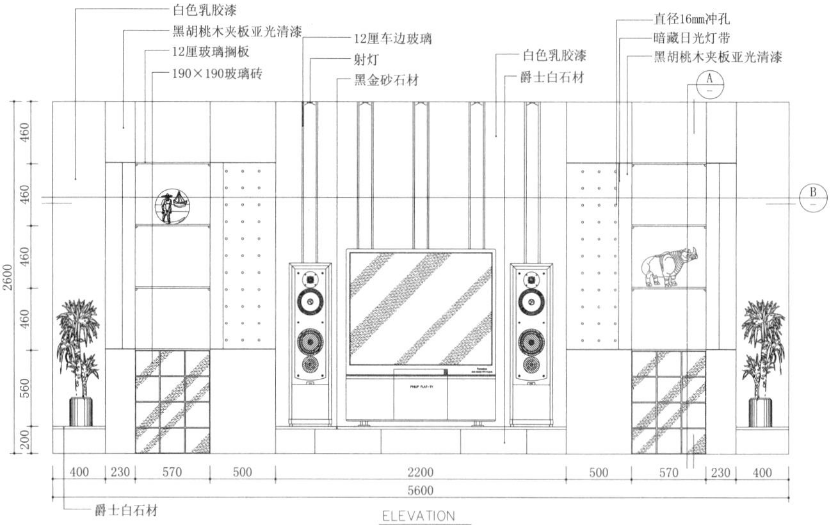
白色乳胶漆
黑胡桃木夹板亚光清漆
12厘玻璃搁板
190×190玻璃砖
12厘车边玻璃
射灯
黑金砂石材
白色乳胶漆
爵士白石材
直径16mm冲孔
暗藏日光灯带
黑胡桃木夹板亚光清漆
400
230
570
500
2200
500
570
230
400
5600
爵士白石材

ELEVATION
立面图

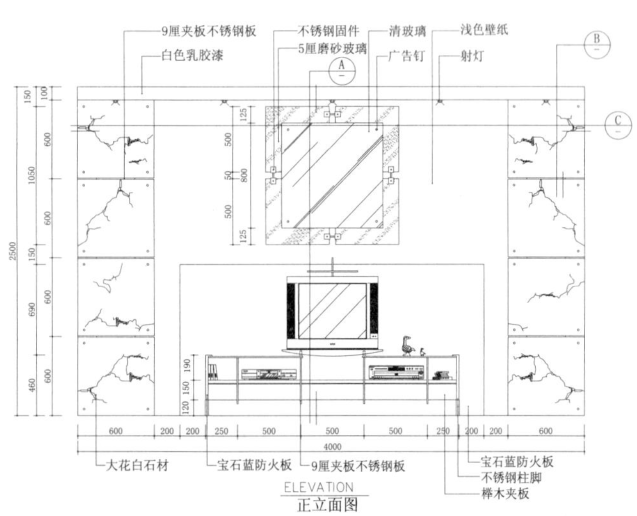

ELEVATION
正立面图

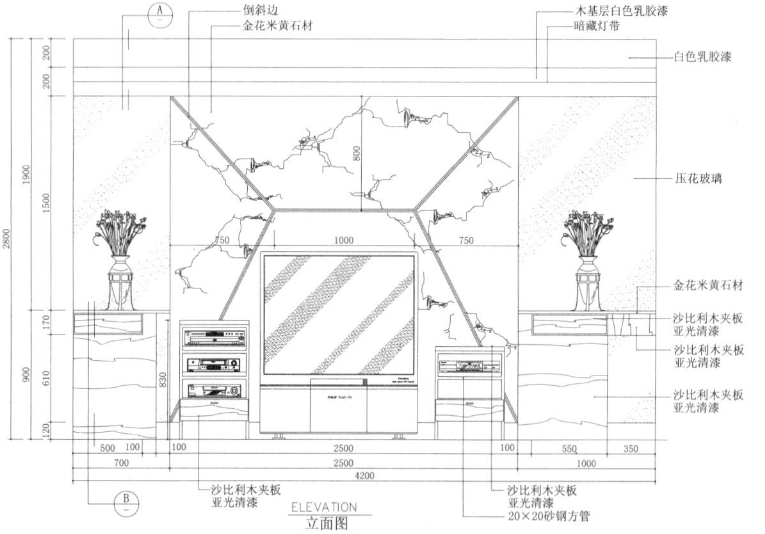
倒斜边
金花米黄石材
木基层白色乳胶漆
暗藏灯带
白色乳胶漆
压花玻璃
金花米黄石材
沙比利木夹板
亚光清漆
沙比利木夹板
亚光清漆
沙比利木夹板
亚光清漆
750
1000
750
500
100
100
2500
100
550
350
700
2500
1000
4200
沙比利木夹板
亚光清漆
沙比利木夹板
亚光清漆
20×20砂钢方管

ELEVATION
立面图

▲197电视墙图块

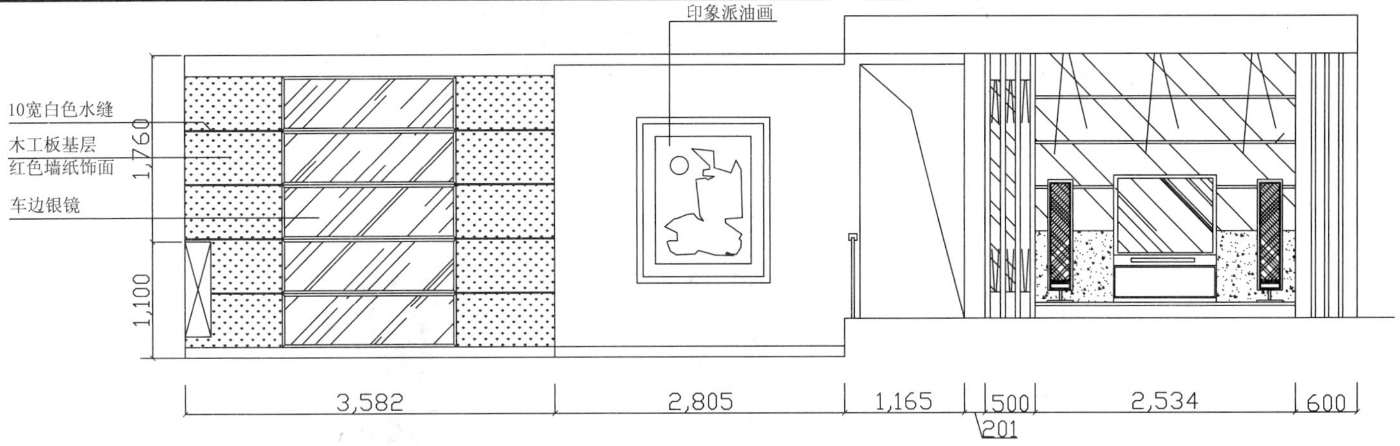

▲198客厅详图

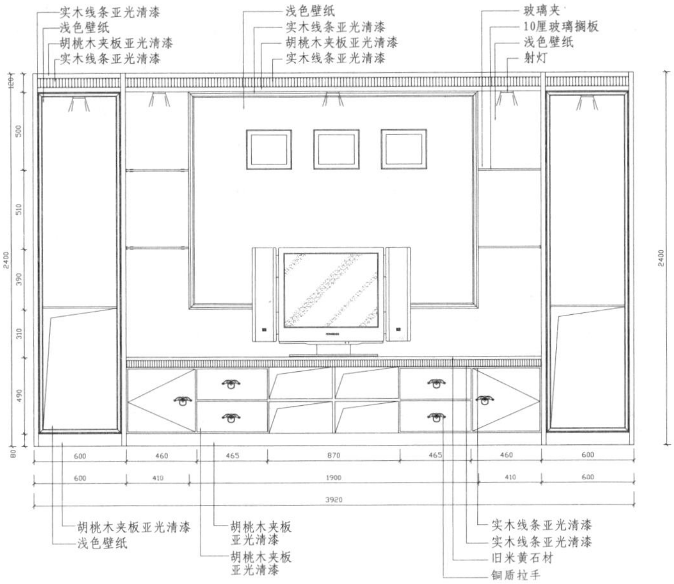
实木线条亚光清漆
浅色壁纸
胡桃木夹板亚光清漆
实木线条亚光清漆
浅色壁纸
实木线条亚光清漆
胡桃木夹板亚光清漆
实木线条亚光清漆
玻璃夹
10厘玻璃搁板
浅色壁纸
射灯
胡桃木夹板亚光清漆
浅色壁纸
胡桃木夹板
亚光清漆
胡桃木夹板
亚光清漆
实木线条亚光清漆
实木线条亚光清漆
旧米黄石材
铜盾拉手

▲199室内立面

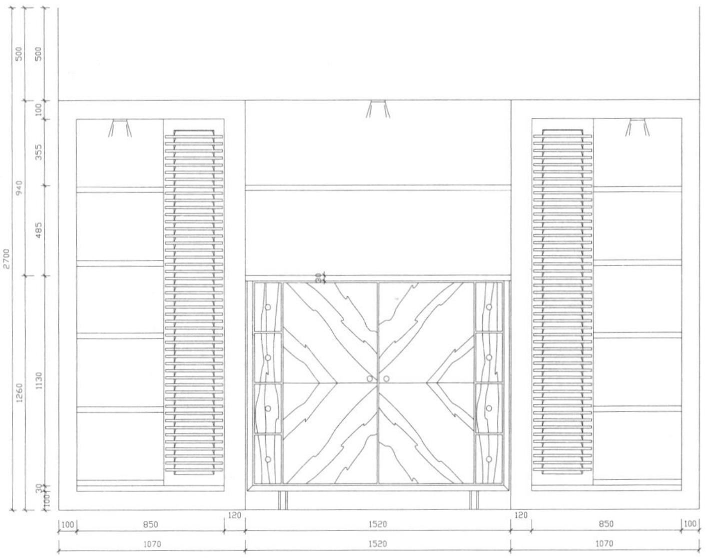

▲200室内立面

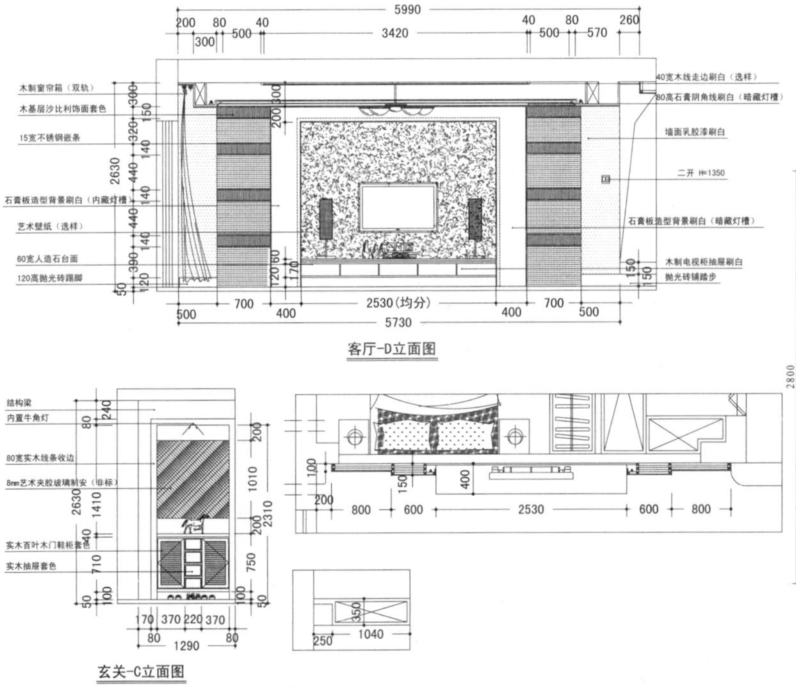
木制窗帘箱（双轨）
木基层沙比利饰面套色
15宽不锈钢嵌条
石膏板造型背景刷白（内藏灯槽）
艺术壁纸（选样）
60宽人造石台面
120高抛光砖踢脚
40宽木线走边刷白（选样）
80高石膏阴角线刷白（暗藏灯槽）
墙面乳胶漆刷白
二开 H=1350
石膏板造型背景刷白（暗藏灯槽）
木制电视柜抽屉刷白
抛光砖铺踏步
5990
5730
2530(均分)
客厅-D立面图
结构梁
内置牛角灯
80宽实木线条收边
8mm艺术夹胶玻璃制安（非标）
实木百叶木门鞋柜套色
实木抽屉套色
1290
1040
玄关-C立面图

▲201室内立面

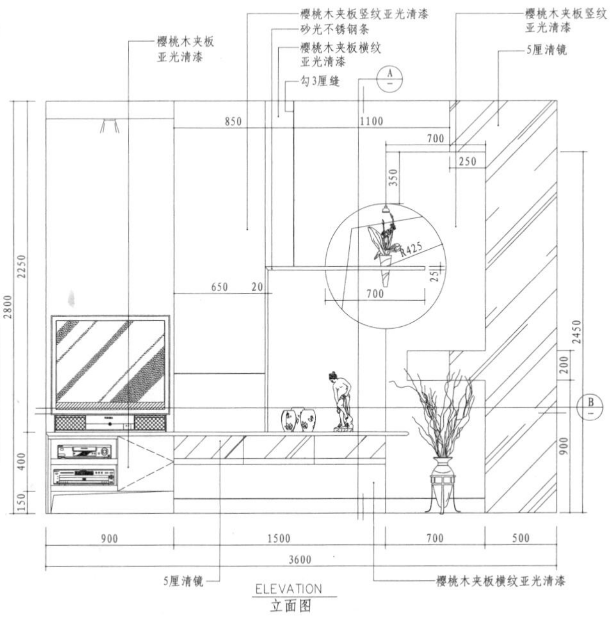
樱桃木夹板
亚光清漆
樱桃木夹板竖纹亚光清漆
砂光不锈钢条
樱桃木夹板横纹
亚光清漆
勾3厘缝
樱桃木夹板竖纹
亚光清漆
5厘清镜
R425
3600
5厘清镜
樱桃木夹板横纹亚光清漆
ELEVATION
立面图

▲202现代电视背景墙图块

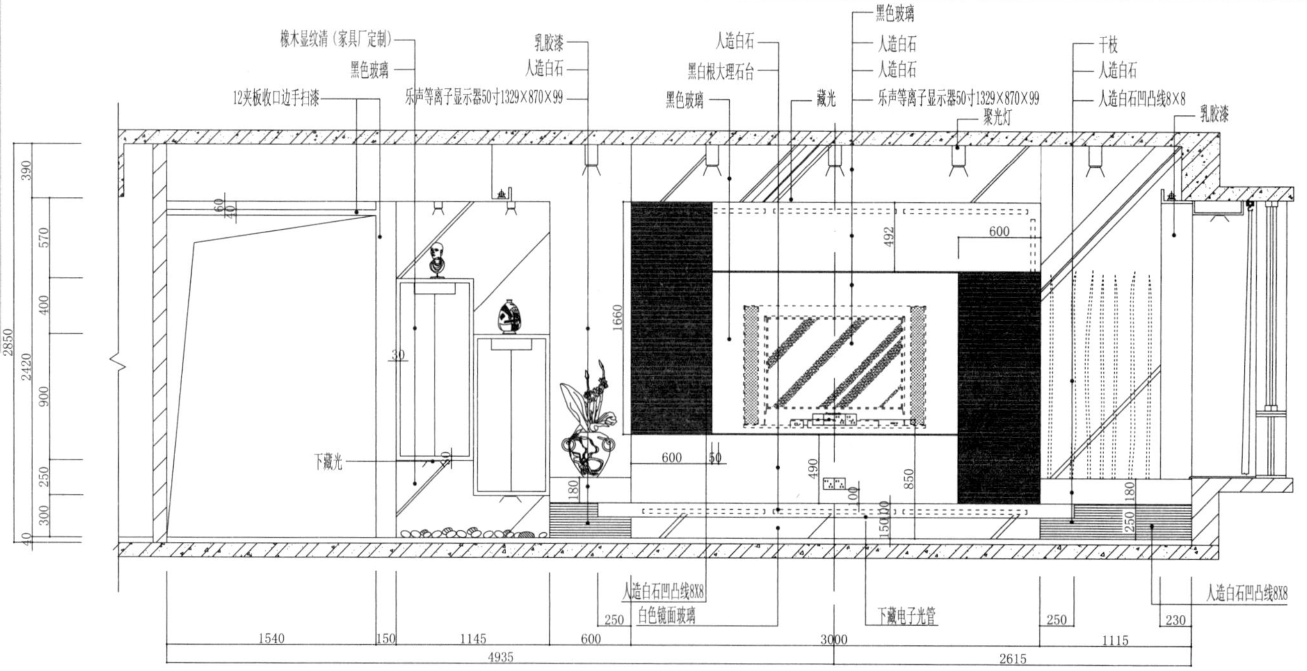

A 向立面图 1:30

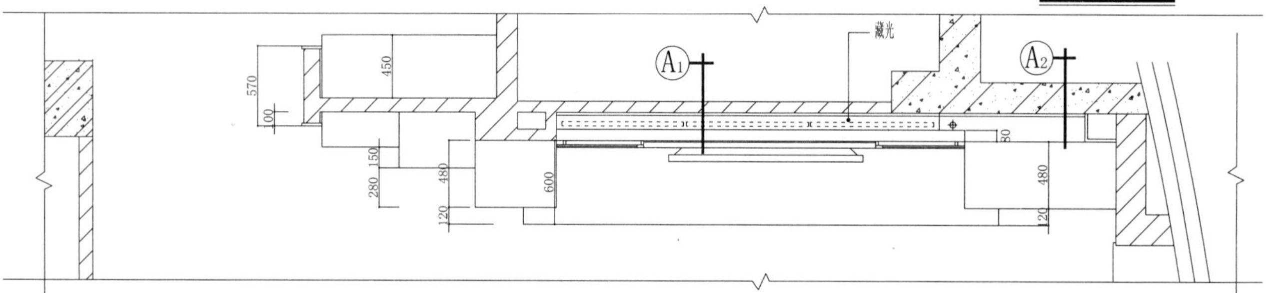

A 向平面图 1:30

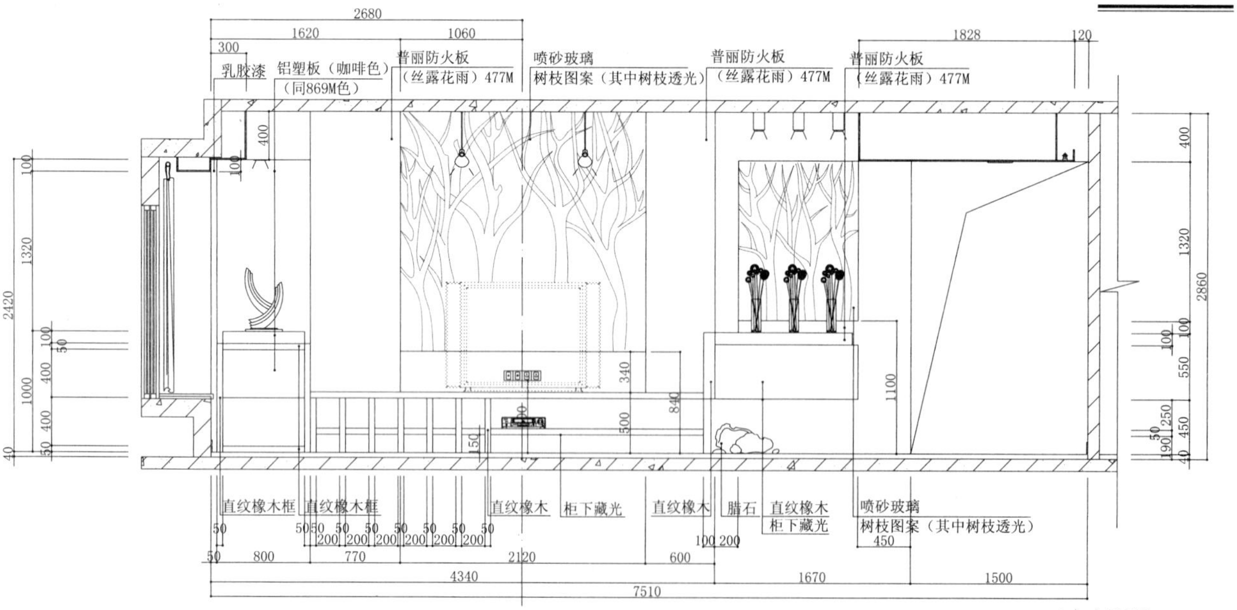

A向立面图 1:30

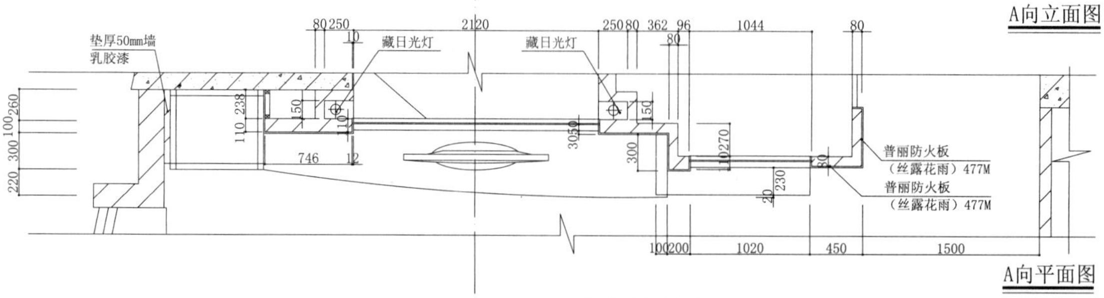

A向平面图 1:30

▲203现代电视墙立面图

石膏板半吊顶暗藏灯带
白色肌理涂料
实木装饰柜
艺术玻璃柜门
5厘艺术玻璃
卫生间门玻
米黄石材面干挂
40宽白色木作平线收边
艺术浪板饰面刷白
40宽白色木边框
艺术浪板饰面刷白
白色肌理涂料
木作窗帘盒
DT-2
DT-1

EL-01 客厅电视背景立面
1：45

▲204现代电视墙立面图

8mm60MM 裂艺术墙面(颜色背选)
白橡木饰面刷清漆
白橡木饰面刷清漆
白橡木饰面刷清漆
内藏T4灯管
土墙体厚度120MM施工艺柿
艺术墙体厚度130MM施工艺柿
磨牙白烤漆玻璃饰面
磨牙白烤漆玻璃饰面

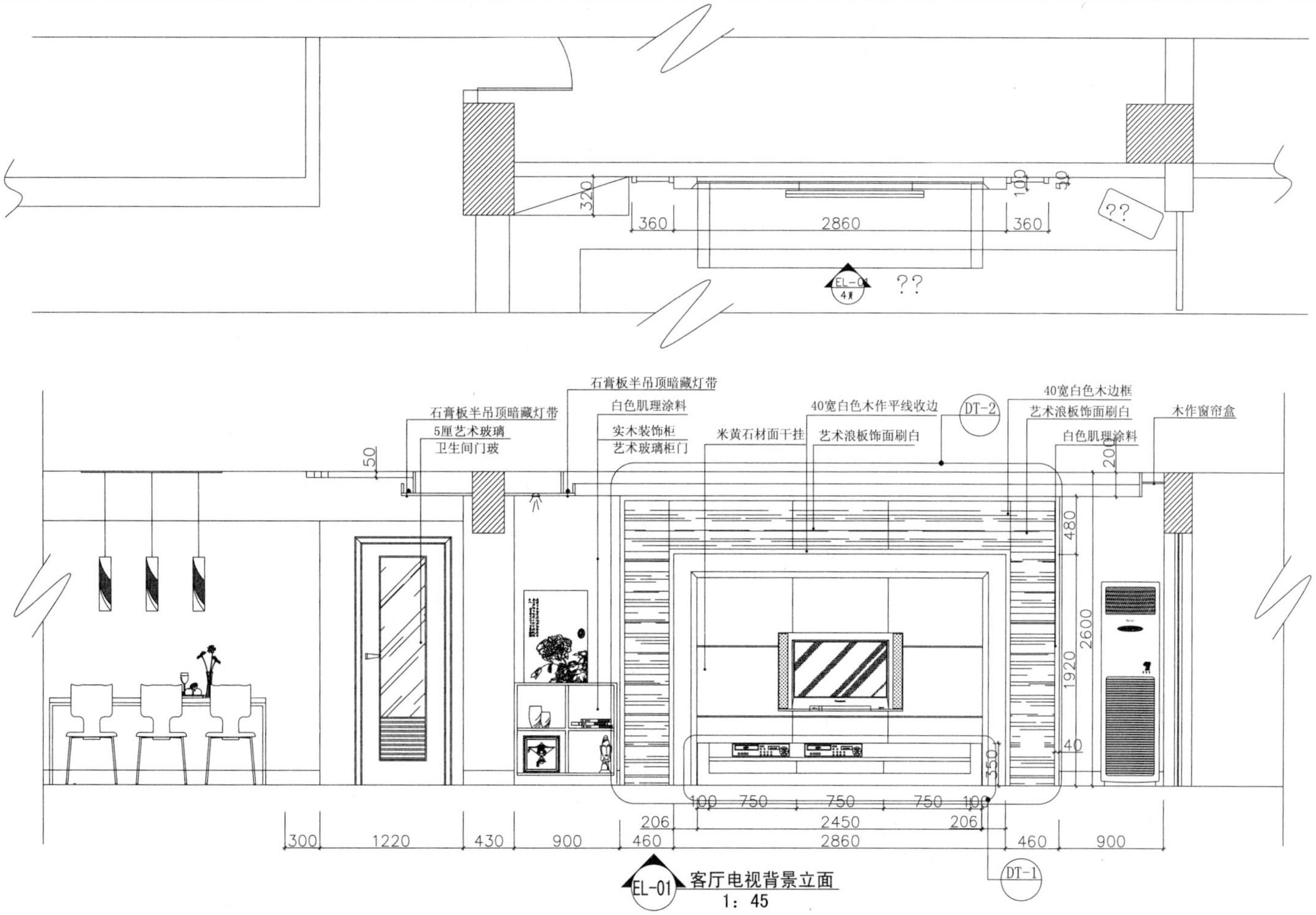

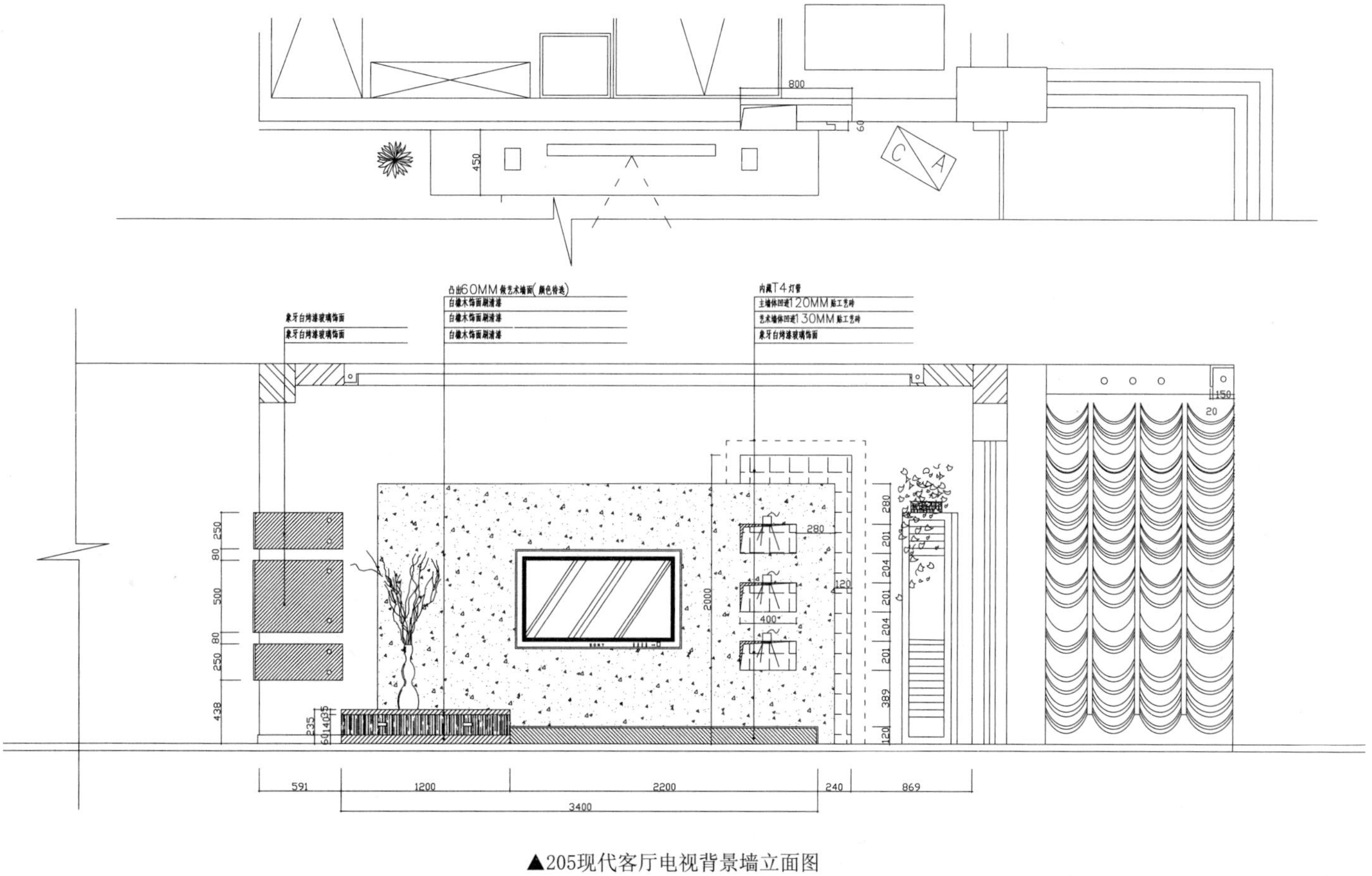

▲205现代客厅电视背景墙立面图

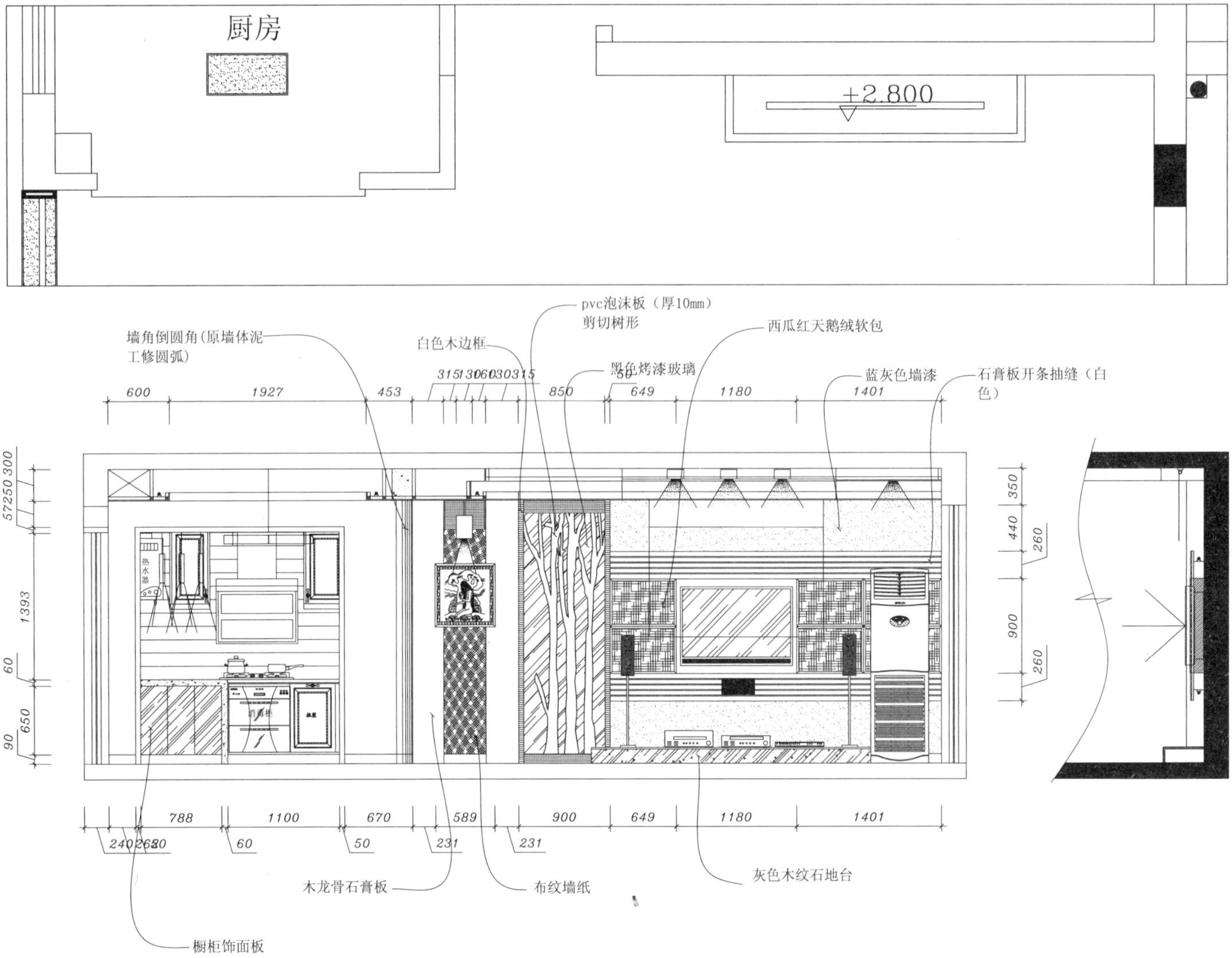

▲206现代客厅电视墙立面图

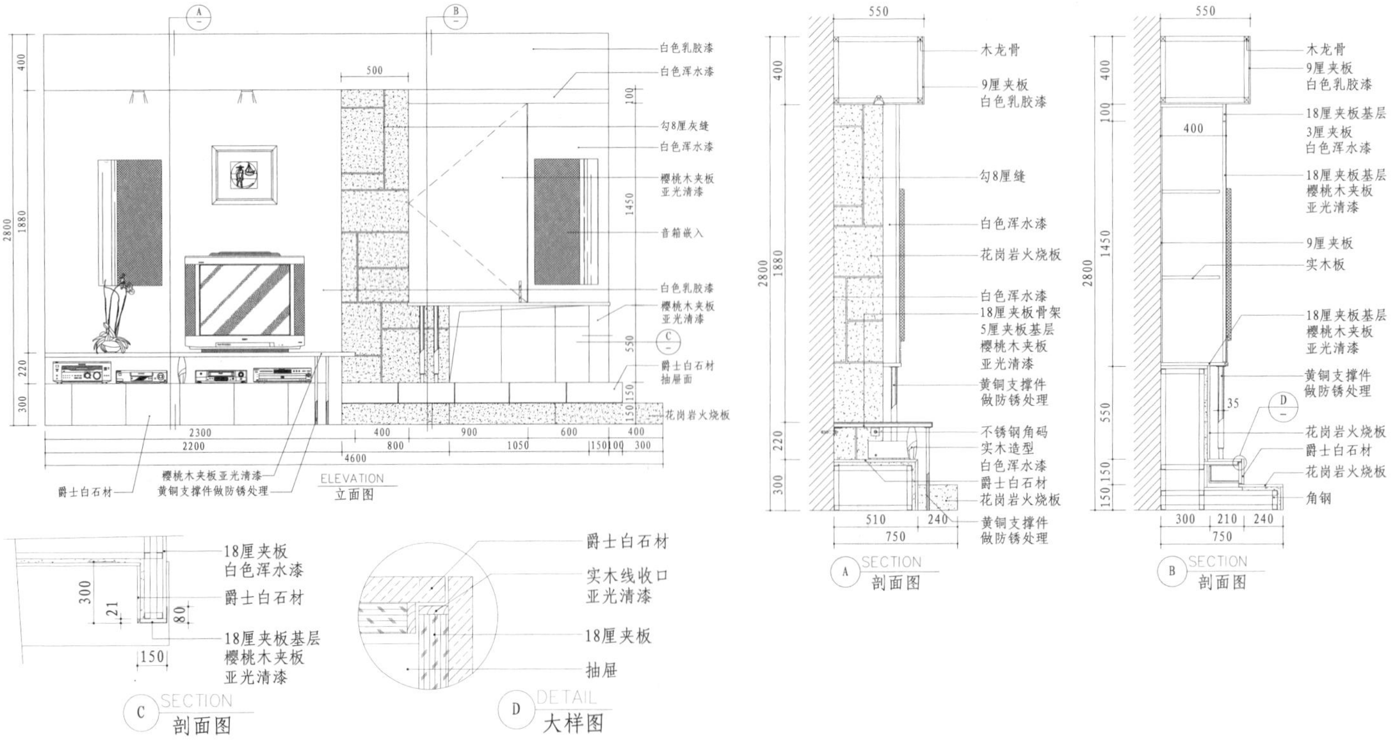

▲207视听柜详图

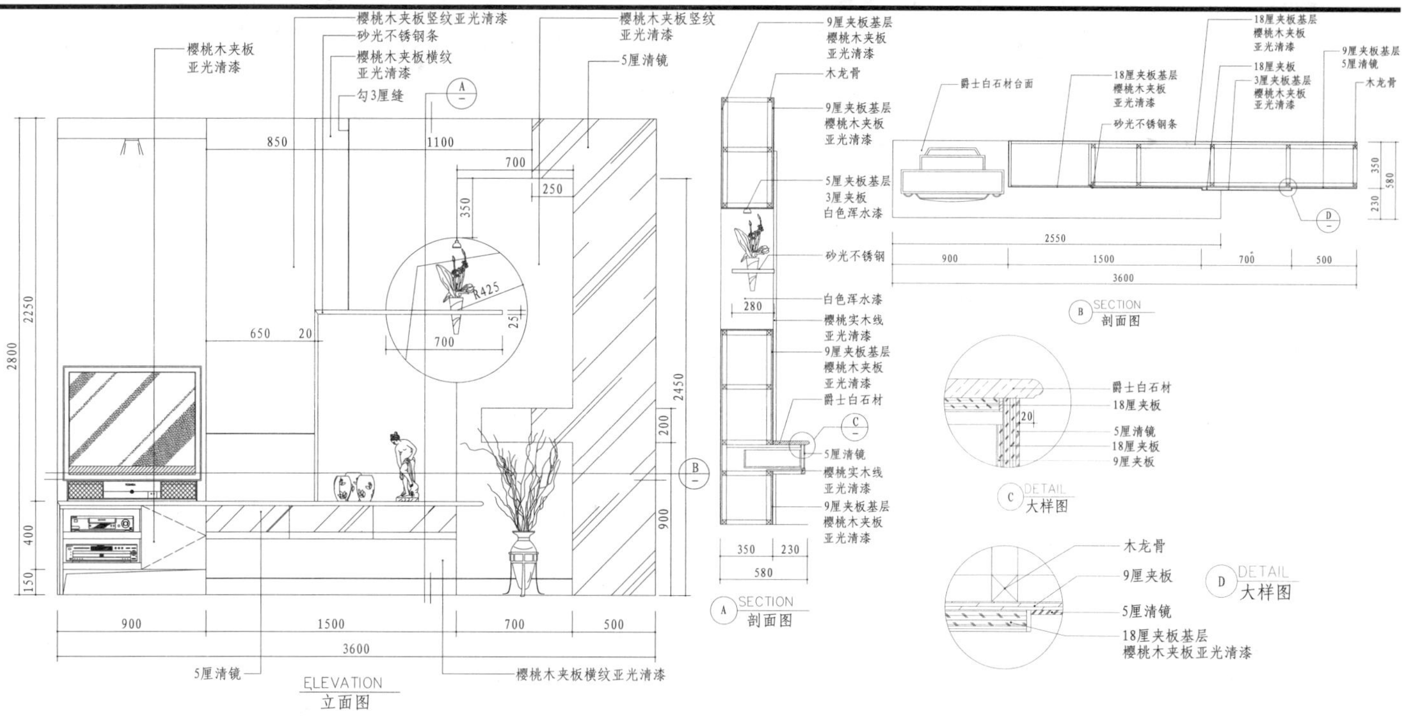

▲208视听柜详图

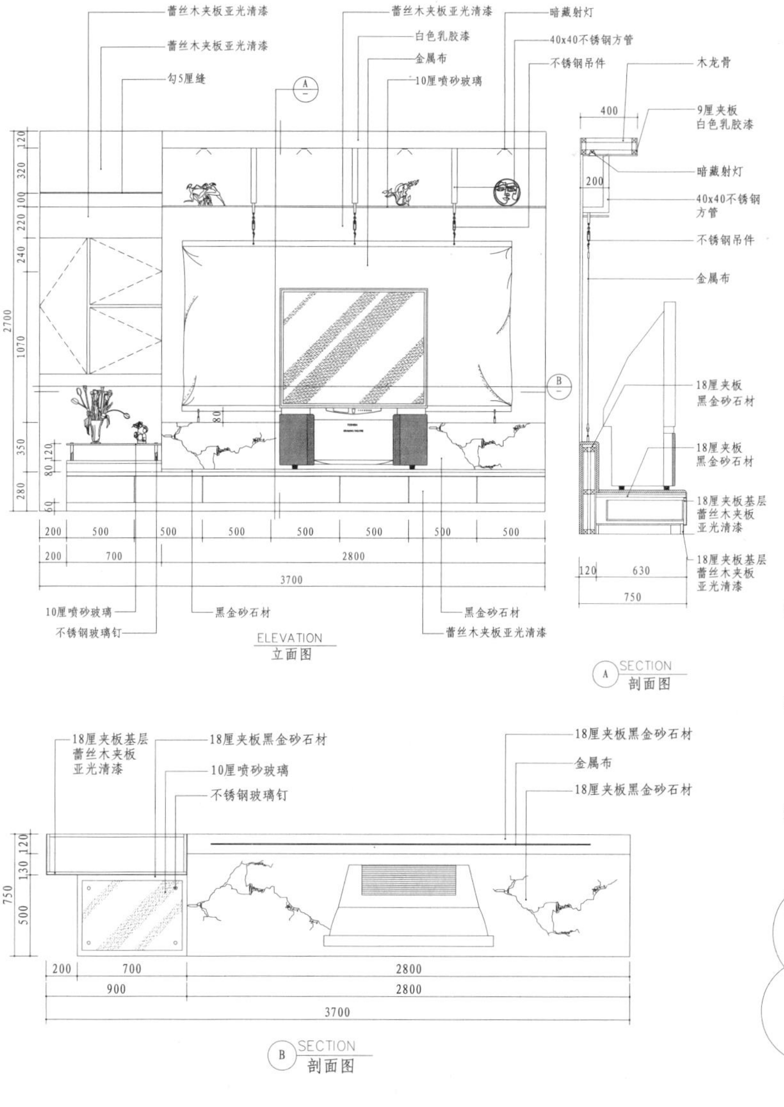

▲209视听柜详图

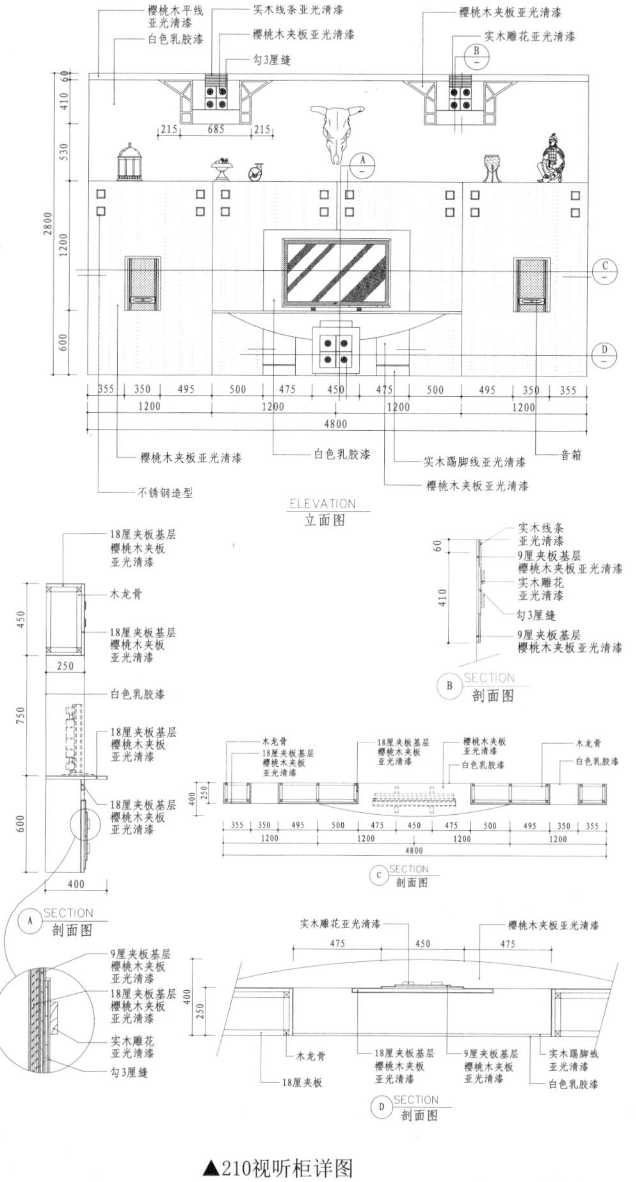

▲210视听柜详图

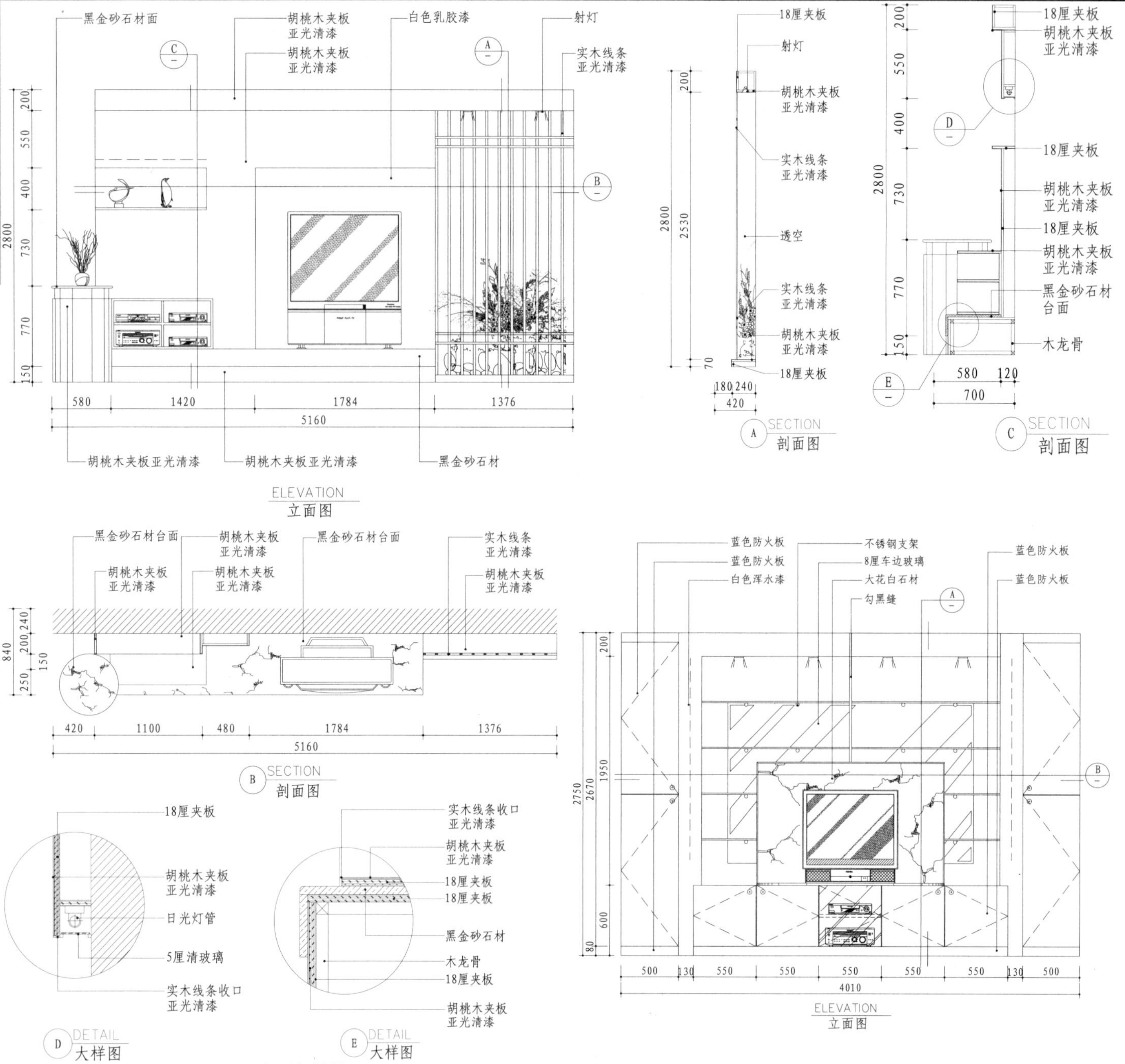

▲211视听柜详图

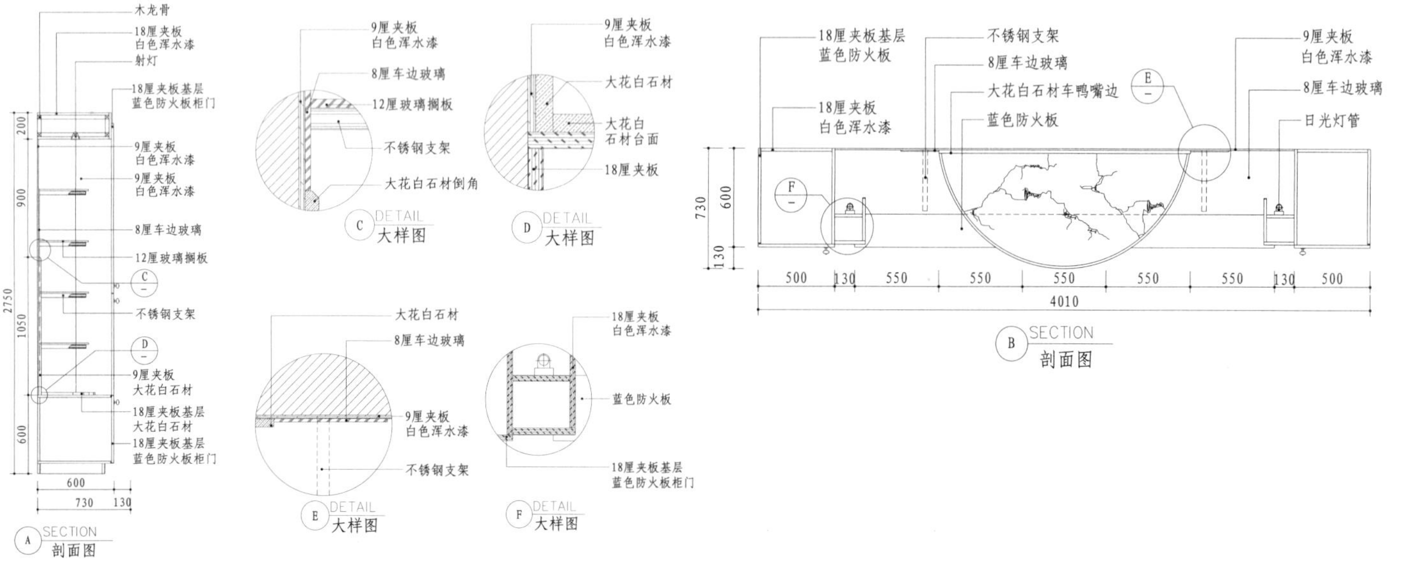

▲212视听柜详图

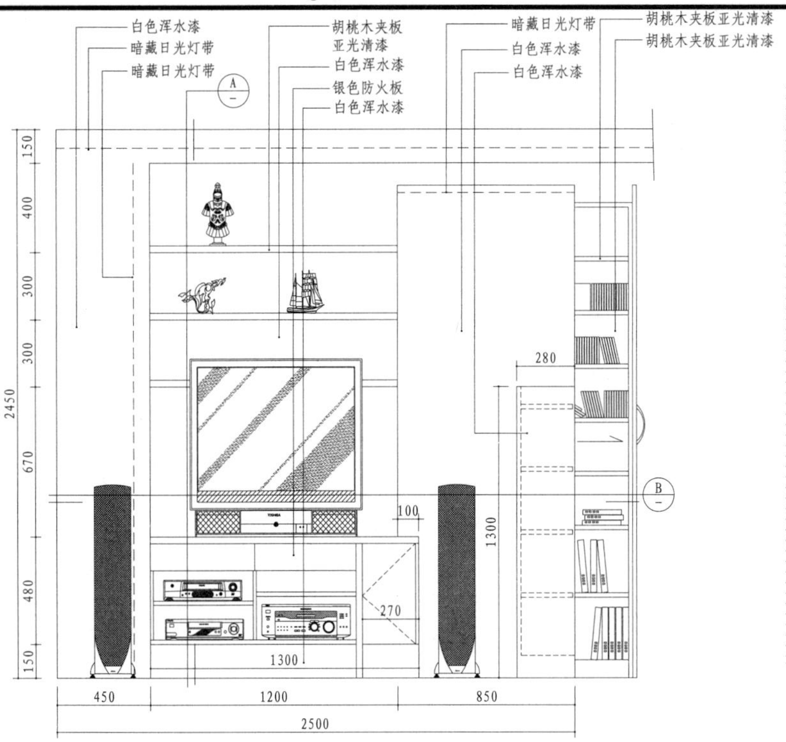

ELEVATION 立面图

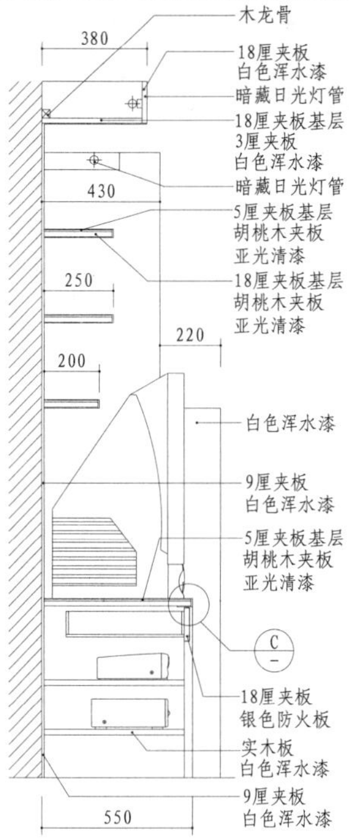

SECTION 剖面图

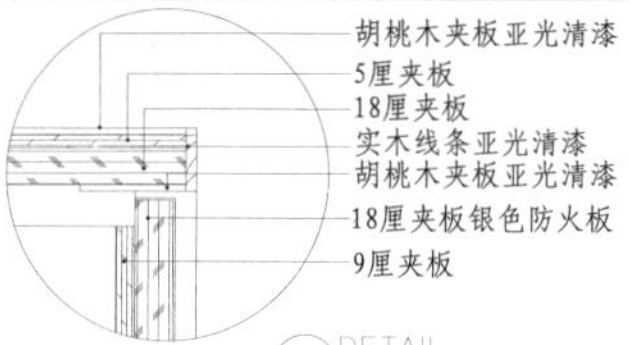

DETAIL 大样图

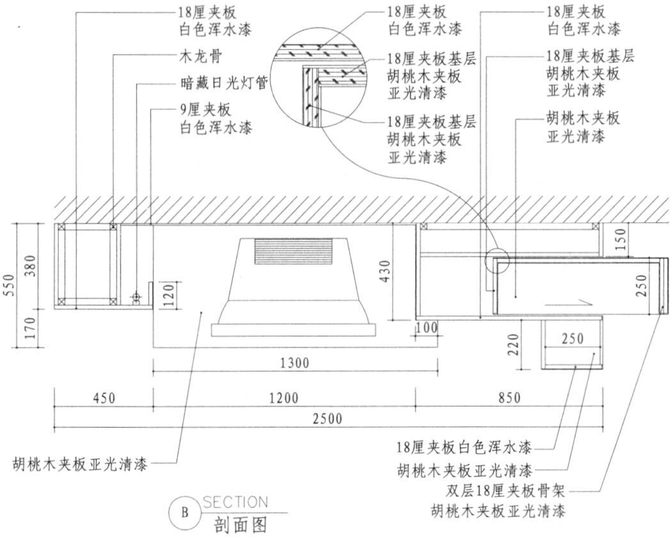

SECTION 剖面图

▲213视听柜详图

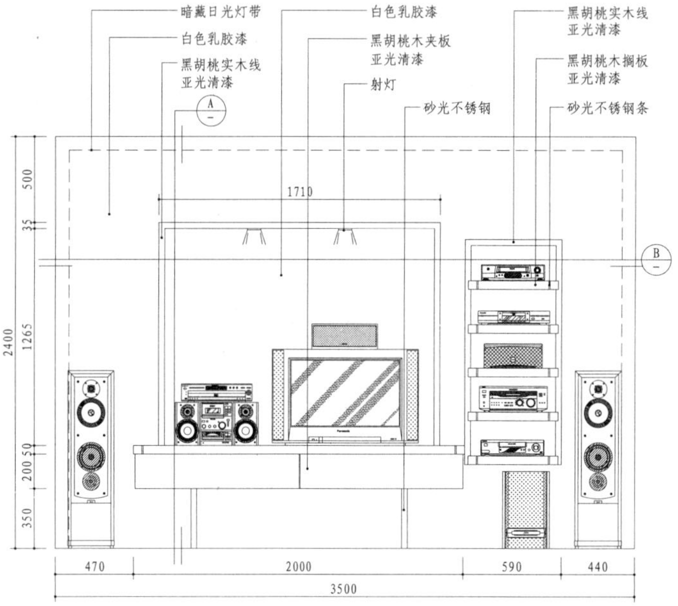

ELEVATION 立面图

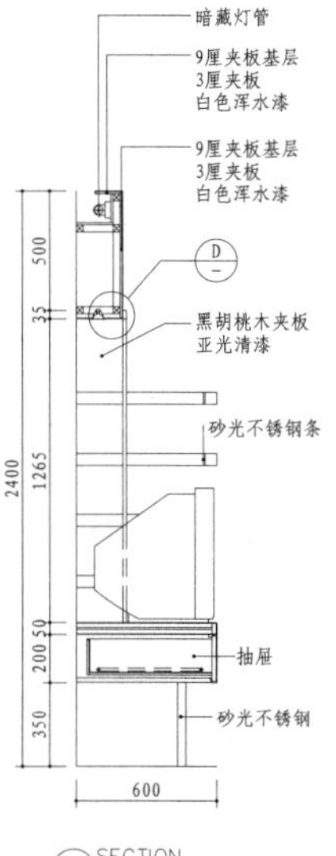

SECTION 剖面图

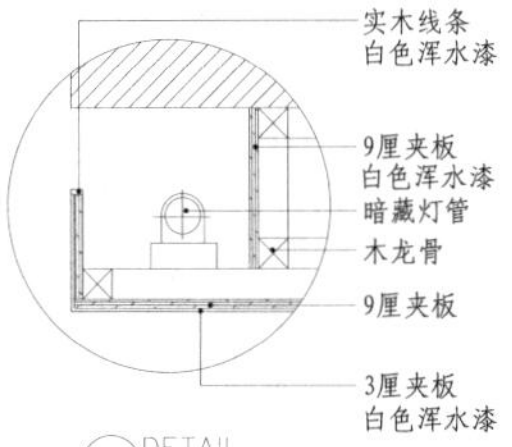

DETAIL 大样图

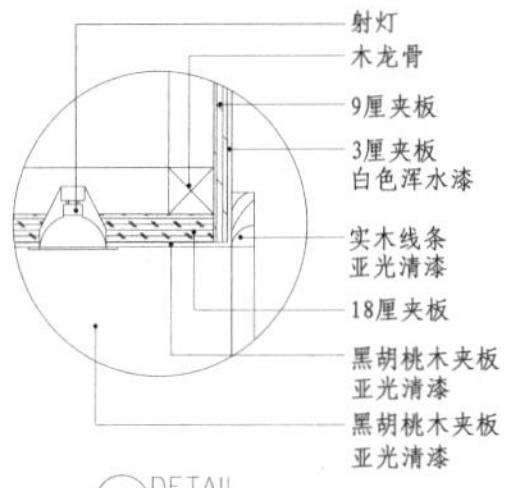

DETAIL 大样图

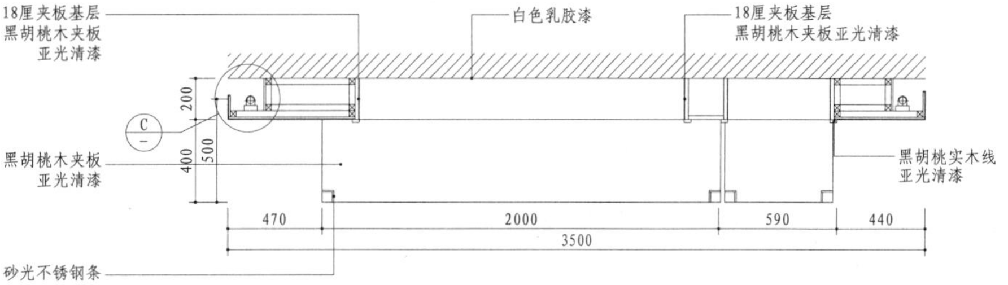

SECTION 剖面图

▲214视听柜详图

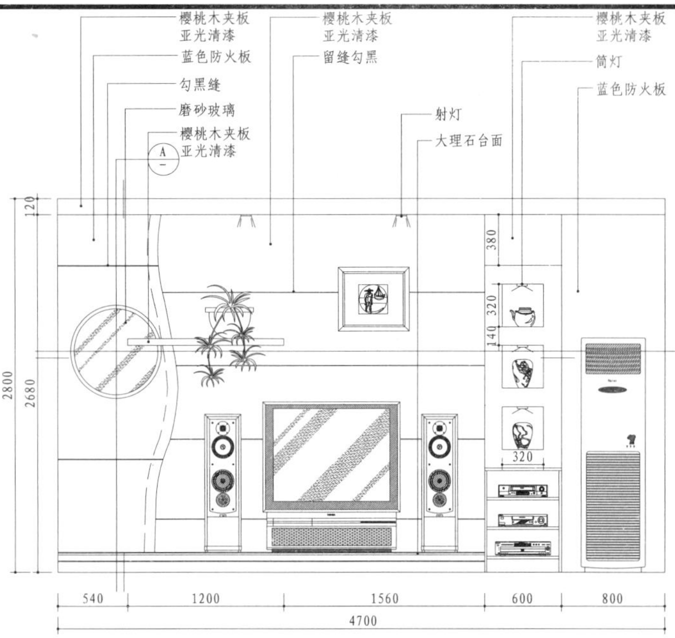
樱桃木夹板
亚光清漆
蓝色防火板
勾黑缝
磨砂玻璃
樱桃木夹板
亚光清漆
樱桃木夹板
亚光清漆
留缝勾黑
射灯
大理石台面
樱桃木夹板
亚光清漆
筒灯
蓝色防火板
120
2800
2680
380
320
140
320
540
1200
1560
600
800
4700

ELEVATION
立面图

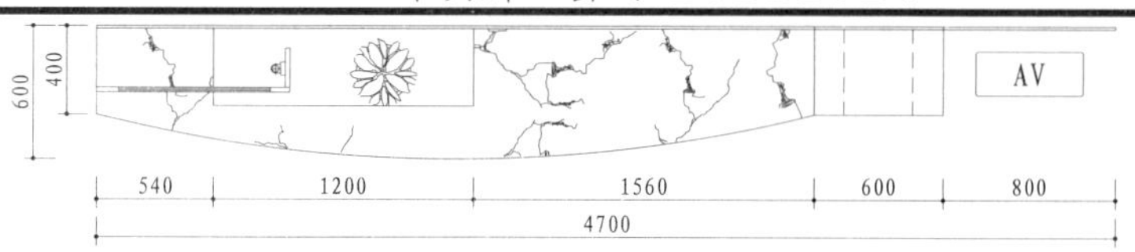

PLAN
平面图

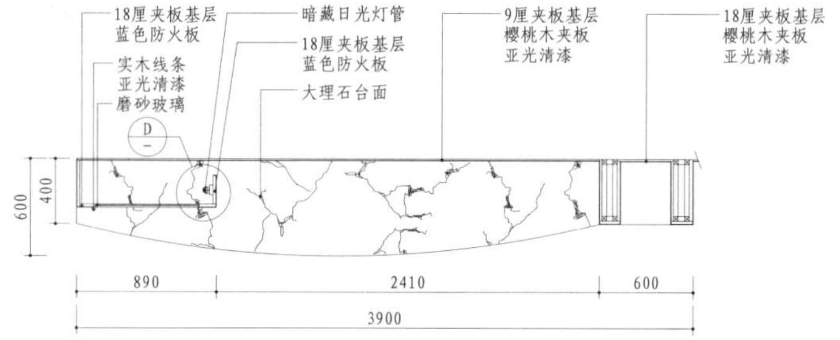
18厘夹板基层
蓝色防火板
实木线条
亚光清漆
磨砂玻璃
暗藏日光灯管
18厘夹板基层
蓝色防火板
大理石台面
9厘夹板基层
樱桃木夹板
亚光清漆
18厘夹板基层
樱桃木夹板
亚光清漆
600
400
890
2410
600
3900

SECTION
剖面图

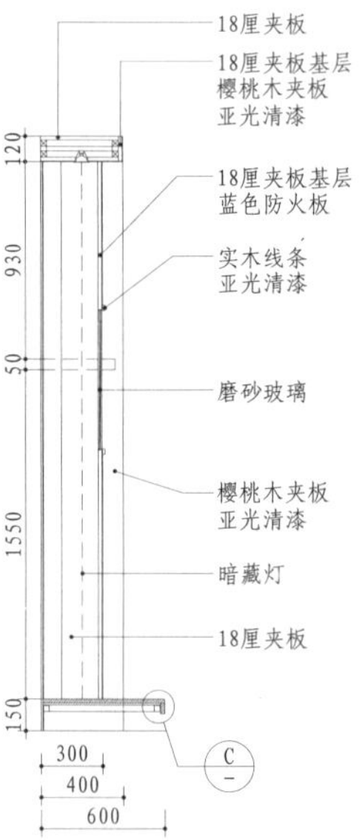
18厘夹板
18厘夹板基层
樱桃木夹板
亚光清漆
18厘夹板基层
蓝色防火板
实木线条
亚光清漆
磨砂玻璃
樱桃木夹板
亚光清漆
暗藏灯
18厘夹板
120
930
50
1550
150
300
400
600

SECTION
剖面图

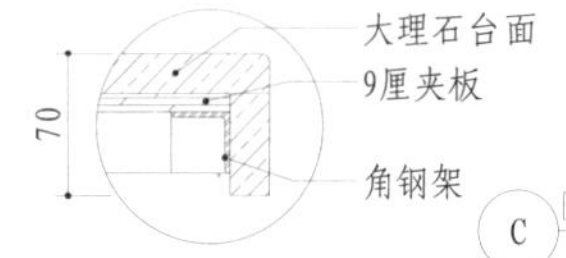
大理石台面
9厘夹板
角钢架
70

DETAIL
大样图

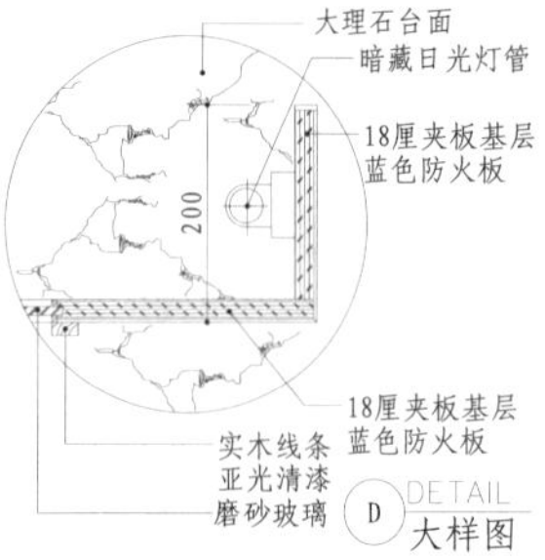
大理石台面
暗藏日光灯管
18厘夹板基层
蓝色防火板
200
18厘夹板基层
蓝色防火板
实木线条
亚光清漆
磨砂玻璃

DETAIL
大样图

▲215视听柜详图

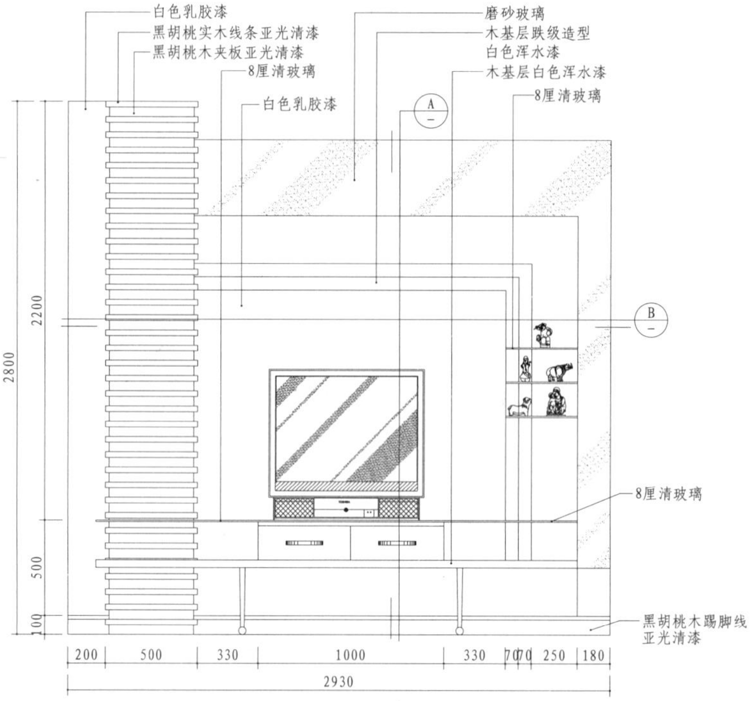
白色乳胶漆
黑胡桃实木线条亚光清漆
黑胡桃木夹板亚光清漆
8厘清玻璃
白色乳胶漆
磨砂玻璃
木基层跌级造型
白色浑水漆
木基层白色浑水漆
8厘清玻璃
8厘清玻璃
黑胡桃木踢脚线
亚光清漆
2800
2200
500
100
200
500
330
1000
330
70
70
250
180
2930

ELEVATION
立面图

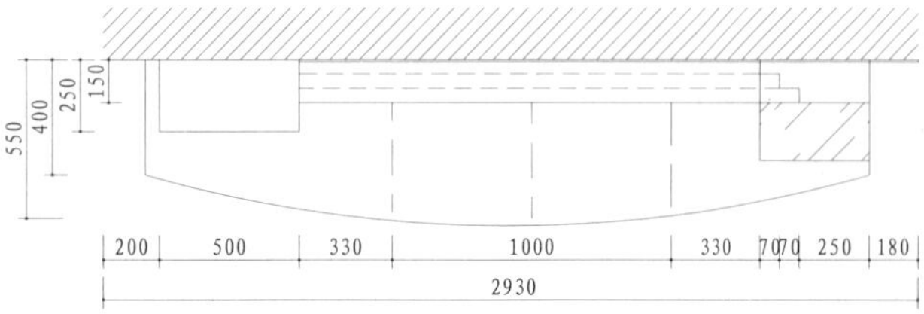

PLAN
平面图

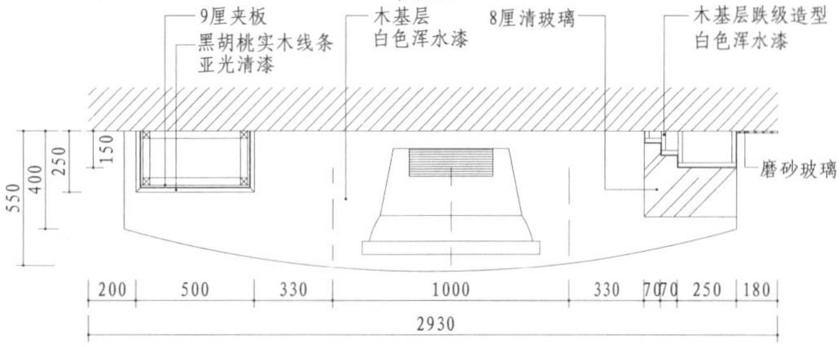

SECTION
剖面图

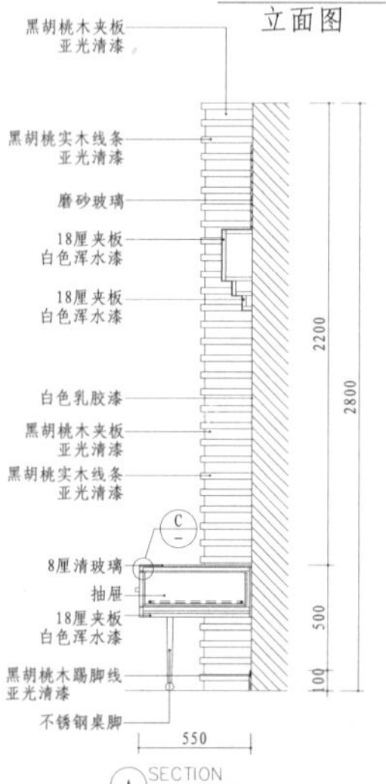
黑胡桃木夹板
亚光清漆
黑胡桃实木线条
亚光清漆
磨砂玻璃
18厘夹板
白色浑水漆
18厘夹板
白色浑水漆
白色乳胶漆
黑胡桃木夹板
亚光清漆
黑胡桃实木线条
亚光清漆
8厘清玻璃
抽屉
18厘夹板
白色浑水漆
黑胡桃木踢脚线
亚光清漆
不锈钢桌脚
2200
2800
500
100
550

SECTION
剖面图

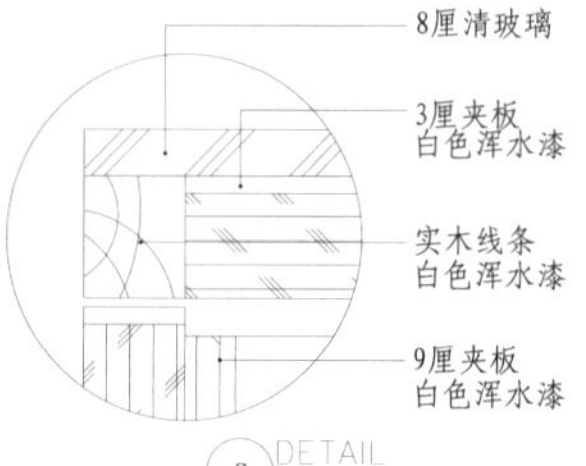
8厘清玻璃
3厘夹板
白色浑水漆
实木线条
白色浑水漆
9厘夹板
白色浑水漆

DETAIL
大样图

▲216视听柜详图

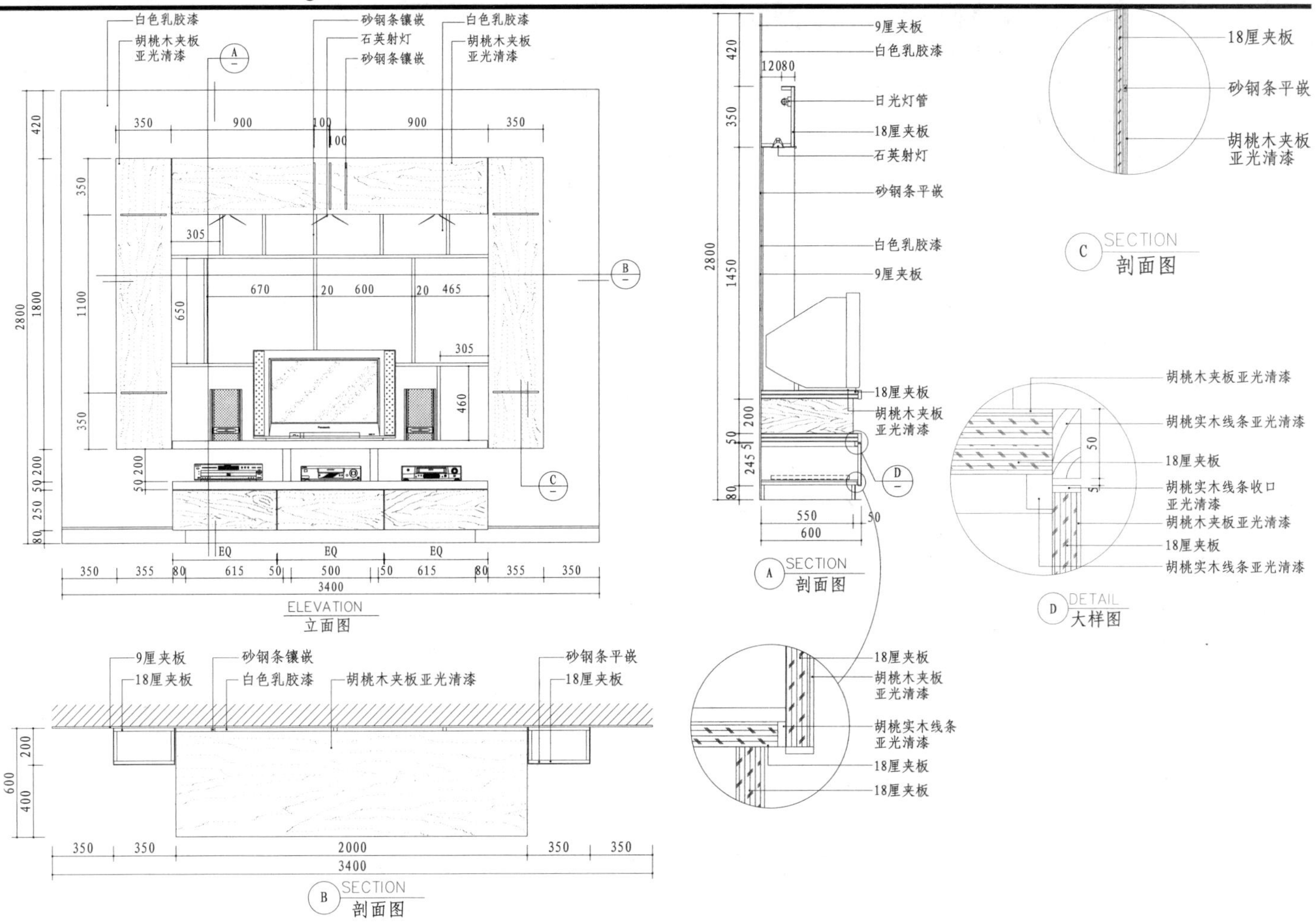

▲217视听柜详图

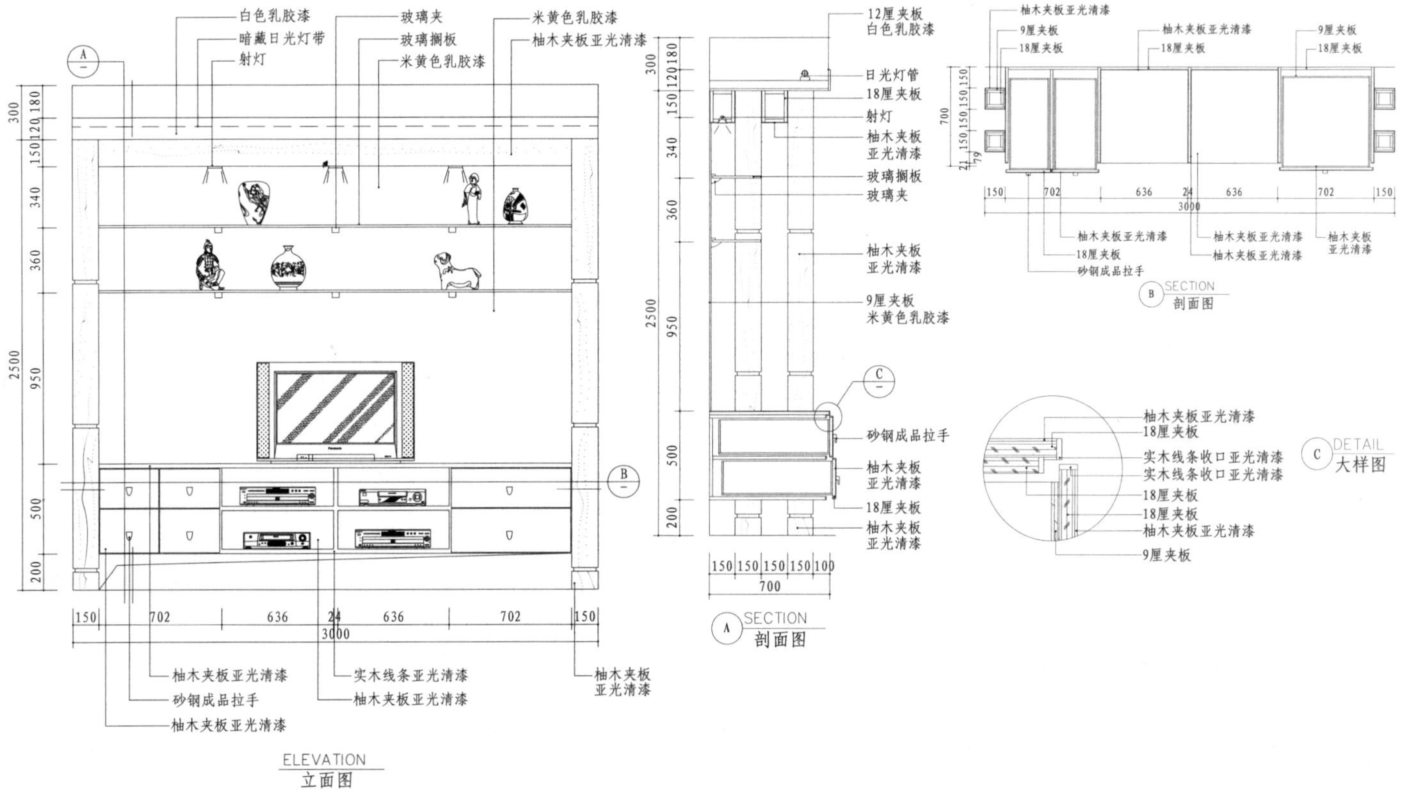

▲218视听柜详图

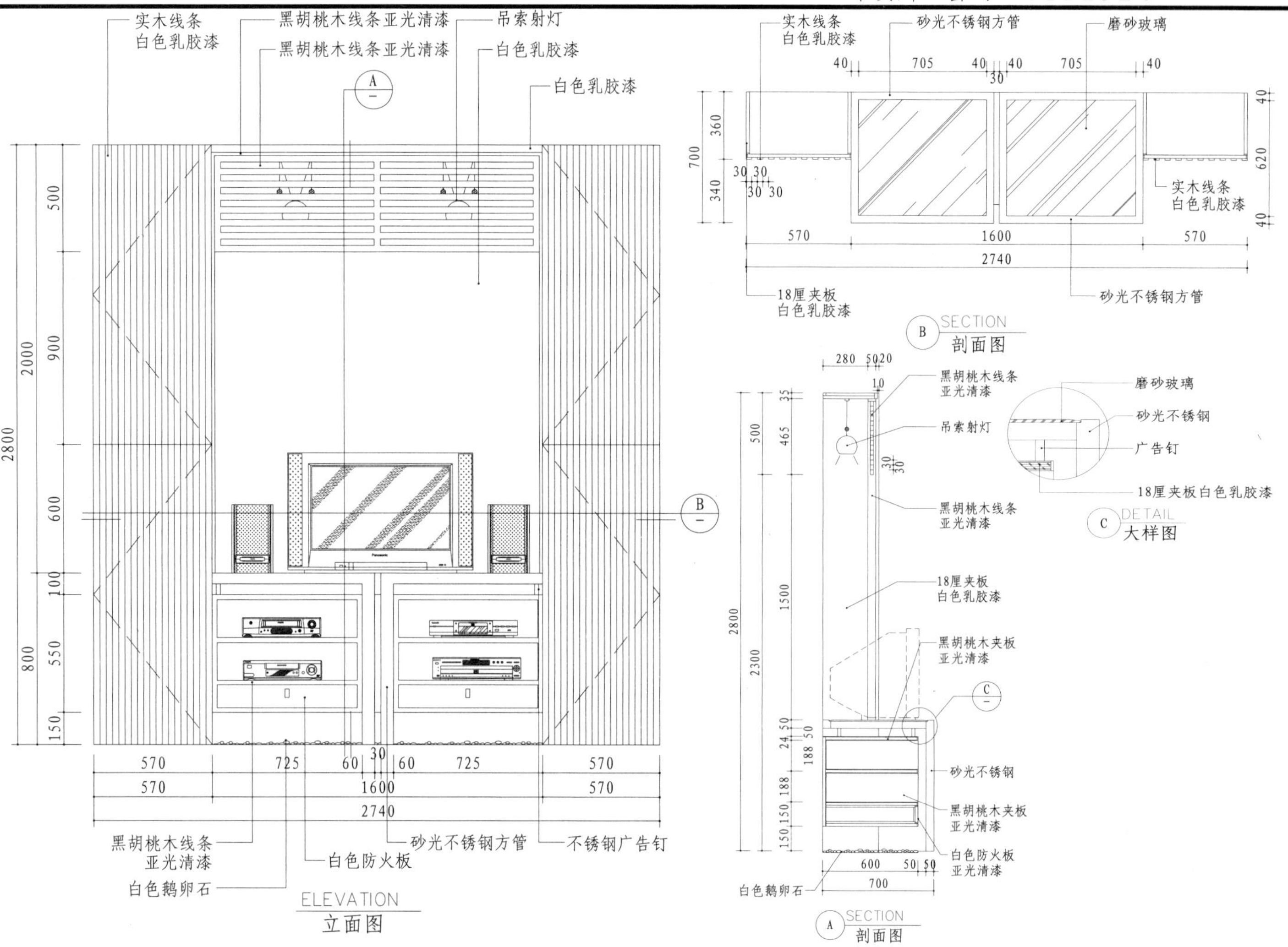

▲219视听柜详图

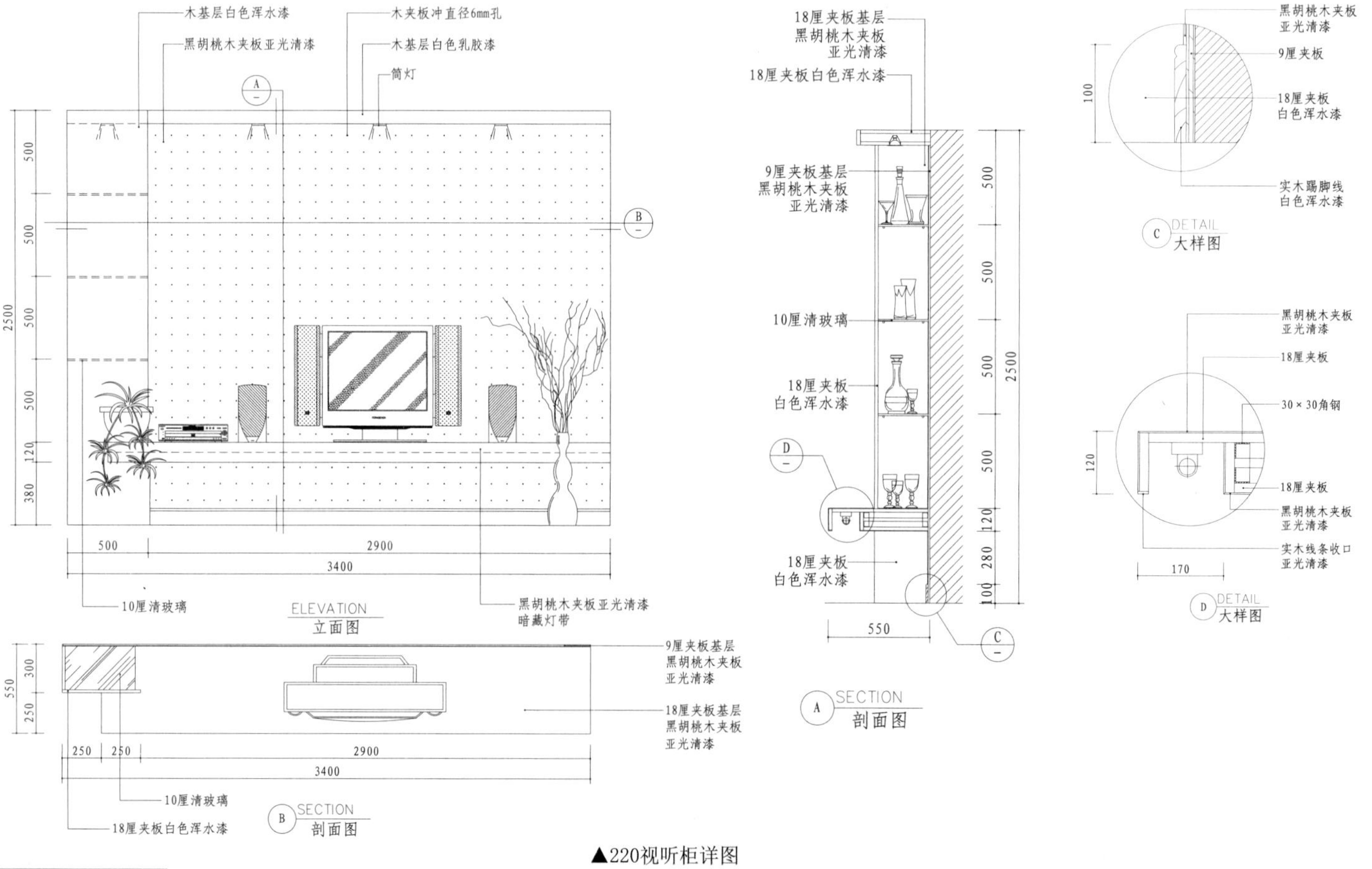

▲220视听柜详图

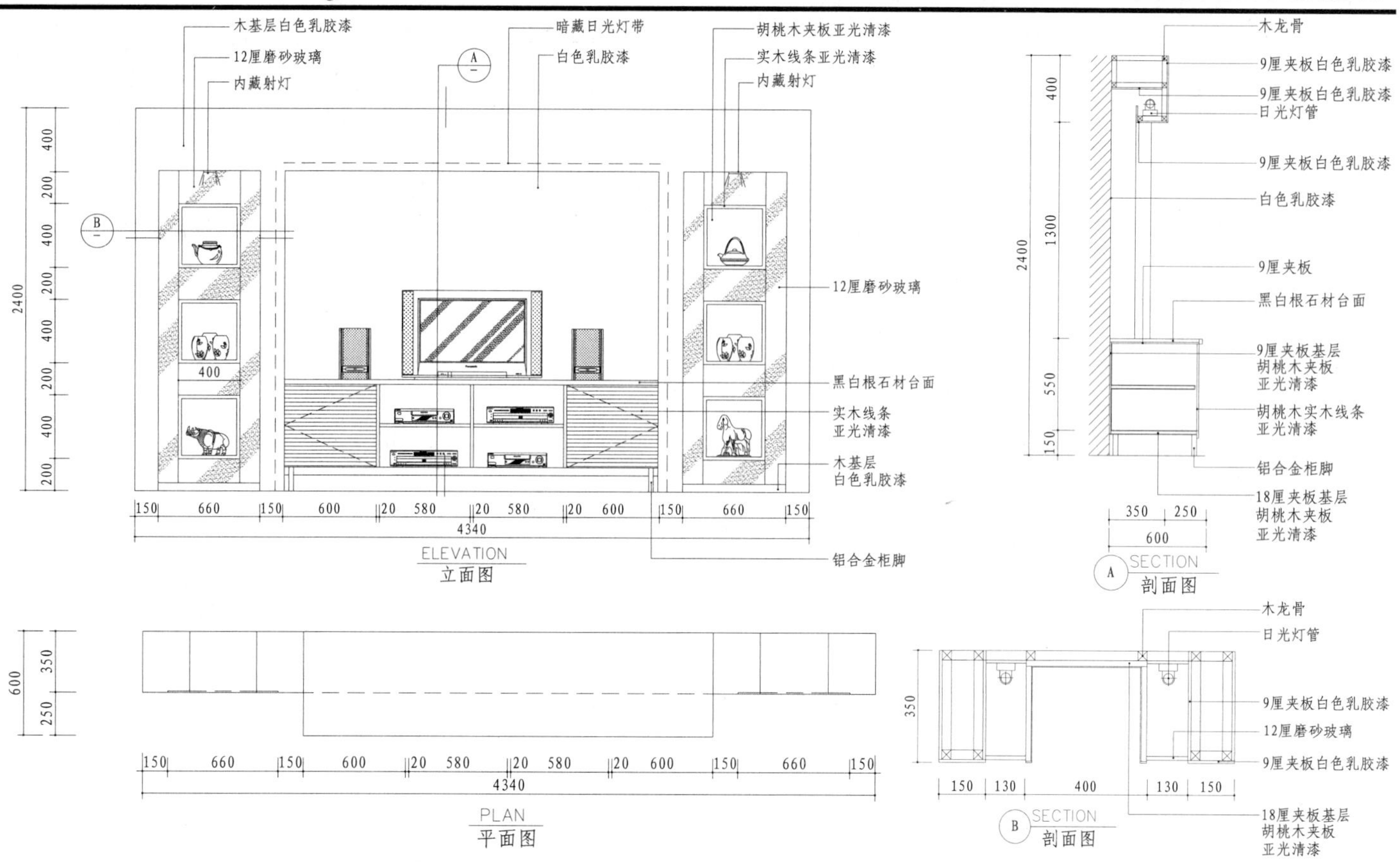

▲221视听柜详图

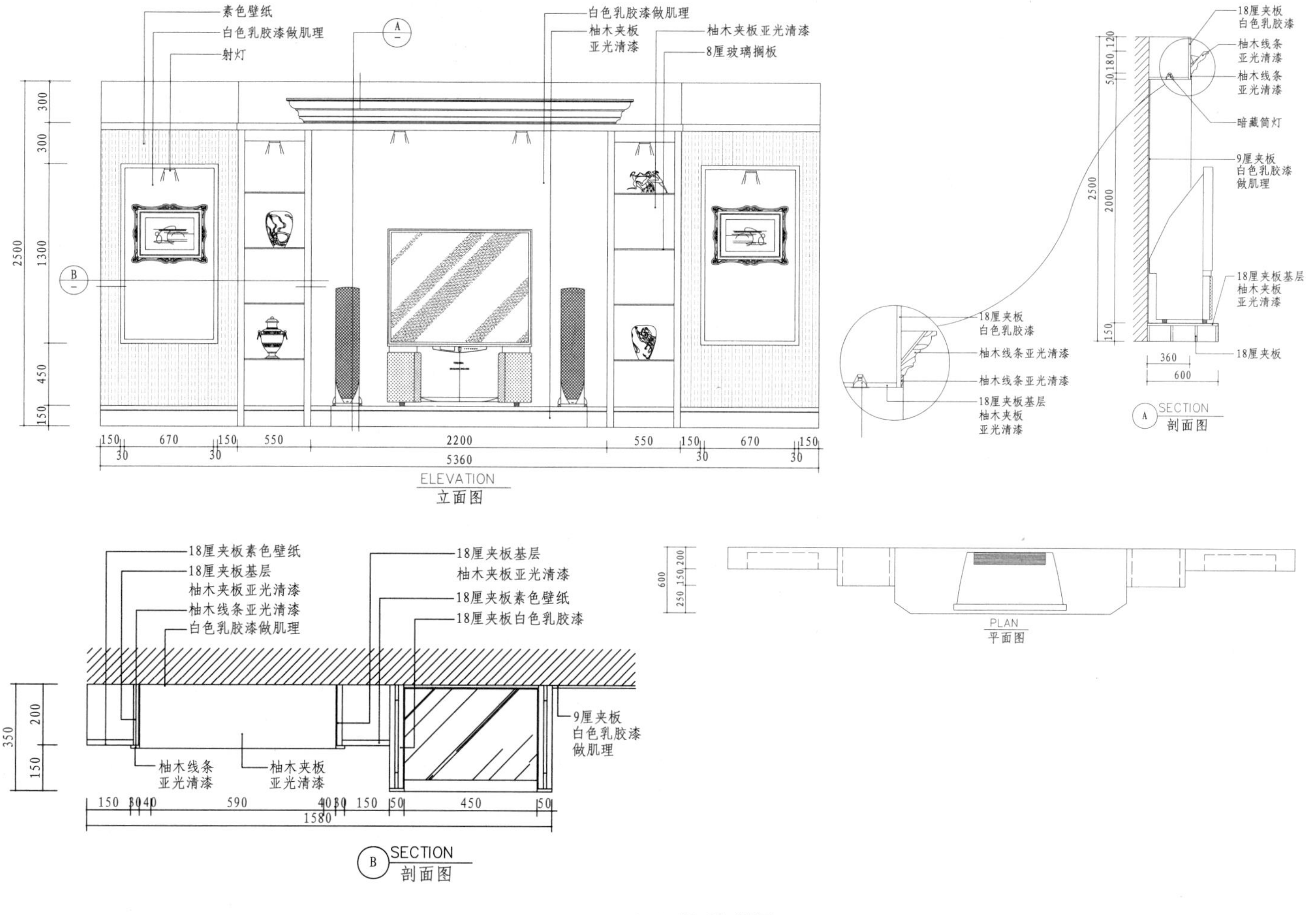

▲222视听柜详图

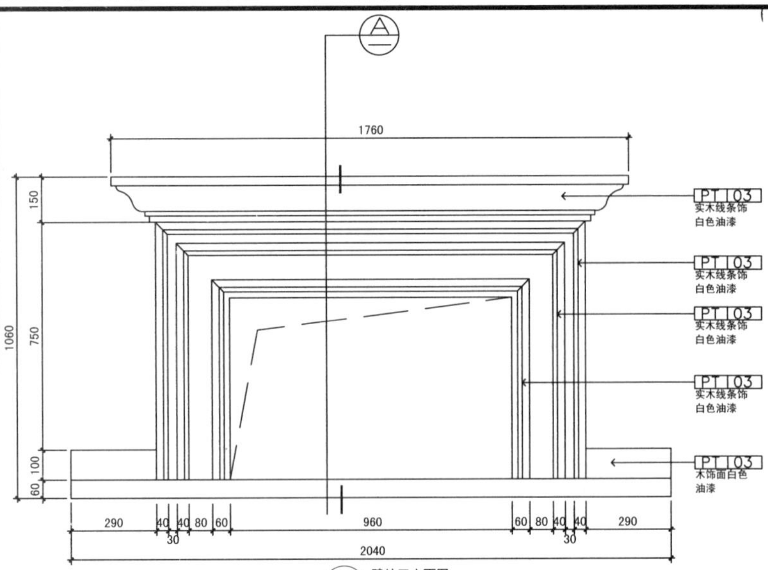

05 EL-02 壁炉正立面图 SCALE 1:15

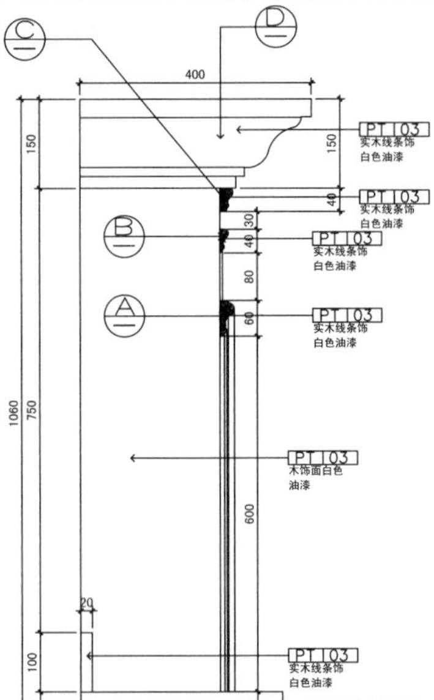

壁炉侧立面图 SCALE 1:8

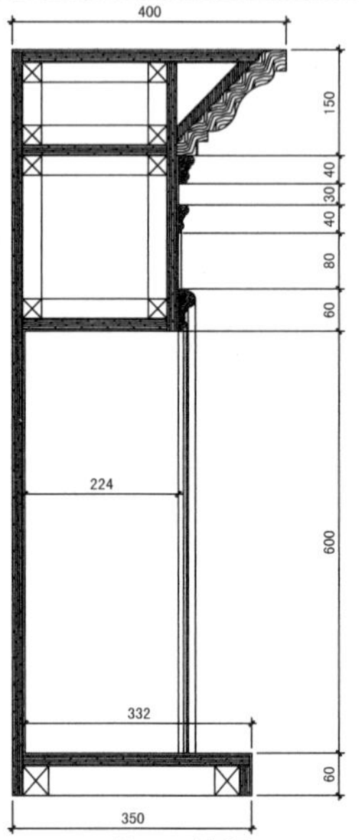

A 剖面图 SCALE 1:8

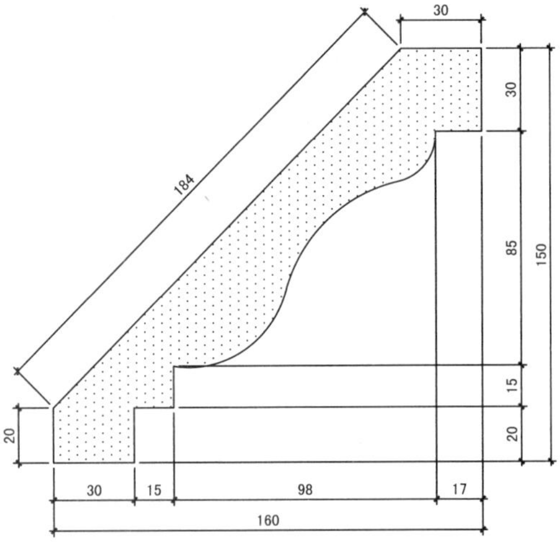

D 实木线大样 SCALE 1:2

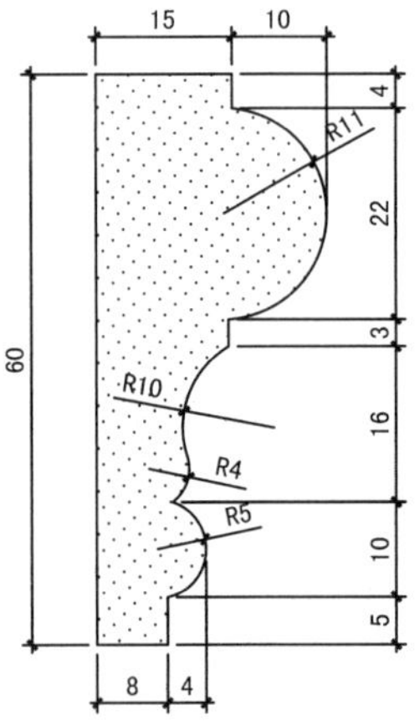

A 实木线大样 SCALE 1:1

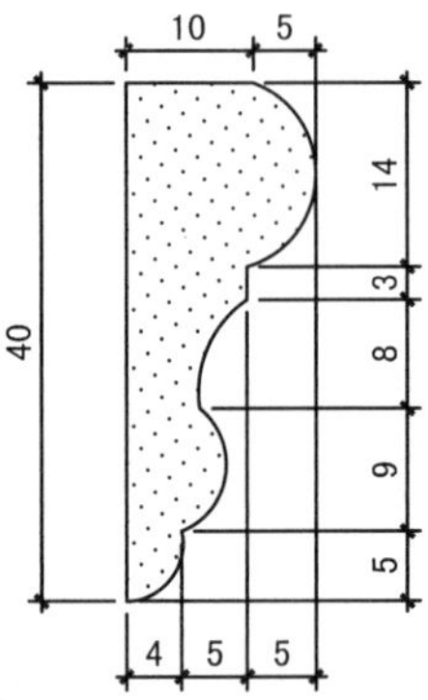

B 实木线大样 SCALE 1:1

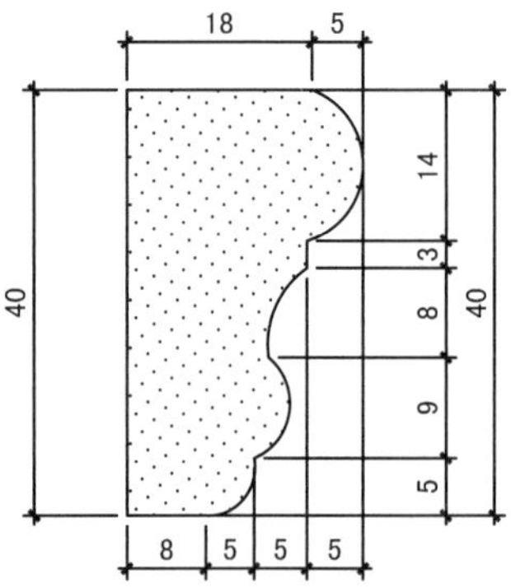

C 实木线大样 SCALE 1:1

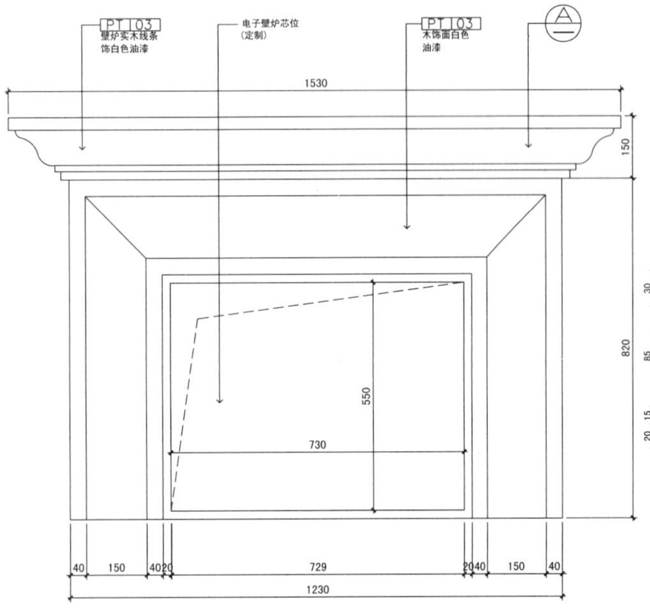

主卧壁炉立面图
SCALE 1:15

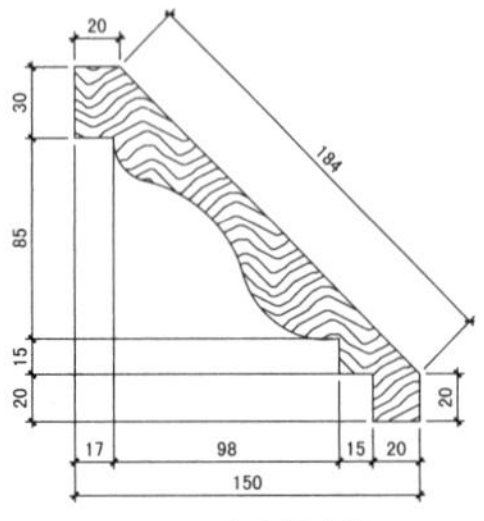

A 实木线大样 SCALE 1:3

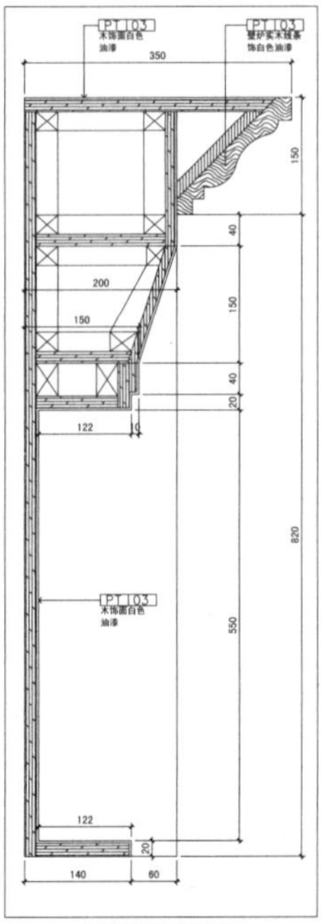

主卧壁炉剖面图
SCALE 1:10

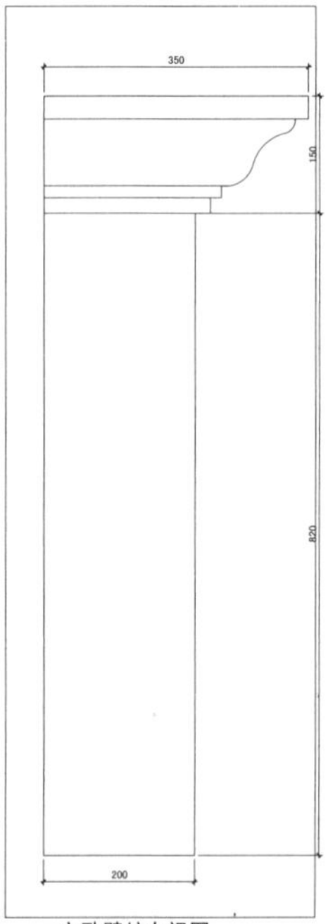

主卧壁炉左视图
SCALE 1:10

▲001壁炉装修详图

MT 01
镜面不锈钢

ST 04
大理石

320

100

15mm木芯板
封底

300

TL 06
墙砖

320

GL 05
黑镜

60

15mm木芯板
基层

250

水泥砂浆

粘胶层

TL 03
地砖

水泥砂浆

20

TL 06
墙砖

MT 01
镜面不锈钢

GL 02
银镜

玻璃粘胶层

960

MT 01
镜面不锈钢

MO 01
马赛克

20

水泥砂浆

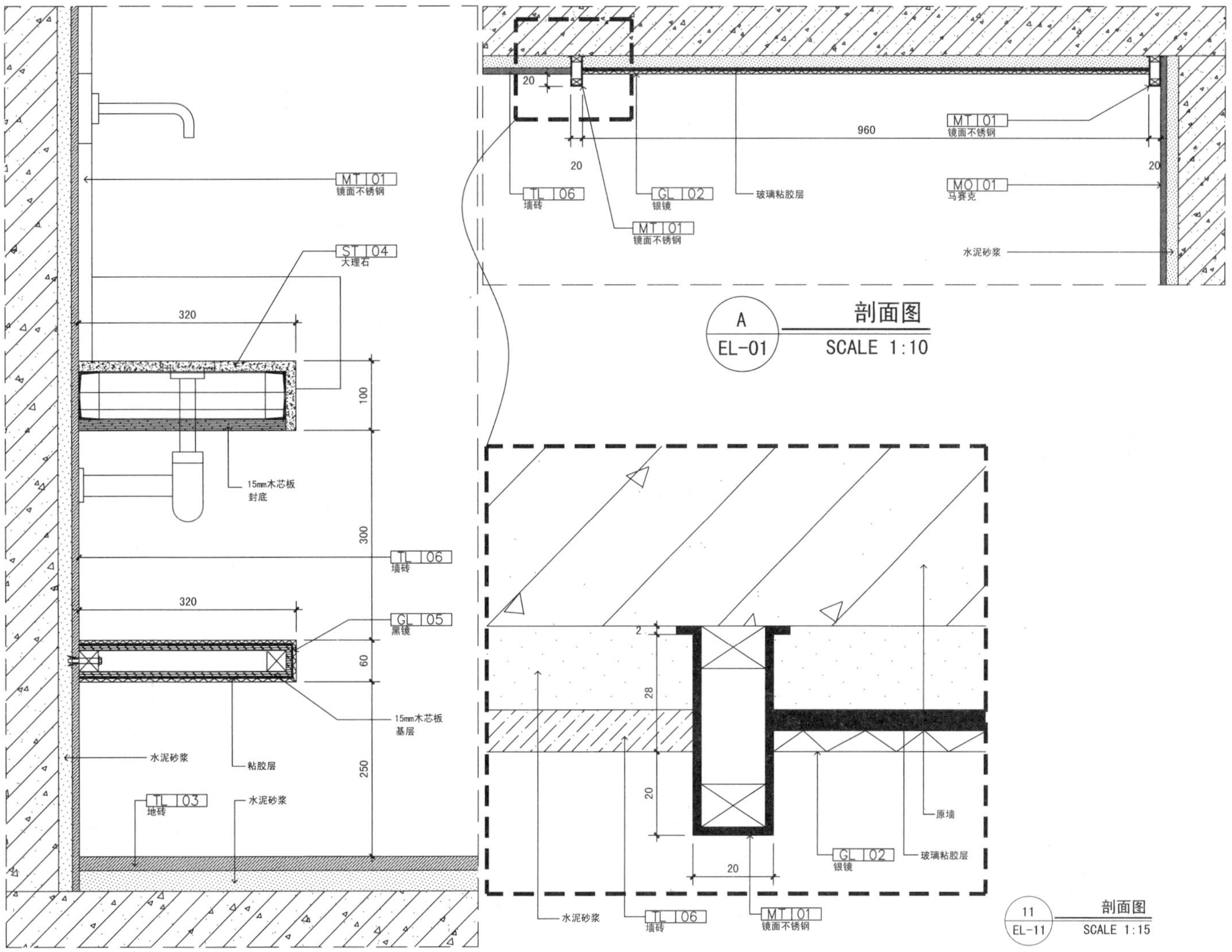

A
EL-01
剖面图
SCALE 1:10

2

28

20

20

原墙

GL 02
银镜

玻璃粘胶层

水泥砂浆

TL 06
墙砖

MT 01
镜面不锈钢

11
EL-11
剖面图
SCALE 1:15

MT 01
镜面不锈
钢造型

20

GL 01
银镜

玻璃粘胶层
夹板基层

PT 03
木饰面饰
白色油漆

PT 03
木饰面饰
白色油漆

330

360

夹板基层

GL 01
银镜

20

夹板基层

PT 03
实木线条饰
白色油漆

145 25

520

25 145 40

20

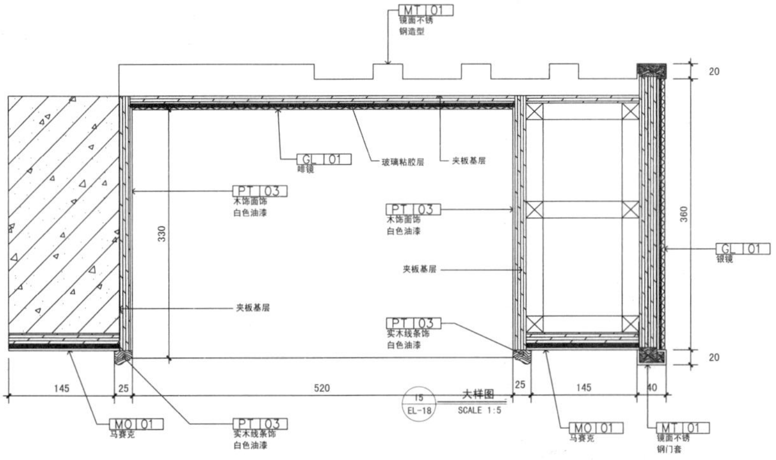

15
EL-18
大样图
SCALE 1:5

MO 01
马赛克

PT 03
实木线条饰
白色油漆

MO 01
马赛克

MT 01
镜面不锈
钢门套

16
P-04
玻璃剖花大样图
SCALE 1:12

530

700

1230

1230

700

530

72 192 72   304   72 72 72

476   644

1120

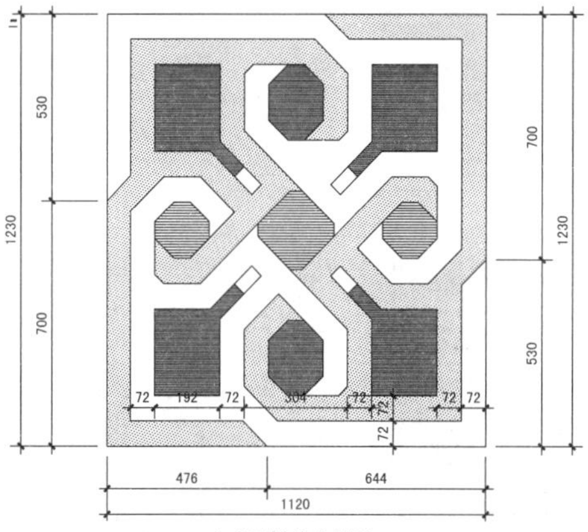

大理石拼花大样图
SCALE 1:15

50

130

A
木门套轴测图

13
2

8

6

10

8

8

4

50

5 3 3 2

B
实木线条大样

7 6 3

6

2

25

19

R5

R8

18

R6

5

7

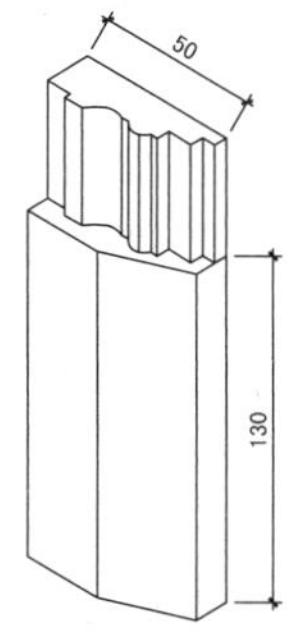

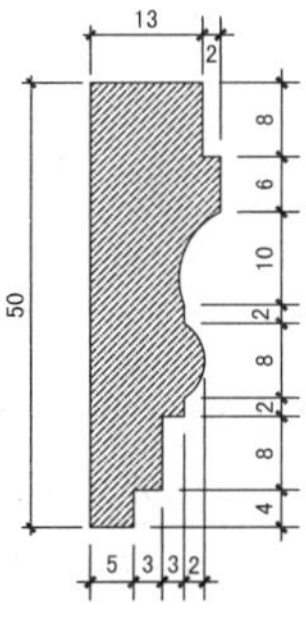

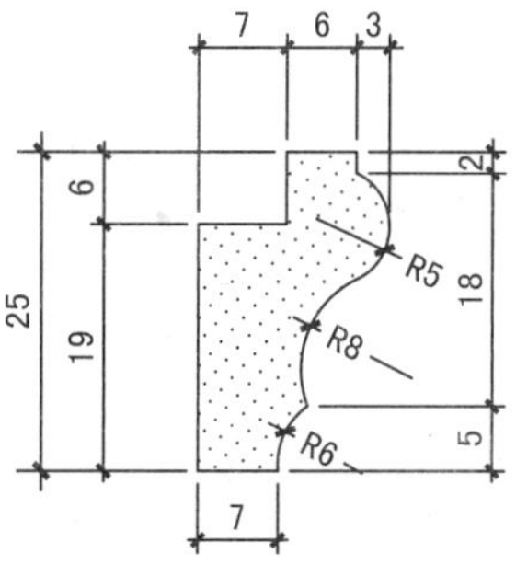

C
实木线条大样

▲001壁炉装修详图

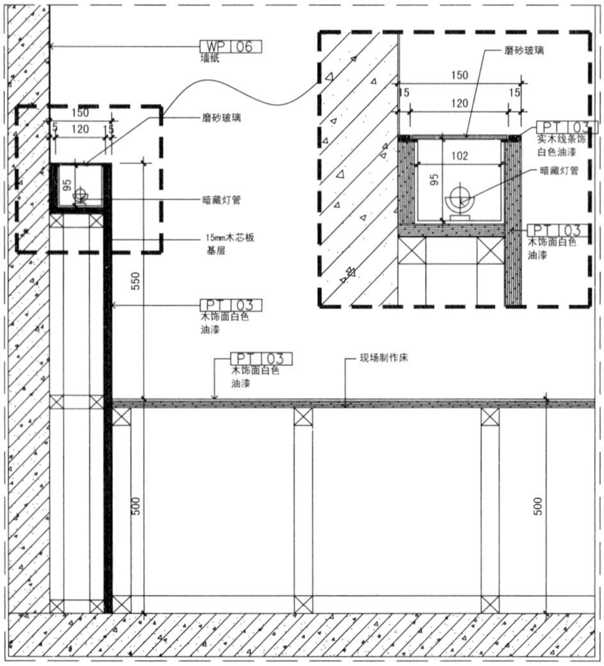

12 剖面图
EL-12 SCALE 1:15

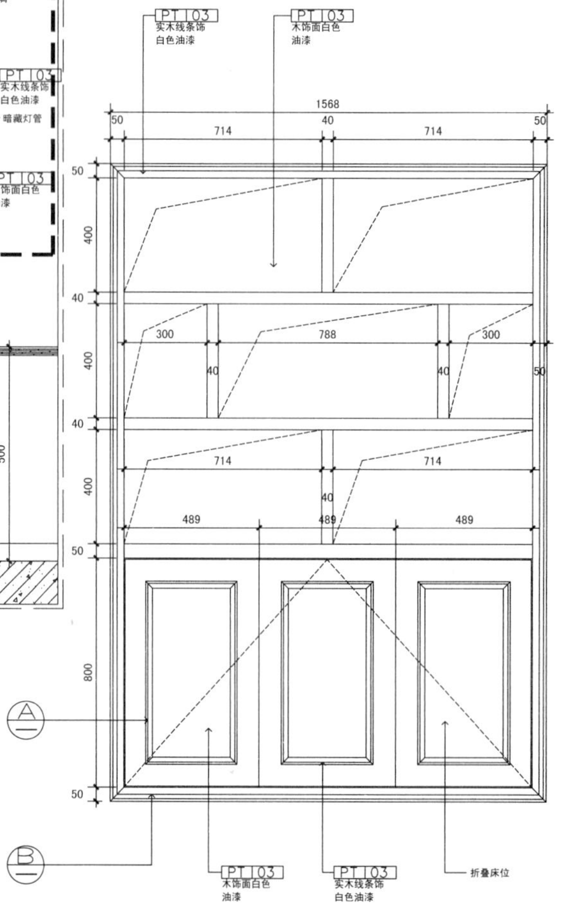

14 多功能房柜立面图
EL-18 SCALE 1:15

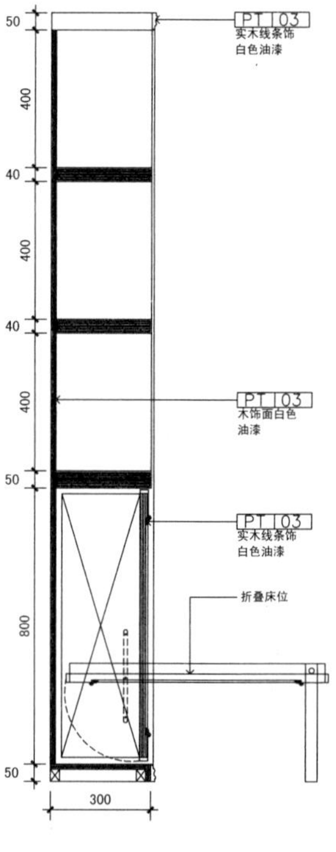

多功能房柜剖面图
SCALE 1:15

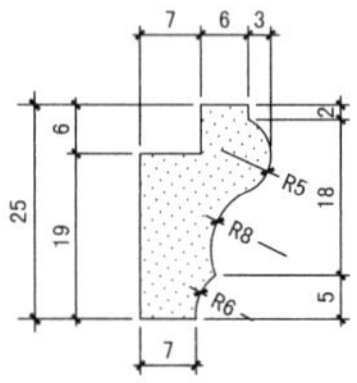

A 实木线条大样

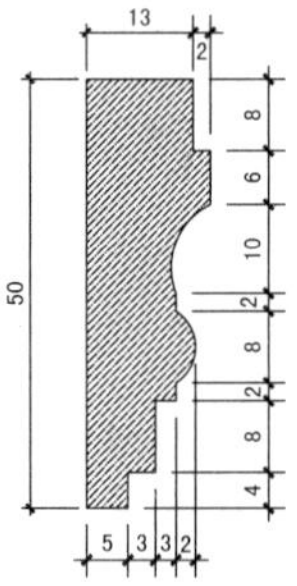

B 实木线条大样

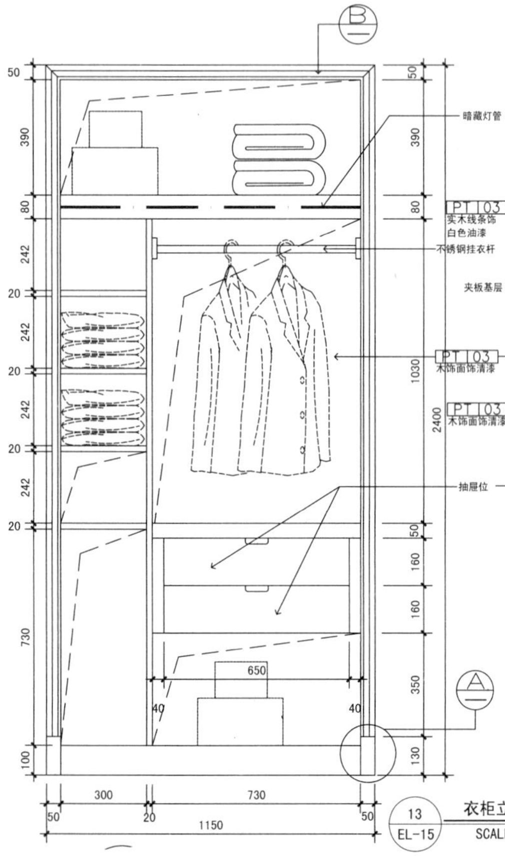

13 衣柜立面图
EL-15 SCALE 1:15

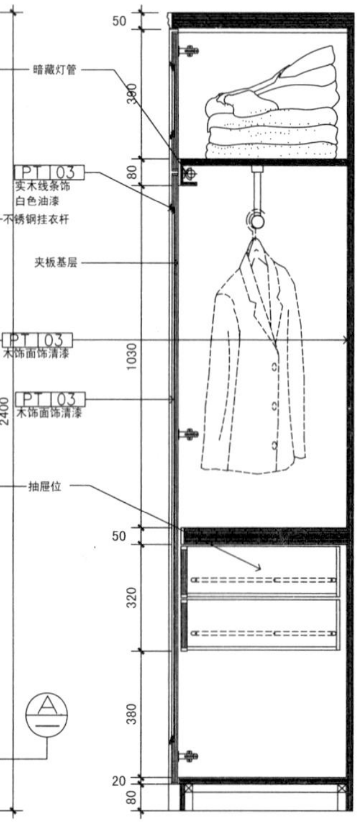

衣柜剖面图
SCALE 1:15

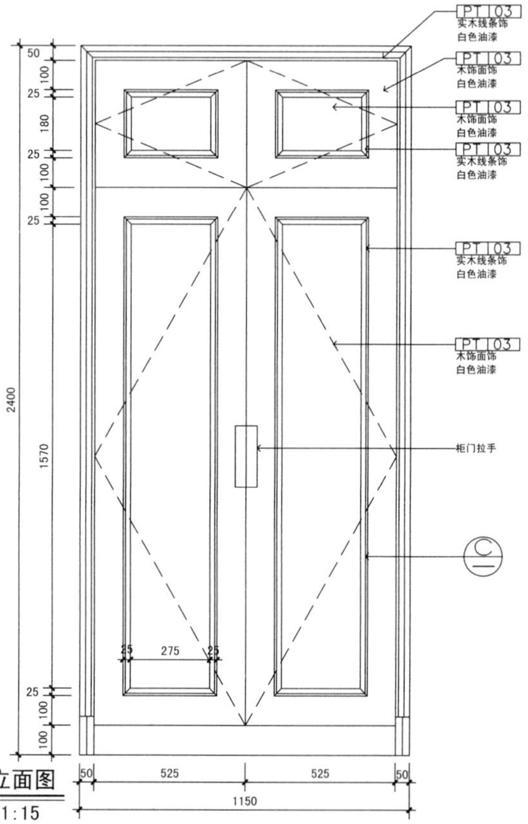

衣柜外立面图
SCALE 1:15

▲001壁炉装修详图

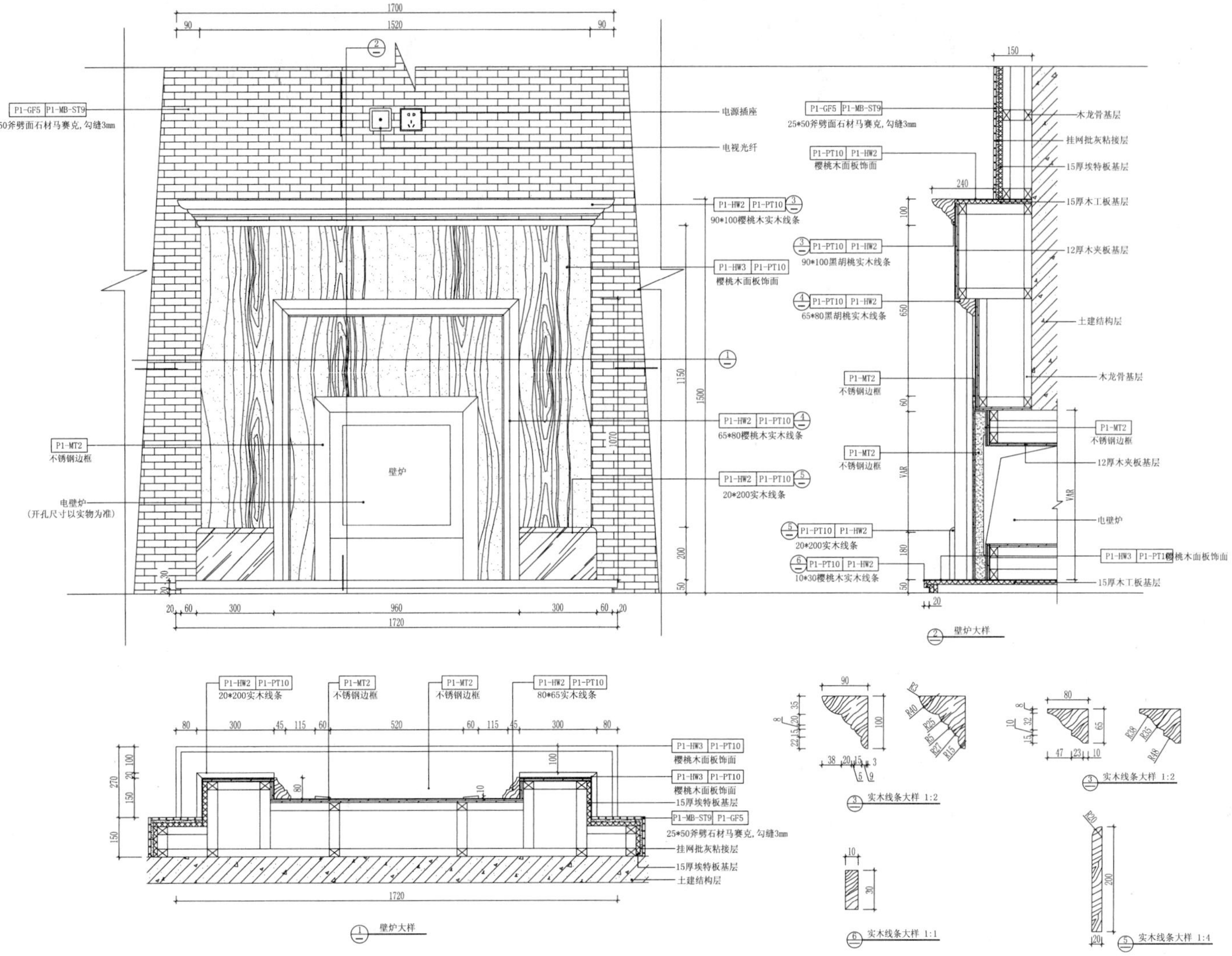

▲002壁炉装修详图

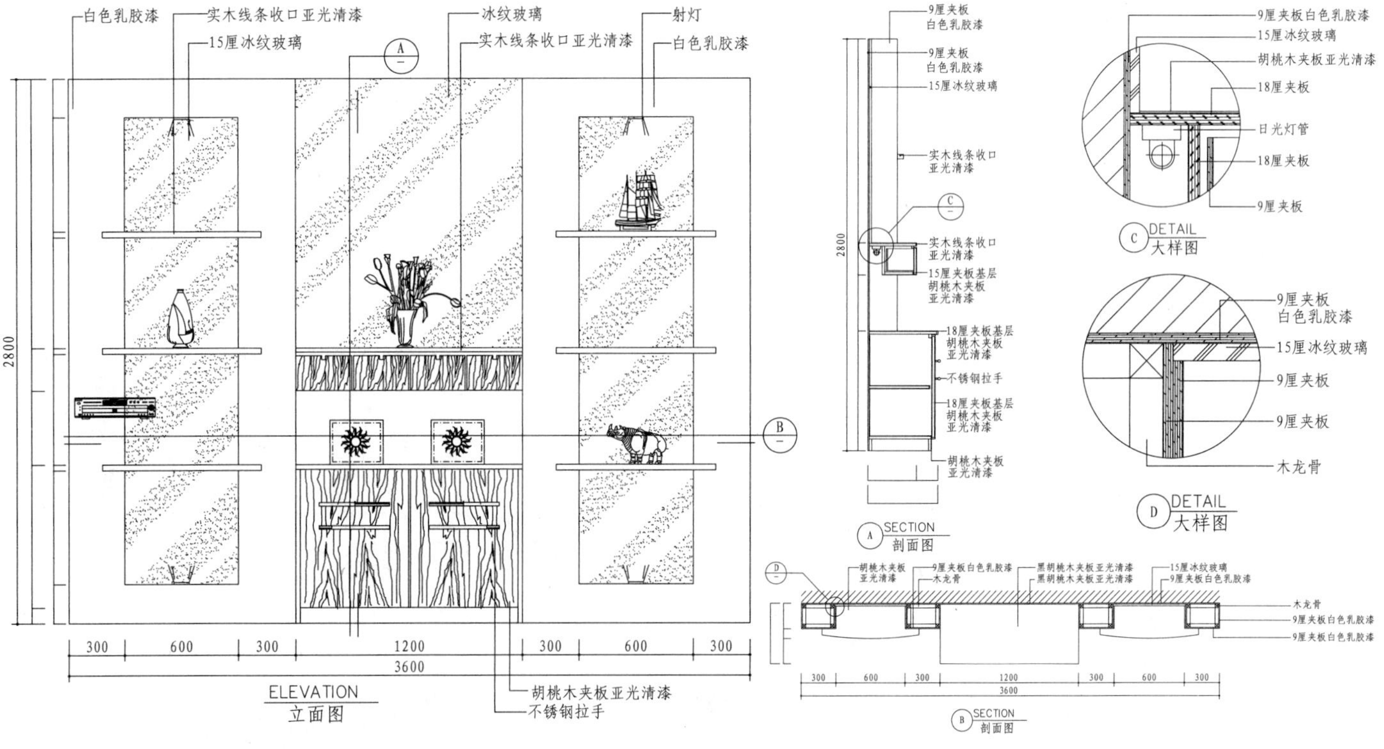

▲003冰裂玻璃装饰墙详图

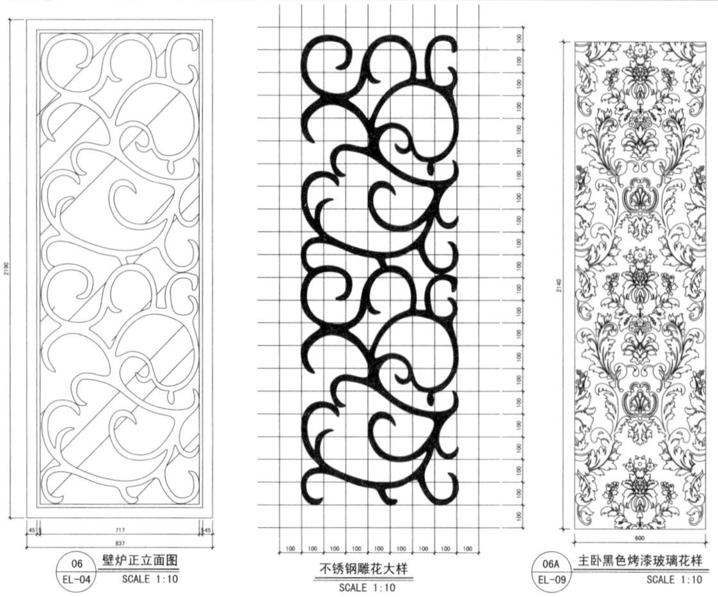

▲004不锈钢及玻璃雕花详图

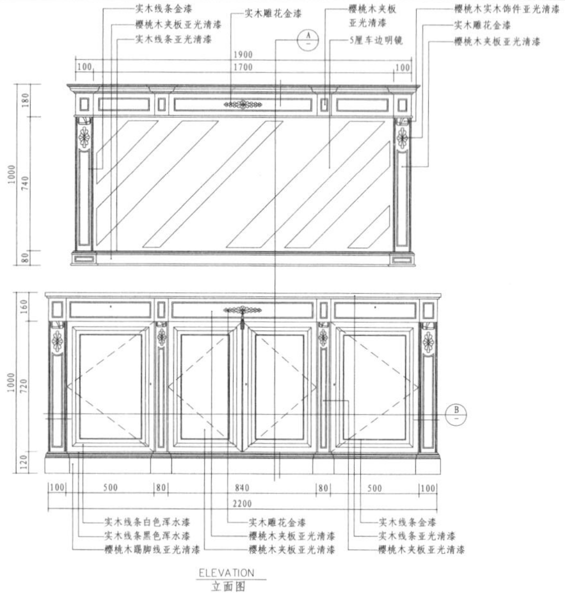

▲005装饰节点详图

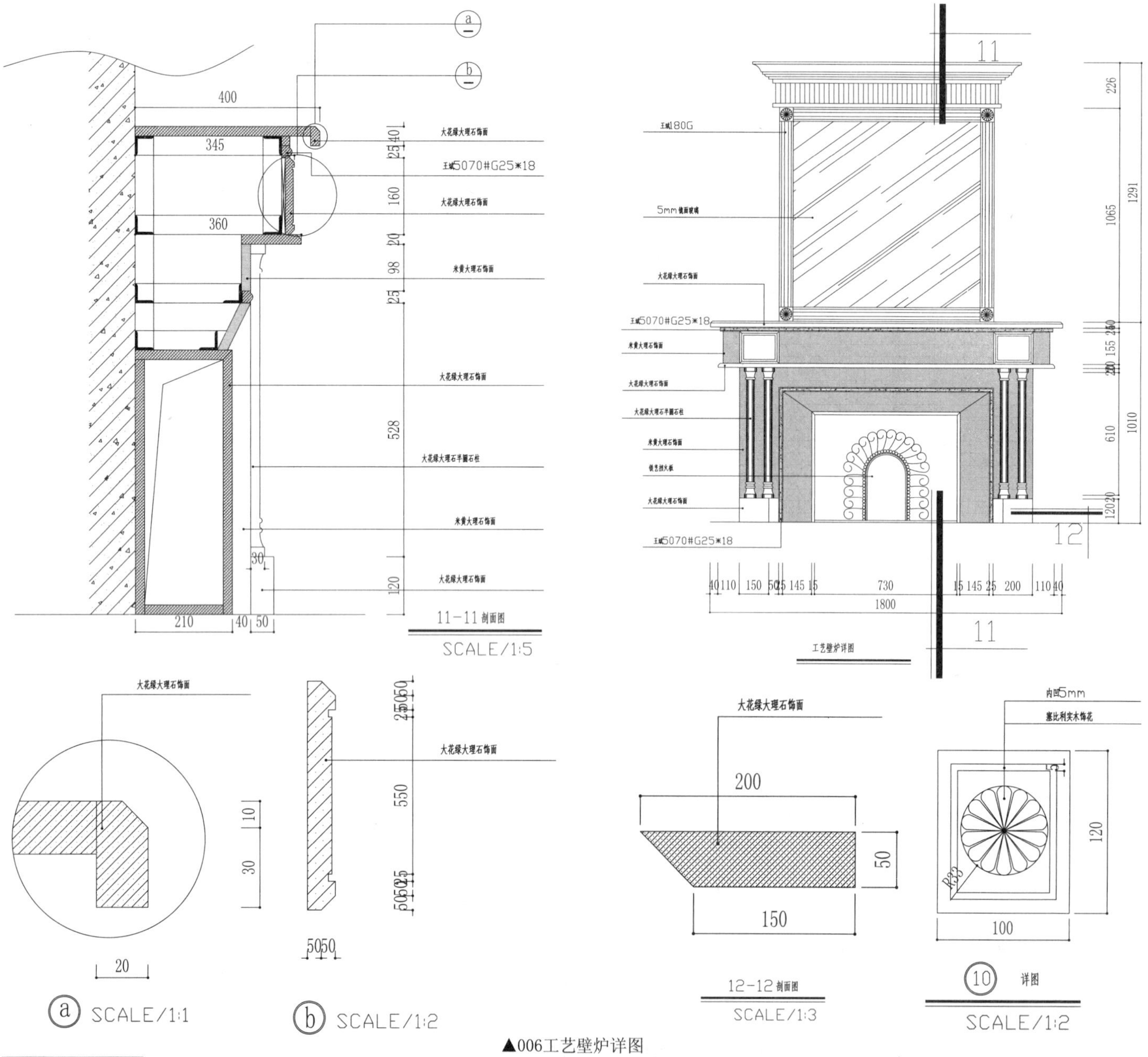

▲006工艺壁炉详图

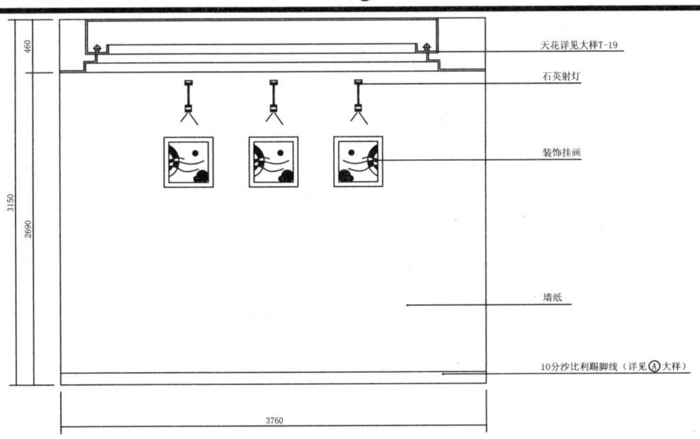

ELEVATION
C-27视听娱乐室立面图

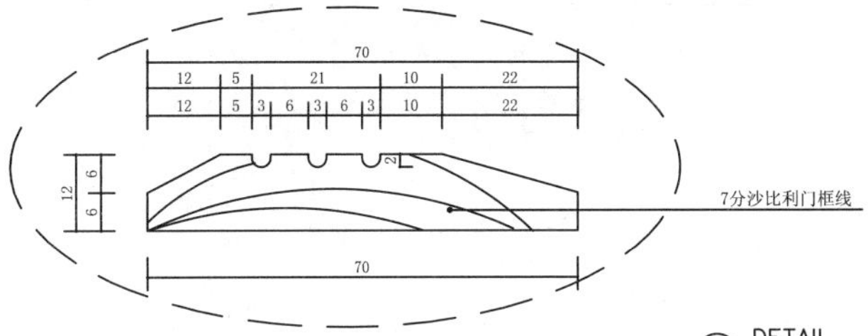

B DETAIL
大样图

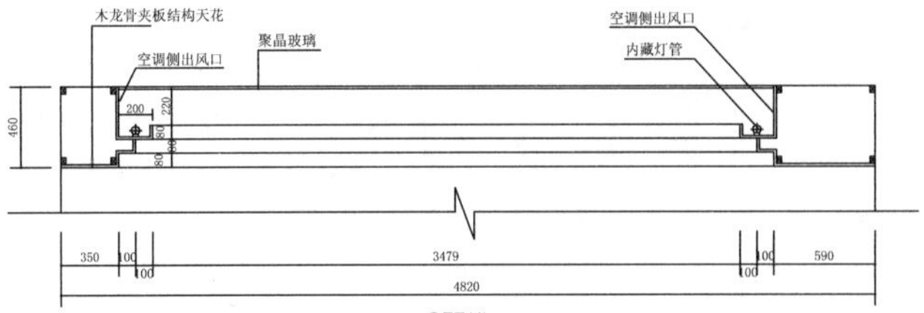

DETAIL
T-20视听娱乐室天花大样图

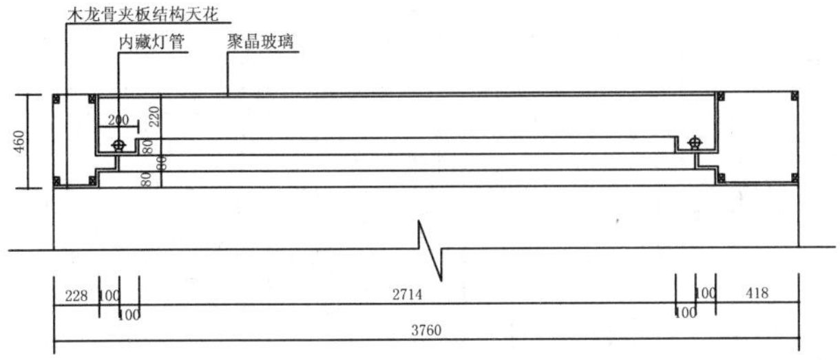

DETAIL
T-19视听娱乐室天花大样图

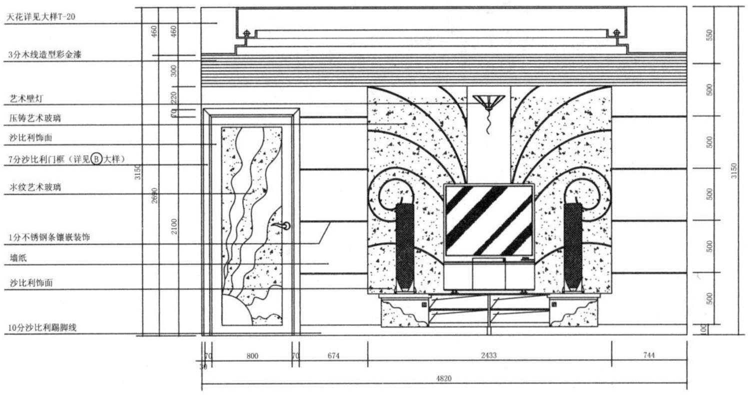

ELEVATION
C-28视听娱乐室立面图

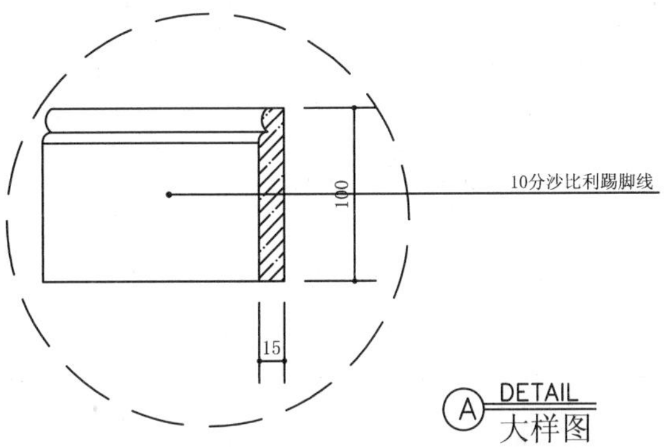

A DETAIL
大样图

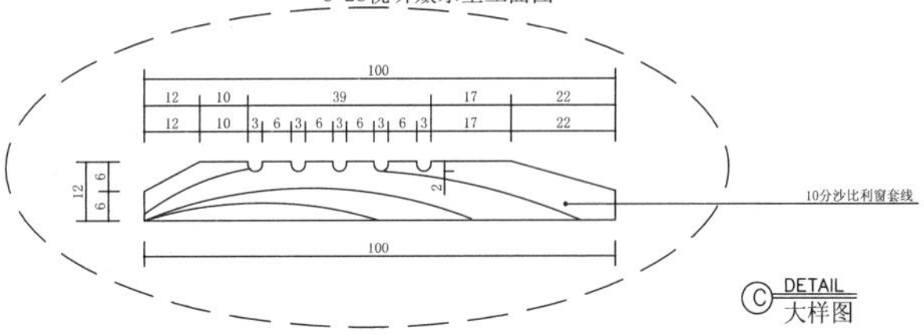

C DETAIL
大样图

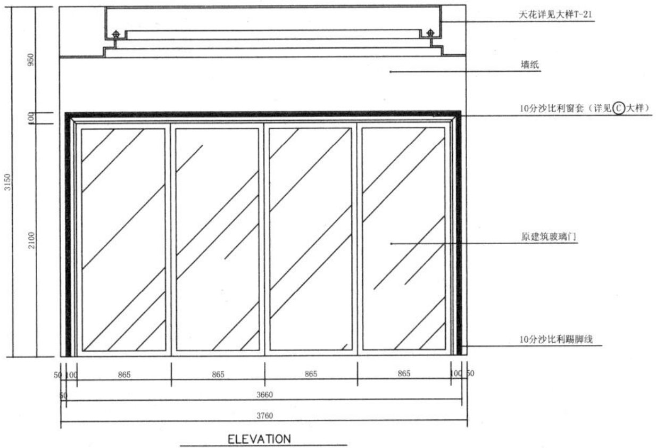

ELEVATION
C-29视听娱乐室立面图

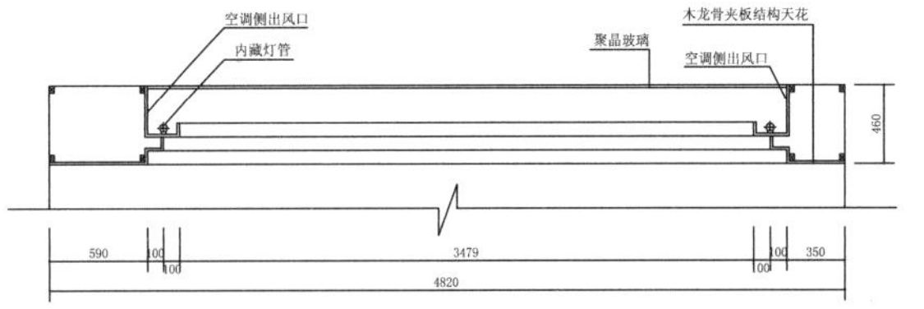

DETAIL
T-22视听娱乐室天花大样图

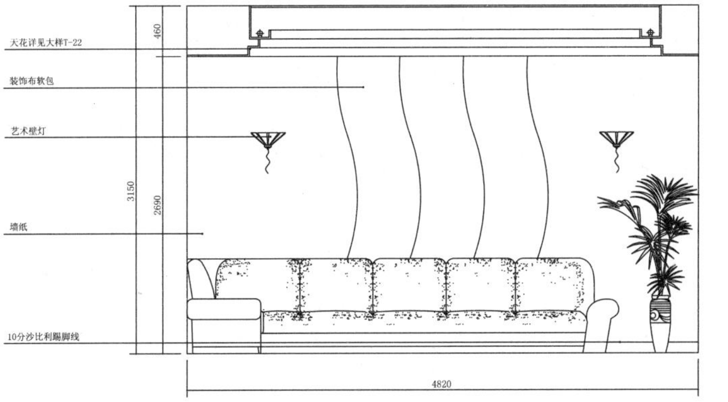

ELEVATION
C-30视听娱乐室立面图

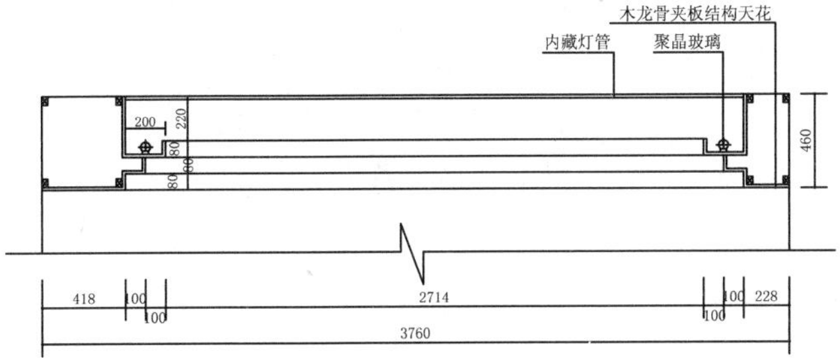

DETAIL
T-21视听娱乐室天花大样图

▲007豪华别墅视听娱乐室详图

造型墙

黑纱

黑色 TM-01

3-1

③ 黑纱屏风大样图
DETAIL 1:15

3-1 剖面图
DETAIL 1:5

3-2 放样图
DETAIL 1:2

▲008黑纱屏风详图

白色乳胶漆
柚木回纹花格窗

实木扶手
20*80实木
654#烧毛板
黑漆
液晶显示器
654#烧毛板
654#烧毛板

654#烧毛板
实木扶手
654#烧毛板
液晶显示器
黑色哑光漆
654#烧毛板
654#烧毛板
实木扶手
白色乳胶漆

S1 SECTION
SCALE : 1:15

654#烧毛板
实木扶手
654#烧毛板
柚木"万"字花格窗
654#烧毛板
实木扶手
白色乳胶漆

S2 SECTION
SCALE : 1:15

D1 DETAIL
-06 SCALE : 1:15

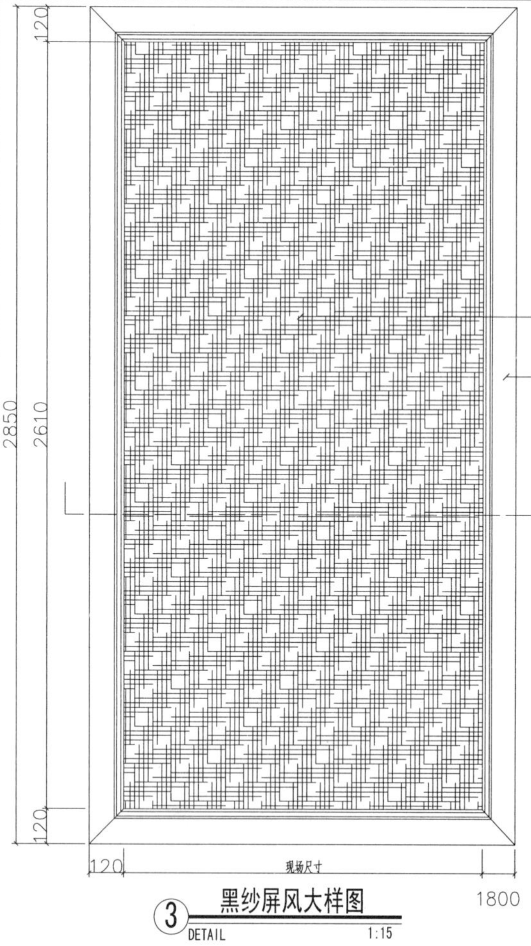

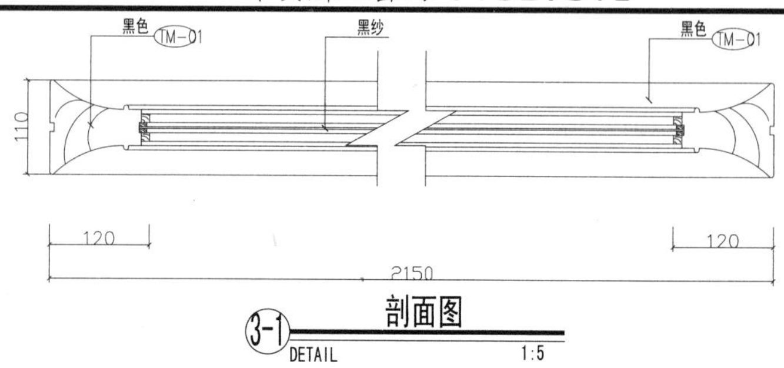

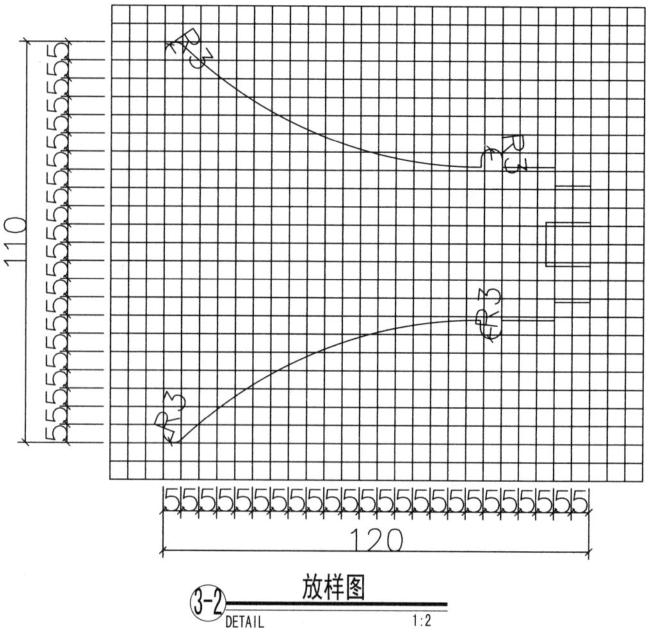

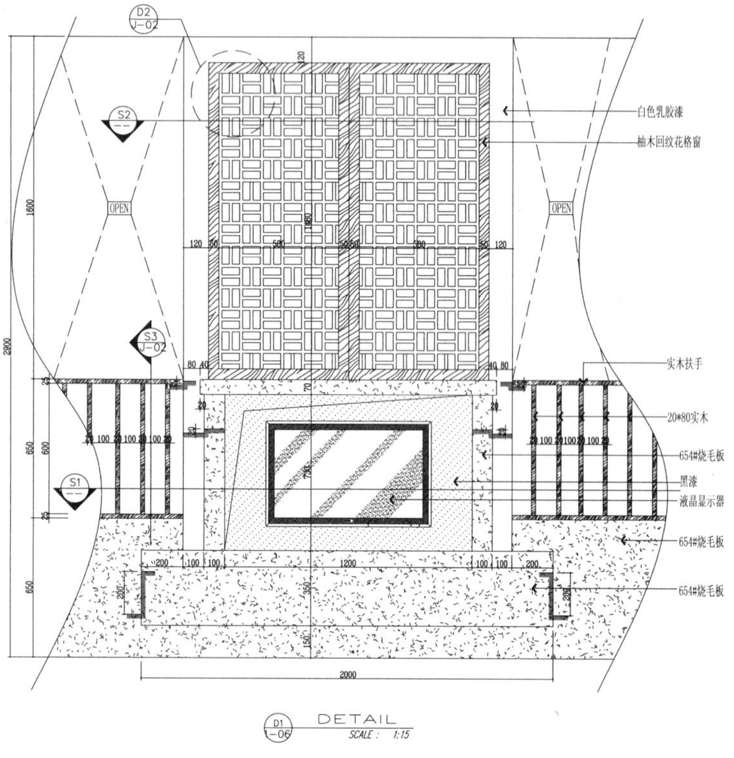

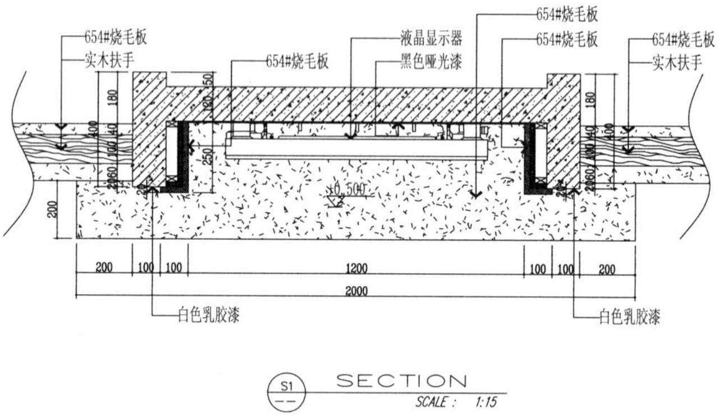

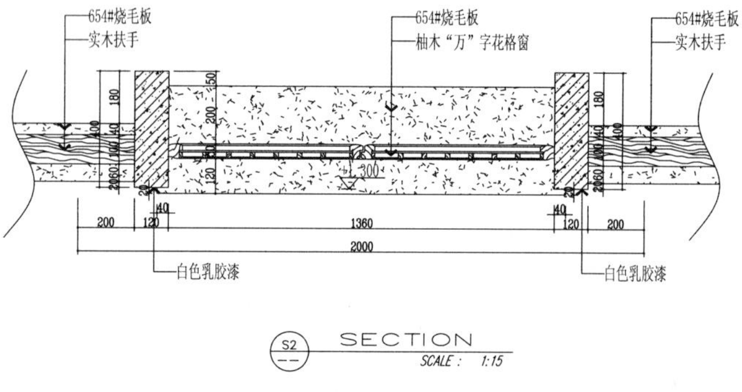

▲009回纹装饰格详图

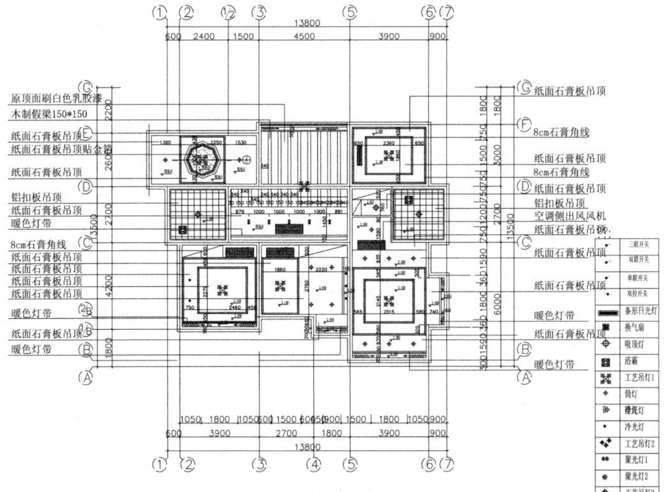

一层顶面布置图 1:100

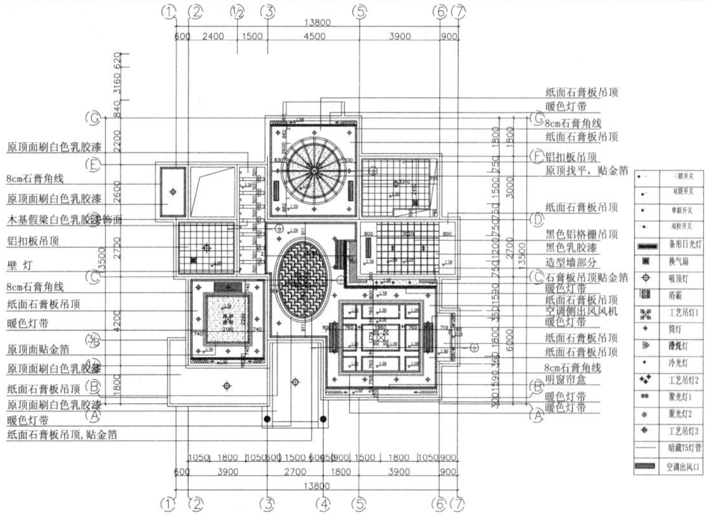

一层顶面布置图 1:100

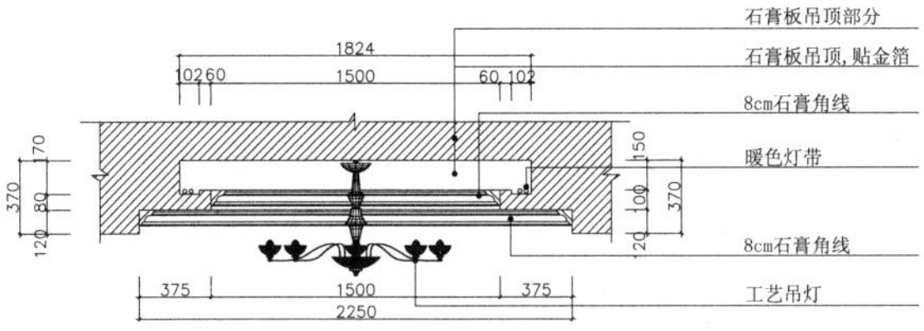

11-2 剖面图 1:20

▲010家装天花详图

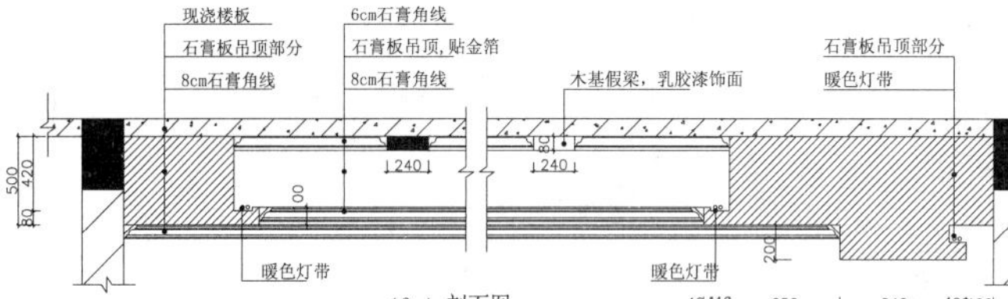

12-1 剖面图 1:20

▲011家装天花详图

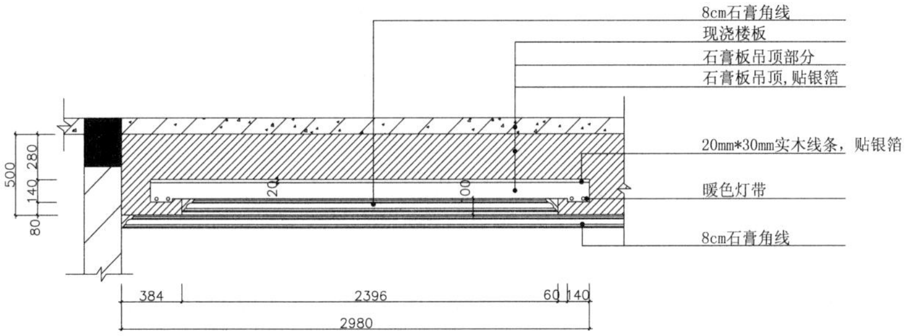

11-1 剖面图 1:20

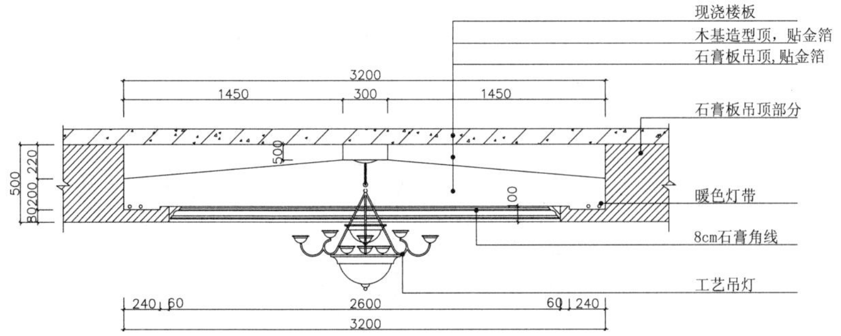

10-2 剖面图 1:20

▲011家装天花详图

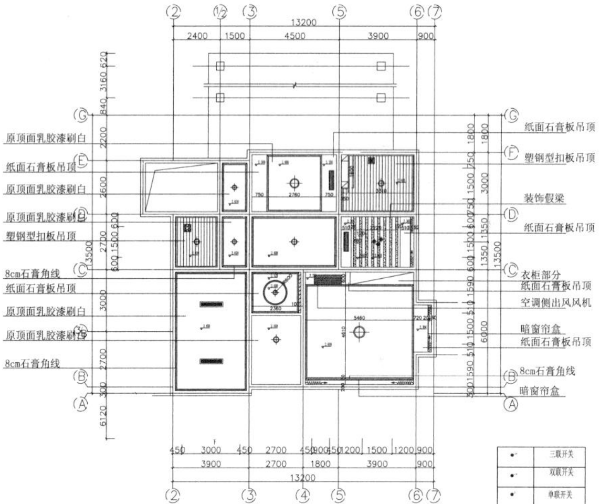

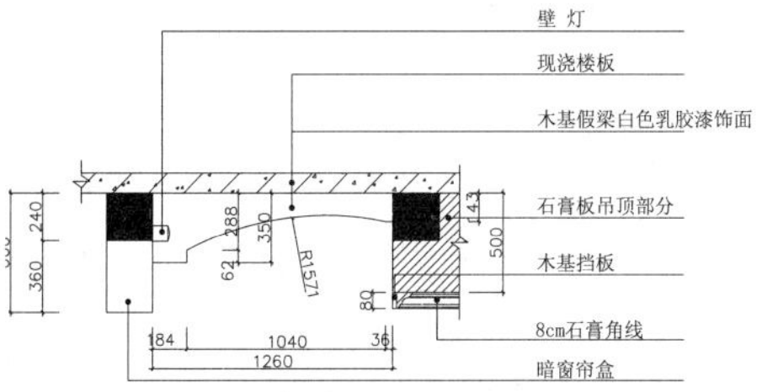

10-1 剖面图 1:20

▲012家装天花详图

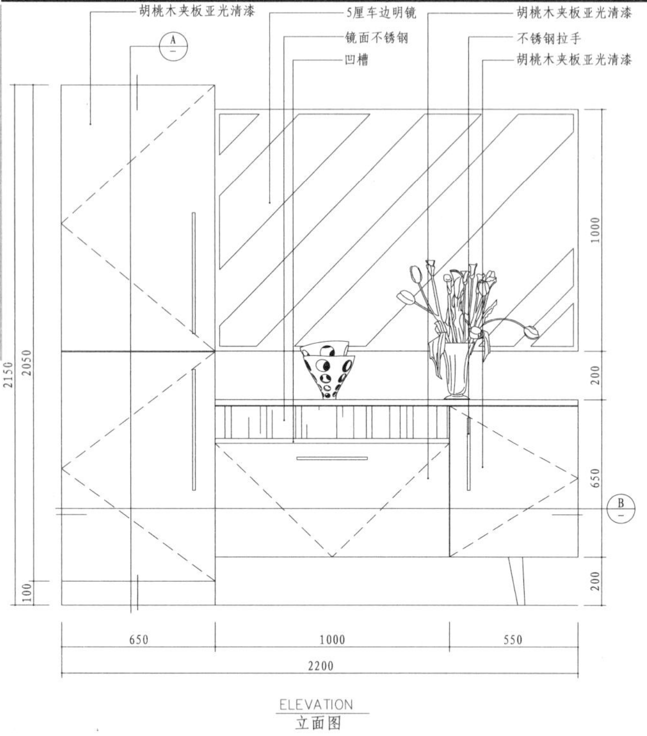

▲013装饰节点详图

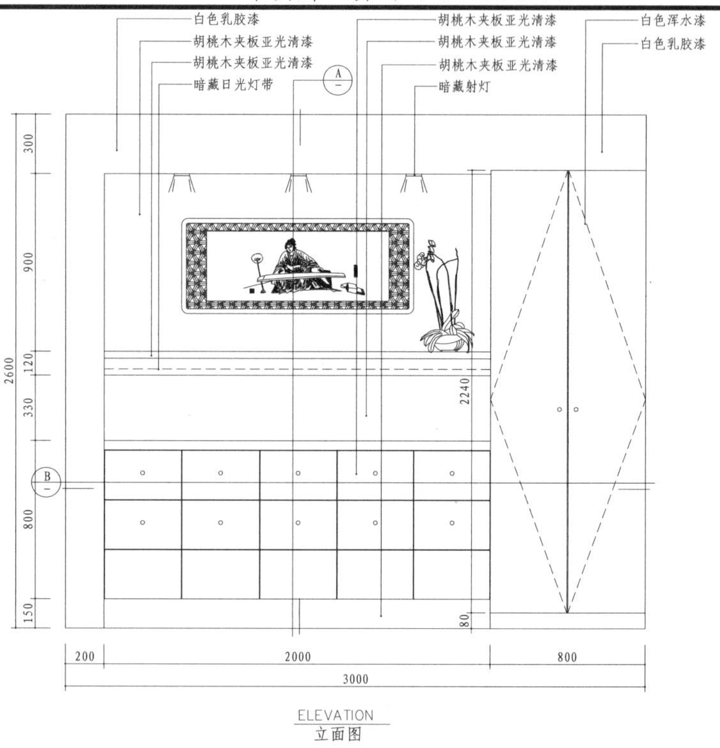
白色乳胶漆
胡桃木夹板亚光清漆
胡桃木夹板亚光清漆
暗藏日光灯带
胡桃木夹板亚光清漆
胡桃木夹板亚光清漆
胡桃木夹板亚光清漆
暗藏射灯
白色浑水漆
白色乳胶漆
300
900
120
330
800
150
2600
2240
80
200
2000
800
3000
ELEVATION
立面图

▲014装饰节点详图

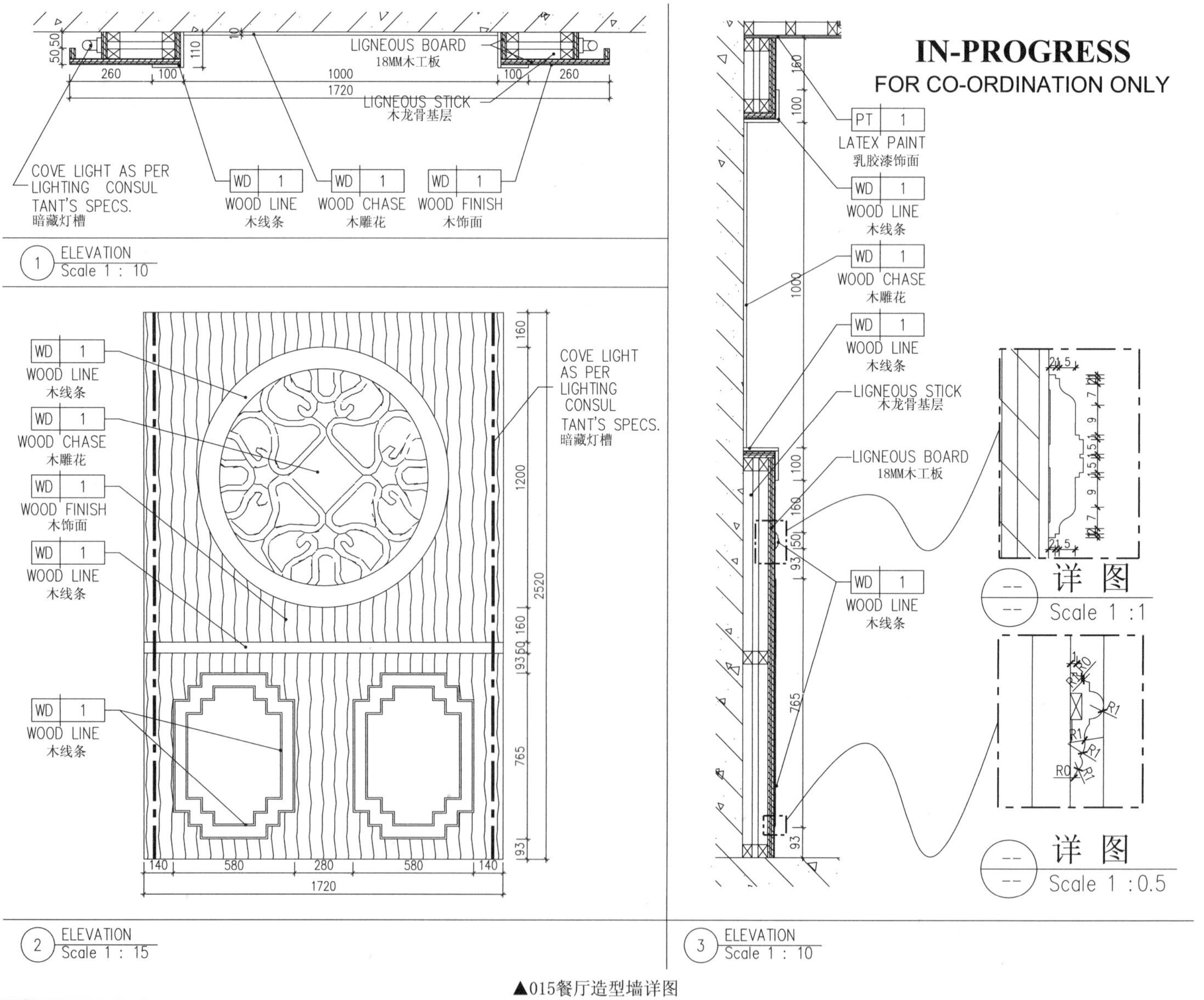
LIGNEOUS BOARD
18MM木工板
LIGNEOUS STICK
木龙骨基层
COVE LIGHT AS PER
LIGHTING CONSUL
TANT'S SPECS.
暗藏灯槽
WD 1
WOOD LINE
木线条
WD 1
WOOD CHASE
木雕花
WD 1
WOOD FINISH
木饰面
260
100
1000
100
260
1720
1
ELEVATION
Scale 1 : 10
IN-PROGRESS
FOR CO-ORDINATION ONLY
PT 1
LATEX PAINT
乳胶漆饰面
WD 1
WOOD LINE
木线条
WD 1
WOOD CHASE
木雕花
WD 1
WOOD LINE
木线条
LIGNEOUS STICK
木龙骨基层
LIGNEOUS BOARD
18MM木工板
WD 1
WOOD LINE
木线条
详 图
Scale 1 :1
详 图
Scale 1 :0.5
WD 1
WOOD LINE
木线条
WD 1
WOOD CHASE
木雕花
WD 1
WOOD FINISH
木饰面
WD 1
WOOD LINE
木线条
WD 1
WOOD LINE
木线条
COVE LIGHT
AS PER
LIGHTING
CONSUL
TANT'S SPECS.
暗藏灯槽
140
580
280
580
140
1720
160
1200
2520
160
765
2
ELEVATION
Scale 1 : 15
3
ELEVATION
Scale 1 : 10

▲015餐厅造型墙详图

白色浑水漆
胡桃木夹板亚光清漆
10厘磨砂玻璃
胡桃木夹板亚光清漆
10x5胡桃木实木线条亚光清漆
暗藏射灯
透空

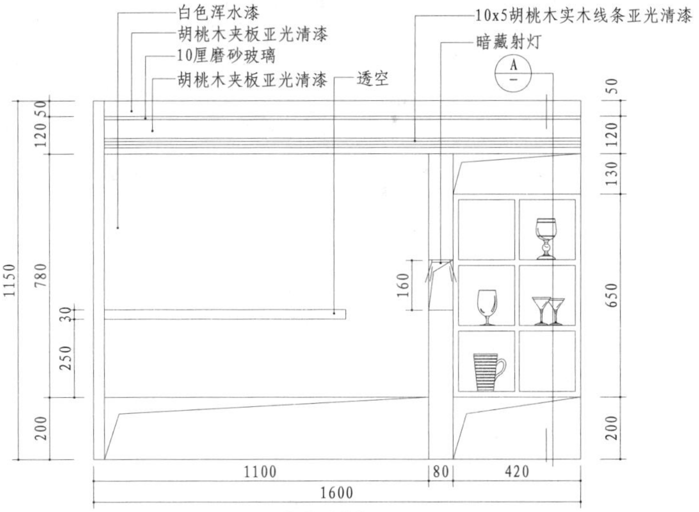

ELEVATION
立面图

▲016装饰节点详图

5厘磨砂玻璃
20x10实木线条
白色浑水漆
枫木夹板亚光清漆
枫木夹板亚光清漆

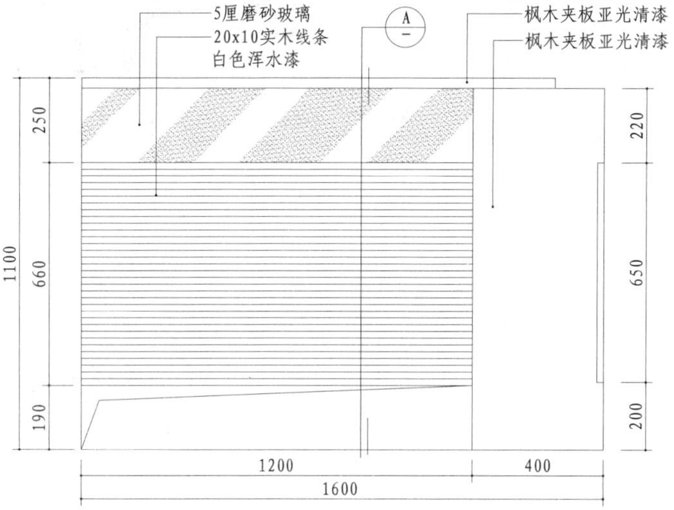

ELEVATION
立面图

▲017装饰节点详图

白影木夹板亚光清漆
25x10白影木线条亚光清漆
8厘清玻璃
5厘磨砂玻璃
30x20白影木线条亚光清漆
不锈钢桌腿

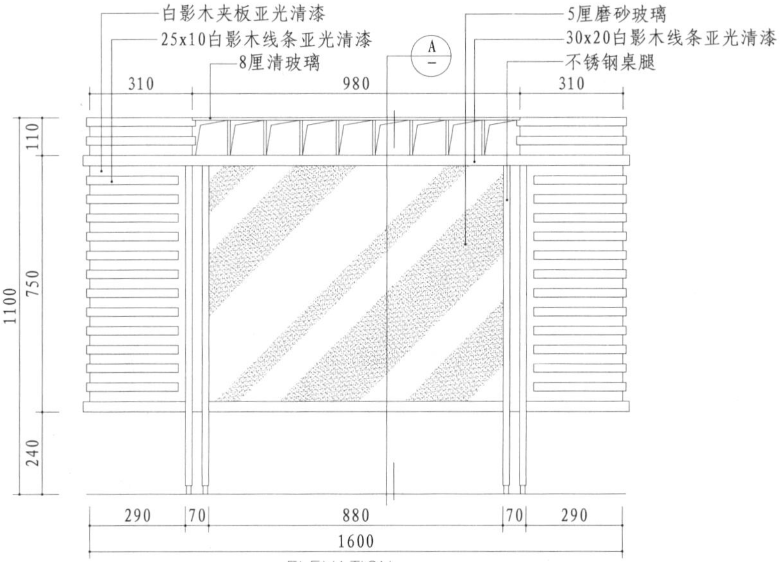

ELEVATION
立面图

▲018装饰节点详图

镂空
10厚玻璃搁板
柚木饰面装饰
柚木饰面踢脚
白色立邦
挂壁式电话机

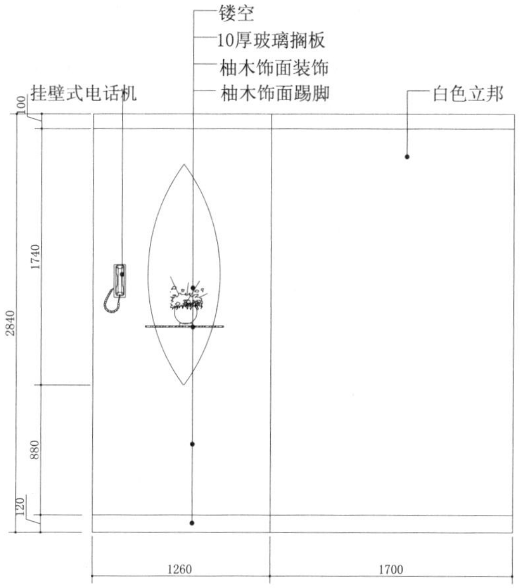

底层装饰屏风立面图F

▲019屏风造型墙详图

1-1剖面 1:15
▲020欧式造型墙详图

1-1剖面 1:10
▲021欧式造型墙详图

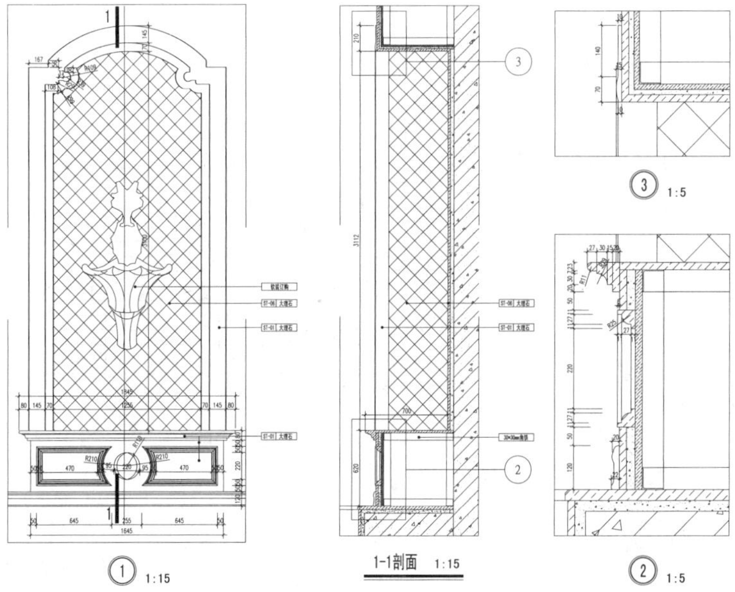

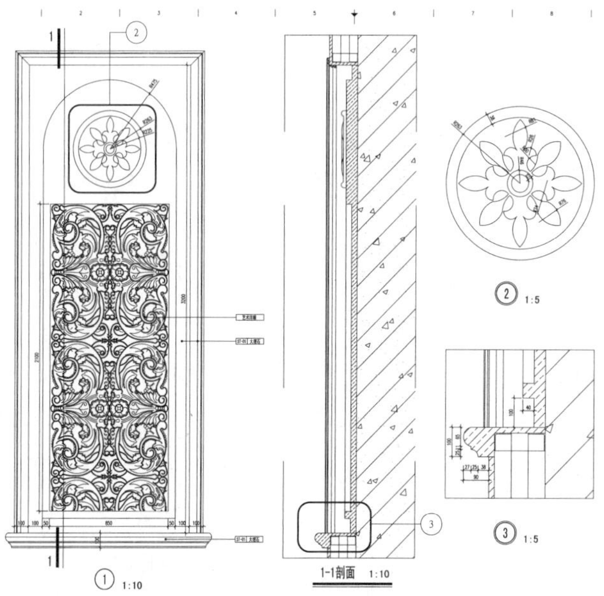

造型墙

① 餐厅壁炉平面图 1:10

② 餐厅壁炉立面图 1:10

1-1剖面图 1:10

2-2剖面图 1:10

▲022欧式餐厅壁炉详图

① 墙面凹龛大样图 1:10

② 墙面凹龛大样图 1:10

▲023墙面凹龛大样详图

② 壁柱柱头大样图 1:3

③ 壁柱柱头大样图 1:3

① B01进厅壁柱大样图 1:5

B01进厅大样图二

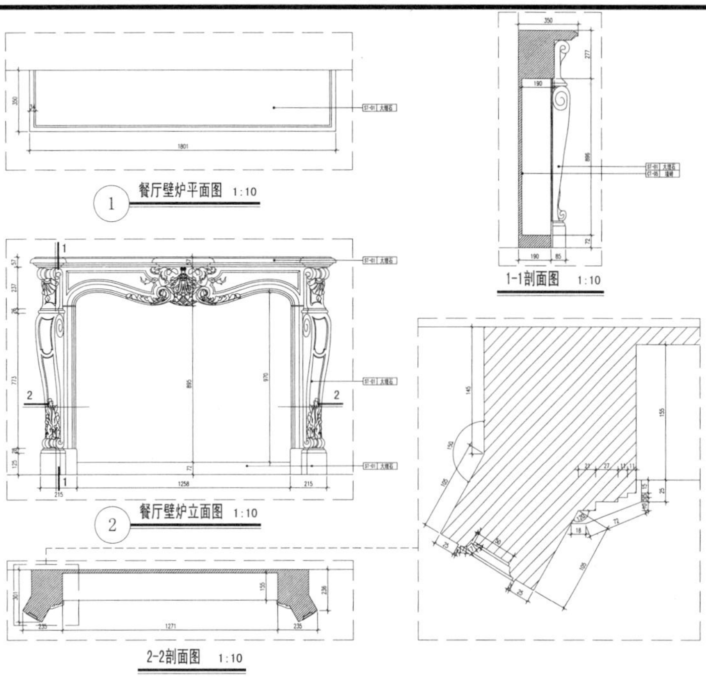

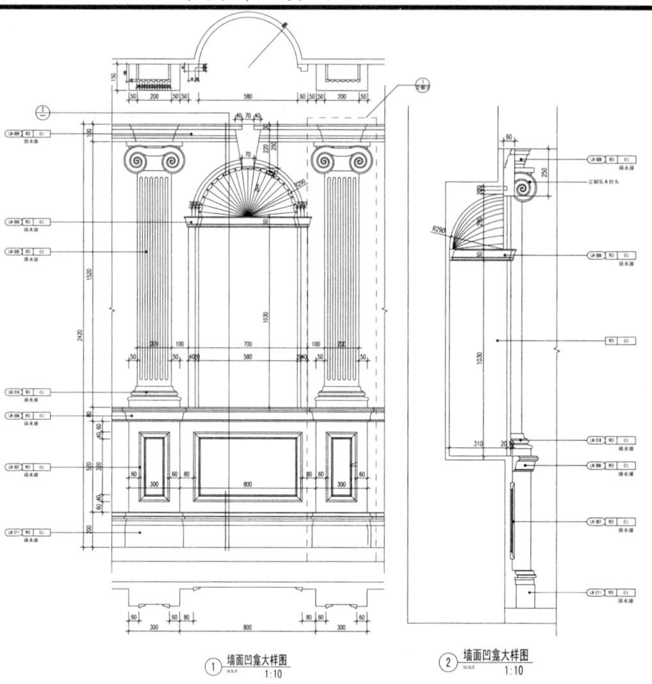

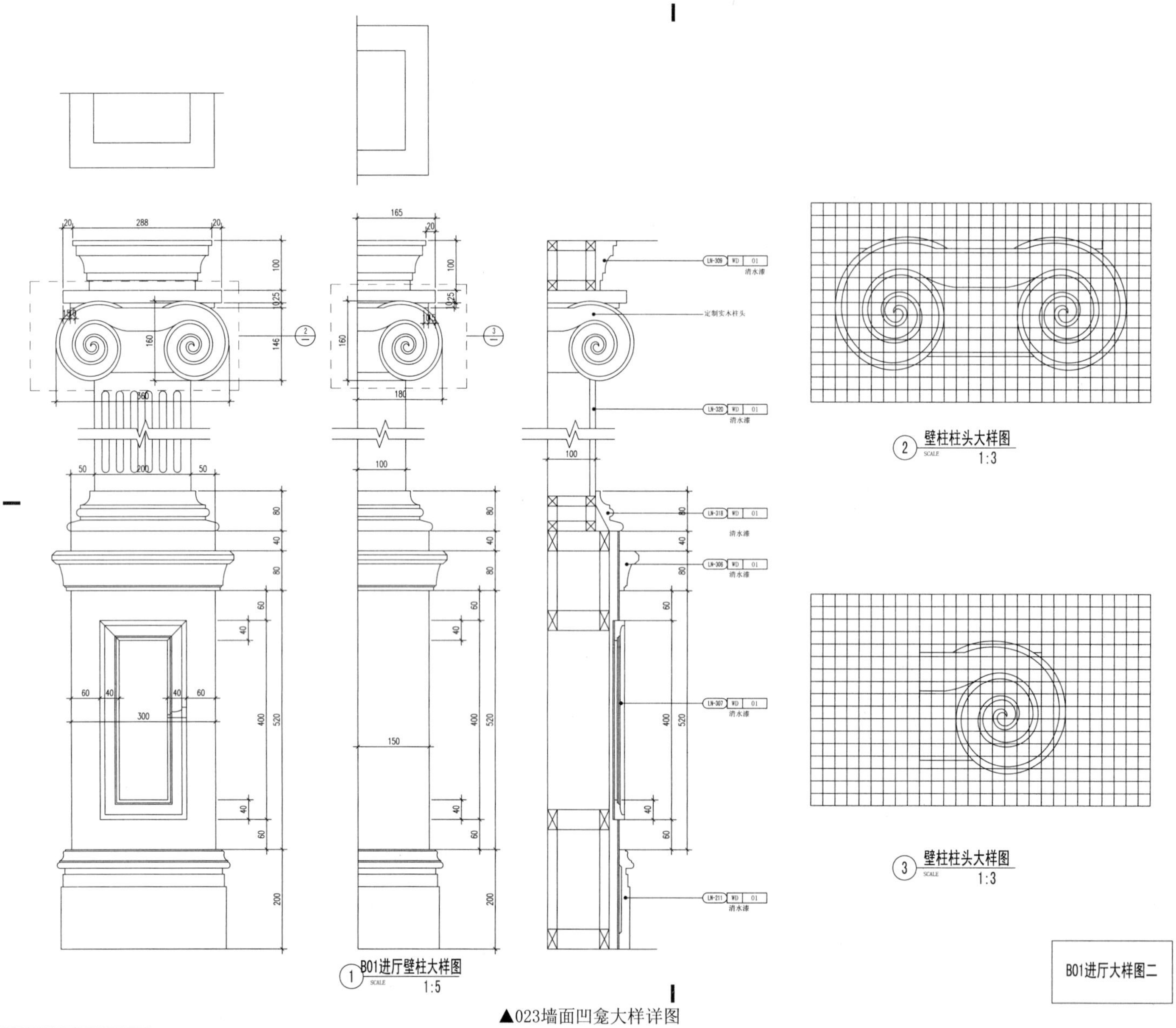

▲023墙面凹龛大样详图

啡网纹大理石饰面

啡网纹大理石饰面

米线黄大理石饰面

装饰线条

大花绿大理石饰面

▲024装饰墙详图

木饰面
木作实木线

② SECTION
剖面图

木饰面
木龙骨
射灯
肌理乳胶漆
木作实木线
深非网石材台面
木饰面
木龙骨
雅士白石材踢脚线

A向立面墙面造型大样图

① SECTION
剖面图

▲025墙面装饰造型详图

红色防火板
活动式趟板4+9+4厘夹板
ABC防火板（6507）饰面
4+9+4厘夹板基层
ABC防火板（6507）饰面
工艺木雕
红色防火板

八楼神柜
立面图

▲026神柜详图

4+9+4厘夹板基层
ABC防火板（6507）饰面
内贴红色防火板
9厘夹板红色防火板饰面
R1,894
工艺木雕油色漆
活动式备香层板
4+9+4厘夹板基层
ABC防火板（6507）饰面
实木线刷色漆
红色防火板
4+9+4厘夹板基层
ABC防火板（6507）饰面
4+9+4厘夹板基层
ABC防火板（6507）饰面
胡桃木实木线
亚光清漆饰面
4+9+4厘夹板基层
ABC防火板（6507）饰面
4+9+4厘夹板基层
ABC防火板（6507）饰面

八楼神柜
A-A剖面图

红色防火板
活动式趟板4+9+4厘夹板
雅美家防火板（8859）饰面
9厘夹板
雅美家防火板（8859）饰面
红色防火板
工艺木雕
12厘玻璃层板
射灯

八楼神柜
立面图

▲027神柜详图

4+9+4厘夹板
雅美家防火板（8859）饰面
内贴红色防火板
9厘夹板红色防火板饰面
R1,894
工艺木雕油色漆

实木线刷色漆
红色防火板
4+9+4厘夹板
雅美家防火板（8859）饰面
4+9+4厘夹板
雅美家防火板（8859）饰面
胡桃木实木线
亚光清漆饰面
4+9+4厘夹板
雅美家防火板（8859）饰面
4+9+4厘夹板
雅美家防火板（8859）饰面

八楼神柜
A-A剖面图

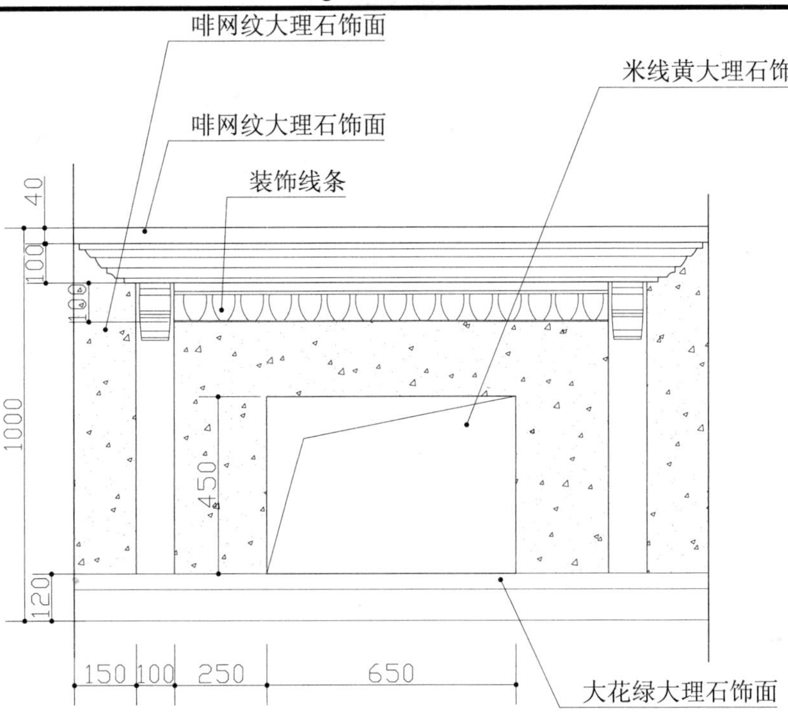

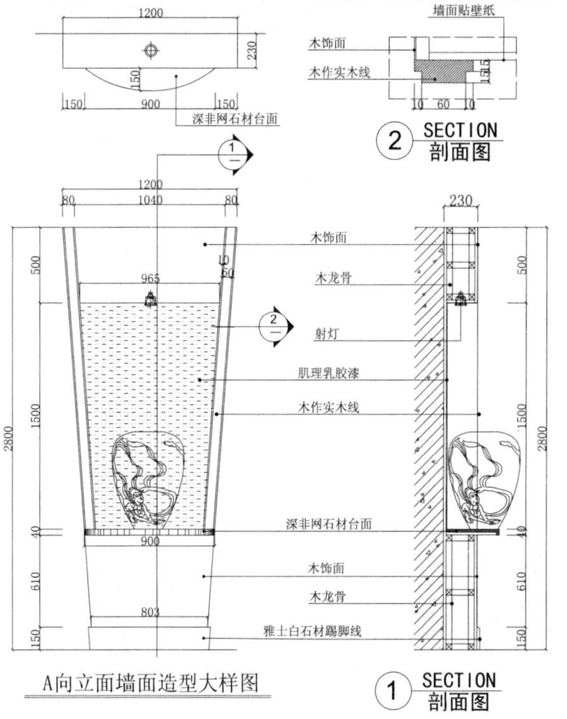

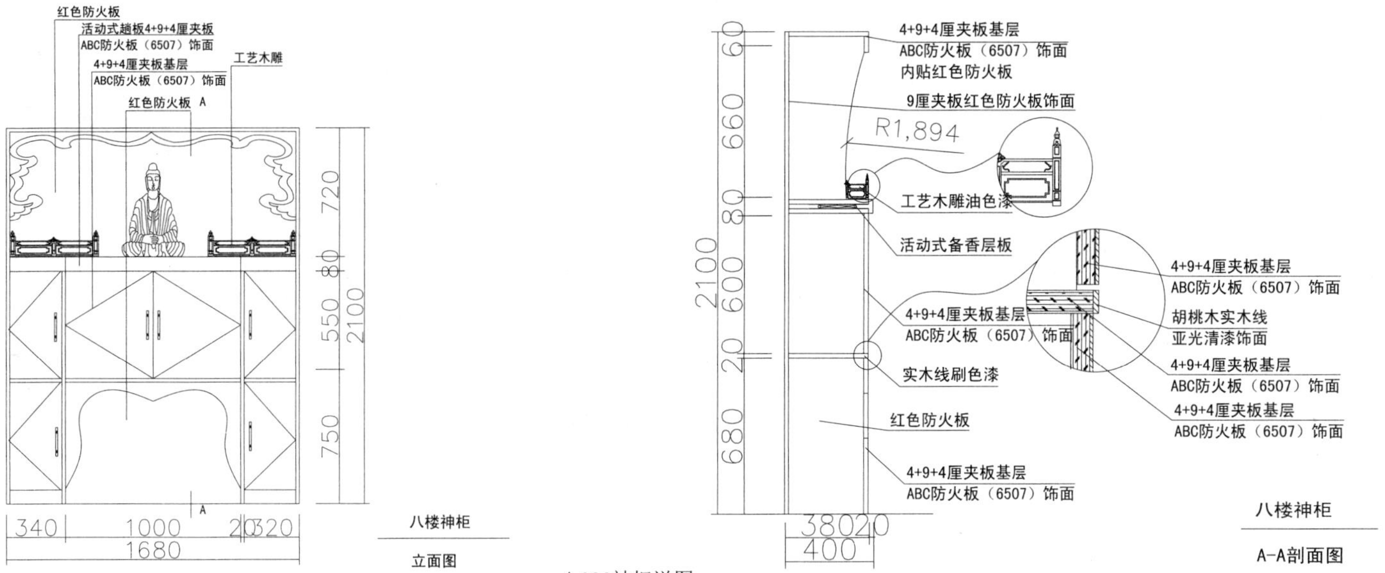

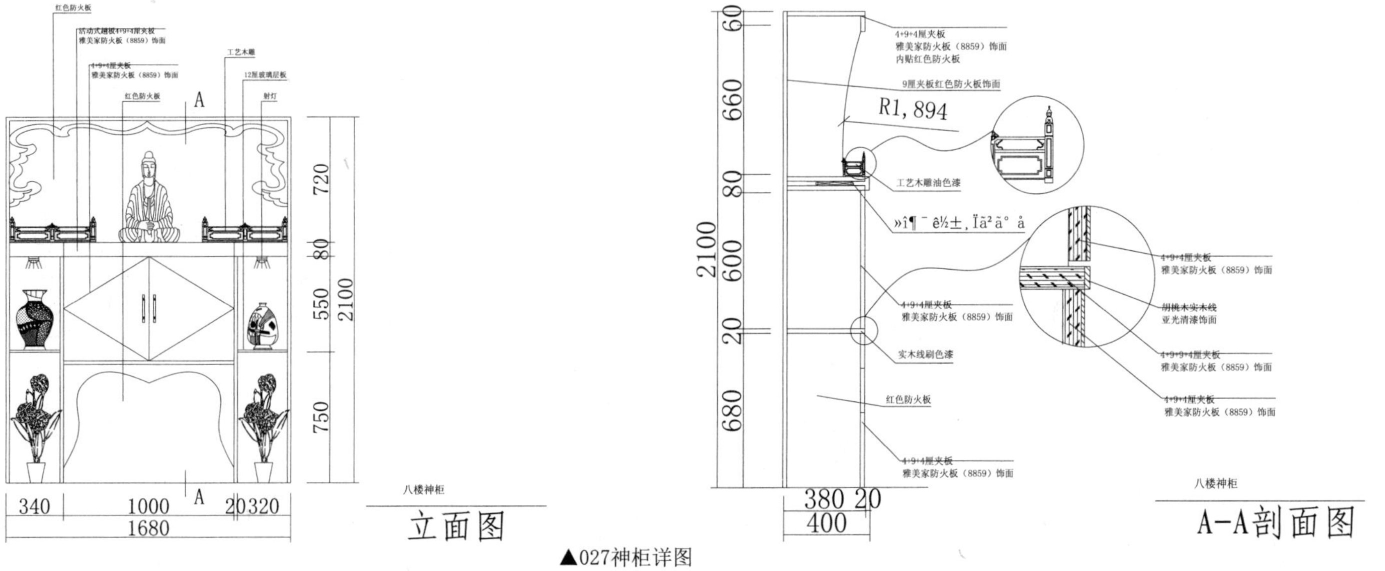

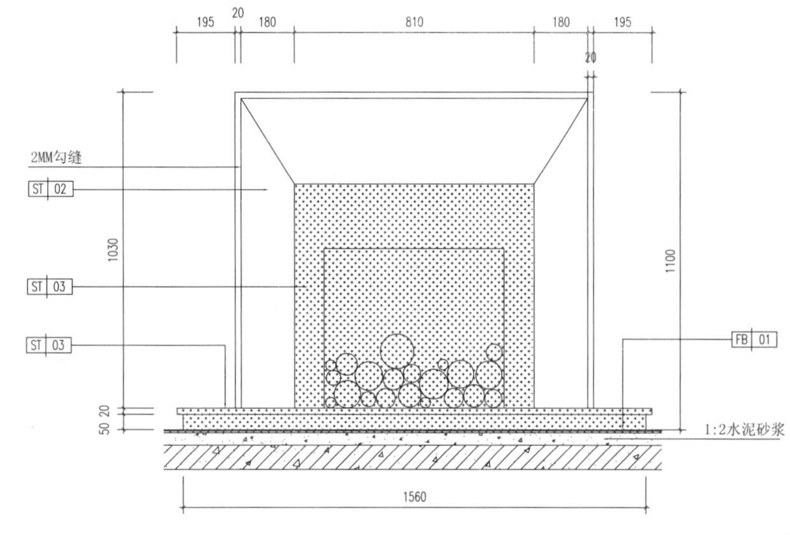

造型墙

2MM勾缝
ST 02
ST 03
ST 03
FB 01
1:2水泥砂浆

① SECTION 壁炉剖面图
D-03 Scale 1:20

暗藏T4灯管
成品石膏线条刷白
WD 01
ST 01
ST 02
ST 02
ST 03
ST 03
FB 01
1:2水泥砂浆

② SECTION 壁炉剖面图
D-03 Scale 1:20

1:2水泥砂浆
JB 01
ST 02
ST 02
ST 03

③ SECTION 壁炉剖面图
D-03 Scale 1:20

ST 02
ST 03
JB 01
ST 02
ST 03

单位：mm

④ 地脚线放样图
D-03

单位：mm

⑤ 石膏线放样图
D-03

▲028时尚壁炉装修详图

V沟
灰色砖
水曲柳喷白漆
艺术玻璃（透光）
水曲柳喷原木色
T4暖色光管
灰色砖
灰镜
黑金砂石板

前厅立面图B

EQ 1200 EQ

▲029时尚家庭吧台详图

水曲柳喷原木色
艺术玻璃（透光）
水曲柳喷白漆
水曲柳喷白漆
T4暖色光管
灰镜
黑金砂石板

灰色砖
黑金砂石板
定做酒红色烤漆柜门

剖面图A

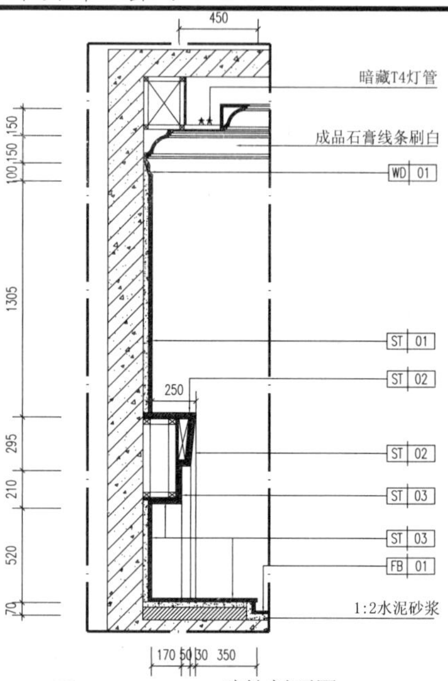

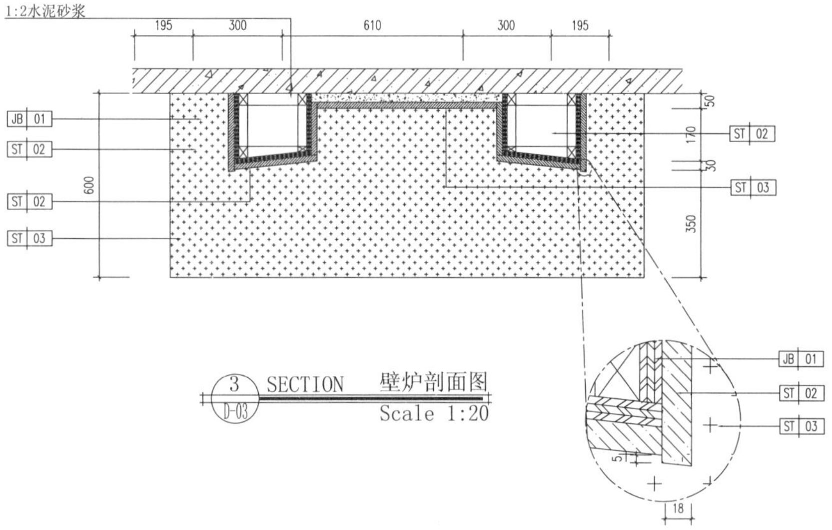

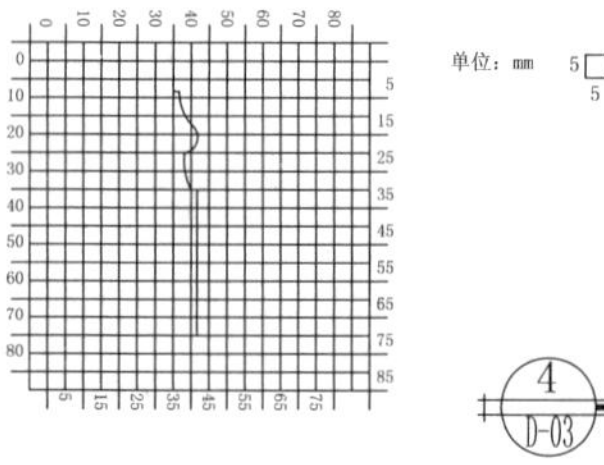

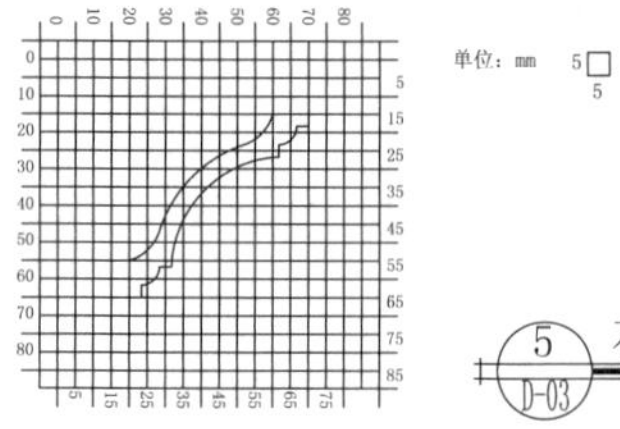

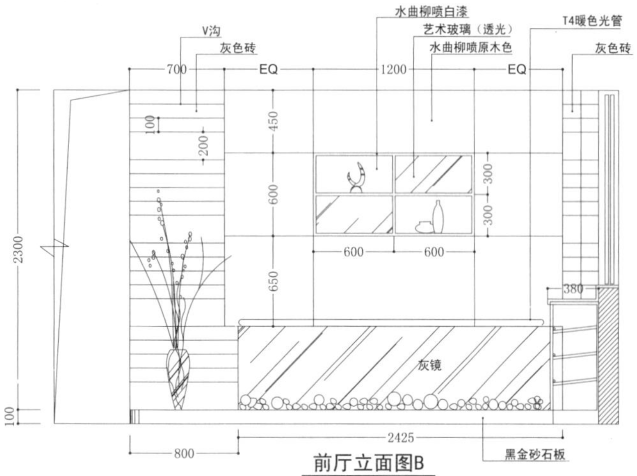

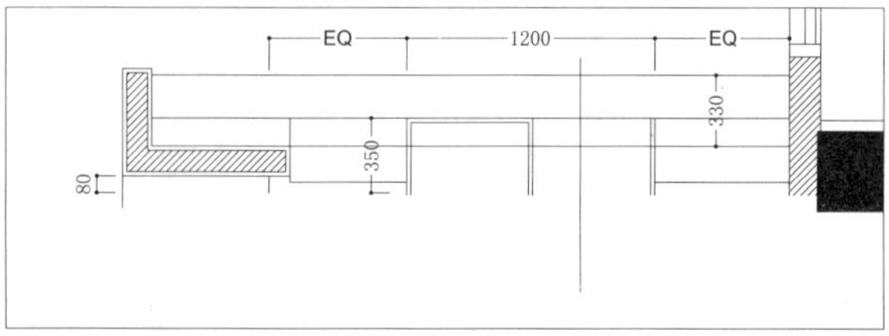

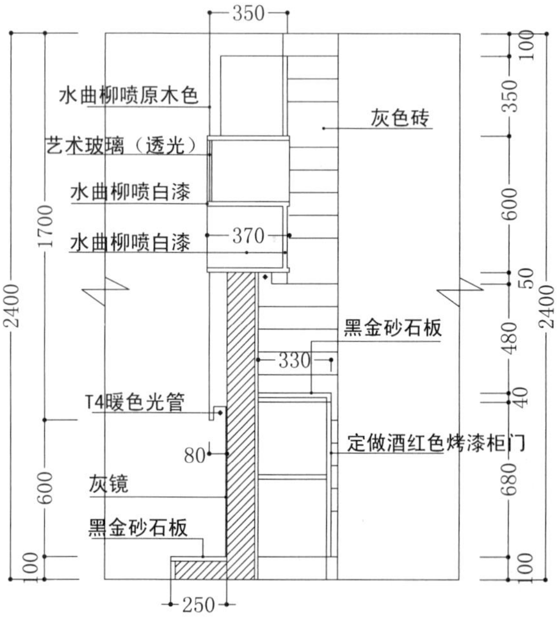

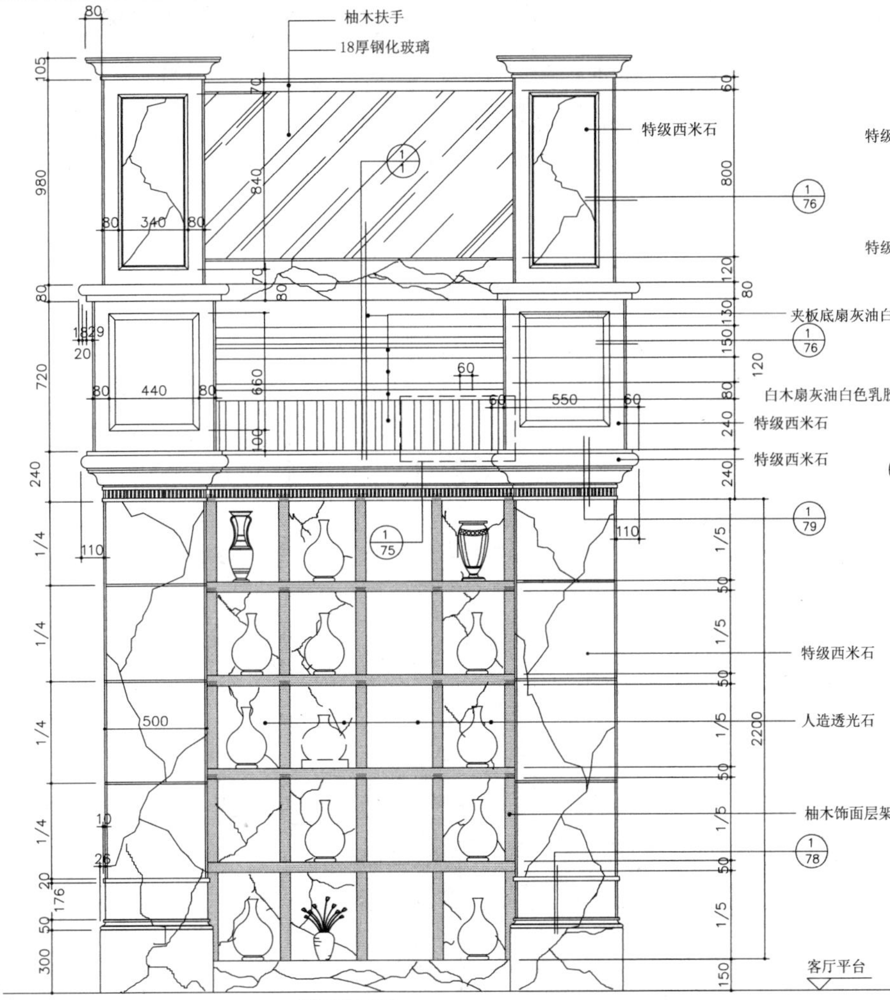
柚木扶手
18厚钢化玻璃
特级西米石
夹板底扇灰油白色乳胶漆
白木扇灰油白色乳胶漆
特级西米石
特级西米石
特级西米石
人造透光石
柚木饰面层架
客厅平台

首层屏风立面 1：20

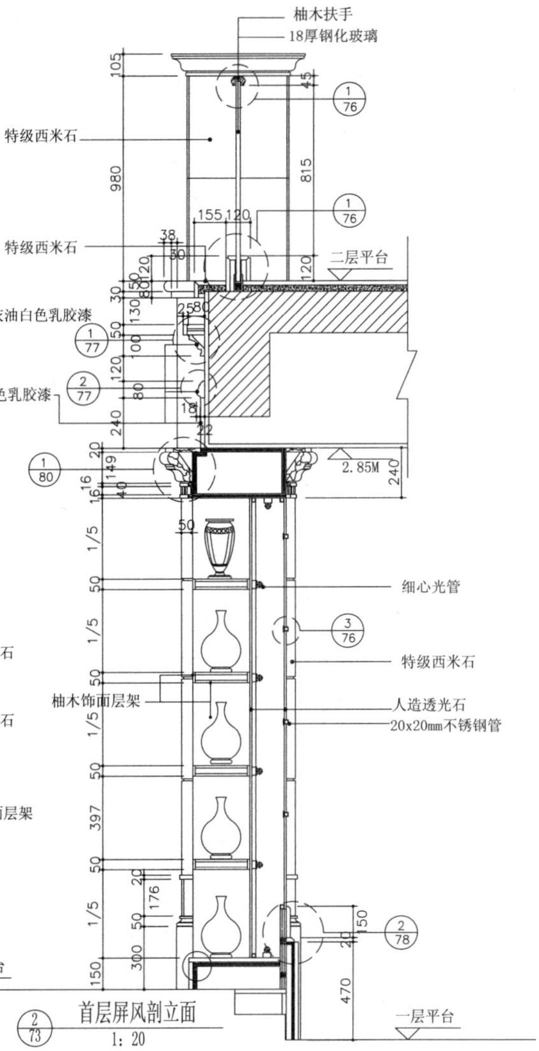
柚木扶手
18厚钢化玻璃
特级西米石
特级西米石
二层平台
2.85M
细心光管
特级西米石
柚木饰面层架
人造透光石
20x20mm不锈钢管
一层平台

首层屏风剖立面 1：20

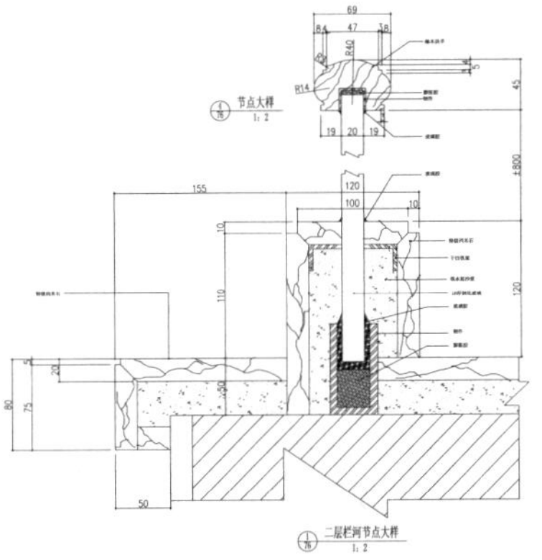
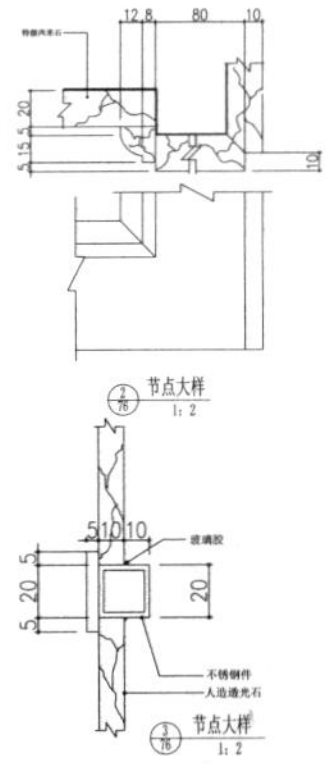
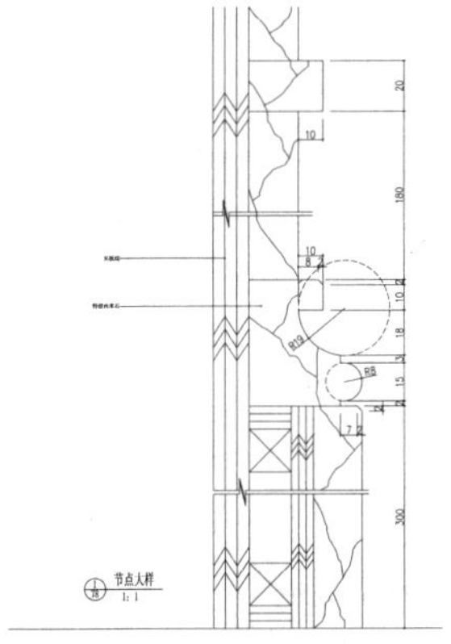
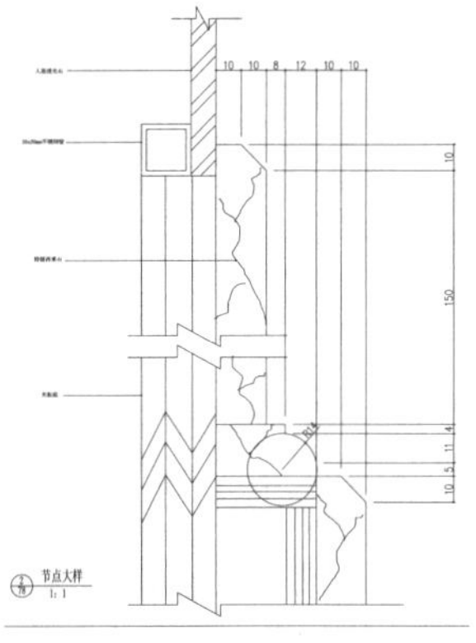
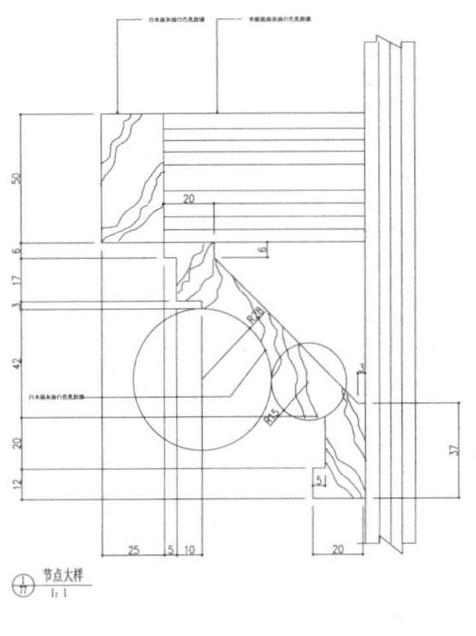
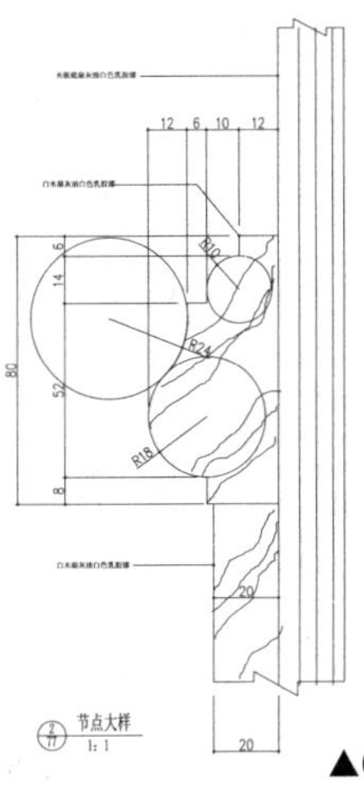
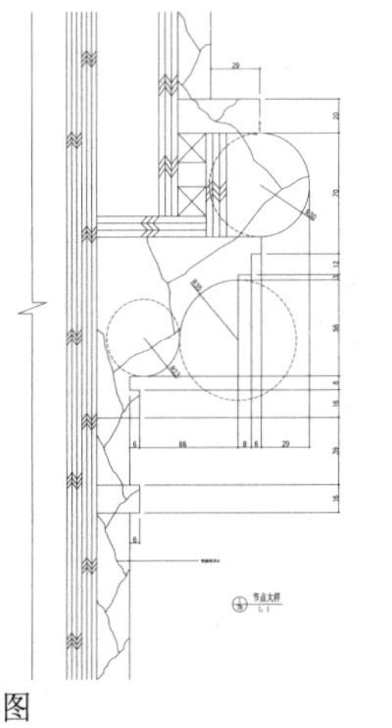
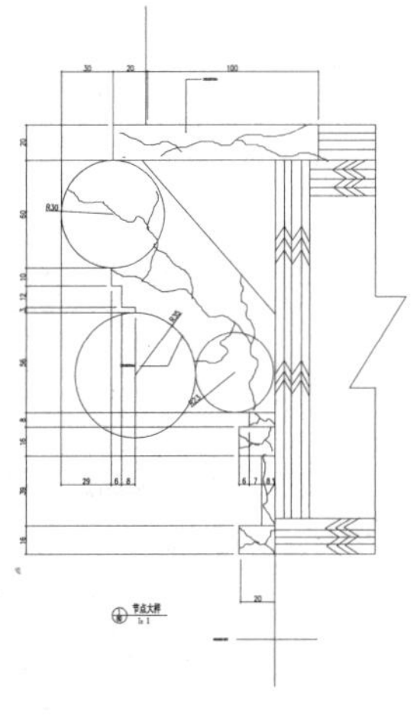

▲030时尚客厅装饰墙详图

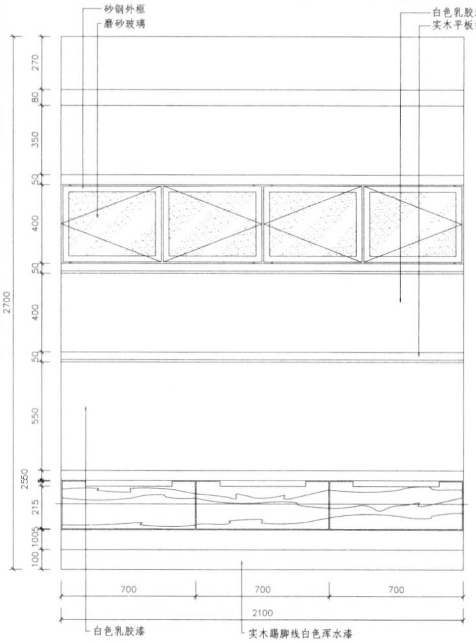
砂钢外框
磨砂玻璃
白色乳胶漆
实木平板线收口亚光清漆
白色乳胶漆
实木踢脚线白色浑水漆

▲031室内造型墙详图

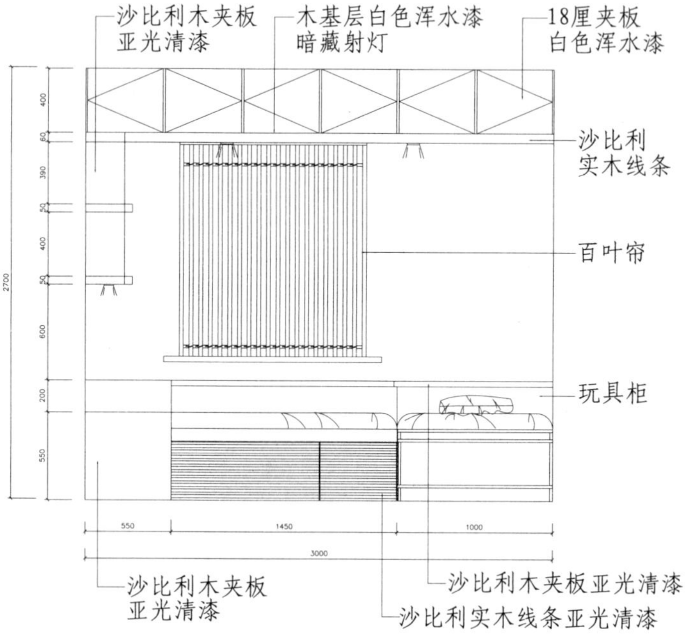
沙比利木夹板
亚光清漆
木基层白色浑水漆
暗藏射灯
18厘夹板
白色浑水漆
沙比利
实木线条
百叶帘
玩具柜
沙比利木夹板
亚光清漆
沙比利木夹板亚光清漆
沙比利实木线条亚光清漆

▲032室内造型墙详图

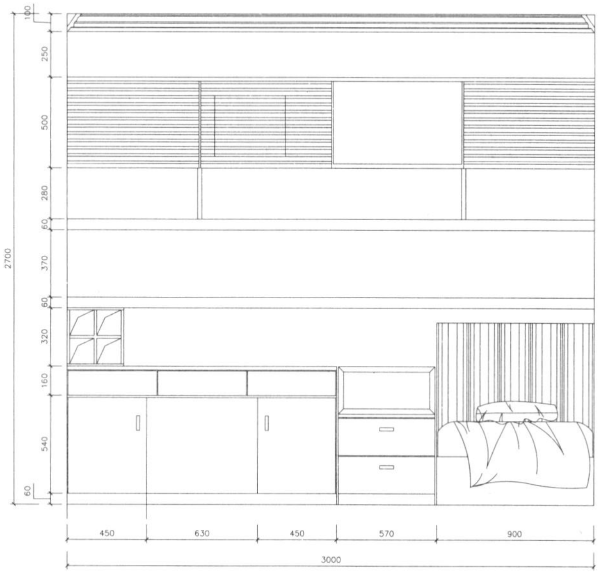

▲033室内造型墙详图

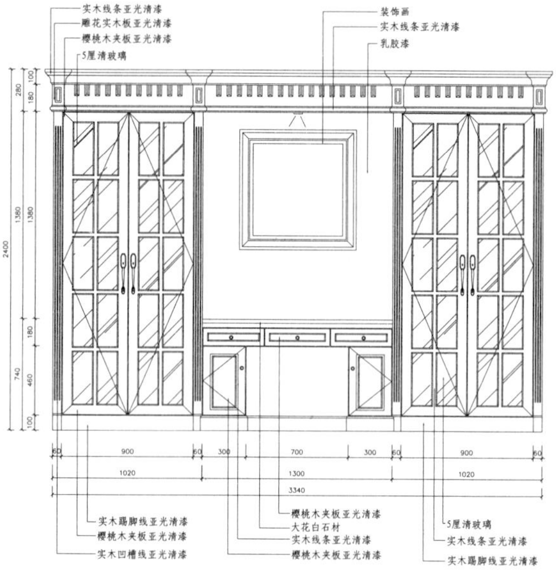
实木线条亚光清漆
雕花实木板亚光清漆
樱桃木夹板亚光清漆
5厘清玻璃
装饰画
实木线条亚光清漆
乳胶漆
实木踢脚线亚光清漆
樱桃木夹板亚光清漆
实木凹槽线亚光清漆
樱桃木夹板亚光清漆
大花白石材
实木线条亚光清漆
樱桃木夹板亚光清漆
5厘清玻璃
实木线条亚光清漆
实木踢脚线亚光清漆

▲034室内造型墙详图

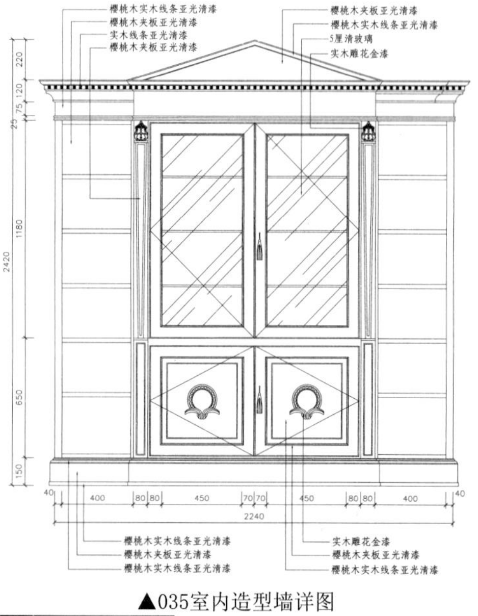
樱桃木实木线条亚光清漆
樱桃木夹板亚光清漆
实木线条亚光清漆
樱桃木夹板亚光清漆
樱桃木夹板亚光清漆
樱桃木实木线条亚光清漆
5厘清玻璃
实木雕花金漆
樱桃木实木线条亚光清漆
樱桃木夹板亚光清漆
樱桃木实木线条亚光清漆
实木雕花金漆
樱桃木夹板亚光清漆
樱桃木实木线条亚光清漆

▲035室内造型墙详图

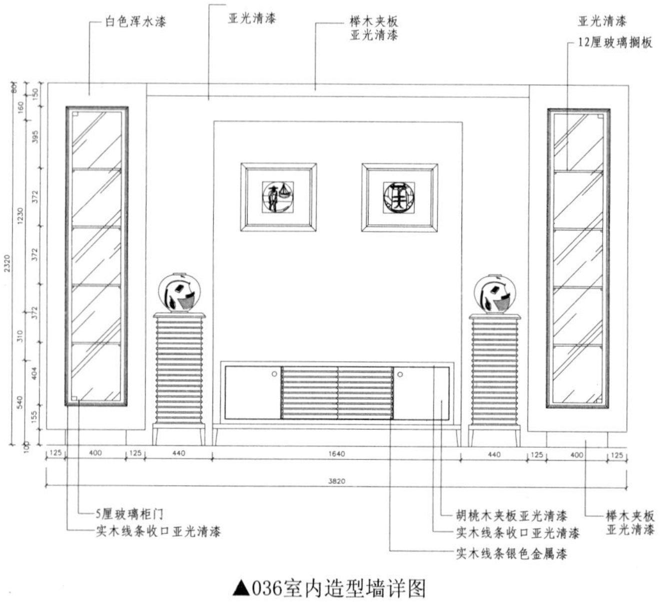

▲036室内造型墙详图

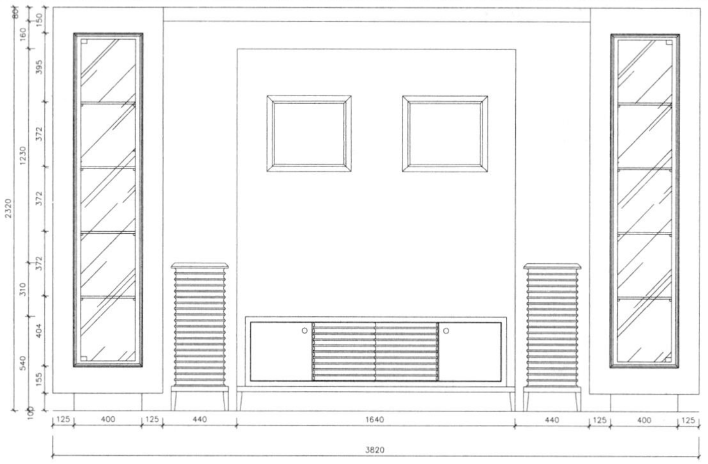

▲037室内造型墙详图

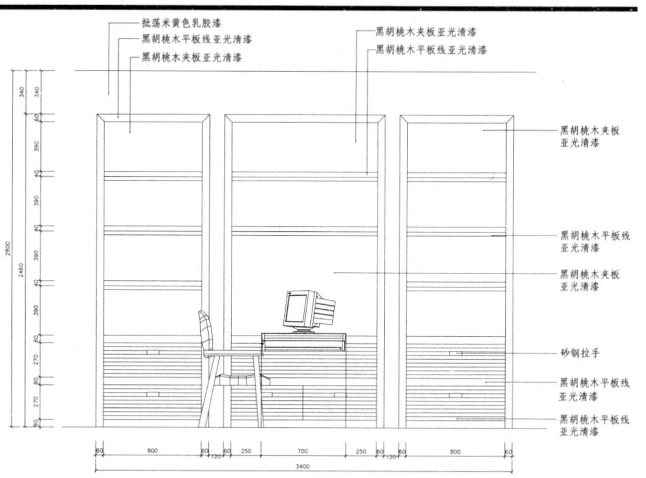

▲038室内造型墙详图

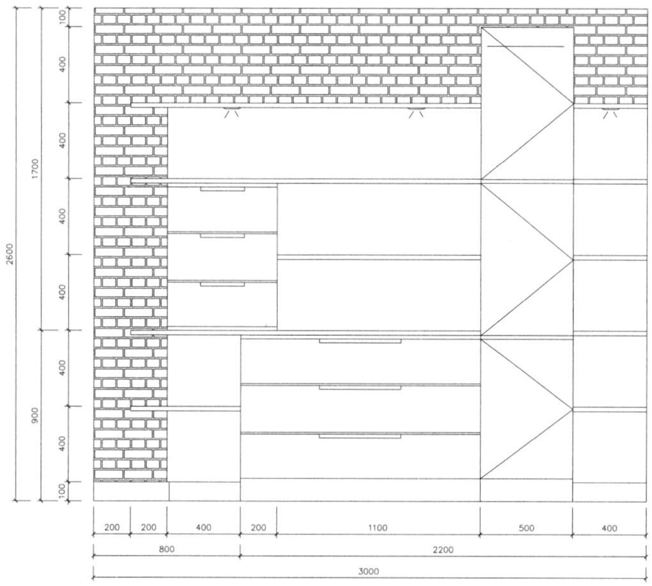

▲039室内造型墙详图

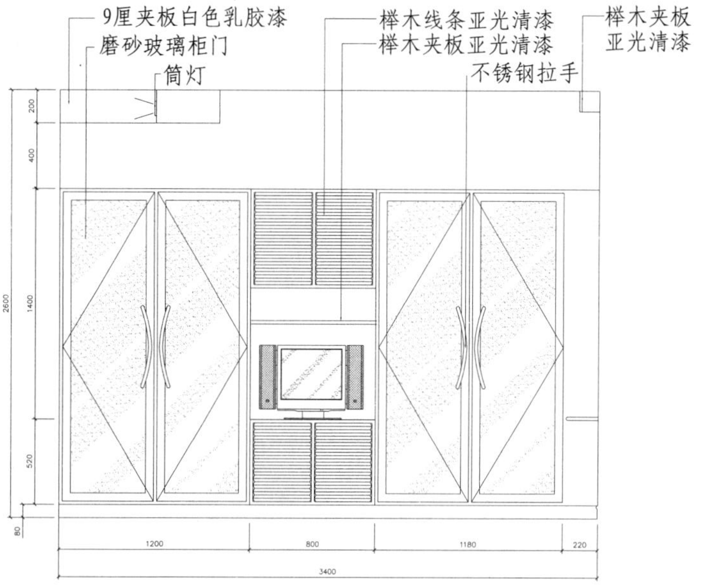

▲040室内造型墙详图

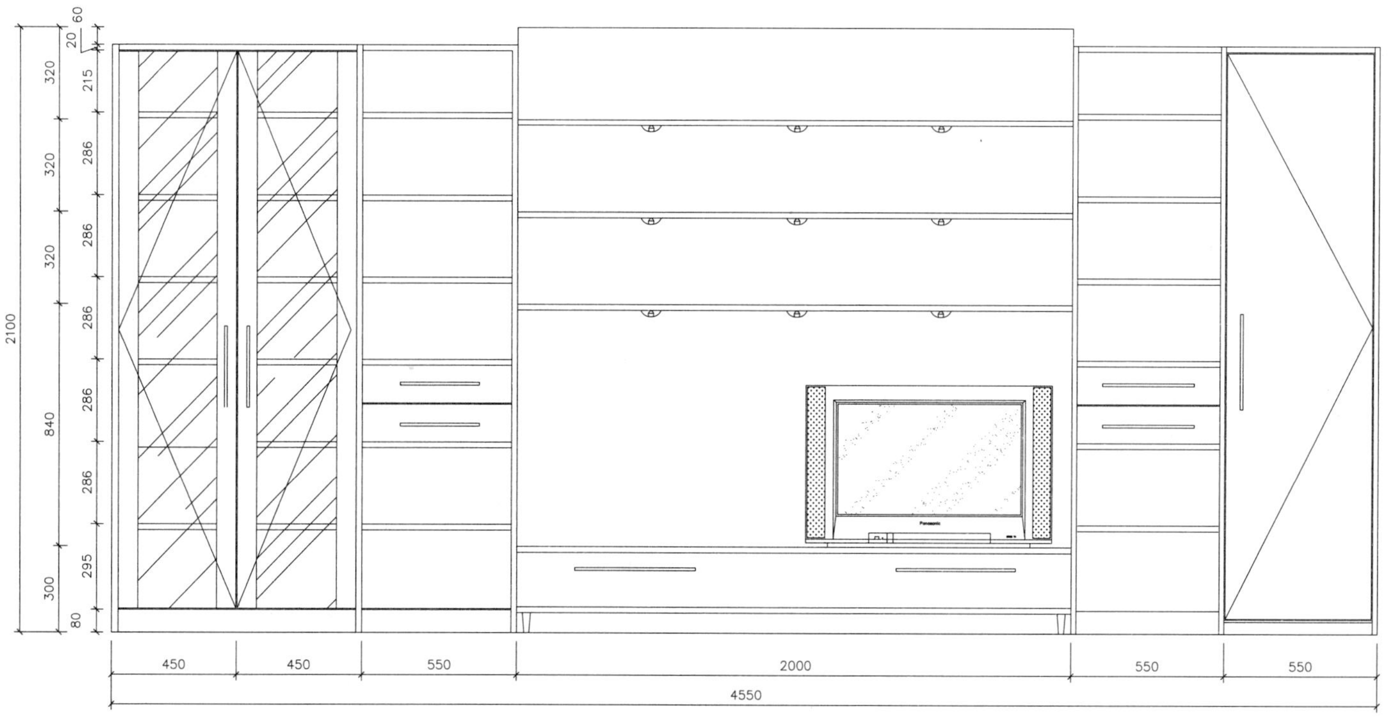

▲041室内造型墙详图

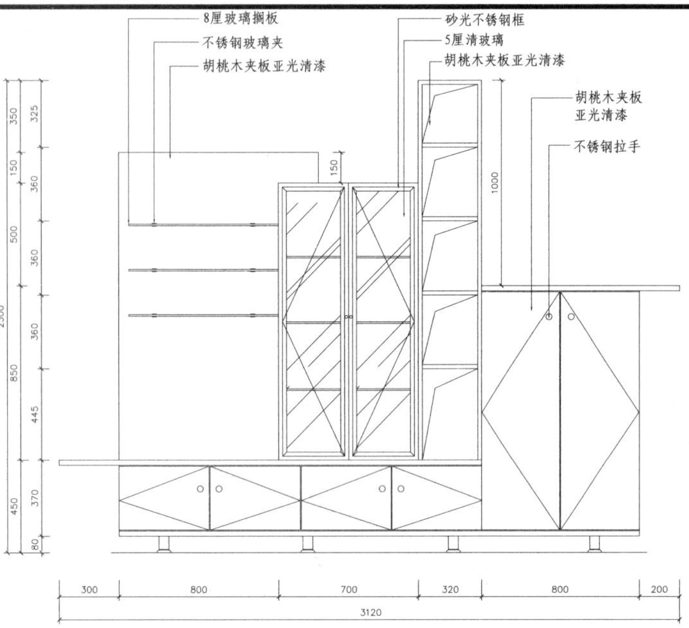
8厘玻璃搁板
不锈钢玻璃夹
胡桃木夹板亚光清漆
砂光不锈钢框
5厘清玻璃
胡桃木夹板亚光清漆
胡桃木夹板
亚光清漆
不锈钢拉手
3120

▲042室内造型墙详图

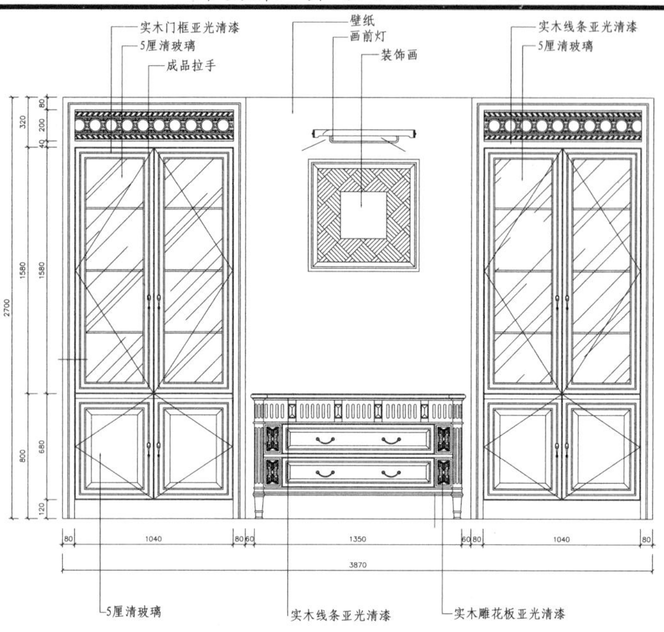
实木门框亚光清漆
5厘清玻璃
成品拉手
壁纸
画前灯
装饰画
实木线条亚光清漆
5厘清玻璃
5厘清玻璃
实木线条亚光清漆
实木雕花板亚光清漆
3870

▲043室内造型墙详图

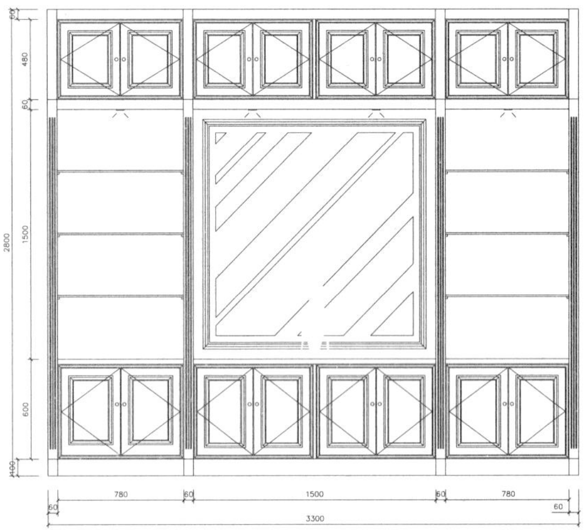

▲044室内造型墙详图

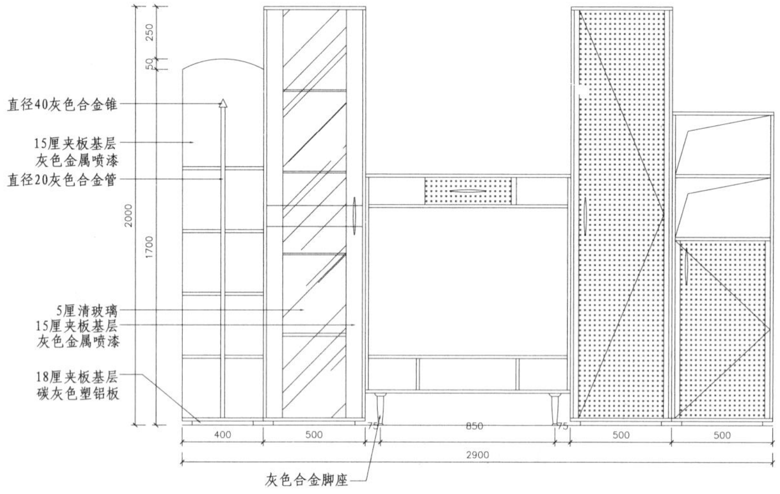
直径40灰色合金锥
15厘夹板基层
灰色金属喷漆
直径20灰色合金管
5厘清玻璃
15厘夹板基层
灰色金属喷漆
18厘夹板基层
碳灰色塑铝板
灰色合金脚座
2900

▲045室内造型墙详图

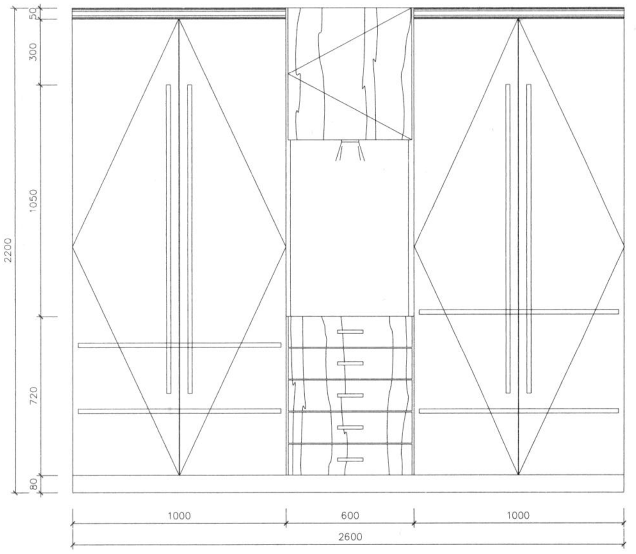

▲046室内造型墙详图

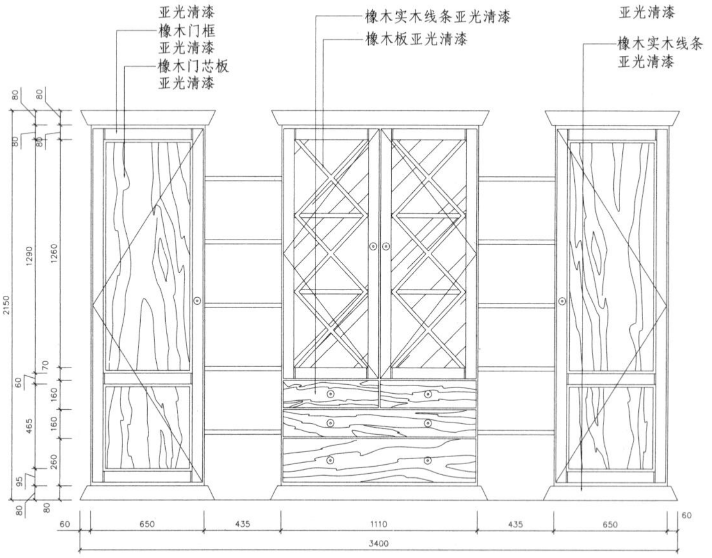
亚光清漆
橡木门框
亚光清漆
橡木门芯板
亚光清漆
橡木实木线条亚光清漆
橡木板亚光清漆
亚光清漆
橡木实木线条
亚光清漆
3400

▲047室内造型墙详图

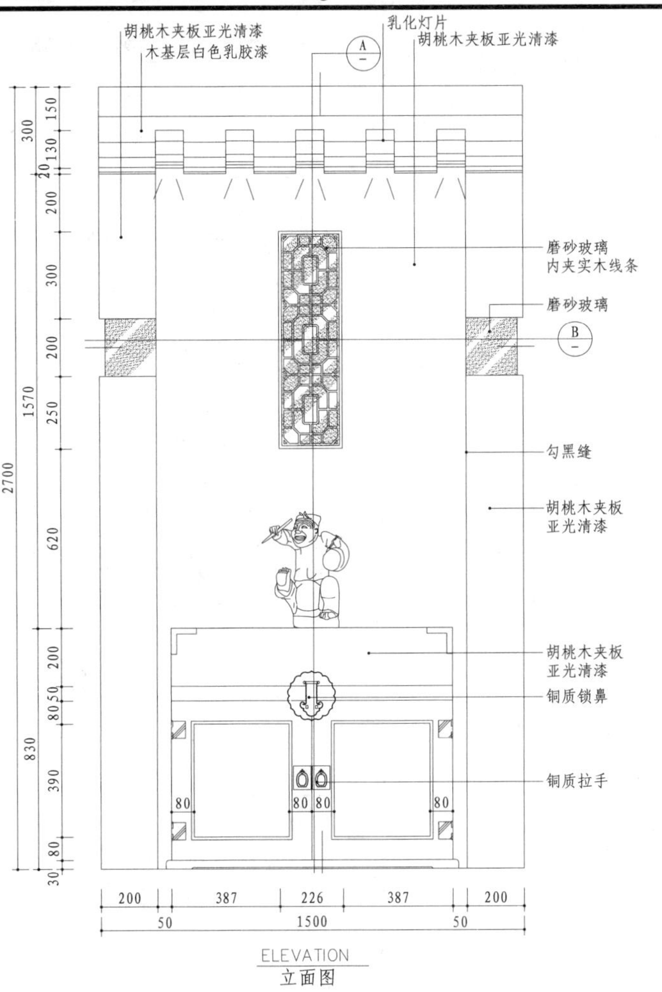

▲048室内造型墙详图

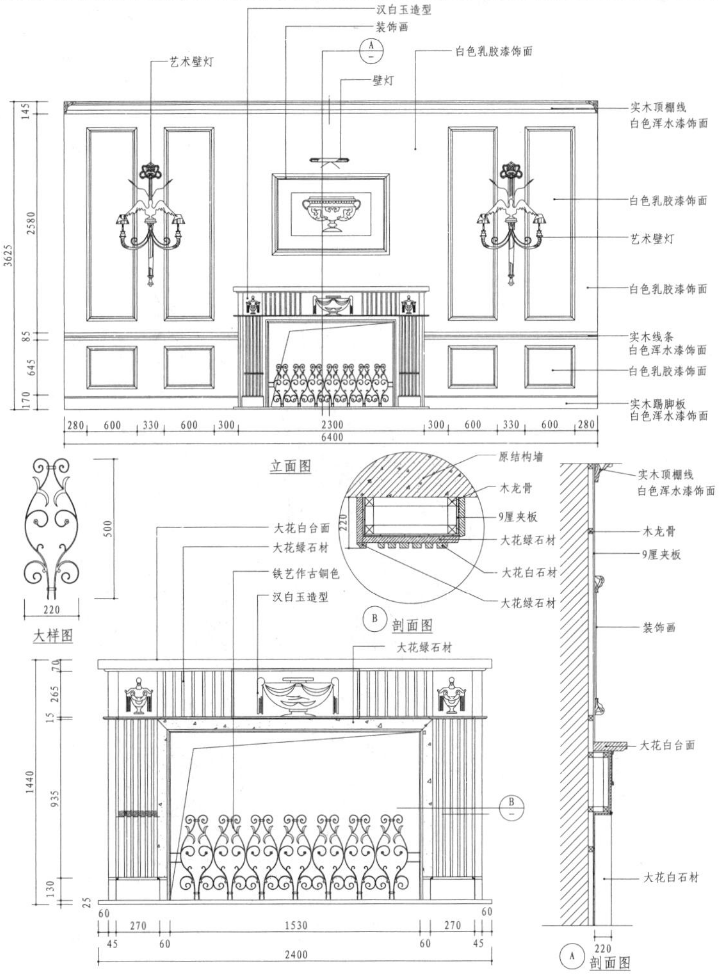

▲049西式造型墙详图

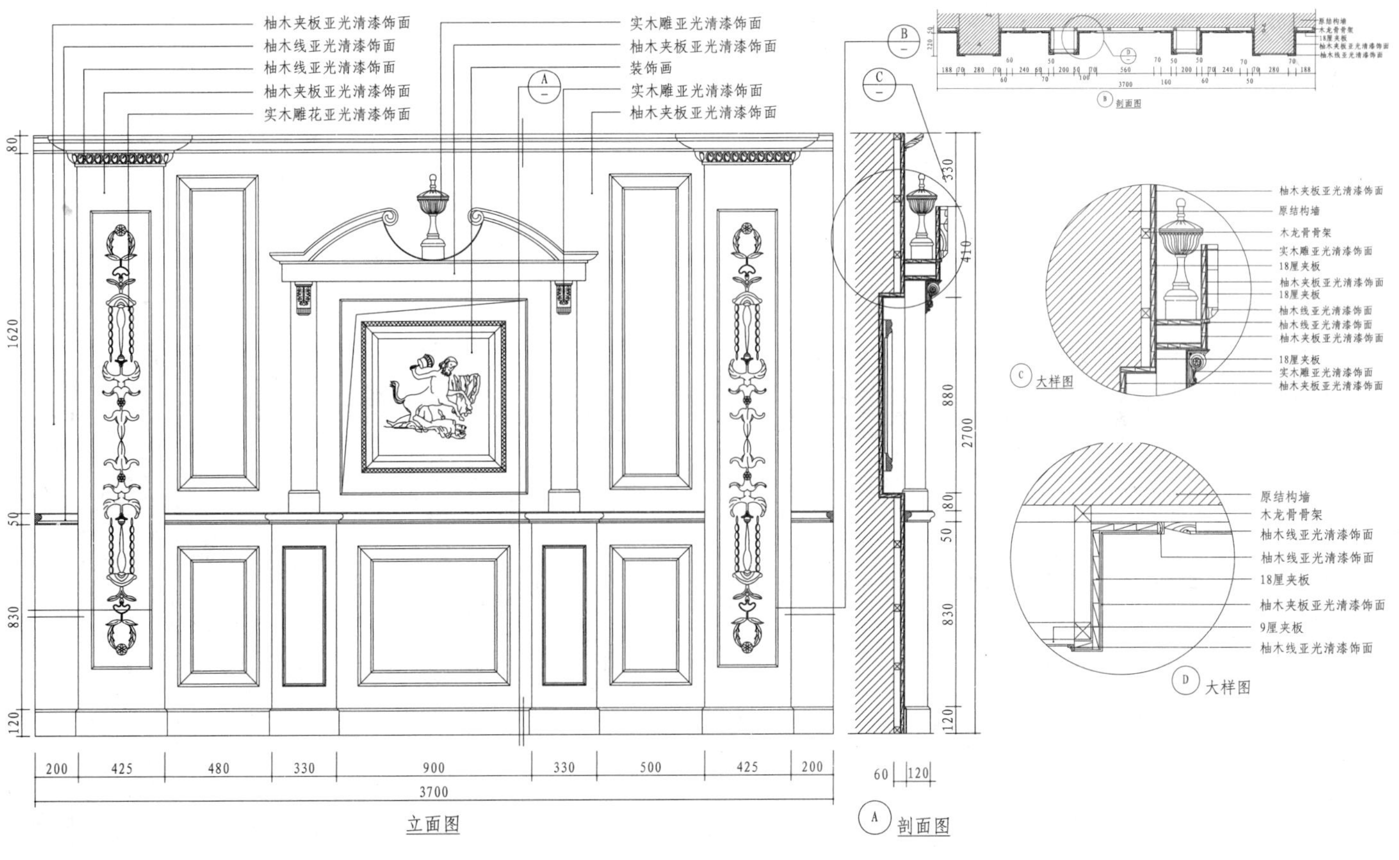

▲050西式造型墙详图

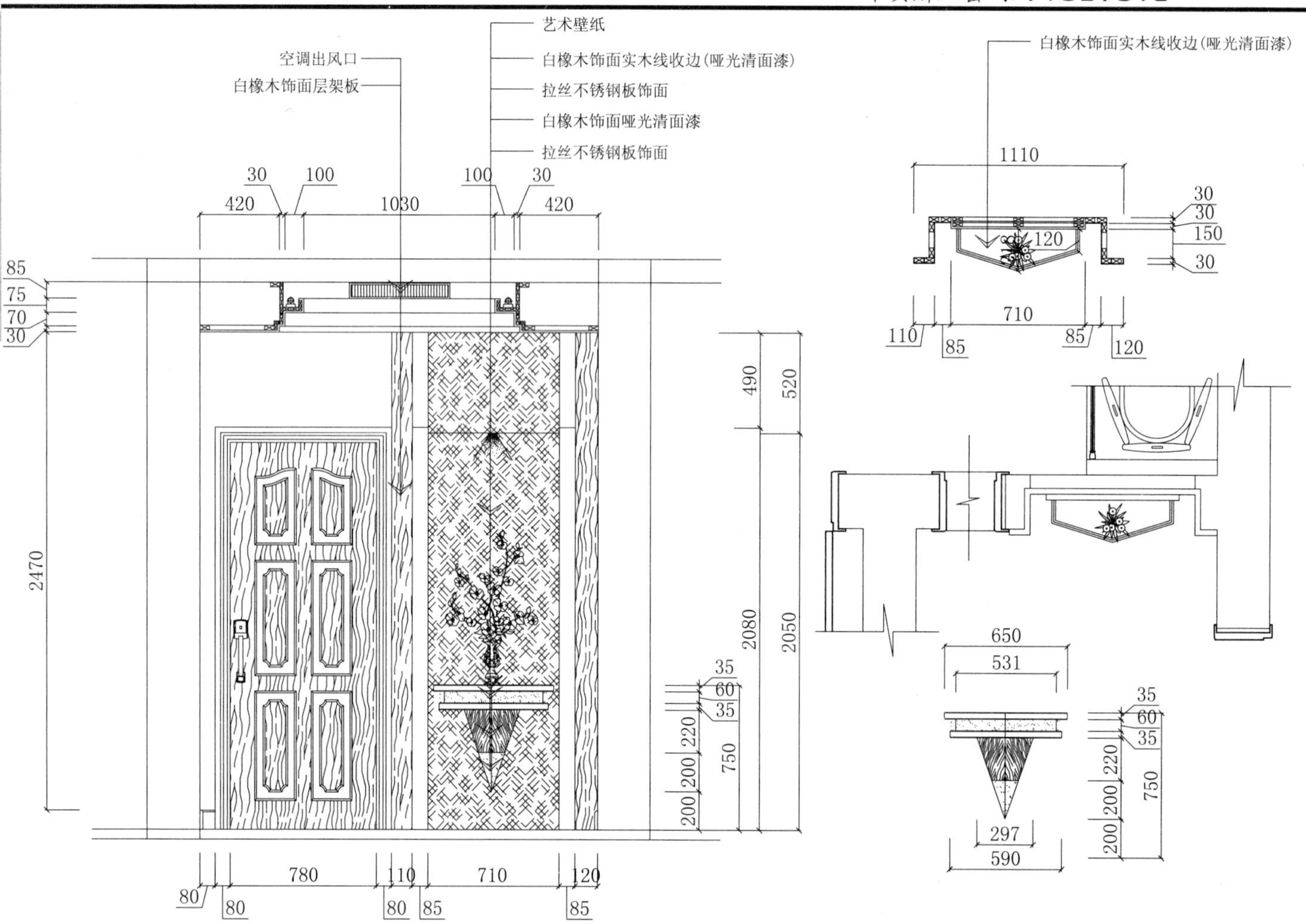

▲051走道端景详图

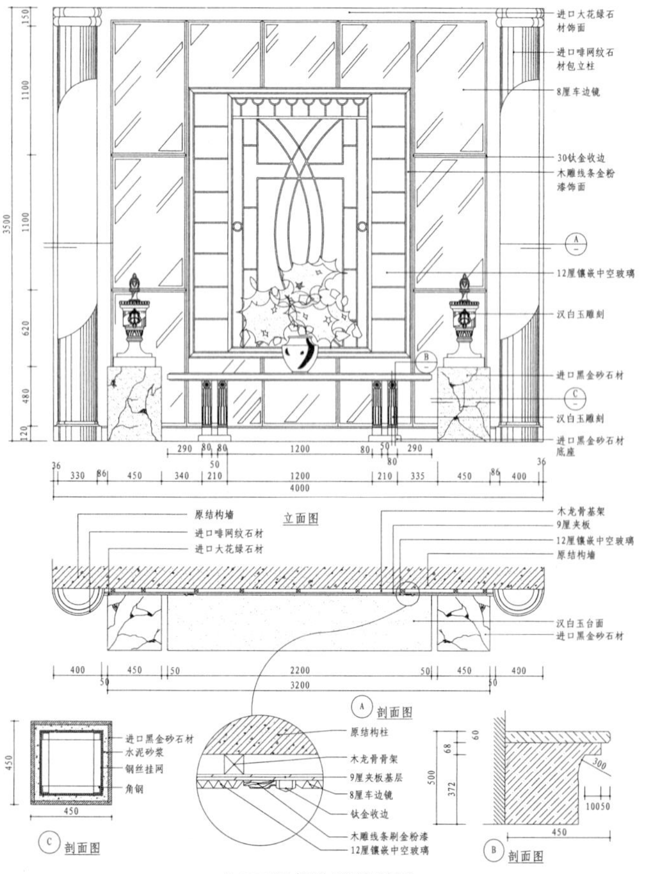

▲052现代造型墙详图

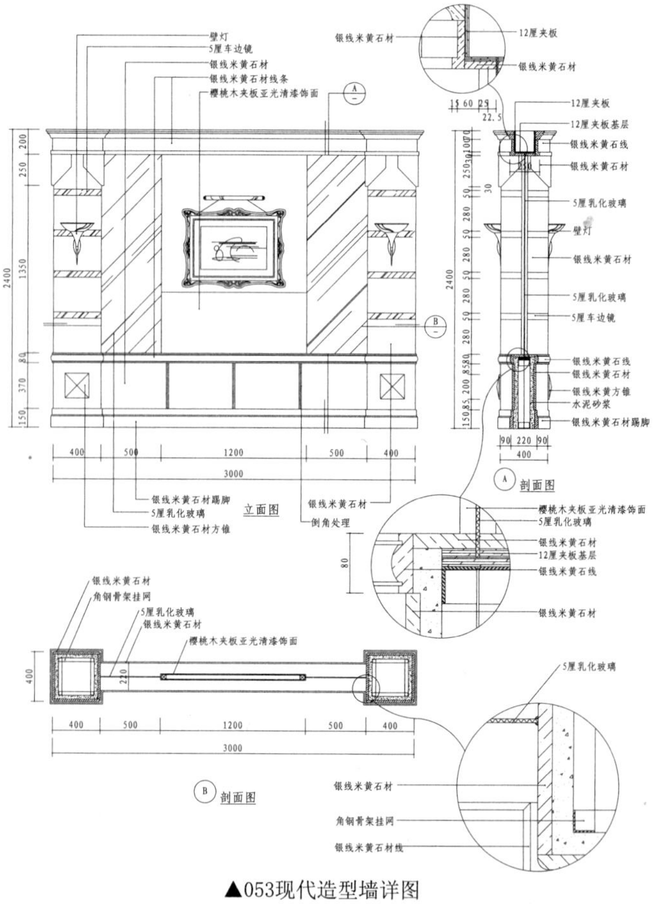

▲053现代造型墙详图

木龙骨、大芯板、石膏板刷咖啡色墙漆

艺术墙纸（客户自理）

暗藏黄色T4灯管（客户自理）

木龙骨、十二厘板、石膏板刷咖啡色墙漆

木龙骨、十二厘板、石膏板刷咖啡色墙漆

啡网大理石台面

玻璃马赛克（客户自理）

踢脚线

木龙骨

石膏板

暗藏黄色T4灯管

墙漆刷白

艺术墙纸（客户自理）

大芯板，啡网大理石（客户自理）

墙漆刷白

⑩ D 走道端景台正立面
比例 1:100

④剖面图
比例 1:100

木龙骨 暗藏黄色T4灯管 艺术墙纸（客户自理） 啡网大理石（客户自理） 暗藏黄色T4灯管 木龙骨

⑤剖面图
比例 1:65

▲054现代中式家居端景台详图

1.5厚中纤板底1mm厚不锈钢镜面

石膏浮雕

造型平面图
SCALE：

0.9厚中纤板底面刷香槟色漆

石膏浮雕

20宽扁铁造型

20X20方铁造型外框

A—A剖面图
SCALE：

0.9厚中纤板底面刷香槟色漆

20X20方铁造型外框

20宽扁铁造型

石膏浮雕

0.9厚中纤板底面刷香槟色漆

B剖面图
SCALE：

0.9厚中纤板底面刷香槟色漆

造型立面大样图
SCALE：

20宽扁铁造型

20X20方铁造型外框

石膏浮雕

造型立面图
SCALE：

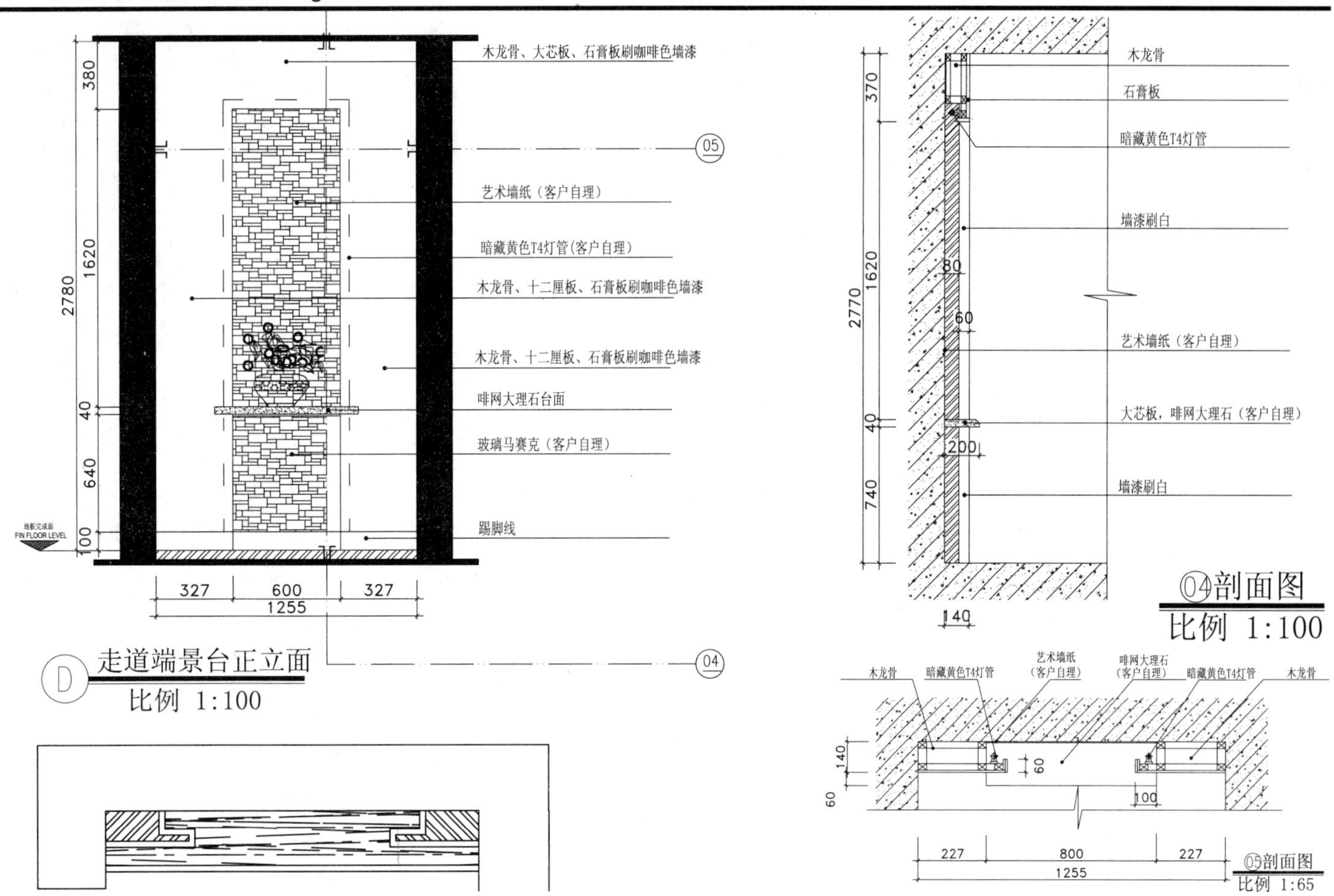

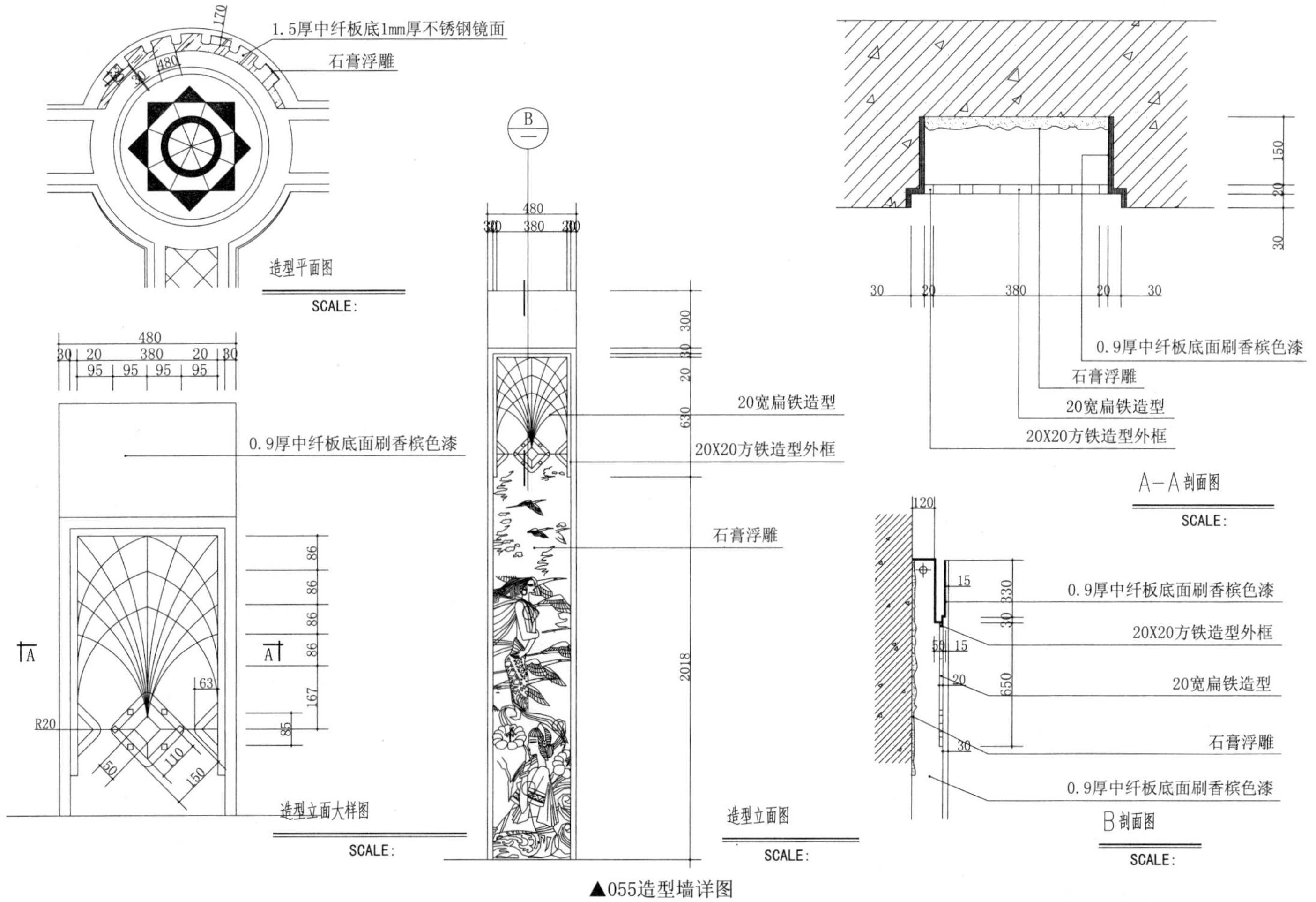

▲055造型墙详图

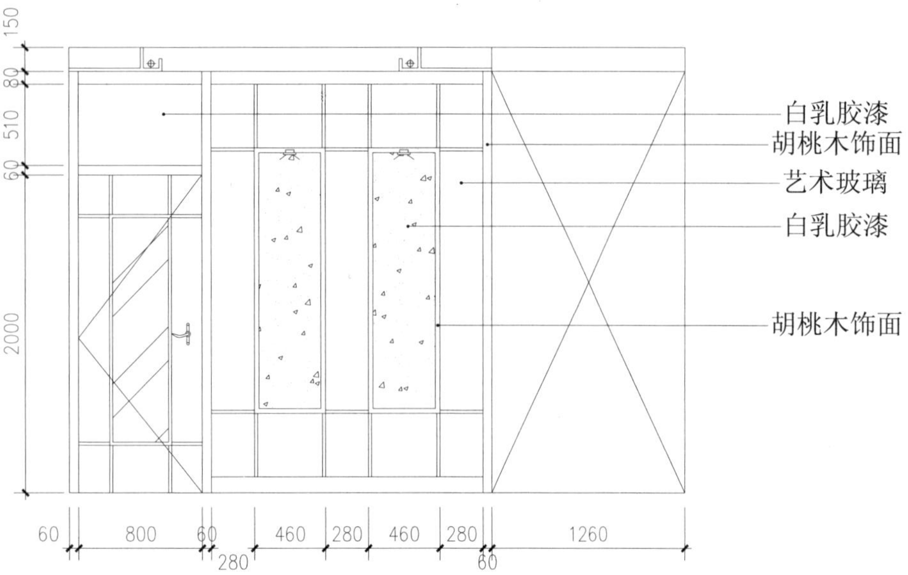

二楼过厅隔墙立面图

▲056造型墙详图

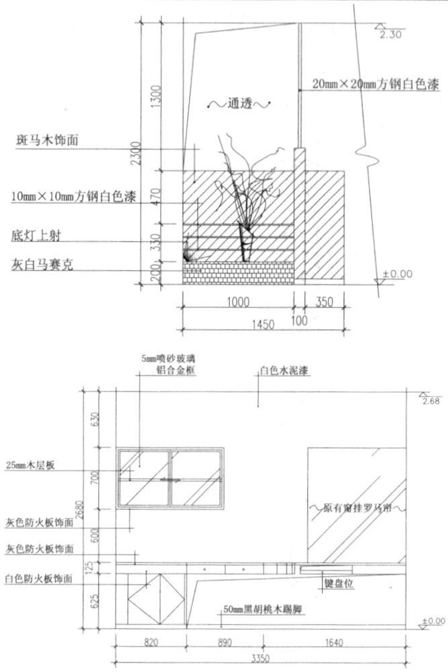

▲057造型墙详图

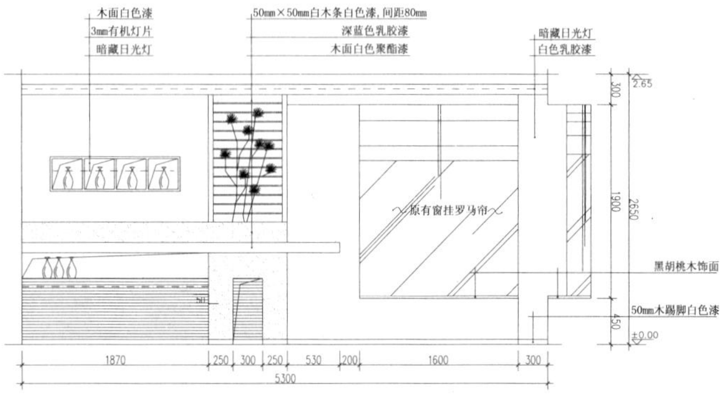

▲058造型墙详图

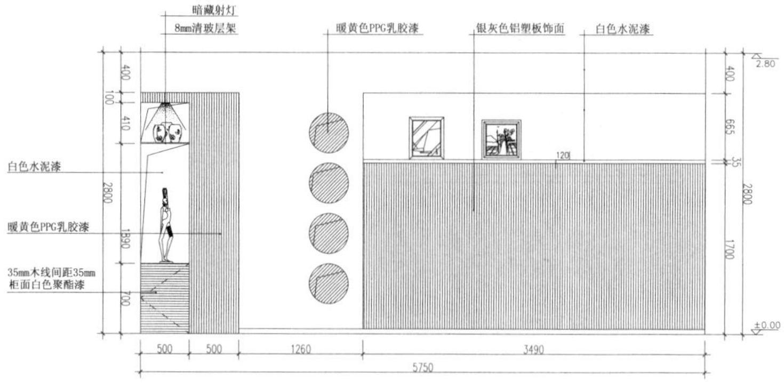

▲059造型墙详图

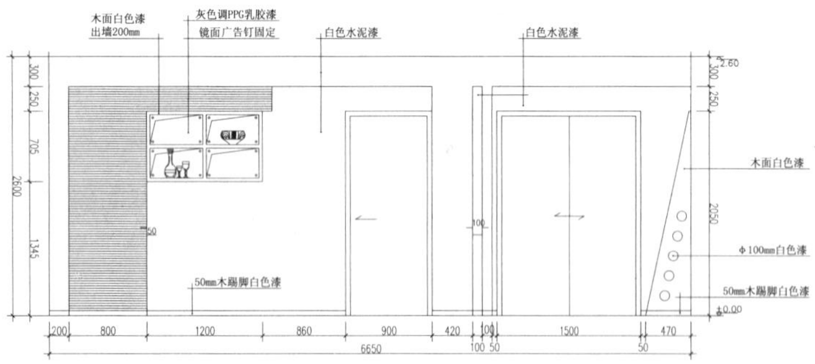

▲060造型墙详图

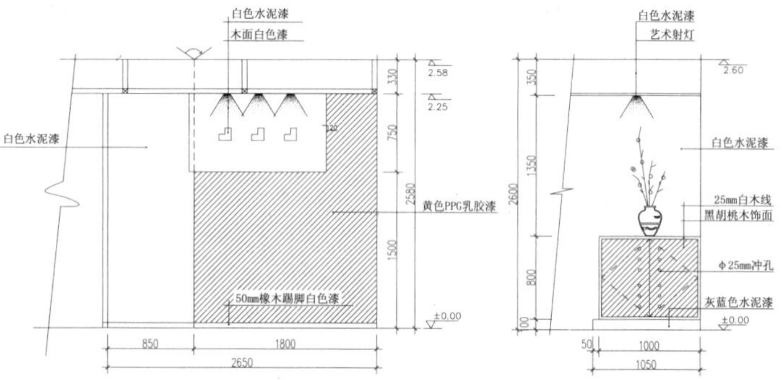

▲061造型墙详图

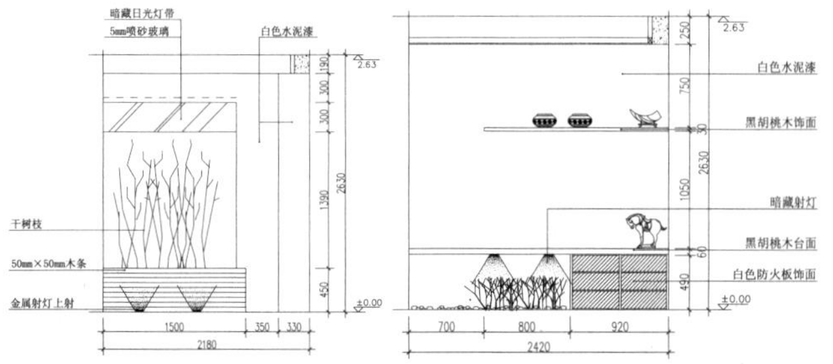

▲62造型墙详图

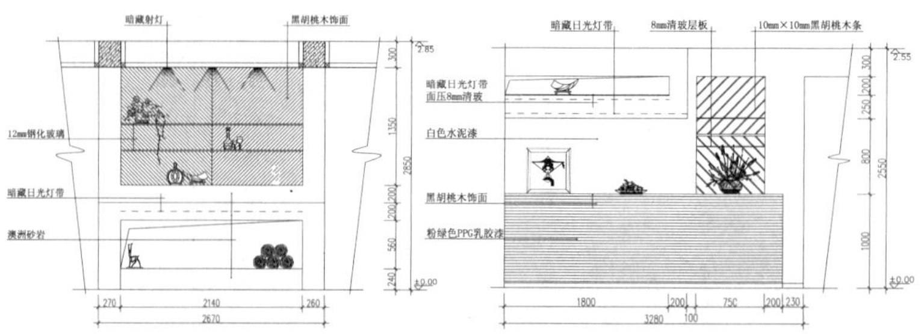

▲063造型墙详图

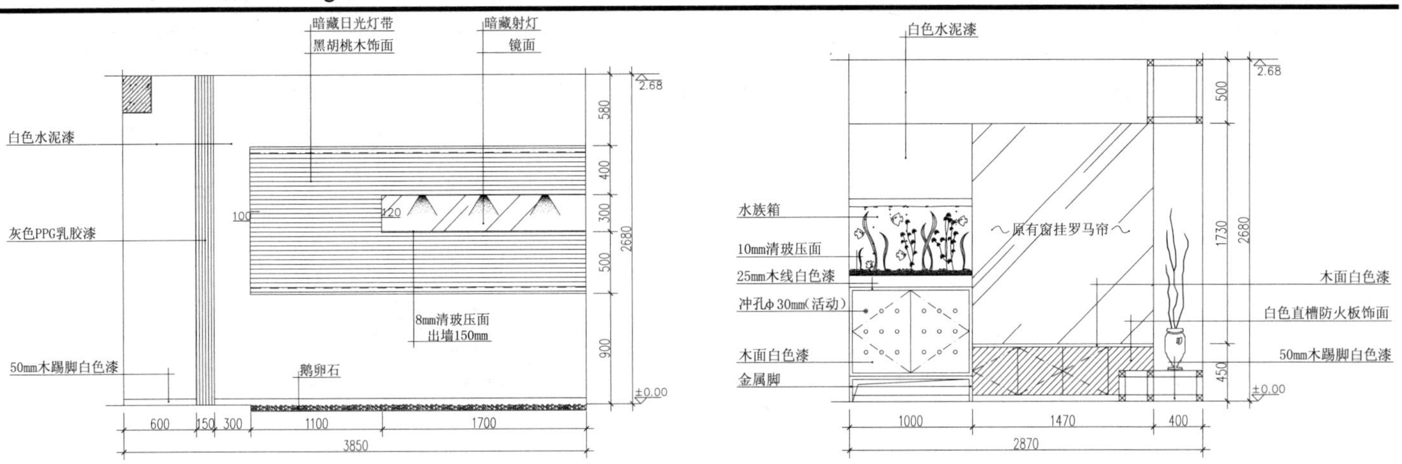

▲064造型墙详图

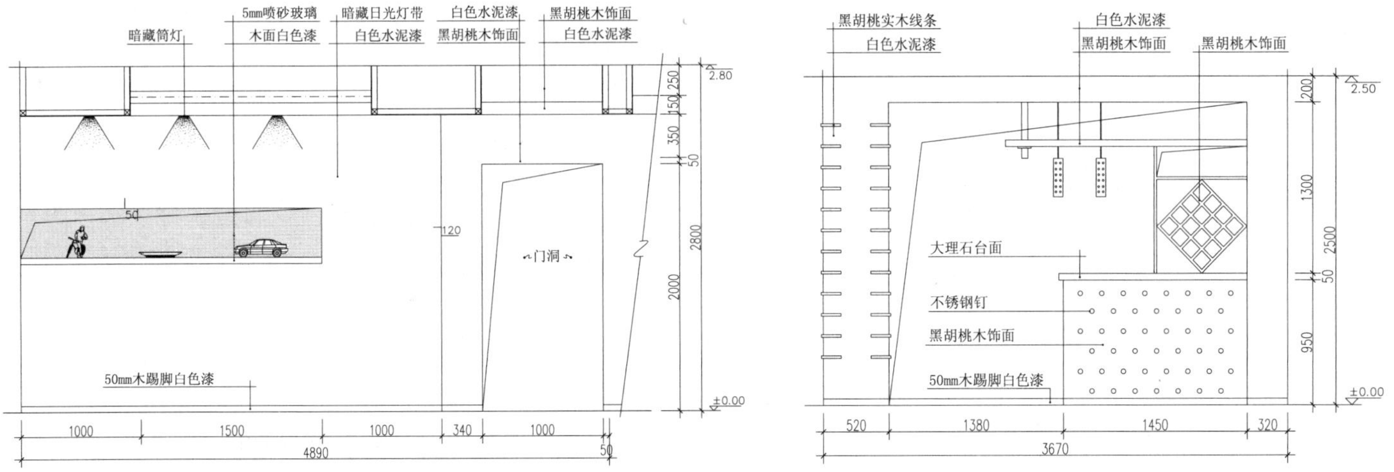

▲065造型墙详图

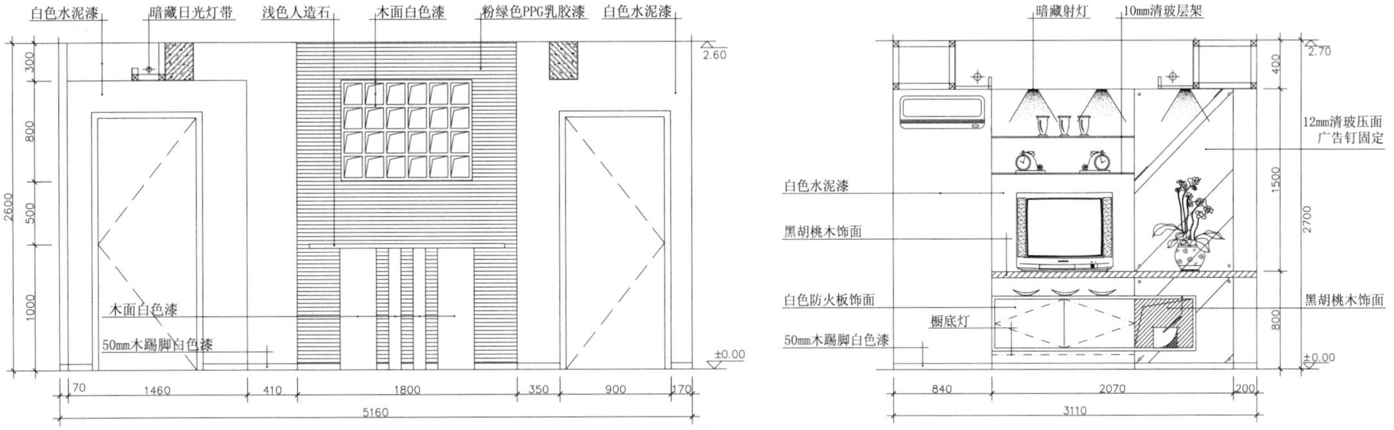

▲066造型墙详图

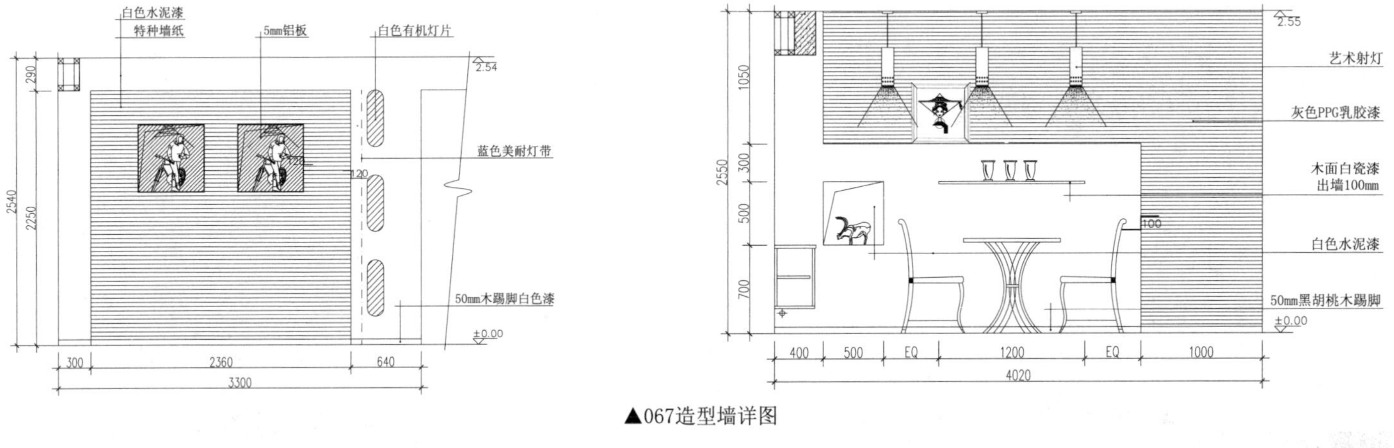

▲067造型墙详图

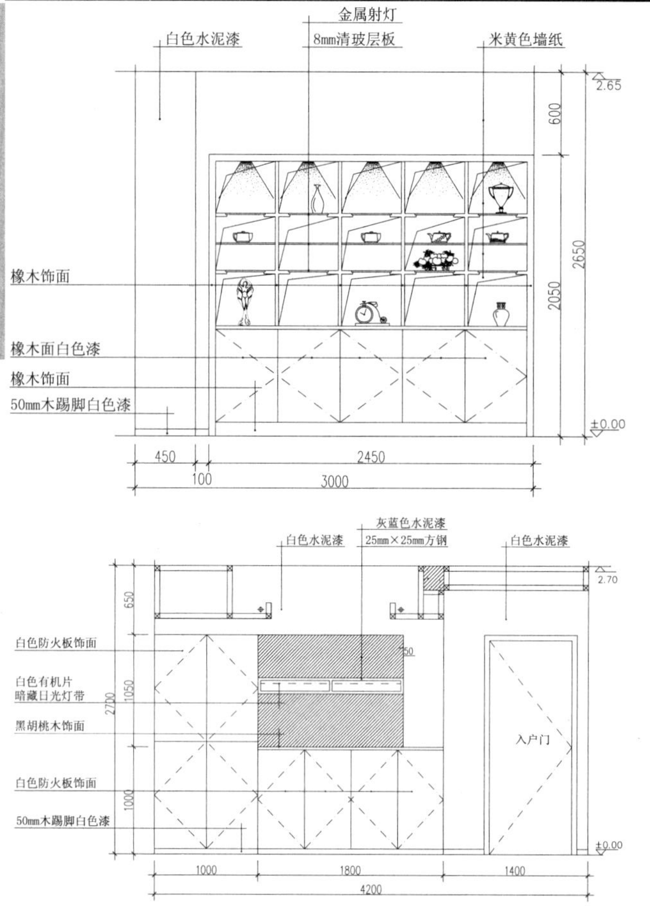
金属射灯
白色水泥漆
8mm清玻层板
米黄色墙纸
橡木饰面
橡木面白色漆
橡木饰面
50mm木踢脚白色漆
灰蓝色水泥漆
白色水泥漆
25mm×25mm方钢
白色水泥漆
白色防火板饰面
白色有机片
暗藏日光灯带
黑胡桃木饰面
白色防火板饰面
50mm木踢脚白色漆
入户门

▲068造型墙详图

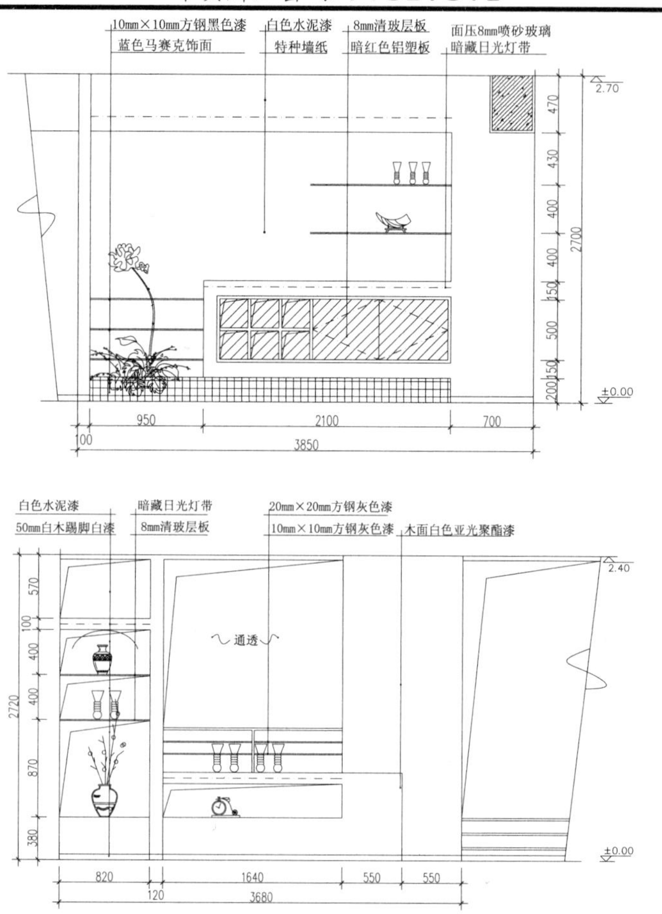
10mm×10mm方钢黑色漆
蓝色马赛克饰面
白色水泥漆
特种墙纸
8mm清玻层板
暗红色铝塑板
面压8mm喷砂玻璃
暗藏日光灯带
白色水泥漆
50mm白木踢脚白漆
暗藏日光灯带
8mm清玻层板
20mm×20mm方钢灰色漆
10mm×10mm方钢灰色漆
木面白色亚光聚酯漆
通透

▲069造型墙详图

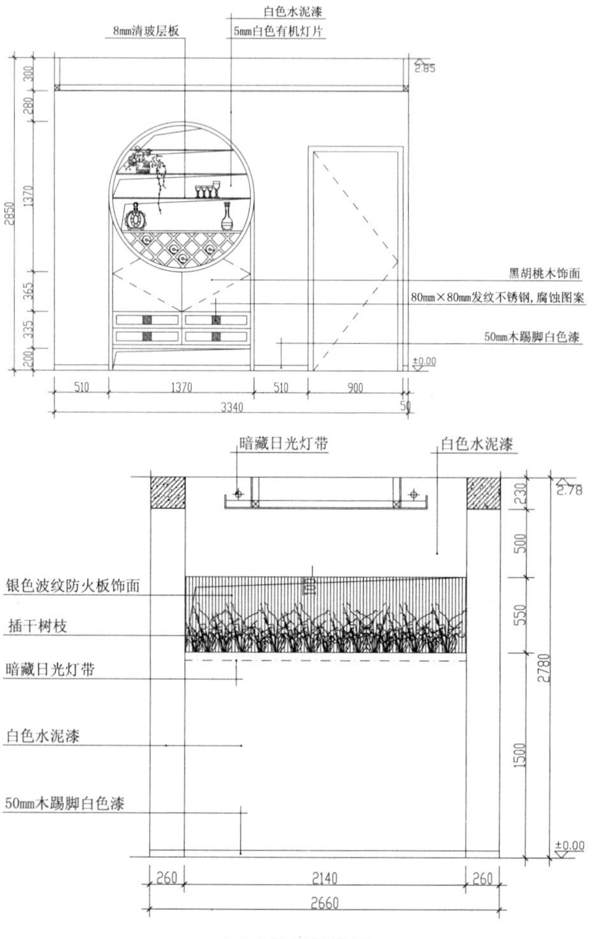
白色水泥漆
8mm清玻层板
5mm白色有机灯片
黑胡桃木饰面
80mm×80mm发纹不锈钢,腐蚀图案
50mm木踢脚白色漆
暗藏日光灯带
白色水泥漆
银色波纹防火板饰面
插干树枝
暗藏日光灯带
白色水泥漆
50mm木踢脚白色漆

▲070造型墙详图

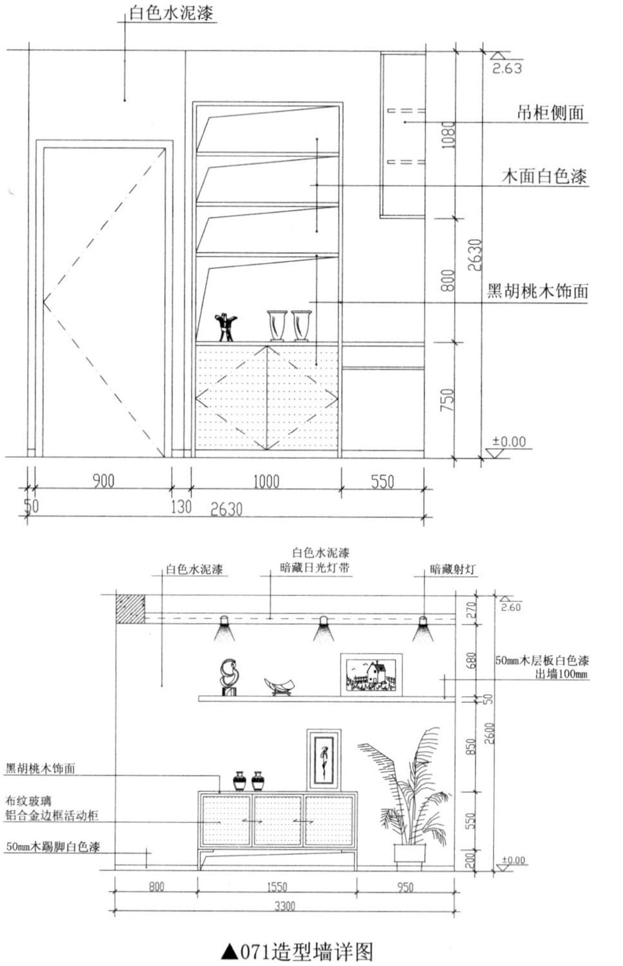
白色水泥漆
吊柜侧面
木面白色漆
黑胡桃木饰面
白色水泥漆
白色水泥漆
暗藏日光灯带
暗藏射灯
50mm木层板白色漆
出墙100mm
黑胡桃木饰面
布纹玻璃
铝合金边框活动柜
50mm木踢脚白色漆

▲071造型墙详图

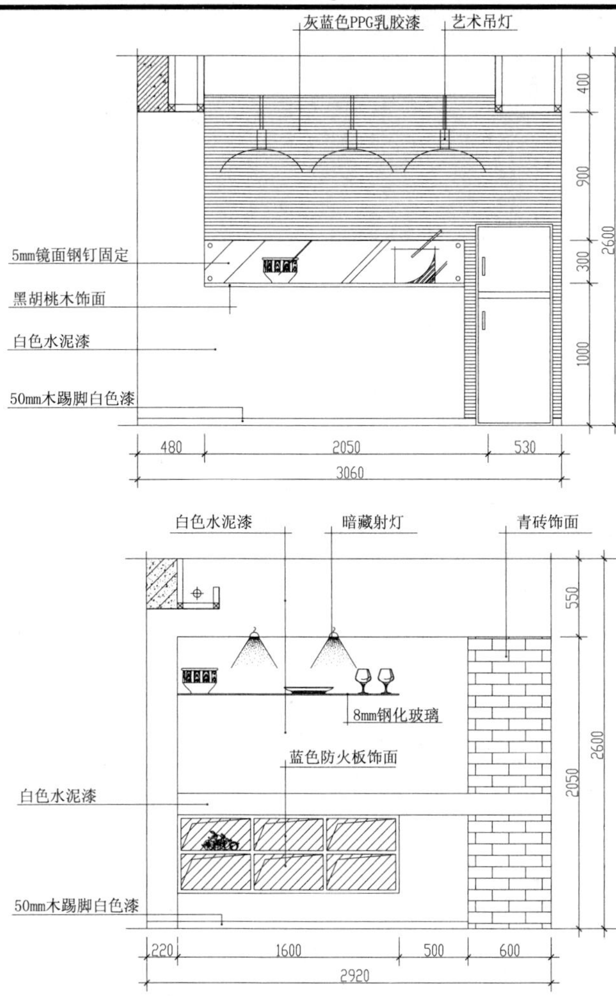
灰蓝色PPG乳胶漆
艺术吊灯
5mm镜面钢钉固定
黑胡桃木饰面
白色水泥漆
50mm木踢脚白色漆
2.60
±0.00
400
900
300
1000
2600
480
2050
530
3060
白色水泥漆
暗藏射灯
青砖饰面
8mm钢化玻璃
蓝色防火板饰面
白色水泥漆
50mm木踢脚白色漆
2.60
±0.00
550
2050
2600
220
1600
500
600
2920

▲072造型墙详图

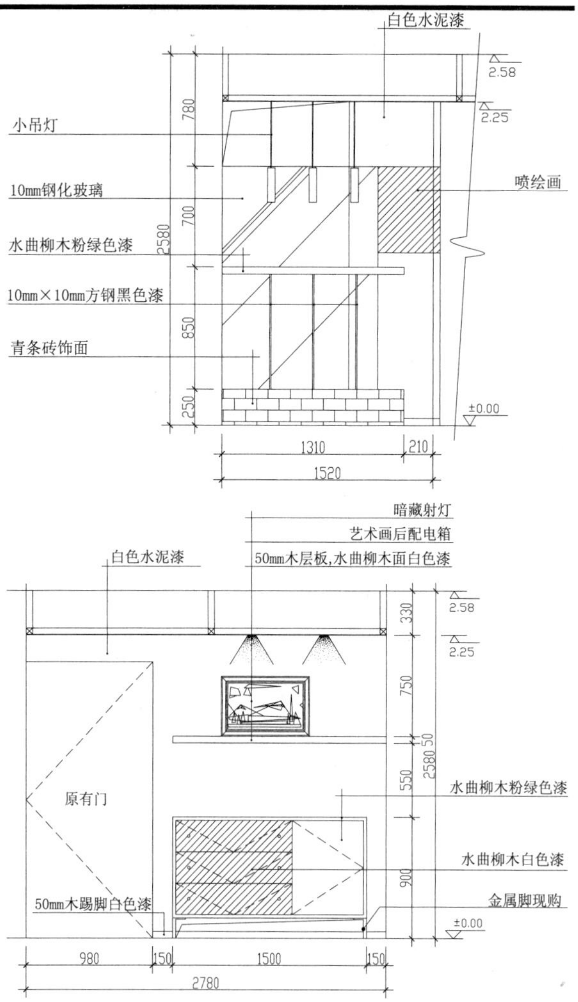
白色水泥漆
小吊灯
10mm钢化玻璃
水曲柳木粉绿色漆
10mm×10mm方钢黑色漆
青条砖饰面
喷绘画
2.58
2.25
±0.00
780
700
850
250
2580
1310
210
1520
暗藏射灯
艺术画后配电箱
50mm木层板,水曲柳木面白色漆
白色水泥漆
原有门
水曲柳木粉绿色漆
水曲柳木白色漆
金属脚现购
50mm木踢脚白色漆
2.58
2.25
±0.00
330
750
50
550
900
2580
980
150
1500
150
2780

▲073造型墙详图

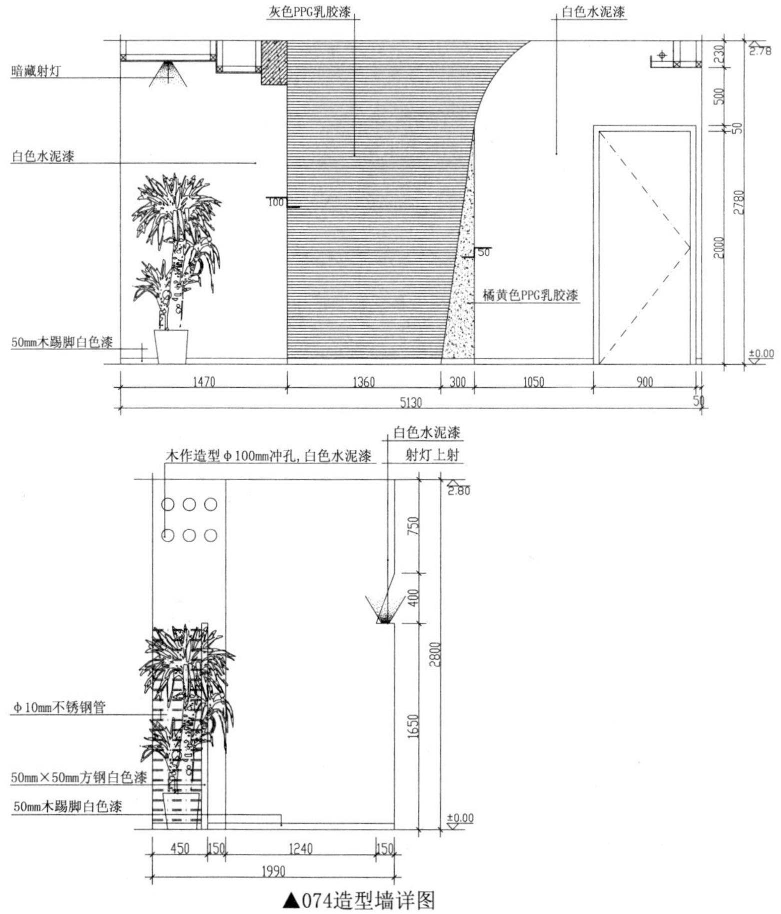
灰色PPG乳胶漆
白色水泥漆
暗藏射灯
白色水泥漆
橘黄色PPG乳胶漆
50mm木踢脚白色漆
2.78
±0.00
230
500
50
2000
2780
100
50
1470
1360
300
1050
900
50
5130
白色水泥漆
木作造型φ100mm冲孔,白色水泥漆
射灯上射
φ10mm不锈钢管
50mm×50mm方钢白色漆
50mm木踢脚白色漆
2.80
±0.00
750
400
1650
2800
450
150
1240
150
1990

▲074造型墙详图

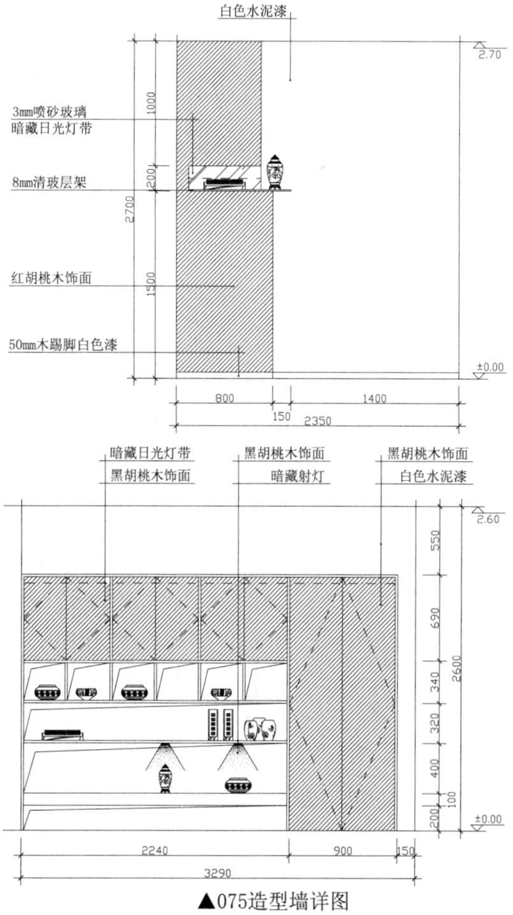

▲075造型墙详图

造型墙

3mm喷砂玻璃,铝合金边框　　白色水泥漆

原有窗罗马帘

20mm广西白台面

黑胡桃木饰面

暗藏日光灯
50mm木踢脚白色漆

1680　680　300
2660

白色水泥漆

艺术小吊灯

灰色PPG乳胶漆
白色水泥漆

鹅卵石
8mm清玻

50mm木踢脚白色漆

2700　300
3100

▲076造型墙详图

3mm喷砂玻璃,铝合金边框　　白色水泥漆

原有窗罗马帘

20mm广西白台面

黑胡桃木饰面

暗藏日光灯
50mm木踢脚白色漆

1680　680　300
2660

白色水泥漆

艺术小吊灯

灰色PPG乳胶漆
白色水泥漆

鹅卵石
8mm清玻

50mm木踢脚白色漆

2700　300
3100

▲077造型墙详图

青石毛面凹槽处理　　灰蓝色PPG乳胶漆

8mm清玻璃,三片叠加
20mm×20mm方钢黑色漆

白色热弯有机板
暗藏日光灯带

银灰色铝板
φ20mm冲孔

～通透～

1500　1050　1340　200
4090

白色水泥漆　　10mm×25mm白木条白色漆

8mm清玻层板

木面白色聚酯漆

20mm×20mm方钢灰色漆

10mm×10mm方钢灰色漆

白色水泥漆

米黄色人造石台面

木面白色聚酯漆

50mm木踢脚白色漆

1000　850　370　600　370　390　140
3720

▲078造型墙详图

白色有机灯片　　特种墙纸　　射灯　　白色水泥漆

干树枝

暗藏日光灯带
深色花岗石竖向凹槽处理
50mm木踢脚白色漆

白色水泥漆

200　1800　1310　800　100
4210

50白木条白色漆　　白色水泥漆　　特种墙纸　　35mm白木条白色漆

原有推拉门

940　2430　2050
5420

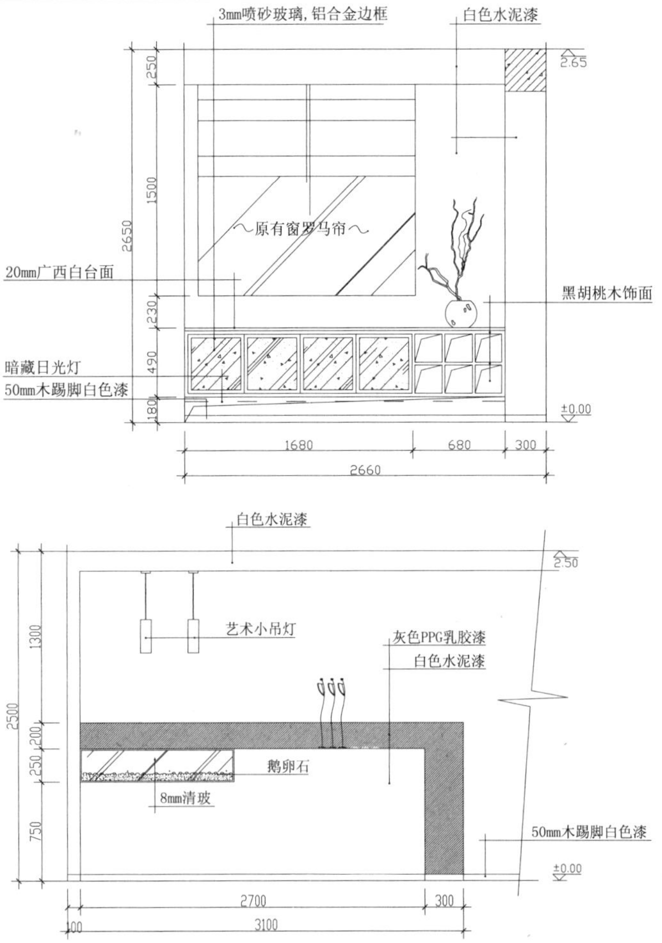

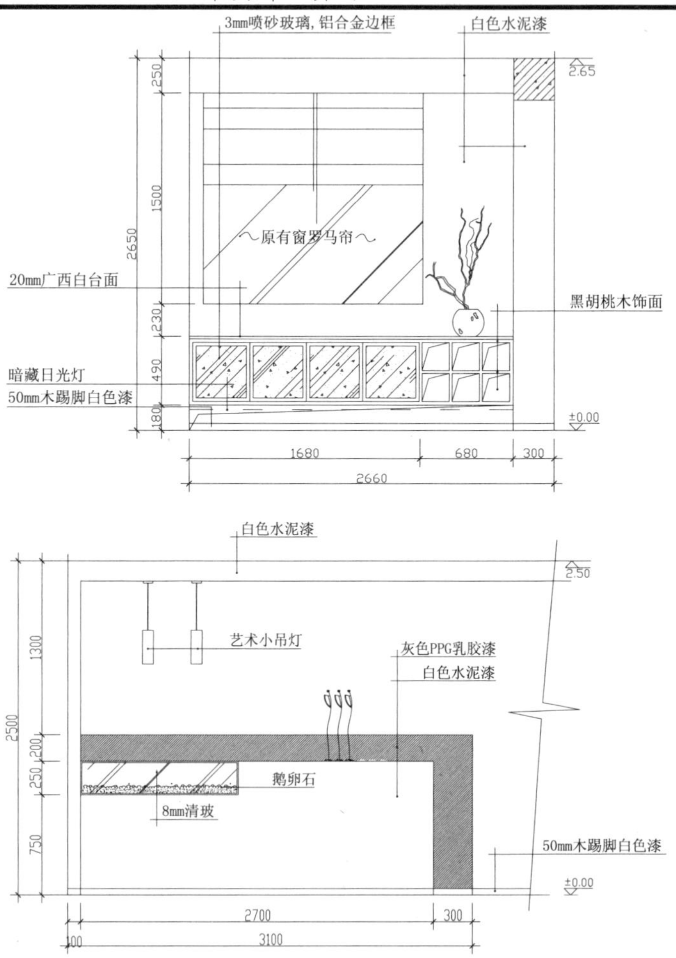

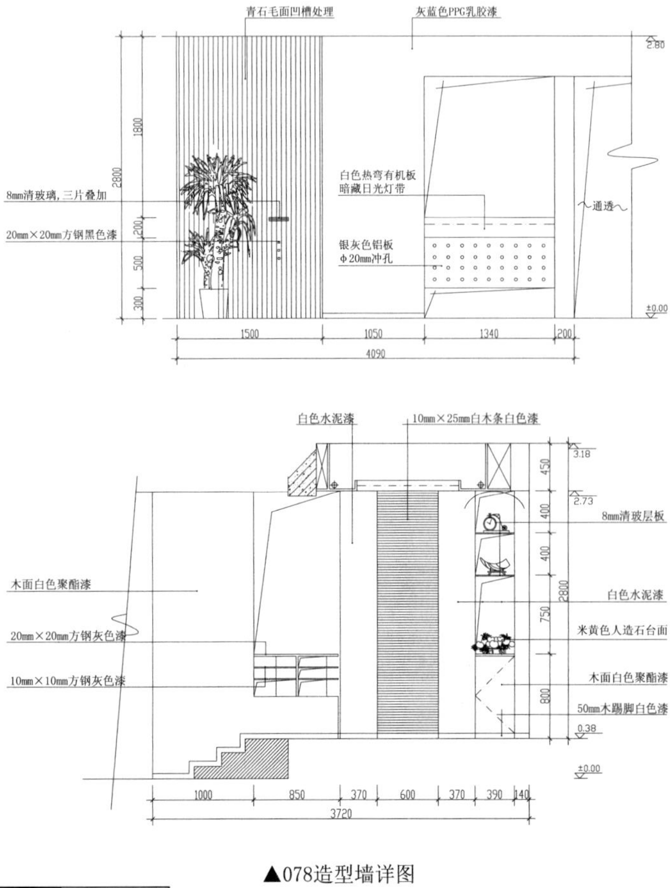

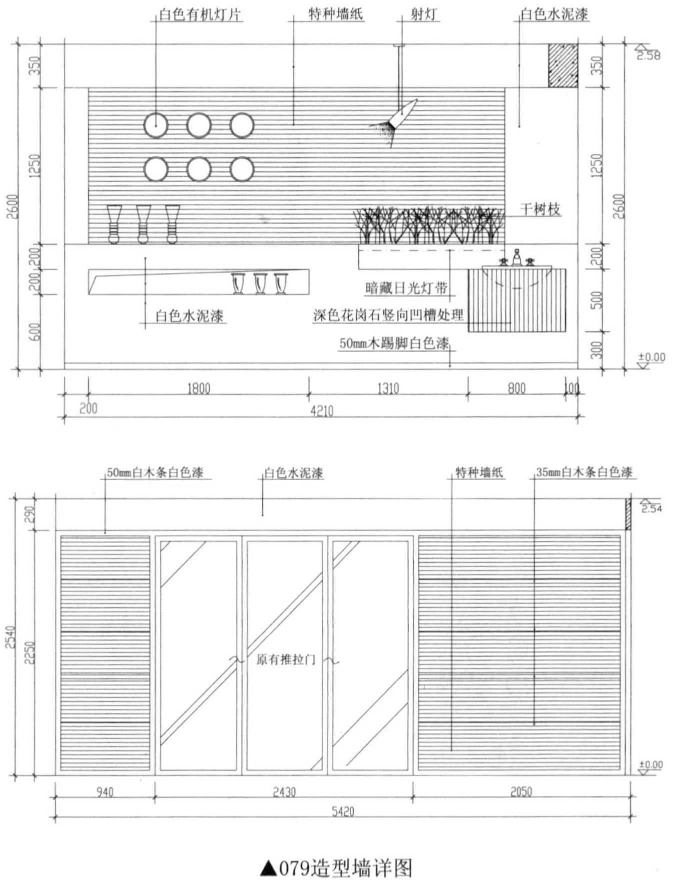

▲079造型墙详图

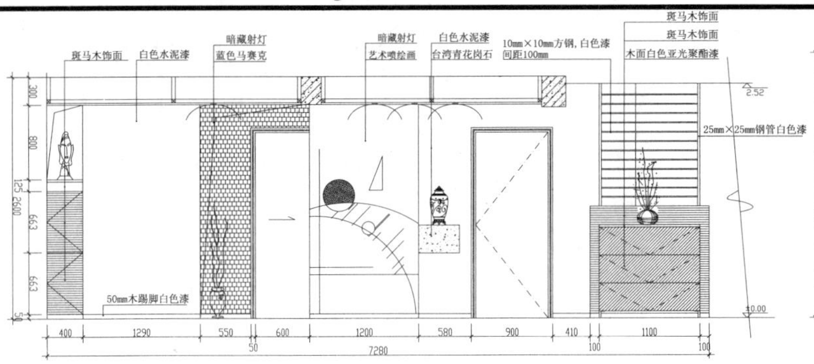

▲080造型墙详图

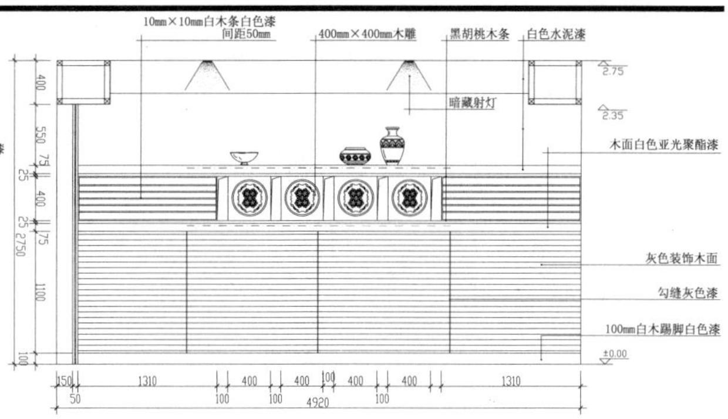

▲081造型墙详图

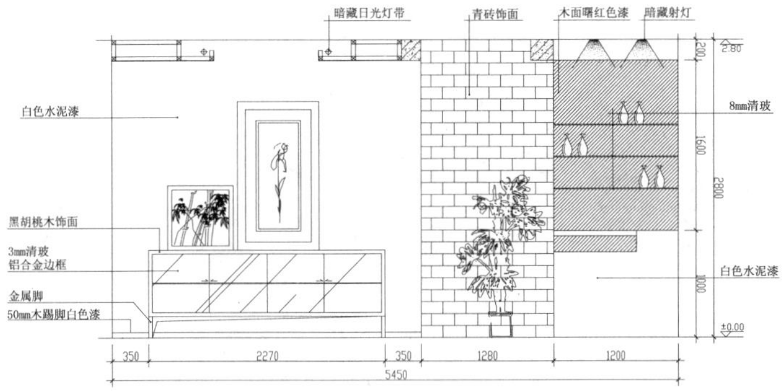

▲082造型墙详图

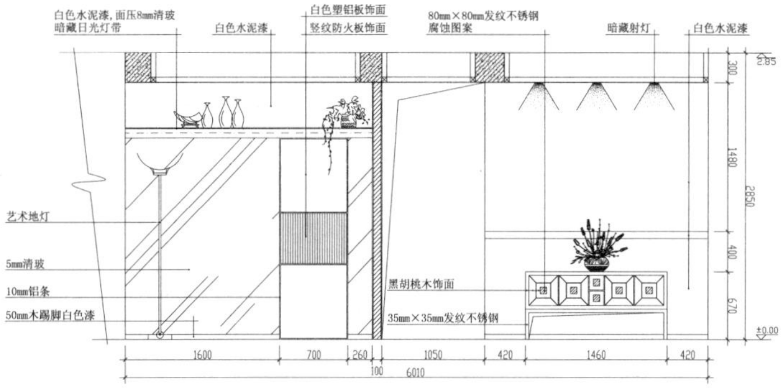

▲083造型墙详图

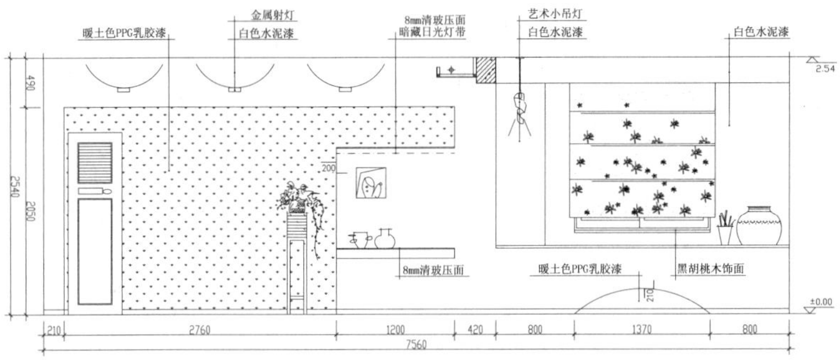

▲084造型墙详图

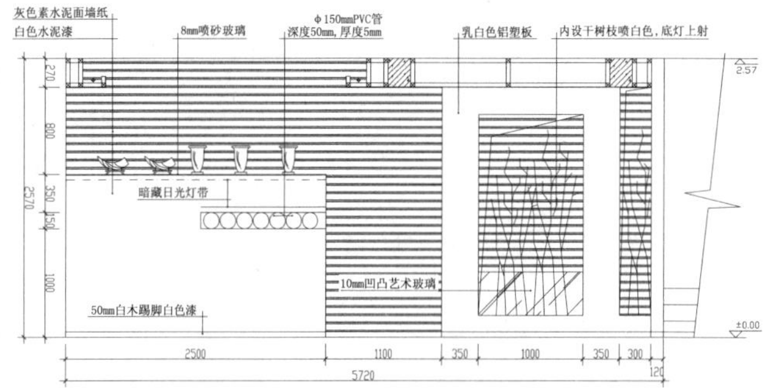

▲085造型墙详图

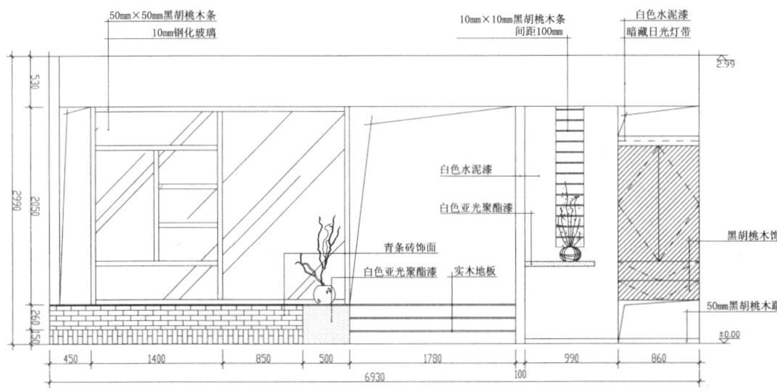

▲086造型墙详图

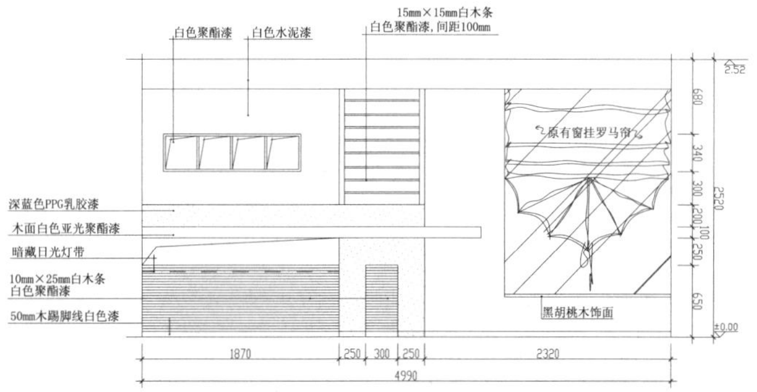

▲087造型墙详图

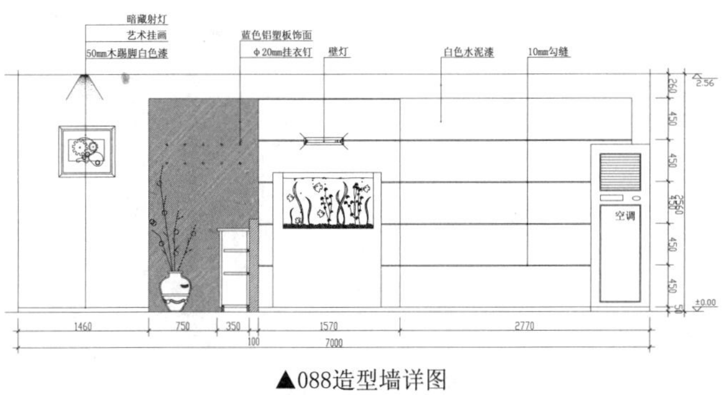

▲088造型墙详图

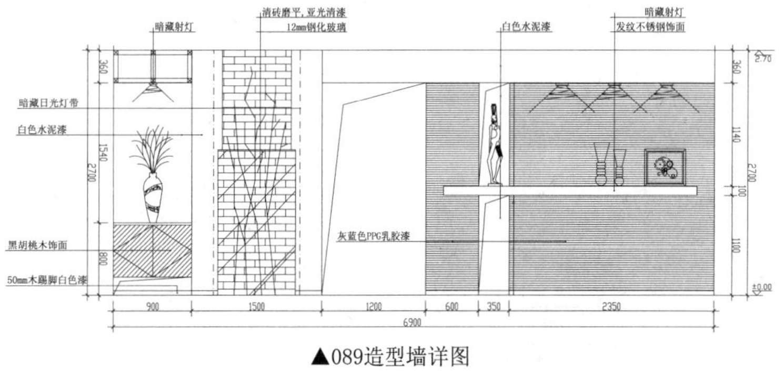

▲089造型墙详图

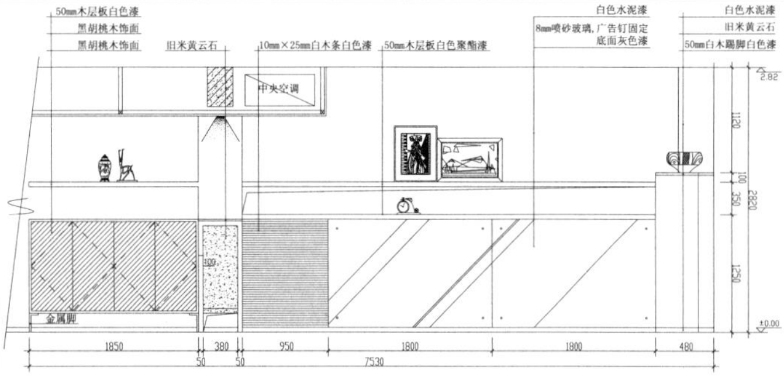

▲090造型墙详图

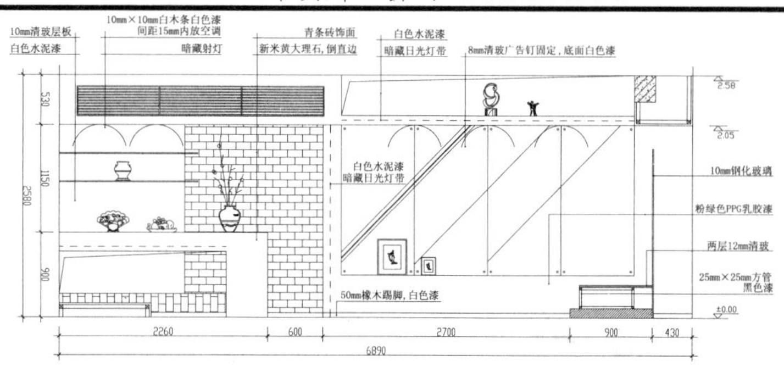

▲091造型墙详图

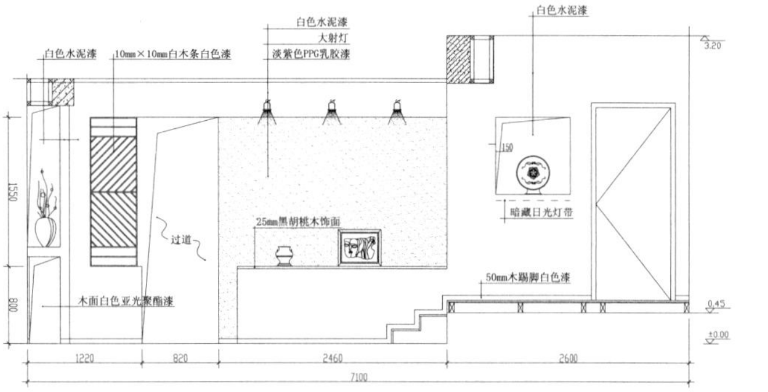

▲092造型墙详图

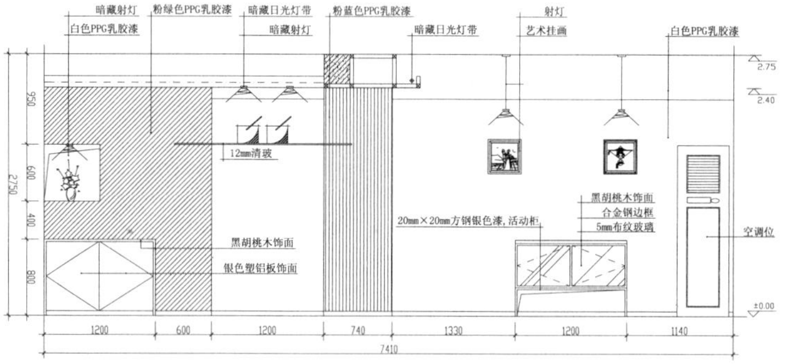

▲093造型墙详图

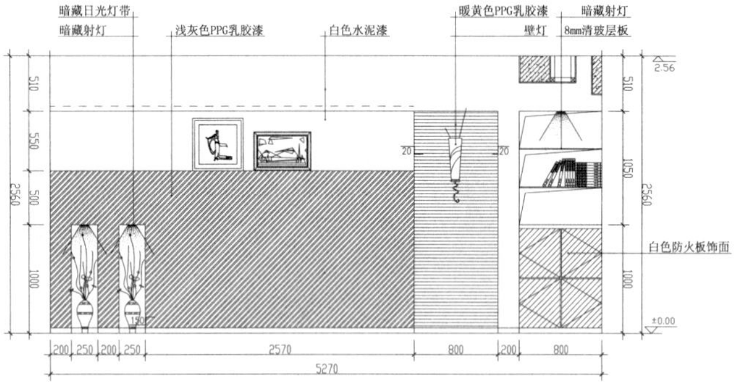

▲094造型墙详图

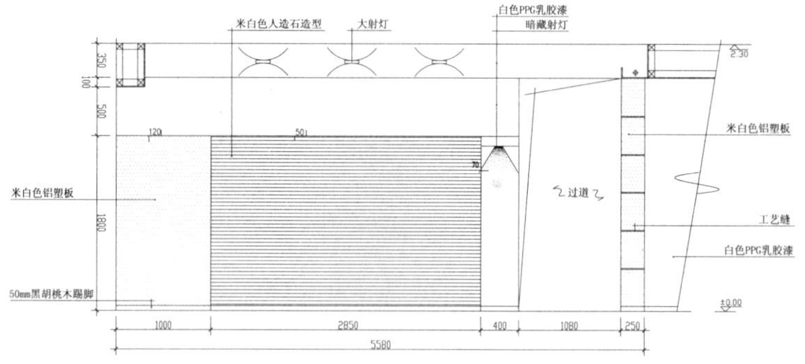

▲095造型墙详图

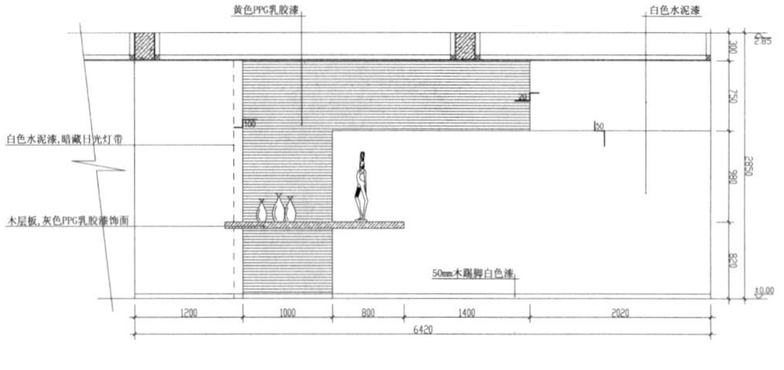

▲096造型墙详图

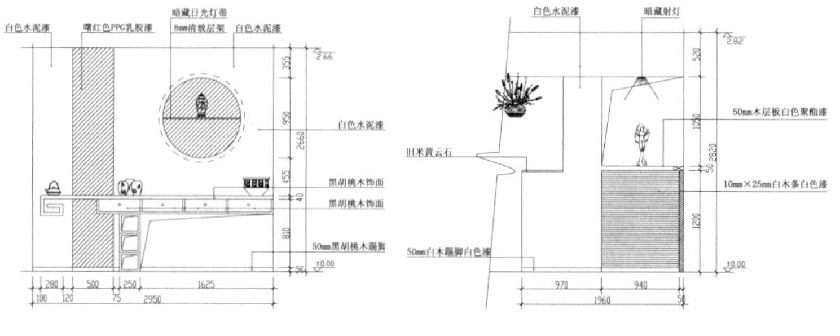

▲097造型墙详图

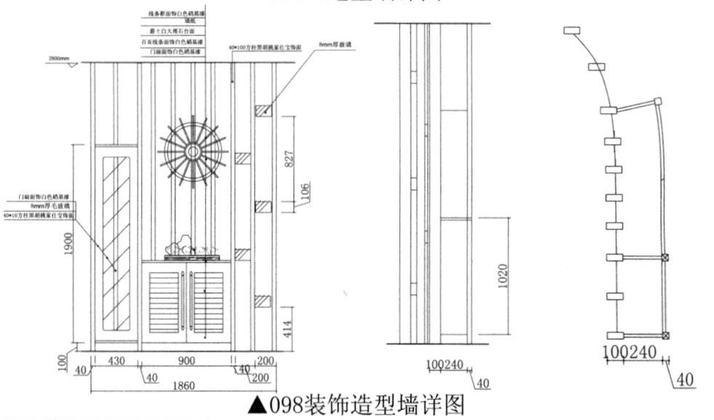

▲098装饰造型墙详图

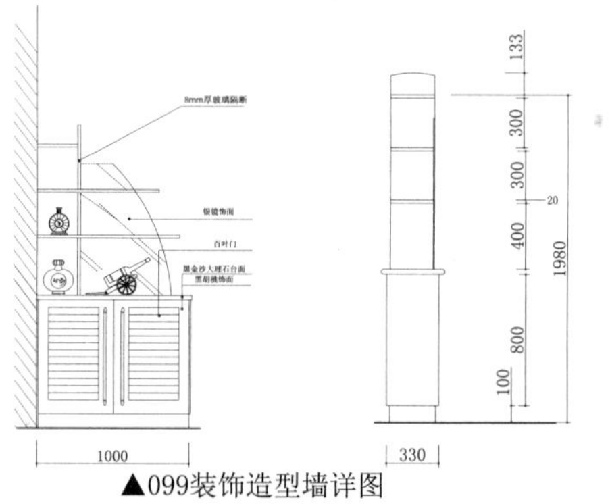

▲099装饰造型墙详图

内置绿竹沙石　　　1.2钢化玻璃　　　白色乳胶漆

内置绿竹沙石

钢化玻璃

黑檀饰面　黑檀饰面

踢脚线　内置软管灯　墙纸　白色乳胶漆

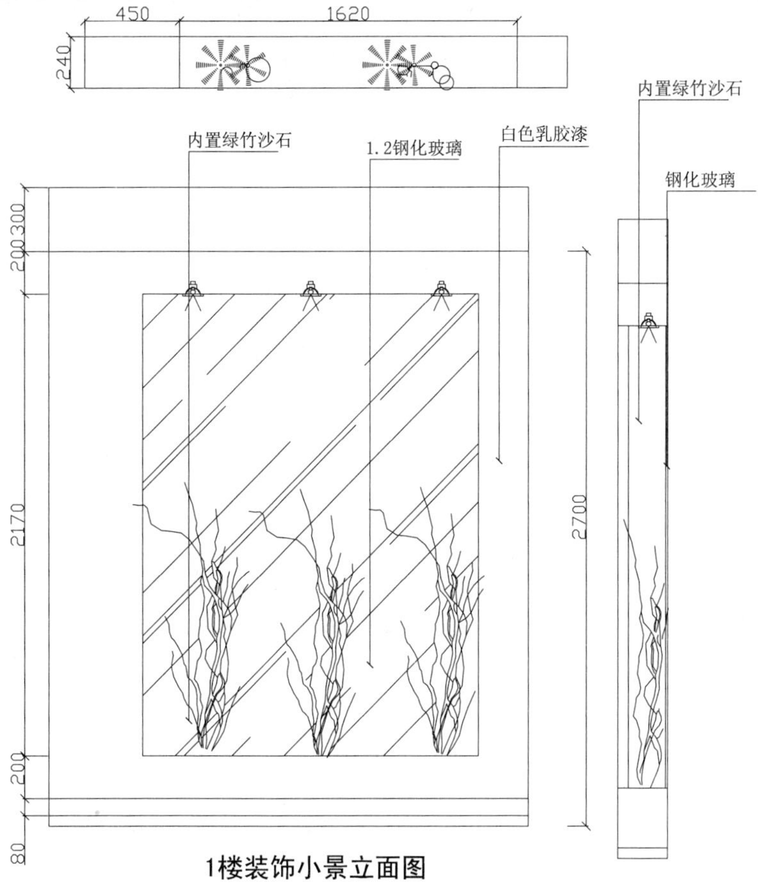

1楼装饰小景立面图

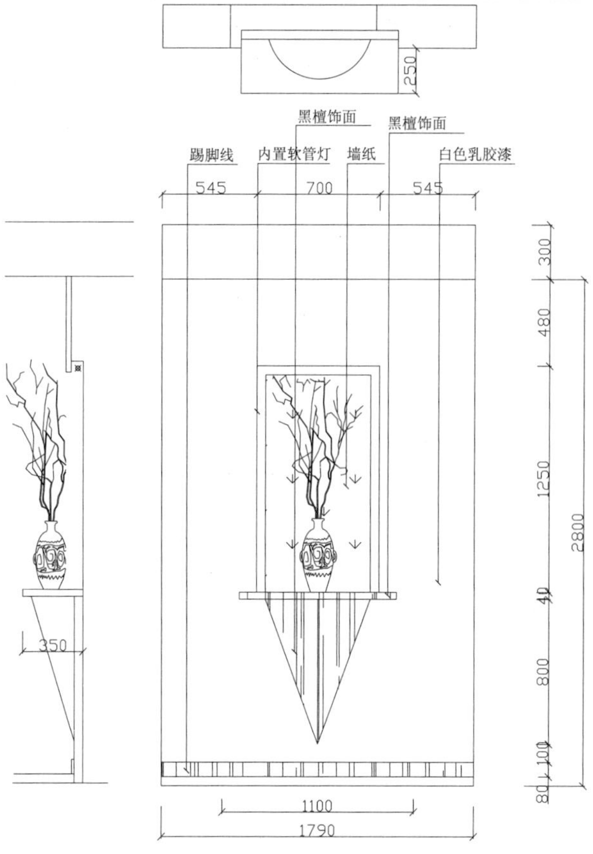

3楼过道小景立面图

▲100装饰造型墙详图

▲101装饰造型墙详图

白色乳胶漆
混水漆木板　　黑檀线条

胡桃木夹板
亚光清漆　　5厘喷砂玻璃　　实木格扇窗
亚光清漆
胡桃木夹板
亚光清漆

樱桃木夹板亚光清漆　暗藏走珠灯
黑金砂石材台面　樱桃木夹板
5厘喷砂玻璃　　亚光清漆　10厘车边玻璃搁板
内藏日光灯管　浅黄色混水漆　暗藏射灯
玻璃纤维壁布　8厘清玻璃　浅黄色混水漆
灰色乳胶漆　　　　　　浅黄色混水漆

ELEVATION
立面图

ELEVATION
立面图

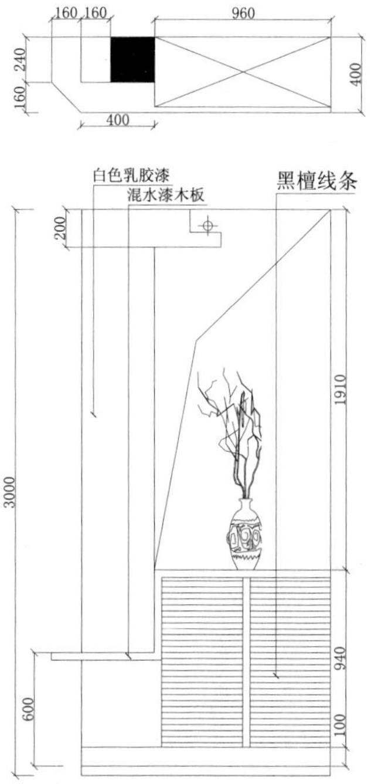

▲102装饰造型墙详图

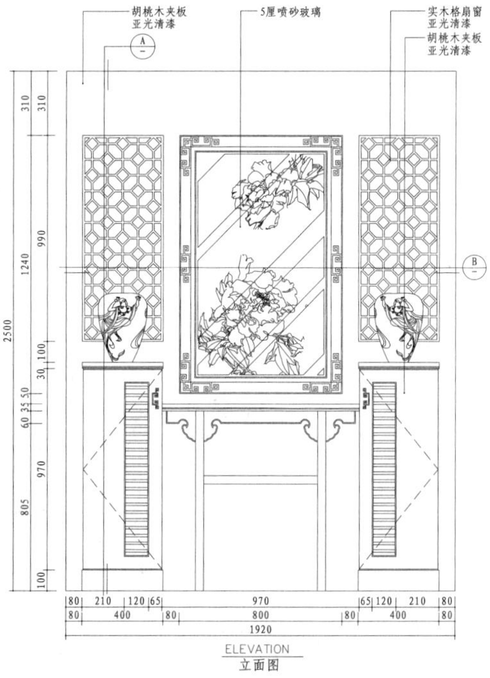

▲103造型墙详图

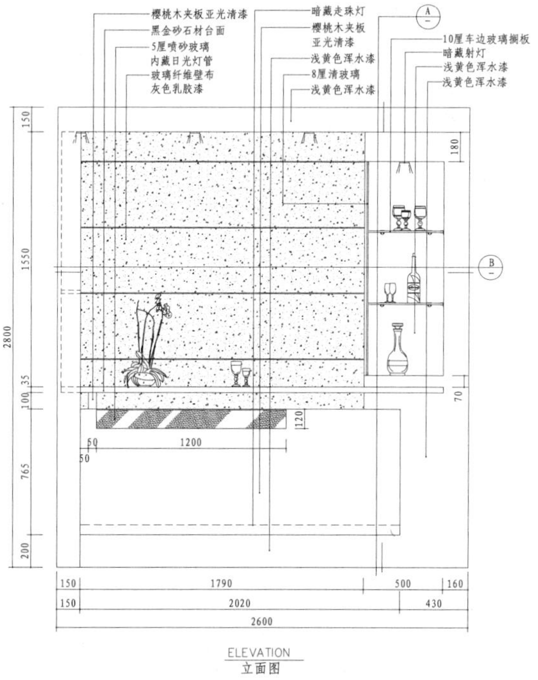

▲104造型墙详图

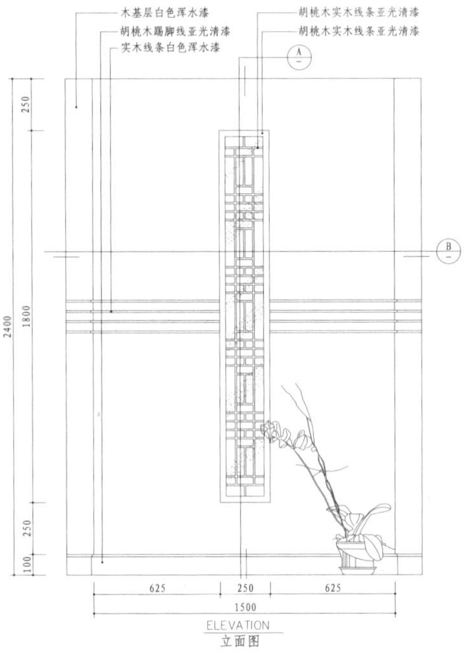

▲105造型墙详图

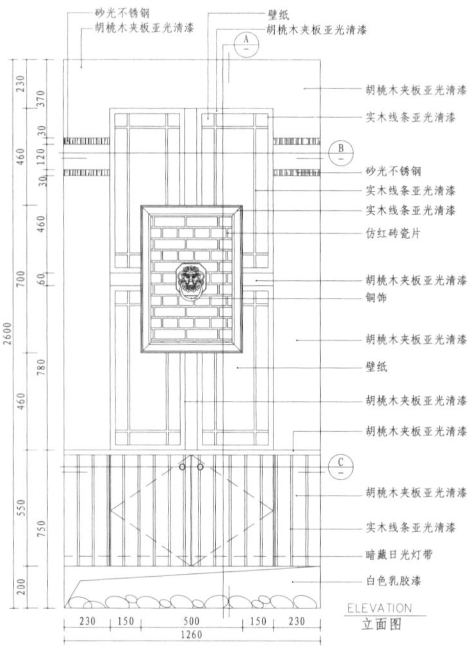

▲106造型墙详图

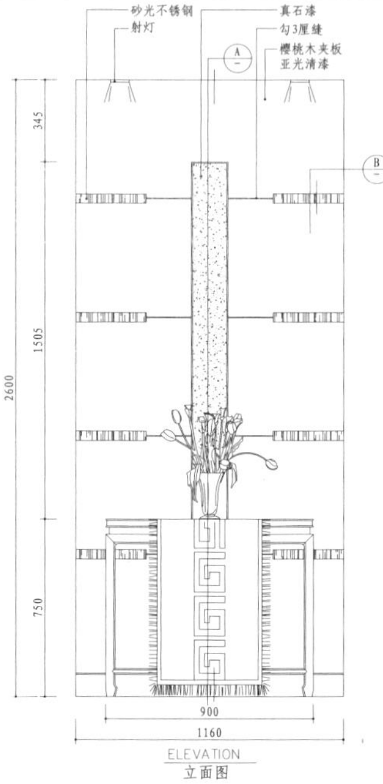

▲107造型墙详图

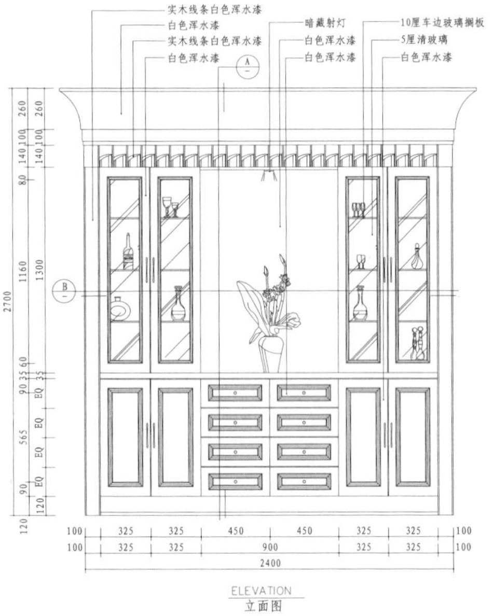

▲108造型墙详图

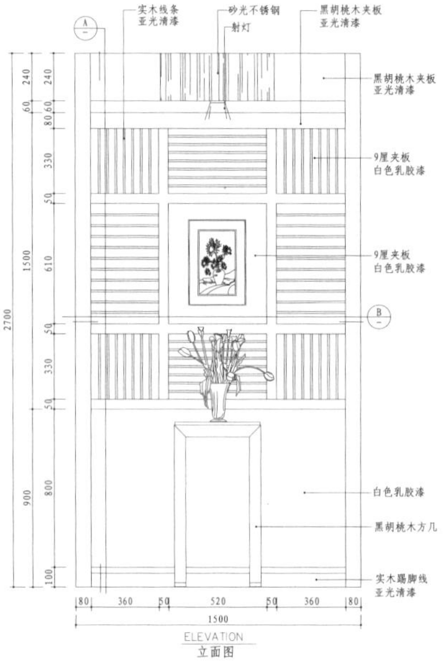

▲109造型墙详图

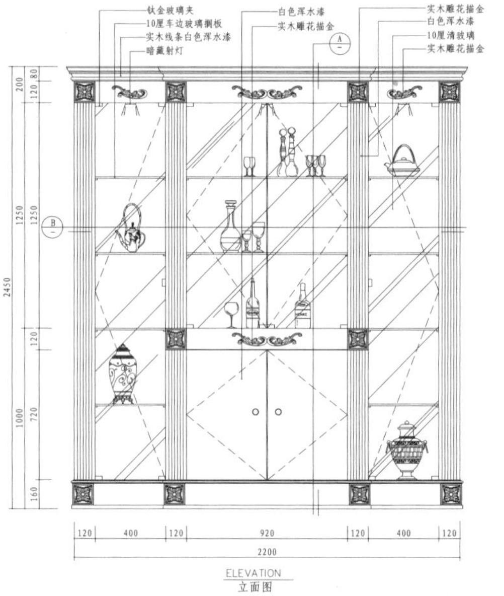

▲110造型墙详图

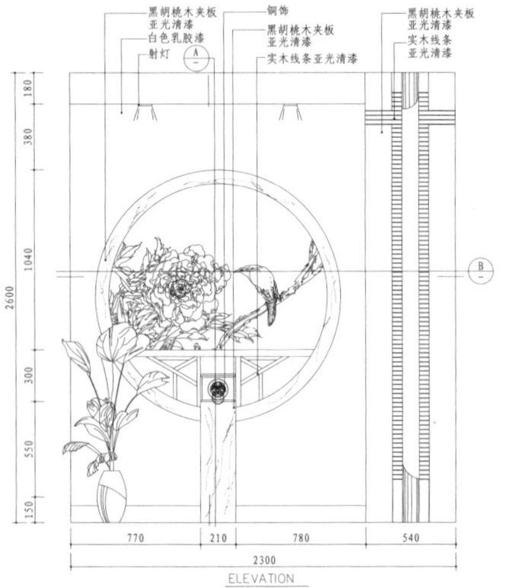

▲111造型墙详图

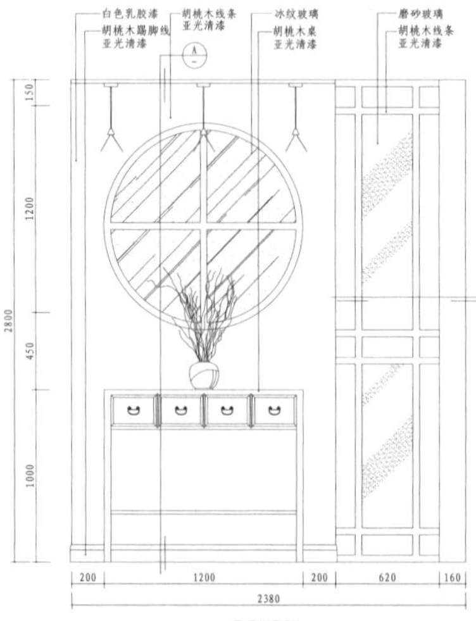

▲112造型墙详图

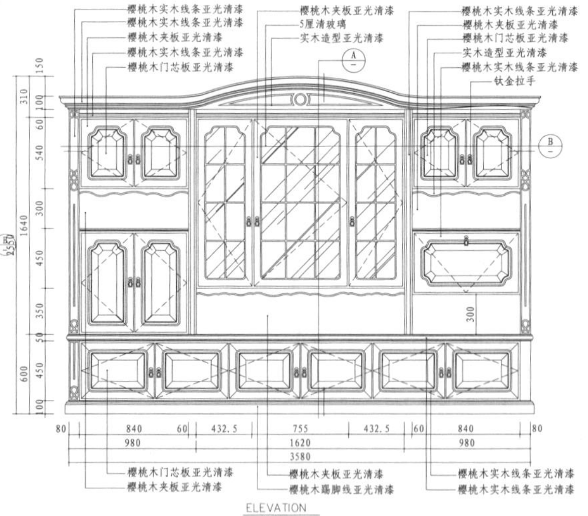

▲113造型墙详图

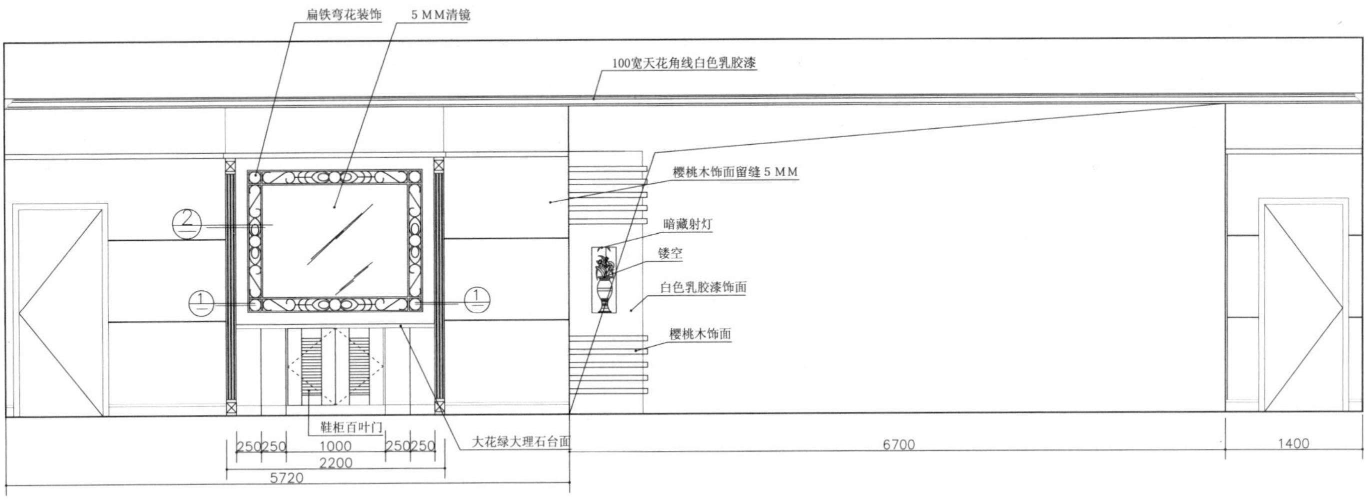
扁铁弯花装饰
5MM清镜
100宽天花角线白色乳胶漆
樱桃木饰面留缝5MM
暗藏射灯
镂空
白色乳胶漆饰面
樱桃木饰面
鞋柜百叶门
大花绿大理石台面
250 250 1000 250 250
2200
5720
6700
1400

▲114通道造型墙详图

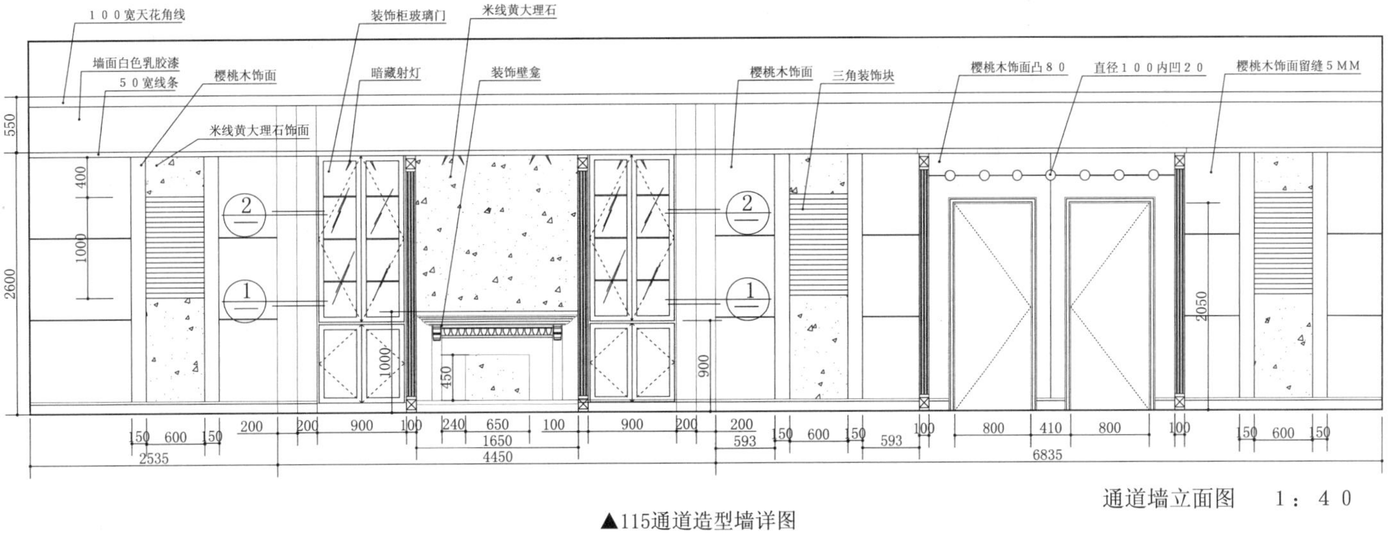
100宽天花角线
墙面白色乳胶漆
50宽线条
樱桃木饰面
米线黄大理石饰面
装饰柜玻璃门
暗藏射灯
米线黄大理石
装饰壁龛
樱桃木饰面
三角装饰块
樱桃木饰面凸80
直径100内凹20
樱桃木饰面留缝5MM
550
2600
400
1000
1000
450
900
2050
150 600 150
200 200 900 100 240 650 100 900 200 200
1650
593 150 600 150 593 100 800 410 800 100 150 600 150
2535
4450
6835
通道墙立面图 1：40

▲115通道造型墙详图

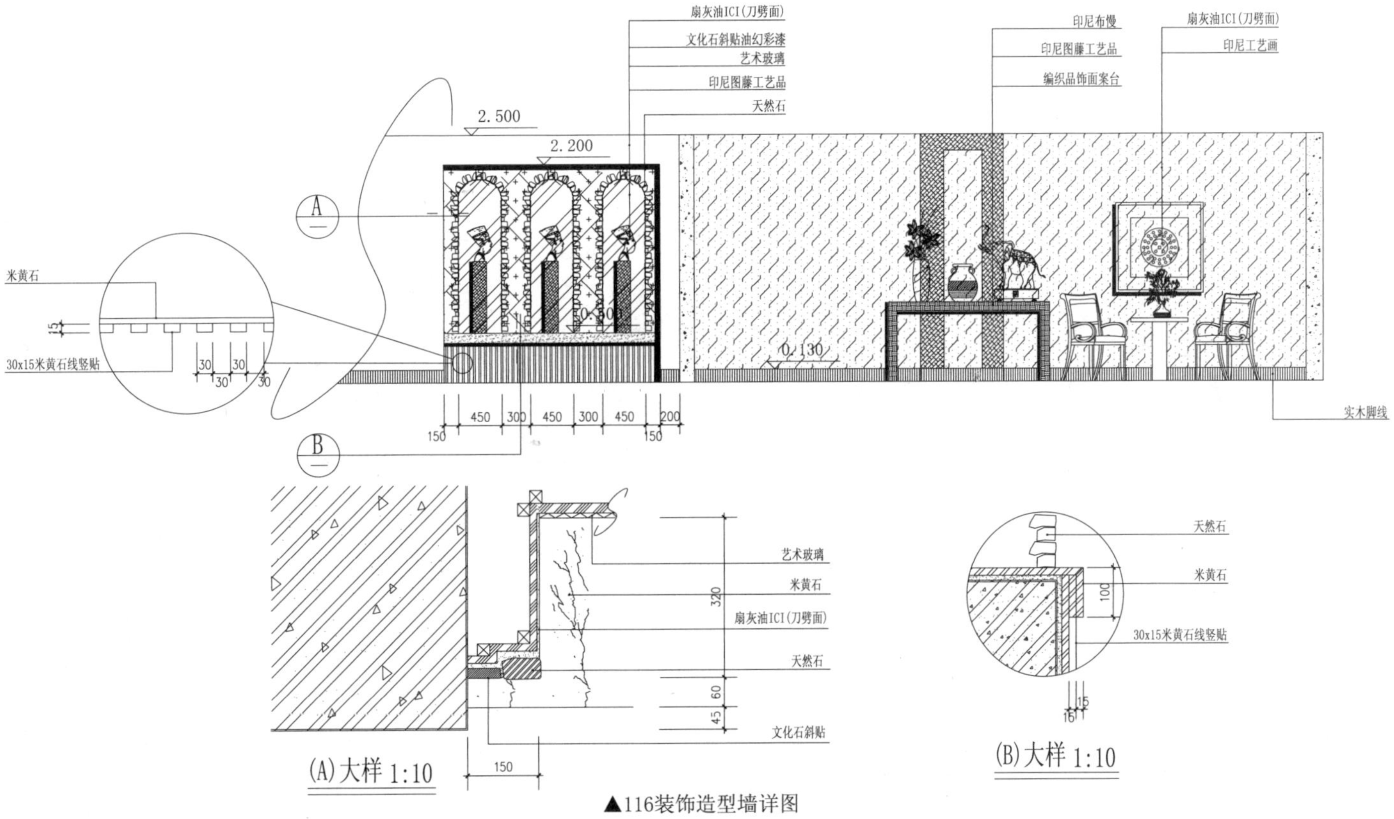
扇灰油ICI(刀劈面)
文化石斜贴油幻彩漆
艺术玻璃
印尼图藤工艺品
天然石
印尼布慢
印尼图藤工艺品
编织品饰面案台
扇灰油ICI(刀劈面)
印尼工艺画
2.500
2.200
0.500
0.130
实木脚线
米黄石
30x15米黄石线竖贴
15
30 30 30 30
450 300 450 300 450 200
150 150
艺术玻璃
米黄石
扇灰油ICI(刀劈面)
天然石
文化石斜贴
320
60
45
150
(A)大样 1:10
天然石
米黄石
30x15米黄石线竖贴
100
15
16
(B)大样 1:10

▲116装饰造型墙详图

造型墙

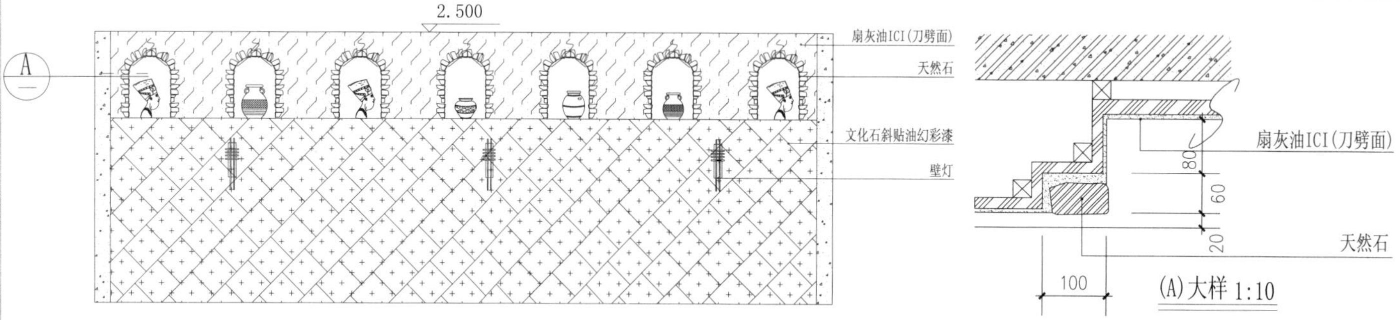
2.500
A
扇灰油ICI(刀劈面)
天然石
文化石斜贴油幻彩漆
壁灯
扇灰油ICI(刀劈面)
80
60
20
天然石
100
(A)大样 1:10

▲117装饰造型墙详图

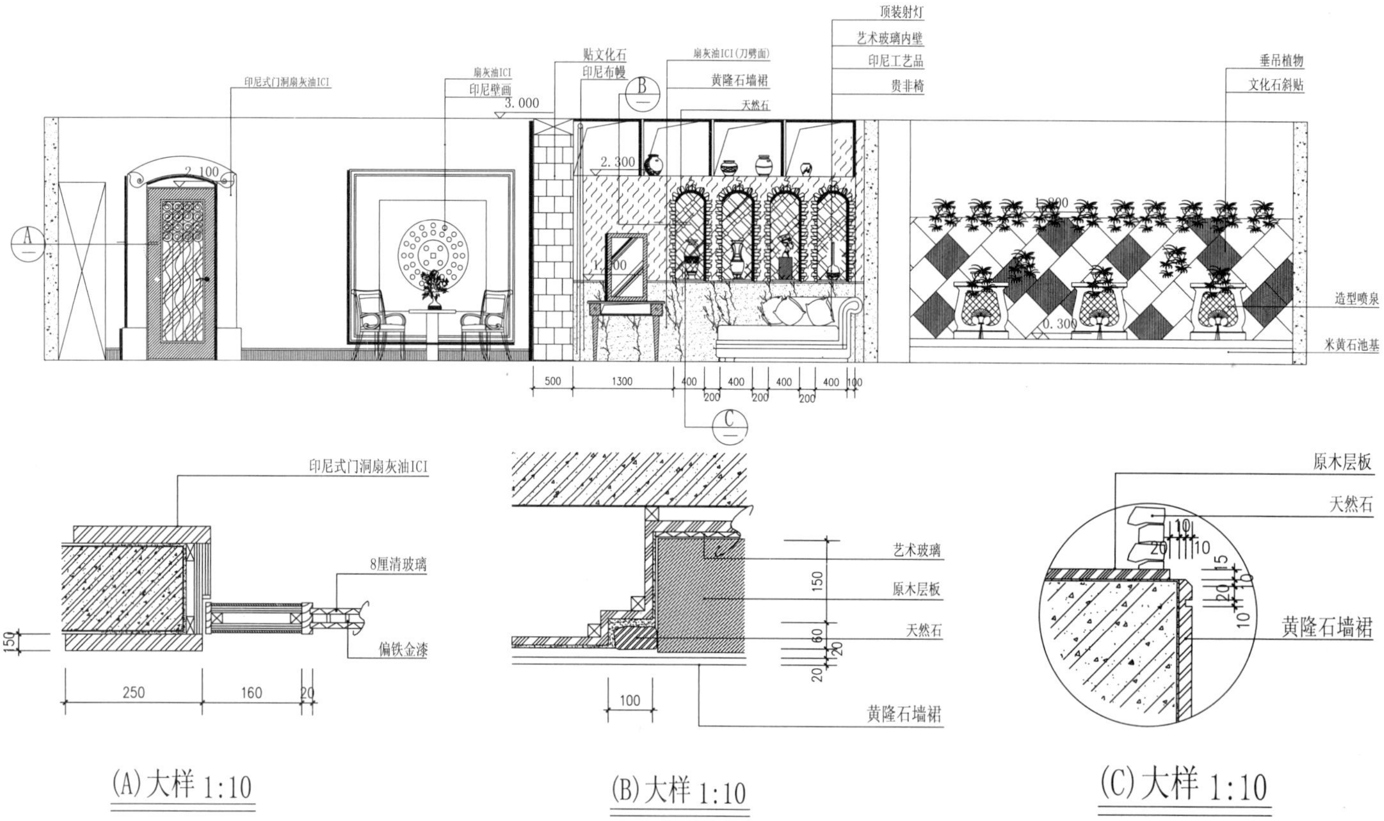
印尼式门洞扇灰油ICI
扇灰油ICI
印尼壁画
贴文化石
印尼布幔
扇灰油ICI(刀劈面)
黄隆石墙裙
天然石
顶装射灯
艺术玻璃内壁
印尼工艺品
贵非椅
垂吊植物
文化石斜贴
造型喷泉
米黄石池基
3.000
2.100
2.300
1.200
0.300
A
B
C
500
1300
400
200
100
印尼式门洞扇灰油ICI
8厘清玻璃
偏铁金漆
150
250
160
20
(A)大样 1:10
艺术玻璃
原木层板
天然石
黄隆石墙裙
150
60
20
100
(B)大样 1:10
原木层板
天然石
黄隆石墙裙
10
20
15
(C)大样 1:10

▲118装饰造型墙详图

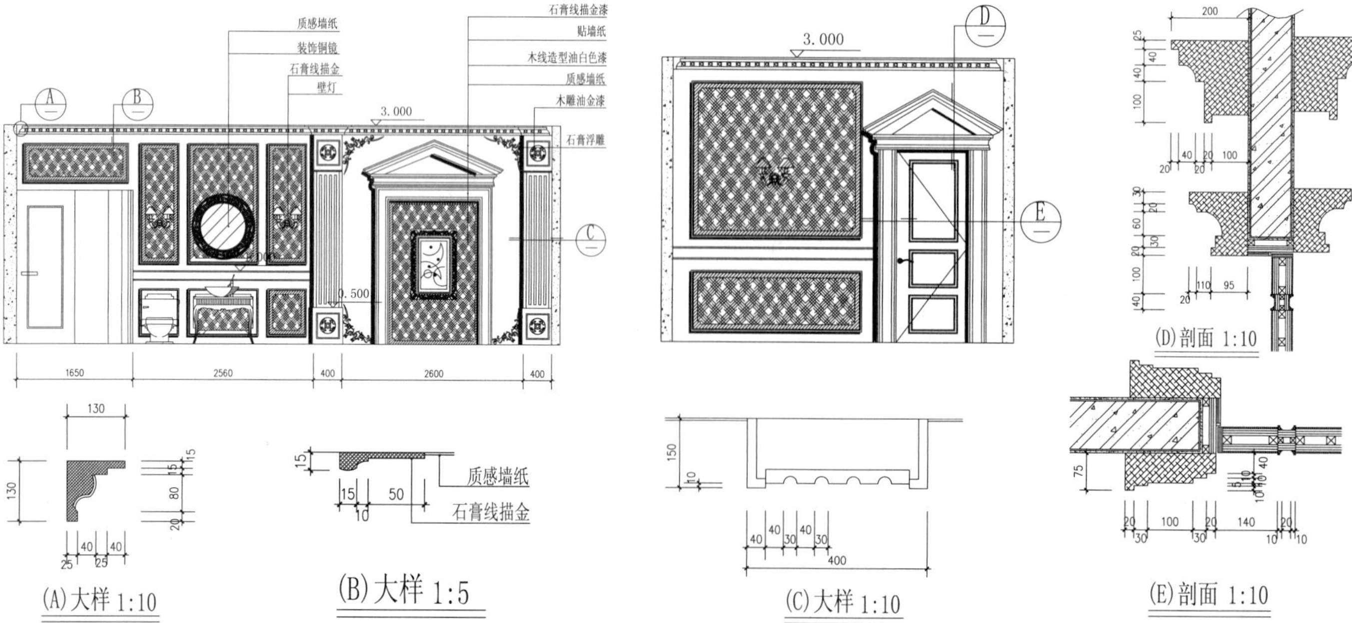

▲119装饰造型墙详图

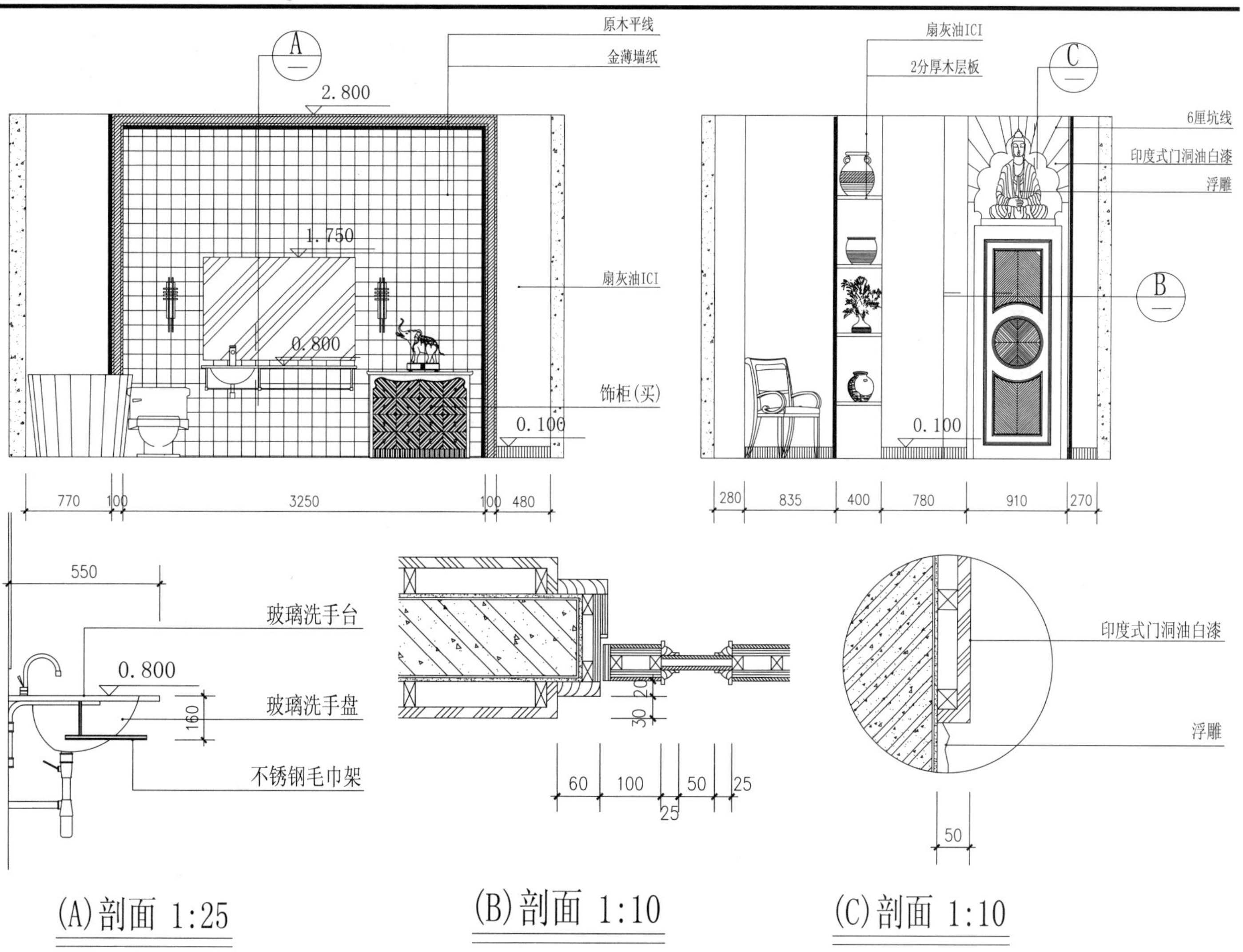
原木平线
金薄墙纸
A
2.800
1.750
0.800
扇灰油ICI
饰柜(买)
0.100
770
100
3250
100
480
扇灰油ICI
2分厚木层板
C
6厘坑线
印度式门洞油白漆
浮雕
B
0.100
280
835
400
780
910
270
550
玻璃洗手台
0.800
玻璃洗手盘
160
不锈钢毛巾架
(A)剖面 1:25
20
30
60
100
50
25
25
(B)剖面 1:10
印度式门洞油白漆
浮雕
50
(C)剖面 1:10

▲120装饰造型墙详图

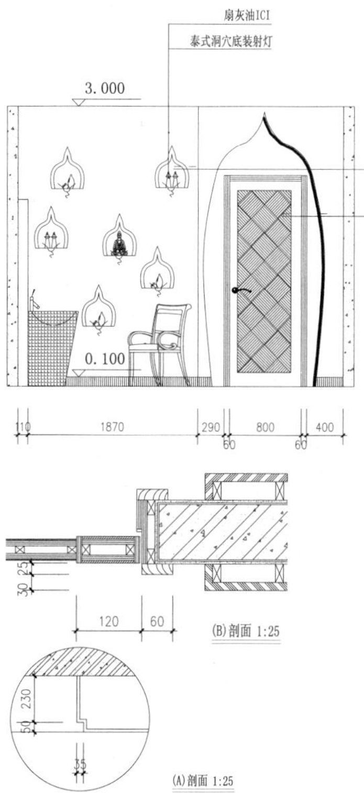
扇灰油ICI
泰式洞穴底装射灯
3.000
A
B
0.100
110
1870
290
800
400
60
60
30
25
120
60
(B)剖面 1:25
230
50
35
(A)剖面 1:25

▲121装饰造型墙详图

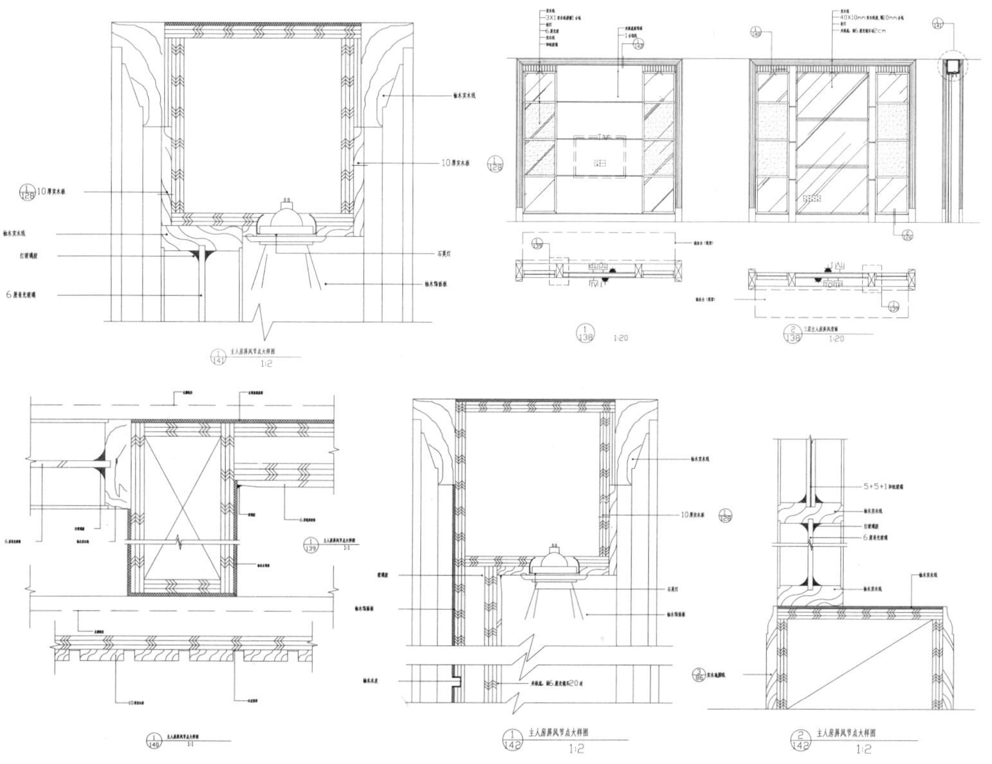

▲122主卧屏风详图

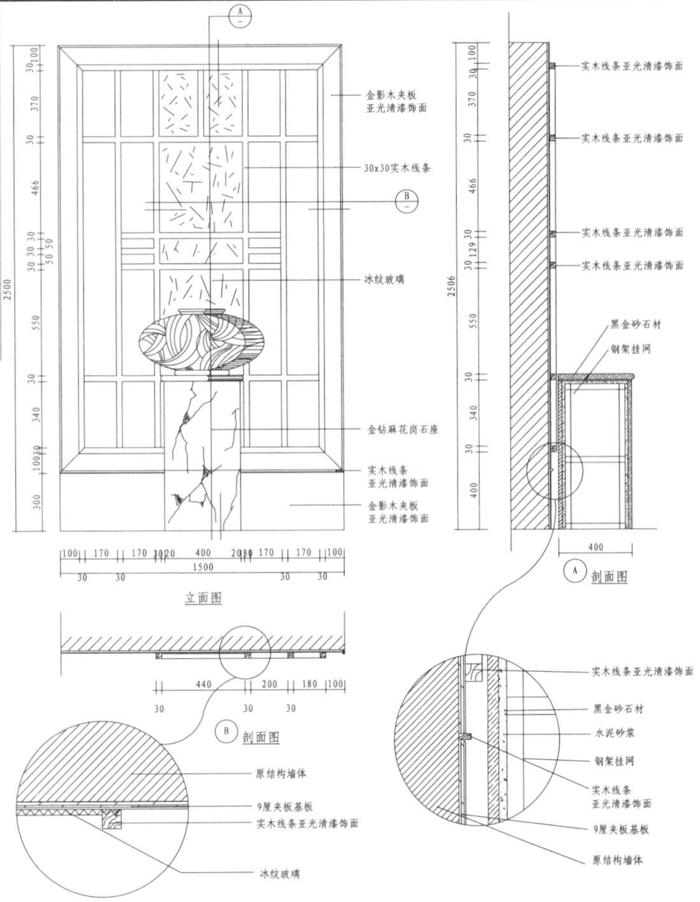

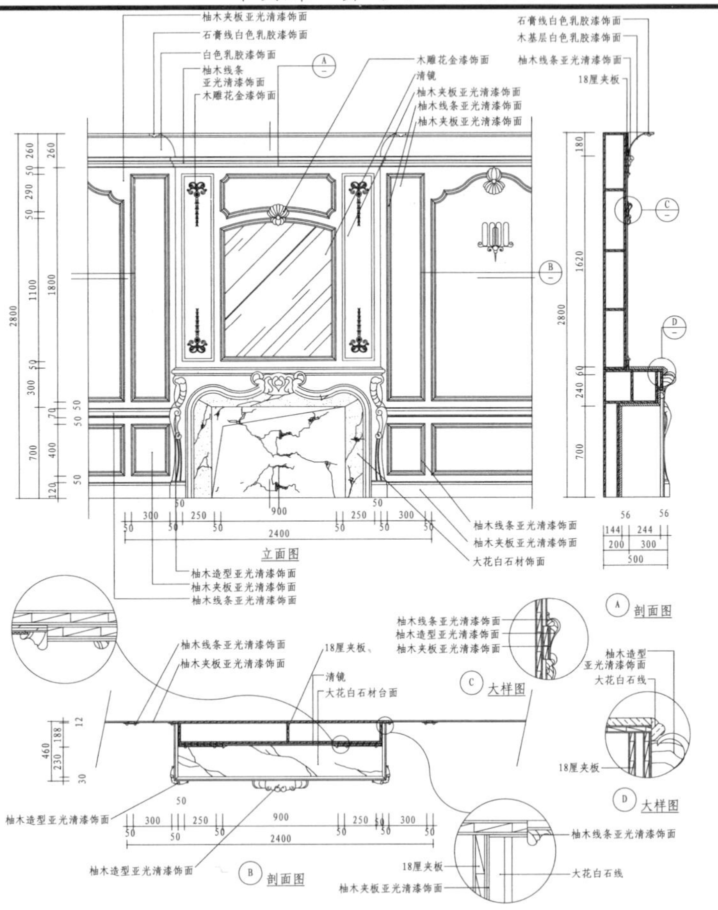

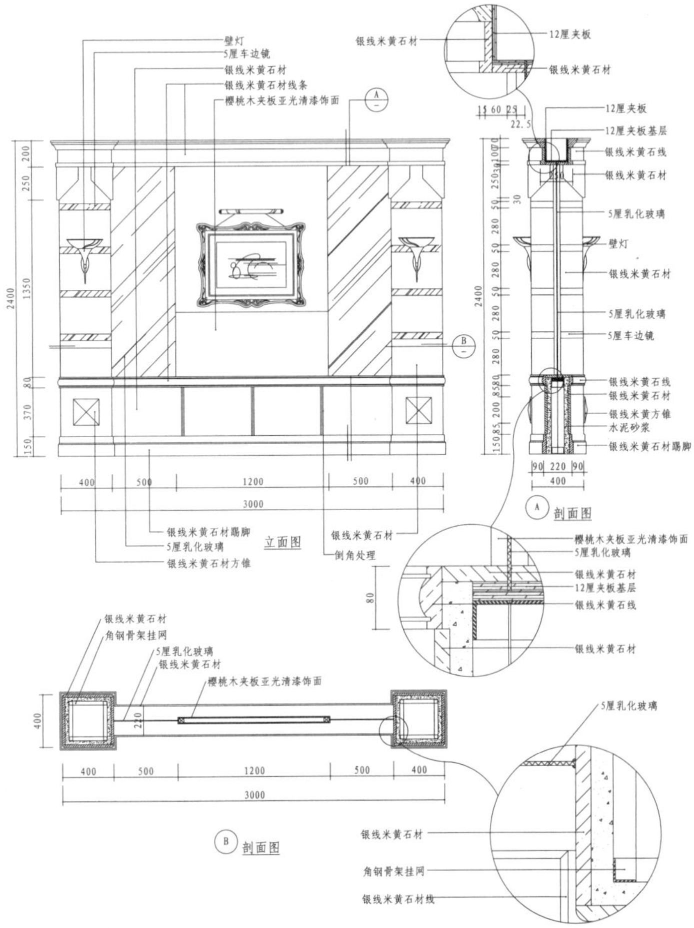

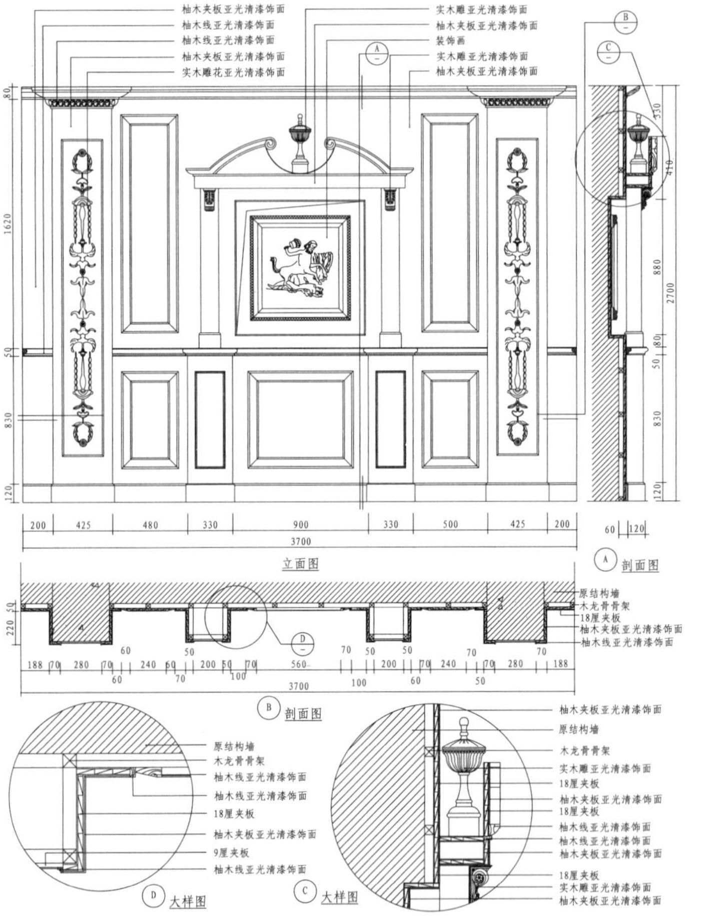

▲123装饰墙面节点详图集

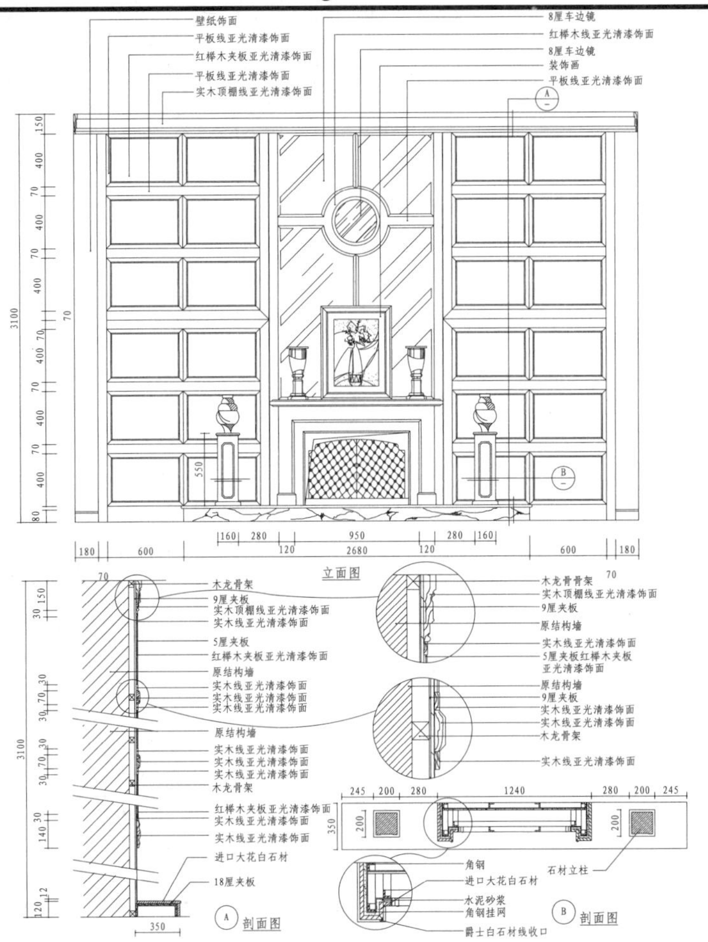
壁纸饰面
平板线亚光清漆饰面
红榉木夹板亚光清漆饰面
平板线亚光清漆饰面
实木顶棚线亚光清漆饰面
8厘车边镜
红榉木线亚光清漆饰面
8厘车边镜
装饰画
平板线亚光清漆饰面
立面图
木龙骨架
9厘夹板
实木顶棚线亚光清漆饰面
实木线亚光清漆饰面
5厘夹板
红榉木夹板亚光清漆饰面
原结构墙
木龙骨架
进口大花白石材
18厘夹板
角钢
进口大花白石材
水泥砂浆
角钢挂网
爵士白石材线收口
石材立柱
剖面图
剖面图

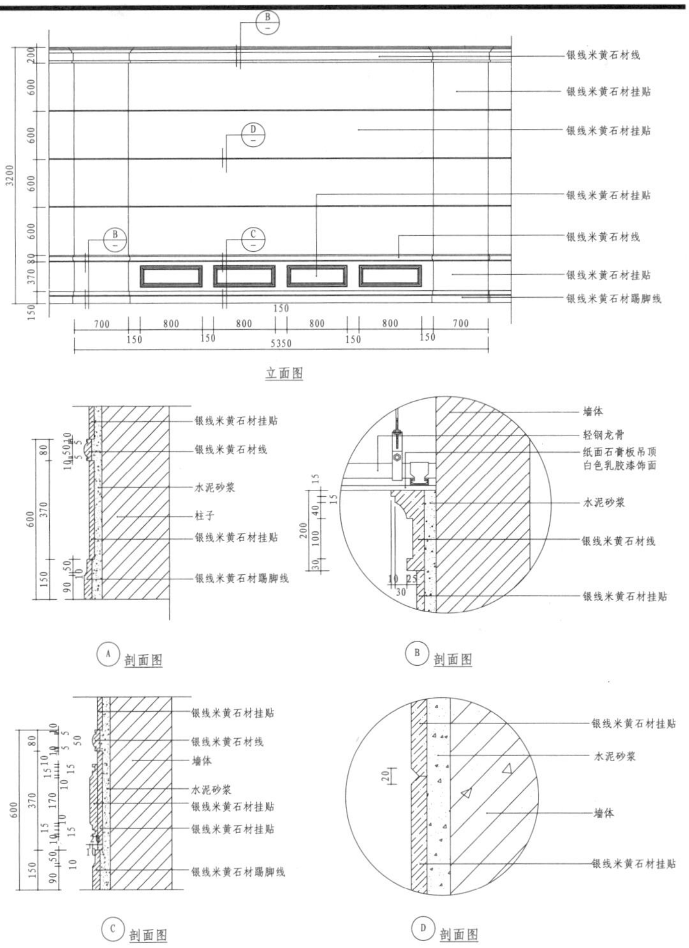
银线米黄石材线
银线米黄石材挂贴
银线米黄石材踢脚线
立面图
柱子
水泥砂浆
墙体
轻钢龙骨
纸面石膏板吊顶
白色乳胶漆饰面
剖面图
剖面图
剖面图
剖面图

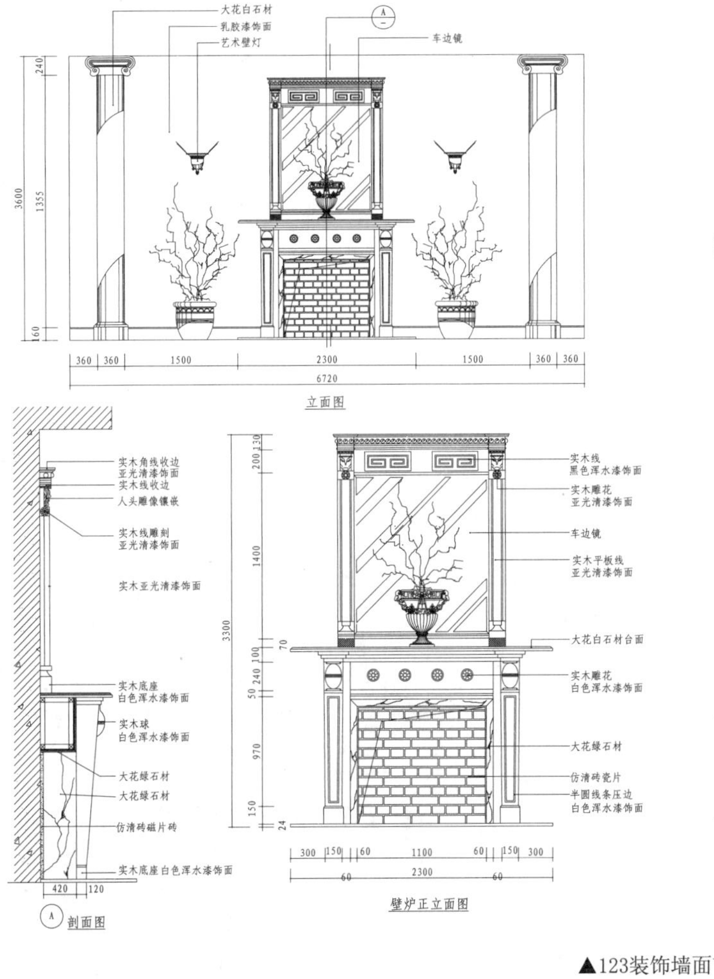
大花白石材
乳胶漆饰面
艺术壁灯
车边镜
立面图
实木角线收边
亚光清漆饰面
实木线收边
人头雕像镶嵌
实木线雕刻
亚光清漆饰面
实木亚光清漆饰面
实木底座
白色浑水漆饰面
实木球
白色浑水漆饰面
大花绿石材
仿清砖磁片砖
实木底座白色浑水漆饰面
剖面图
实木线
黑色浑水漆饰面
实木雕花
亚光清漆饰面
实木平板线
亚光清漆饰面
大花白石材台面
实木雕花
白色浑水漆饰面
仿清砖瓷片
半圆线条压边
白色浑水漆饰面
壁炉正立面图

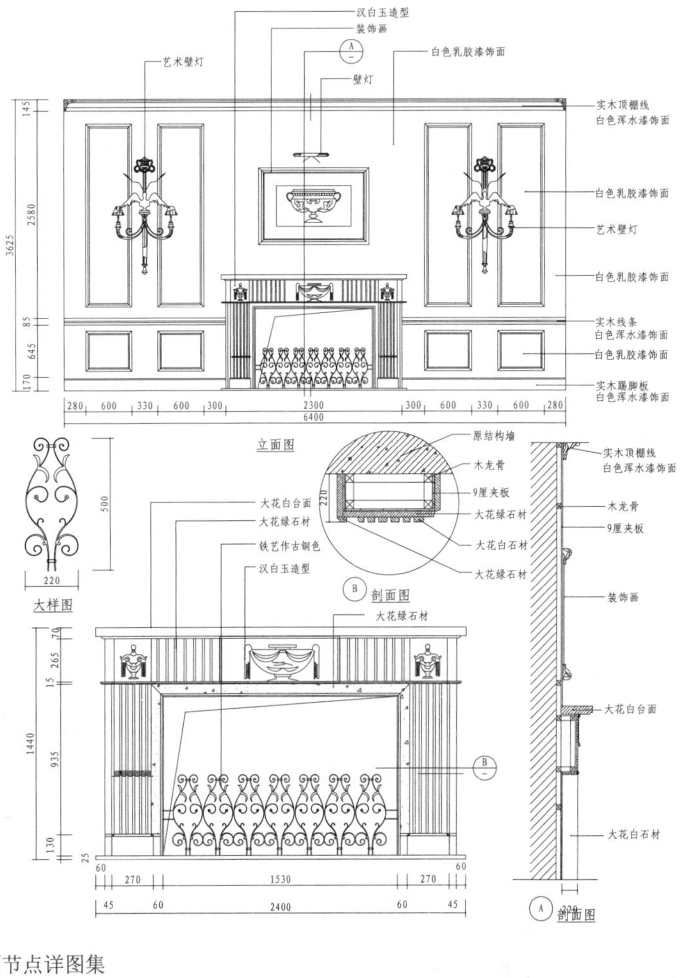
汉白玉造型
装饰画
白色乳胶漆饰面
艺术壁灯
壁灯
实木顶棚线
白色浑水漆饰面
实木线条
实木踢脚板
立面图
大样图
原结构墙
木龙骨
9厘夹板
大花绿石材
大花白石材
大花白台面
铁艺作古铜色
剖面图
装饰画
剖面图

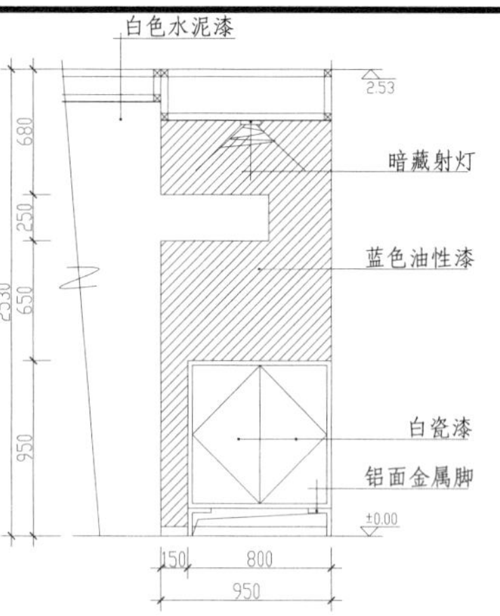
白色水泥漆
暗藏射灯
蓝色油性漆
白瓷漆
铝面金属脚

▲001玄关详图

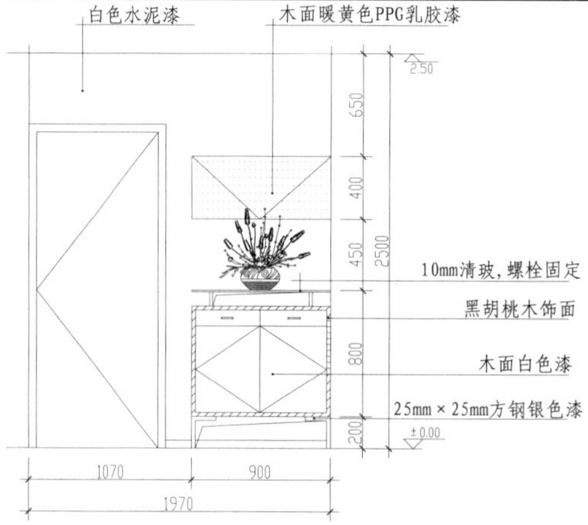
白色水泥漆
木面暖黄色PPG乳胶漆
10mm清玻，螺栓固定
黑胡桃木饰面
木面白色漆
25mm×25mm方钢银色漆

▲002玄关详图

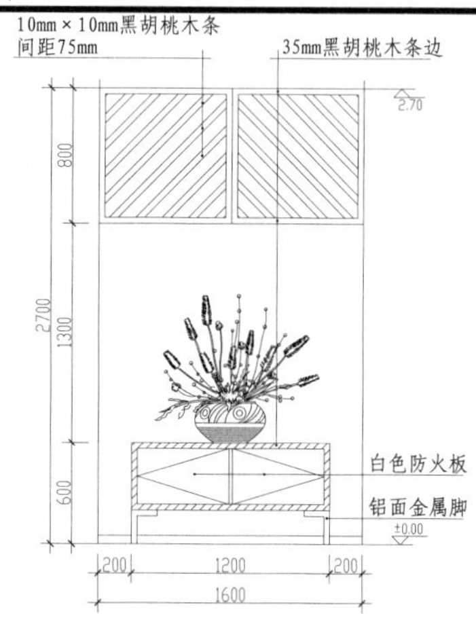
10mm×10mm黑胡桃木条
间距75mm
35mm黑胡桃木条边
白色防火板
铝面金属脚

▲003玄关详图

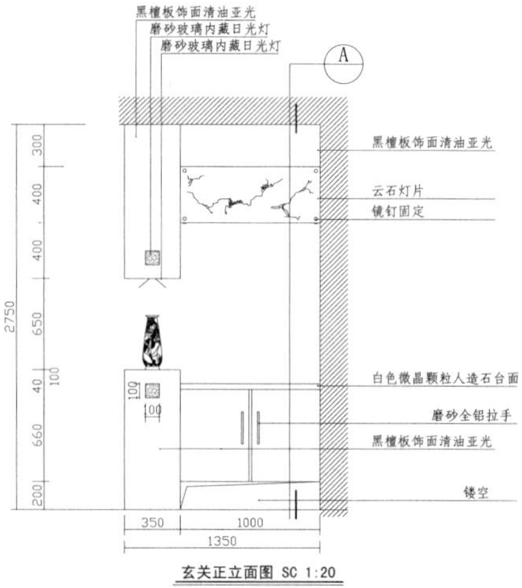
黑檀板饰面清油亚光
磨砂玻璃内藏日光灯
磨砂玻璃内藏日光灯
A
黑檀板饰面清油亚光
云石灯片
镜钉固定
白色微晶颗粒人造石台面
磨砂全铝拉手
黑檀板饰面清油亚光
镂空
玄关正立面图 SC 1:20

▲004玄关详图

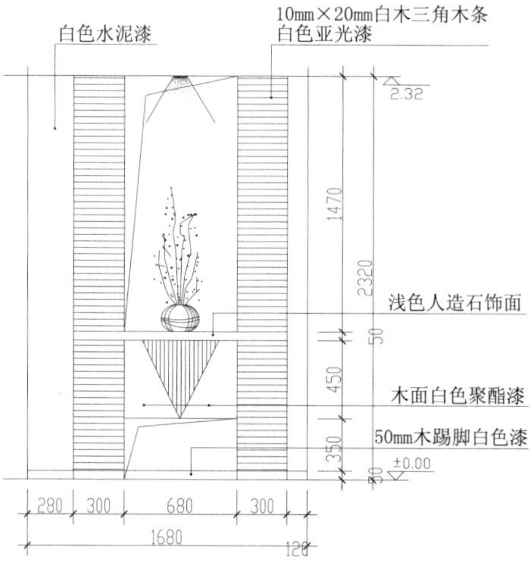
白色水泥漆
10mm×20mm白木三角木条
白色亚光漆
浅色人造石饰面
木面白色聚酯漆
50mm木踢脚白色漆

▲005玄关详图

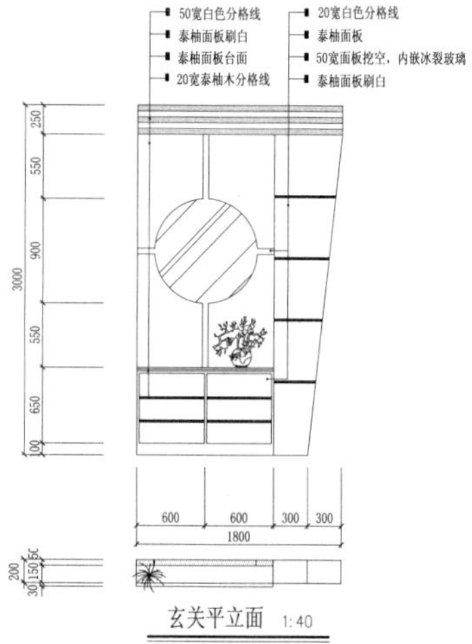
50宽白色分格线
泰柚面板刷白
泰柚面板台面
20宽泰柚木分格线
20宽白色分格线
泰柚面板
50宽面板挖空，内嵌冰裂玻璃
泰柚面板刷白
玄关平立面 1:40

▲006玄关详图

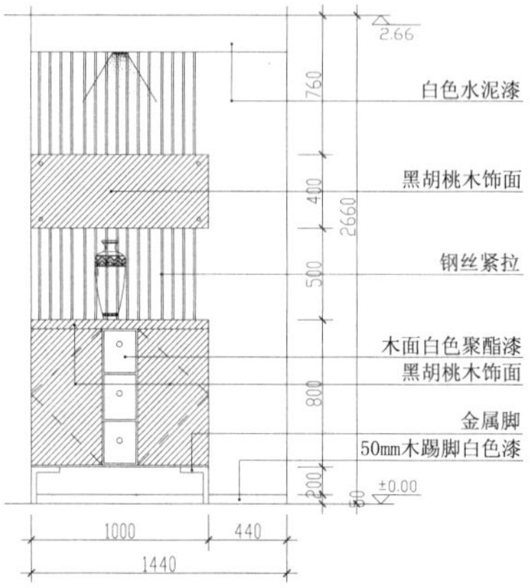
白色水泥漆
黑胡桃木饰面
钢丝紧拉
木面白色聚酯漆
黑胡桃木饰面
金属脚
50mm木踢脚白色漆

▲007玄关详图

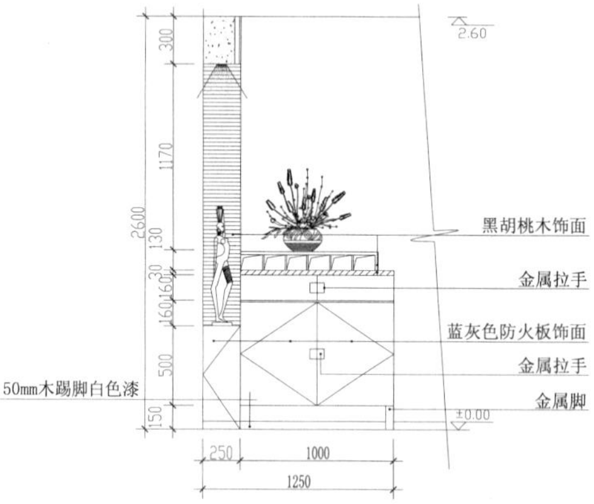
黑胡桃木饰面
金属拉手
蓝灰色防火板饰面
金属拉手
金属脚
50mm木踢脚白色漆

▲008玄关详图

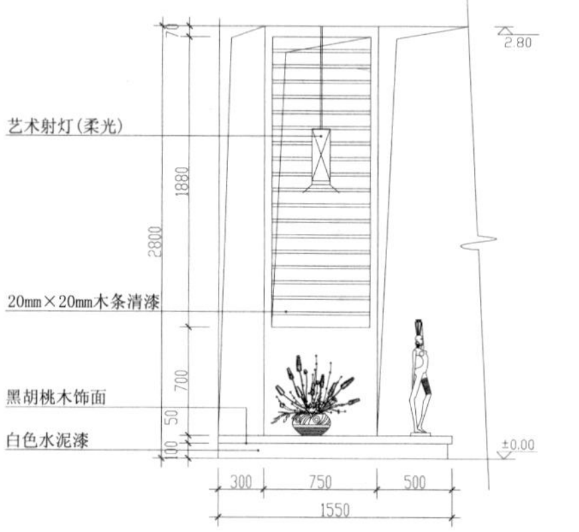
艺术射灯(柔光)
20mm×20mm木条清漆
黑胡桃木饰面
白色水泥漆

▲009玄关详图

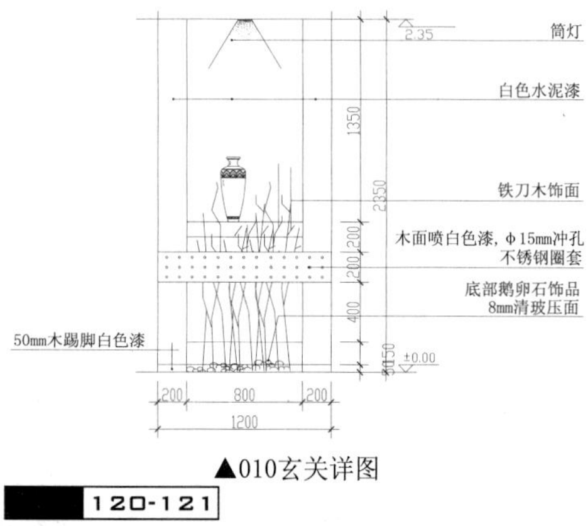
筒灯
白色水泥漆
铁刀木饰面
木面喷白色漆，φ15mm冲孔
不锈钢圈套
底部鹅卵石饰品
8mm清玻压面
50mm木踢脚白色漆

▲010玄关详图

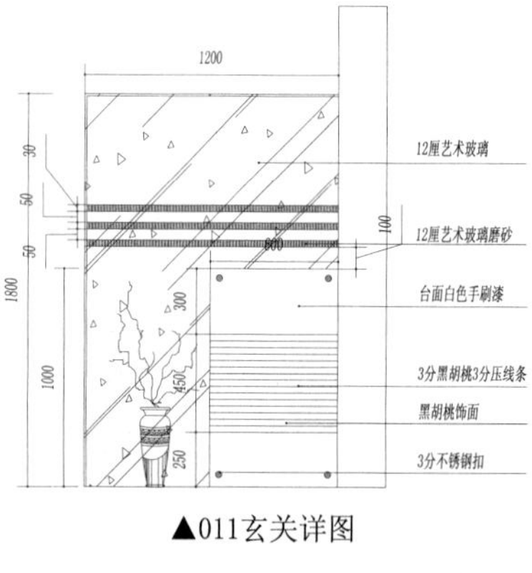
12厘艺术玻璃
12厘艺术玻璃磨砂
台面白色手刷漆
3分黑胡桃3分压线条
黑胡桃饰面
3分不锈钢扣

▲011玄关详图

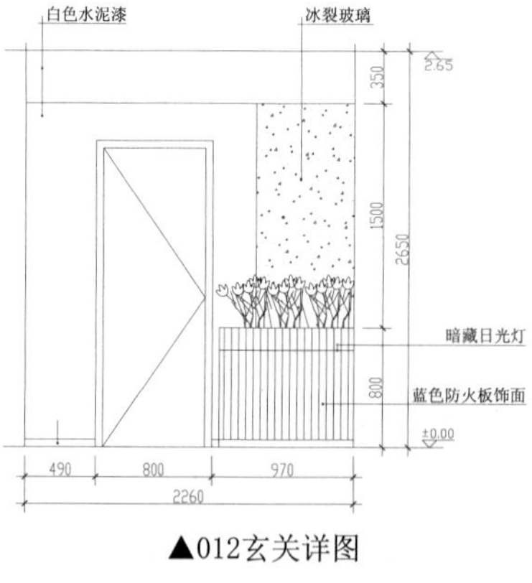
白色水泥漆
冰裂玻璃
暗藏日光灯
蓝色防火板饰面

▲012玄关详图

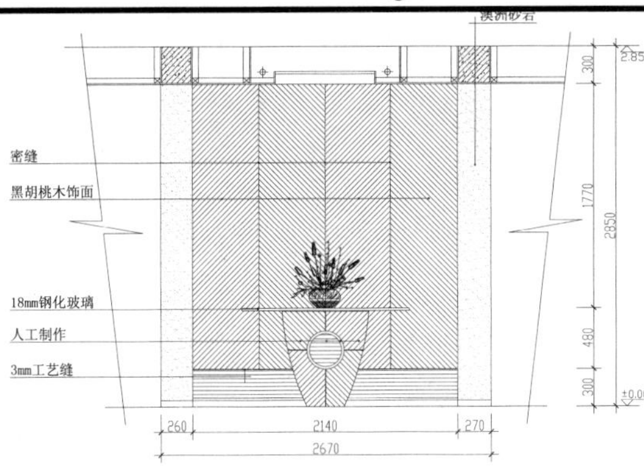
澳洲砂岩
密缝
黑胡桃木饰面
18mm钢化玻璃
人工制作
3mm工艺缝

▲013玄关详图

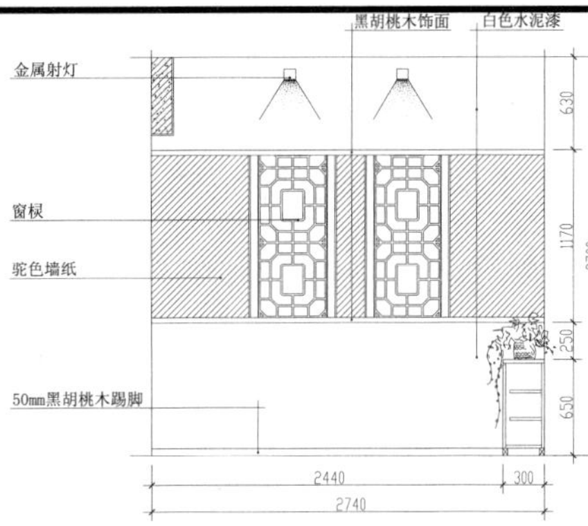
黑胡桃木饰面
白色水泥漆
金属射灯
窗棂
驼色墙纸
50mm黑胡桃木踢脚

▲014玄关详图

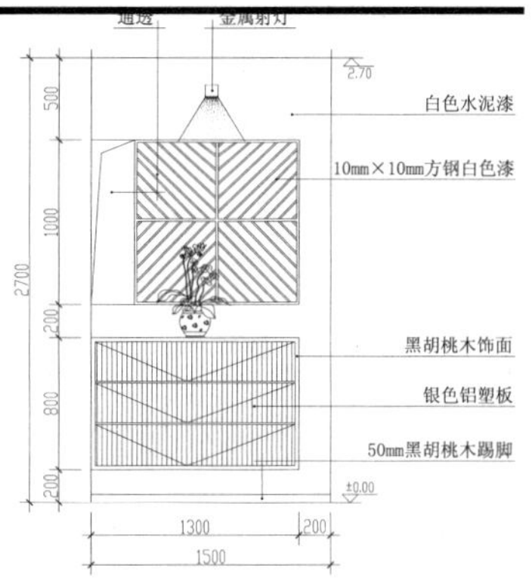
白色水泥漆
10mm×10mm方钢白色漆
黑胡桃木饰面
银色铝塑板
50mm黑胡桃木踢脚

▲015玄关详图

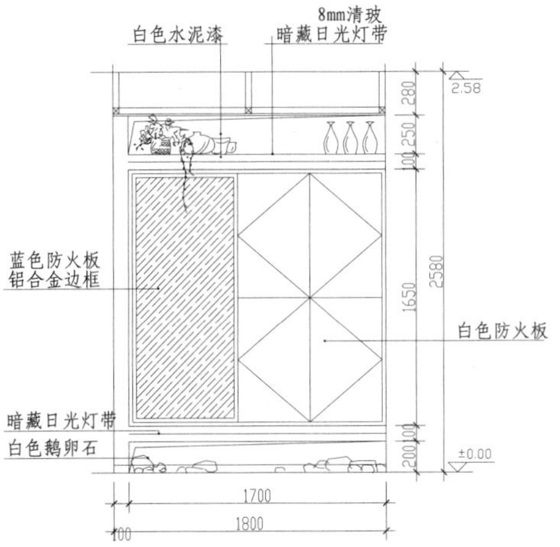
8mm清玻
白色水泥漆
暗藏日光灯带
蓝色防火板
铝合金边框
白色防火板
暗藏日光灯带
白色鹅卵石

▲016玄关详图

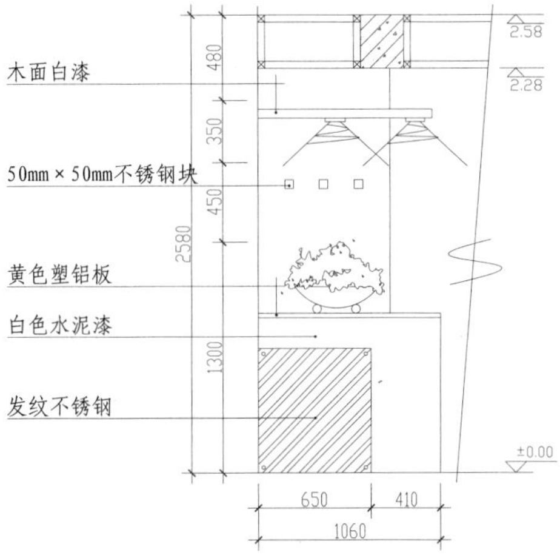
木面白漆
50mm×50mm不锈钢块
黄色塑铝板
白色水泥漆
发纹不锈钢

▲017玄关详图

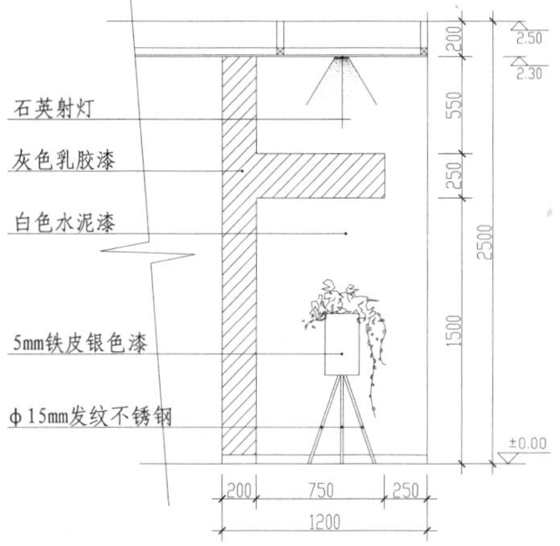
石英射灯
灰色乳胶漆
白色水泥漆
5mm铁皮银色漆
ф15mm发纹不锈钢

▲018玄关详图

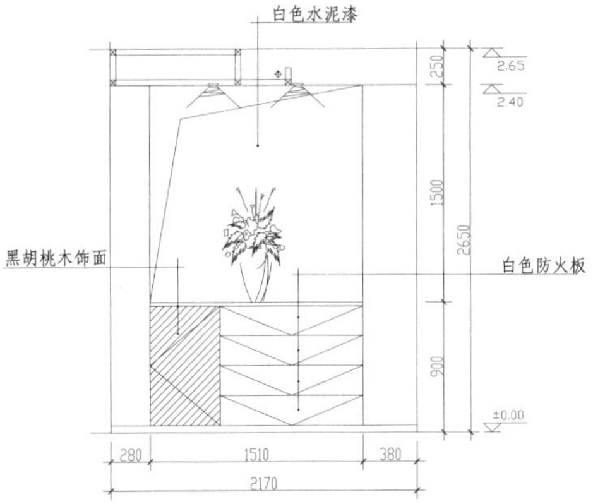
白色水泥漆
黑胡桃木饰面
白色防火板

▲019玄关详图

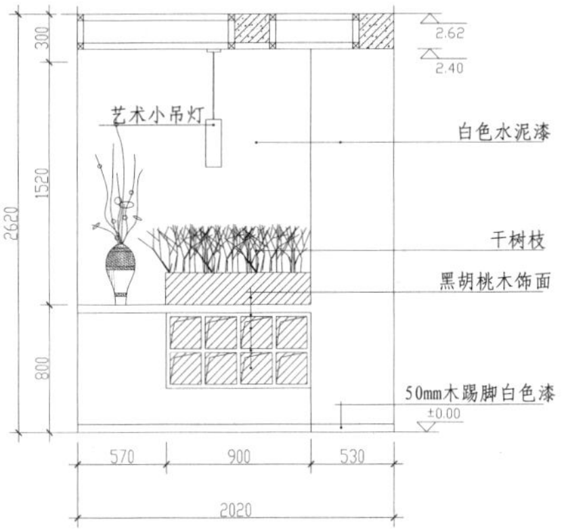
艺术小吊灯
白色水泥漆
干树枝
黑胡桃木饰面
50mm木踢脚白色漆

▲020玄关详图

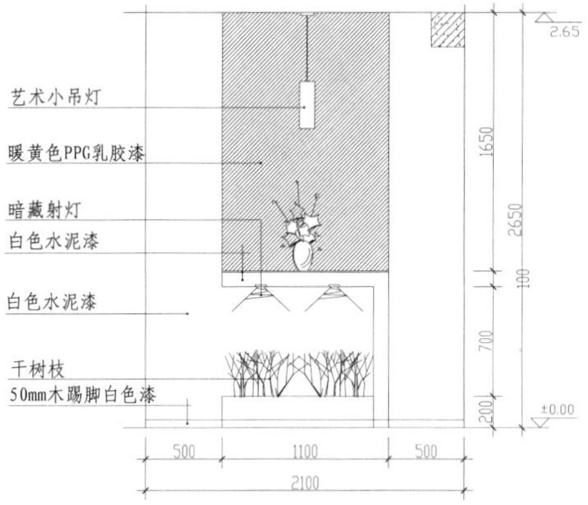
艺术小吊灯
暖黄色PPG乳胶漆
暗藏射灯
白色水泥漆
白色水泥漆
干树枝
50mm木踢脚白色漆

▲021玄关详图

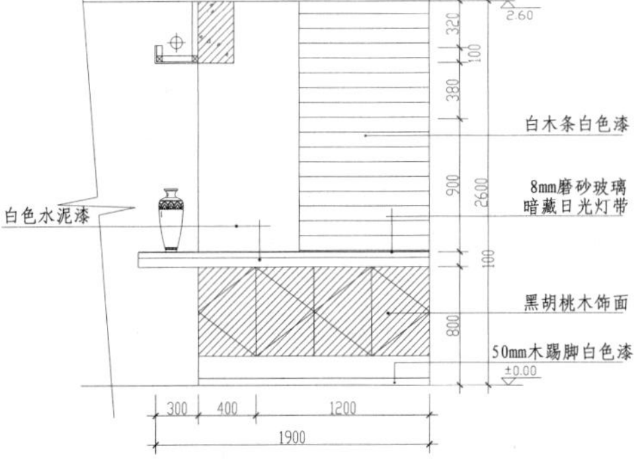
白木条白色漆
8mm磨砂玻璃
暗藏日光灯带
白色水泥漆
黑胡桃木饰面
50mm木踢脚白色漆

▲022玄关详图

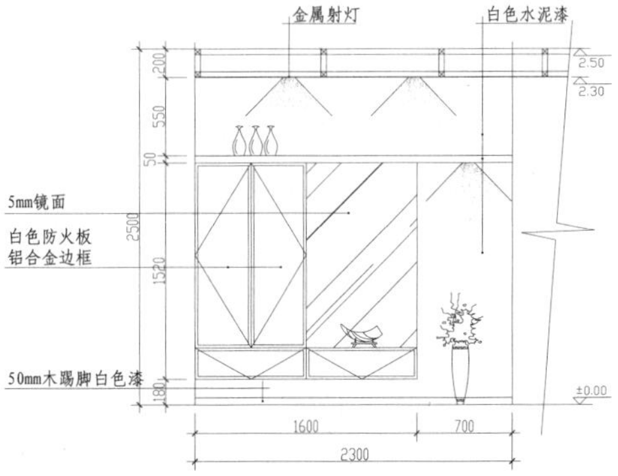
金属射灯
白色水泥漆
5mm镜面
白色防火板
铝合金边框
50mm木踢脚白色漆

▲023玄关详图

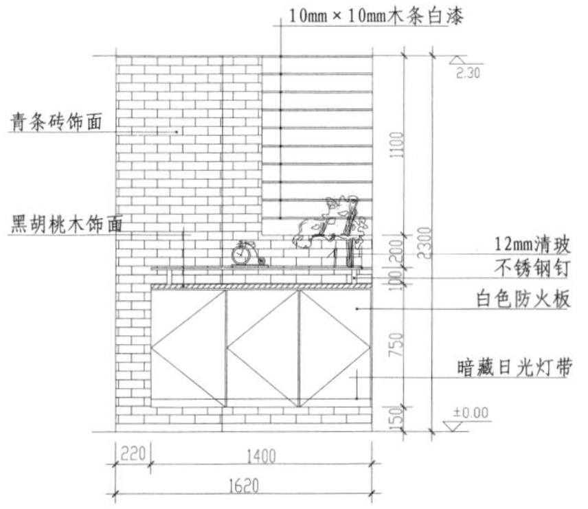
10mm×10mm木条白漆
青条砖饰面
黑胡桃木饰面
12mm清玻
不锈钢钉
白色防火板
暗藏日光灯带

▲024玄关详图

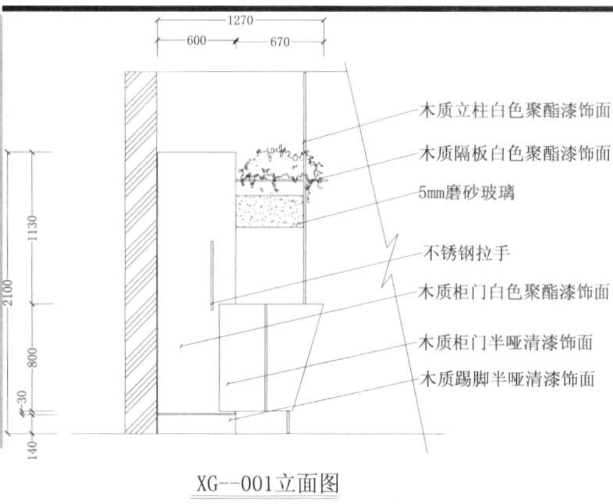
木质立柱白色聚酯漆饰面
木质隔板白色聚酯漆饰面
5mm磨砂玻璃
不锈钢拉手
木质柜门白色聚酯漆饰面
木质柜门半哑清漆饰面
木质踢脚半哑清漆饰面
XG--001立面图

▲025玄关详图

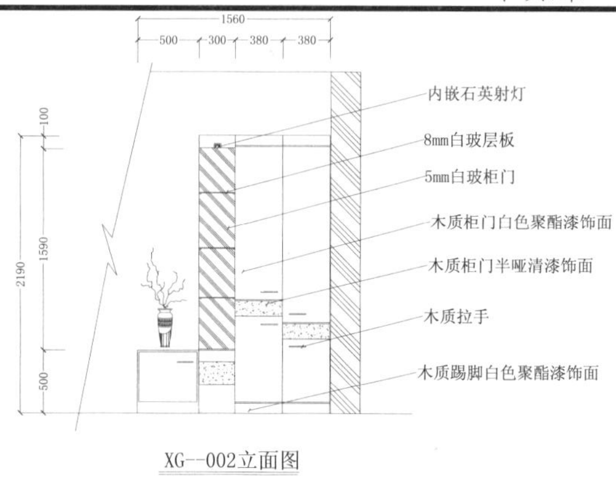
内嵌石英射灯
8mm白玻层板
5mm白玻柜门
木质柜门白色聚酯漆饰面
木质柜门半哑清漆饰面
木质拉手
木质踢脚白色聚酯漆饰面
XG--002立面图

▲026玄关详图

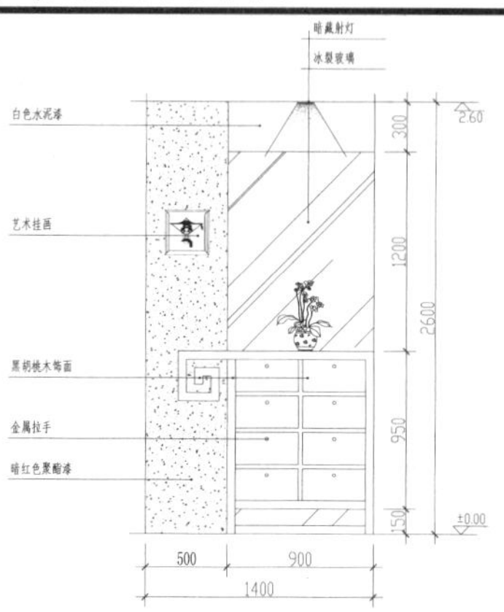

▲027玄关详图

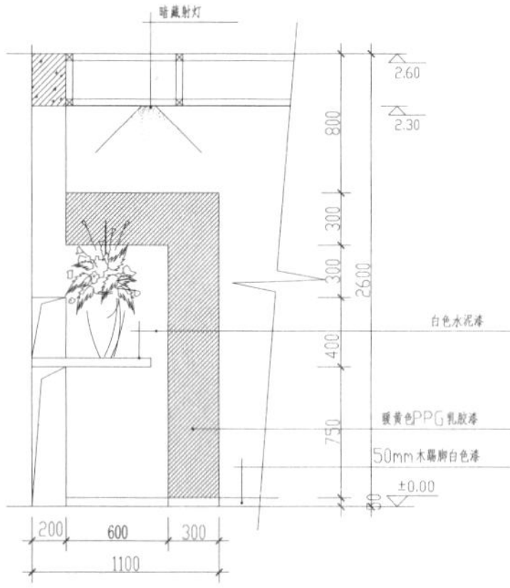

▲028玄关详图

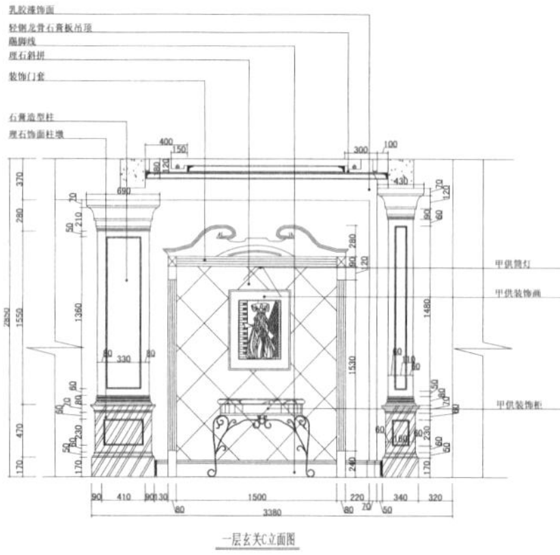

▲029玄关详图

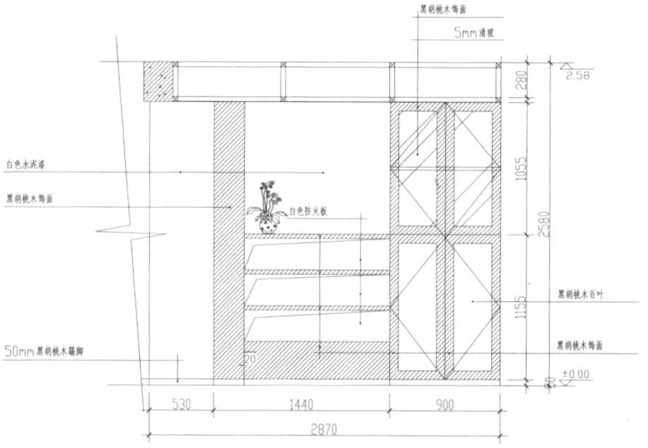

▲030玄关详图

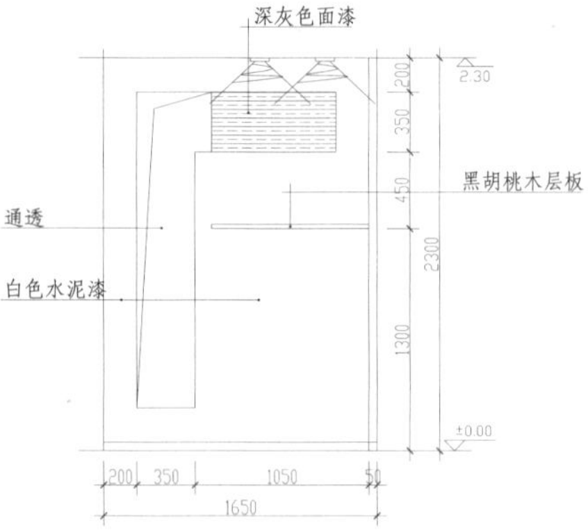

▲031玄关详图

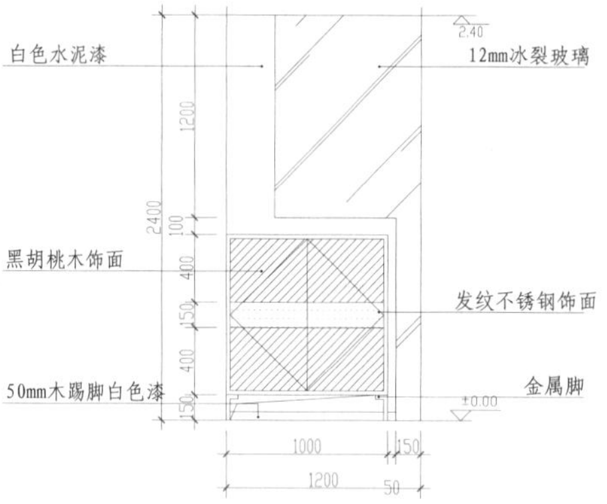

▲032玄关详图

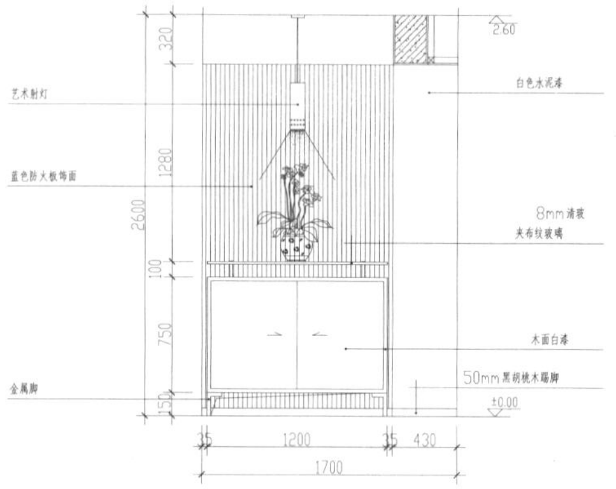

▲033玄关详图

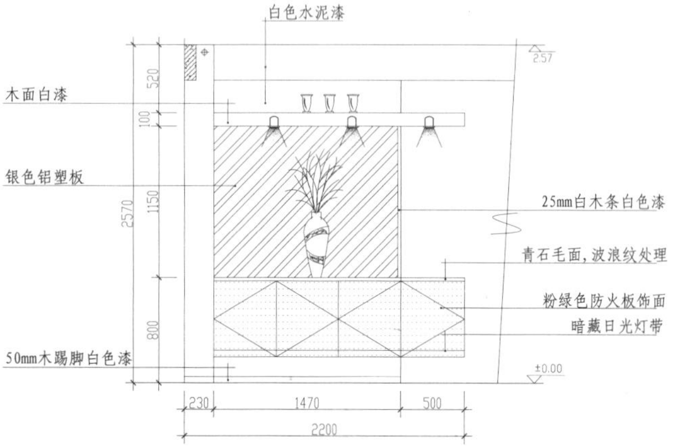

▲034玄关详图

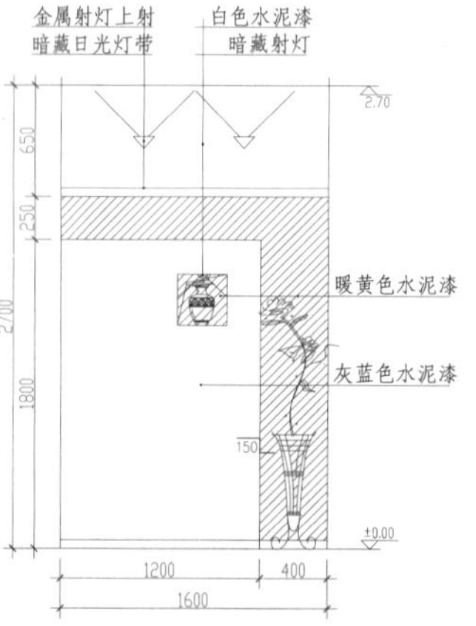

▲035玄关详图

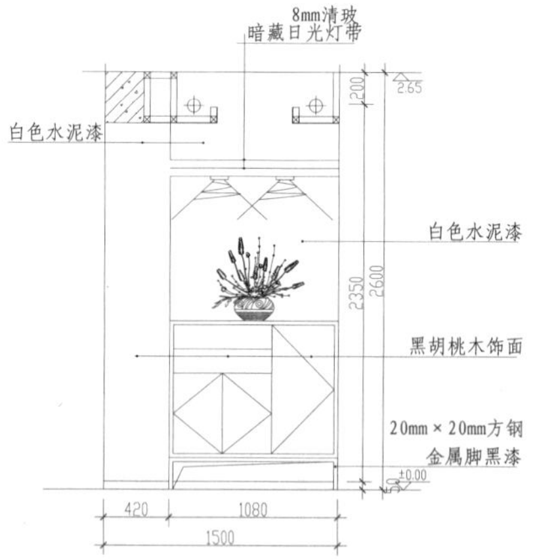

▲036玄关详图

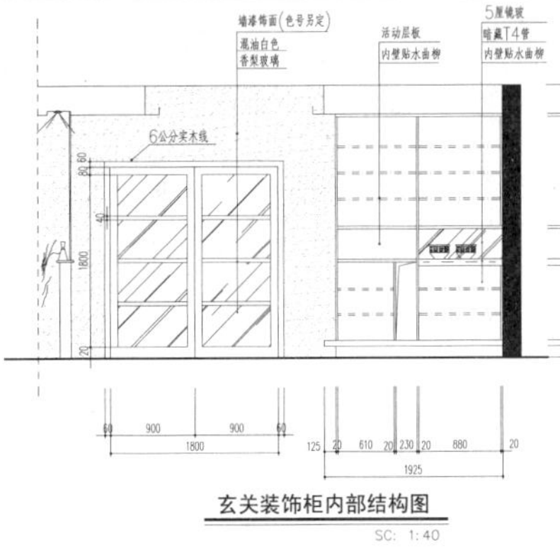

▲037玄关详图

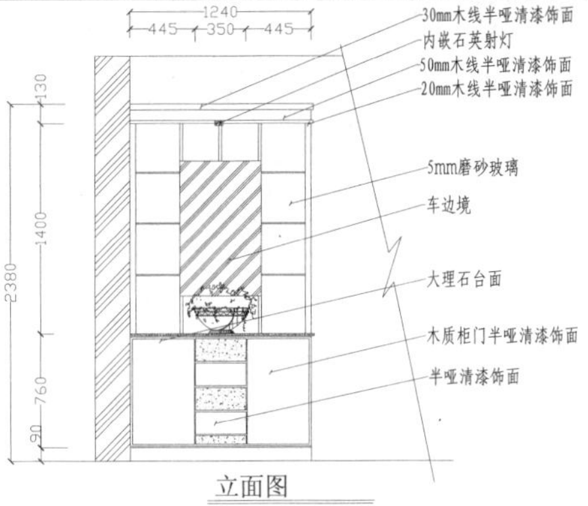

▲038玄关详图

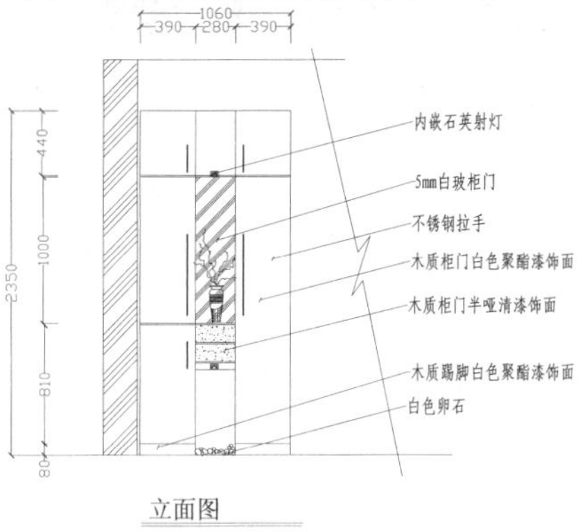

▲039玄关详图

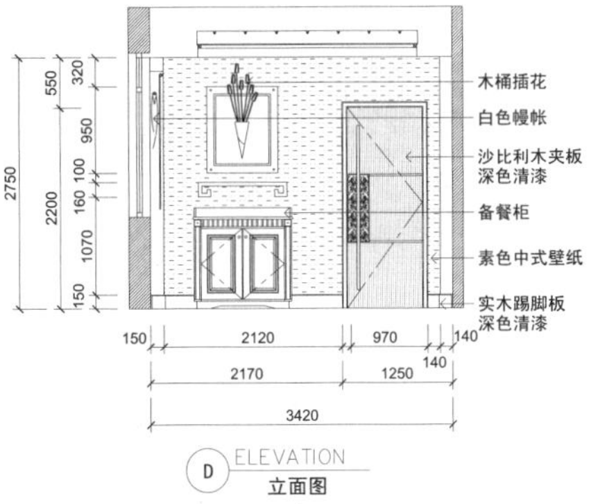

▲040玄关详图

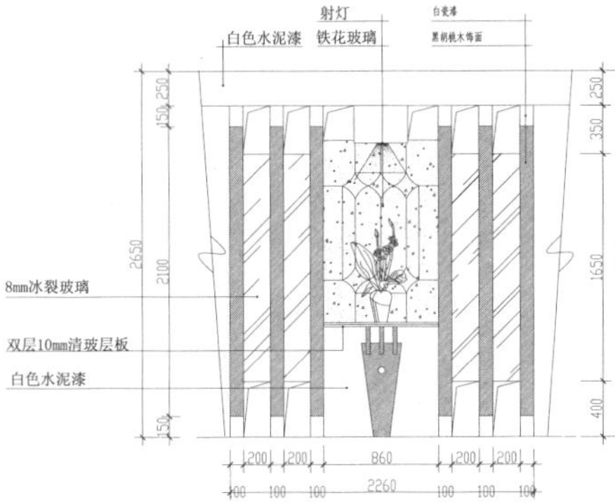

▲041玄关详图

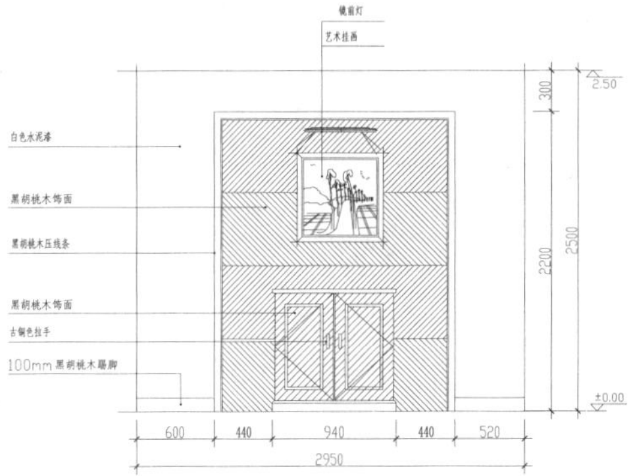

▲042玄关详图

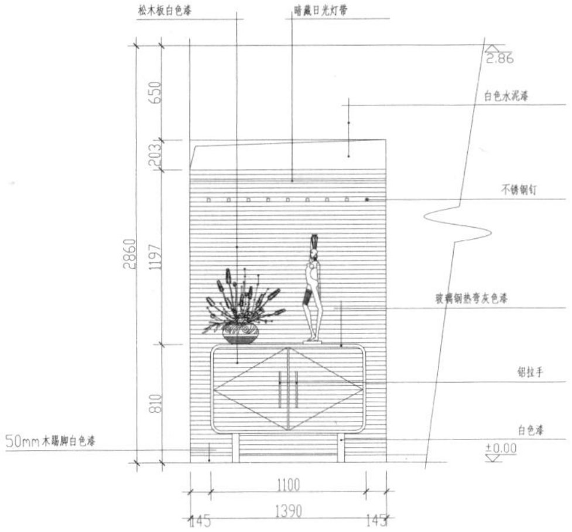

▲043玄关详图

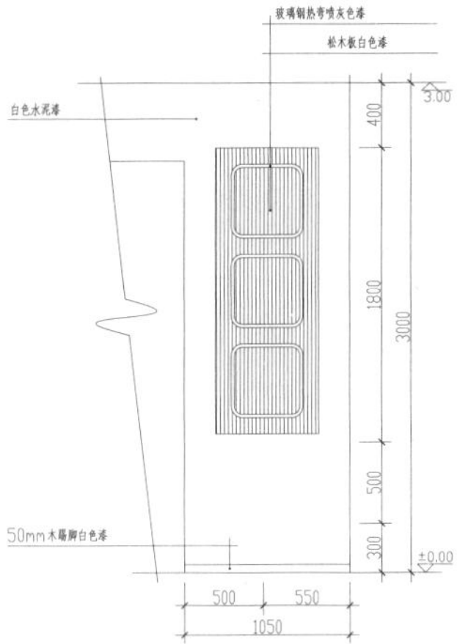

▲044玄关详图

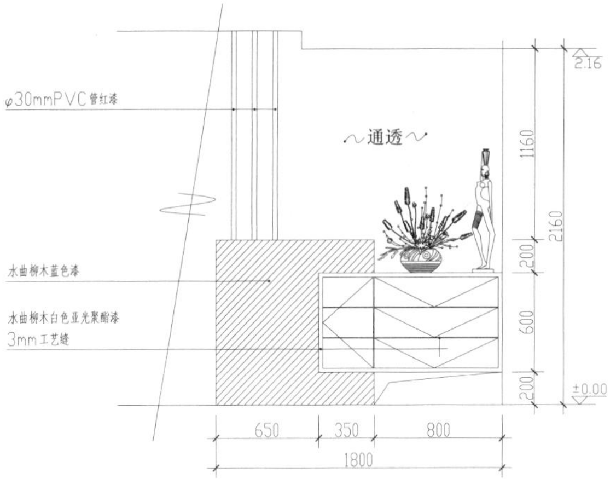

▲045玄关详图

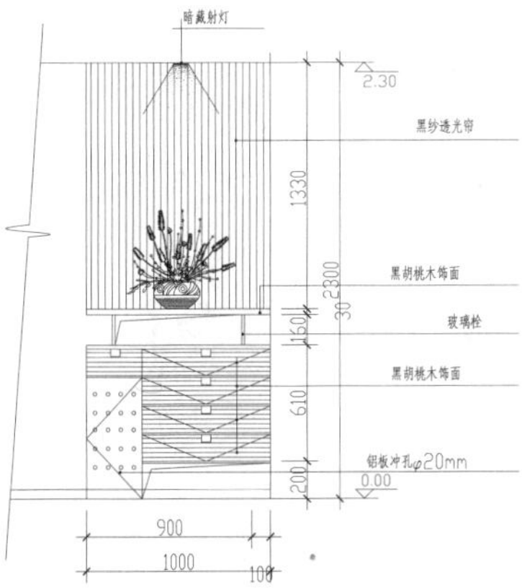

▲046玄关详图

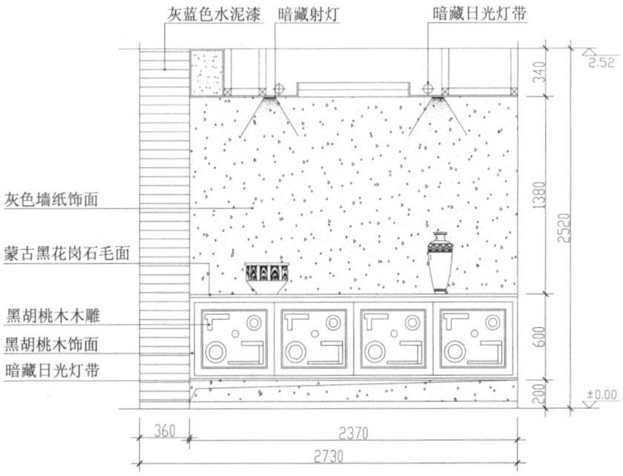

▲047玄关详图

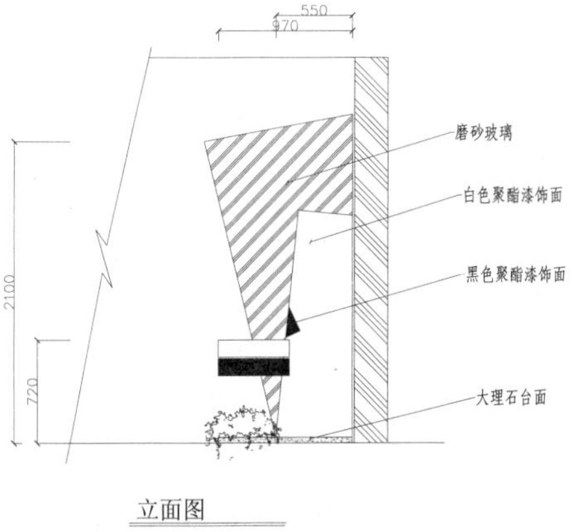

▲048玄关详图

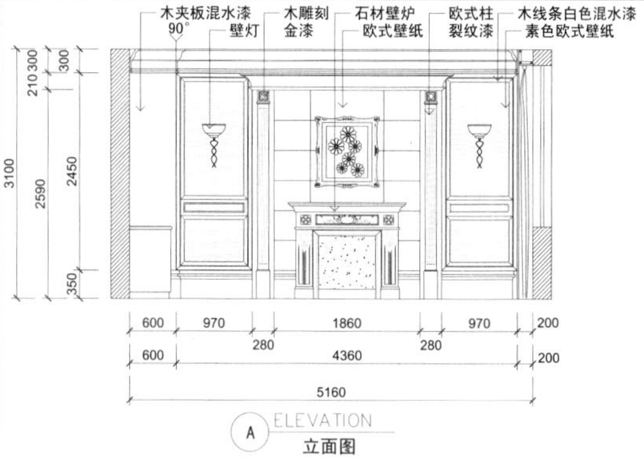

▲049玄关详图

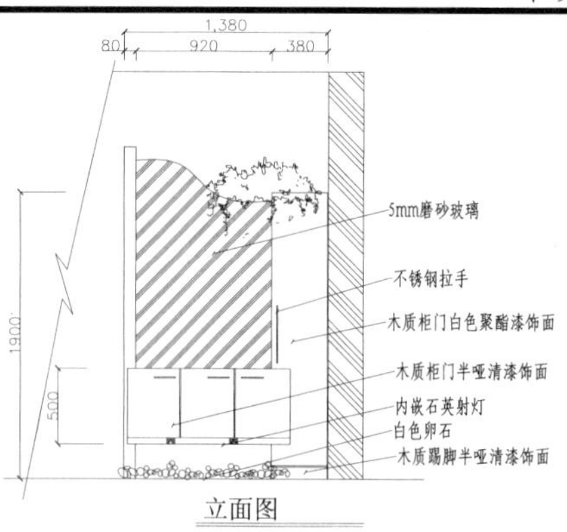

▲050玄关详图

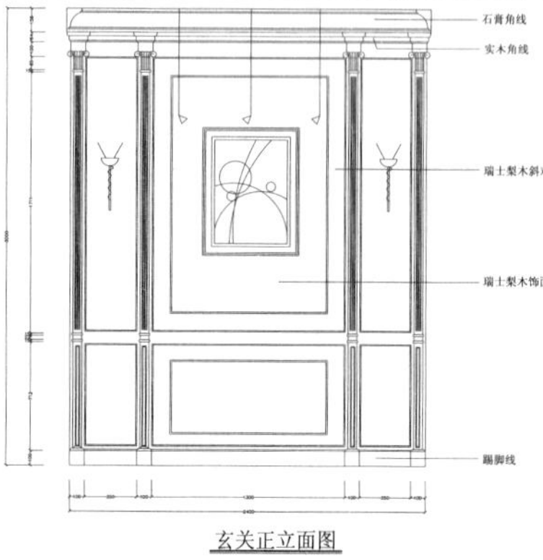

▲051玄关详图

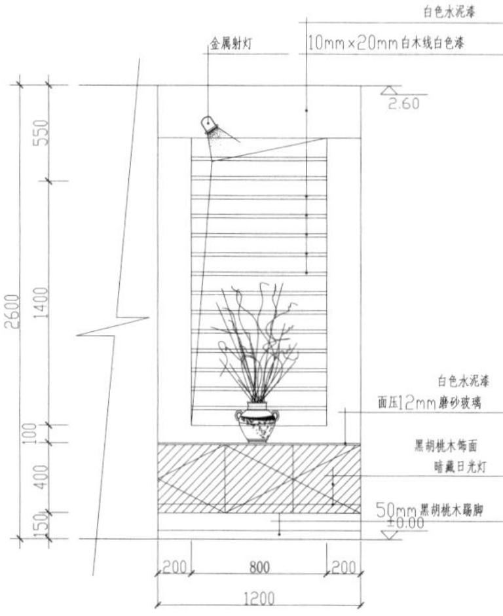

▲052玄关详图

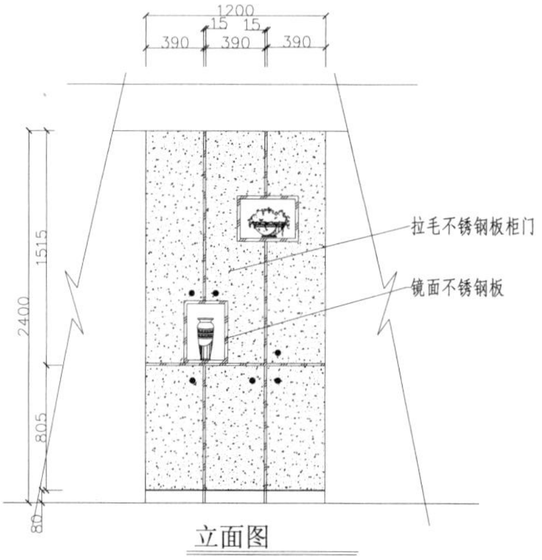

▲053玄关详图

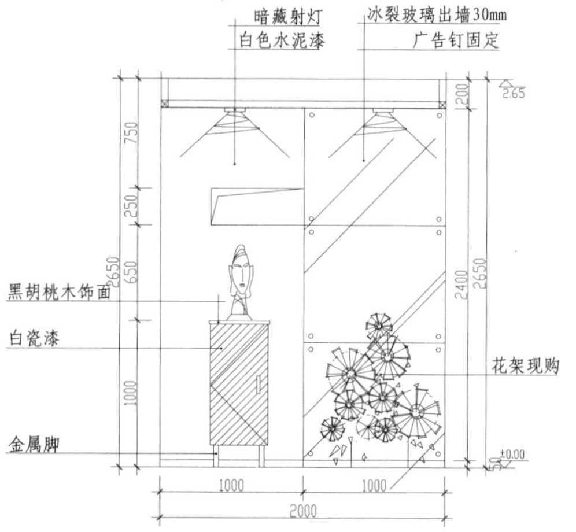

▲054玄关详图

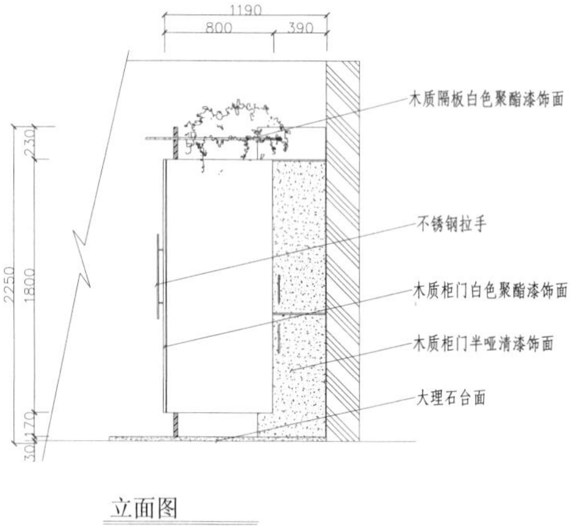

▲055玄关详图

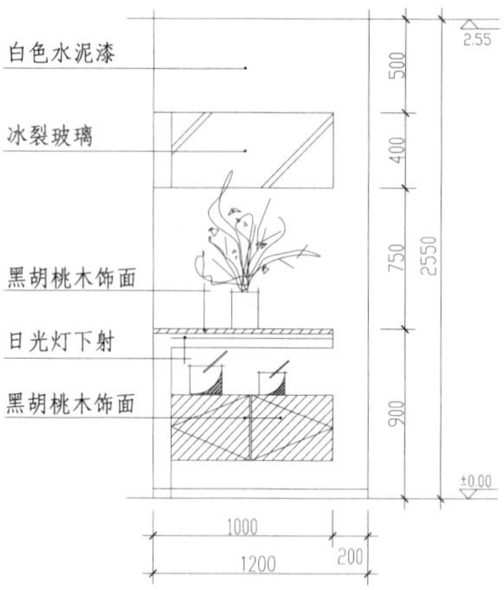

▲056玄关详图

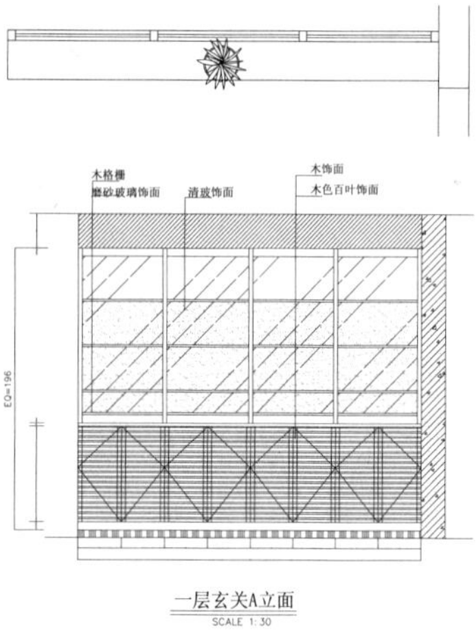

▲057玄关详图

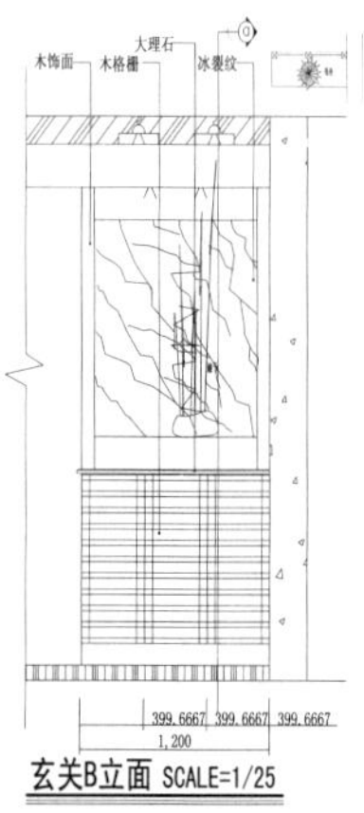

▲058玄关详图

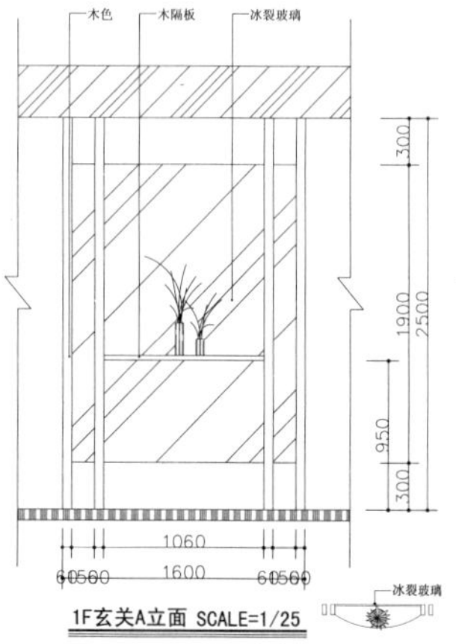

▲059玄关详图

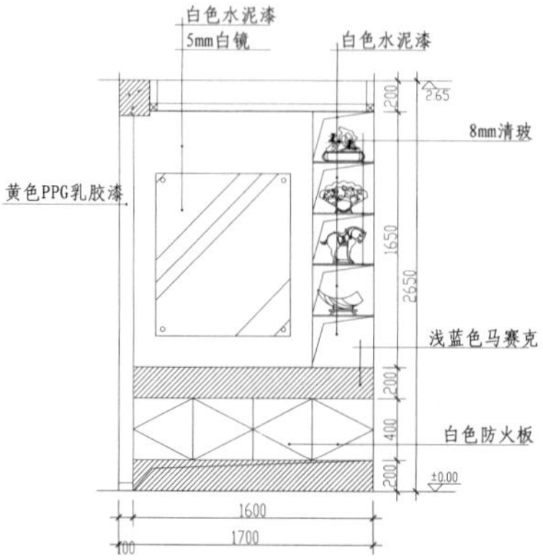

▲060玄关详图

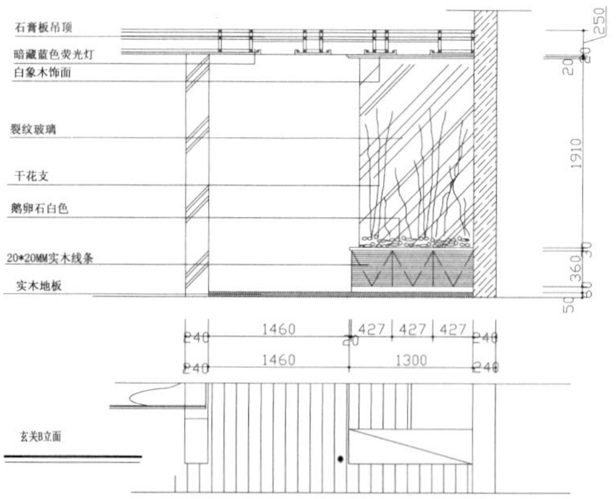

▲061玄关详图

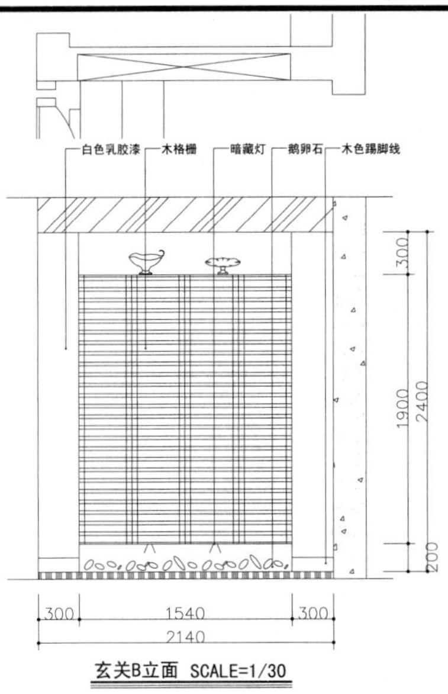

▲062玄关详图

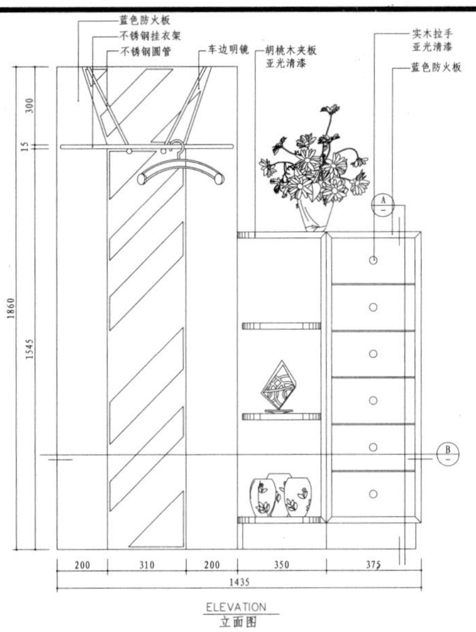

▲063玄关详图

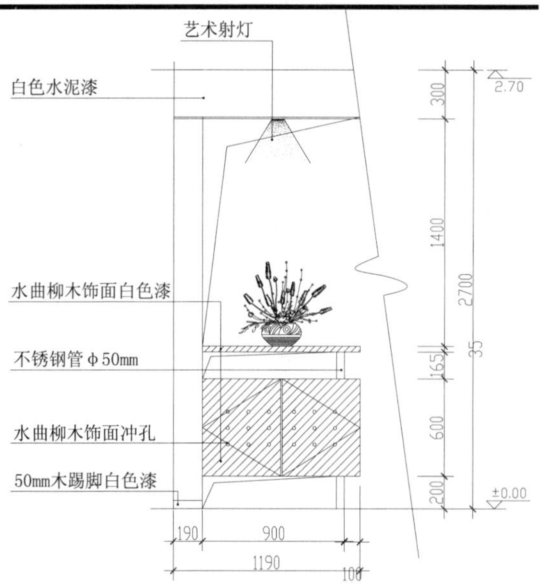

▲064玄关详图

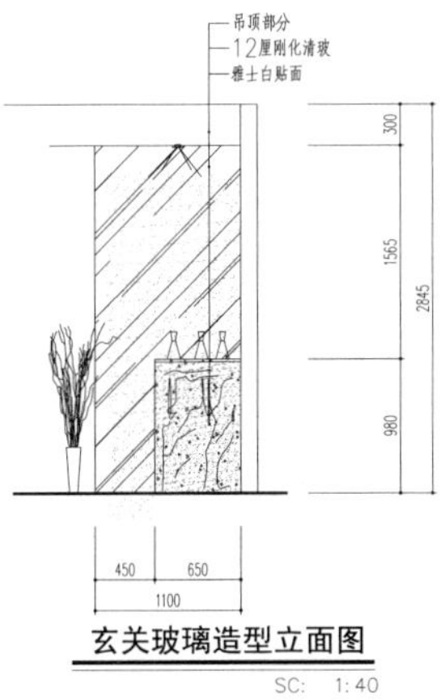

▲065玄关详图

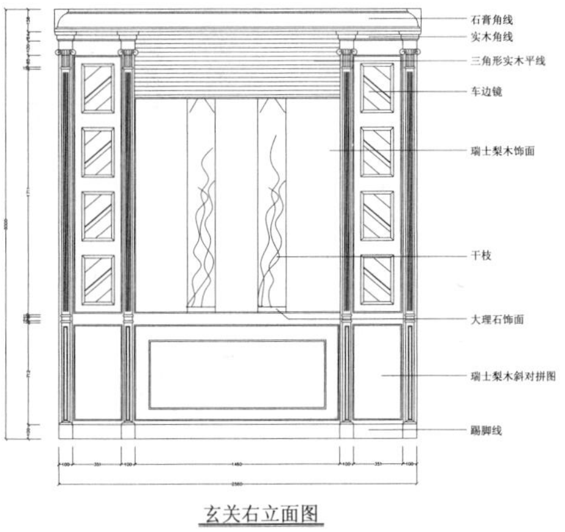

▲066玄关详图

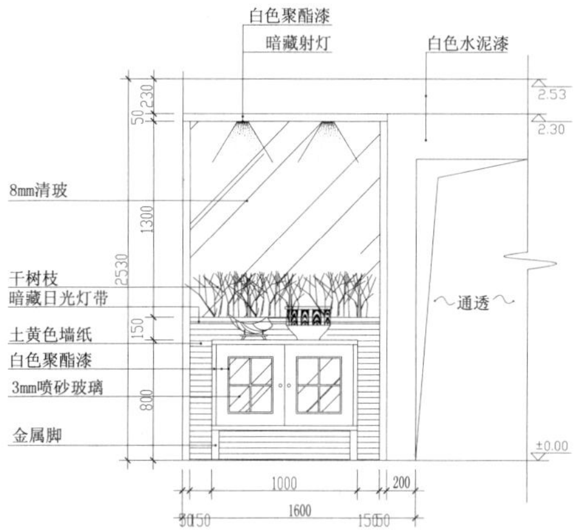

▲067玄关详图

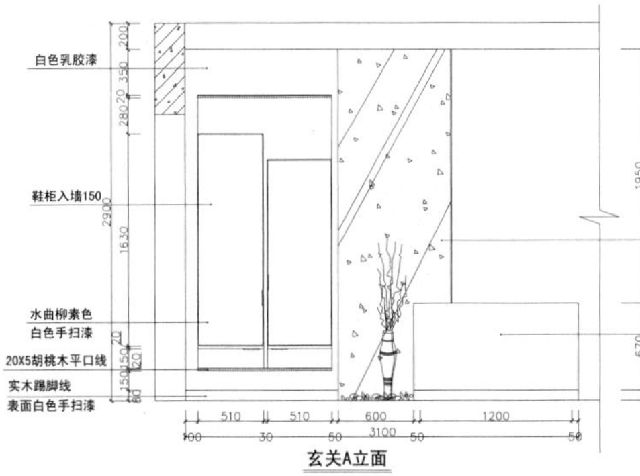

▲068玄关详图

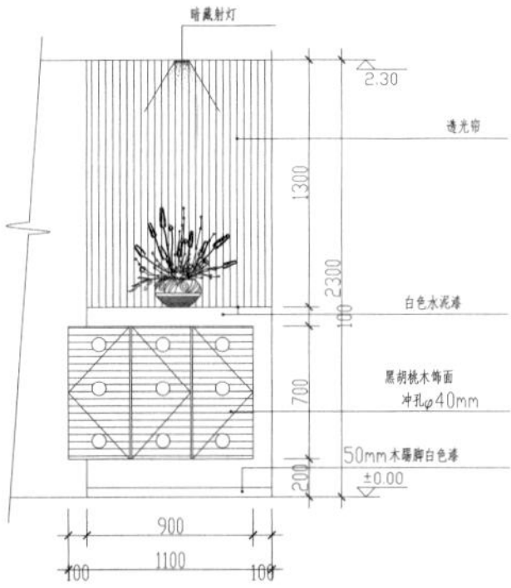

▲069玄关详图

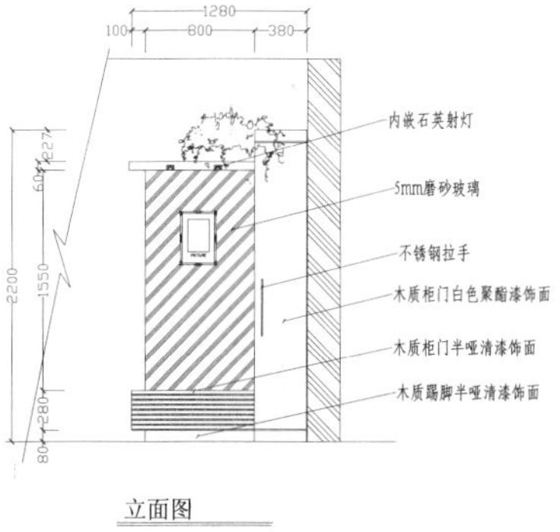

▲070玄关详图

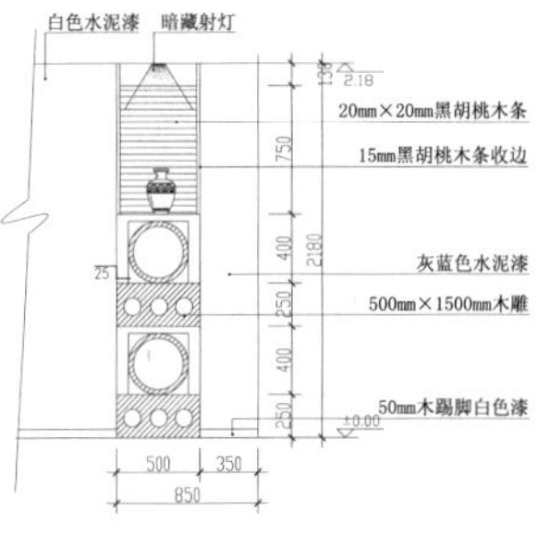

▲071玄关详图

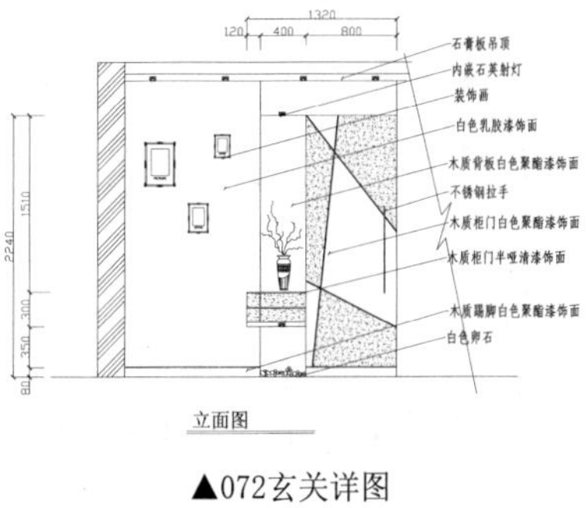

▲072玄关详图

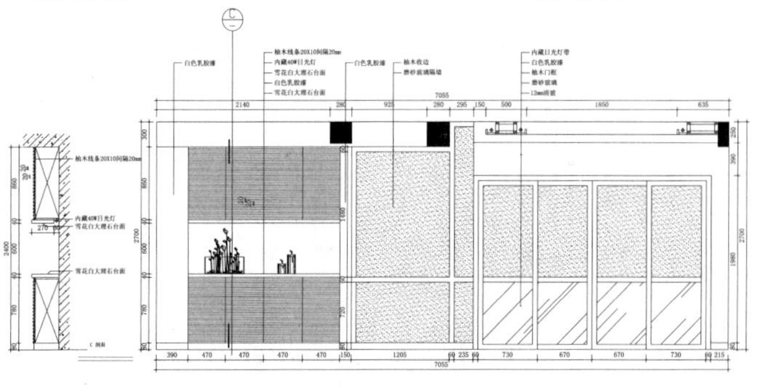

▲073玄关详图

玄关

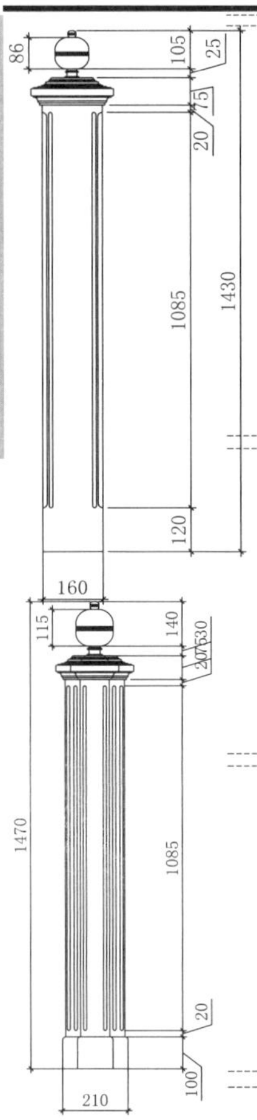

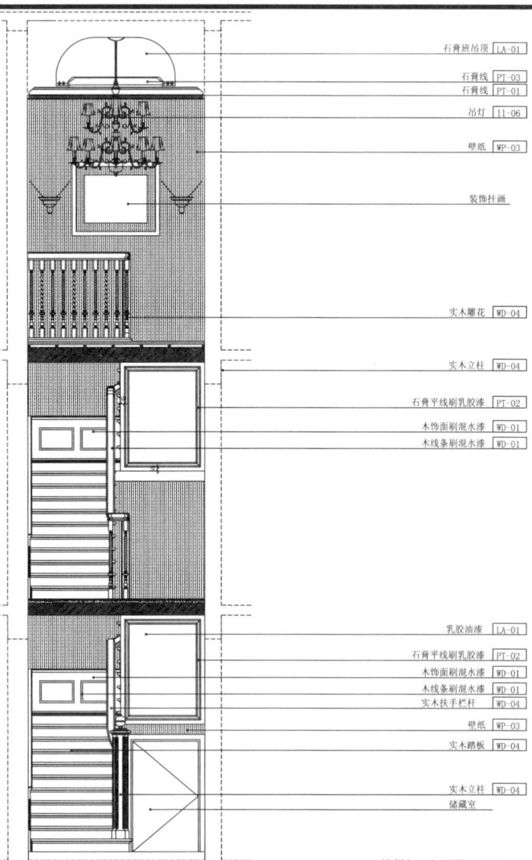
石膏班吊顶 LA-01
石膏线 PT-03
石膏线 PT-01
吊灯 11-06
壁纸 WP-03
装饰挂画
实木雕花 WD-04
实木立柱 WD-04
石膏平线刷乳胶漆 PT-02
木饰面刷混水漆 WD-01
木线条刷混水漆 WD-01
乳胶油漆 LA-01
石膏平线刷乳胶漆 PT-02
木饰面刷混水漆 WD-01
木线条刷混水漆 WD-01
实木扶手栏杆 WD-04
壁纸 WP-03
实木踏板 WD-04
实木立柱 WD-04
储藏室

楼梯间D立面图 1:40

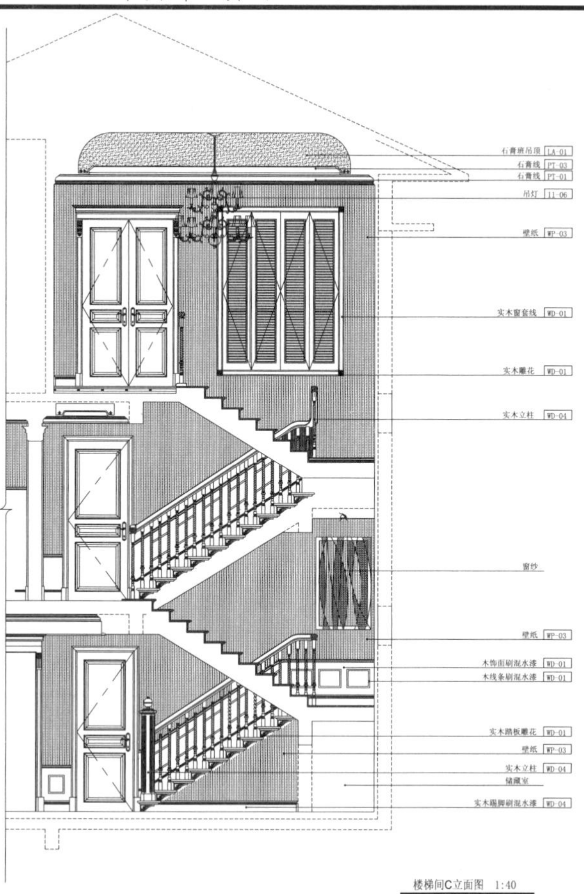
石膏班吊顶 LA-01
石膏线 PT-03
石膏线 PT-01
吊灯 11-06
壁纸 WP-03
实木窗套线 WD-01
实木雕花 WD-01
实木立柱 WD-04
窗纱
壁纸 WP-03
木饰面刷混水漆 WD-01
木线条刷混水漆 WD-01
实木踏板雕花 WD-01
壁纸 WP-03
实木立柱 WD-04
储藏室
实木踢脚刷混水漆 WD-04

楼梯间C立面图 1:40

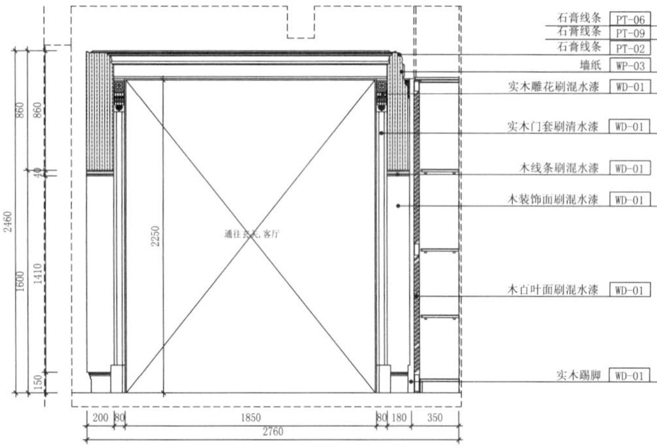
石膏线条 PT-06
石膏线条 PT-09
石膏线条 PT-02
墙纸 WP-03
实木雕花刷混水漆 WD-01
实木门套刷清水漆 WD-01
木线条刷混水漆 WD-01
木装饰面刷混水漆 WD-01
通往玄关, 客厅
木百叶面刷混水漆 WD-01
实木踢脚 WD-01

一层玄关C立面图 1:30

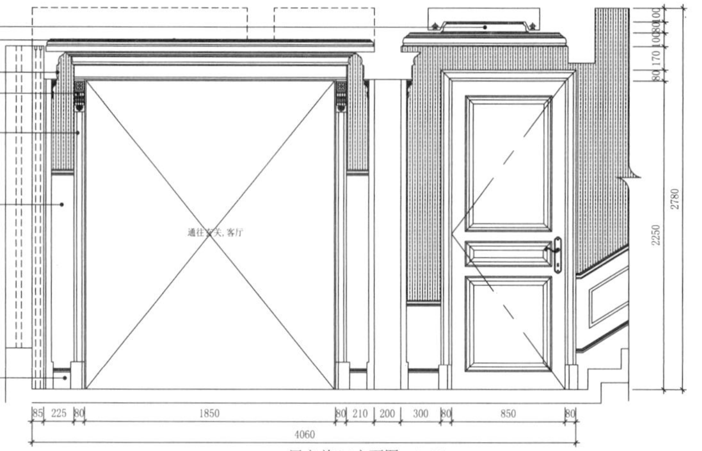

一层玄关C1立面图 1:30

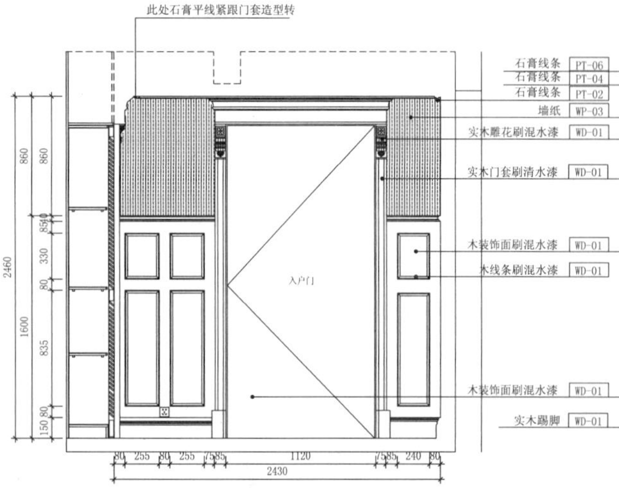
此处石膏平线紧跟门套造型转
石膏线条 PT-06
石膏线条 PT-04
石膏线条 PT-02
墙纸 WP-03
实木雕花刷混水漆 WD-01
实木门套刷清水漆 WD-01
木装饰面刷混水漆 WD-01
木线条刷混水漆 WD-01
入户门
木装饰面刷混水漆 WD-01
实木踢脚 WD-01

一层玄关A立面图 1:30

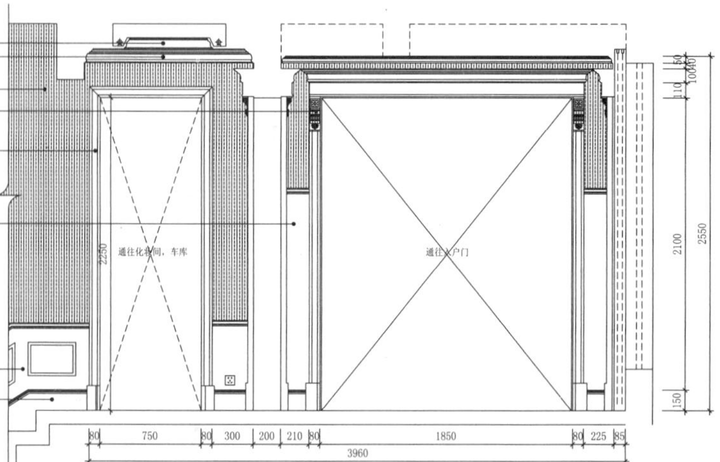
通往化妆间, 车库
通往入户门

一层玄关A1立面图 1:30

▲074别墅玄关详图

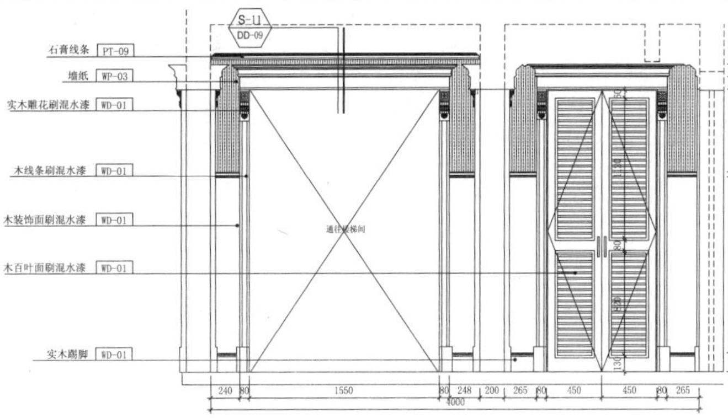

石膏线条 PT-09
墙纸 WP-03
实木雕花刷混水漆 WD-01
木线条刷混水漆 WD-01
木装饰面刷混水漆 WD-01
木百叶面刷混水漆 WD-01
实木踢脚 WD-01
一层玄关D立面图 1:30
此处石膏平线紧跟门套造型转
石膏线条 PT-02
墙纸 WP-03
装饰挂画 WD-01
木线条刷混水漆 WD-01
木线条刷混水漆 WD-01
木装饰面刷混水漆 WD-01
实木踢脚 WD-01
一层玄关B立面图 1:30
石膏板面吊顶 LA-01
石膏线条 PT-03
墙纸 WP-07
壁灯
明镜 GL-02
装饰挂画
墙纸 WP-03
35MM大理石线条 MB-09
大理石台面 MB-10
实木柜门刷清水漆 WD-02
大理石整板 MB-09
大理石踢脚 MB-09
一层化妆间，走廊A立面图 1:30
一层化妆间，走廊B立面图 1:30
石膏板面吊顶 LA-01
石膏线条 PT-04
墙纸 WP-07
壁灯
装饰挂画
墙纸 WP-03
35MM大理石线条 MB-09
大理石台面 MB-03
实木柜门刷混水漆 WD-01
大理石整板 MB-09
实木踢脚混水漆 WD-01
一层化妆间，走廊C立面图 1:30
一层化妆间，走廊D立面图 1:30
石英射灯
木饰面板
不锈钢拉丝
白色半透布艺
不锈钢拉丝
清水砖饰面
立面图

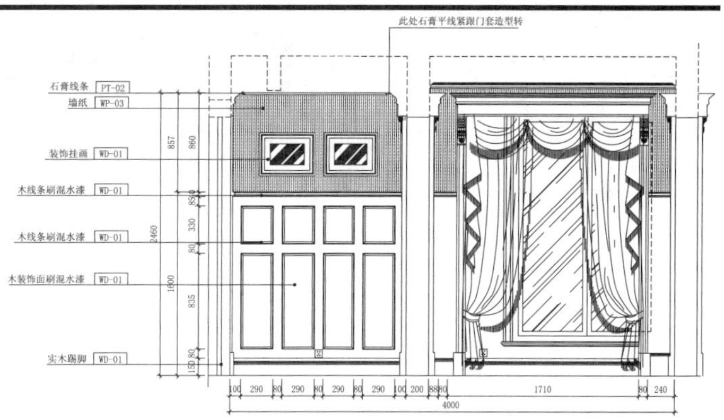

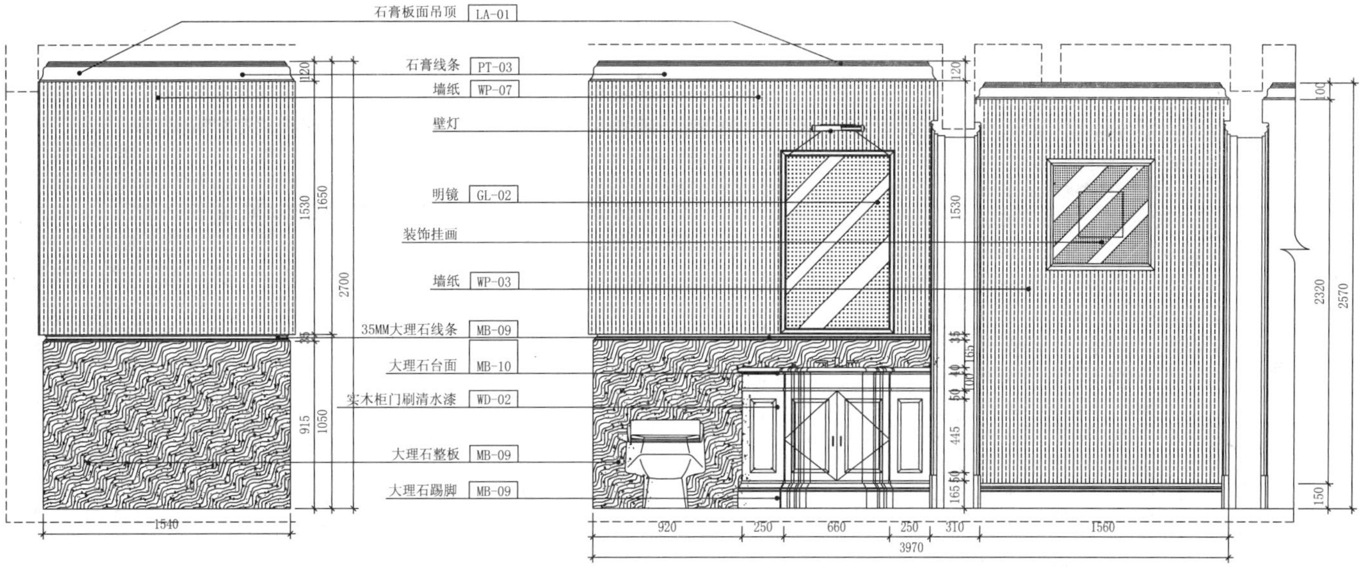

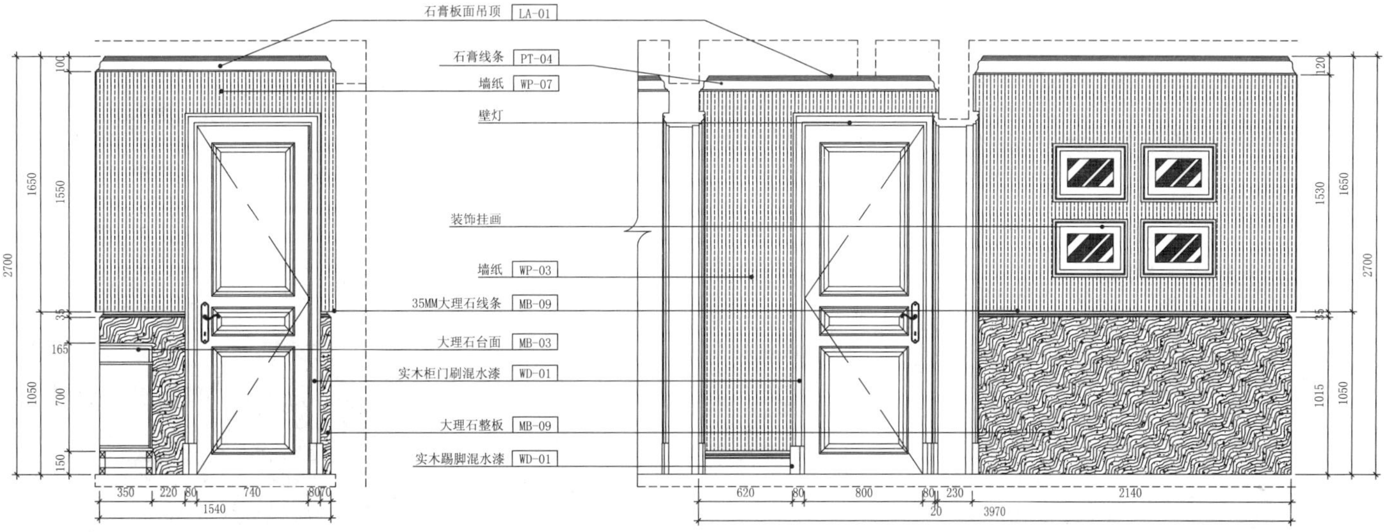

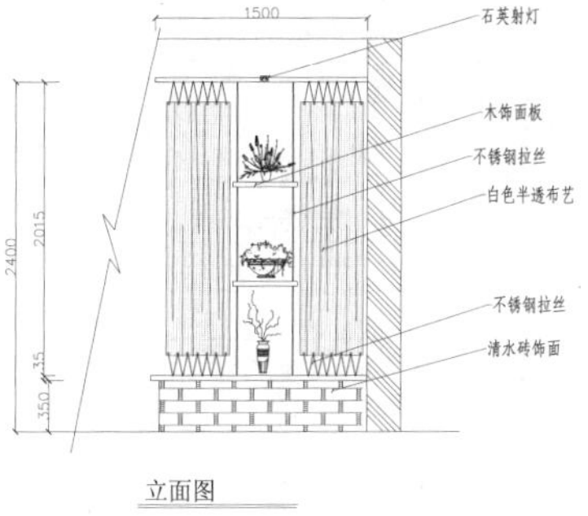

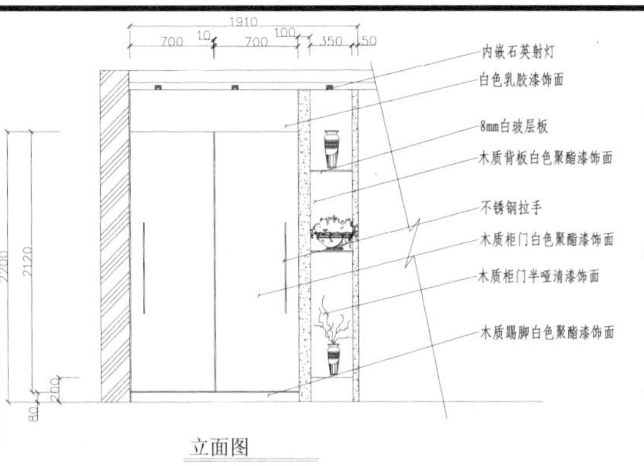
内嵌石英射灯
白色乳胶漆饰面
8mm白玻层板
木质背板白色聚酯漆饰面
不锈钢拉手
木质柜门白色聚酯漆饰面
木质柜门半哑清漆饰面
木质踢脚白色聚酯漆饰面
立面图

▲075玄关详图

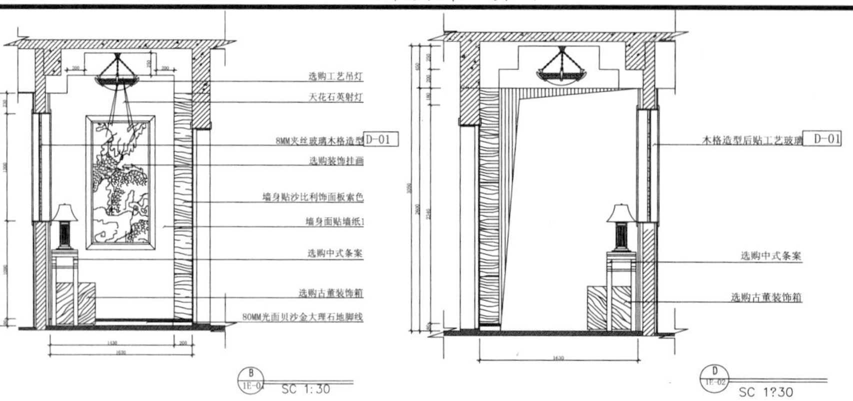
选购工艺吊灯
天花石英射灯
8MM夹丝玻璃木格造型 D-01
选购装饰挂画
墙身贴沙比利饰面板索色
墙身面贴墙纸1
选购中式条案
选购古董装饰箱
80MM光面贝沙金大理石地脚线
SC 1:30
木格造型后贴工艺玻璃 D-01
选购中式条案
选购古董装饰箱
SC 1?30

▲076玄关详图

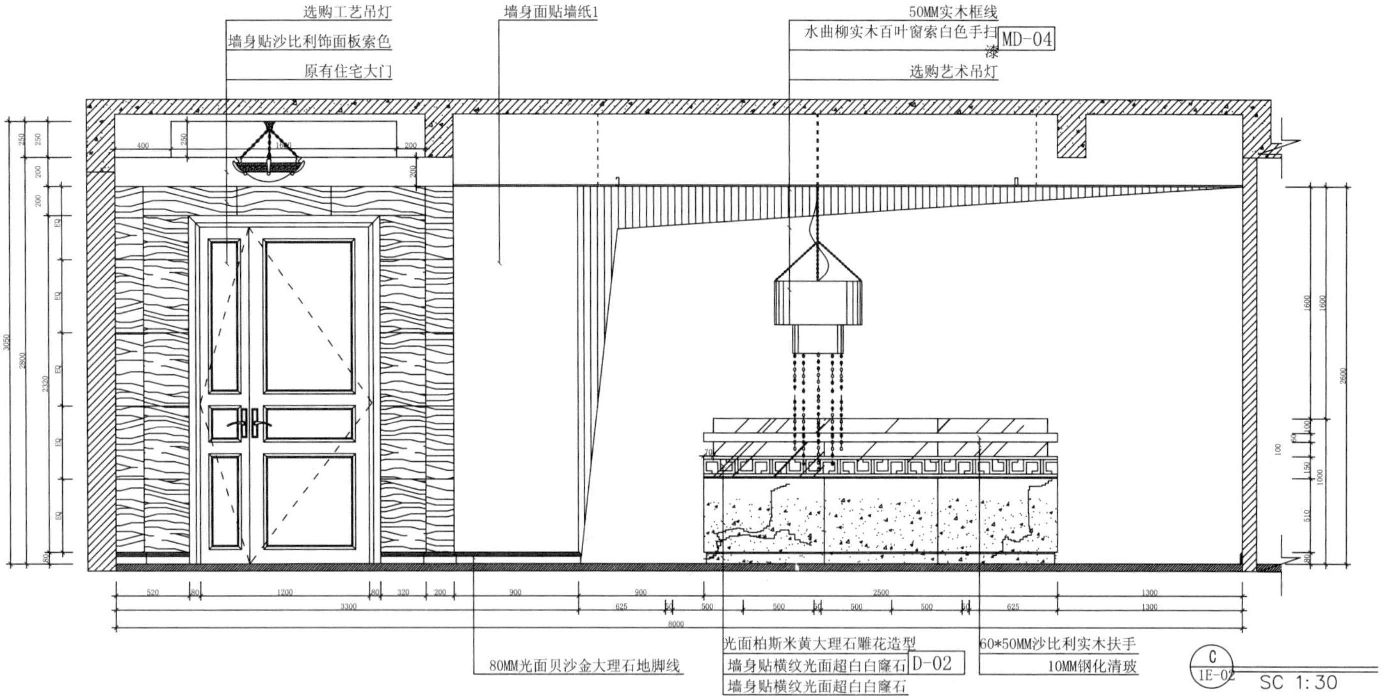
选购工艺吊灯
墙身贴沙比利饰面板索色
原有住宅大门
墙身面贴墙纸1
50MM实木框线
水曲柳实木百叶窗索白色手扫漆 MD-04
选购艺术吊灯
80MM光面贝沙金大理石地脚线
光面柏斯米黄大理石雕花造型
墙身贴横纹光面超白白窿石 D-02
墙身贴横纹光面超白白窿石
60*50MM沙比利实木扶手
10MM钢化清玻
SC 1:30

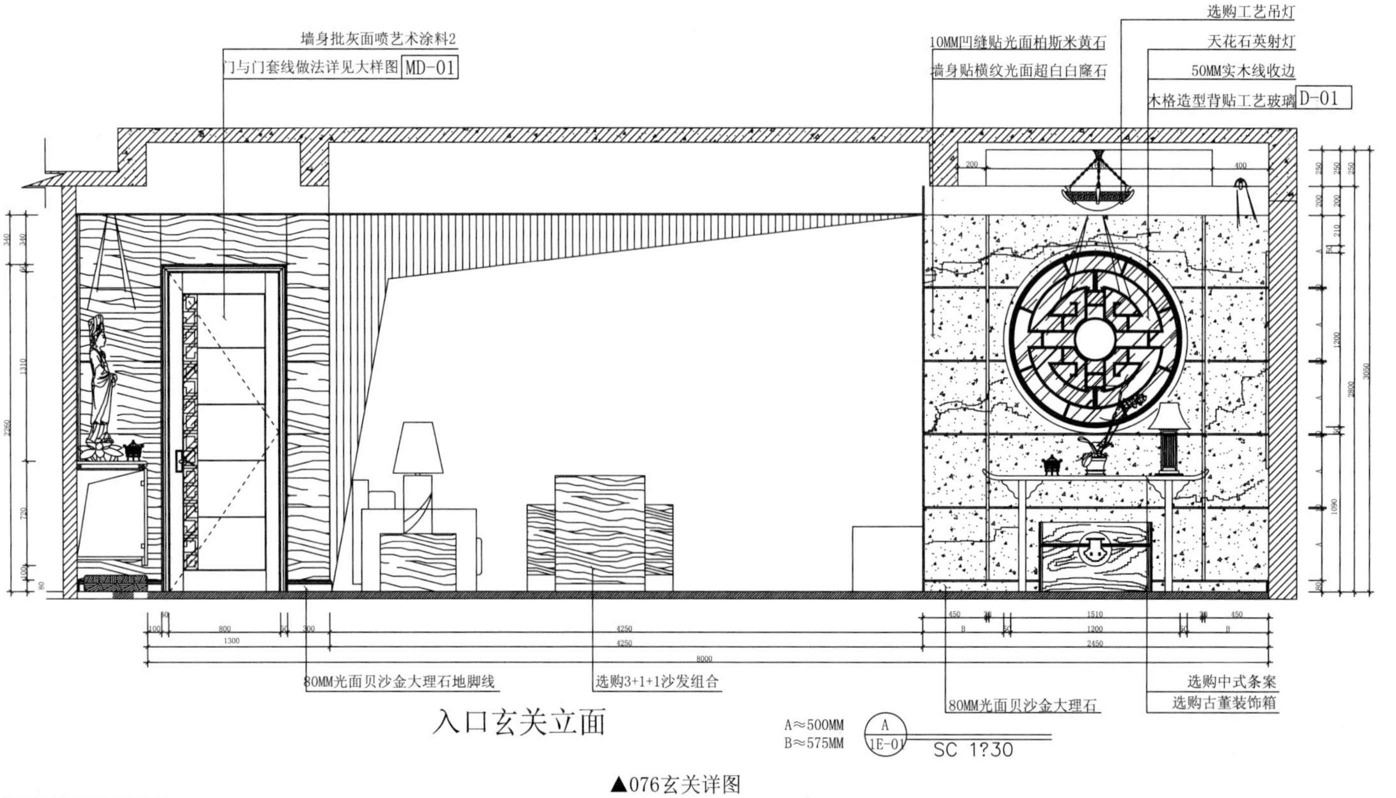
墙身批灰面喷艺术涂料2
门与门套线做法详见大样图 MD-01
10MM凹缝贴光面柏斯米黄石
墙身贴横纹光面超白白窿石
选购工艺吊灯
天花石英射灯
50MM实木线收边
木格造型背贴工艺玻璃 D-01
80MM光面贝沙金大理石地脚线
选购3+1+1沙发组合
80MM光面贝沙金大理石
选购中式条案
选购古董装饰箱
入口玄关立面
A≈500MM
B≈575MM
SC 1?30

▲076玄关详图

胡桃木夹板
亚光清漆
实木线条
亚光清漆
实木顶棚线
白色浑水漆

胡桃木夹板
亚光清漆
5厘车边镜
射灯

实木踢脚线
实木线条亚光清漆
胡桃木夹板
亚光清漆

2700
1300
1650
660
100 250
80 150

90 570 9080 370 370 8090 570 90
2400

ELEVATION
立面图

实木柱头金漆
实木雕刻金漆
乳胶漆
弹涂乳胶漆
石膏顶棚线
乳胶漆
射灯

100
300
50
2800
2200
550

230 500 320 1680 320 500 230
3780

B ELEVATION
立面图

▲077玄关详图

射灯
沙比利实木线条清漆
沙比利板亚光清漆
8厘艺术雕刻玻璃
艺术夹花玻璃
啡网纹石材台面
沙比利板亚光清漆
实木线条白色混水漆
鹅卵石

F 立面图

射灯
沙比利实木线条清漆
沙比利板亚光清漆
8厘艺术雕刻玻璃
艺术夹花玻璃
啡网纹石材台面
沙比利板亚光清漆
实木线条白色混水漆
鹅卵石

玄关隔断背立面图

▲078玄关详图

5120
550 1000 1510 510 1000 550

暗藏LED灯带
暗藏LED灯带

实木线条花格
5mm冰纹玻璃
暗藏LED灯带
30mm实木线条
铜拉手
紫檀木面板饰面
放置雨花石

670
3000
2850

655
470
470
635
385

80
425
250
250
250
250
50 395
840
200

原建筑梁
吊顶部分
成品花格
木雕
紫檀木面板饰面
300*600mm仿古墙砖（5mm倒角）
5mm倒角缝隙
80mm实木线条
埃及米黄挂贴
台面紫檀木面板饰面
暗藏LED灯带
200mm紫罗红石材踢脚线

920 750 750 750 750 920 280
5120

920 1500 1500 920 280
5120

400
暗藏灯带
紫罗红石材
地面石材
放置鹅卵石
50 350
一层玄关A立面

▲079玄关详图

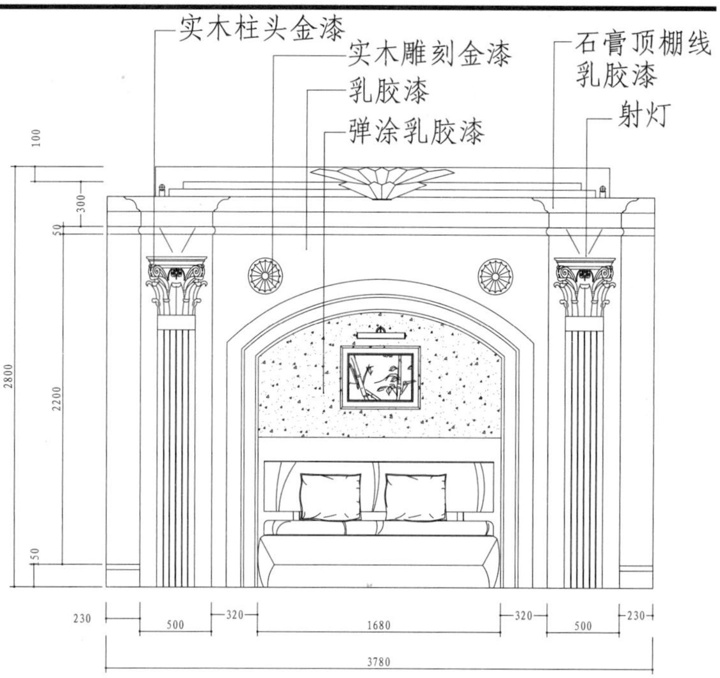

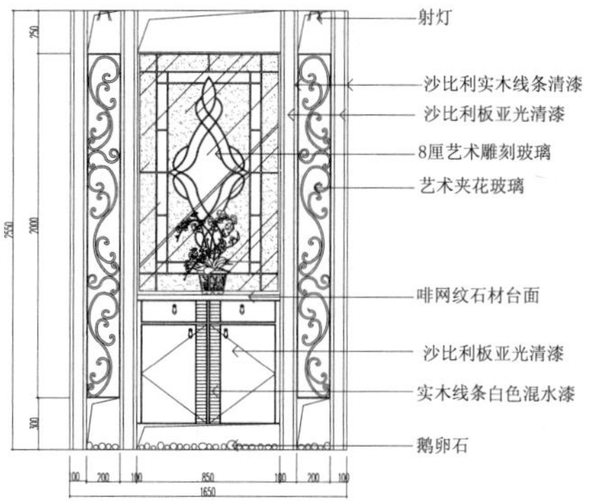

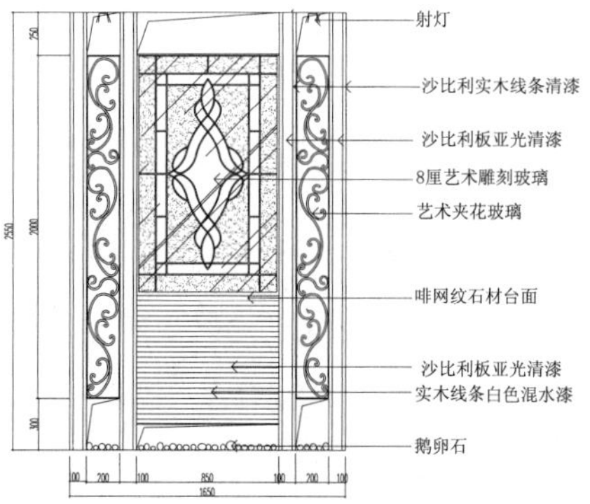

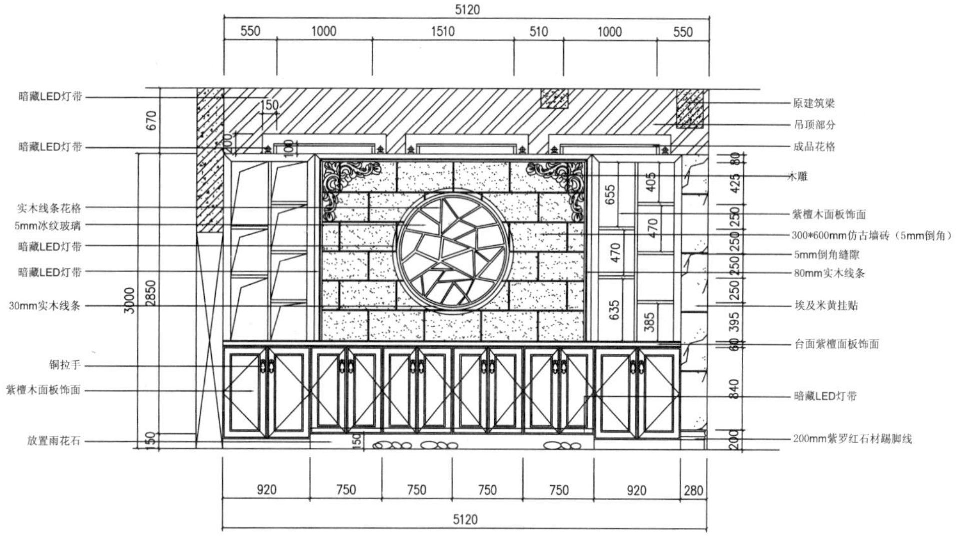

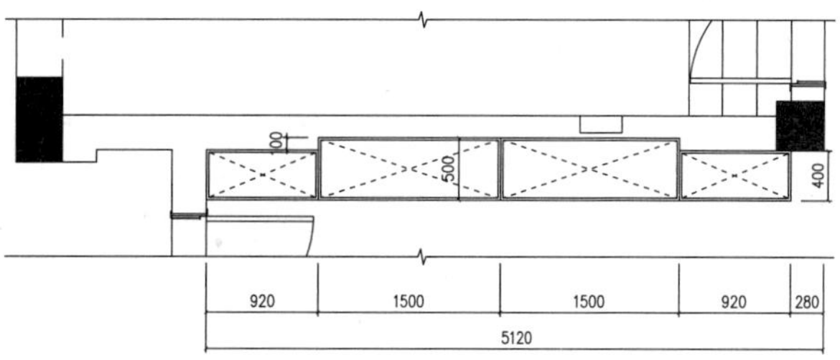

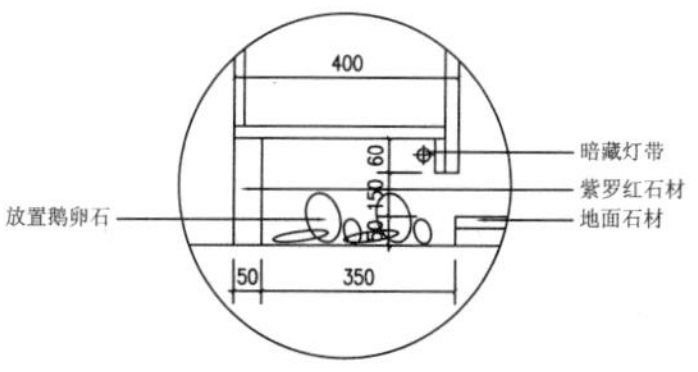

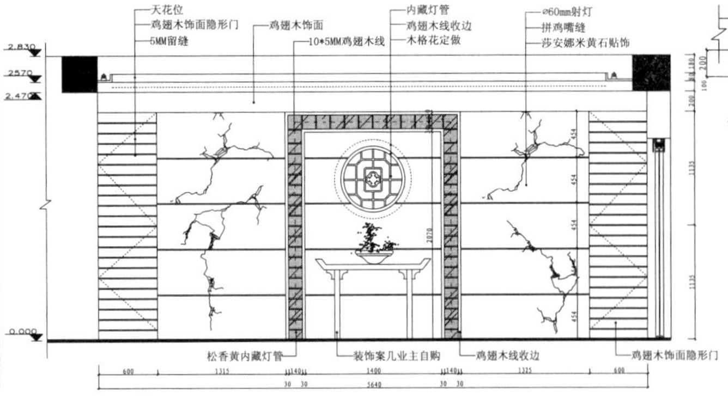

一楼客厅10立面图 1:30

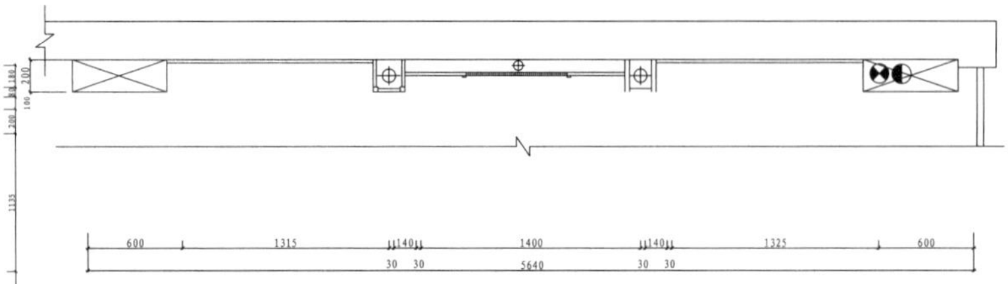

一楼客厅10平面图 1:30

▲080玄关详图

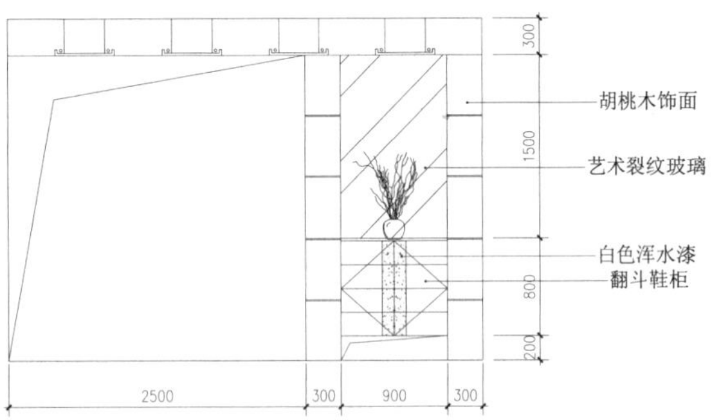

门厅玄关立面图

▲081玄关详图

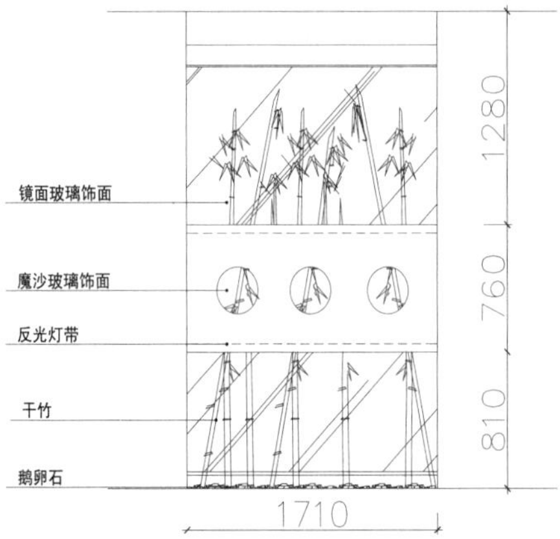

▲082玄关详图

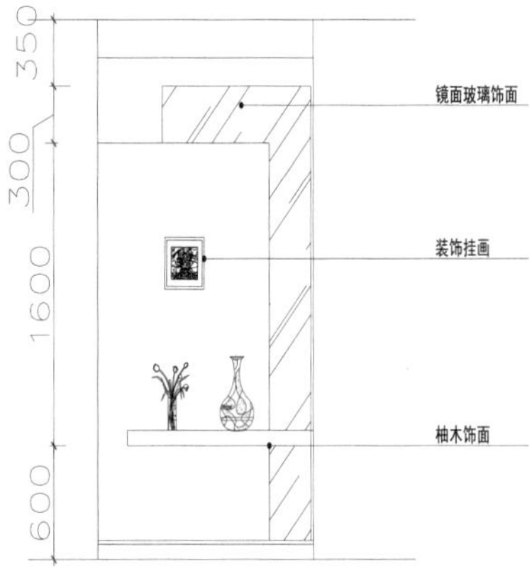

▲083玄关详图

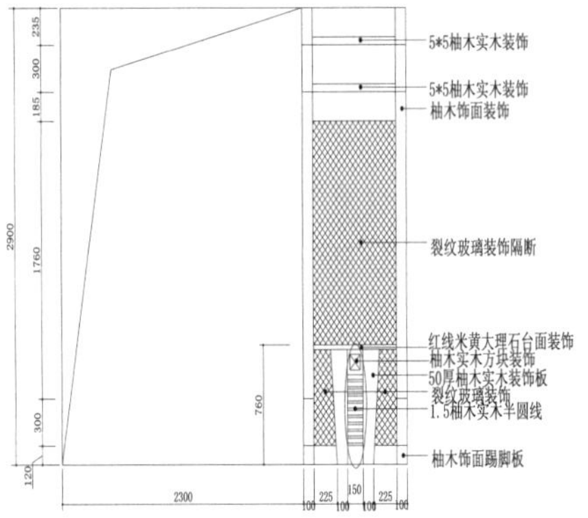

底层装饰隔断立面图B

▲084玄关详图

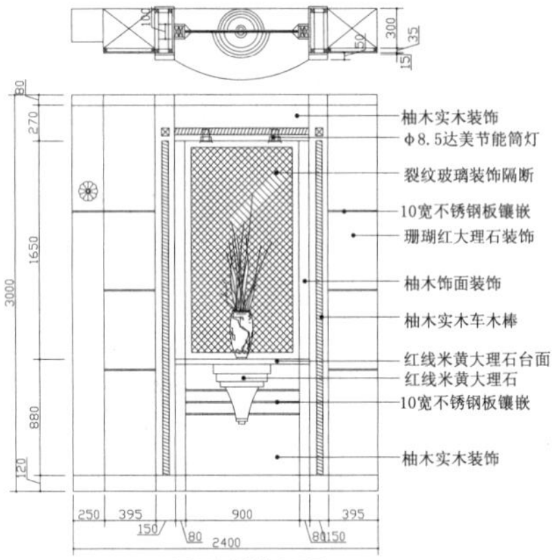

底层玄关装饰立面图A

▲085玄关详图

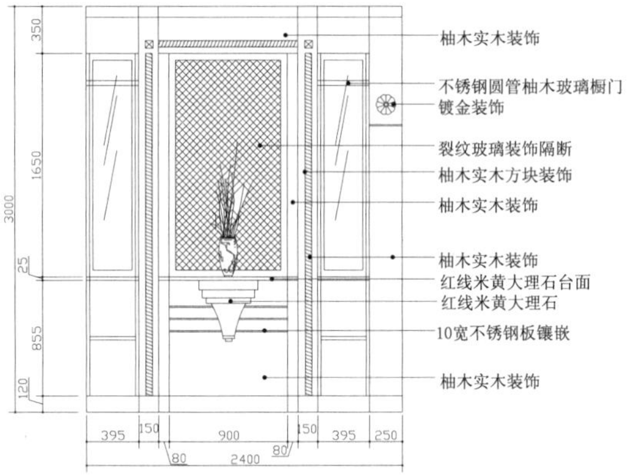

底层风雨柜立面图E

▲086玄关详图

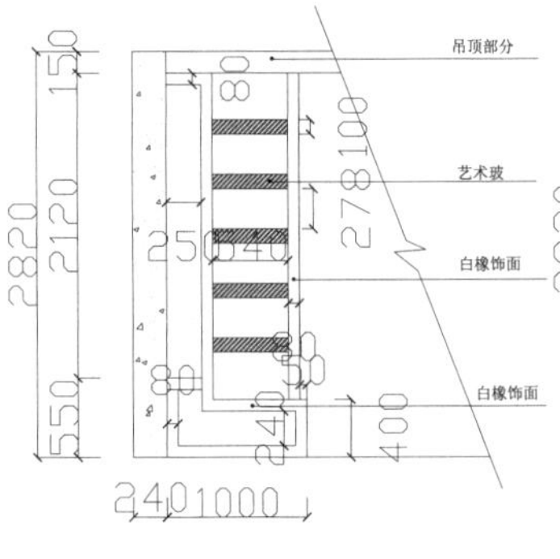

进门装饰玄关立面图1:30

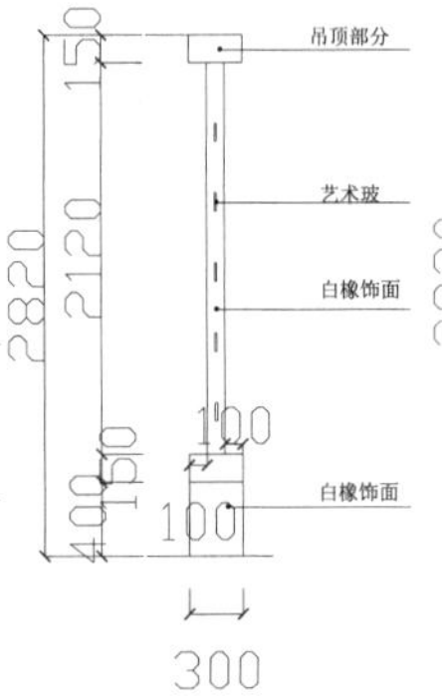

进门装饰玄关侧面图1:30

▲087玄关详图

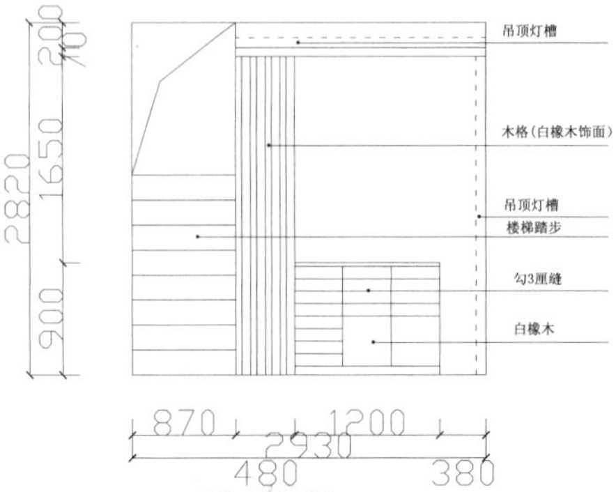

玄关C向立面图1:30

▲088玄关详图

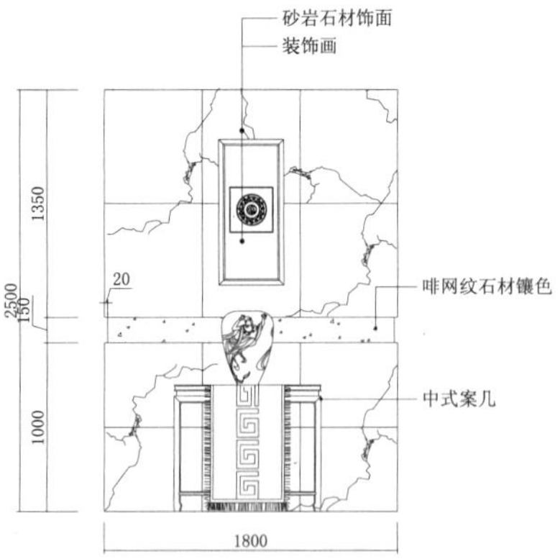

▲089玄关详图

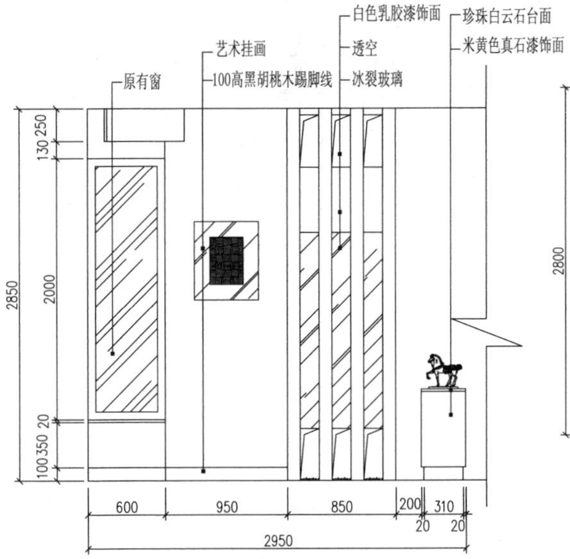

隔断立面图52

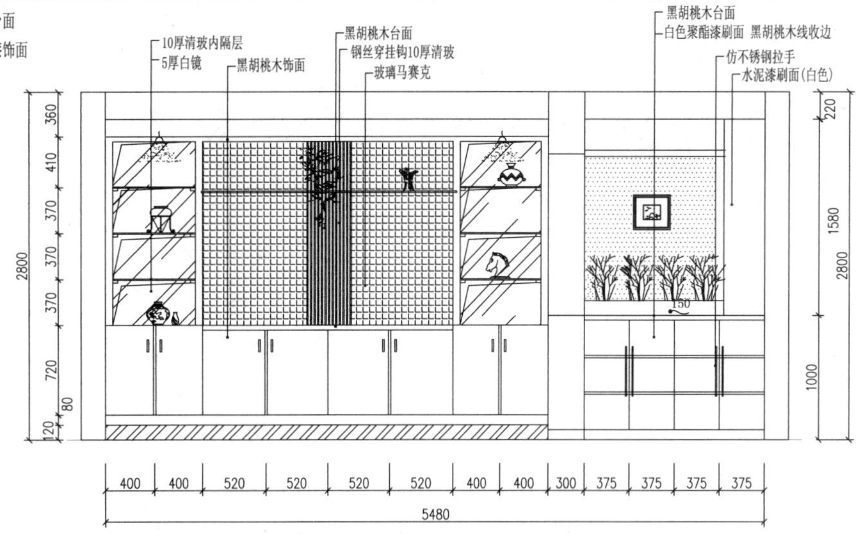

隔断立面图30

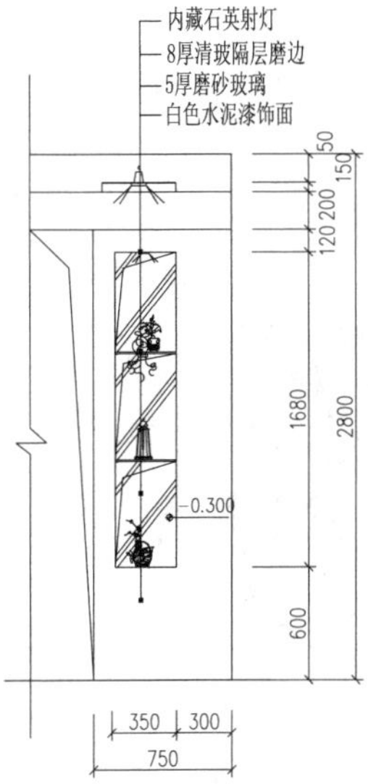

隔断立面图33

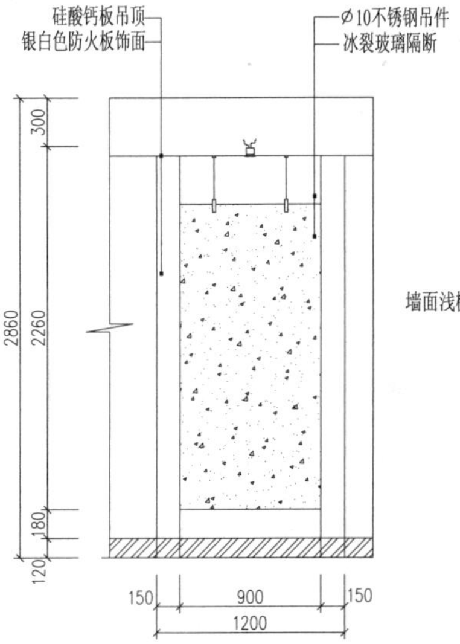

隔断立面图34

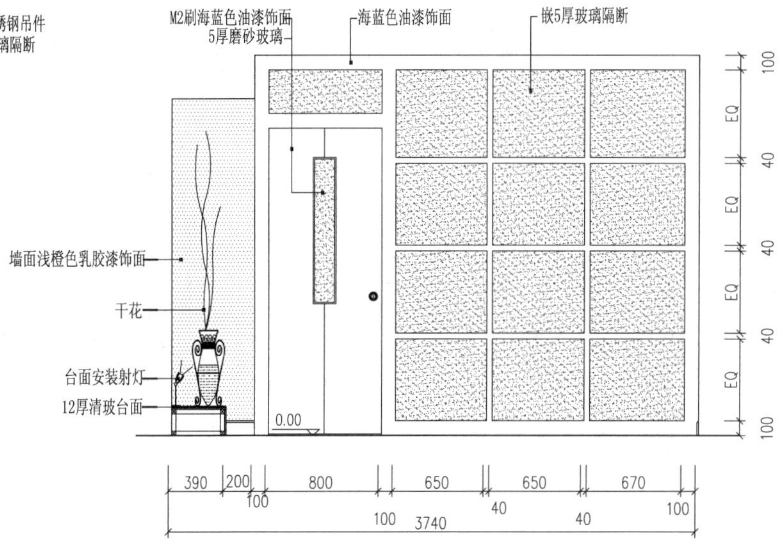

隔断立面图15

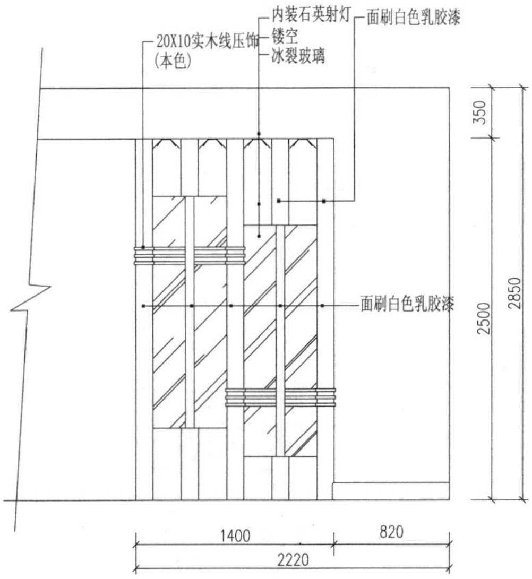

隔断立面图16

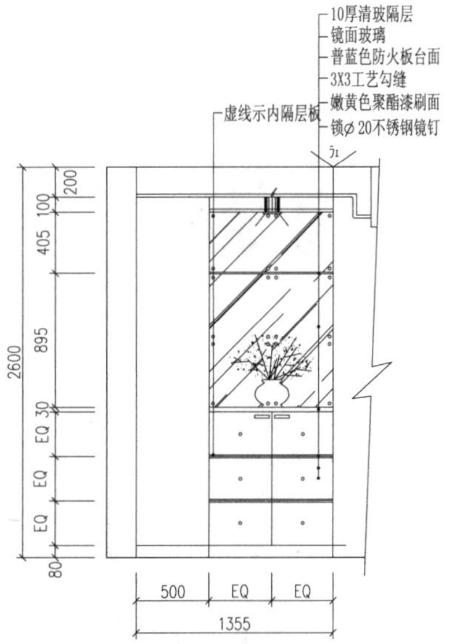

隔断立面图31

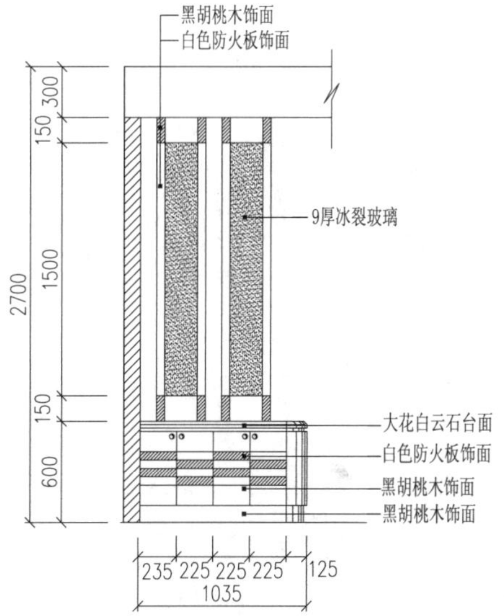

隔断立面图32

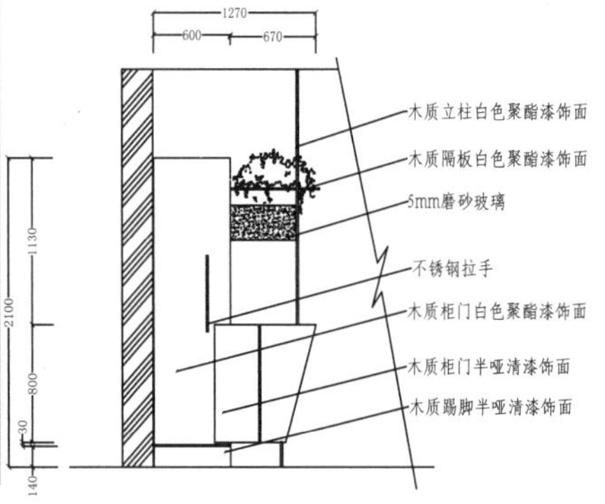

XG--001立面图

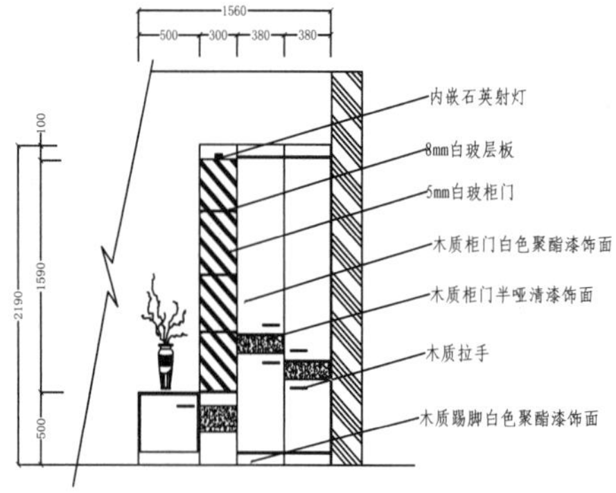

XG--002立面图

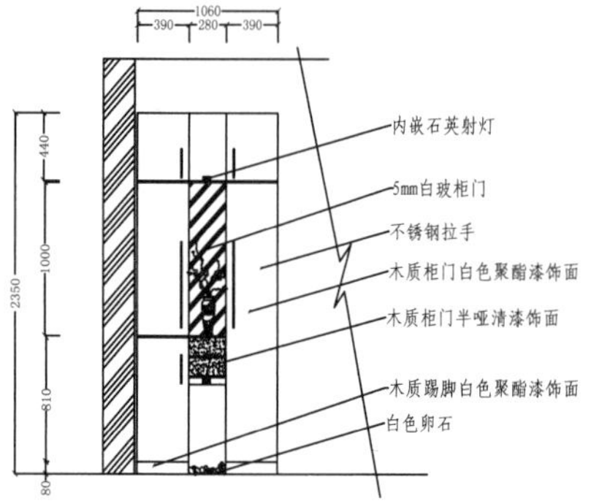

XG--003立面图

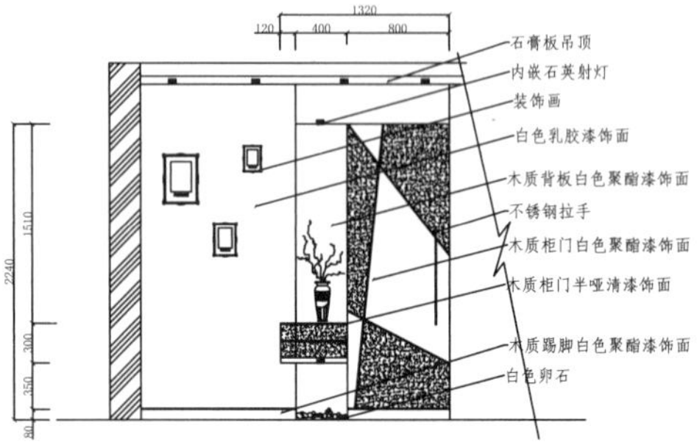

XG--004立面图

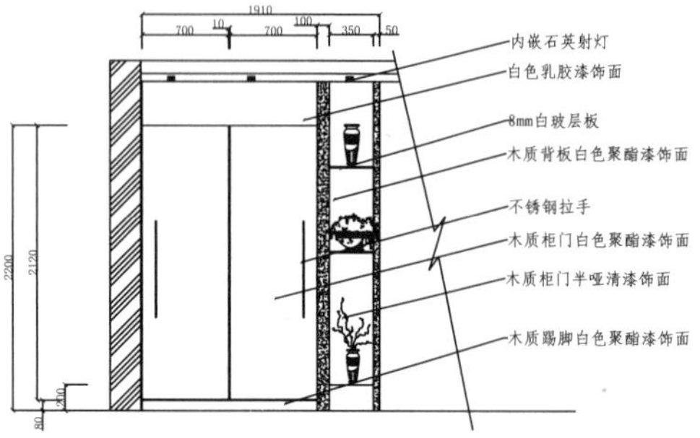

XG--005立面图

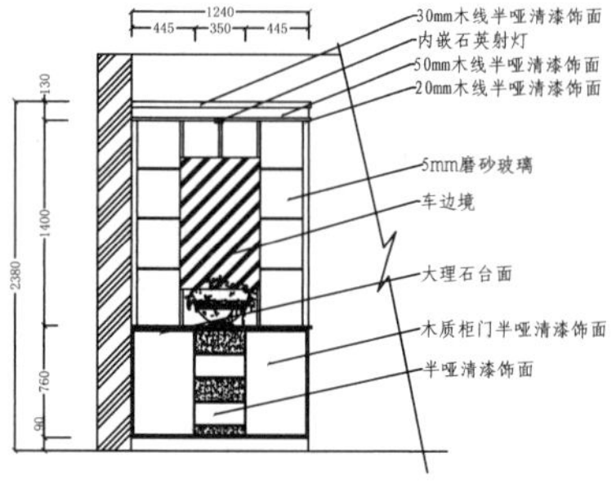

XG--006立面图

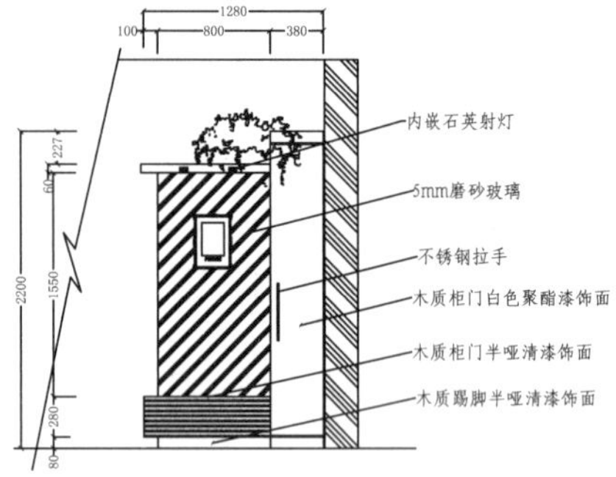

XG--007立面图

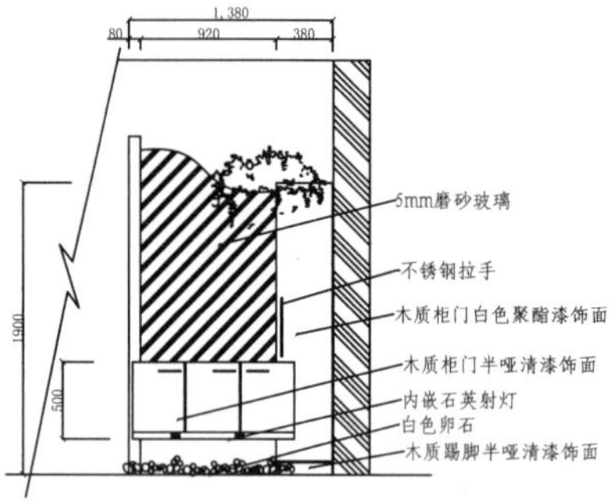

XG--008立面图

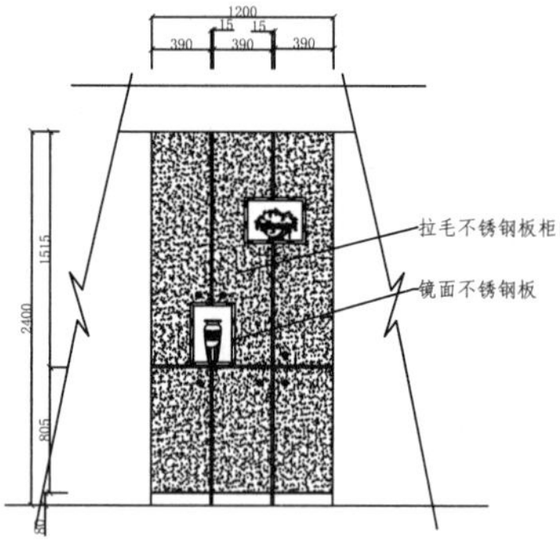

XG--009立面图

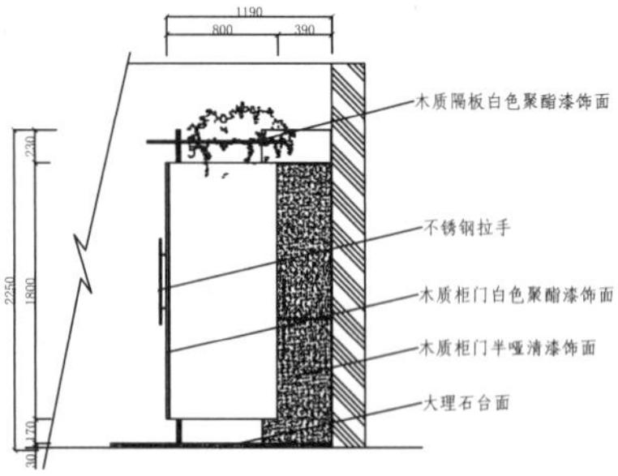

XG--010立面图

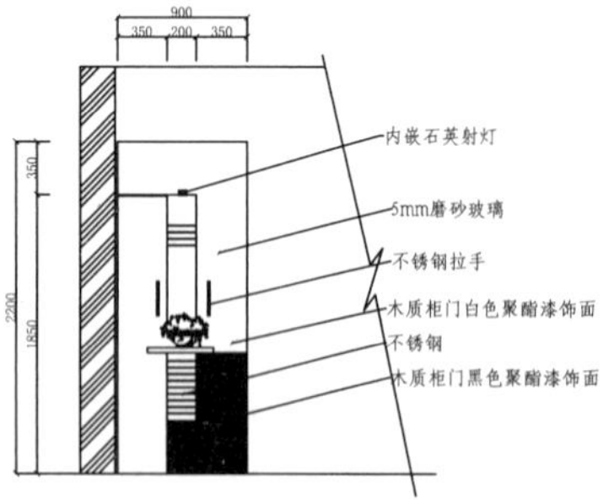

XG--011立面图

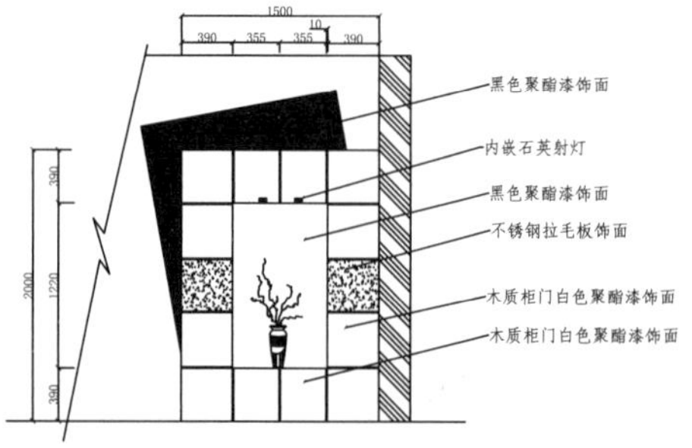

XG--012立面图

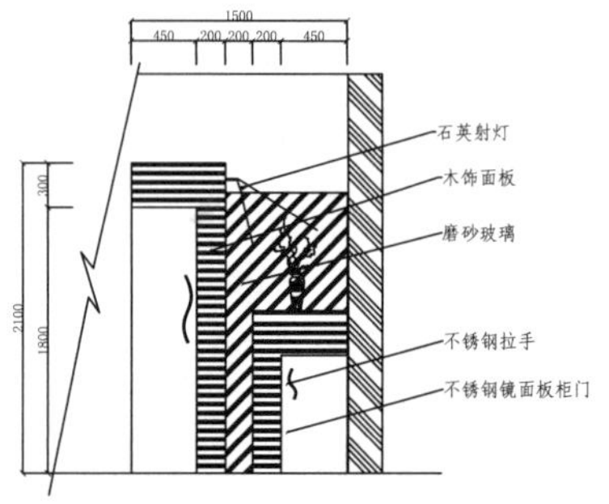

XG--013立面图

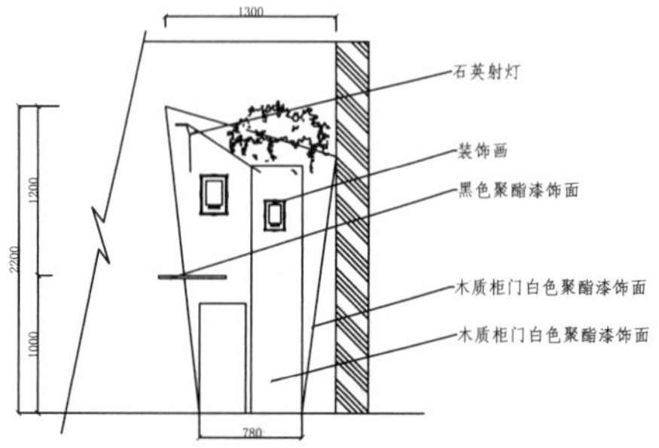

XG--014立面图

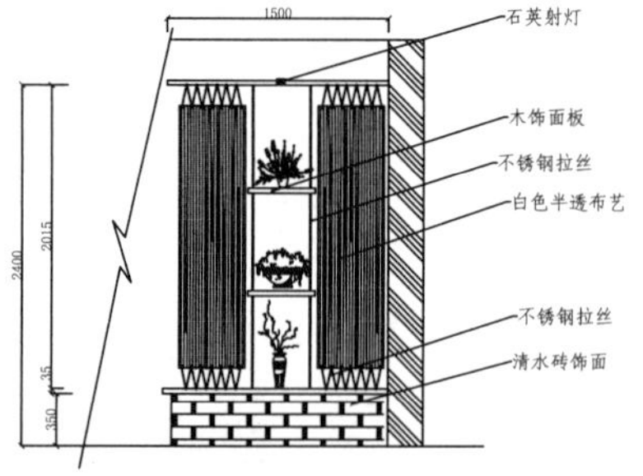

XG--015立面图

▲091玄关详图

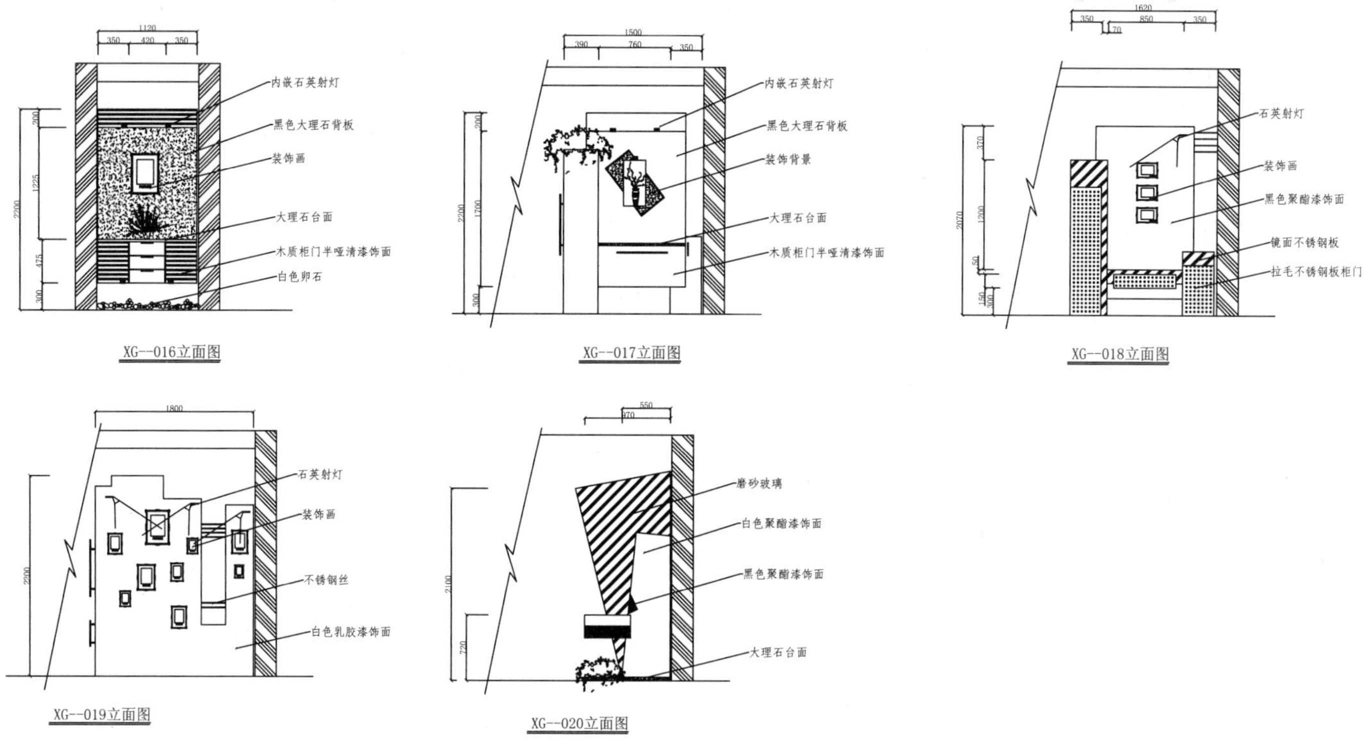
内嵌石英射灯
黑色大理石背板
装饰画
大理石台面
木质柜门半哑清漆饰面
白色卵石
XG--016立面图
内嵌石英射灯
黑色大理石背板
装饰背景
大理石台面
木质柜门半哑清漆饰面
XG--017立面图
石英射灯
装饰画
黑色聚酯漆饰面
镜面不锈钢板
拉毛不锈钢板柜门
XG--018立面图
石英射灯
装饰画
不锈钢丝
白色乳胶漆饰面
XG--019立面图
磨砂玻璃
白色聚酯漆饰面
黑色聚酯漆饰面
大理石台面
XG--020立面图

▲091玄关详图

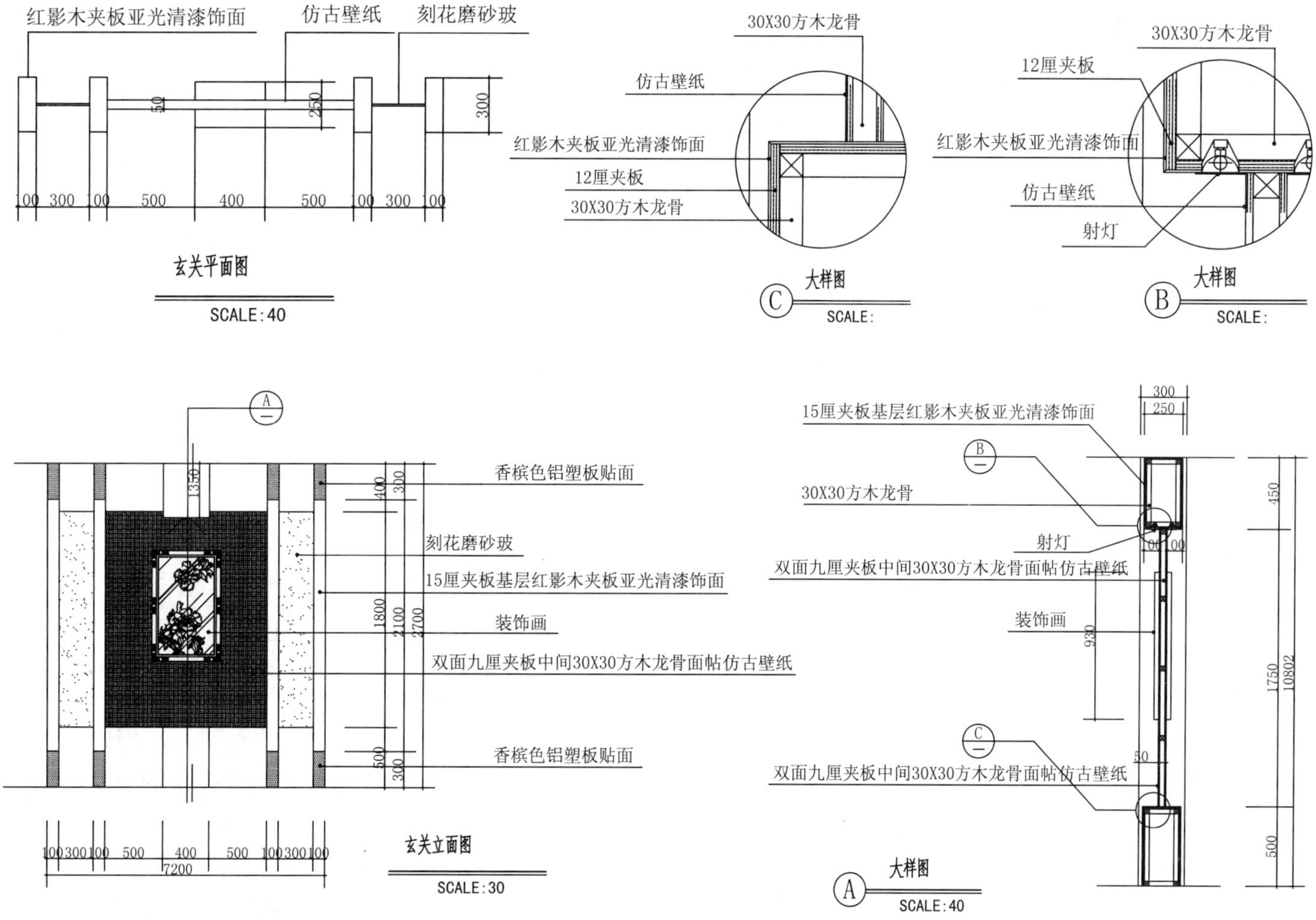
红影木夹板亚光清漆饰面
仿古壁纸
刻花磨砂玻
玄关平面图
SCALE:40
30X30方木龙骨
仿古壁纸
红影木夹板亚光清漆饰面
12厘夹板
30X30方木龙骨
大样图
SCALE:
30X30方木龙骨
12厘夹板
红影木夹板亚光清漆饰面
仿古壁纸
射灯
大样图
SCALE:
香槟色铝塑板贴面
刻花磨砂玻
15厘夹板基层红影木夹板亚光清漆饰面
装饰画
双面九厘夹板中间30X30方木龙骨面帖仿古壁纸
香槟色铝塑板贴面
玄关立面图
SCALE:30
15厘夹板基层红影木夹板亚光清漆饰面
30X30方木龙骨
射灯
双面九厘夹板中间30X30方木龙骨面帖仿古壁纸
装饰画
双面九厘夹板中间30X30方木龙骨面帖仿古壁纸
大样图
SCALE:40

▲092包厢玄关详图

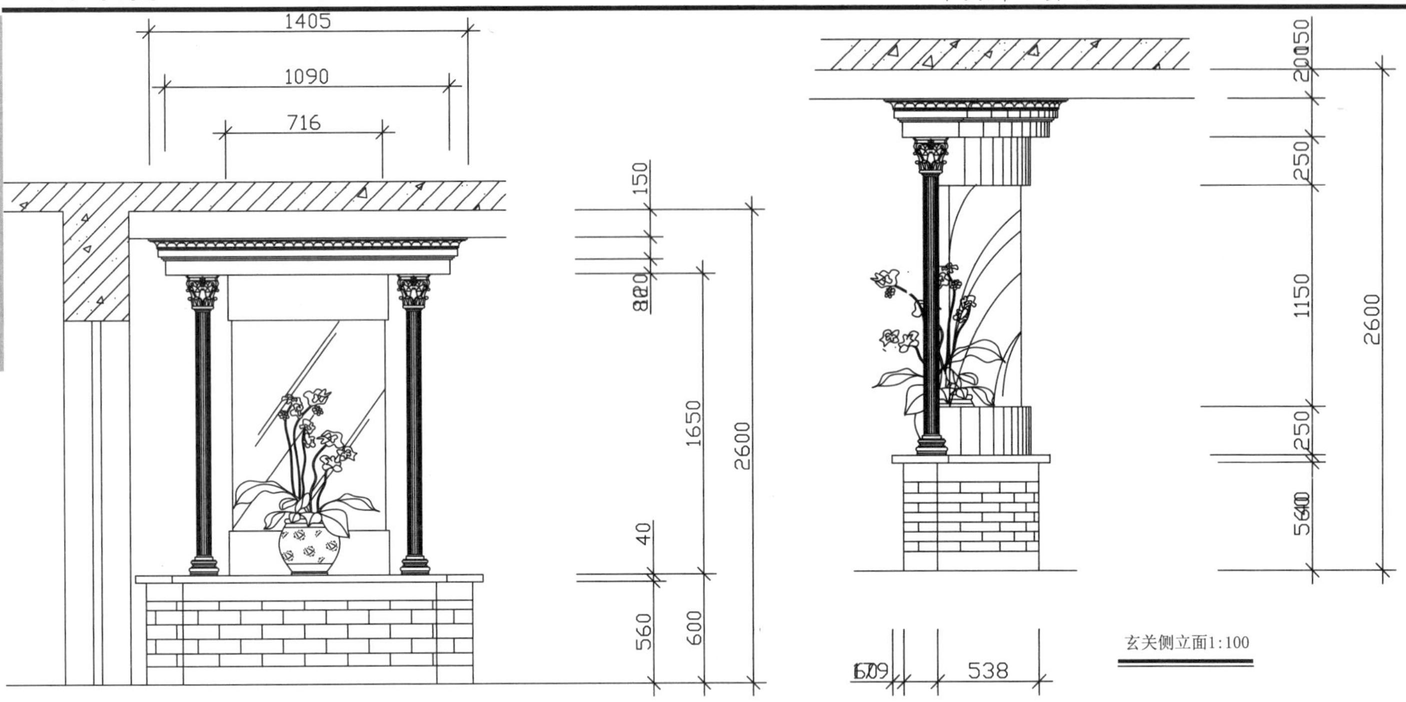

▲093别墅外玄关详图

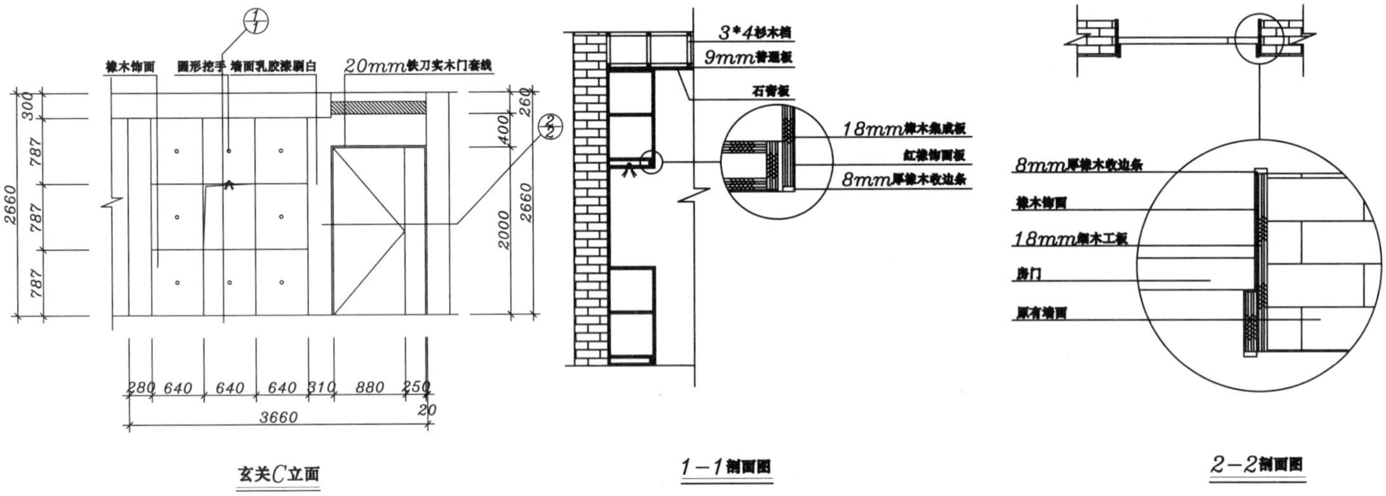

▲094别墅玄关详图

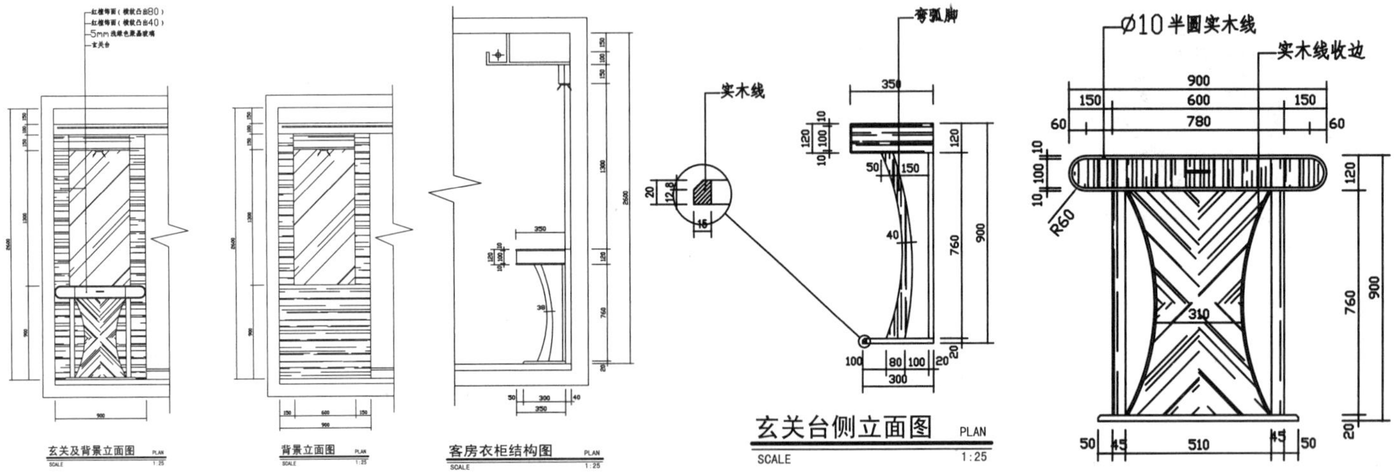

▲095复式玄关详图

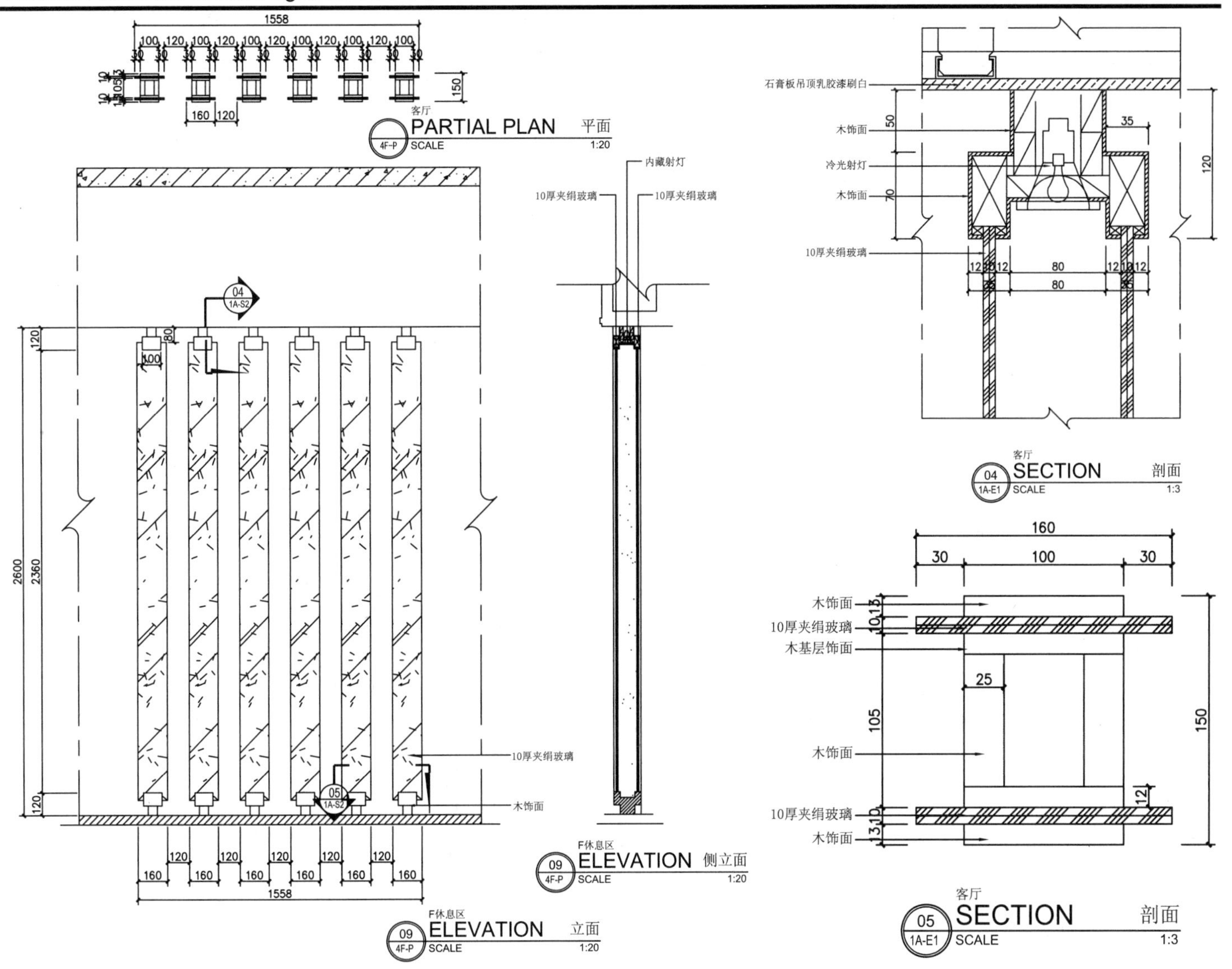
客厅
PARTIAL PLAN 平面
4F-P SCALE 1:20
石膏板吊顶乳胶漆刷白
木饰面
冷光射灯
木饰面
10厚夹绢玻璃
客厅
SECTION 剖面
04 1A-E1 SCALE 1:3
内藏射灯
10厚夹绢玻璃
10厚夹绢玻璃
10厚夹绢玻璃
木饰面
F休息区
ELEVATION 侧立面
09 4F-P SCALE 1:20
F休息区
ELEVATION 立面
09 4F-P SCALE 1:20
木饰面
10厚夹绢玻璃
木基层饰面
木饰面
10厚夹绢玻璃
木饰面
客厅
SECTION 剖面
05 1A-E1 SCALE 1:3

▲096夹绢玻璃玄关详图

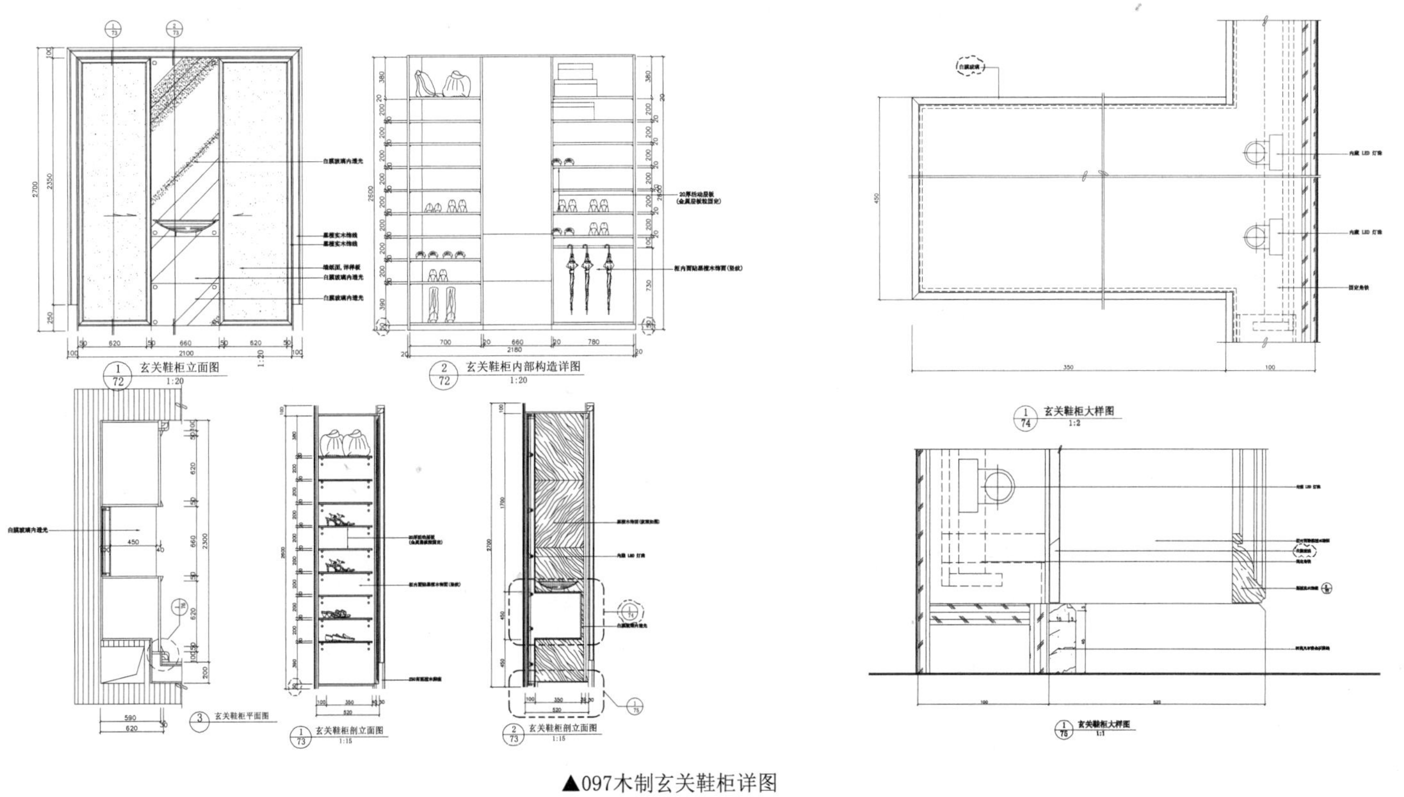

▲097木制玄关鞋柜详图

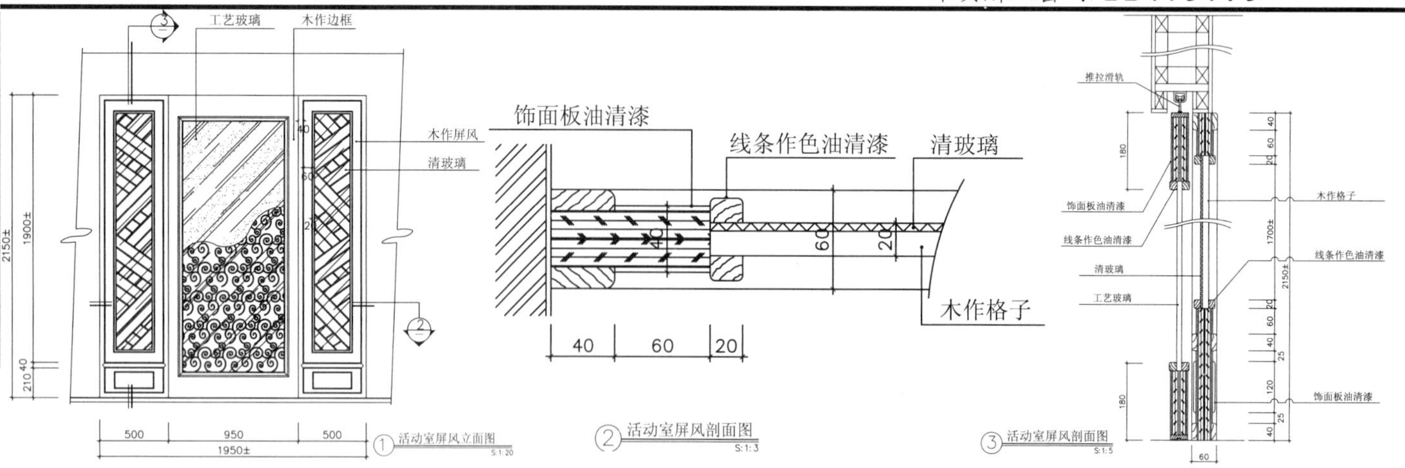
工艺玻璃
木作边框
木作屏风
清玻璃
饰面板油清漆
线条作色油清漆
清玻璃
木作格子
推拉滑轨
木作格子
饰面板油清漆
线条作色油清漆
清玻璃
工艺玻璃
1 活动室屏风立面图
2 活动室屏风剖面图
3 活动室屏风剖面图

▲098玄关详图

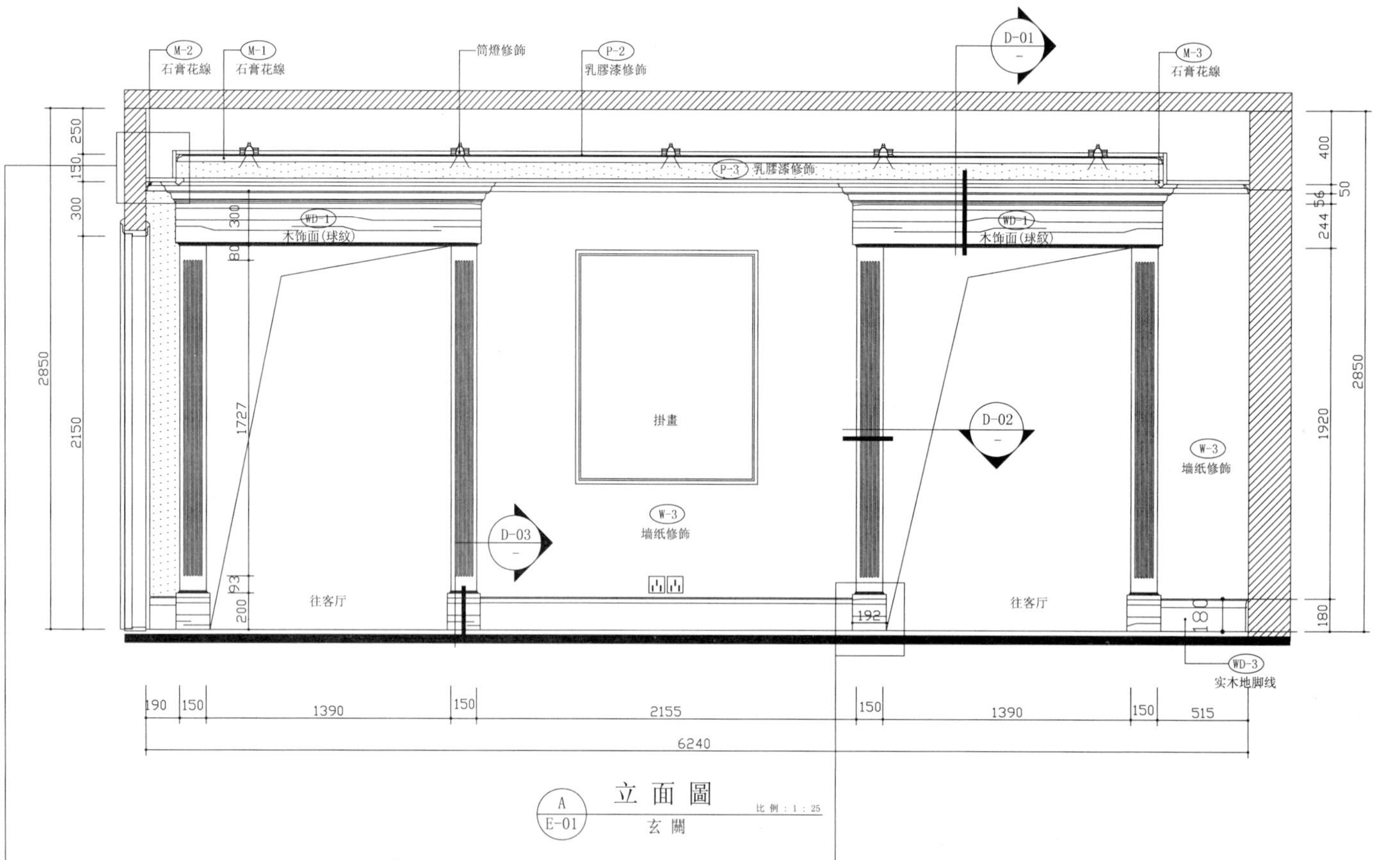
M-2 石膏花線
M-1 石膏花線
筒燈修飾
P-2 乳膠漆修飾
D-01
M-3 石膏花線
P-3 乳膠漆修飾
WD-1 木饰面(球纹)
掛畫
D-02
W-3 墙纸修飾
D-03
往客厅
WD-3 实木地脚线
6240
A E-01 立 面 圖 比例：1：25 玄 關

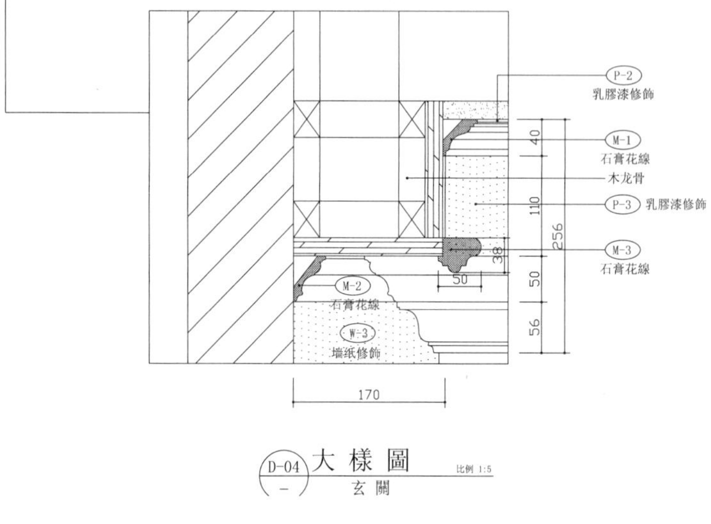
P-2 乳膠漆修飾
M-1 石膏花線
木龙骨
P-3 乳膠漆修飾
M-3 石膏花線
M-2 石膏花線
W-3 墙纸修飾
170
D-04 大 樣 圖 比例 1:5 玄 關

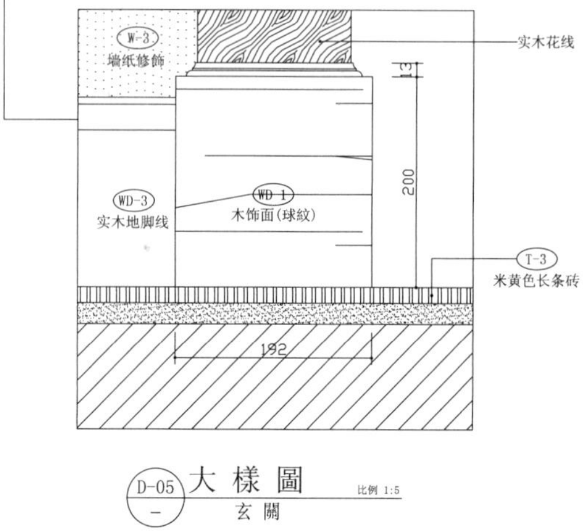
W-3 墙纸修飾
实木花线
WD-3 实木地脚线
WD-1 木饰面(球纹)
T-3 米黄色长条砖
192
D-05 大 樣 圖 比例 1:5 玄 關

▲099玄关详图

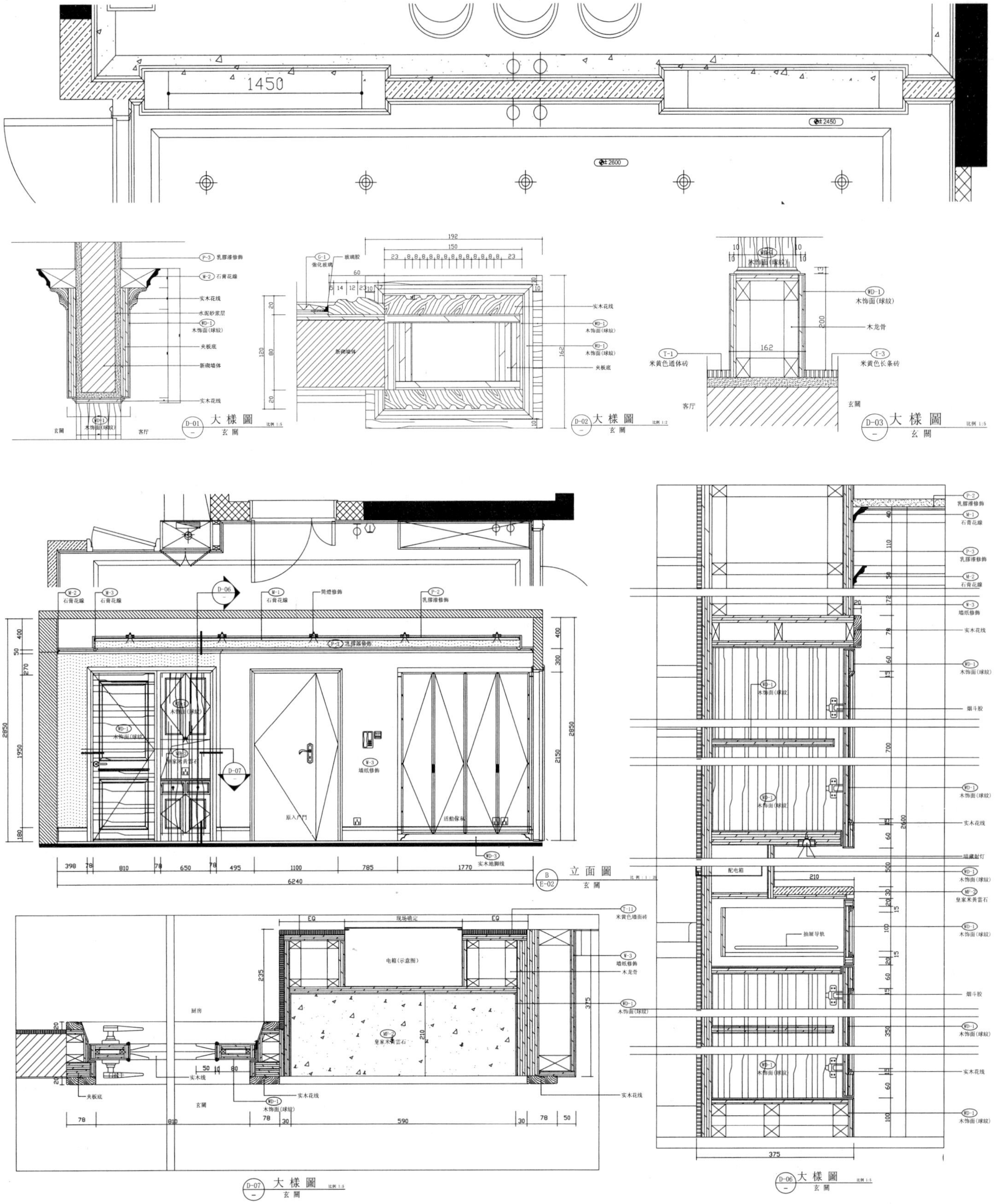

▲099玄关详图

本页解压密码: 33419179

玄关

吊顶, 面饰乳胶漆

黑胡桃木饰面

面饰白磁漆

木工板基层, 黑胡桃饰面

镜面玻璃

黑金砂台面

抽屉

开圆孔, 直径50mm

面饰白磁漆

木工板基层包柱, 面饰黑胡桃

原柱, 面饰黑胡桃

中间开槽, 固定镜面玻璃

黑金砂台面

白磁漆隔板

入口玄关

▲100入口玄关详图

一楼玄关 D立面图 SCALE: 1/50

一楼玄关 A立面图 SCALE: 1/50

一楼玄关 B立面图 SCALE: 1/50

玄关

上

上

楼玄关 立面索引图 SCALE: 1/50

室外楼梯尺寸放样图 SCALE: 1:10

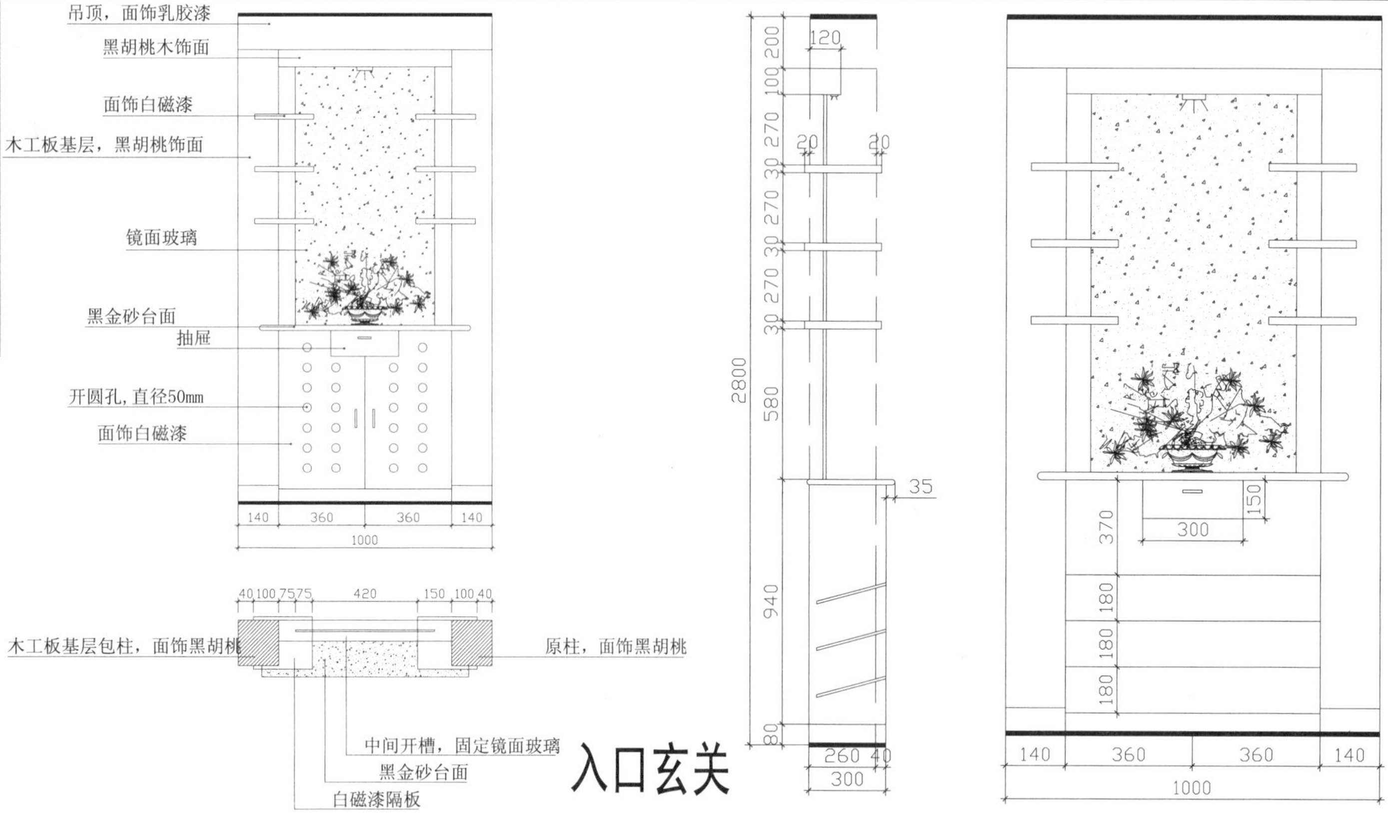

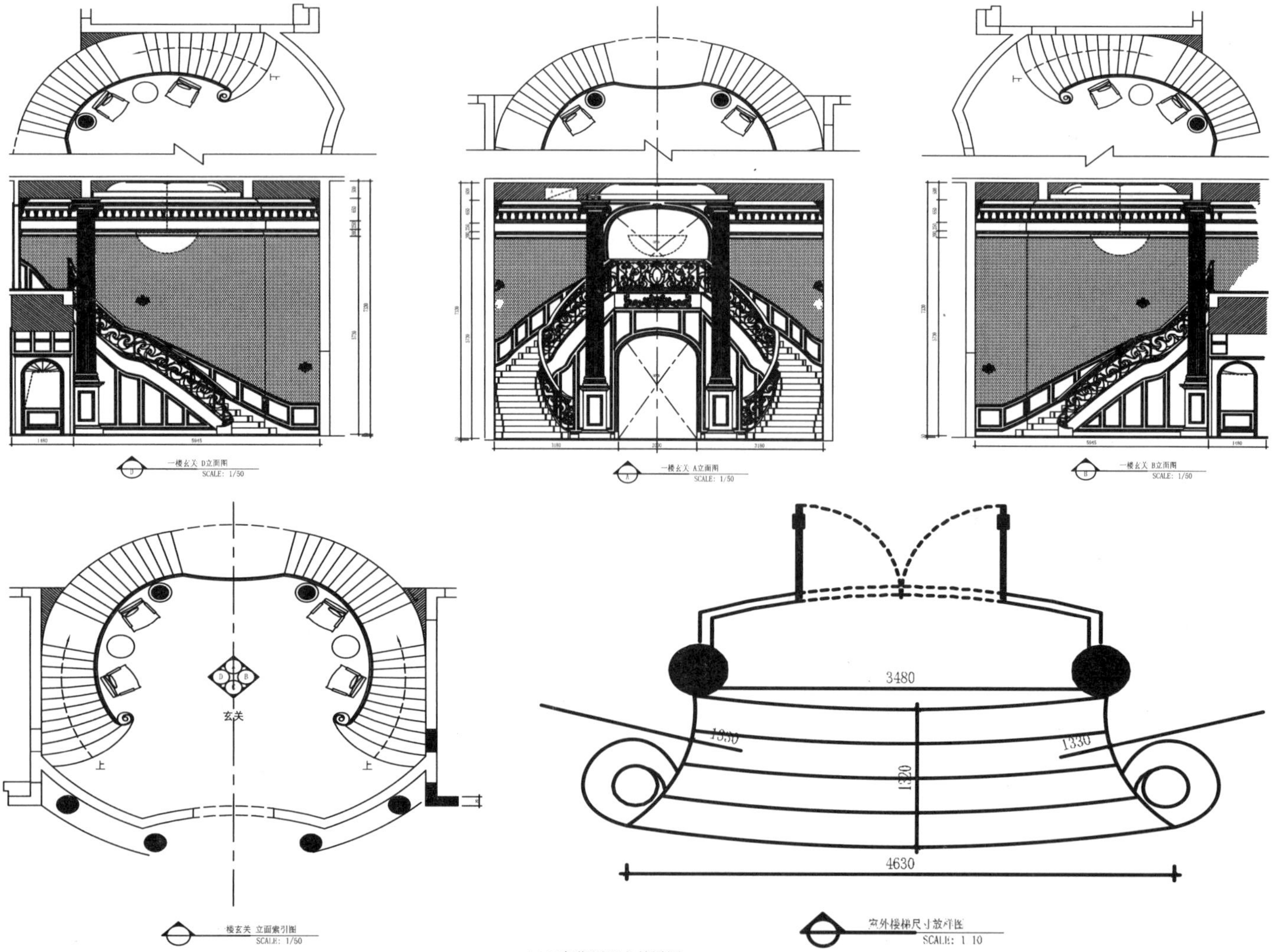

▲101奢华别墅玄关详图

鞋柜及屏风立面图

鞋柜及屏风结构图

A-A剖面图

鞋柜及屏风平面大样图

鞋柜及屏风平面大样图

① 节点大样图

▲102现代玄关详图

鞋柜及屏风立面图

鞋柜及屏风结构图

A-A剖面图

鞋柜及屏风平面大样图

鞋柜及屏风平面大样图

① 节点大样图

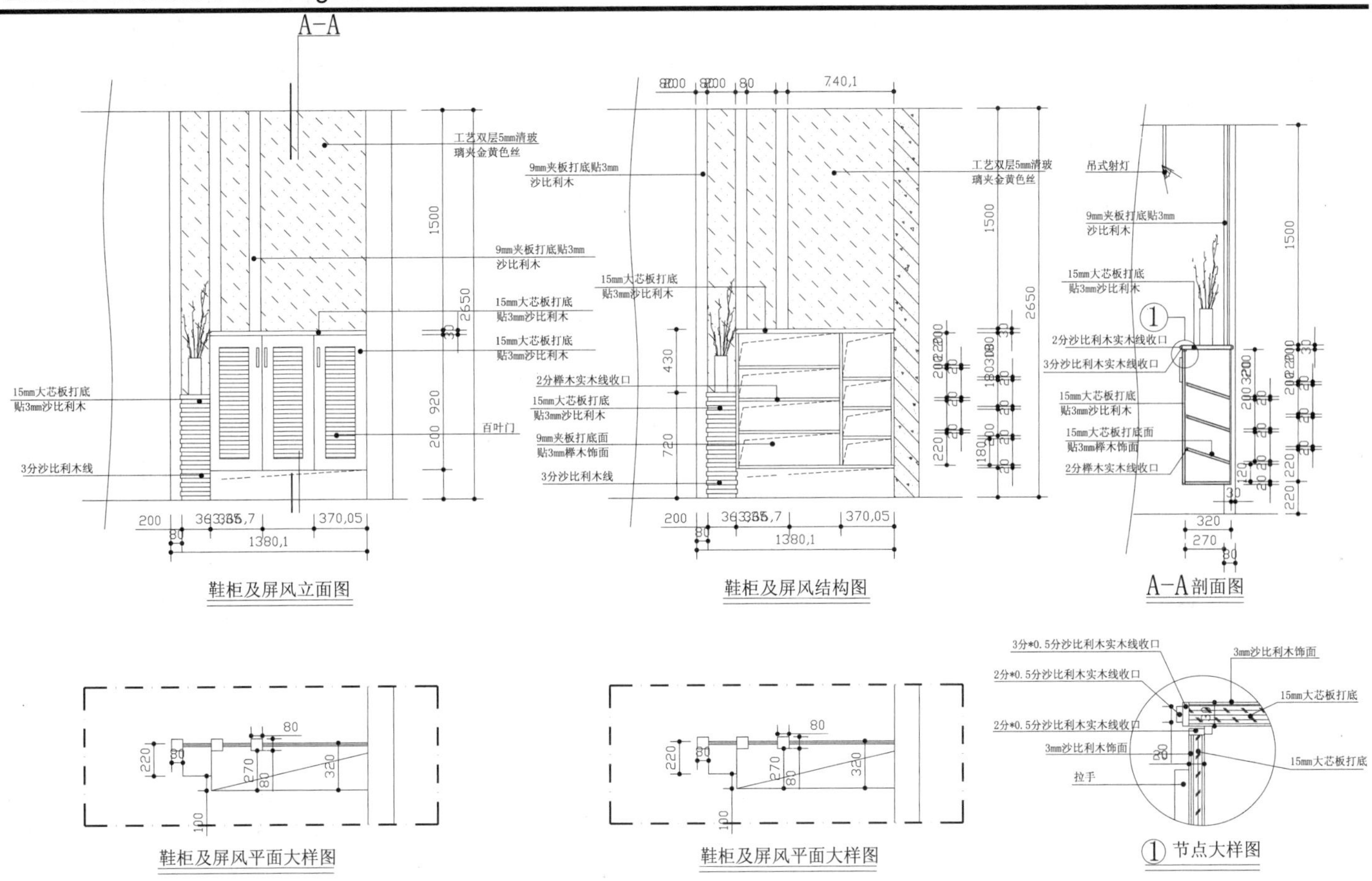

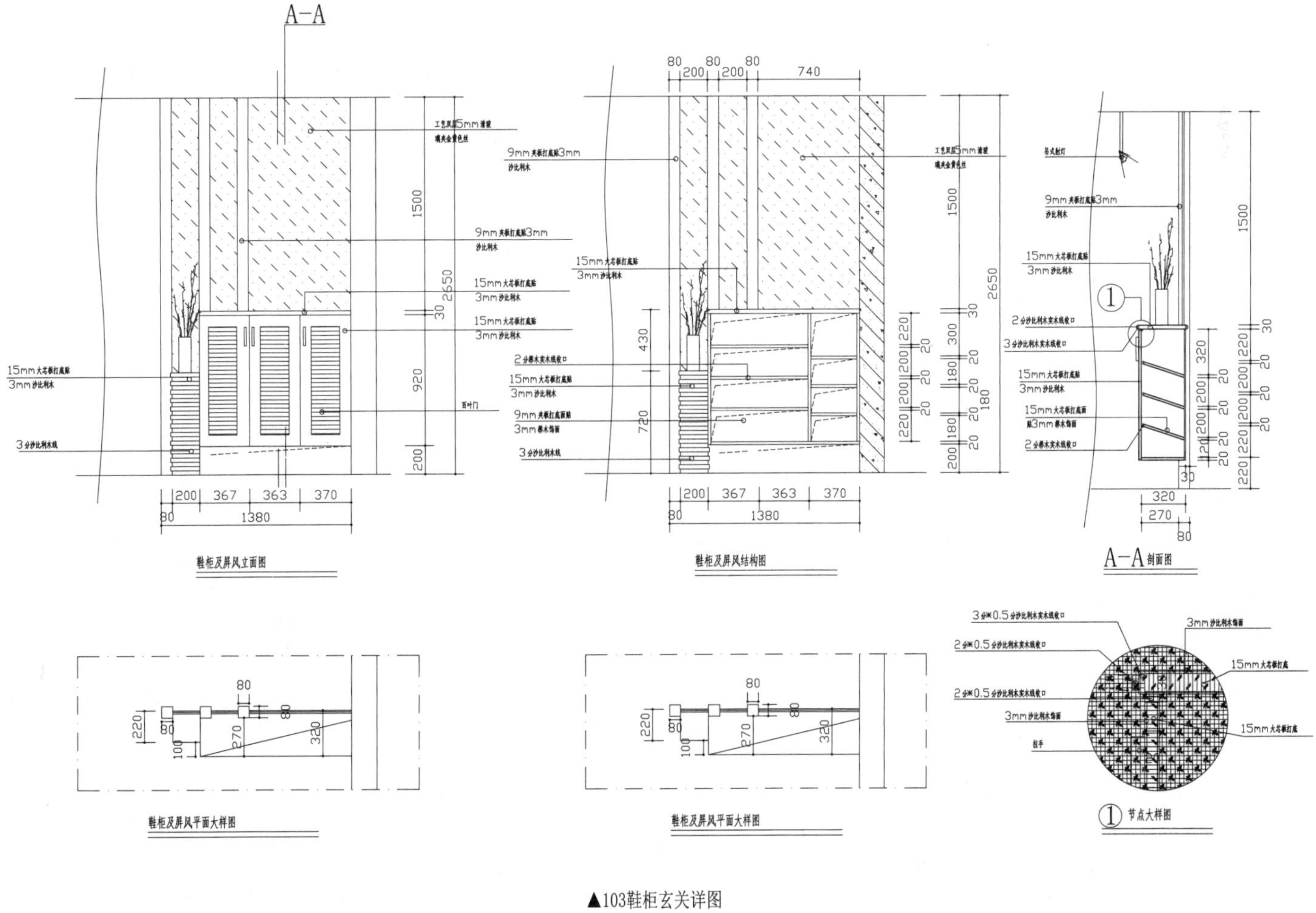

▲103鞋柜玄关详图

玄关

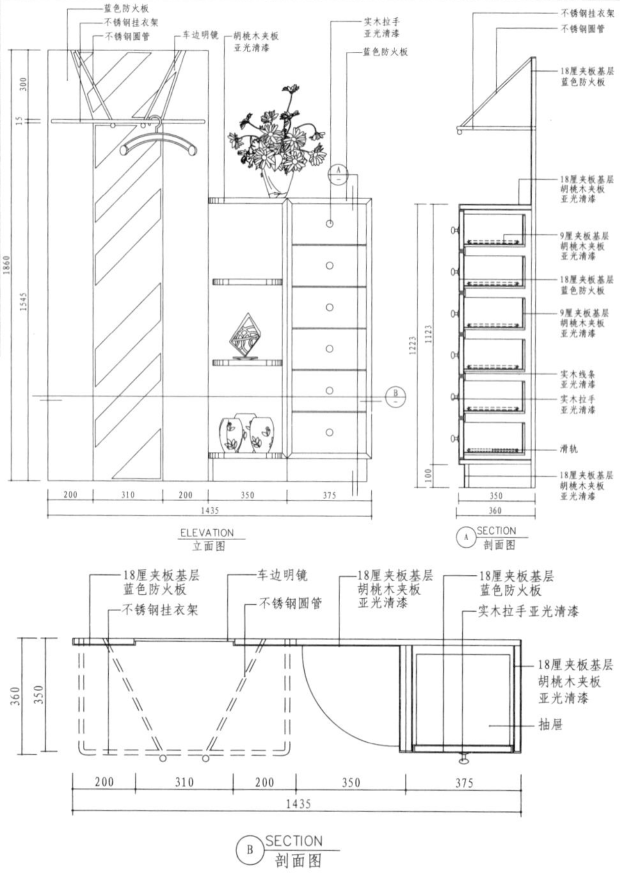

▲104玄光设计详图

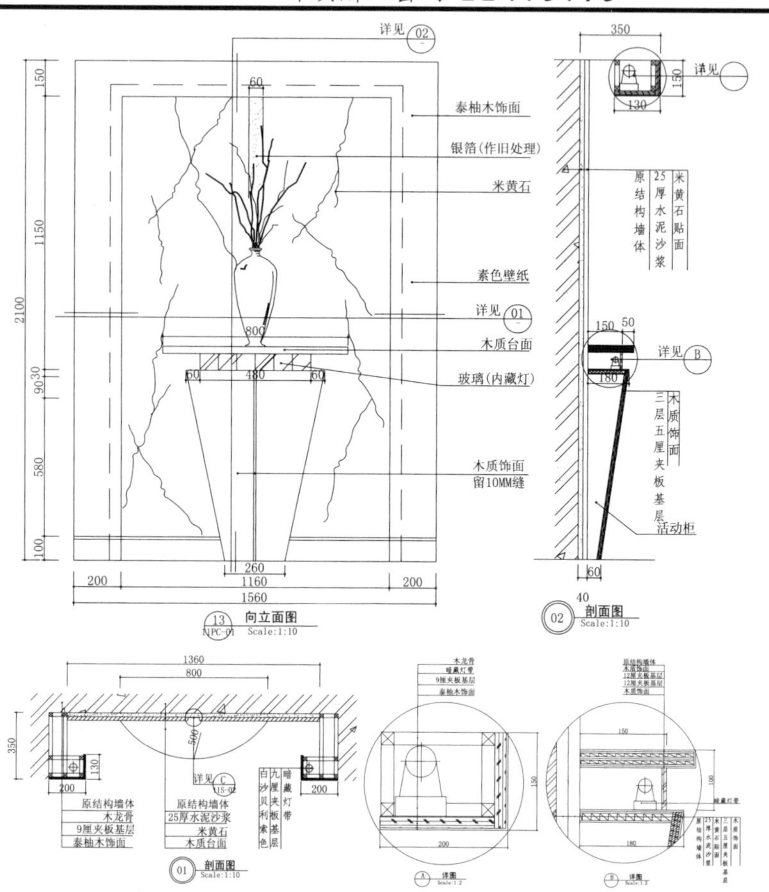

▲105玄光设计详图

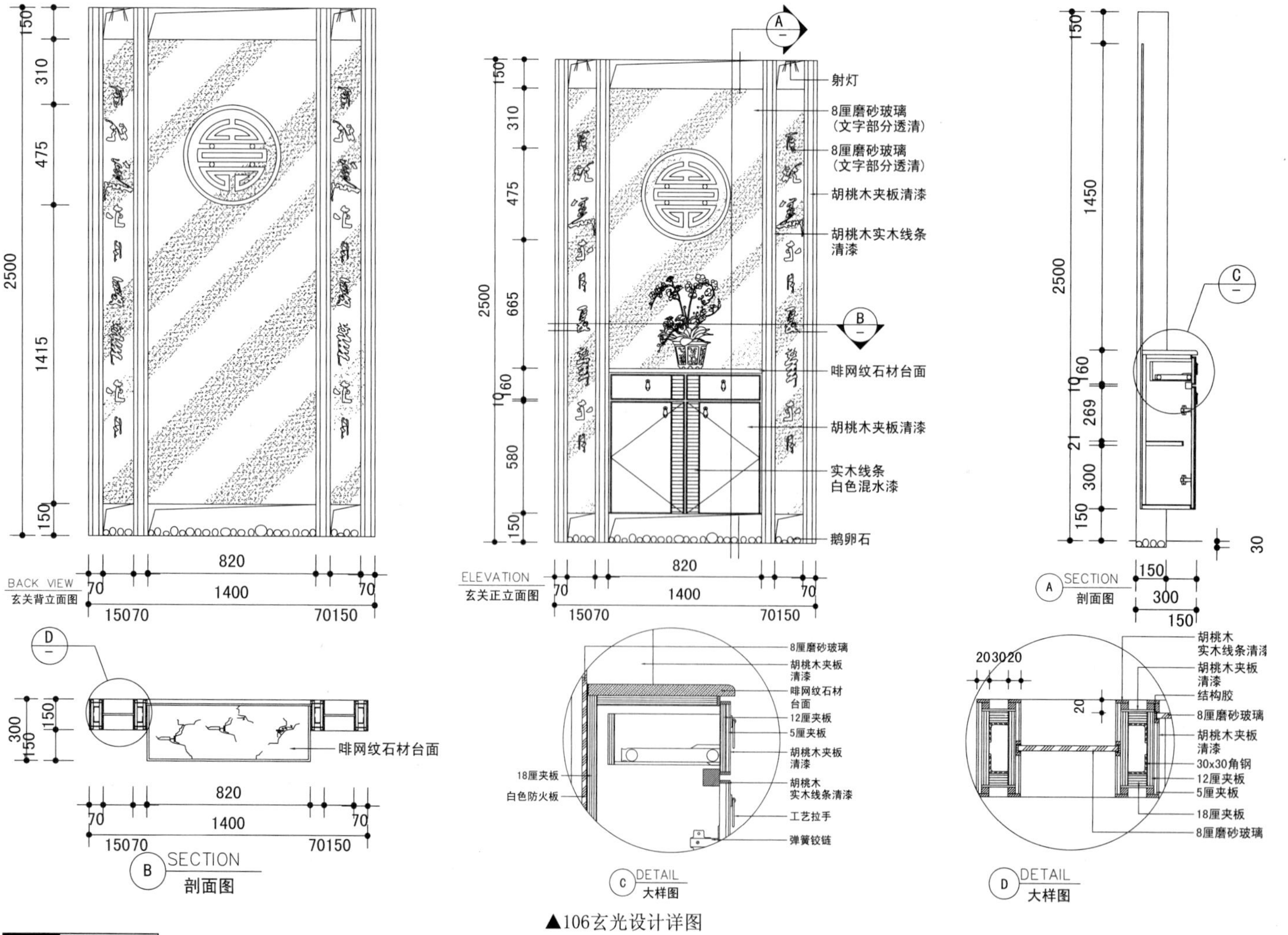

▲106玄光设计详图

玄关A立面1:30

玄关B立面1:30

玄关C立面1:30

玄关D立面1:30

鞋衣柜内部构造图1:30

I-I剖面图1:30

② 1:3

① 1:3   ③ 1:3

④ 1:3

▲107玄光设计详图

F立面图

立面图F

① 剖面图

② 剖面图

③ 剖面图

④ 剖面图

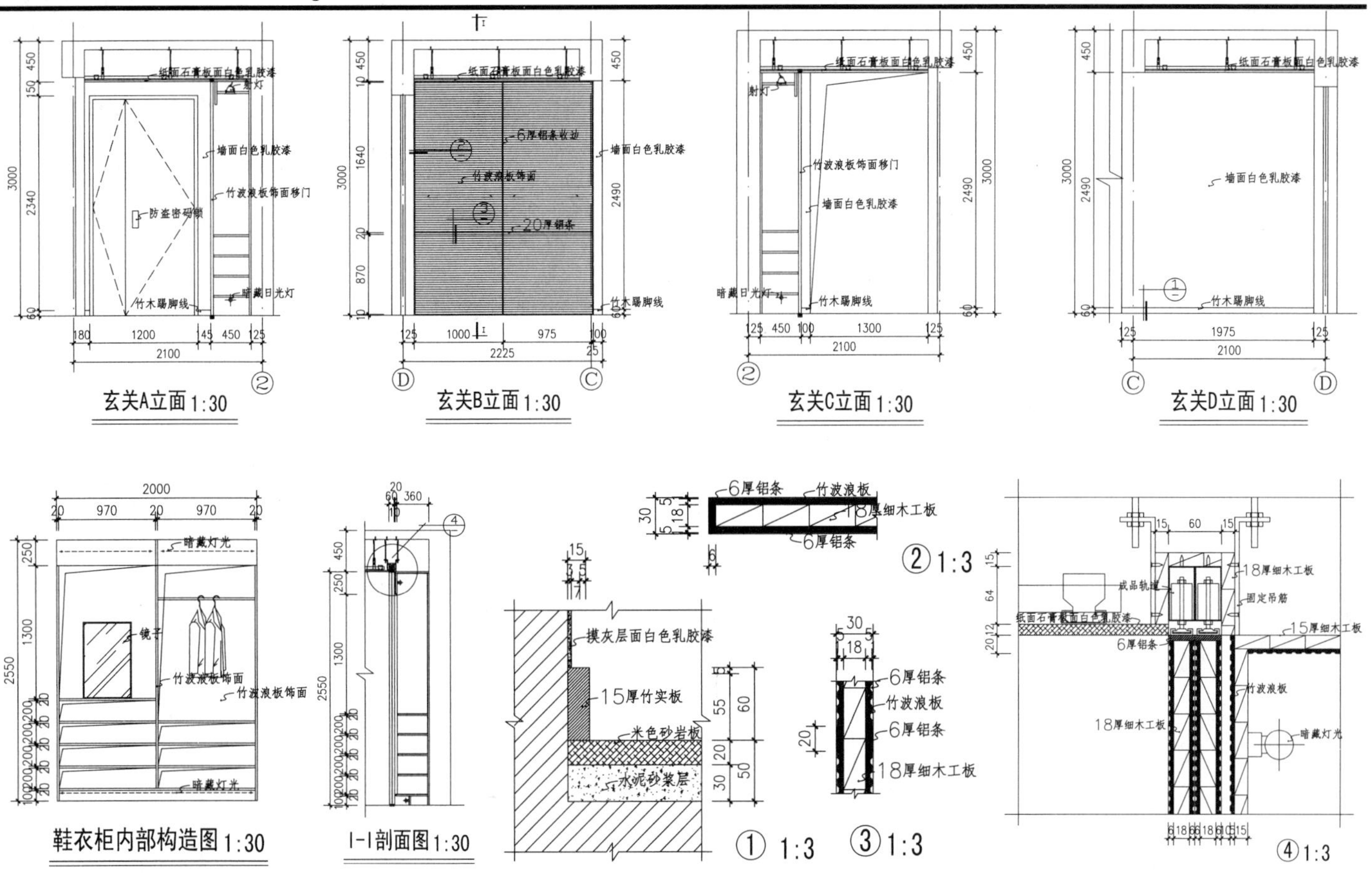

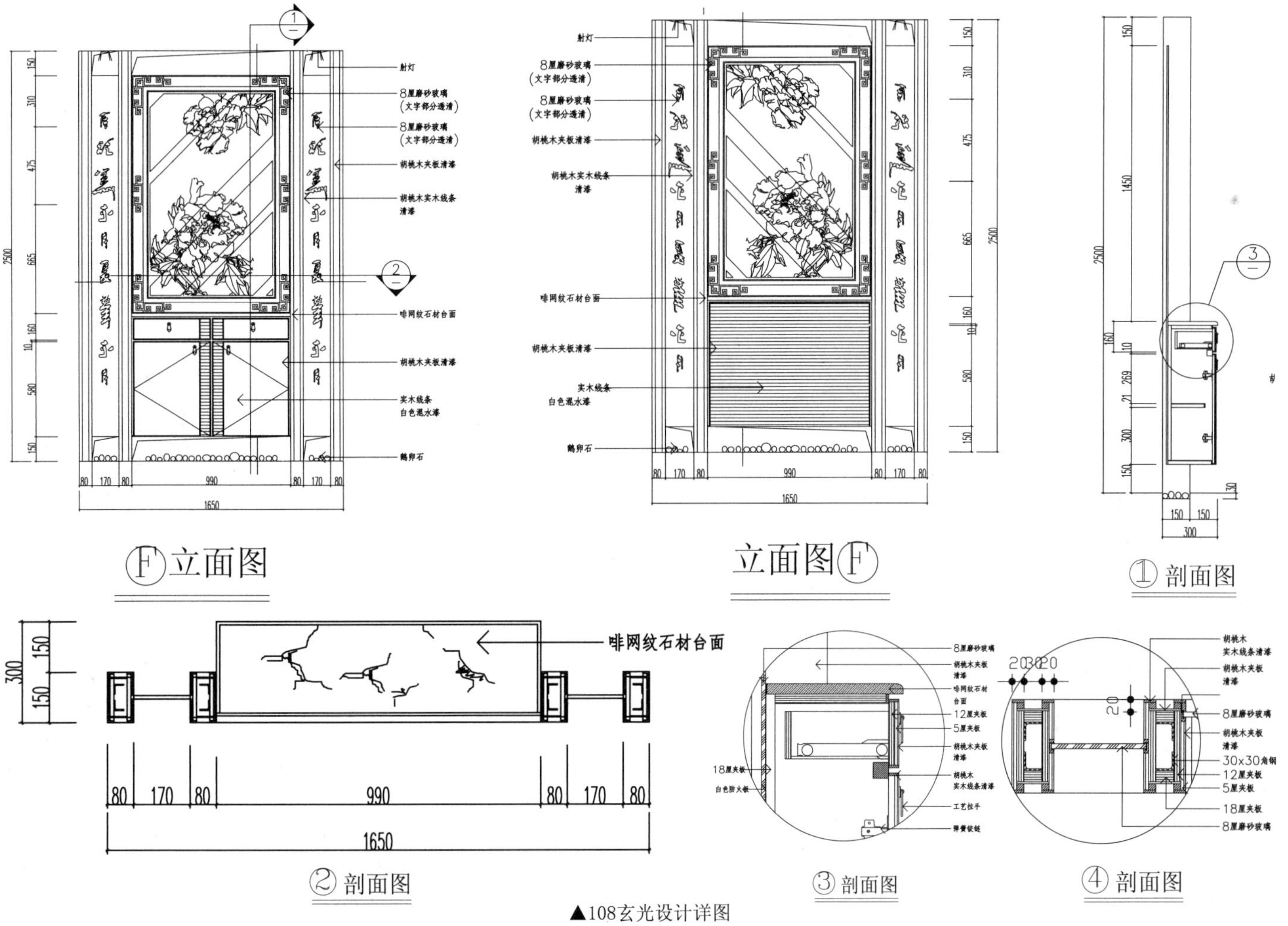

▲108玄光设计详图

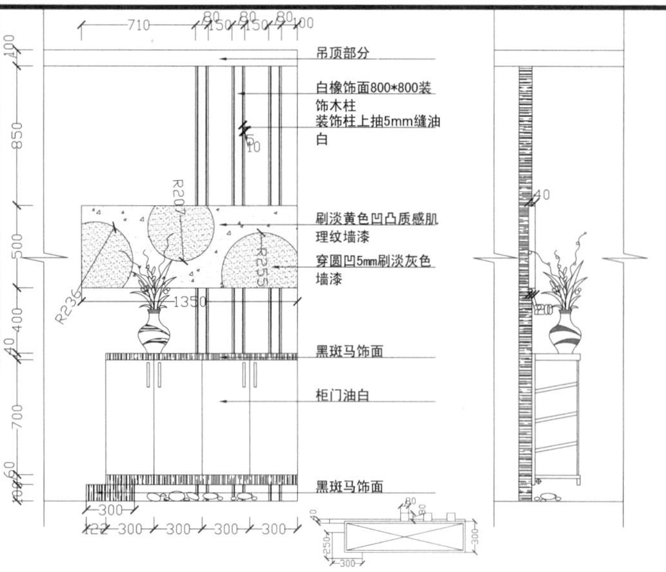
吊顶部分
白橡饰面800*800装饰木柱
装饰柱上抽5mm缝油白
刷淡黄色凹凸质感肌理纹墙漆
穿圆凹5mm刷淡灰色墙漆
黑斑马饰面
柜门油白
黑斑马饰面

▲109玄关设计详图

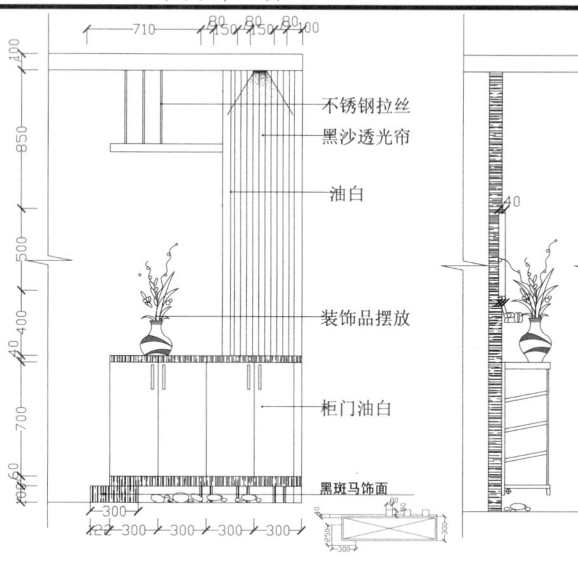
不锈钢拉丝
黑沙透光帘
油白
装饰品摆放
柜门油白
黑斑马饰面

▲110玄关设计详图

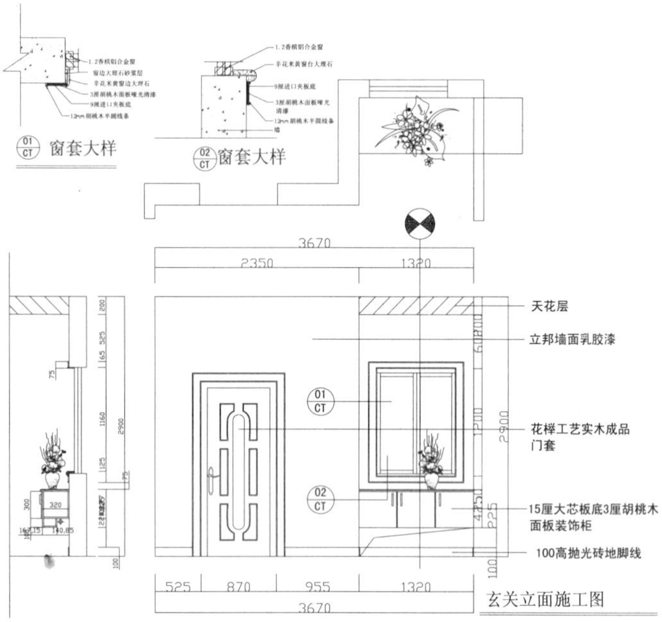
窗套大样
窗套大样
天花层
立邦墙面乳胶漆
花样工艺实木成品门套
15厘大芯板底3厘胡桃木面板装饰柜
100高抛光砖地脚线
玄关立面施工图

▲111玄关设计详图

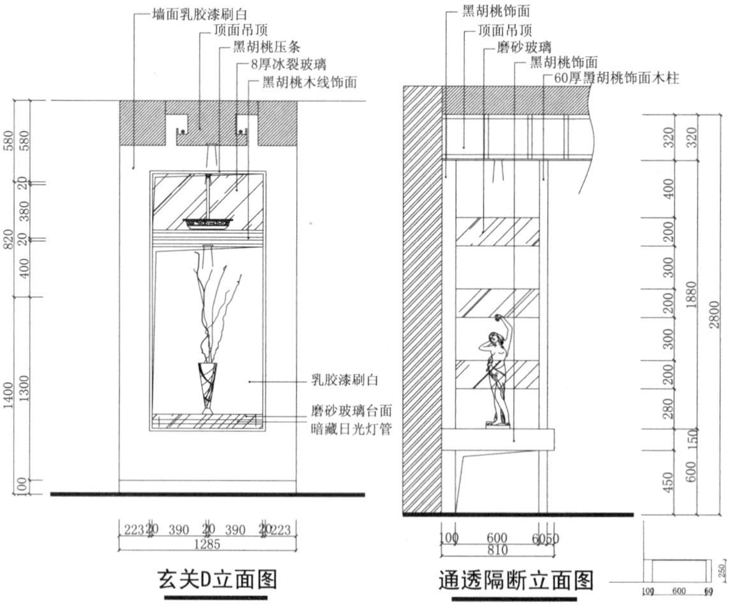
墙面乳胶漆刷白
顶面吊顶
黑胡桃压条
8厚冰裂玻璃
黑胡桃木线饰面
乳胶漆刷白
磨砂玻璃台面
暗藏日光灯管
玄关D立面图
黑胡桃饰面
顶面吊顶
磨砂玻璃
黑胡桃饰面
60厚黑胡桃饰面木柱
通透隔断立面图

▲112玄光造型详图

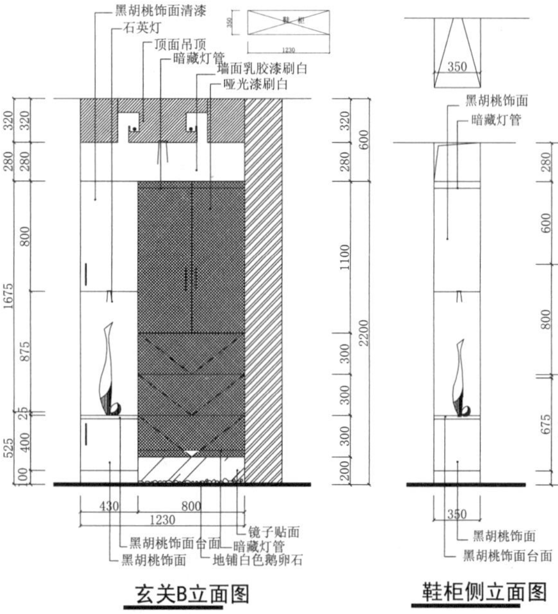
黑胡桃饰面清漆
石英灯
顶面吊顶
暗藏灯管
墙面乳胶漆刷白
哑光漆刷白
黑胡桃饰面台面
黑胡桃饰面
镜子贴面
暗藏灯管
地铺白色鹅卵石
玄关B立面图
黑胡桃饰面
暗藏灯管
黑胡桃饰面
黑胡桃饰面台面
鞋柜侧立面图

▲113玄光造型详图

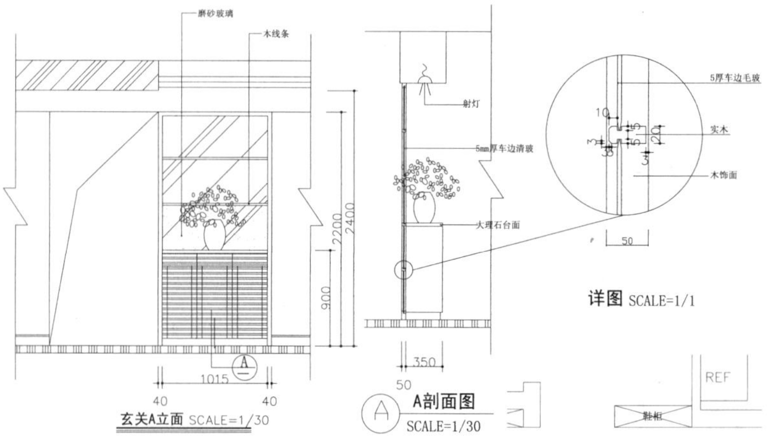
磨砂玻璃
木线条
射灯
大理石台面
实木
木饰面
详图 SCALE=1/1
玄关A立面 SCALE=1/30
A剖面图
SCALE=1/30
REF

▲114玄关设计详图

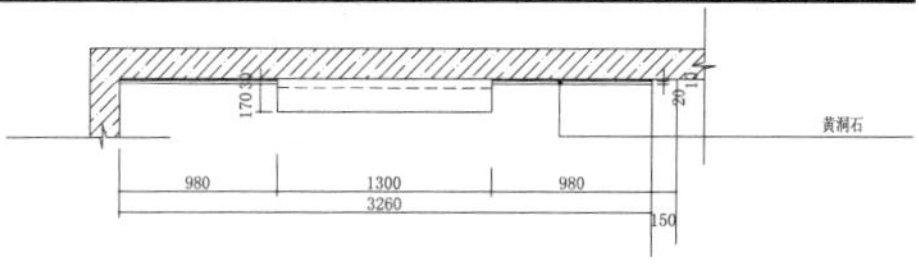

玄关B面平面放样图 SCALE 1:30M

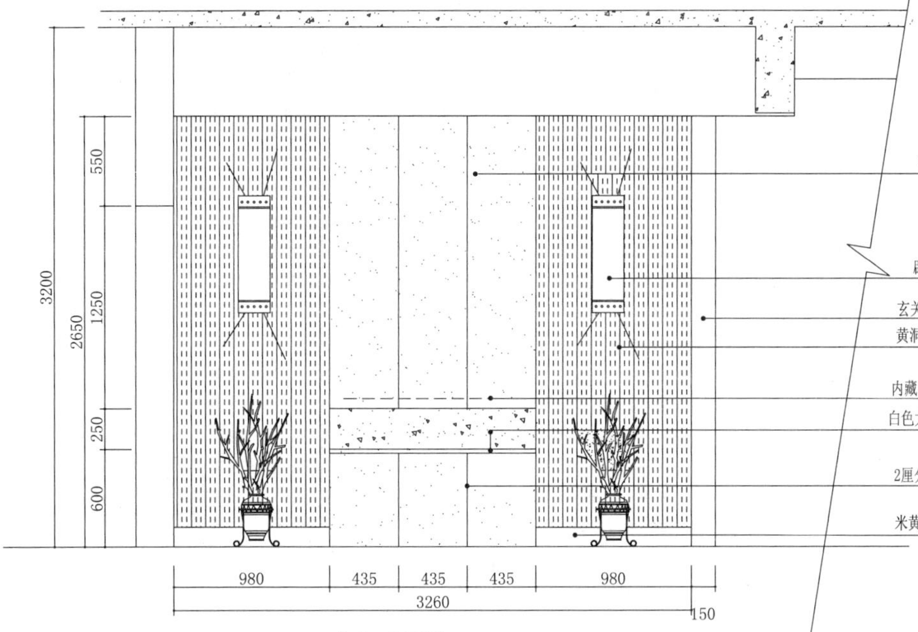
木作黑檀装饰板
壁灯
玄关隔断位
黄洞大理石(业主自购)
内藏光
白色大理石
2厘分缝线
米黄色大理石地脚线

玄关B立面图 SCALE 1:30M

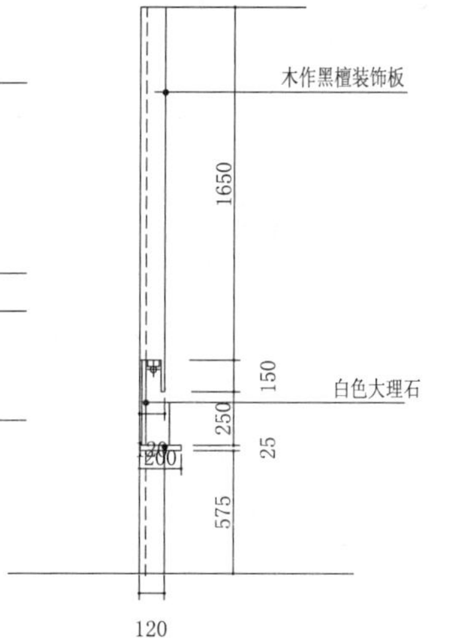
木作黑檀装饰板
白色大理石

玄关侧立面图 SCALE 1:30M

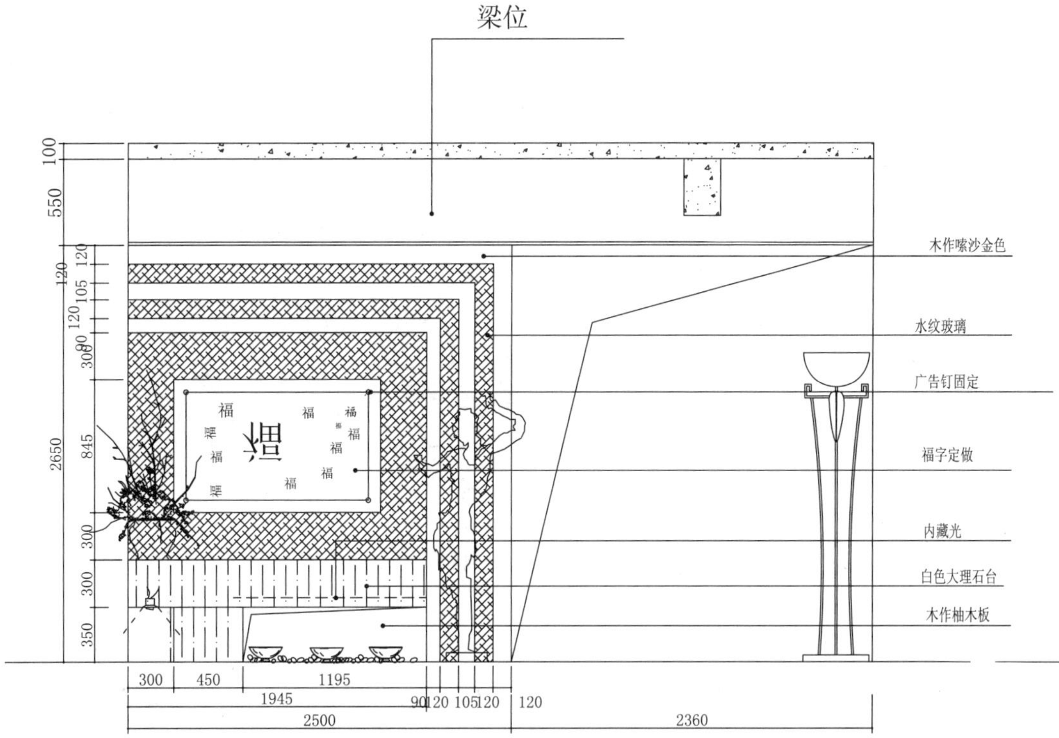
梁位
木作嚓沙金色
水纹玻璃
广告钉固定
福字定做
内藏光
白色大理石台
木作柚木板

玄关C立面图 SCALE 1:30M

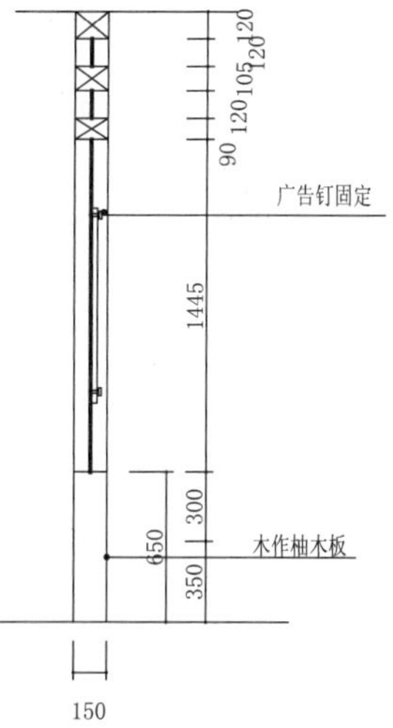
广告钉固定
木作柚木板

玄关A面剖立面图 SCALE 1:30M

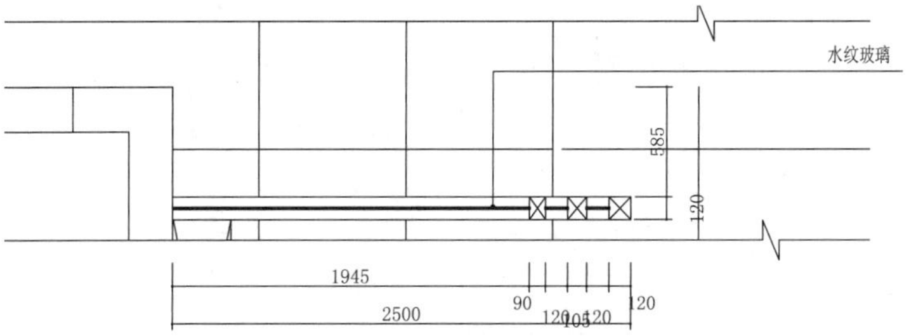
水纹玻璃

玄关C面平面放样图 SCALE 1:30M

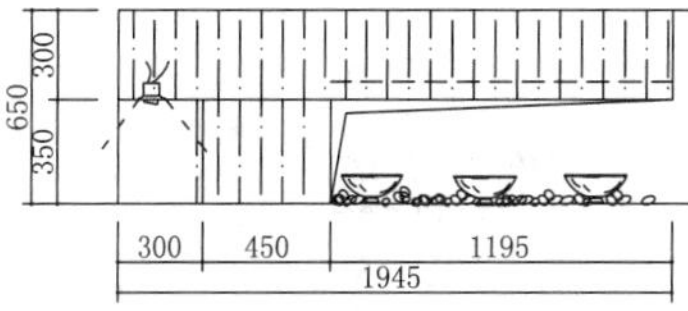

花台立面图 SCALE 1:30

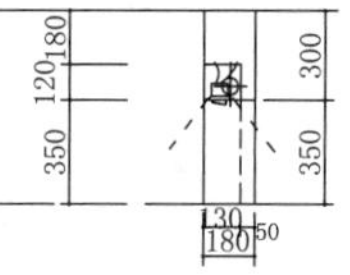

花台侧立面图 SCALE 1:30

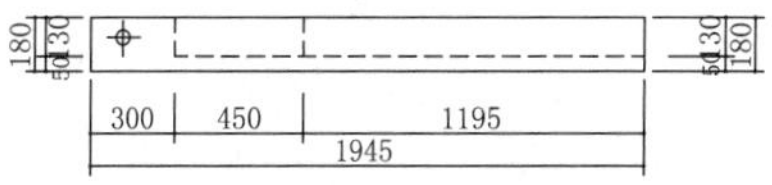

花台平面图 SCALE 1:30

▲115别墅玄关详图

玄关

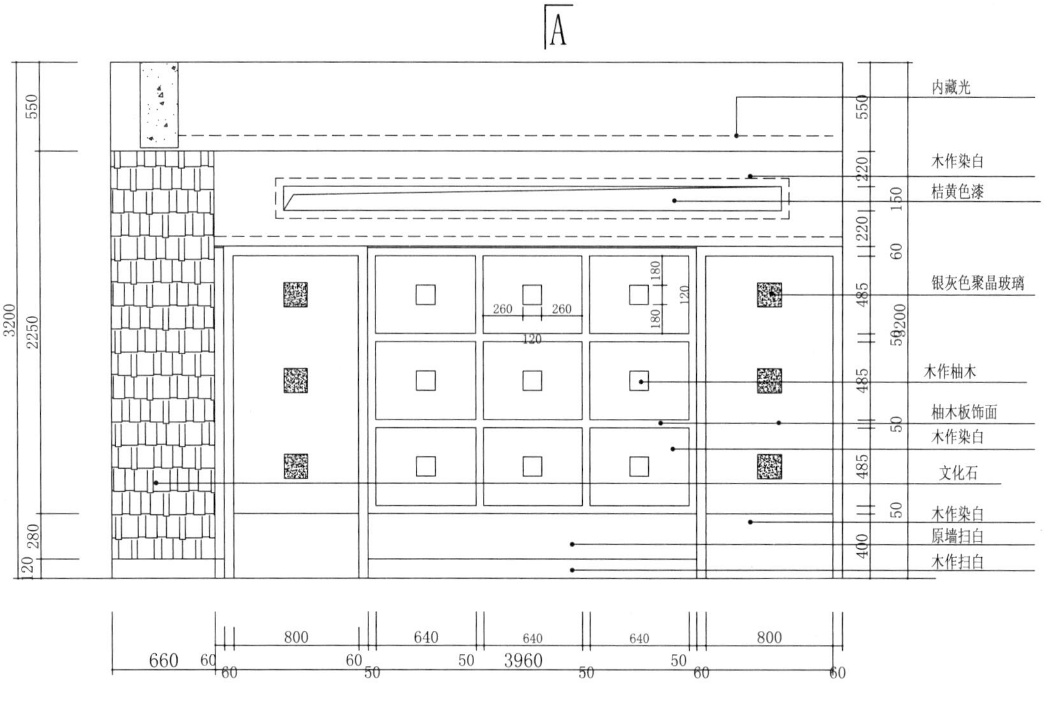

玄关D立面展开立面图 SCALE 1:30M

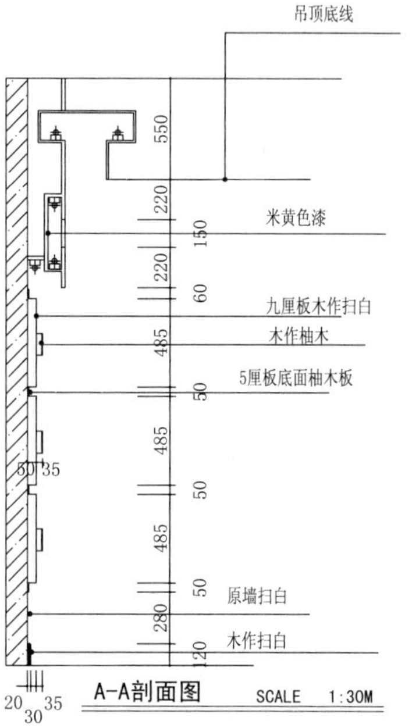

A-A剖面图 SCALE 1:30M

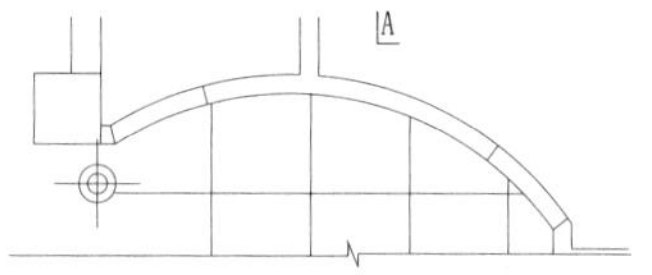

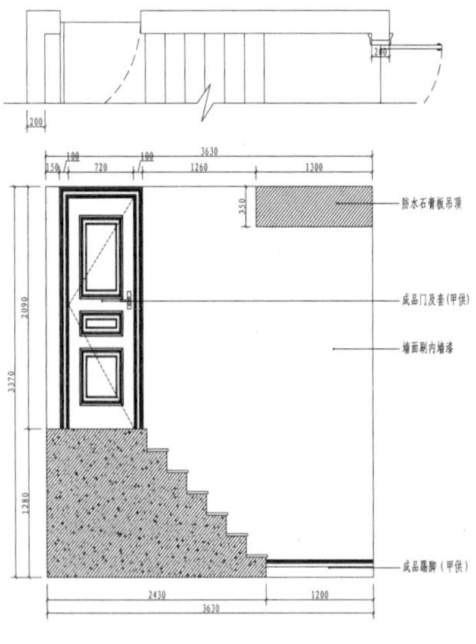

内藏光
木作染白
桔黄色漆
银灰色聚晶玻璃
木作柚木
柚木板饰面
木作染白
文化石
木作染白
原墙扫白
木作扫白

米黄色漆
九厘板木作扫白
木作柚木
5厘板底面柚木板
原墙扫白
木作扫白

吊顶底线

防水石膏板吊顶
成品门及套(甲供)
墙面刷内墙漆
成品踢脚(甲供)

地下玄关A立面图1:30

防水石膏板吊顶
墙面刷内墙漆
造型木门(甲供)

地下玄关B立面图1:30

防水石膏板吊顶
装饰画(甲供)
墙面刷内墙漆
成品踢脚(甲供)

地下玄关C立面图1:30

防水石膏板吊顶
墙面刷内墙漆
成品踢脚(甲供)

地下玄关D立面图1:30

▲115别墅玄关详图

胡桃木实木线条收口 亚光清漆
胡桃木实木线条 亚光清漆
18厘夹板基层 胡桃木夹板亚光清漆
18厘夹板基层 大花绿石材
5厘喷砂玻璃
5厘喷砂玻璃
大花绿石材

大花白石材

SECTION 剖面图

实木线条亚光清漆
磨砂玻璃 内夹实木线条
胡桃木夹板亚光清漆
木龙骨
9厘夹板基层 胡桃木夹板 亚光清漆
实木线条 亚光清漆
磨砂玻璃
胡桃木夹板 亚光清漆

SECTION 剖面图

磨砂玻璃
实木线条 亚光清漆
实木线条 亚光清漆
胡桃木夹板 亚光清漆

C DETAIL 大样图

18厘夹板
铜质锁鼻
胡桃木夹板 亚光清漆

D DETAIL 大样图

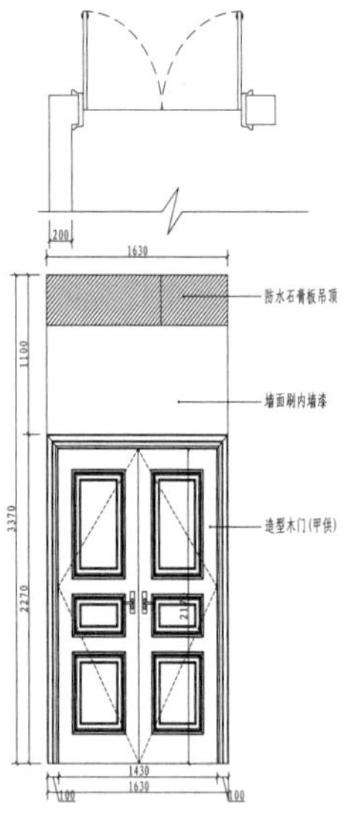

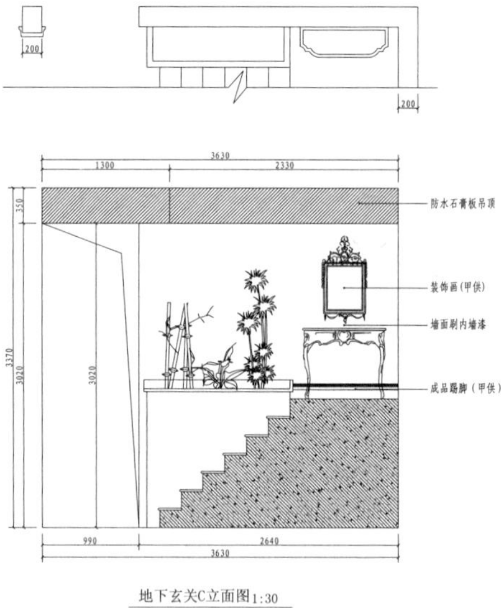

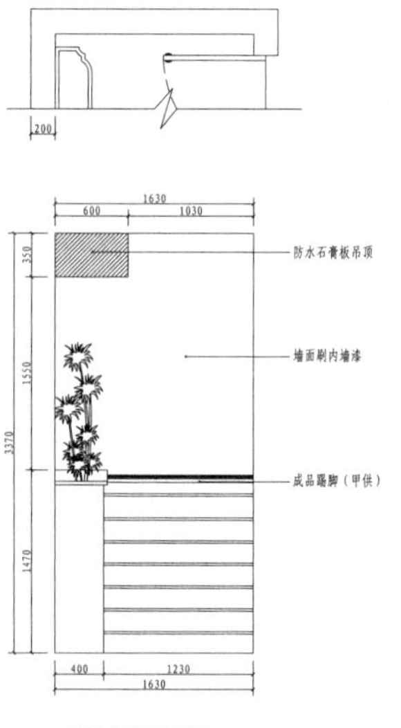

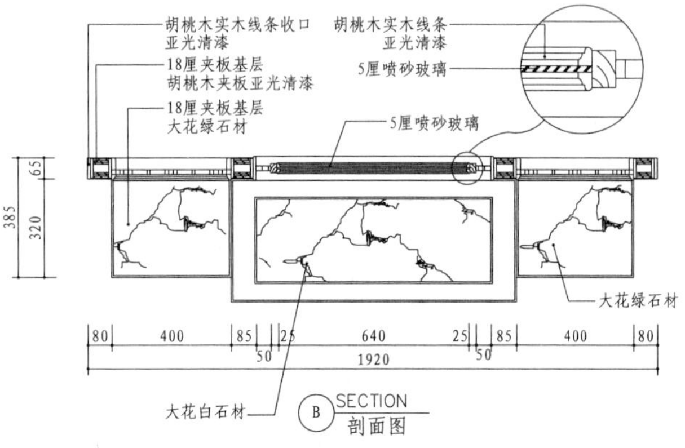

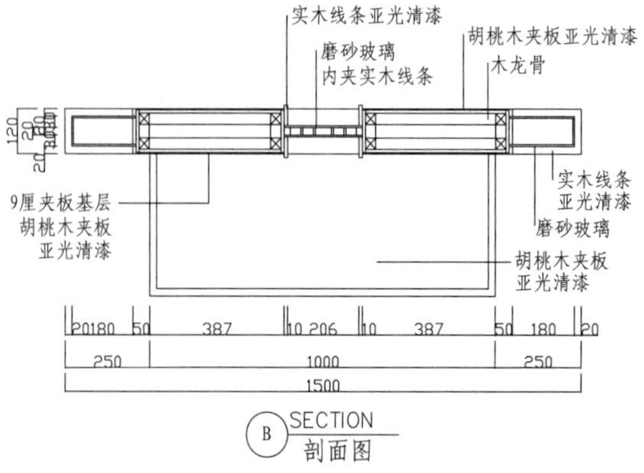

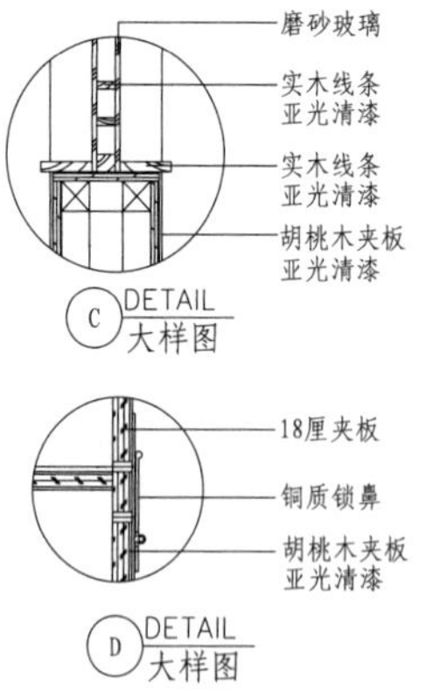

▲116室内玄关图集

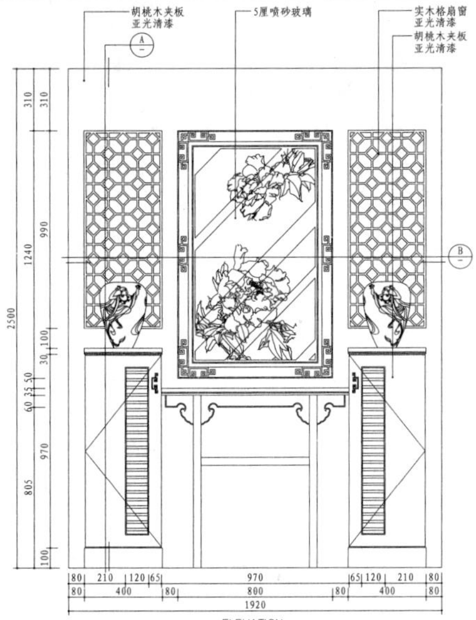

ELEVATION
立面图

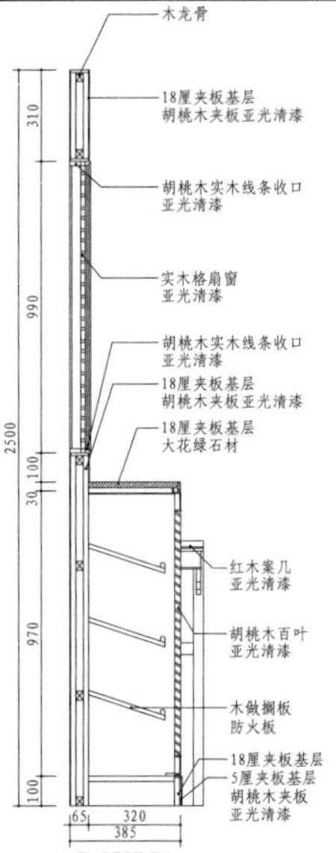

SECTION
剖面图

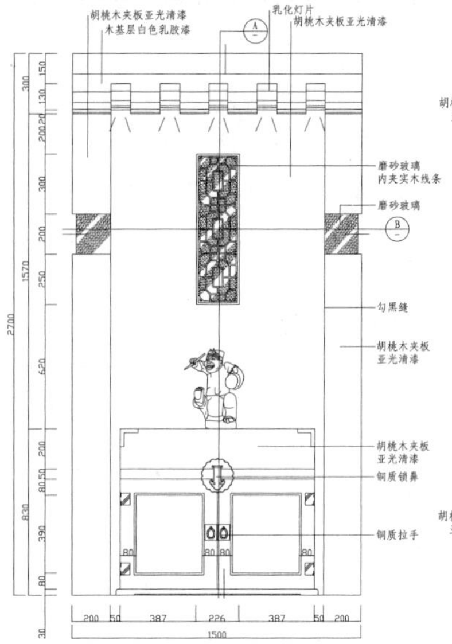

ELEVATION
立面图

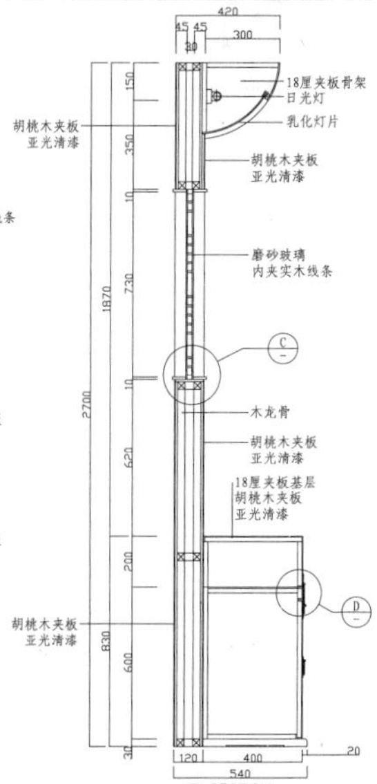

SECTION
剖面图

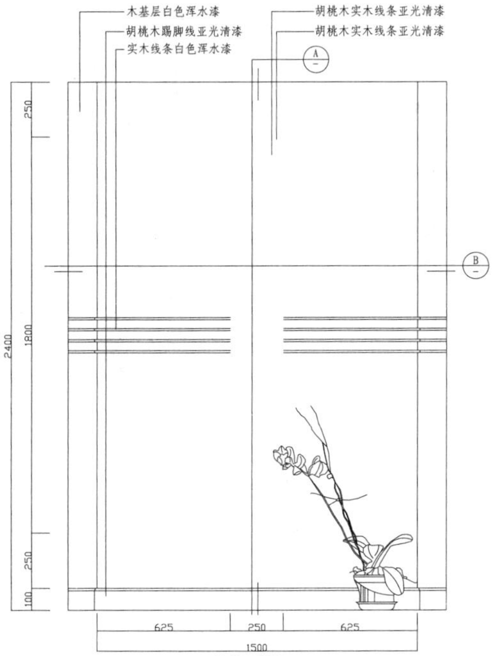

ELEVATION
立面图

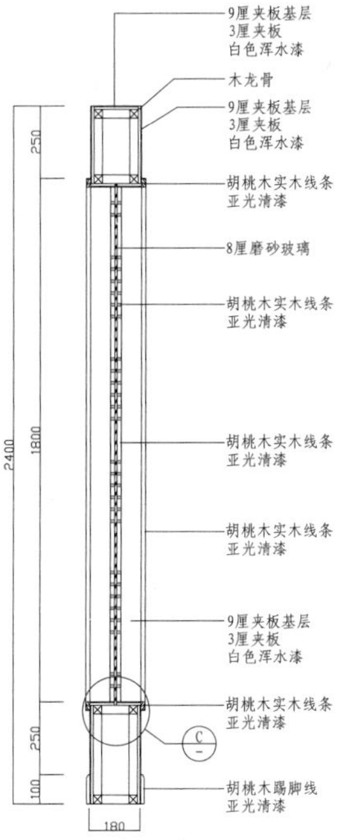

SECTION
剖面图

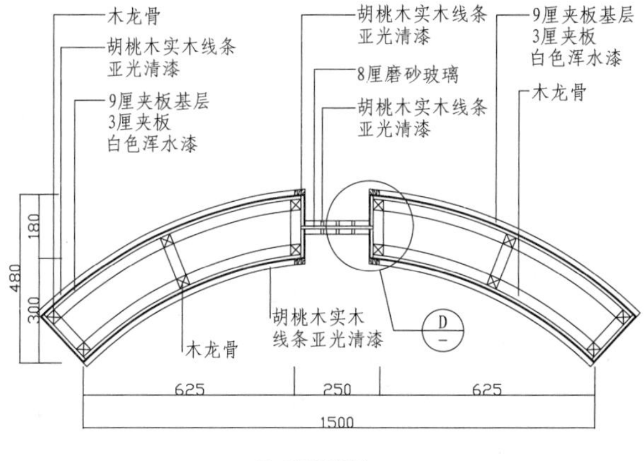

SECTION
剖面图

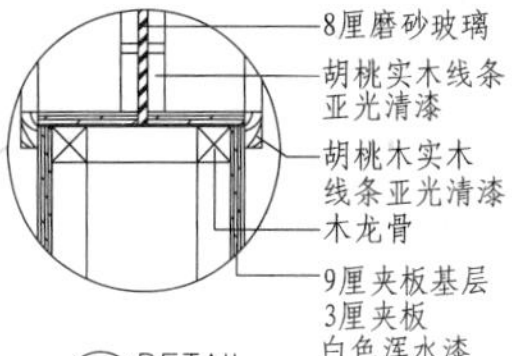

DETAIL
大样图

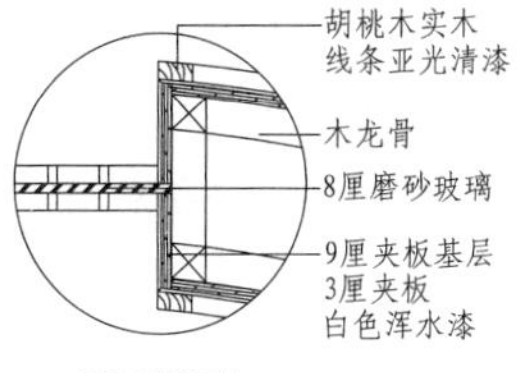

DETAIL
大样图

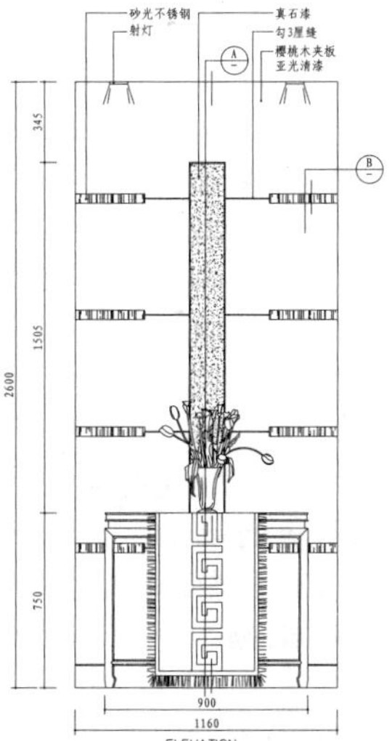

ELEVATION
立面图

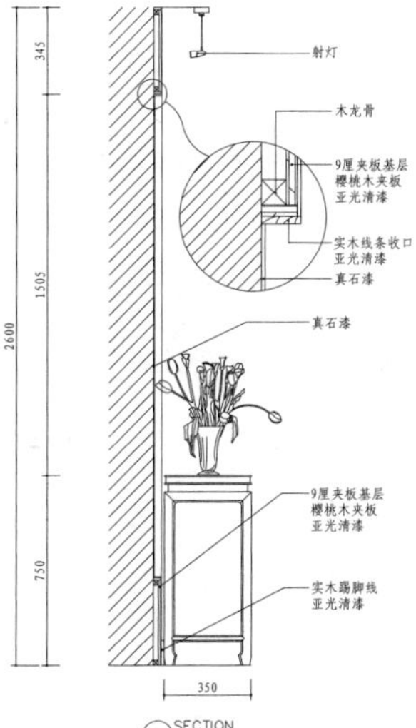

SECTION
剖面图

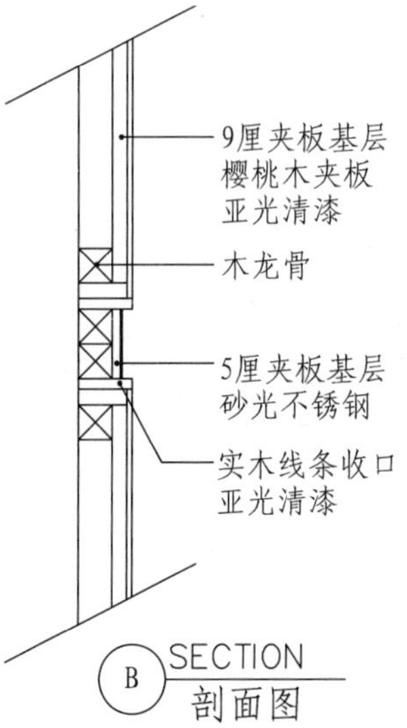

SECTION
剖面图

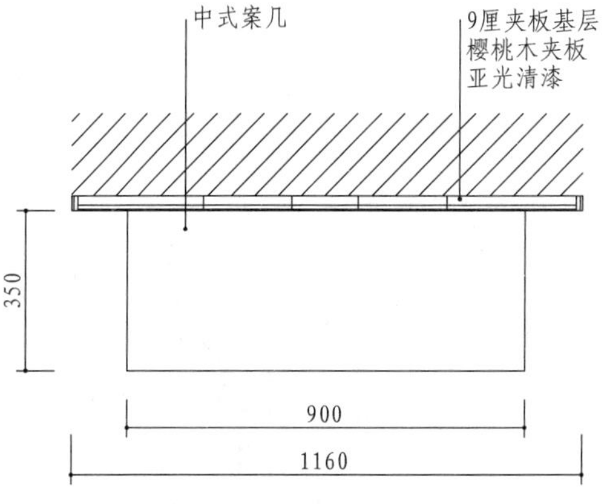

PLAN
平面图

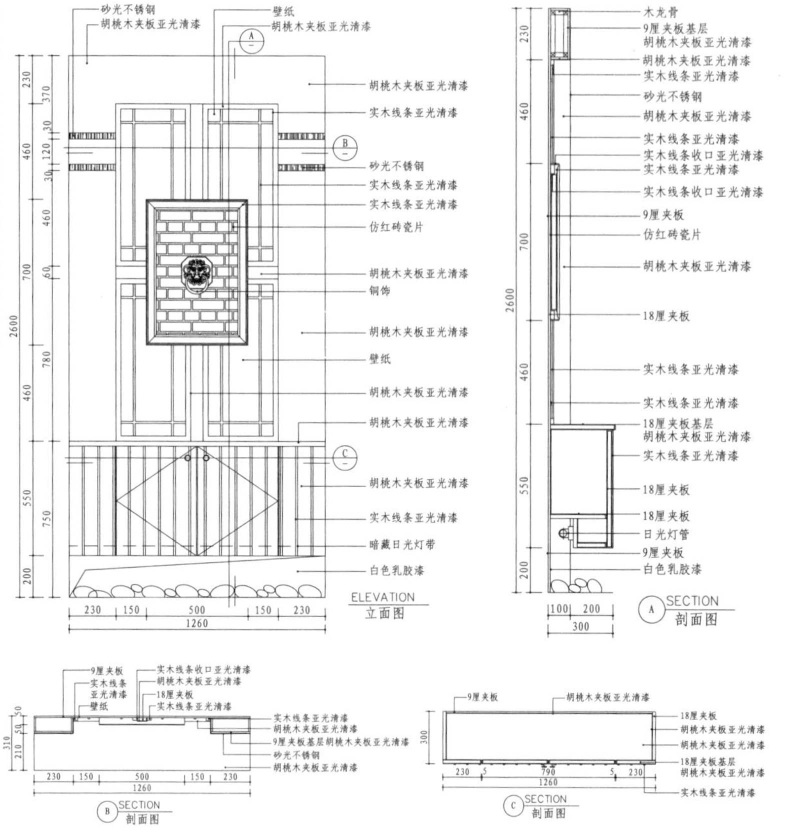
砂光不锈钢
胡桃木夹板亚光清漆
壁纸
胡桃木夹板亚光清漆
胡桃木夹板亚光清漆
实木线条亚光清漆
砂光不锈钢
实木线条亚光清漆
实木线条亚光清漆
仿红砖瓷片
胡桃木夹板亚光清漆
铜饰
胡桃木夹板亚光清漆
壁纸
胡桃木夹板亚光清漆
胡桃木夹板亚光清漆
胡桃木夹板亚光清漆
实木线条亚光清漆
暗藏日光灯带
白色乳胶漆
ELEVATION
立面图
木龙骨
9厘夹板基层
胡桃木夹板亚光清漆
胡桃木夹板亚光清漆
实木线条亚光清漆
砂光不锈钢
胡桃木夹板亚光清漆
实木线条亚光清漆
实木线条收口亚光清漆
实木线条亚光清漆
实木线条收口亚光清漆
9厘夹板
仿红砖瓷片
胡桃木夹板亚光清漆
18厘夹板
实木线条亚光清漆
实木线条亚光清漆
18厘夹板基层
胡桃木夹板亚光清漆
实木线条亚光清漆
18厘夹板
18厘夹板
日光灯管
9厘夹板
白色乳胶漆
SECTION
剖面图
SECTION
剖面图
SECTION
剖面图

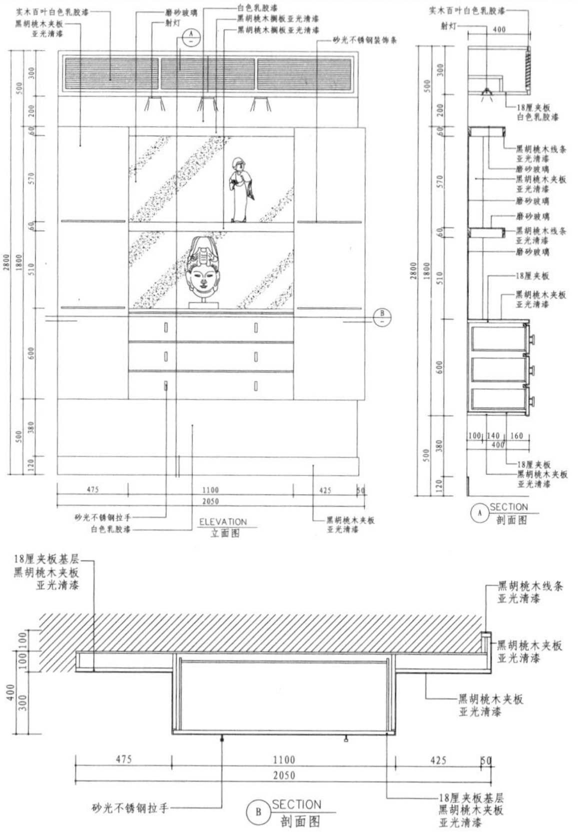
磨砂玻璃
射灯
白色乳胶漆
砂光不锈钢装饰条
砂光不锈钢拉手
白色乳胶漆
ELEVATION
立面图
黑胡桃木夹板
亚光清漆
18厘夹板
白色乳胶漆
磨砂玻璃
18厘夹板
SECTION
剖面图
18厘夹板基层
黑胡桃木夹板
亚光清漆
黑胡桃木线条
亚光清漆
黑胡桃木夹板
亚光清漆
黑胡桃木夹板
亚光清漆
砂光不锈钢拉手
18厘夹板基层
黑胡桃木夹板
亚光清漆
SECTION
剖面图

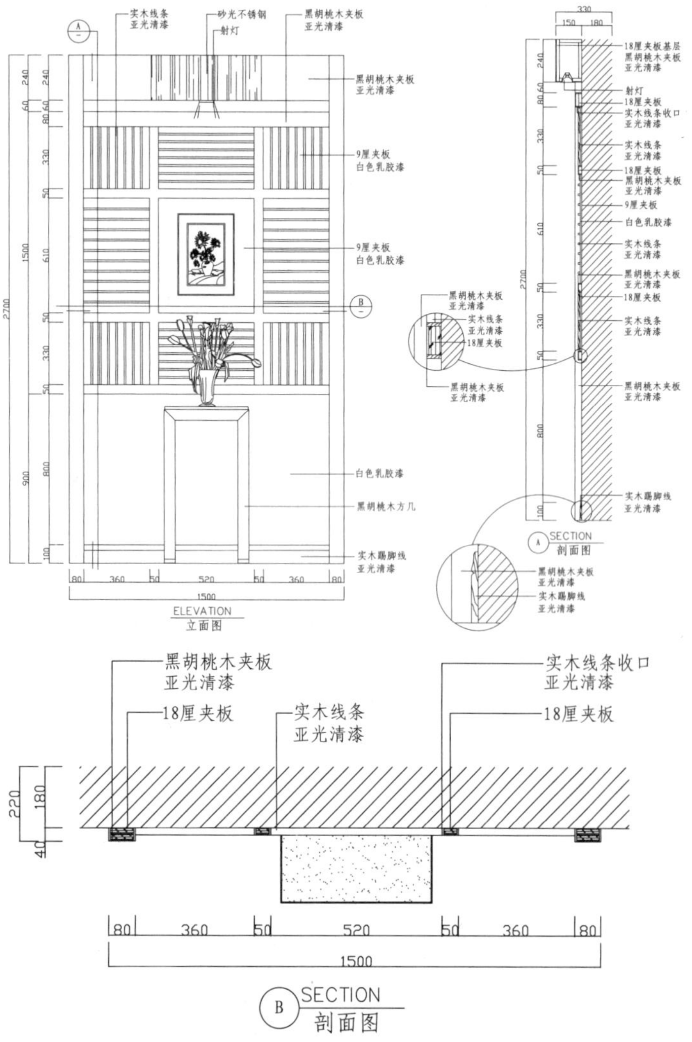
实木线条
亚光清漆
砂光不锈钢
射灯
黑胡桃木夹板
亚光清漆
黑胡桃木夹板
亚光清漆
9厘夹板
白色乳胶漆
9厘夹板
白色乳胶漆
白色乳胶漆
黑胡桃木方几
实木踢脚线
亚光清漆
ELEVATION
立面图
18厘夹板基层
黑胡桃木夹板
亚光清漆
射灯
18厘夹板
9厘夹板
白色乳胶漆
实木踢脚线
亚光清漆
SECTION
剖面图
黑胡桃木夹板
亚光清漆
18厘夹板
实木线条
亚光清漆
实木线条收口
亚光清漆
18厘夹板
SECTION
剖面图

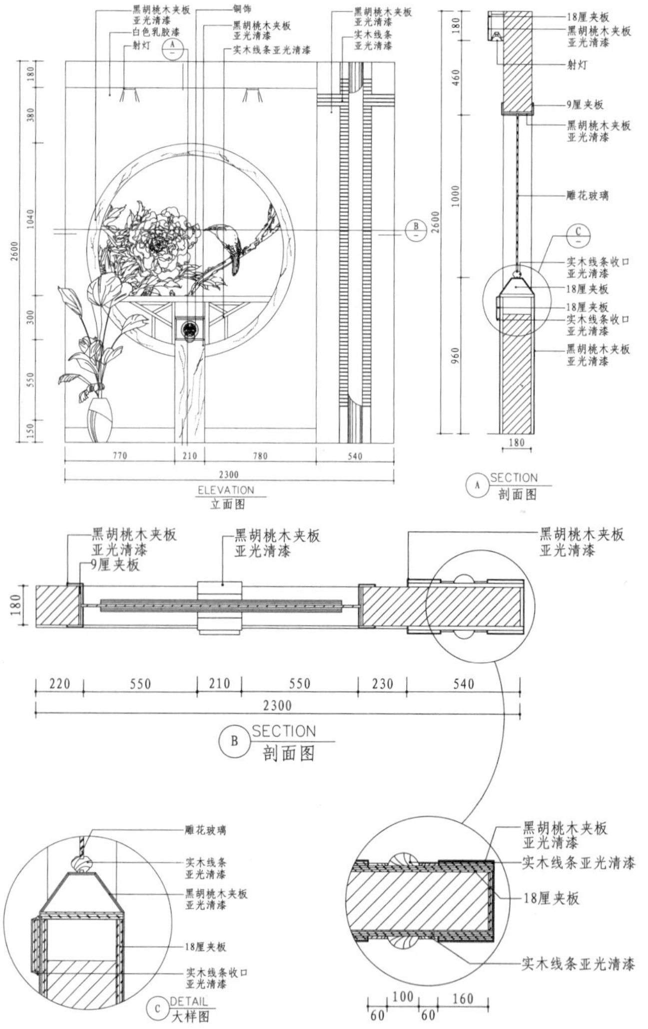
黑胡桃木夹板
亚光清漆
铜饰
白色乳胶漆
射灯
实木线条亚光清漆
ELEVATION
立面图
18厘夹板
黑胡桃木夹板
亚光清漆
射灯
9厘夹板
雕花玻璃
SECTION
剖面图
黑胡桃木夹板
亚光清漆
9厘夹板
SECTION
剖面图
雕花玻璃
实木线条
亚光清漆
黑胡桃木夹板
亚光清漆
18厘夹板
实木线条收口
亚光清漆
DETAIL
大样图
黑胡桃木夹板
亚光清漆
实木线条亚光清漆
18厘夹板
实木线条亚光清漆

▲116室内玄关图集

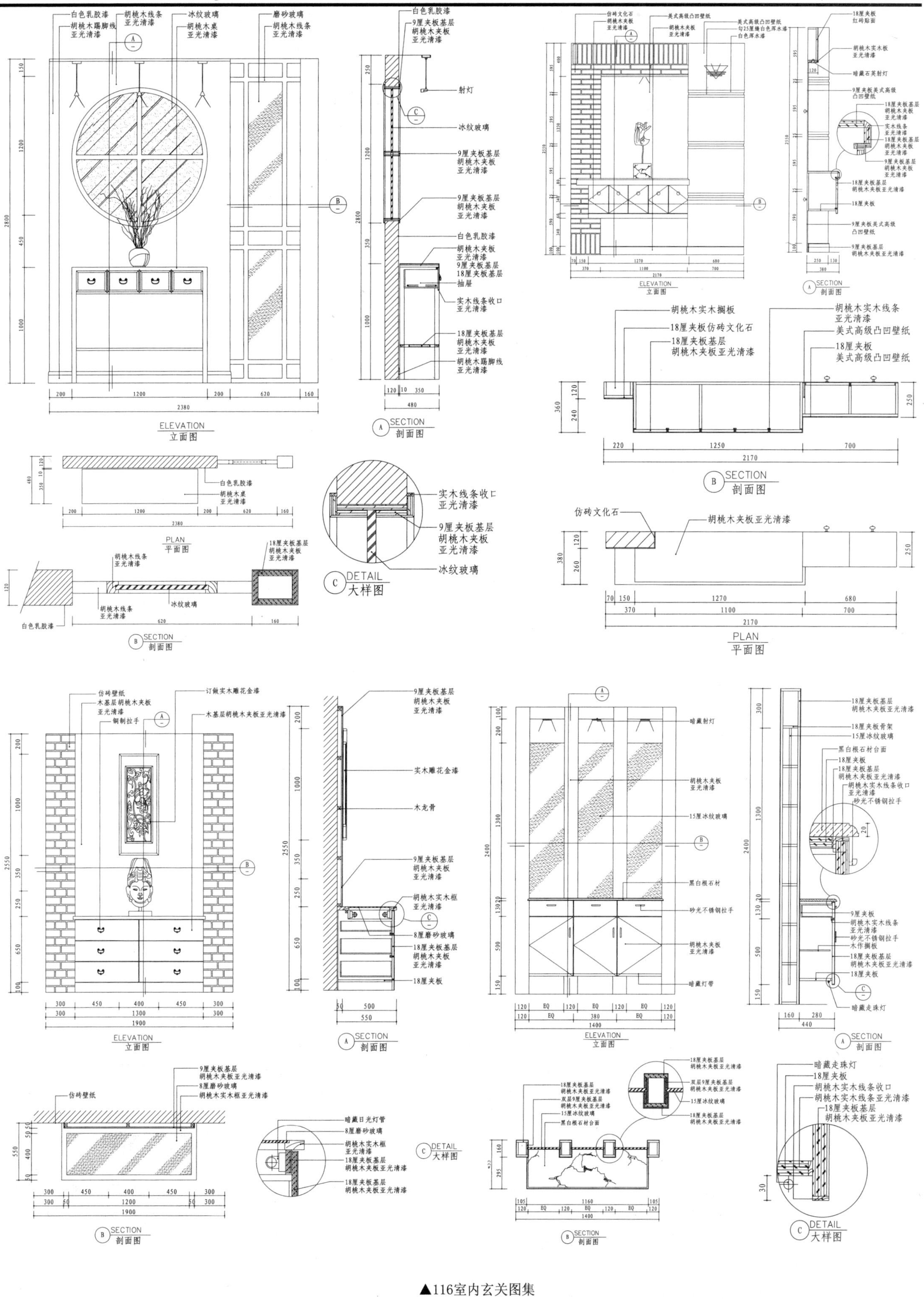
白色乳胶漆
胡桃木线条
亚光清漆
冰纹玻璃
磨砂玻璃
胡桃木踢脚线
亚光清漆
胡桃木桌
亚光清漆
ELEVATION
立面图
9厘夹板基层
胡桃木夹板
亚光清漆
射灯
抽屉
实木线条收口
亚光清漆
18厘夹板基层
胡桃木踢脚线
SECTION
剖面图
PLAN
平面图
DETAIL
大样图
仿砖文化石
美式高级凸凹壁纸
胡桃木实木搁板
18厘夹板仿砖文化石
胡桃木夹板亚光清漆
18厘夹板
红砖贴面
胡桃木实木板
暗藏石英射灯
仿砖壁纸
木基层胡桃木夹板
铜制拉手
订做实木雕花金漆
木基层胡桃木夹板亚光清漆
实木雕花金漆
木龙骨
胡桃木实木框
8厘磨砂玻璃
暗藏射灯
15厘冰纹玻璃
黑白根石材
砂光不锈钢拉手
暗藏灯带
18厘夹板骨架
黑白根石材台面
胡桃木实木线条收口
砂光不锈钢拉手
9厘夹板
木作搁板
暗藏走珠灯
暗藏日光灯管
双层9厘夹板基层
胡桃木实木线条亚光清漆
18厘夹板基层
胡桃木夹板亚光清漆

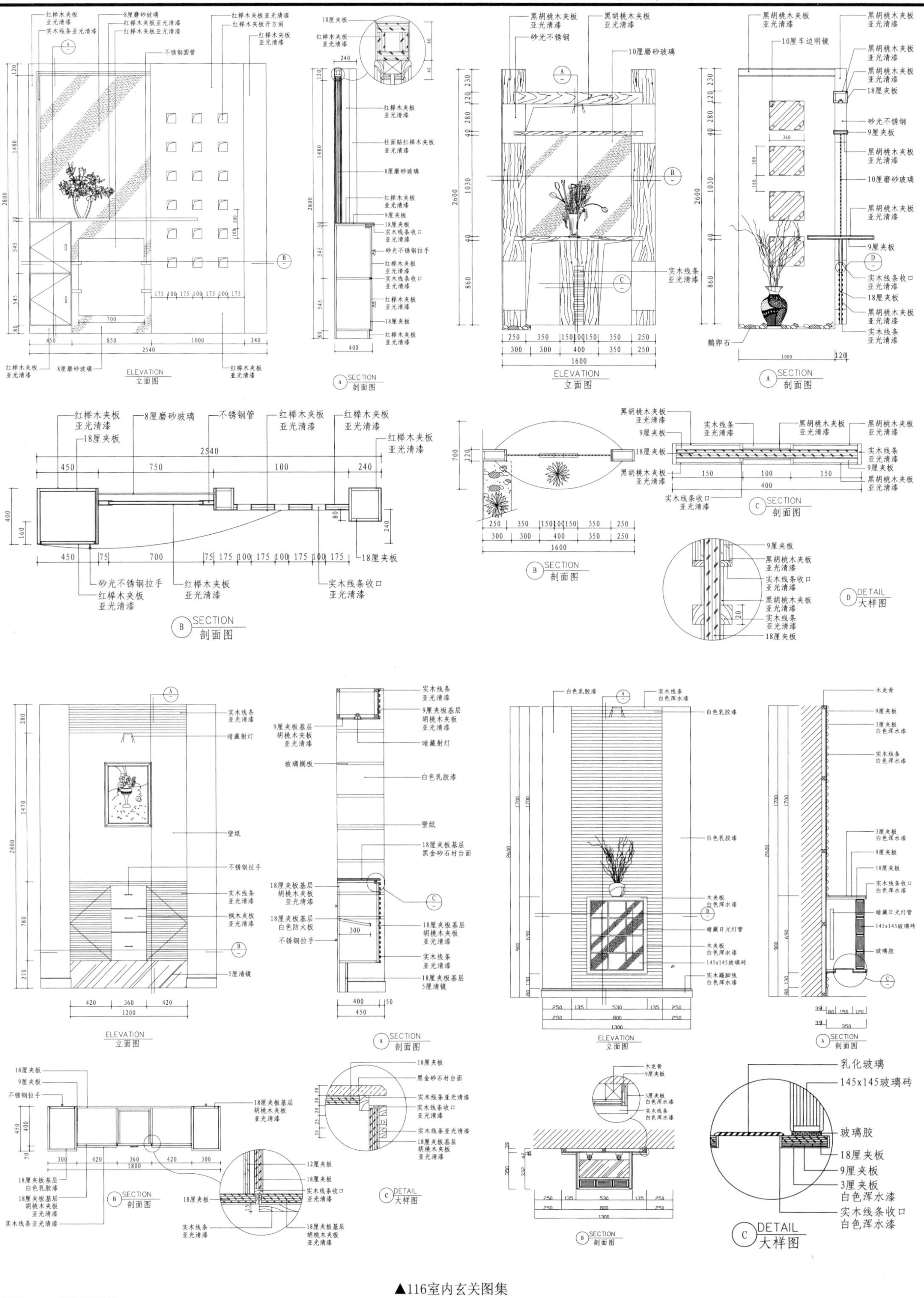
红榉木夹板
亚光清漆
8厘磨砂玻璃
不锈钢管
18厘夹板
砂光不锈钢拉手
实木线条收口
ELEVATION
立面图
SECTION
剖面图
DETAIL
大样图
黑胡桃木夹板
亚光清漆
砂光不锈钢
10厘磨砂玻璃
10厘车边明镜
9厘夹板
实木线条
鹅卵石
乳化玻璃
145x145玻璃砖
玻璃胶
3厘夹板
白色浑水漆
实木线条收口
2540
1600

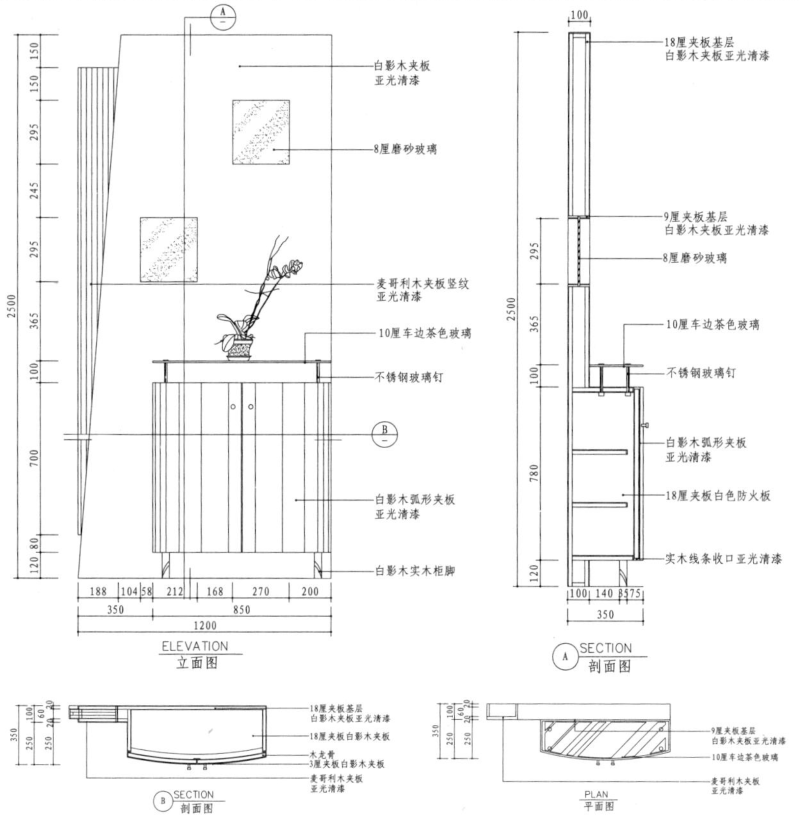
白影木夹板
亚光清漆
8厘磨砂玻璃
麦哥利木夹板竖纹
亚光清漆
10厘车边茶色玻璃
不锈钢玻璃钉
白影木弧形夹板
亚光清漆
白影木实木柜脚
ELEVATION
立面图
18厘夹板基层
白影木夹板亚光清漆
9厘夹板基层
白影木夹板亚光清漆
8厘磨砂玻璃
10厘车边茶色玻璃
不锈钢玻璃钉
白影木弧形夹板
亚光清漆
18厘夹板白色防火板
实木线条收口亚光清漆
SECTION
剖面图
SECTION
剖面图
PLAN
平面图

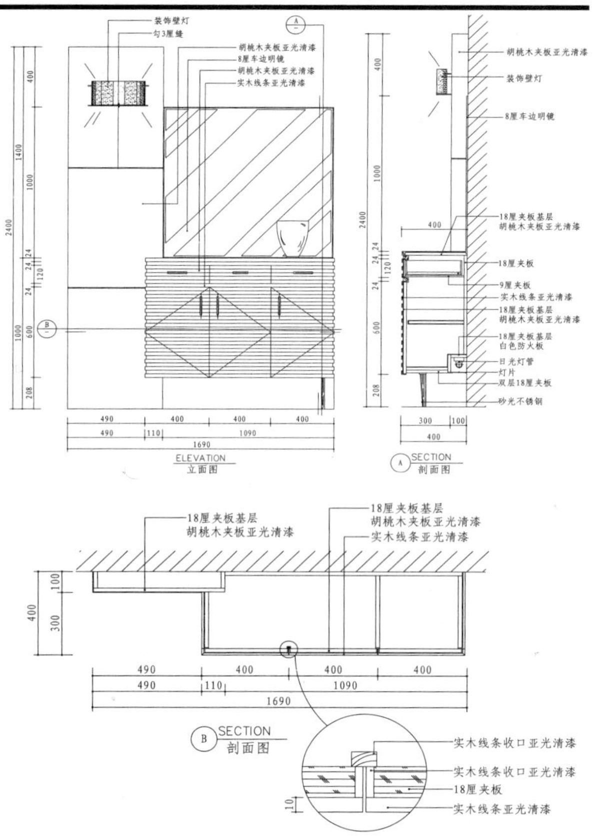
装饰壁灯
ELEVATION
立面图
SECTION
剖面图
18厘夹板基层
胡桃木夹板亚光清漆
18厘夹板基层
胡桃木夹板亚光清漆
实木线条亚光清漆
SECTION
剖面图
实木线条收口亚光清漆
实木线条收口亚光清漆
18厘夹板
实木线条亚光清漆

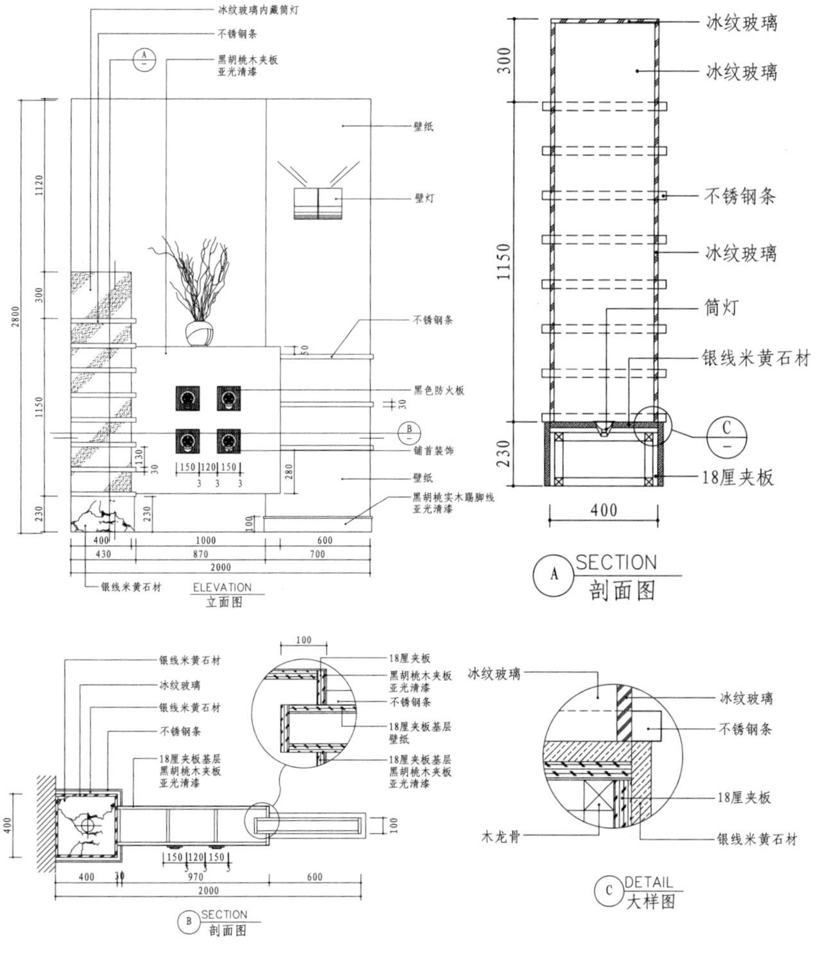
冰纹玻璃内藏筒灯
不锈钢条
黑胡桃木夹板
亚光清漆
壁纸
壁灯
不锈钢条
黑色防火板
铺首装饰
壁纸
黑胡桃实木踢脚线
亚光清漆
银线米黄石材
ELEVATION
立面图
冰纹玻璃
冰纹玻璃
不锈钢条
冰纹玻璃
筒灯
银线米黄石材
18厘夹板
SECTION
剖面图
银线米黄石材
冰纹玻璃
银线米黄石材
不锈钢条
18厘夹板基层
黑胡桃木夹板
亚光清漆
18厘夹板
黑胡桃木夹板
亚光清漆
不锈钢条
18厘夹板基层
壁纸
18厘夹板基层
黑胡桃木夹板
亚光清漆
SECTION
剖面图
冰纹玻璃
冰纹玻璃
不锈钢条
18厘夹板
木龙骨
银线米黄石材
DETAIL
大样图

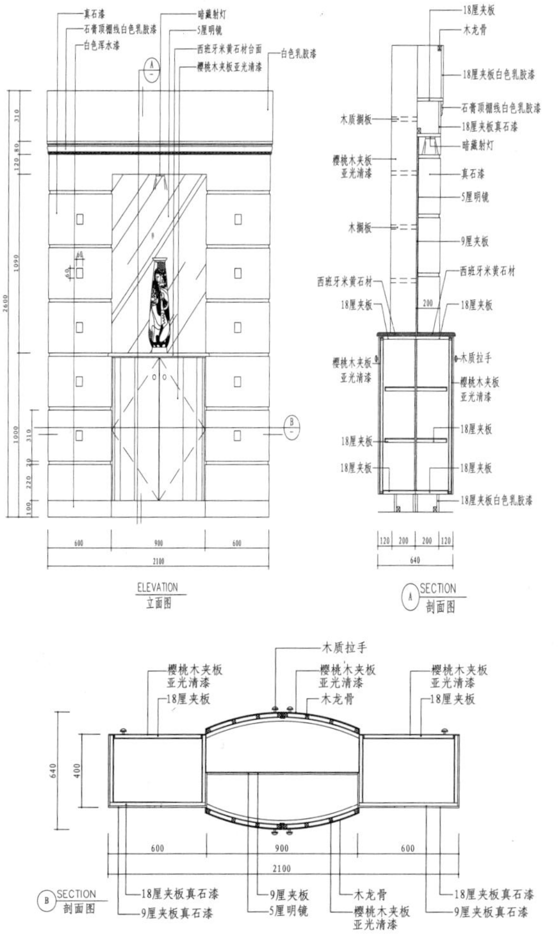
暗藏射灯
5厘明镜
西班牙米黄石材台面
樱桃木夹板亚光清漆
白色乳胶漆
ELEVATION
立面图
18厘夹板
木龙骨
18厘夹板白色乳胶漆
石膏顶棚线白色乳胶漆
18厘夹板真石漆
暗藏射灯
真石漆
5厘明镜
9厘夹板
西班牙米黄石材
18厘夹板
木质拉手
樱桃木夹板
亚光清漆
18厘夹板
18厘夹板
18厘夹板白色乳胶漆
SECTION
剖面图
木质拉手
樱桃木夹板
亚光清漆
18厘夹板
樱桃木夹板
亚光清漆
木龙骨
樱桃木夹板
亚光清漆
18厘夹板
SECTION
剖面图
18厘夹板真石漆
9厘夹板真石漆
9厘夹板
5厘明镜
木龙骨
樱桃木夹板
亚光清漆
18厘夹板真石漆
9厘夹板真石漆

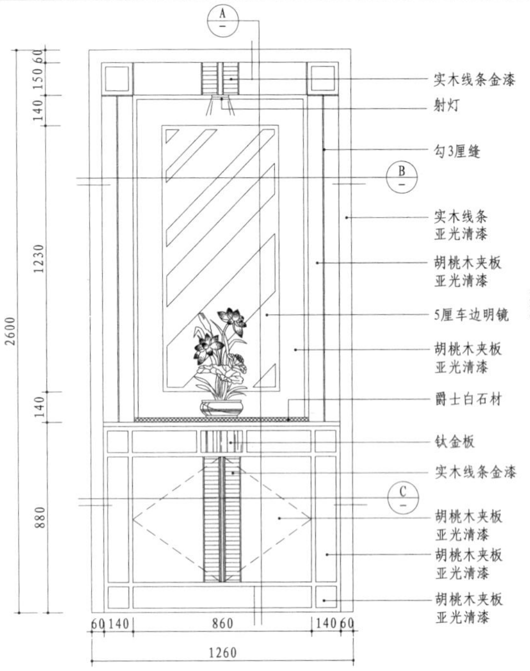
实木线条金漆
射灯
勾3厘缝
实木线条
亚光清漆
胡桃木夹板
亚光清漆
5厘车边明镜
胡桃木夹板
亚光清漆
爵士白石材
钛金板
实木线条金漆
胡桃木夹板
亚光清漆
胡桃木夹板
亚光清漆
胡桃木夹板
亚光清漆
2600
1230
880
60 140
860
140 60
1260

ELEVATION
立面图

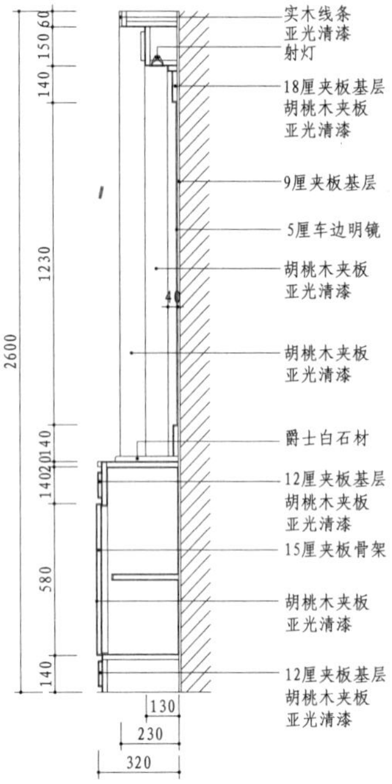
实木线条
亚光清漆
射灯
18厘夹板基层
胡桃木夹板
亚光清漆
9厘夹板基层
5厘车边明镜
胡桃木夹板
亚光清漆
胡桃木夹板
亚光清漆
爵士白石材
12厘夹板基层
胡桃木夹板
亚光清漆
15厘夹板骨架
胡桃木夹板
亚光清漆
12厘夹板基层
胡桃木夹板
亚光清漆
2600
1230
580
130
230
320

A SECTION
剖面图

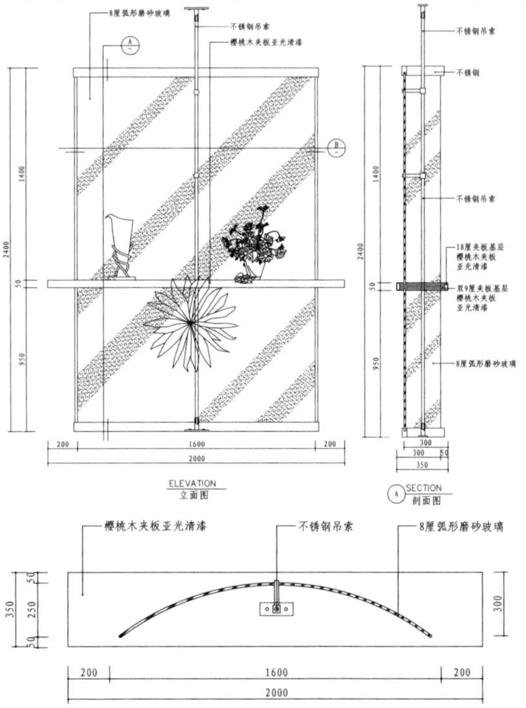

ELEVATION
立面图

A SECTION
剖面图

B SECTION
剖面图

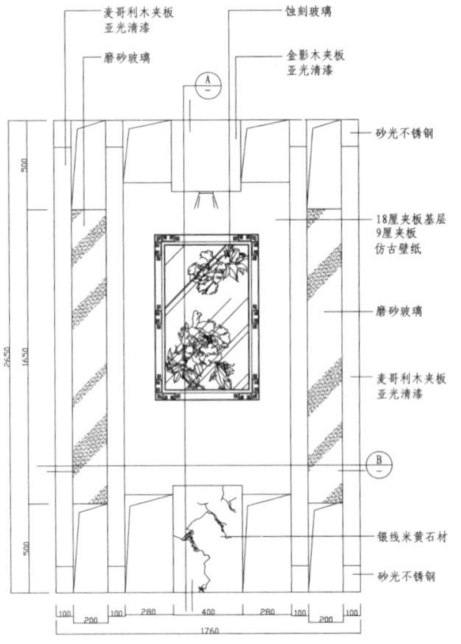
麦哥利木夹板
亚光清漆
蚀刻玻璃
磨砂玻璃
金影木夹板
亚光清漆
砂光不锈钢
18厘夹板基层
9厘夹板
仿古壁纸
磨砂玻璃
麦哥利木夹板
亚光清漆
银线米黄石材
砂光不锈钢
1760

ELEVATION
立面图

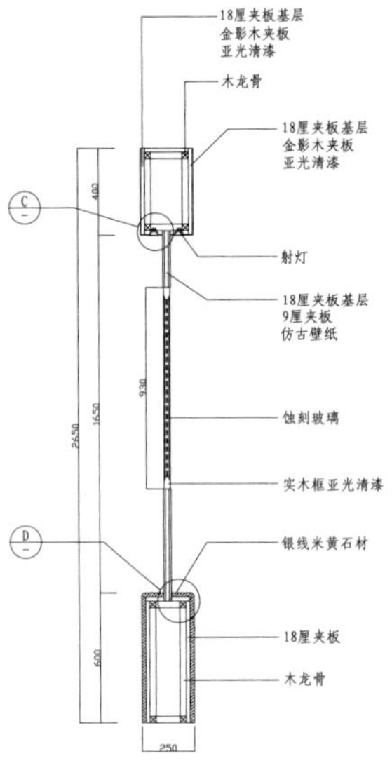
18厘夹板基层
金影木夹板
亚光清漆
木龙骨
18厘夹板基层
金影木夹板
亚光清漆
射灯
18厘夹板基层
9厘夹板
仿古壁纸
蚀刻玻璃
实木框亚光清漆
银线米黄石材
18厘夹板
木龙骨
250

A SECTION
剖面图

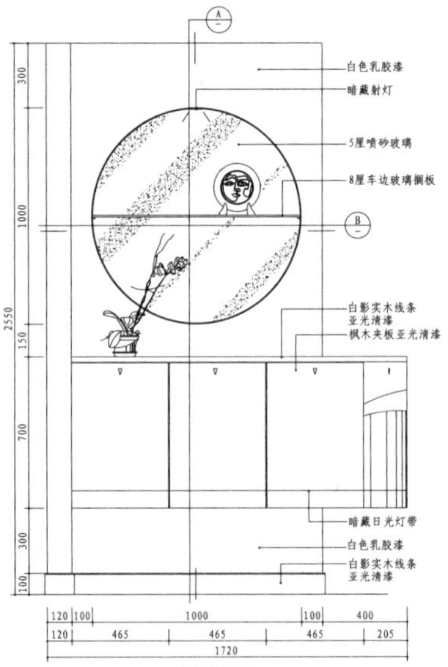
白色乳胶漆
暗藏射灯
5厘喷砂玻璃
8厘车边玻璃搁板
白影实木线条
亚光清漆
枫木夹板亚光清漆
暗藏日光灯带
白色乳胶漆
白影实木线条
亚光清漆
1000
465
1720

ELEVATION
立面图

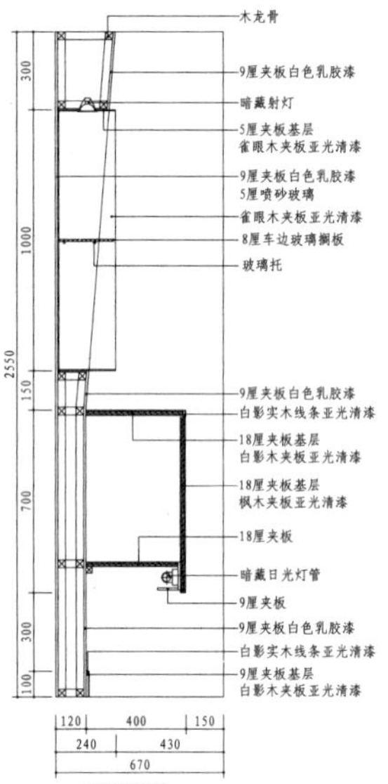
木龙骨
9厘夹板白色乳胶漆
暗藏射灯
5厘夹板基层
雀眼木夹板亚光清漆
9厘夹板白色乳胶漆
5厘喷砂玻璃
雀眼木夹板亚光清漆
8厘车边玻璃搁板
玻璃托
9厘夹板白色乳胶漆
白影实木线条亚光清漆
18厘夹板基层
白影木夹板亚光清漆
18厘夹板基层
枫木夹板亚光清漆
18厘夹板
暗藏日光灯管
9厘夹板
9厘夹板白色乳胶漆
白影实木线条亚光清漆
9厘夹板基层
白影木夹板亚光清漆
670

A SECTION
剖面图

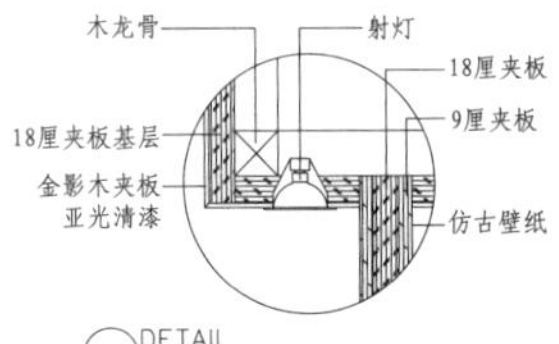
木龙骨
射灯
18厘夹板
18厘夹板基层
9厘夹板
金影木夹板
亚光清漆
仿古壁纸

C DETAIL
大样图

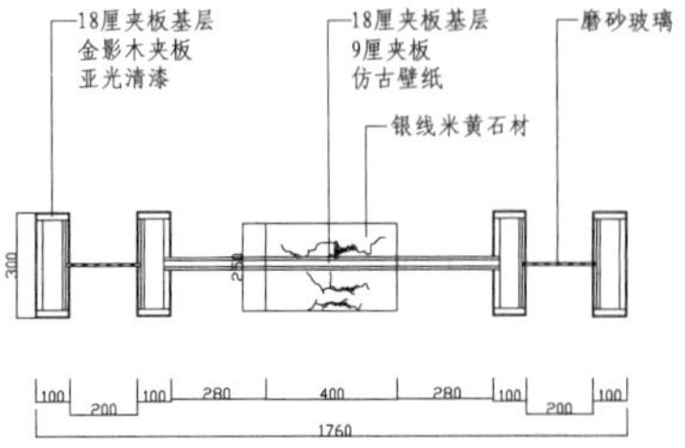
18厘夹板基层
金影木夹板
亚光清漆
18厘夹板基层
9厘夹板
仿古壁纸
磨砂玻璃
银线米黄石材
1760

B SECTION
剖面图

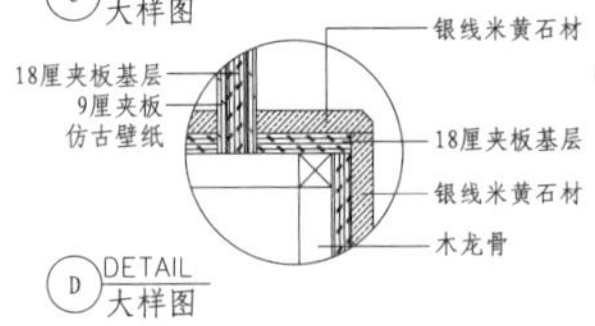
银线米黄石材
18厘夹板基层
9厘夹板
仿古壁纸
18厘夹板基层
银线米黄石材
木龙骨

D DETAIL
大样图

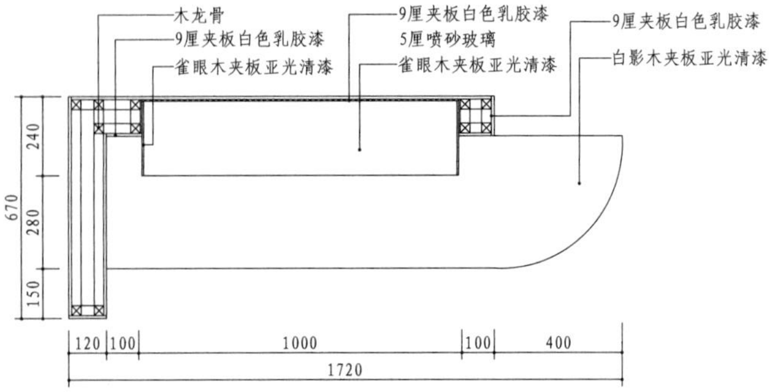
木龙骨
9厘夹板白色乳胶漆
雀眼木夹板亚光清漆
9厘夹板白色乳胶漆
5厘喷砂玻璃
雀眼木夹板亚光清漆
9厘夹板白色乳胶漆
白影木夹板亚光清漆
240
280
150
670
120
100
1000
100
400
1720

B SECTION
剖面图

▲116室内玄关图集图

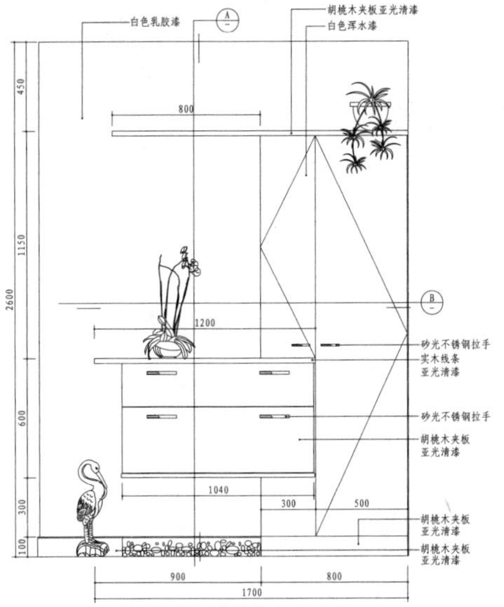

ELEVATION
立面图

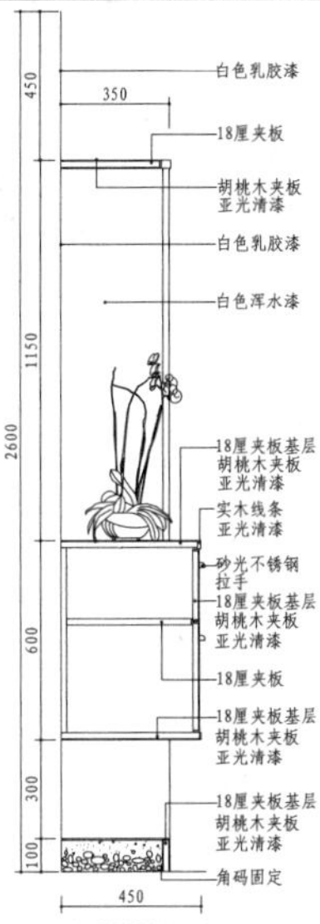

SECTION
剖面图

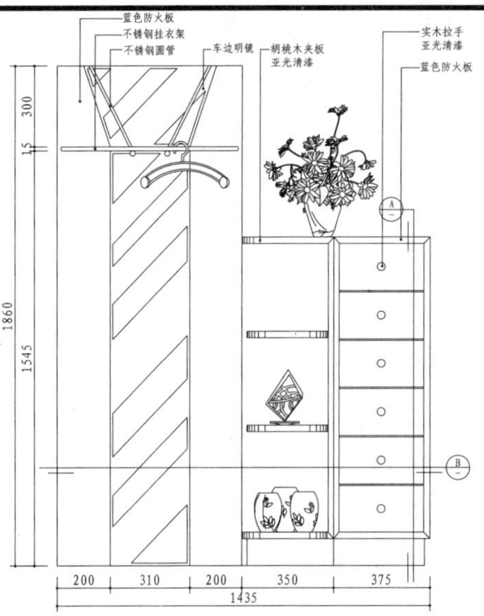

ELEVATION
立面图

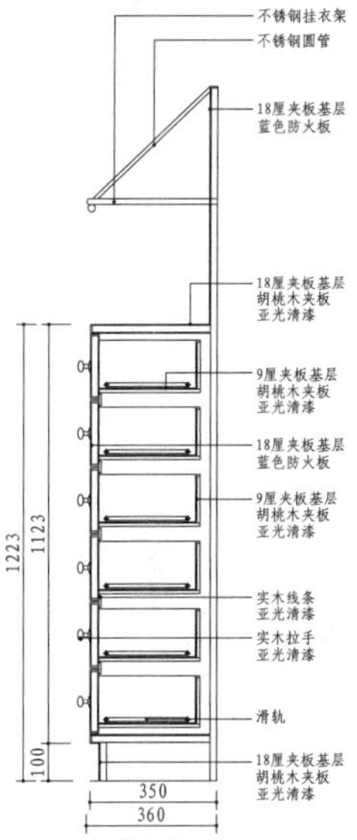

SECTION
剖面图

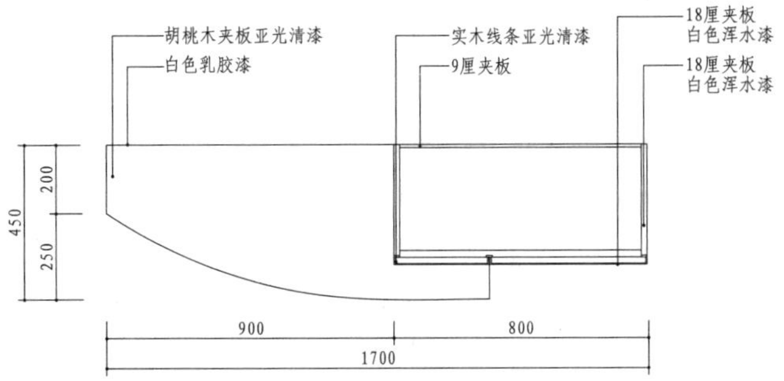

SECTION
剖面图

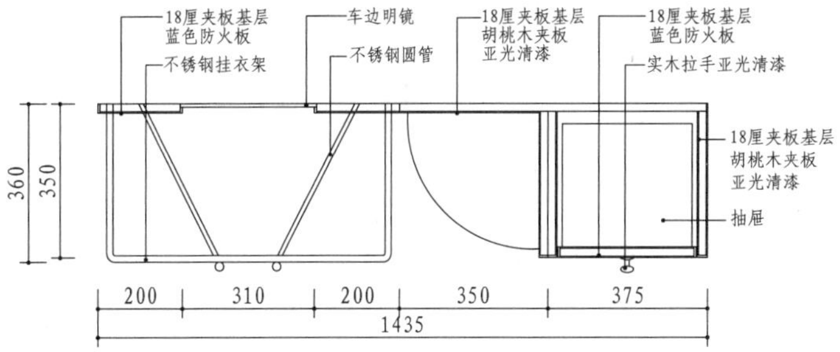

SECTION
剖面图

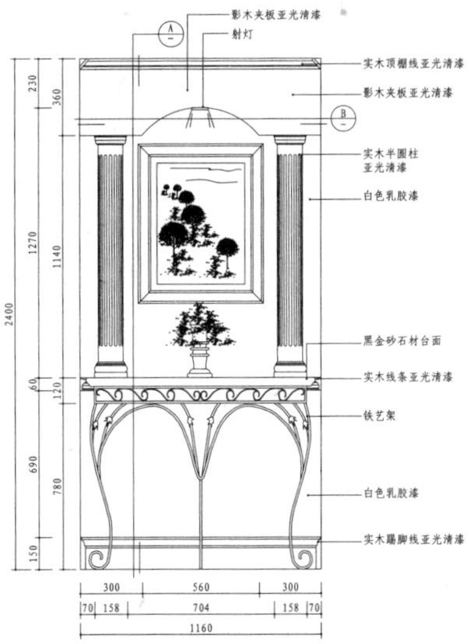

ELEVATION
立面图

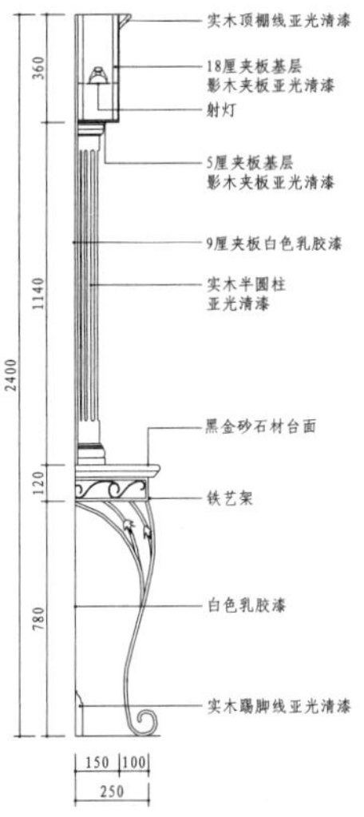

SECTION
剖面图

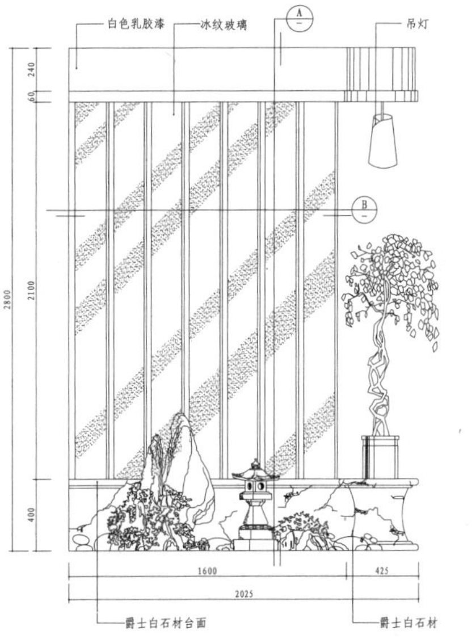

ELEVATION
立面图

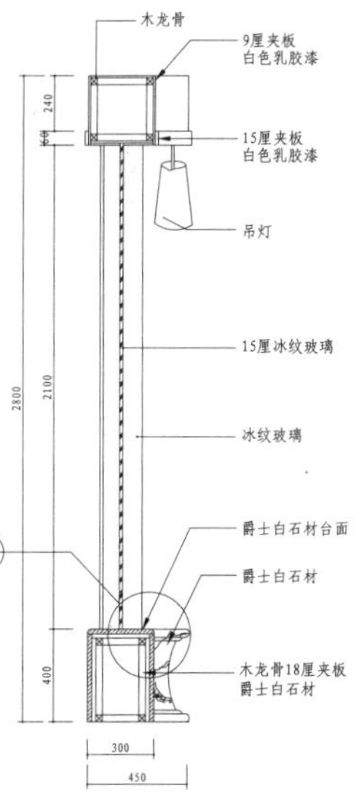

SECTION
剖面图

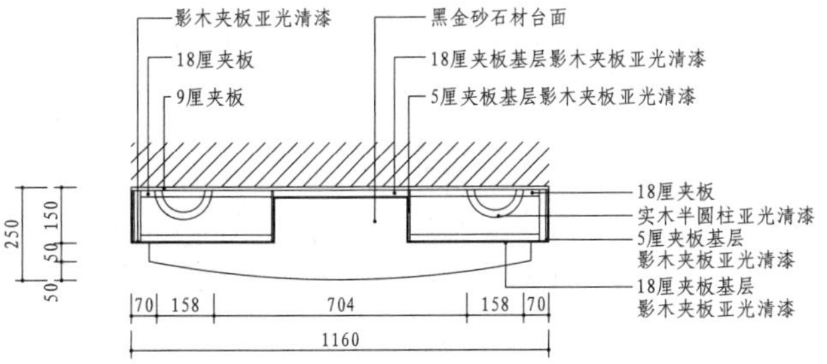

SECTION
剖面图

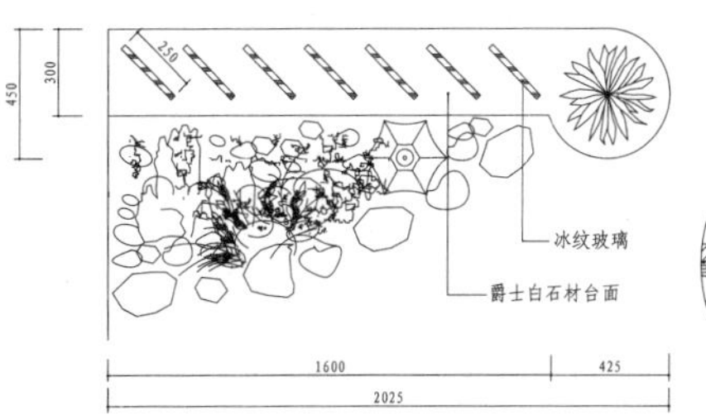

SECTION
剖面图

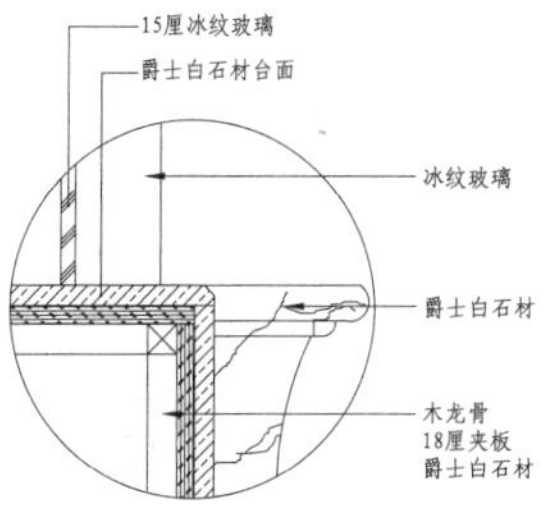

DETAIL
大样图

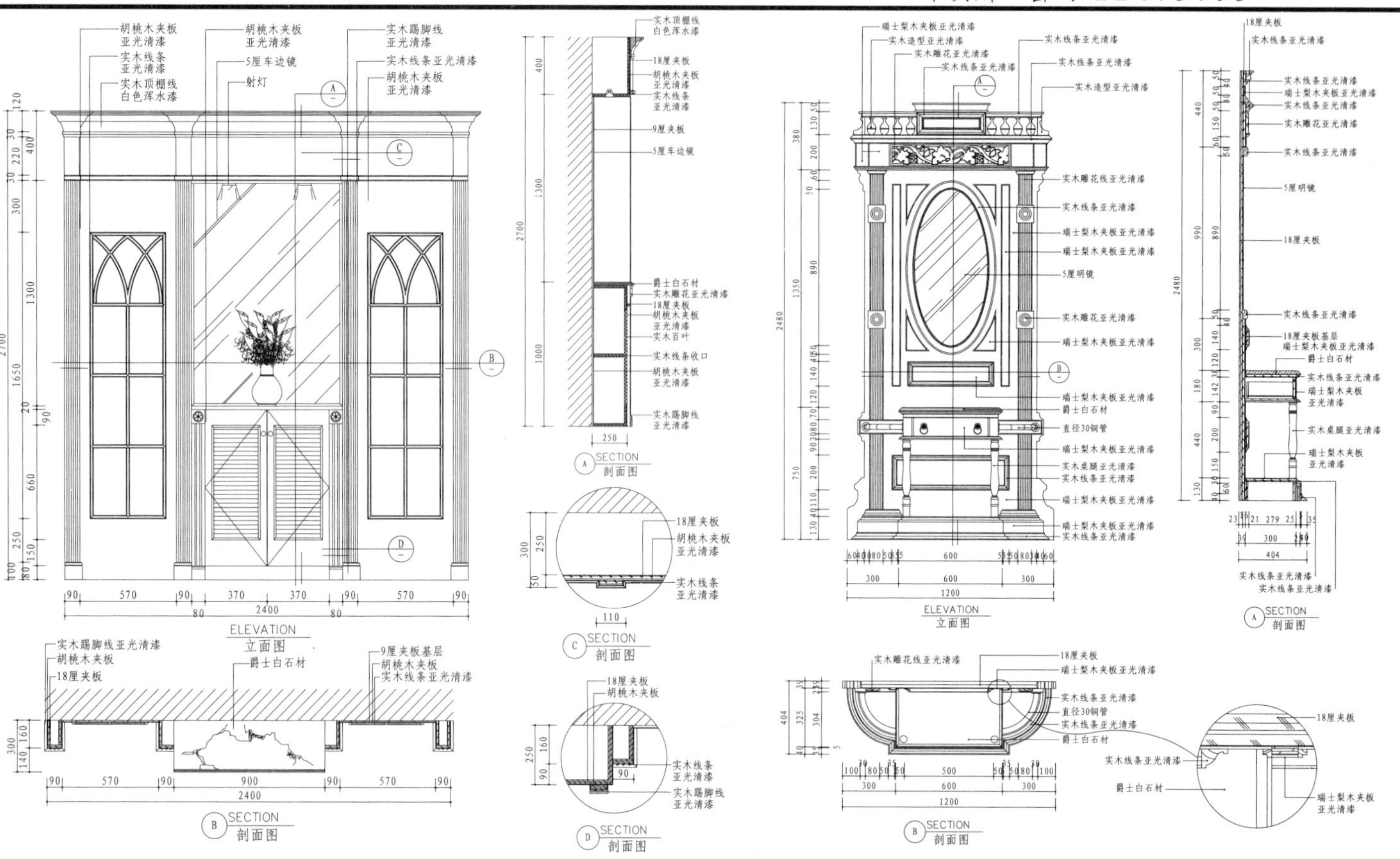
胡桃木夹板
亚光清漆
实木线条
亚光清漆
实木顶棚线
白色浑水漆
胡桃木夹板
亚光清漆
5厘车边镜
射灯
实木踢脚线
亚光清漆
实木线条亚光清漆
胡桃木夹板
亚光清漆
ELEVATION
立面图
实木踢脚线亚光清漆
胡桃木夹板
18厘夹板
爵士白石材
9厘夹板基层
胡桃木夹板
实木线条亚光清漆
SECTION
剖面图
SECTION
剖面图
18厘夹板
胡桃木夹板
亚光清漆
实木线条
亚光清漆
SECTION
剖面图
18厘夹板
胡桃木夹板
实木线条
亚光清漆
实木踢脚线
亚光清漆
SECTION
剖面图
ELEVATION
立面图
SECTION
剖面图
SECTION
剖面图
SECTION
剖面图

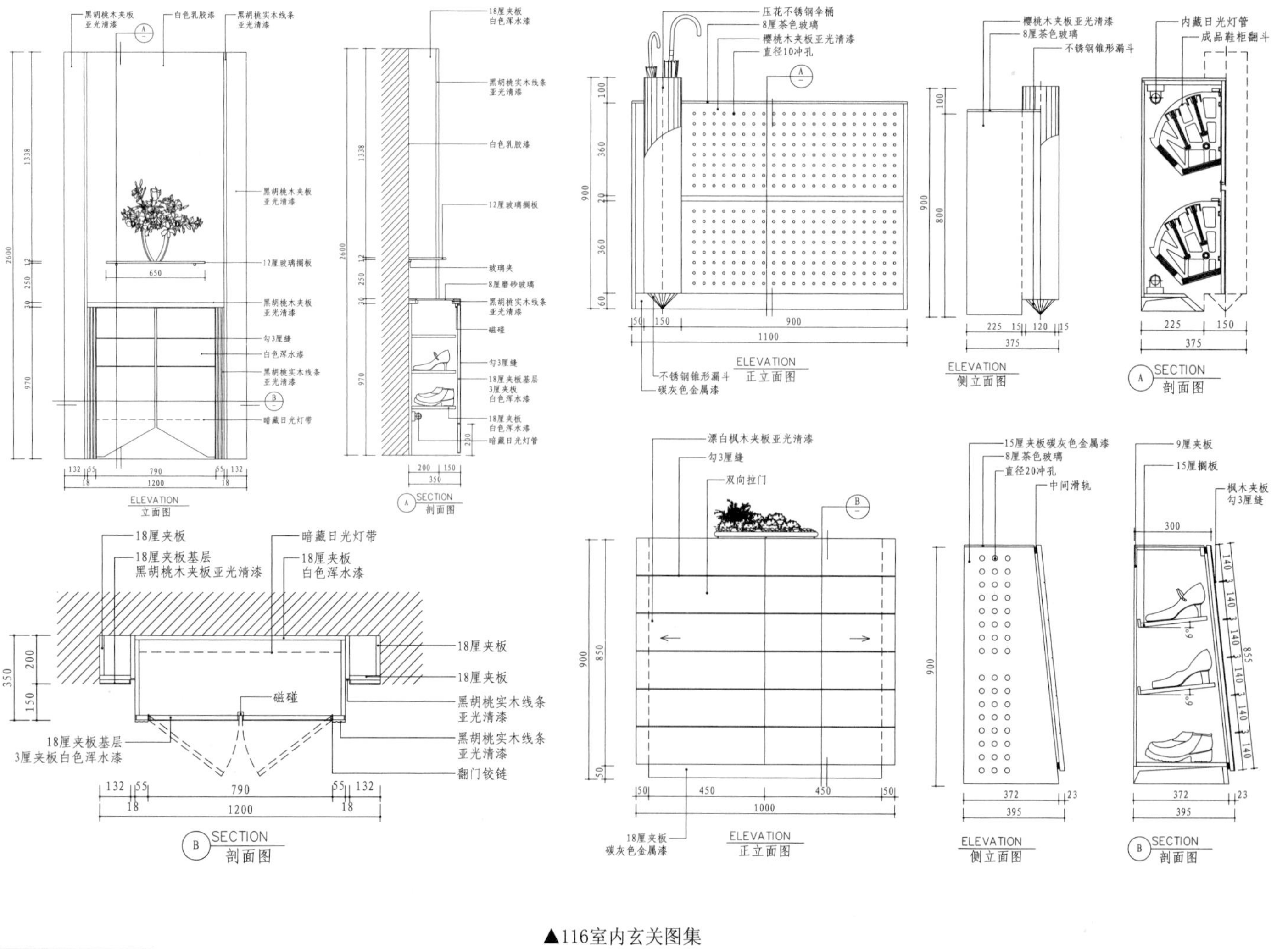
ELEVATION
立面图
SECTION
剖面图
18厘夹板
18厘夹板基层
黑胡桃木夹板亚光清漆
暗藏日光灯带
18厘夹板
白色浑水漆
18厘夹板
18厘夹板
磁碰
黑胡桃实木线条
亚光清漆
18厘夹板基层
3厘夹板白色浑水漆
黑胡桃实木线条
亚光清漆
翻门铰链
SECTION
剖面图
压花不锈钢伞桶
8厘茶色玻璃
樱桃木夹板亚光清漆
直径10冲孔
不锈钢锥形漏斗
碳灰色金属漆
ELEVATION
正立面图
樱桃木夹板亚光清漆
8厘茶色玻璃
不锈钢锥形漏斗
ELEVATION
侧立面图
内藏日光灯管
成品鞋柜翻斗
SECTION
剖面图
漂白枫木夹板亚光清漆
勾3厘缝
双向拉门
18厘夹板
碳灰色金属漆
ELEVATION
正立面图
15厘夹板碳灰色金属漆
8厘茶色玻璃
直径20冲孔
中间滑轨
ELEVATION
侧立面图
9厘夹板
15厘搁板
枫木夹板
勾3厘缝
SECTION
剖面图

▲116室内玄关图集

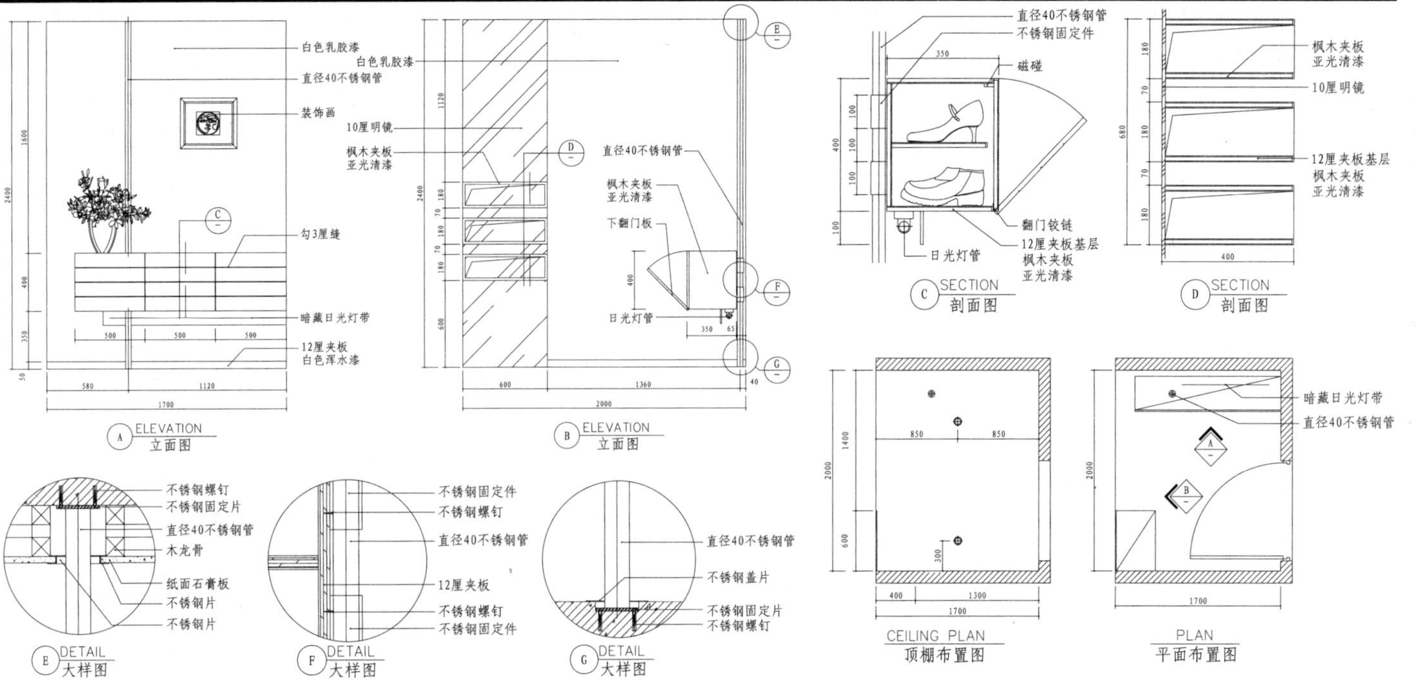
白色乳胶漆
直径40不锈钢管
装饰画
勾3厘缝
暗藏日光灯带
12厘夹板
白色浑水漆
A ELEVATION
立面图
10厘明镜
枫木夹板
亚光清漆
直径40不锈钢管
下翻门板
日光灯管
B ELEVATION
立面图
直径40不锈钢管
不锈钢固定件
磁碰
翻门铰链
12厘夹板基层
枫木夹板
亚光清漆
日光灯管
C SECTION
剖面图
枫木夹板
亚光清漆
10厘明镜
12厘夹板基层
枫木夹板
亚光清漆
D SECTION
剖面图
不锈钢螺钉
不锈钢固定片
直径40不锈钢管
木龙骨
纸面石膏板
不锈钢片
不锈钢片
E DETAIL
大样图
不锈钢固定件
不锈钢螺钉
直径40不锈钢管
12厘夹板
不锈钢螺钉
不锈钢固定件
F DETAIL
大样图
直径40不锈钢管
不锈钢盖片
不锈钢固定片
不锈钢螺钉
G DETAIL
大样图
暗藏日光灯带
直径40不锈钢管
CEILING PLAN
顶棚布置图
PLAN
平面布置图

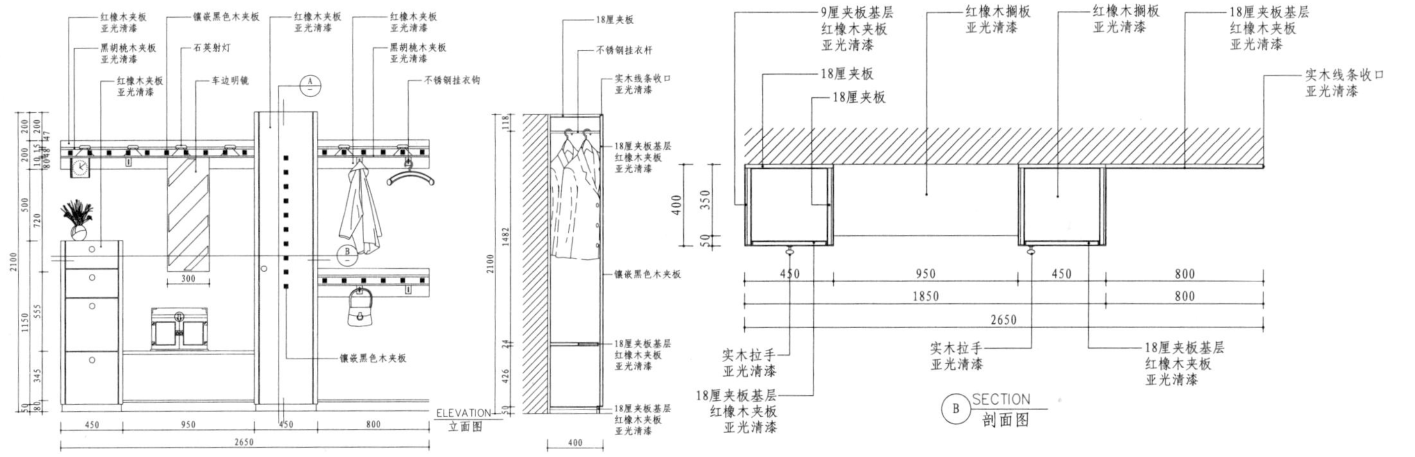
红橡木夹板
亚光清漆
镶嵌黑色木夹板
红橡木夹板
亚光清漆
红橡木夹板
亚光清漆
黑胡桃木夹板
亚光清漆
石英射灯
黑胡桃木夹板
亚光清漆
红橡木夹板
亚光清漆
车边明镜
不锈钢挂衣钩
镶嵌黑色木夹板
ELEVATION
立面图
18厘夹板
不锈钢挂衣杆
实木线条收口
亚光清漆
18厘夹板基层
红橡木夹板
亚光清漆
镶嵌黑色木夹板
9厘夹板基层
红橡木夹板
亚光清漆
红橡木搁板
亚光清漆
18厘夹板基层
红橡木夹板
亚光清漆
实木线条收口
亚光清漆
18厘夹板
18厘夹板
实木拉手
亚光清漆
18厘夹板基层
红橡木夹板
亚光清漆
B SECTION
剖面图

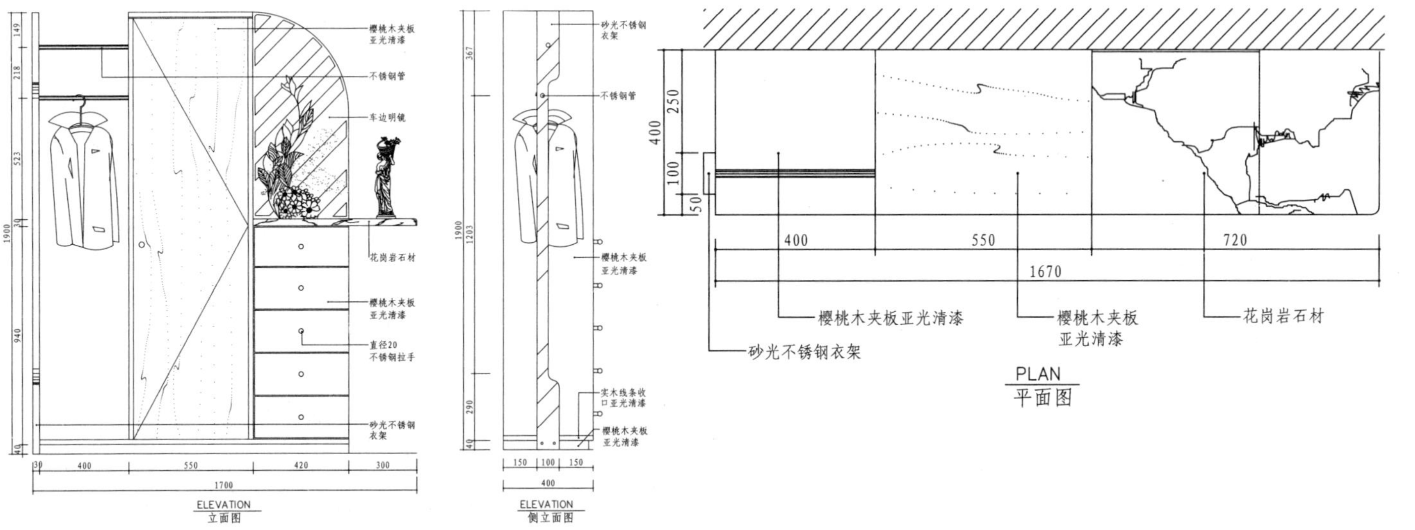
樱桃木夹板
亚光清漆
不锈钢管
车边明镜
花岗岩石材
樱桃木夹板
亚光清漆
直径20
不锈钢拉手
砂光不锈钢
衣架
ELEVATION
立面图
砂光不锈钢
衣架
不锈钢管
樱桃木夹板
亚光清漆
实木线条收口亚光清漆
樱桃木夹板
亚光清漆
ELEVATION
侧立面图
樱桃木夹板亚光清漆
樱桃木夹板
亚光清漆
花岗岩石材
砂光不锈钢衣架
PLAN
平面图

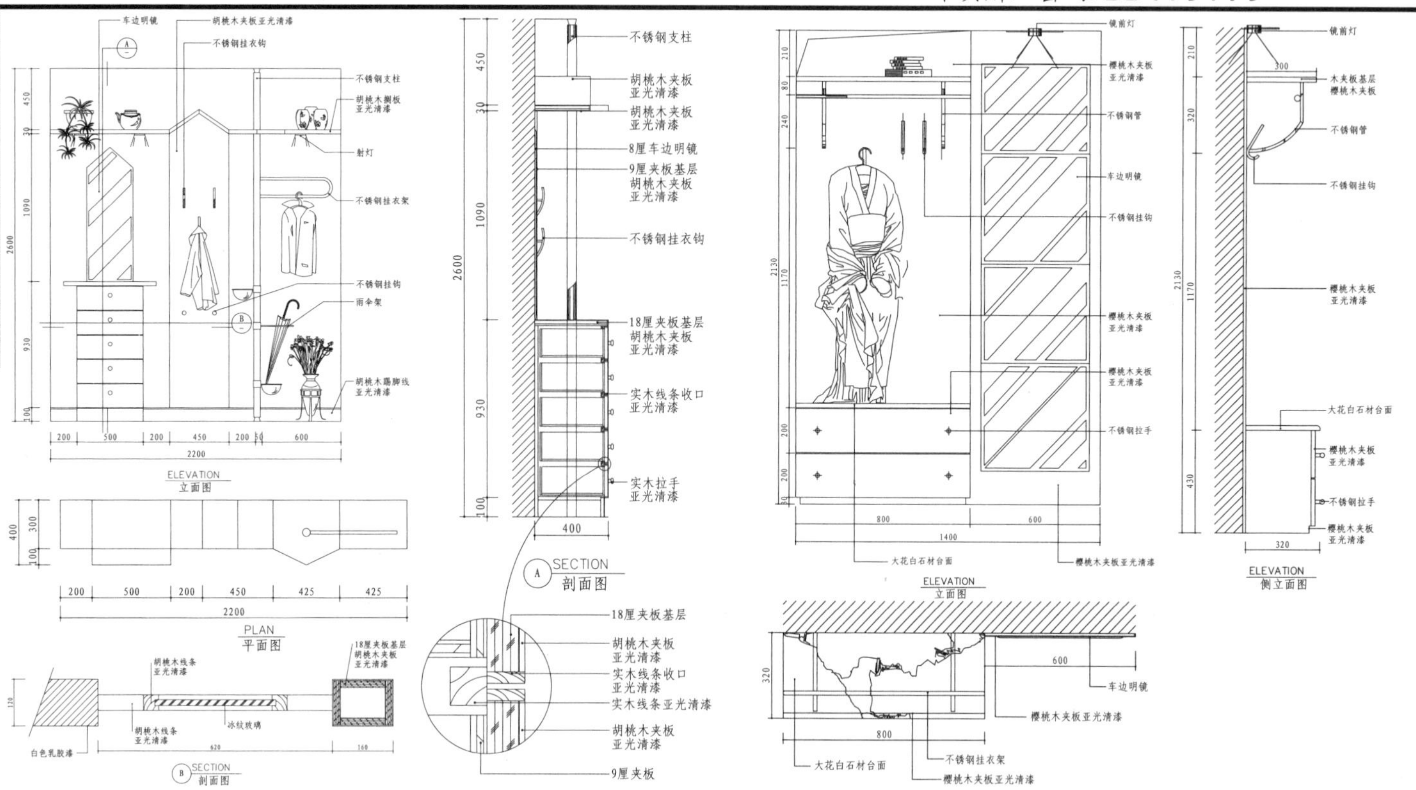

▲116室内玄关图集

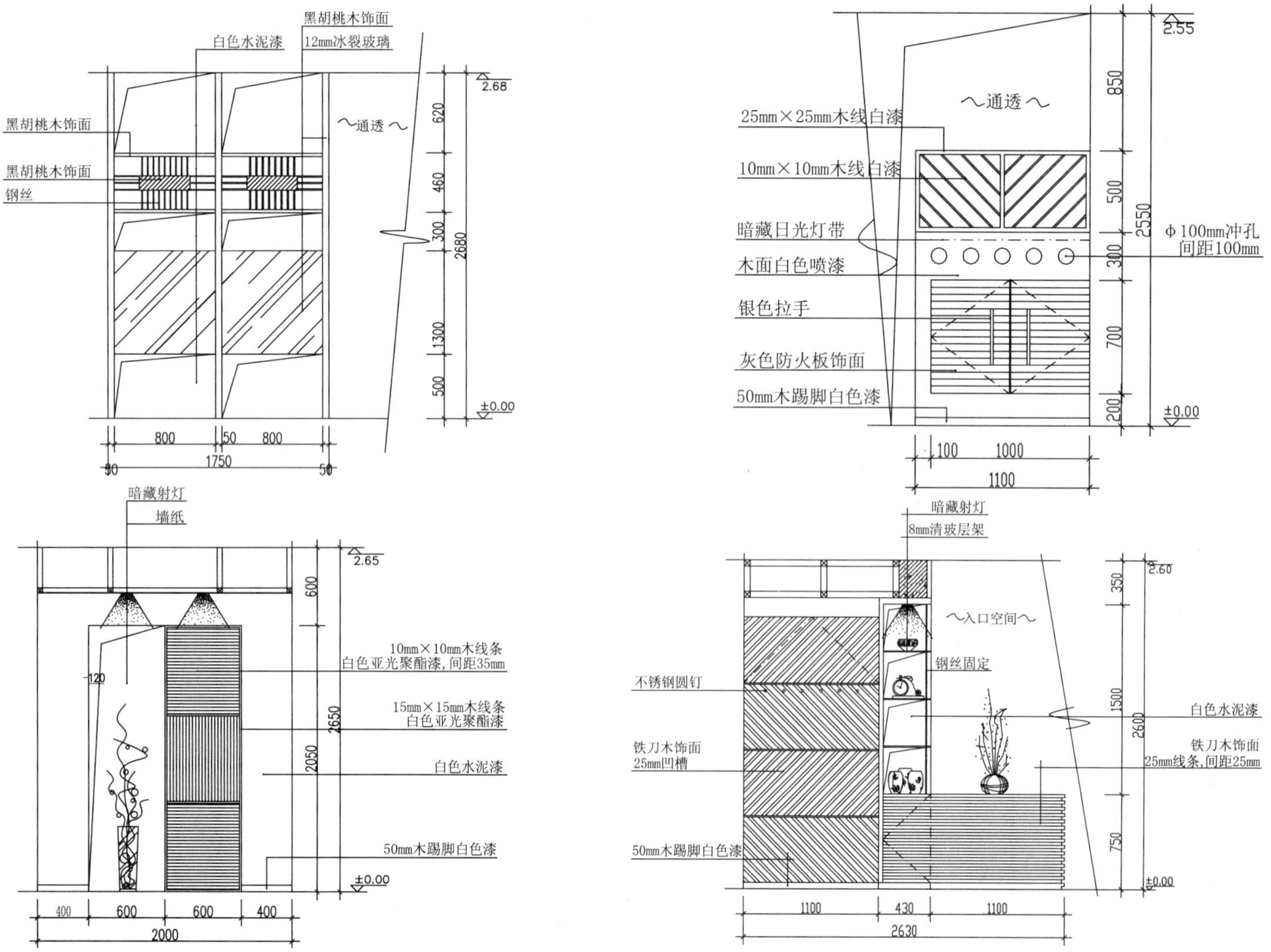

▲117别墅玄光详图

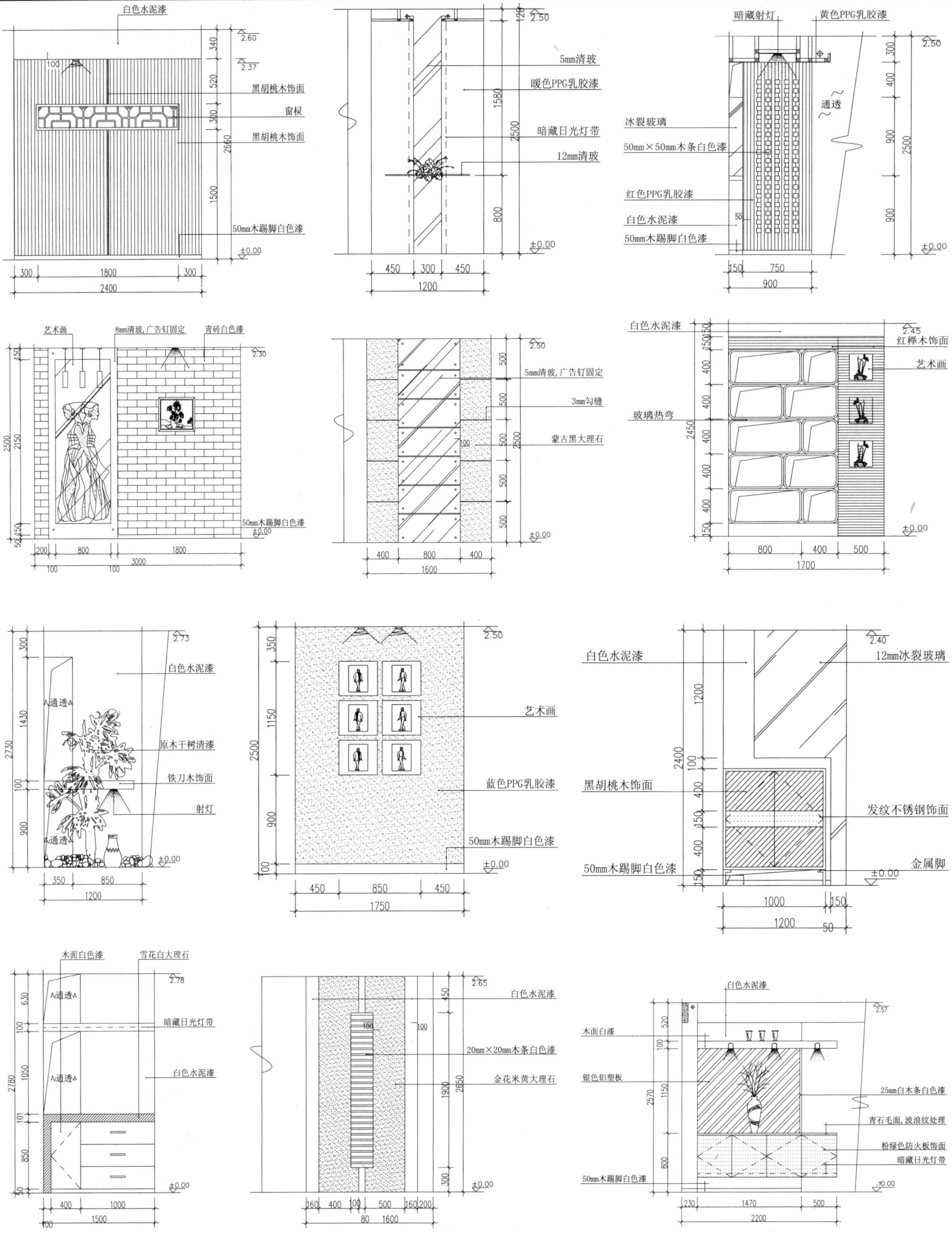
白色水泥漆
黑胡桃木饰面
窗棂
黑胡桃木饰面
50mm木踢脚白色漆
5mm清玻
暖色PPG乳胶漆
暗藏日光灯带
12mm清玻
暗藏射灯
黄色PPG乳胶漆
通透
冰裂玻璃
50mm×50mm木条白色漆
红色PPG乳胶漆
白色水泥漆
50mm木踢脚白色漆
艺术画
8mm清玻，广告钉固定
青砖白色漆
50mm木踢脚白色漆
5mm清玻，广告钉固定
3mm勾缝
蒙古黑大理石
白色水泥漆
红榉木饰面
艺术画
玻璃热弯
白色水泥漆
通透
原木干树清漆
铁刀木饰面
射灯
通透
艺术画
蓝色PPG乳胶漆
50mm木踢脚白色漆
白色水泥漆
12mm冰裂玻璃
黑胡桃木饰面
发纹不锈钢饰面
50mm木踢脚白色漆
金属脚
木面白色漆
雪花白大理石
通透
暗藏日光灯带
通透
白色水泥漆
白色水泥漆
20mm×20mm木条白色漆
金花米黄大理石
白色水泥漆
木面白漆
银色铝塑板
25mm白木条白色漆
青石毛面，波浪纹处理
粉绿色防火板饰面
暗藏日光灯带
50mm木踢脚白色漆

▲117别墅玄光详图

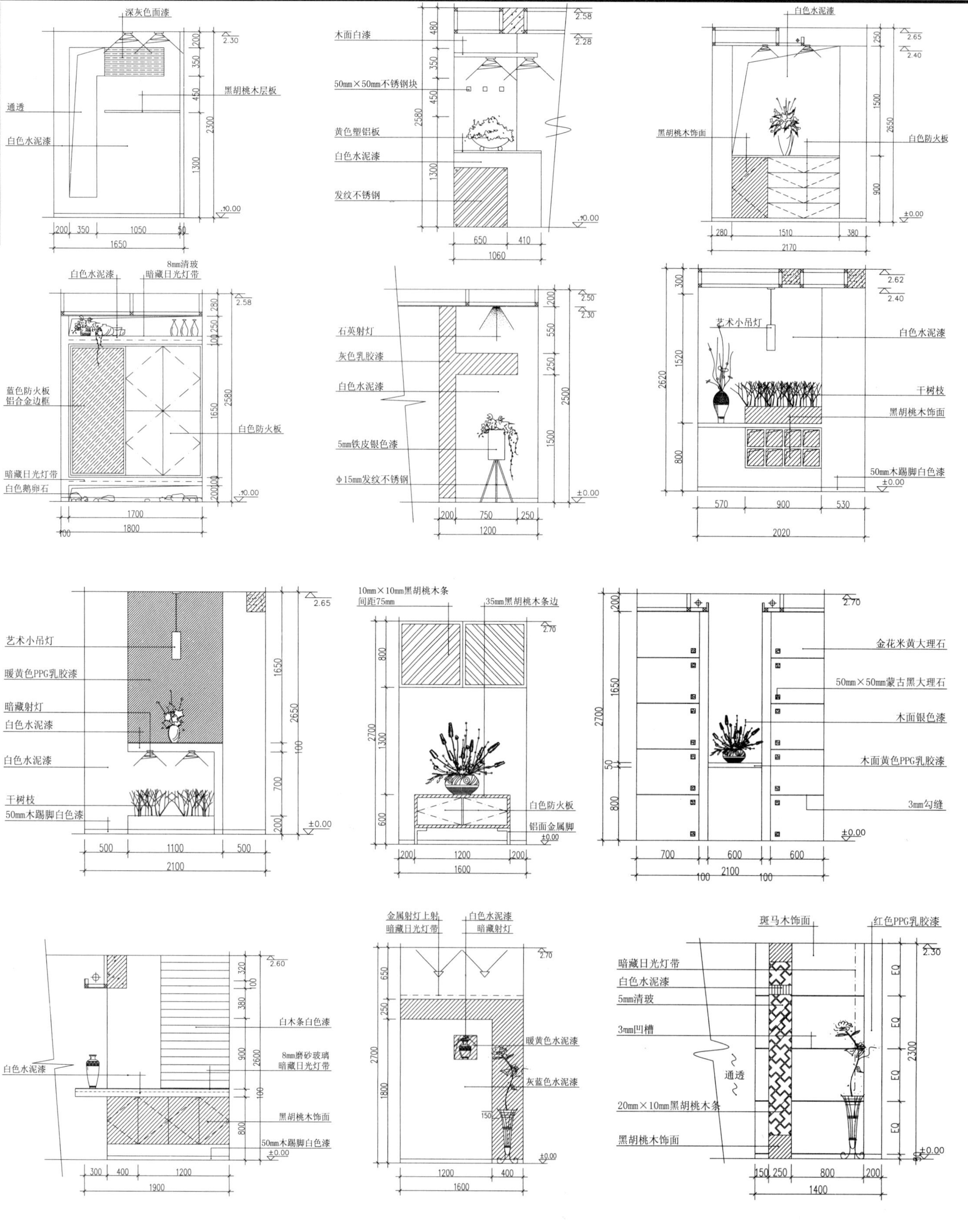
深灰色面漆
通透
黑胡桃木层板
白色水泥漆
木面白漆
50mm×50mm不锈钢块
黄色塑铝板
白色水泥漆
发纹不锈钢
白色水泥漆
黑胡桃木饰面
白色防火板
白色水泥漆
8mm清玻
暗藏日光灯带
蓝色防火板
铝合金边框
白色防火板
暗藏日光灯带
白色鹅卵石
石英射灯
灰色乳胶漆
白色水泥漆
5mm铁皮银色漆
φ15mm发纹不锈钢
艺术小吊灯
白色水泥漆
干树枝
黑胡桃木饰面
50mm木踢脚白色漆
艺术小吊灯
暖黄色PPG乳胶漆
暗藏射灯
白色水泥漆
白色水泥漆
干树枝
50mm木踢脚白色漆
10mm×10mm黑胡桃木条
间距75mm
35mm黑胡桃木条边
白色防火板
铝面金属脚
金花米黄大理石
50mm×50mm蒙古黑大理石
木面银色漆
木面黄色PPG乳胶漆
3mm勾缝
白木条白色漆
8mm磨砂玻璃
暗藏日光灯带
白色水泥漆
黑胡桃木饰面
50mm木踢脚白色漆
金属射灯上射
暗藏日光灯带
白色水泥漆
暗藏射灯
暖黄色水泥漆
灰蓝色水泥漆
斑马木饰面
红色PPG乳胶漆
暗藏日光灯带
白色水泥漆
5mm清玻
3mm凹槽
通透
20mm×10mm黑胡桃木条
黑胡桃木饰面

▲117别墅玄光详图

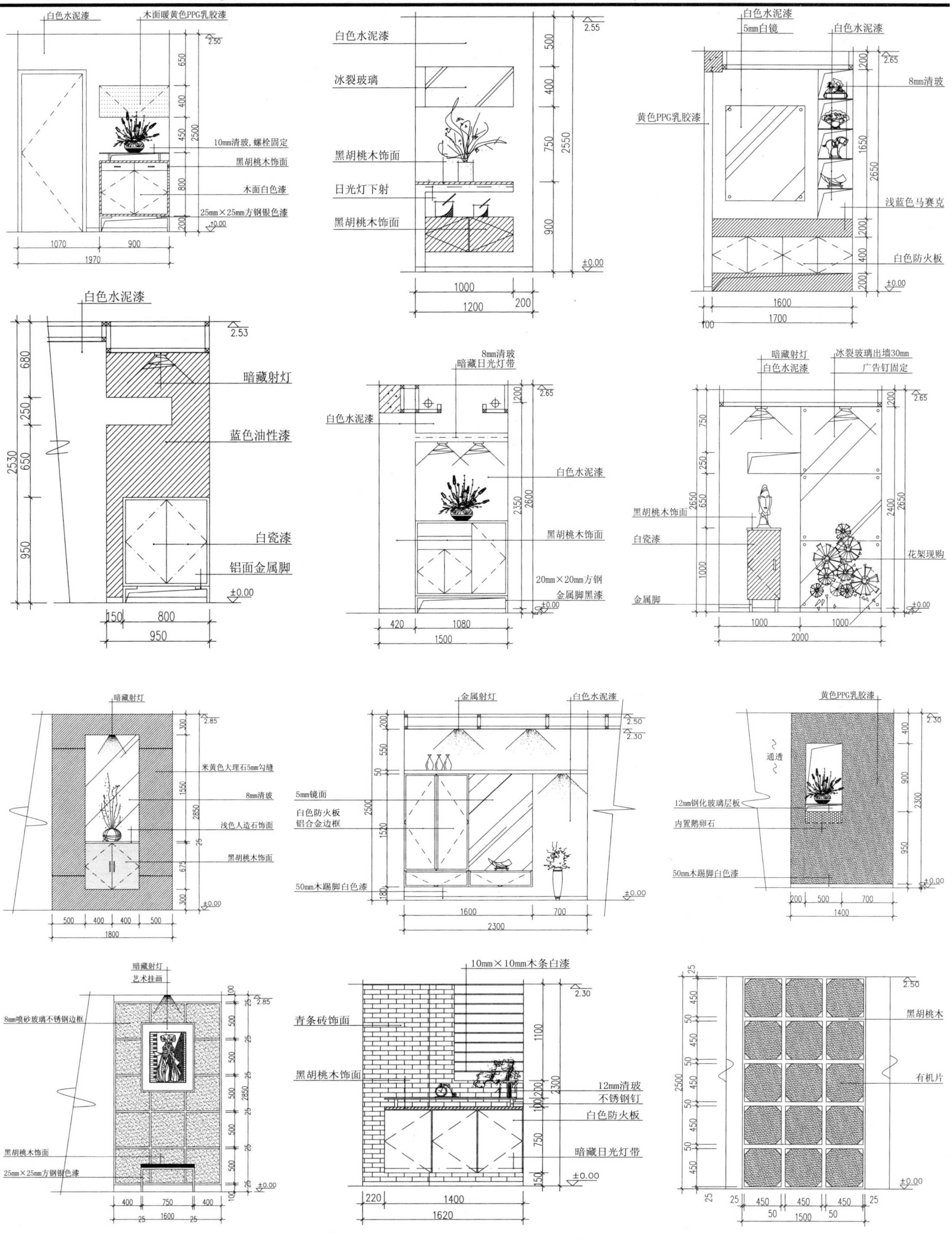
白色水泥漆
木面暖黄色PPG乳胶漆
10mm清玻，螺栓固定
黑胡桃木饰面
木面白色漆
25mm×25mm方钢银色漆
冰裂玻璃
日光灯下射
5mm白镜
8mm清玻
黄色PPG乳胶漆
浅蓝色马赛克
白色防火板
暗藏射灯
蓝色油性漆
白瓷漆
铝面金属脚
暗藏日光灯带
20mm×20mm方钢
金属脚黑漆
冰裂玻璃出墙30mm
广告钉固定
白瓷漆
金属脚
花架现购
米黄色大理石5mm勾缝
浅色人造石饰面
金属射灯
5mm镜面
白色防火板
铝合金边框
50mm木踢脚白色漆
通透
12mm钢化玻璃层板
内置鹅卵石
艺术挂画
8mm喷砂玻璃不锈钢边框
10mm×10mm木条白漆
青条砖饰面
12mm清玻
不锈钢钉
黑胡桃木
有机片

▲117别墅玄光详图

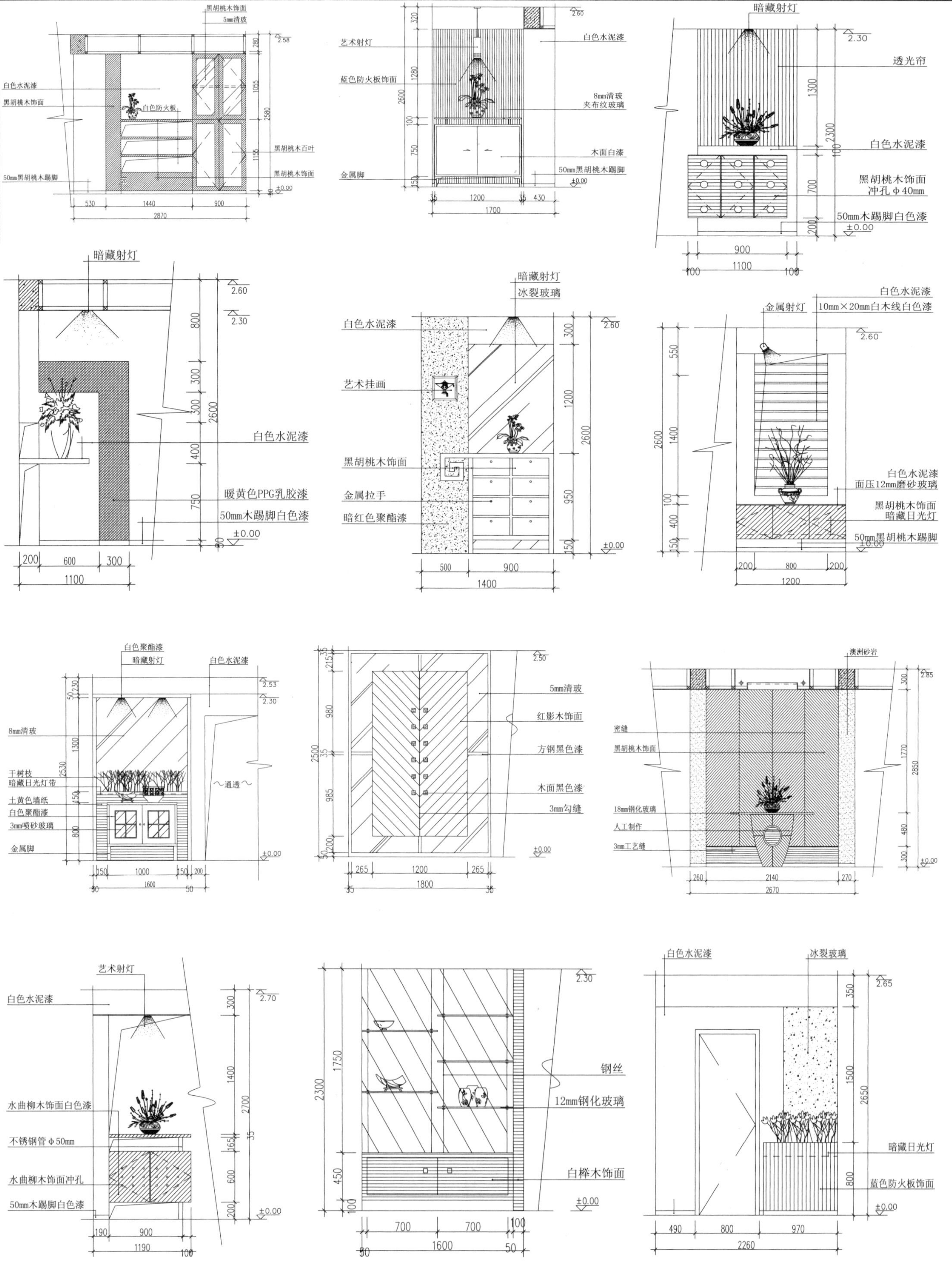
黑胡桃木饰面
5mm清玻
白色水泥漆
黑胡桃木饰面
白色防火板
黑胡桃木百叶
黑胡桃木饰面
50mm黑胡桃木踢脚
艺术射灯
蓝色防火板饰面
金属脚
白色水泥漆
8mm清玻
夹布纹玻璃
木面白漆
50mm黑胡桃木踢脚
暗藏射灯
透光帘
白色水泥漆
黑胡桃木饰面
冲孔 ф 40mm
50mm木踢脚白色漆
暗藏射灯
白色水泥漆
暖黄色PPG乳胶漆
50mm木踢脚白色漆
暗藏射灯
冰裂玻璃
白色水泥漆
艺术挂画
黑胡桃木饰面
金属拉手
暗红色聚酯漆
白色水泥漆
金属射灯
10mm×20mm白木线白色漆
白色水泥漆
面压12mm磨砂玻璃
黑胡桃木饰面
暗藏日光灯
50mm黑胡桃木踢脚
白色聚酯漆
暗藏射灯
白色水泥漆
8mm清玻
干树枝
暗藏日光灯带
土黄色墙纸
白色聚酯漆
3mm喷砂玻璃
金属脚
~通透~
5mm清玻
红影木饰面
方钢黑色漆
木面黑色漆
3mm勾缝
澳洲砂岩
密缝
黑胡桃木饰面
18mm钢化玻璃
人工制作
3mm工艺缝
艺术射灯
白色水泥漆
水曲柳木饰面白色漆
不锈钢管 ф 50mm
水曲柳木饰面冲孔
50mm木踢脚白色漆
钢丝
12mm钢化玻璃
白榉木饰面
白色水泥漆
冰裂玻璃
暗藏日光灯
蓝色防火板饰面

▲117别墅玄光详图

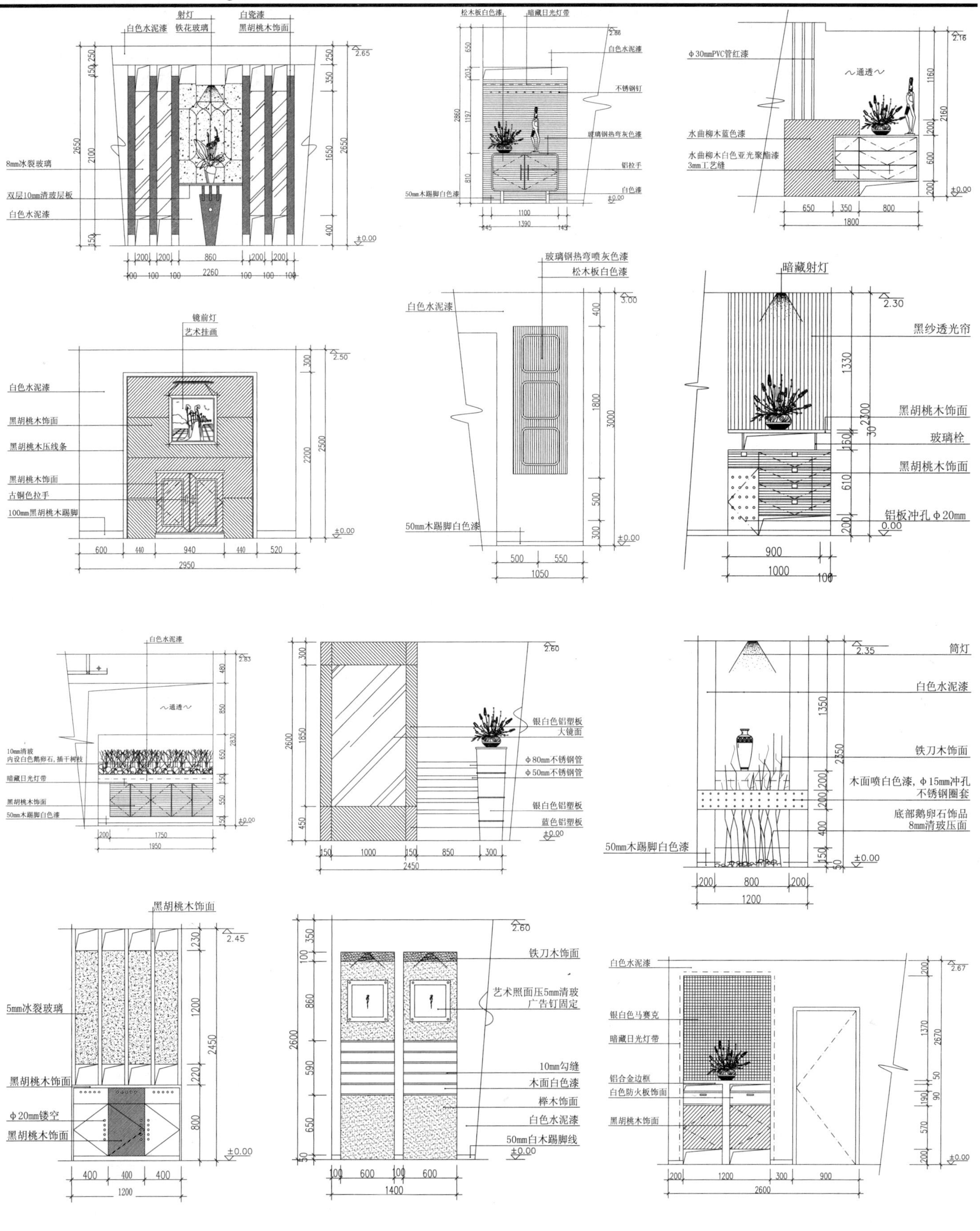
射灯
白色水泥漆
铁花玻璃
白瓷漆
黑胡桃木饰面
8mm冰裂玻璃
双层10mm清玻层板
白色水泥漆
松木板白色漆
暗藏日光灯带
白色水泥漆
不锈钢钉
玻璃钢热弯灰色漆
铝拉手
白色漆
50mm木踢脚白色漆
ф30mmPVC管红漆
~通透~
水曲柳木蓝色漆
水曲柳木白色亚光聚酯漆
3mm工艺缝
镜前灯
艺术挂画
白色水泥漆
黑胡桃木饰面
黑胡桃木压线条
黑胡桃木饰面
古铜色拉手
100mm黑胡桃木踢脚
玻璃钢热弯喷灰色漆
松木板白色漆
白色水泥漆
50mm木踢脚白色漆
暗藏射灯
黑纱透光帘
黑胡桃木饰面
玻璃栓
黑胡桃木饰面
铝板冲孔ф20mm
白色水泥漆
~通透~
10mm清玻
内设白色鹅卵石，插干树枝
暗藏日光灯带
黑胡桃木饰面
50mm木踢脚白色漆
银白色铝塑板
大镜面
ф80mm不锈钢管
ф50mm不锈钢管
银白色铝塑板
蓝色铝塑板
筒灯
白色水泥漆
铁刀木饰面
木面喷白色漆，ф15mm冲孔
不锈钢圈套
底部鹅卵石饰品
8mm清玻压面
50mm木踢脚白色漆
黑胡桃木饰面
5mm冰裂玻璃
黑胡桃木饰面
ф20mm镂空
黑胡桃木饰面
铁刀木饰面
艺术照面压5mm清玻
广告钉固定
10mm勾缝
木面白色漆
榉木饰面
白色水泥漆
50mm白木踢脚线
白色水泥漆
银白色马赛克
暗藏日光灯带
铝合金边框
白色防火板饰面
黑胡桃木饰面

▲117别墅玄光详图

本页解压密码：92332708

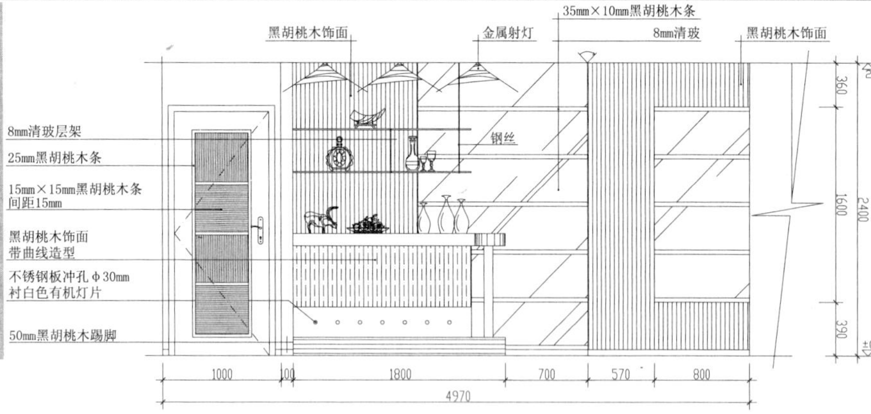

35mm×10mm黑胡桃木条
黑胡桃木饰面
金属射灯
8mm清玻
黑胡桃木饰面
8mm清玻层架
25mm黑胡桃木条
15mm×15mm黑胡桃木条
间距15mm
黑胡桃木饰面
带曲线造型
不锈钢板冲孔φ30mm
衬白色有机灯片
50mm黑胡桃木踢脚
钢丝
360
1600
390
2400
2.40
±0.00
1000
100
1800
700
570
800
4970

▲01吧台详图

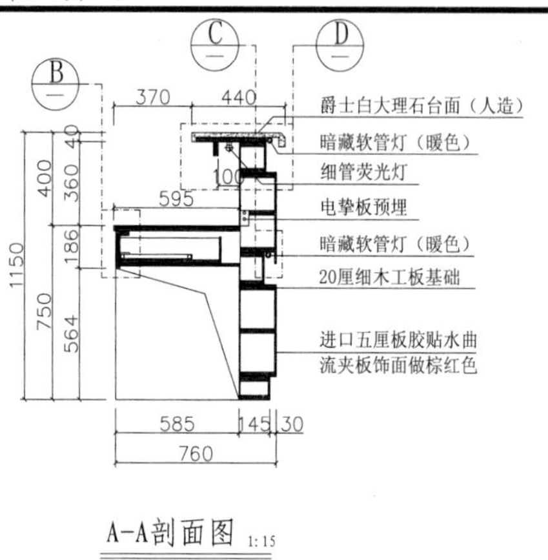

▲02吧台详图

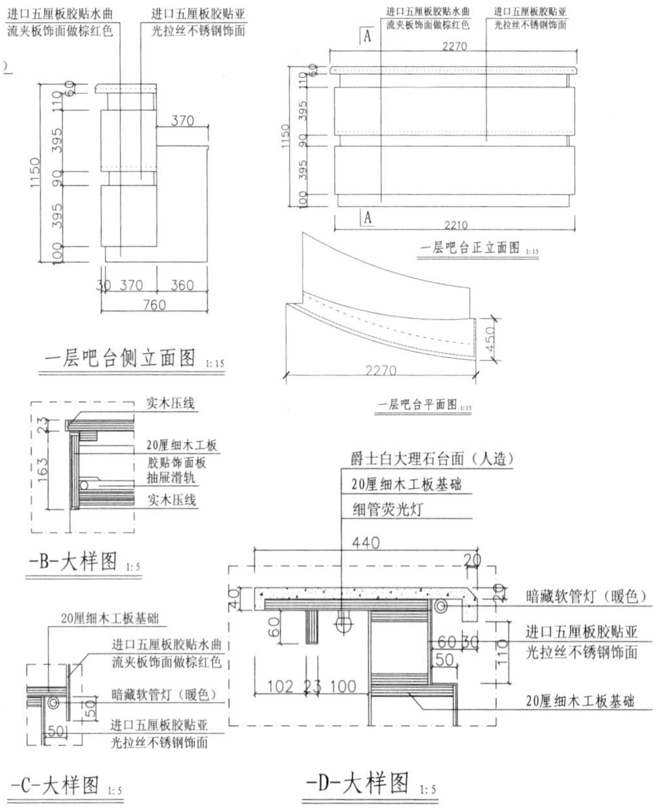

进口五厘板胶贴水曲
流夹板饰面做棕红色
进口五厘板胶贴亚
光拉丝不锈钢饰面
370
1150
30 370 360
760
一层吧台侧立面图 1:15
2270
2210
一层吧台正立面图 1:15
450
一层吧台平面图 1:15
实木压线
20厘细木工板
胶贴饰面板
抽屉滑轨
实木压线
-B-大样图 1:5
20厘细木工板基础
进口五厘板胶贴水曲
流夹板饰面做棕红色
暗藏软管灯（暖色）
进口五厘板胶贴亚
光拉丝不锈钢饰面
-C-大样图 1:5
爵士白大理石台面（人造）
20厘细木工板基础
细管荧光灯
440
暗藏软管灯（暖色）
进口五厘板胶贴亚
光拉丝不锈钢饰面
20厘细木工板基础
102 23 100
-D-大样图 1:5

▲02吧台详图

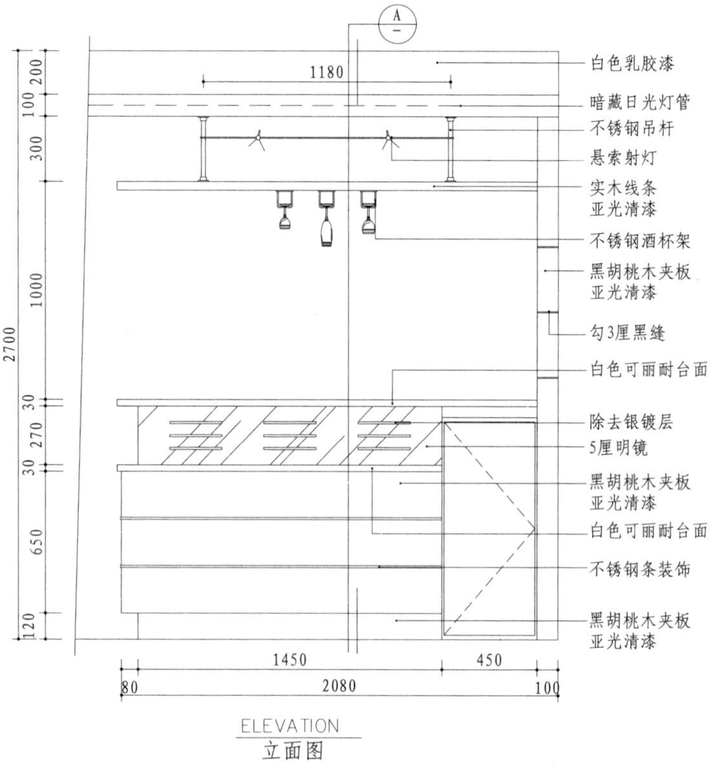

A
1180
白色乳胶漆
暗藏日光灯管
不锈钢吊杆
悬索射灯
实木线条
亚光清漆
不锈钢酒杯架
黑胡桃木夹板
亚光清漆
勾3厘黑缝
白色可丽耐台面
除去银镀层
5厘明镜
黑胡桃木夹板
亚光清漆
白色可丽耐台面
不锈钢条装饰
黑胡桃木夹板
亚光清漆
200
100
300
1000
2700
30
270
30
650
120
1450
450
80
2080
100
ELEVATION
立面图

▲03吧台详图

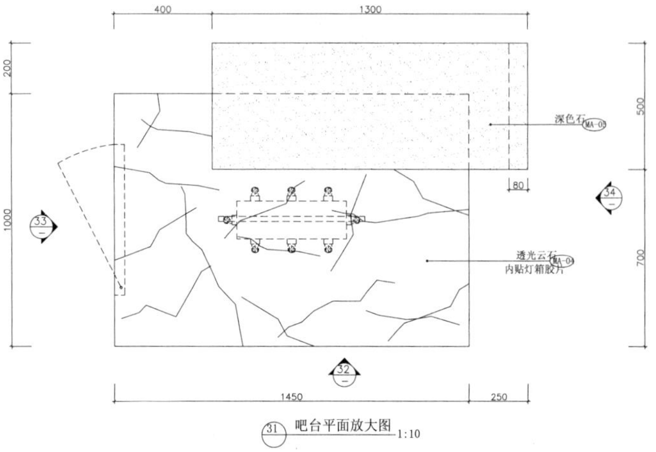

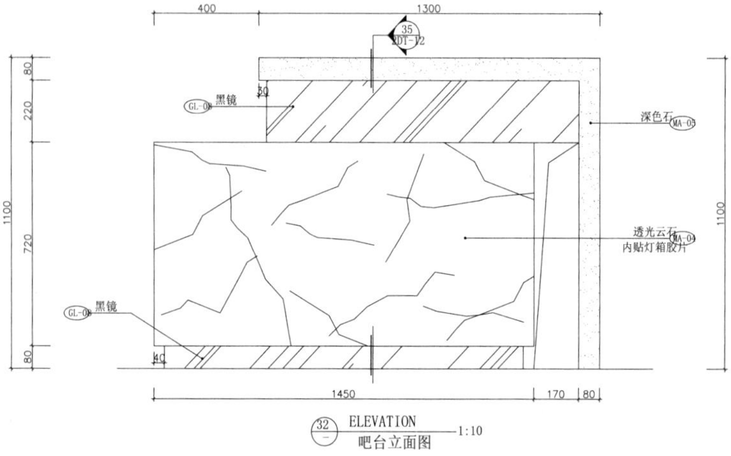

▲04吧台详图

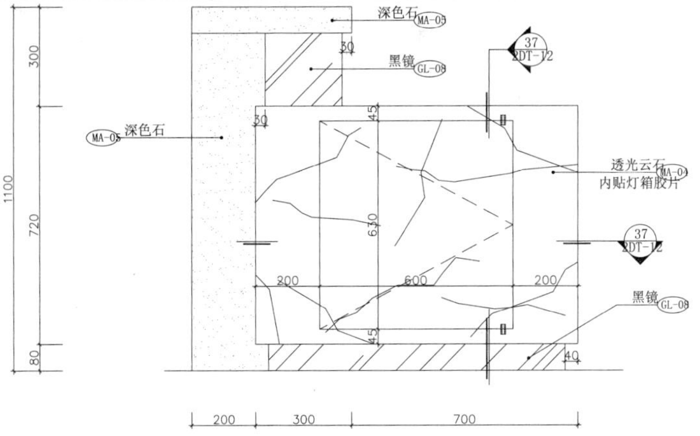

33 ELEVATION 1:10
吧台立面图

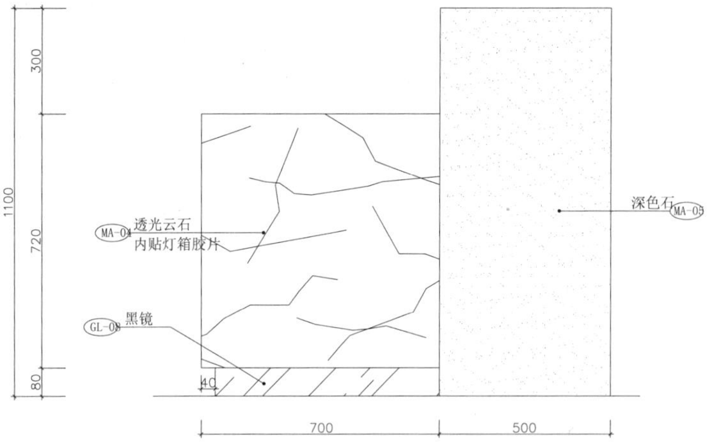

34 ELEVATION 1:10
吧台立面图

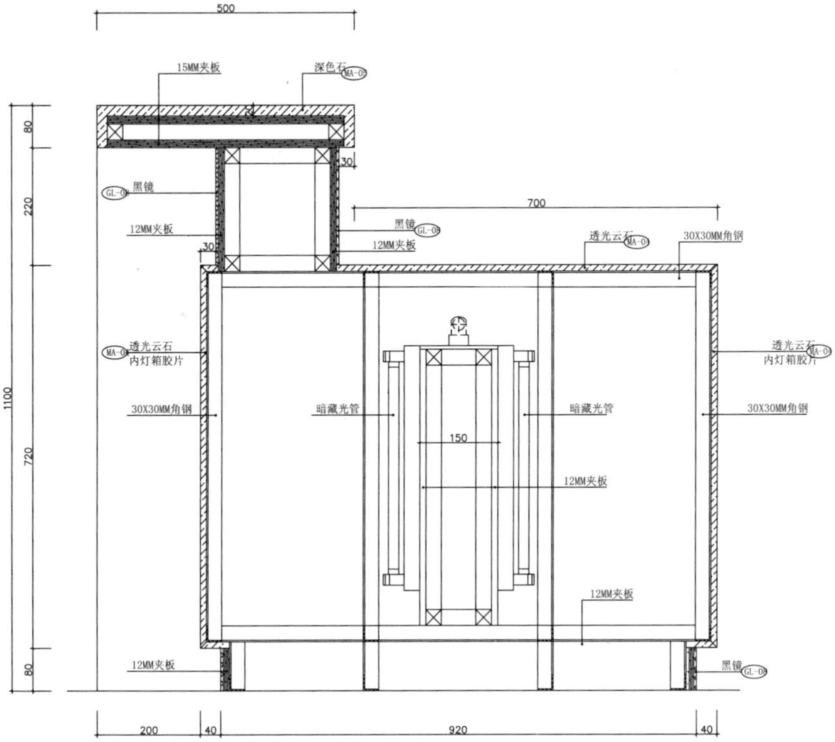

35 DETAIL 1:5
吧台大样图

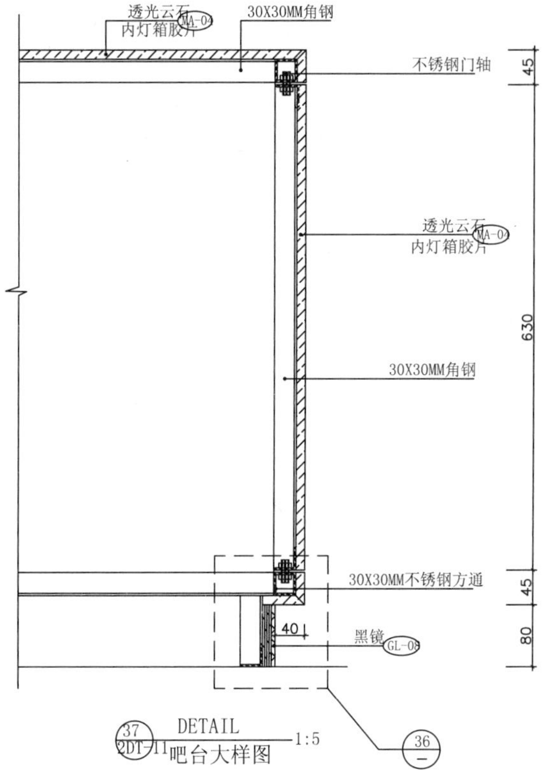

37 DETAIL 1:5
吧台大样图

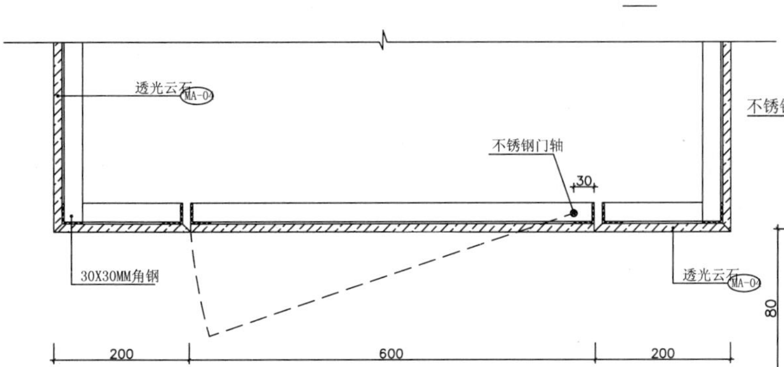

37 DETAIL 1:5
吧台大样图

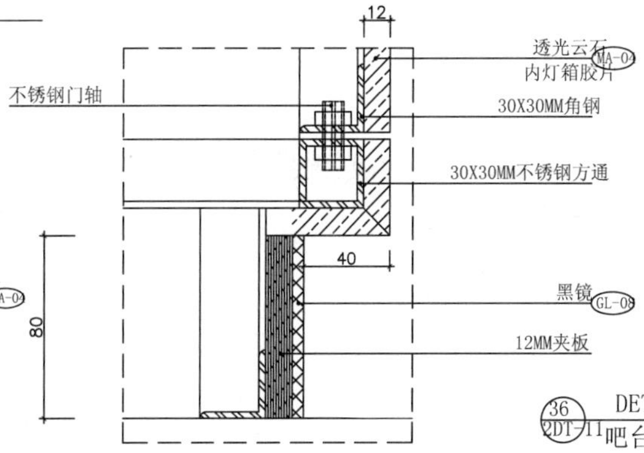

36 DETAIL 1:2
吧台大样图

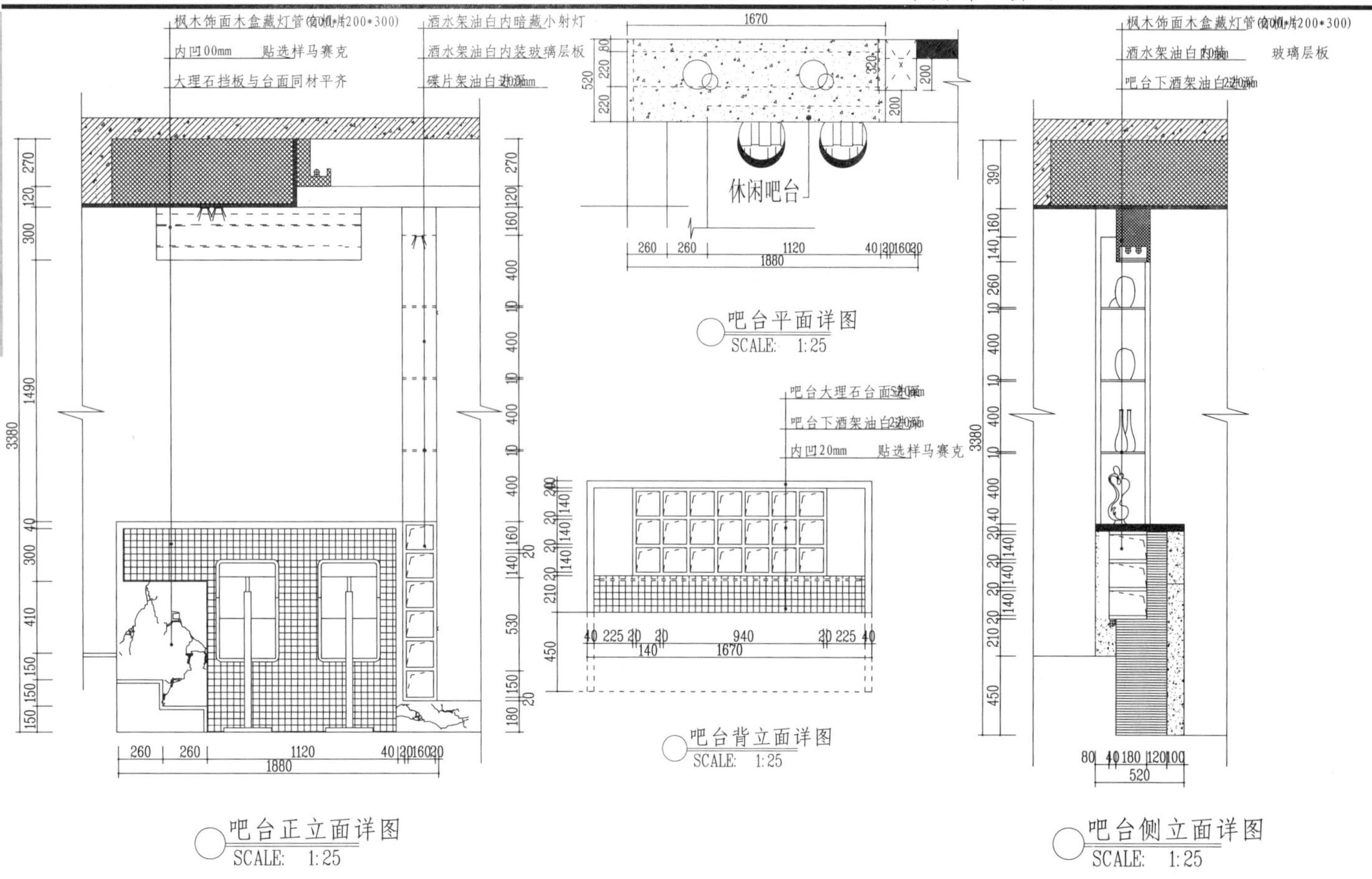
枫木饰面木盒藏灯管(200*200*300)
内凹00mm 贴选样马赛克
大理石挡板与台面同材平齐
酒水架油白内暗藏小射灯
酒水架油白内装玻璃层板
碟片架油白
休闲吧台
吧台平面详图
SCALE: 1:25
吧台大理石台面
吧台下酒架油白
内凹20mm 贴选样马赛克
吧台背立面详图
SCALE: 1:25
吧台正立面详图
SCALE: 1:25
枫木饰面木盒藏灯管(200*200*300)
酒水架油白
玻璃层板
吧台下酒架油白
吧台侧立面详图
SCALE: 1:25

▲05吧台详图

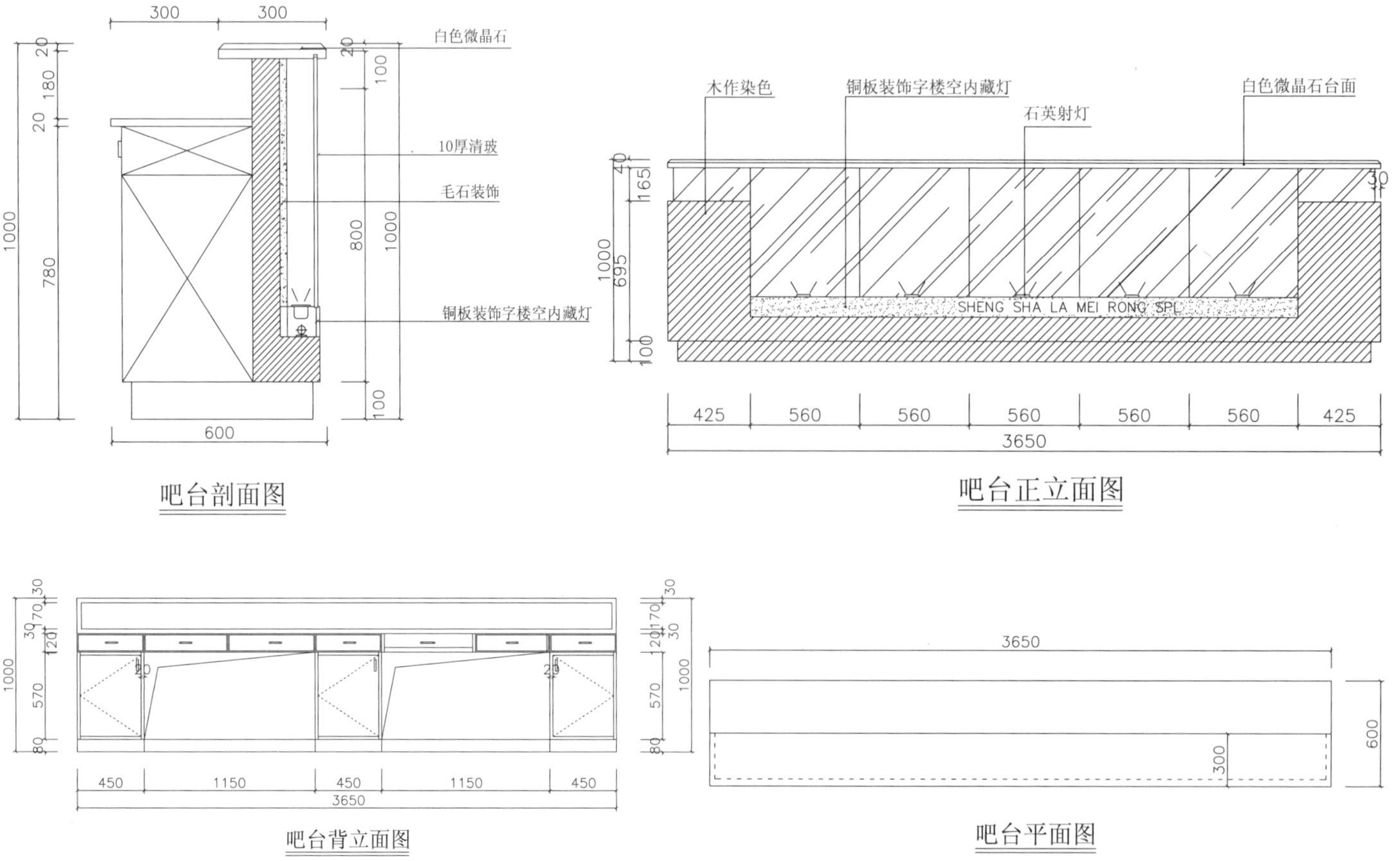
白色微晶石
10厚清玻
毛石装饰
铜板装饰字楼空内藏灯
吧台剖面图
木作染色
铜板装饰字楼空内藏灯
石英射灯
白色微晶石台面
SHENG SHA LA MEI RONG SPL
吧台正立面图
吧台背立面图
吧台平面图

▲06吧台详图

玻璃龙骨面贴透光石
木做面贴紫檀木
T5灯管
面贴细花白大理石
木做面贴紫檀木
不锈钢吊杯架
木做面贴咖啡镜

木做面贴紫檀木

玻璃龙骨面贴透光石

T5灯管

木做面贴紫檀木

木做面贴咖啡镜

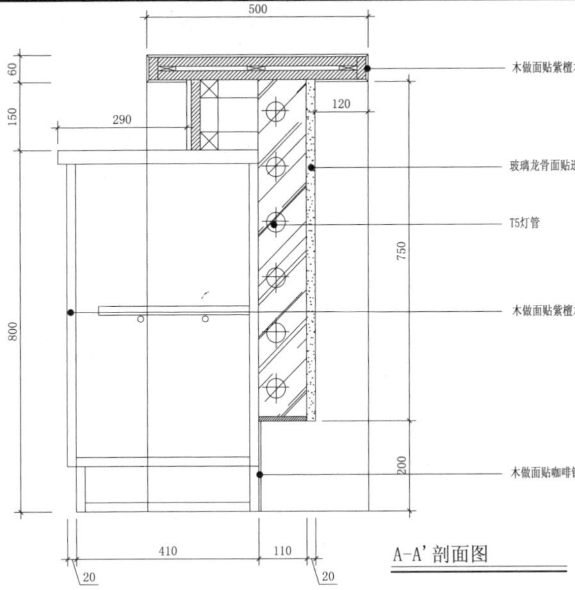

A-A'剖面图

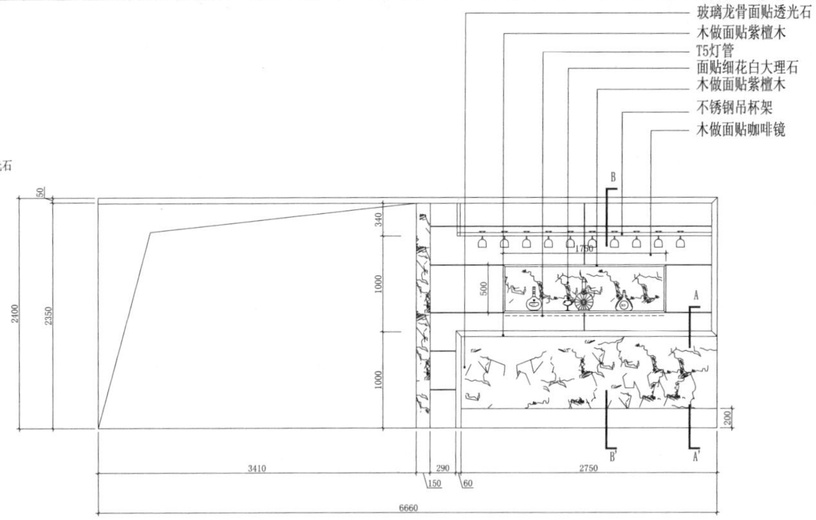

吧台立面图 S:1/30mm

▲07吧台详图

木做面贴咖啡镜

紫檀实木层板

面贴细花白大理石

内嵌磨砂玻璃
T5灯管

木做面贴咖啡镜

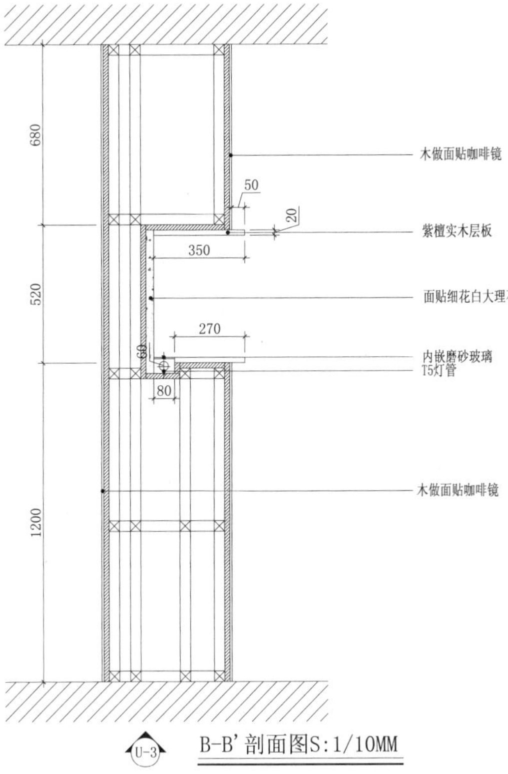

B-B'剖面图S:1/10MM

▲07吧台详图

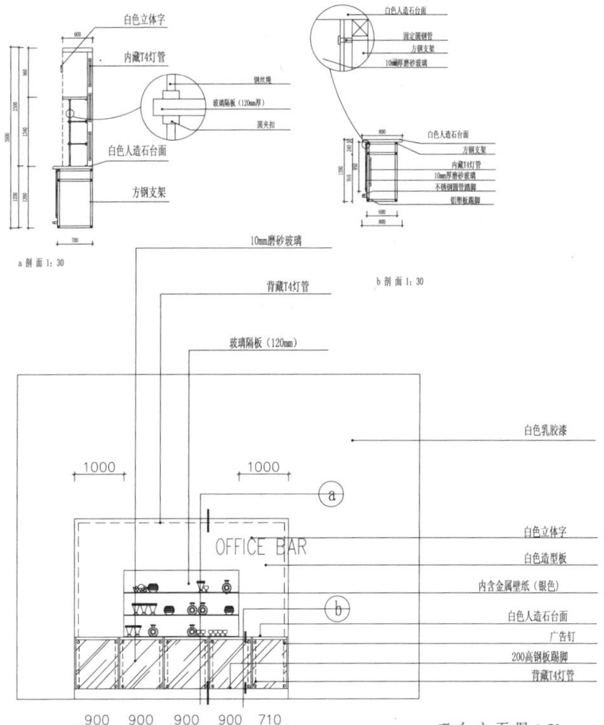

a 剖面 1:30

b 剖面 1:30

白色立体字
内藏T4灯管
玻璃隔板(120mm厚)

10mm磨砂玻璃

OFFICE BAR

白色乳胶漆
白色立体字
白色造型板
内含金属壁纸(银色)
白色人造石台面
广告灯
200高钢板踢脚
背藏T4灯管

吧台立面图 1:50

▲08吧台详图

80H异型纸面石膏板
清玻璃搁板
吊挂灯
无框玻璃平开门
60厚木质异型台面
20mm普通

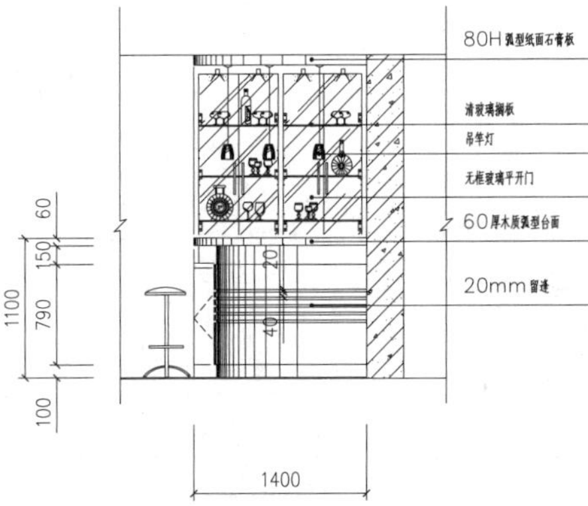

ELEVATION
24正立面图

ELEVATION
25正立面图

OFFICE BAR

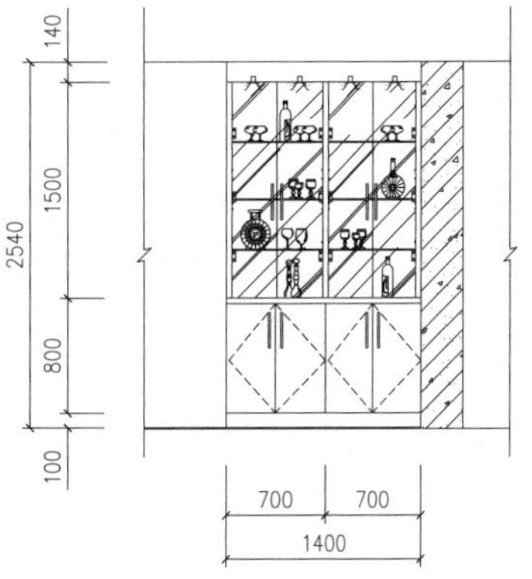

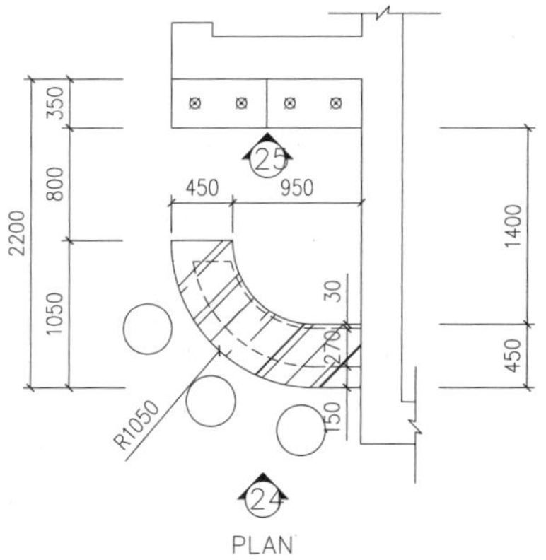

PLAN
平面布置图

▲09吧台详图

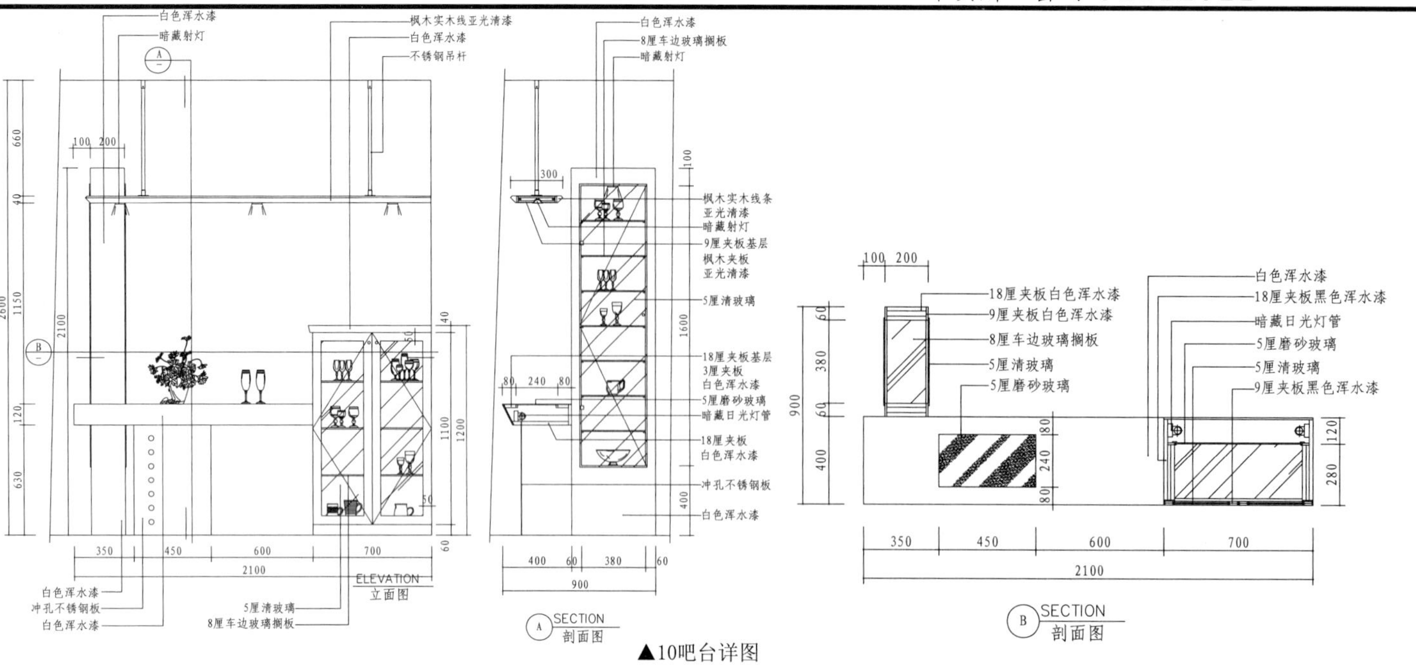

▲10吧台详图

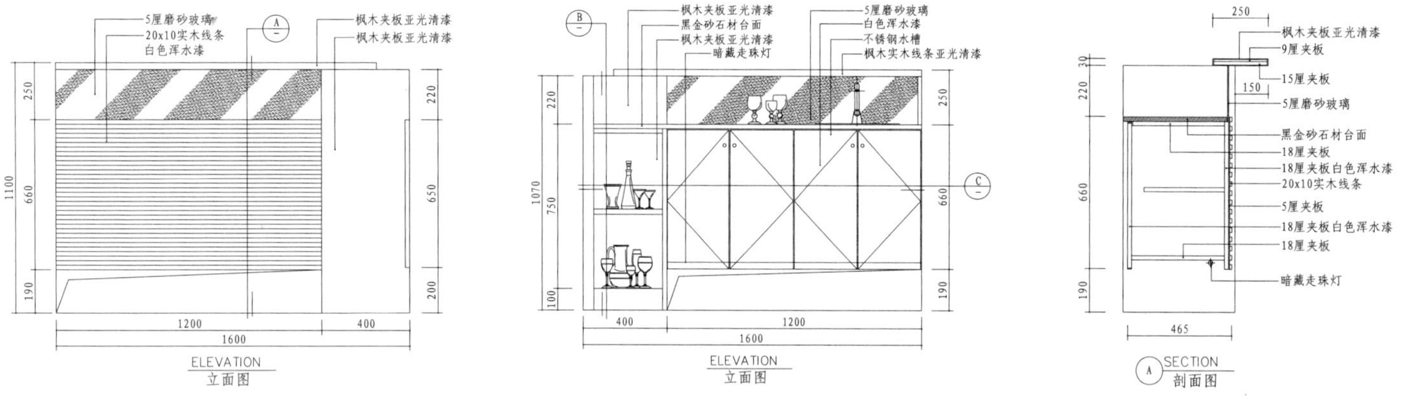

▲11吧台详图

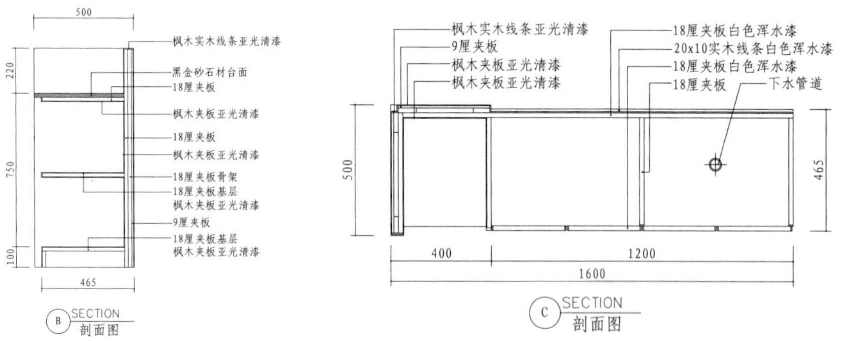

▲11吧台详图

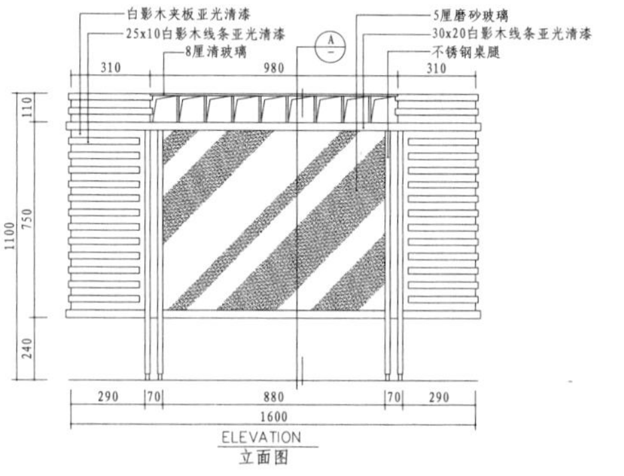

▲12吧台详图

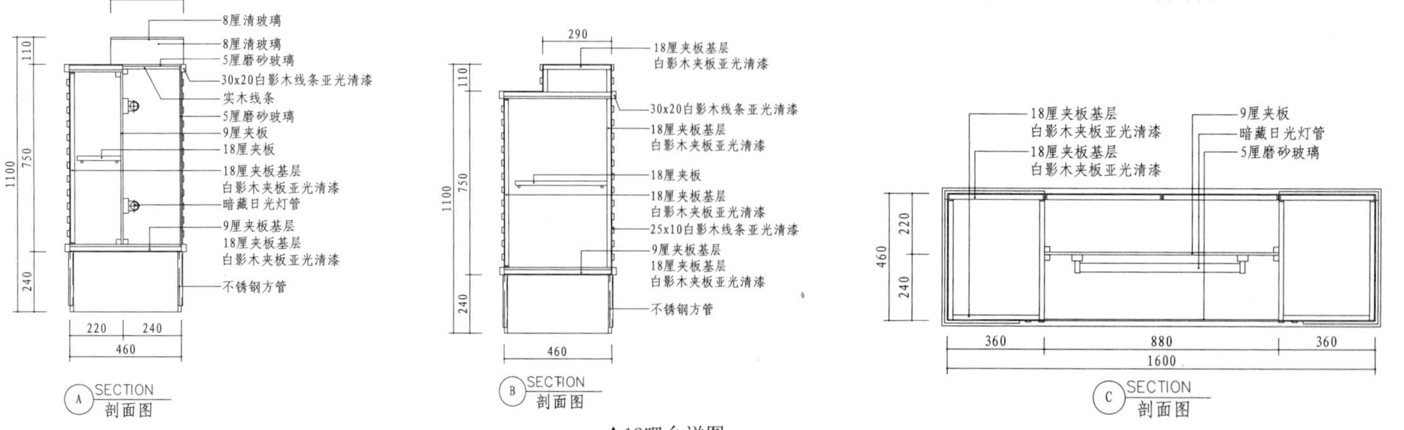

▲12吧台详图

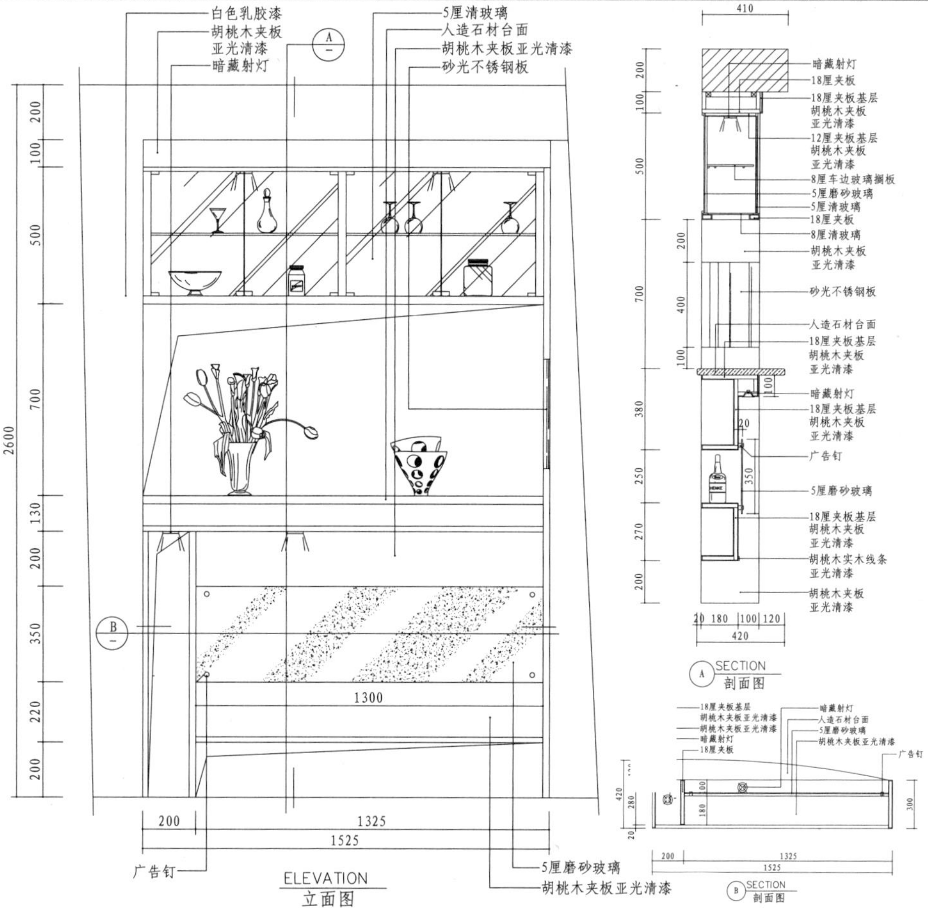

▲13吧台详图

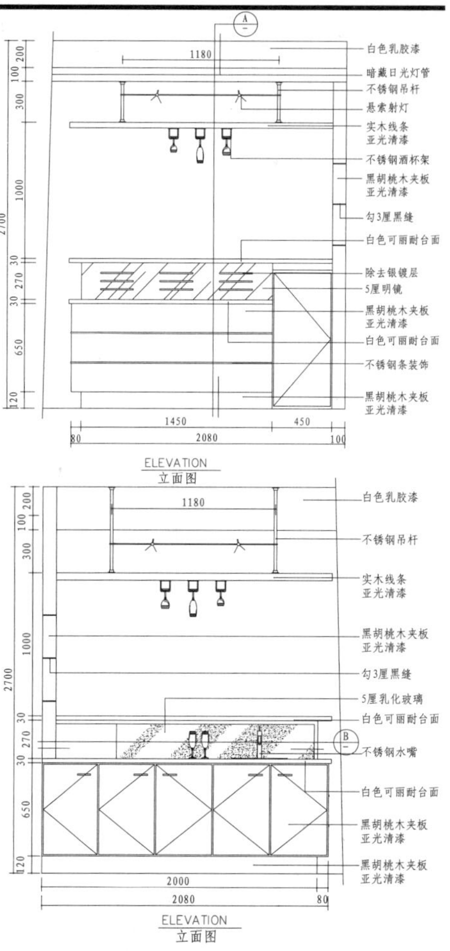

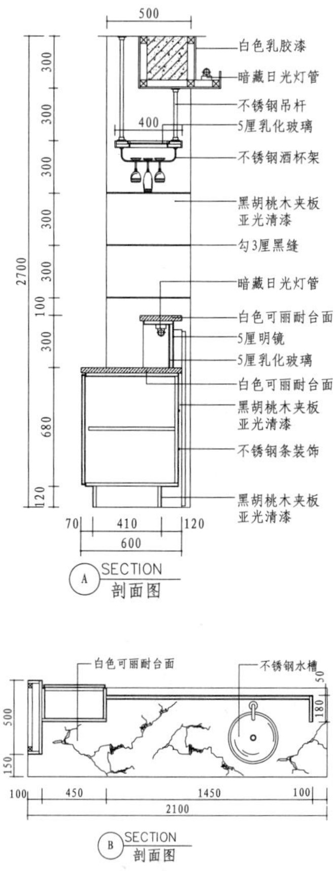

▲14台吧详图

▲14台吧详图

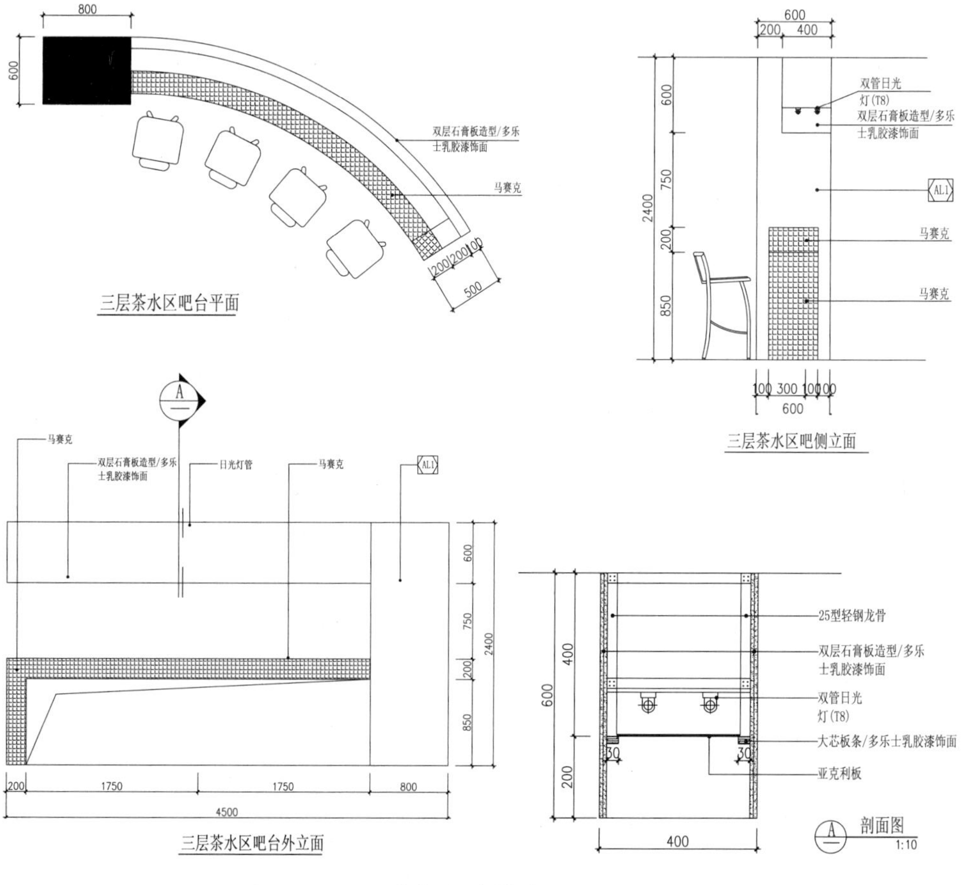

▲15茶水区吧台详图

吧台

① 负一层吧台平面图 1:20

⑤ 负一层吧台大样图 1:2

③ 负一层吧台背立面图 1:20

② 负一层吧台正立面图 1:20

④ 负一层吧台侧立面图 1:20

① 负一层吧台大样图 1:10

② 负一层吧台大样图 1:10

③ 负一层吧台大样图 1:10

A-A' 剖面图 S: 1/10mm

B-B' 剖面图 S: 1/10mm

▲16别墅吧台详图

▲17吧台装饰墙详图

C-C' 剖面图 S: 1/20mm

大堂吧台及壁面立面图 S:1/30mm

D-D' 剖面图 S: 1/20mm

详图F S: 1/5mm

详图H S: 1/2mm

详图G S: 1/5mm

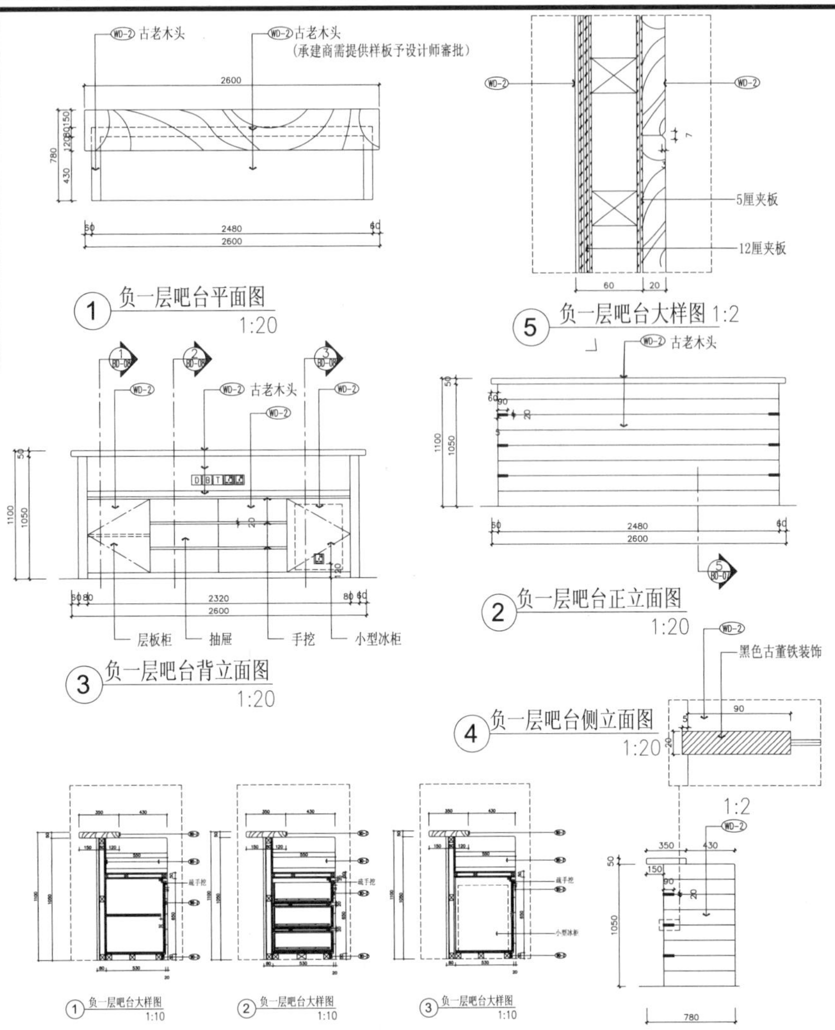

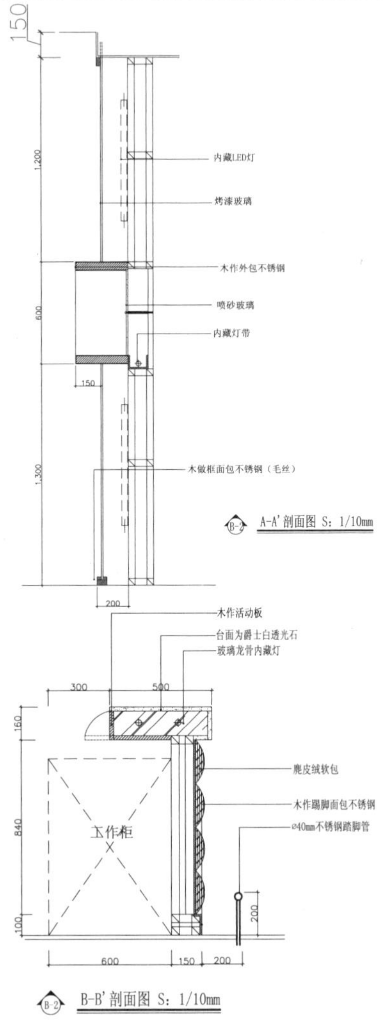

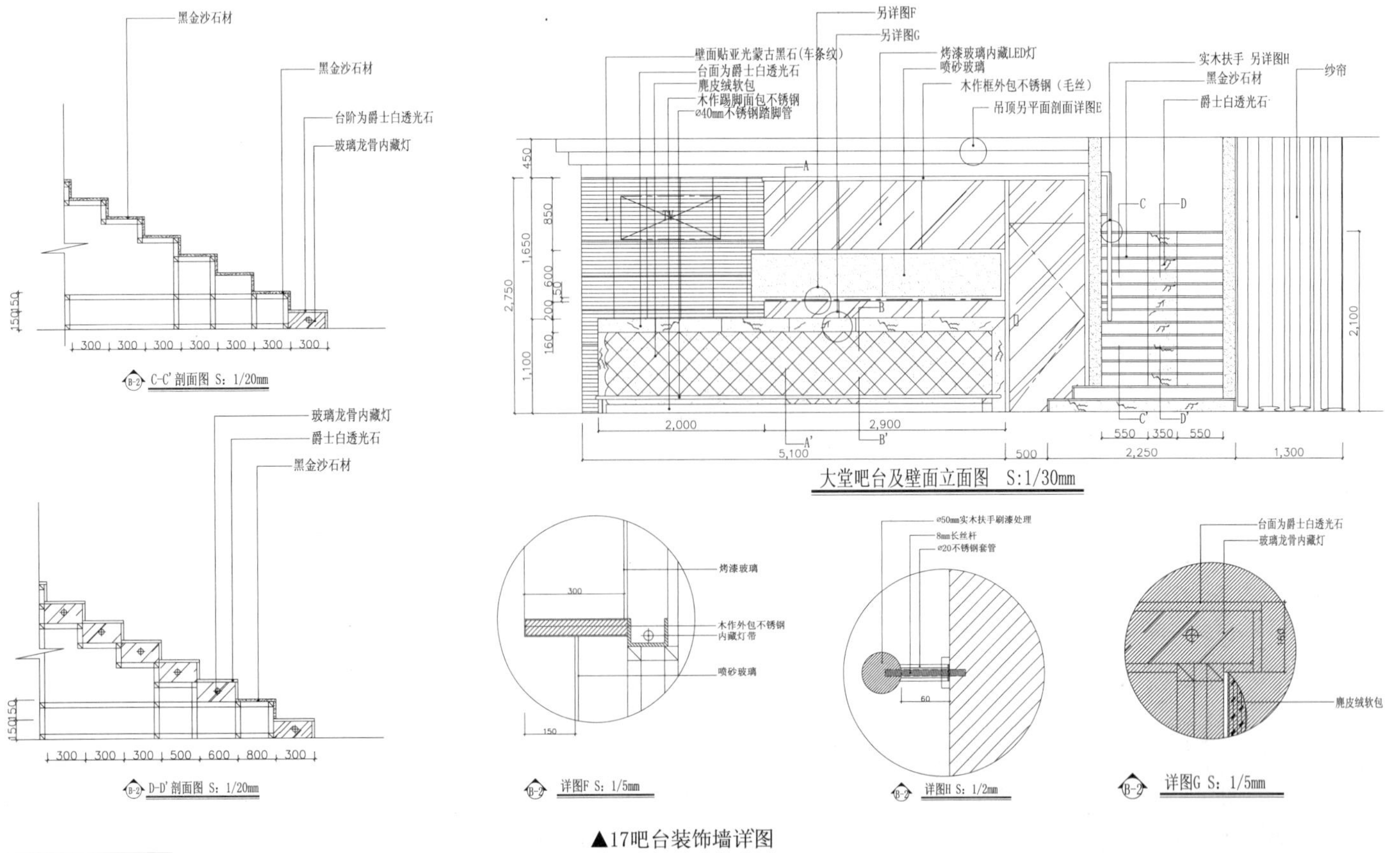

▲17吧台装饰墙详图

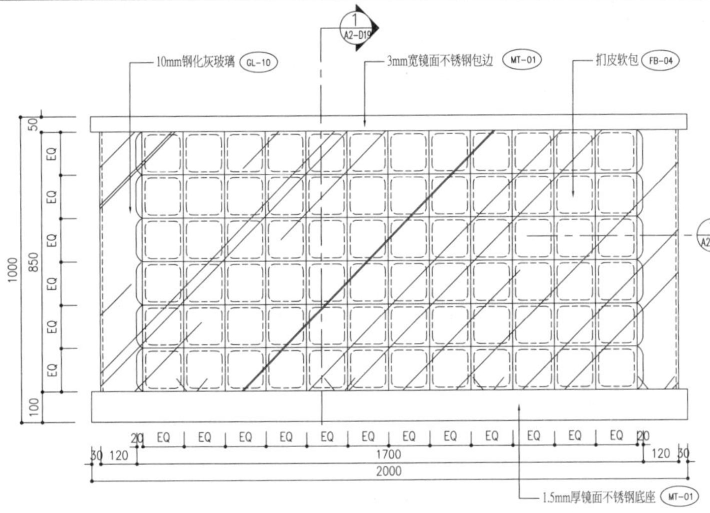

1 A2-E06 吧台正立面 1:15

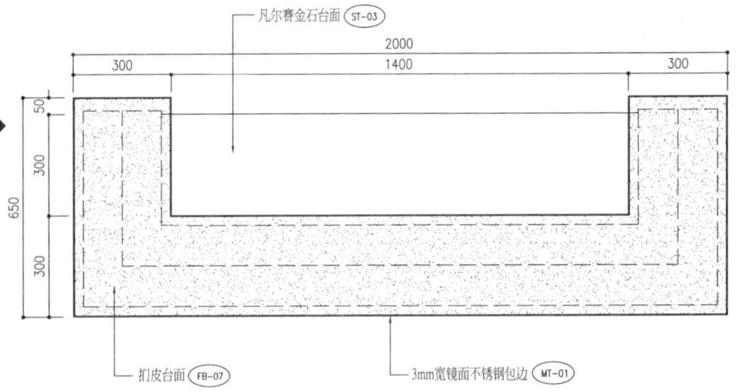

吧台俯视图 1:15

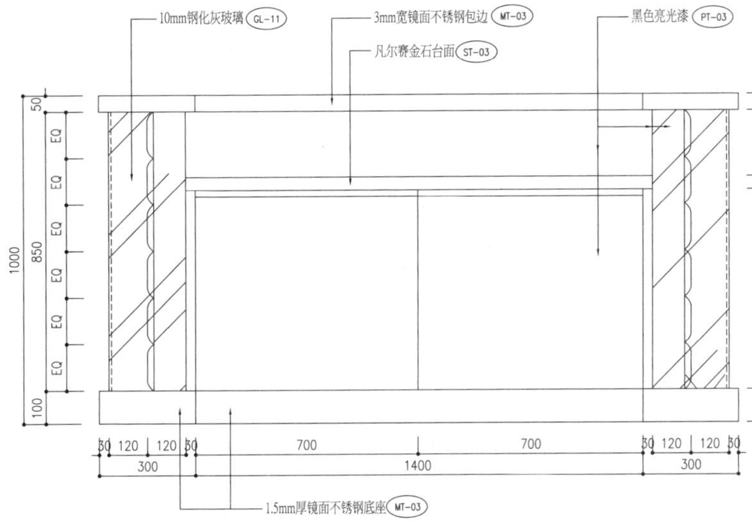

吧台背立面 1:15

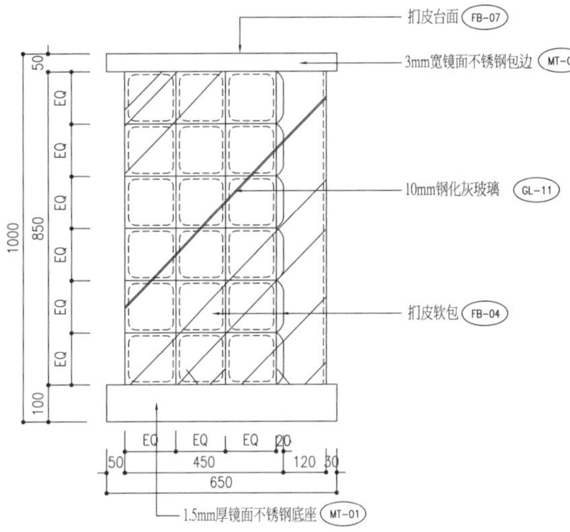

吧台侧立面 1:15

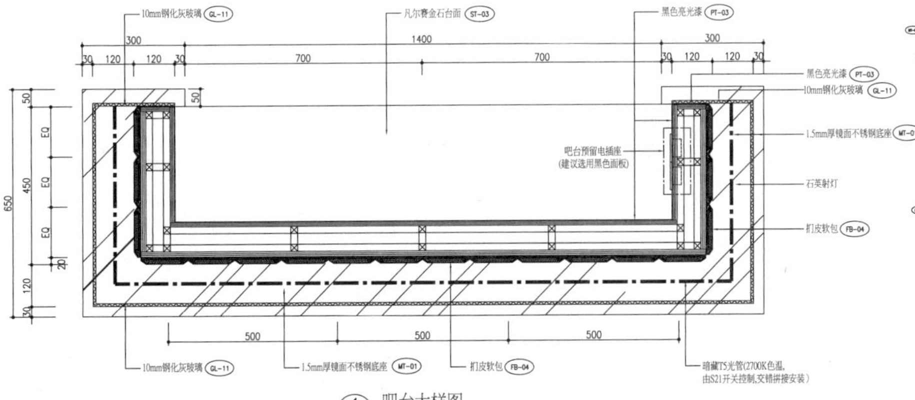

1 A2-D17 吧台大样图 1:10

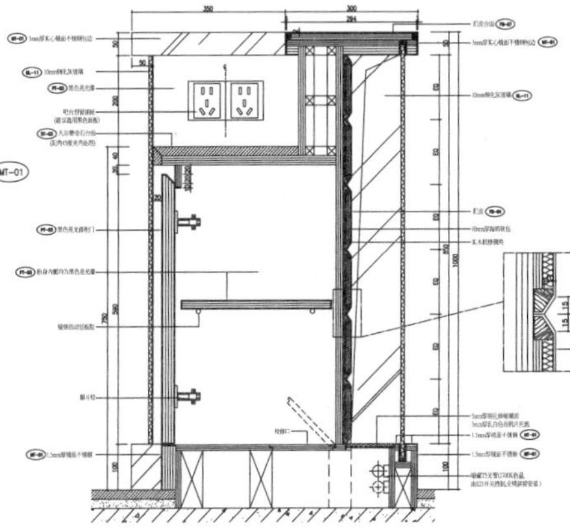

吧台大样图

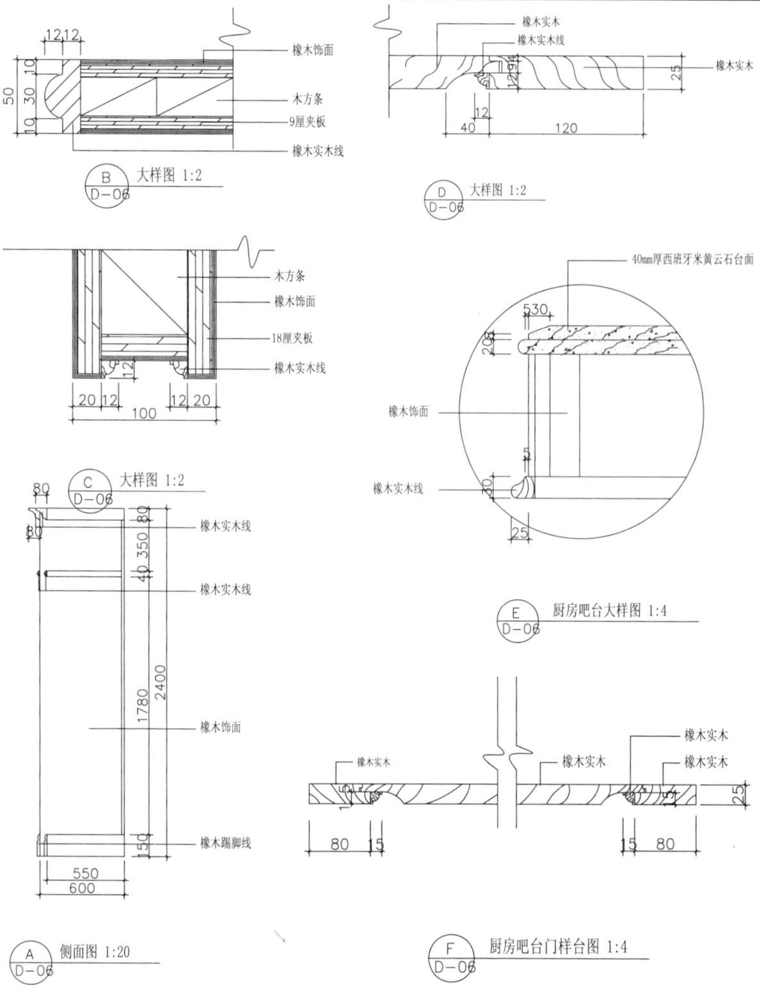
橡木饰面
木方条
9厘夹板
橡木实木线
B D-06 大样图 1:2
橡木实木
橡木实木线
橡木实木
D D-06 大样图 1:2
木方条
橡木饰面
18厘夹板
橡木实木线
40mm厚西班牙米黄云石台面
橡木饰面
橡木实木线
C D-06 大样图 1:2
橡木实木线
橡木实木线
橡木饰面
橡木踢脚线
E D-06 厨房吧台大样图 1:4
橡木实木
橡木实木
橡木实木
橡木实木
A D-06 侧面图 1:20
F D-06 厨房吧台门样台图 1:4

▲19厨房吧台大详图

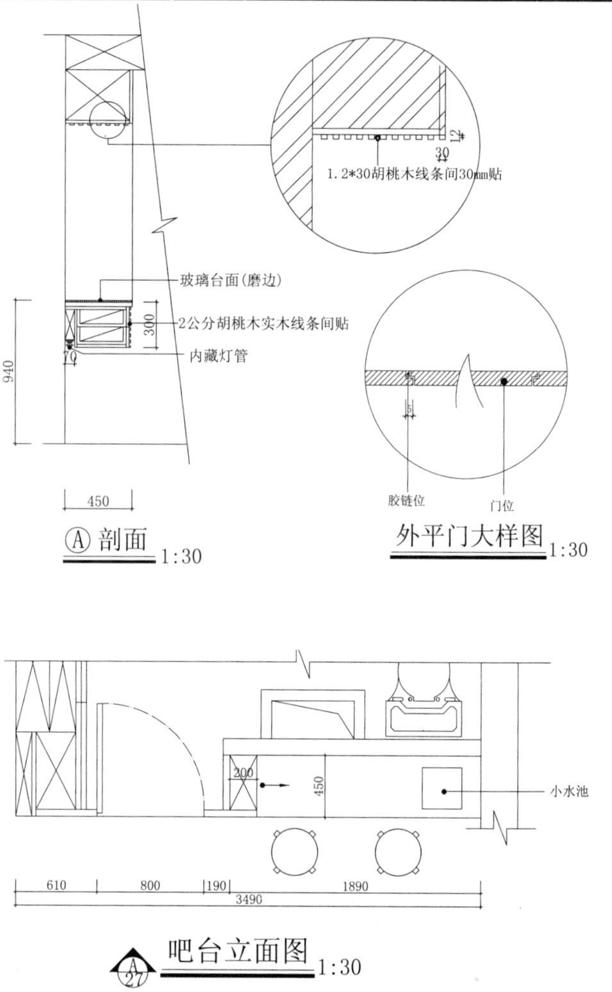
1.2*30胡桃木线条间30mm贴
玻璃台面(磨边)
2公分胡桃木实木线条间贴
内藏灯管
Ⓐ 剖面 1:30
胶链位
门位
外平门大样图 1:30
小水池
610 800 190 1890
3490
吧台立面图 1:30

▲20家居吧台设计详图

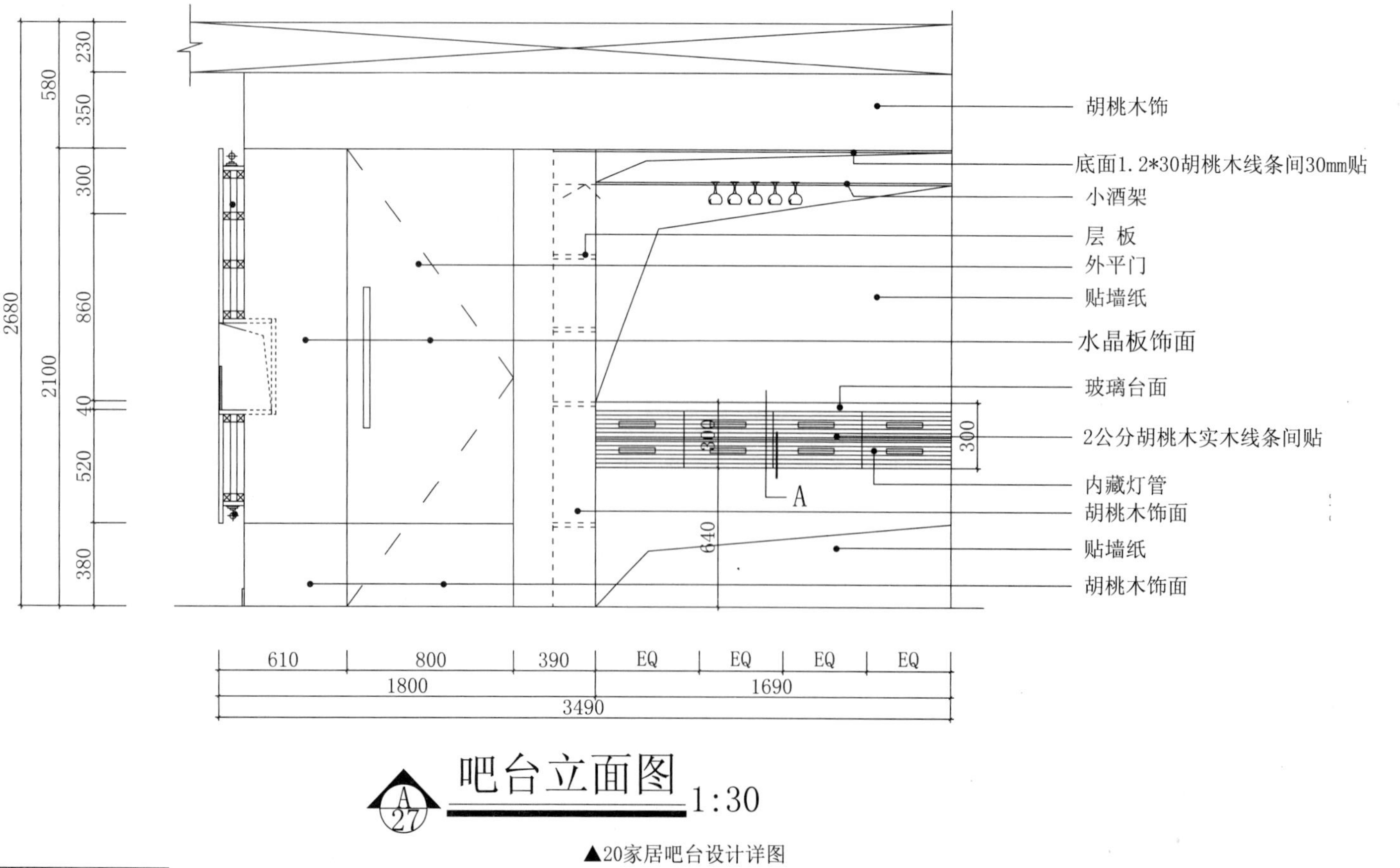
胡桃木饰
底面1.2*30胡桃木线条间30mm贴
小酒架
层 板
外平门
贴墙纸
水晶板饰面
玻璃台面
2公分胡桃木实木线条间贴
内藏灯管
胡桃木饰面
贴墙纸
胡桃木饰面
610 800 390 EQ EQ EQ EQ
1800 1690
3490
吧台立面图 1:30

▲20家居吧台设计详图

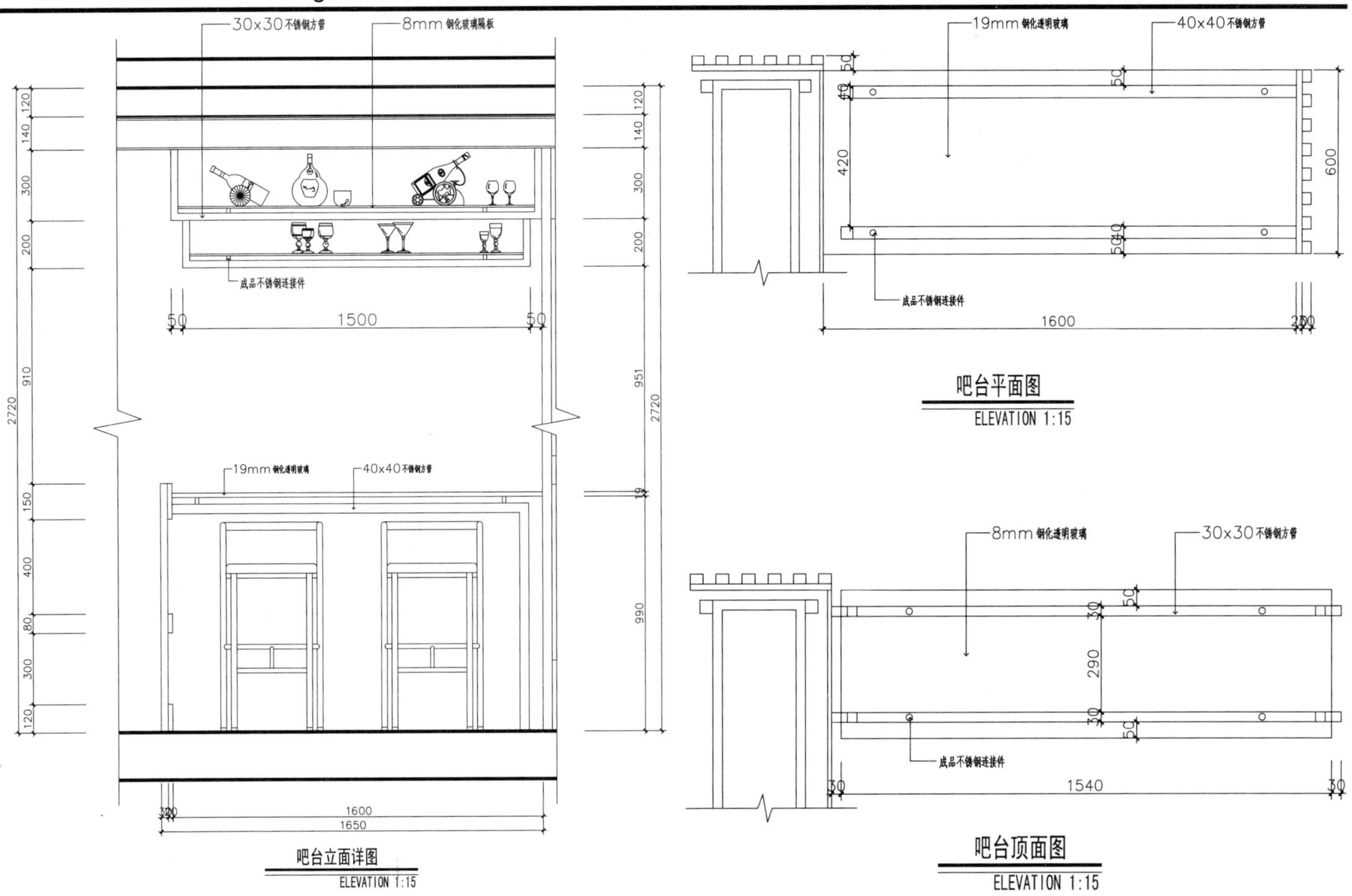
30x30不锈钢方管
8mm钢化玻璃隔板
成品不锈钢连接件
19mm钢化透明玻璃
40x40不锈钢方管
吧台立面详图
ELEVATION 1:15
吧台平面图
ELEVATION 1:15
8mm钢化透明玻璃
30x30不锈钢方管
吧台顶面图
ELEVATION 1:15

▲21家居吧台详图

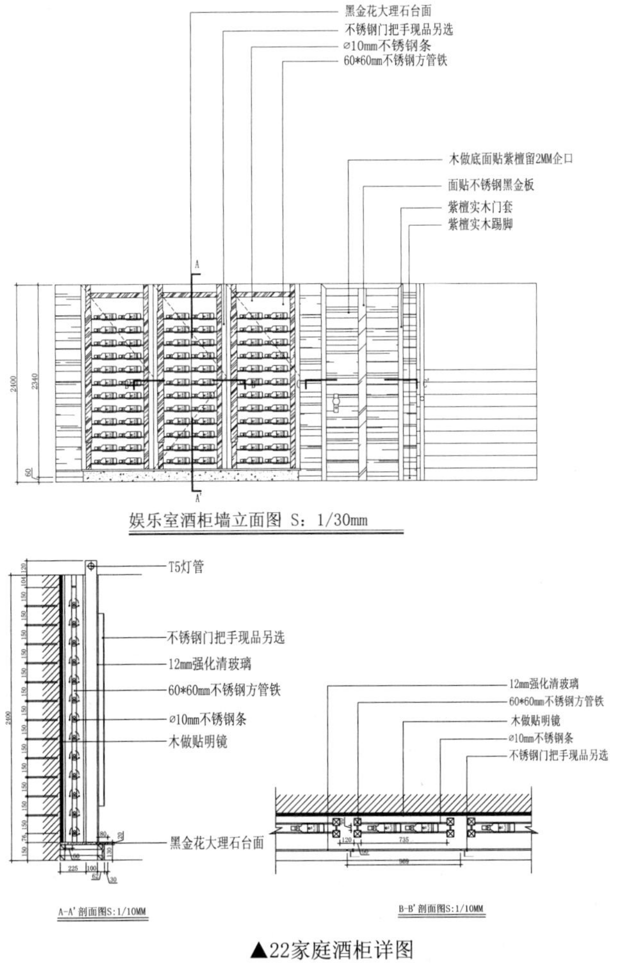
黑金花大理石台面
不锈钢门把手现品另选
⌀10mm不锈钢条
60*60mm不锈钢方管铁
木做底面贴紫檀留2MM企口
面贴不锈钢黑金板
紫檀实木门套
紫檀实木踢脚
娱乐室酒柜墙立面图 S：1/30mm
T5灯管
不锈钢门把手现品另选
12mm强化清玻璃
60*60mm不锈钢方管铁
⌀10mm不锈钢条
木做贴明镜
黑金花大理石台面
12mm强化清玻璃
60*60mm不锈钢方管铁
木做贴明镜
⌀10mm不锈钢条
不锈钢门把手现品另选
A-A'剖面图S:1/10MM
B-B'剖面图S:1/10MM

▲22家庭酒柜详图

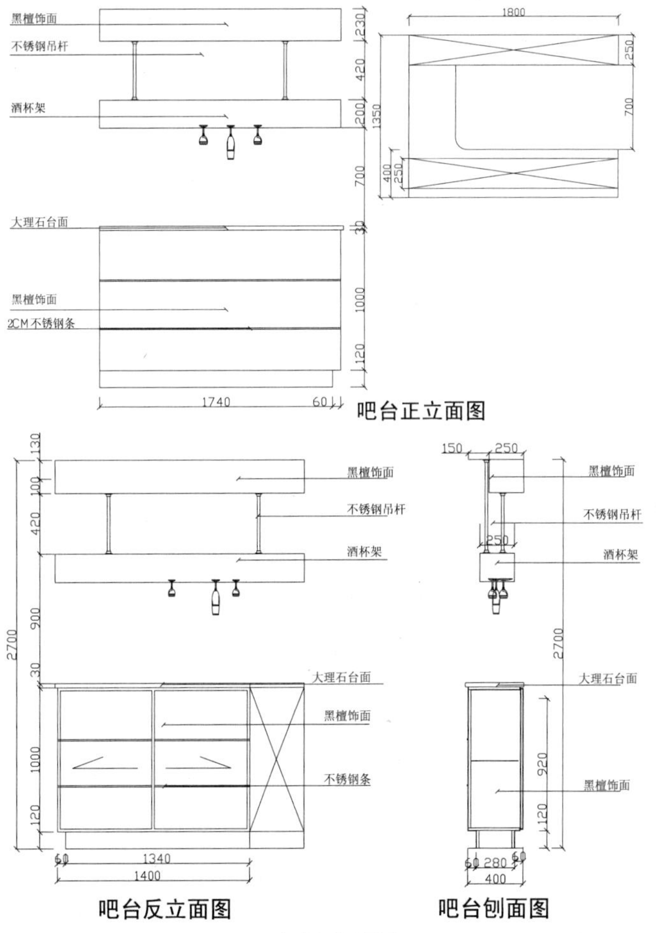
黑檀饰面
不锈钢吊杆
酒杯架
大理石台面
黑檀饰面
2CM不锈钢条
吧台正立面图
黑檀饰面
不锈钢吊杆
酒杯架
大理石台面
黑檀饰面
不锈钢条
吧台反立面图
黑檀饰面
不锈钢吊杆
酒杯架
大理石台面
黑檀饰面
吧台刨面图

▲23家庭酒柜详图

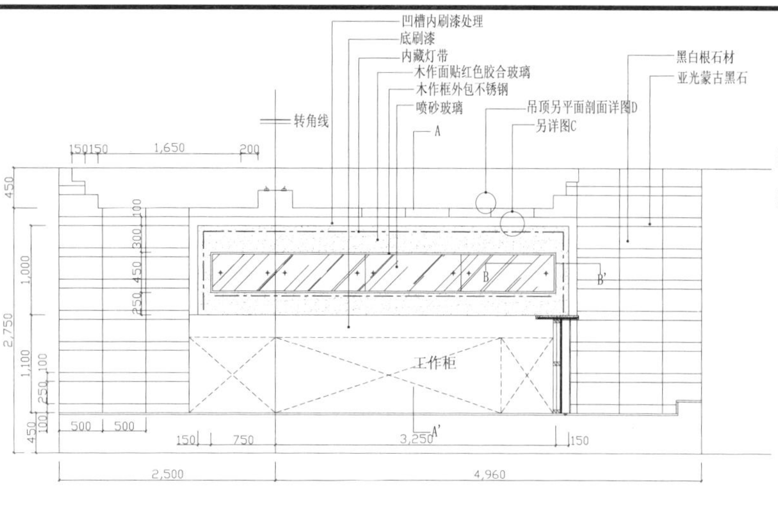

吧台立面图

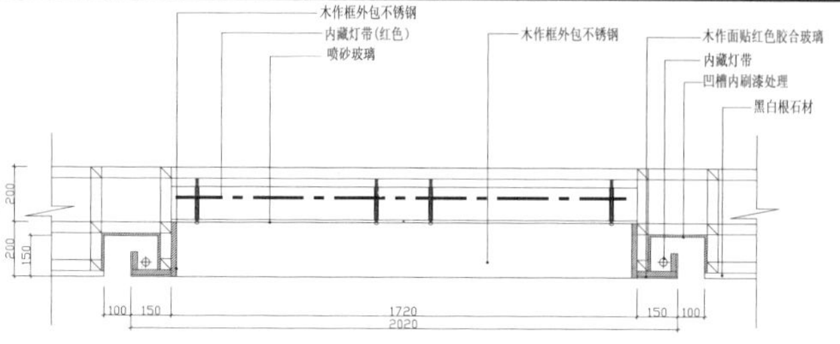
木作框外包不锈钢
内藏灯带(红色)
喷砂玻璃
木作框外包不锈钢
木作面贴红色胶合玻璃
内藏灯带
凹槽内刷漆处理
黑白根石材
100
150
1720
2020

B-B'剖面图 S：1/10mm

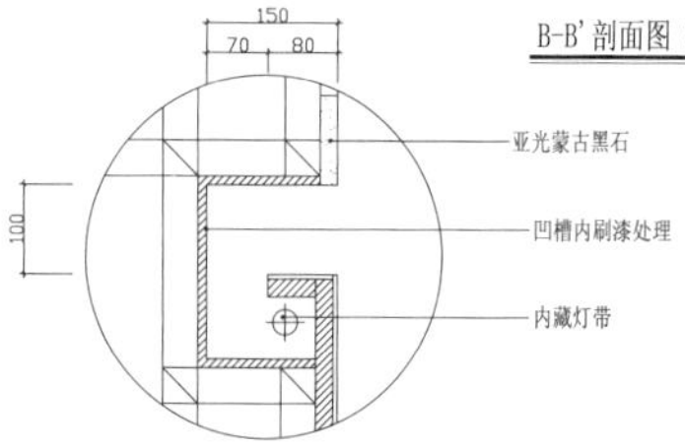
150
70
80
100
亚光蒙古黑石
凹槽内刷漆处理
内藏灯带

详图C S：1/5mm

▲24家装吧台详图

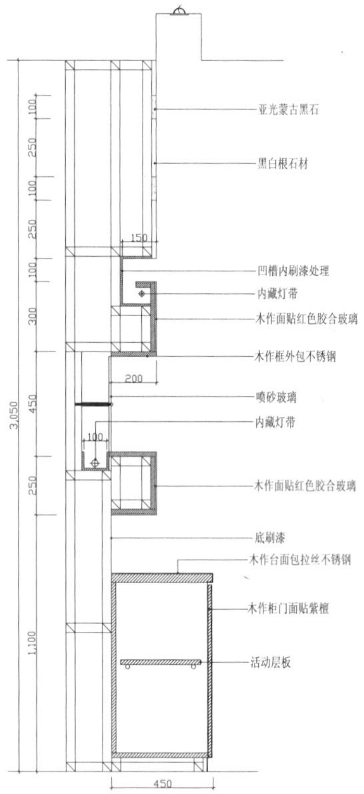
亚光蒙古黑石
黑白根石材
凹槽内刷漆处理
内藏灯带
木作面贴红色胶合玻璃
木作框外包不锈钢
喷砂玻璃
内藏灯带
木作面贴红色胶合玻璃
底刷漆
木作台面包拉丝不锈钢
木作柜门面贴紫檀
活动层板
3,050
1,100
450
150
200
100

A-A'剖面图 S：1/10mm

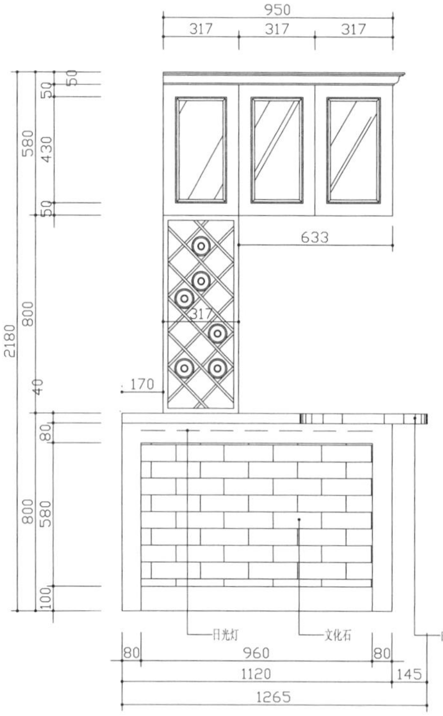

3E-A 酒柜立面图

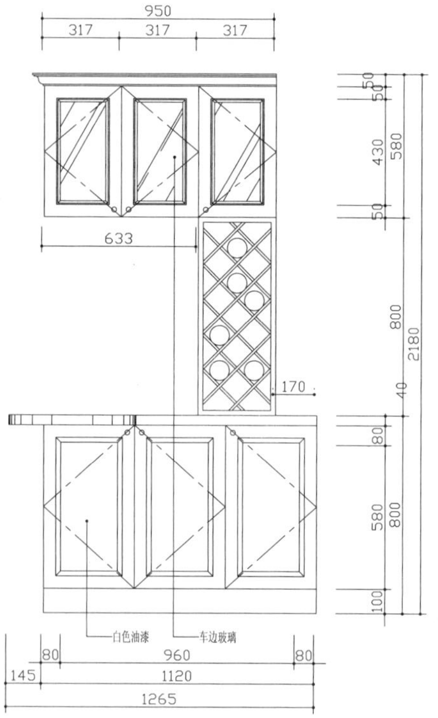

3E-A 酒柜内部图

▲24家装吧台详图

▲25酒吧柜详图

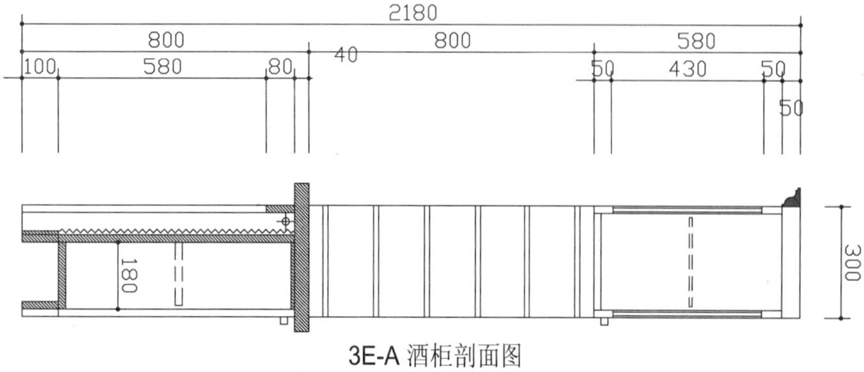

3E-A 酒柜剖面图

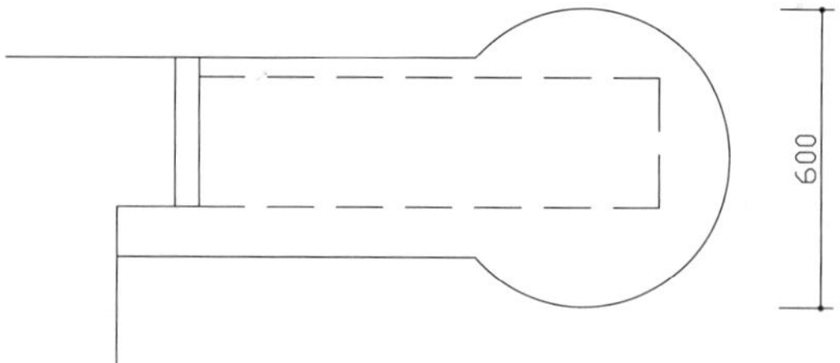

▲25酒吧柜详图

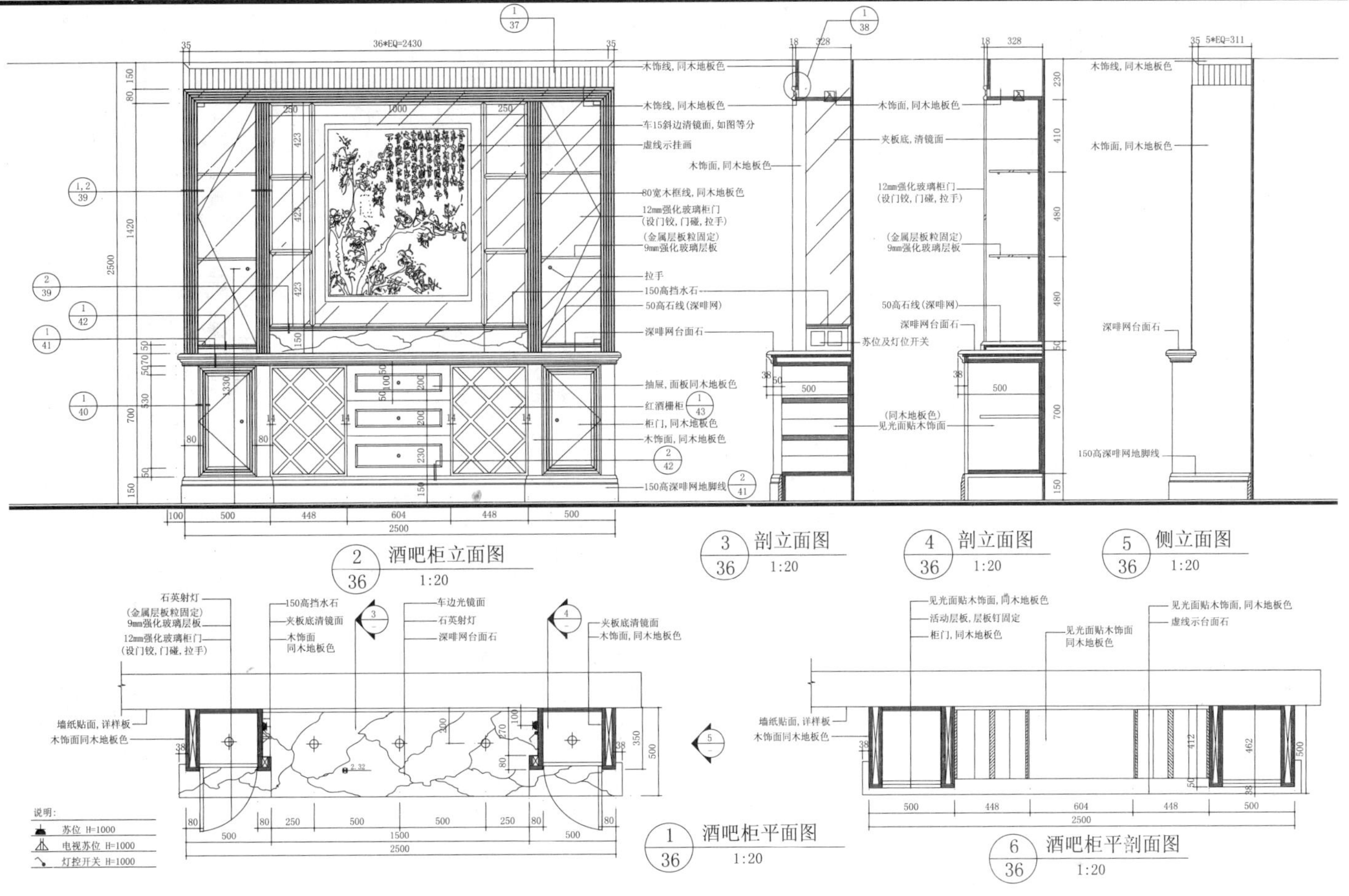

2 / 36 酒吧柜立面图 1:20
3 / 36 剖立面图 1:20
4 / 36 剖立面图 1:20
5 / 36 侧立面图 1:20
1 / 36 酒吧柜平面图 1:20
6 / 36 酒吧柜平剖面图 1:20
木饰线，同木地板色
木饰面，同木地板色
虚线示挂画
80宽木框线，同木地板色
12mm强化玻璃柜门
(设门铰，门碰，拉手)
(金属层板粒固定)
9mm强化玻璃层板
拉手
150高挡水石
50高石线(深啡网)
深啡网台面石
抽屉，面板同木地板色
红酒栅柜
柜门，同木地板色
150高深啡网地脚线
夹板底，清镜面
苏位及灯位开关
见光面贴木饰面
石英射灯
夹板底清镜面
车边光镜面
墙纸贴面，详样板
木饰面同木地板色
活动层板，层板钉固定
说明:
苏位 H=1000
电视苏位 H=1000
灯控开关 H=1000
2500

▲26酒柜内部图

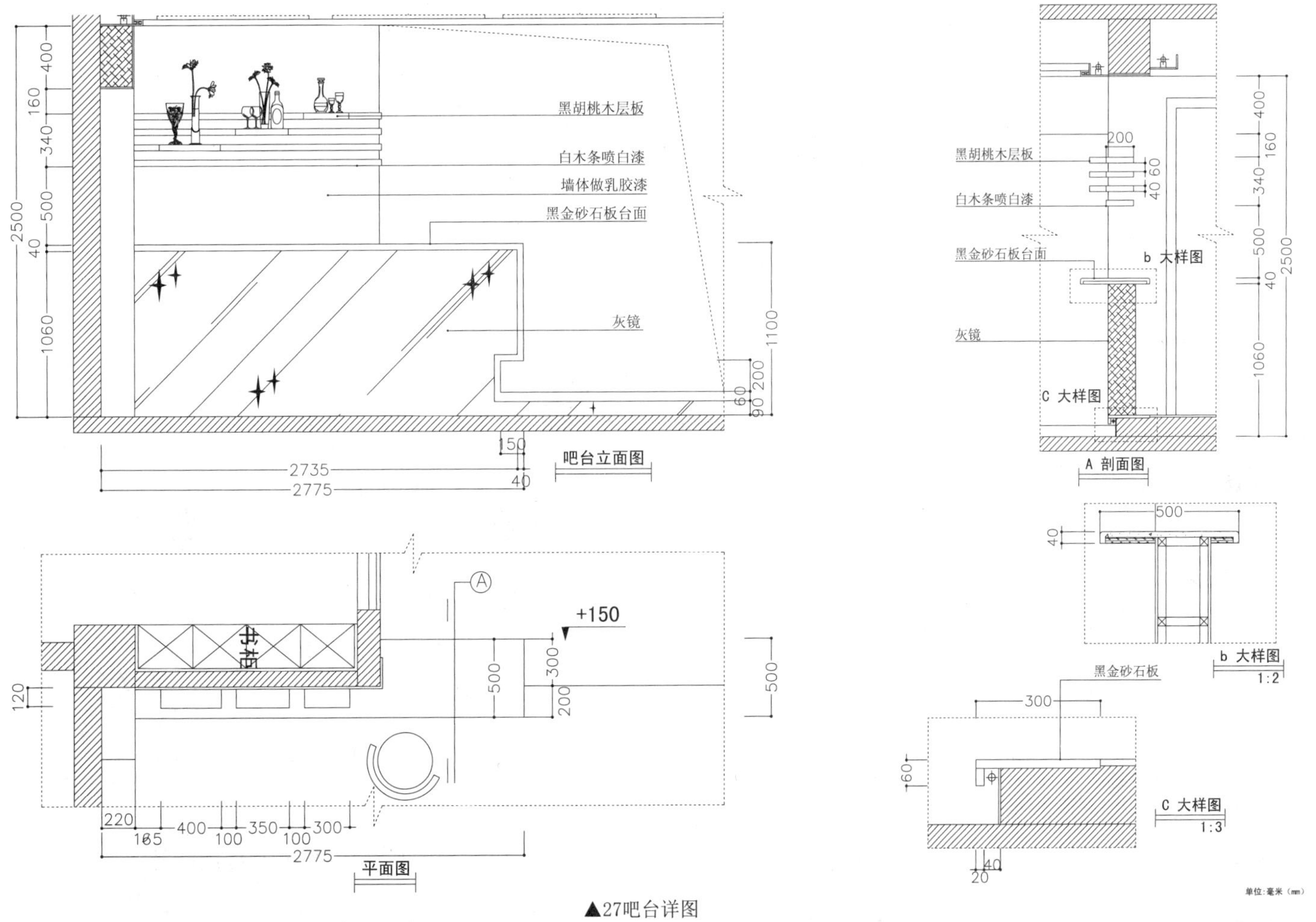

黑胡桃木层板
白木条喷白漆
墙体做乳胶漆
黑金砂石板台面
灰镜
吧台立面图
2735
2775
A 剖面图
b 大样图
b 大样图 1:2
黑金砂石板
C 大样图
C 大样图 1:3
+150
平面图
书柜
单位：毫米（mm）

▲27吧台详图

吧
台

① 客厅吧台背面图 S/1:20
BT-01

② 客厅吧台侧面图 S/1:20
BT-01

③ 客厅吧台剖面图 S/1:20
BT-01

④ 客厅吧台平面图 S/1:20
BT-01

A 大样图 S/1:5

B 大样图 S/1:5

C 大样图 S/1:5

⑤ 客厅吧台正面图 S/1:20
BT-01

▲28吧台详图

吧台区--平面图

吧台区--顶面图

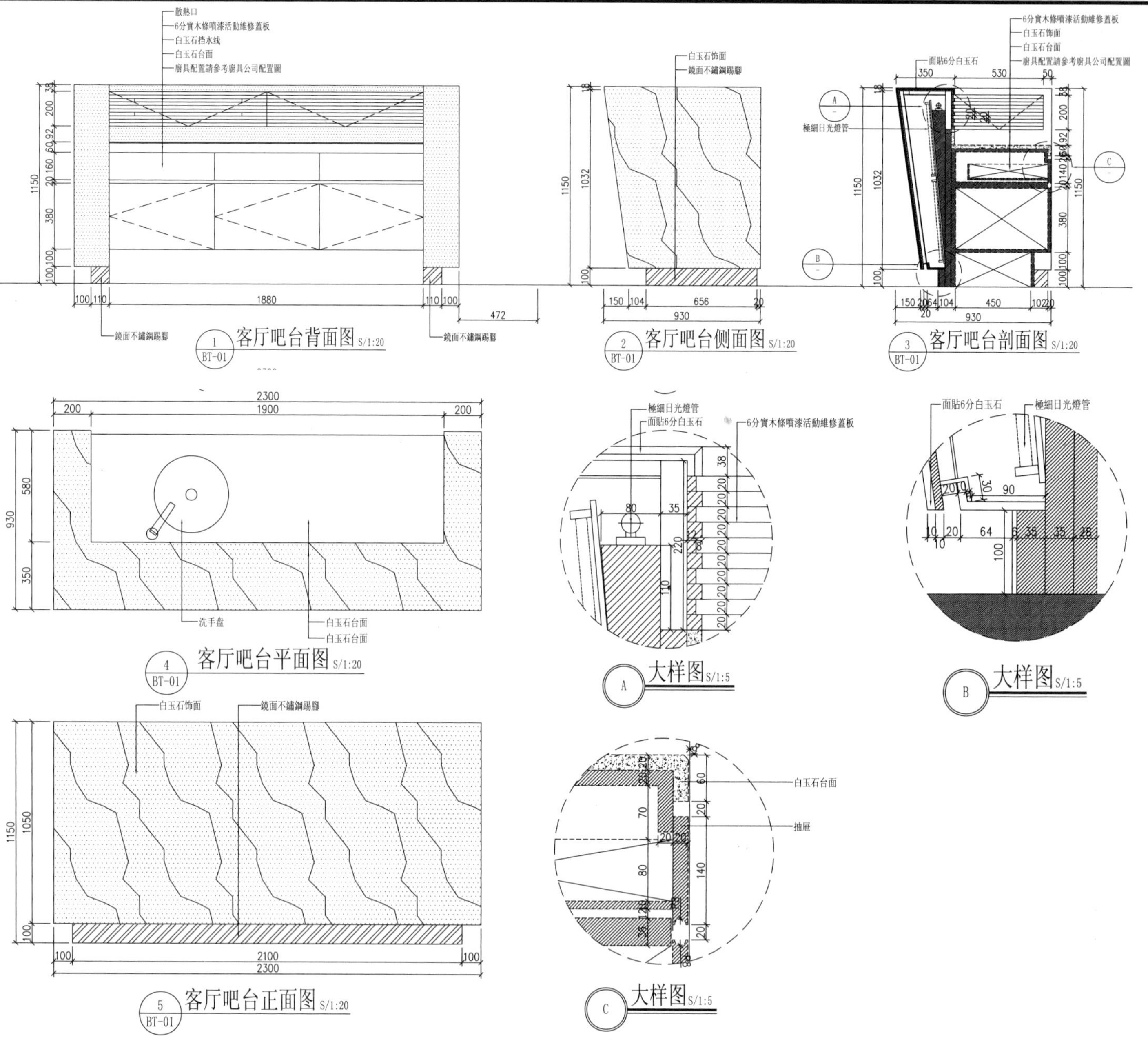

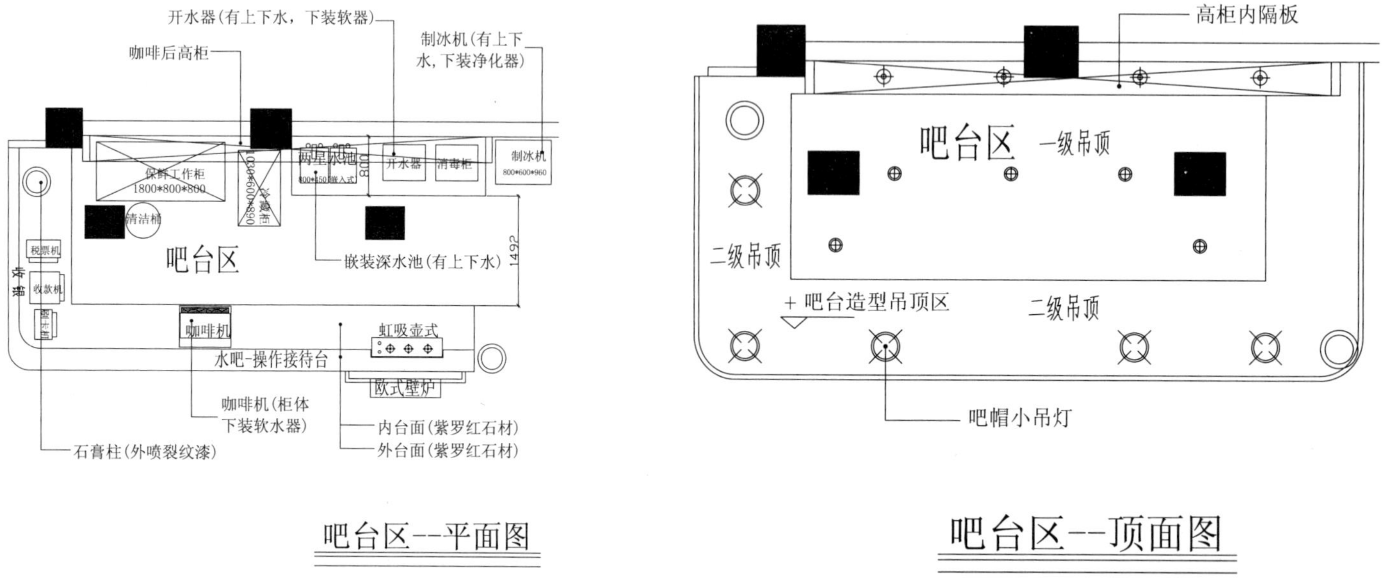

▲29吧台详图

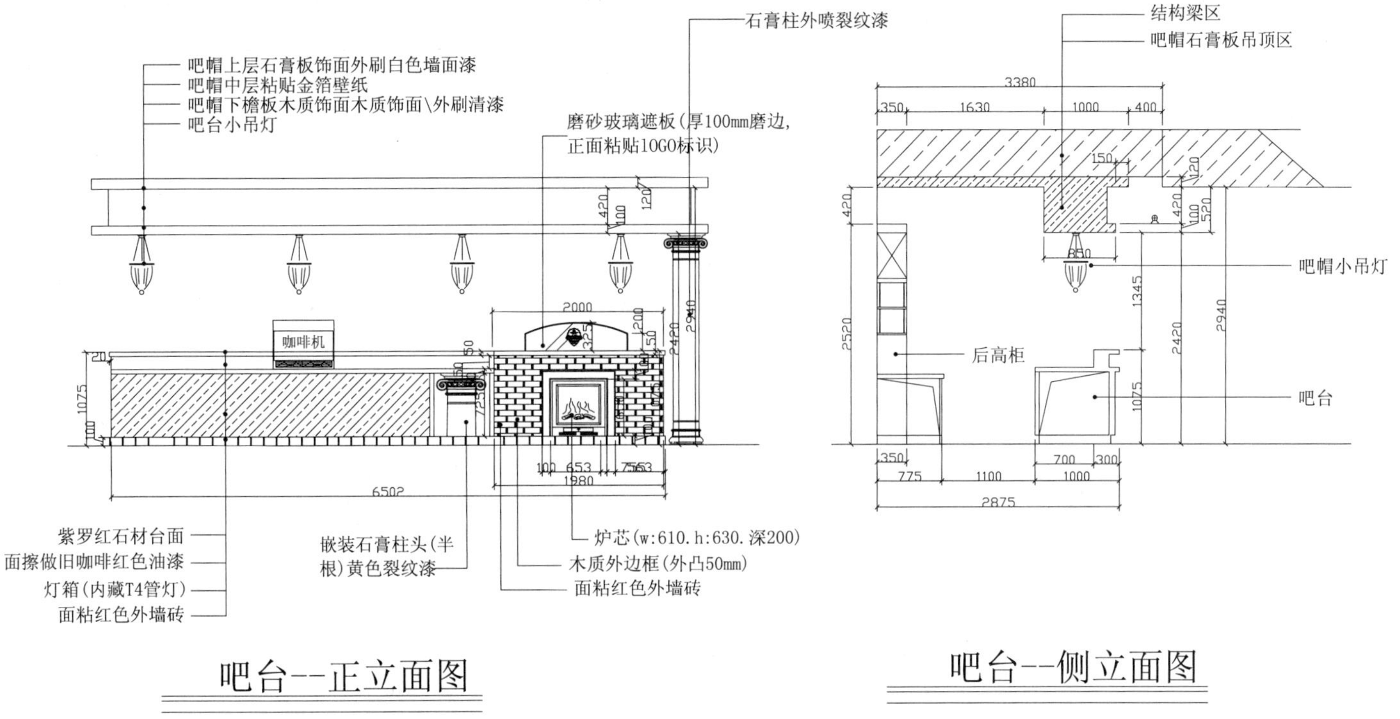
吧帽上层石膏板饰面外刷白色墙面漆
吧帽中层粘贴金箔壁纸
吧帽下檐板木质饰面木质饰面\外刷清漆
吧台小吊灯
石膏柱外喷裂纹漆
磨砂玻璃遮板(厚100mm磨边,
正面粘贴10GO标识)
咖啡机
紫罗红石材台面
面擦做旧咖啡红色油漆
灯箱(内藏T4管灯)
面粘红色外墙砖
嵌装石膏柱头(半
根)黄色裂纹漆
炉芯(w:610.h:630.深200)
木质外边框(外凸50mm)
面粘红色外墙砖
吧台--正立面图
结构梁区
吧帽石膏板吊顶区
吧帽小吊灯
后高柜
吧台
吧台--侧立面图

▲29吧台详图

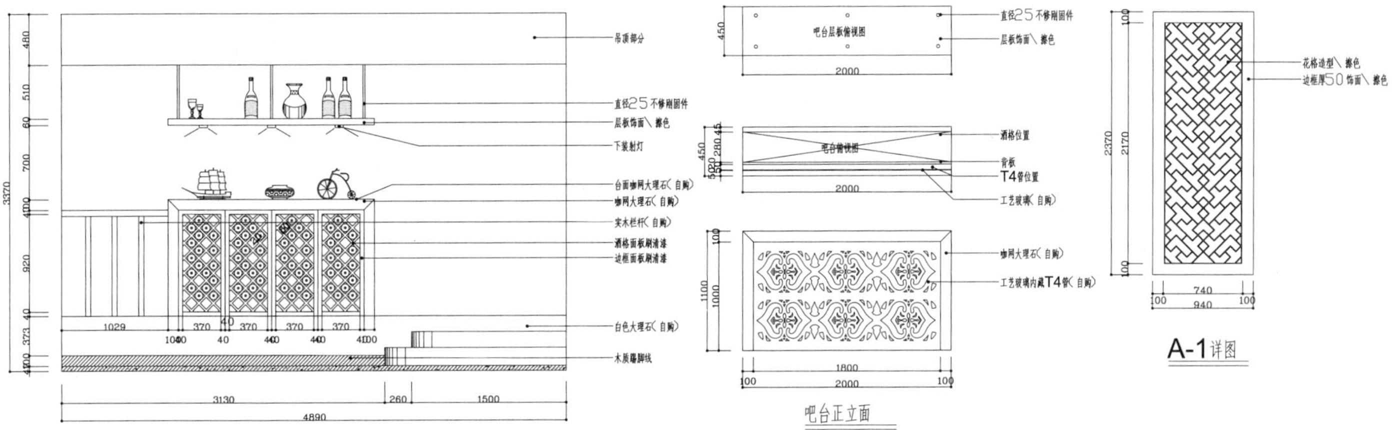
吊顶部分
下装射灯
实木栏杆(自购)
白色大理石(自购)
木质踢脚线
吧台层板俯视图
吧台正立面
A-1详图

▲30新古典吧台详图

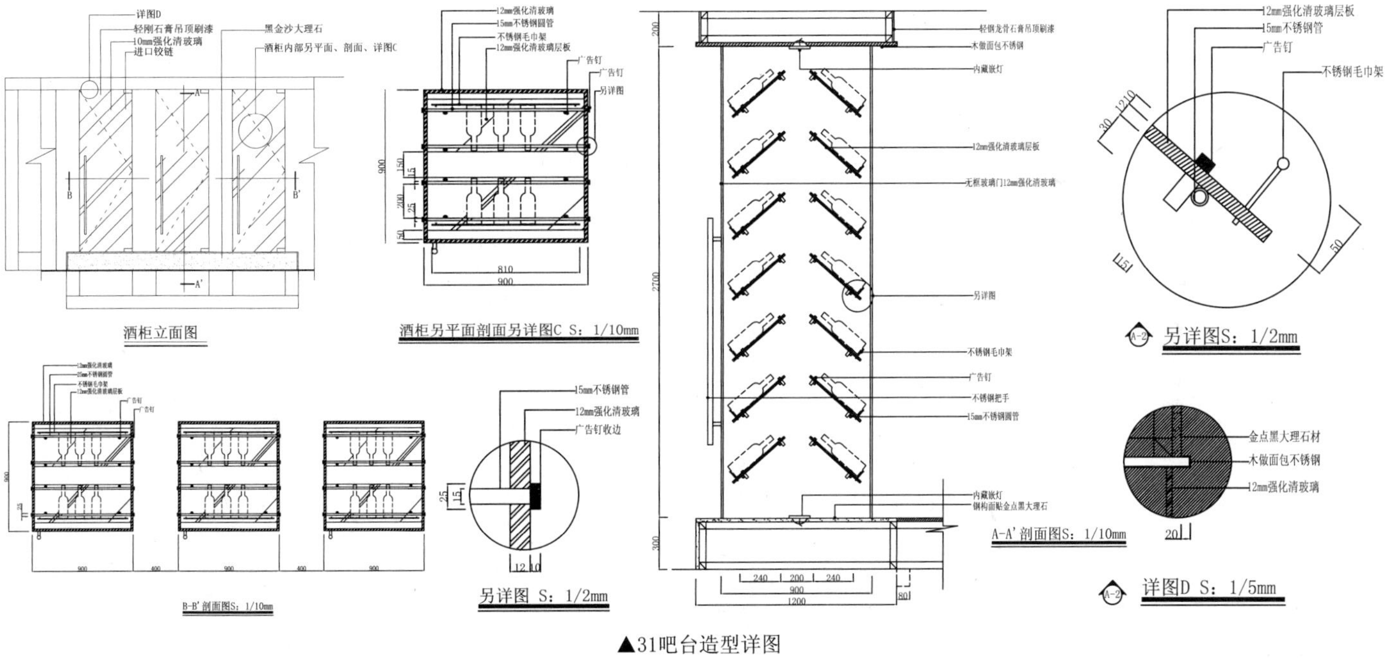
详图D
轻钢石膏吊顶刷漆
10mm强化清玻璃
进口铰链
黑金沙大理石
酒柜内部另平面、剖面、详图C
酒柜立面图
酒柜另平面剖面另详图C S：1/10mm
B-B'剖面图S：1/10mm
15mm不锈钢管
12mm强化清玻璃
广告钉收边
另详图 S：1/2mm
另详图
不锈钢毛巾架
广告钉
不锈钢把手
内藏灯
A-A'剖面图S：1/10mm
12mm强化清玻璃层板
15mm不锈钢管
不锈钢毛巾架
另详图S：1/2mm
金点黑大理石材
木做面包不锈钢
12mm强化清玻璃
详图D S：1/5mm

▲31吧台造型详图

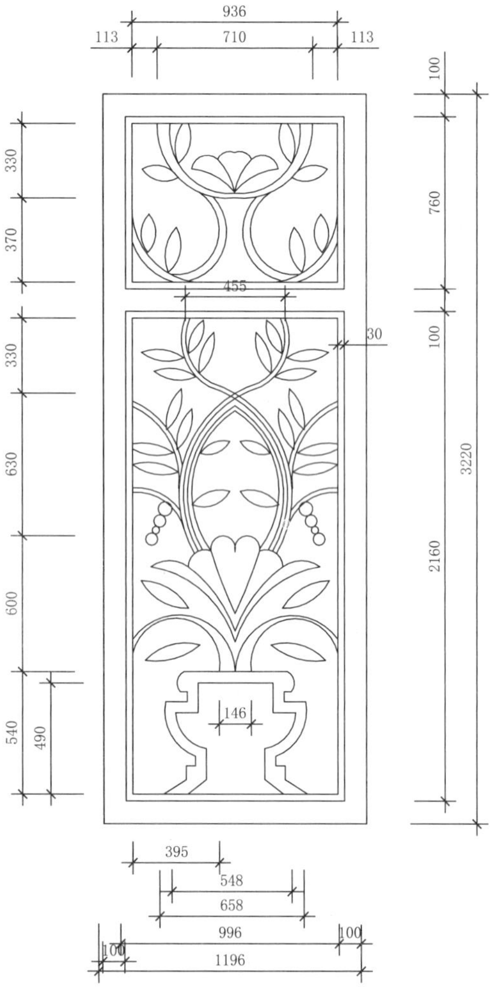

B 立面图浮雕造型大样图

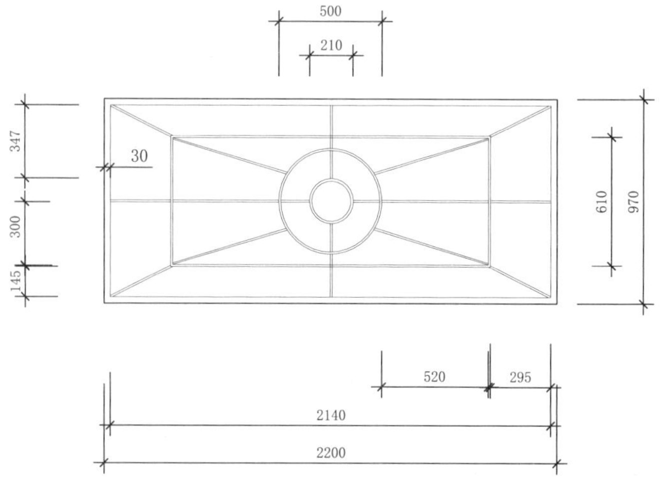

B 立面图铁艺造型大样图

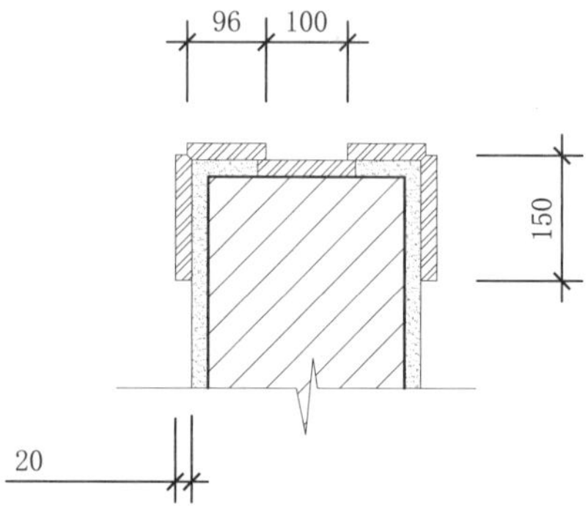

电梯门套大样图 1:15

▲ZSP001

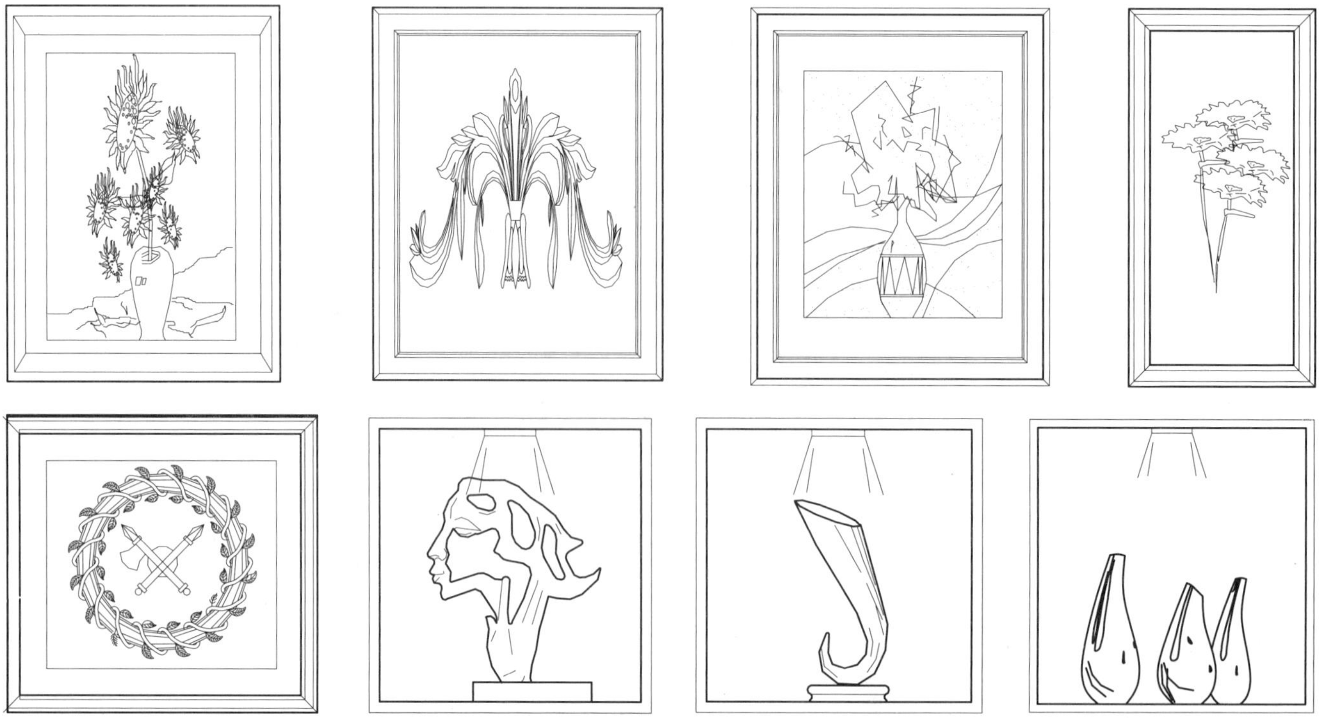

▲ZSP002

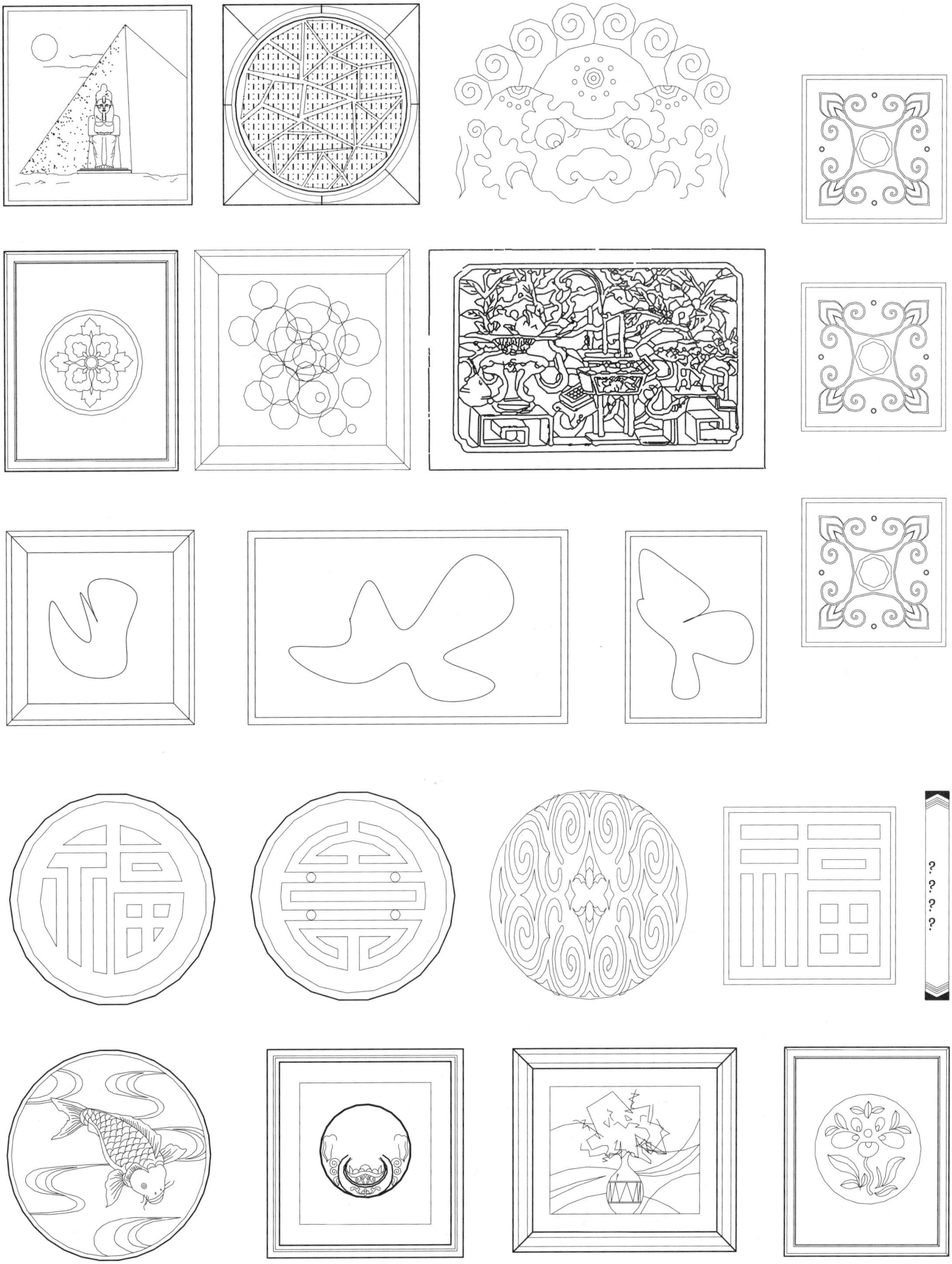

▲ZSP002

▲ZSP002

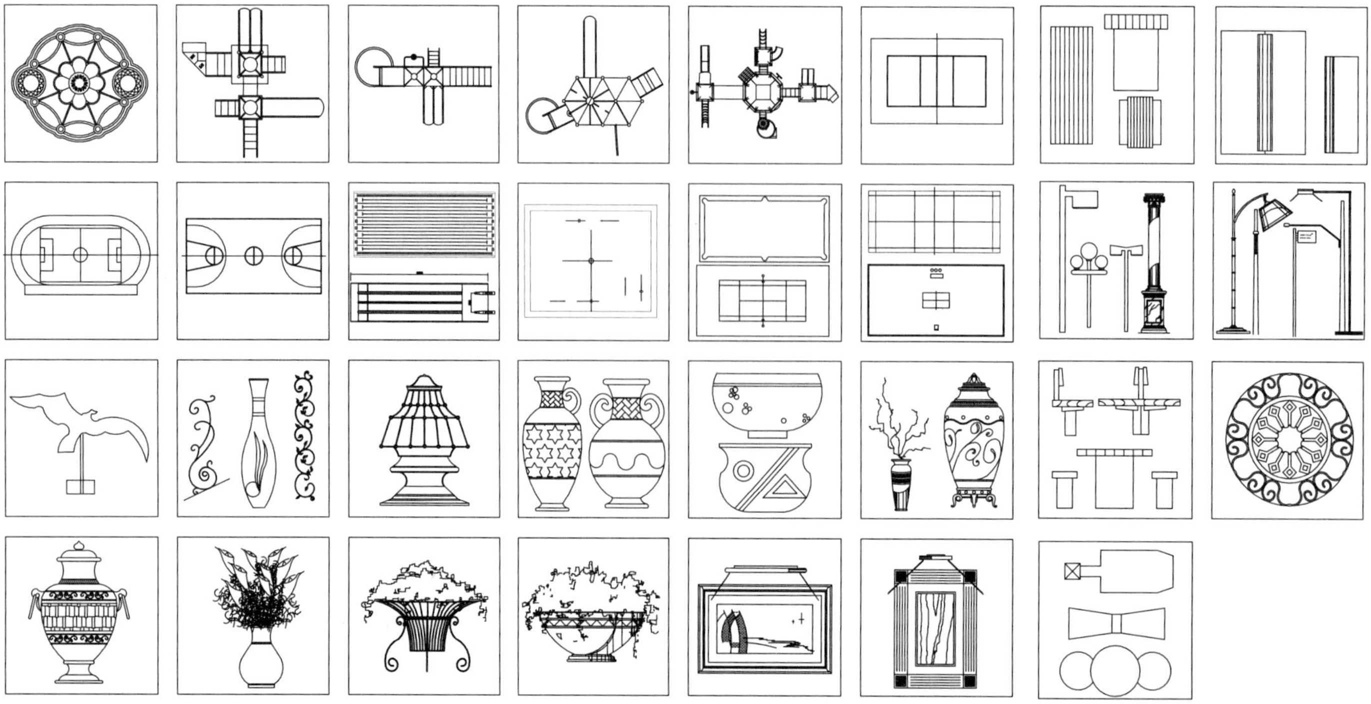

▲ZSP003

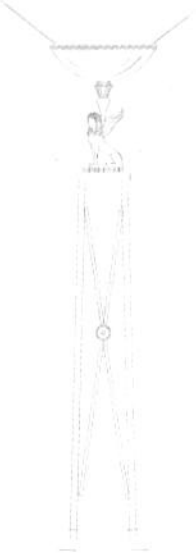
▲ZSP004

▲ZSP005

▲ZSP006

▲ZSP007

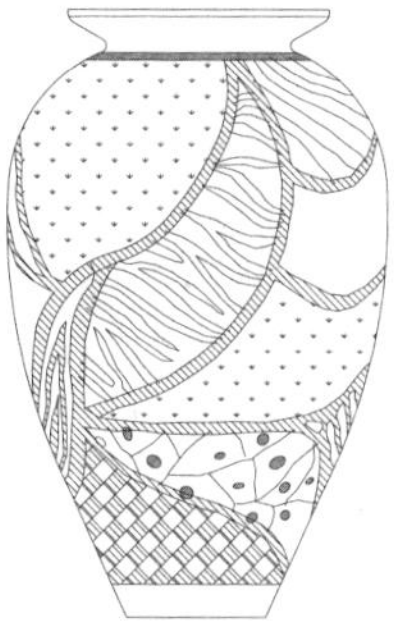
▲ZSP008

▲ZSP009

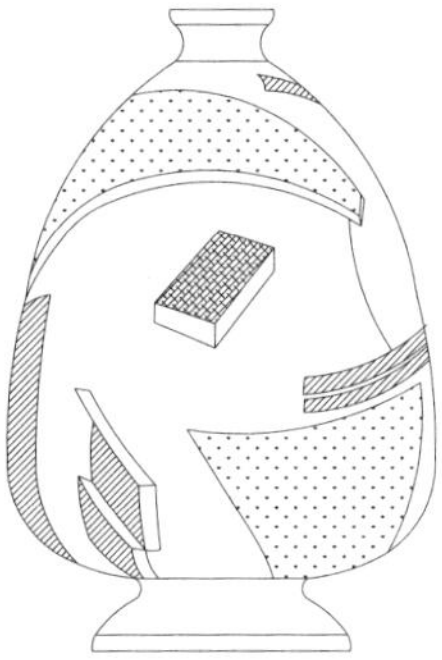
▲ZSP010

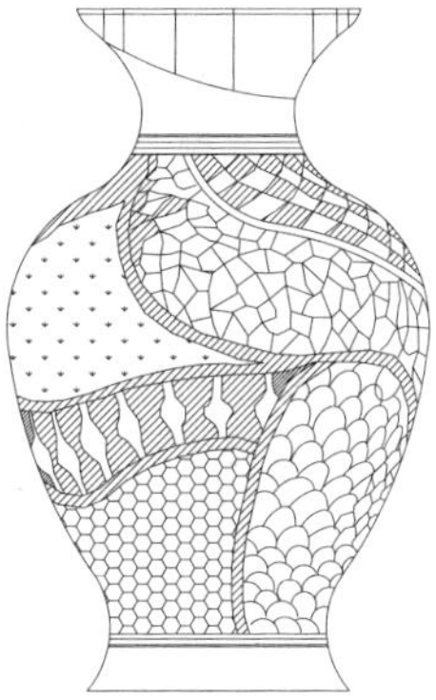
▲ZSP011

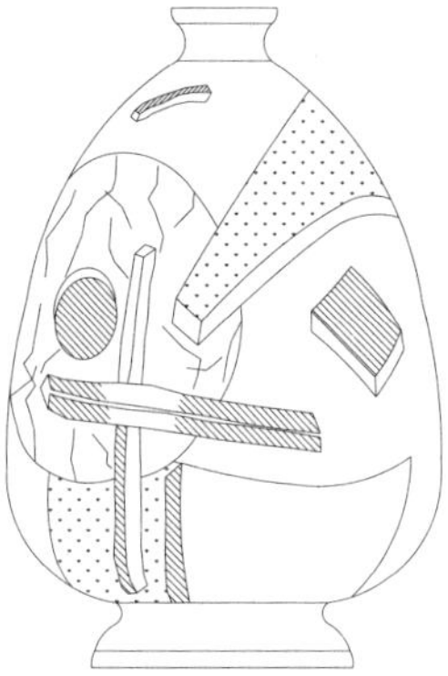
▲ZSP012

▲ZSP013

▲ZSP014

▲ZSP015

▲ZSP016

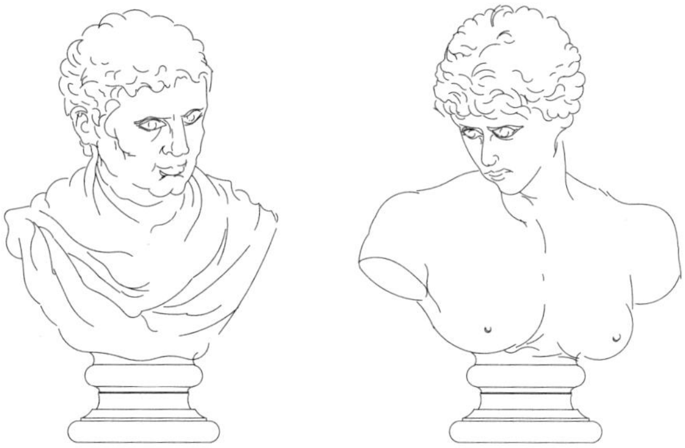
▲ZSP017

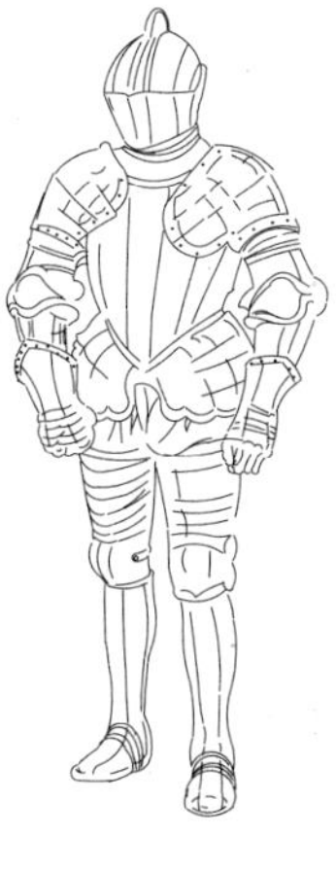
▲ZSP018

▲ZSP019

▲ZSP020

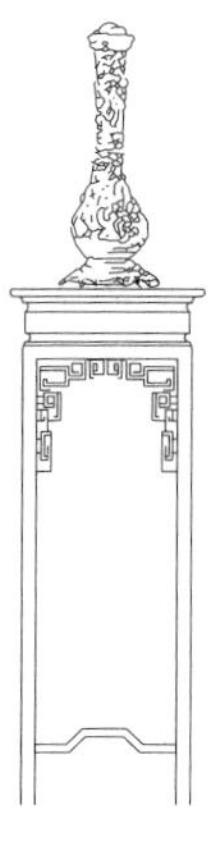
▲ZSP021

▲ZSP022

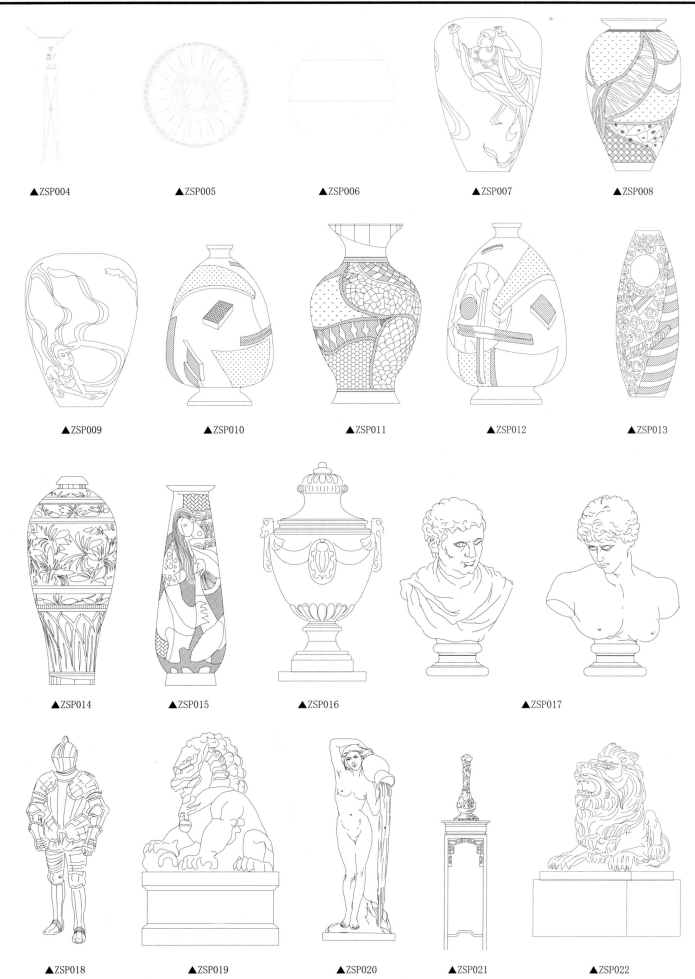

▲ZSP023

▲ZSP024

▲ZSP030

▲ZSP031

▲ZSP026

▲ZSP025

▲ZSP027

▲ZSP028

▲ZSP029

▲ZSP033

▲ZSP034

▲ZSP035

▲ZSP036

▲ZSP037

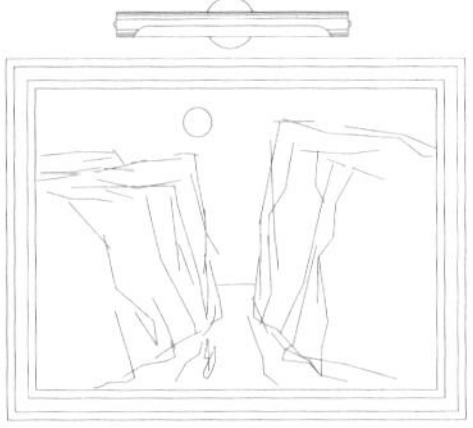
▲ZSP038

▲ZSP039

▲ZSP040

▲ZSP032

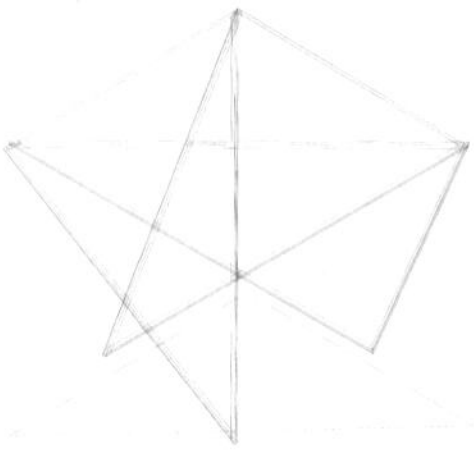
▲ZSP041

▲ZSP042

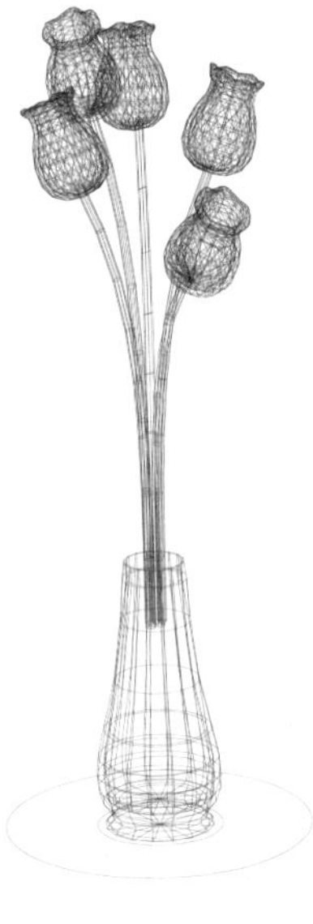
▲ZSP043

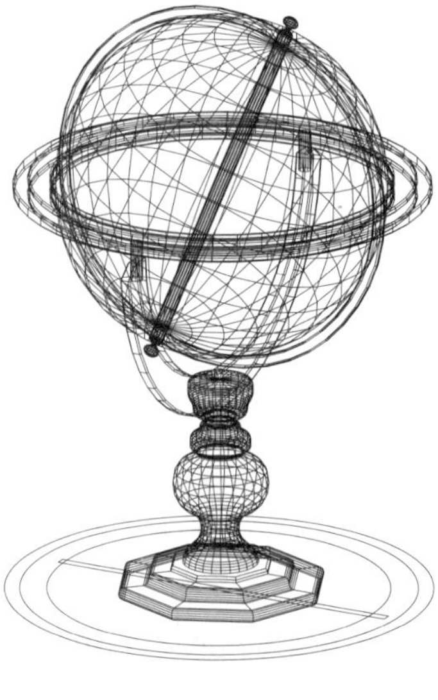
▲ZSP044

▲ZSP046

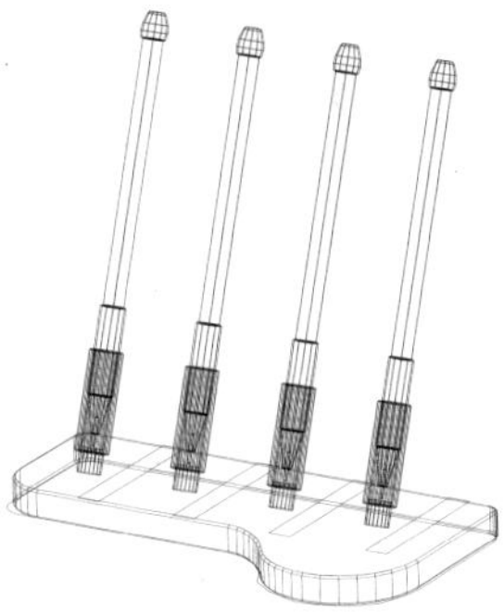

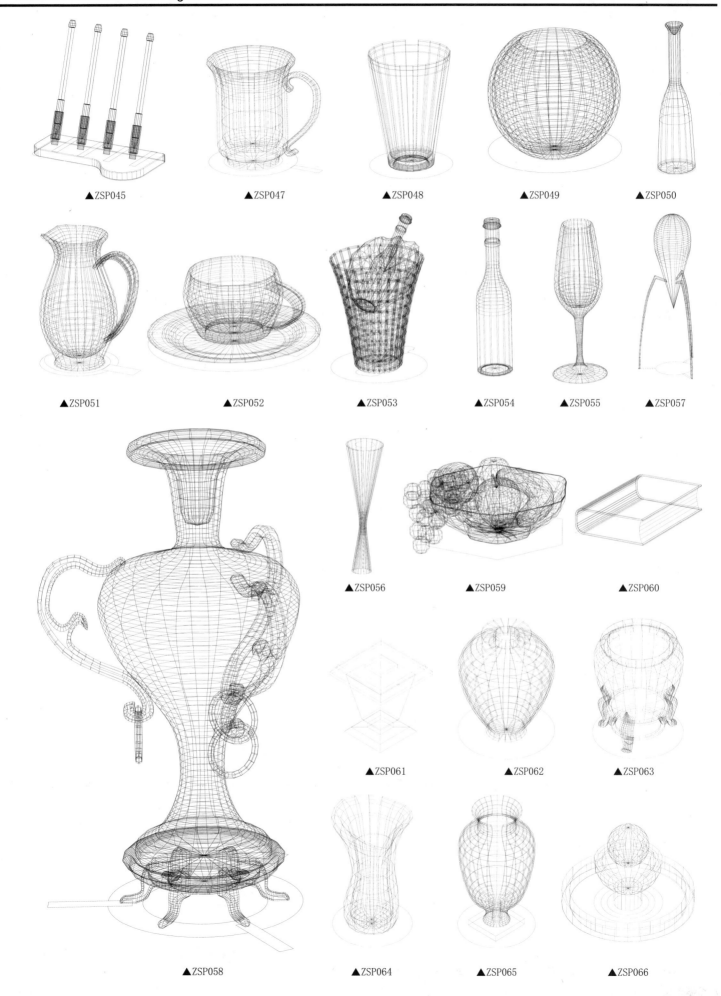

▲ZSP045

▲ZSP047

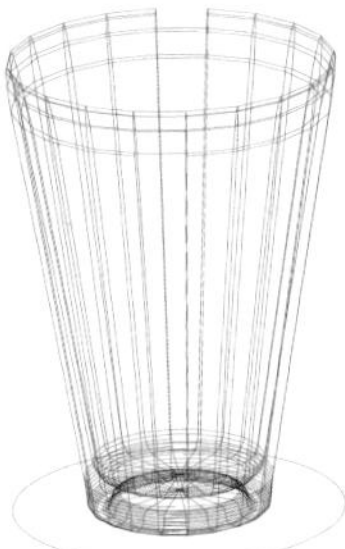

▲ZSP048

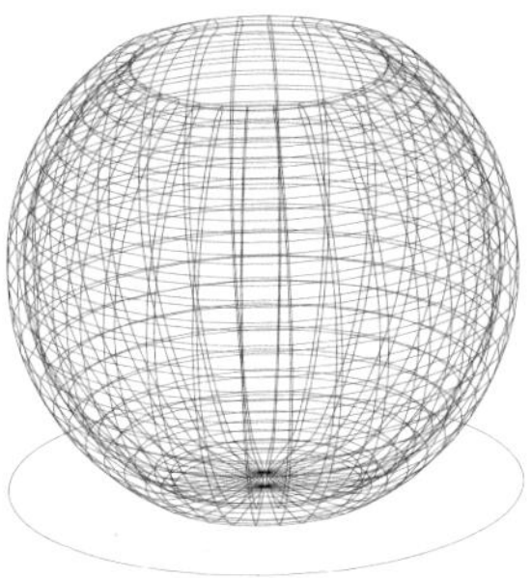

▲ZSP049

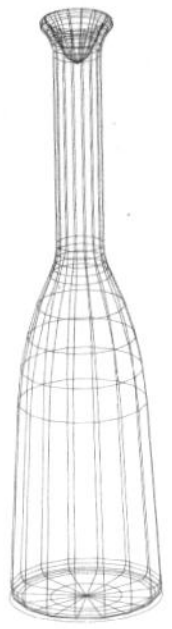

▲ZSP050

▲ZSP051

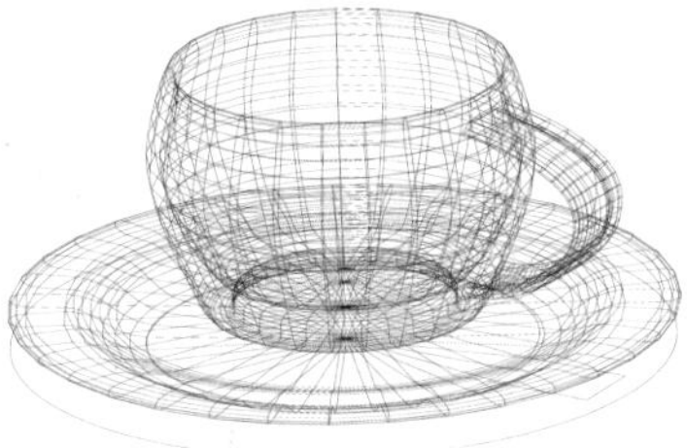

▲ZSP052

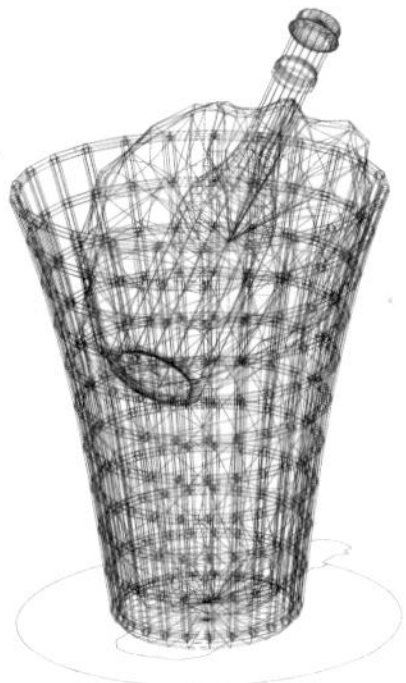

▲ZSP053

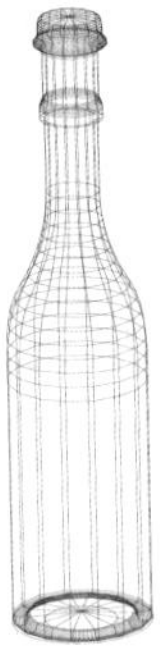

▲ZSP054

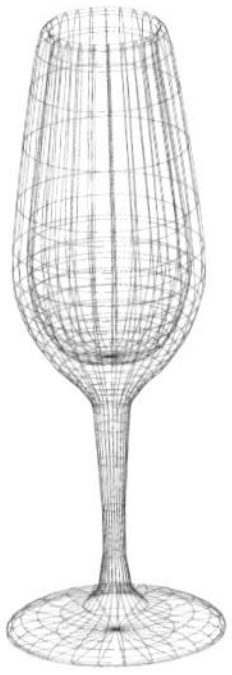

▲ZSP055

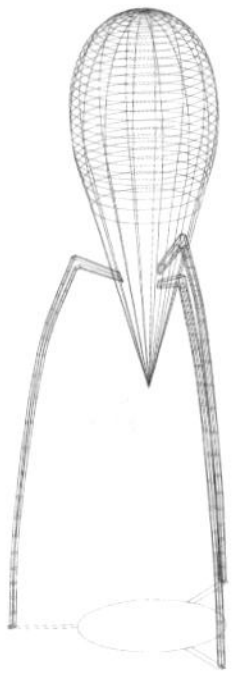

▲ZSP057

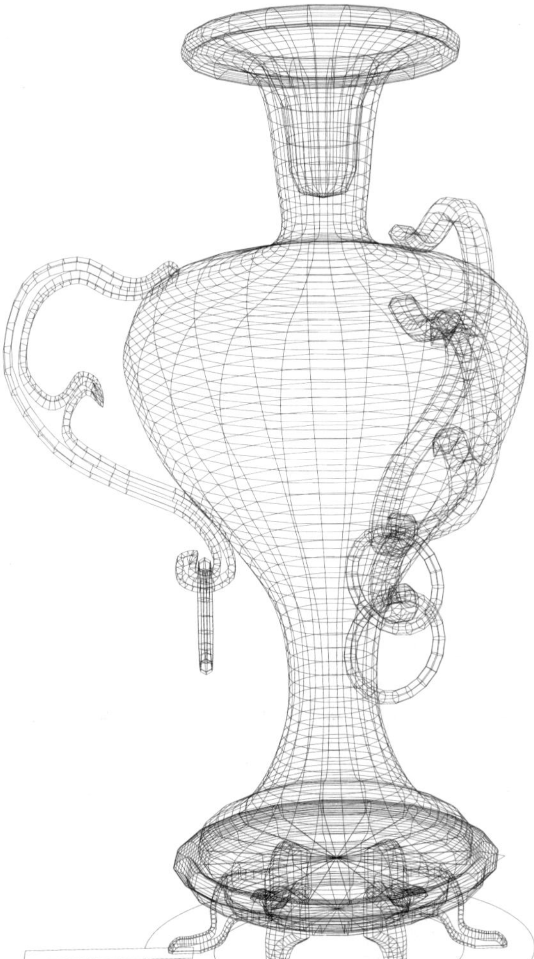

▲ZSP058

▲ZSP056

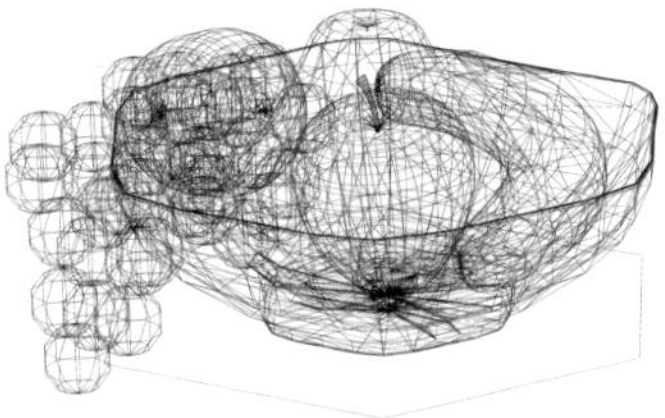

▲ZSP059

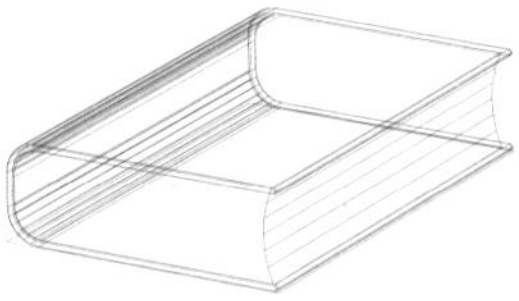

▲ZSP060

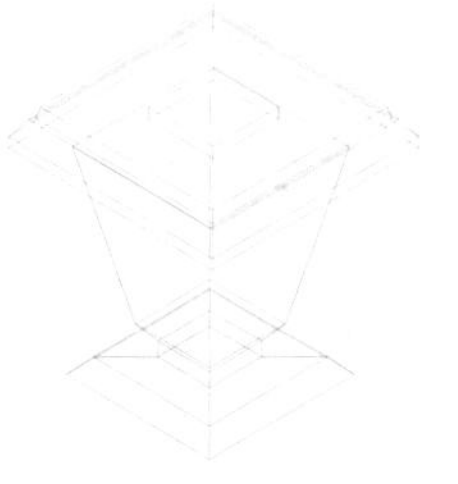

▲ZSP061

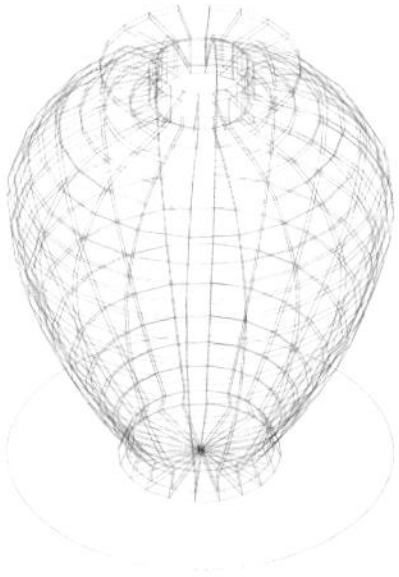

▲ZSP062

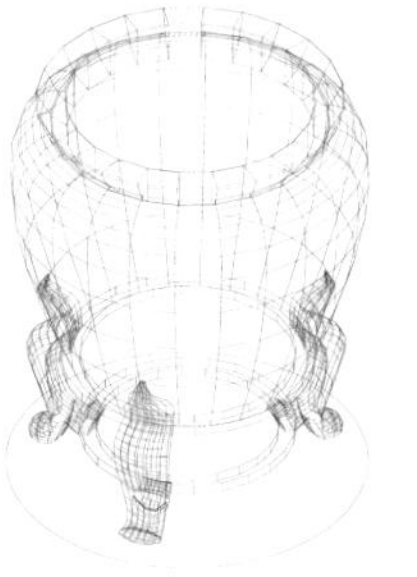

▲ZSP063

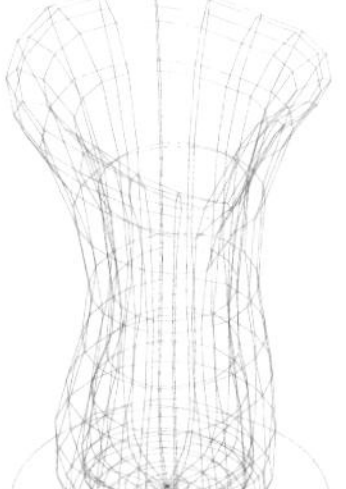

▲ZSP064

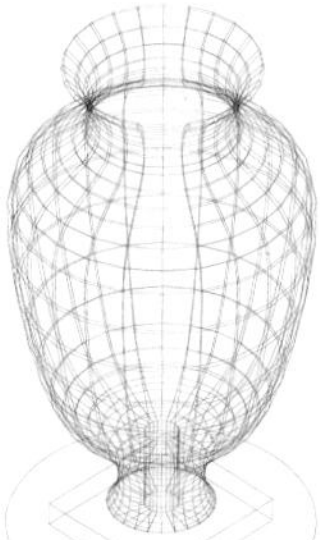

▲ZSP065

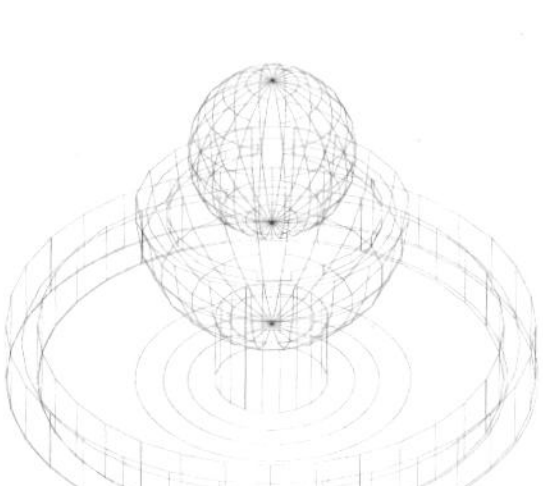

▲ZSP066

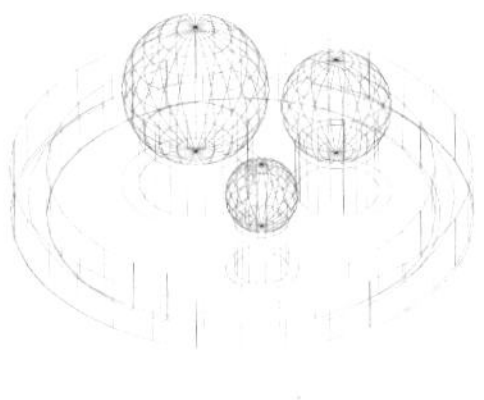

▲ZSP067

▲ZSP068

▲ZSP069

▲ZSP070

▲ZSP071

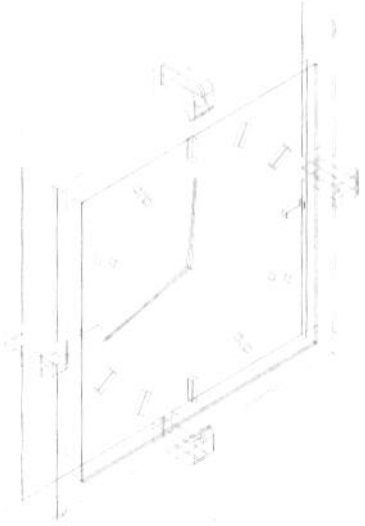

▲ZSP072

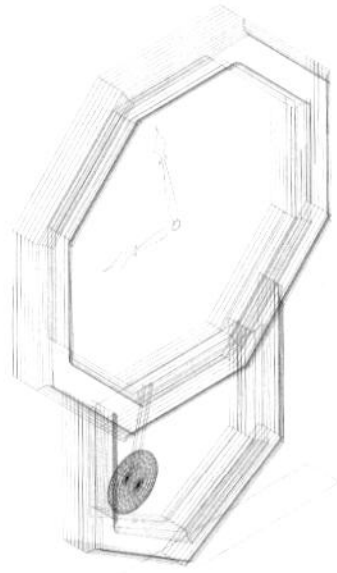

▲ZSP073

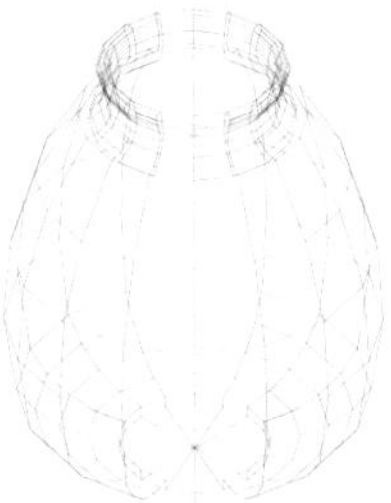

▲ZSP074

▲ZSP075

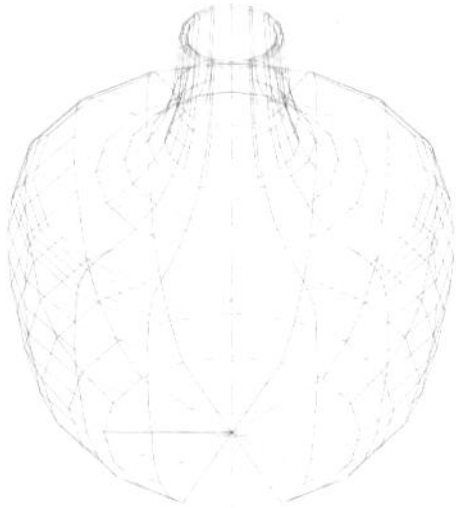

▲ZSP076

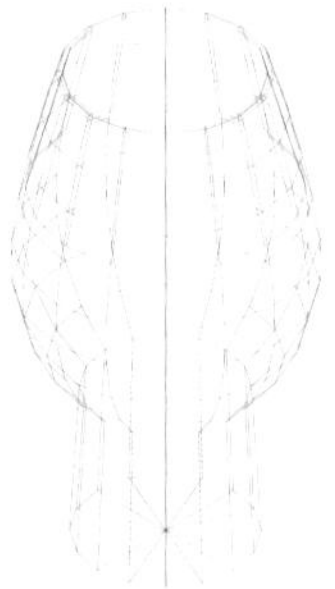

▲ZSP077

▲ZSP078

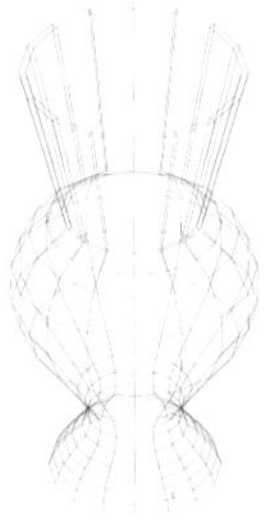

▲ZSP079

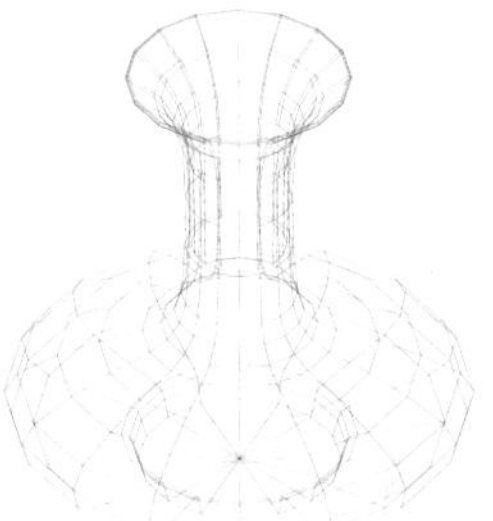

▲ZSP080

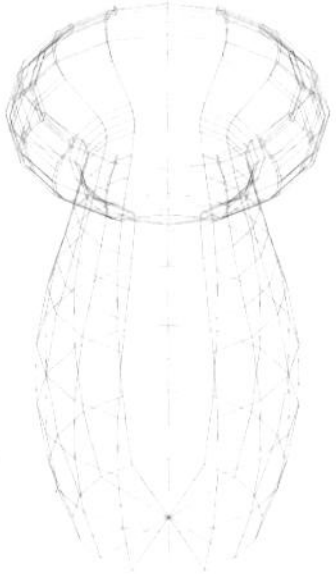

▲ZSP081

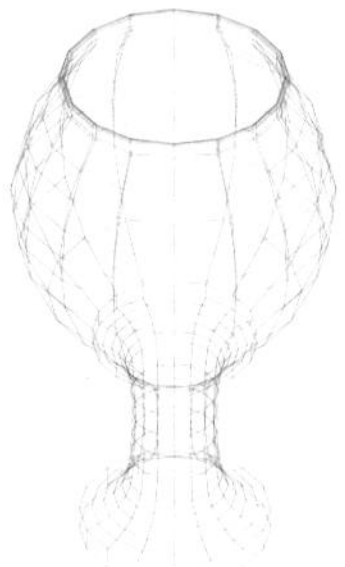

▲ZSP082

▲ZSP083

▲ZSP084

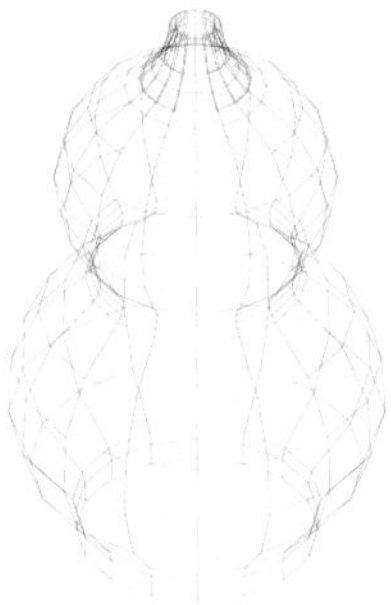

▲ZSP085

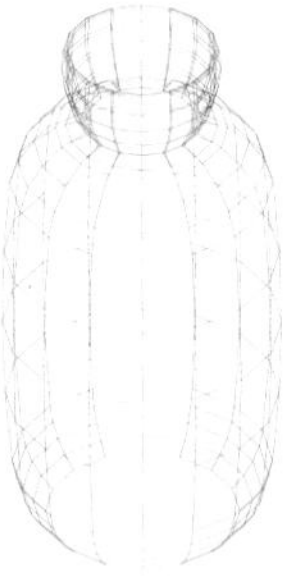

▲ZSP086

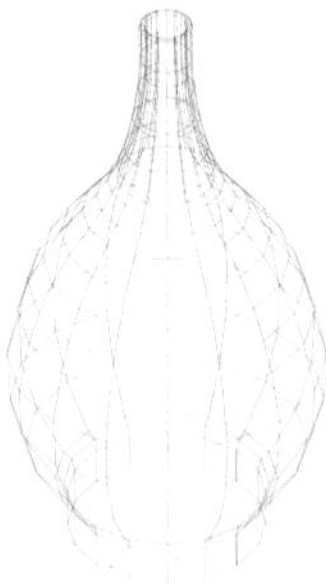

▲ZSP087

▲ZSP088

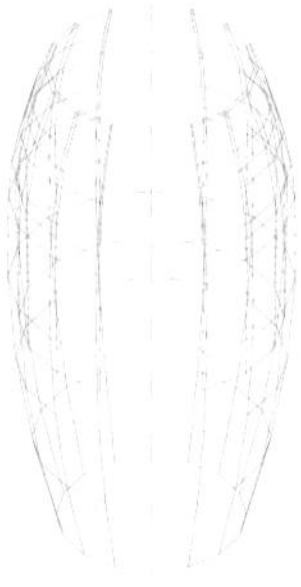

▲ZSP089

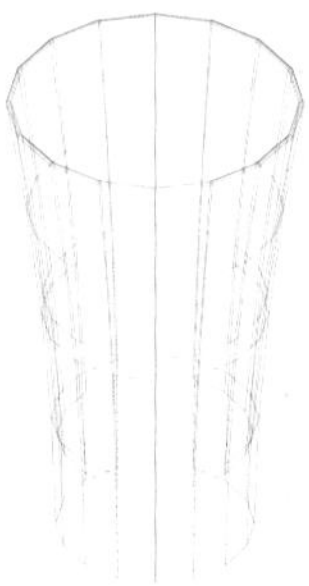

▲ZSP0890

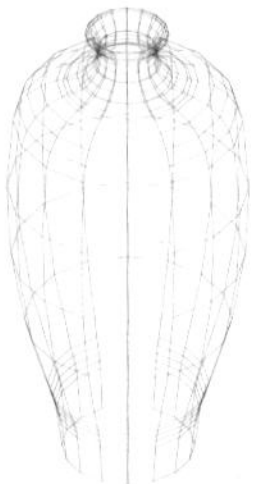

▲ZSP091

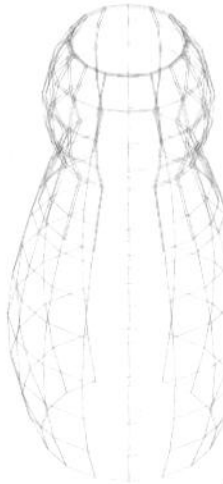

▲ZSP092

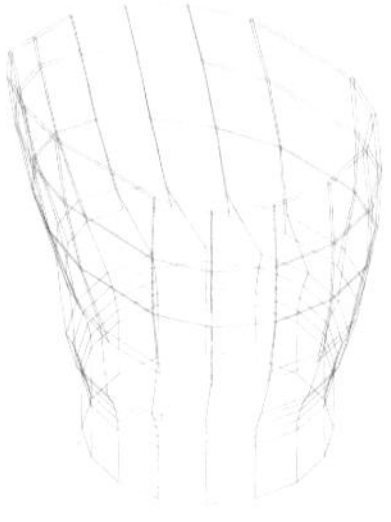

▲ZSP093

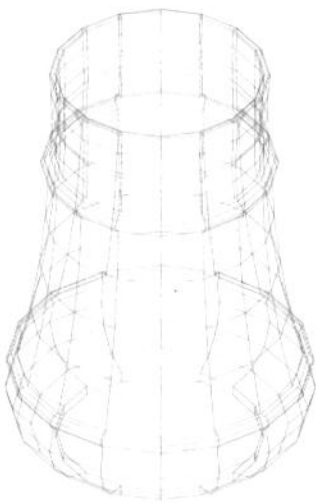

▲ZSP094

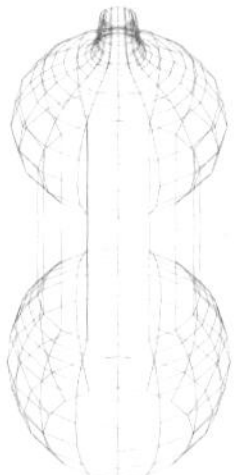

▲ZSP095

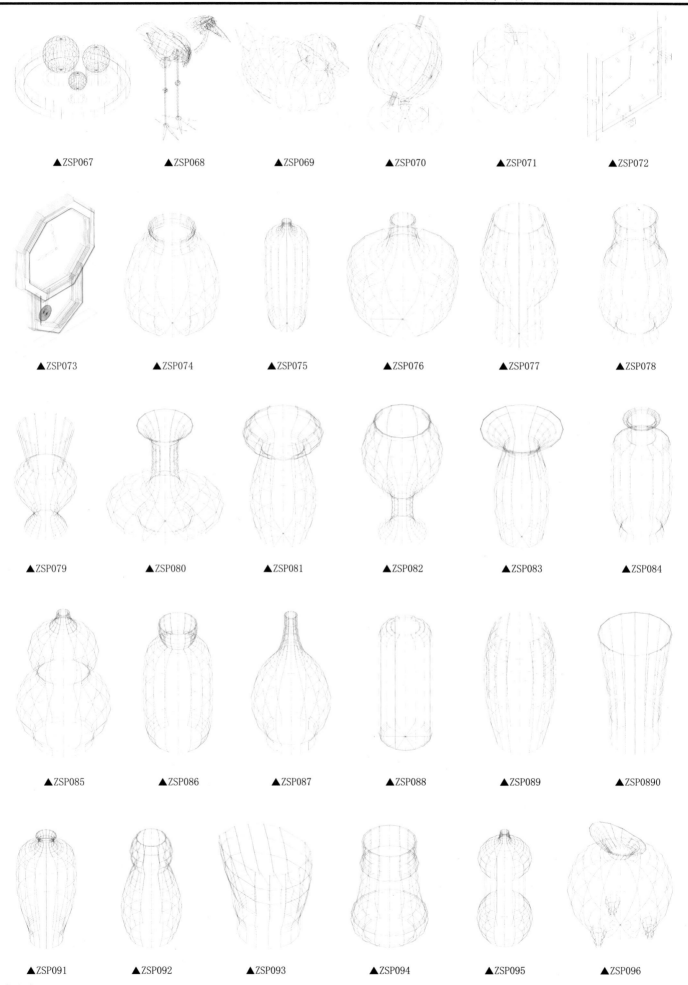

▲ZSP096

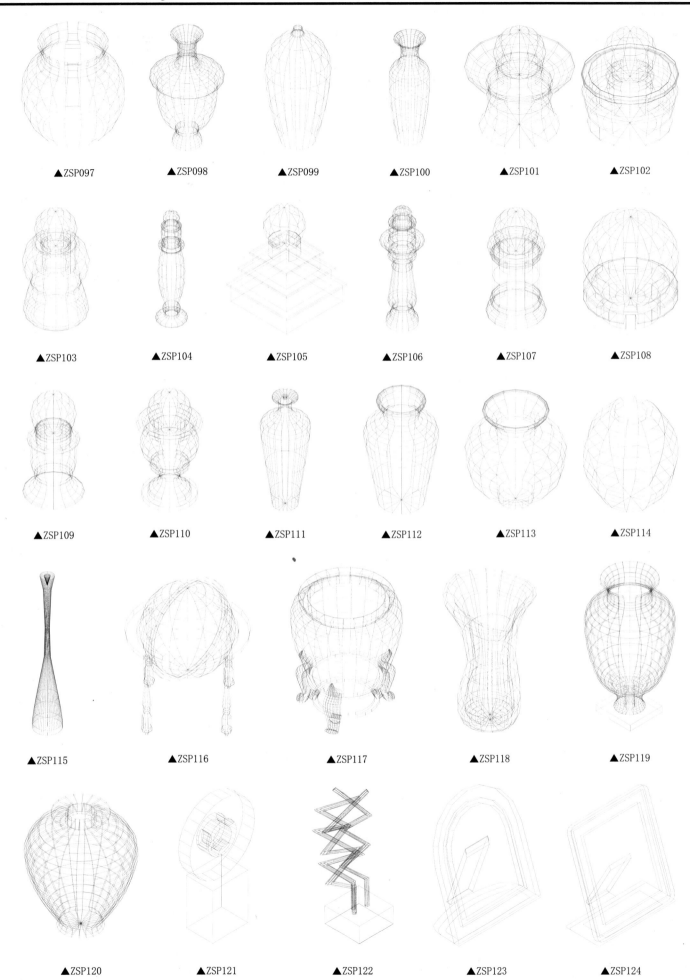

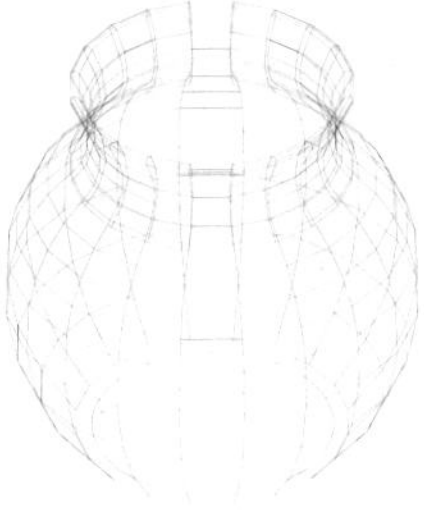
▲ZSP097

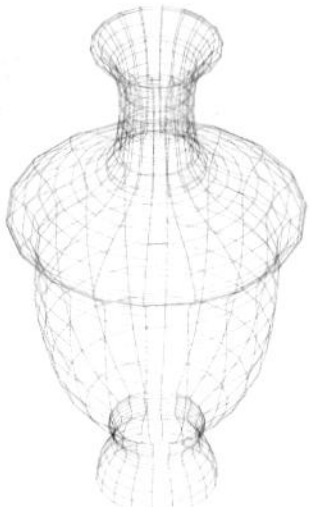
▲ZSP098

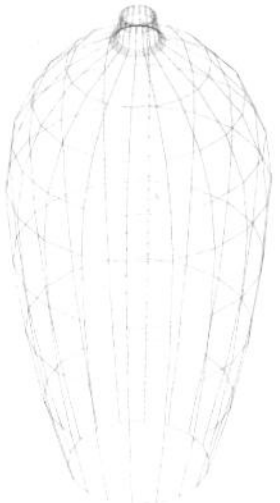
▲ZSP099

▲ZSP100

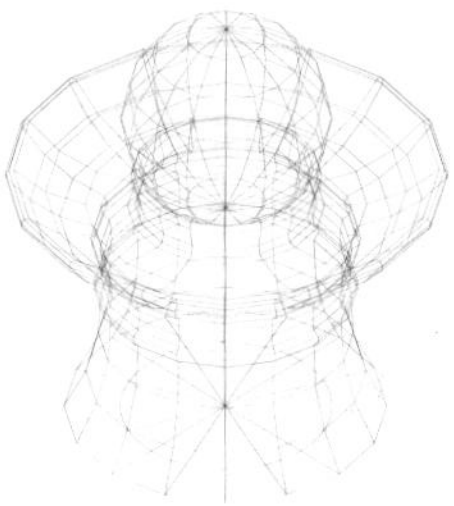
▲ZSP101

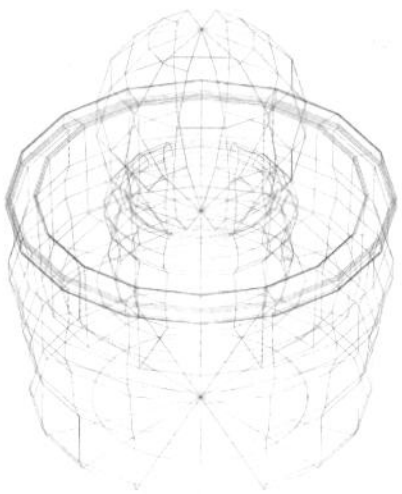
▲ZSP102

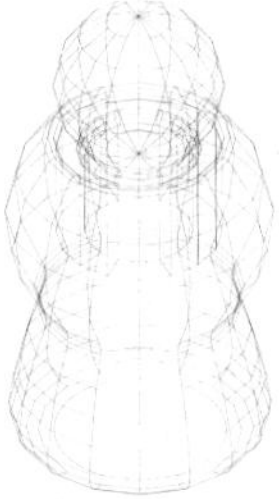
▲ZSP103

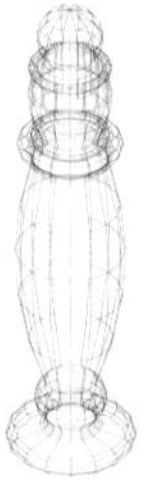
▲ZSP104

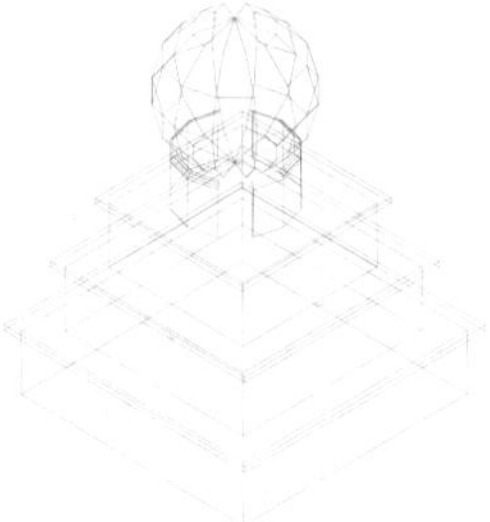
▲ZSP105

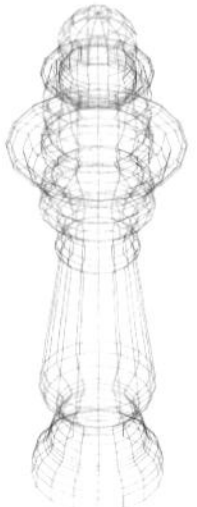
▲ZSP106

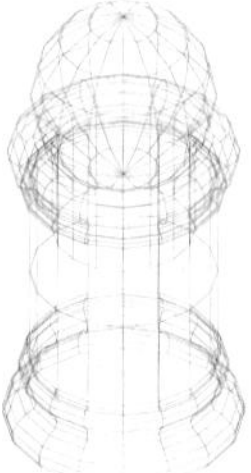
▲ZSP107

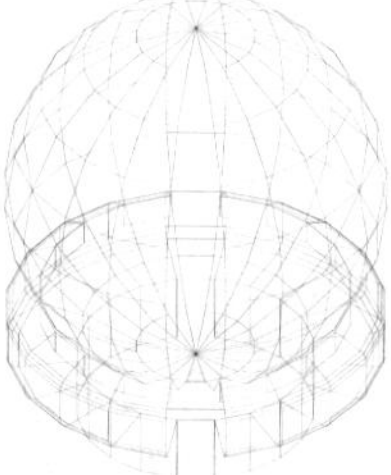
▲ZSP108

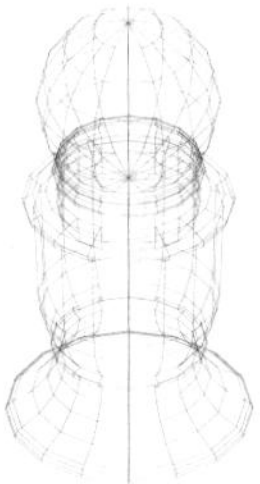
▲ZSP109

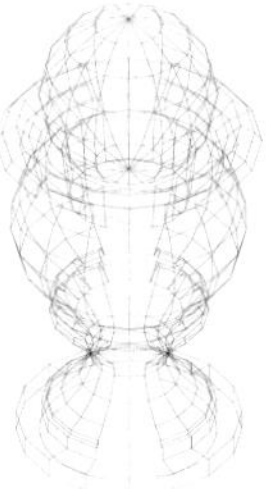
▲ZSP110

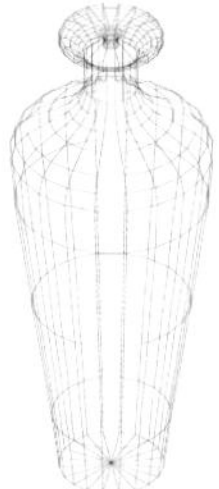
▲ZSP111

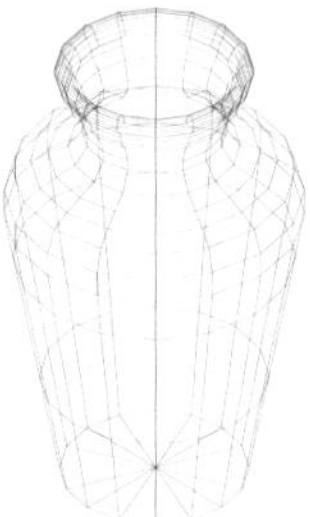
▲ZSP112

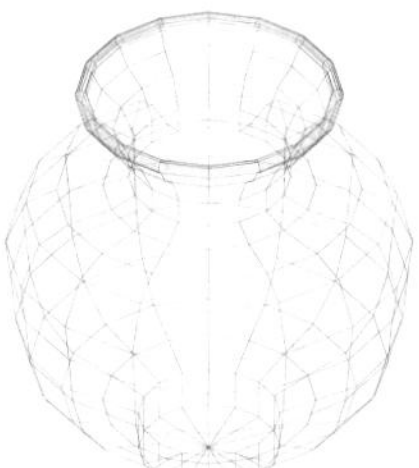
▲ZSP113

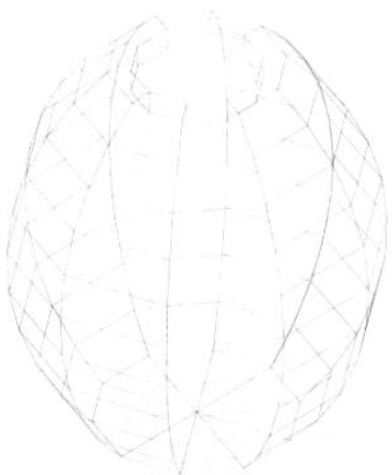
▲ZSP114

▲ZSP115

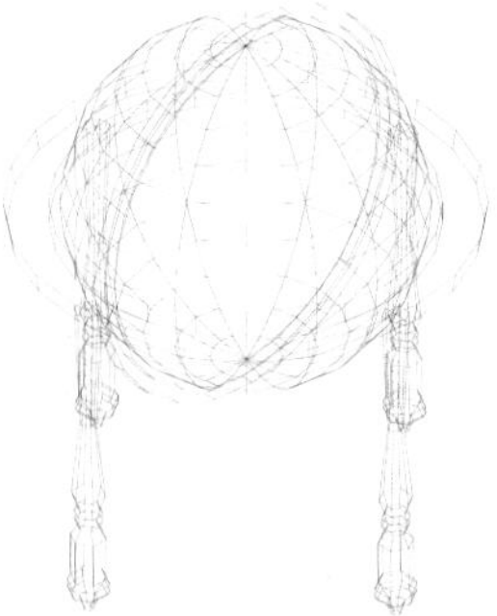
▲ZSP116

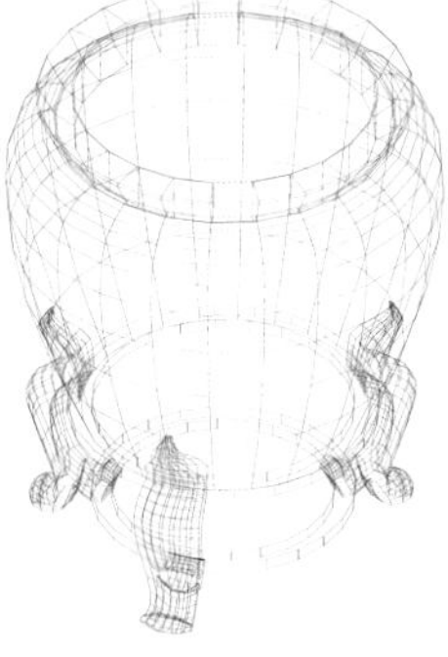
▲ZSP117

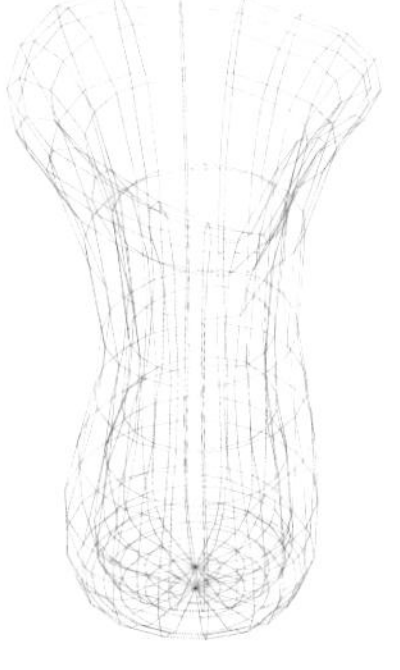
▲ZSP118

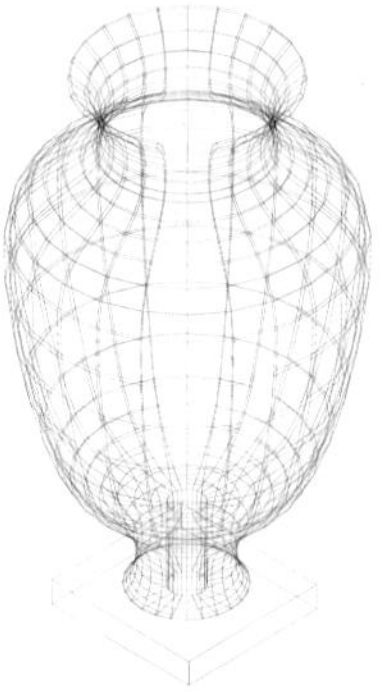
▲ZSP119

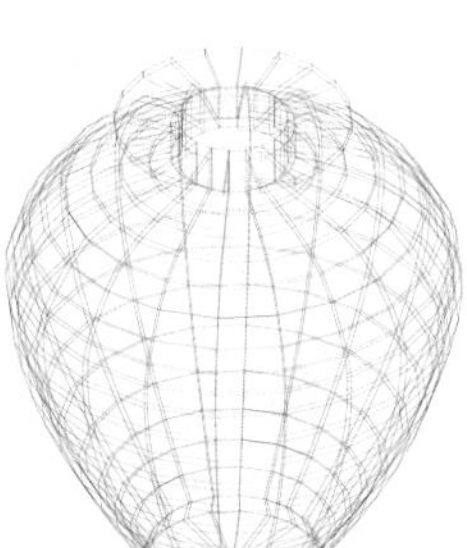
▲ZSP120

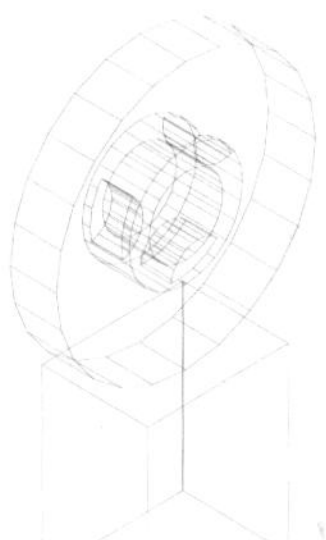
▲ZSP121

▲ZSP122

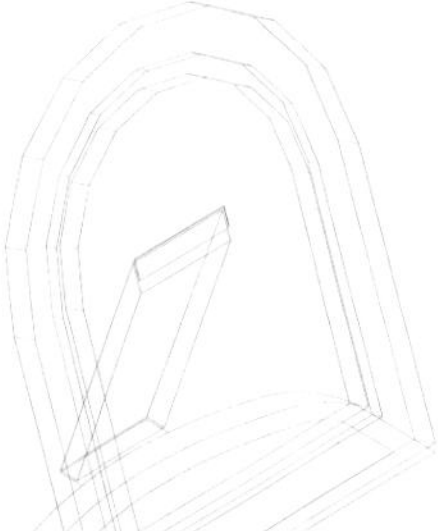
▲ZSP123

▲ZSP124

▲ZSP125

▲ZSP126

▲ZSP127

▲ZSP128

▲ZSP129

▲ZSP130

▲ZSP131

▲ZSP132

▲ZSP133

▲ZSP134

▲ZSP135

▲ZSP1236

▲ZSP137

▲ZSP138

▲ZSP139

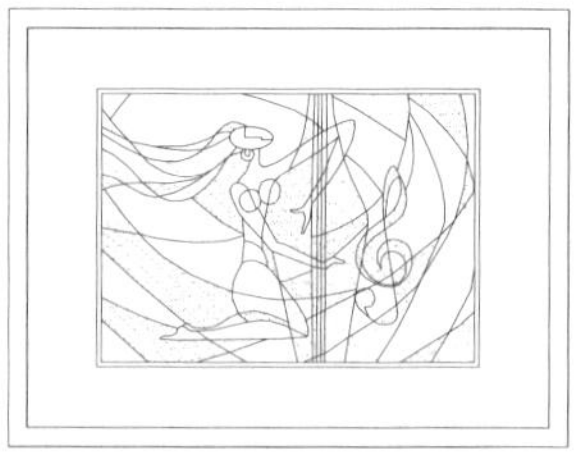
▲ZSP140

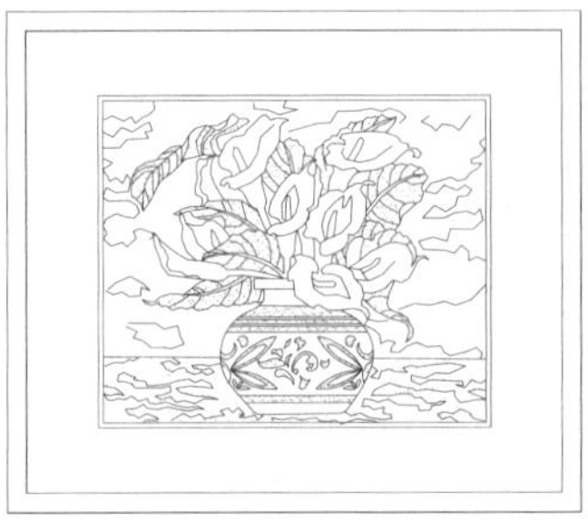
▲ZSP141

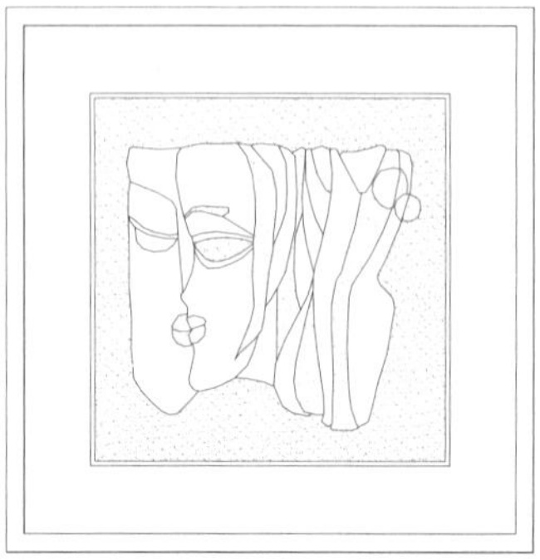
▲ZSP142

▲ZSP143

▲ZSP144

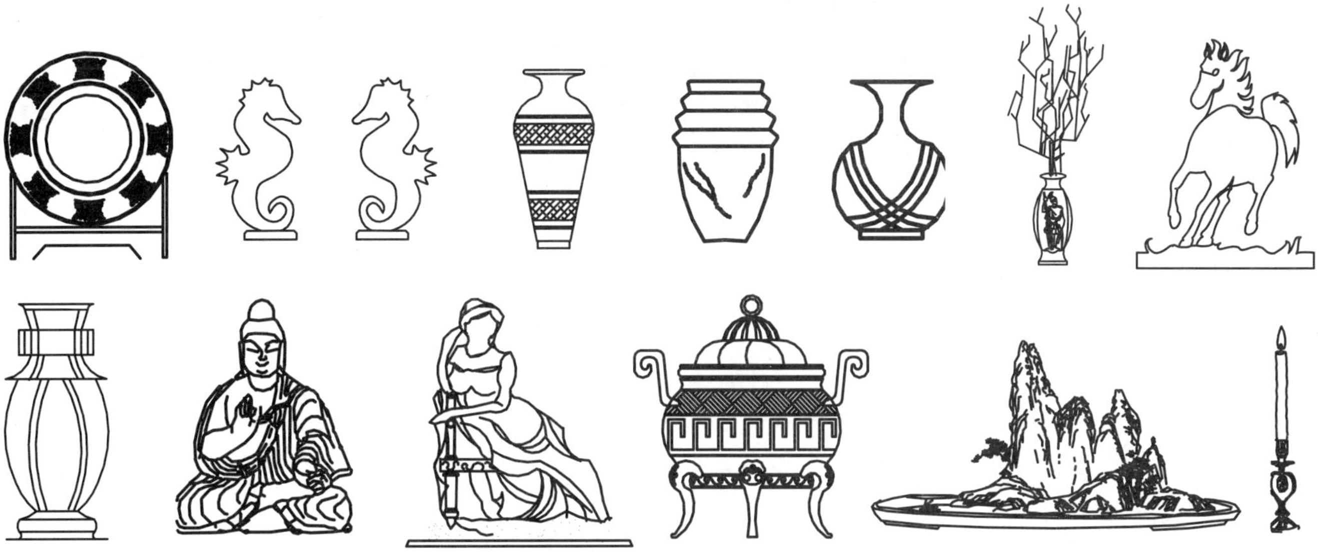

▲ZSP145

▲ZSP146

▲ZSP147

▲ZSP148

▲ZSP149

▲ZSP152

▲ZSP153

▲ZSP154

▲ZSP155

装饰品

花钵平面图 1:5

树池C平面图 1:20

铺地平面图 1:10

C节点详图 1:5

花钵立面图 1:5

树池立面图 1:20

花池1立面 1:10

树池7C-C剖面图 1:20

A-A剖面图 1:5

树池7平面图 1:20

C剖面图 1:10

花基大样详图 1:5

50厚锈石压顶

a剖面 1:10

花钵, 树池, 花池大样图 花基大样图

▲ZSP150

花架平面图 1:50

花架平面图 1:50

注: 1. 木材选用樟木, 进行烘干、防潮、防腐处理;
2. 所有木原材料均涂二遍漆;
3. 所有钢支架先涂一遍红丹, 再涂两遍黑漆;
4. 木坐凳做法参考花架-C坐凳施工图

花架立面图 1:50

水柱平面图 1:10

花架柱基础立面图 1:10

花架柱基础平面图 1:10

④详图 1:10

①详图 1:10

②详图 1:10

③详图 1:10

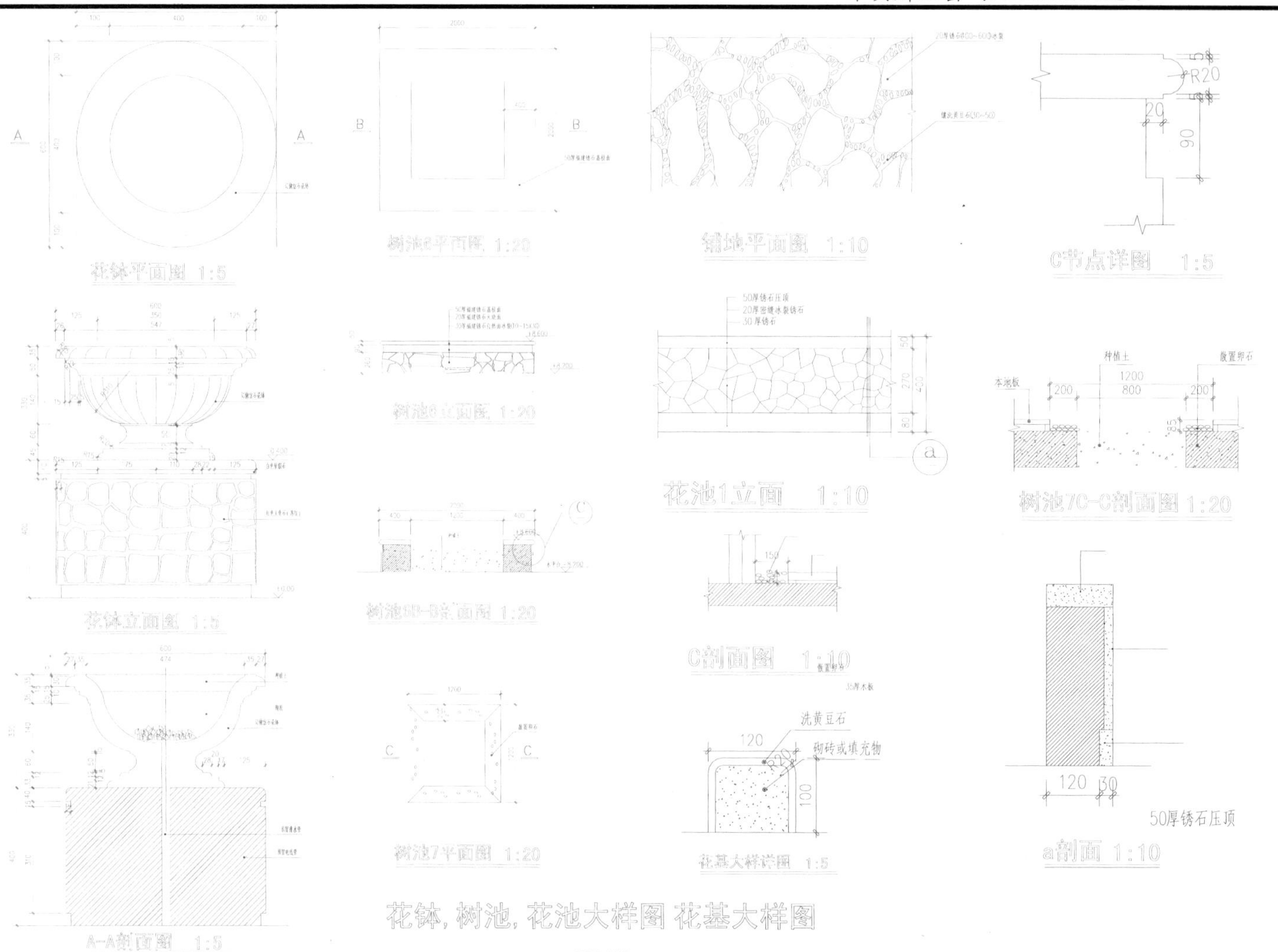

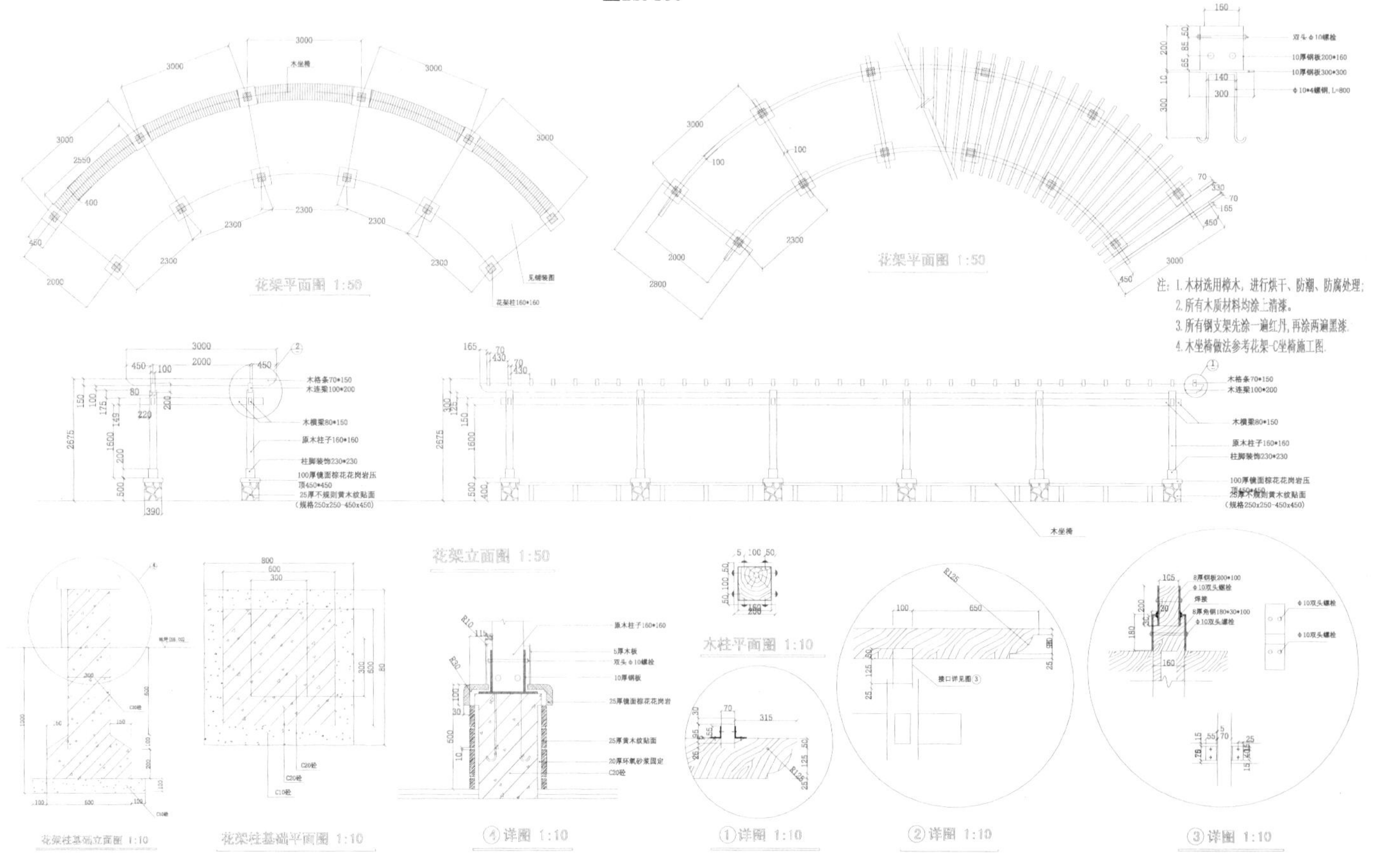

▲ZSP151

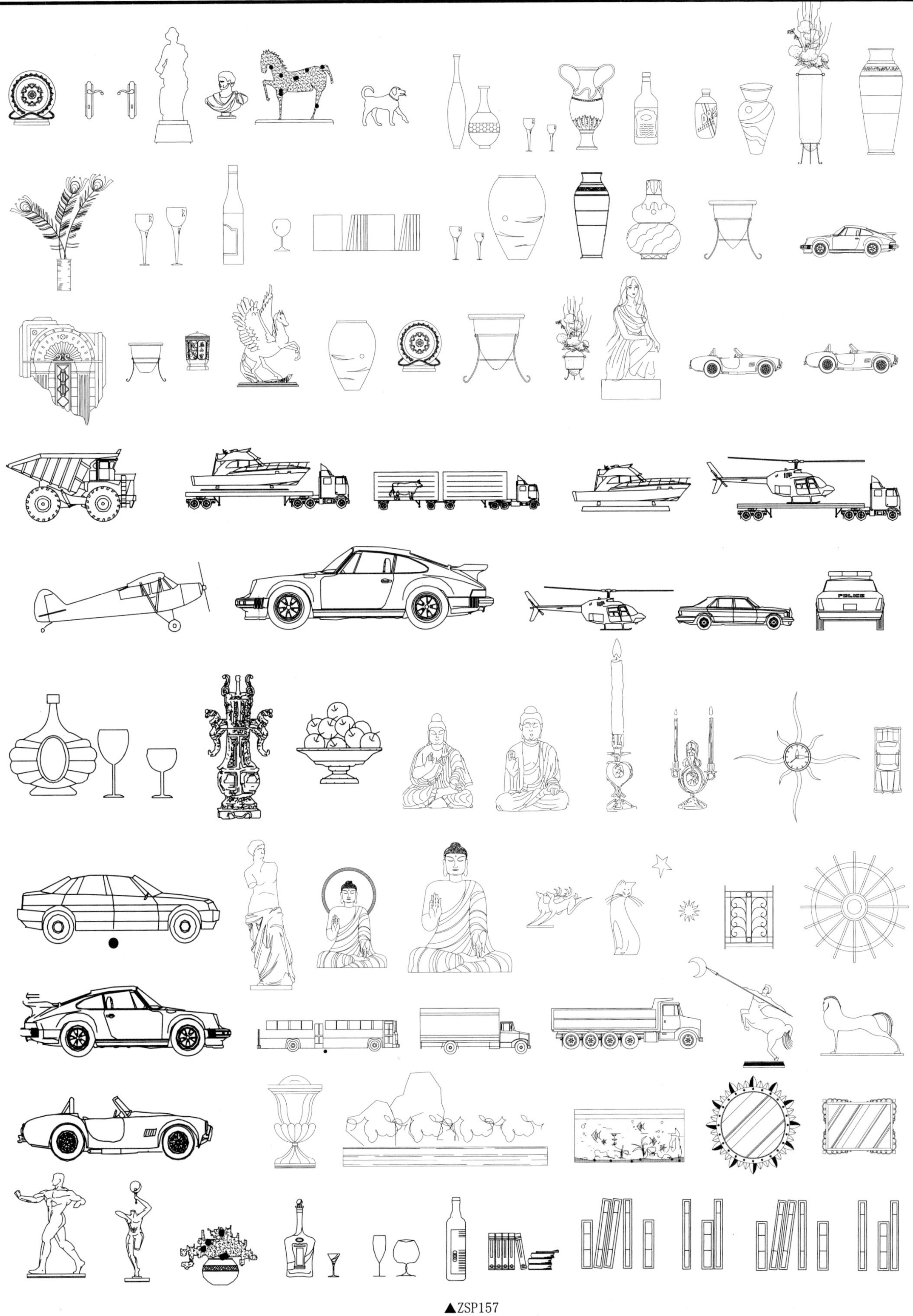

▲ZSP158

▲ZSP171

▲ZSP171

▲ZSP156

▲ZSP159

▲ZSP166

▲ZSP160

▲ZSP161

▲ZSP162

▲ZSP163

▲ZSP164

▲ZSP165

▲ZSP167

▲ZSP168

▲ZSP169

▲ZSP170

装饰品

▲ZSP171

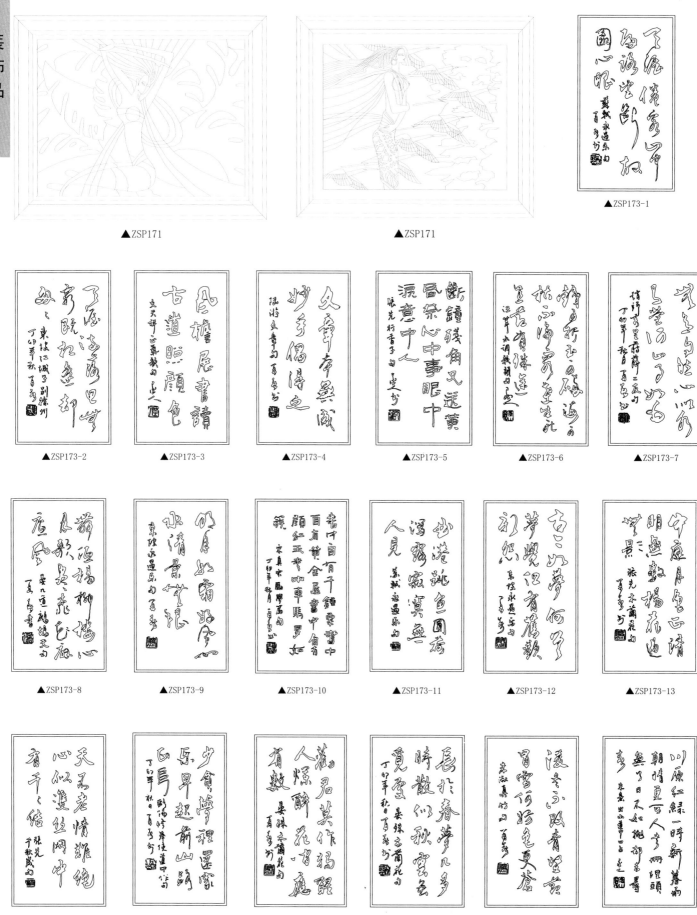

▲ZSP171

▲ZSP173-1

▲ZSP173-2

▲ZSP173-3

▲ZSP173-4

▲ZSP173-5

▲ZSP173-6

▲ZSP173-7

▲ZSP173-8

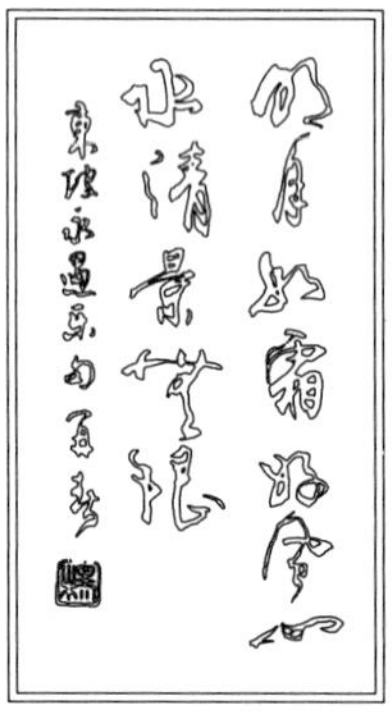

▲ZSP173-9

▲ZSP173-10

▲ZSP173-11

▲ZSP173-12

▲ZSP173-13

▲ZSP173-14

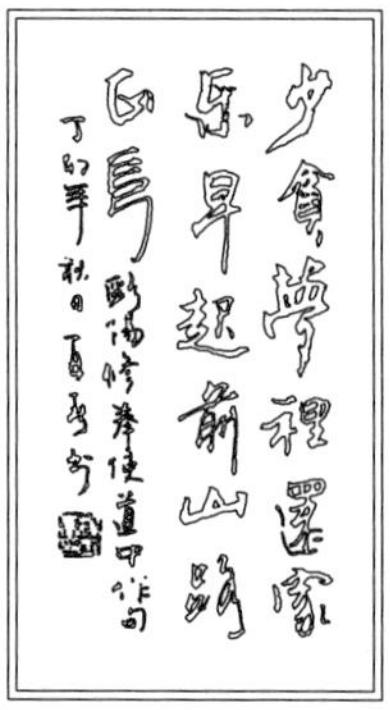

▲ZSP173-15

▲ZSP173-16

▲ZSP173-17

▲ZSP173-18

▲ZSP173-19

▲ZSP173-20

▲ZSP173-21

▲ZSP173-22

▲ZSP173-23

▲ZSP173-24

▲ZSP173-25

▲ZSP173-26

▲ZSP173-27

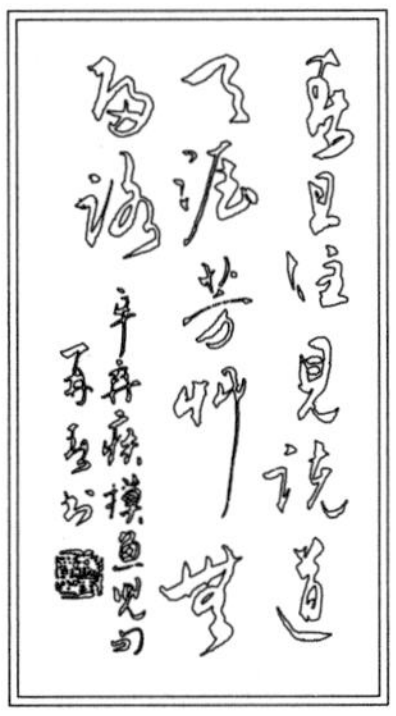
▲ZSP173-28

▲ZSP173-29

▲ZSP173-30

▲ZSP173-31

▲ZSP173-32

▲ZSP173-33

▲ZSP173-34

▲ZSP173-35

▲ZSP173-36

▲ZSP173-37

▲ZSP173-38

▲ZSP173-39

▲ZSP173-40

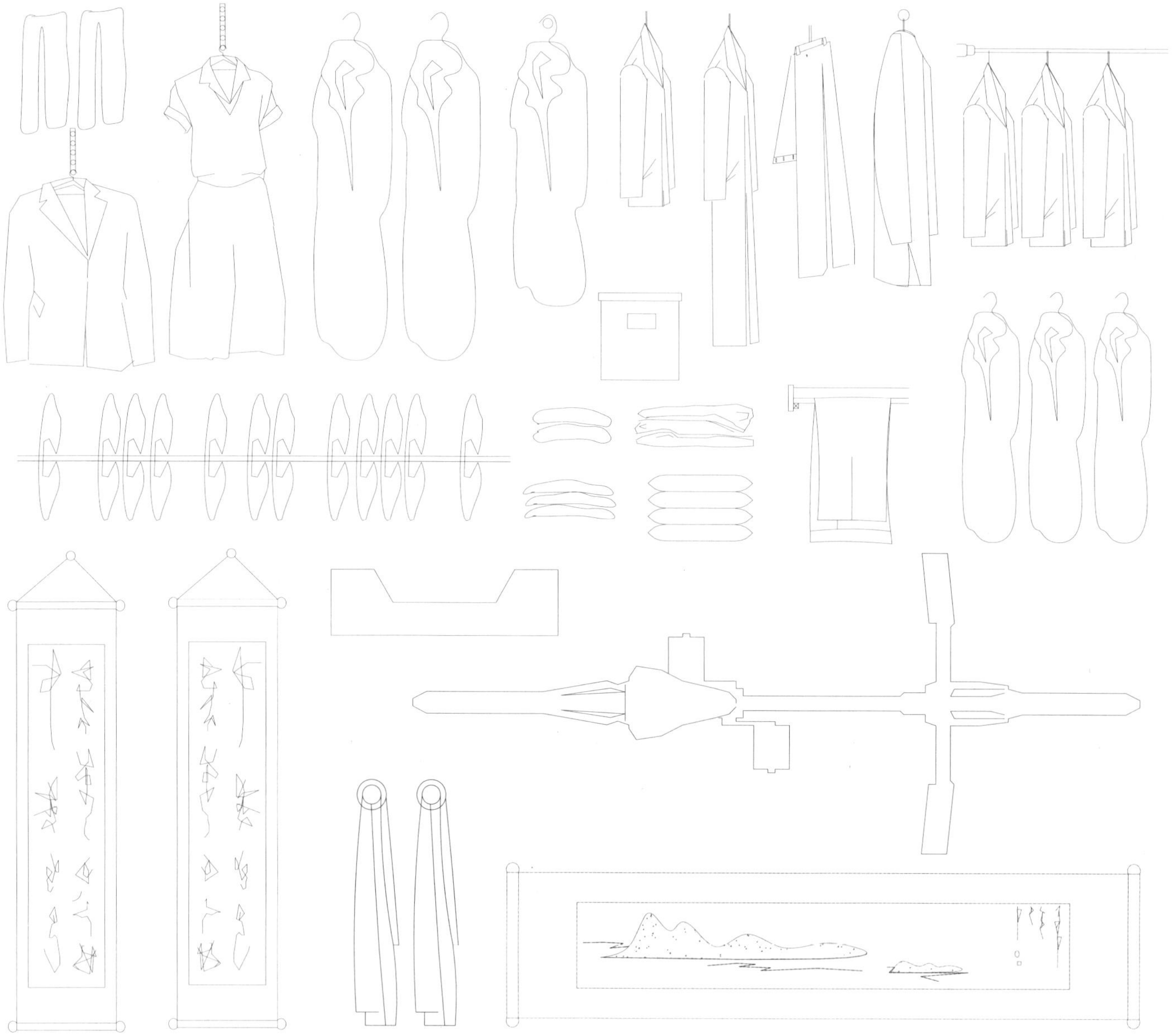

▲ZSP174

▲ZSP175 (2)

FASGASGAG
S
O
S

▲ZSP175(3)

▲ZSP175(4)

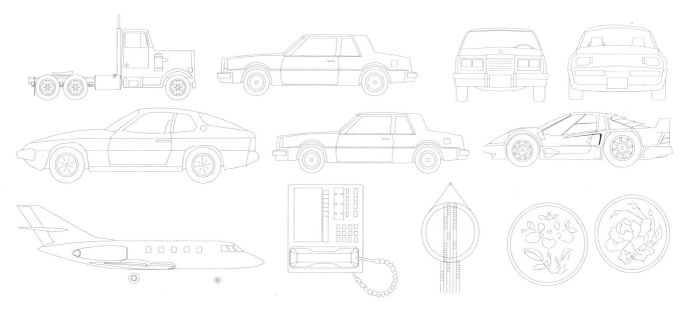

▲ZSP175(5)

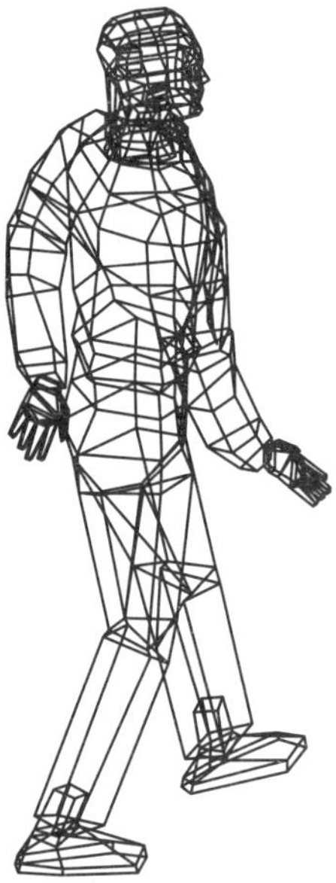
▲RW001

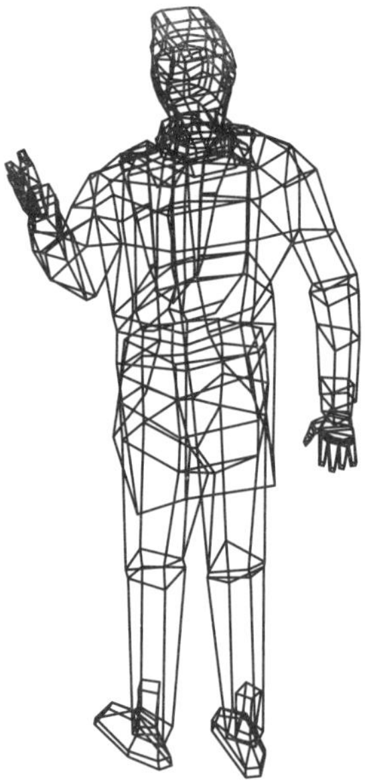
▲RW002

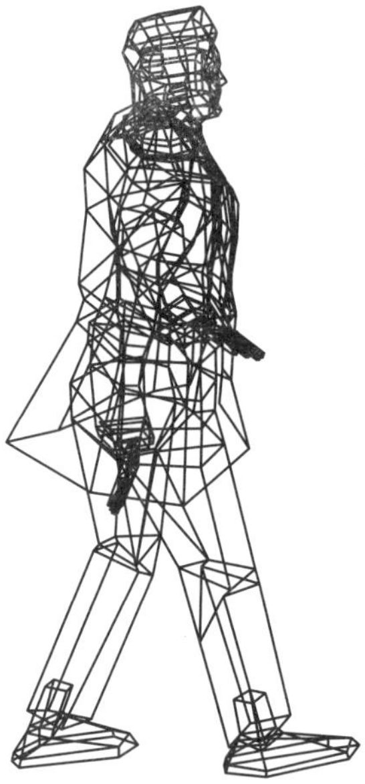
▲RW003

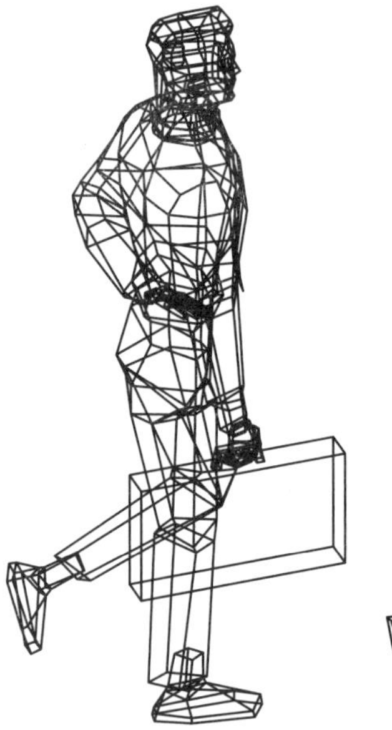
▲RW004

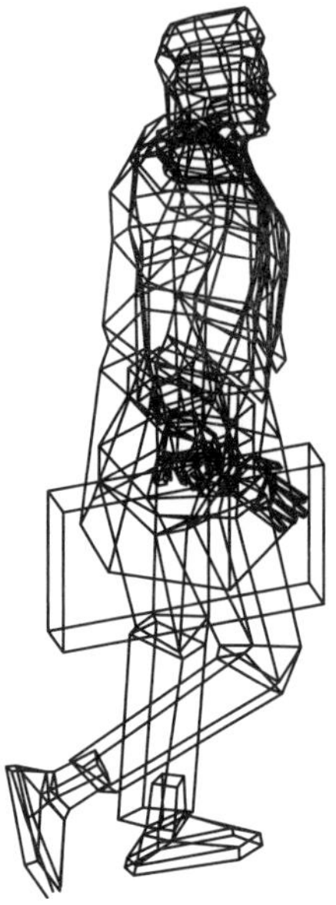
▲RW005

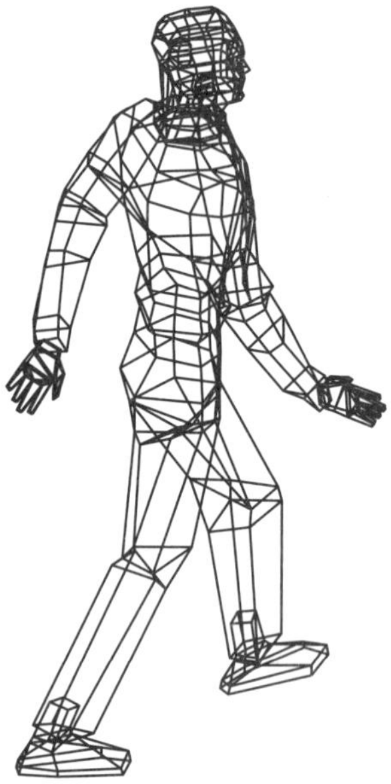
▲RW007

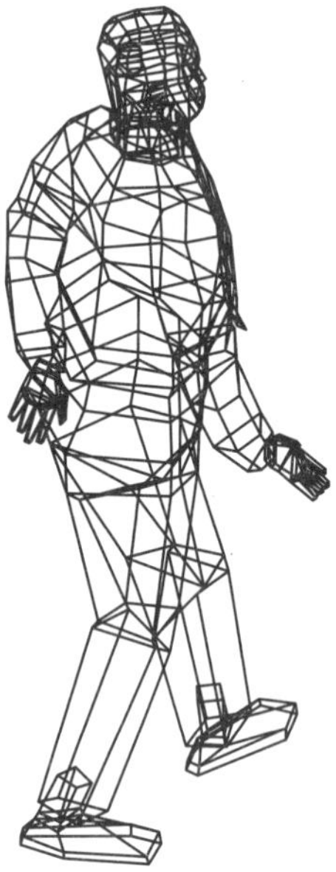
▲RW008

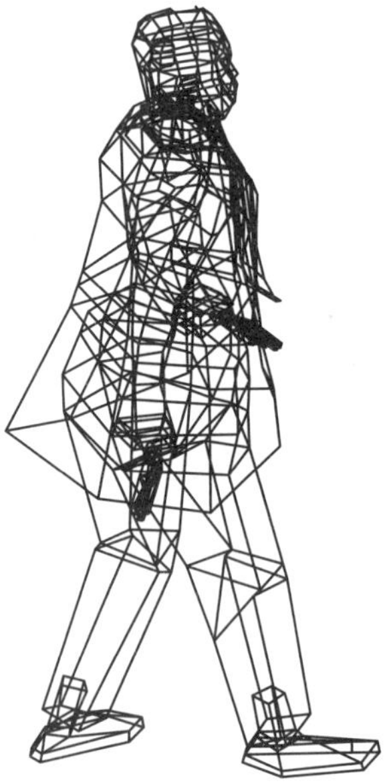
▲RW009

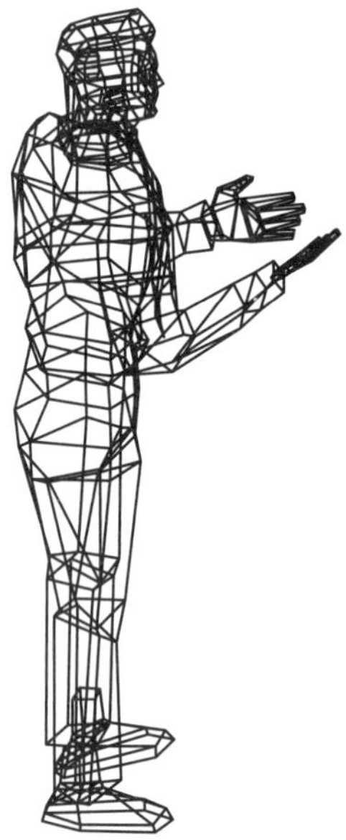
▲RW010

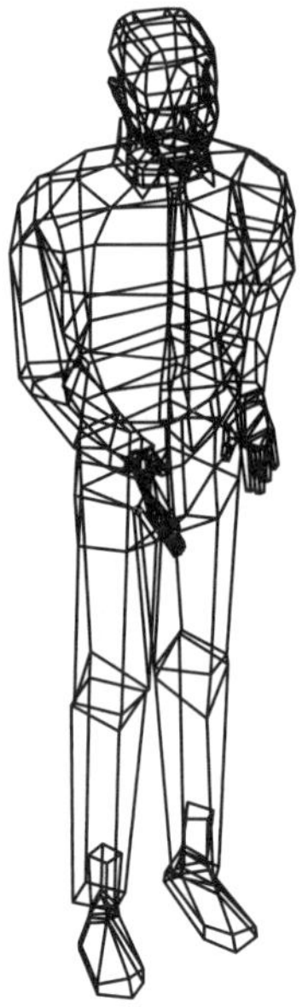
▲RW011

▲RW012

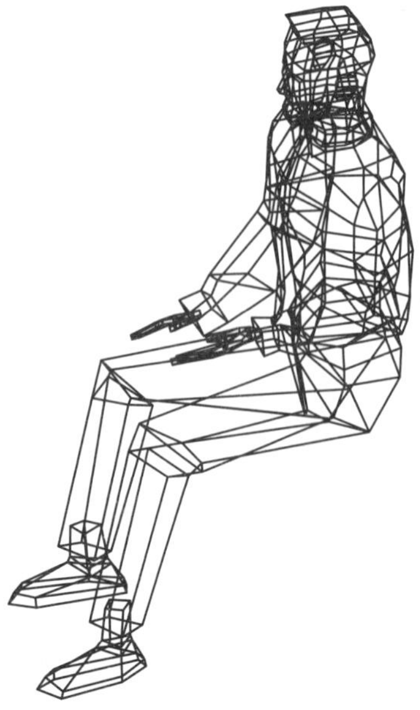
▲RW013

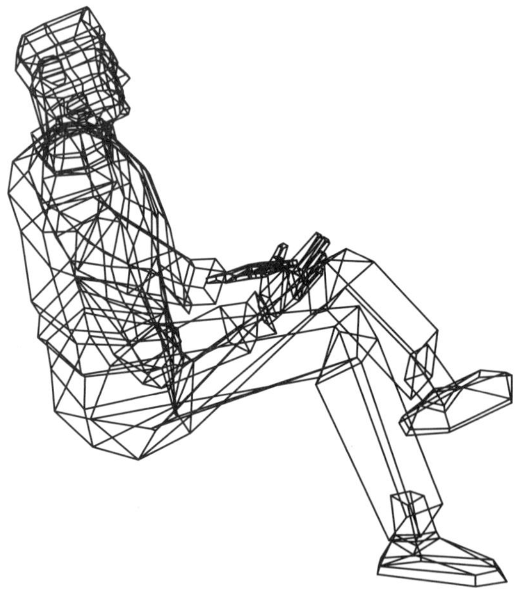
▲RW014

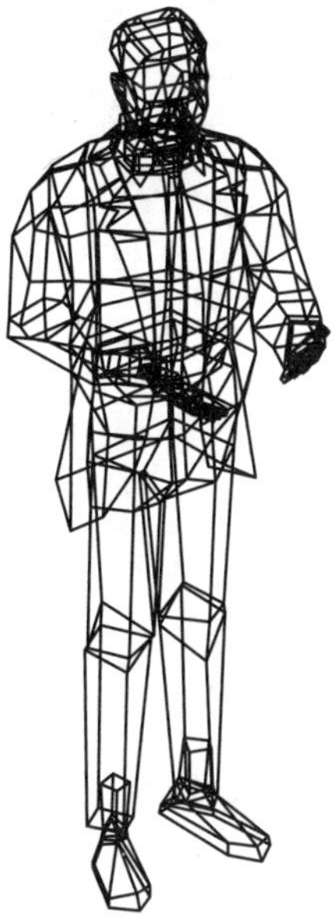
▲RW015

▲RW016

▲RW017

▲RW018

▲RW019

▲RW020

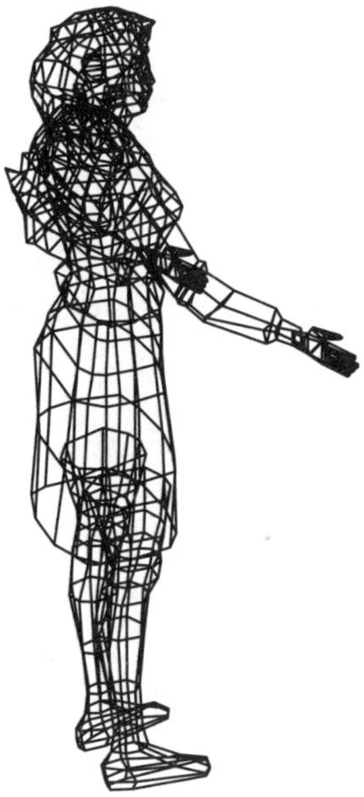
▲RW021

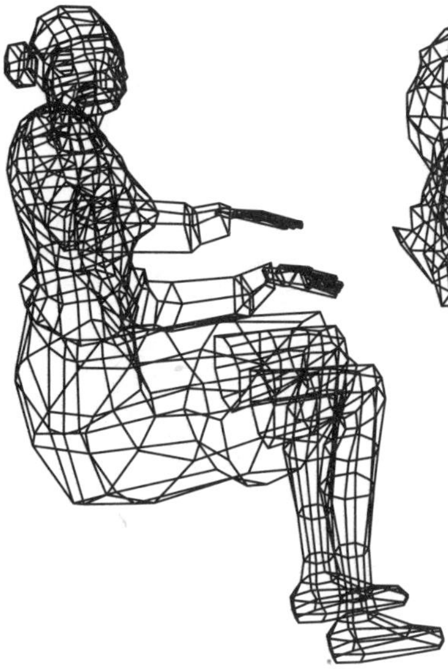
▲RW022

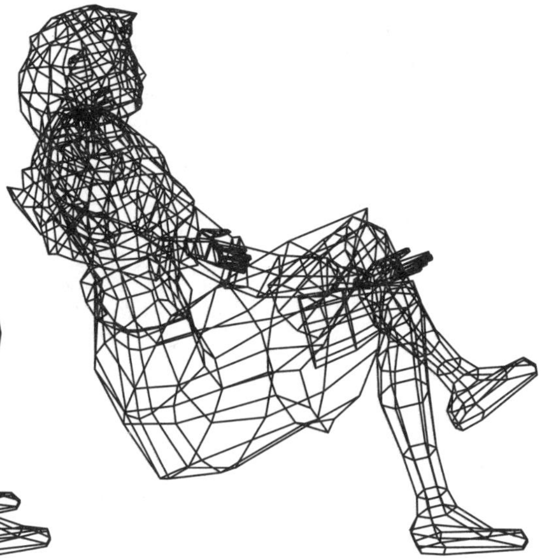
▲RW023

▲RW025

▲RW026

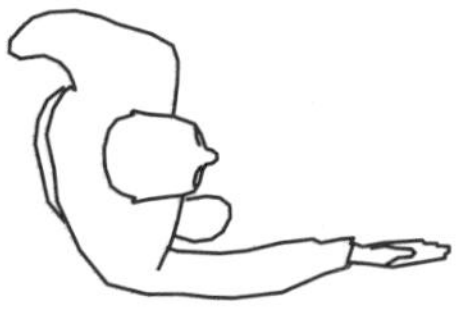
▲RW028

▲RW031

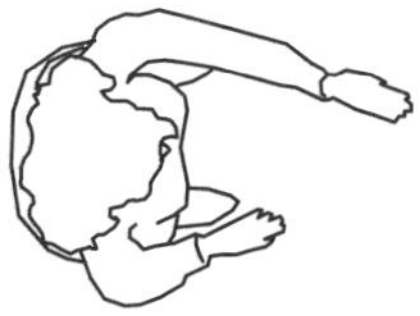
▲RW033

▲RW034

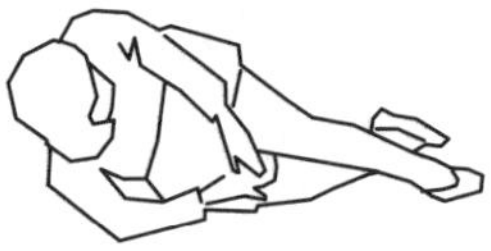
▲RW035

▲RW036

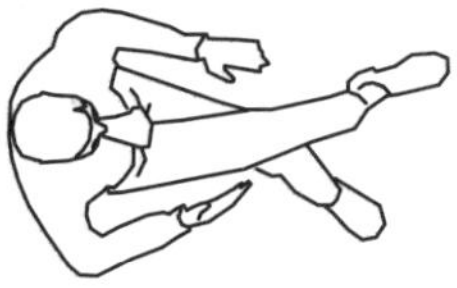
▲RW037

▲RW038

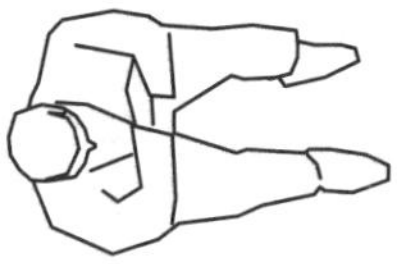
▲RW039

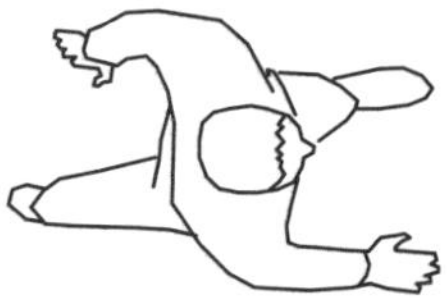
▲RW040

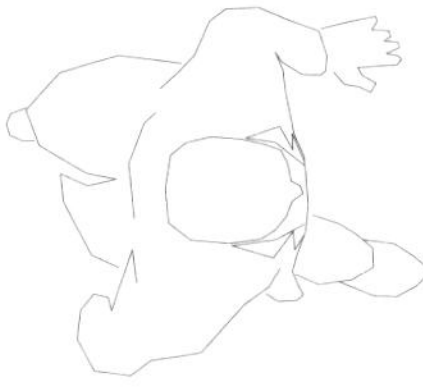
▲RW041

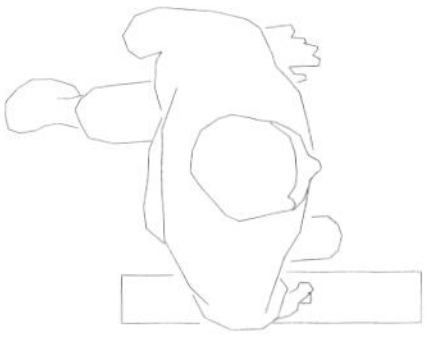
▲RW042

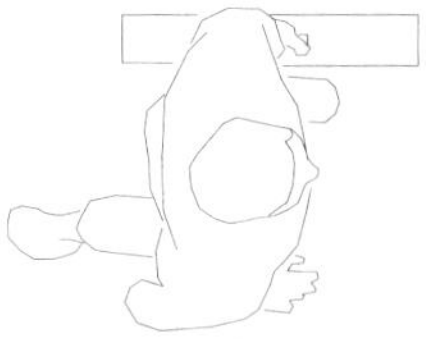
▲RW043

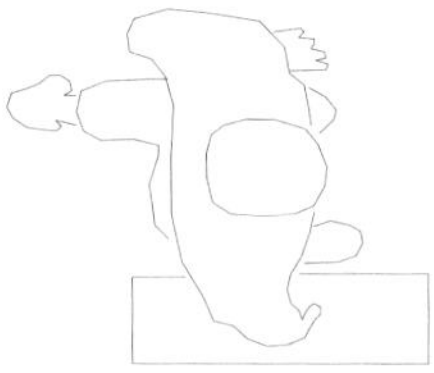
▲RW044

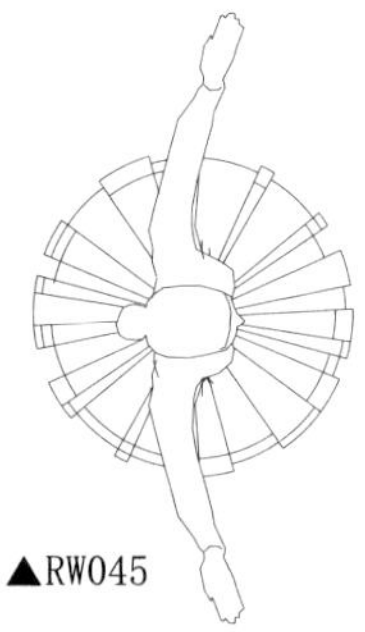
▲RW045

▲RW046

▲RW047

▲RW048

▲RW049

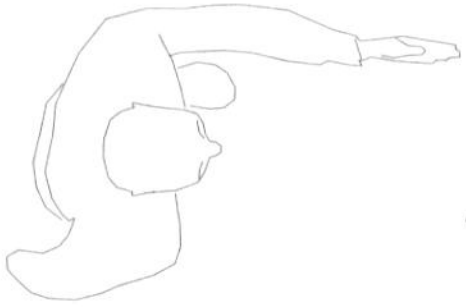
▲RW050

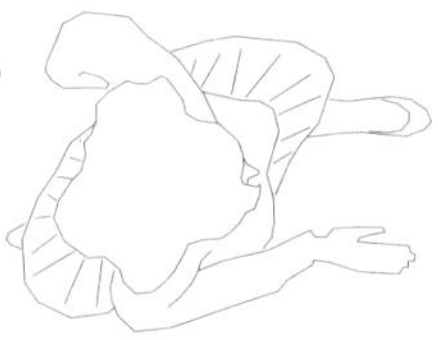
▲RW051

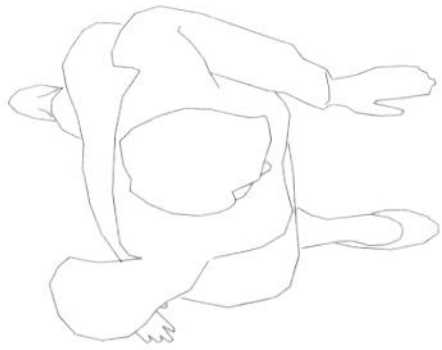
▲RW052

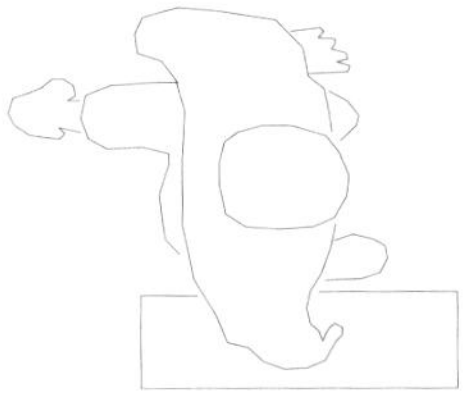
▲RW053

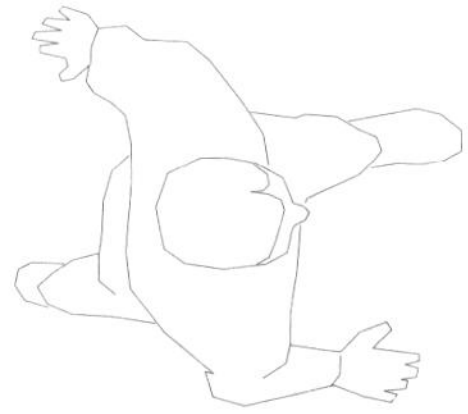
▲RW054

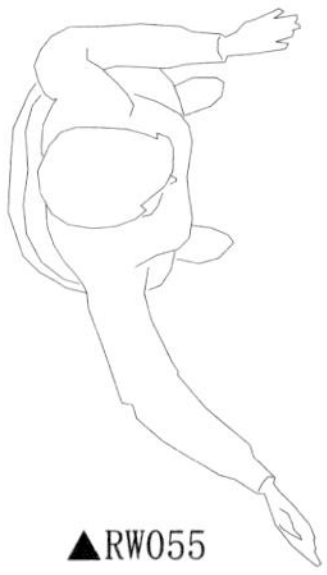
▲RW055

▲RW056

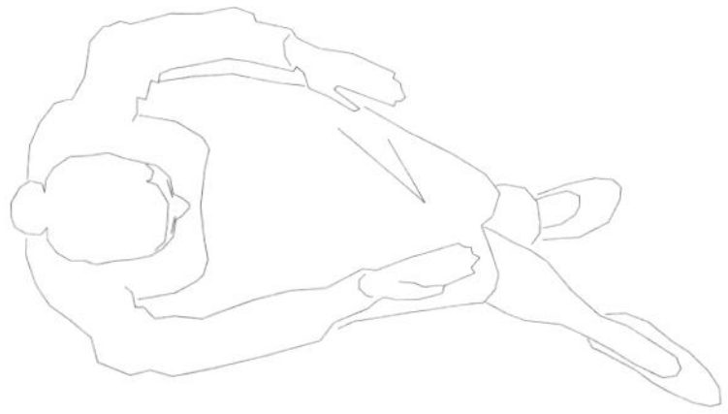
▲RW057

▲RW058

▲RW059

▲RW059

▲RW059

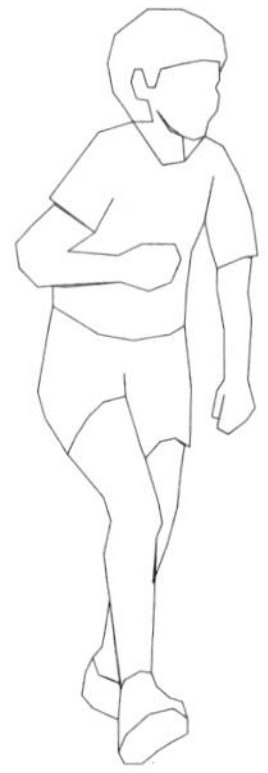
▲RW060

▲RW061

▲RW62

▲RW63

▲RW064

▲RW65

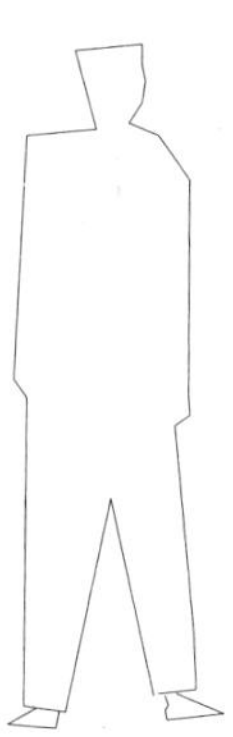

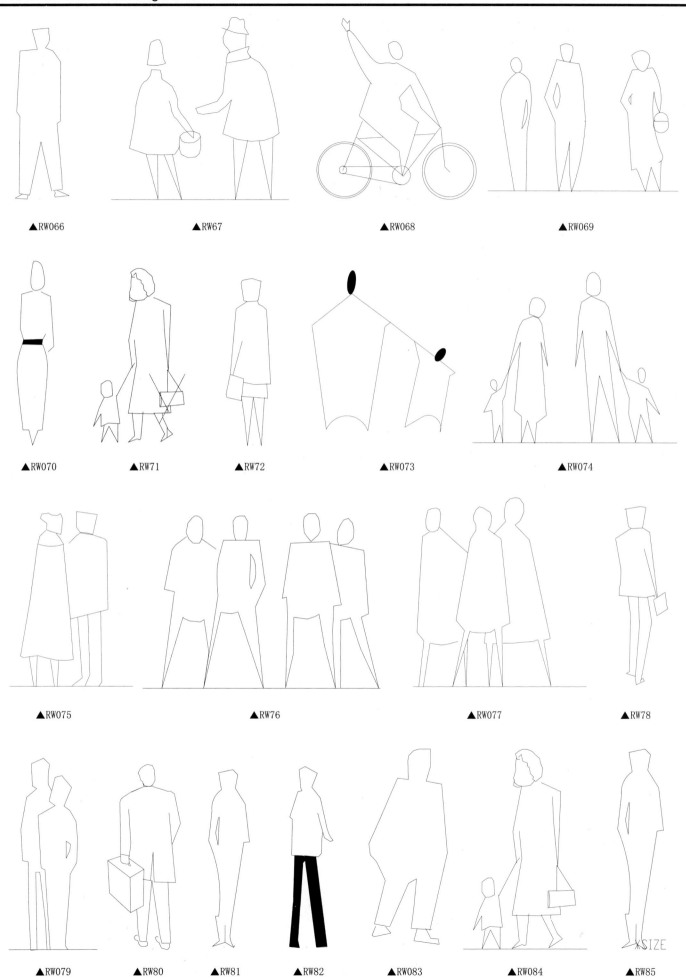

▲RW066

▲RW67

▲RW068

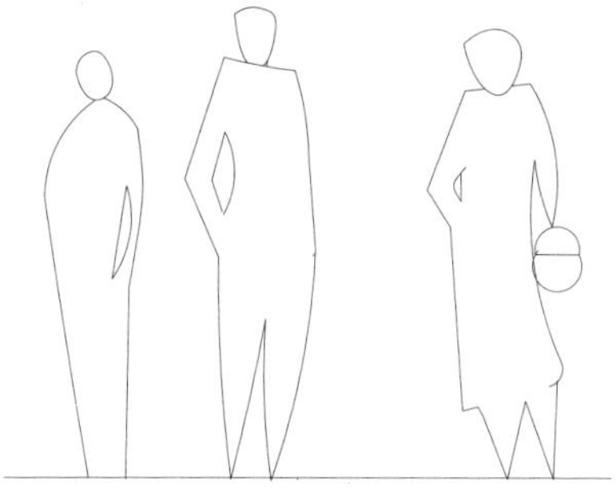

▲RW069

▲RW070

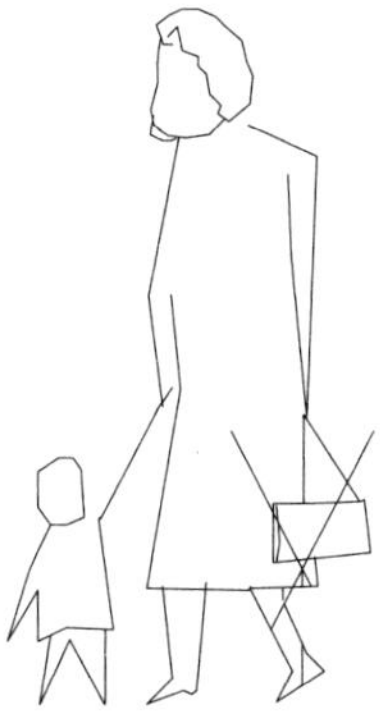

▲RW71

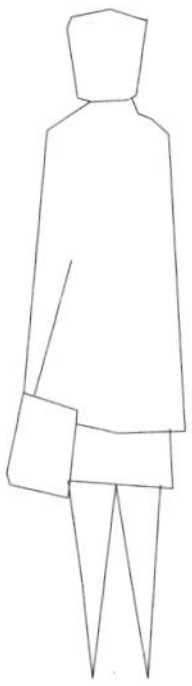

▲RW72

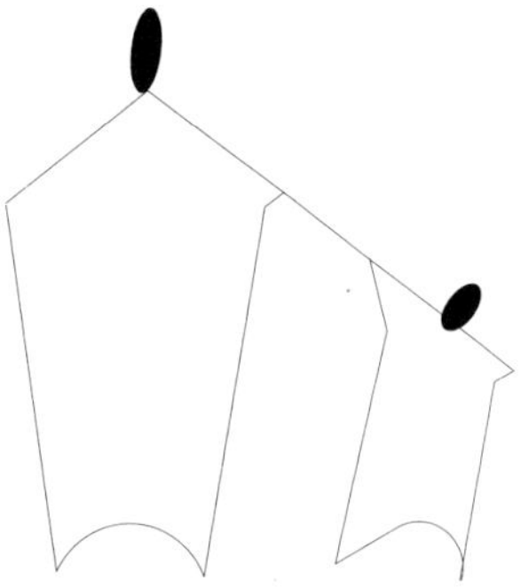

▲RW073

▲RW074

▲RW075

▲RW76

▲RW077

▲RW78

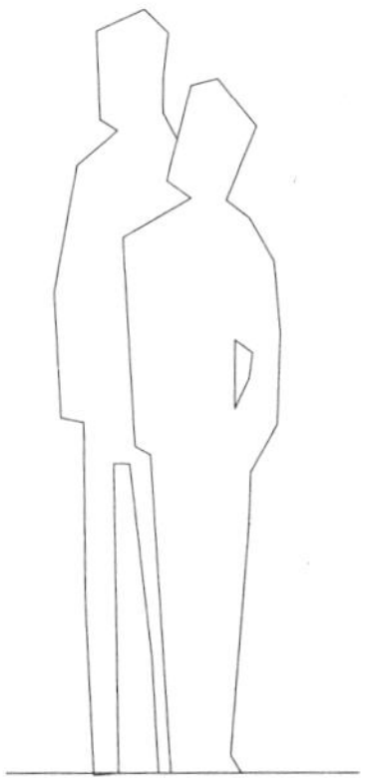

▲RW079

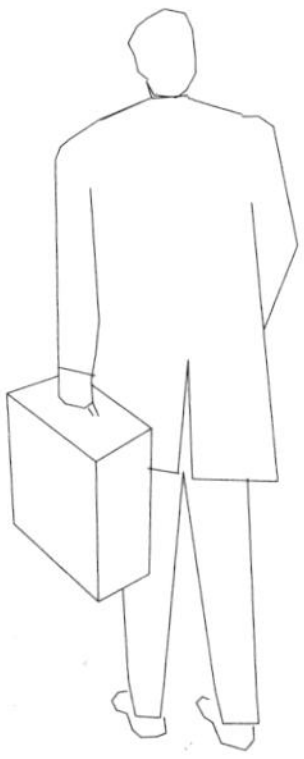

▲RW80

▲RW81

▲RW82

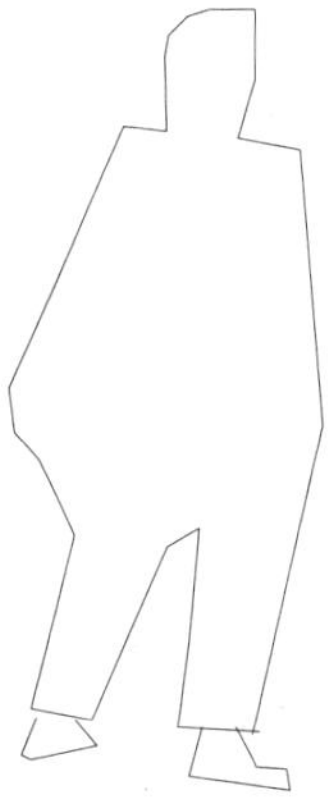

▲RW083

▲RW084

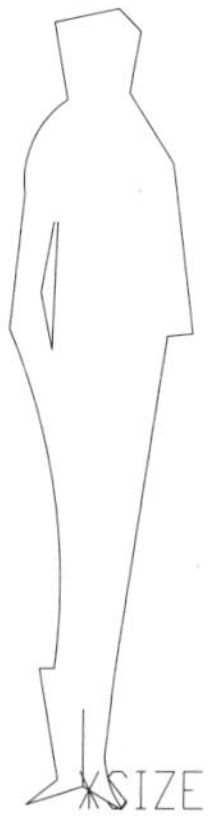

▲RW85

人物

▲RW086

▲RW087

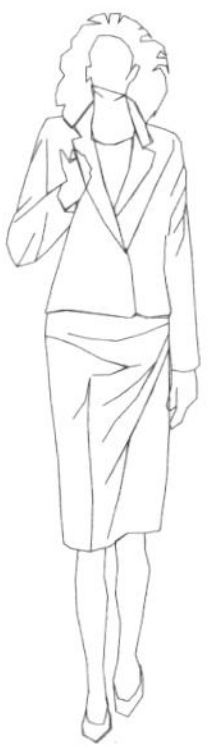
▲RW088

▲RW089

▲RW090

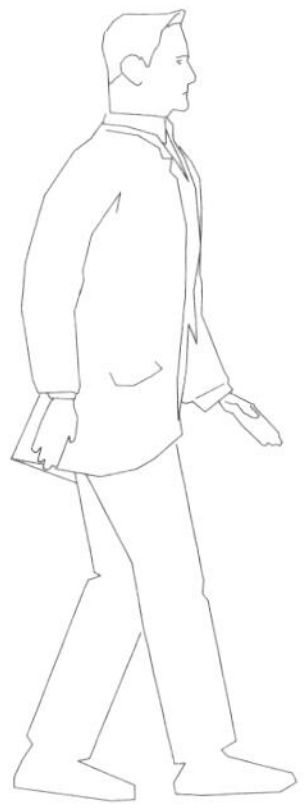
▲RW091

▲RW092

▲RW093

▲RW094

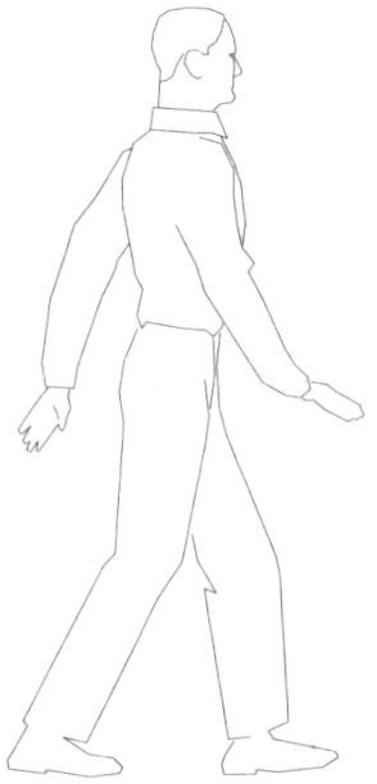
▲RW095

▲RW096

▲RW097

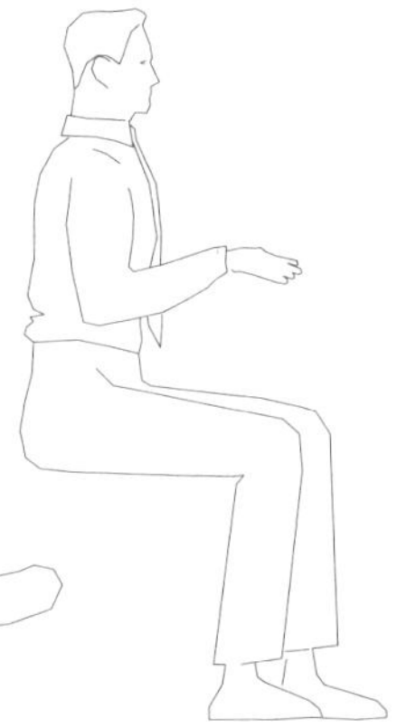
▲RW098

▲RW099

▲RW100

▲RW101

▲RW102

▲RW103

▲RW104

▲RW105

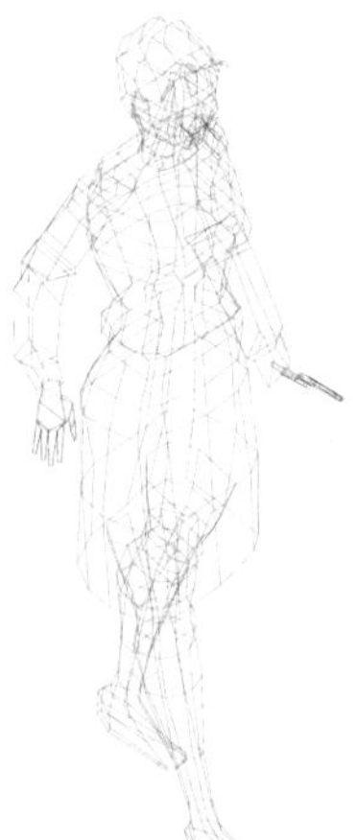
▲RW106

▲RW107

▲RW108

▲RW109

▲RW110

▲RW111

▲RW112

▲RW113

▲RW114

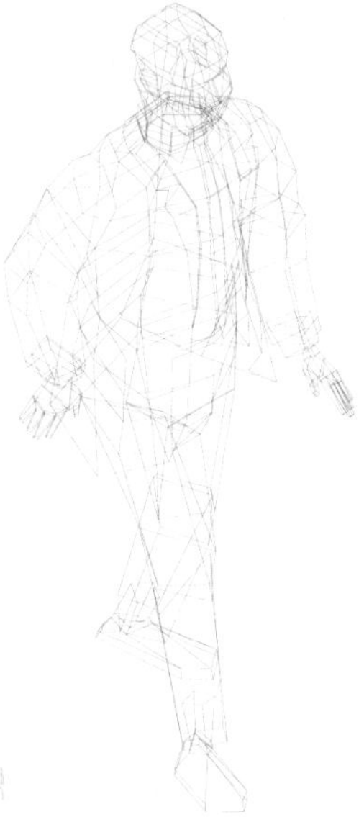
▲RW115

▲RW116

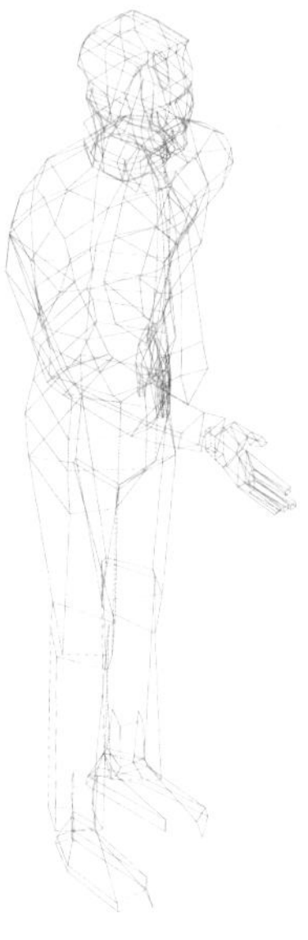
▲RW117

▲RW108

▲RW119

▲RW120

▲RW121

▲RW122

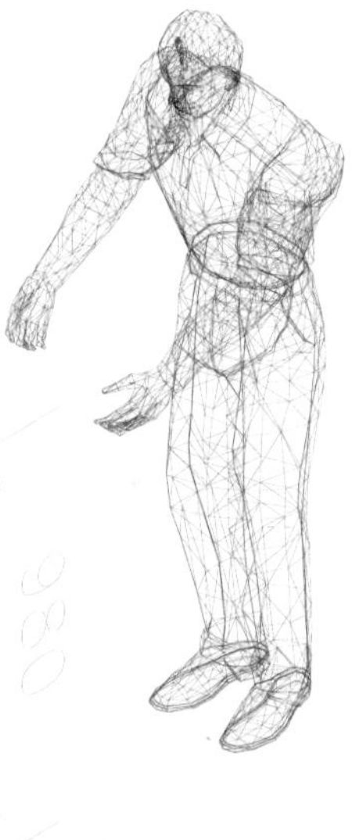
▲RW123

▲RW124

▲RW125

▲RW126

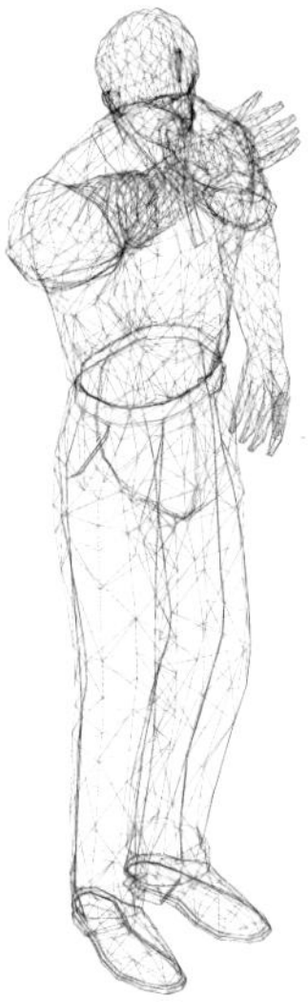
▲RW127

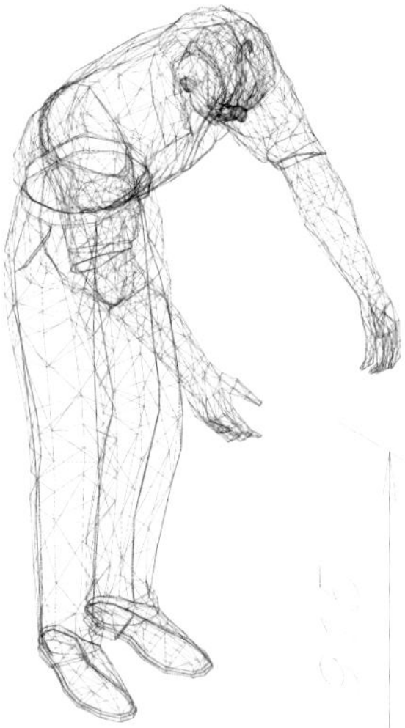
▲RW128

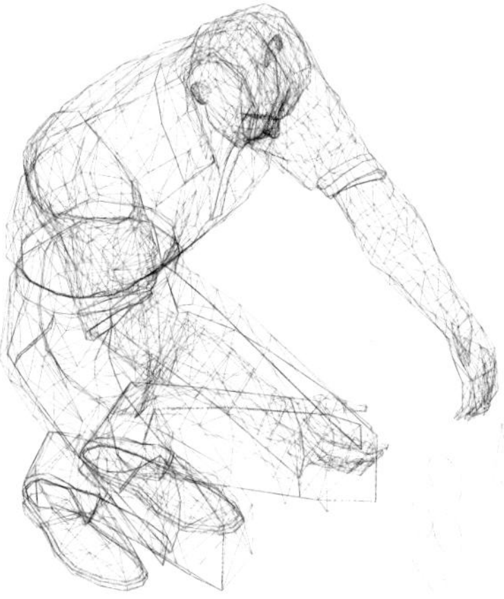
▲RW129

▲RW130

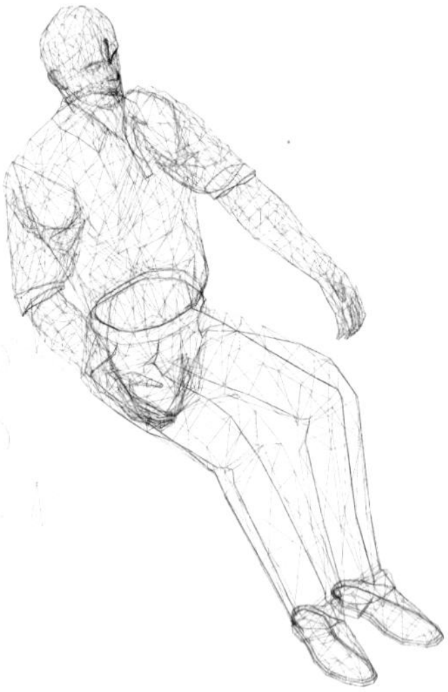
▲RW131

▲RW132

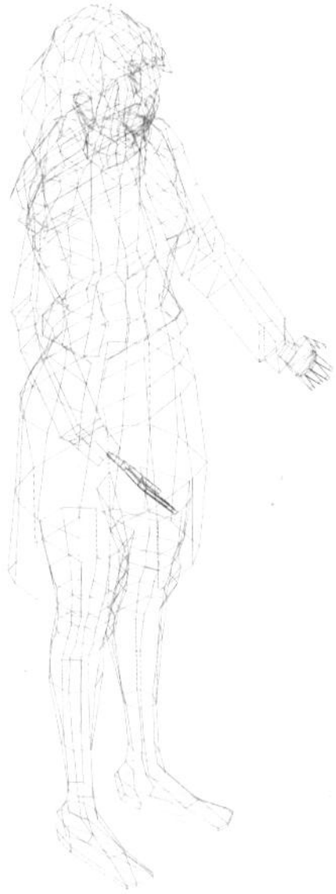
▲RW133

▲RW134

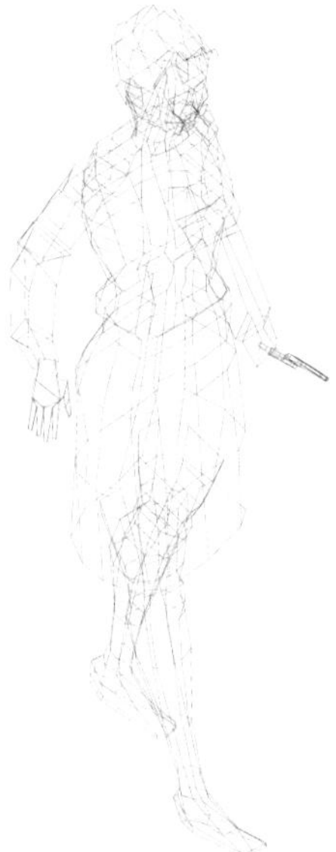
▲RW135

▲RW136

▲RW137

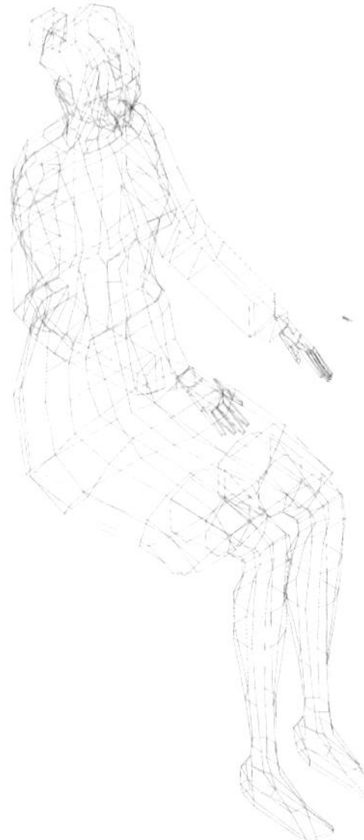
▲RW138

▲RW139

▲RW140

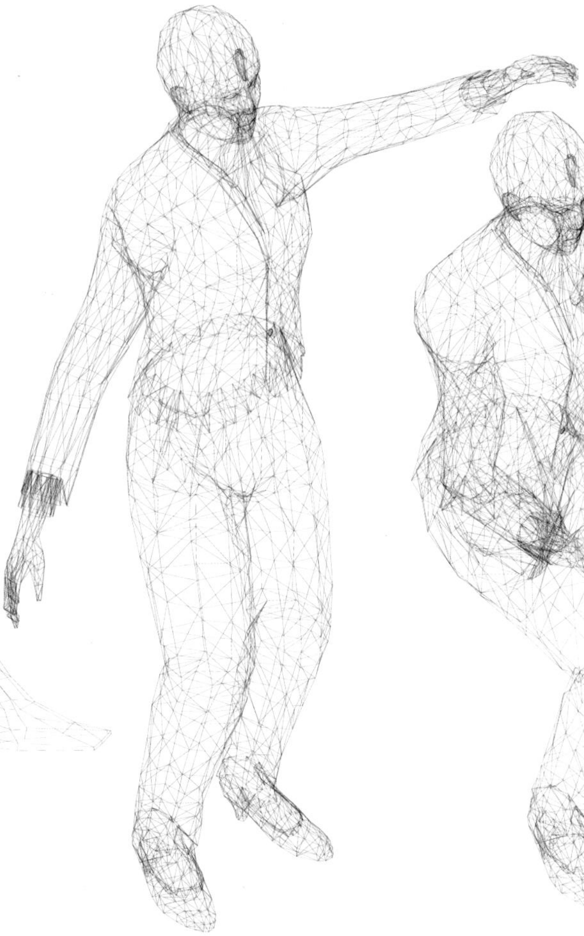

▲RW141

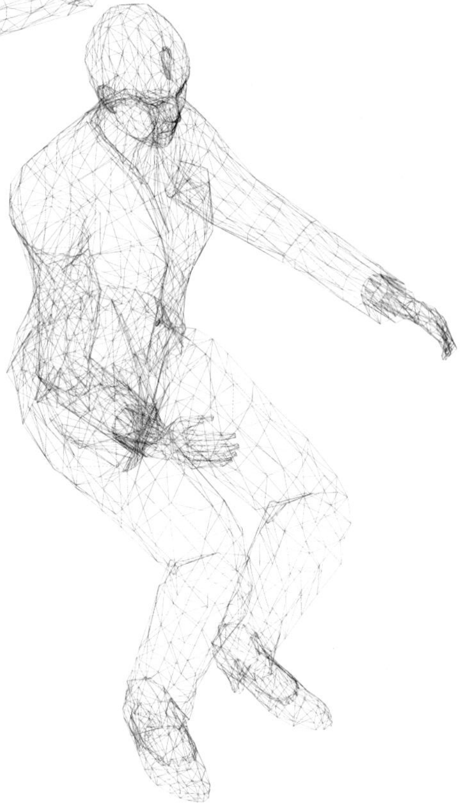

▲RW142

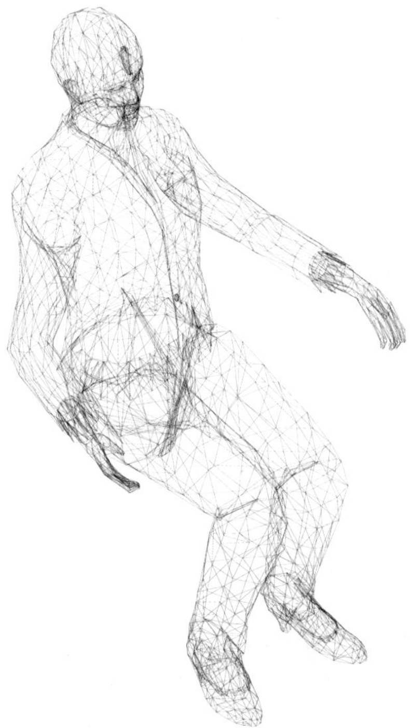

▲RW143

▲RW144

▲RW145

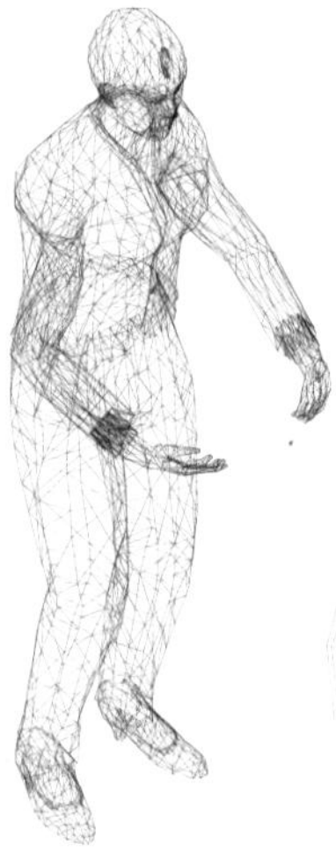

▲RW146

▲RW147

▲RW148

▲RW149

▲RW150

▲RW151

▲RW152

▲RW153

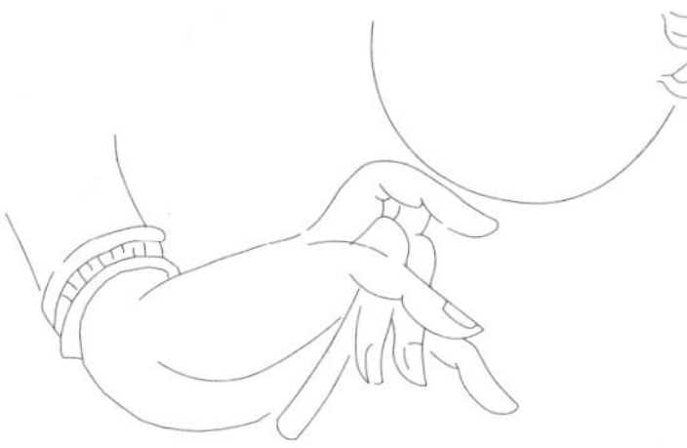

▲SS01

▲SS01

▲SS01

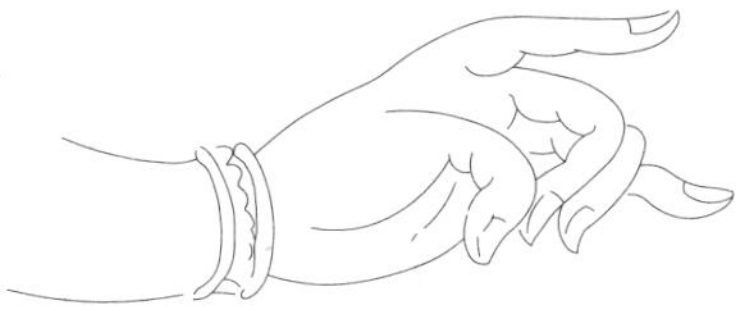

▲SS01

▲SS01

▲SS01

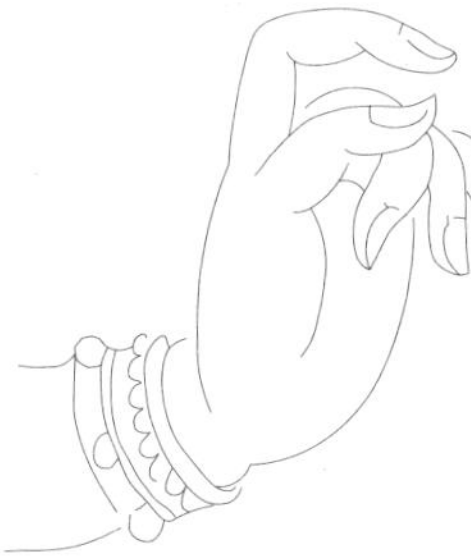

▲SS01

▲SS01

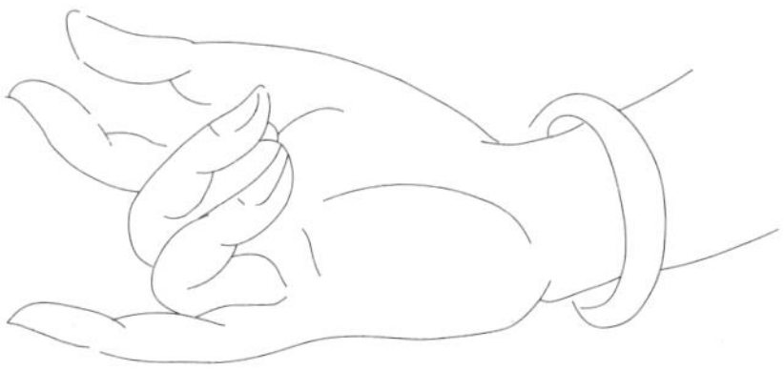

▲SS01

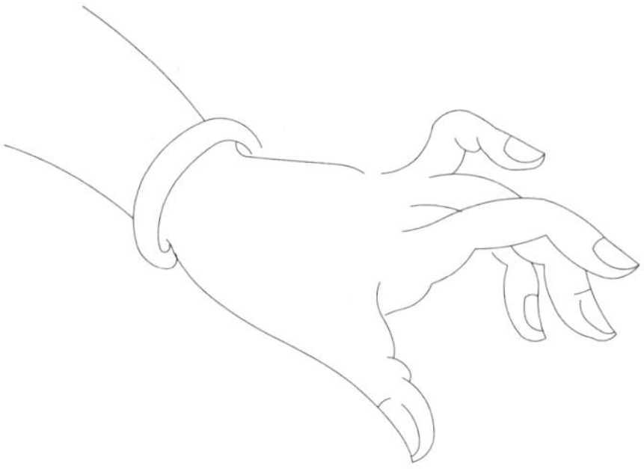

▲SS01

▲SS01

▲SS01

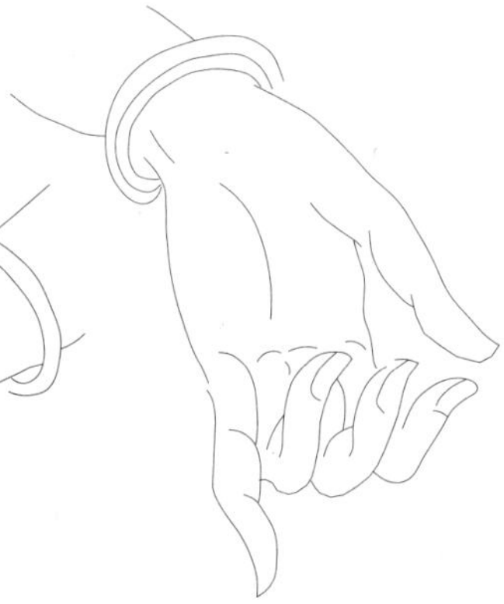

▲SS01

▲SS01

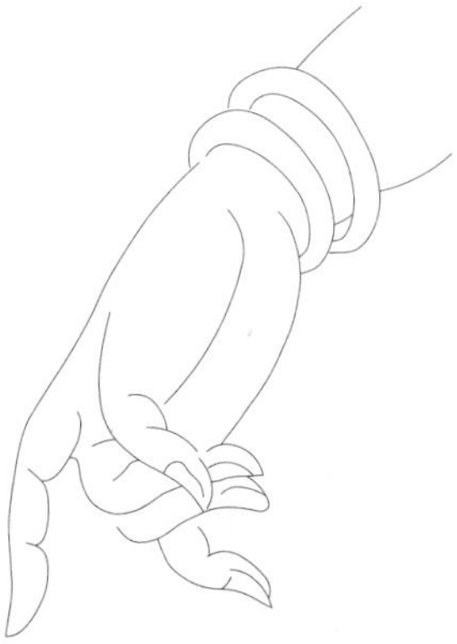

▲RW145

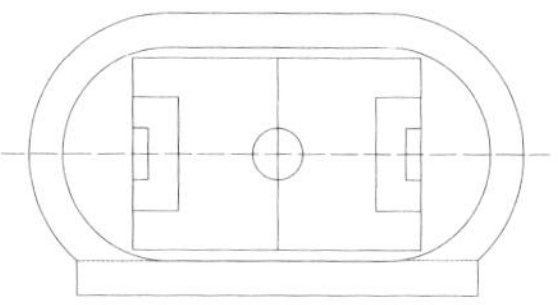
▲001运动

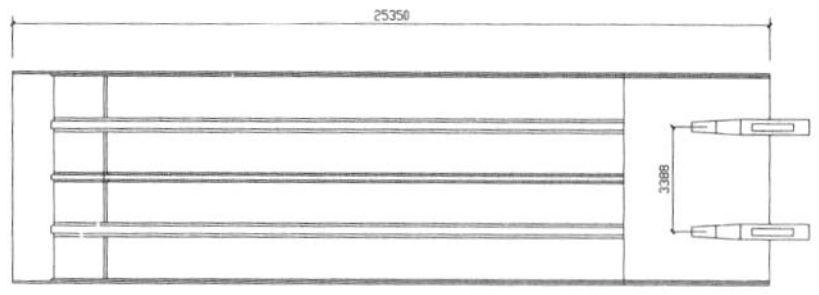
▲002运动

▲003运动

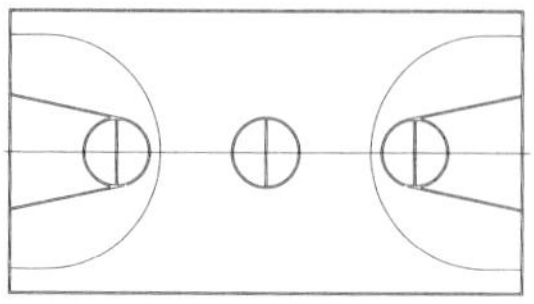
▲004运动

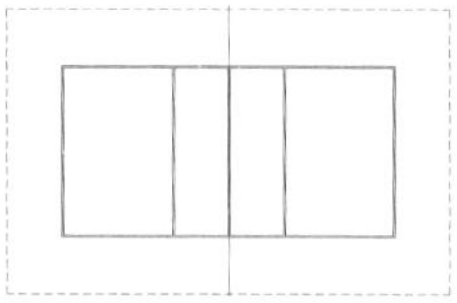
▲005运动

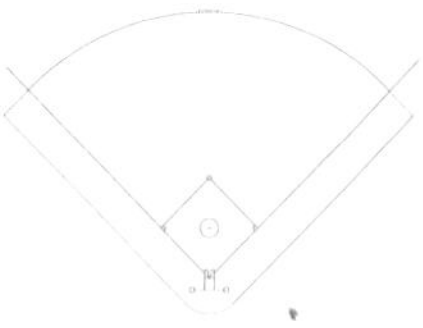
▲006运动

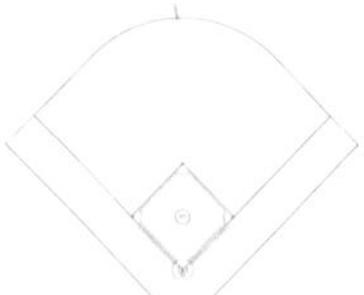
▲007运动

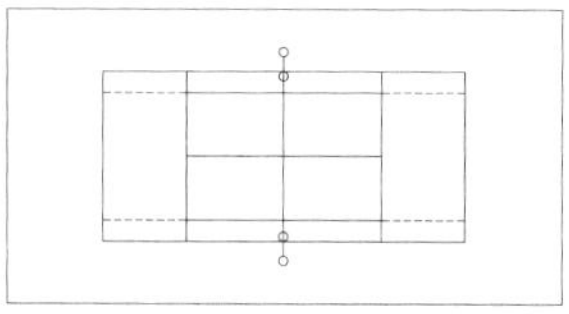
▲008运动

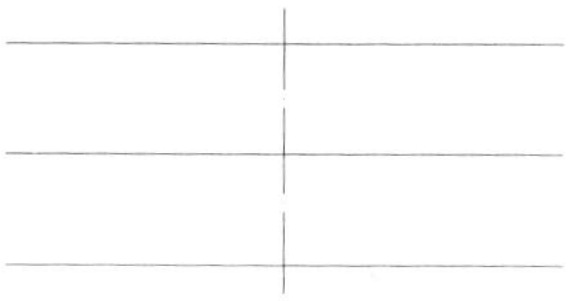
▲009运动

▲010运动

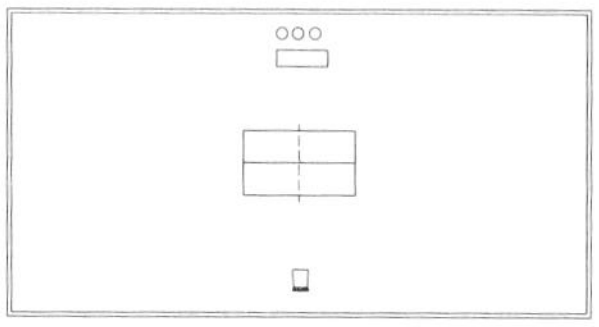
▲011运动

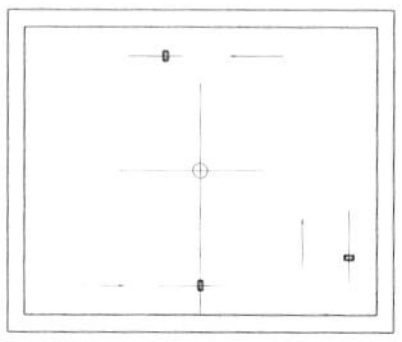
▲012运动

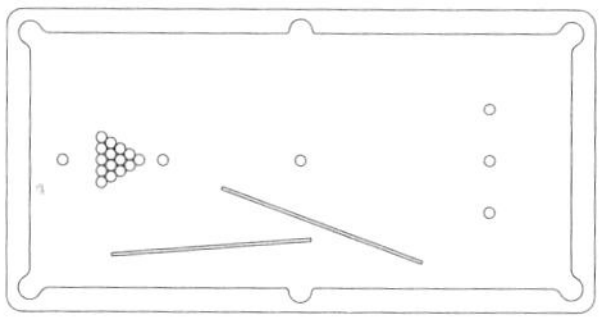
▲017运动

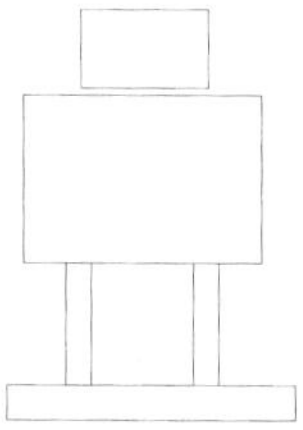
▲015运动

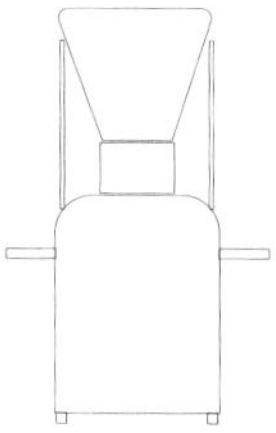
▲016运动

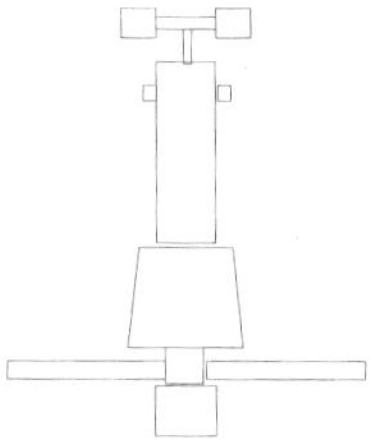
▲013运动

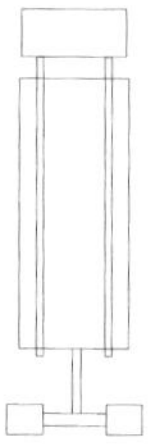
▲014运动

▲018运动

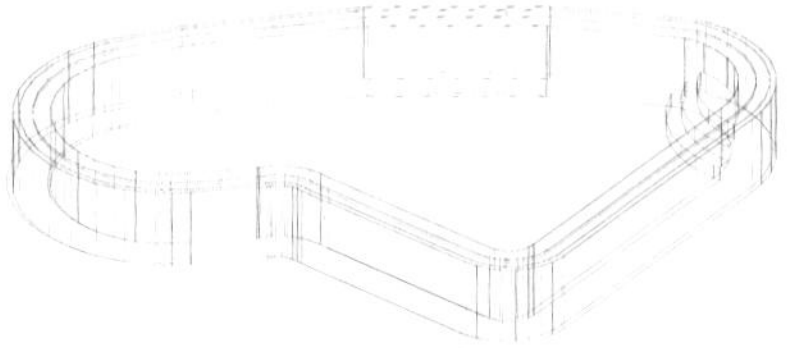
▲019运动

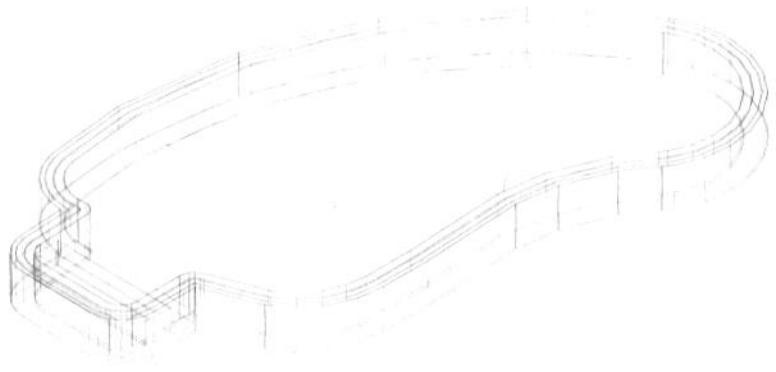
▲020运动

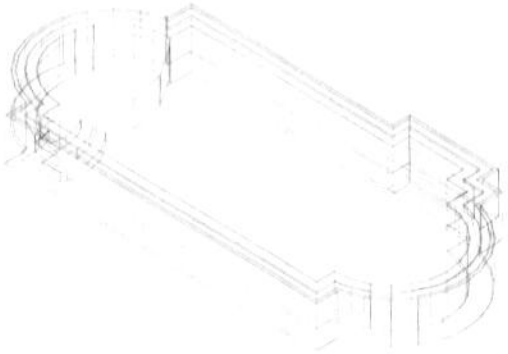
▲021运动

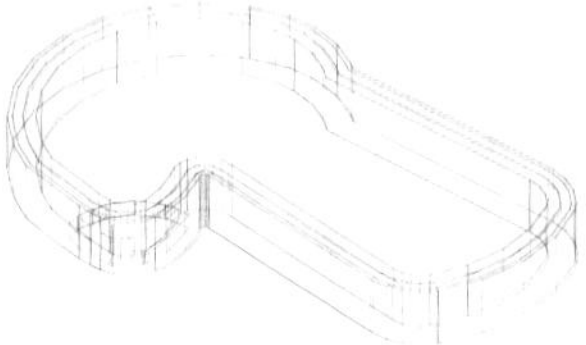
▲022运动

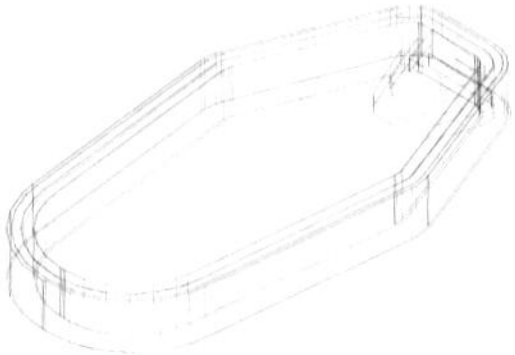
▲023运动

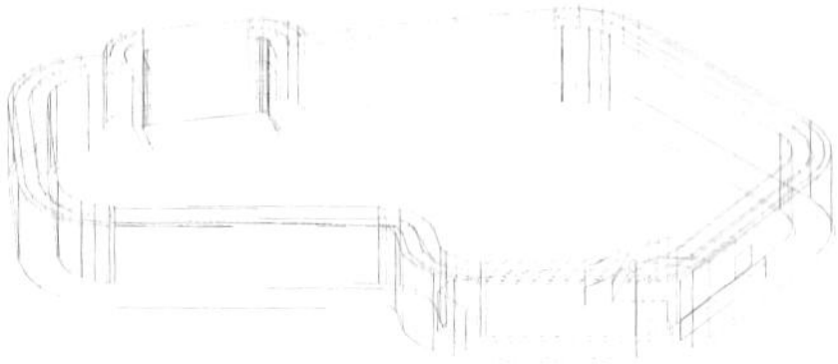
▲024运动

▲025运动

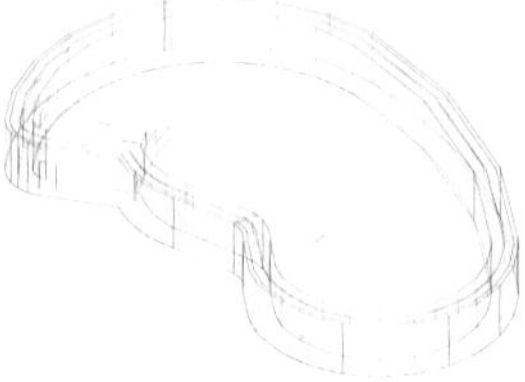
▲026运动

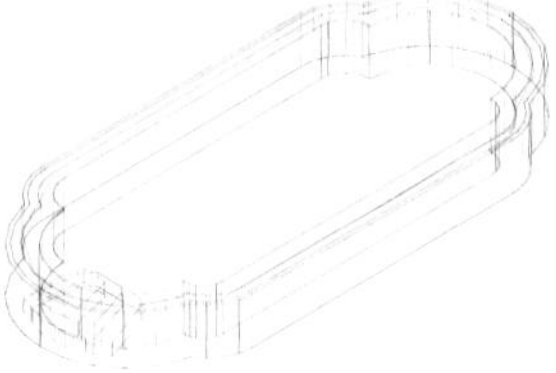
▲027运动

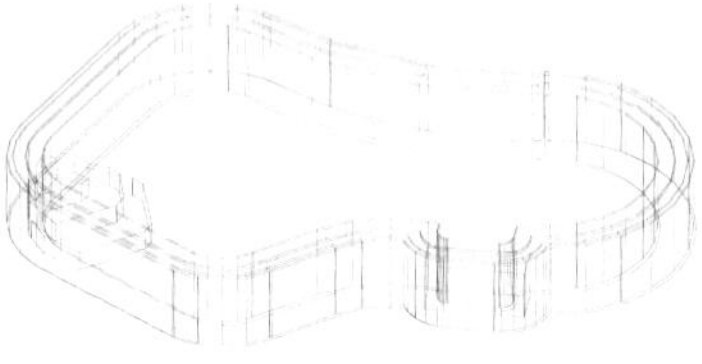
▲028运动

▲029运动

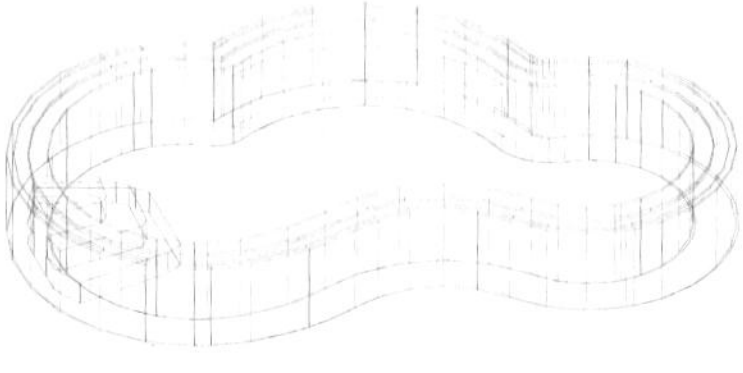
▲030运动

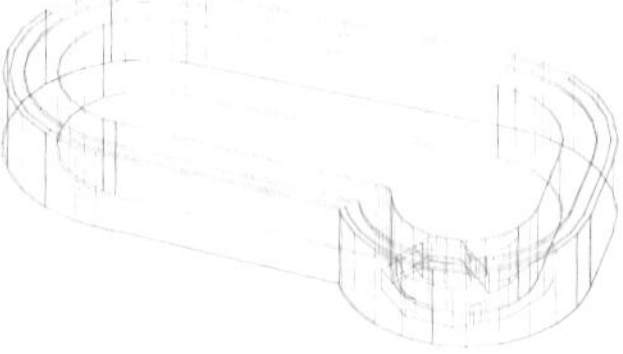
▲031运动

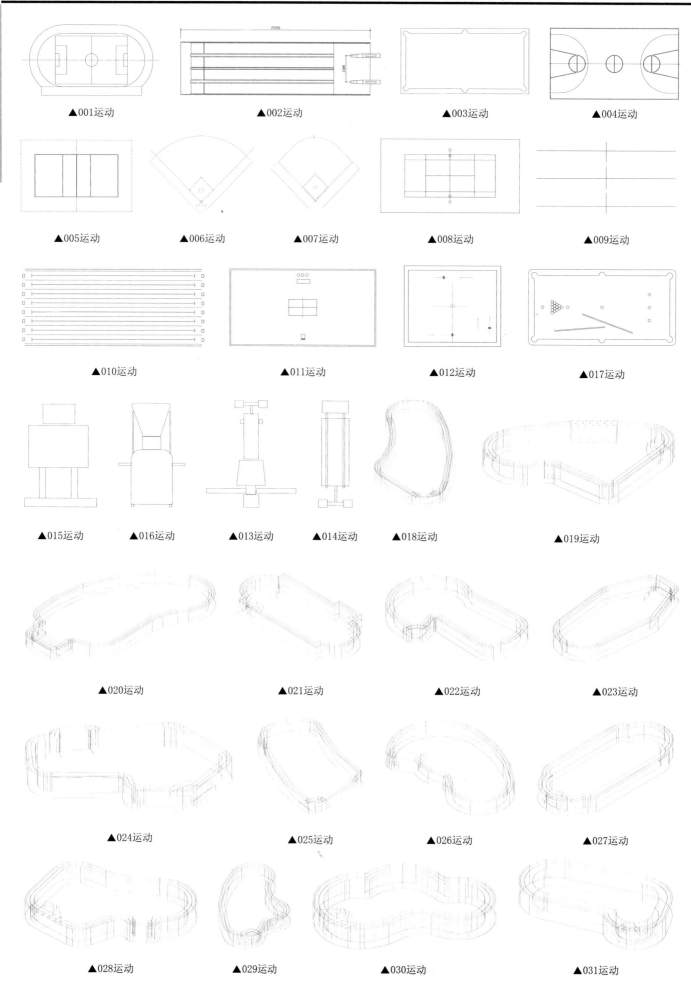

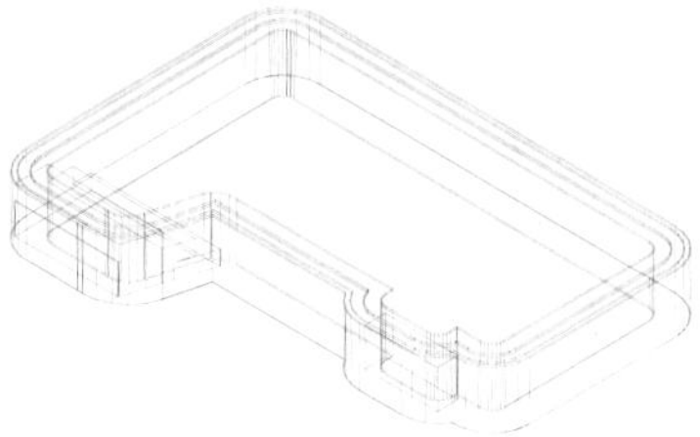
▲032运动

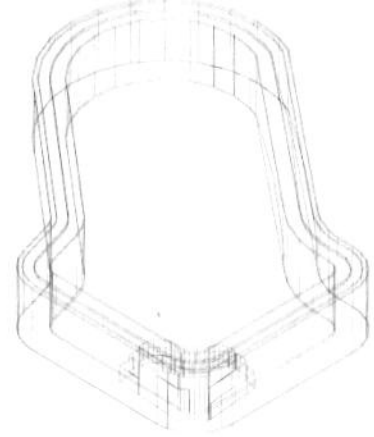
▲033运动

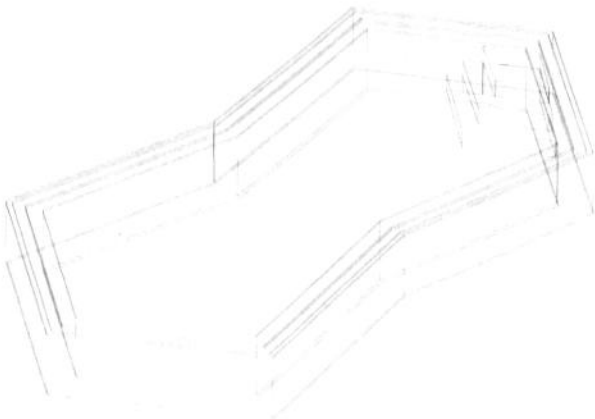
▲034运动

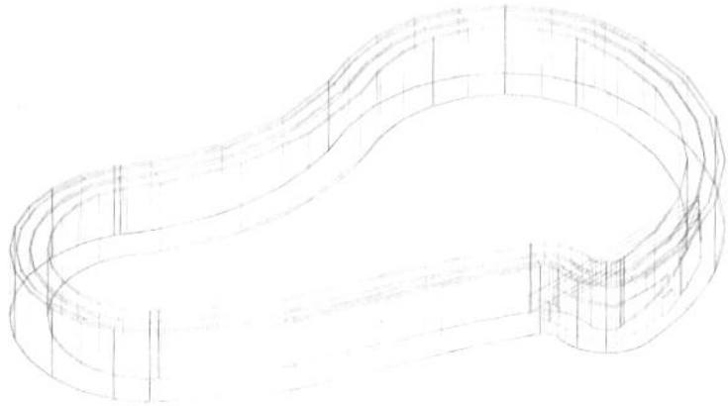
▲035运动

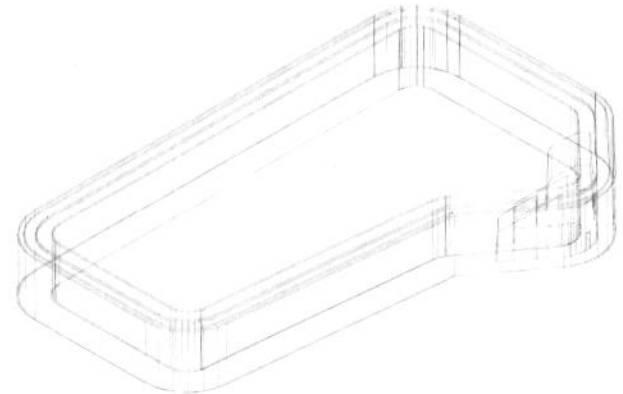
▲036运动

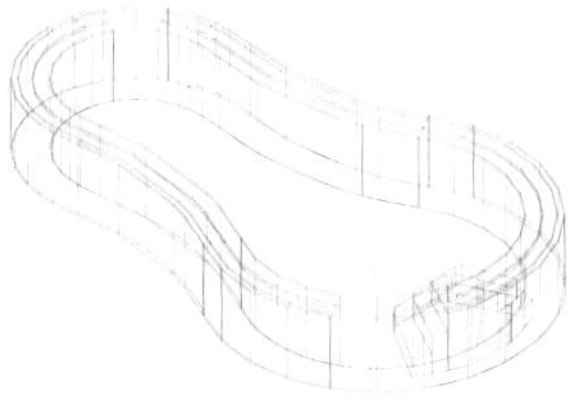
▲037运动

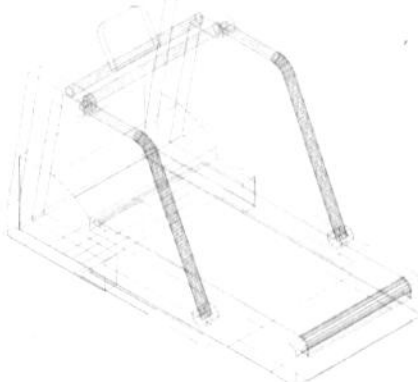
▲038运动

▲039运动

▲040运动

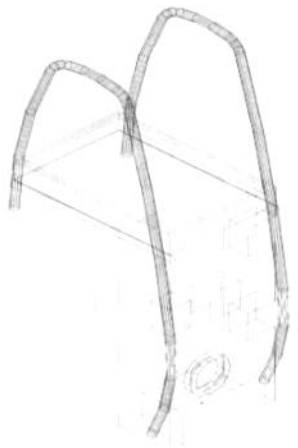
▲041运动

▲042运动

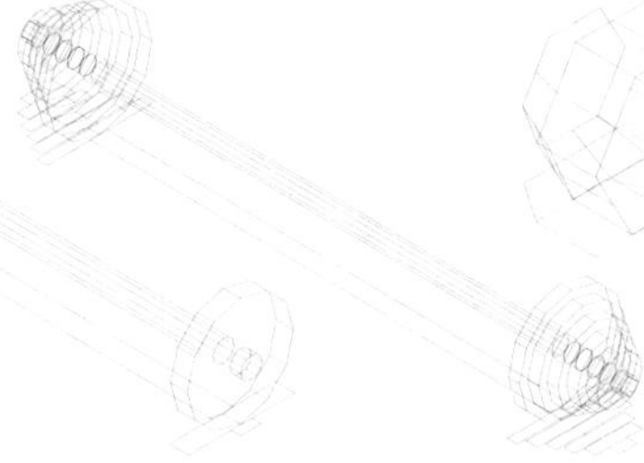
▲043运动

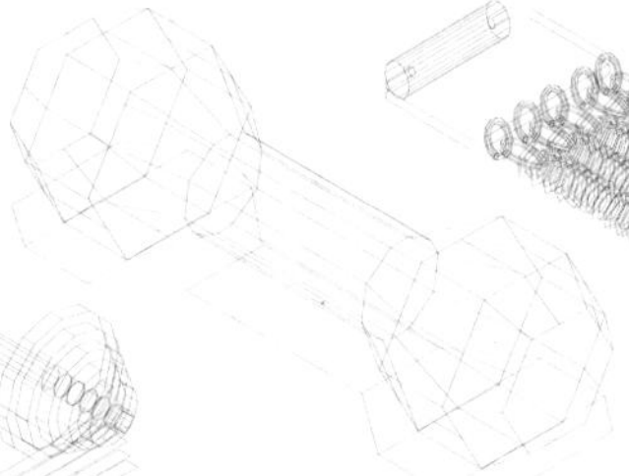
▲044运动

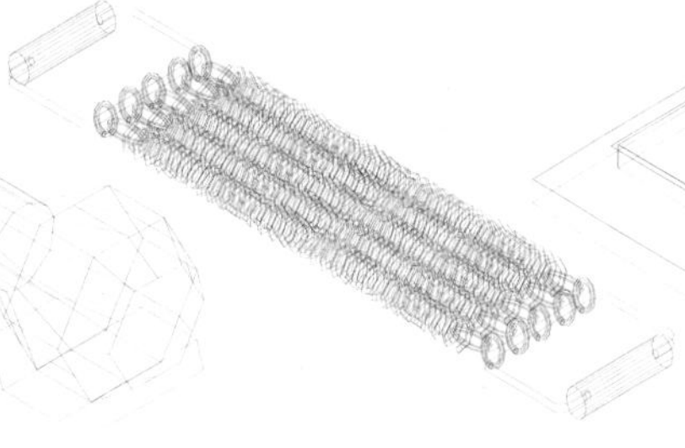
▲045运动

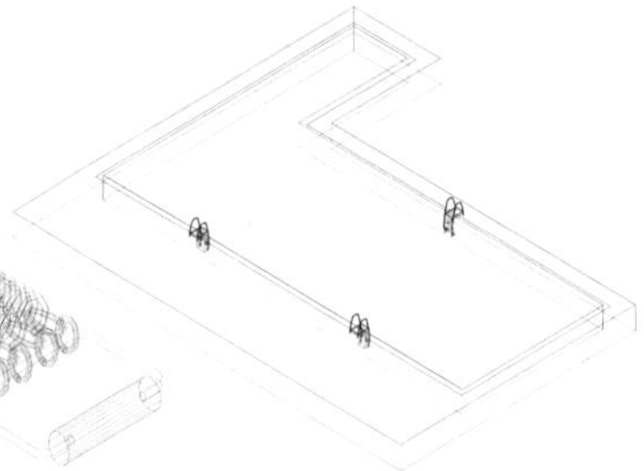
▲046运动

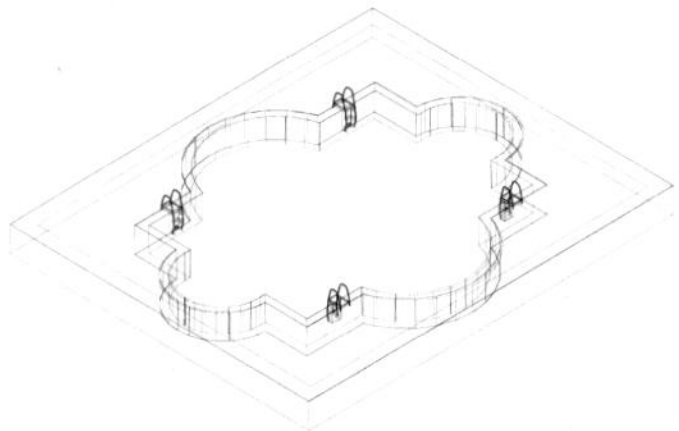
▲047运动

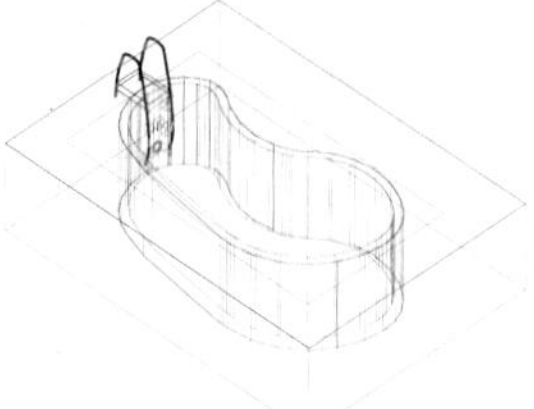
▲048运动

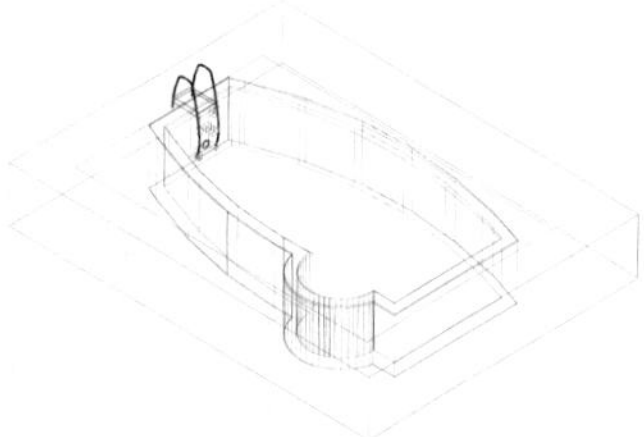
▲049运动

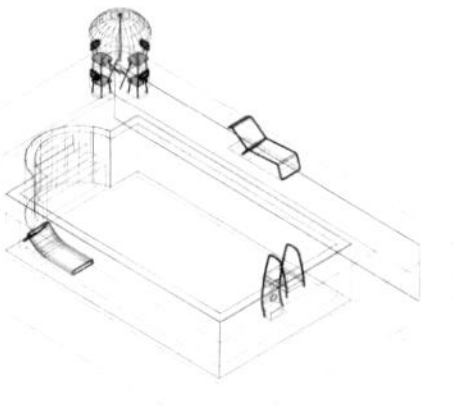
▲050运动

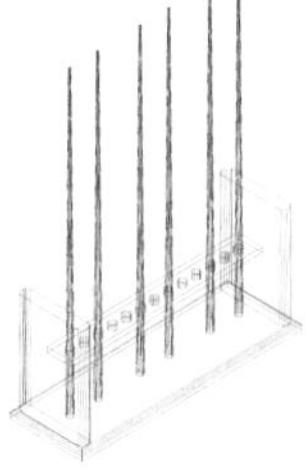
▲051运动

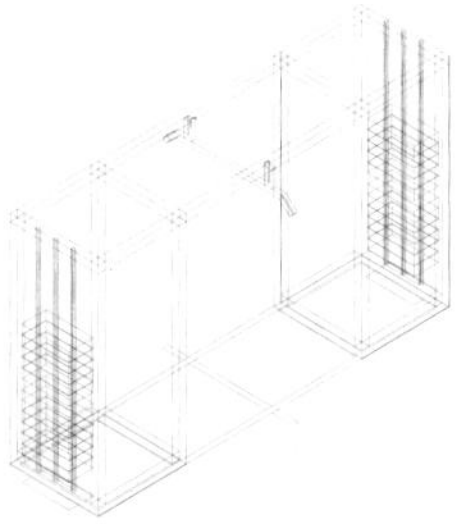
▲052运动

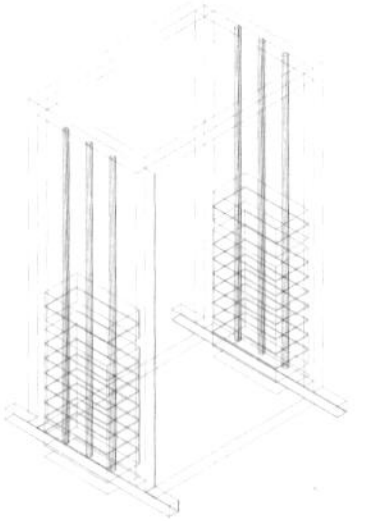
▲053运动

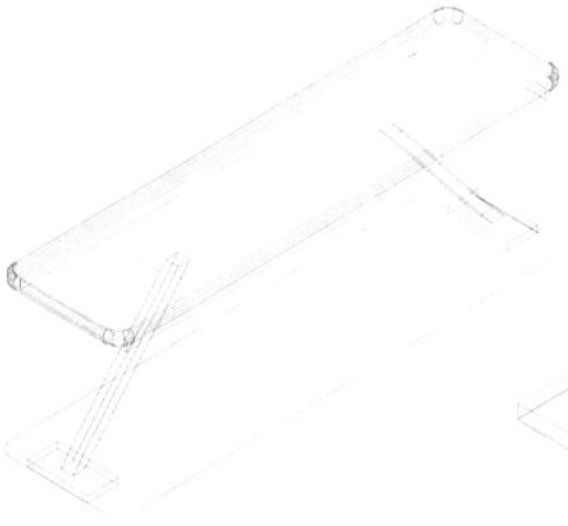
▲054运动

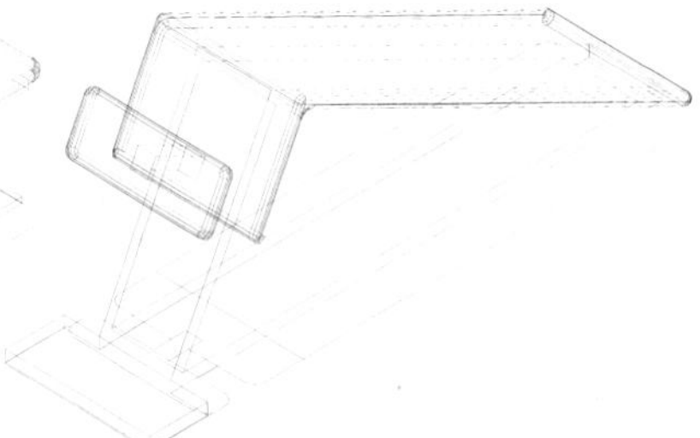
▲055运动

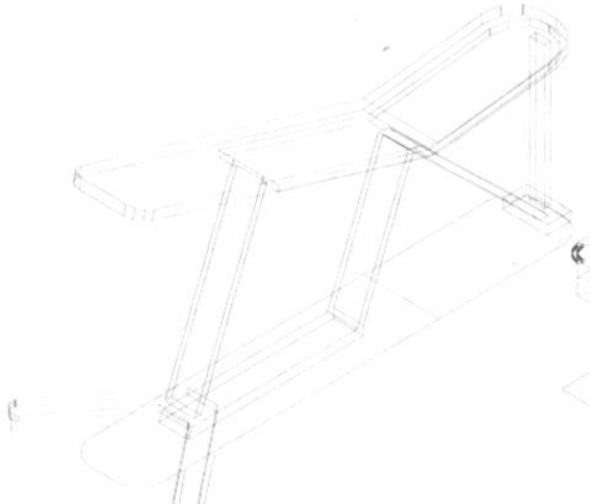
▲056运动

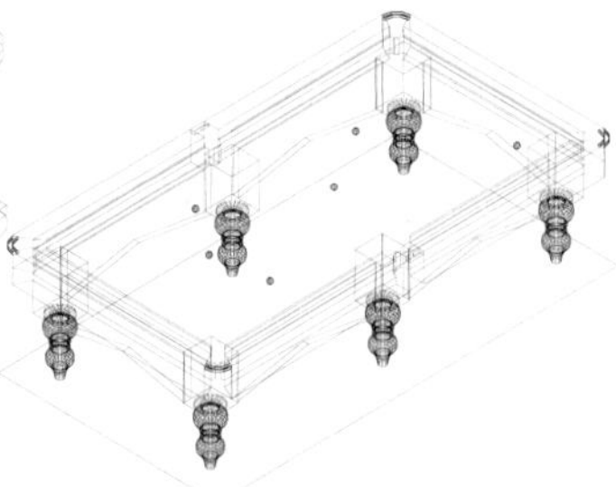
▲059运动

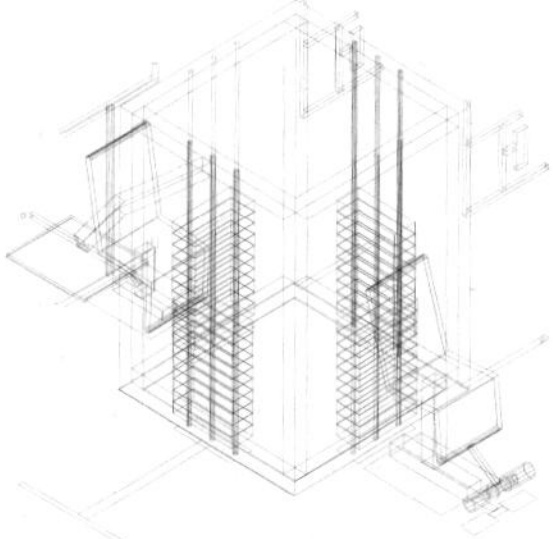
▲057运动

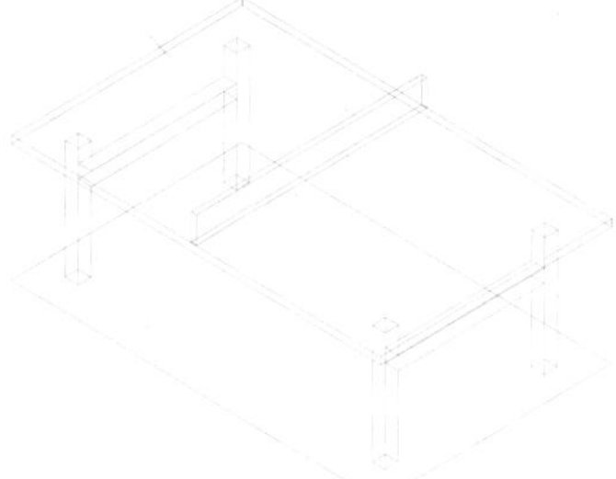
▲058运动

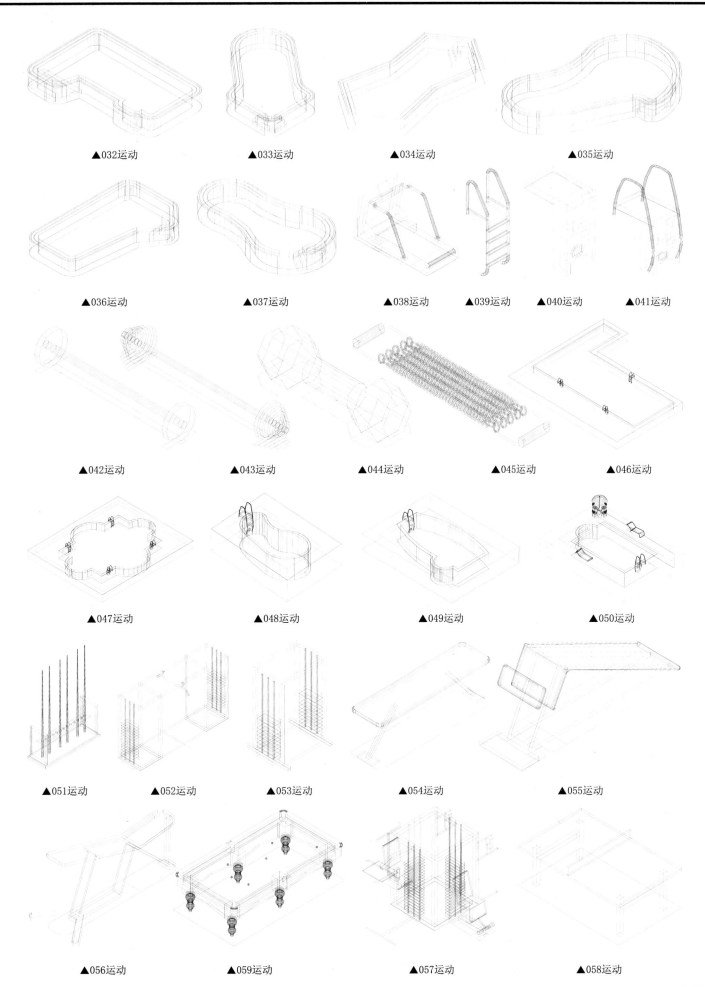

▲060运动

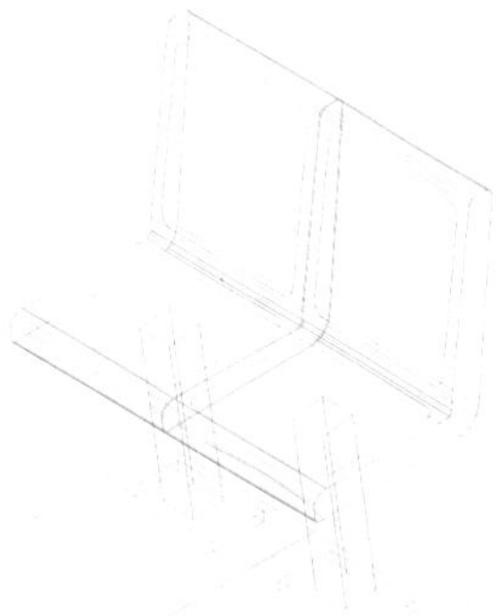
▲061运动

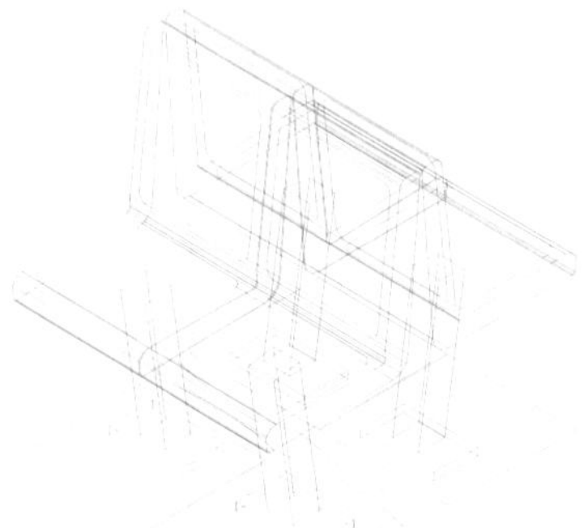
▲062运动

▲063运动

▲064运动

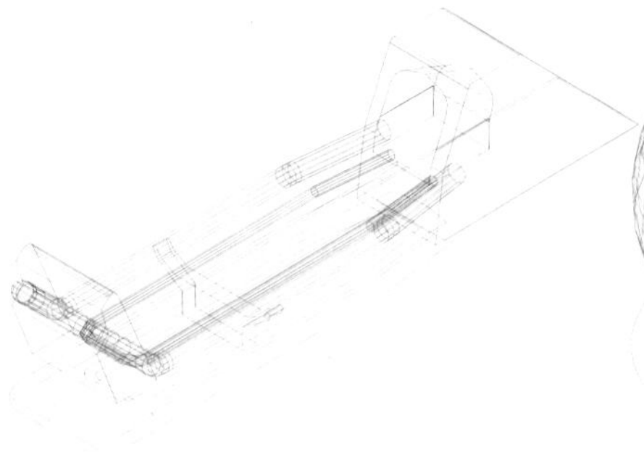
▲065运动

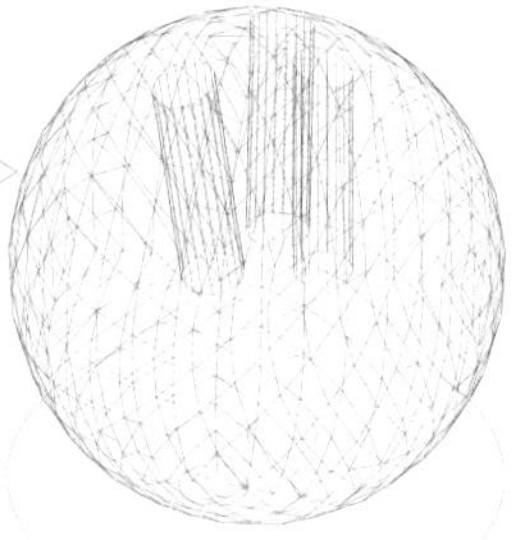
▲066运动

▲067运动

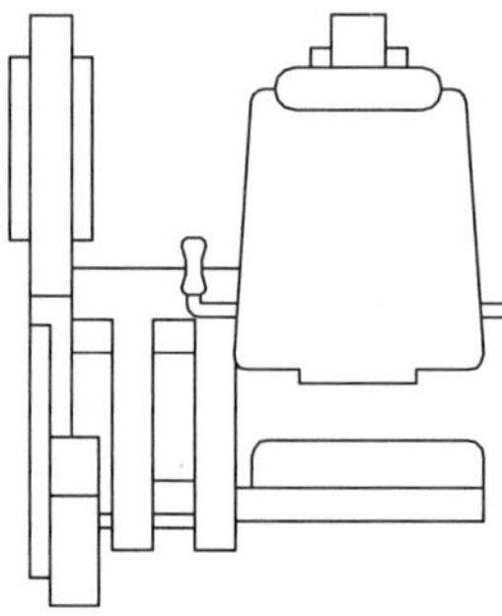
▲068器材

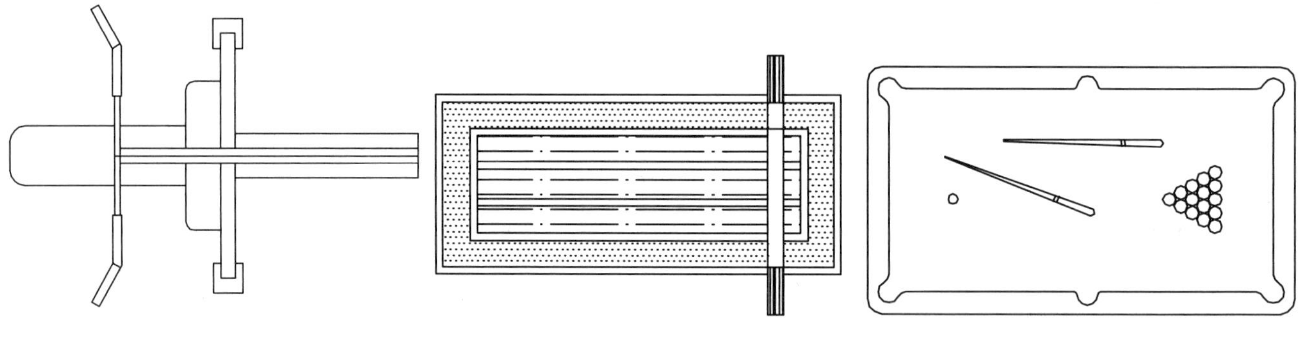
▲068器材

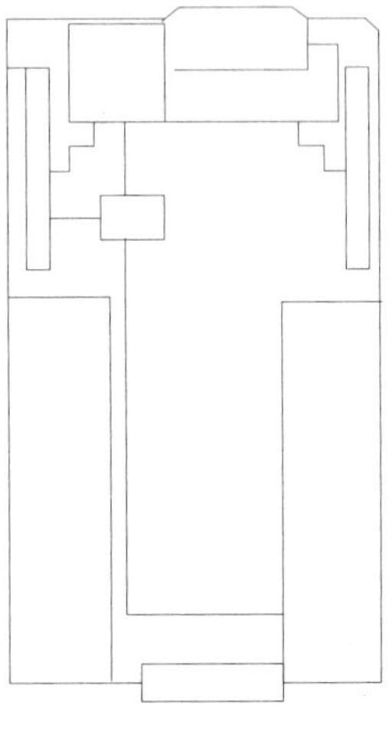
▲069器材

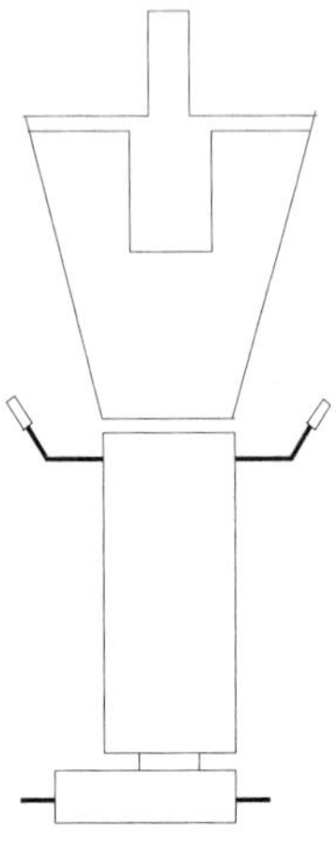
▲070器材

▲071器材

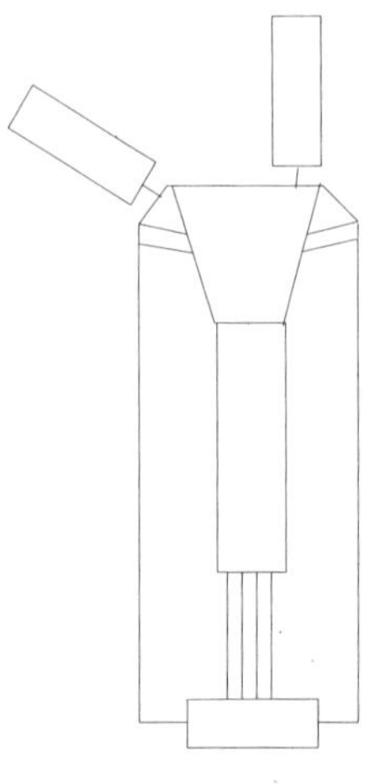
▲072器材

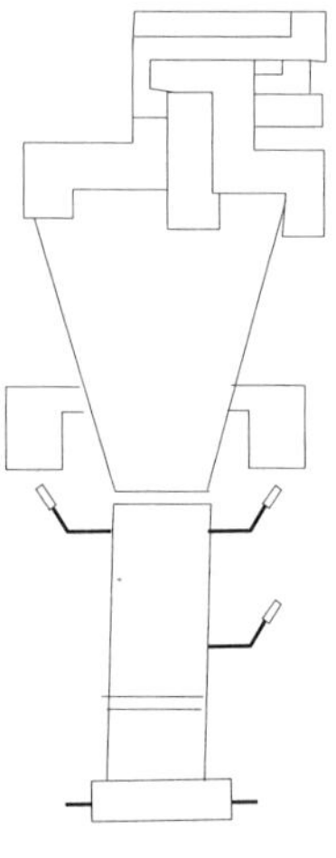
▲073器材

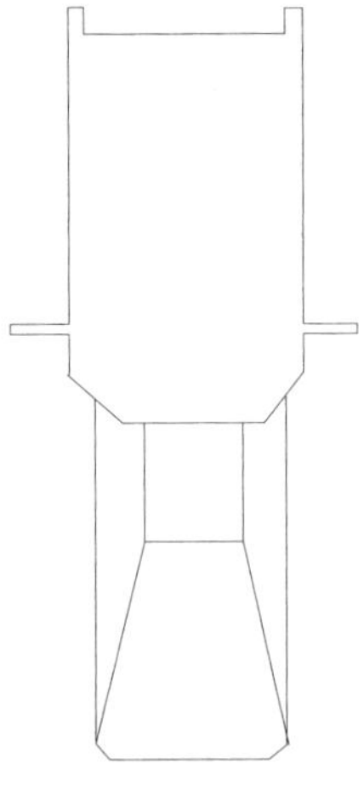
▲074器材

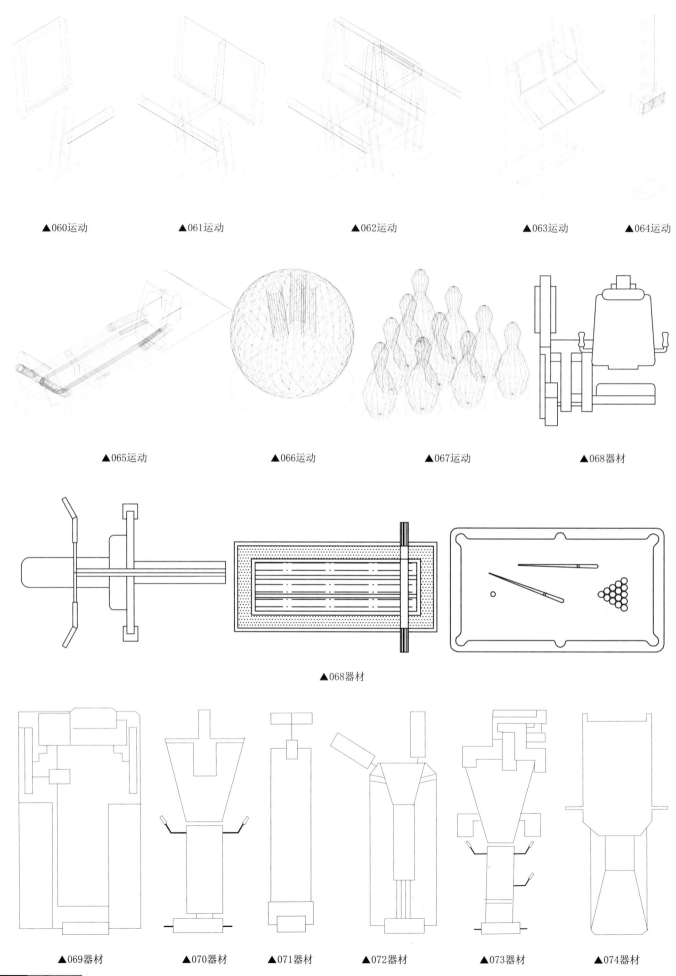

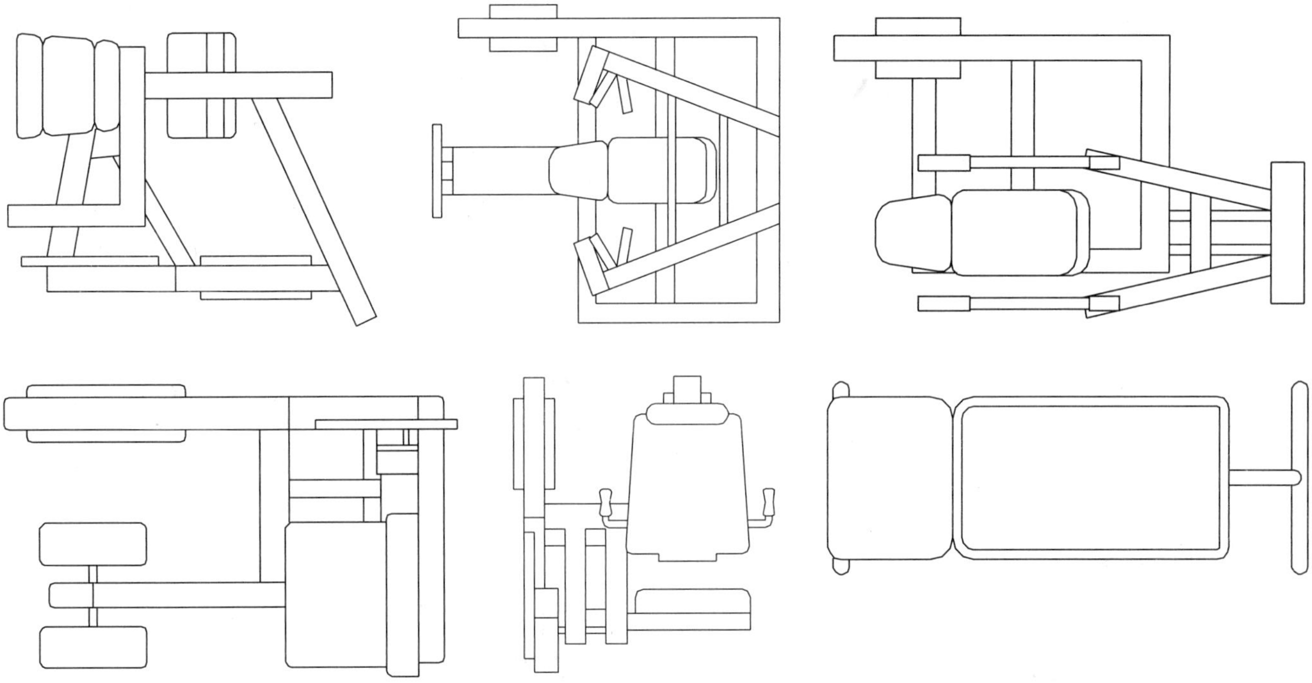

▲075器材

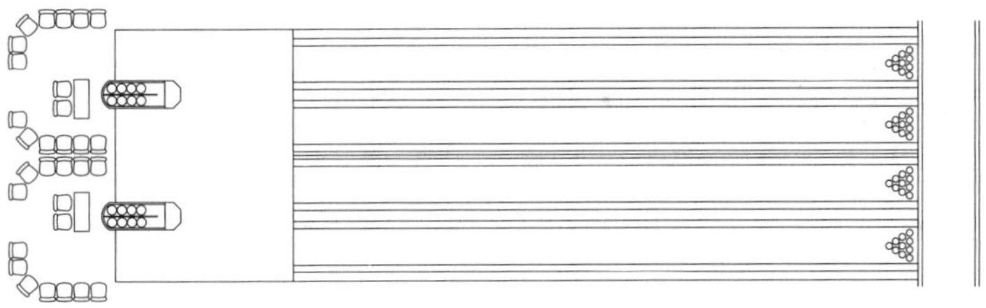

▲076器材

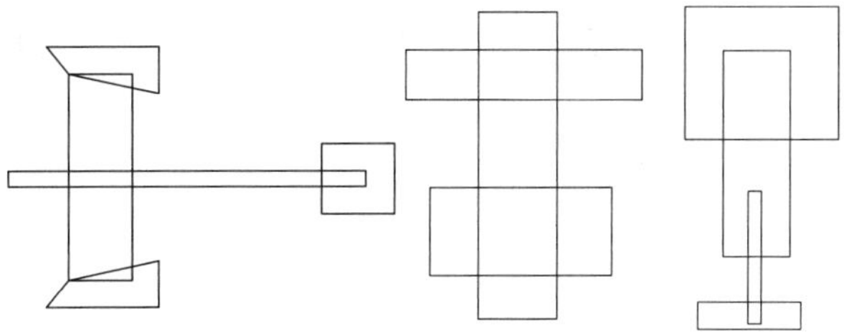

▲077器材

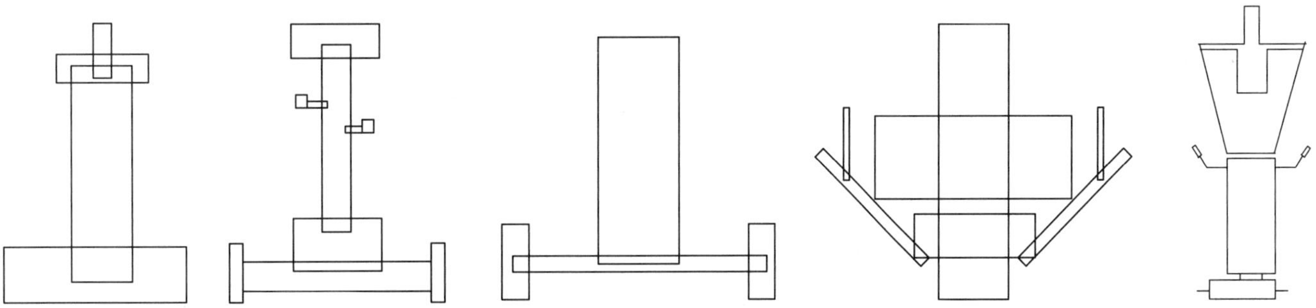

▲077器材

▲078器材

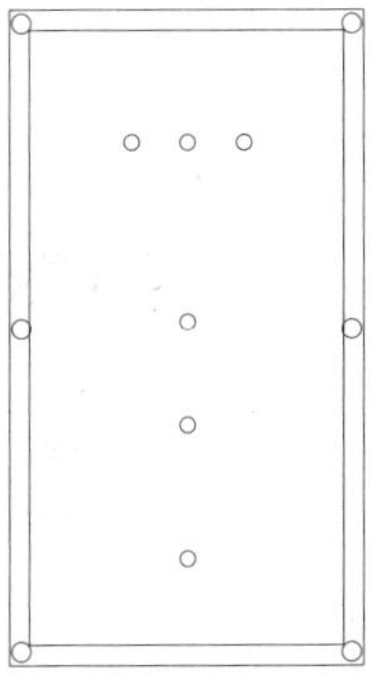

▲079器材

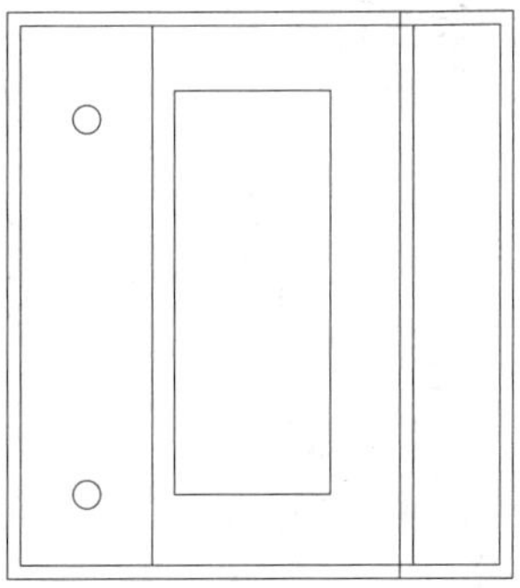

▲080器材

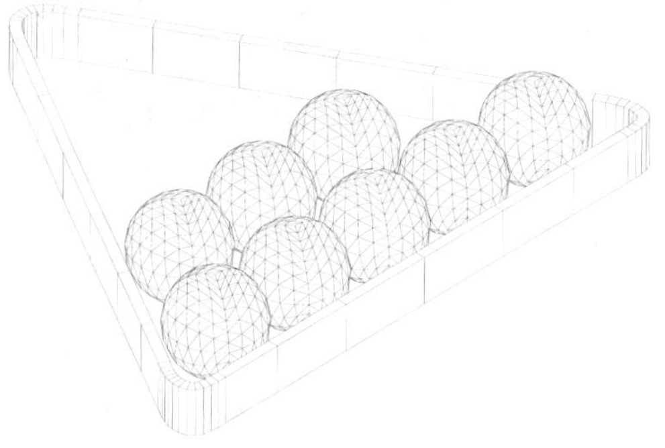

▲081器材

电器

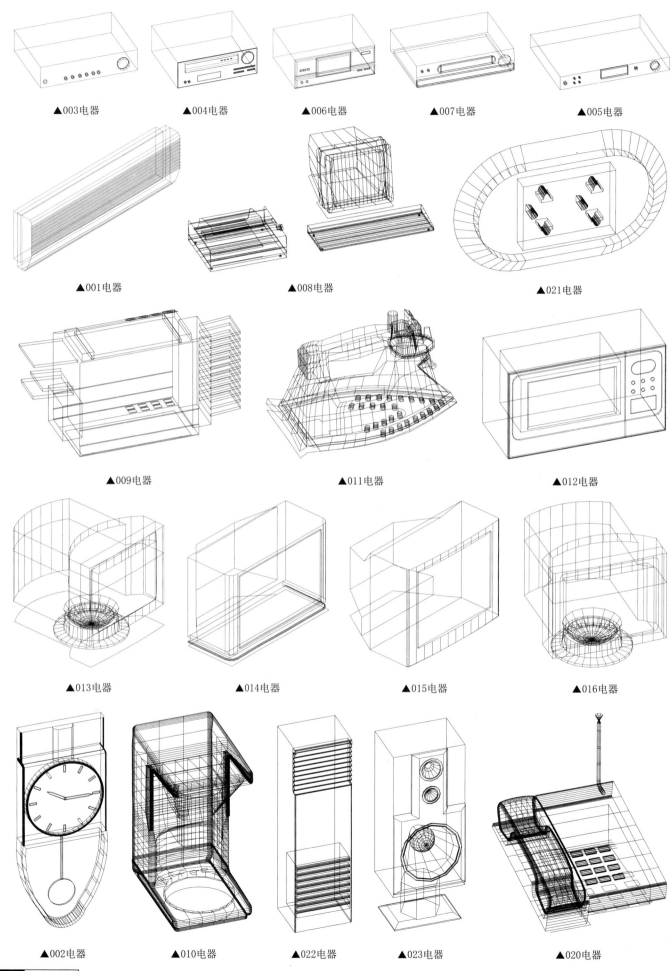

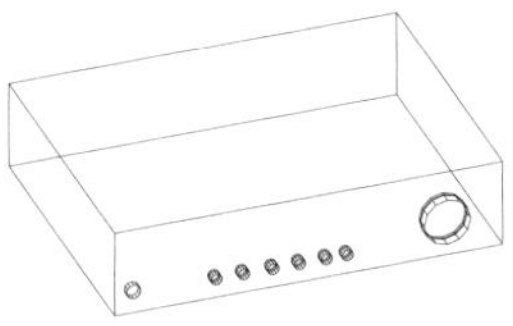
▲003电器

▲004电器

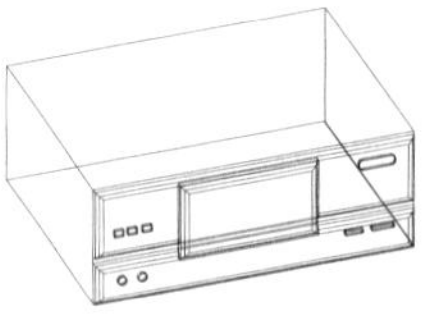
▲006电器

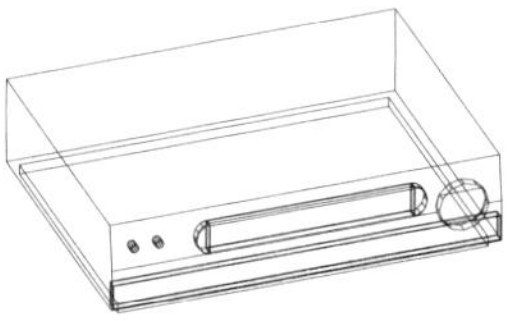
▲007电器

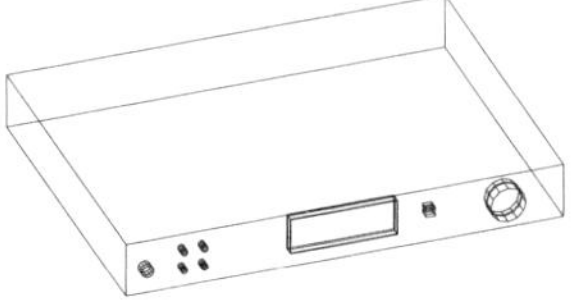
▲005电器

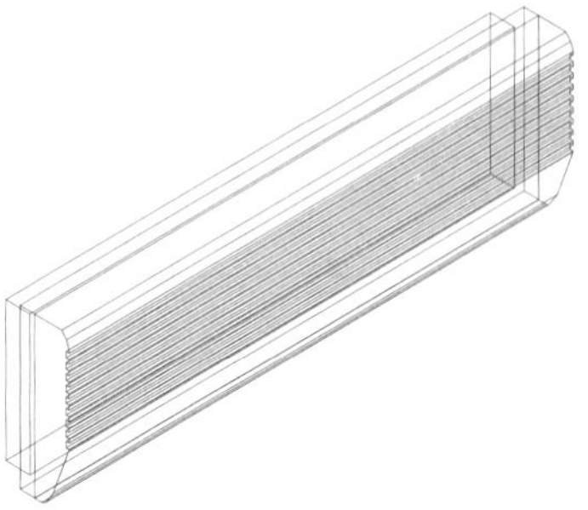
▲001电器

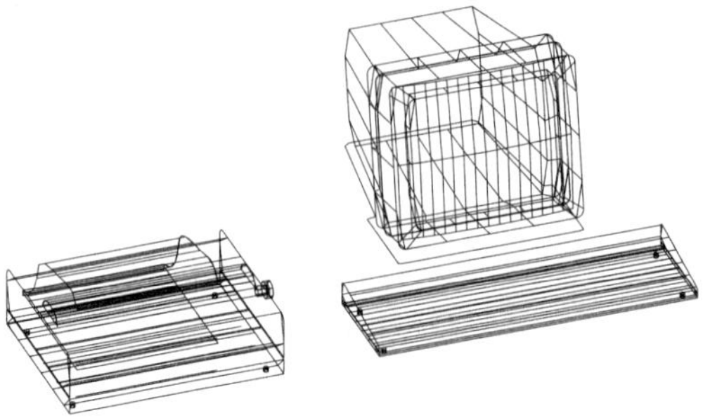
▲008电器

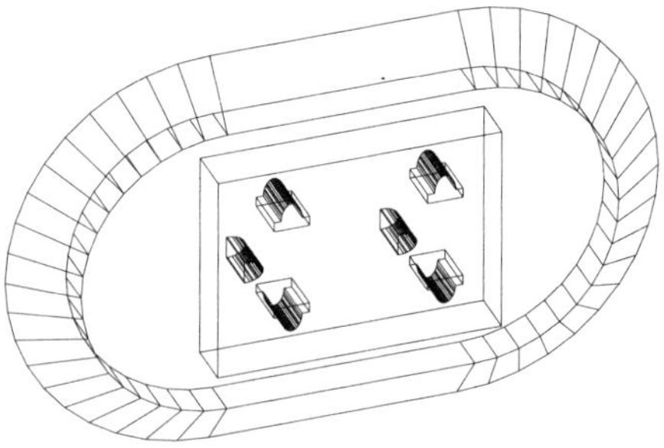
▲021电器

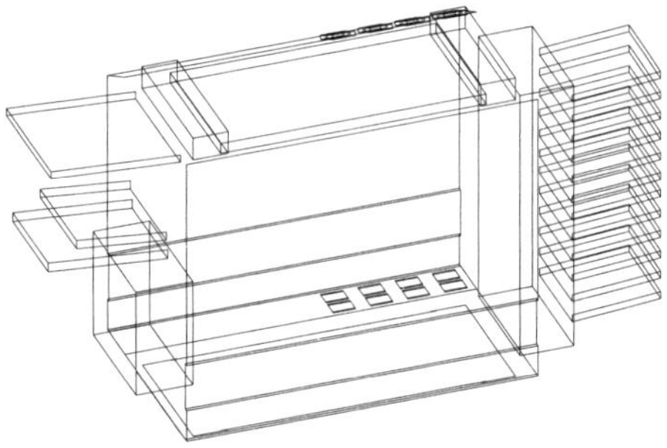
▲009电器

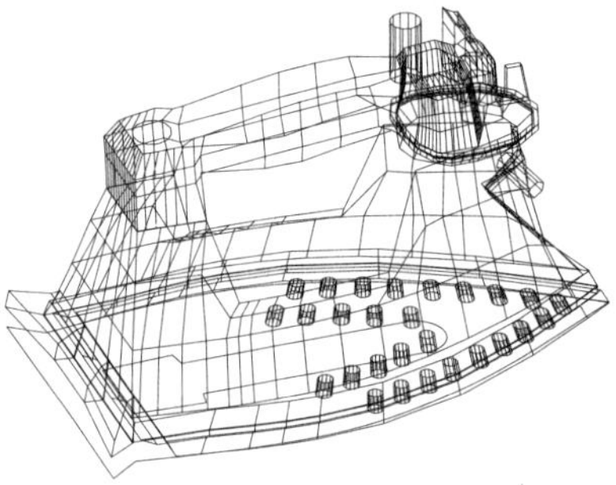
▲011电器

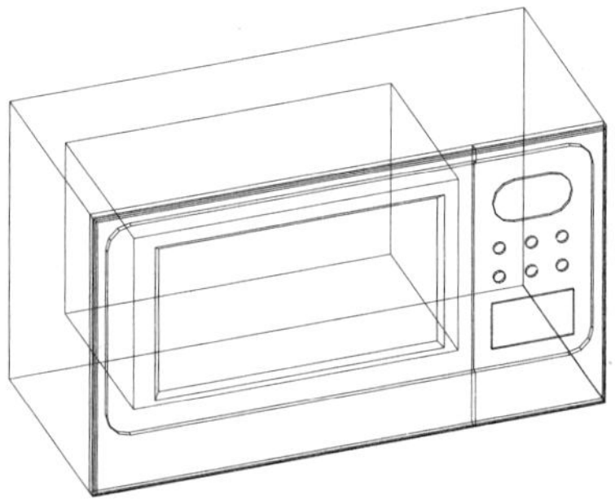
▲012电器

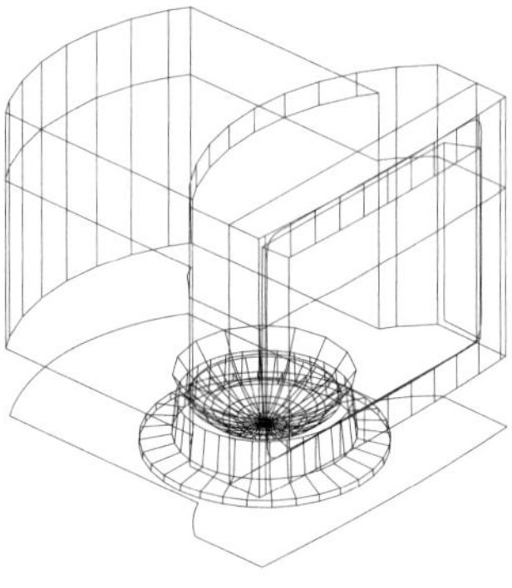
▲013电器

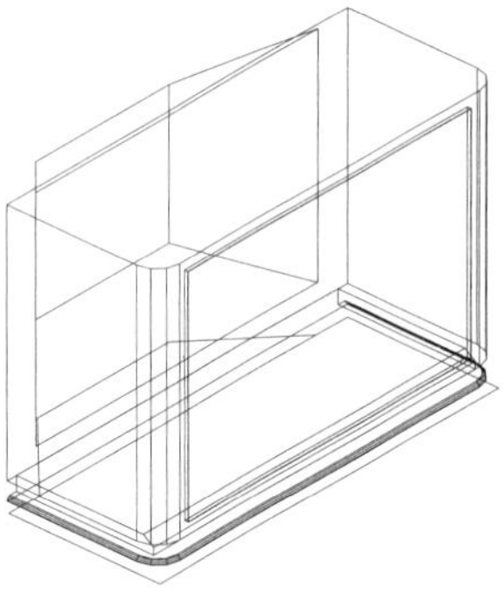
▲014电器

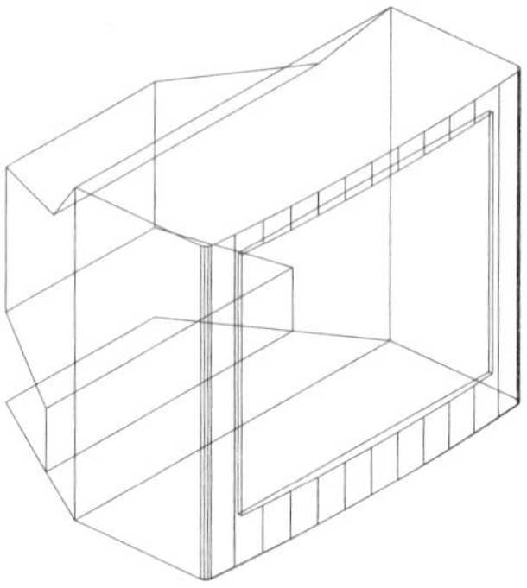
▲015电器

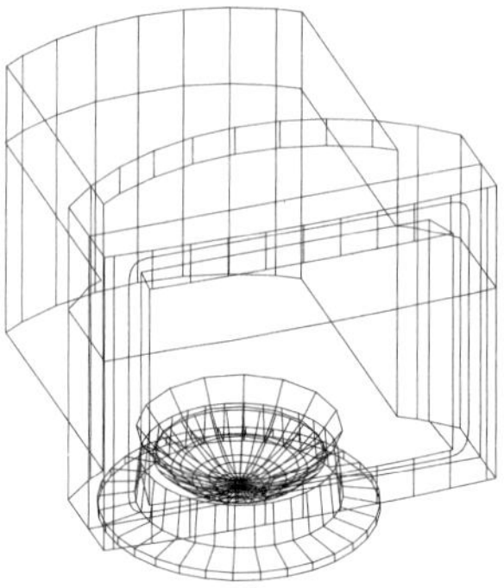
▲016电器

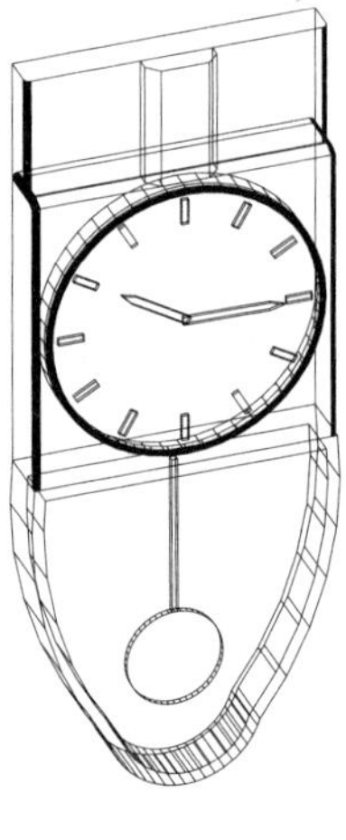
▲002电器

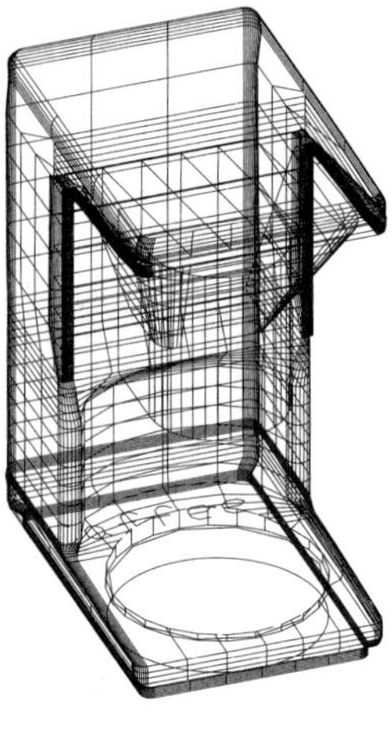
▲010电器

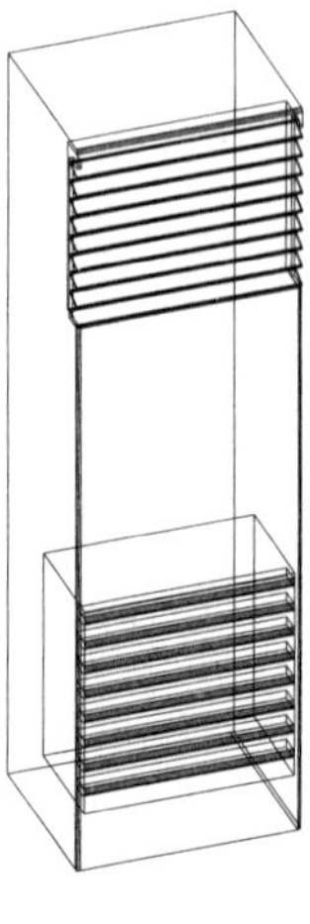
▲022电器

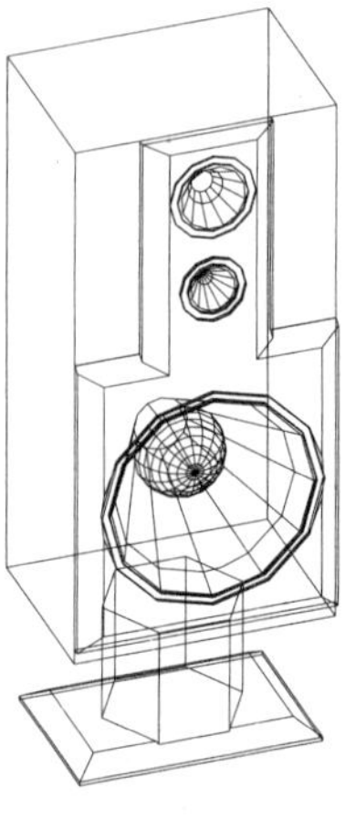
▲023电器

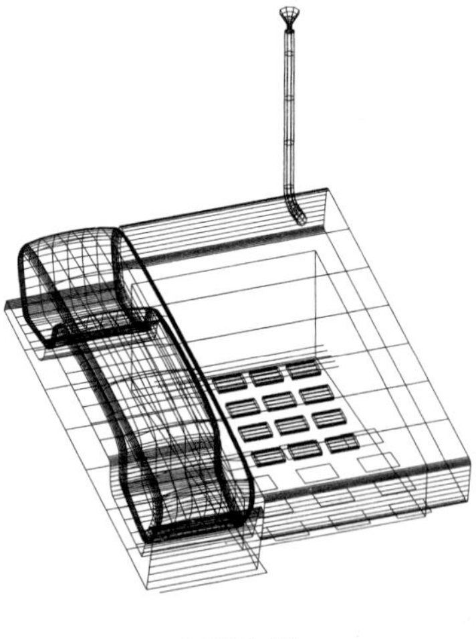
▲020电器

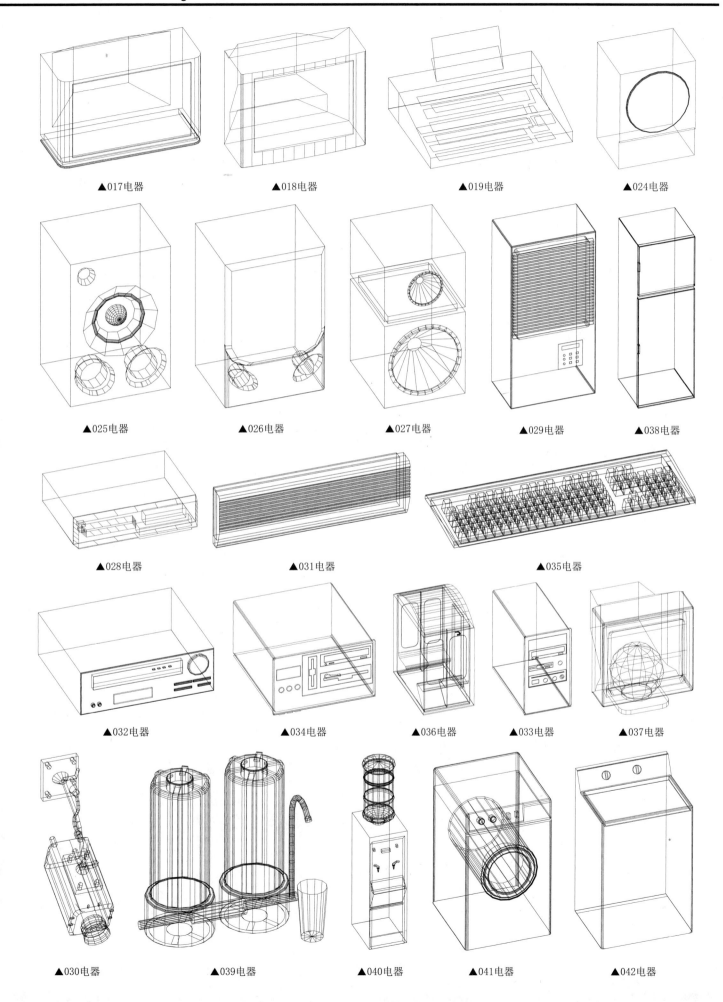

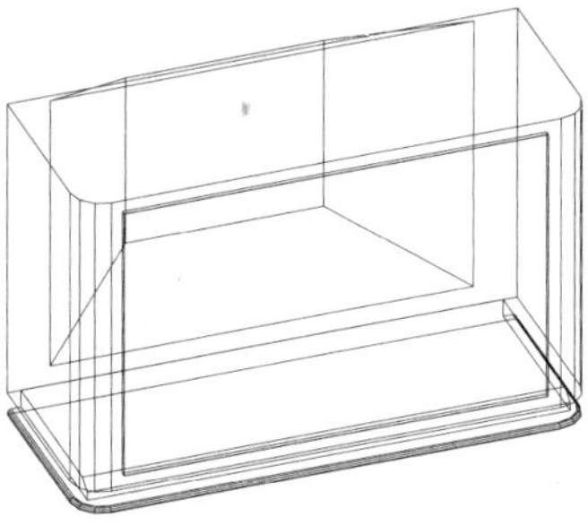
▲017电器

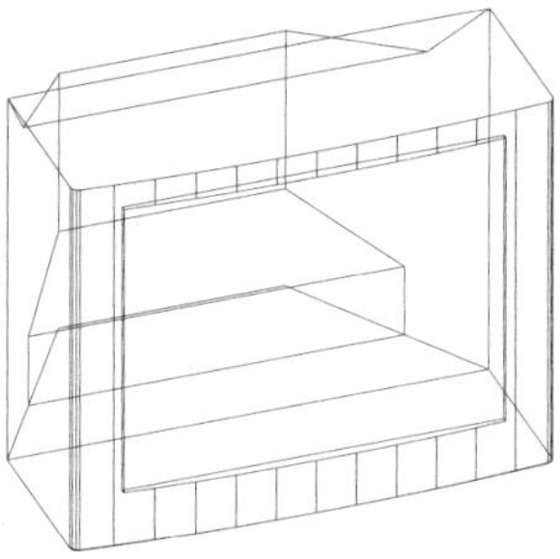
▲018电器

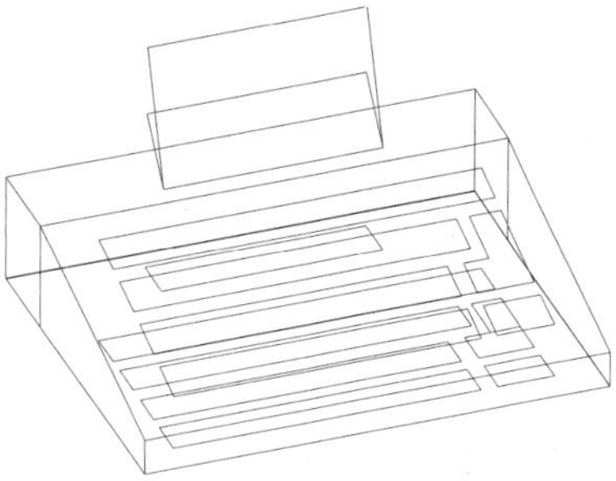
▲019电器

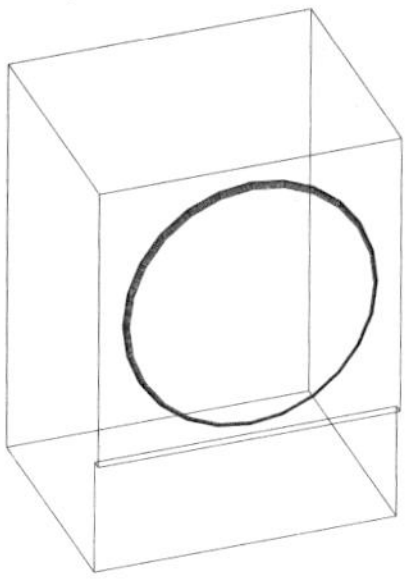
▲024电器

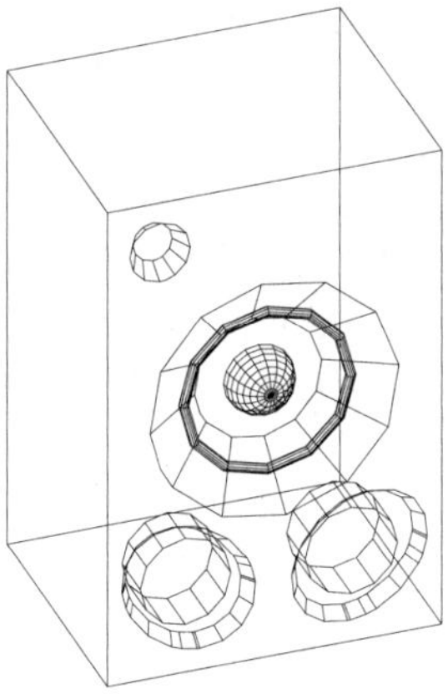
▲025电器

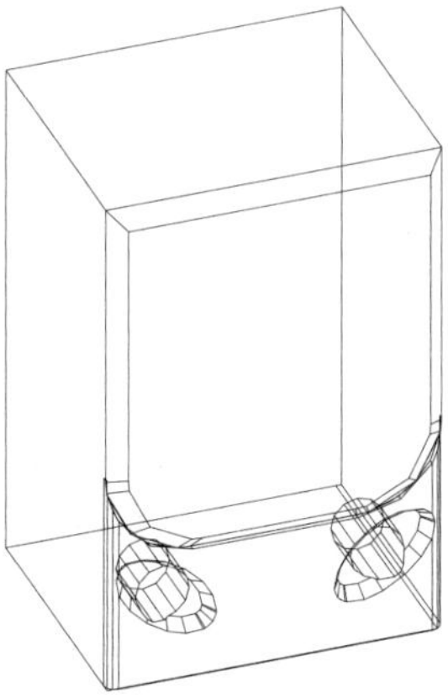
▲026电器

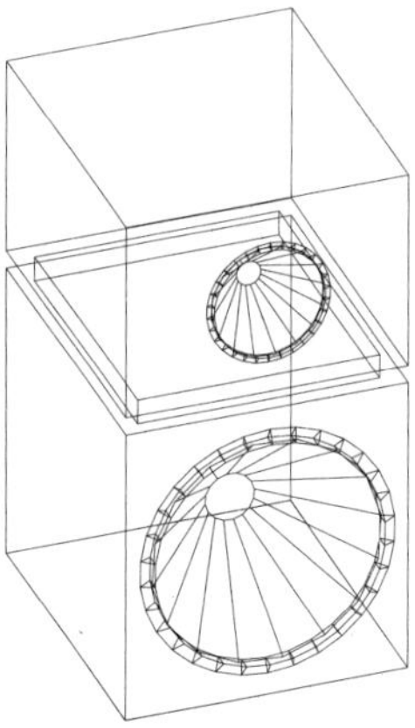
▲027电器

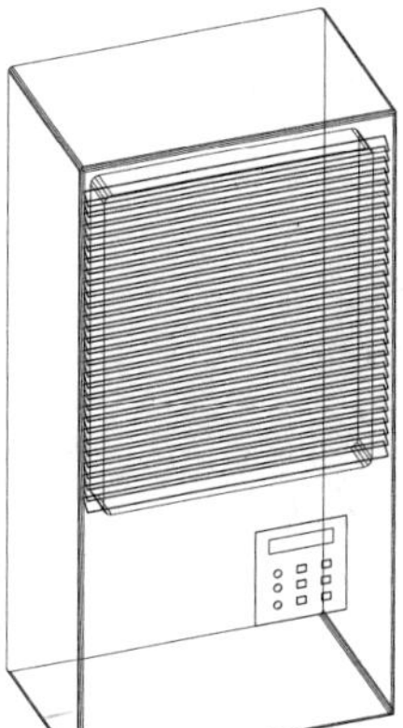
▲029电器

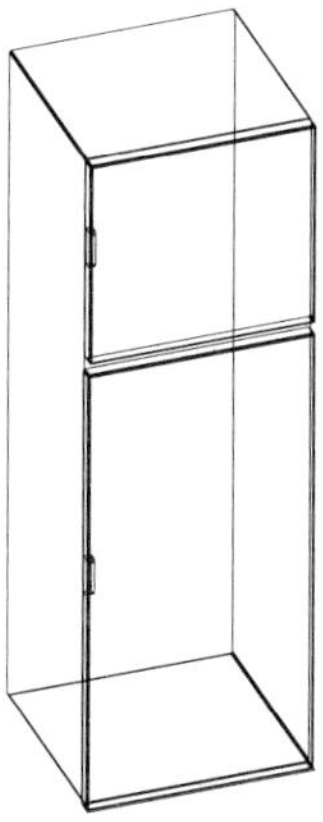
▲038电器

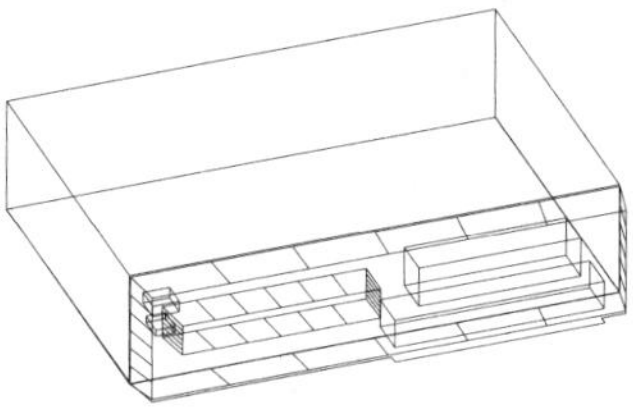
▲028电器

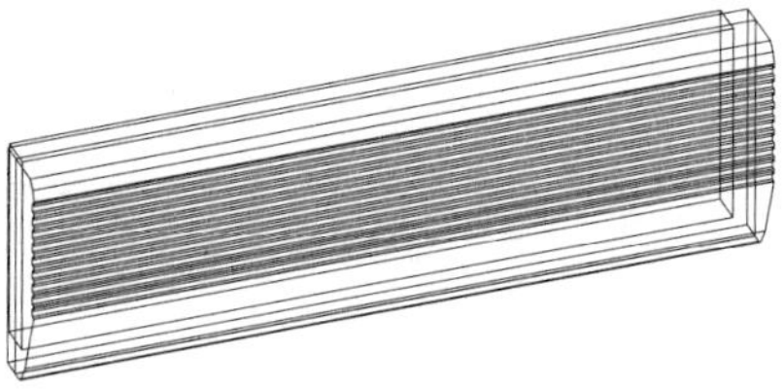
▲031电器

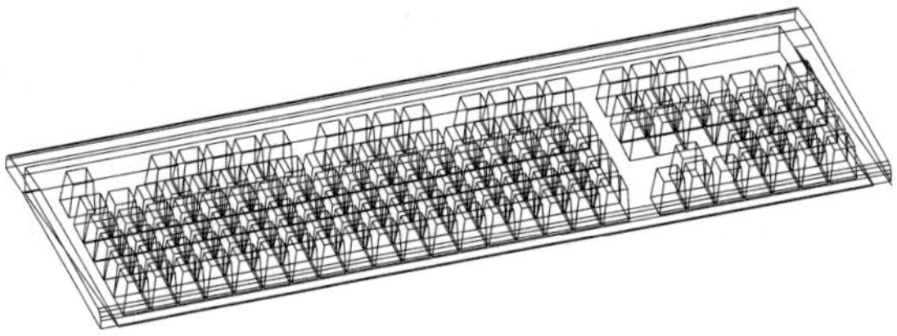
▲035电器

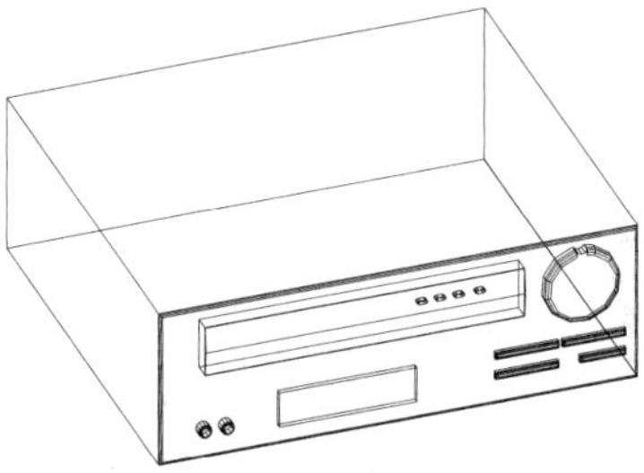
▲032电器

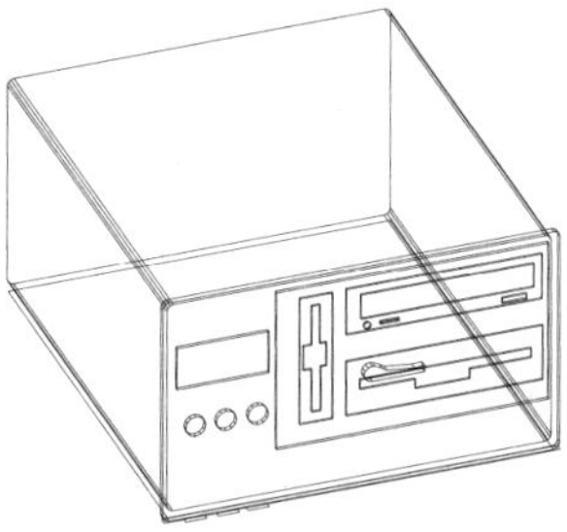
▲034电器

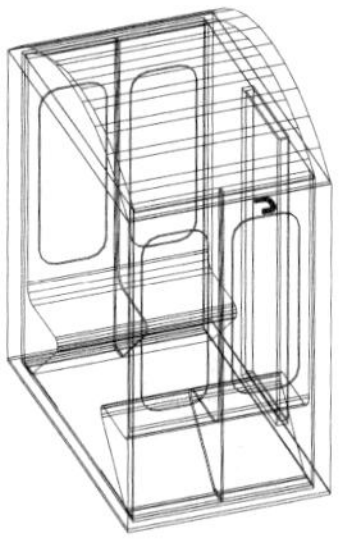
▲036电器

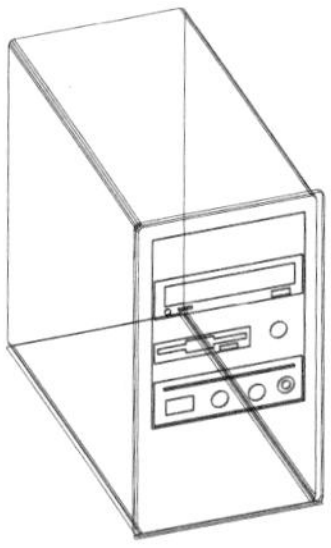
▲033电器

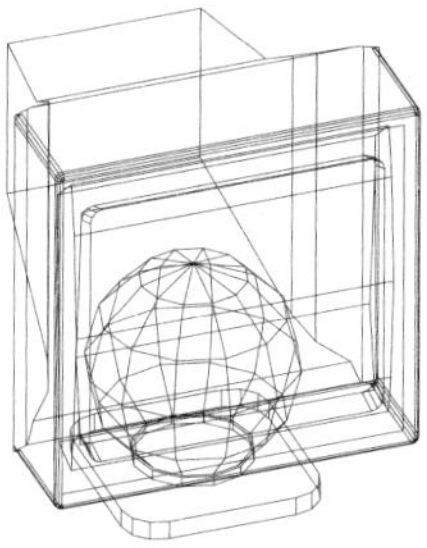
▲037电器

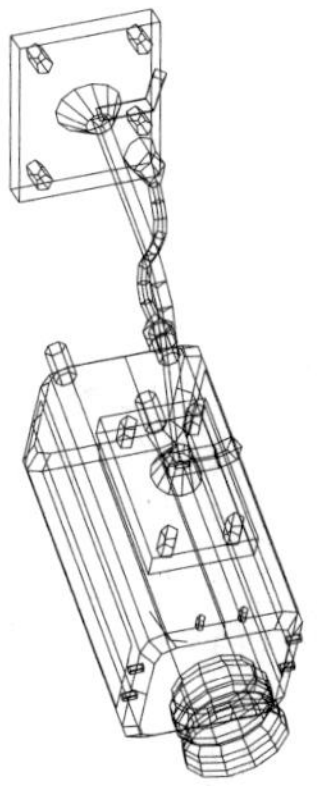
▲030电器

▲039电器

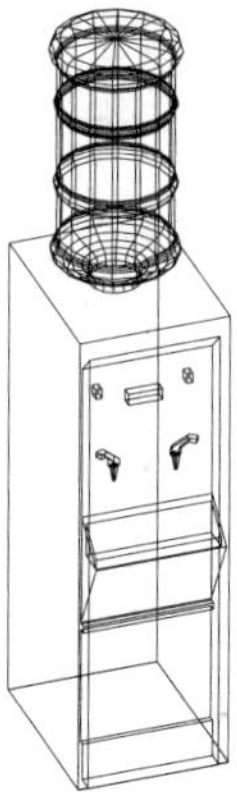
▲040电器

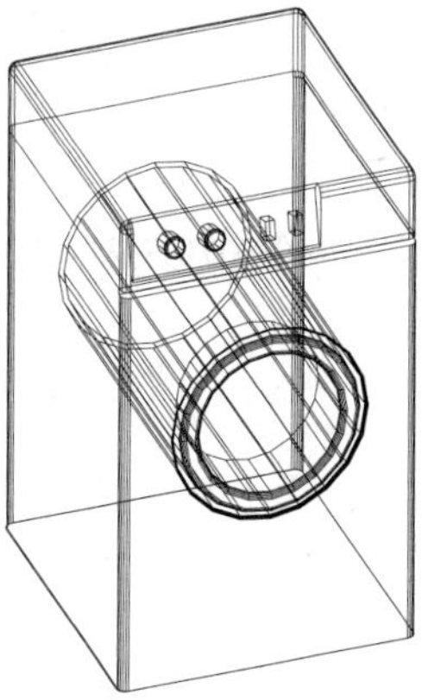
▲041电器

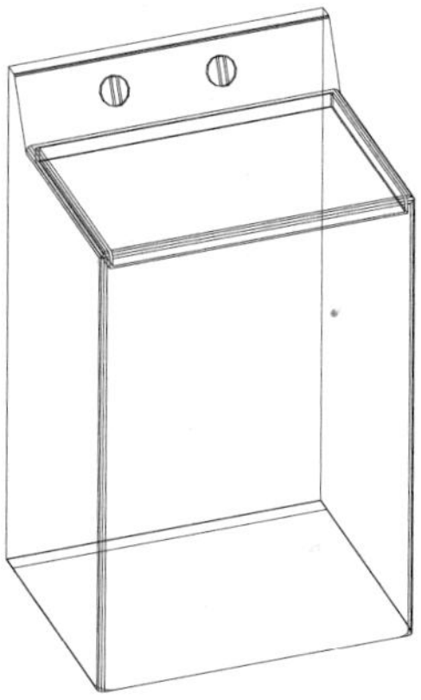
▲042电器

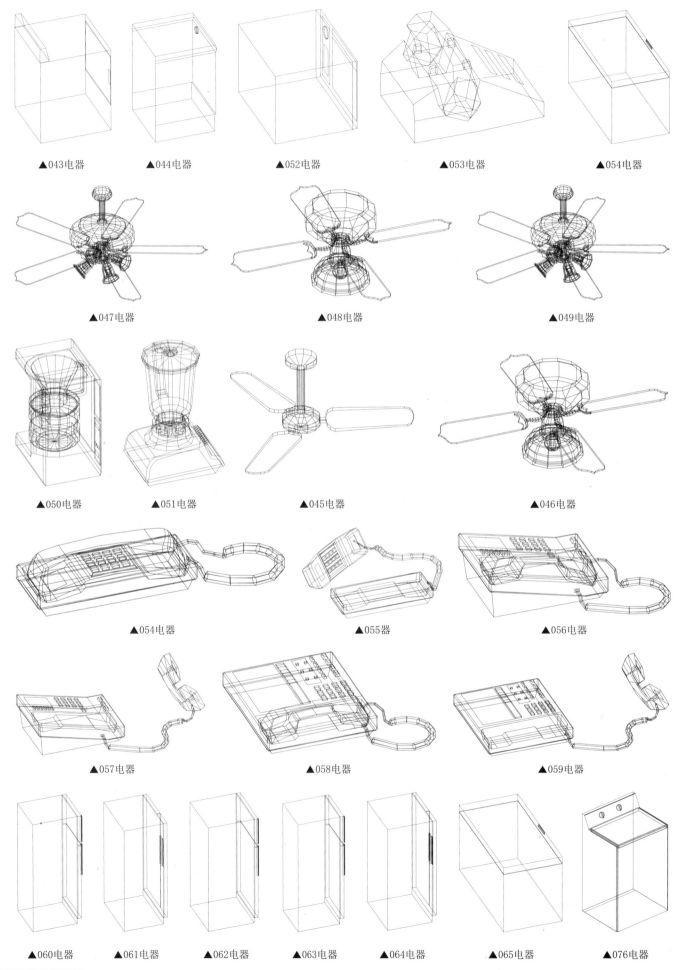

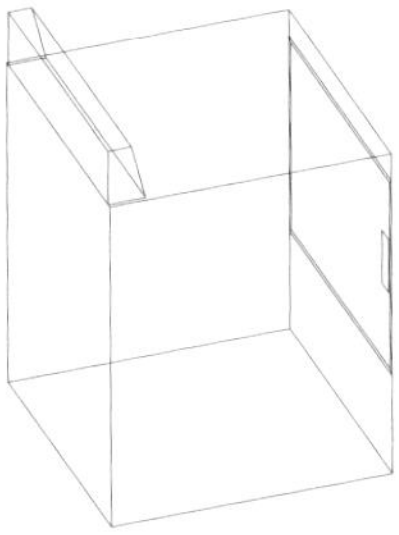
▲043电器

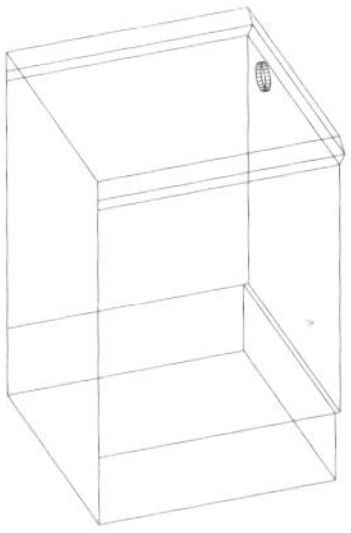
▲044电器

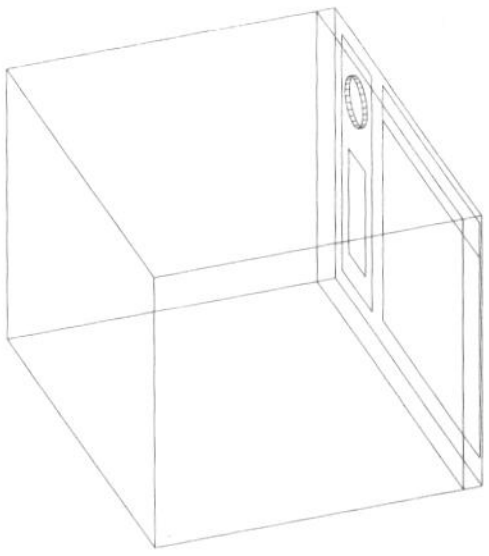
▲052电器

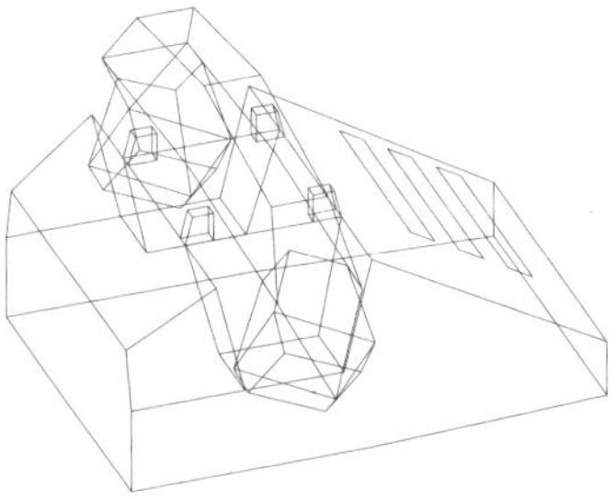
▲053电器

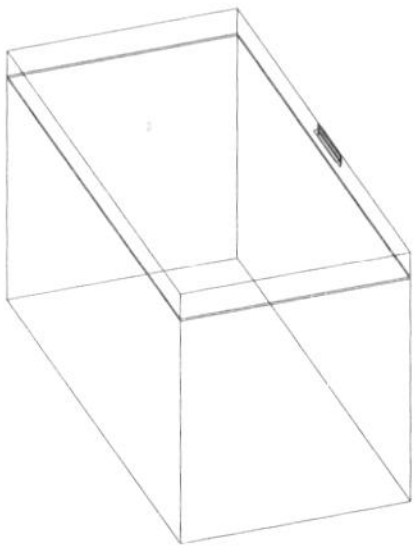
▲054电器

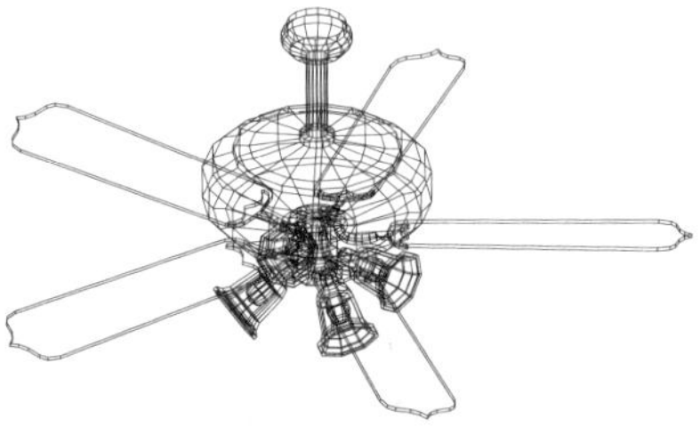
▲047电器

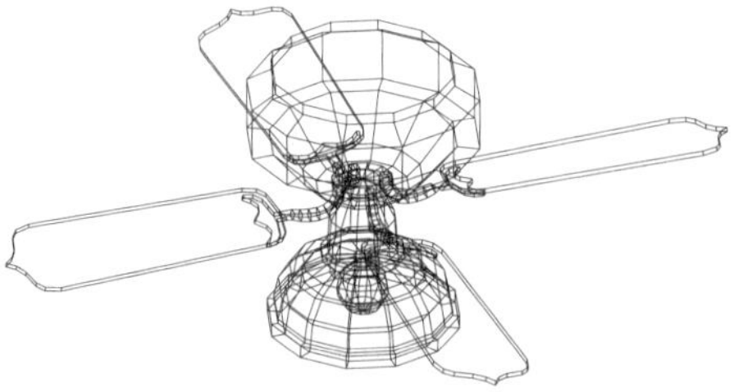
▲048电器

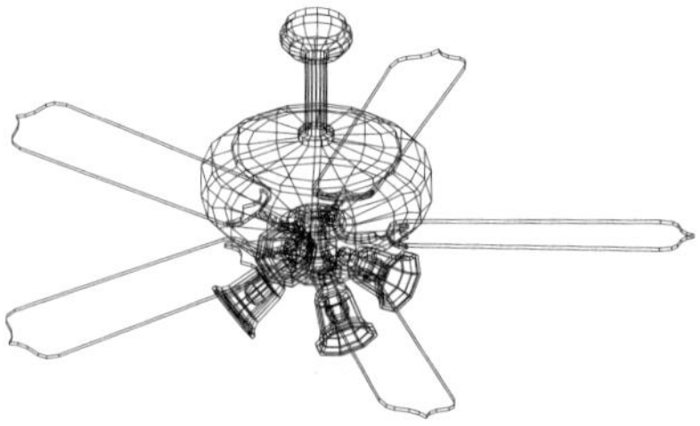
▲049电器

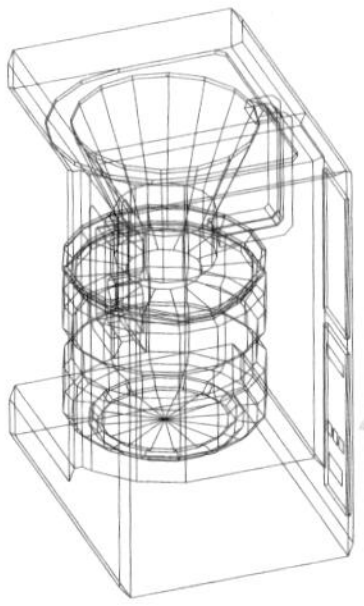
▲050电器

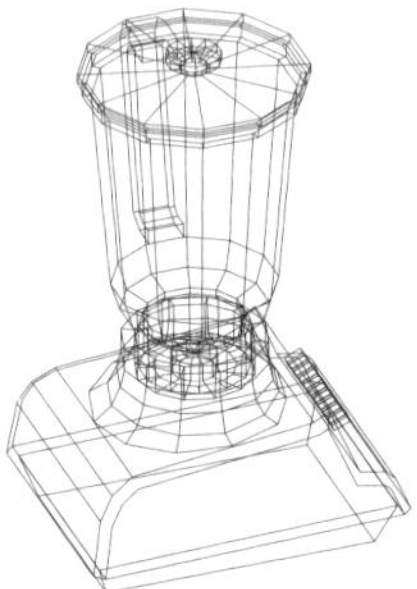
▲051电器

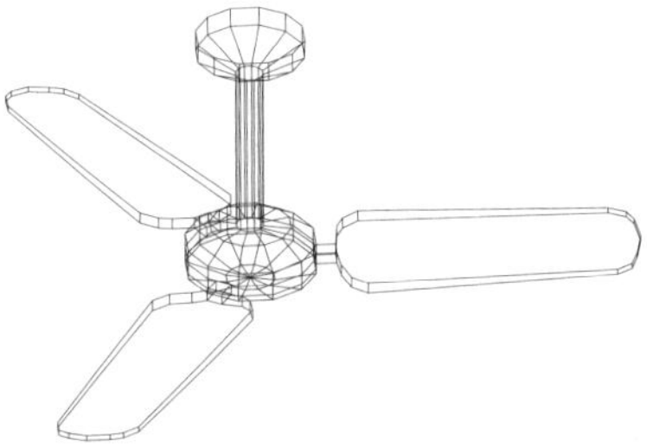
▲045电器

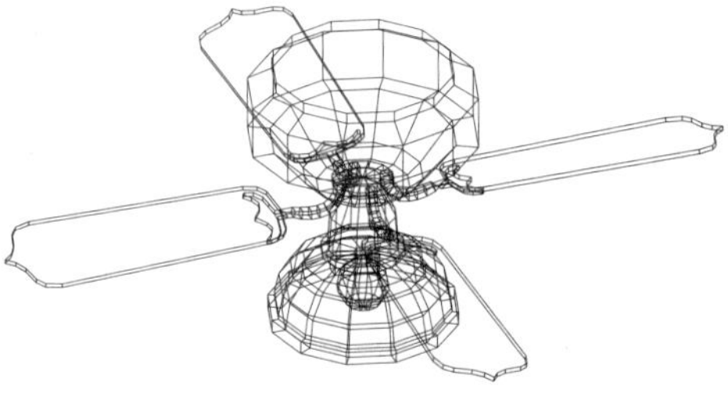
▲046电器

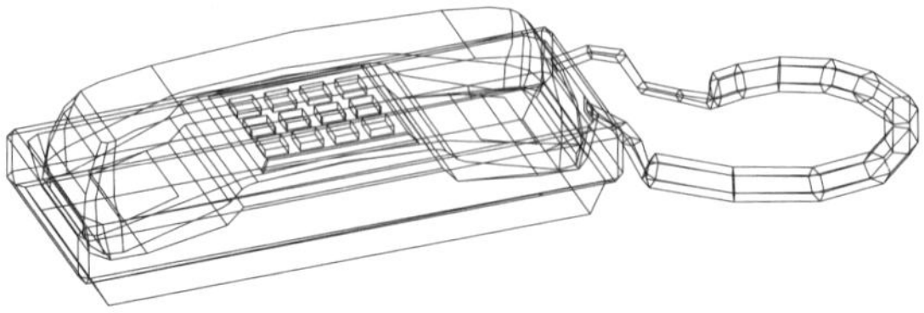
▲054电器

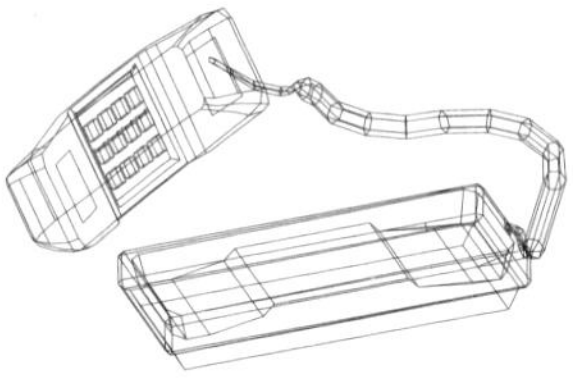
▲055器

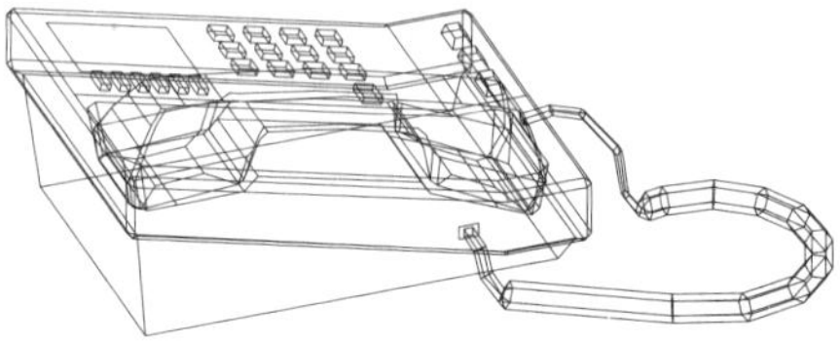
▲056电器

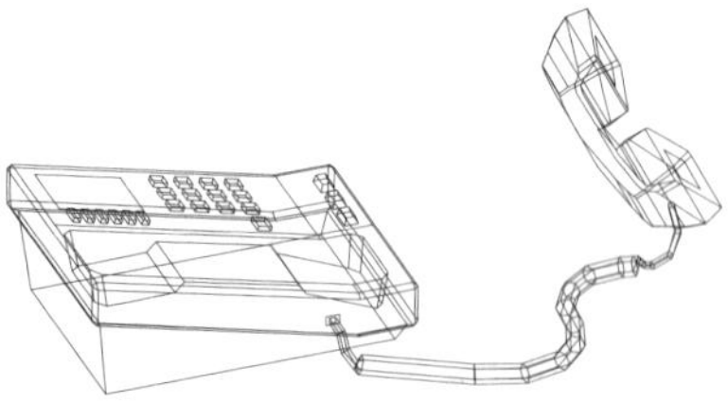
▲057电器

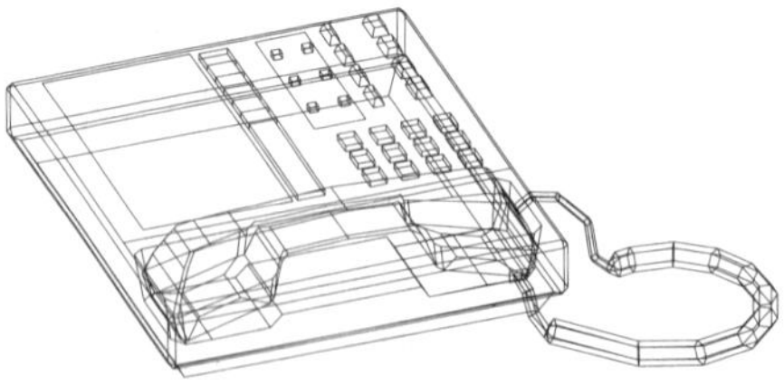
▲058电器

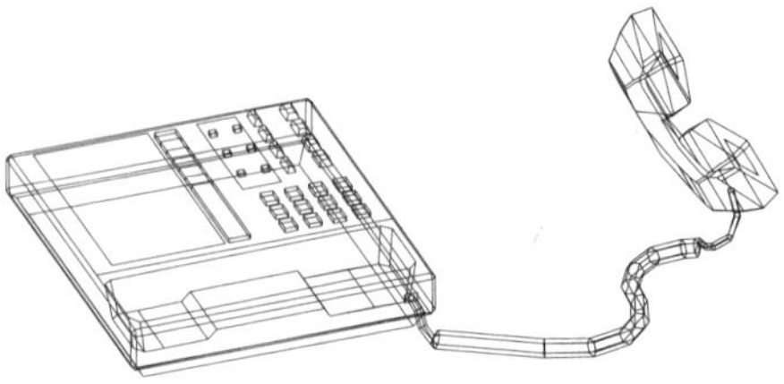
▲059电器

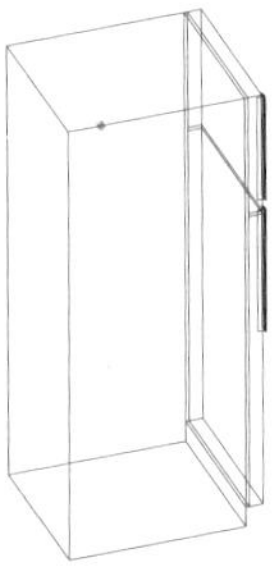
▲060电器

▲061电器

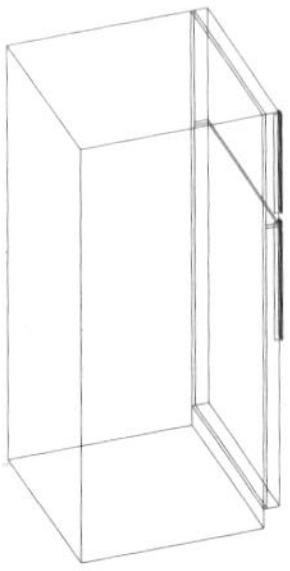
▲062电器

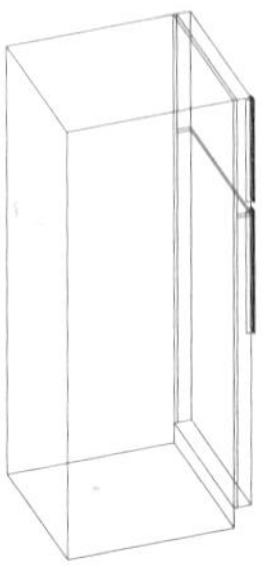
▲063电器

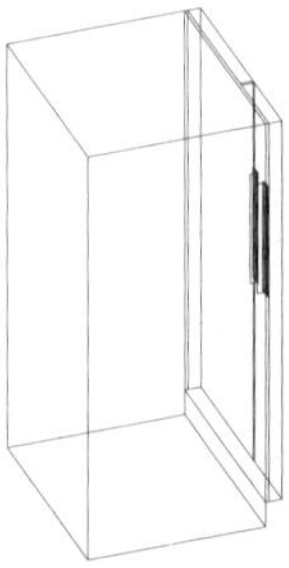
▲064电器

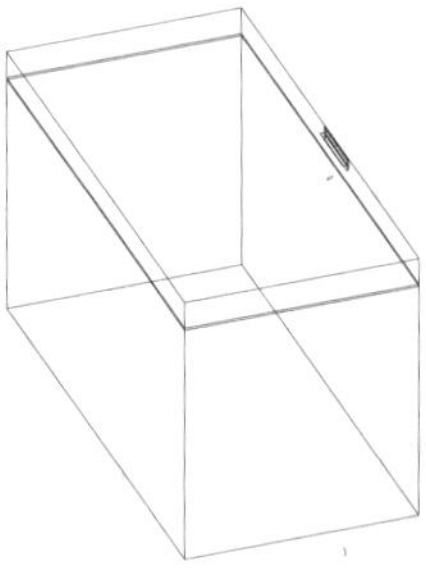
▲065电器

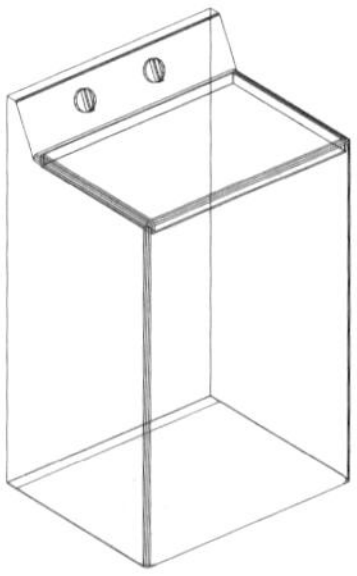
▲076电器

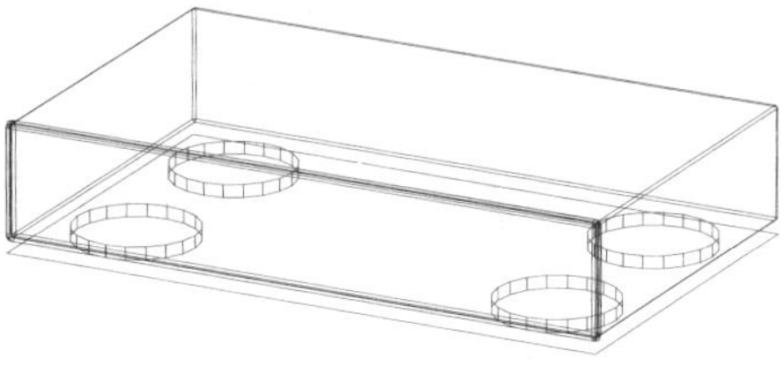

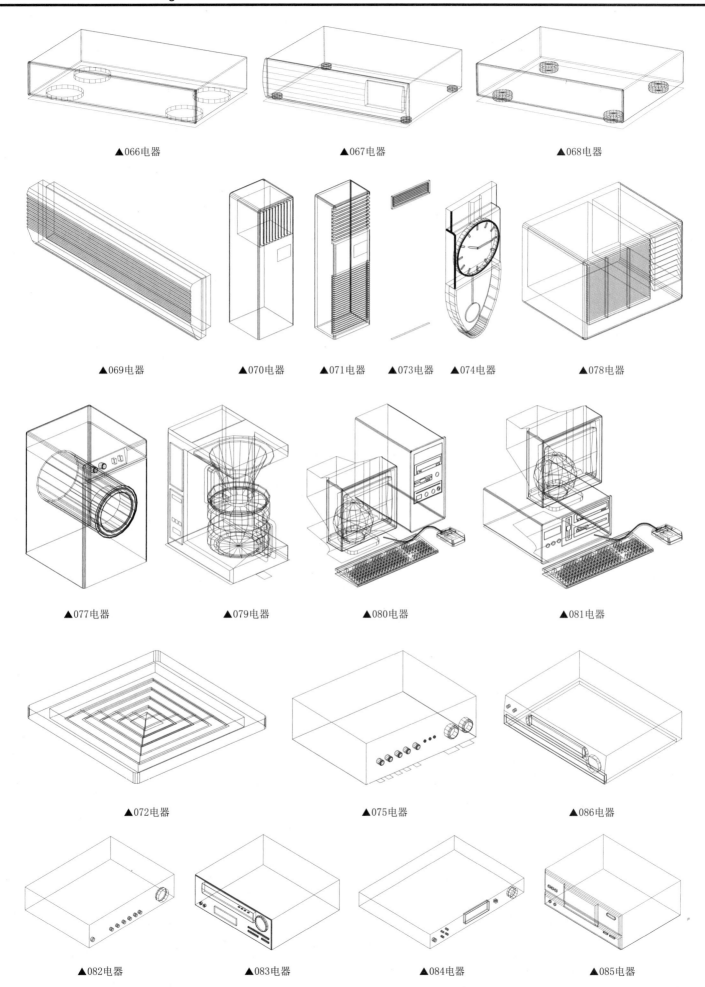

▲066电器

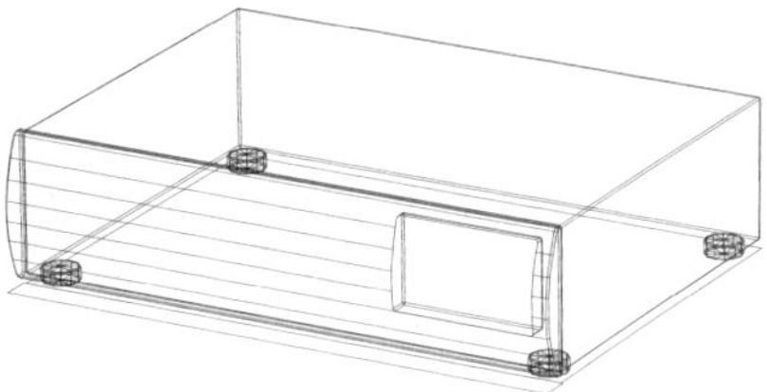

▲067电器

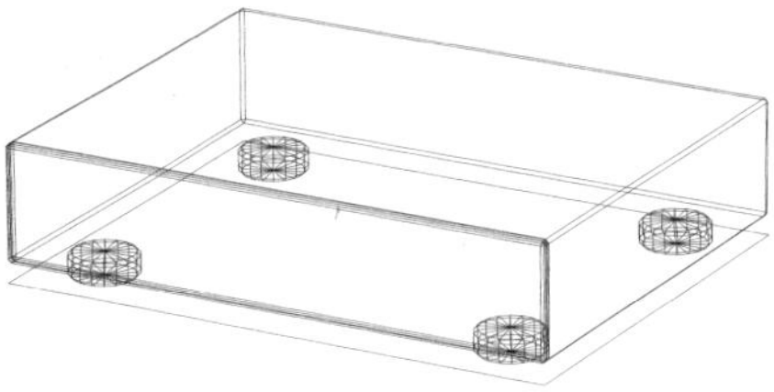

▲068电器

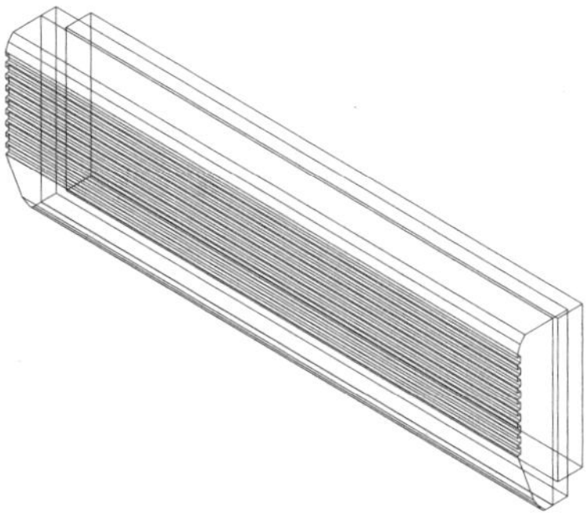

▲069电器

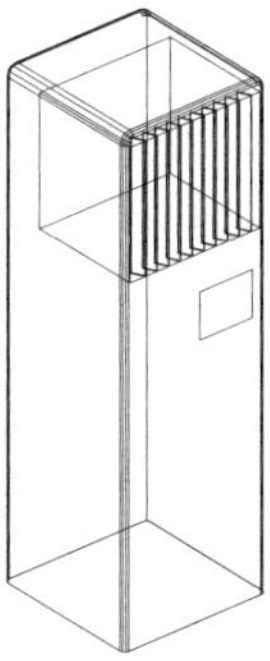

▲070电器

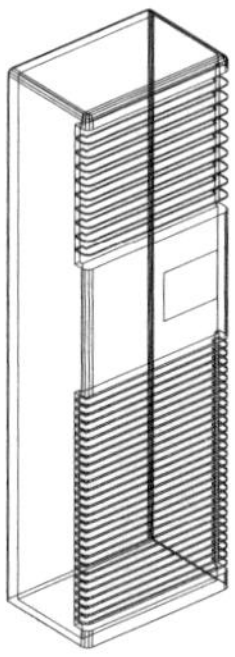

▲071电器

▲073电器

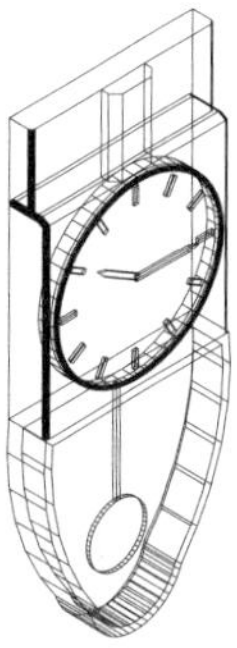

▲074电器

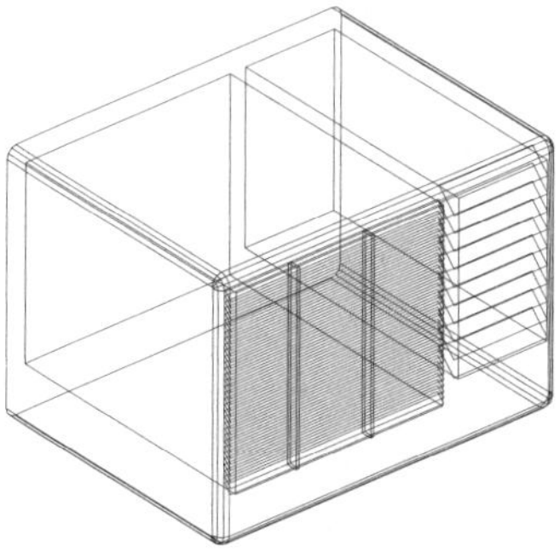

▲078电器

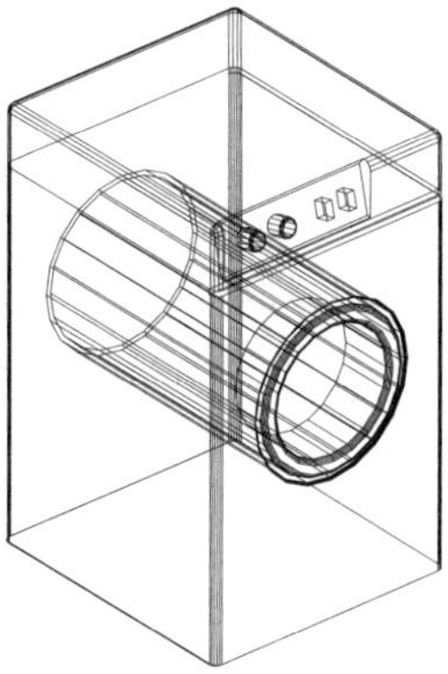

▲077电器

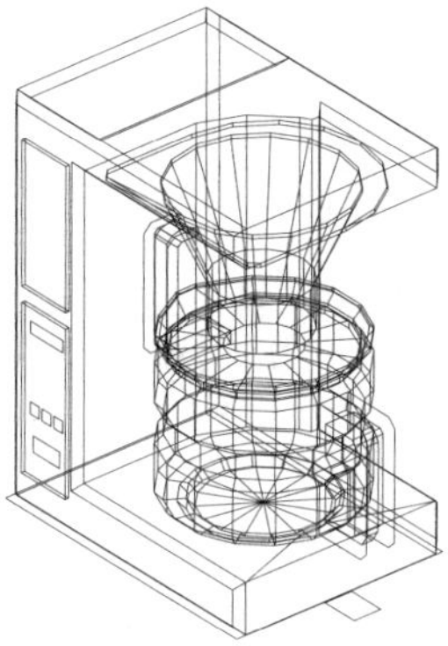

▲079电器

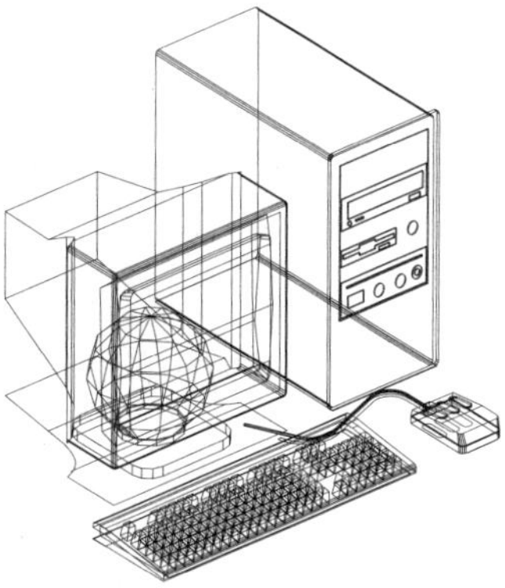

▲080电器

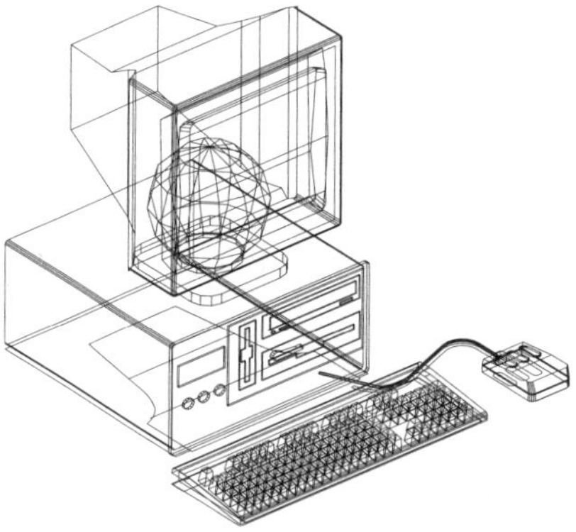

▲081电器

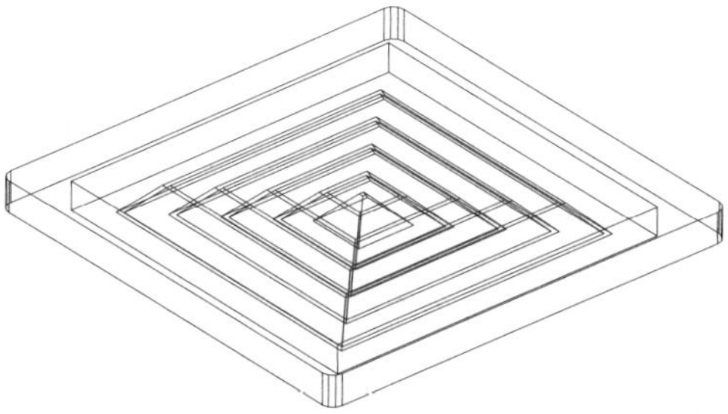

▲072电器

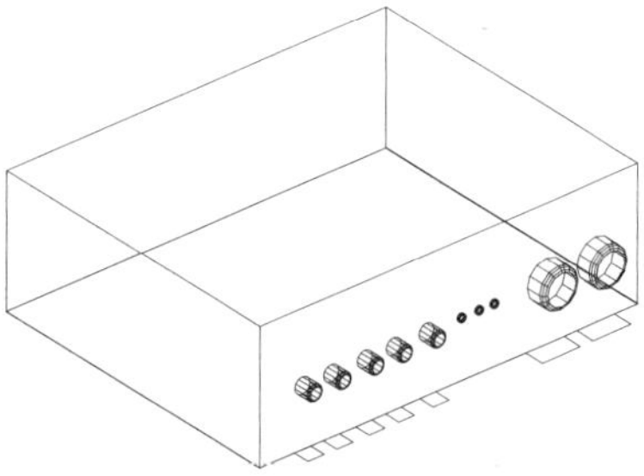

▲075电器

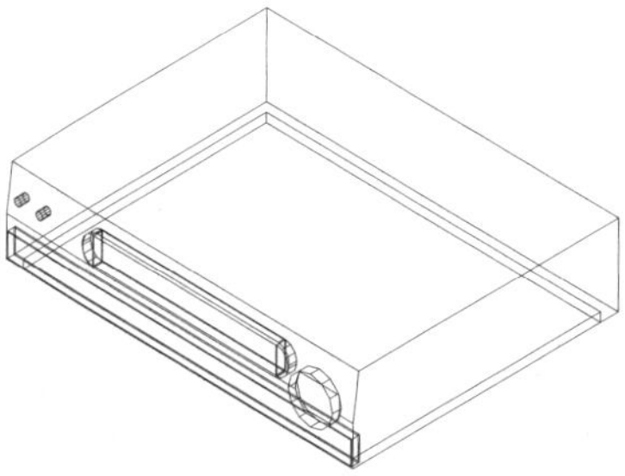

▲086电器

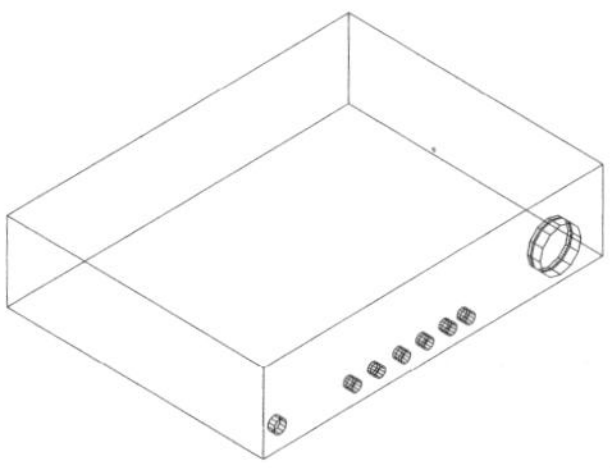

▲082电器

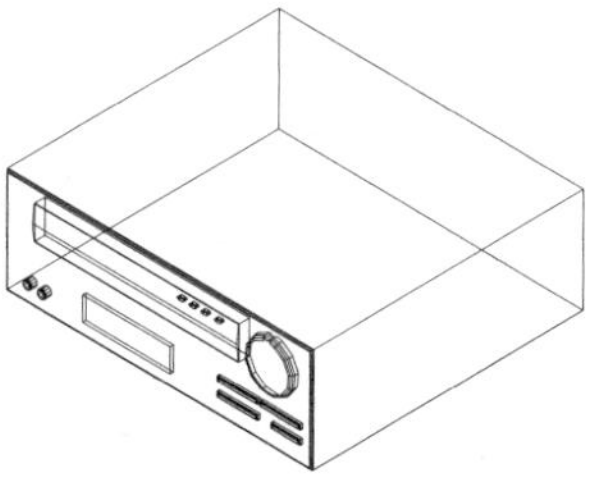

▲083电器

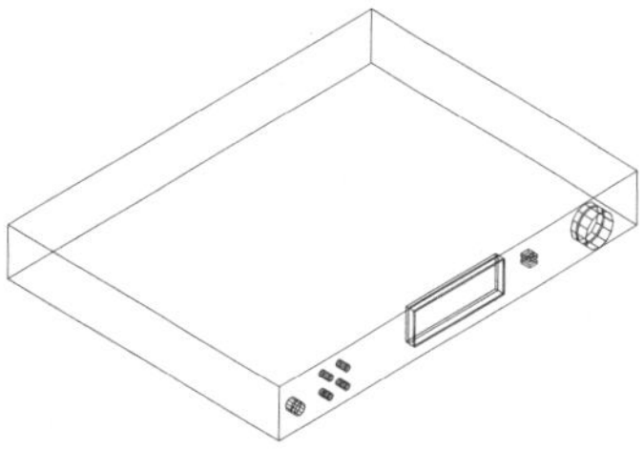

▲084电器

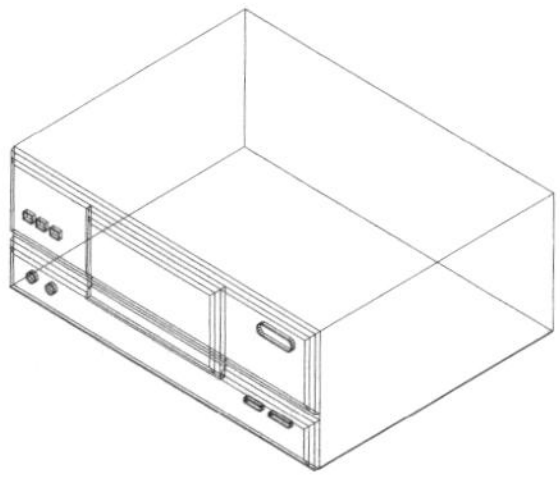

▲085电器

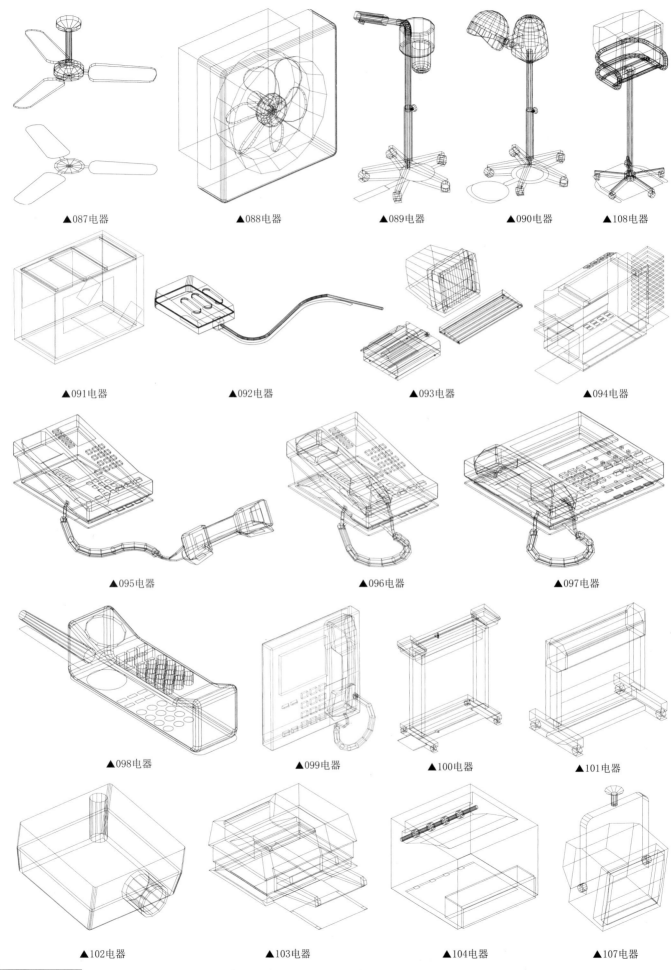

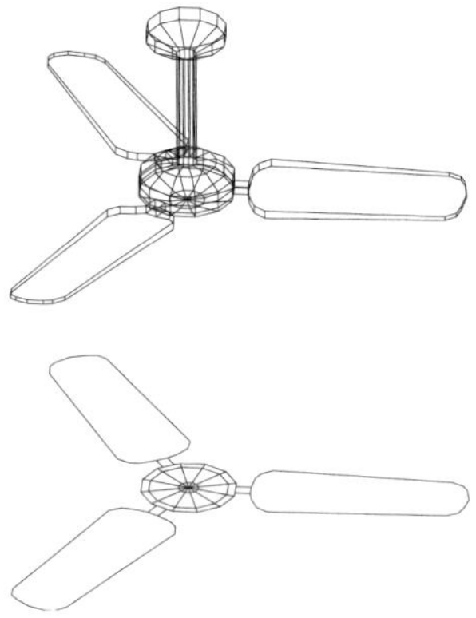
▲087电器

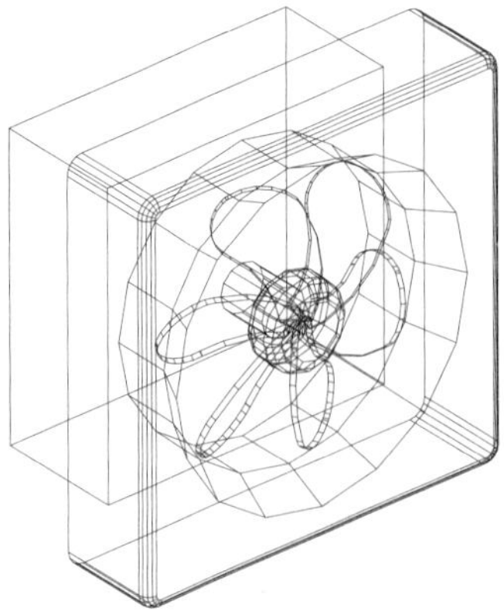
▲088电器

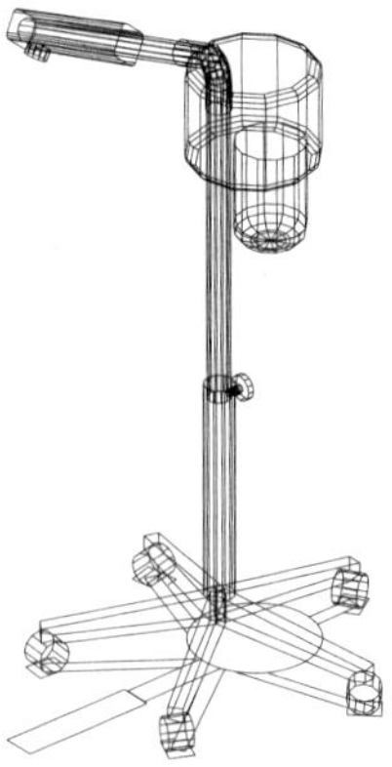
▲089电器

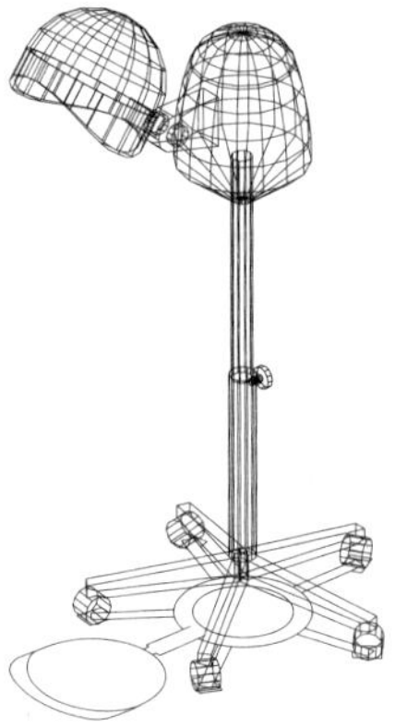
▲090电器

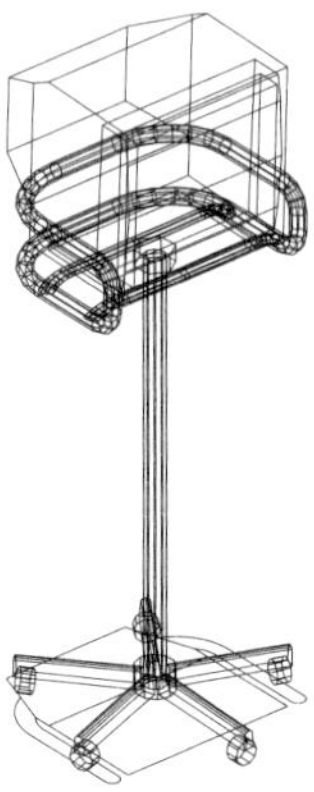
▲108电器

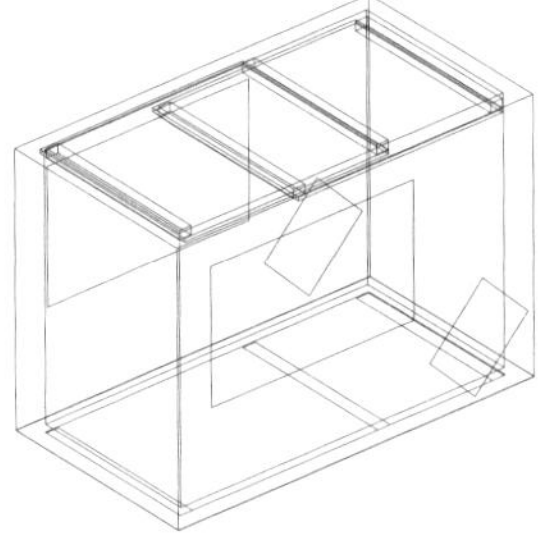
▲091电器

▲092电器

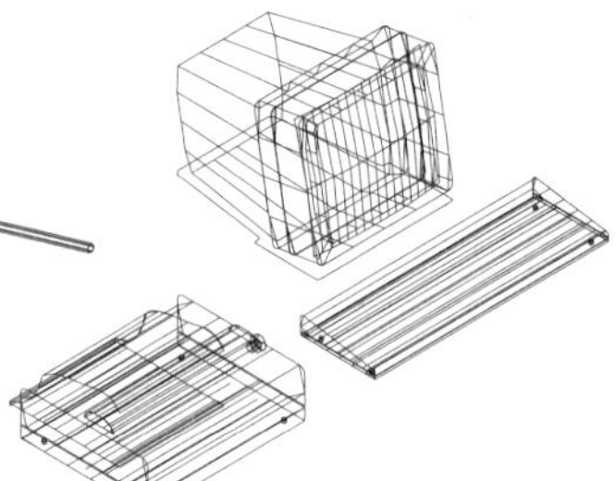
▲093电器

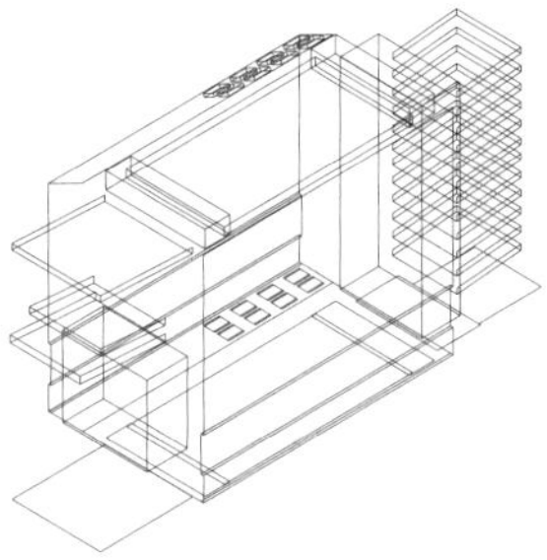
▲094电器

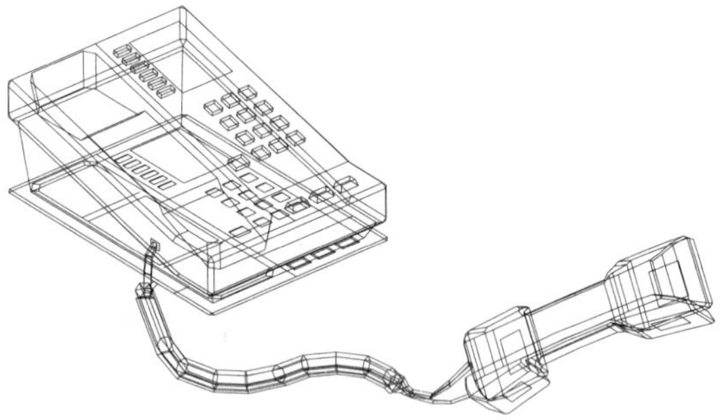
▲095电器

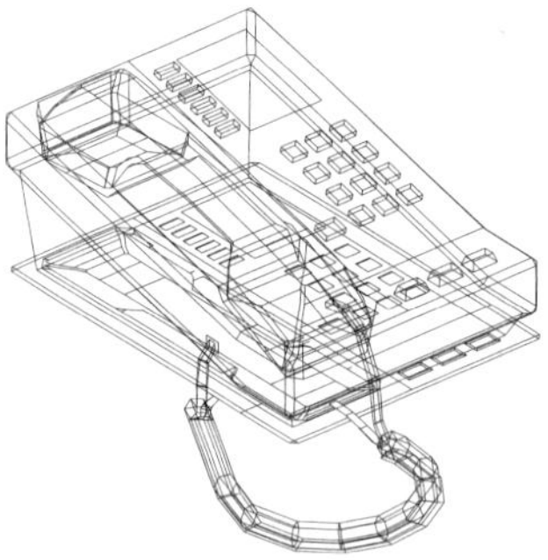
▲096电器

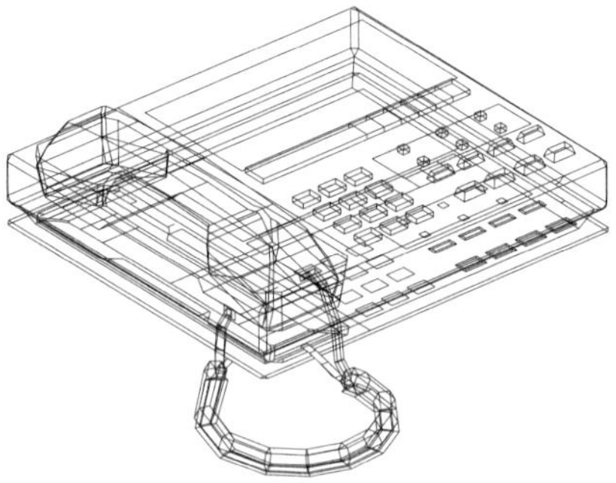
▲097电器

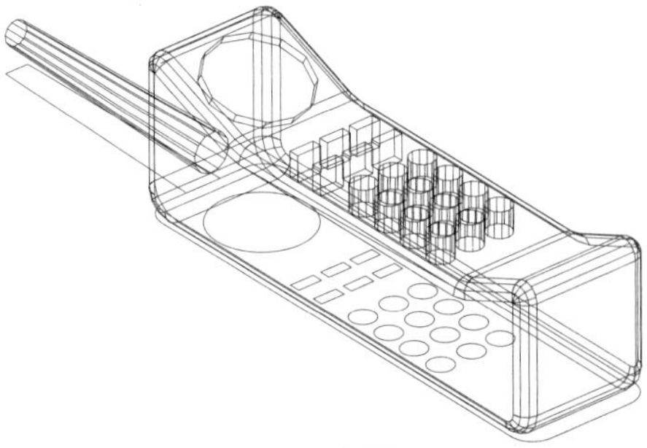
▲098电器

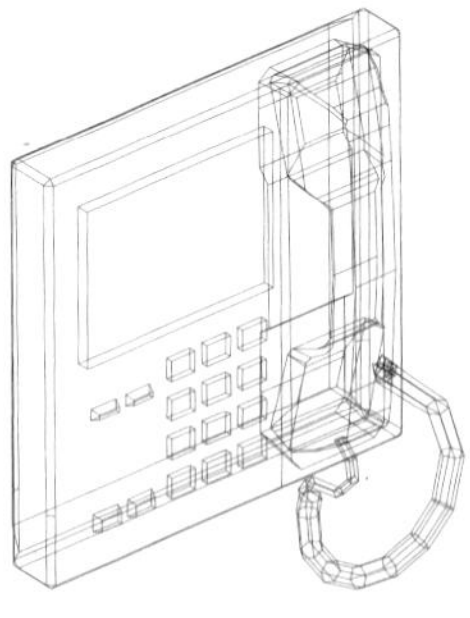
▲099电器

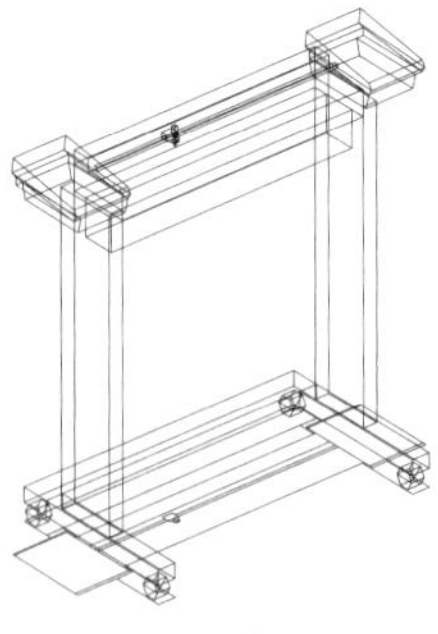
▲100电器

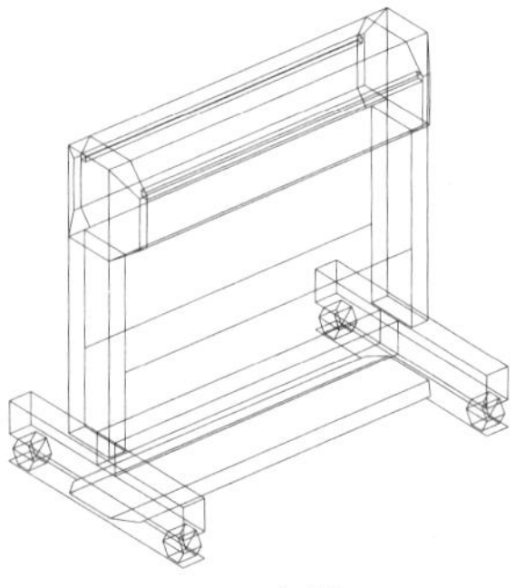
▲101电器

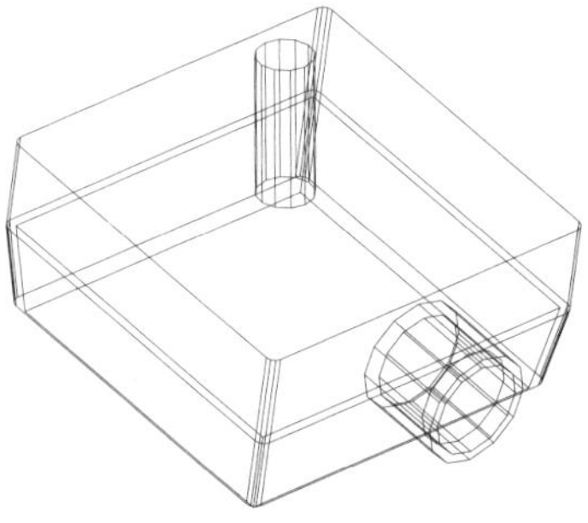
▲102电器

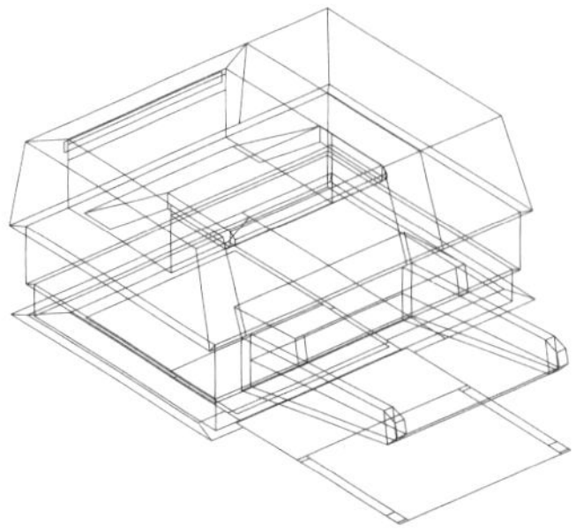
▲103电器

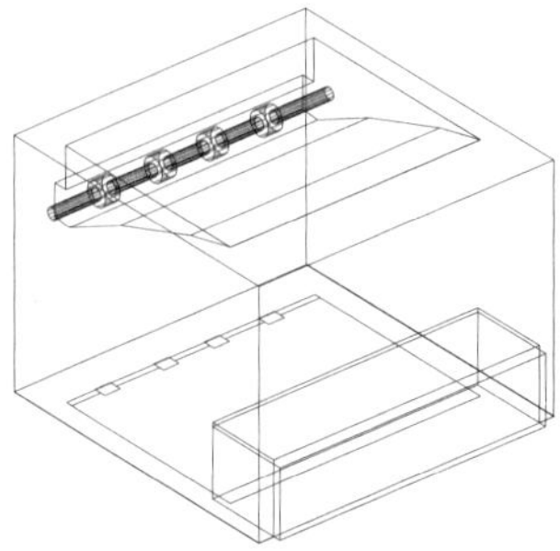
▲104电器

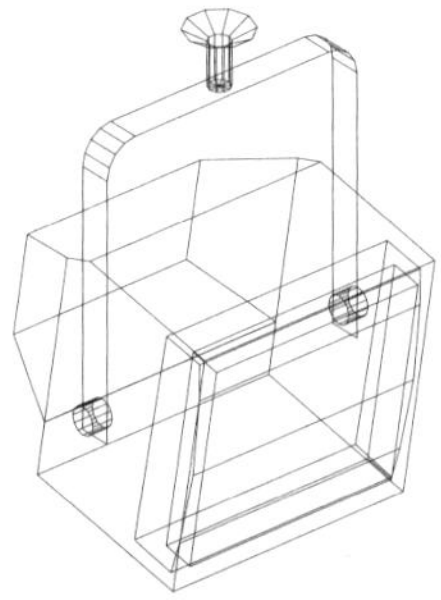
▲107电器

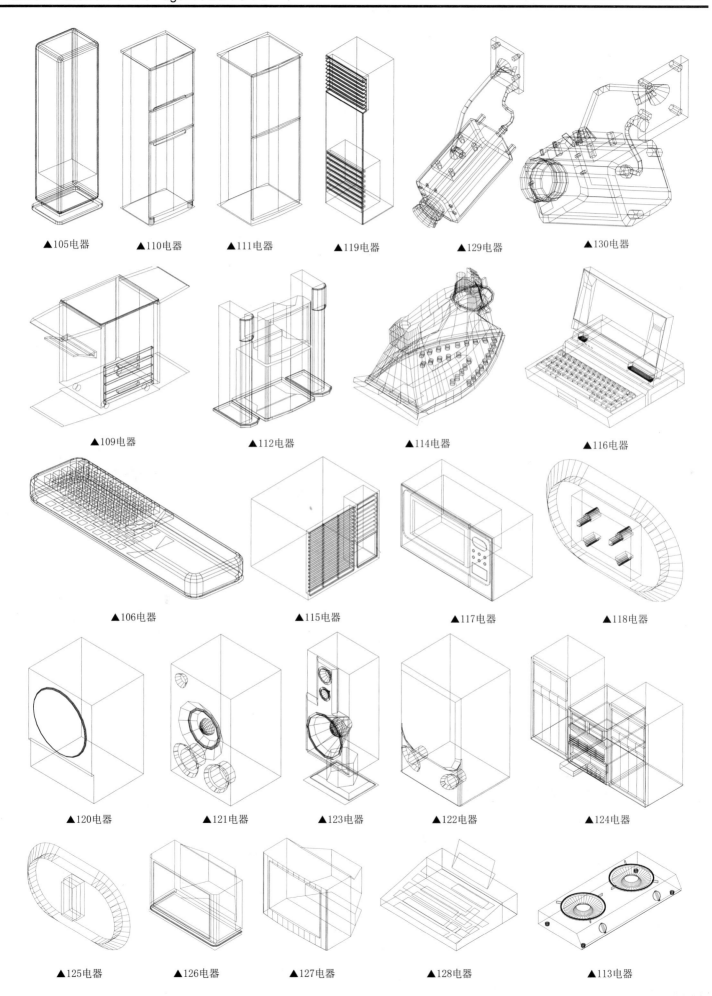

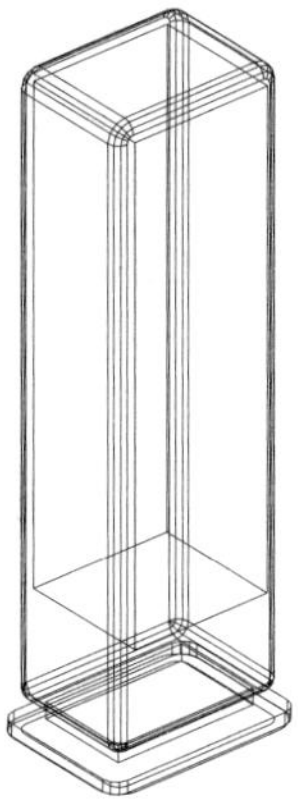
▲105电器

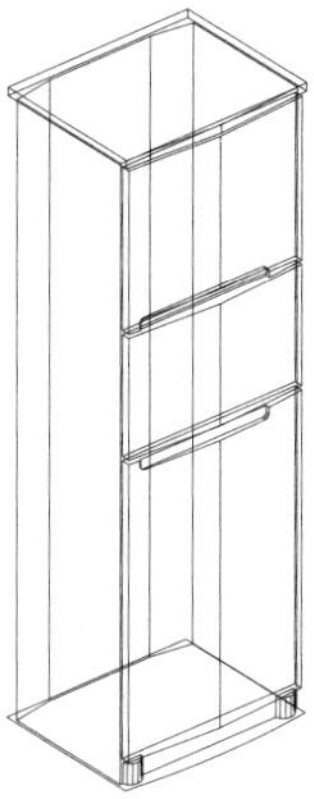
▲110电器

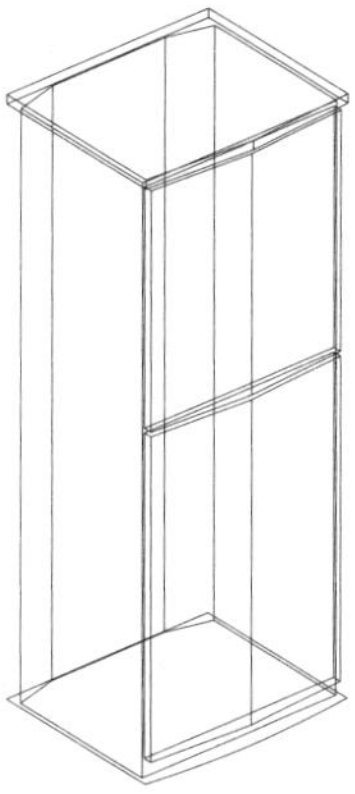
▲111电器

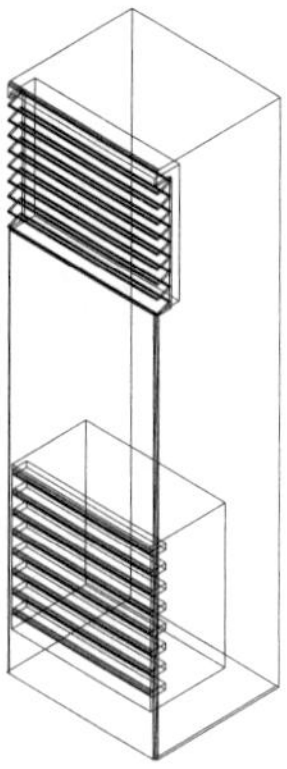
▲119电器

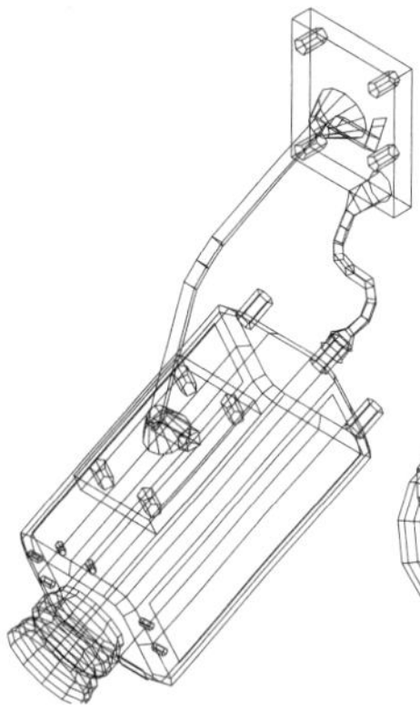
▲129电器

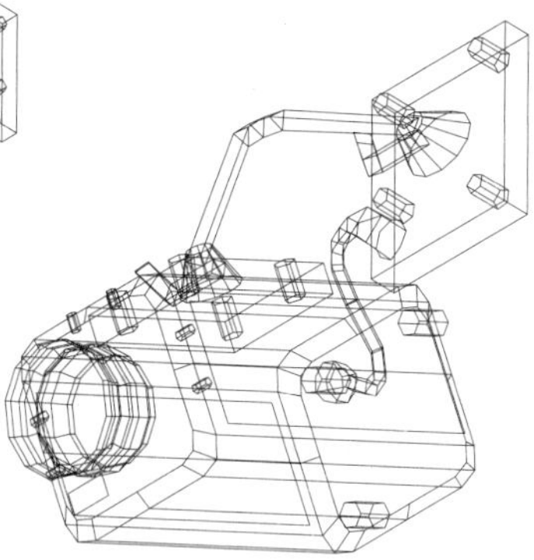
▲130电器

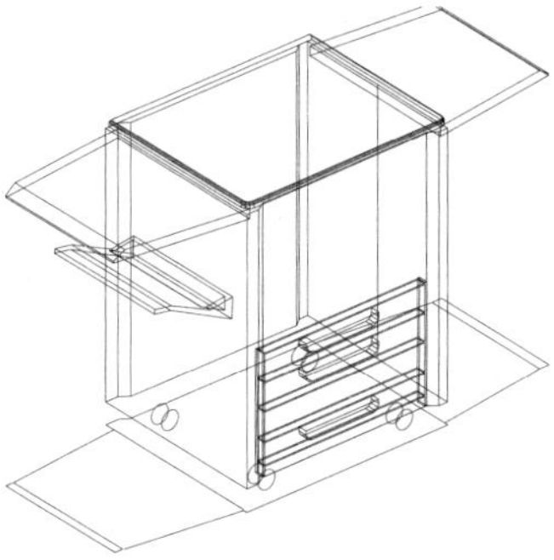
▲109电器

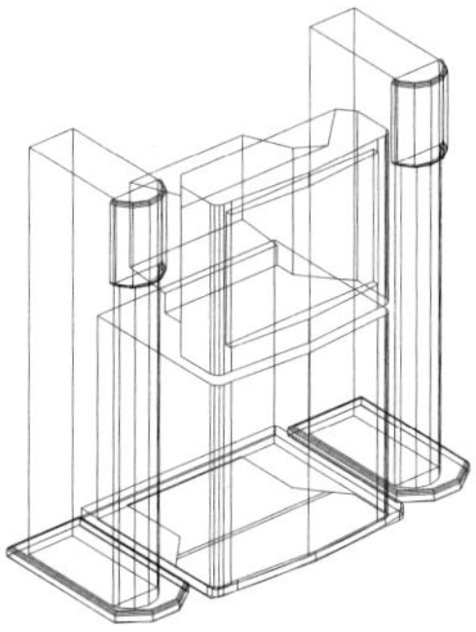
▲112电器

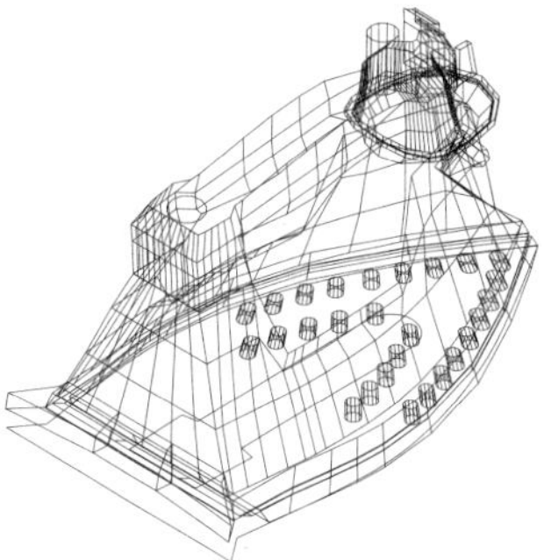
▲114电器

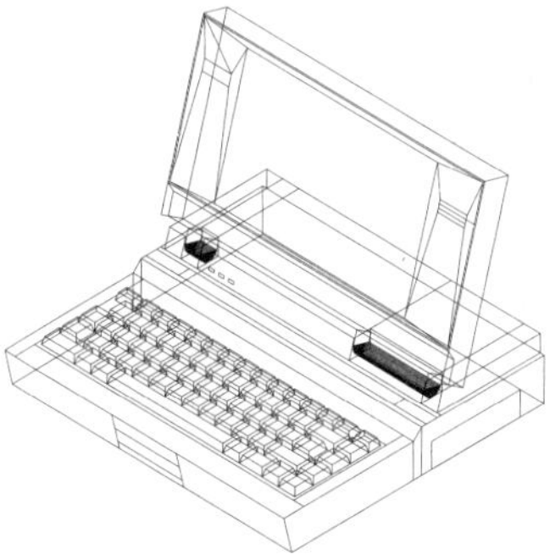
▲116电器

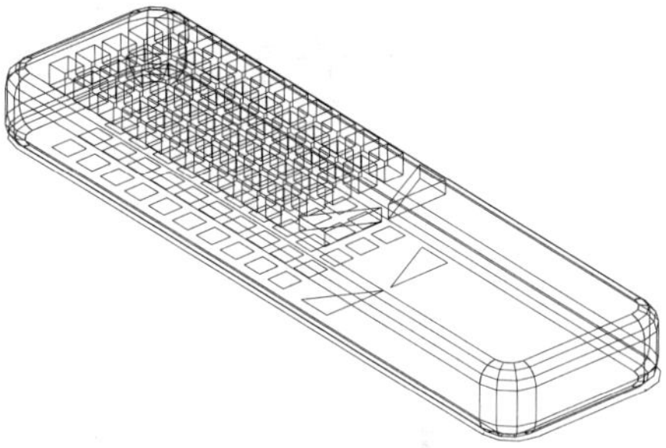
▲106电器

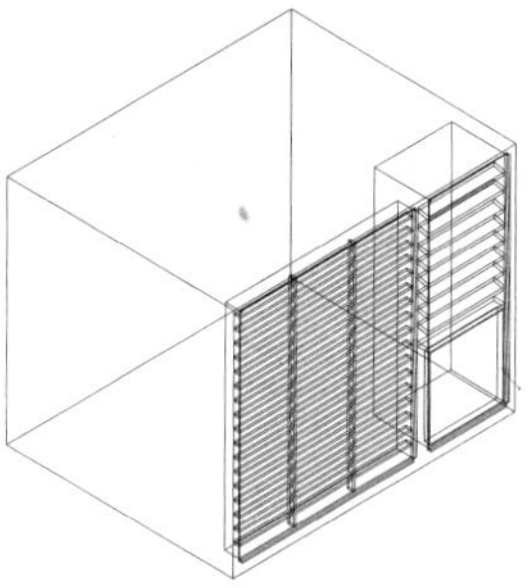
▲115电器

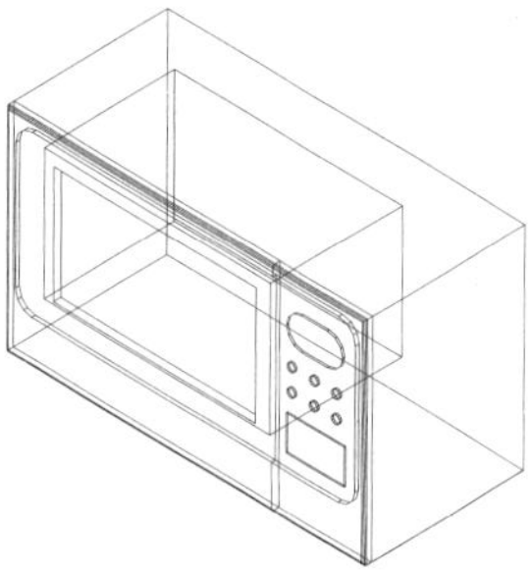
▲117电器

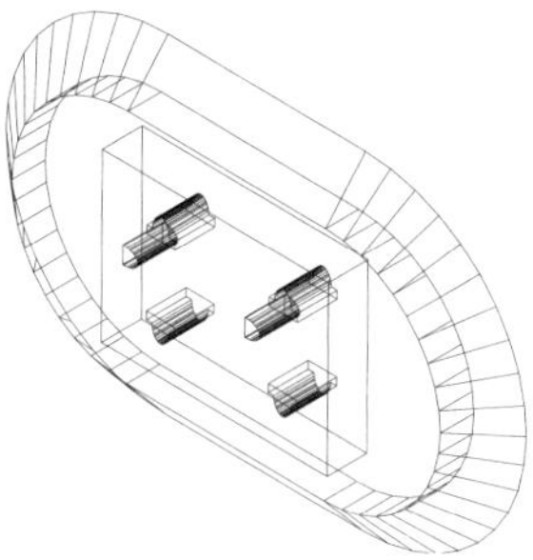
▲118电器

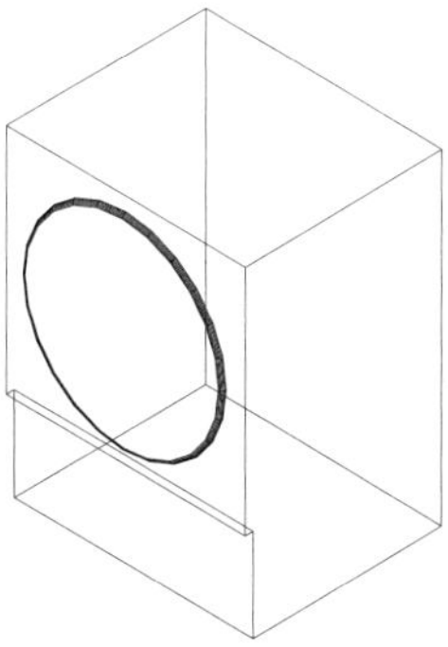
▲120电器

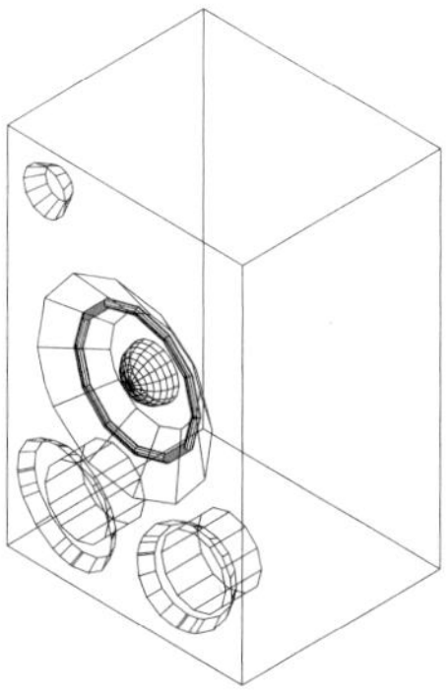
▲121电器

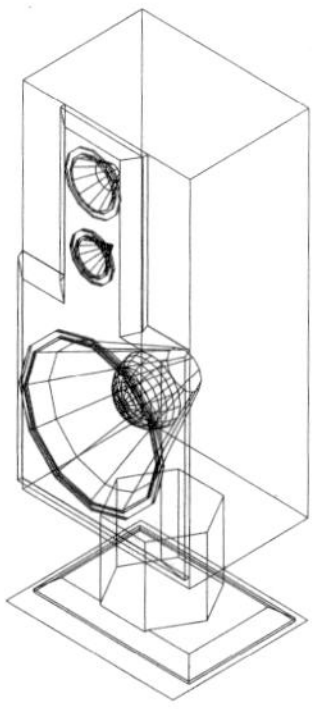
▲123电器

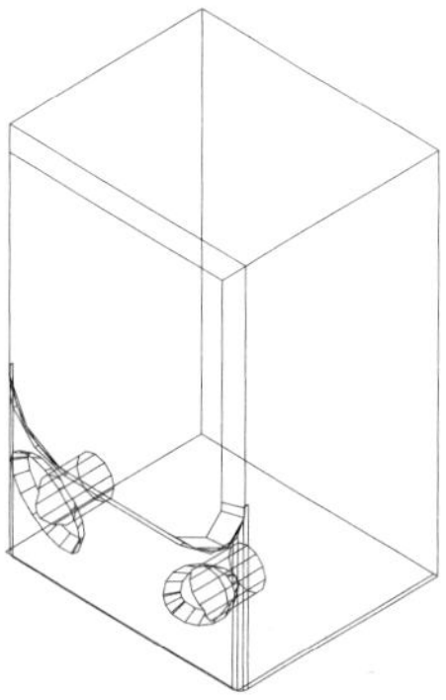
▲122电器

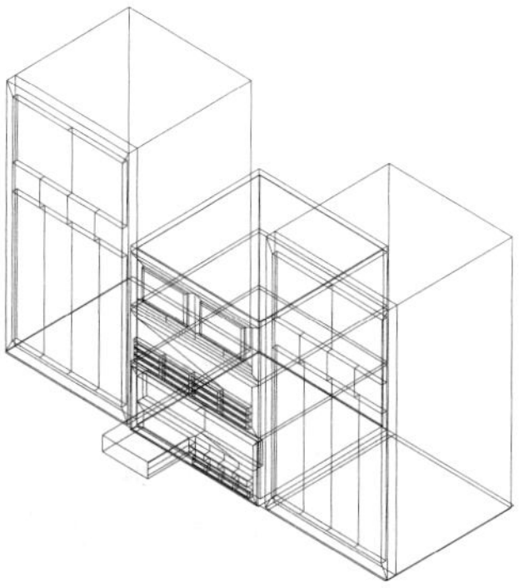
▲124电器

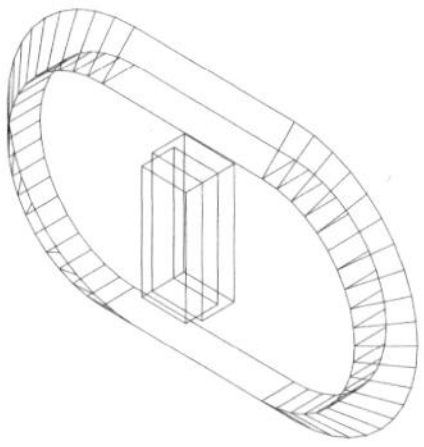
▲125电器

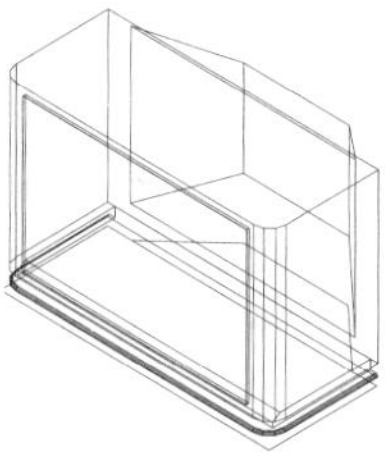
▲126电器

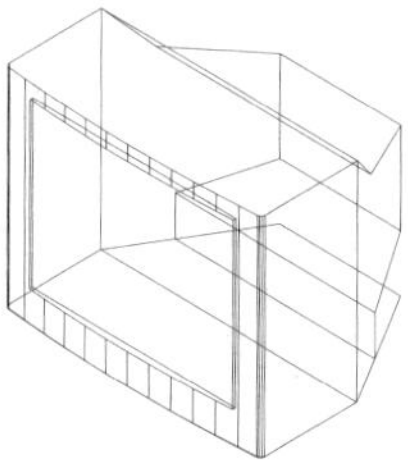
▲127电器

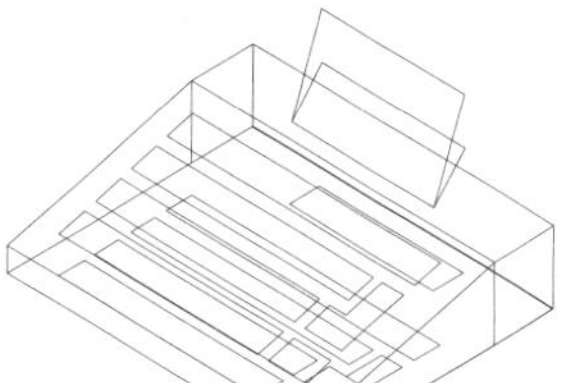
▲128电器

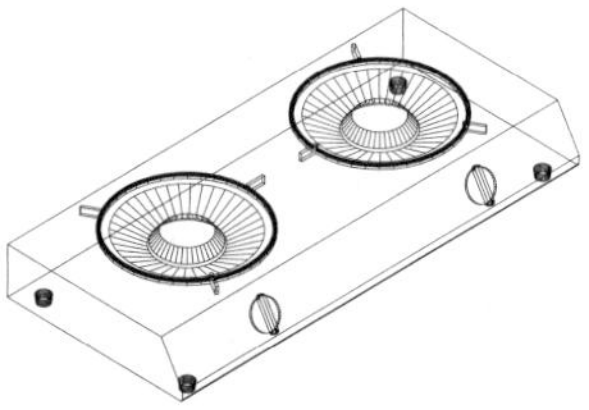
▲113电器

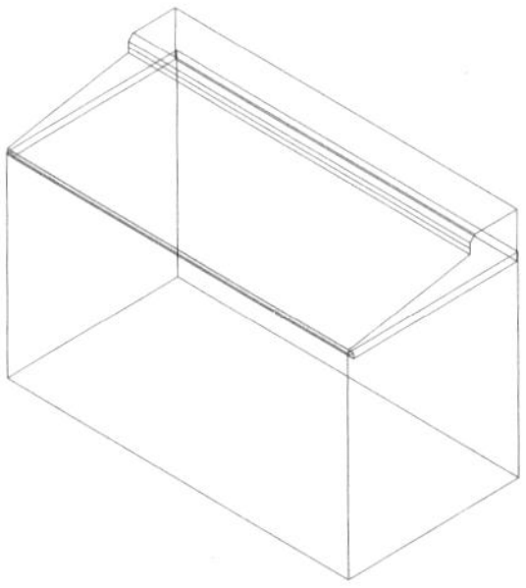

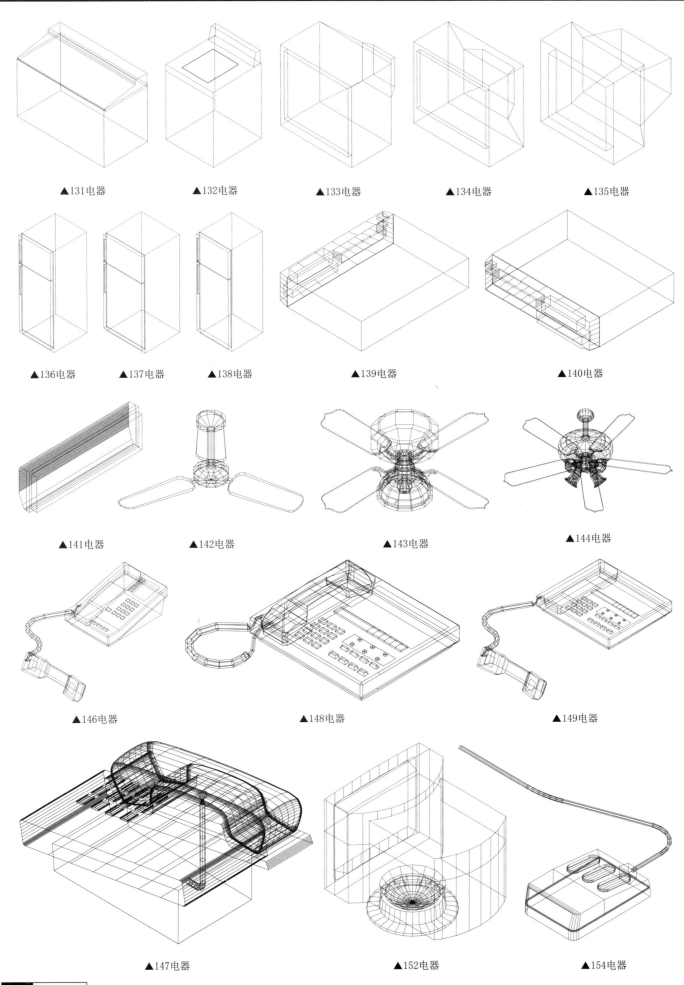

▲131电器

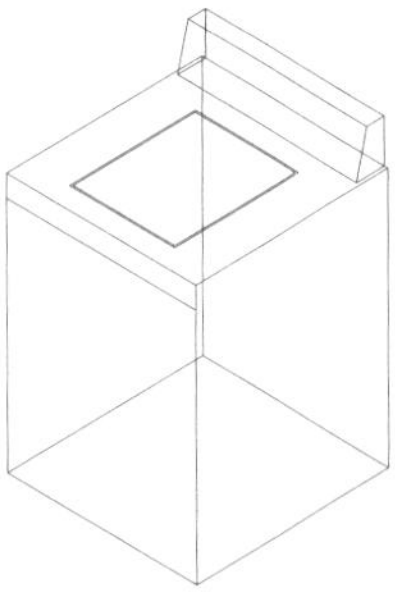

▲132电器

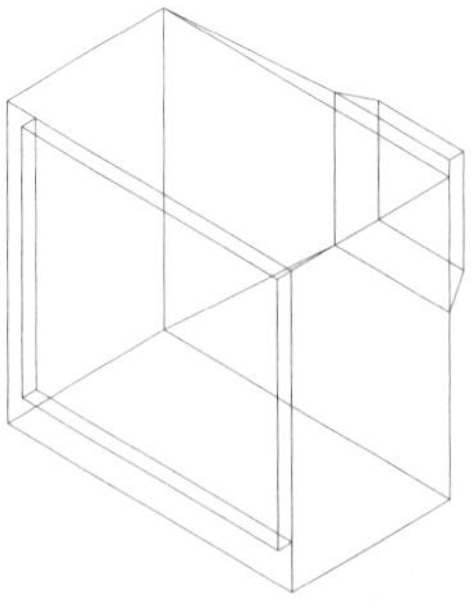

▲133电器

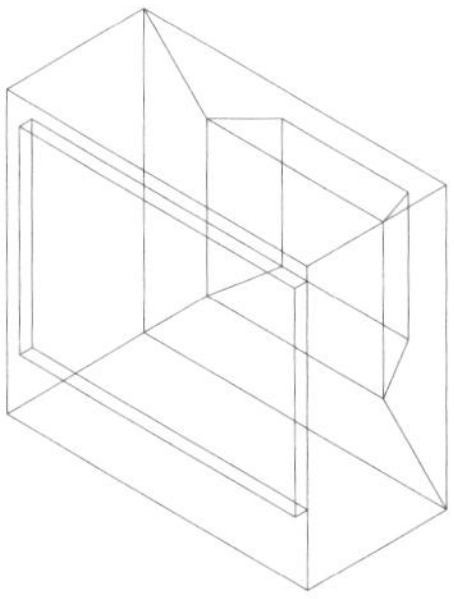

▲134电器

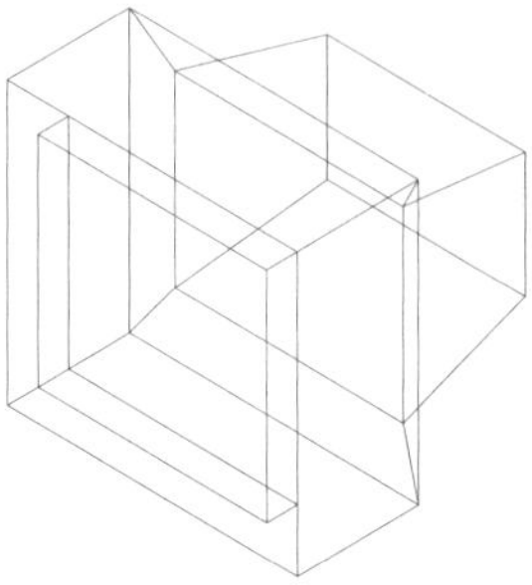

▲135电器

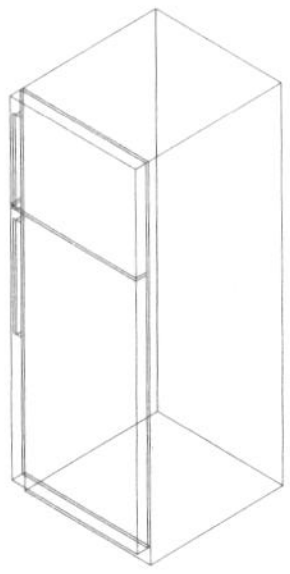

▲136电器

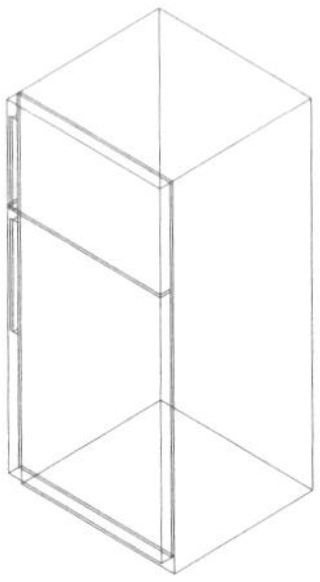

▲137电器

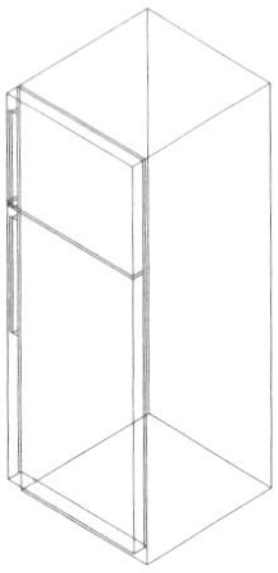

▲138电器

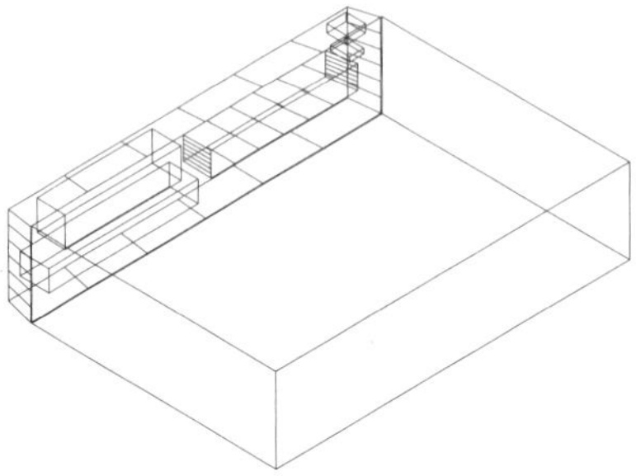

▲139电器

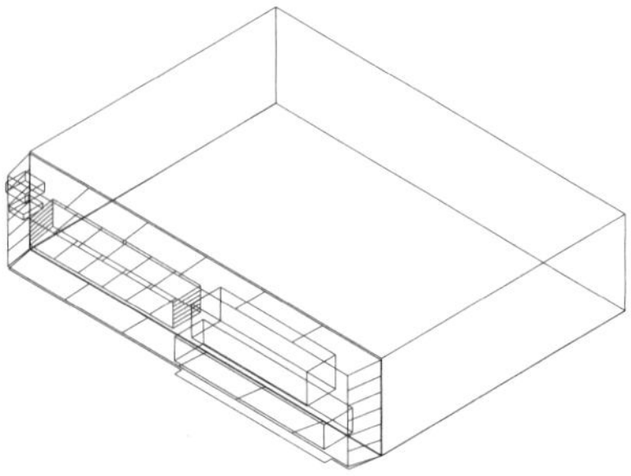

▲140电器

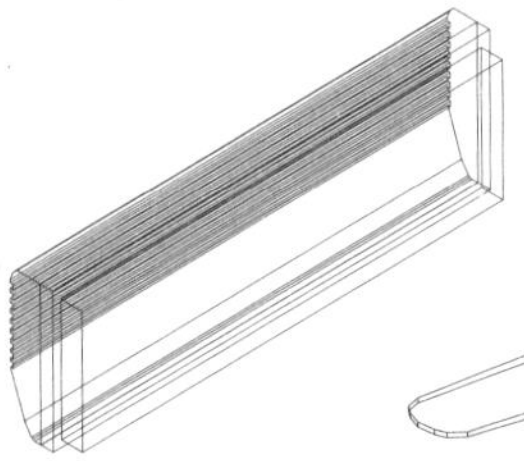

▲141电器

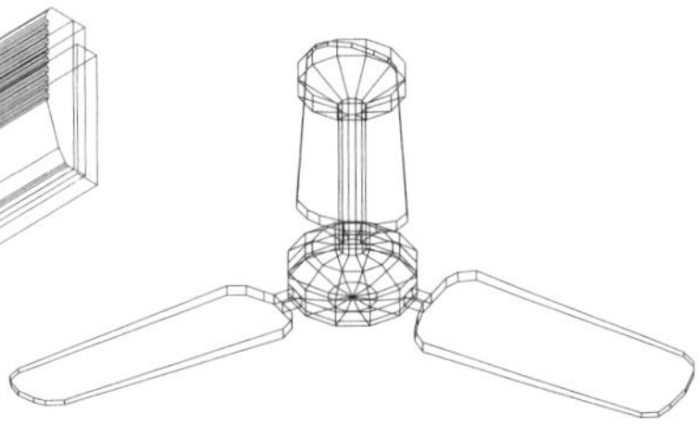

▲142电器

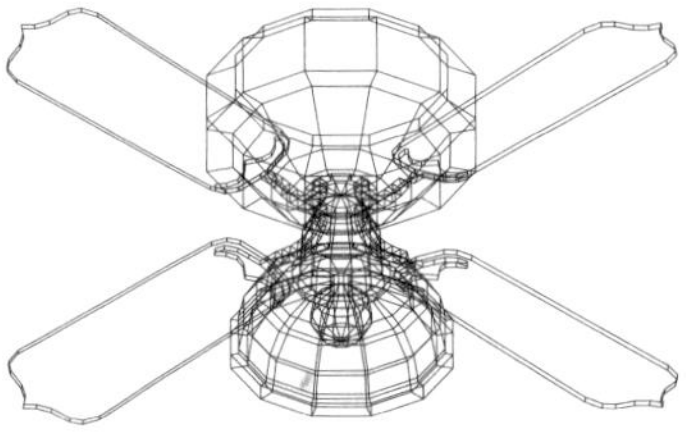

▲143电器

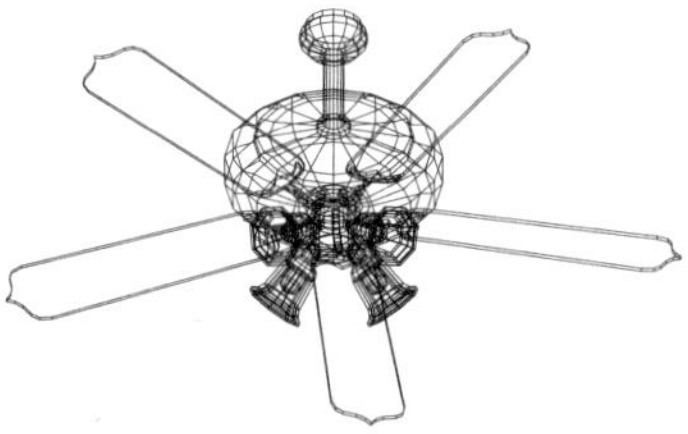

▲144电器

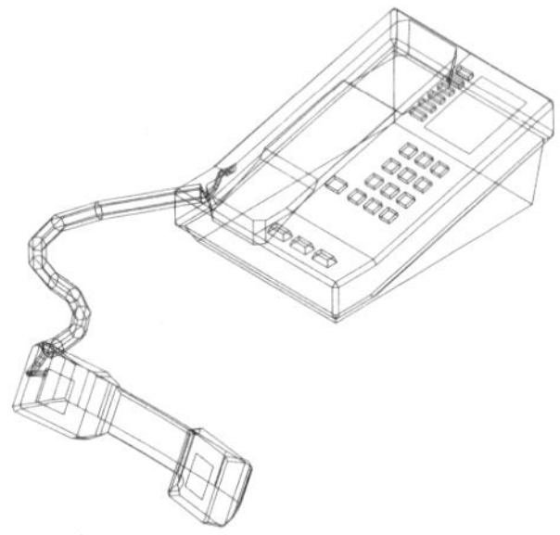

▲146电器

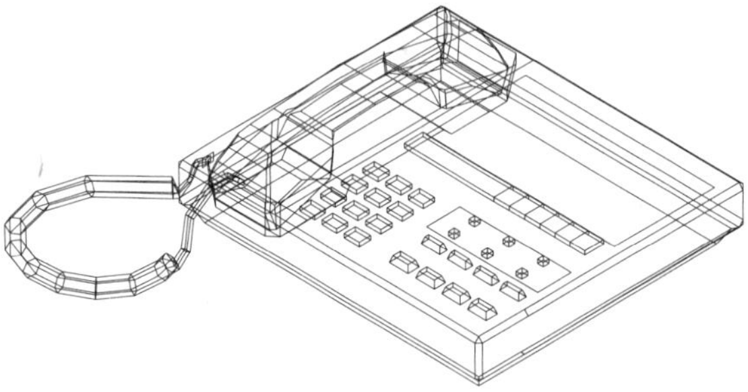

▲148电器

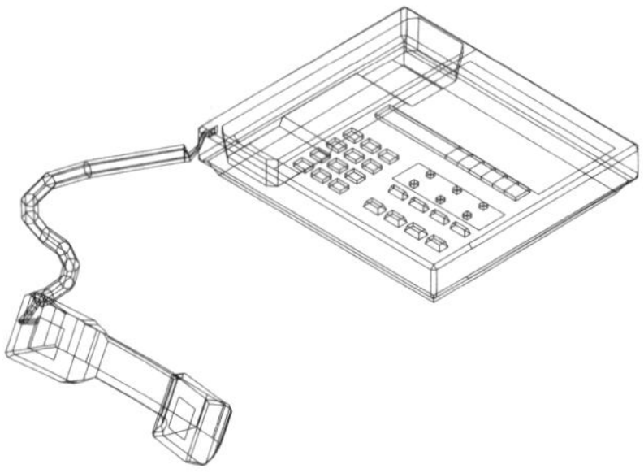

▲149电器

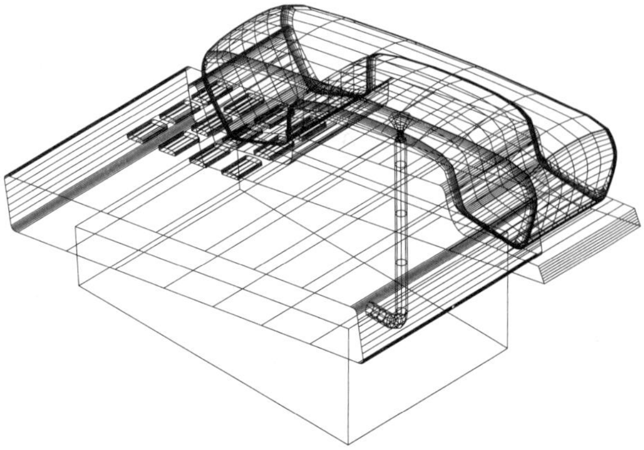

▲147电器

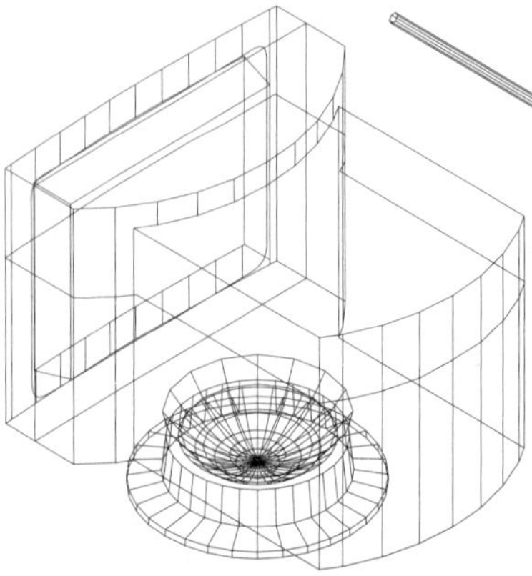

▲152电器

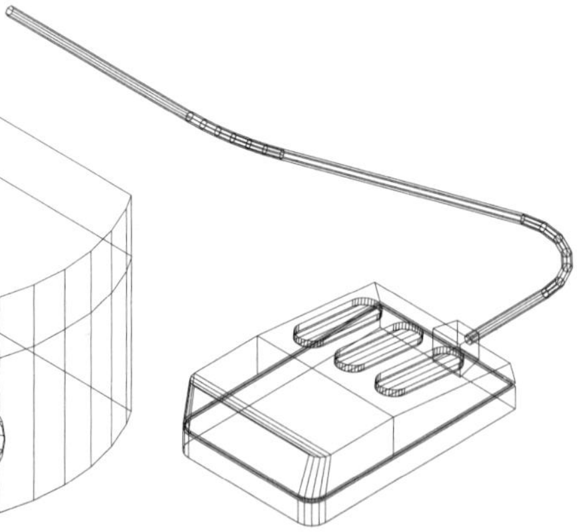

▲154电器

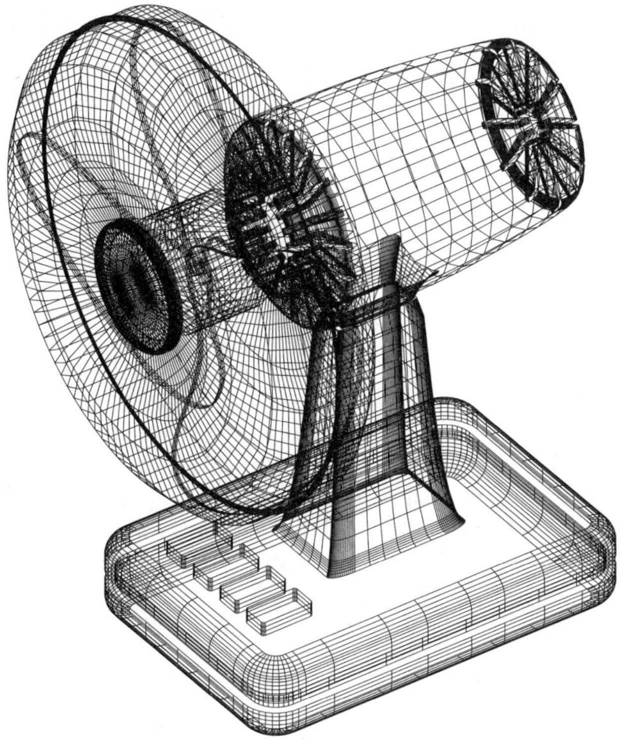

▲145电器

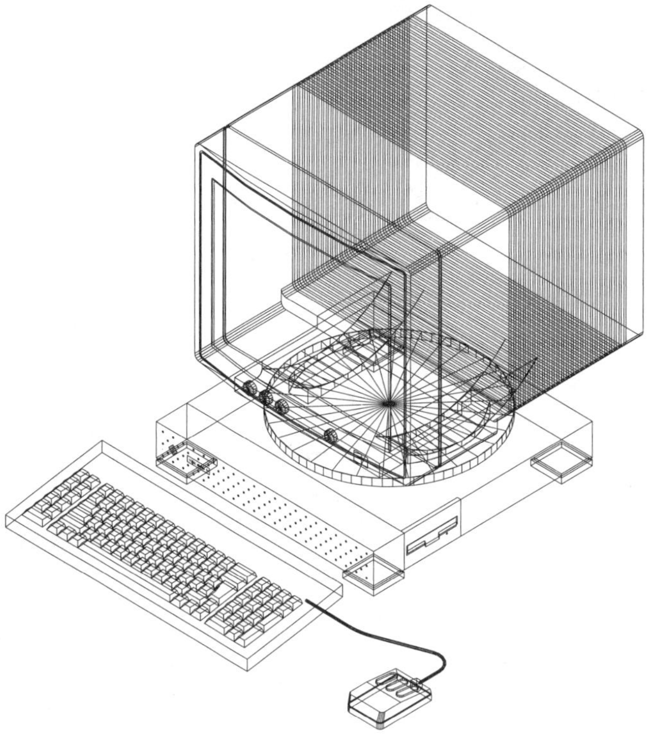

▲153电器

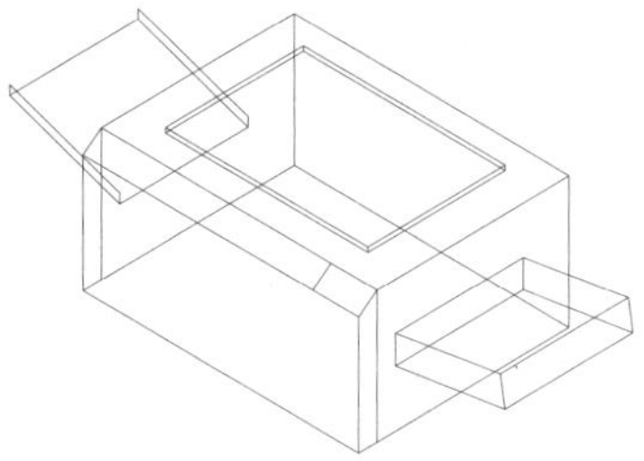

▲150电器

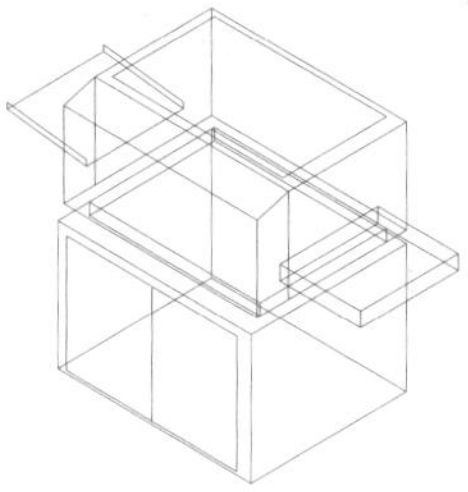

▲151电器

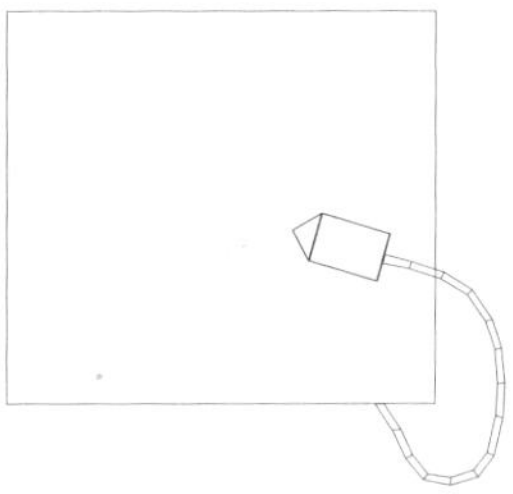

▲155电器

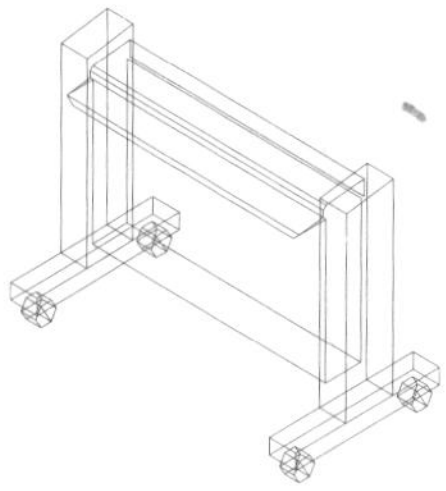

▲156电器

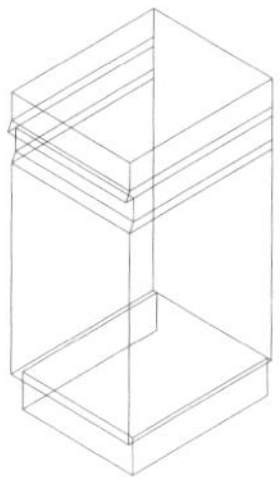

▲157电器

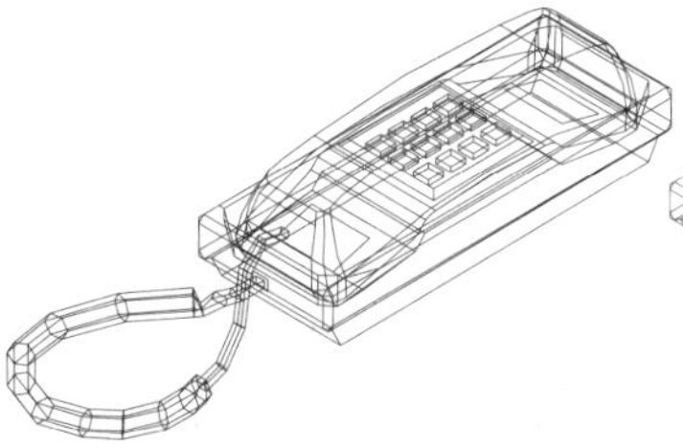

▲158电器

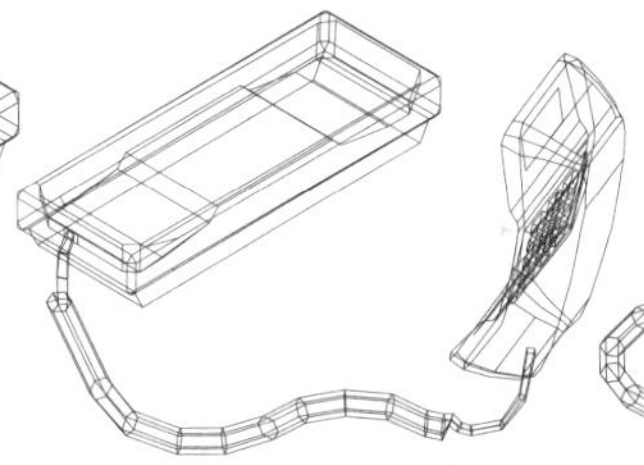

▲159电器

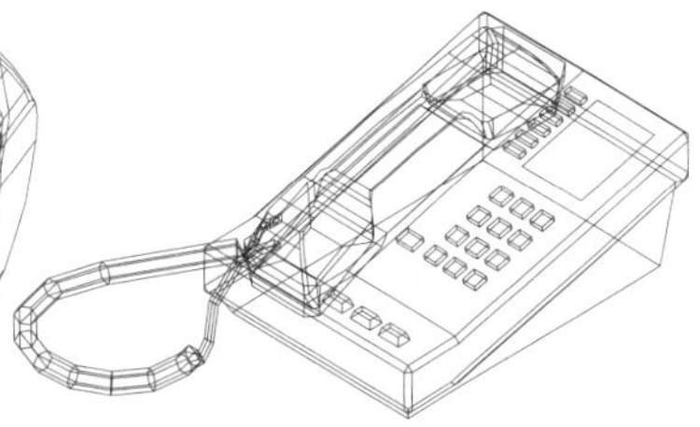

▲160电器

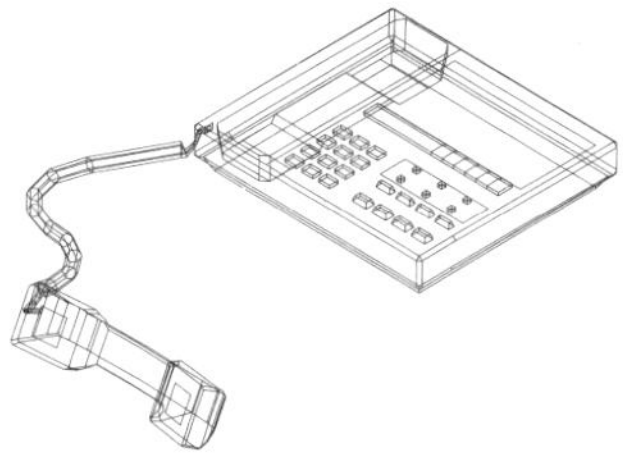

▲161电器

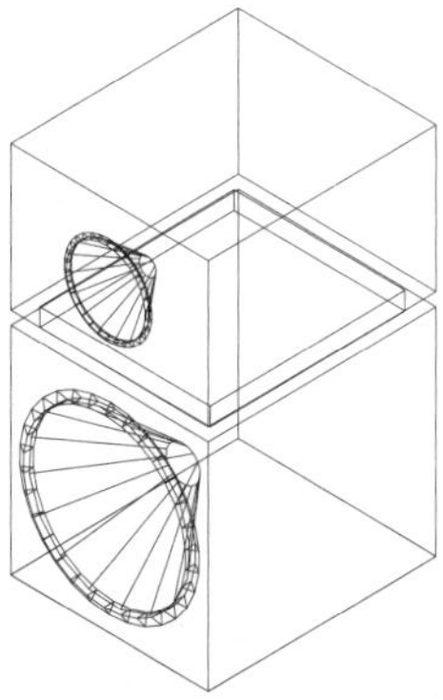

▲162电器

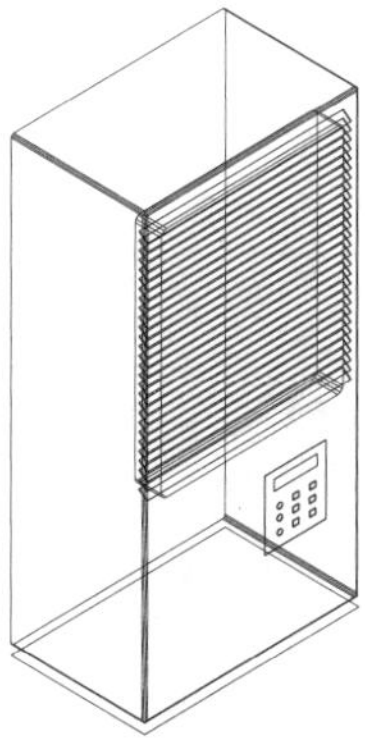

▲163电器

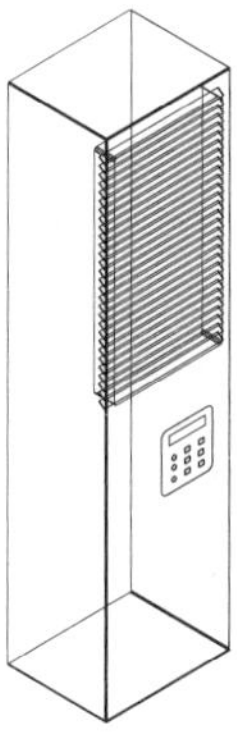

▲164电器

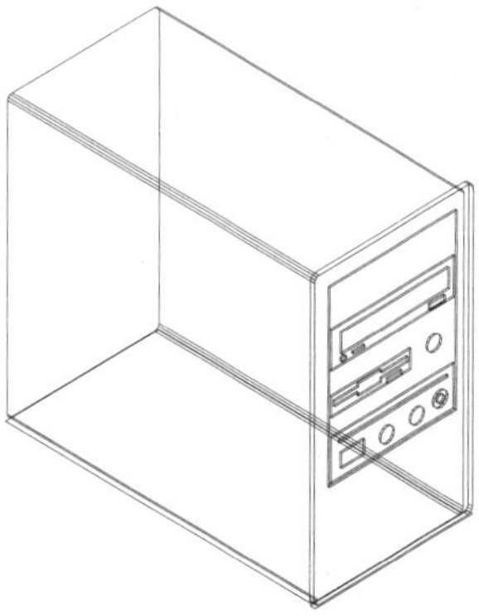

▲165电器

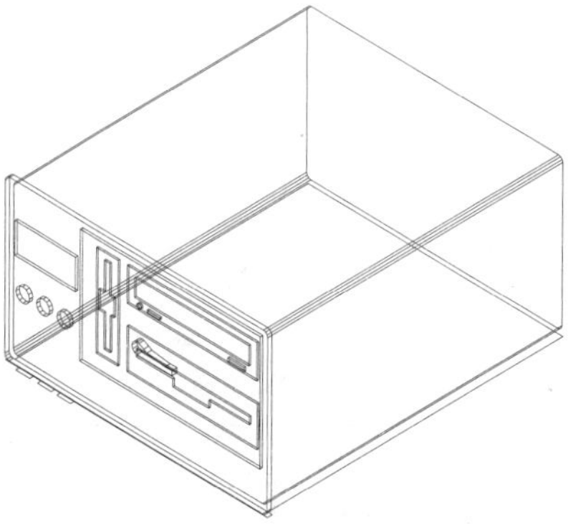

▲166电器

电
器

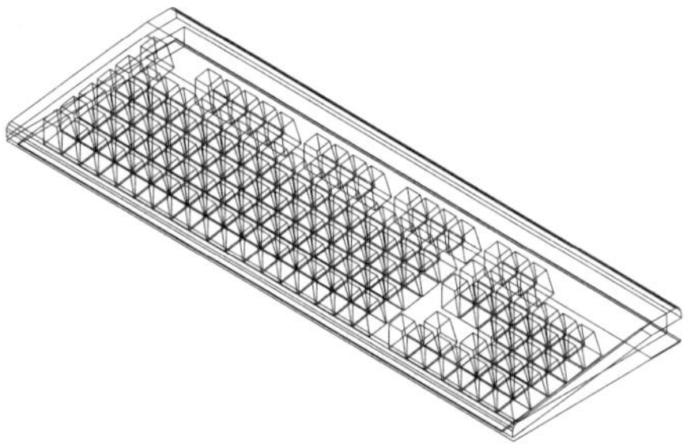
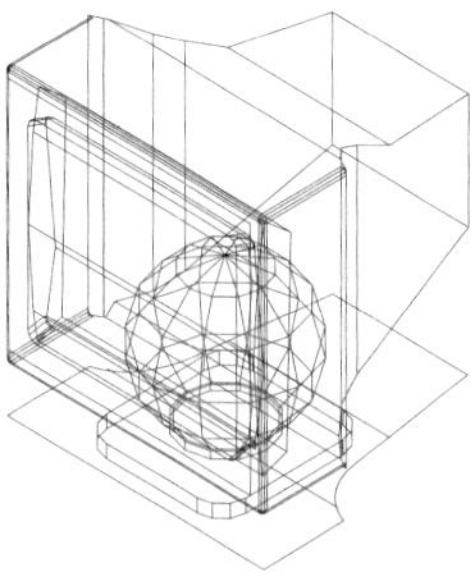
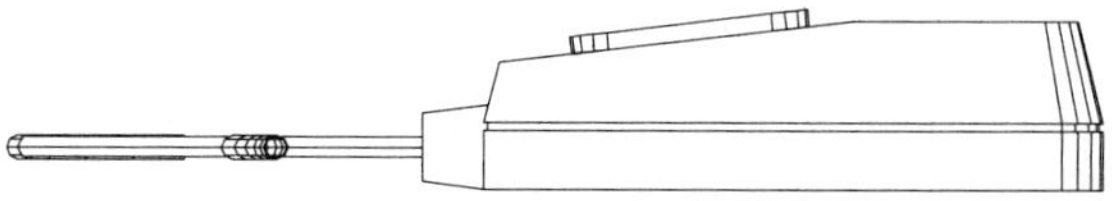

▲178电器

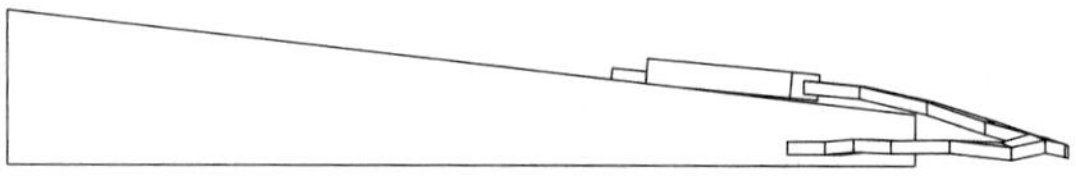

▲167电器 ▲168电器 ▲179电器

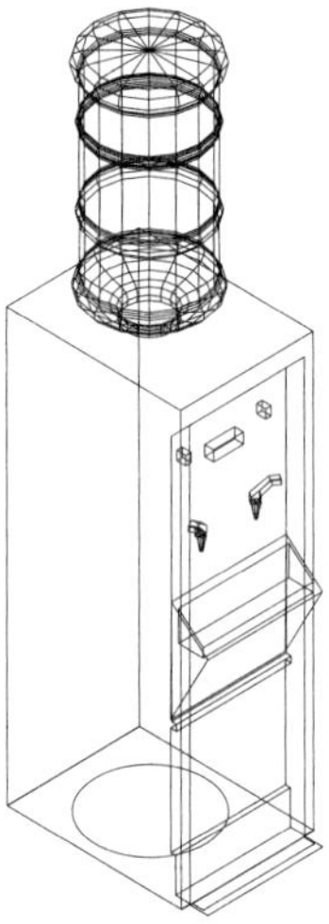
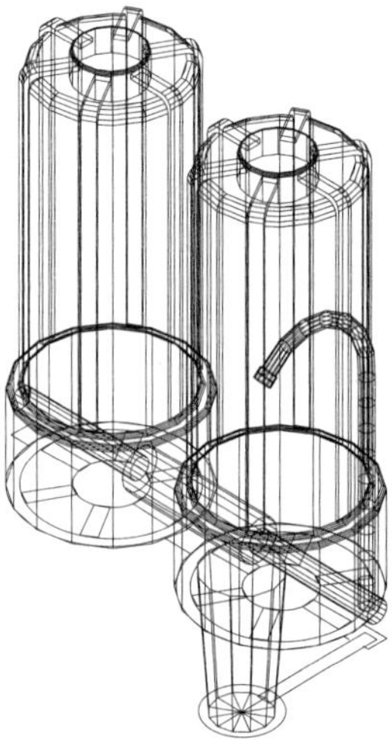
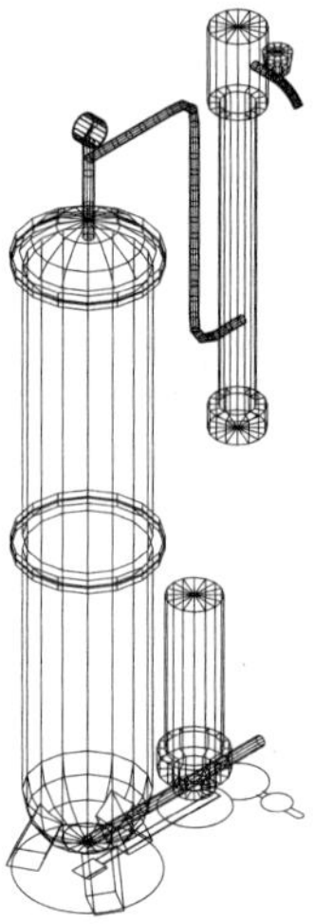
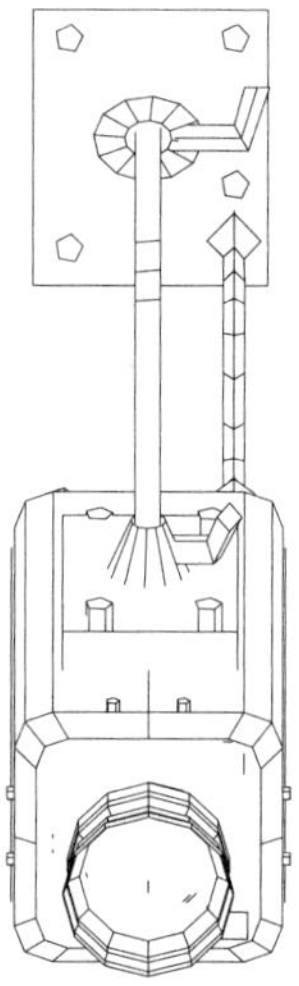
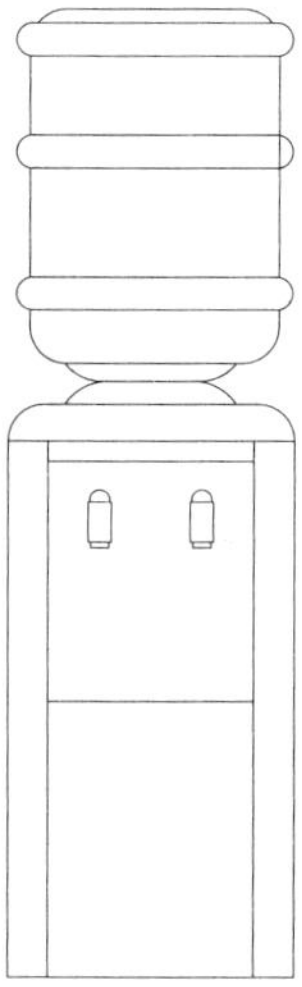

▲169电器 ▲170电器 ▲171电器 ▲172电器 ▲175电器 ▲176电器

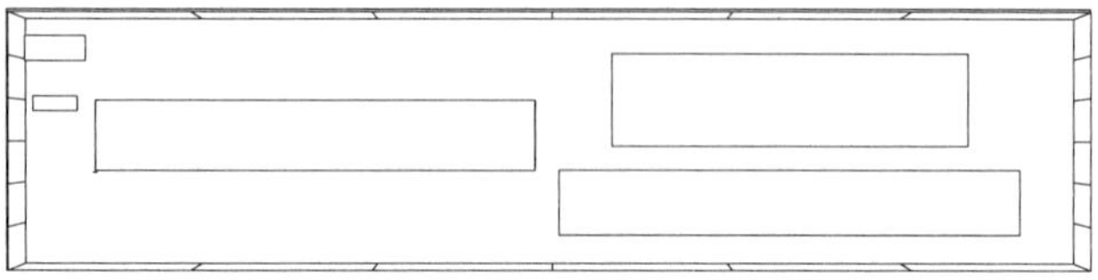

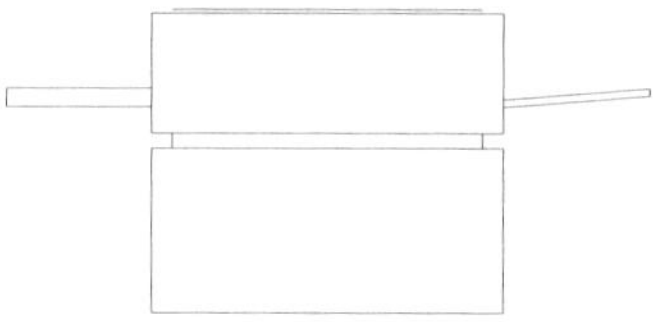

▲174电器 ▲181电器 ▲182电器 ▲186电器

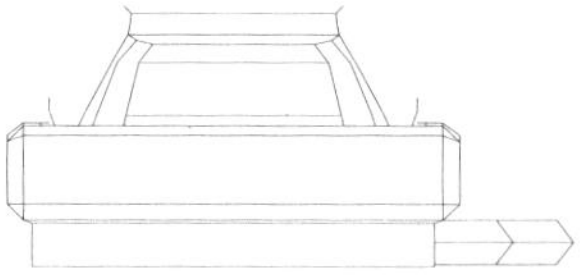

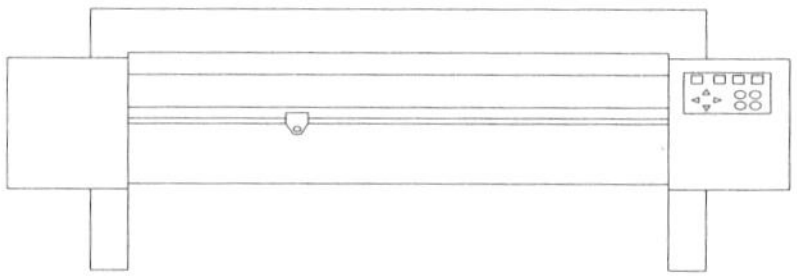

▲189电器 ▲190电器 ▲191电器 ▲192电器

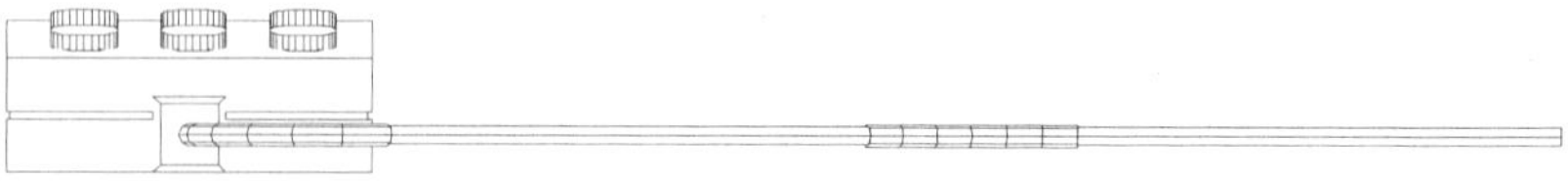

▲183电器 ▲187电器

▲185电器

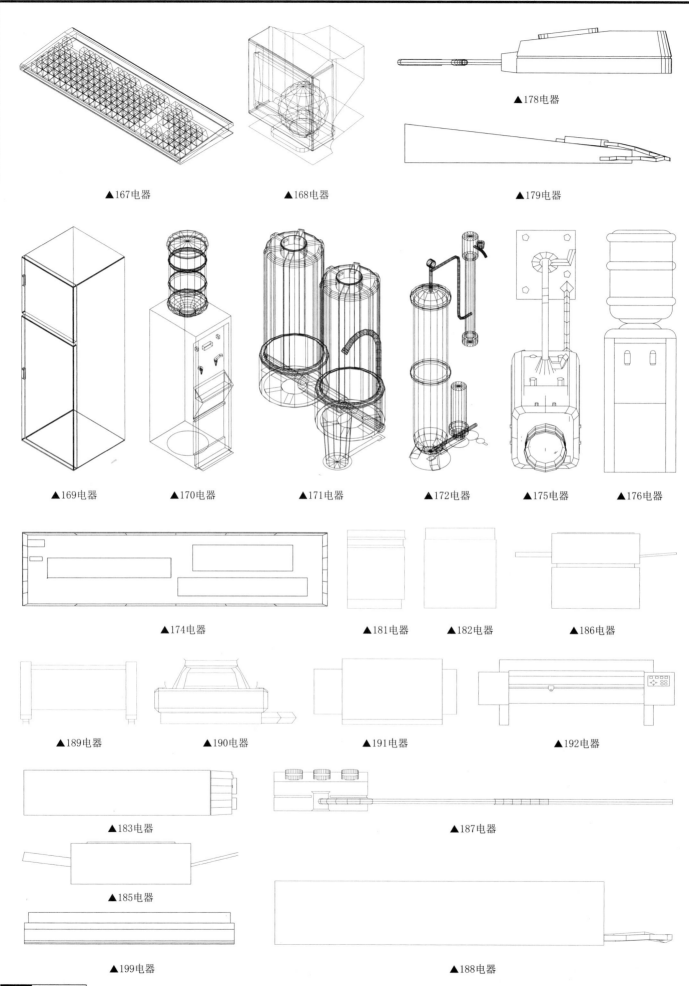

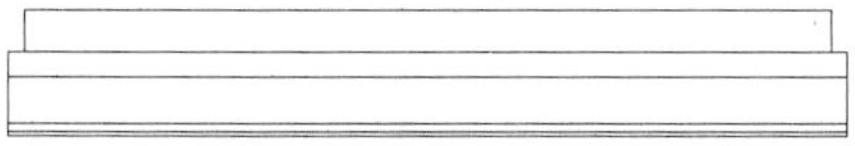

▲199电器 ▲188电器

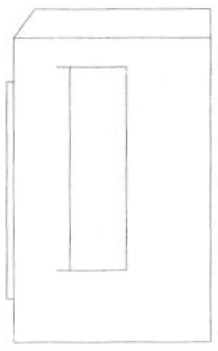
▲173电器

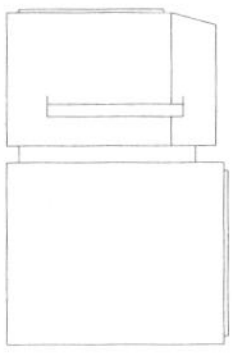
▲177电器

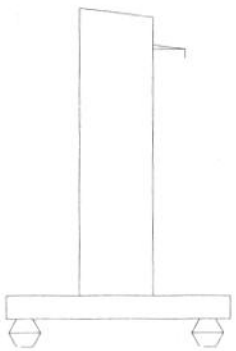
▲180电器

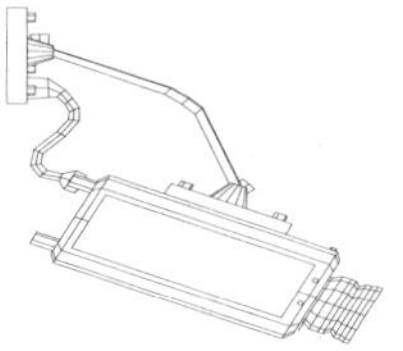
▲184电器

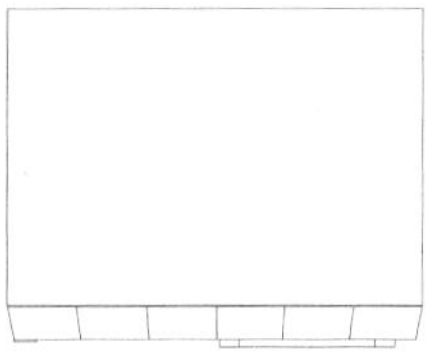
▲197电器

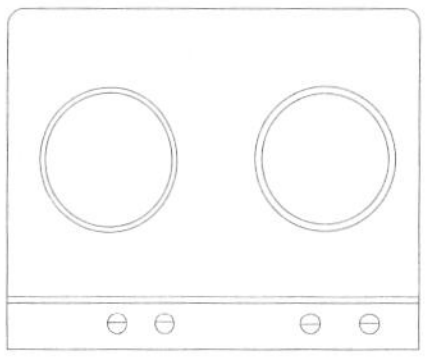
▲203电器

▲204冰箱

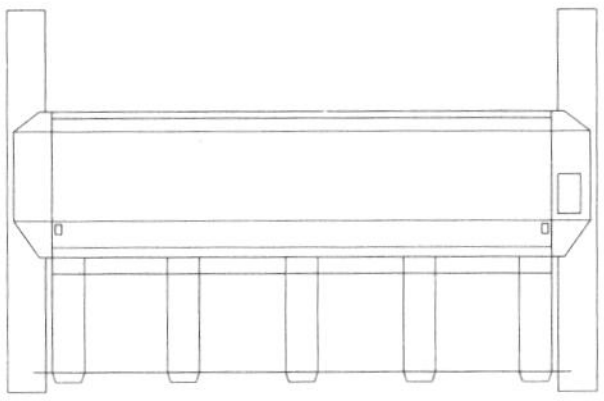
▲193电器

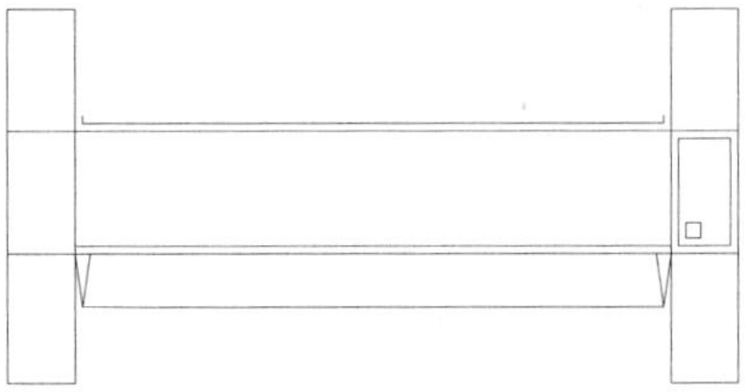
▲194电器

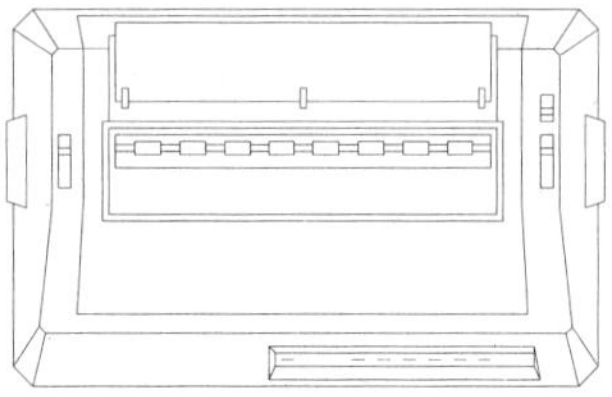
▲195电器

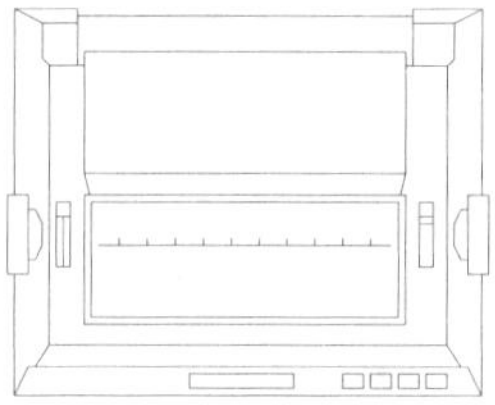
▲196电器

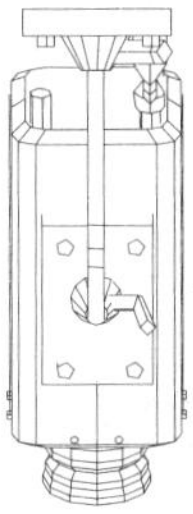
▲198电器

▲200电器

▲201电器

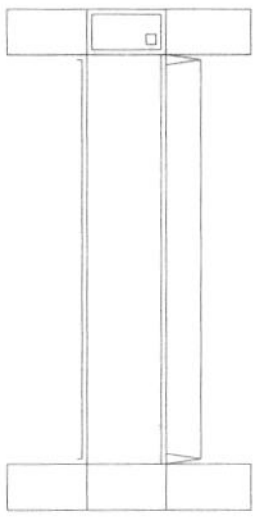
▲202电器

▲206冰箱

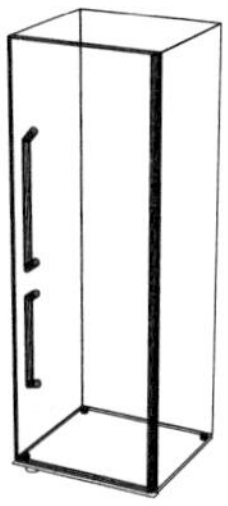
▲205冰箱

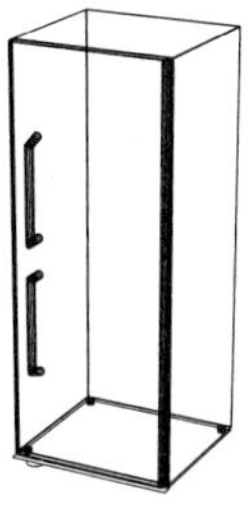
▲207冰箱

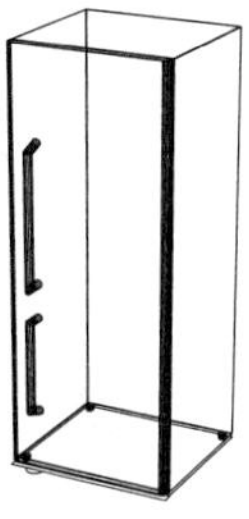
▲208冰箱

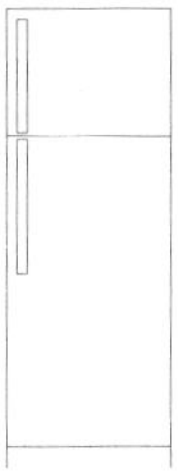
▲209冰箱

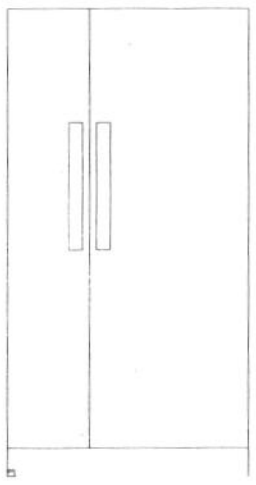
▲210冰箱

▲211冰箱

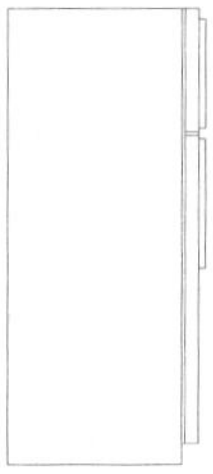
▲212冰箱

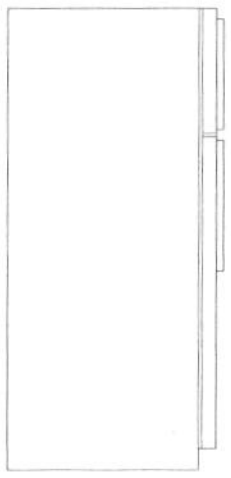
▲213冰箱

▲214冰箱

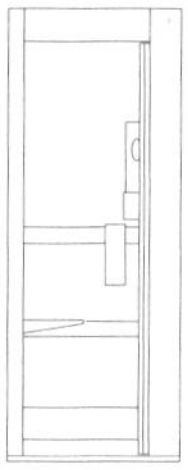
▲215电话

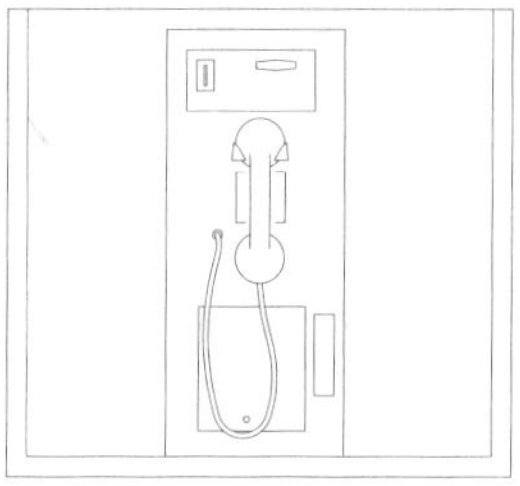
▲216电话

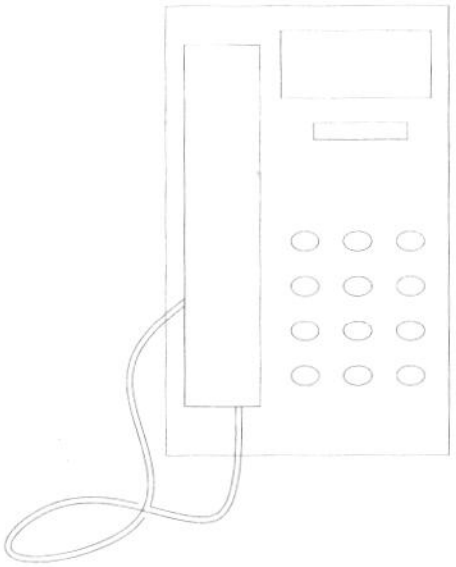
▲217电话

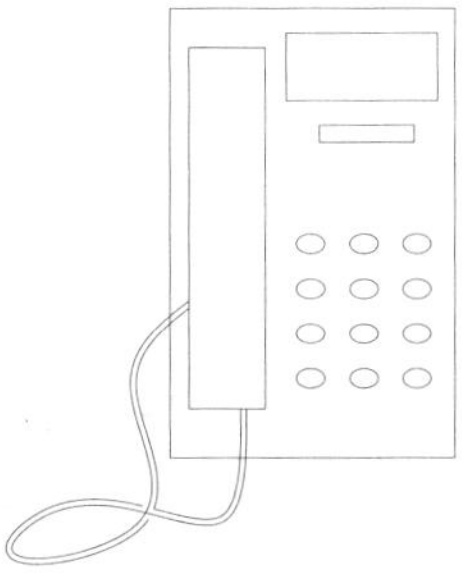
▲218电话

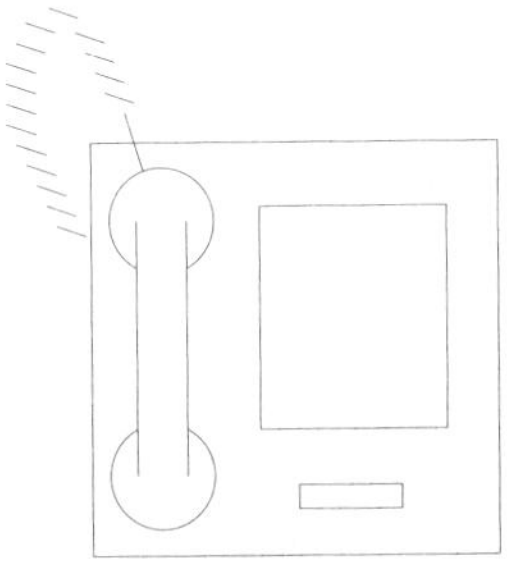
▲219电话

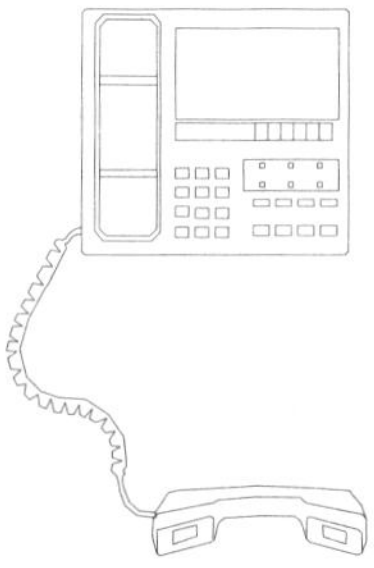
▲220电话

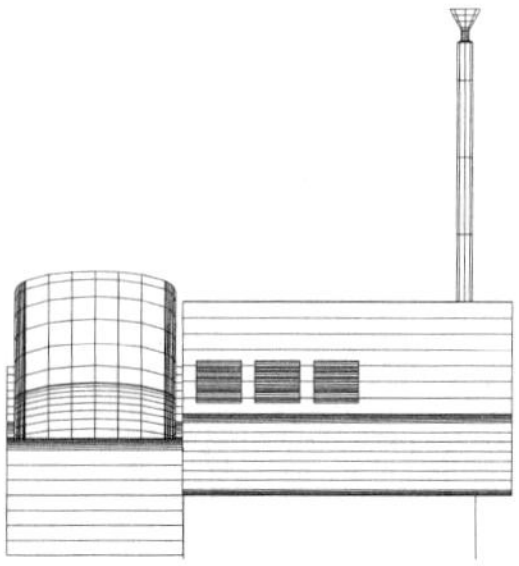
▲222电话

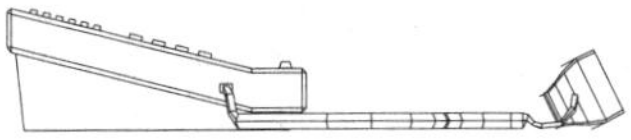
▲221电话

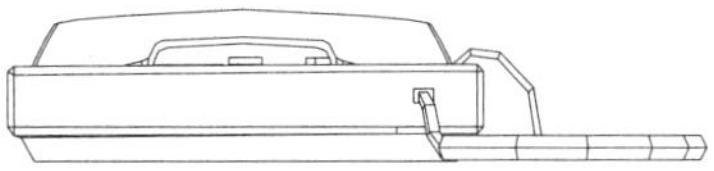
▲223电话

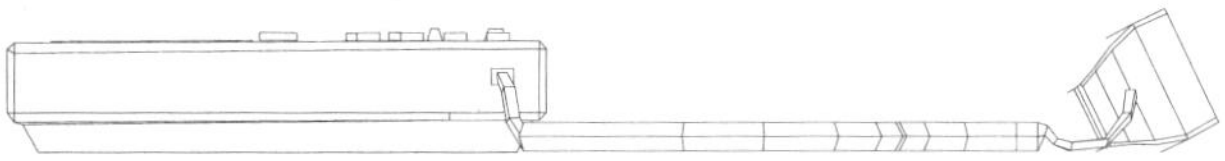
▲224电话

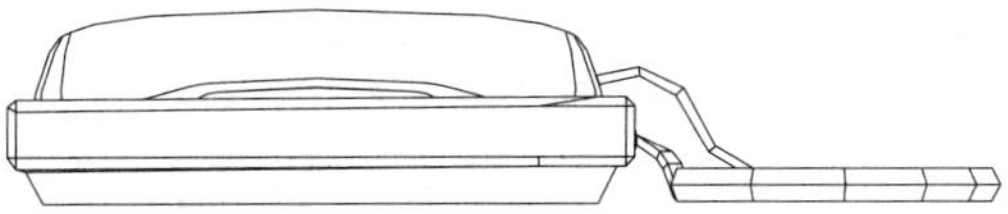
▲225电话

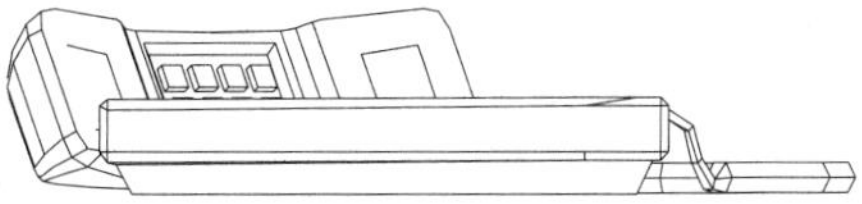
▲226电话

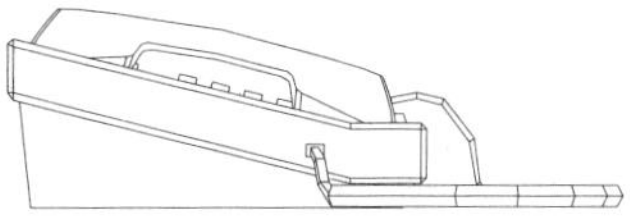
▲227电话

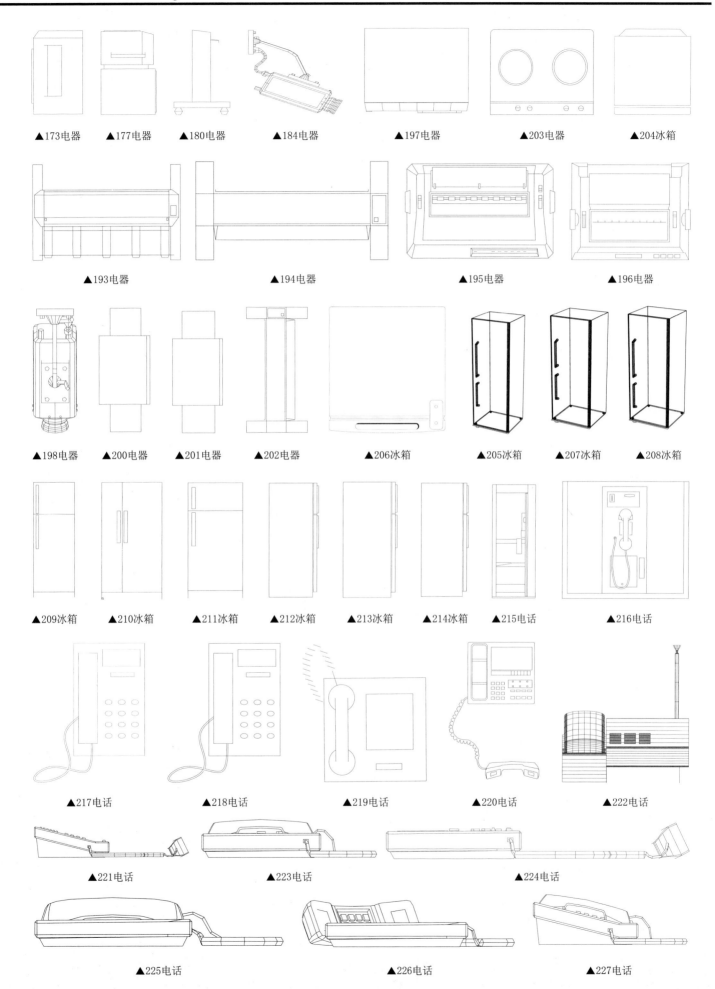

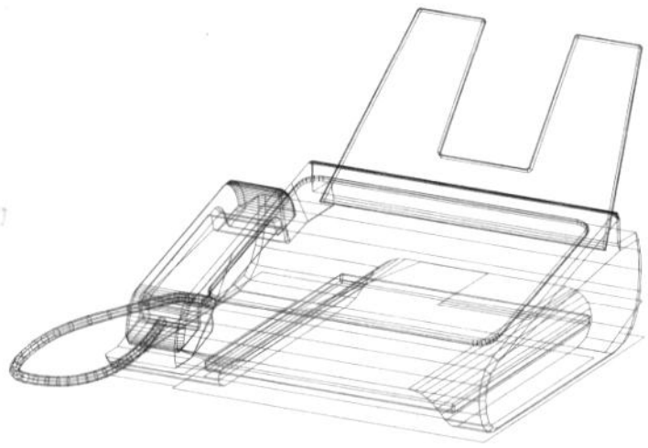
▲228电话

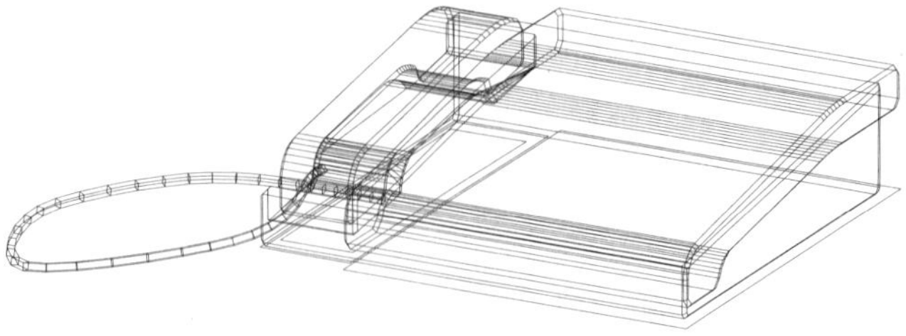
▲229电话

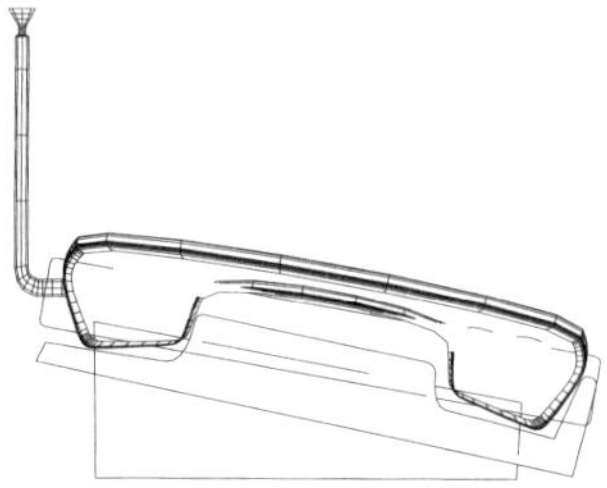
▲233电话

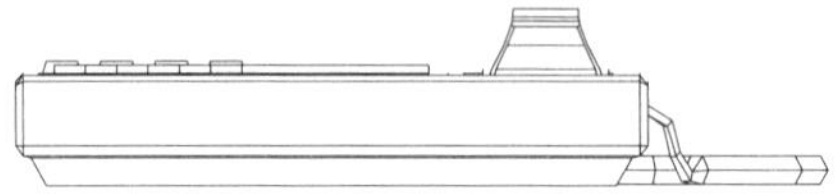
▲230电话

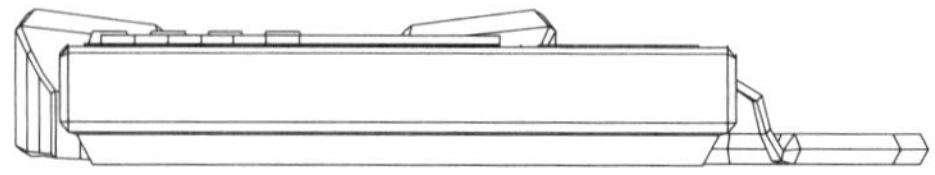
▲231电话

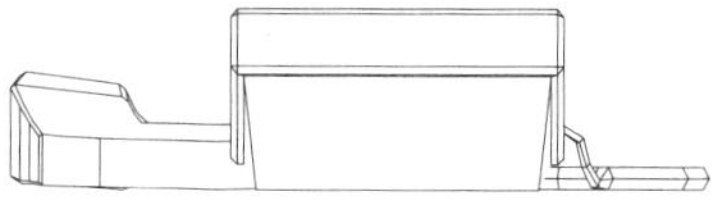
▲232电话

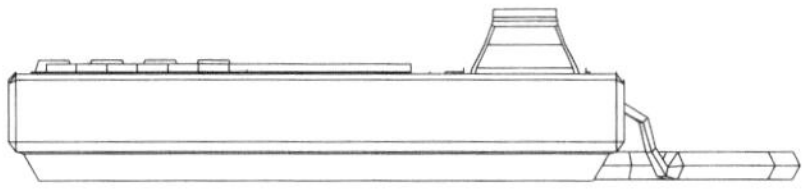
▲234电话

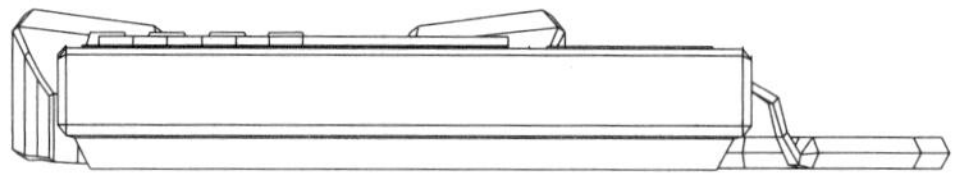
▲235电话

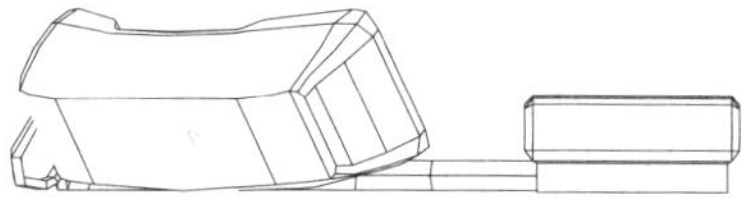
▲236电话

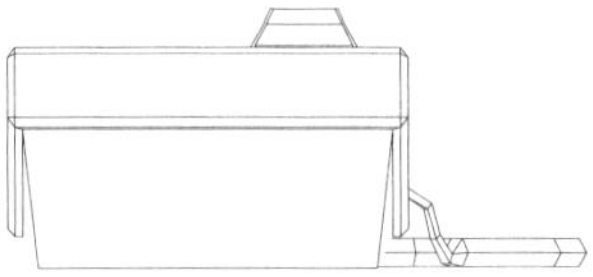
▲237电话

▲238电话

▲241电脑

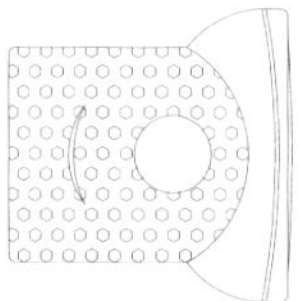
▲242电脑

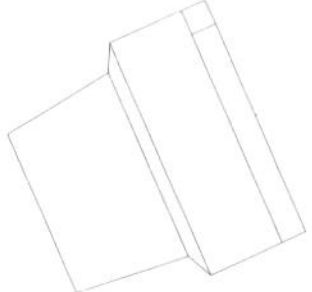
▲243电脑

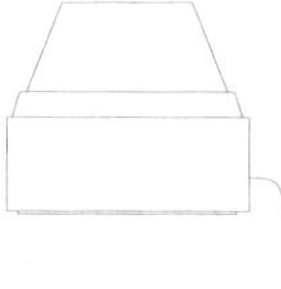
▲244电脑

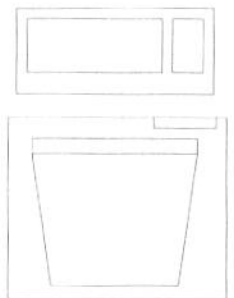
▲245电脑

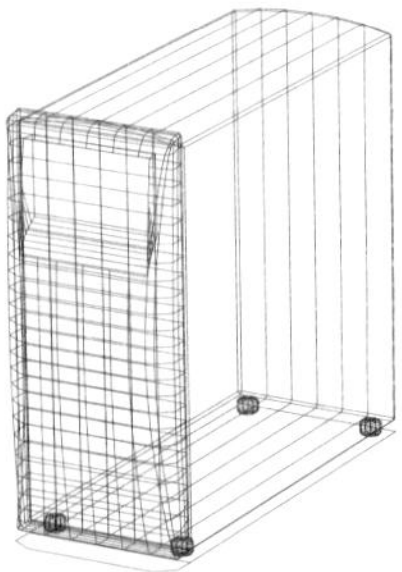
▲246电脑

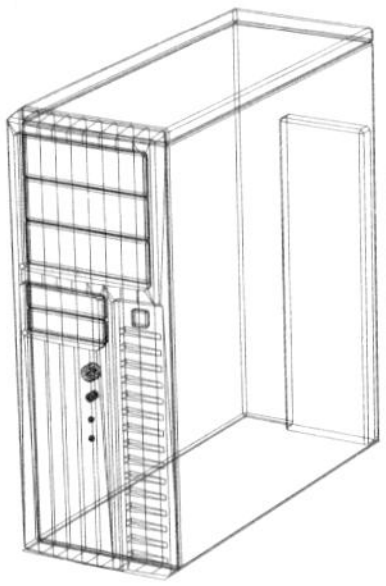
▲247电脑

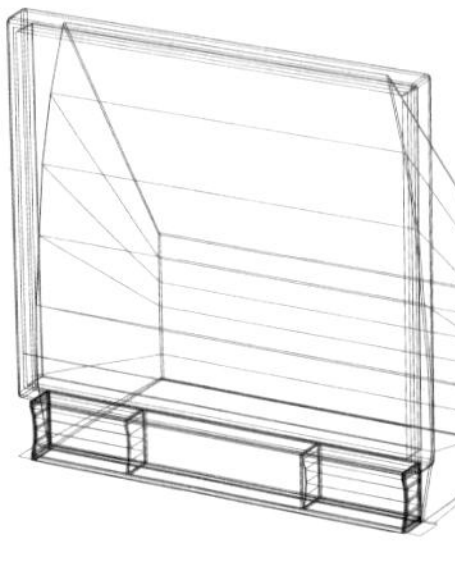
▲255电视

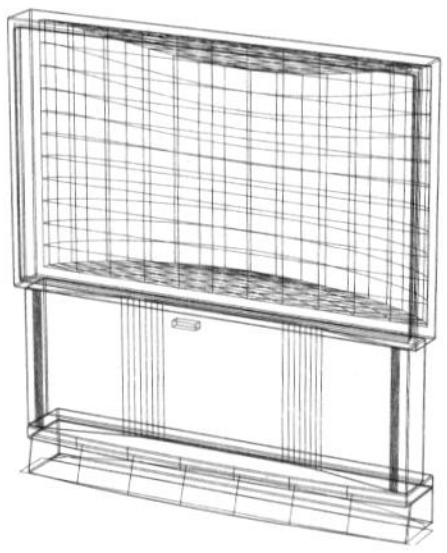
▲258电视

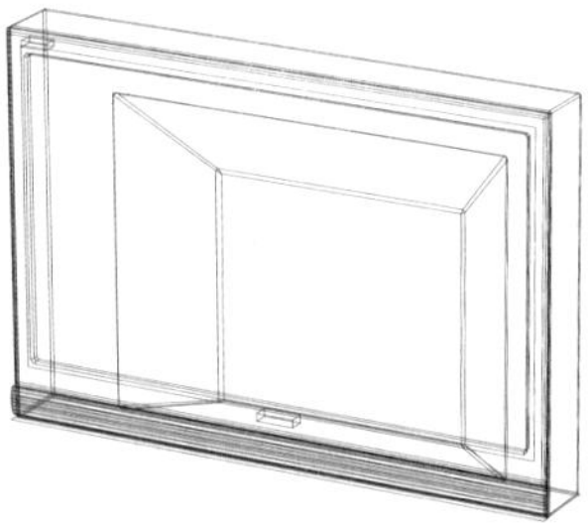
▲259电视

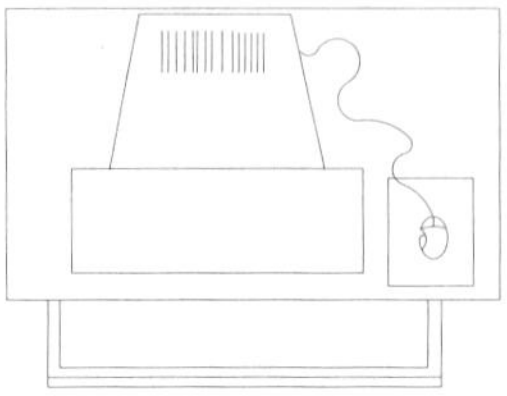
▲249电脑

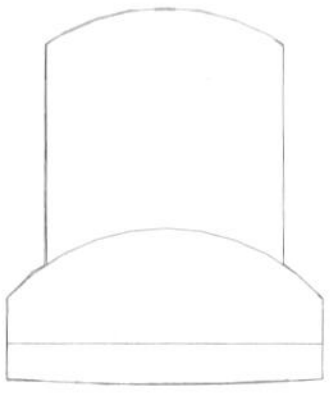
▲250电脑

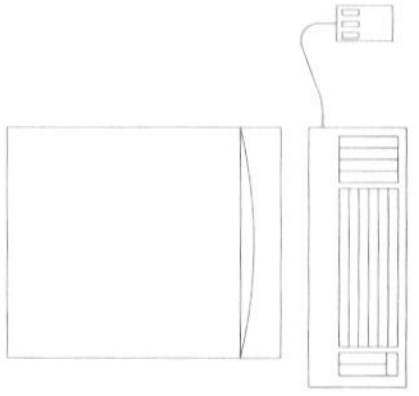
▲251电脑

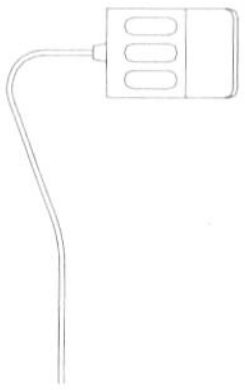
▲252电脑

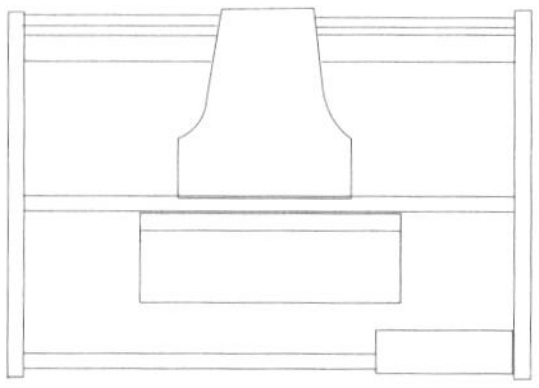
▲253电脑

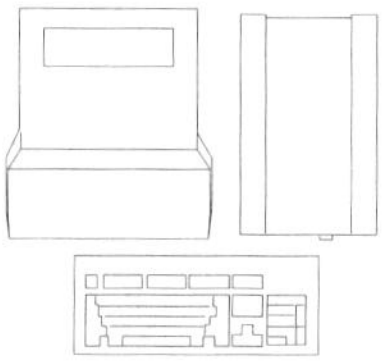
▲254电脑

▲256电视

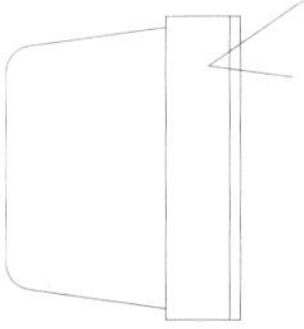
▲257电视

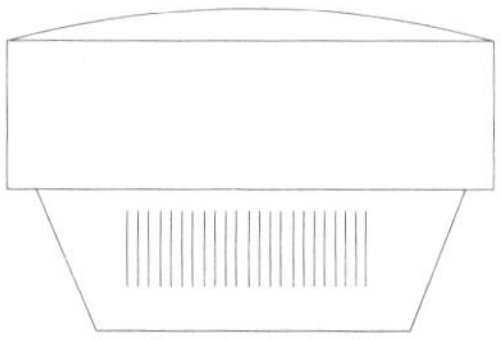
▲260电视

▲261电视

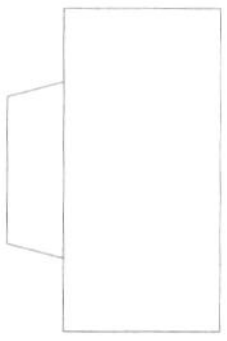
▲262电视

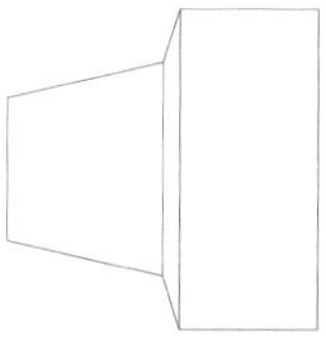
▲263电视

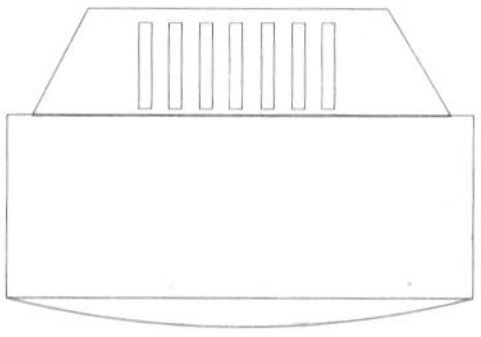
▲264电视

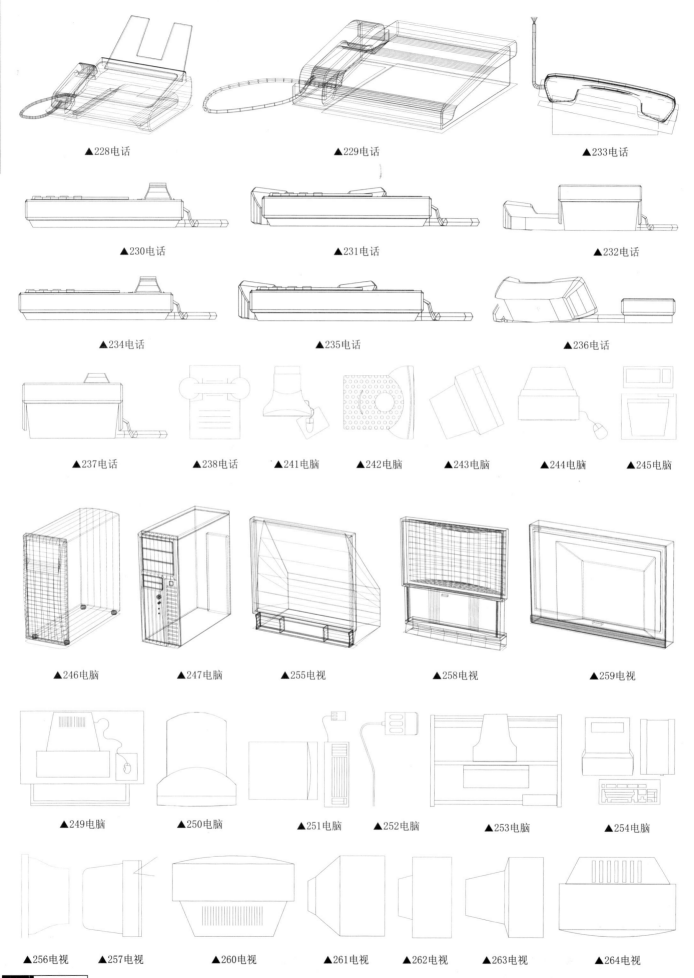

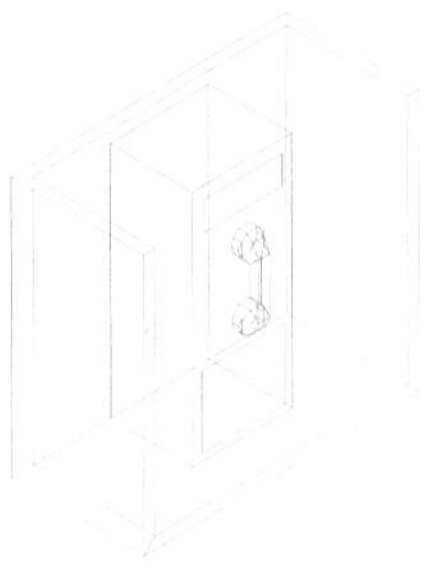
▲239电话

▲240电话

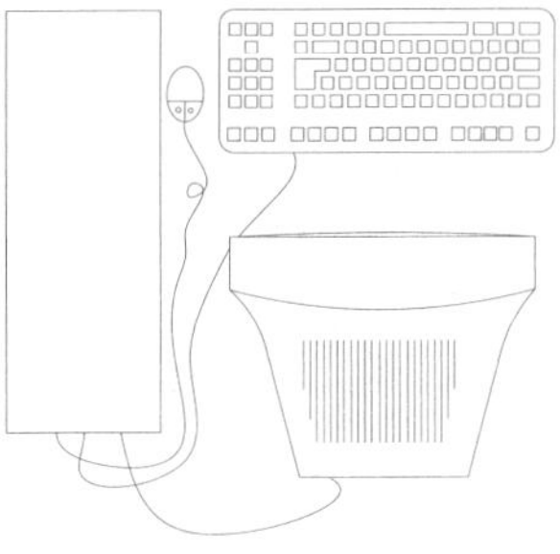
▲248电脑

▲265电视

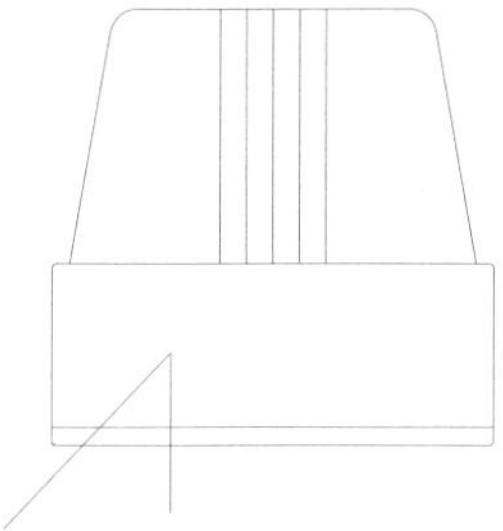
▲266电视

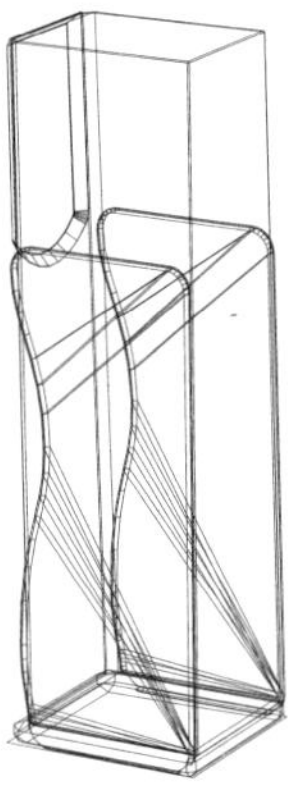
▲267音响

▲268音响

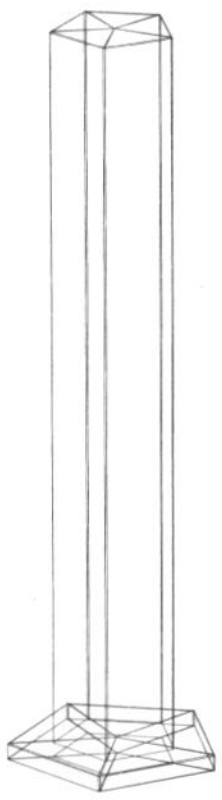
▲269音响

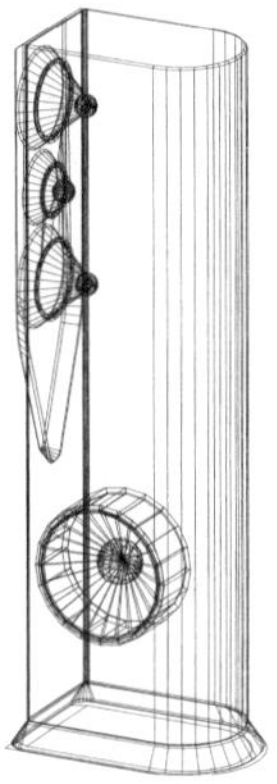
▲270音响

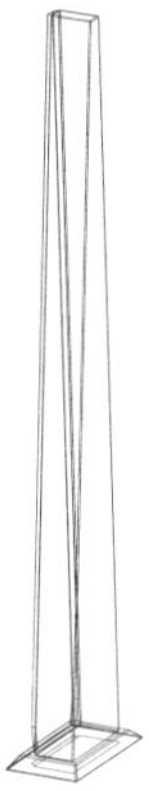
▲271音响

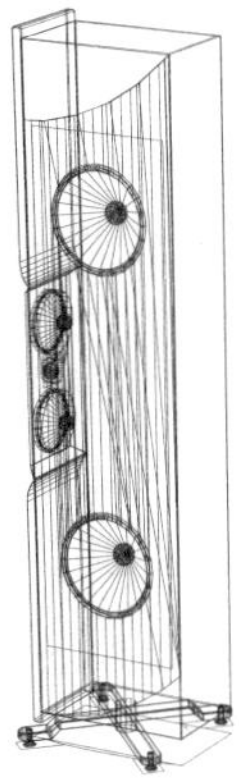
▲272音响

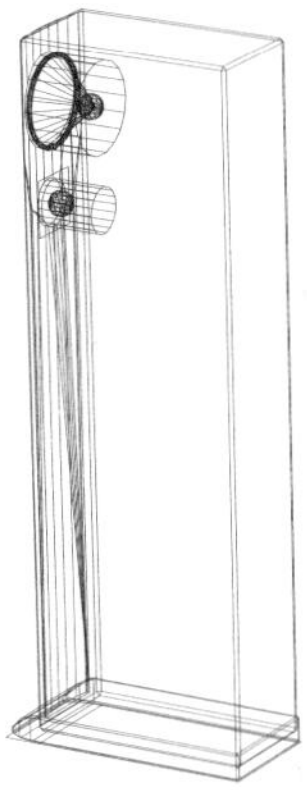
▲273音响

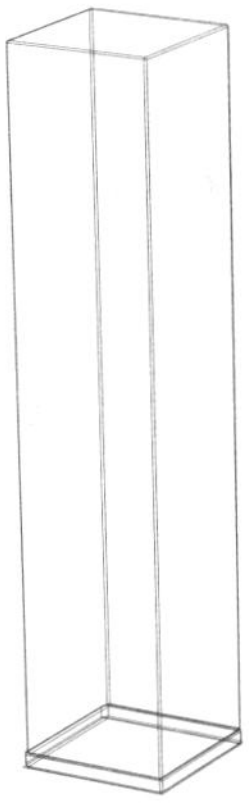
▲274音响

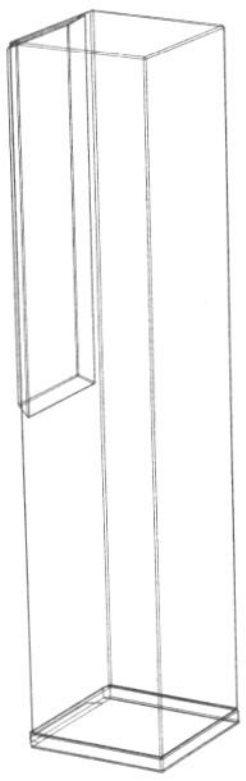
▲275音响

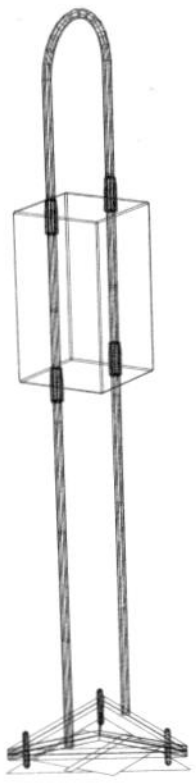
▲276音响

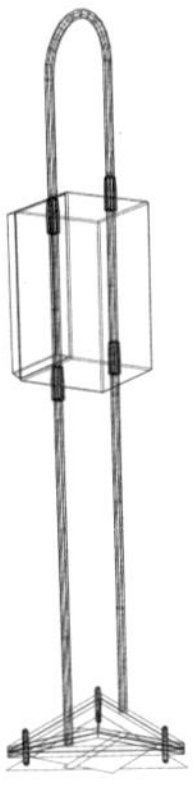
▲277音响

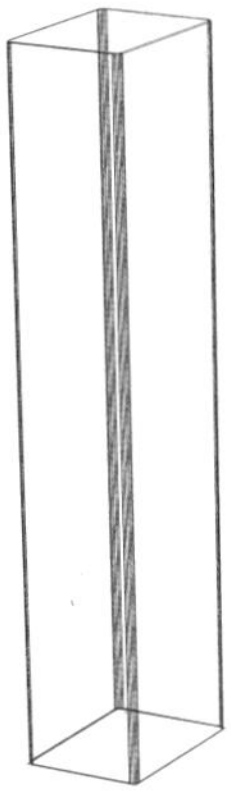
▲278音响

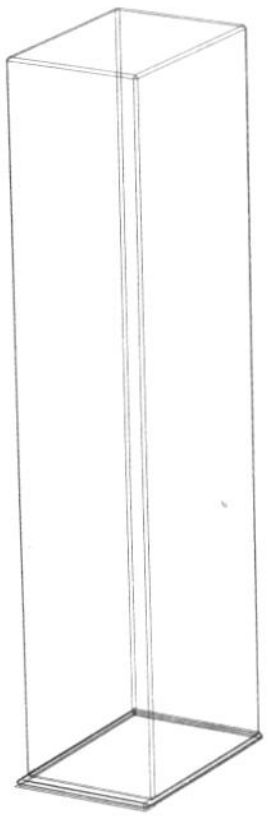
▲280音响

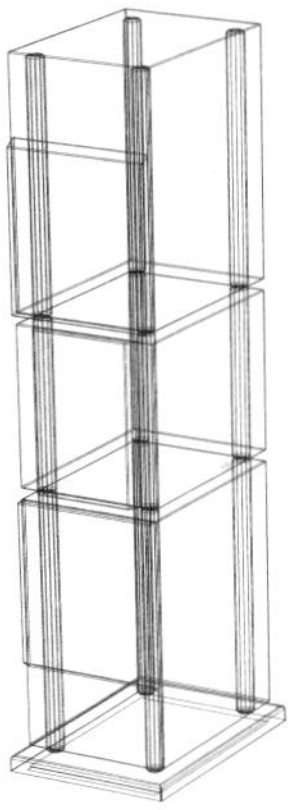
▲281音响

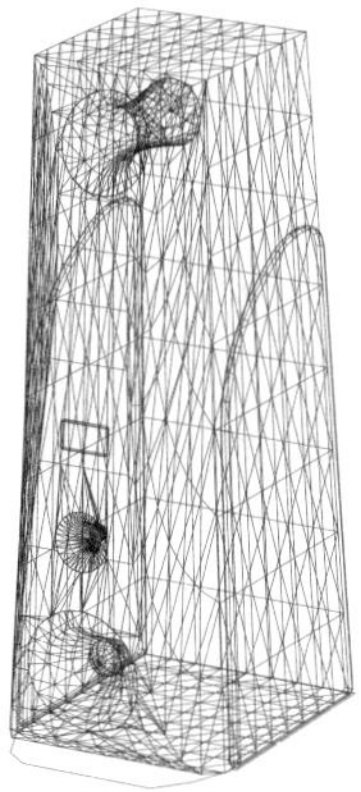
▲282音响

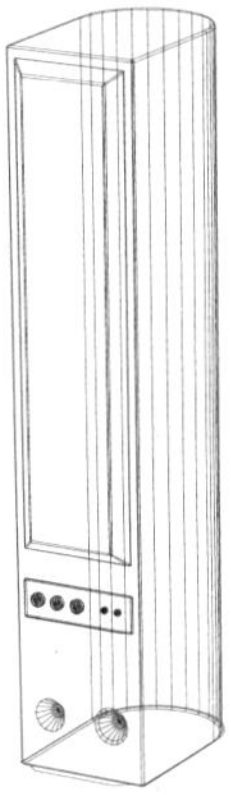
▲283音响

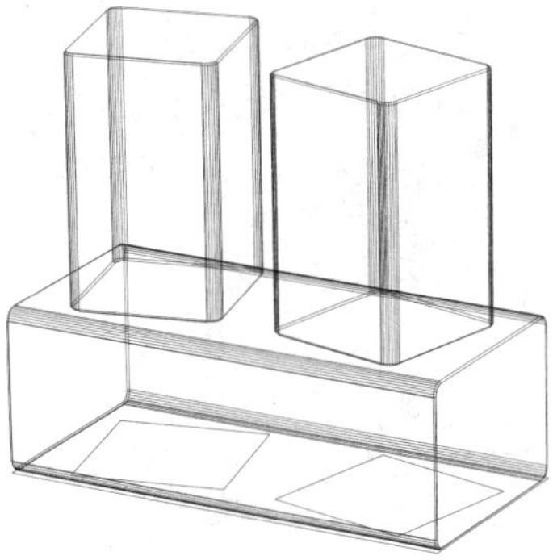
▲279音响

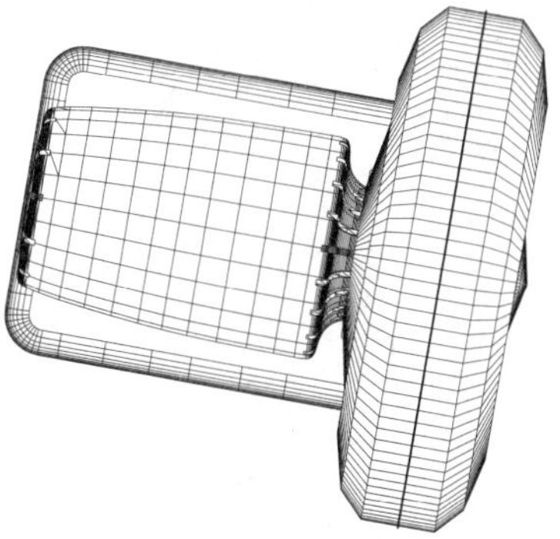
▲290风扇

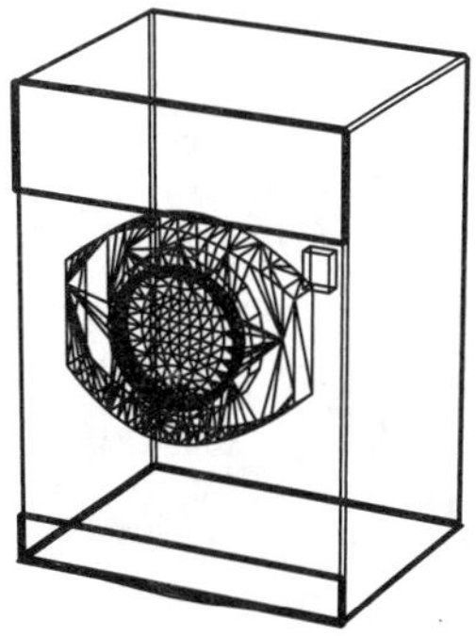
▲292洗衣机

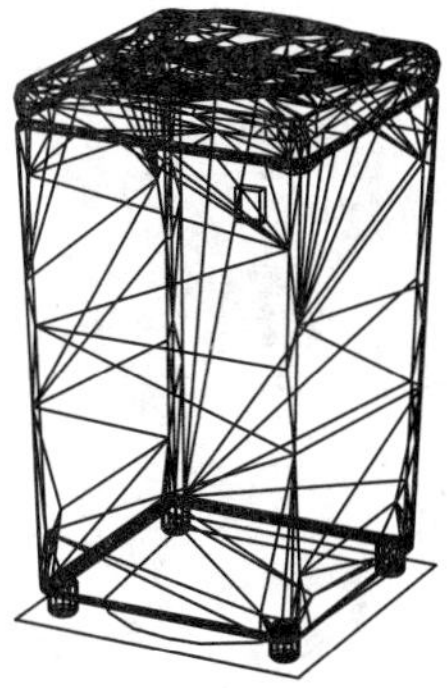
▲294洗衣机

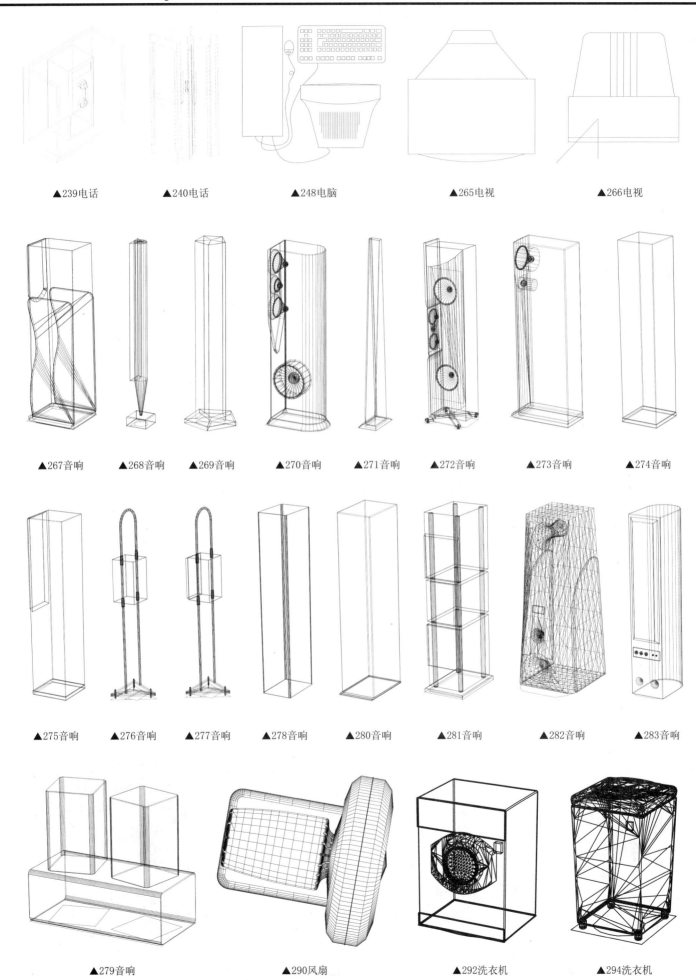

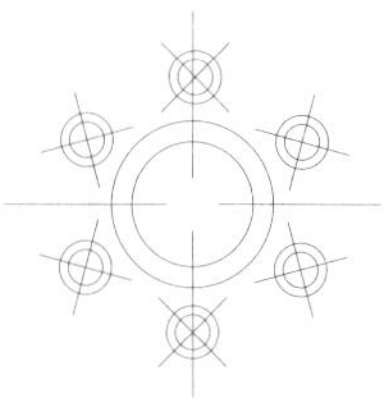
▲284吊灯

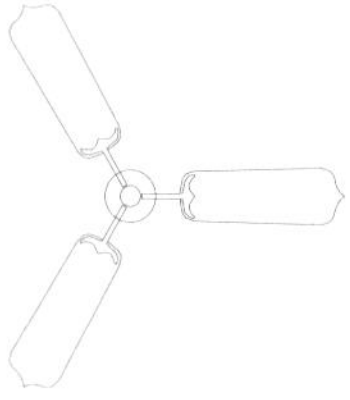
▲285吊扇

▲286风扇

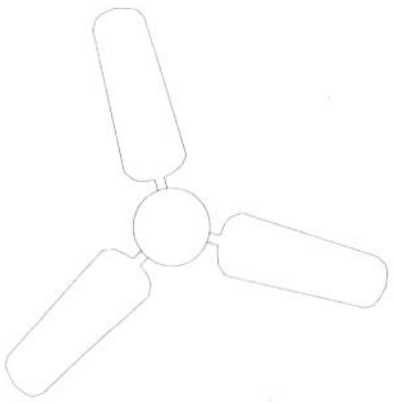
▲287风扇

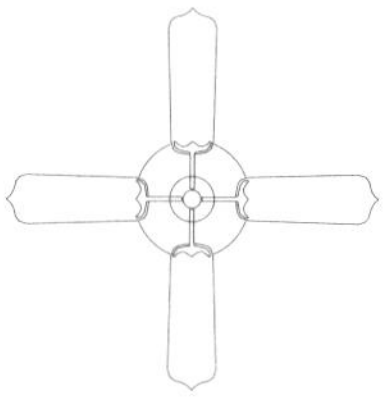
▲288风扇

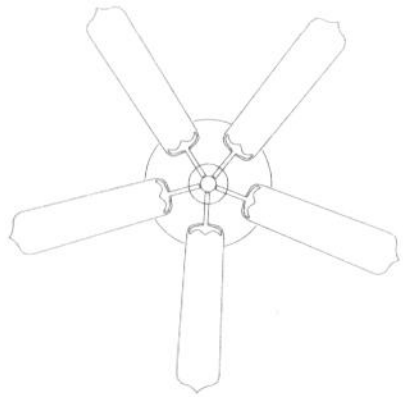
▲289风扇

▲291洗衣机

▲293洗衣机

▲299笔记本

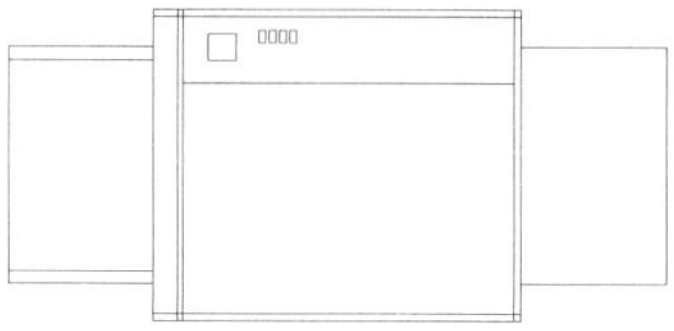
▲302复印机

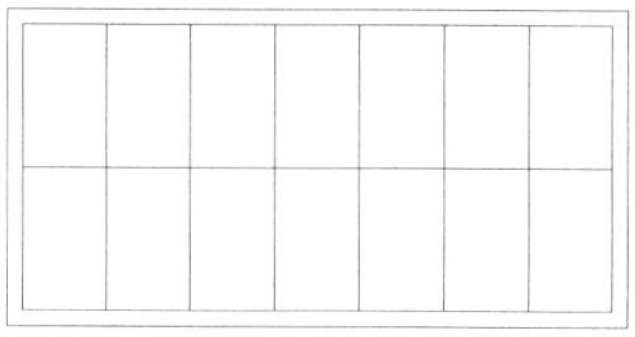
▲304光盘

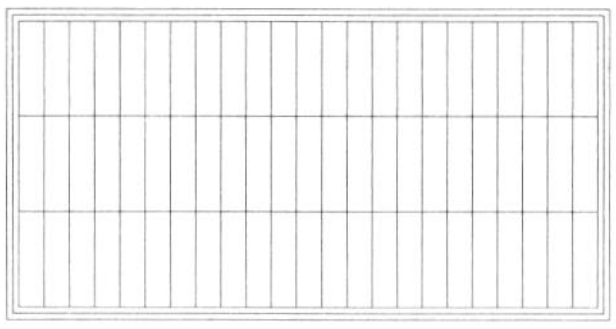
▲305光盘

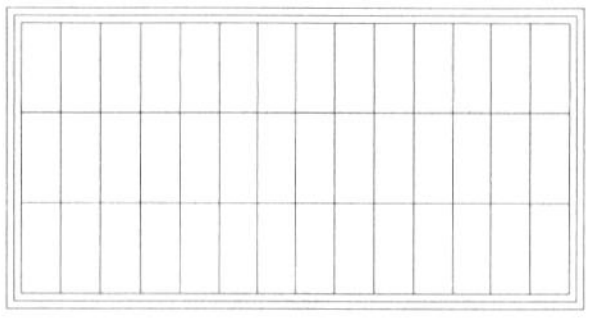
▲306光盘

▲308电器

▲309电器

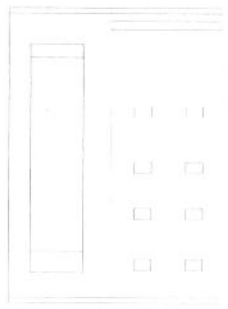
▲316电话

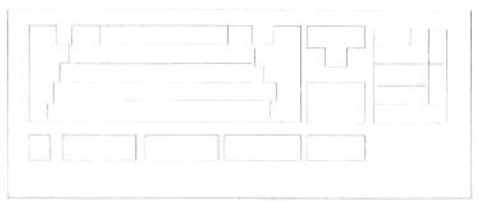
▲308键盘

▲310空调

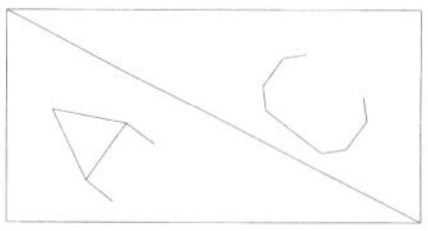
▲312空调机

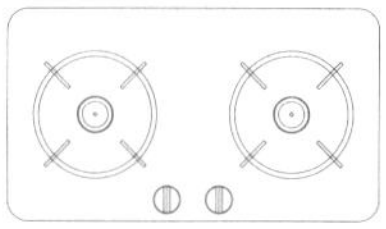
▲313煤气炉

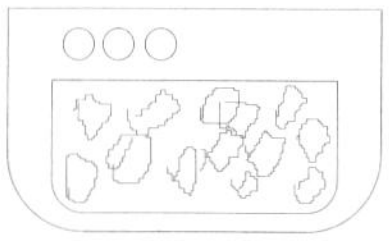
▲314桑拿炉

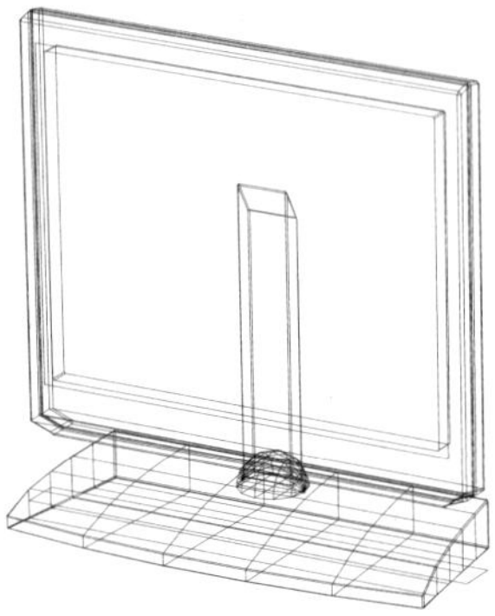
▲295显示器

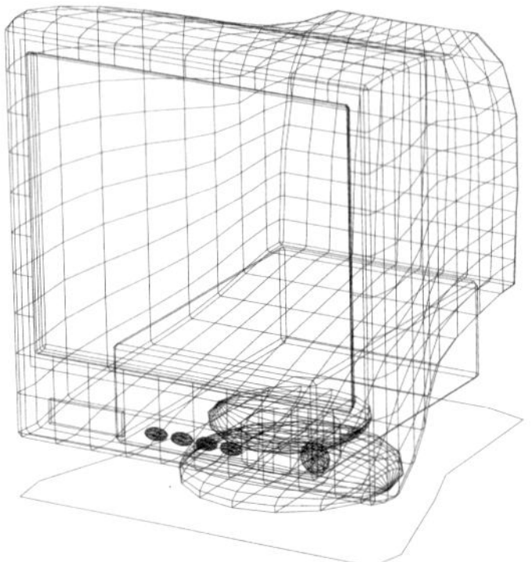
▲296显示器

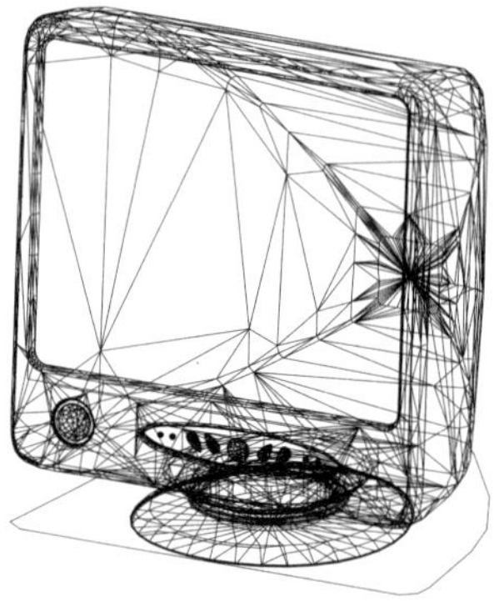
▲297显示器

▲298显示器

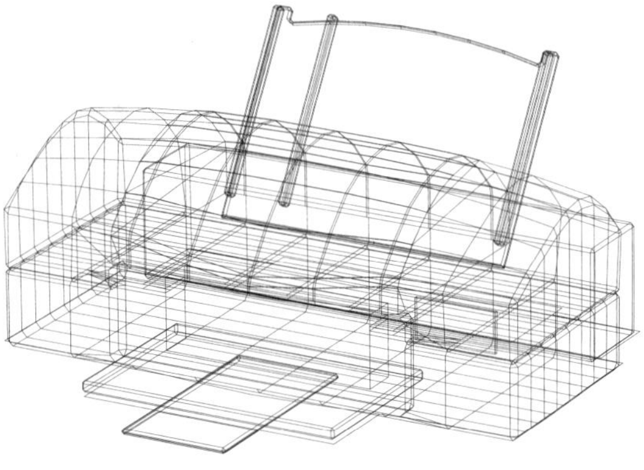
▲300打印机

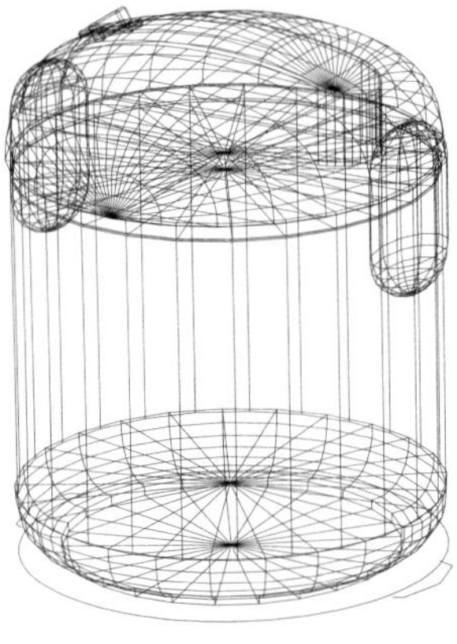
▲301电饭煲

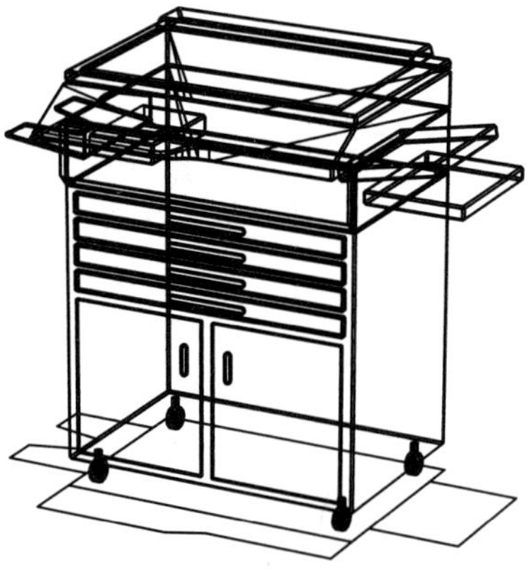
▲303复印机

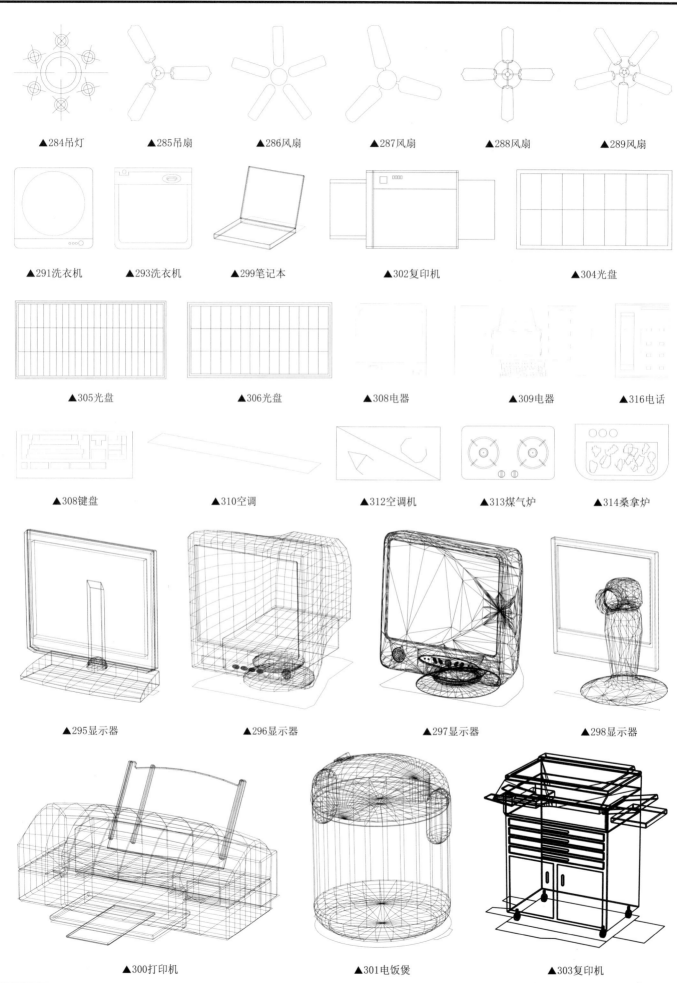

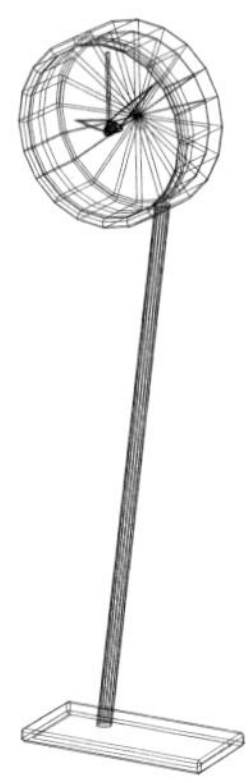

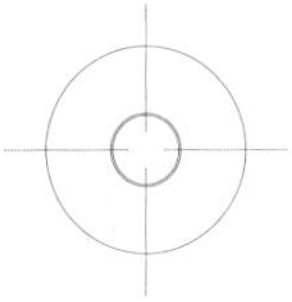

▲319台灯

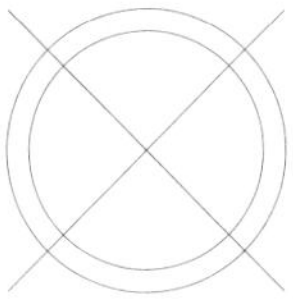

▲320台灯

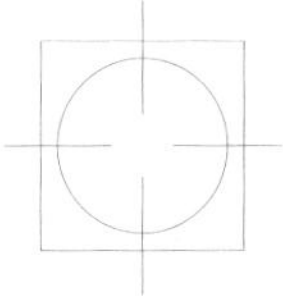

▲321筒灯

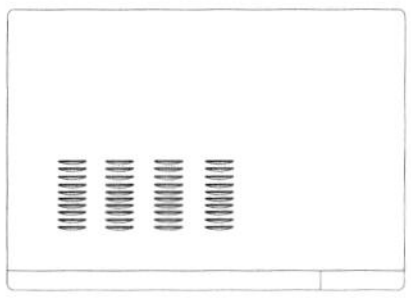

▲322微波炉

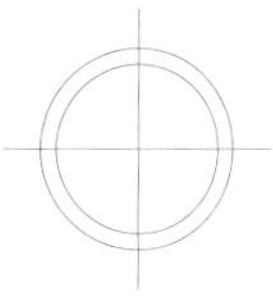

▲吸顶灯

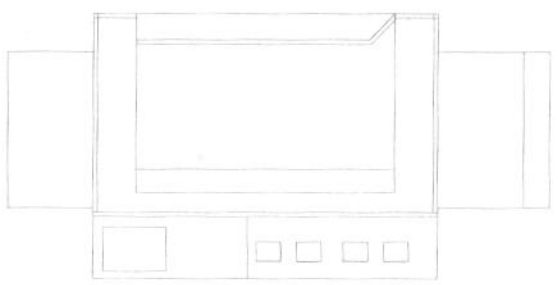

▲317复印机

▲315摄像头

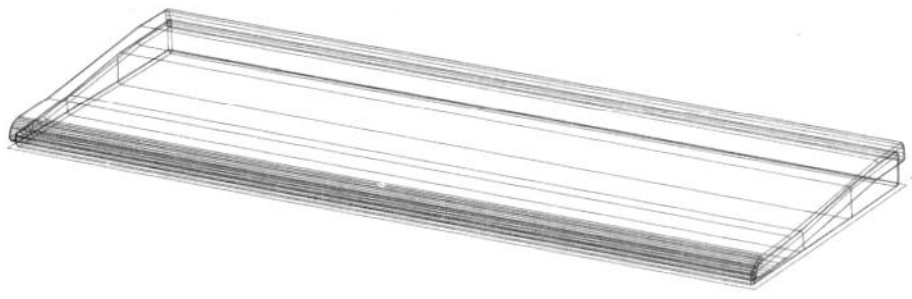

▲309键盘

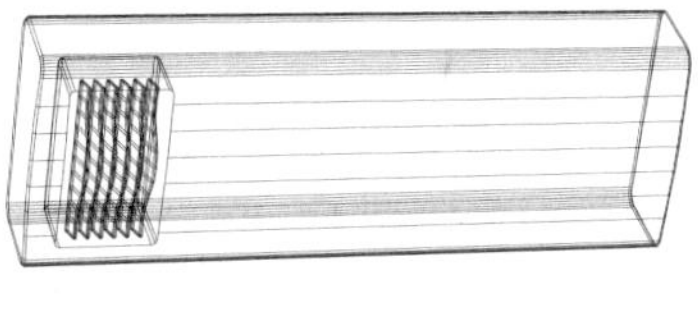

▲311空调

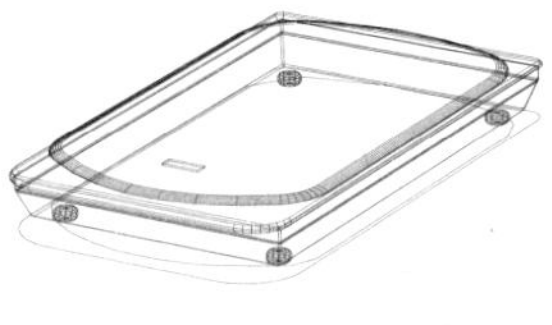

▲324移动硬盘

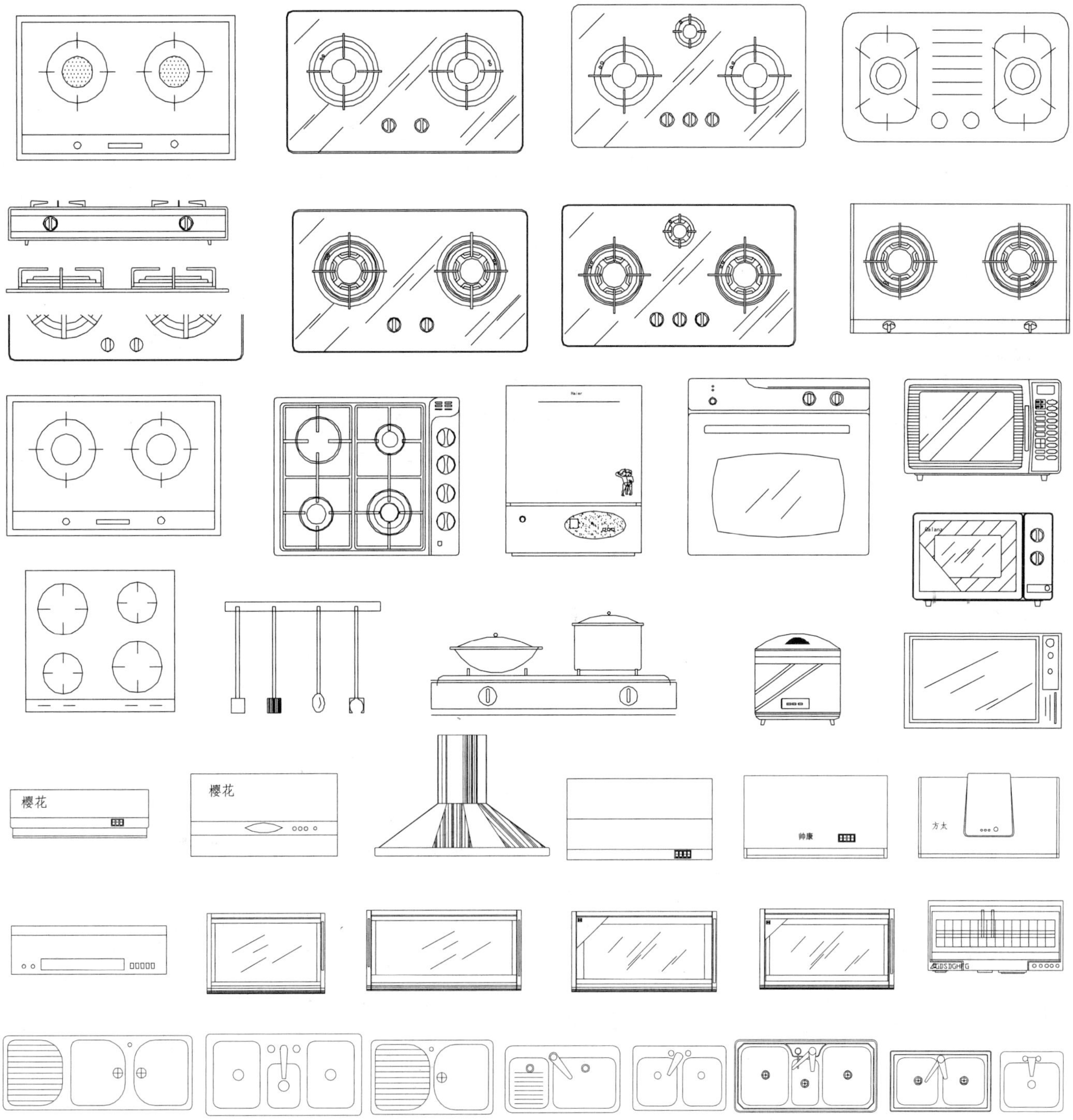

▲325厨房电器

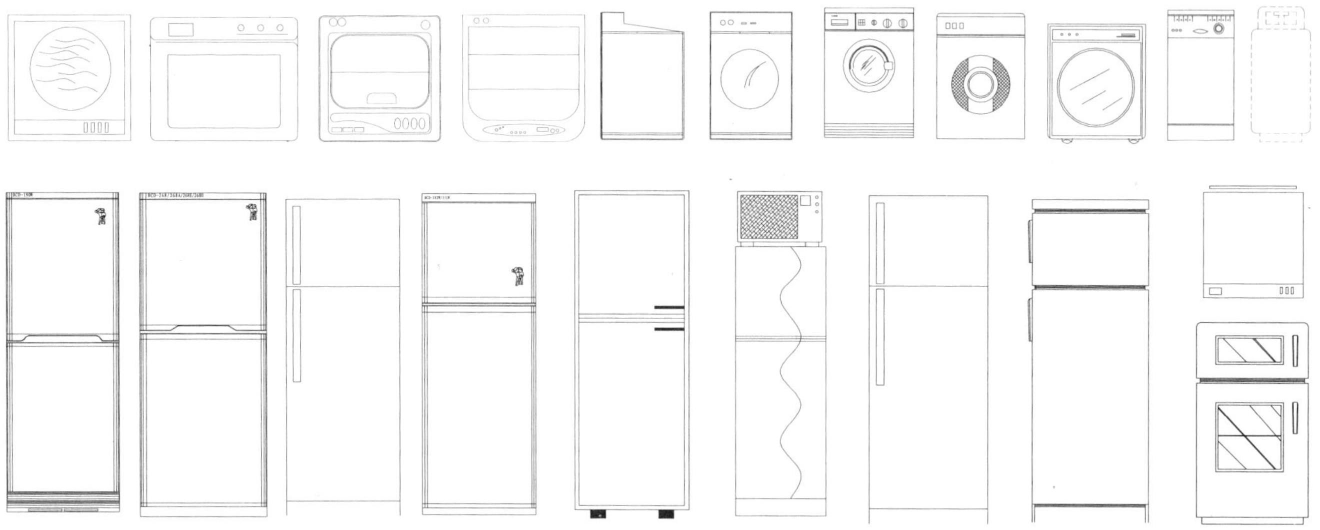

▲325厨房电器

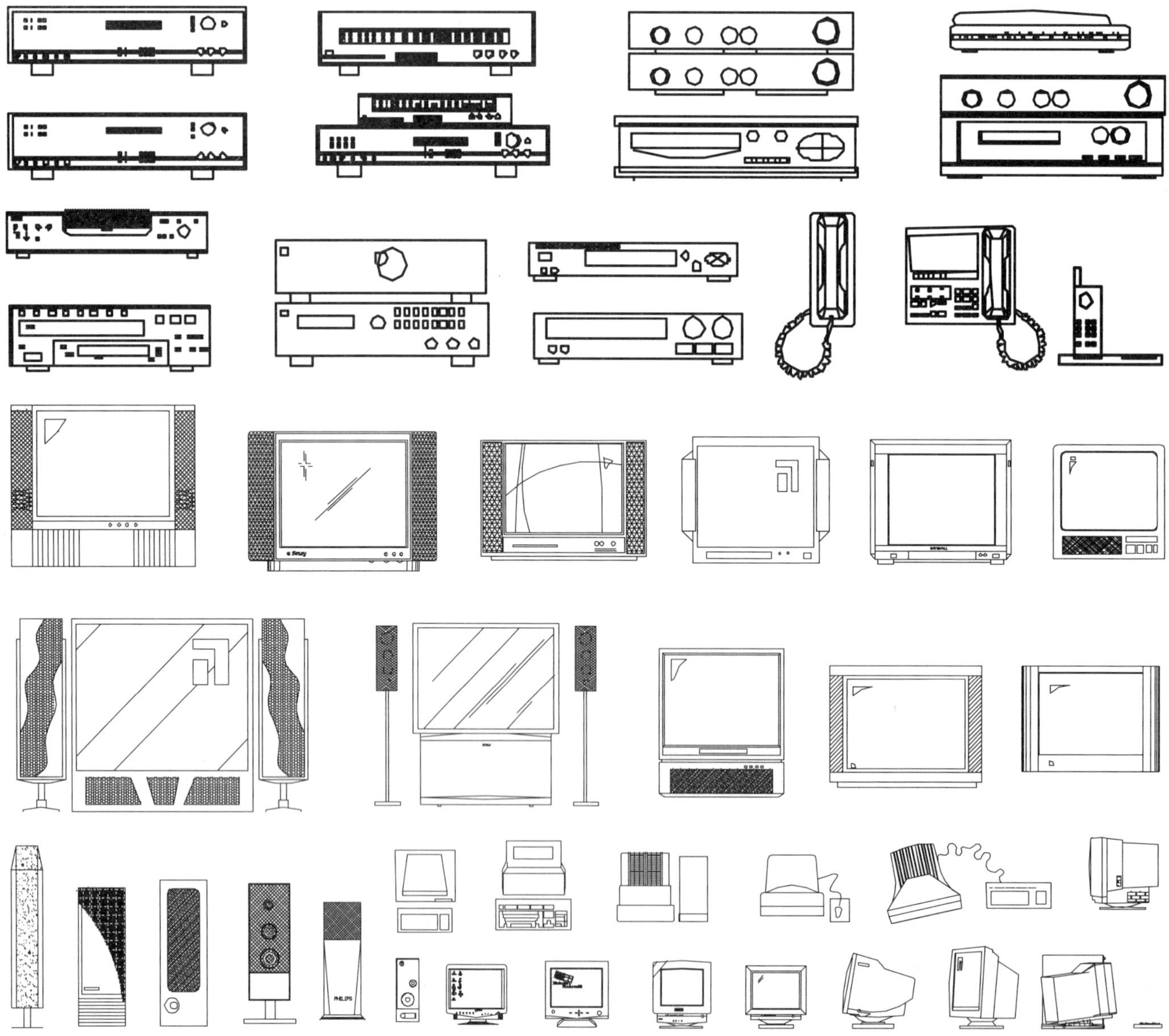

▲326客厅电器

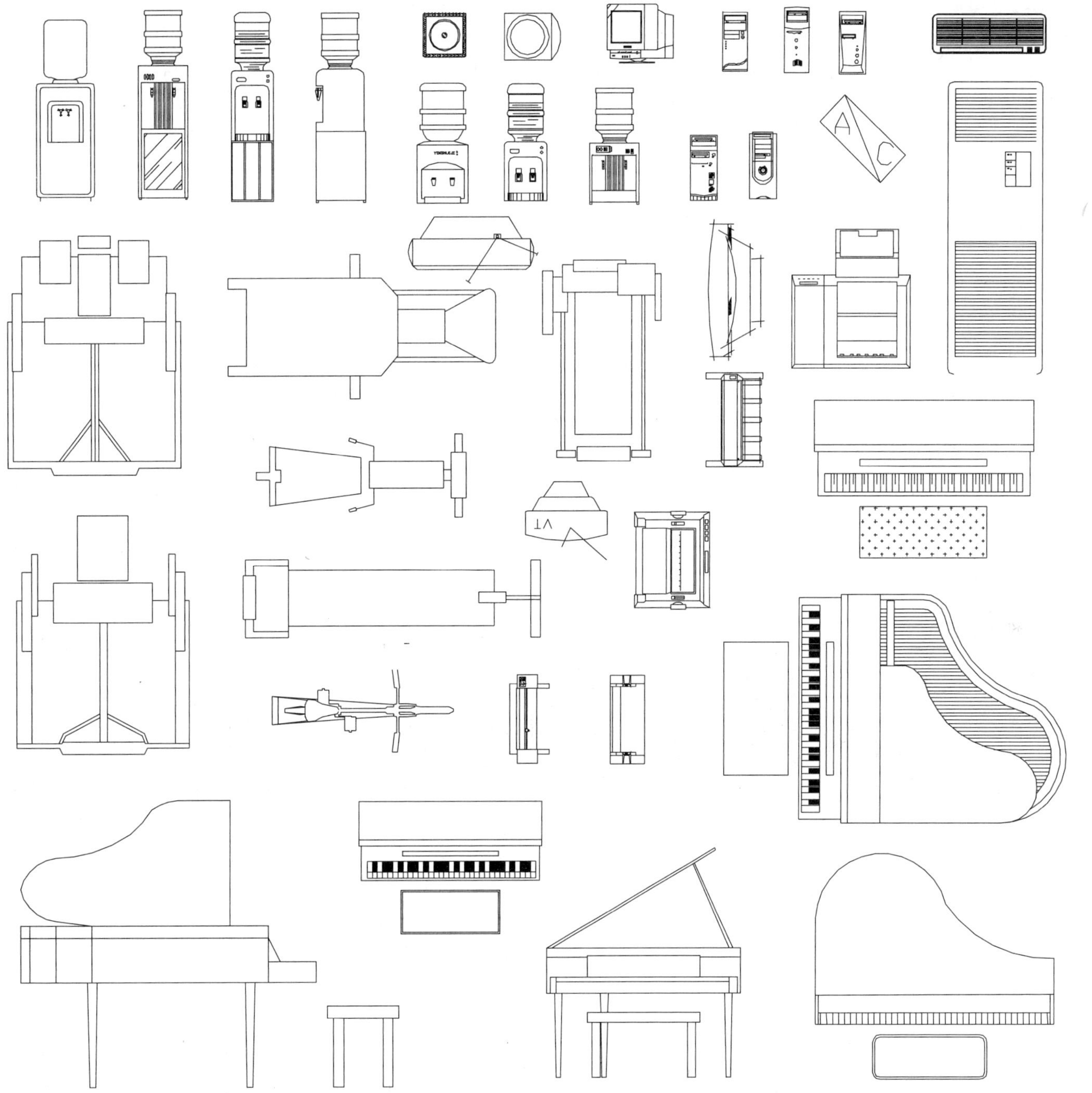

▲326客厅电器

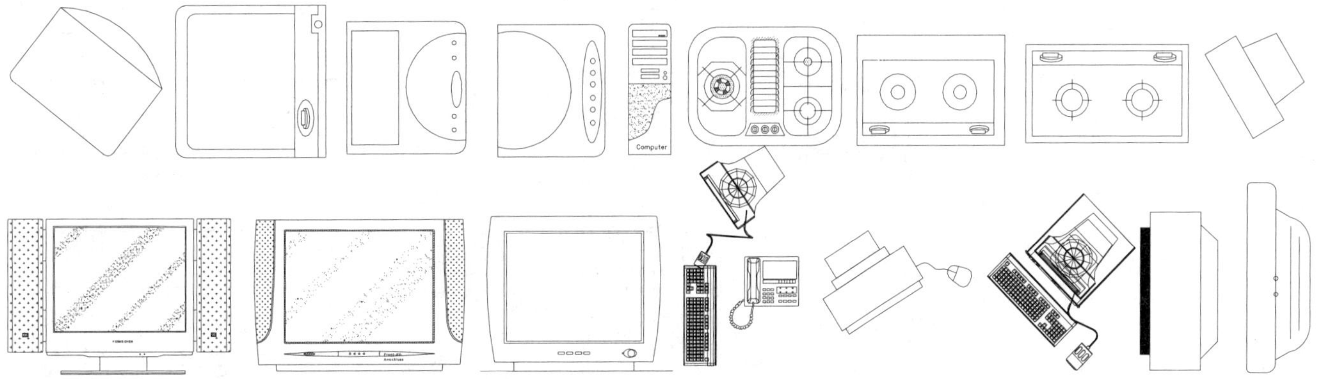

▲327电器

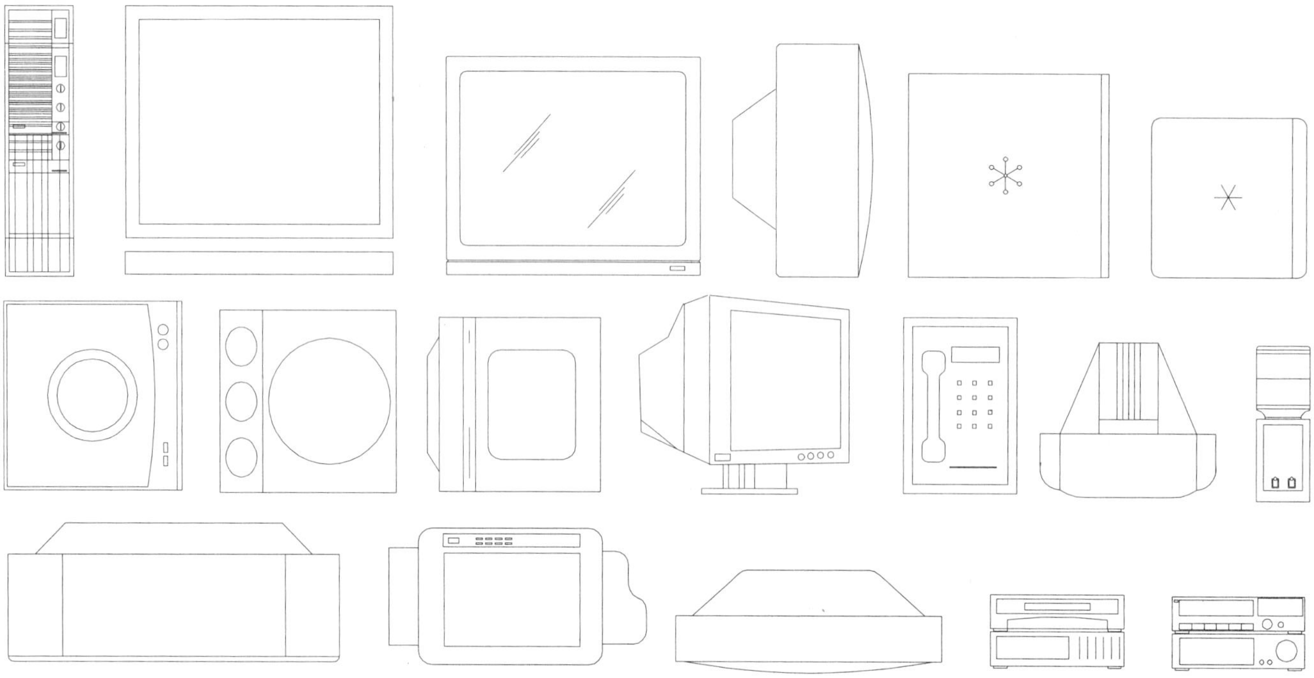

▲328电器

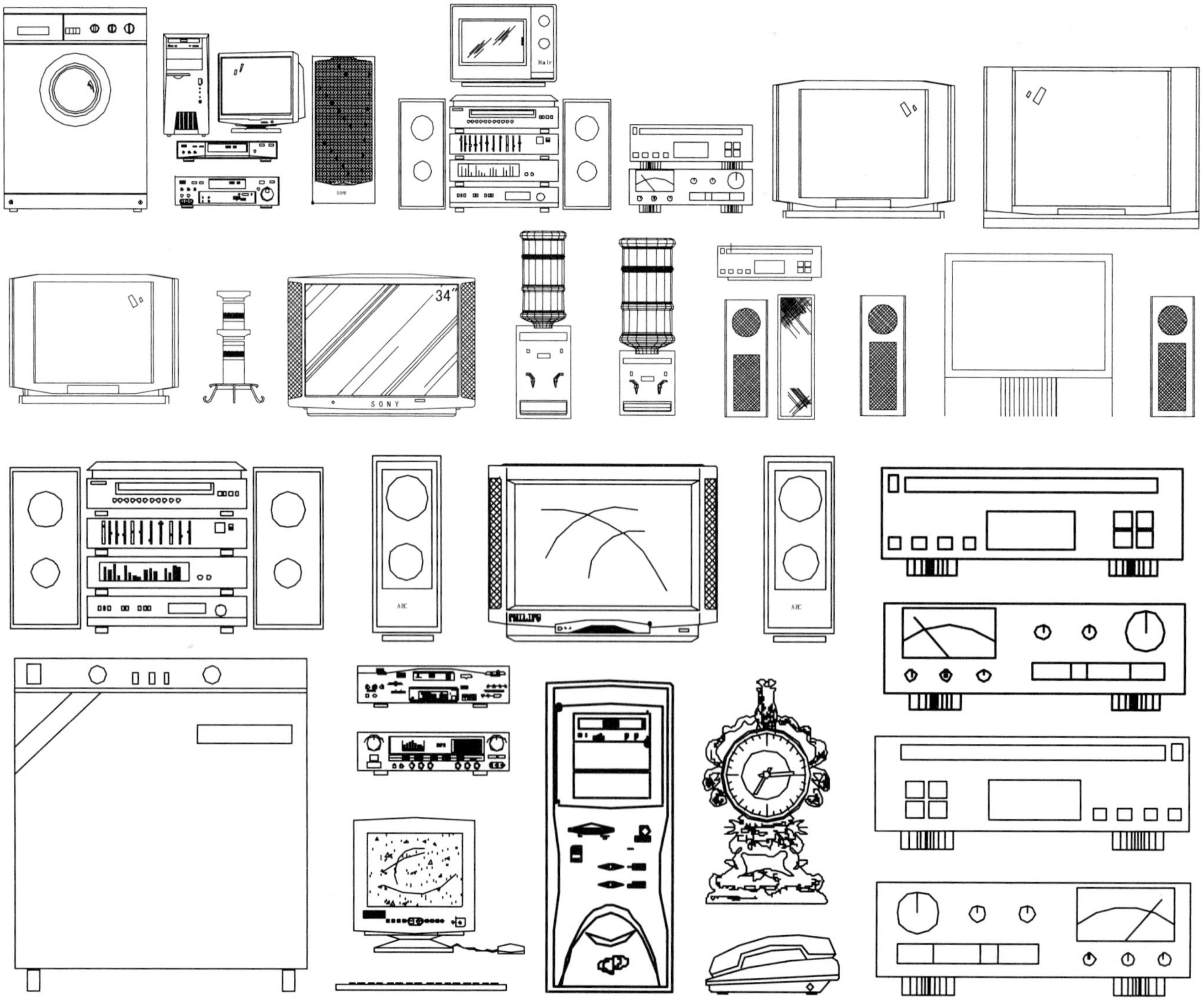

▲329电器

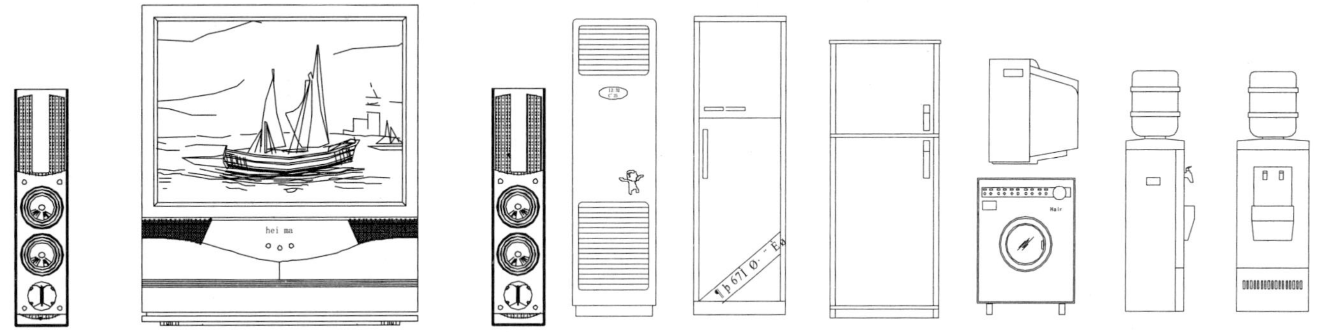

▲330电器

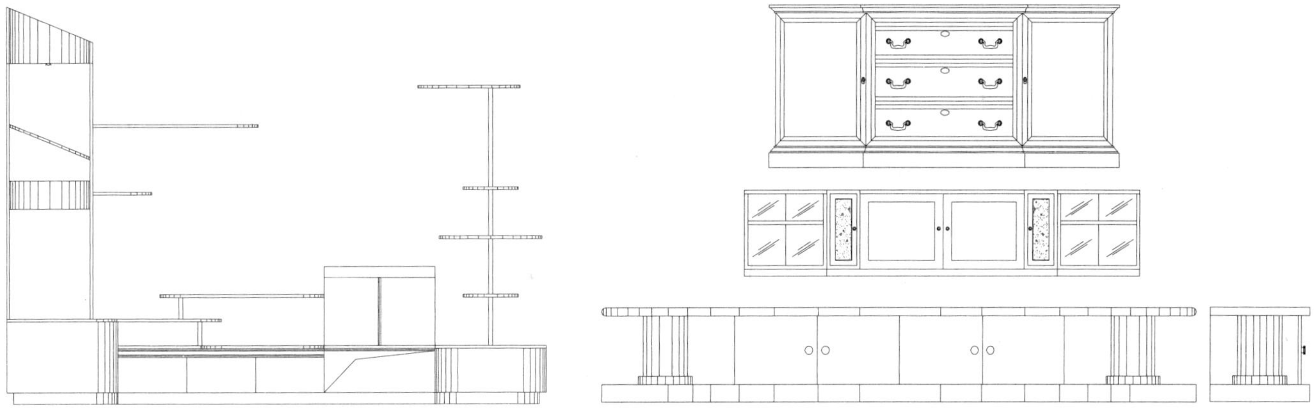

▲331电器

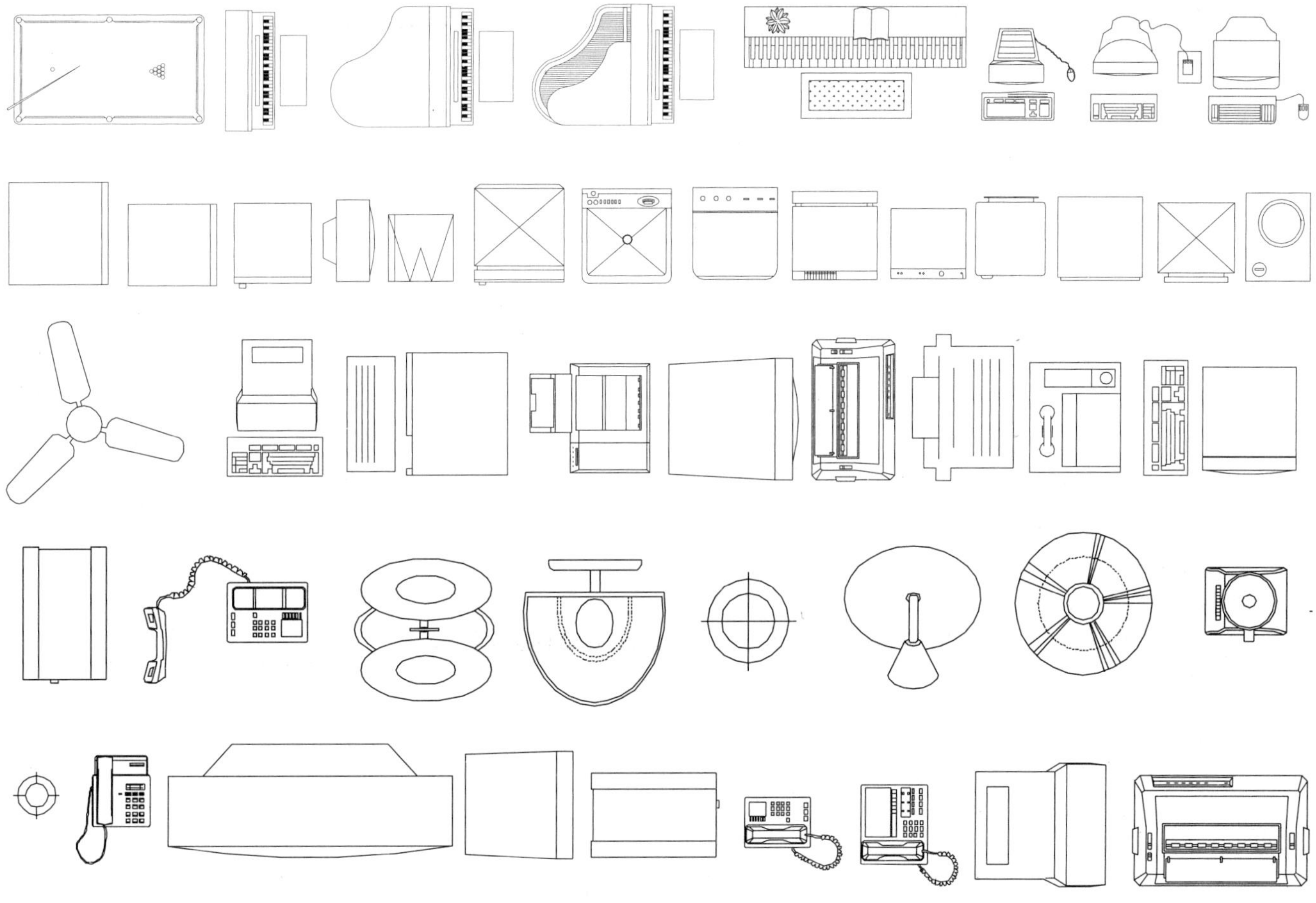

▲332电器

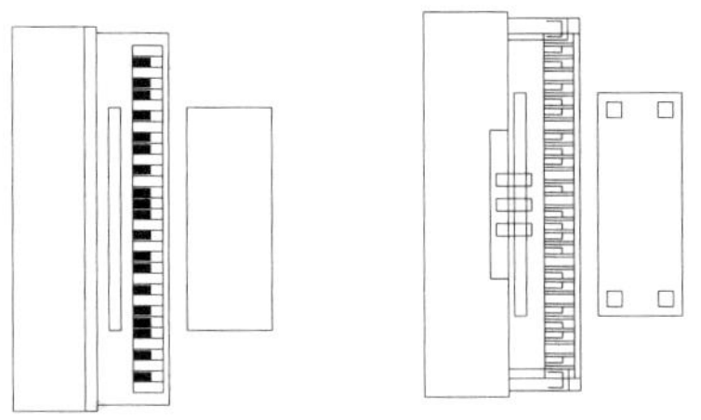

▲YQ01

▲YQ02

▲YQ03

▲YQ04

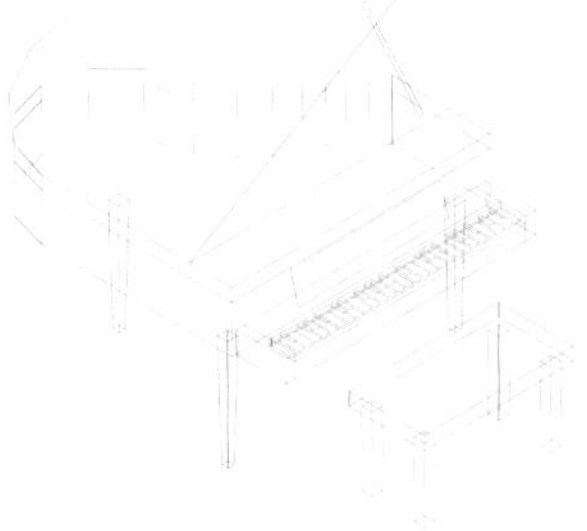

▲YQ05

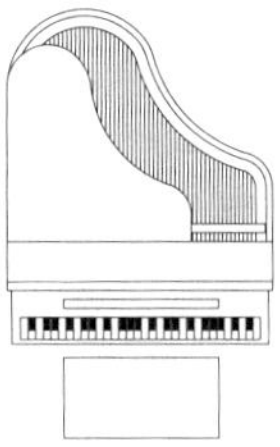

▲YQ06

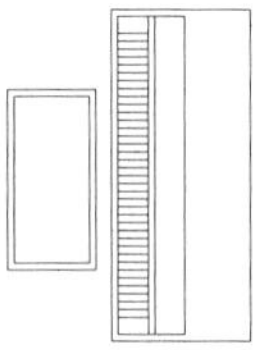

▲YQ06

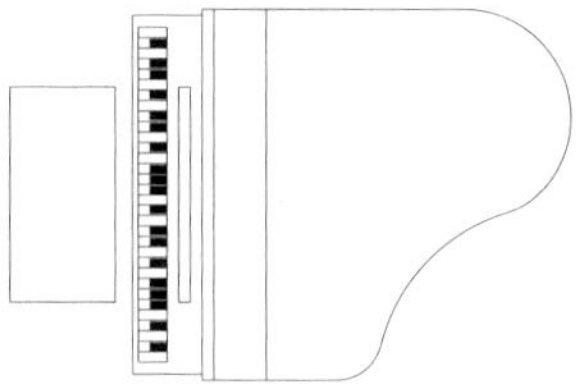

▲YQ07

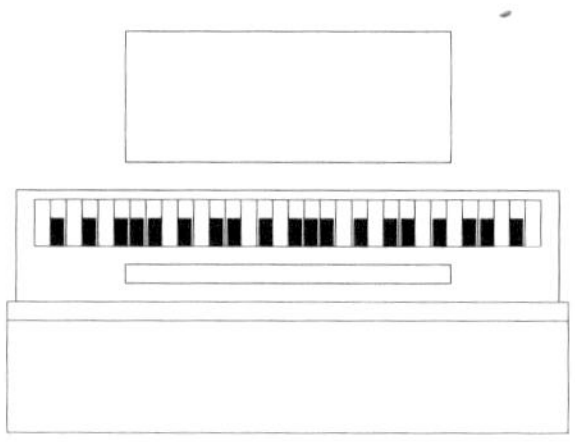

▲YQ08

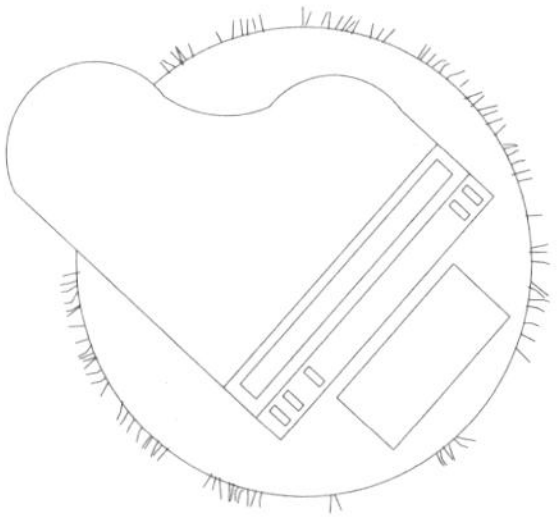

▲YQ09

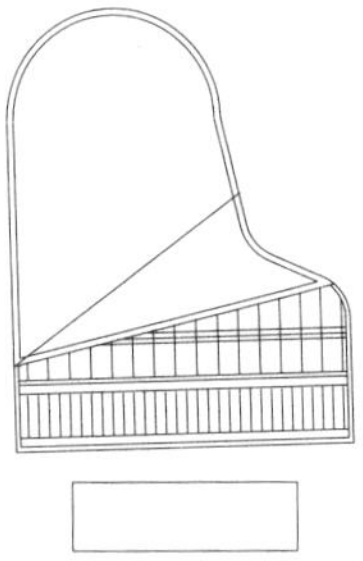

▲YQ10

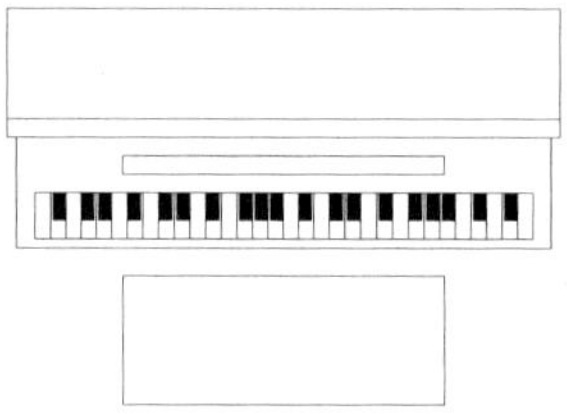

▲YQ11

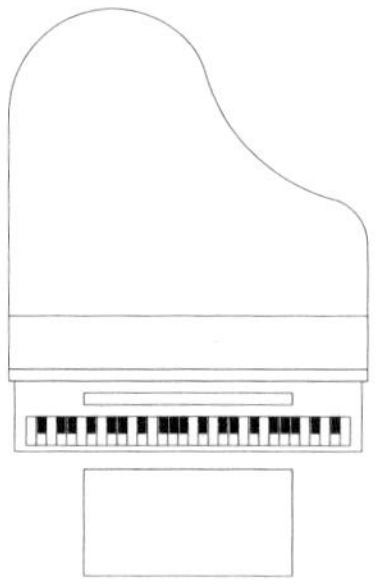

▲YQ12

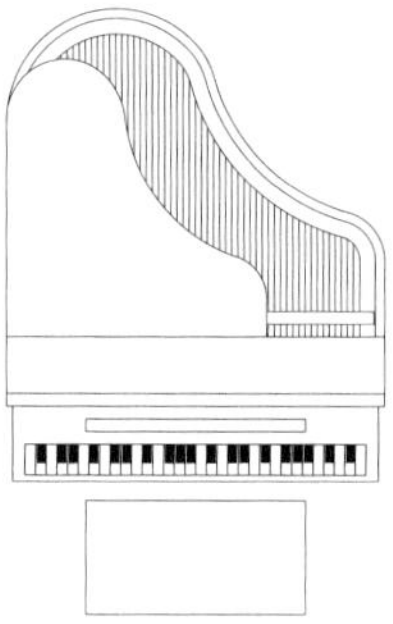

▲YQ13

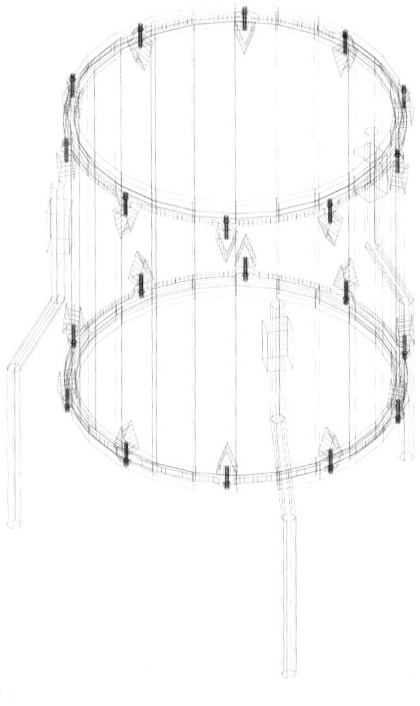

▲YQ14

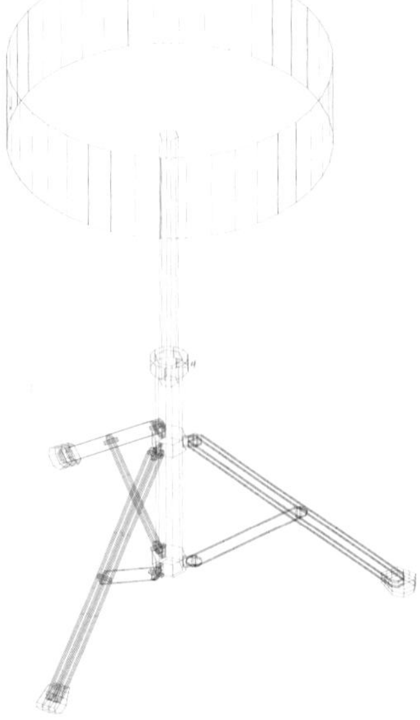

▲YQ15

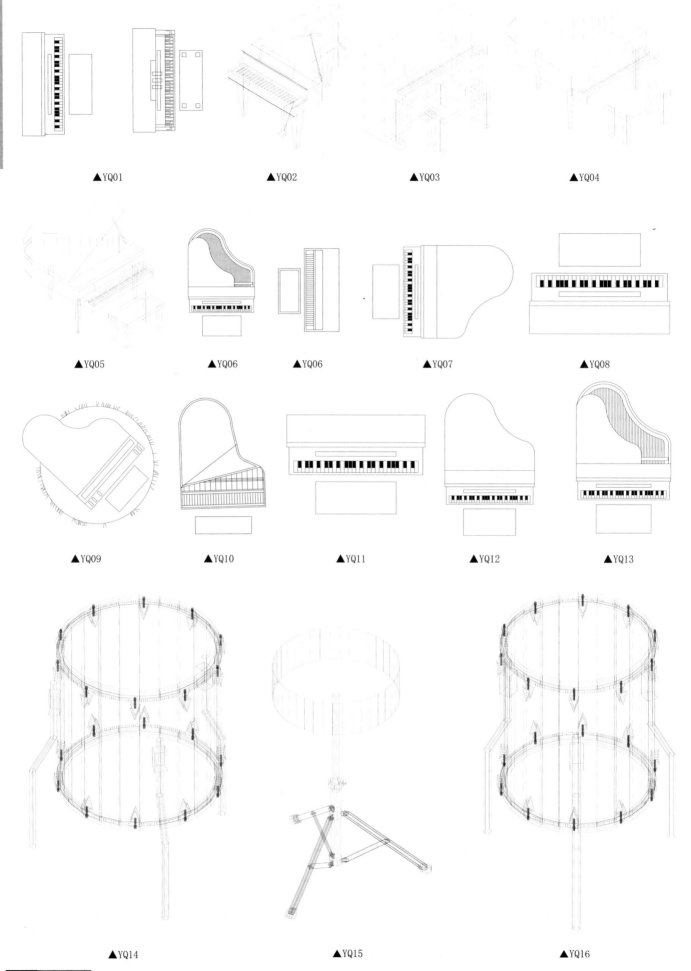

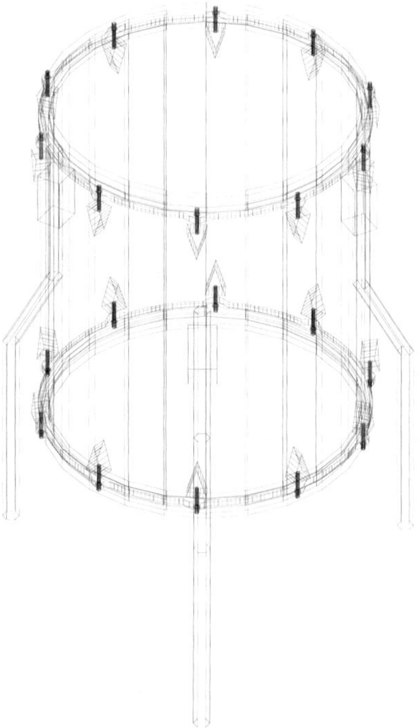

▲YQ16

▲YQ17

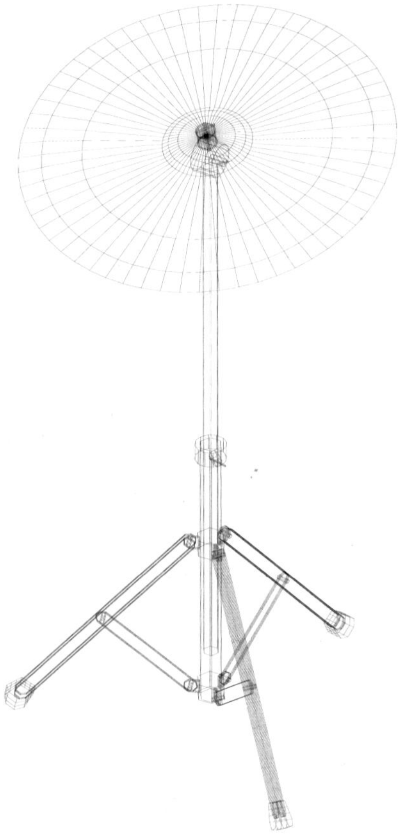

▲YQ18

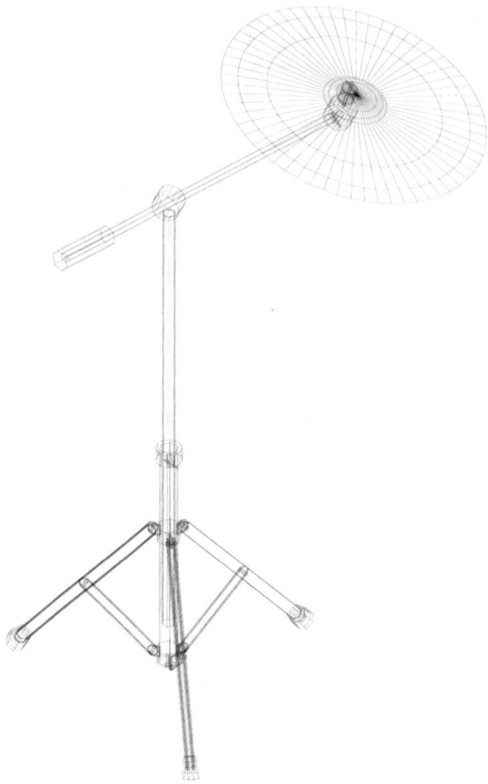

▲YQ19

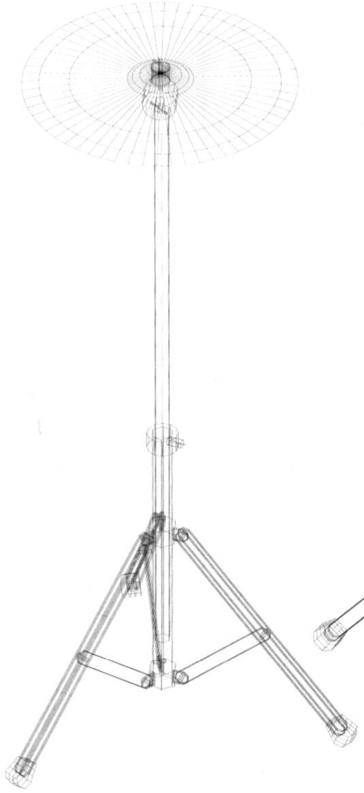

▲YQ20

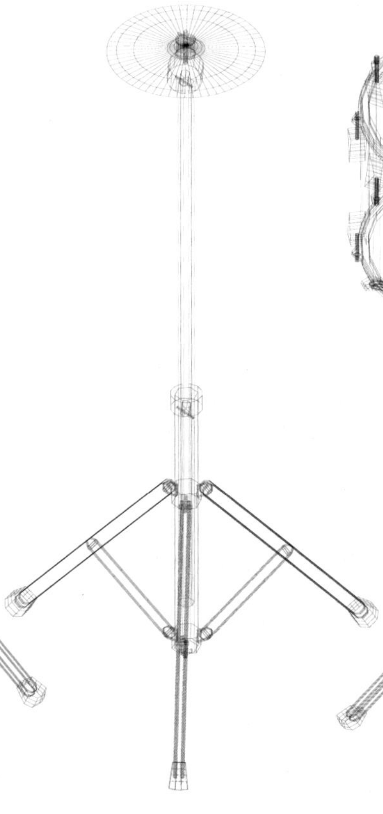

▲YQ21

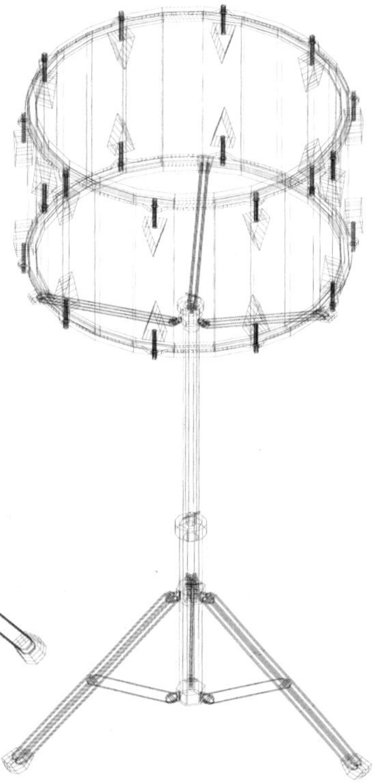

▲YQ22

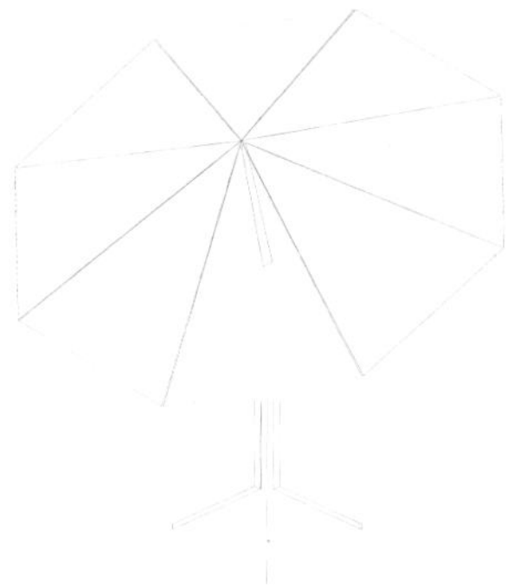

▲YQ23

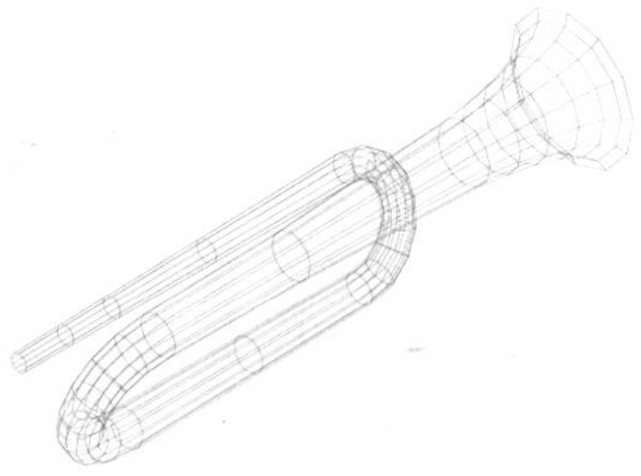

▲YQ24

▲JZ001　▲JZ002　▲JZ003　▲JZ004　▲JZ005　▲JZ006　▲JZ007

▲JZ008　▲JZ009　▲JZ010　▲JZ011　▲JZ012　▲JZ013　▲JZ014

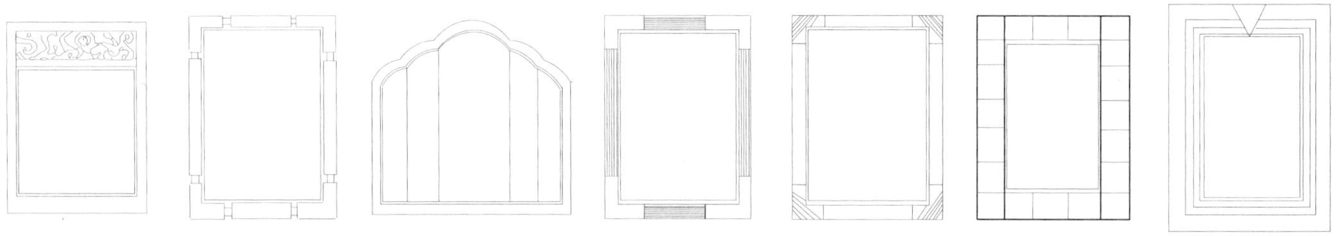

▲JZ015　▲JZ016　▲JZ017　▲JZ018　▲JZ019　▲JZ020　▲JZ021

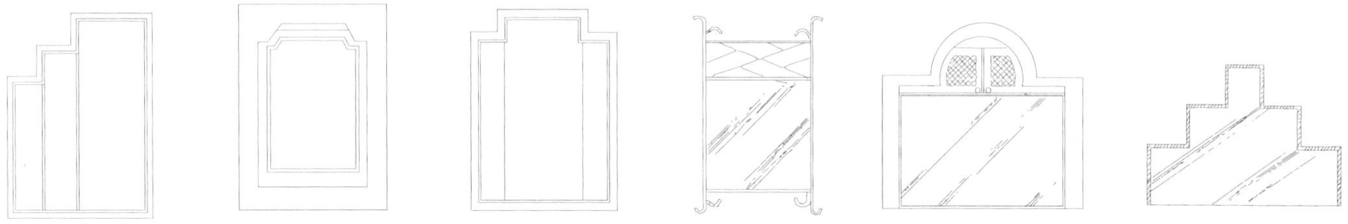

▲JZ022　▲JZ023　▲JZ024　▲JZ025　▲JZ026　▲JZ027

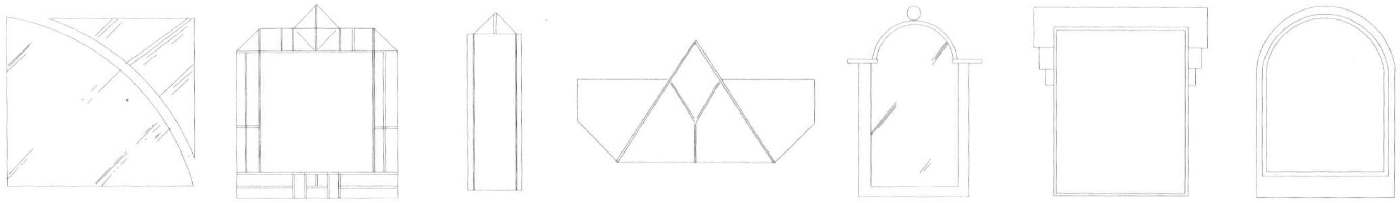

▲JZ028　▲JZ029　▲JZ030　▲JZ031　▲JZ032　▲JZ033　▲JZ034

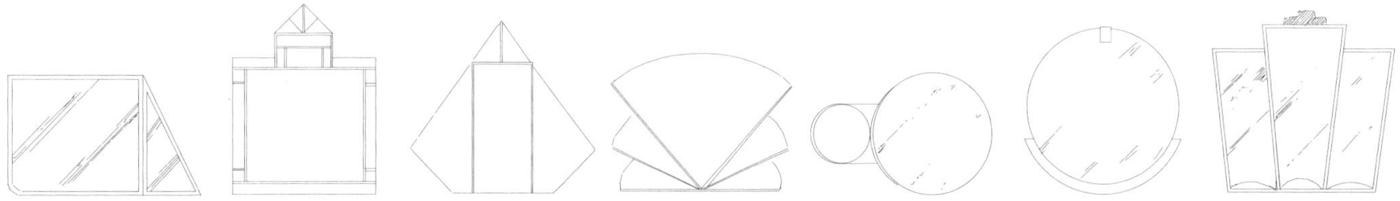

▲JZ035　▲JZ036　▲JZ037　▲JZ038　▲JZ039　▲JZ040　▲JZ041

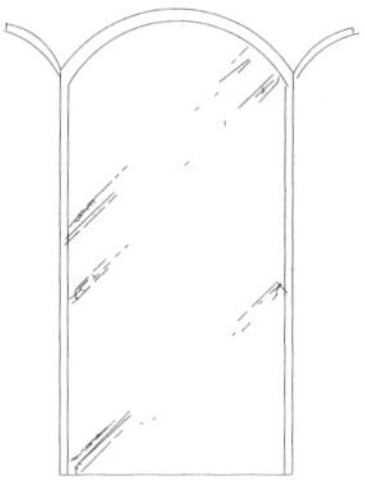
▲JZ042

▲JZ043

▲JZ044

▲JZ045

▲JZ046

▲JZ047

▲JZ048

▲JZ049

▲JZ050

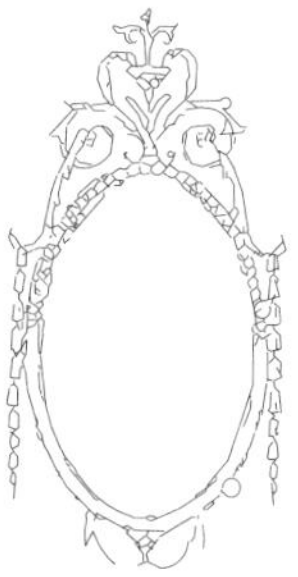
▲JZ051

▲JZ052

▲JZ053

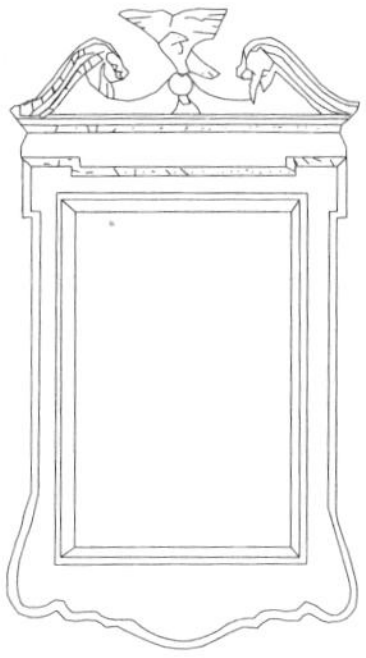
▲JZ054

▲JZ055

▲JZ056

▲JZ057

▲JZ058

▲JZ059

▲JZ060

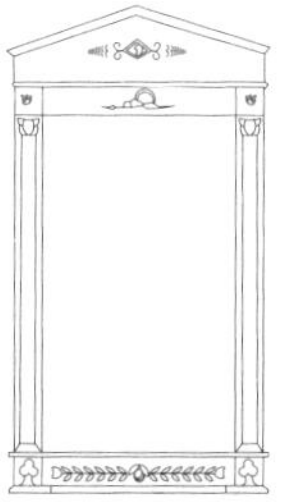
▲JZ061

▲JZ062

▲JZ063

▲JZ064

▲JZ065

▲JZ066

▲JZ067

▲JZ068

▲JZ069

▲JZ070

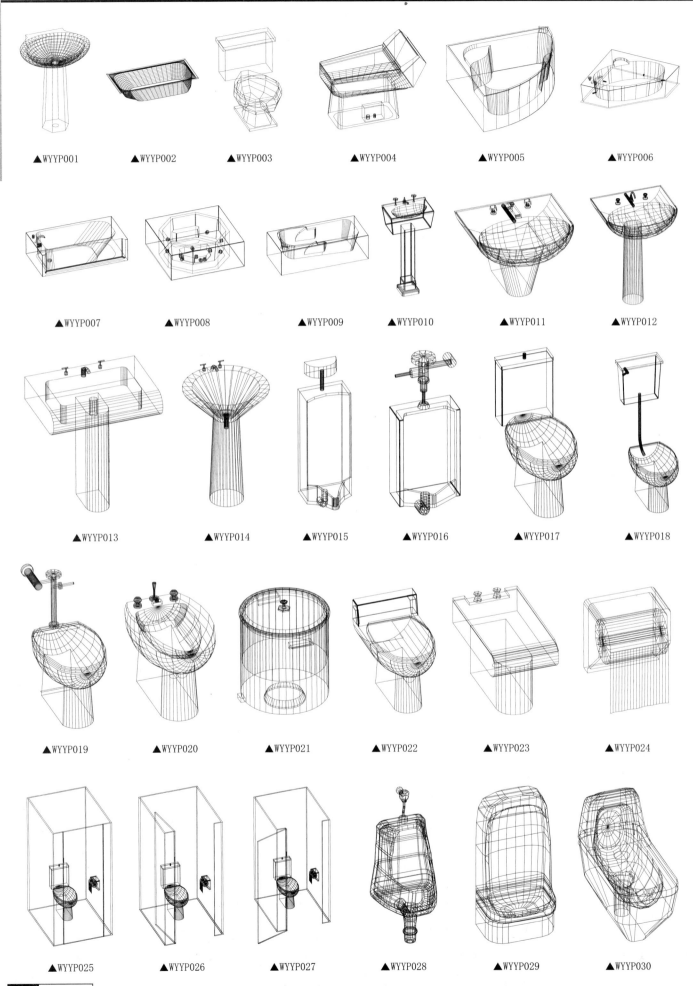

▲WYYP001

▲WYYP002

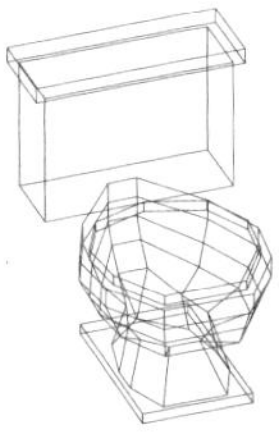
▲WYYP003

▲WYYP004

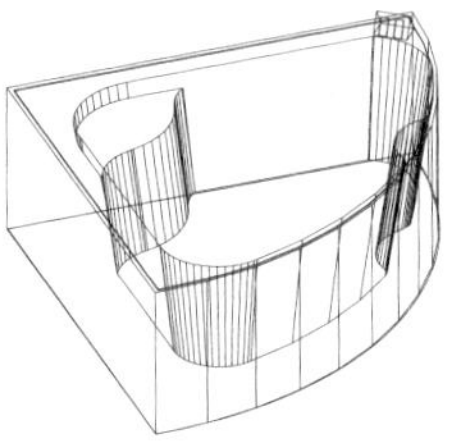
▲WYYP005

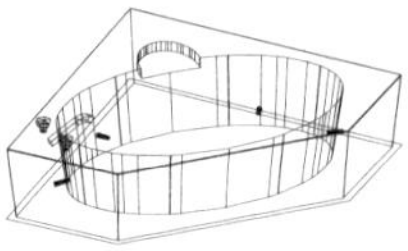
▲WYYP006

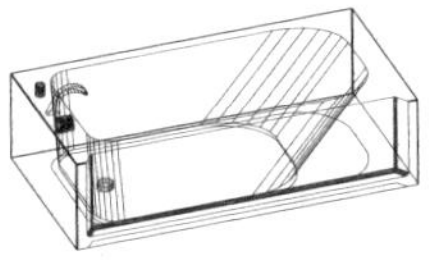
▲WYYP007

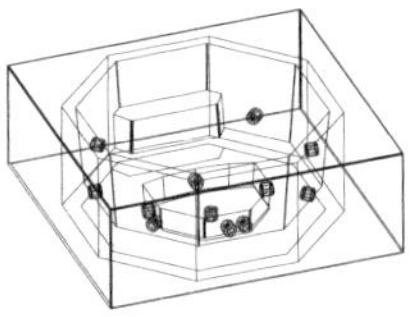
▲WYYP008

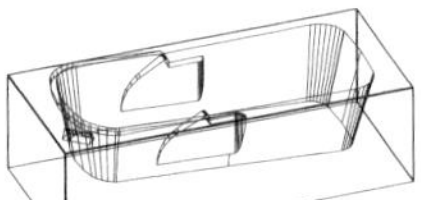
▲WYYP009

▲WYYP010

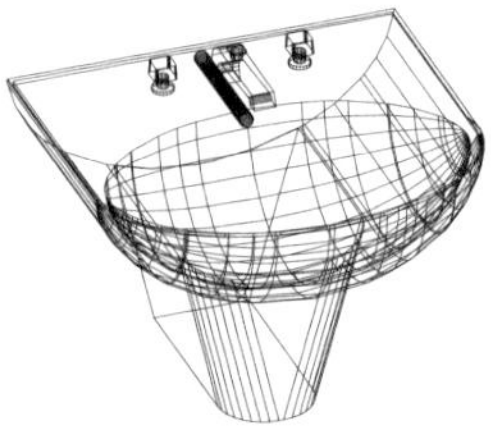
▲WYYP011

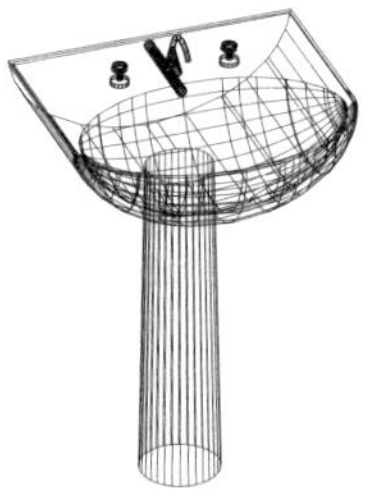
▲WYYP012

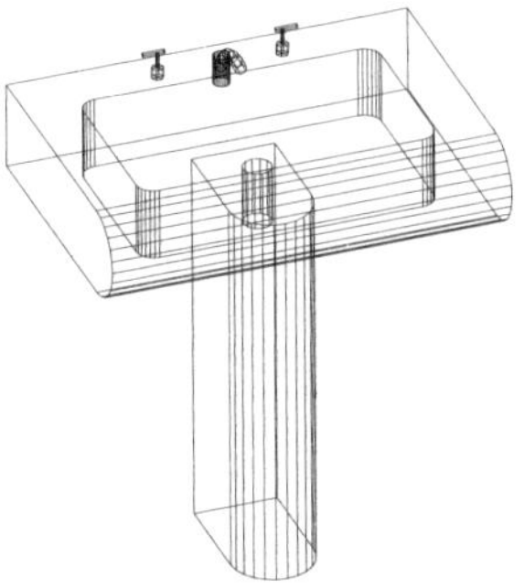
▲WYYP013

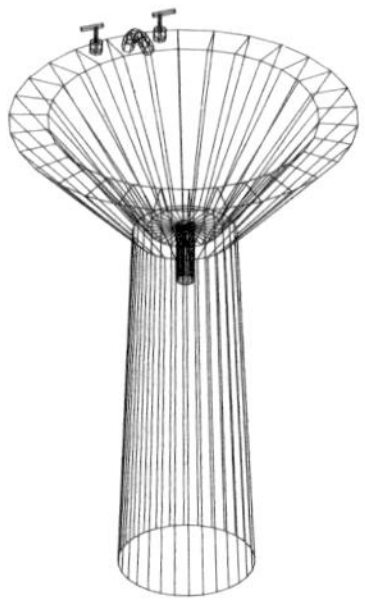
▲WYYP014

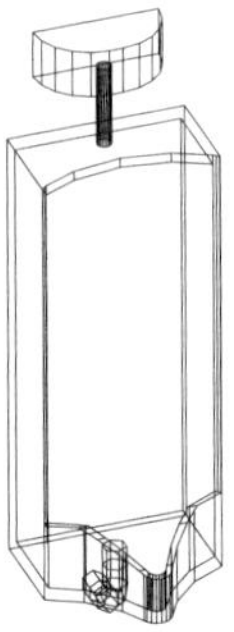
▲WYYP015

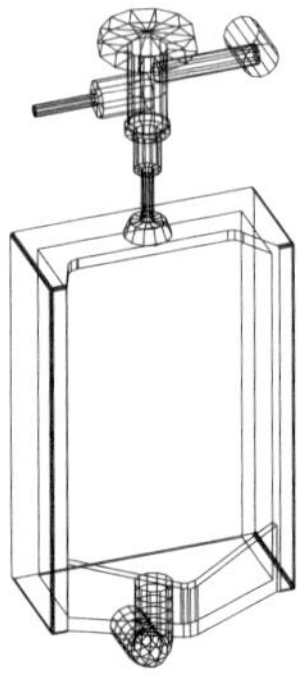
▲WYYP016

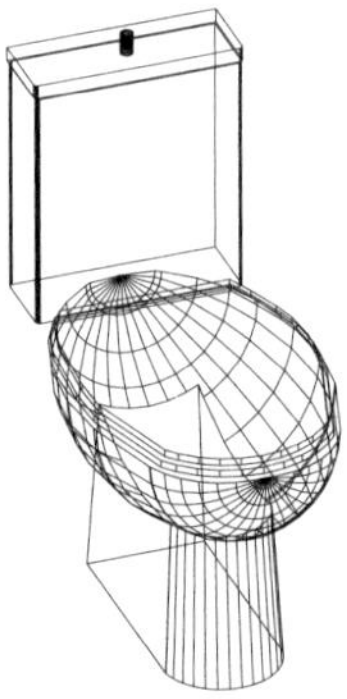
▲WYYP017

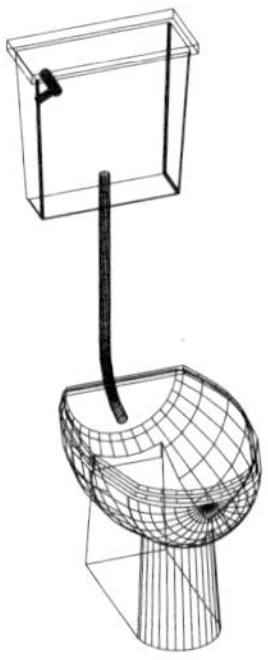
▲WYYP018

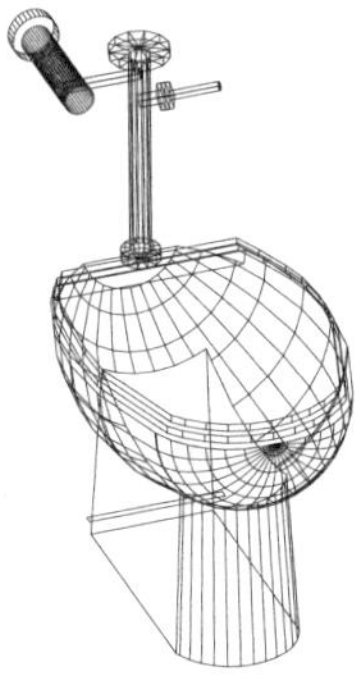
▲WYYP019

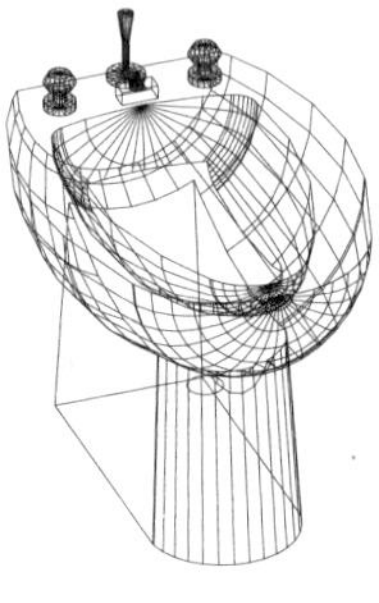
▲WYYP020

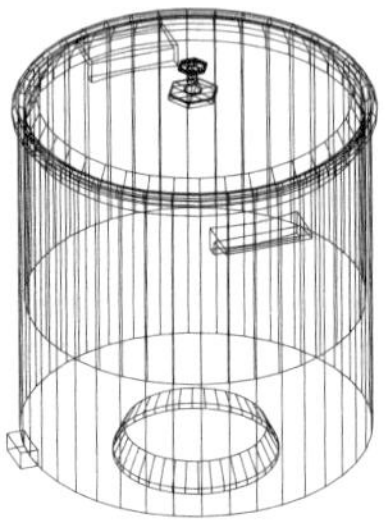
▲WYYP021

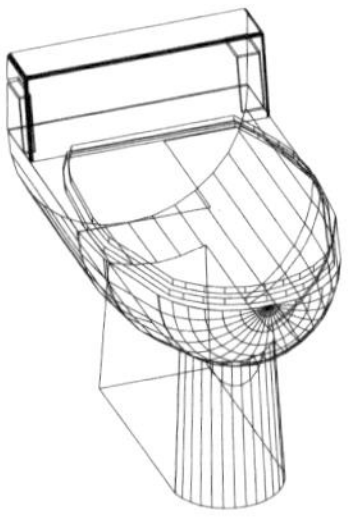
▲WYYP022

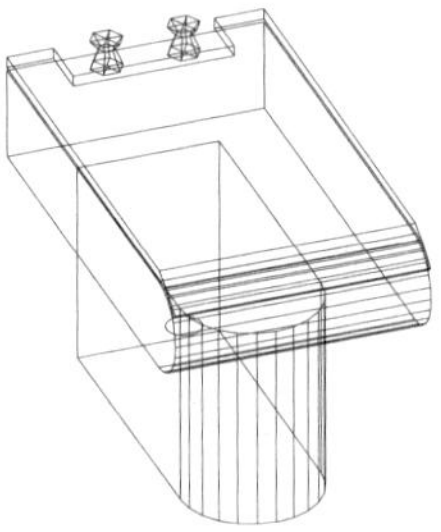
▲WYYP023

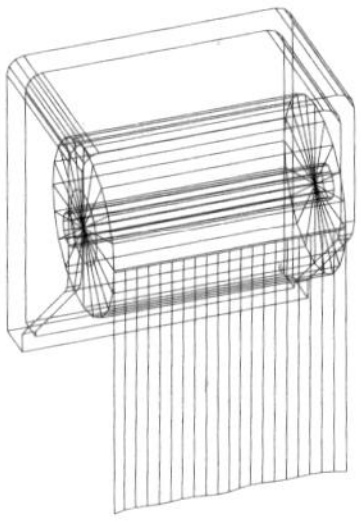
▲WYYP024

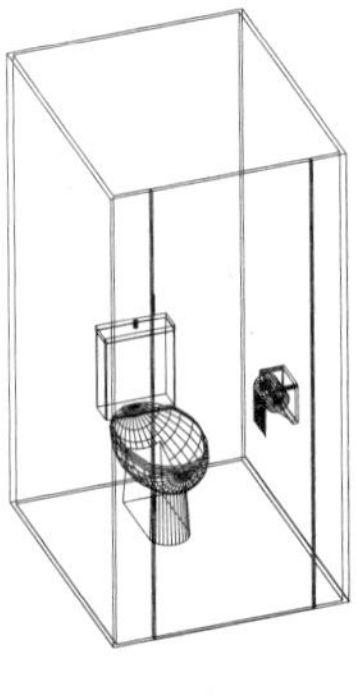
▲WYYP025

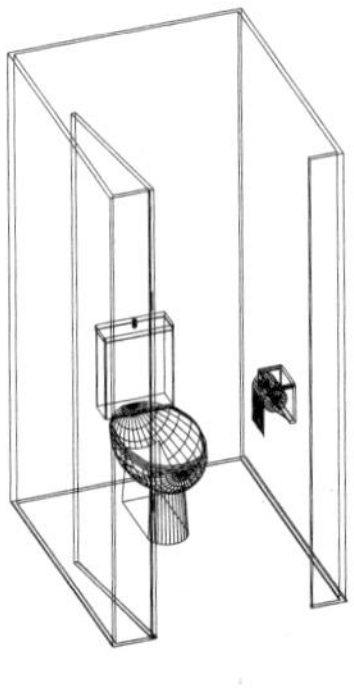
▲WYYP026

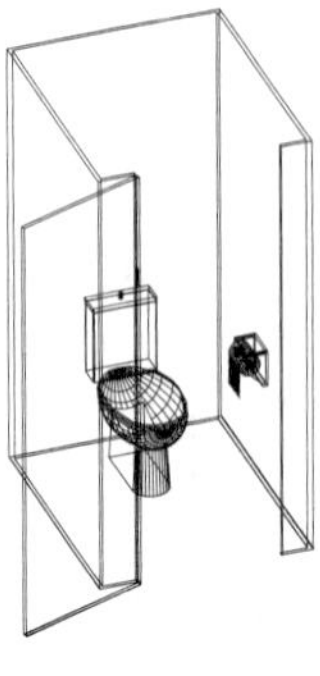
▲WYYP027

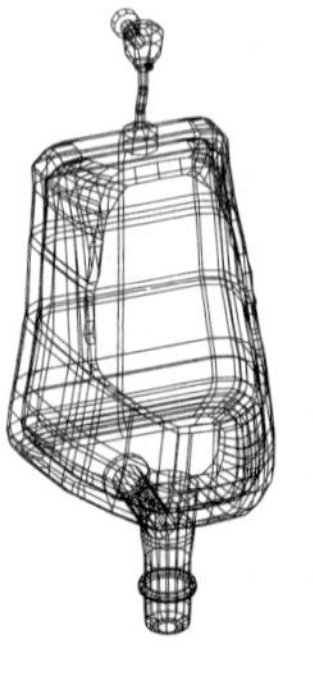
▲WYYP028

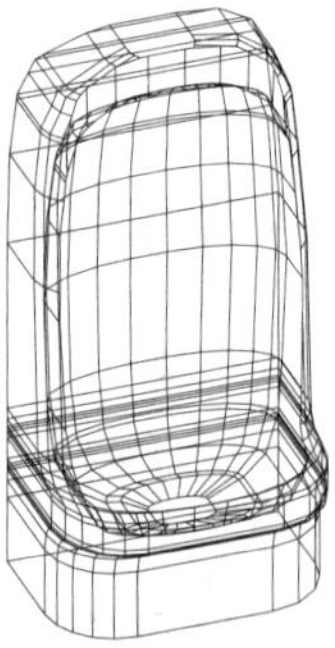
▲WYYP029

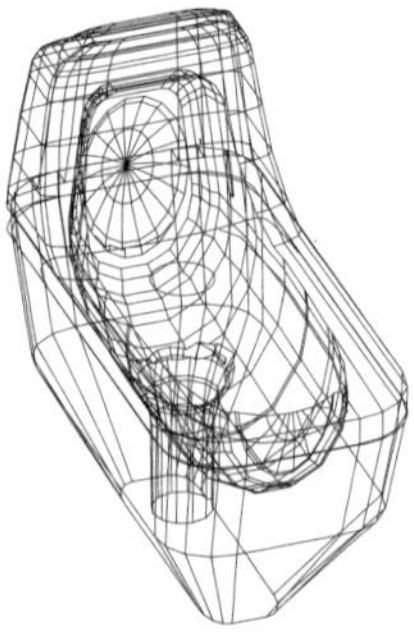
▲WYYP030

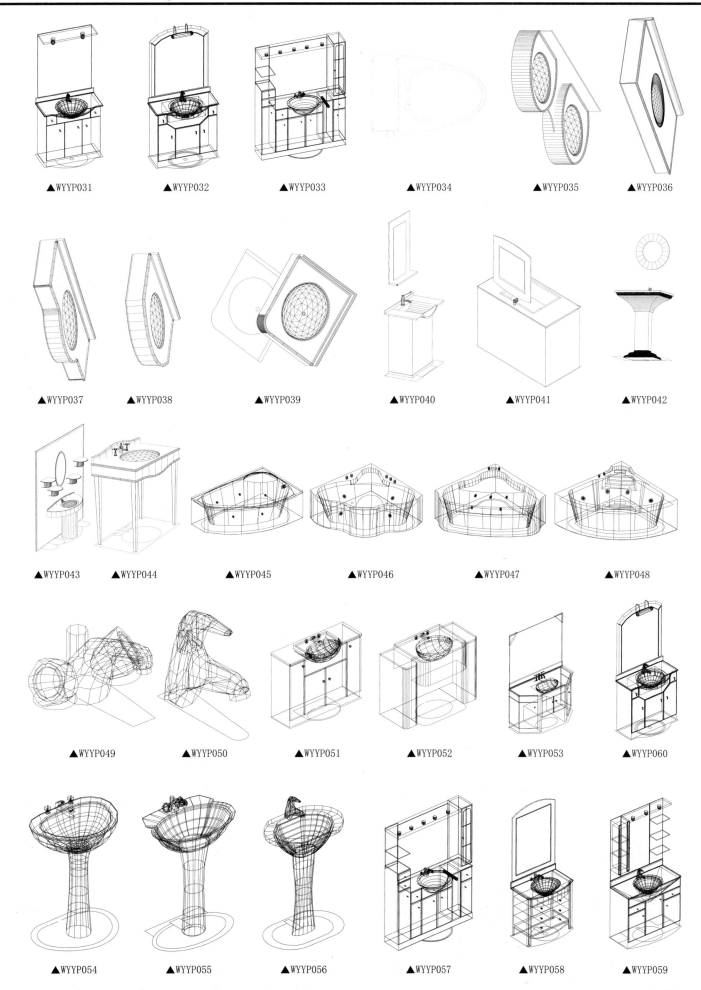

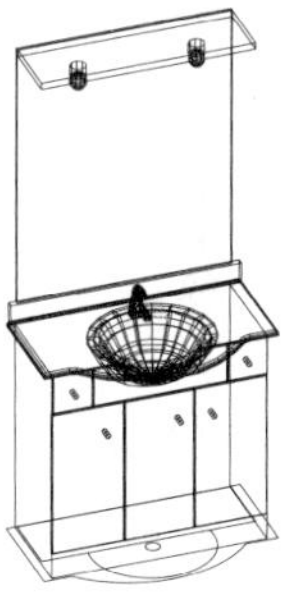
▲WYYP031

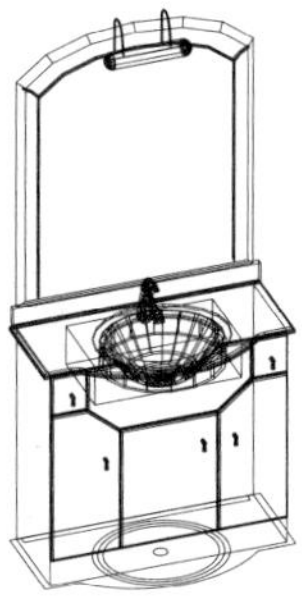
▲WYYP032

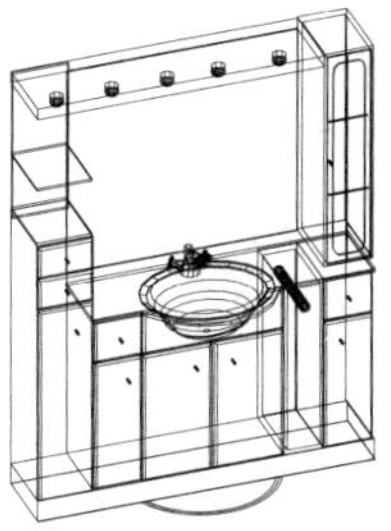
▲WYYP033

▲WYYP034

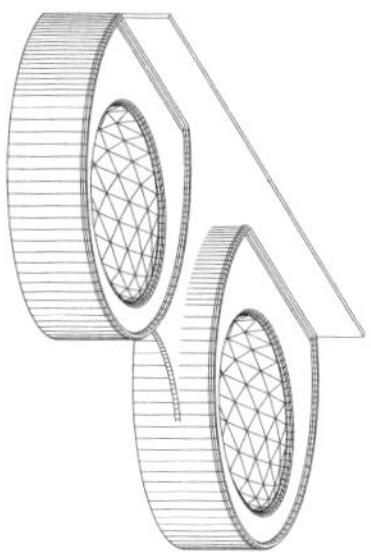
▲WYYP035

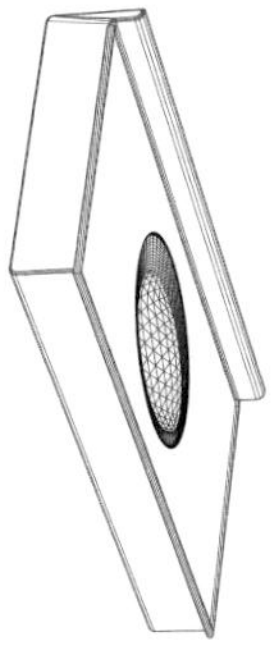
▲WYYP036

▲WYYP037

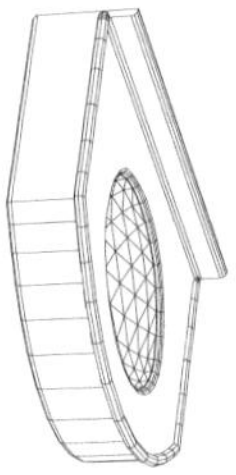
▲WYYP038

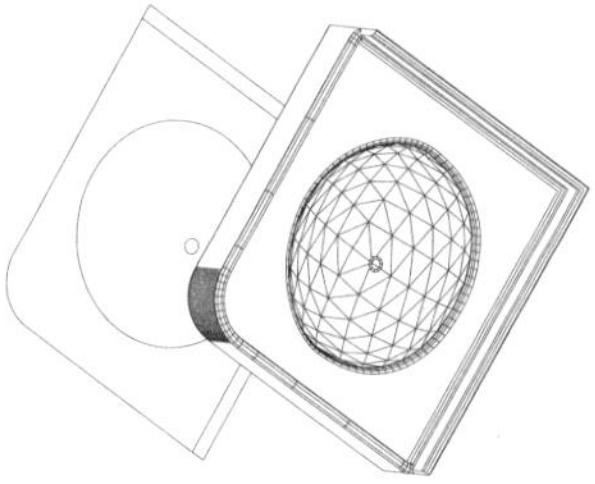
▲WYYP039

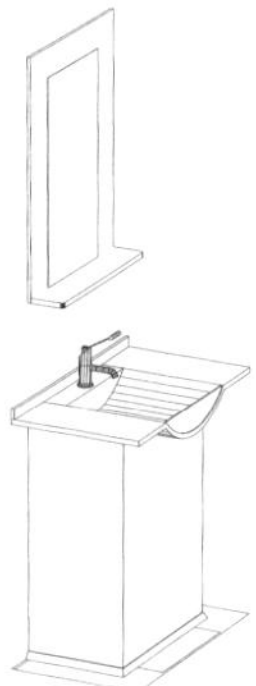
▲WYYP040

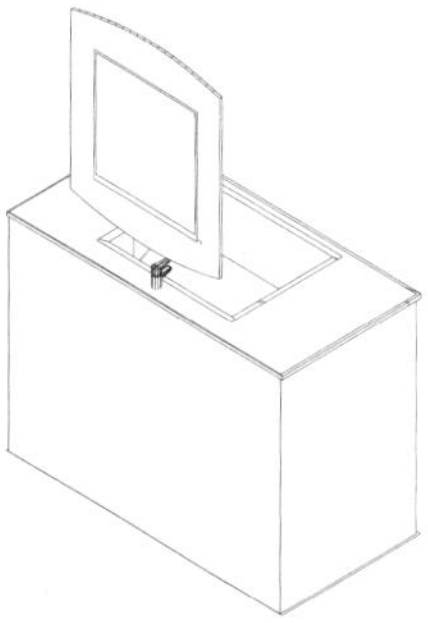
▲WYYP041

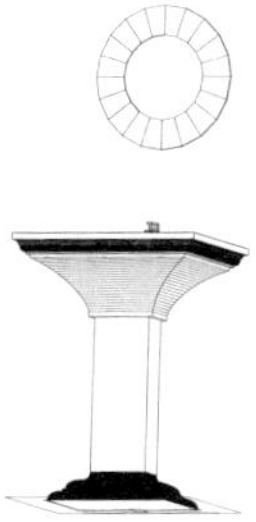
▲WYYP042

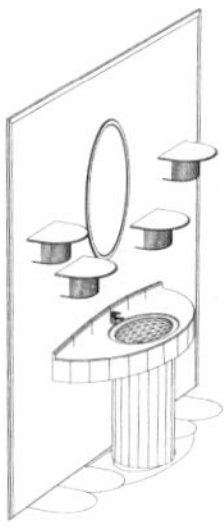
▲WYYP043

▲WYYP044

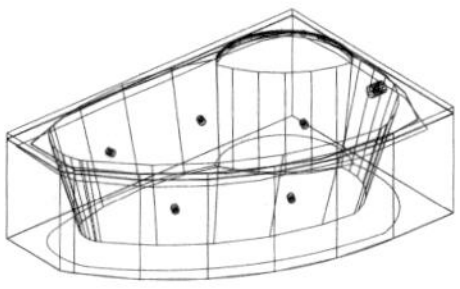
▲WYYP045

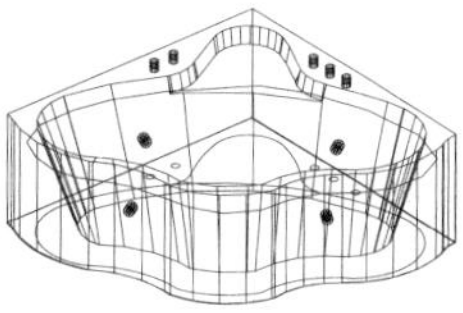
▲WYYP046

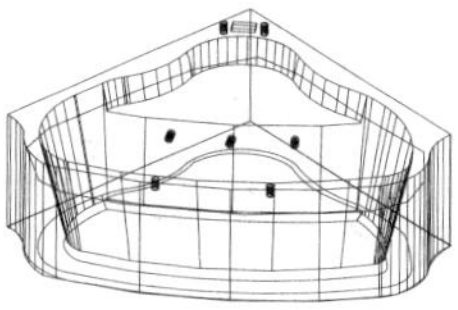
▲WYYP047

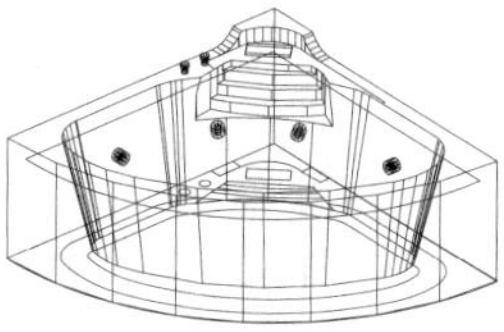
▲WYYP048

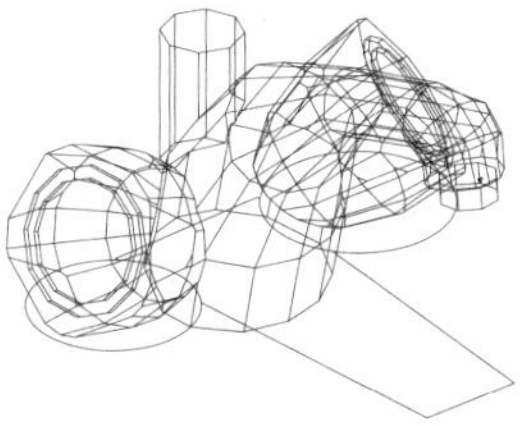
▲WYYP049

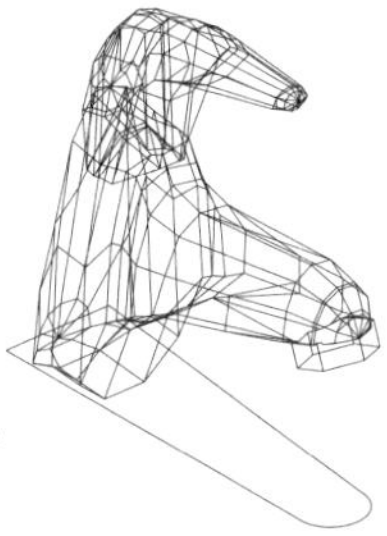
▲WYYP050

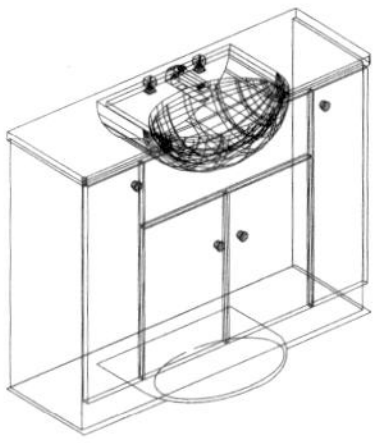
▲WYYP051

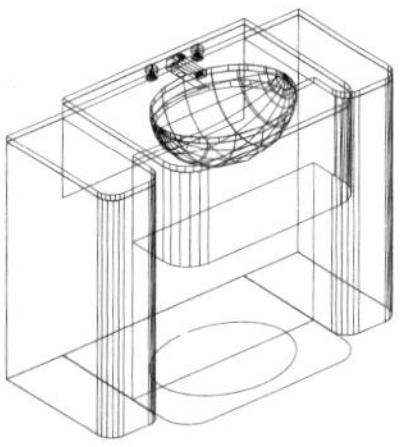
▲WYYP052

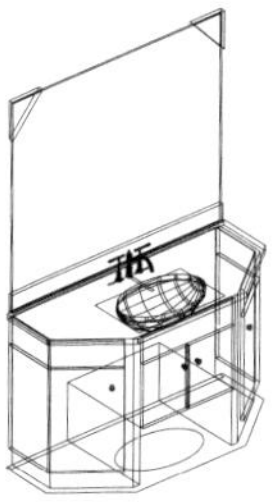
▲WYYP053

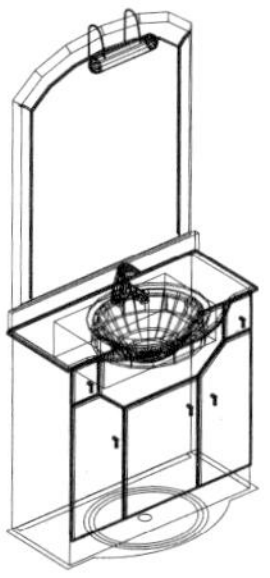
▲WYYP060

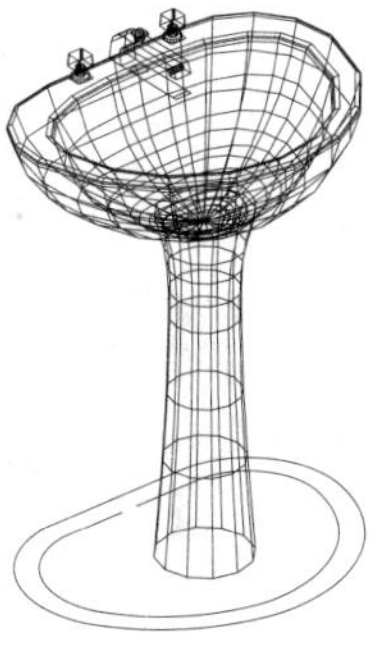
▲WYYP054

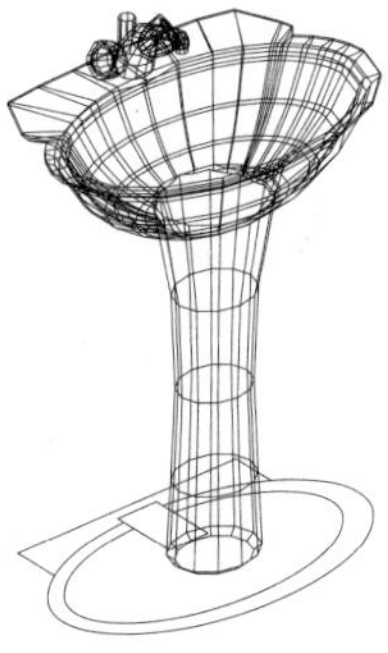
▲WYYP055

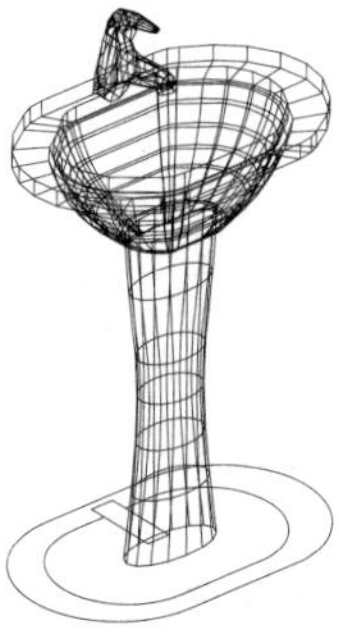
▲WYYP056

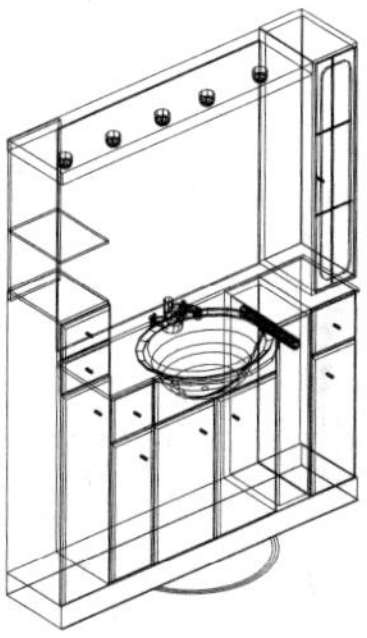
▲WYYP057

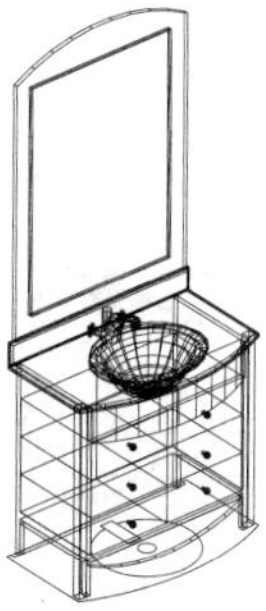
▲WYYP058

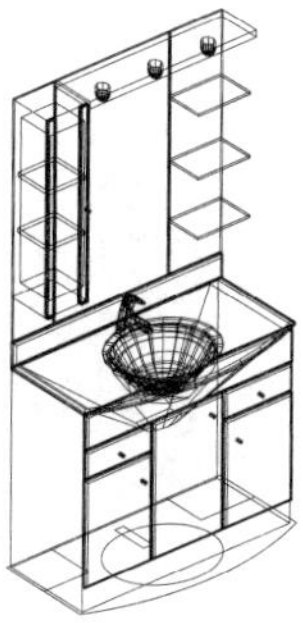
▲WYYP059

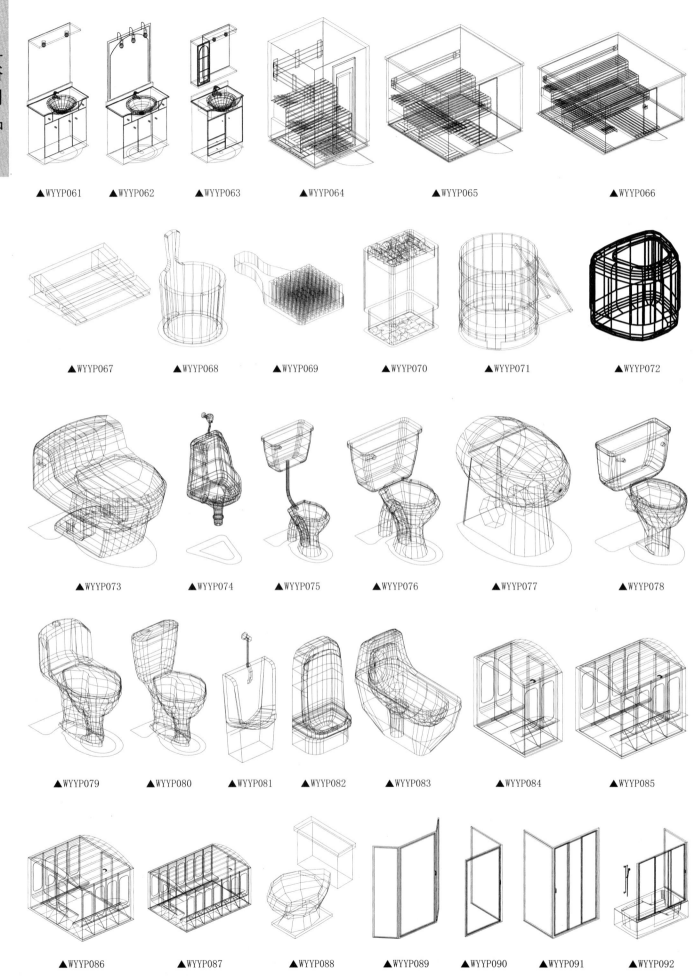

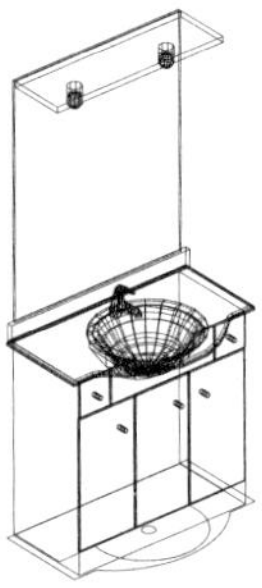
▲WYYP061

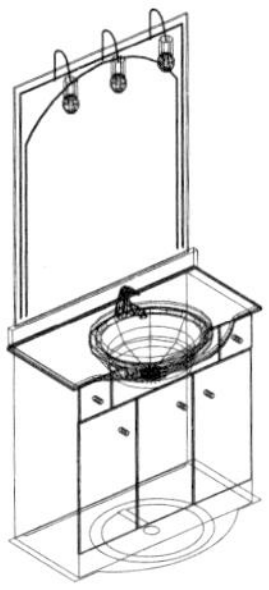
▲WYYP062

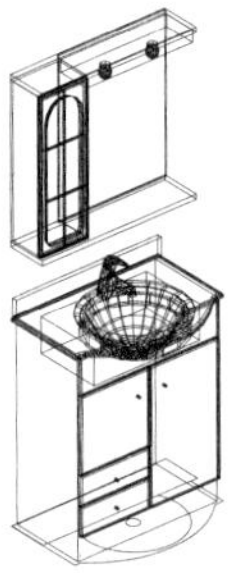
▲WYYP063

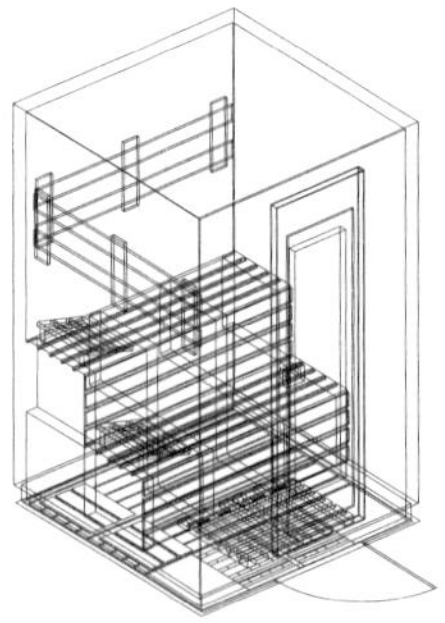
▲WYYP064

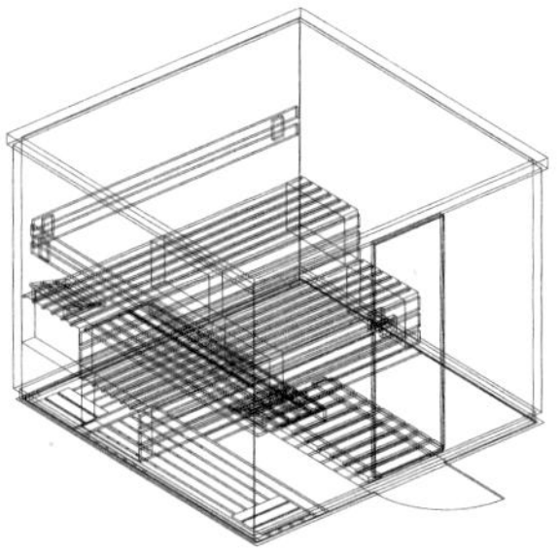
▲WYYP065

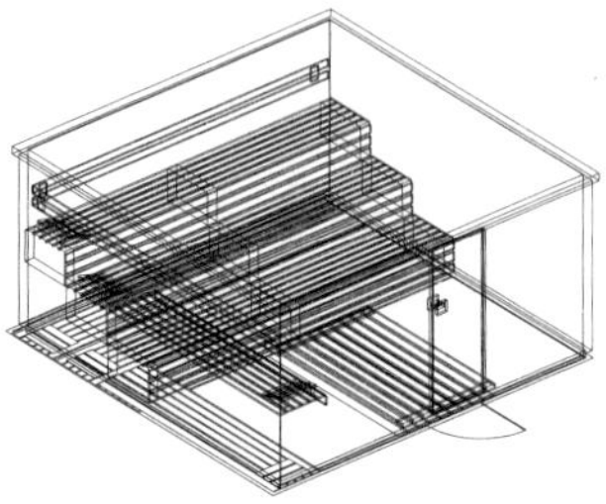
▲WYYP066

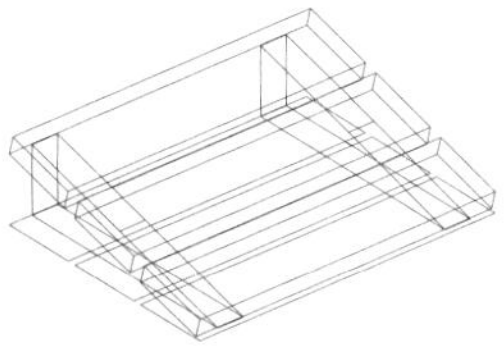
▲WYYP067

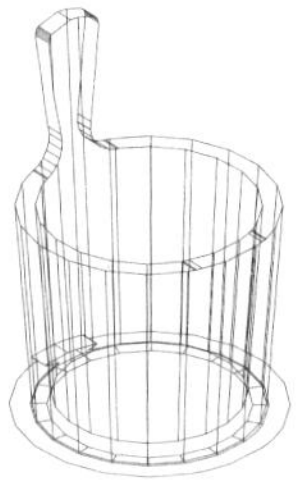
▲WYYP068

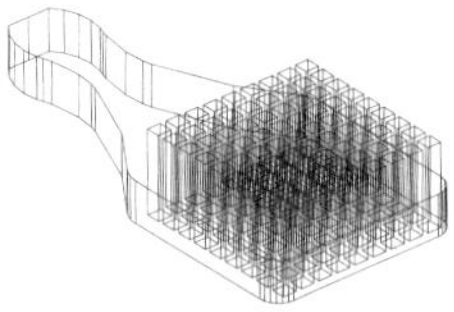
▲WYYP069

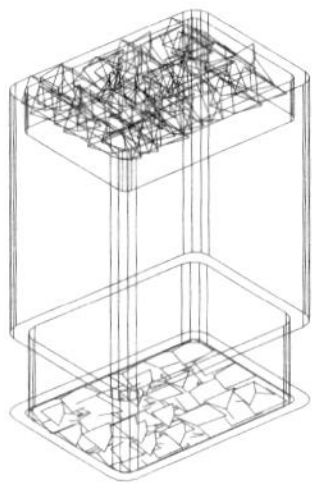
▲WYYP070

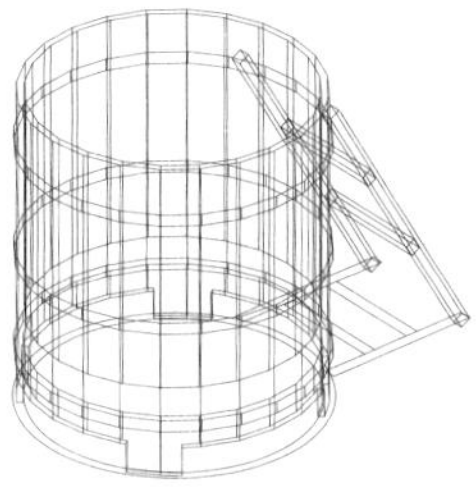
▲WYYP071

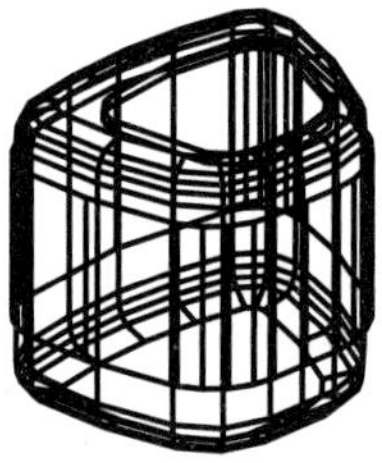
▲WYYP072

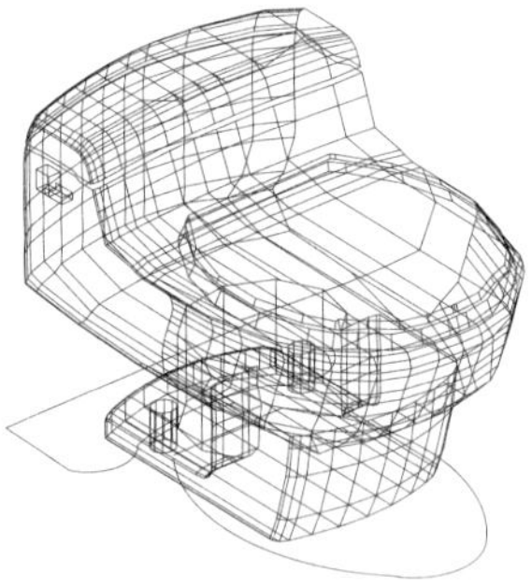
▲WYYP073

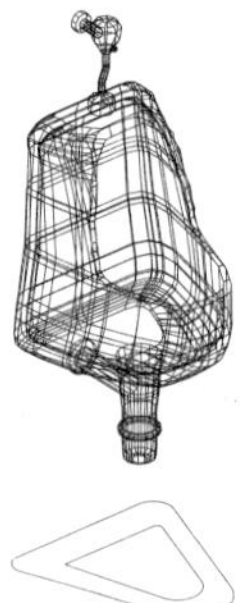
▲WYYP074

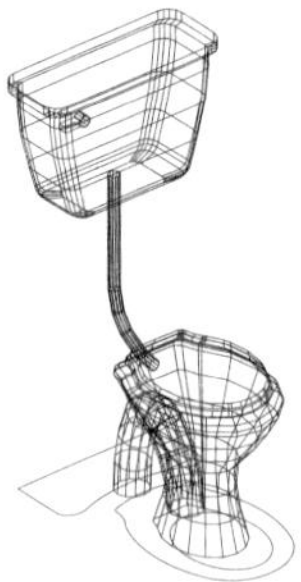
▲WYYP075

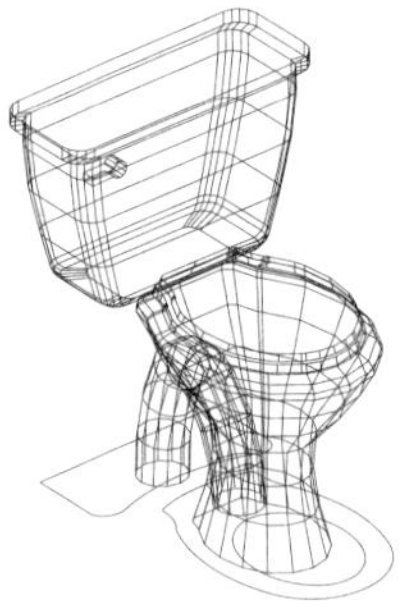
▲WYYP076

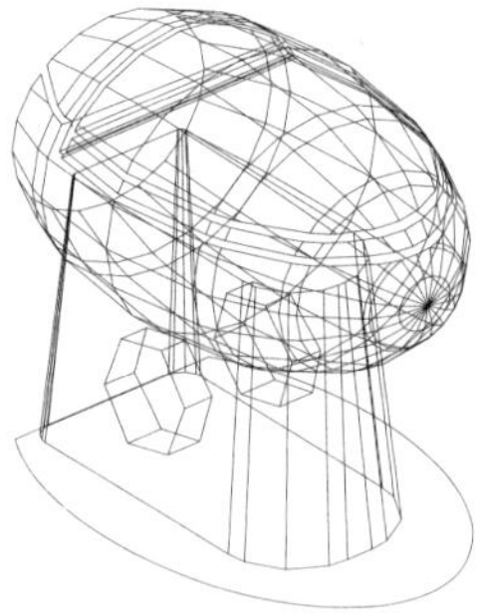
▲WYYP077

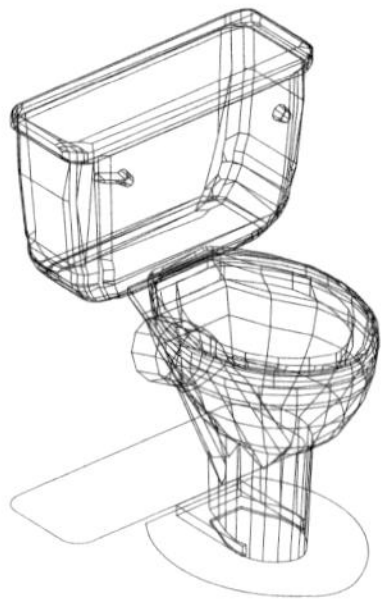
▲WYYP078

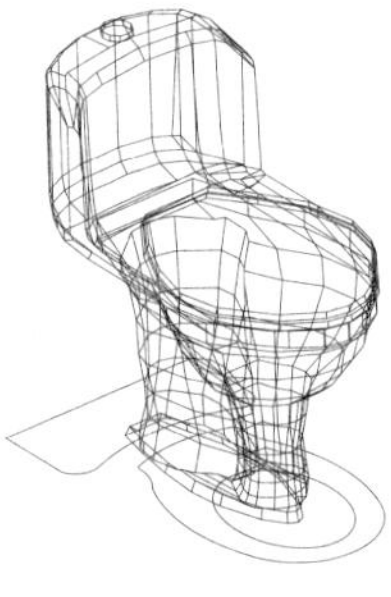
▲WYYP079

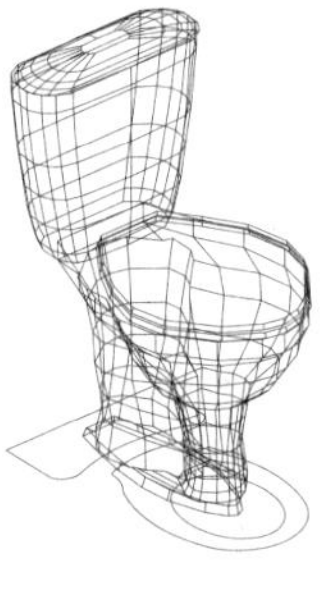
▲WYYP080

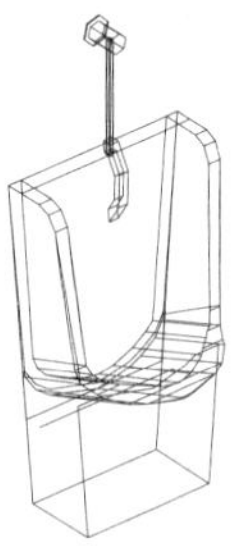
▲WYYP081

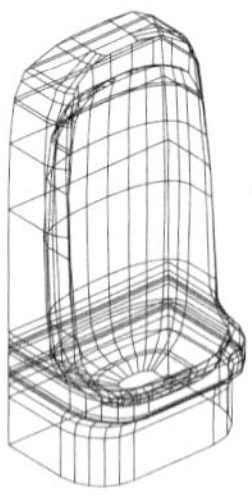
▲WYYP082

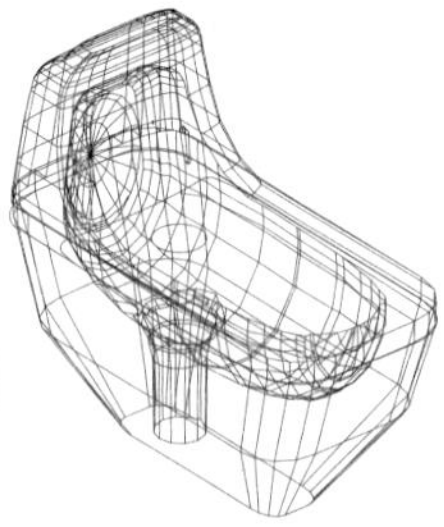
▲WYYP083

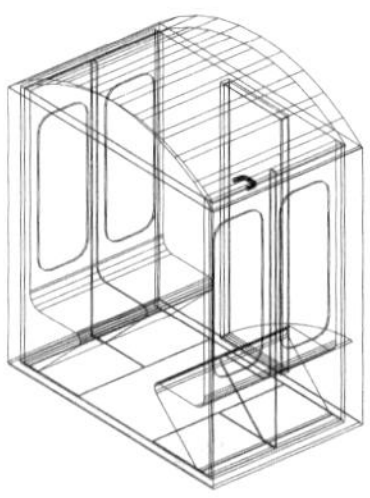
▲WYYP084

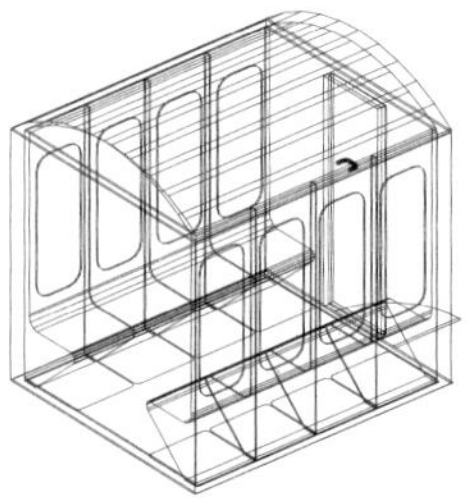
▲WYYP085

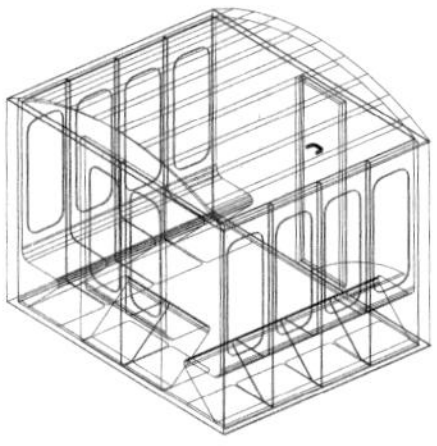
▲WYYP086

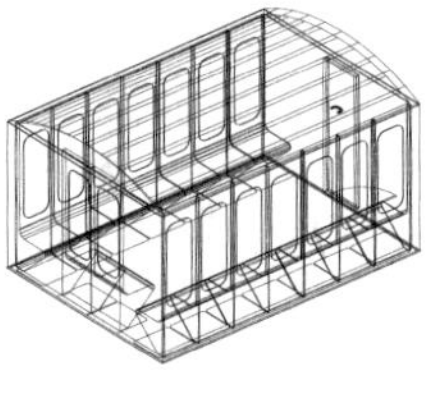
▲WYYP087

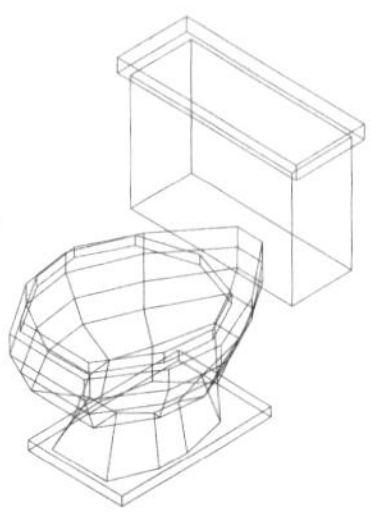
▲WYYP088

▲WYYP089

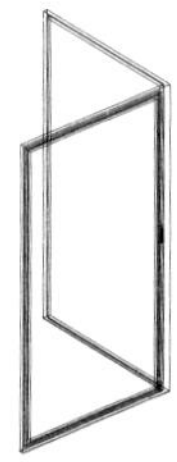
▲WYYP090

▲WYYP091

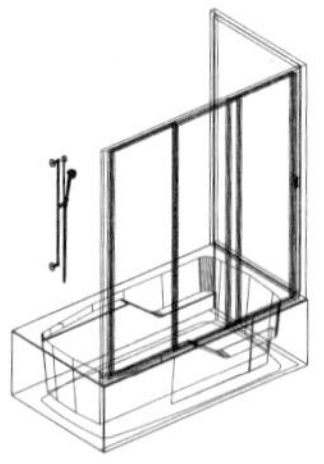
▲WYYP092

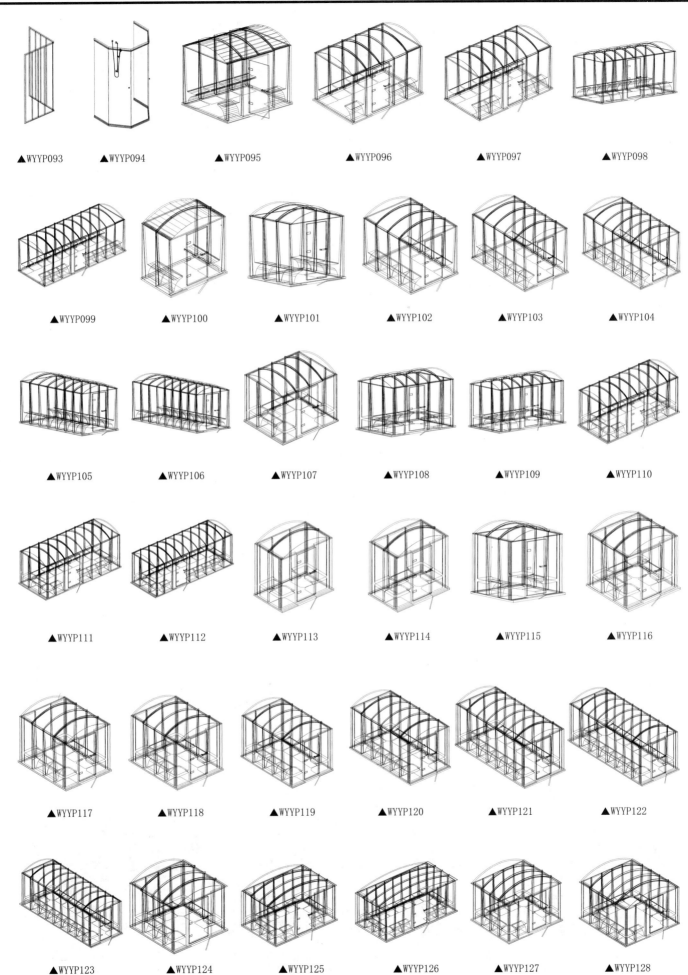

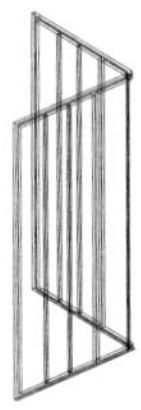
▲WYYP093

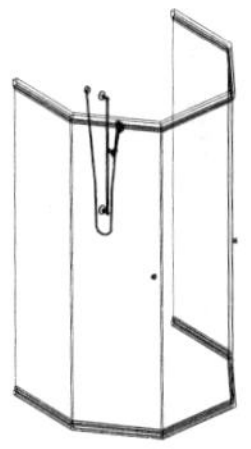
▲WYYP094

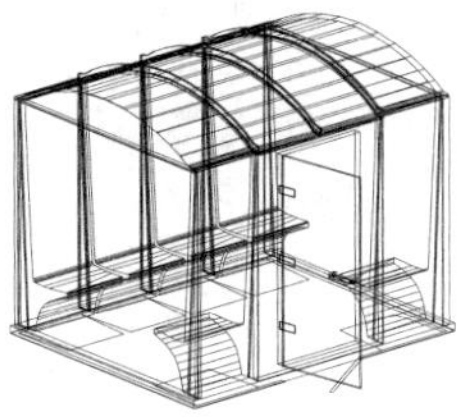
▲WYYP095

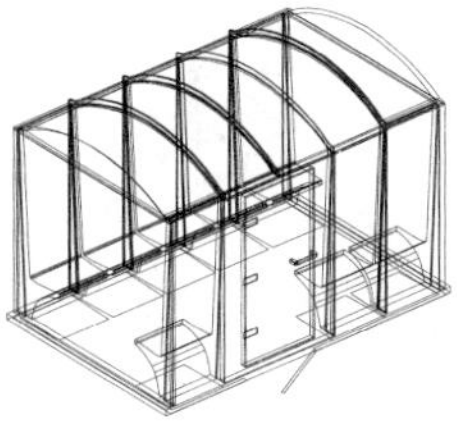
▲WYYP096

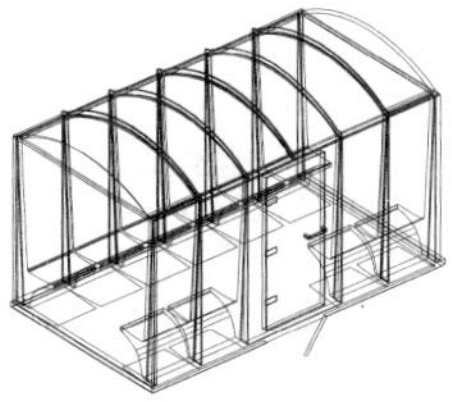
▲WYYP097

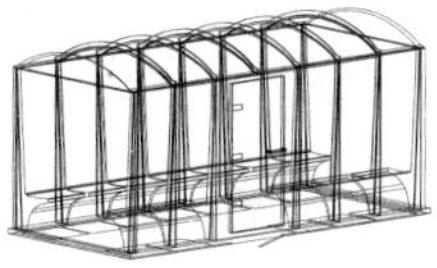
▲WYYP098

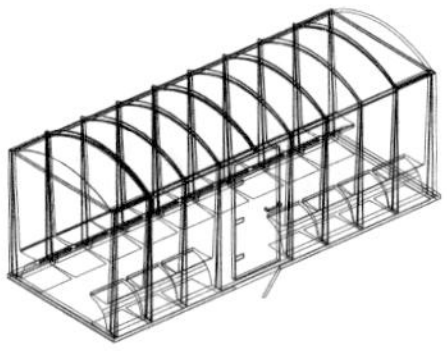
▲WYYP099

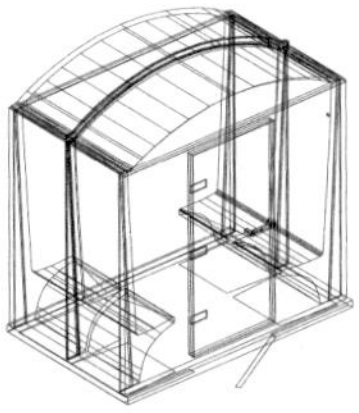
▲WYYP100

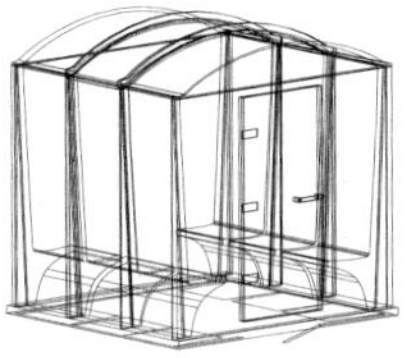
▲WYYP101

▲WYYP102

▲WYYP103

▲WYYP104

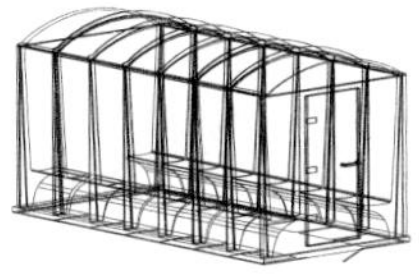
▲WYYP105

▲WYYP106

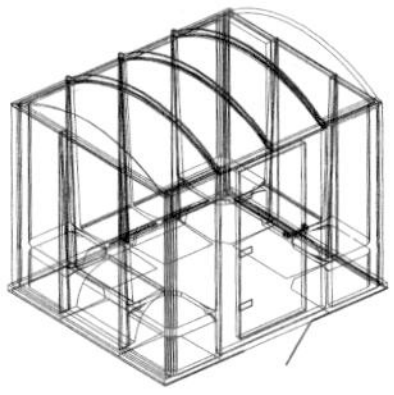
▲WYYP107

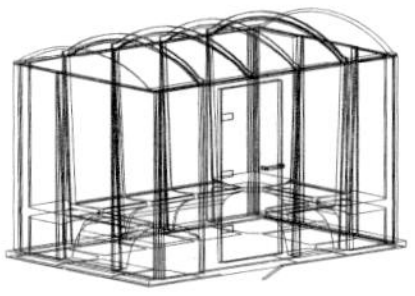
▲WYYP108

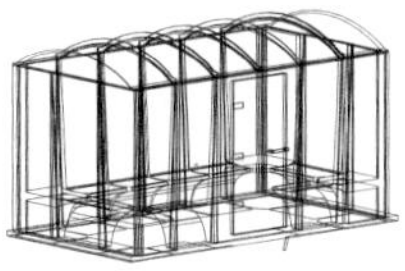
▲WYYP109

▲WYYP110

▲WYYP111

▲WYYP112

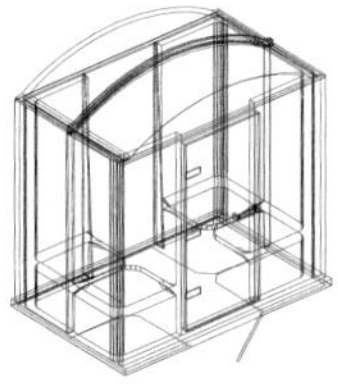
▲WYYP113

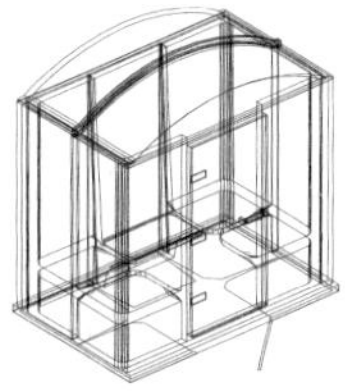
▲WYYP114

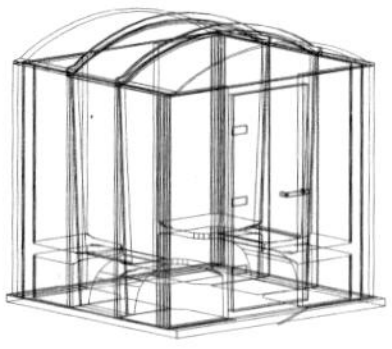
▲WYYP115

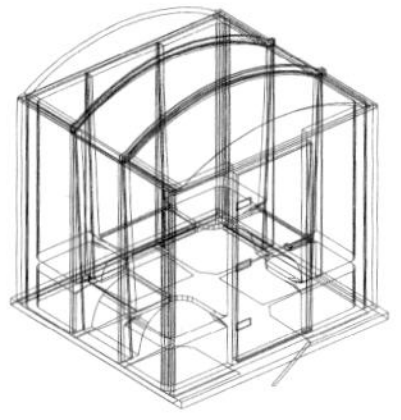
▲WYYP116

▲WYYP117

▲WYYP118

▲WYYP119

▲WYYP120

▲WYYP121

▲WYYP122

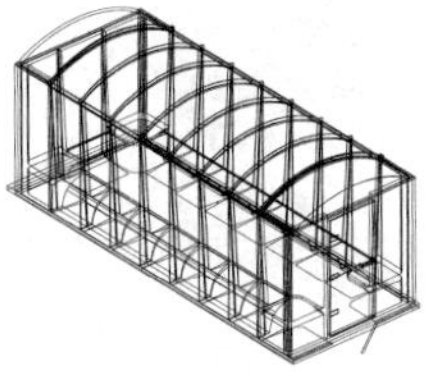
▲WYYP123

▲WYYP124

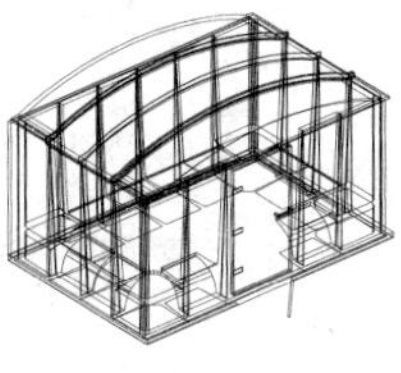
▲WYYP125

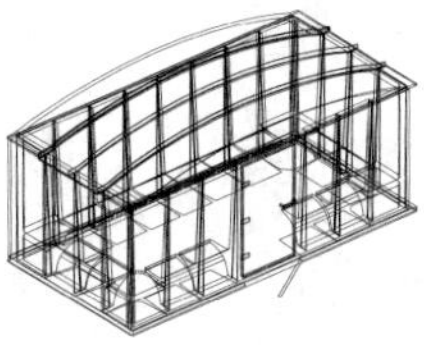
▲WYYP126

▲WYYP127

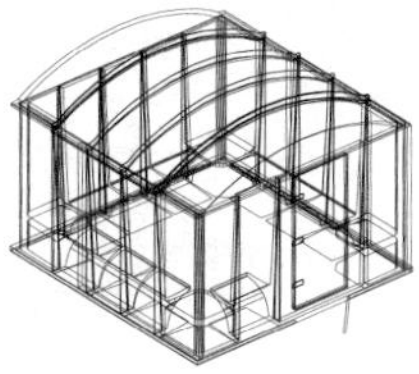
▲WYYP128

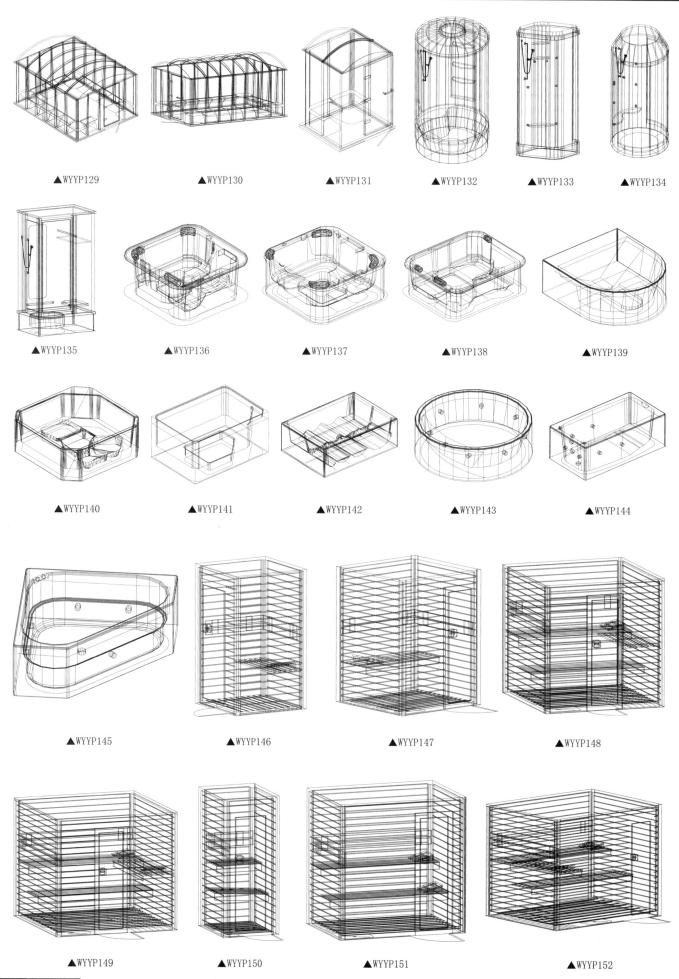

▲WYYP129

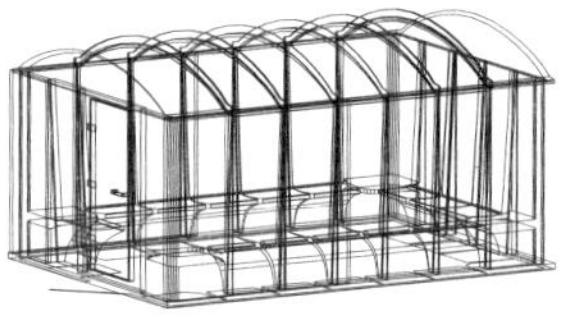
▲WYYP130

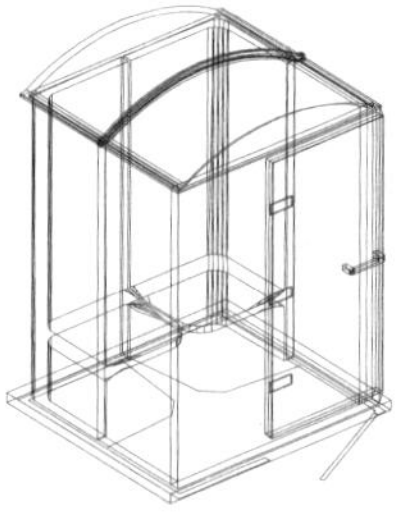
▲WYYP131

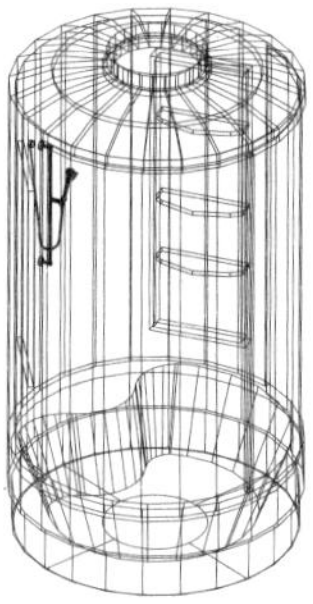
▲WYYP132

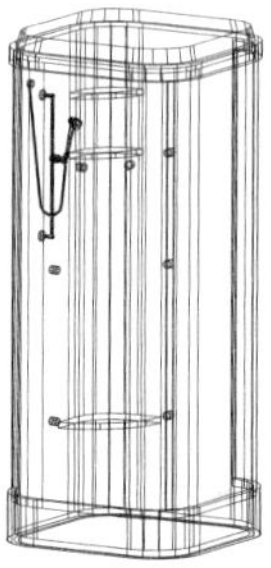
▲WYYP133

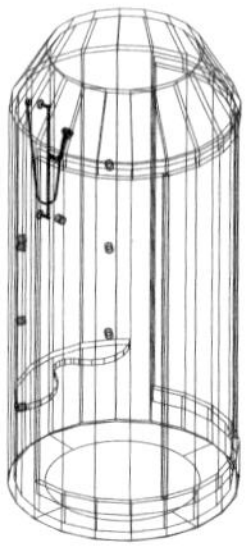
▲WYYP134

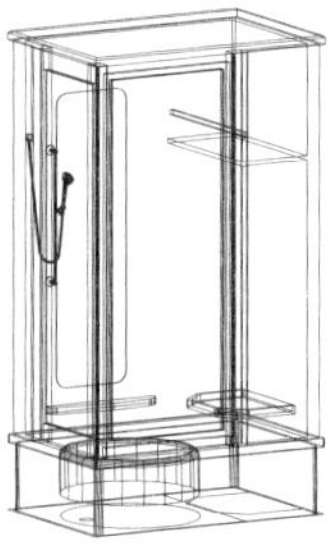
▲WYYP135

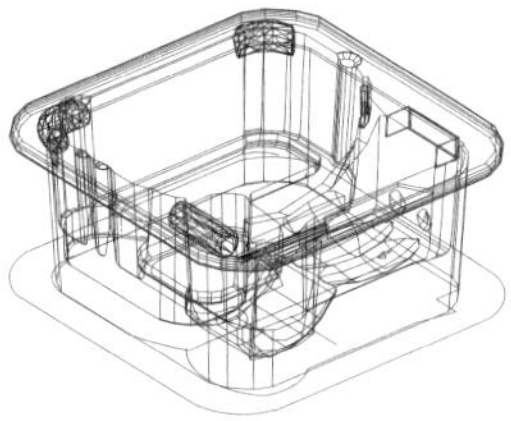
▲WYYP136

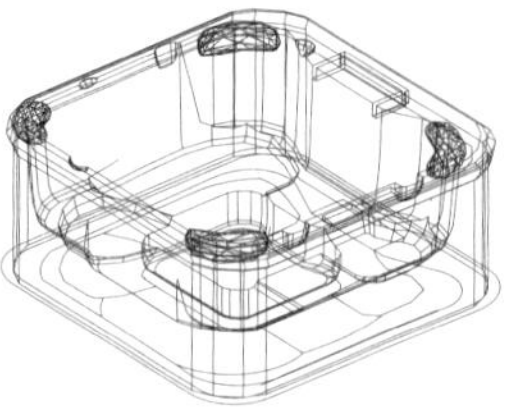
▲WYYP137

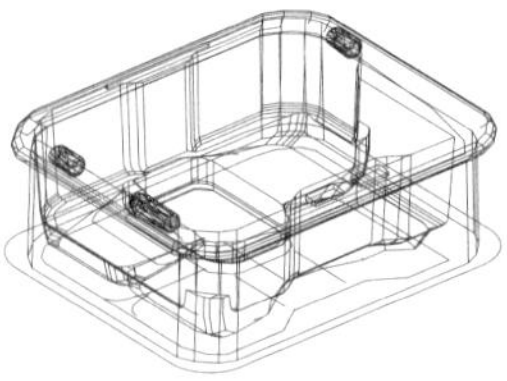
▲WYYP138

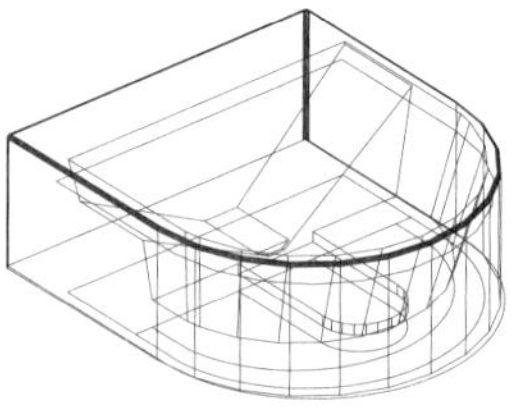
▲WYYP139

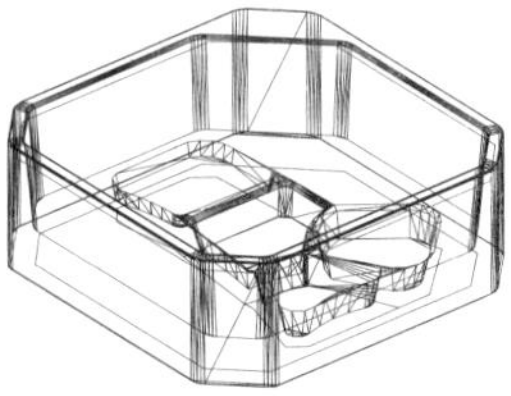
▲WYYP140

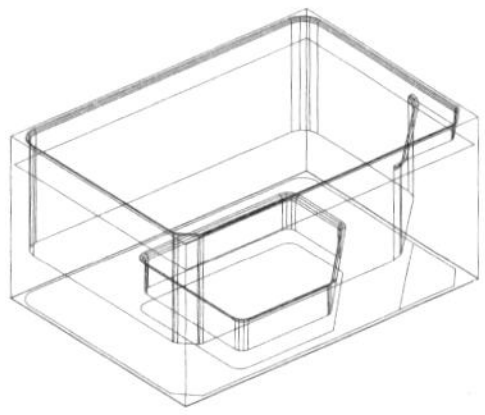
▲WYYP141

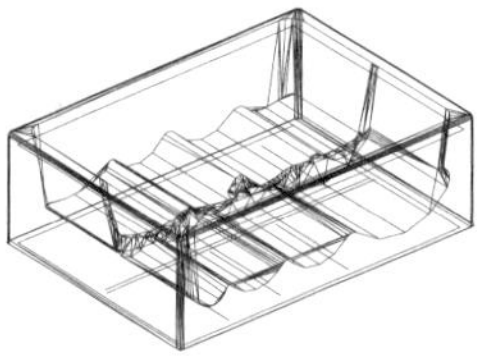
▲WYYP142

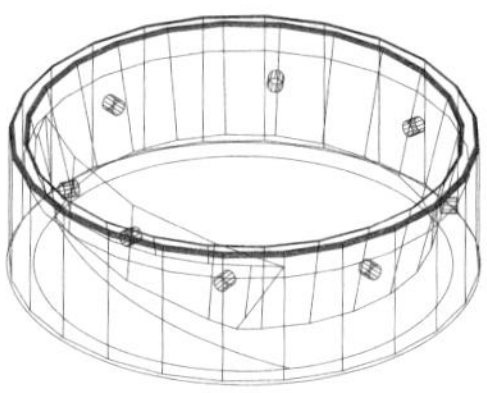
▲WYYP143

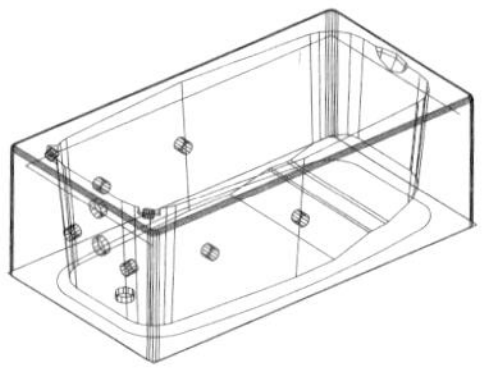
▲WYYP144

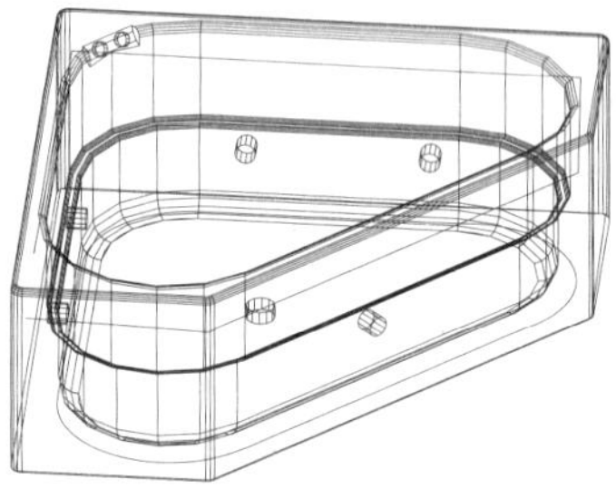
▲WYYP145

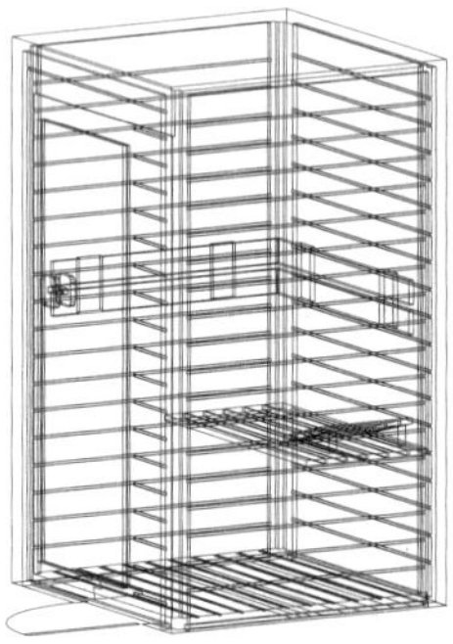
▲WYYP146

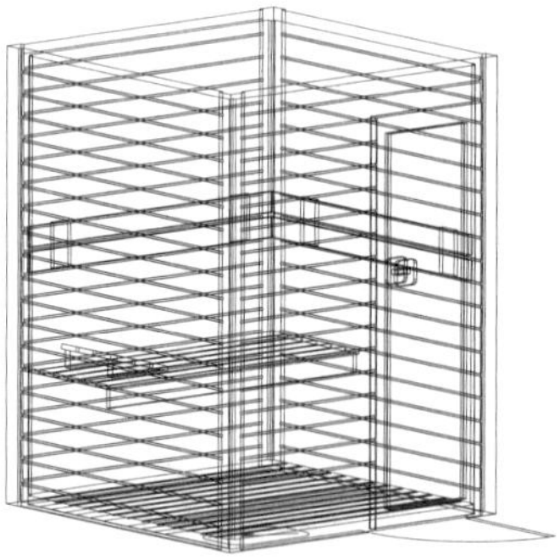
▲WYYP147

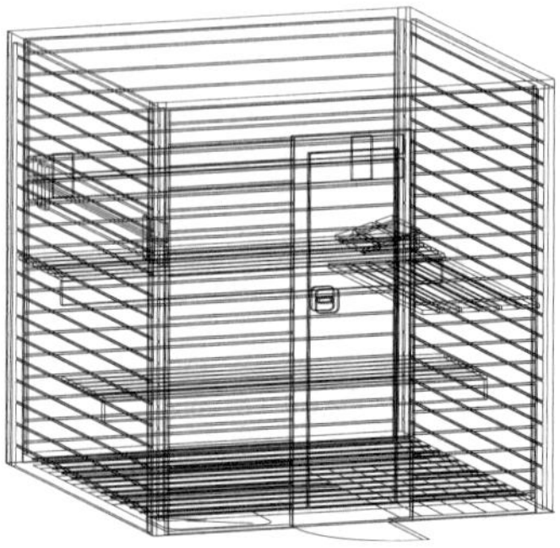
▲WYYP148

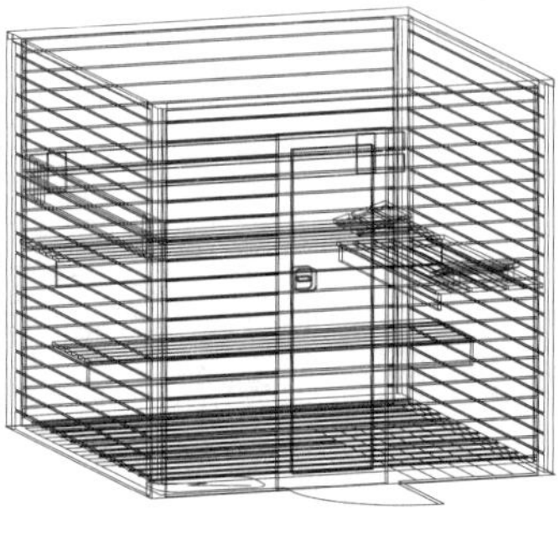
▲WYYP149

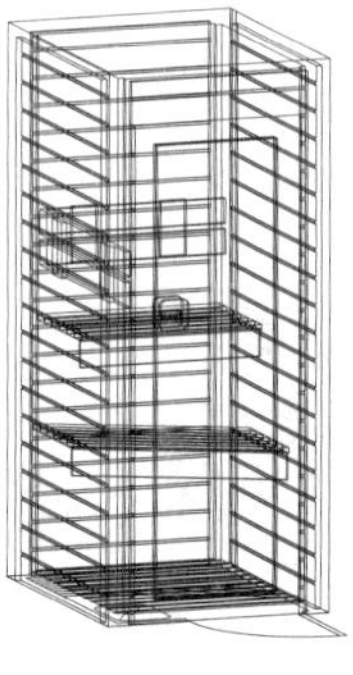
▲WYYP150

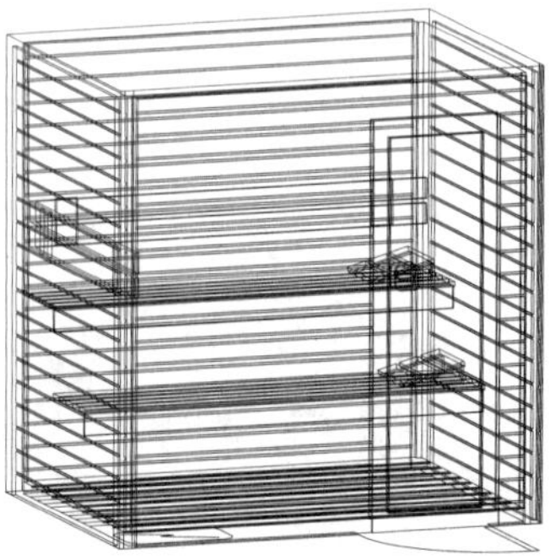
▲WYYP151

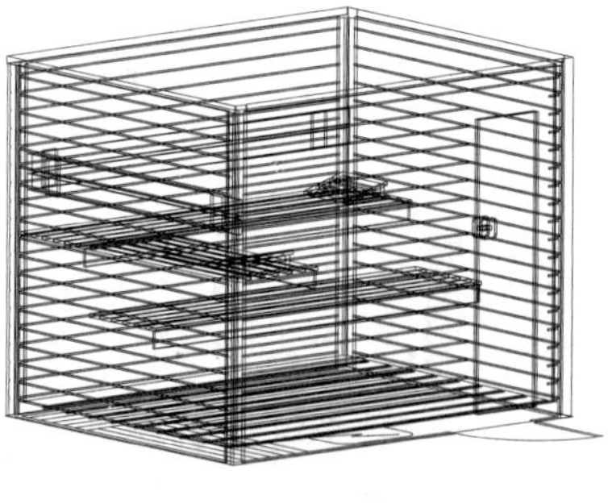
▲WYYP152

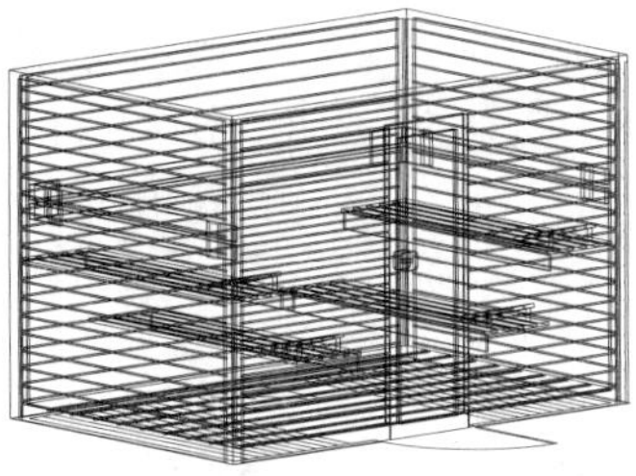

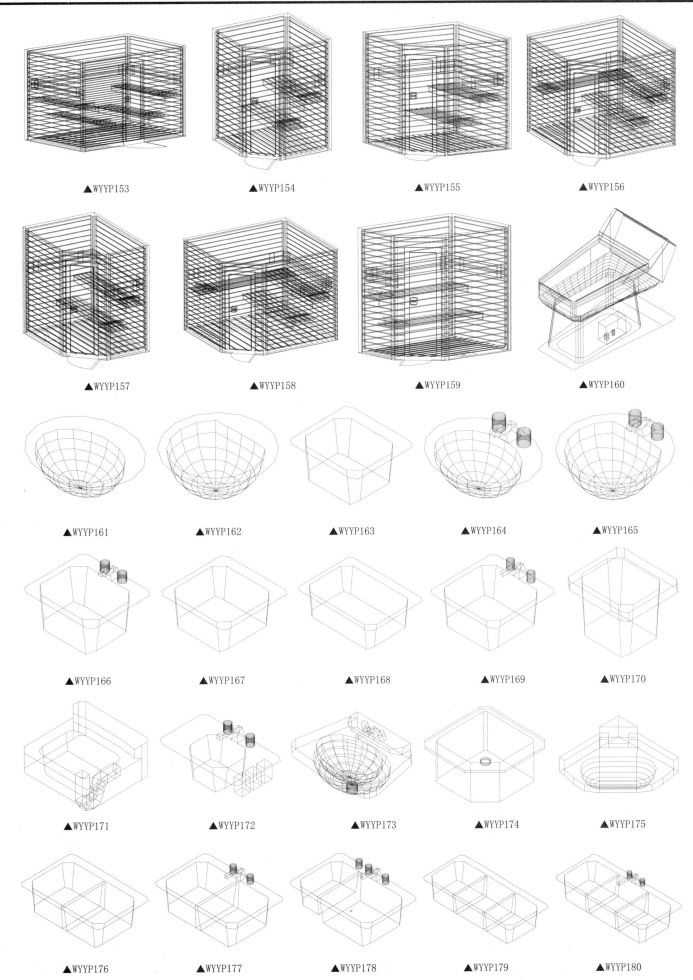

▲WYYP153

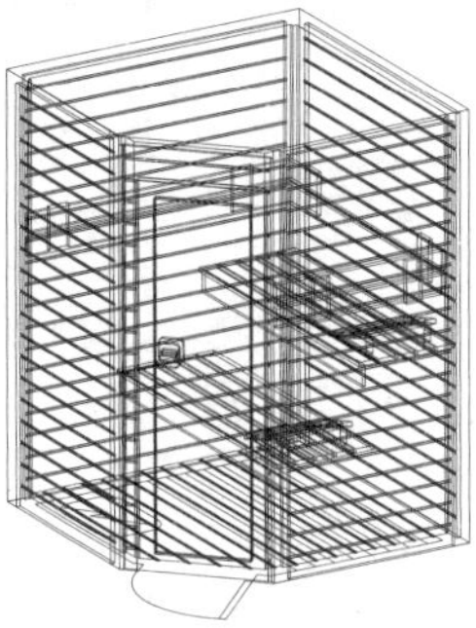

▲WYYP154

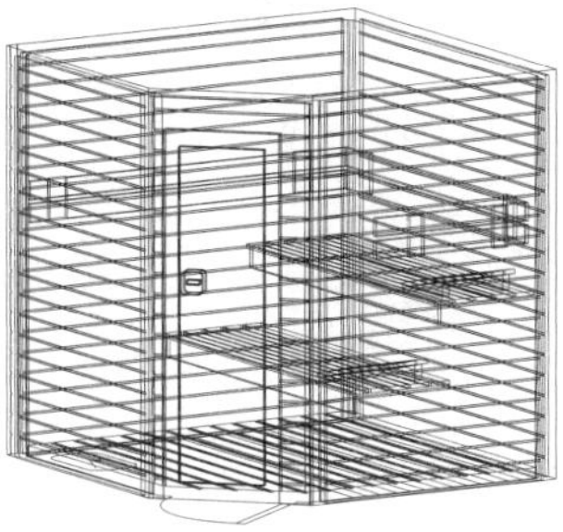

▲WYYP155

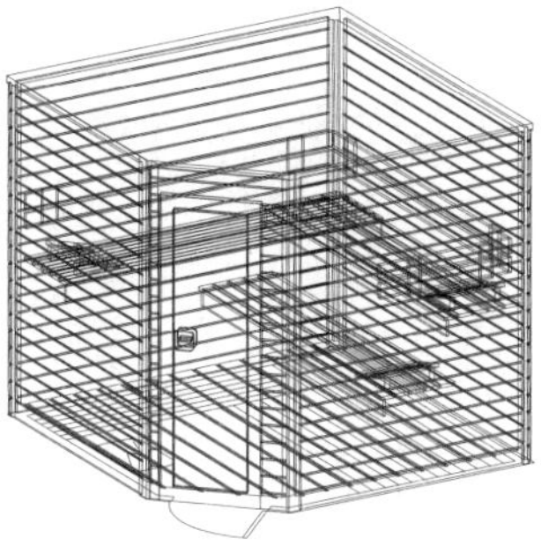

▲WYYP156

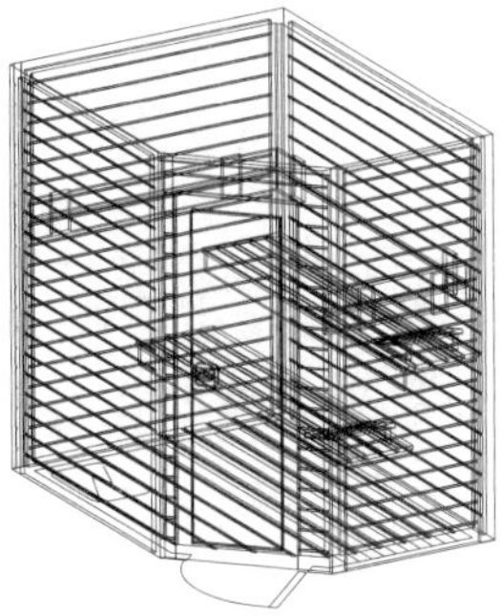

▲WYYP157

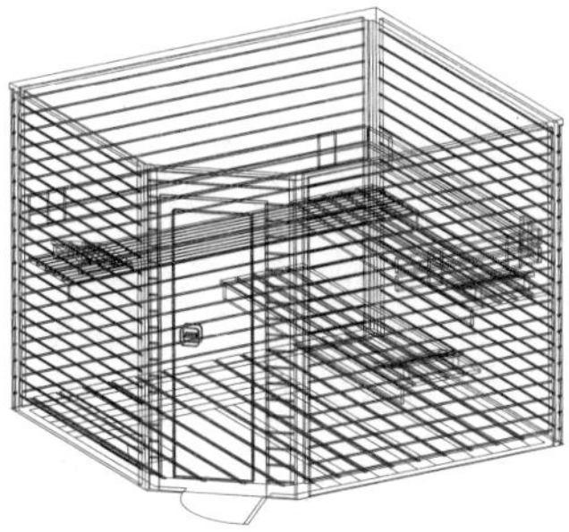

▲WYYP158

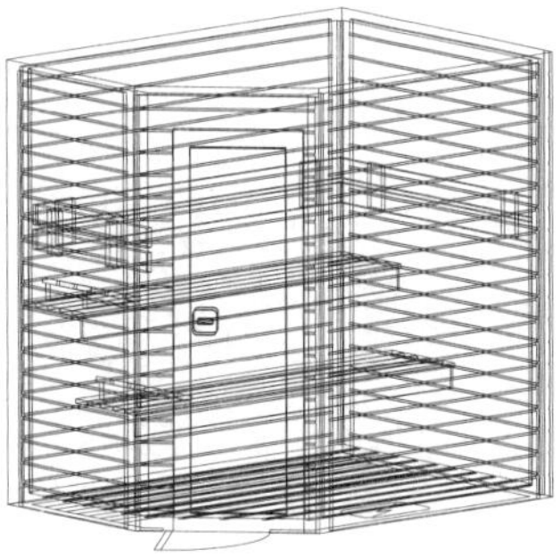

▲WYYP159

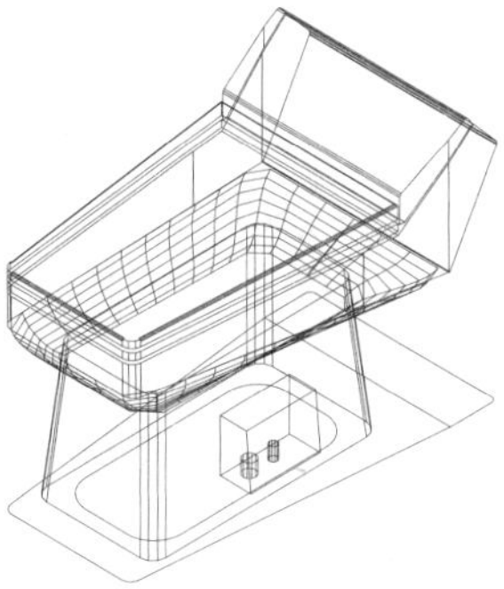

▲WYYP160

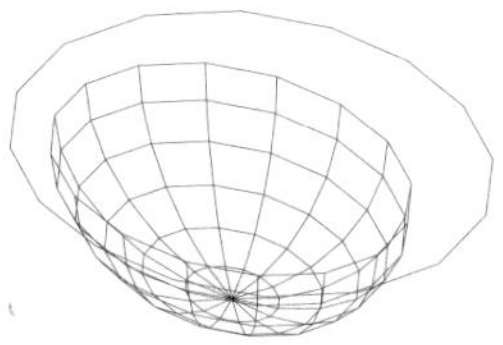

▲WYYP161

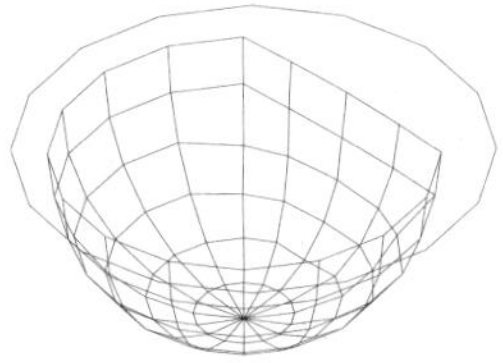

▲WYYP162

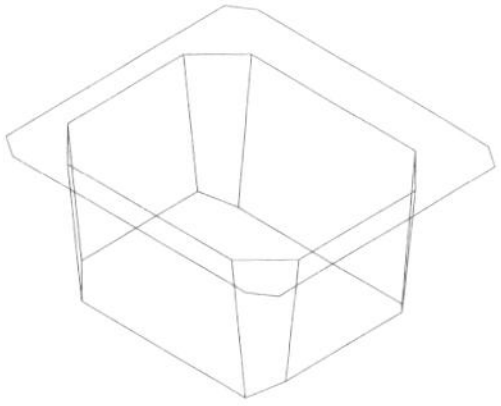

▲WYYP163

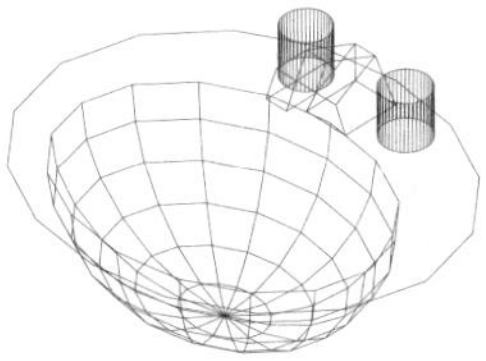

▲WYYP164

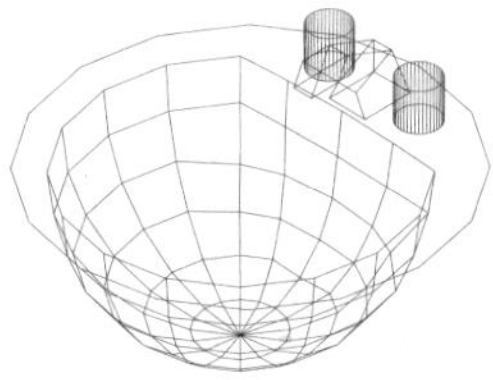

▲WYYP165

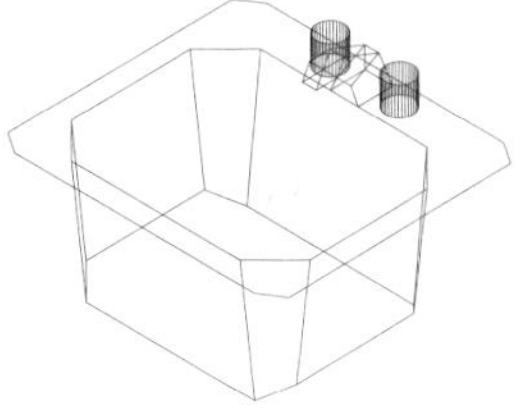

▲WYYP166

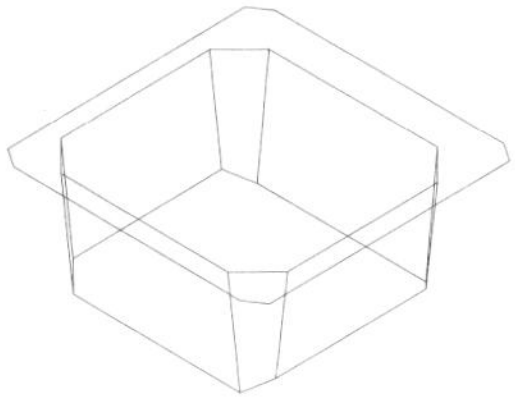

▲WYYP167

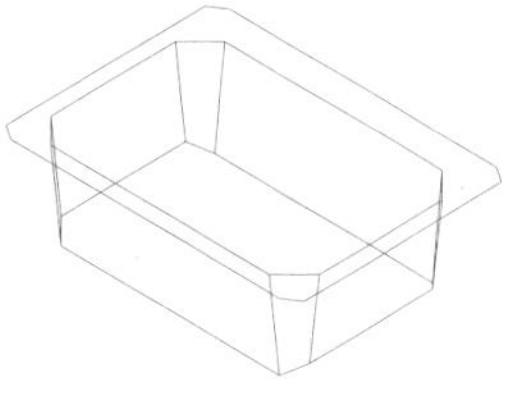

▲WYYP168

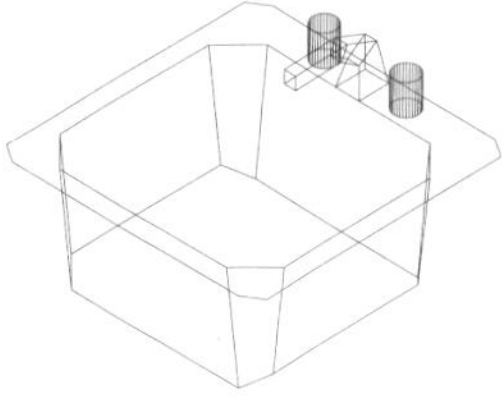

▲WYYP169

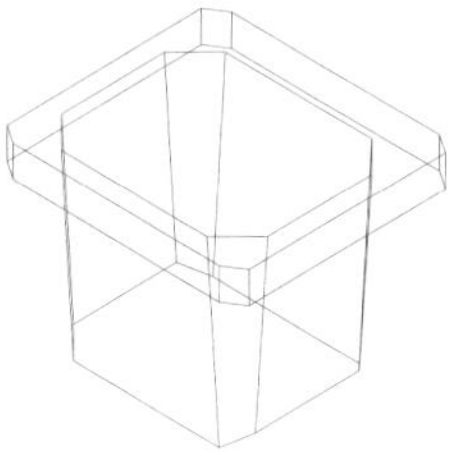

▲WYYP170

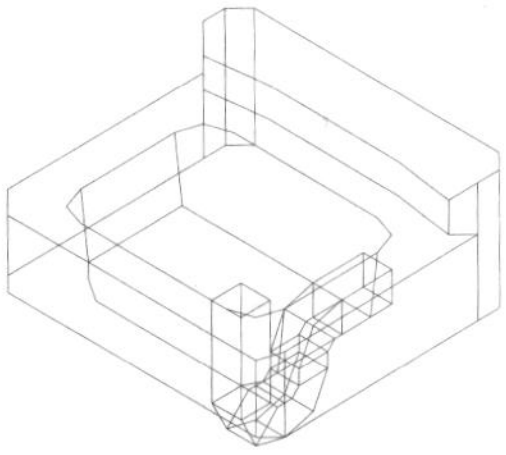

▲WYYP171

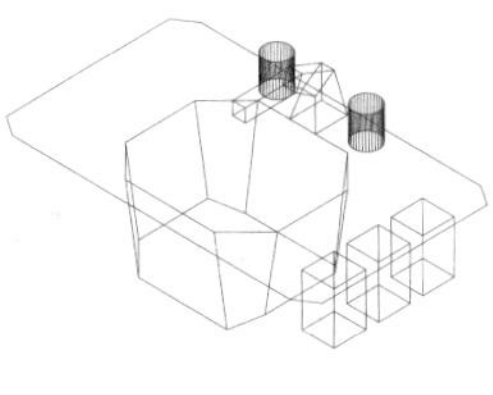

▲WYYP172

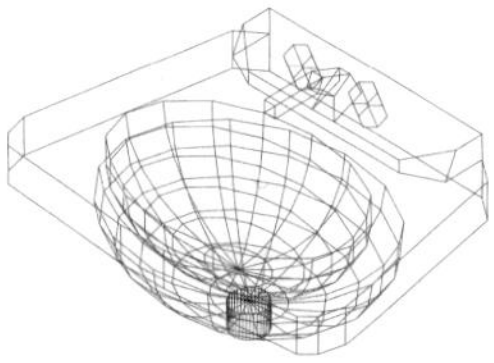

▲WYYP173

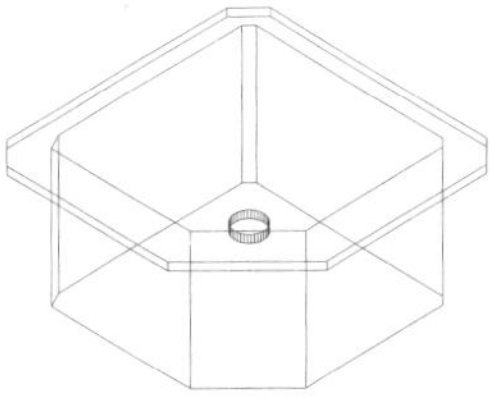

▲WYYP174

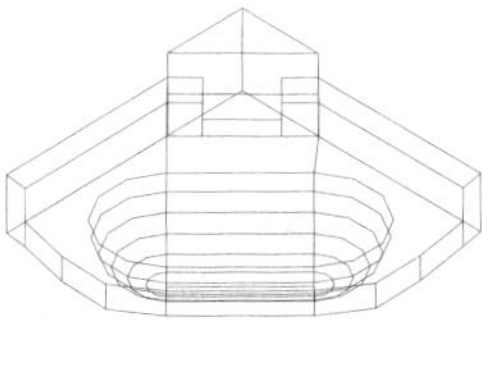

▲WYYP175

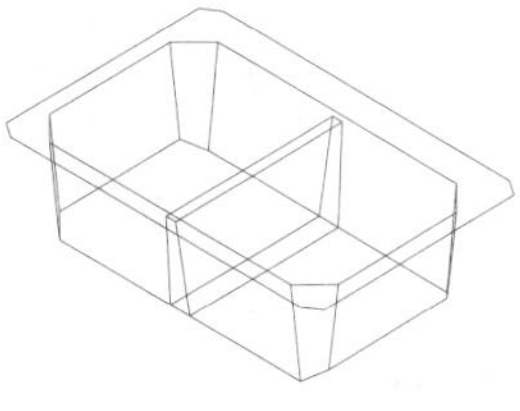

▲WYYP176

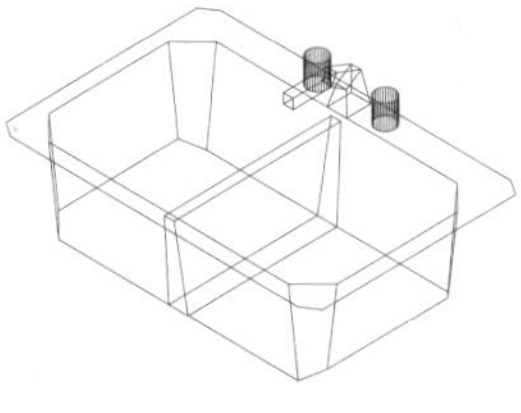

▲WYYP177

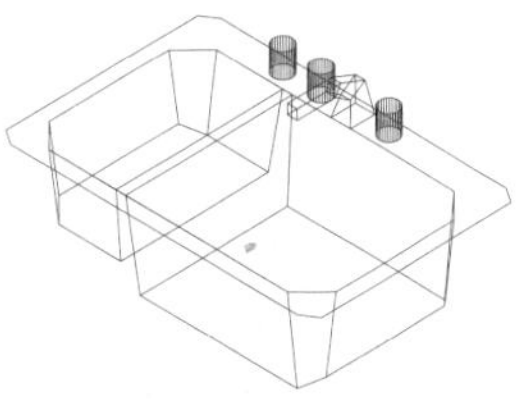

▲WYYP178

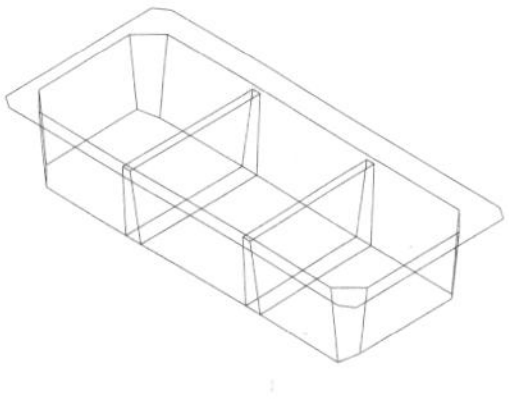

▲WYYP179

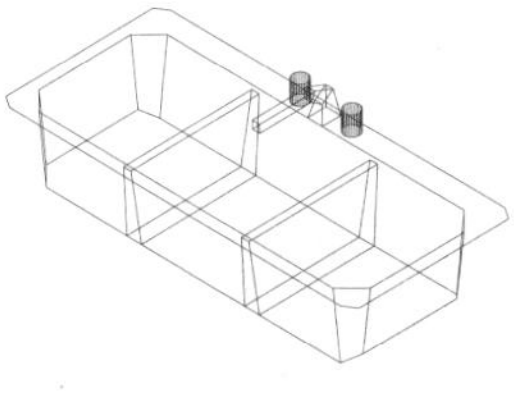

▲WYYP180

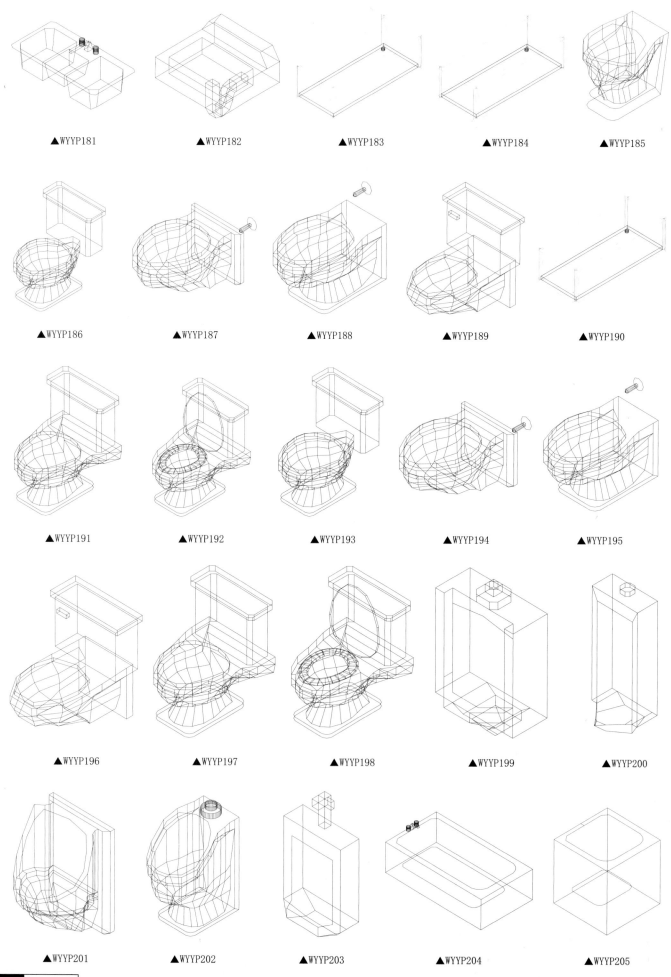

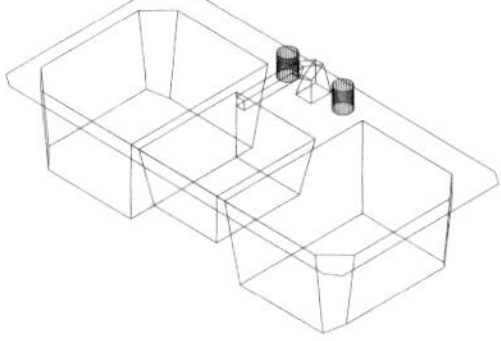
▲WYYP181

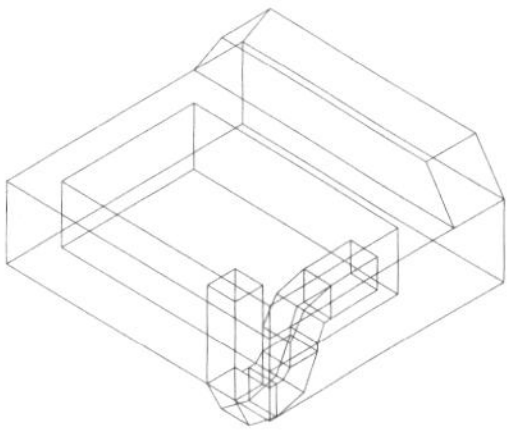
▲WYYP182

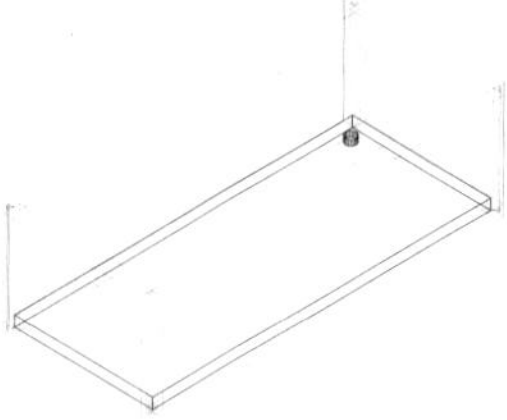
▲WYYP183

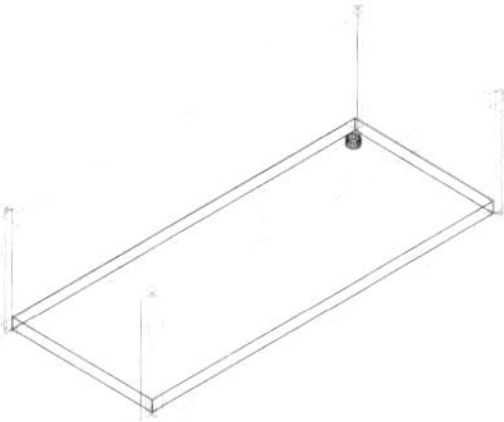
▲WYYP184

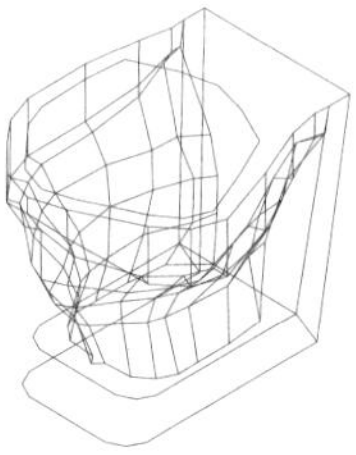
▲WYYP185

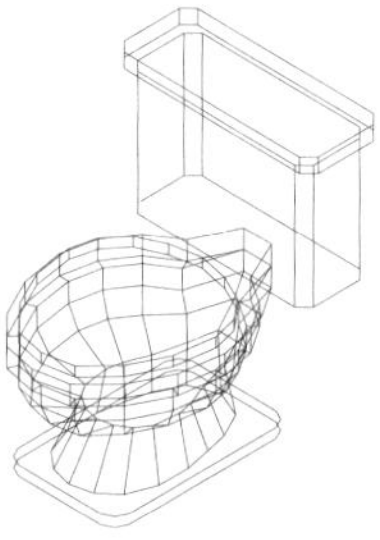
▲WYYP186

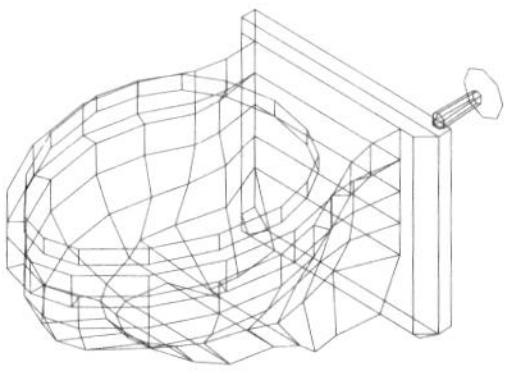
▲WYYP187

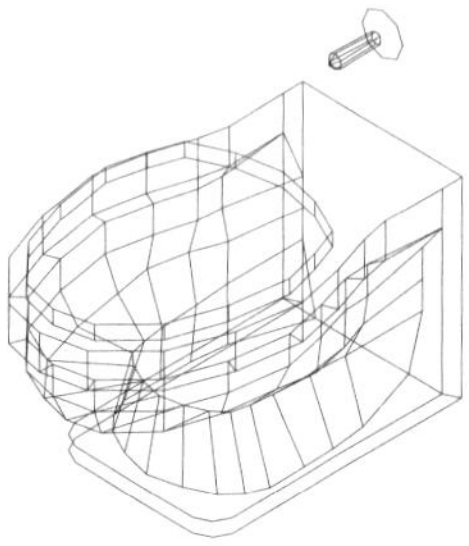
▲WYYP188

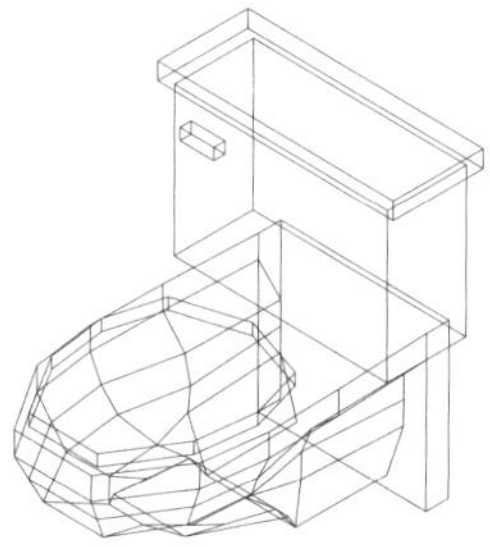
▲WYYP189

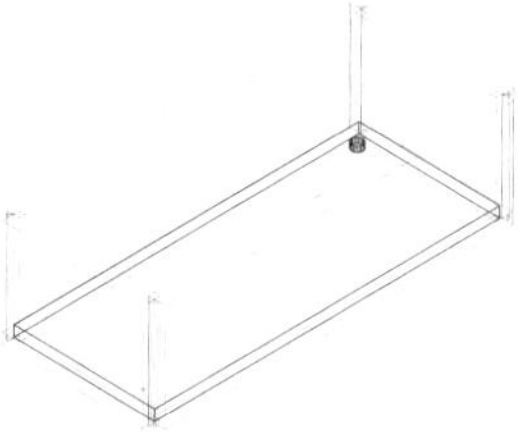
▲WYYP190

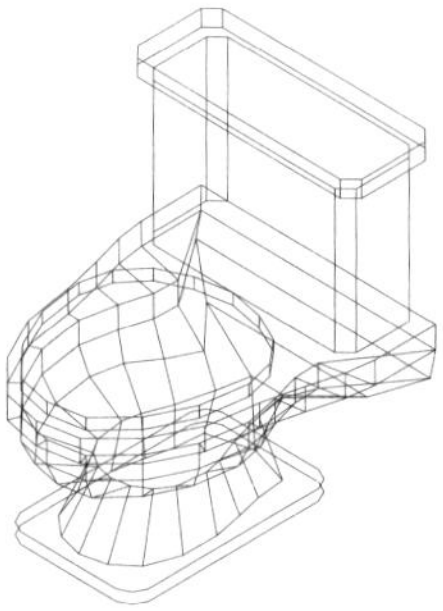
▲WYYP191

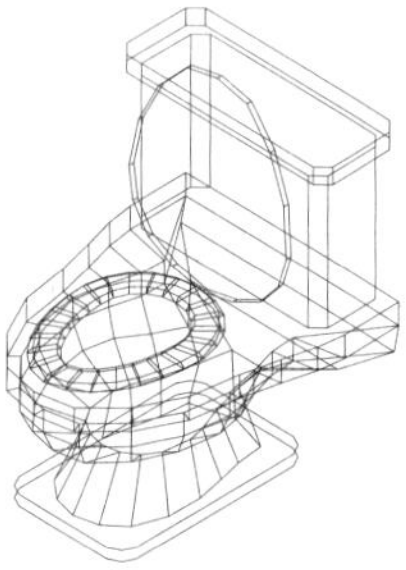
▲WYYP192

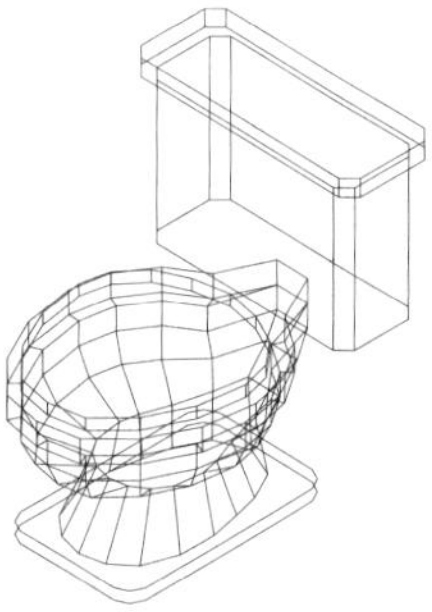
▲WYYP193

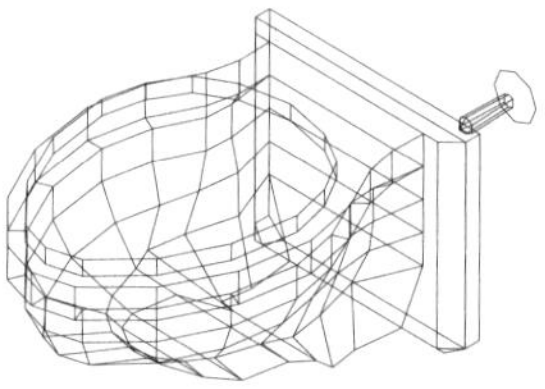
▲WYYP194

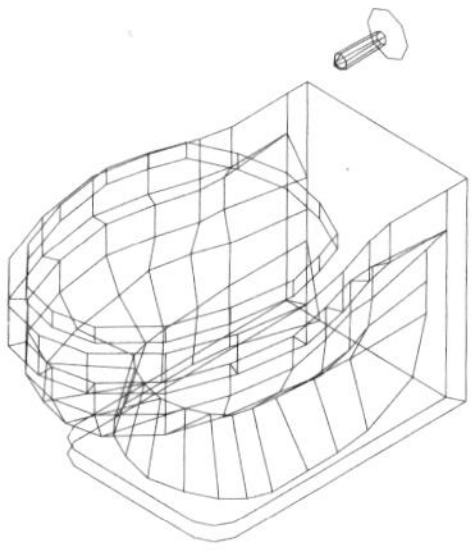
▲WYYP195

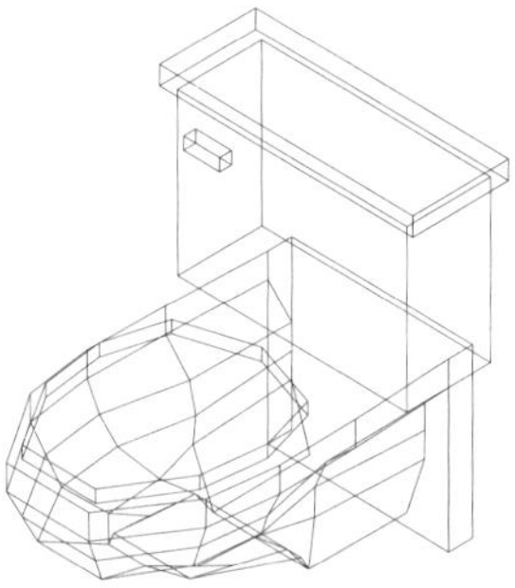
▲WYYP196

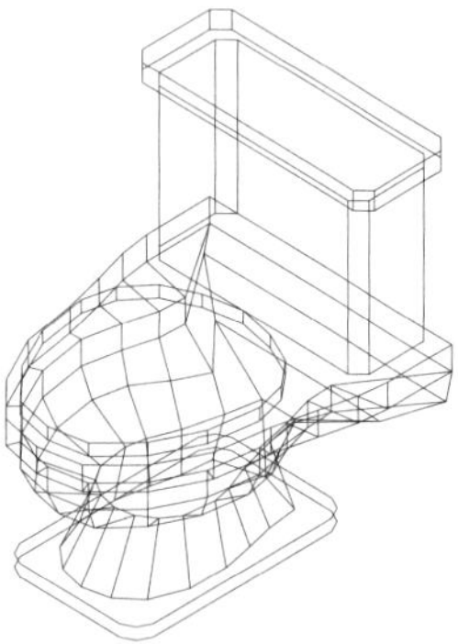
▲WYYP197

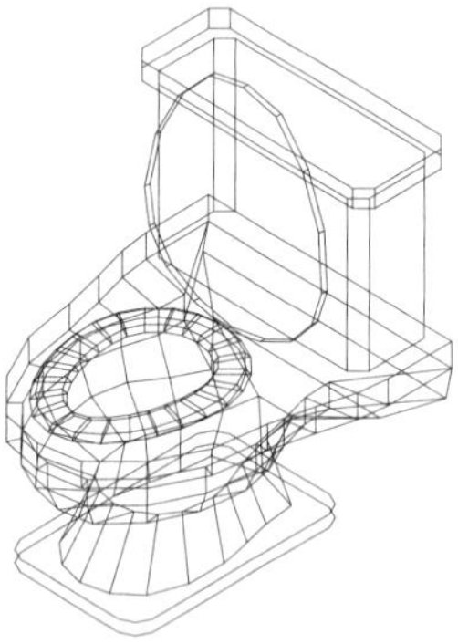
▲WYYP198

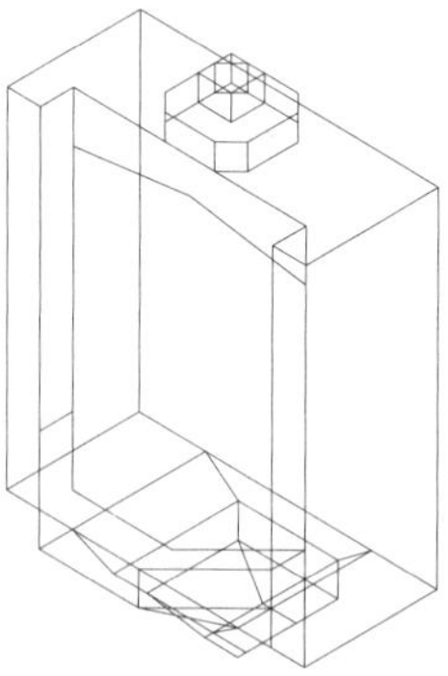
▲WYYP199

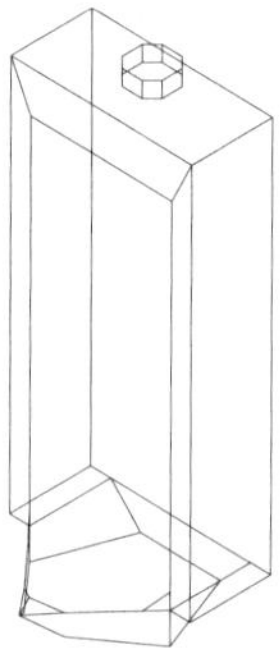
▲WYYP200

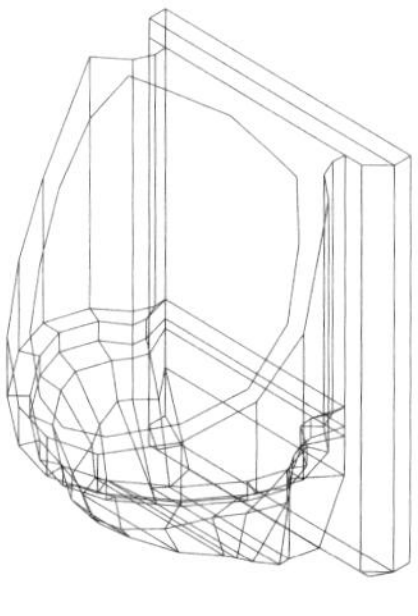
▲WYYP201

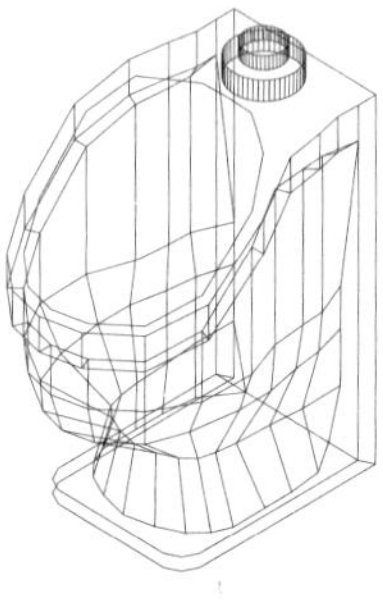
▲WYYP202

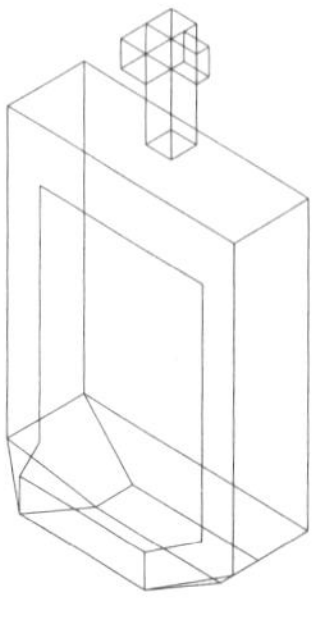
▲WYYP203

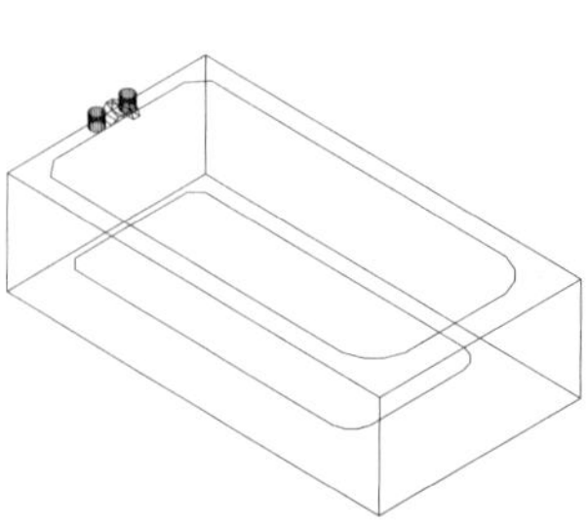
▲WYYP204

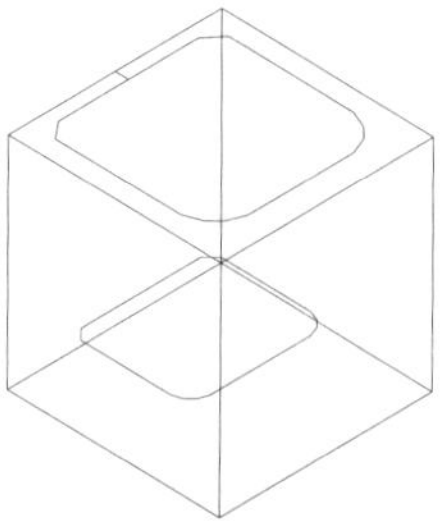
▲WYYP205

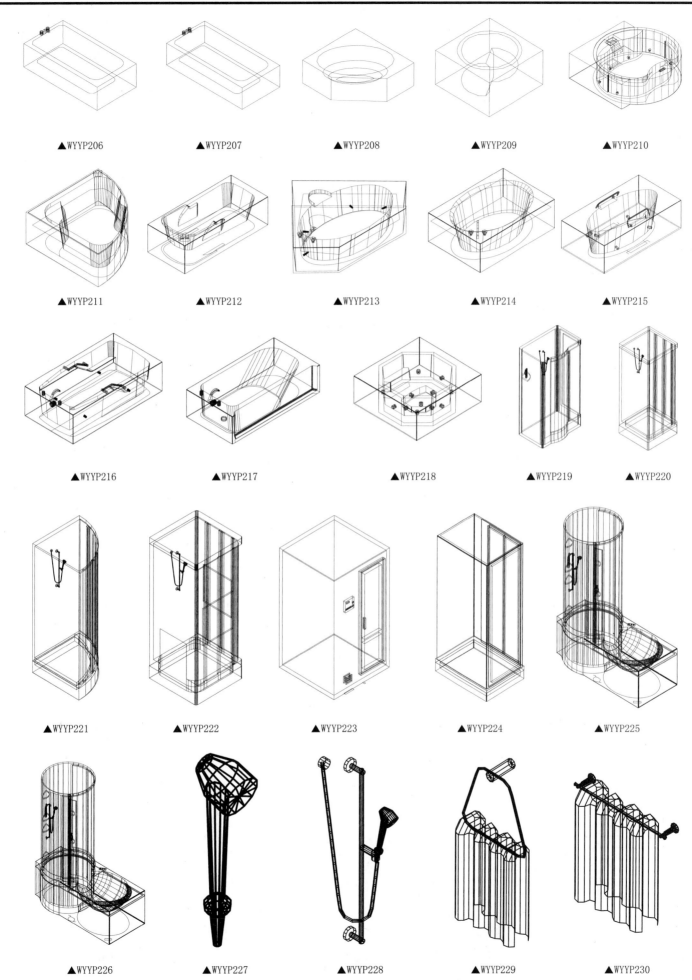

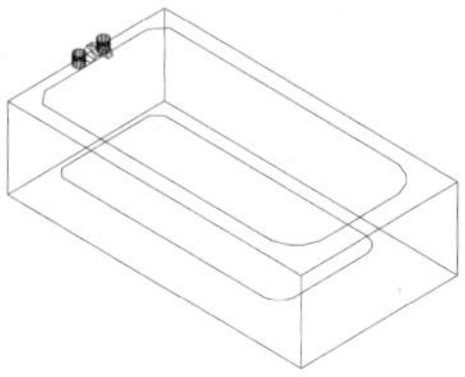
▲WYYP206

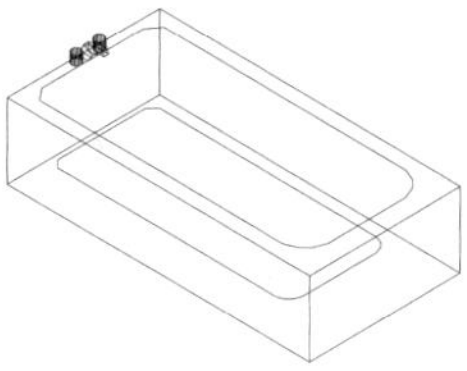
▲WYYP207

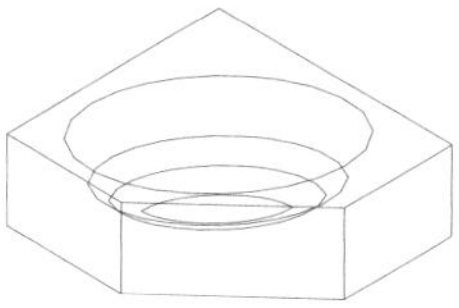
▲WYYP208

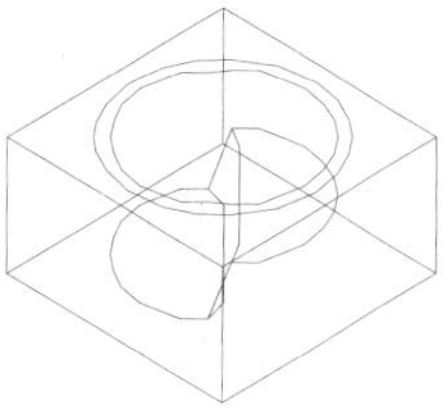
▲WYYP209

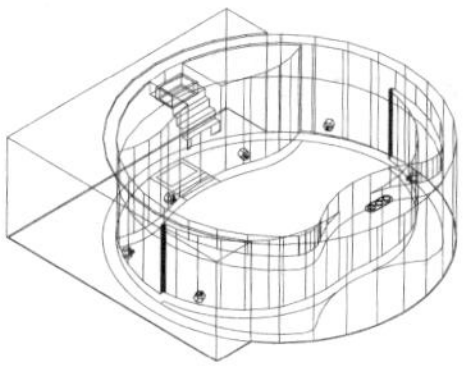
▲WYYP210

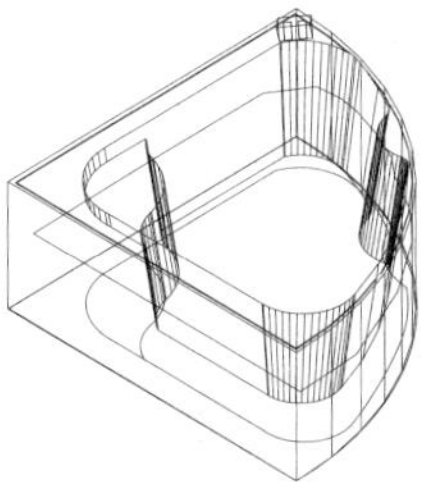
▲WYYP211

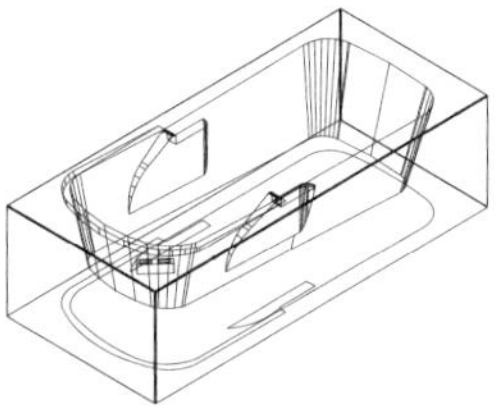
▲WYYP212

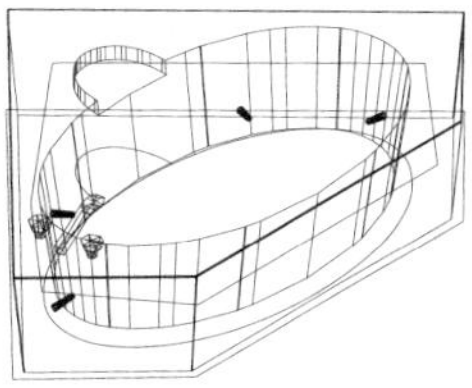
▲WYYP213

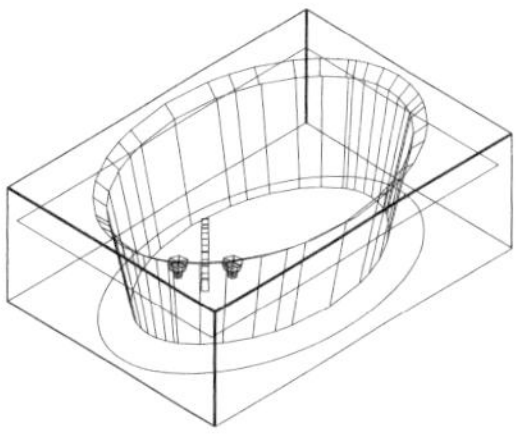
▲WYYP214

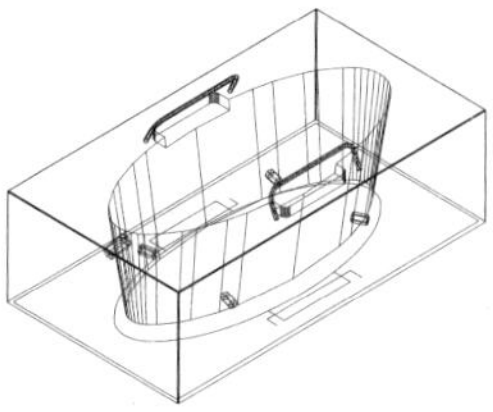
▲WYYP215

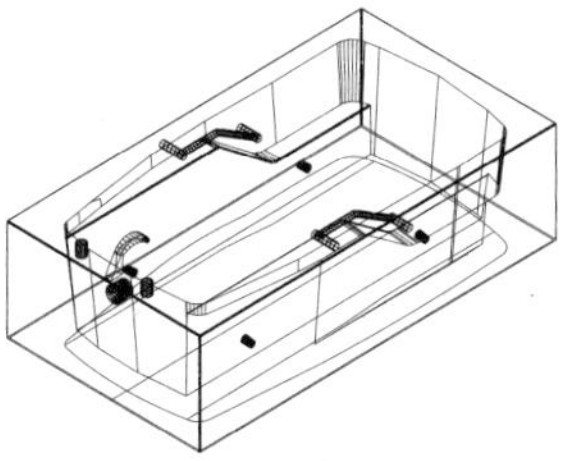
▲WYYP216

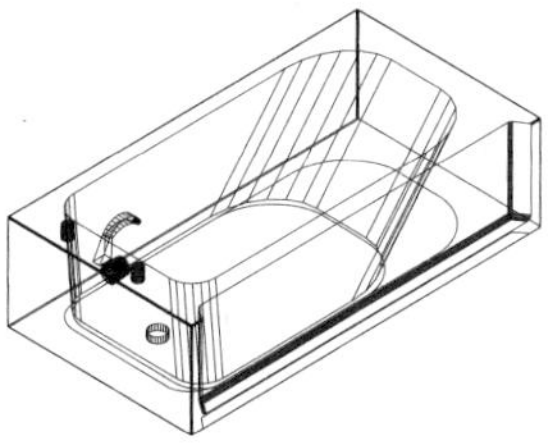
▲WYYP217

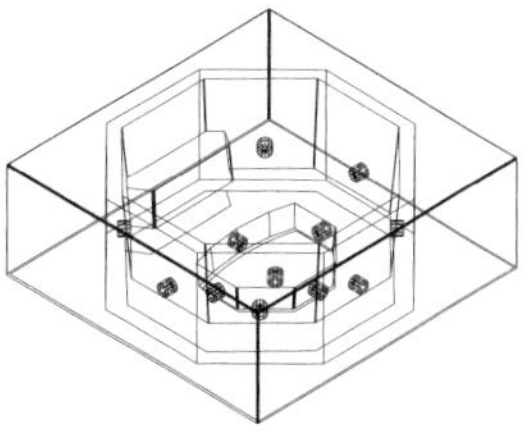
▲WYYP218

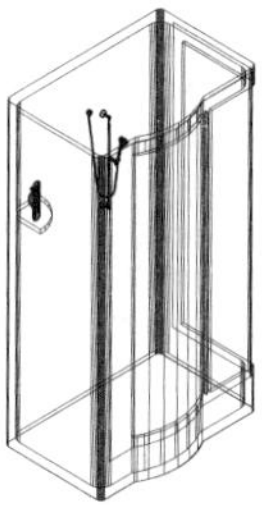
▲WYYP219

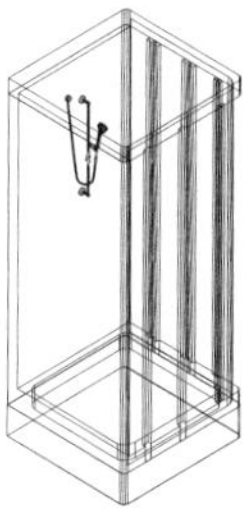
▲WYYP220

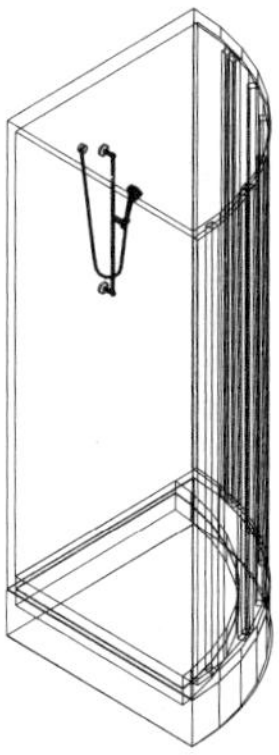
▲WYYP221

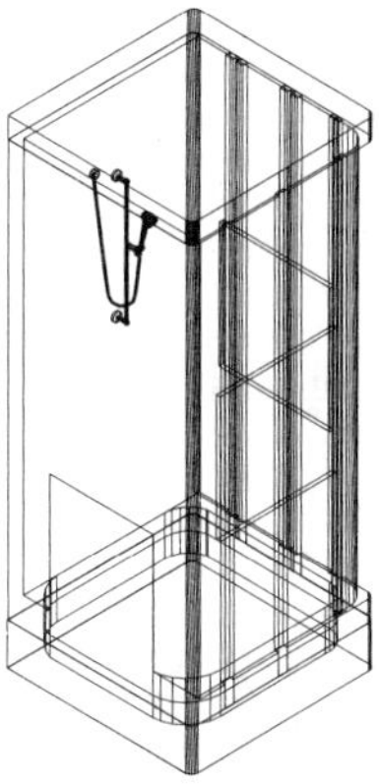
▲WYYP222

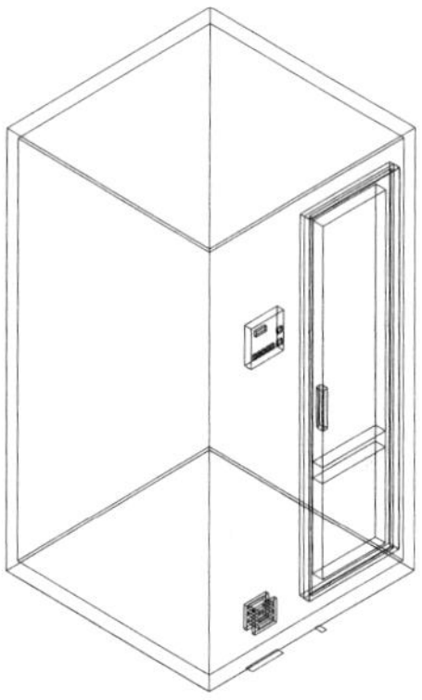
▲WYYP223

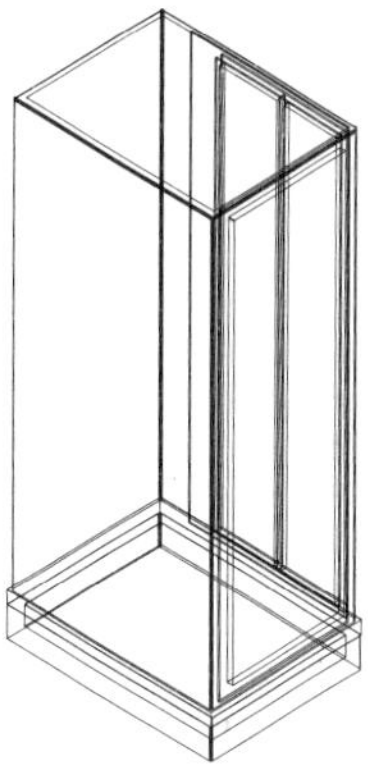
▲WYYP224

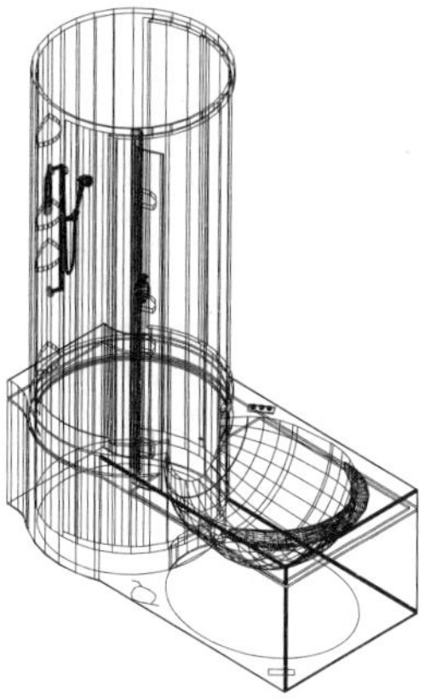
▲WYYP225

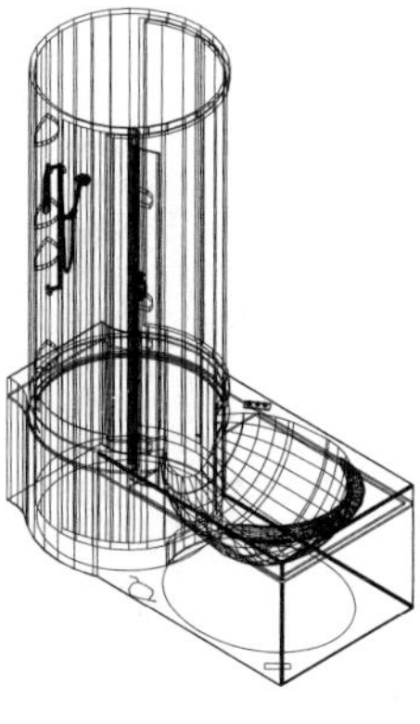
▲WYYP226

▲WYYP227

▲WYYP228

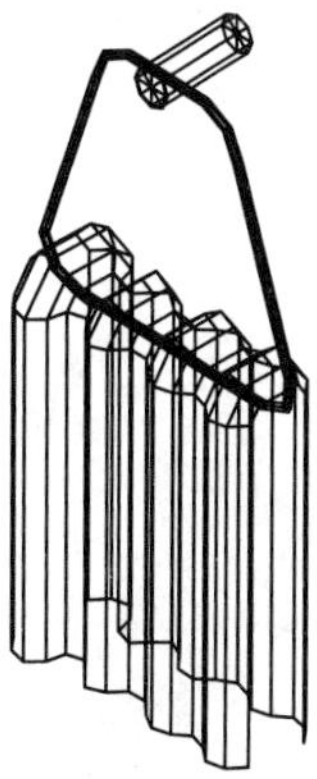
▲WYYP229

▲WYYP230

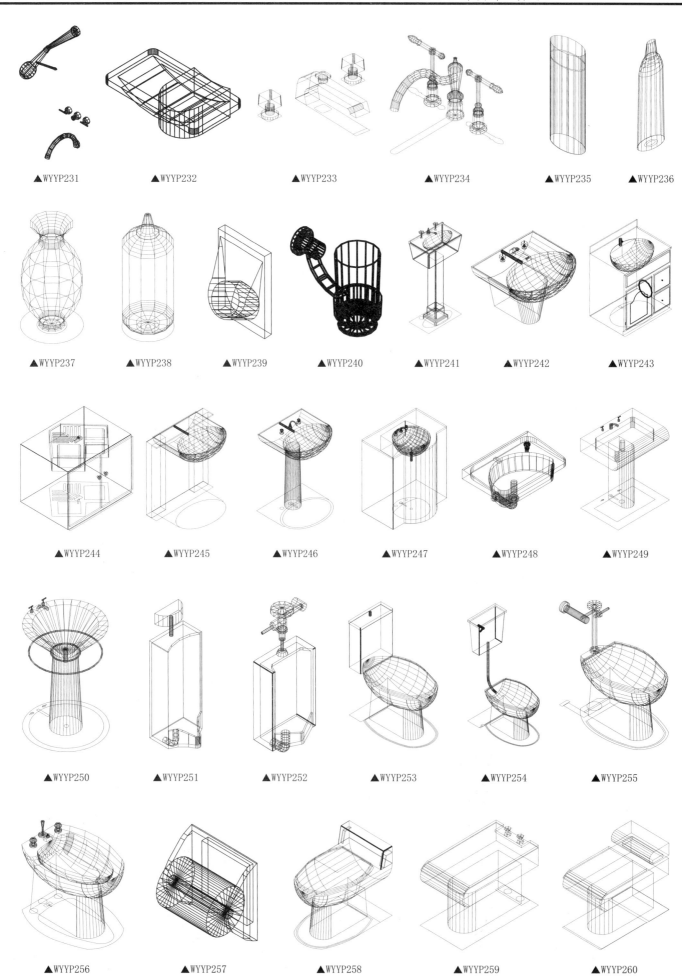

▲WYYP231

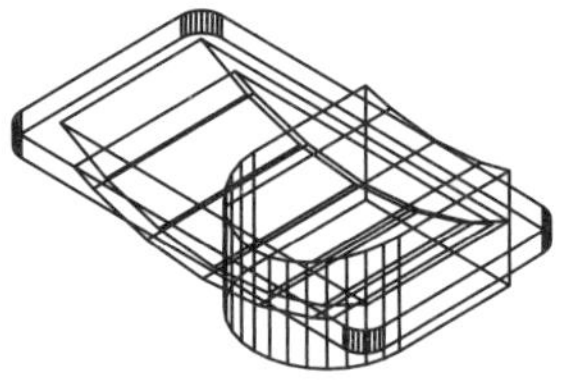
▲WYYP232

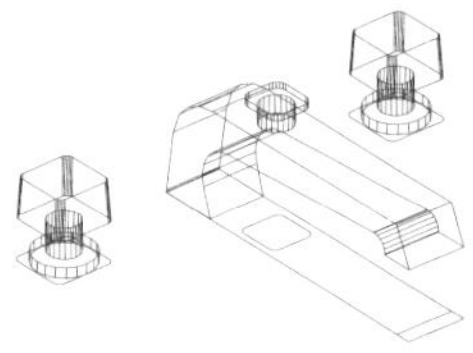
▲WYYP233

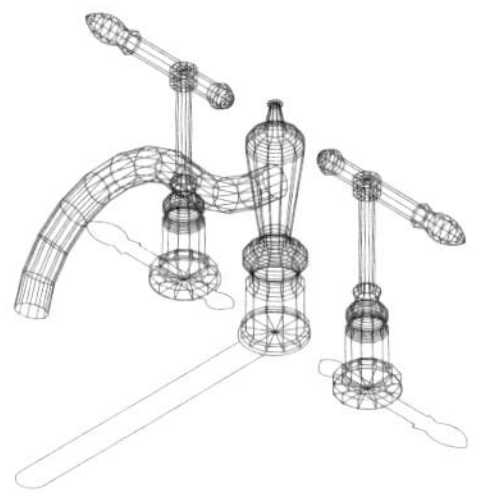
▲WYYP234

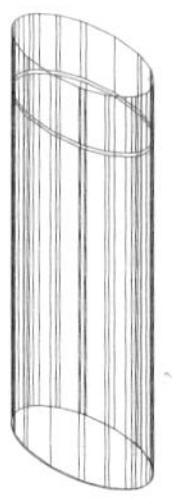
▲WYYP235

▲WYYP236

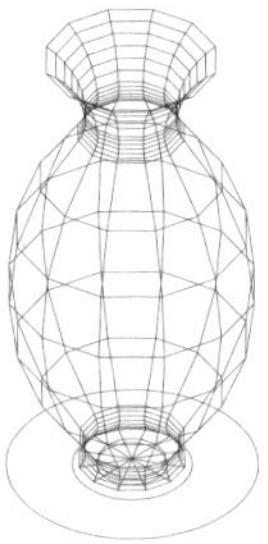
▲WYYP237

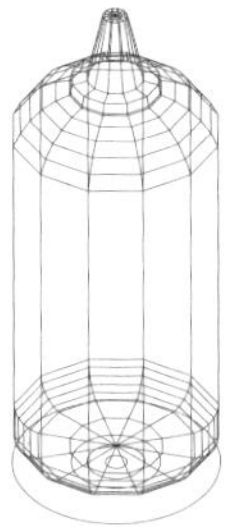
▲WYYP238

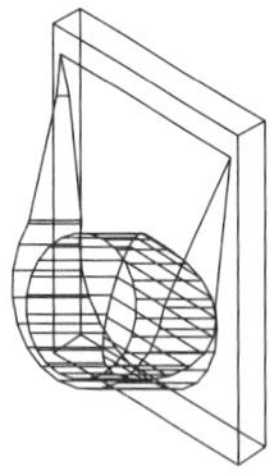
▲WYYP239

▲WYYP240

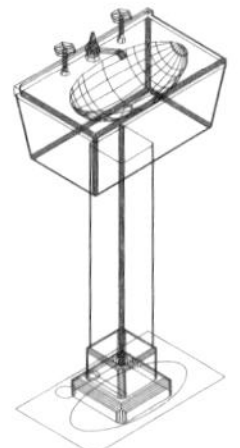
▲WYYP241

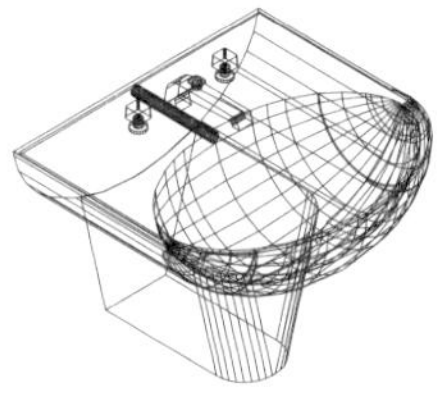
▲WYYP242

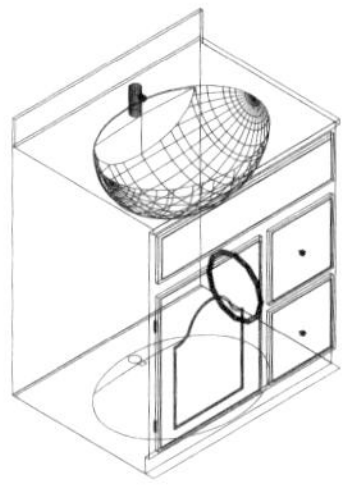
▲WYYP243

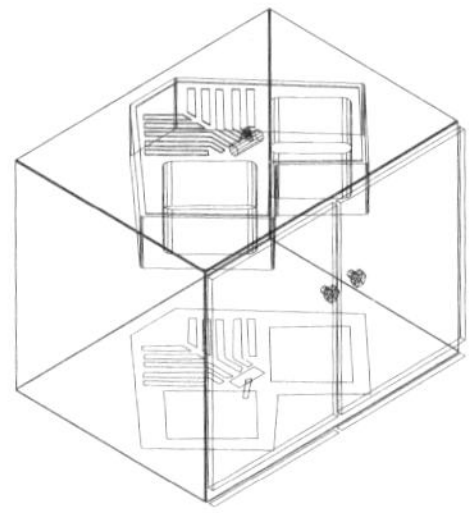
▲WYYP244

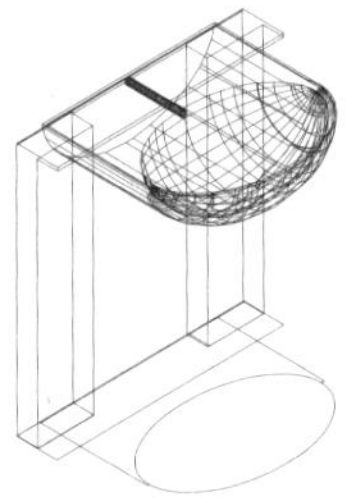
▲WYYP245

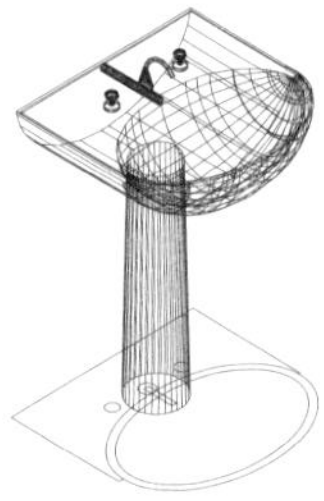
▲WYYP246

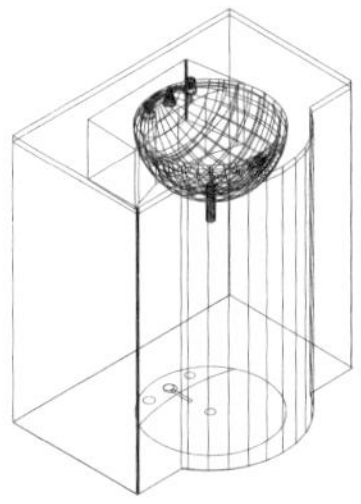
▲WYYP247

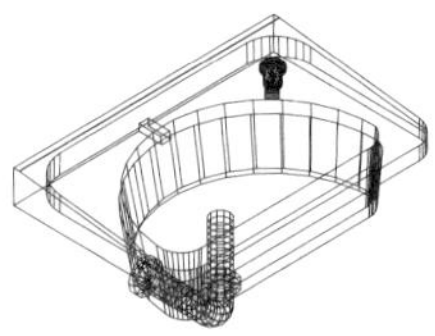
▲WYYP248

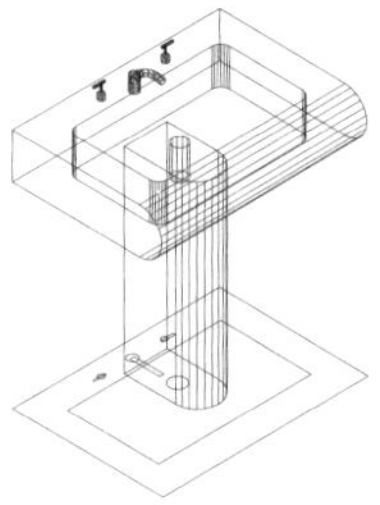
▲WYYP249

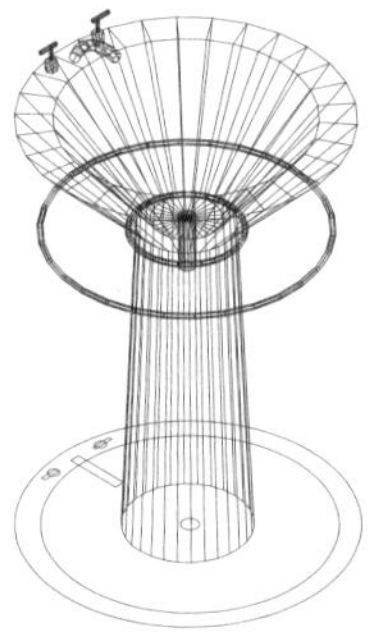
▲WYYP250

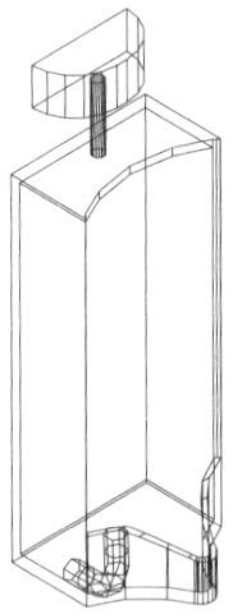
▲WYYP251

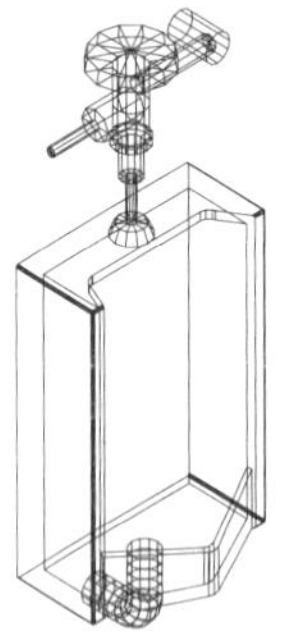
▲WYYP252

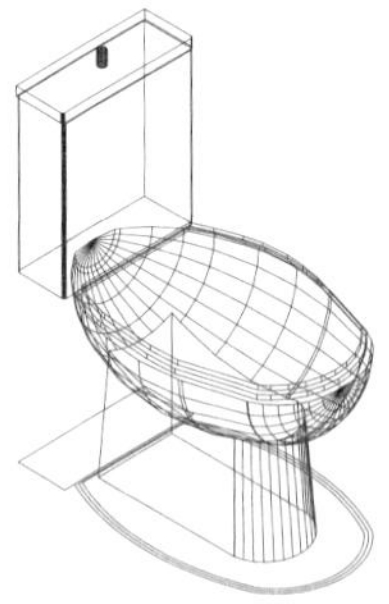
▲WYYP253

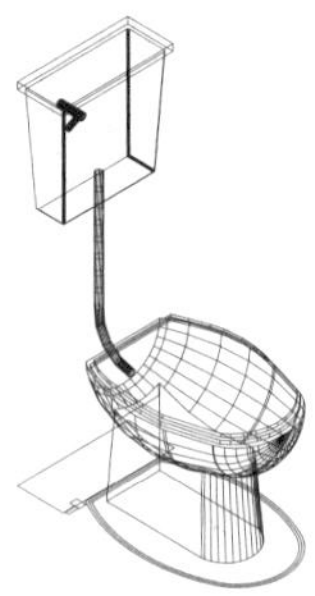
▲WYYP254

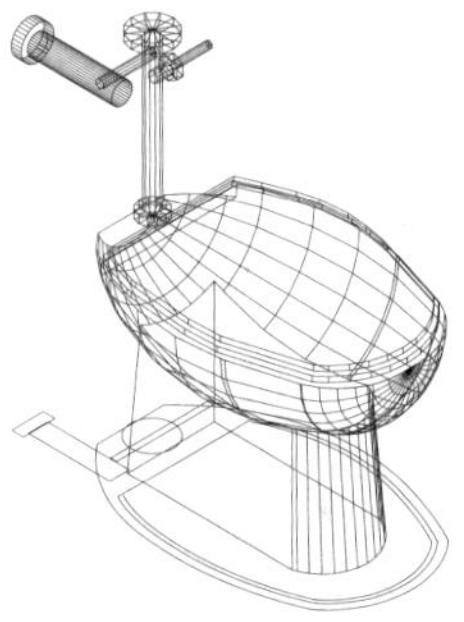
▲WYYP255

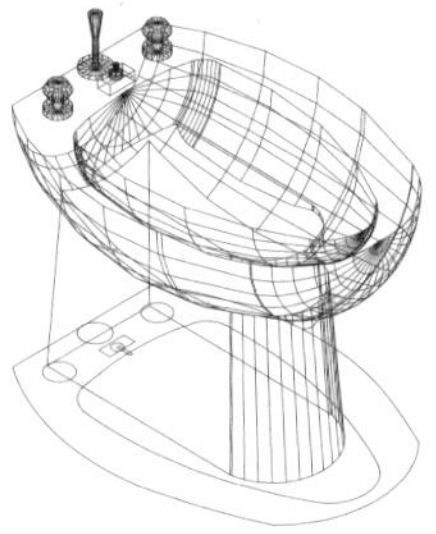
▲WYYP256

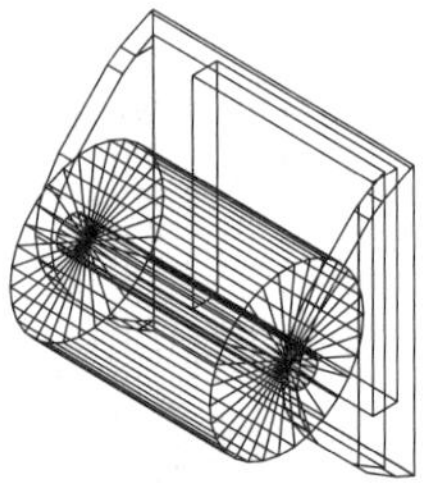
▲WYYP257

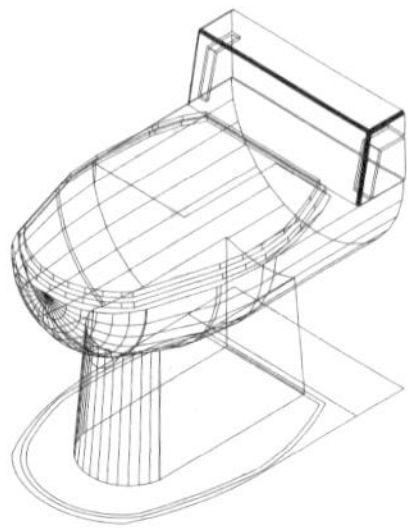
▲WYYP258

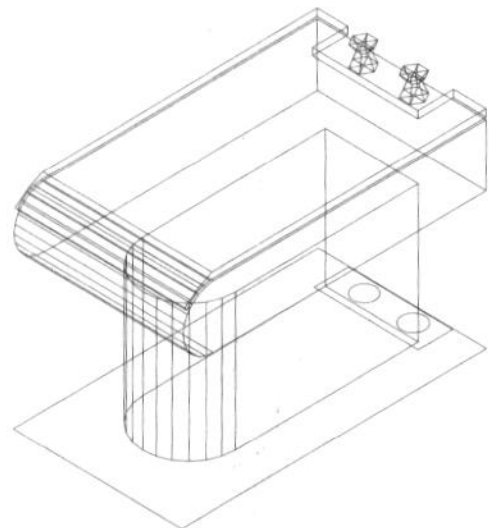
▲WYYP259

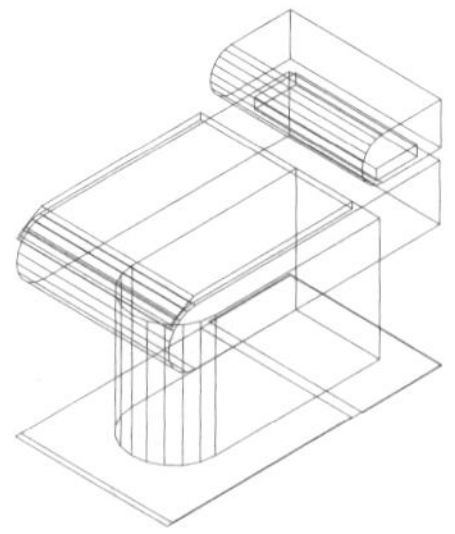
▲WYYP260

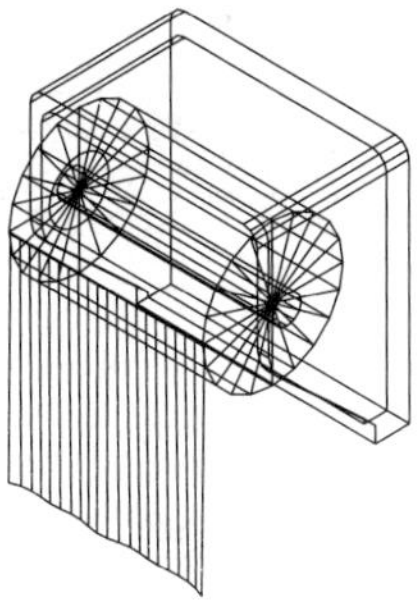

▲WYYP261

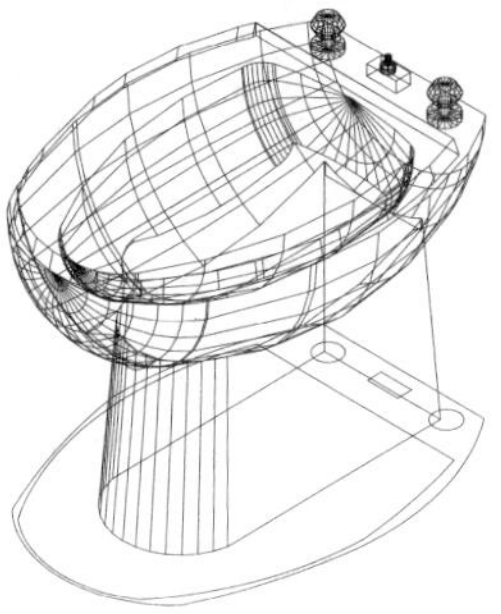

▲WYYP262

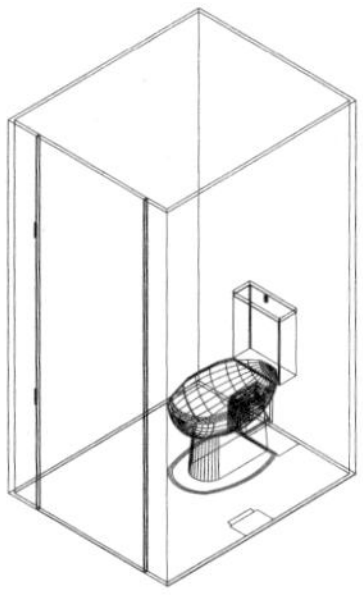

▲WYYP263

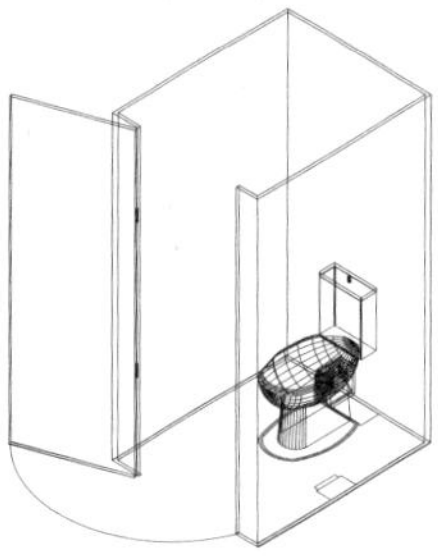

▲WYYP264

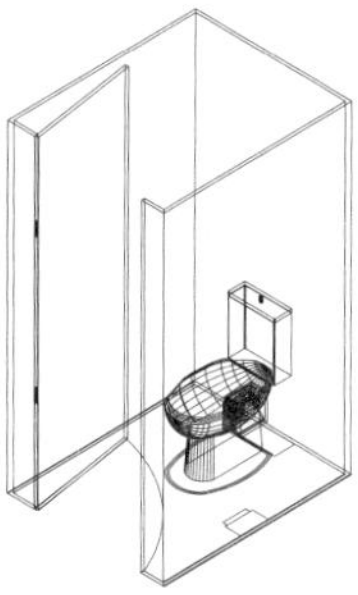

▲WYYP265

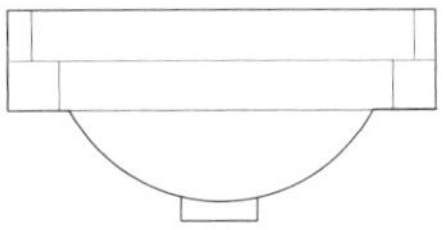

▲WYYP266

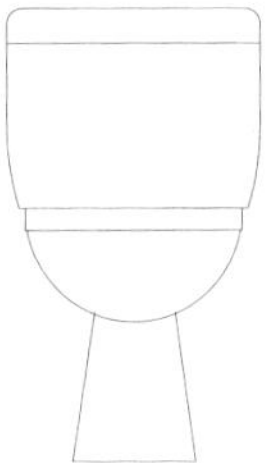

▲WYYP267

▲WYYP268

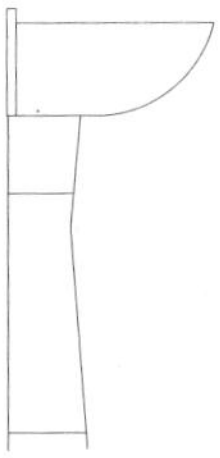

▲WYYP269

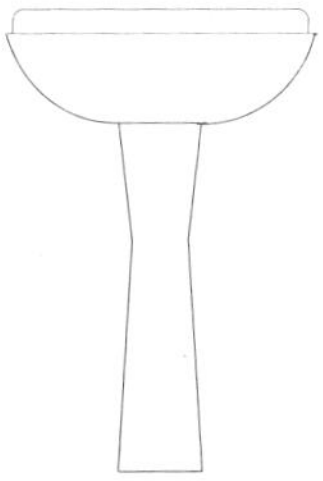

▲WYYP270

▲WYYP271

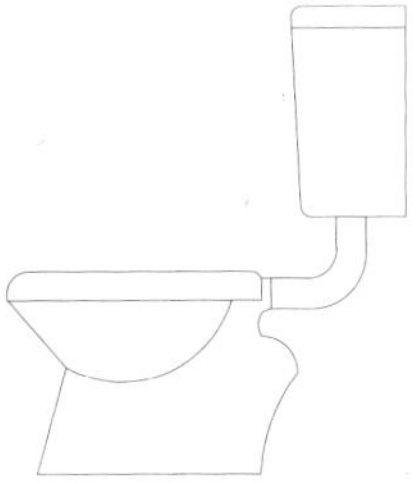

▲WYYP272

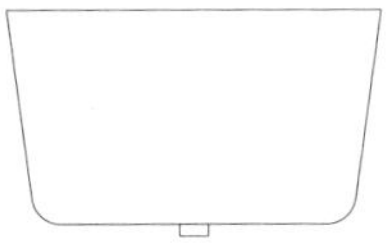

▲WYYP273

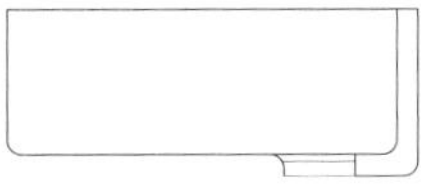

▲WYYP274

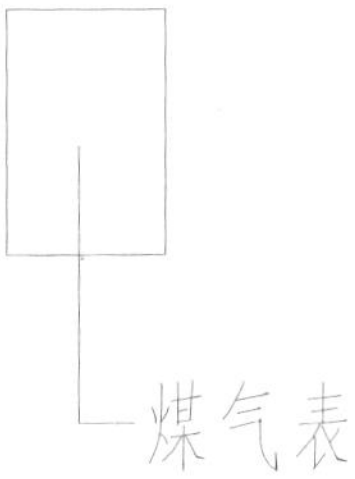

▲WYYP275

▲WYYP276

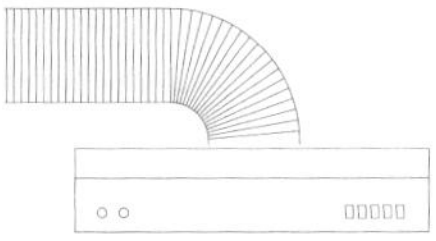

▲WYYP277

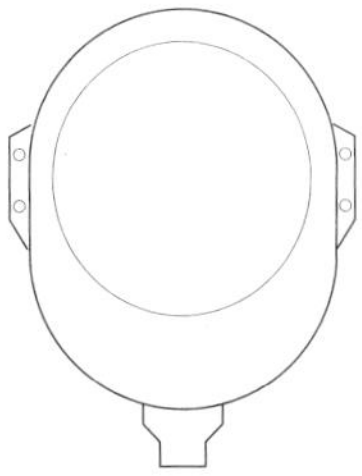

▲WYYP278

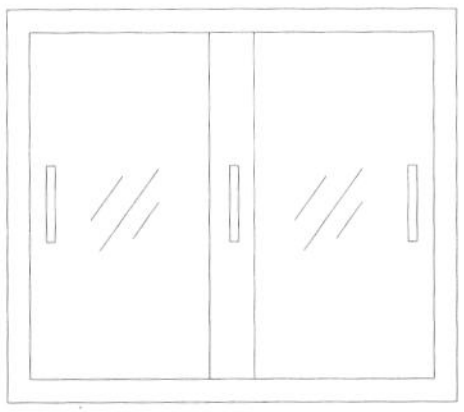

▲WYYP279

▲WYYP280

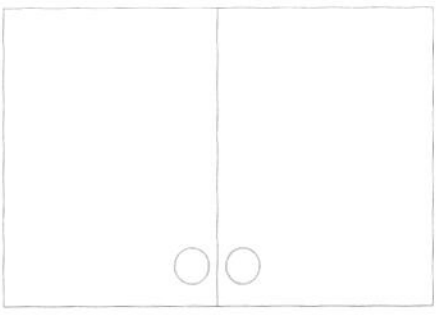

▲WYYP281

▲WYYP282

▲WYYP283

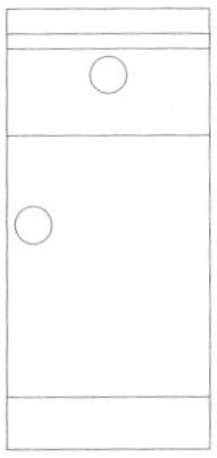

▲WYYP284

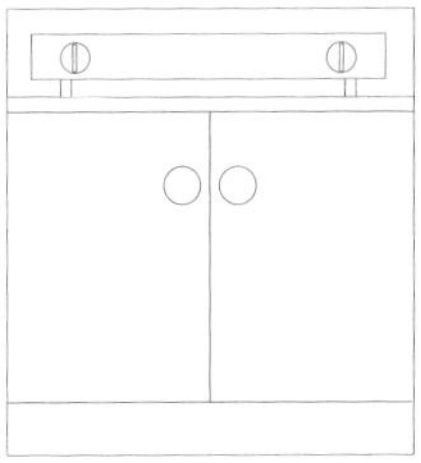

▲WYYP285

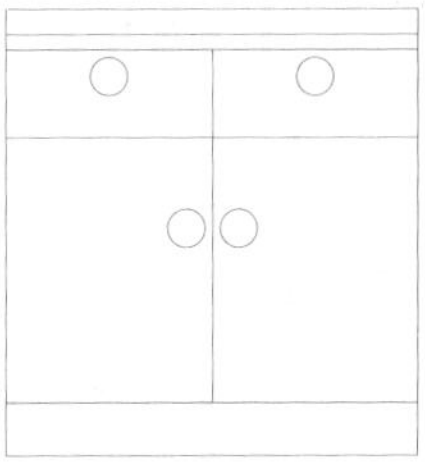

▲WYYP286

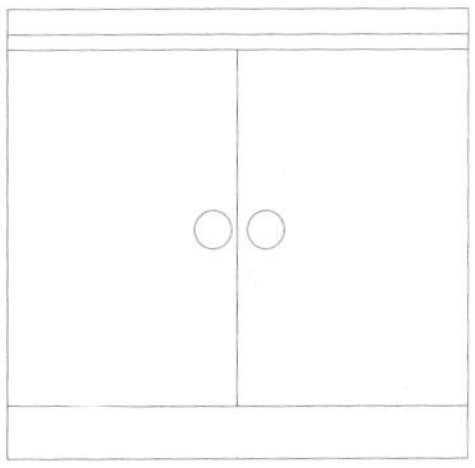

▲WYYP287

▲WYYP288

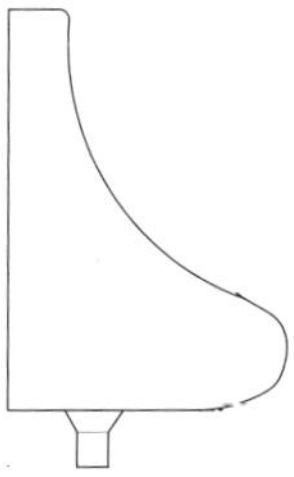

▲WYYP289

卫浴用品

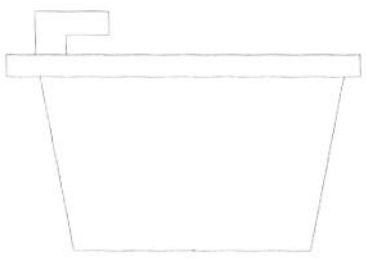
▲WYYP290

▲WYYP291

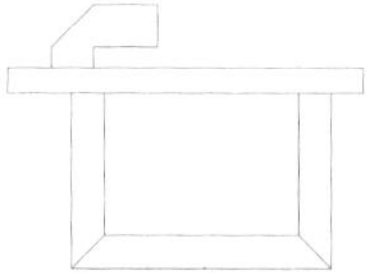
▲WYYP292

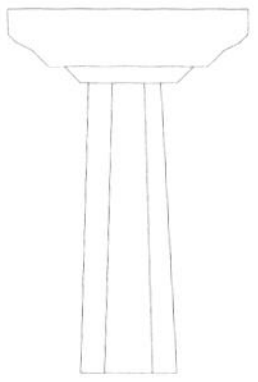
▲WYYP293

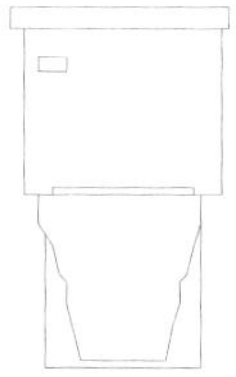
▲WYYP294

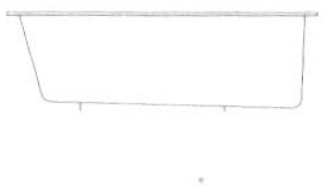
▲WYYP295

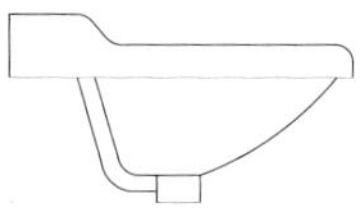
▲WYYP296

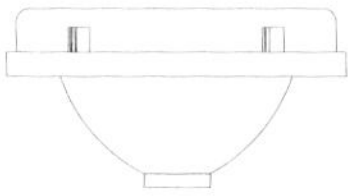
▲WYYP297

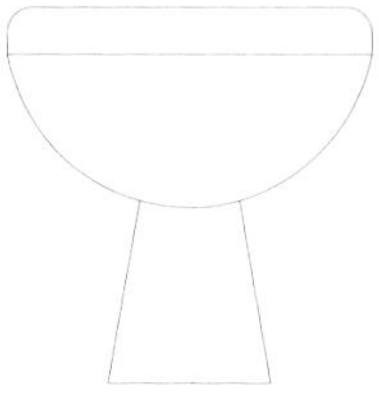
▲WYYP98

▲WYYP299

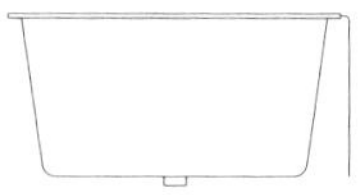
▲WYYP300

▲WYYP301

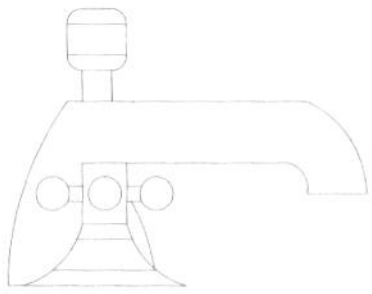
▲WYYP302

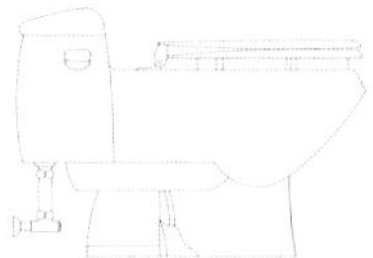
▲WYYP303

▲WYYP304

▲WYYP305

▲WYYP306

▲WYYP307

▲WYYP308

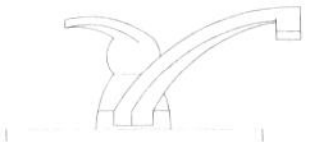
▲WYYP309

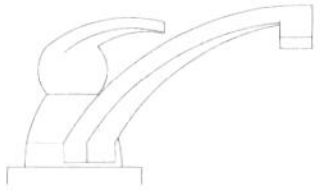
▲WYYP310

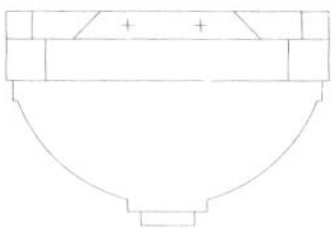
▲WYYP311

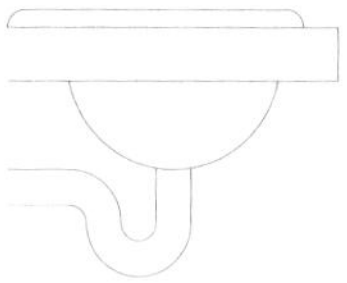
▲WYYP312

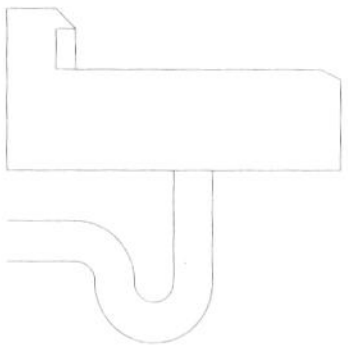
▲WYYP313

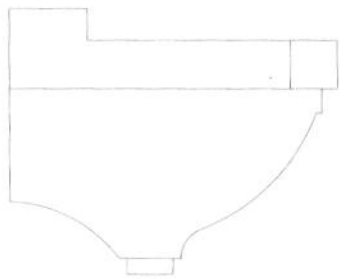
▲WYYP314

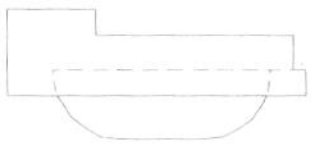
▲WYYP315

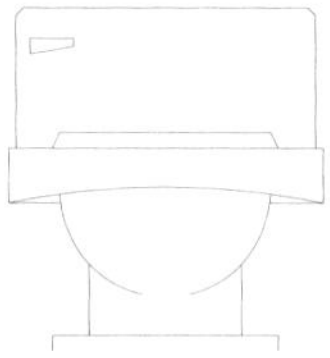
▲WYYP316

▲WYYP317

▲WYYP318

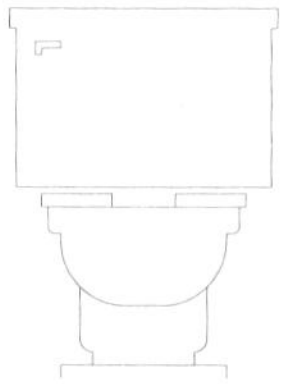
▲WYYP319

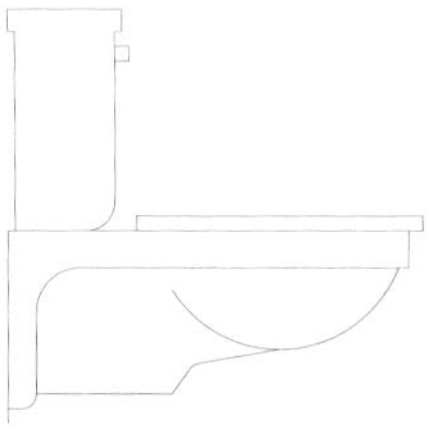
▲WYYP320

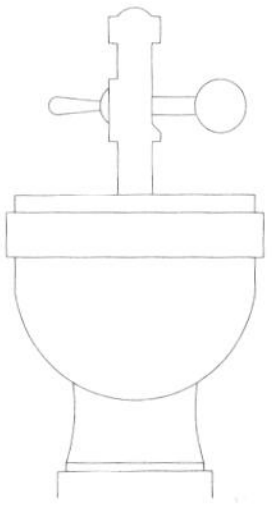
▲WYYP321

▲WYYP322

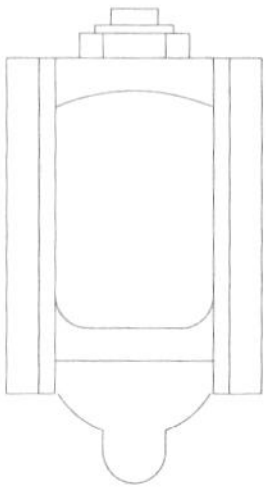
▲WYYP323

▲WYYP324

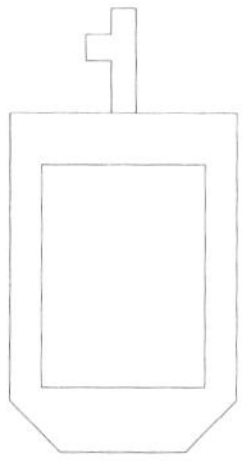
▲WYYP325

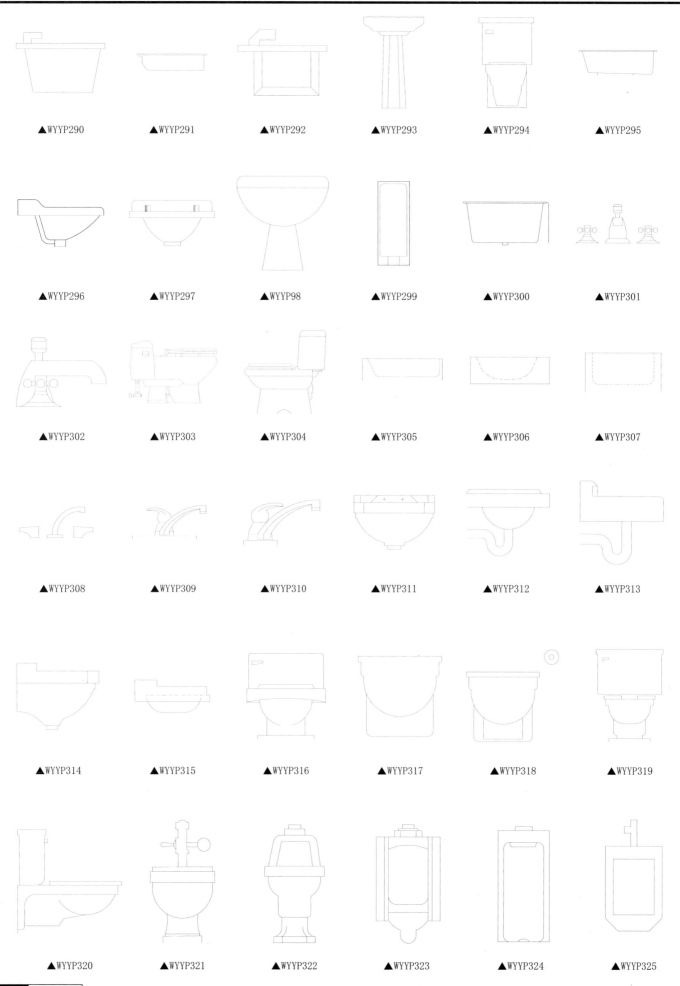

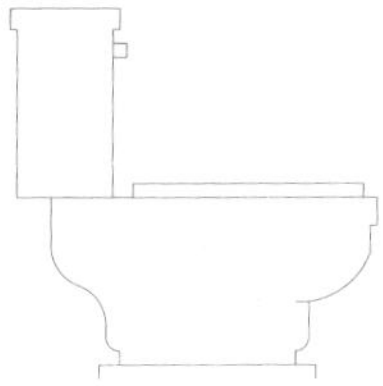
▲WYYP326

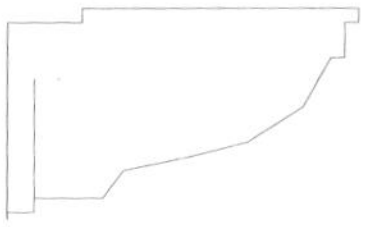
▲WYYP327

▲WYYP328

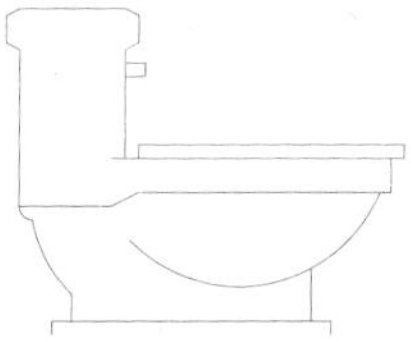
▲WYYP329

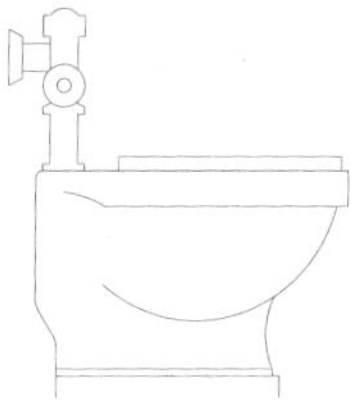
▲WYYP330

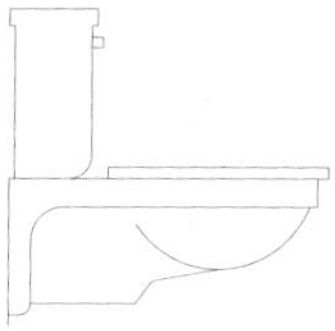
▲WYYP331

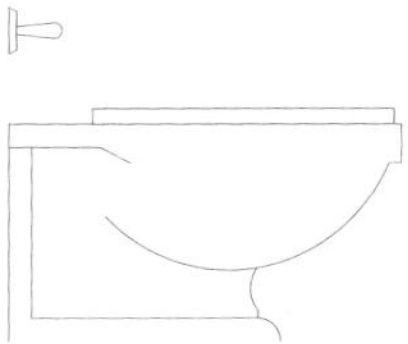
▲WYYP332

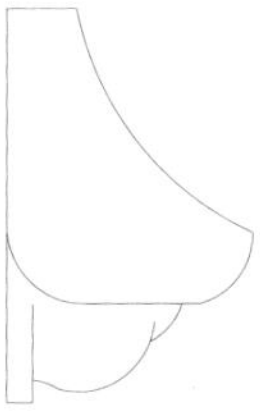
▲WYYP333

▲WYYP334

▲WYYP335

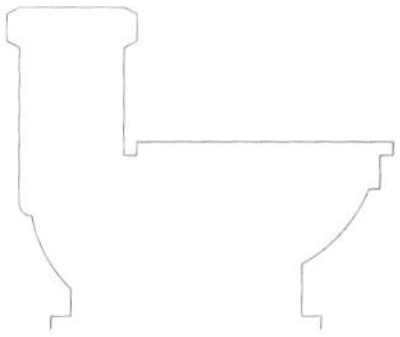
▲WYYP336

▲WYYP337

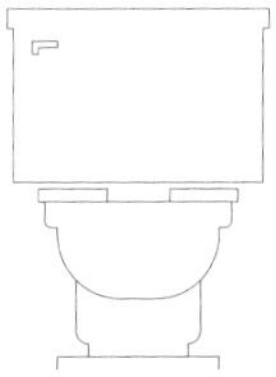
▲WYYP338

▲WYYP339

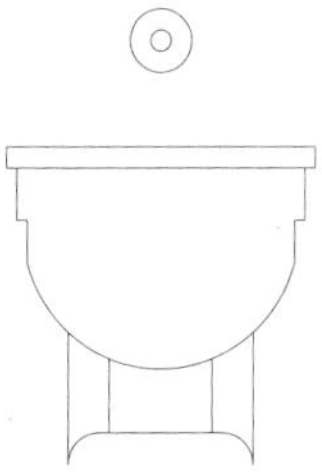
▲WYYP340

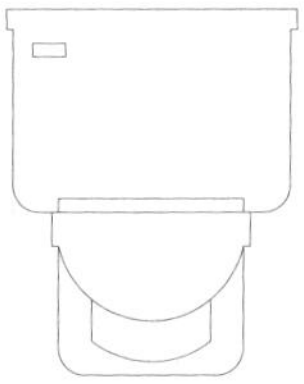
▲WYYP341

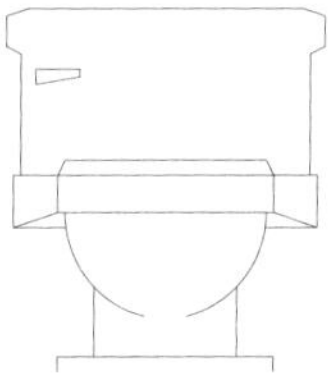
▲WYYP342

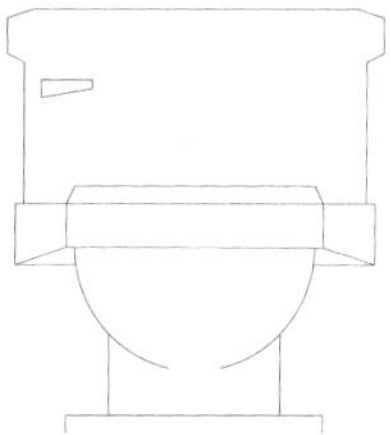
▲WYYP343

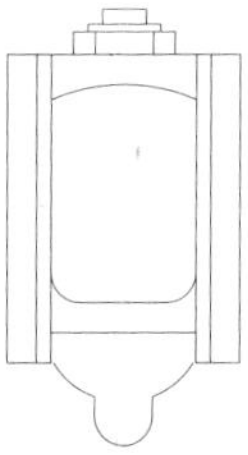
▲WYYP344

▲WYYP345

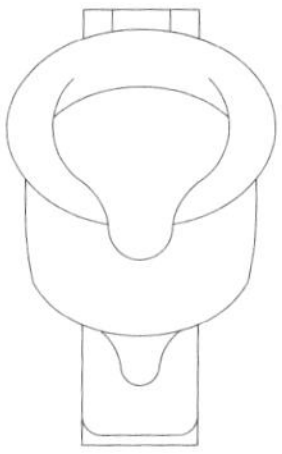
▲WYYP346

▲WYYP347

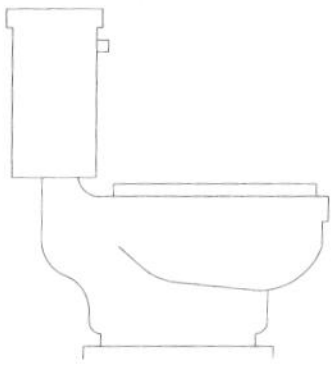
▲WYYP348

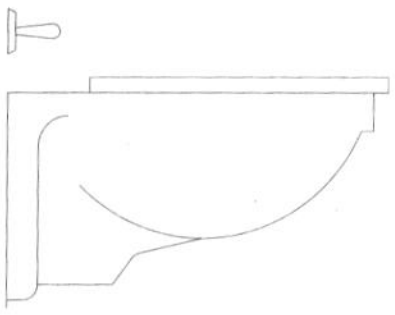
▲WYYP349

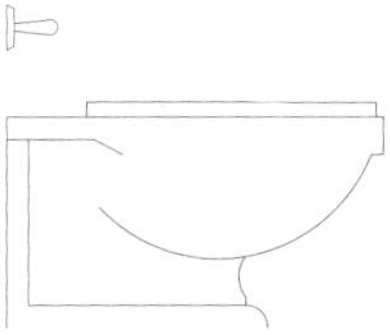
▲WYYP350

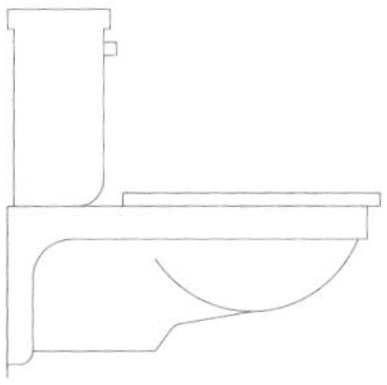
▲WYYP351

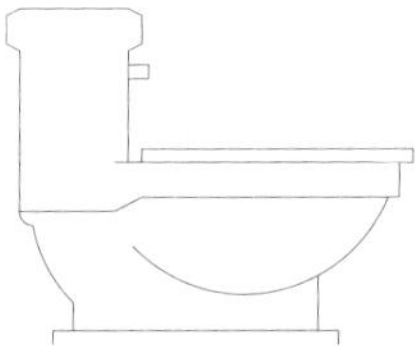
▲WYYP352

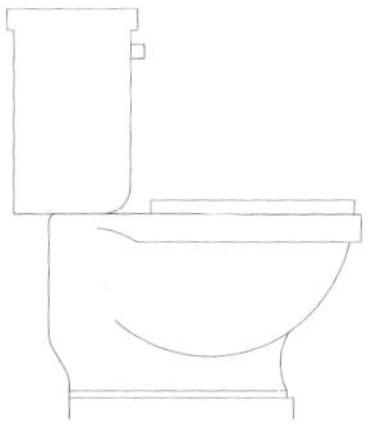
▲WYYP353

▲WYYP354

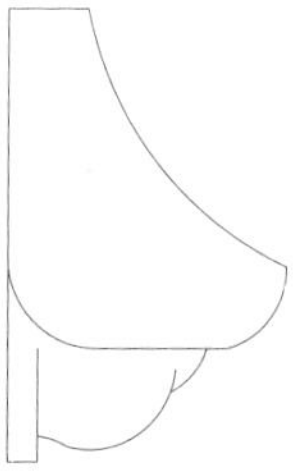
▲WYYP355

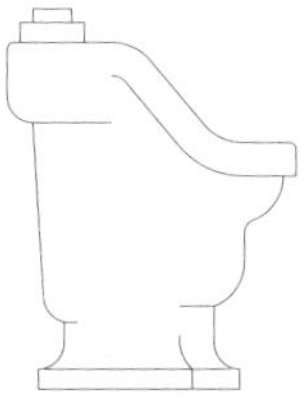
▲WYYP356

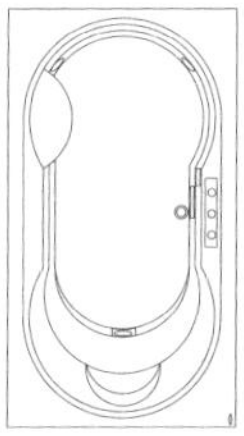
▲WYYP357

▲WYYP358

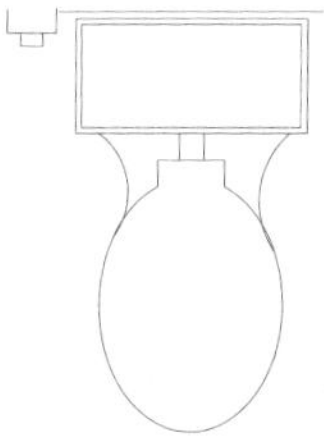
▲WYYP359

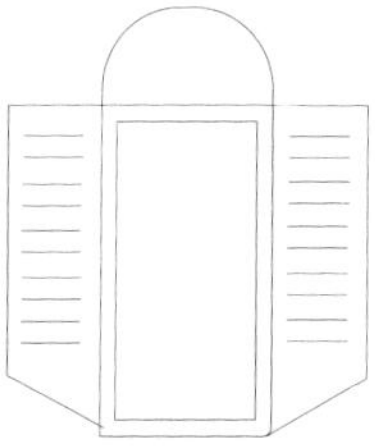
▲WYYP360

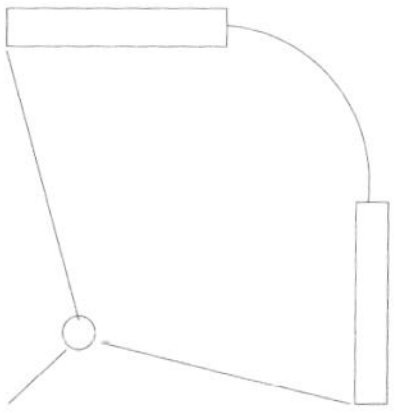
▲WYYP361

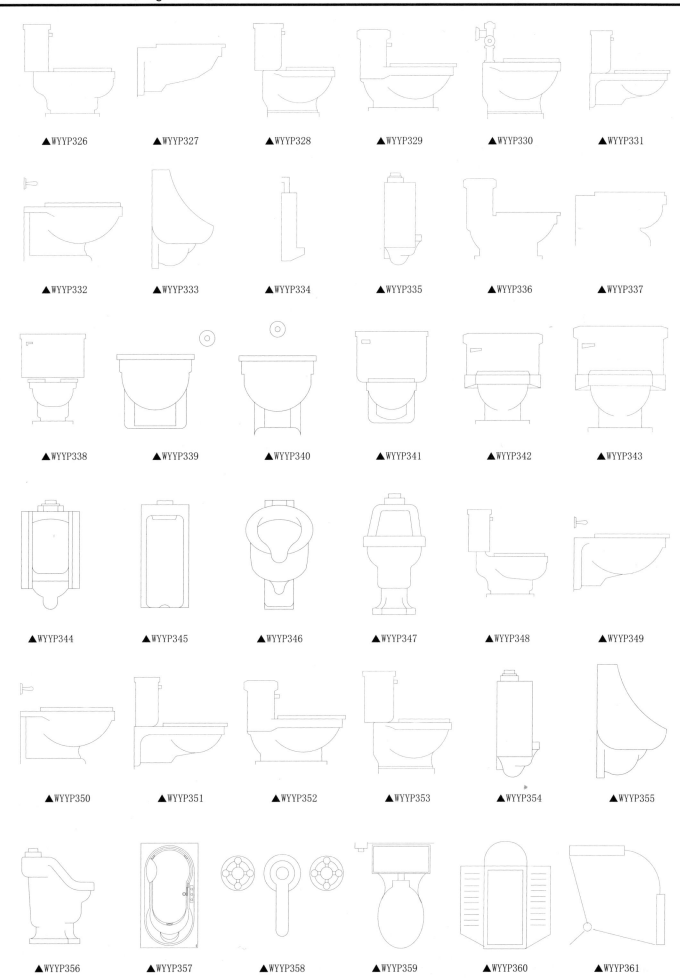

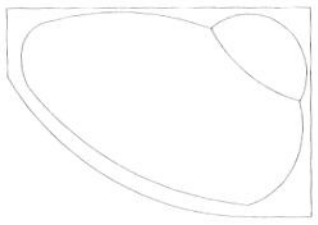

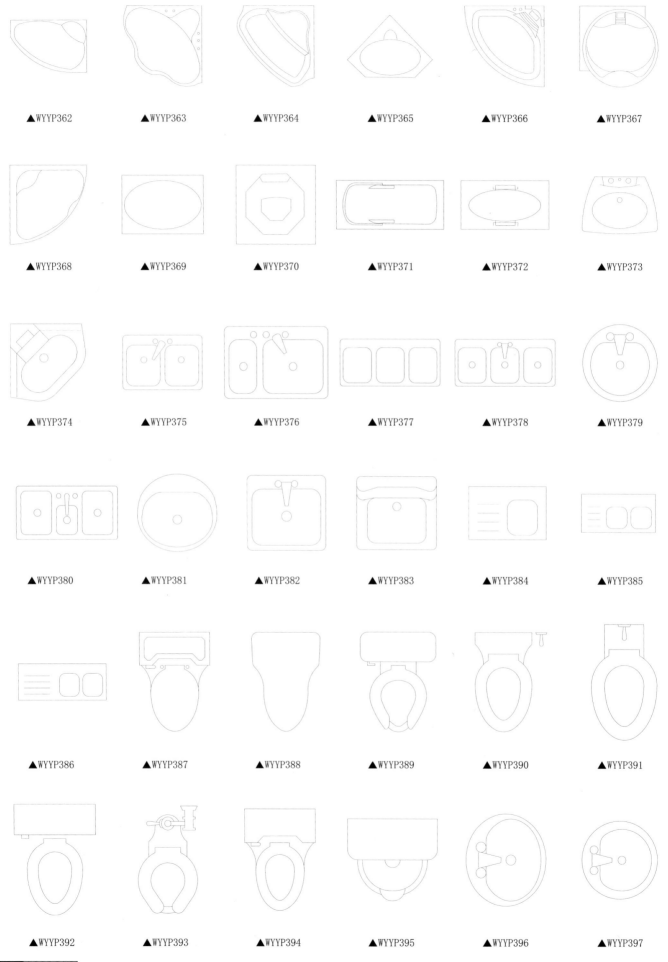

▲WYYP362

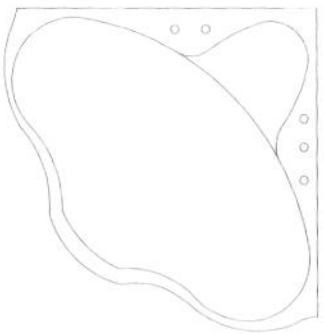

▲WYYP363

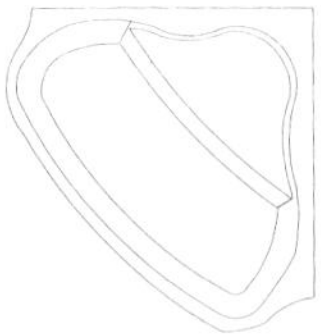

▲WYYP364

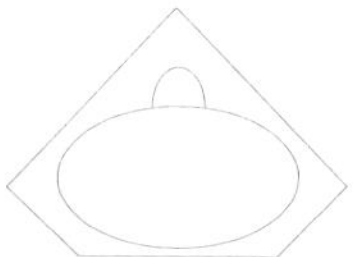

▲WYYP365

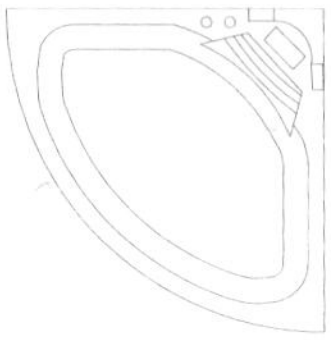

▲WYYP366

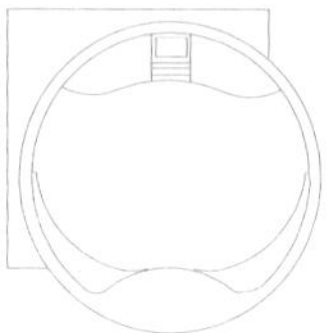

▲WYYP367

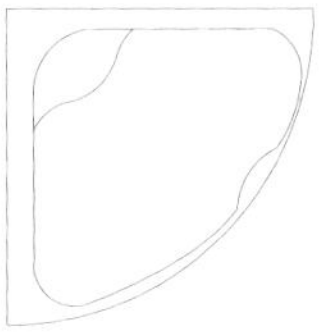

▲WYYP368

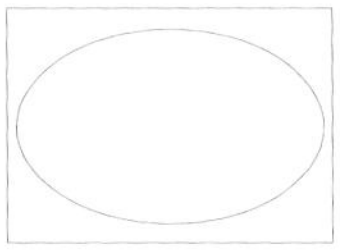

▲WYYP369

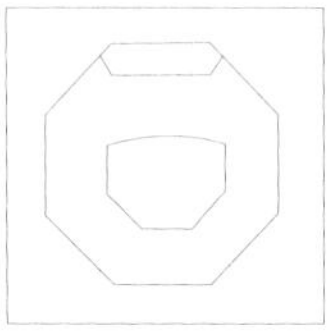

▲WYYP370

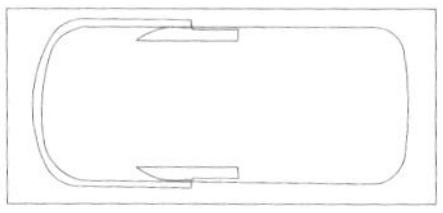

▲WYYP371

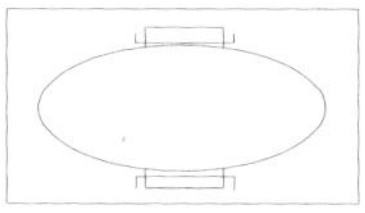

▲WYYP372

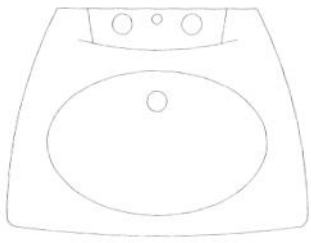

▲WYYP373

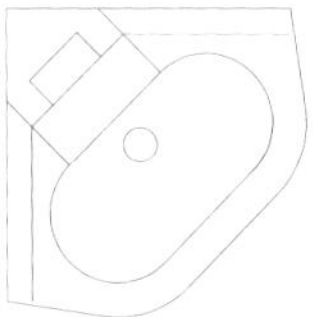

▲WYYP374

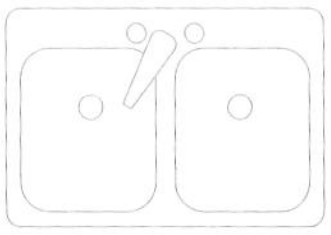

▲WYYP375

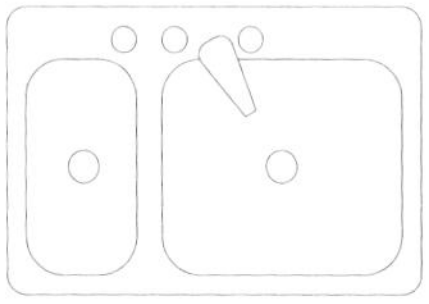

▲WYYP376

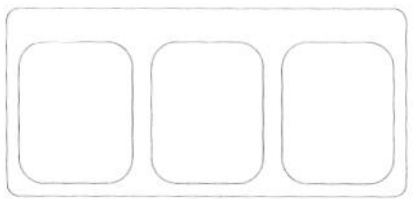

▲WYYP377

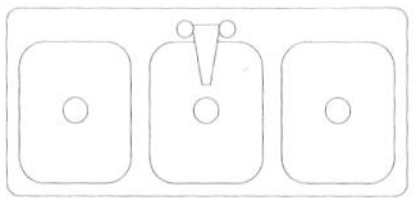

▲WYYP378

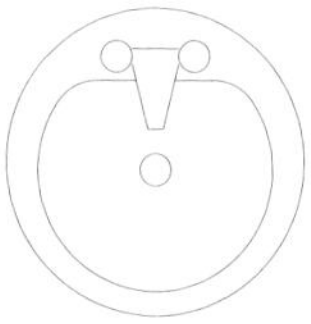

▲WYYP379

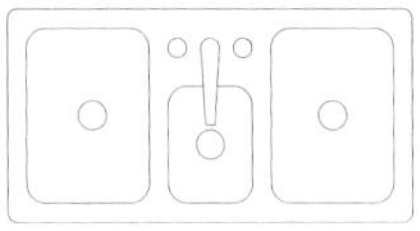

▲WYYP380

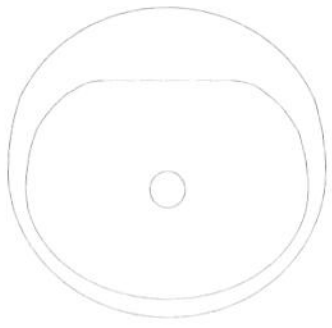

▲WYYP381

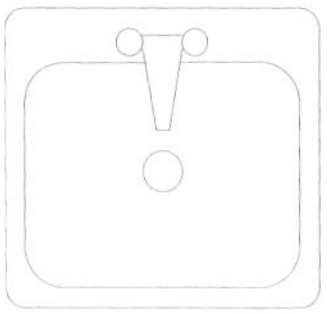

▲WYYP382

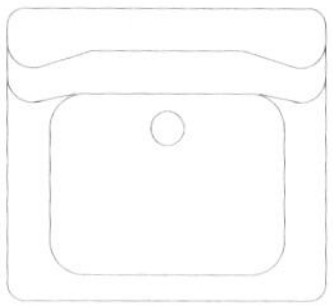

▲WYYP383

▲WYYP384

▲WYYP385

▲WYYP386

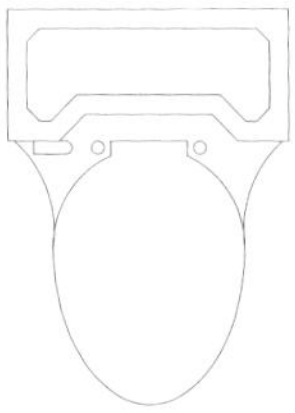

▲WYYP387

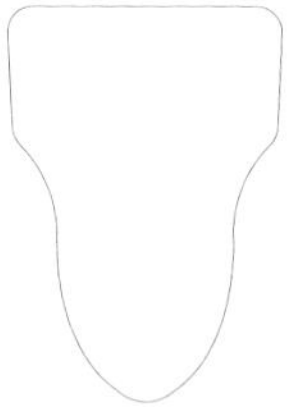

▲WYYP388

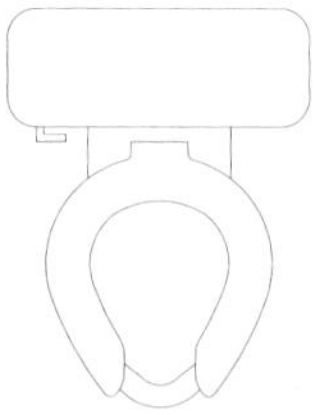

▲WYYP389

▲WYYP390

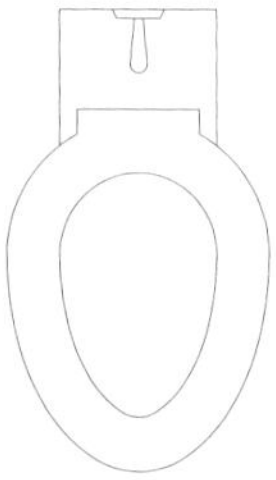

▲WYYP391

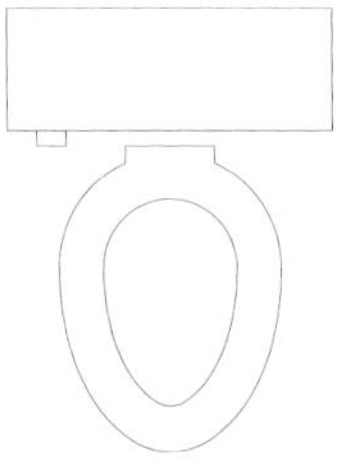

▲WYYP392

▲WYYP393

▲WYYP394

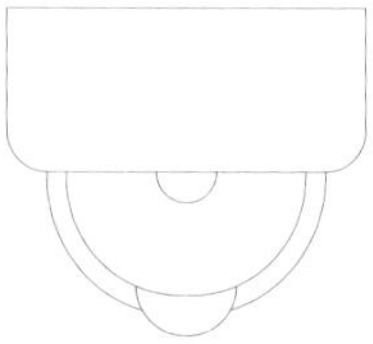

▲WYYP395

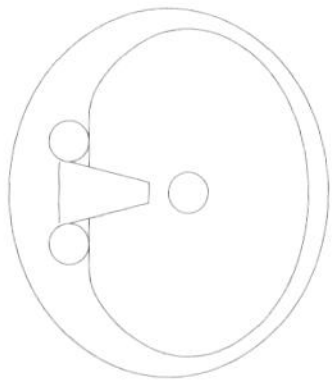

▲WYYP396

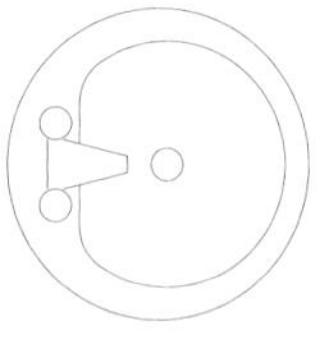

▲WYYP397

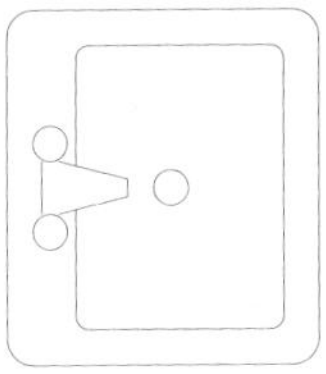
▲WYYP398

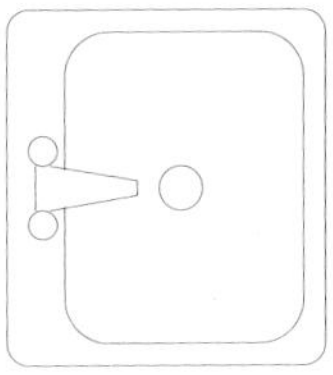
▲WYYP399

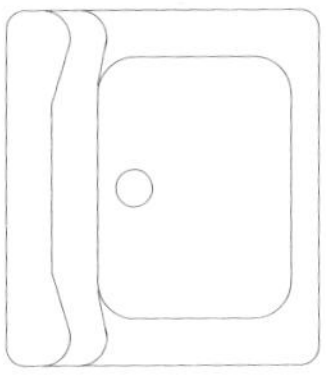
▲WYYP400

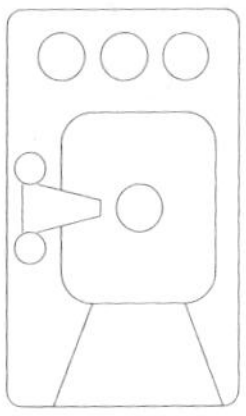
▲WYYP401

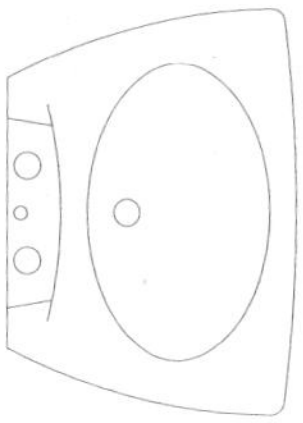
▲WYYP402

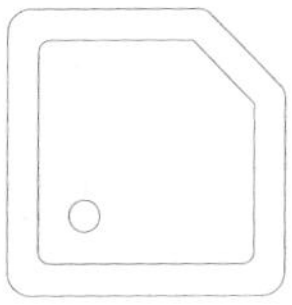
▲WYYP403

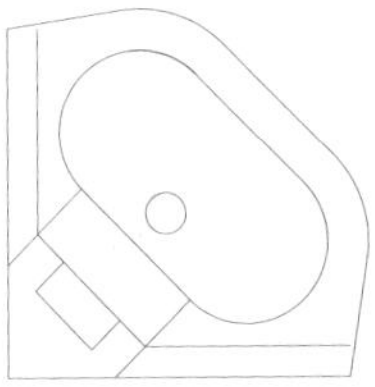
▲WYYP404

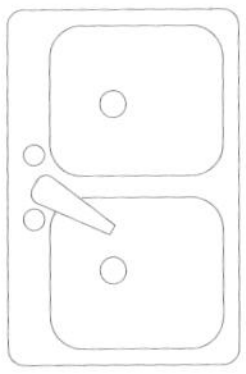
▲WYYP405

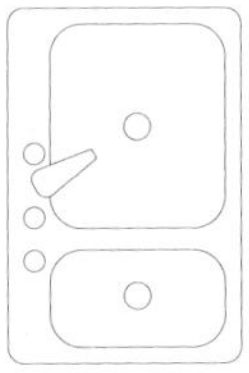
▲WYYP406

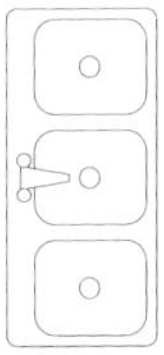
▲WYYP407

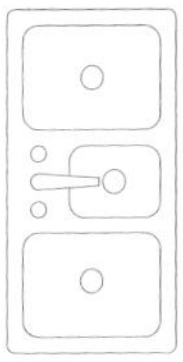
▲WYYP408

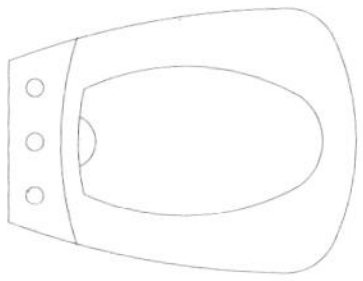
▲WYYP409

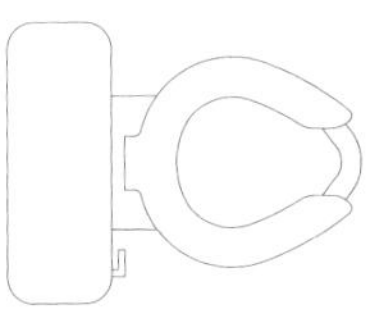
▲WYYP410

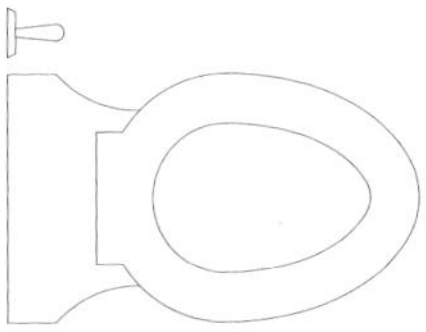
▲WYYP411

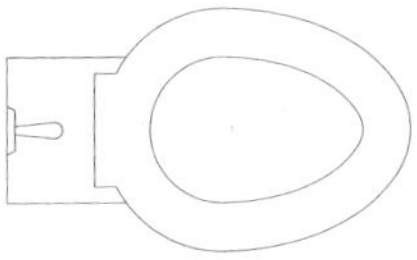
▲WYYP412

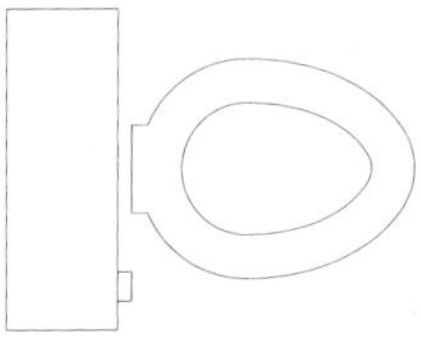
▲WYYP413

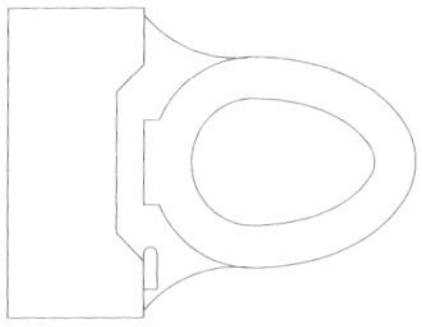
▲WYYP414

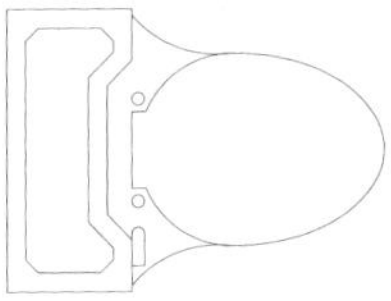
▲WYYP415

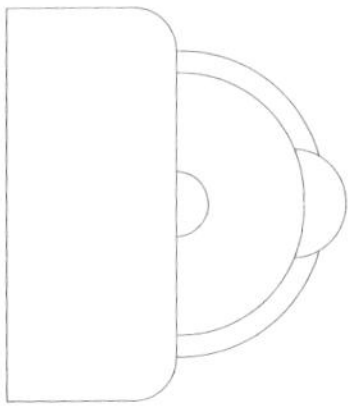
▲WYYP416

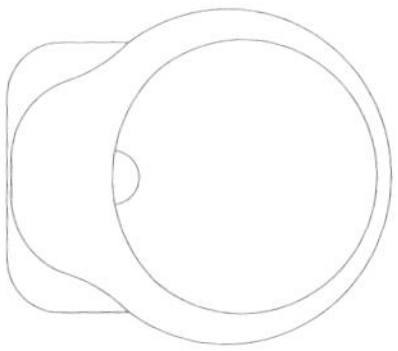
▲WYYP417

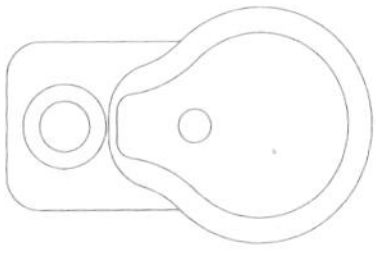
▲WYYP418

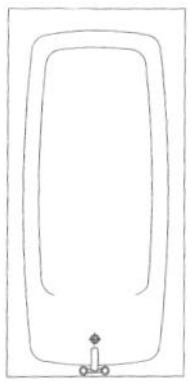
▲WYYP419

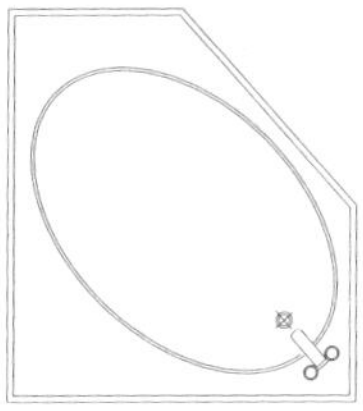
▲WYYP420

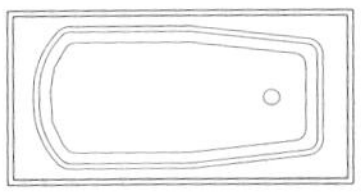
▲WYYP421

▲WYYP422

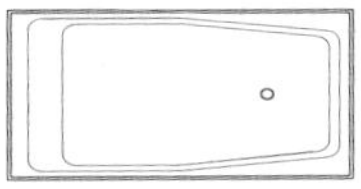
▲WYYP423

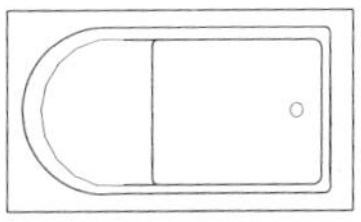
▲WYYP424

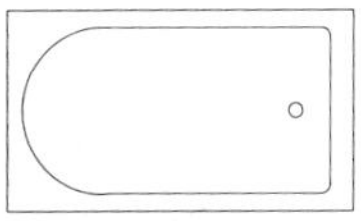
▲WYYP425

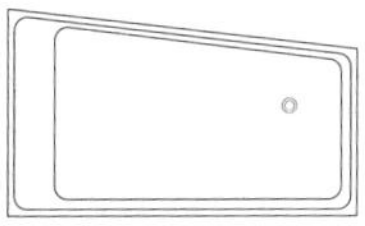
▲WYYP426

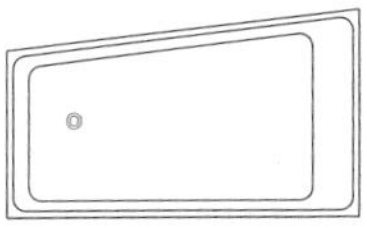
▲WYYP427

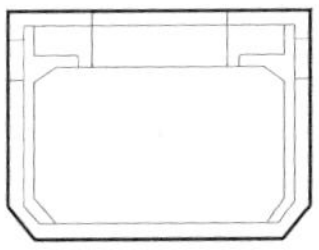
▲WYYP428

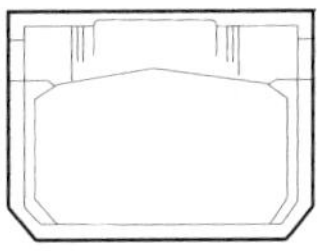
▲WYYP429

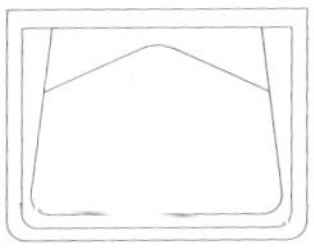
▲WYYP430

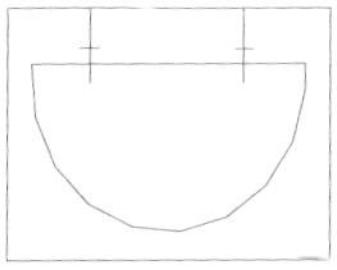
▲WYYP431

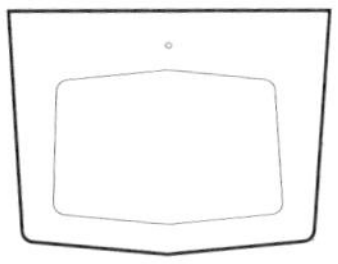
▲WYYP432

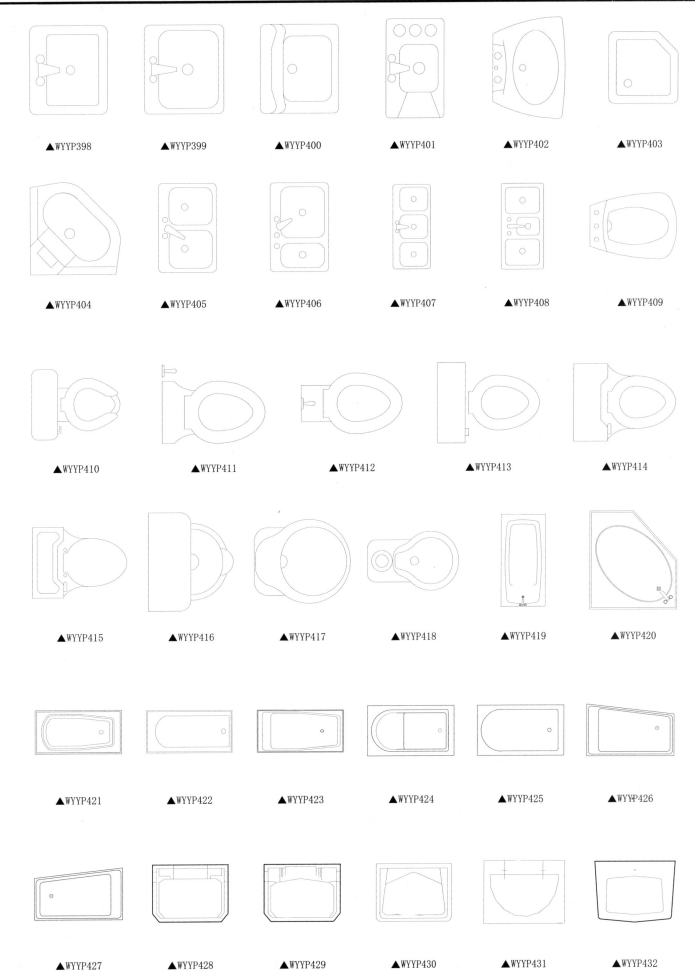

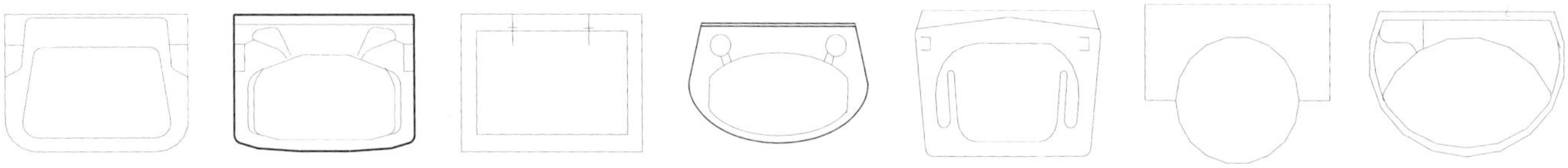

▲WYYP433 ▲WYYP434 ▲WYYP435 ▲WYYP436 ▲WYYP437 ▲WYYP438 ▲WYYP439

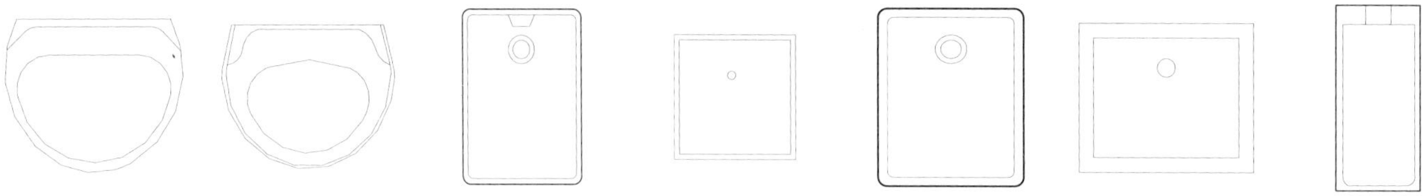

▲WYYP440 ▲WYYP441 ▲WYYP442 ▲WYYP443 ▲WYYP444 ▲WYYP445 ▲WYYP446

▲WYYP447 ▲WYYP448 ▲WYYP449 ▲WYYP450 ▲WYYP451 ▲WYYP452 ▲WYYP453

▲WYYP454 ▲WYYP455 ▲WYYP456 ▲WYYP457 ▲WYYP458 ▲WYYP459 ▲WYYP460

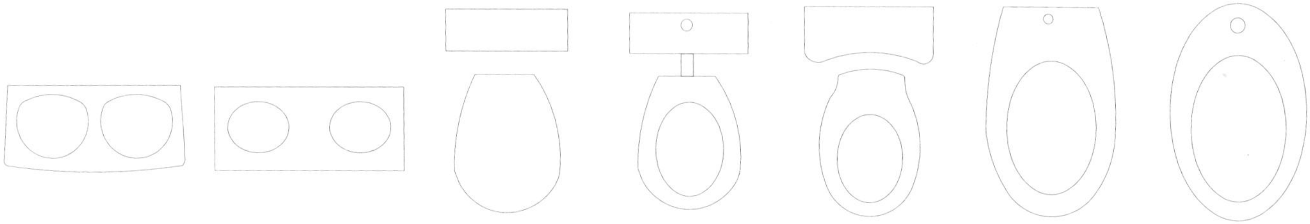

▲WYYP461 ▲WYYP462 ▲WYYP463 ▲WYYP464 ▲WYYP465 ▲WYYP466 ▲WYYP467

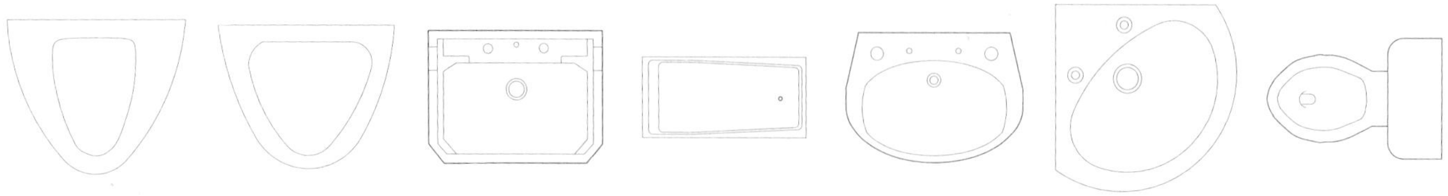

▲WYYP468 ▲WYYP469 ▲WYYP470 ▲WYYP471 ▲WYYP472 ▲WYYP473 ▲WYYP474

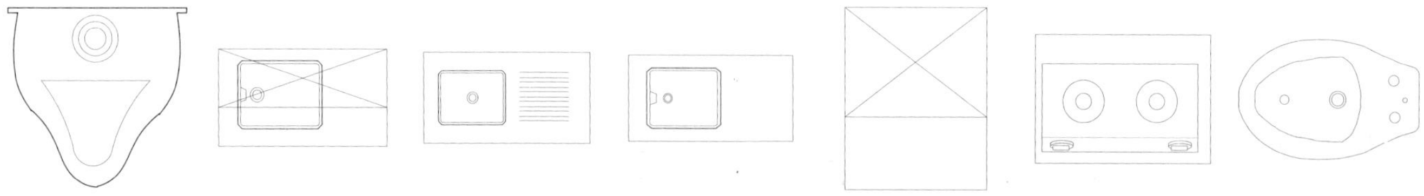

▲WYYP475 ▲WYYP476 ▲WYYP477 ▲WYYP478 ▲WYYP479 ▲WYYP480 ▲WYYP481

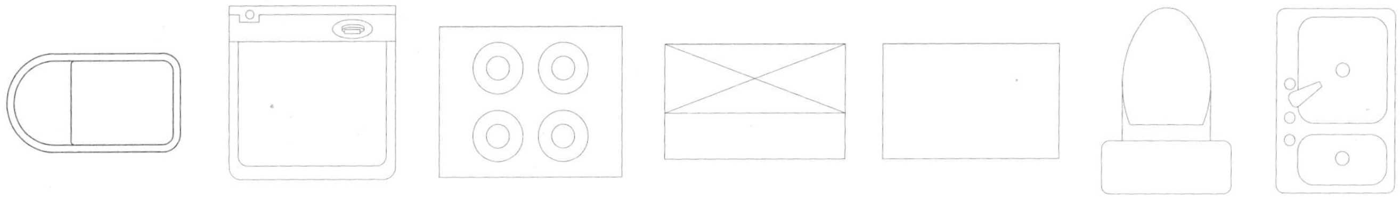

▲WYYP482 ▲WYYP483 ▲WYYP484 ▲WYYP485 ▲WYYP486 ▲WYYP487 ▲WYYP488

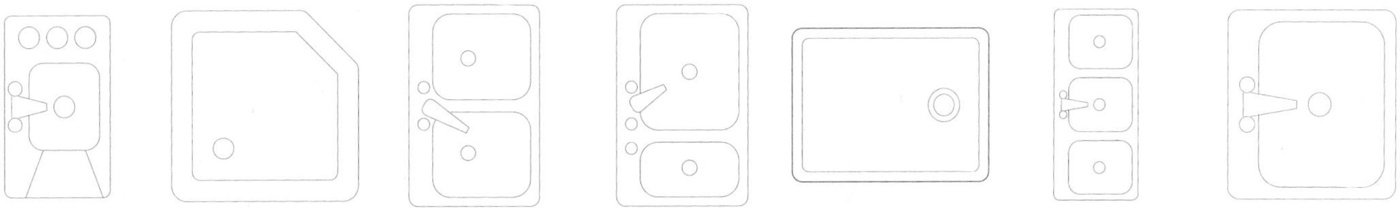

▲WYYP489 ▲WYYP490 ▲WYYP491 ▲WYYP492 ▲WYYP493 ▲WYYP494 ▲WYYP495

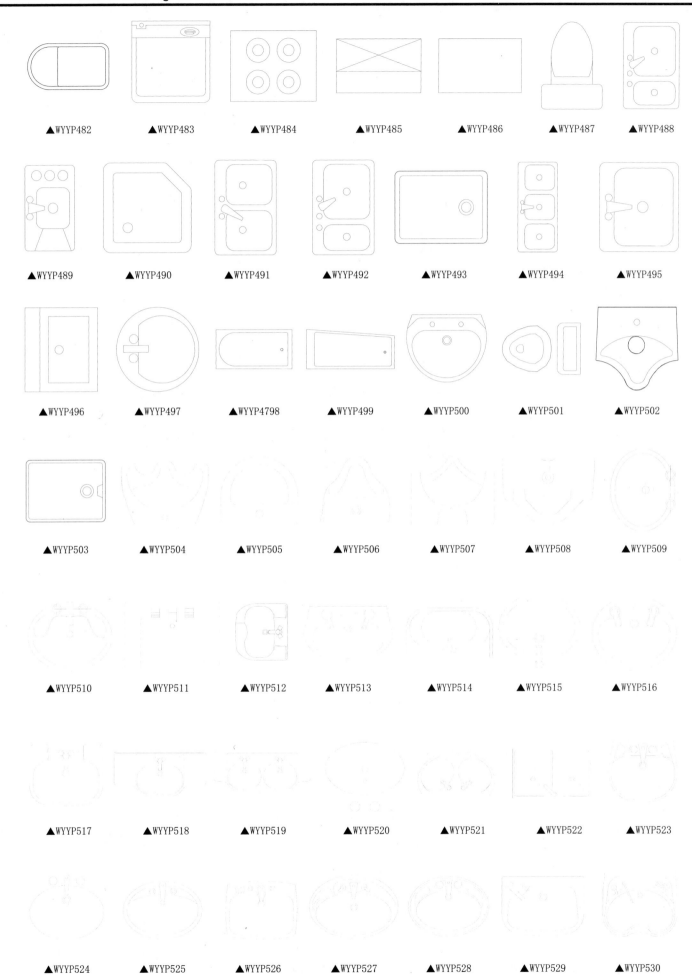

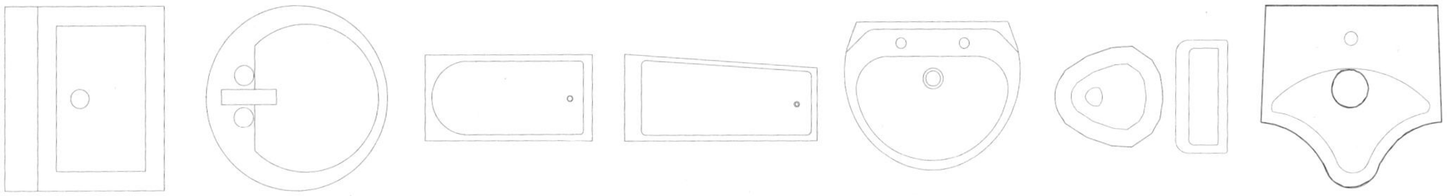

▲WYYP496 ▲WYYP497 ▲WYYP4798 ▲WYYP499 ▲WYYP500 ▲WYYP501 ▲WYYP502

▲WYYP503 ▲WYYP504 ▲WYYP505 ▲WYYP506 ▲WYYP507 ▲WYYP508 ▲WYYP509

▲WYYP510 ▲WYYP511 ▲WYYP512 ▲WYYP513 ▲WYYP514 ▲WYYP515 ▲WYYP516

▲WYYP517 ▲WYYP518 ▲WYYP519 ▲WYYP520 ▲WYYP521 ▲WYYP522 ▲WYYP523

▲WYYP524 ▲WYYP525 ▲WYYP526 ▲WYYP527 ▲WYYP528 ▲WYYP529 ▲WYYP530

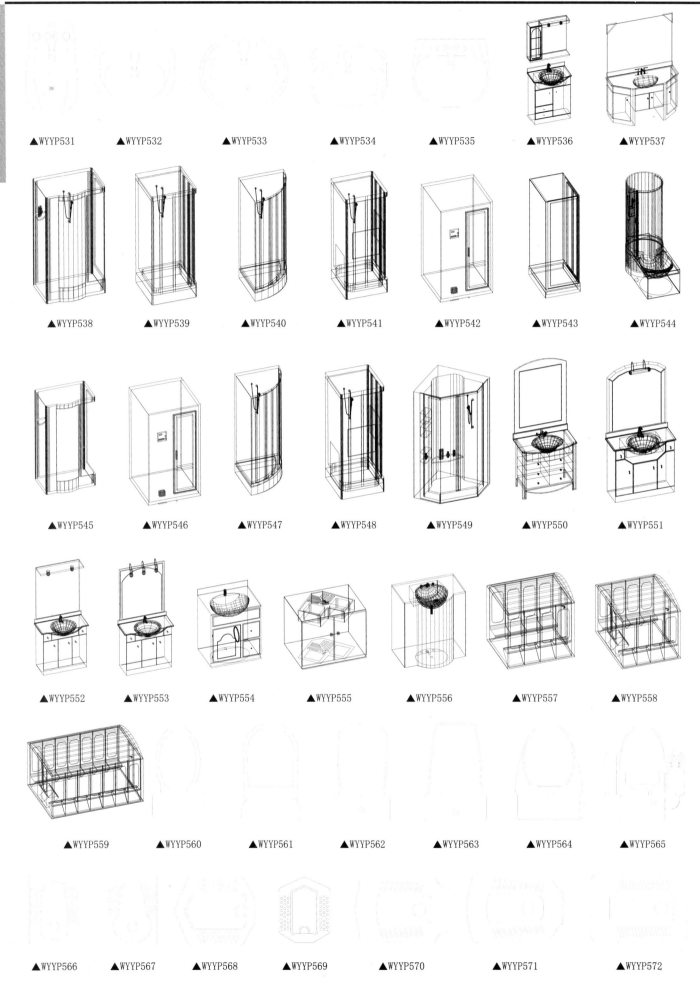

卫浴用品

▲WYYP531

▲WYYP532

▲WYYP533

▲WYYP534

▲WYYP535
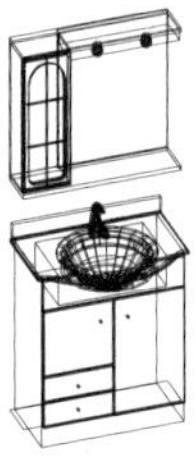
▲WYYP536
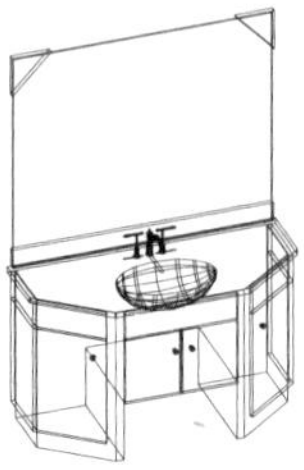
▲WYYP537

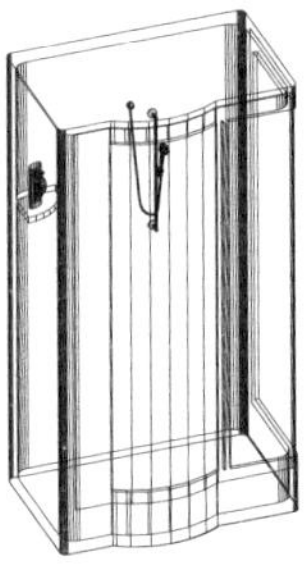
▲WYYP538
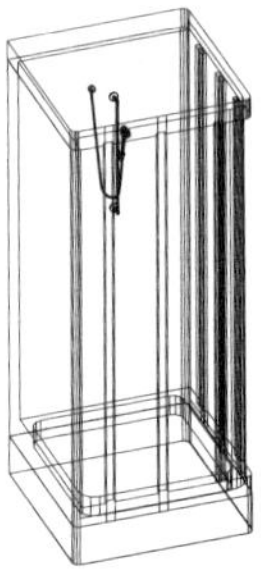
▲WYYP539
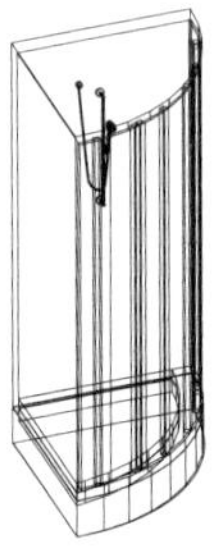
▲WYYP540
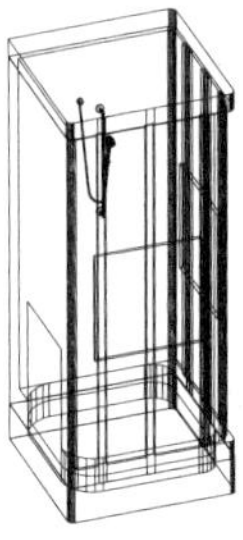
▲WYYP541
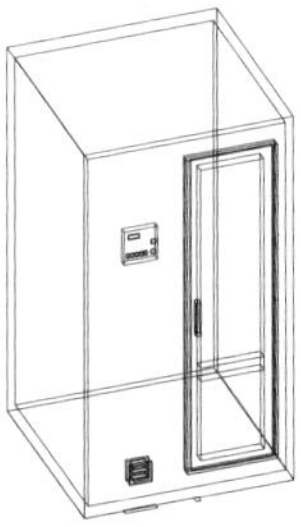
▲WYYP542
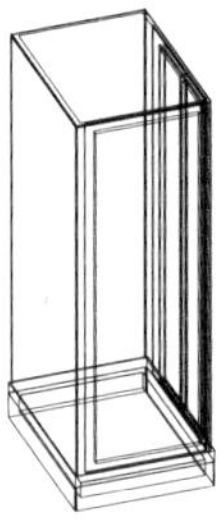
▲WYYP543
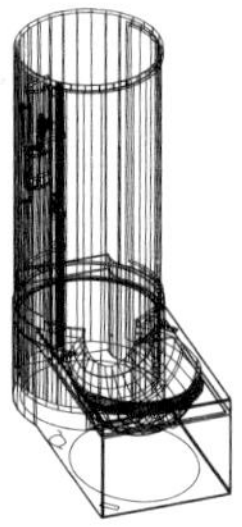
▲WYYP544

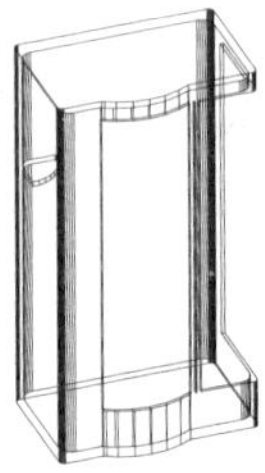
▲WYYP545
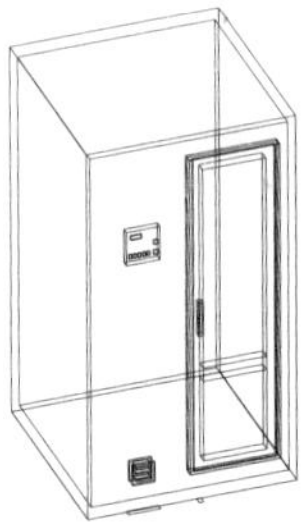
▲WYYP546
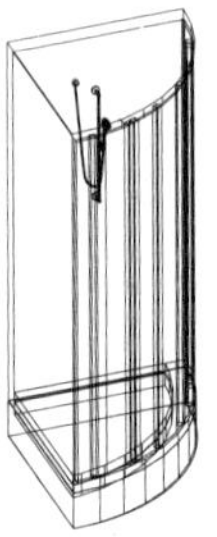
▲WYYP547
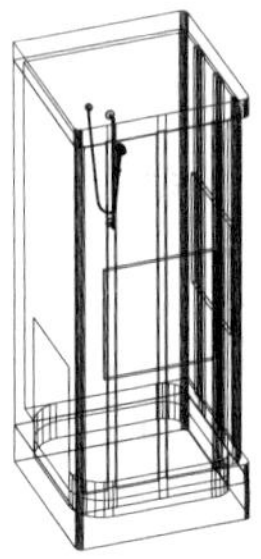
▲WYYP548
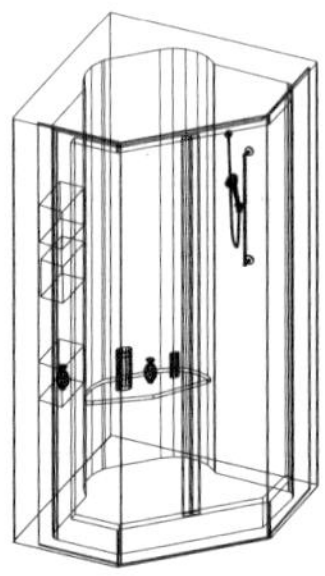
▲WYYP549
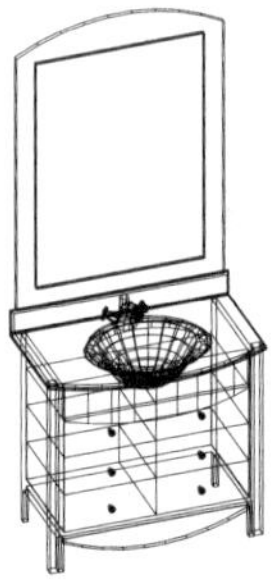
▲WYYP550
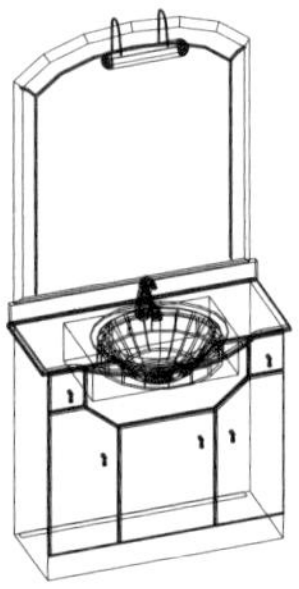
▲WYYP551

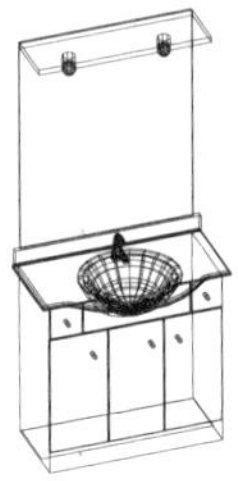
▲WYYP552
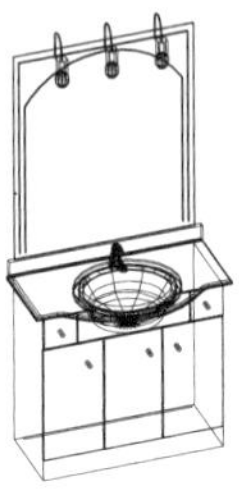
▲WYYP553
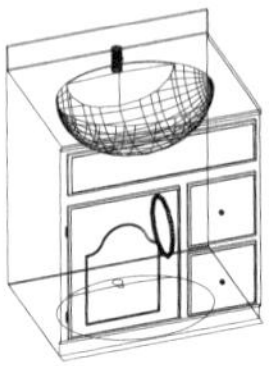
▲WYYP554
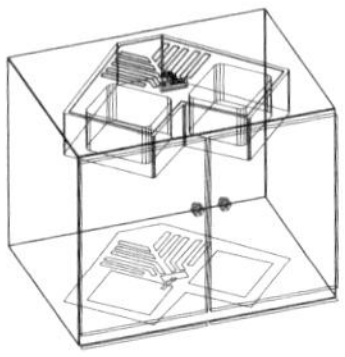
▲WYYP555
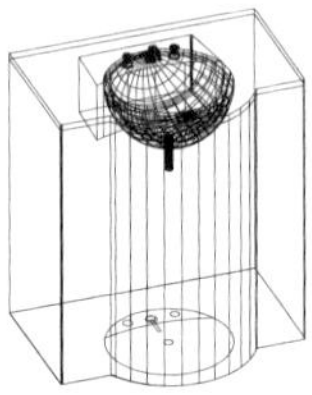
▲WYYP556
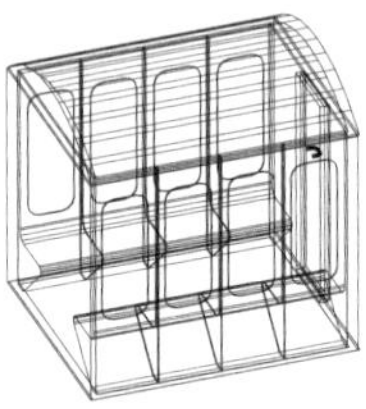
▲WYYP557
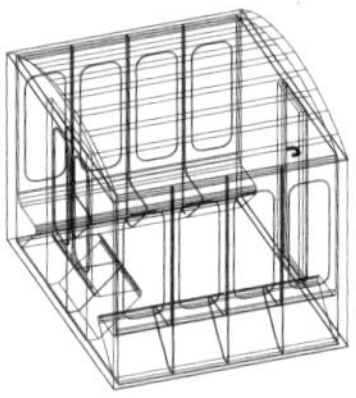
▲WYYP558

▲WYYP559

▲WYYP560

▲WYYP561

▲WYYP562

▲WYYP563

▲WYYP564

▲WYYP565

▲WYYP566

▲WYYP567

▲WYYP568
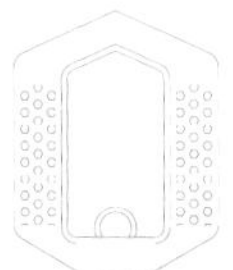
▲WYYP569

▲WYYP570
▲WYYP571
▲WYYP572

▲WYYP573

▲WYYP574

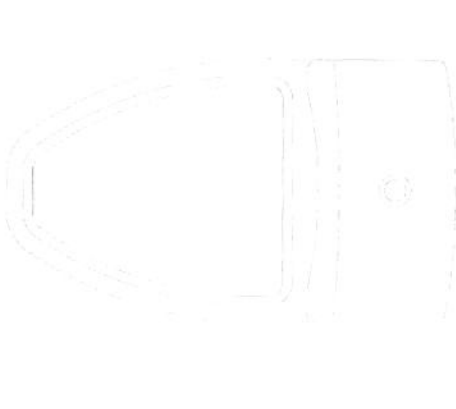

▲WYYP575

▲WYYP576
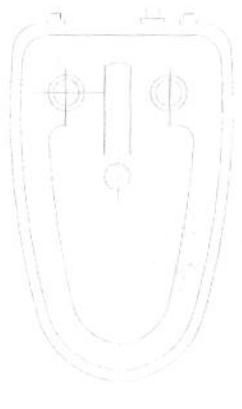
▲WYYP578

▲WYYP578

▲WYYP577
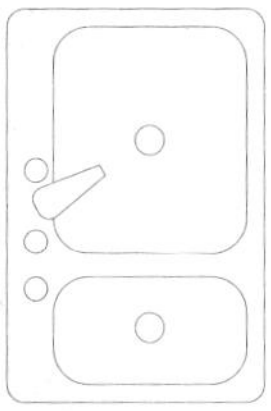
▲WYYP579
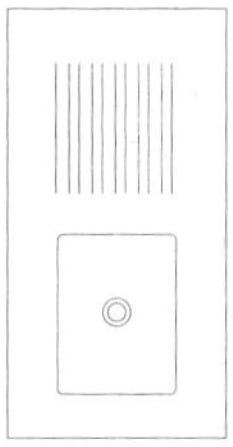
▲WYYP580
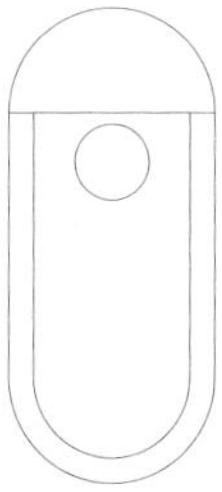
▲WYYP581
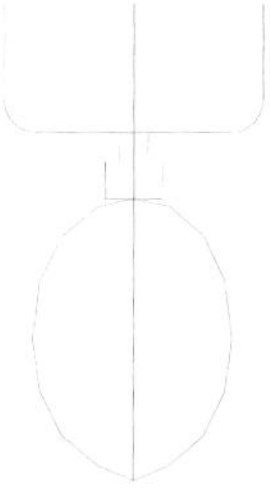
▲WYYP582

▲WYYP582
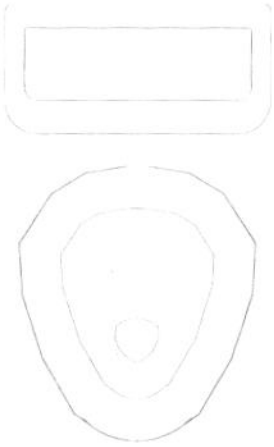
▲WYYP582

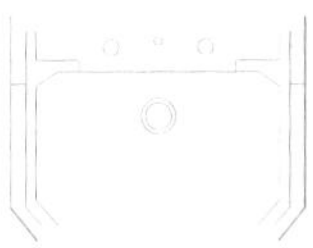
▲WYYP583

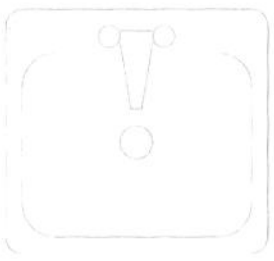

▲WYYP583

▲WYYP583

▲WYYP584

▲WYYP584
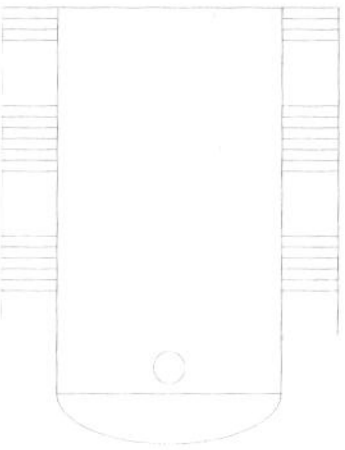
▲WYYP584

▲WYYP584

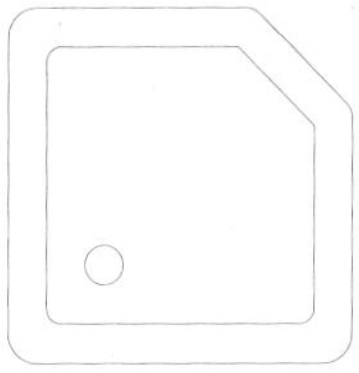
▲WYYP585
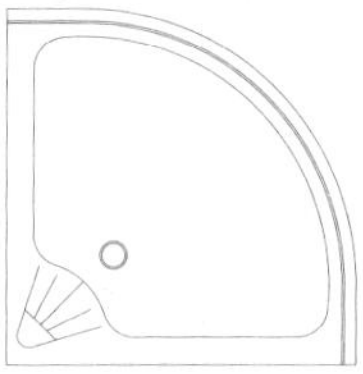
▲WYYP586
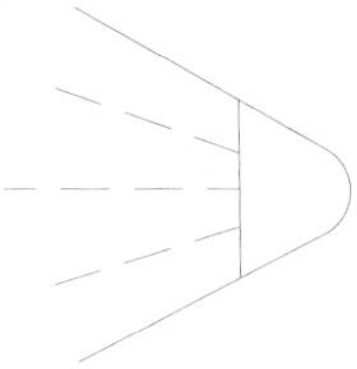
▲WYYP587
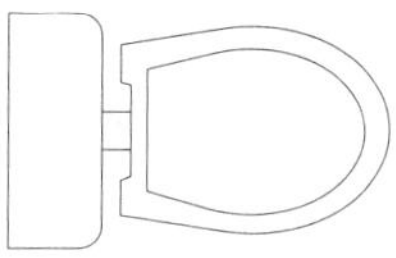
▲WYYP588
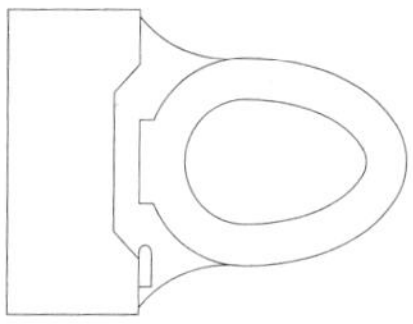
▲WYYP588
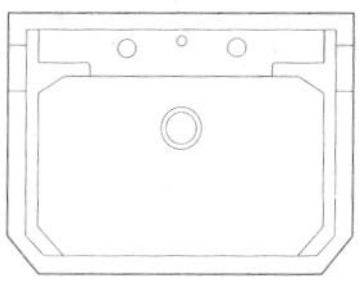
▲WYYP590

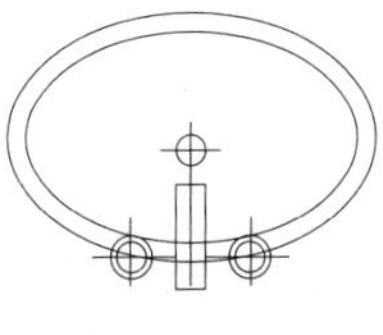
▲WYYP589
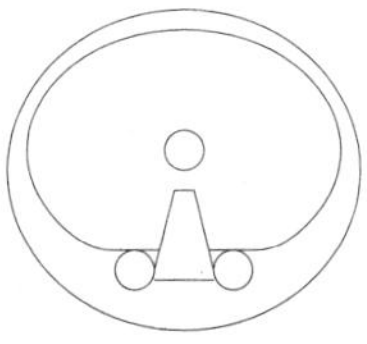
▲WYYP589
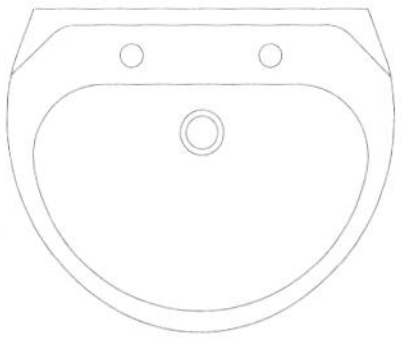
▲WYYP591
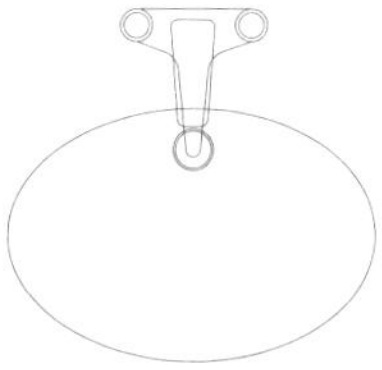
▲WYYP592
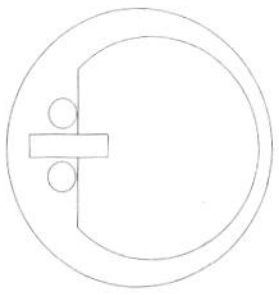
▲WYYP593
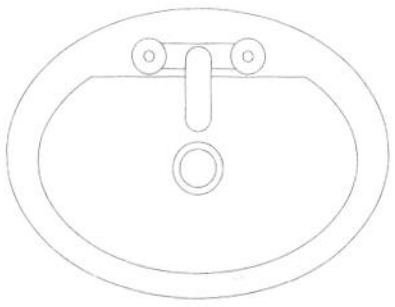
▲WYYP594

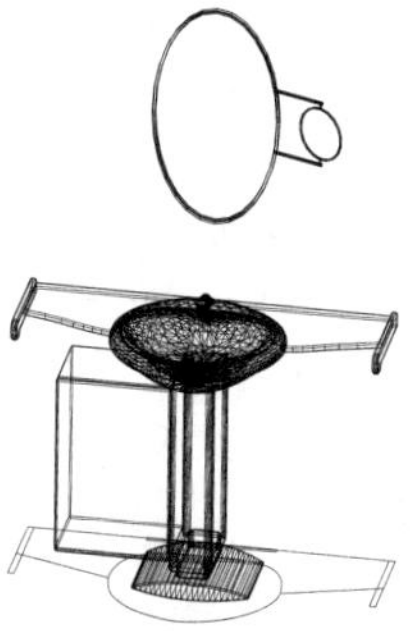
▲WYYP595

▲WYYP596
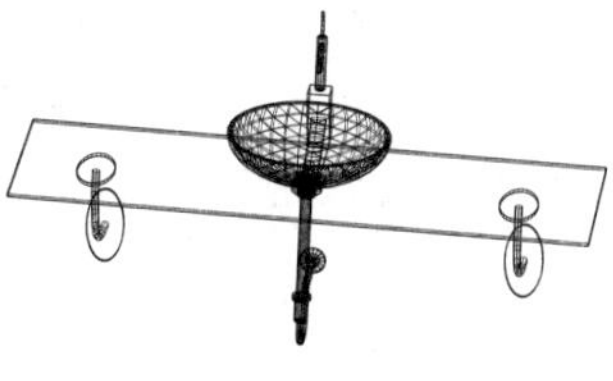
▲WYYP597

▲WYYP598

▲WYYP599
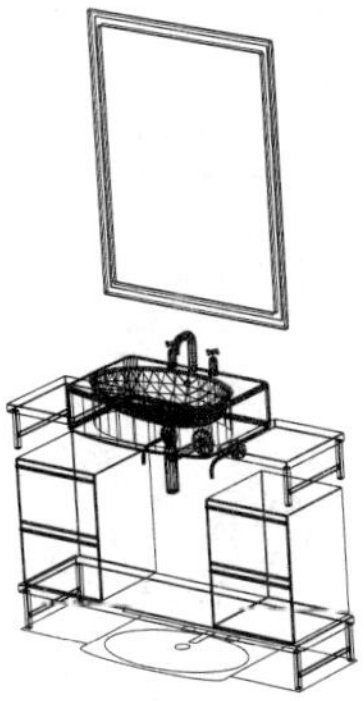
▲WYYP600

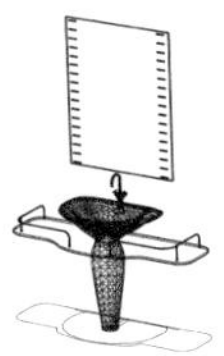

▲WYYP601

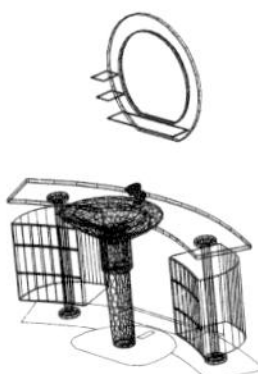

▲WYYP602

▲WYYP603

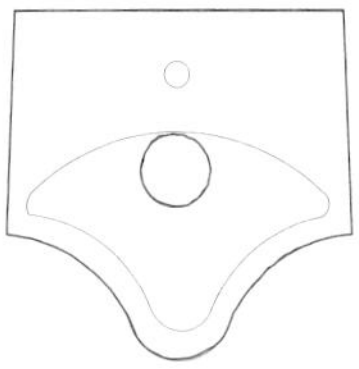

▲WYYP604

▲WYYP606

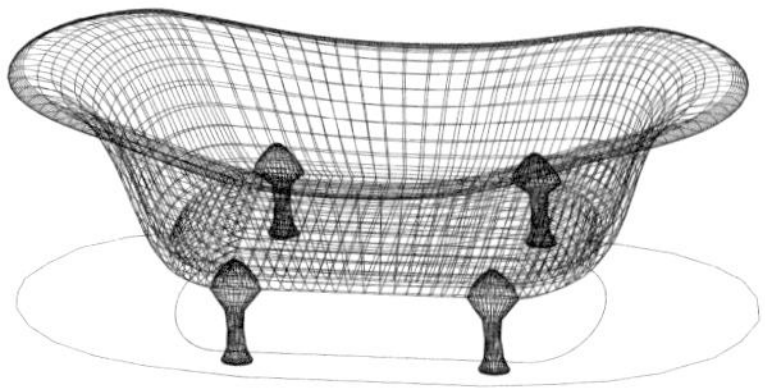

▲WYYP605

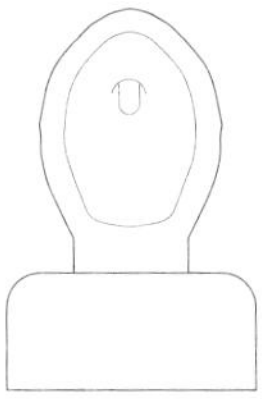

▲WYYP607

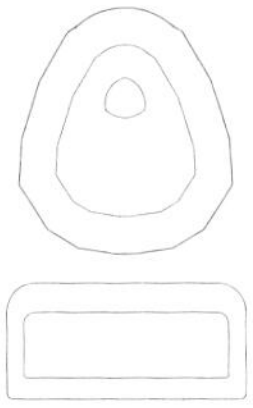

▲WYYP608

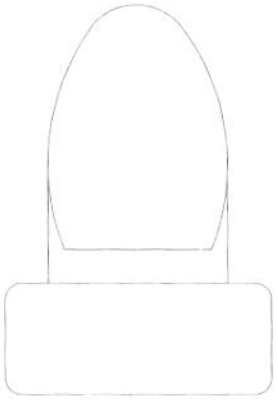

▲WYYP609

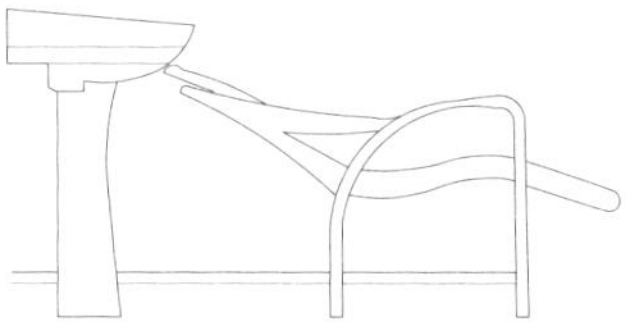

▲WYYP611

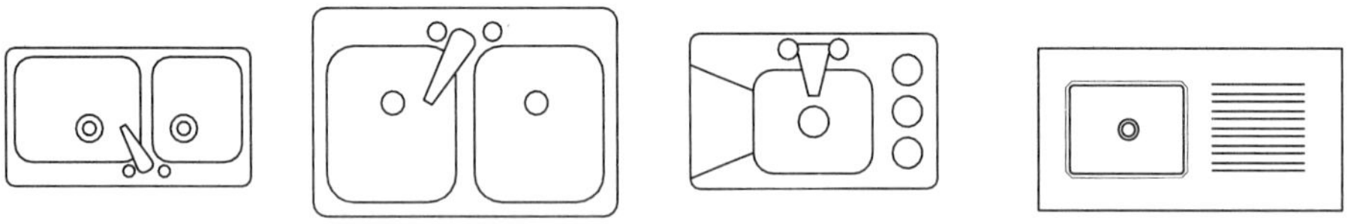

▲WYYP612

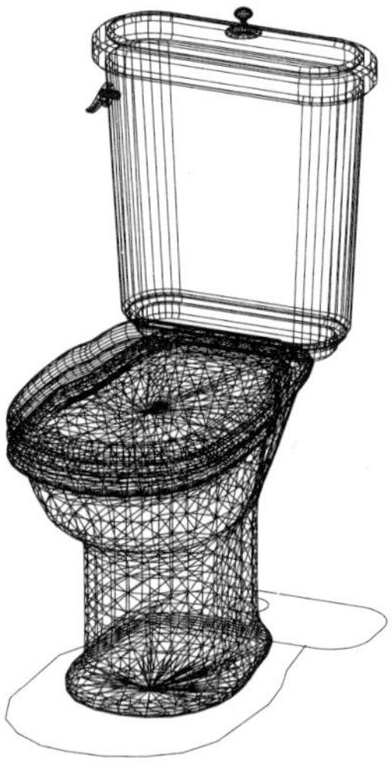

▲WYYP610

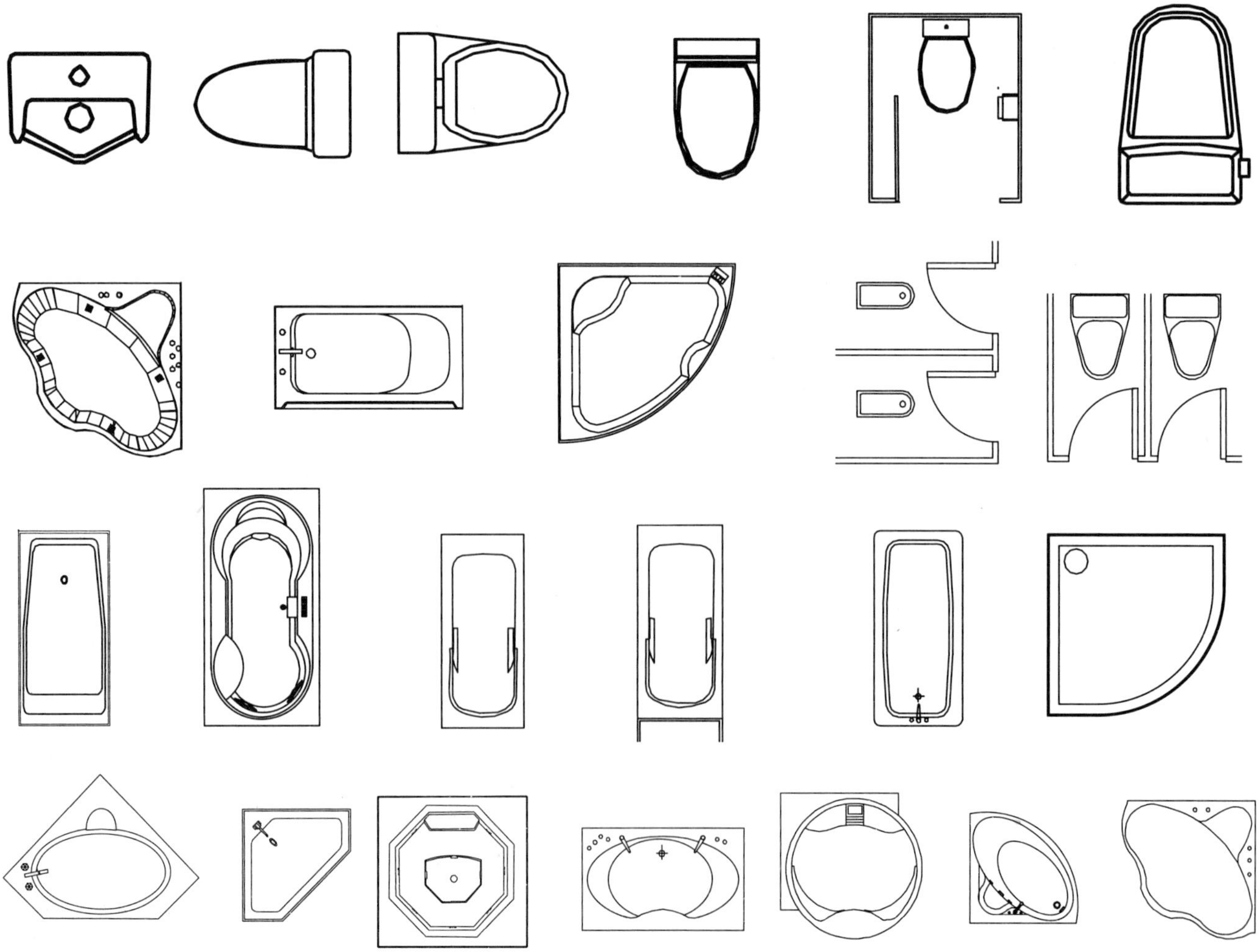

▲WYYP-A615

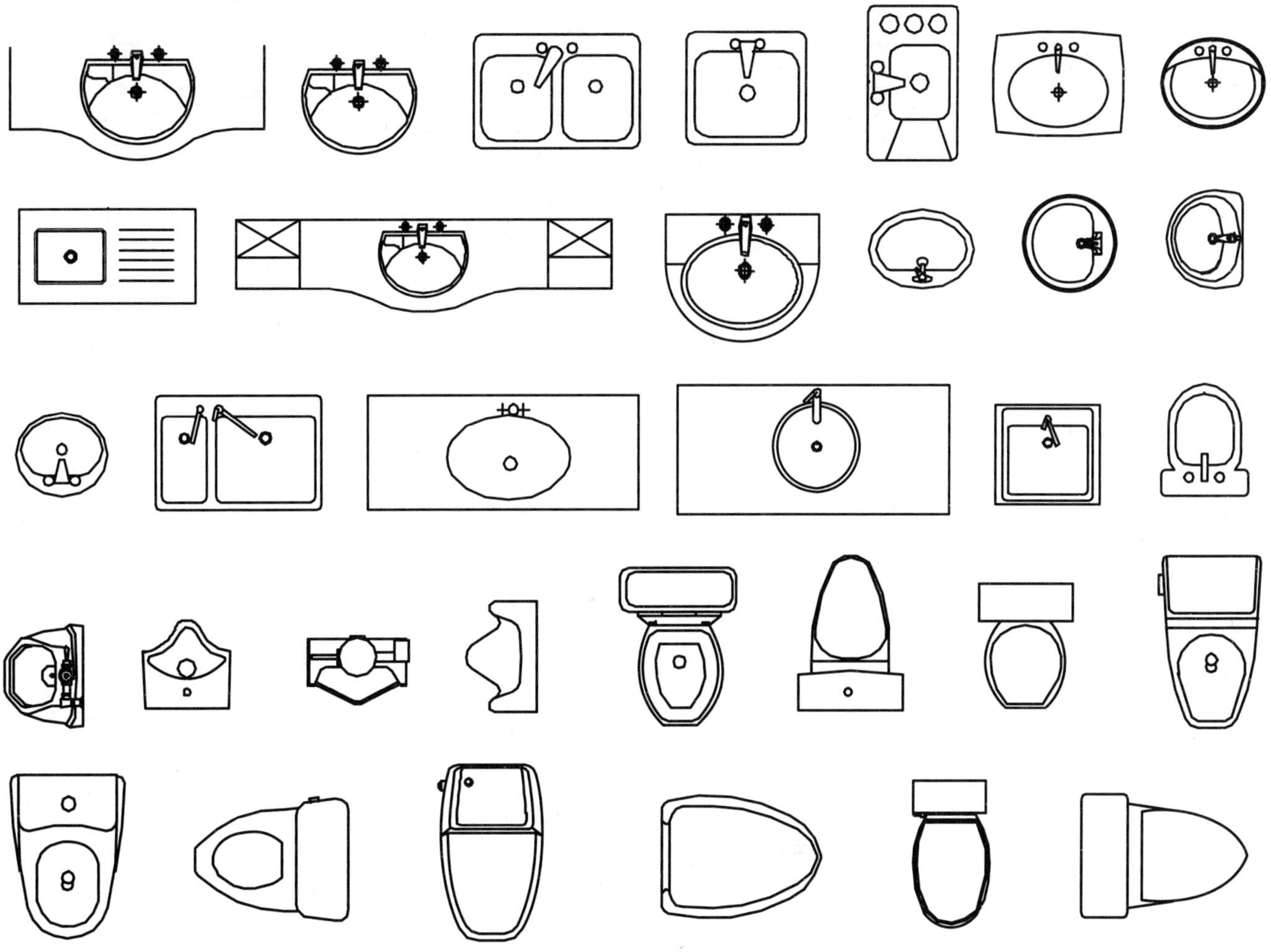

▲WYYP-A615

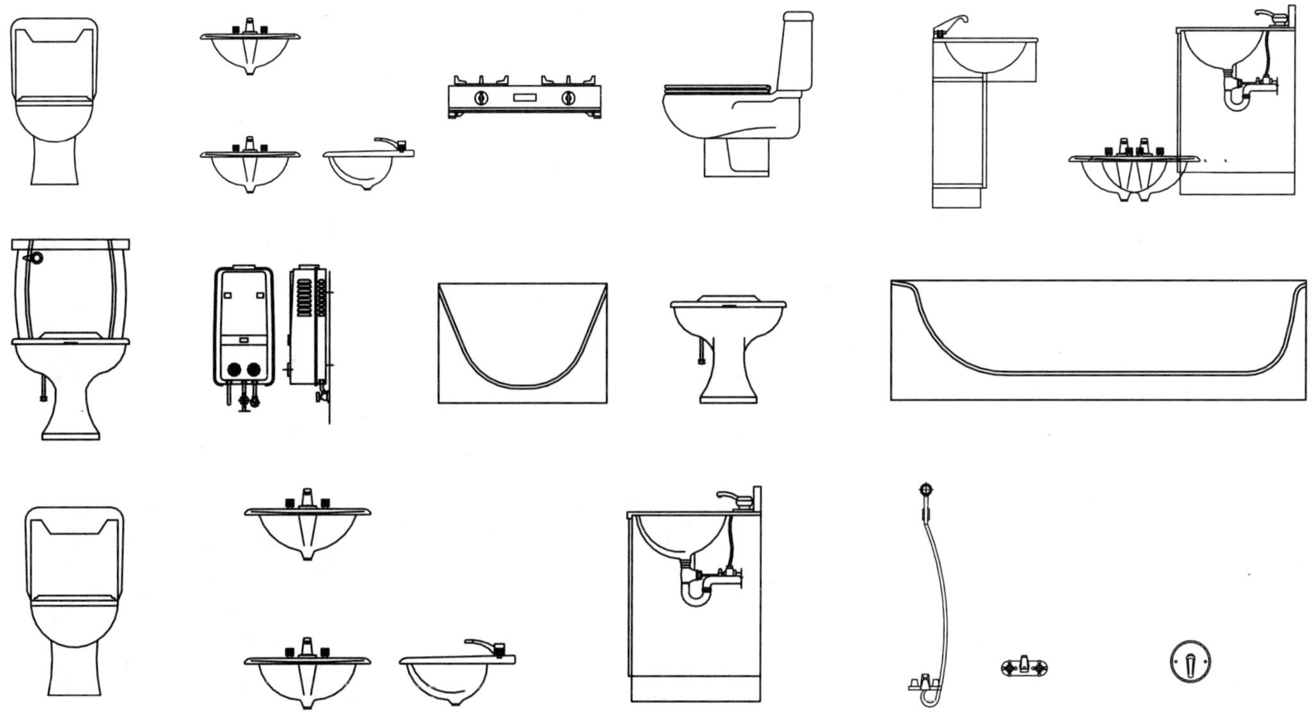

▲WYYP-A616

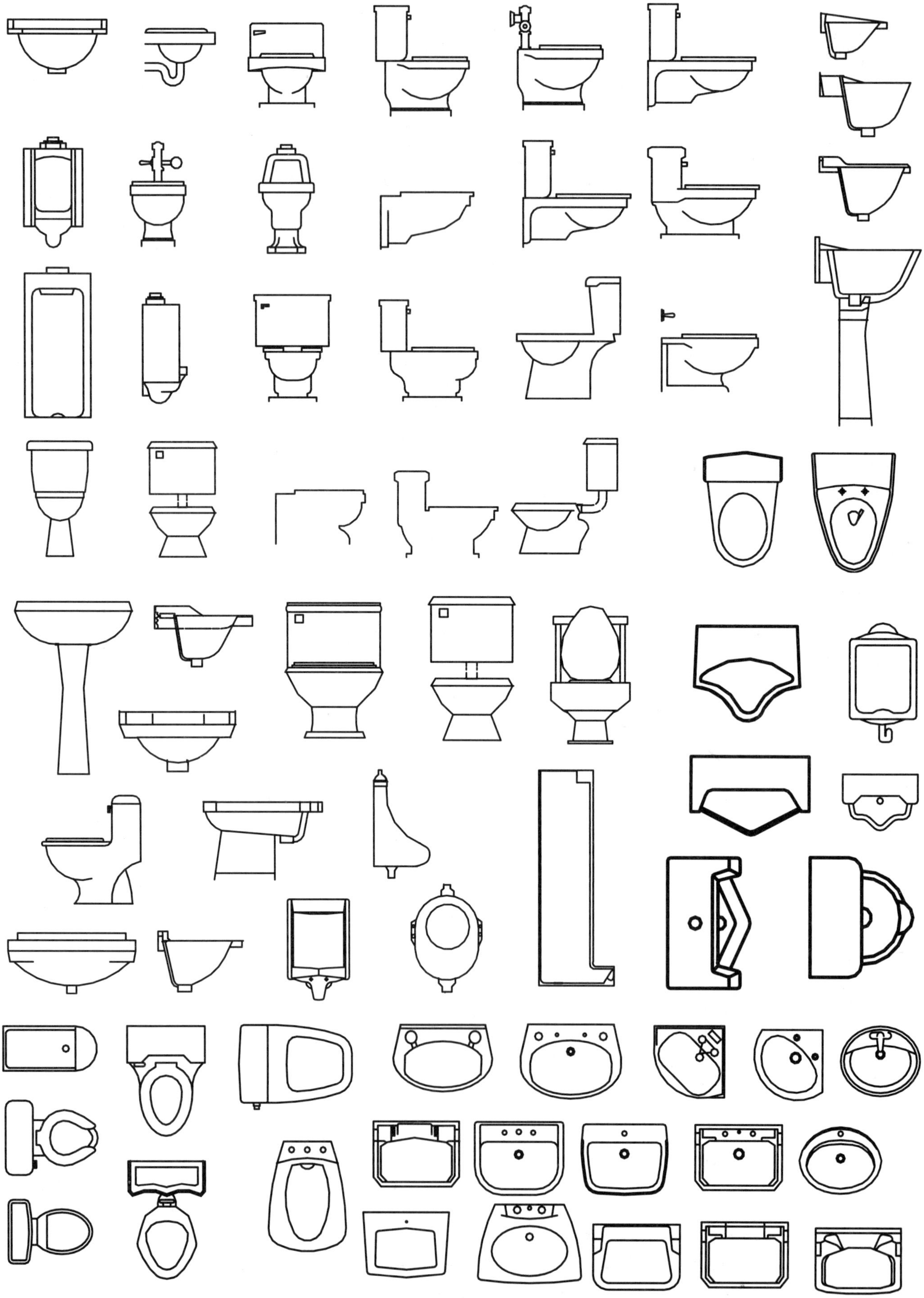

▲WYYP-A613

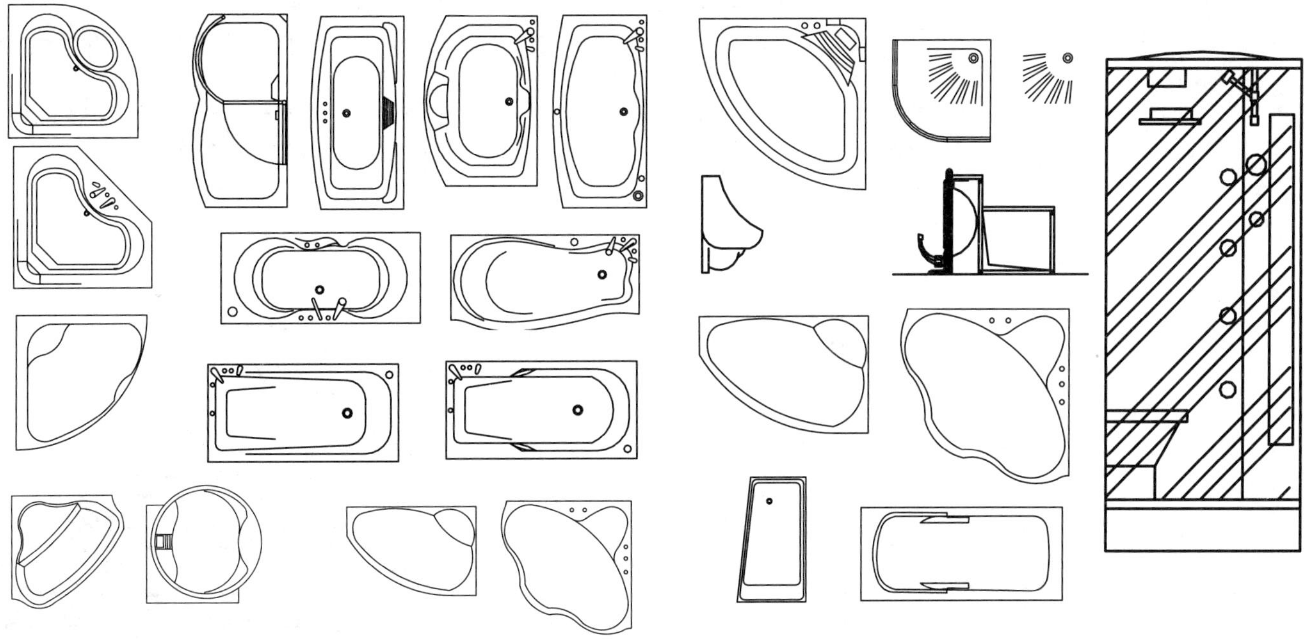

▲WYYP-A613

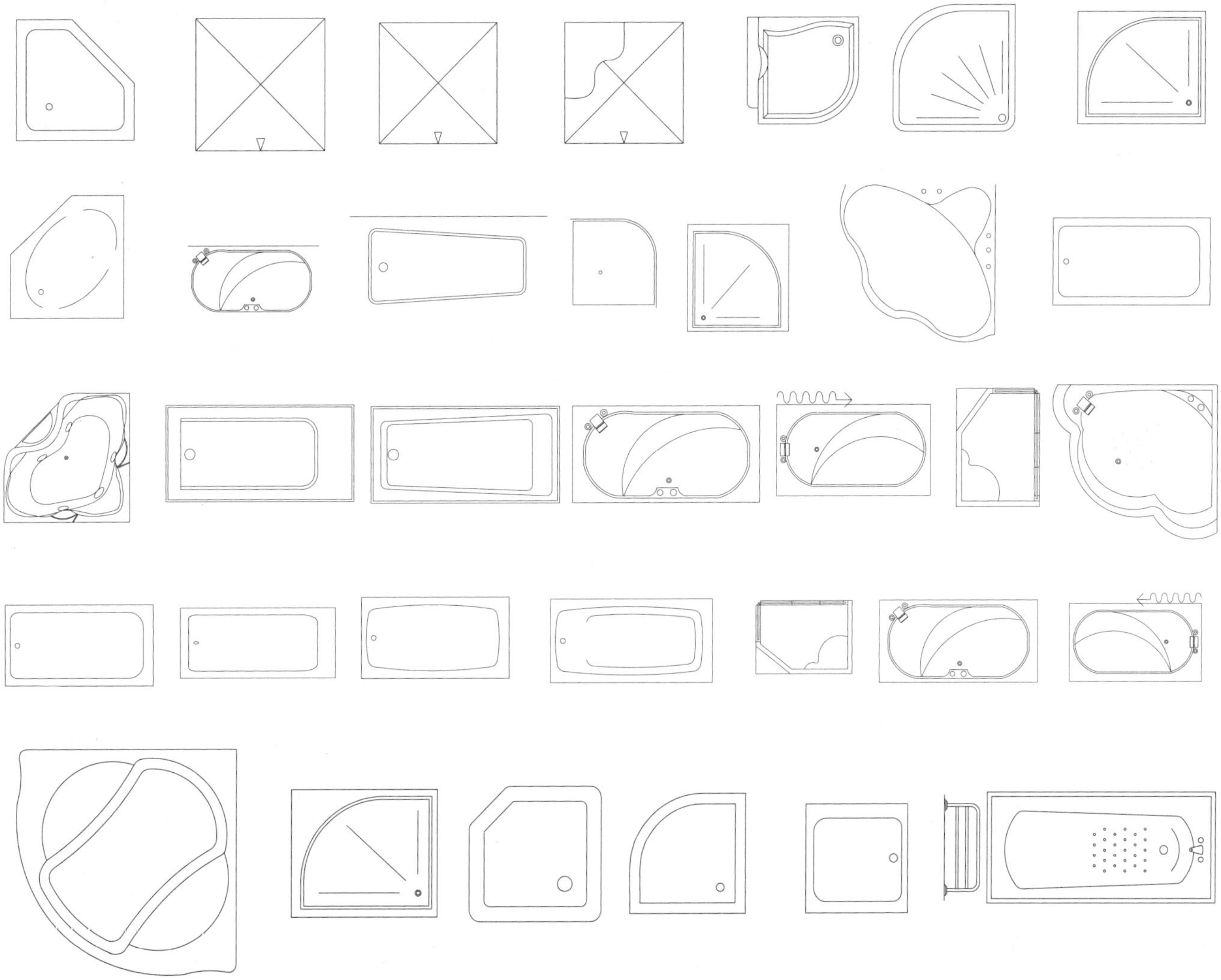

▲WYYP-A619

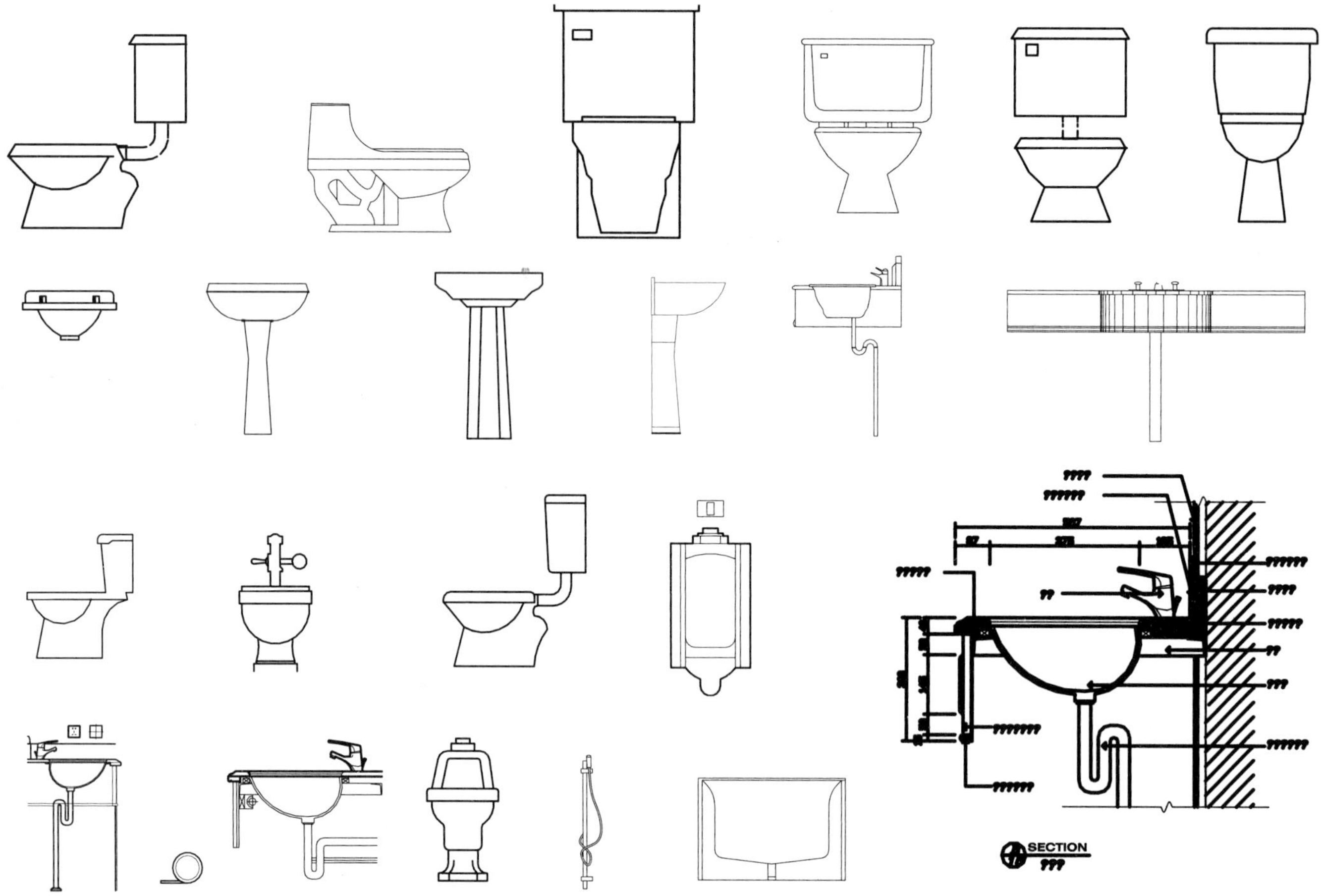

▲WYYP-A614

▲WYYP-A618

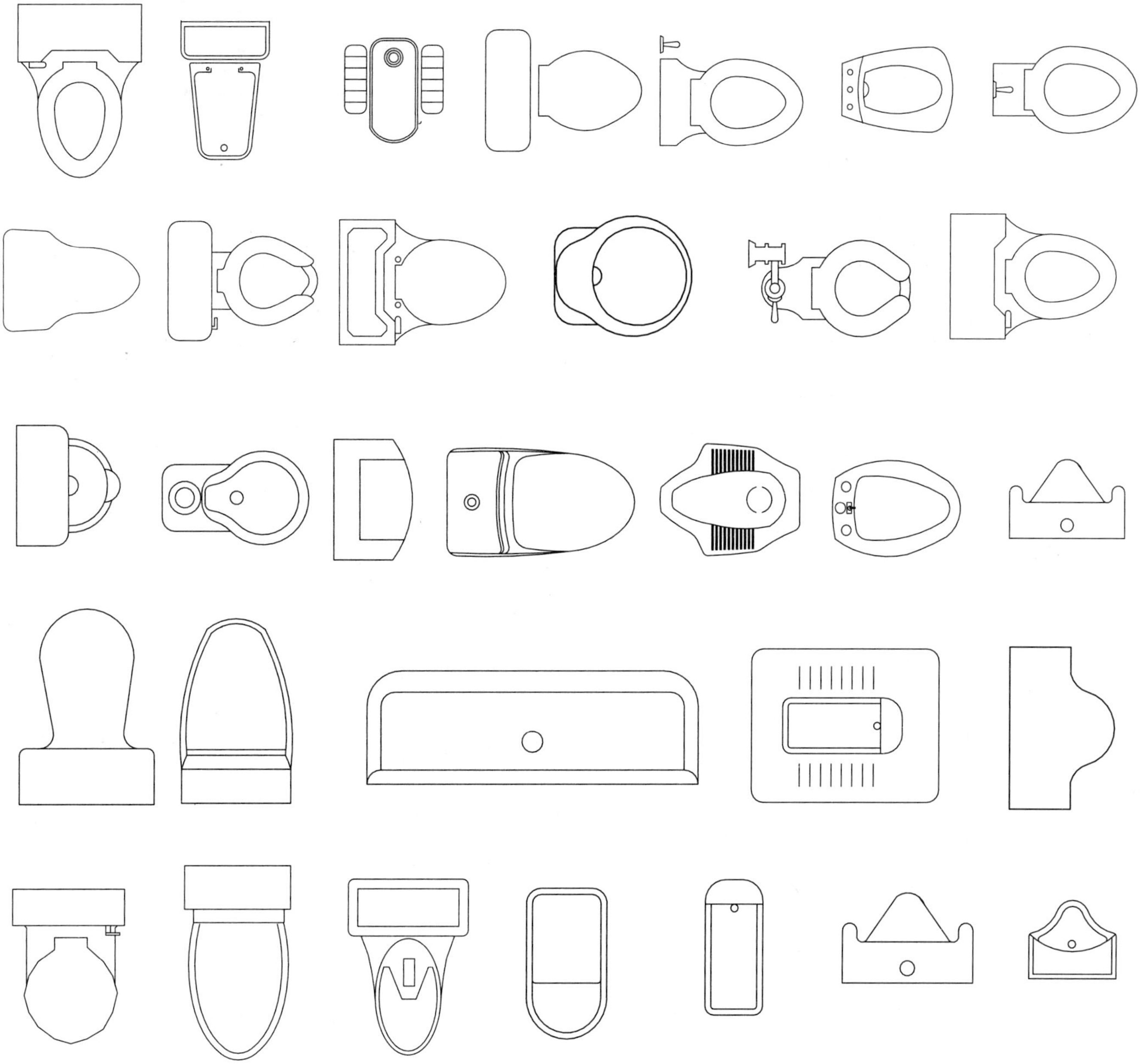

▲WYYP-A617

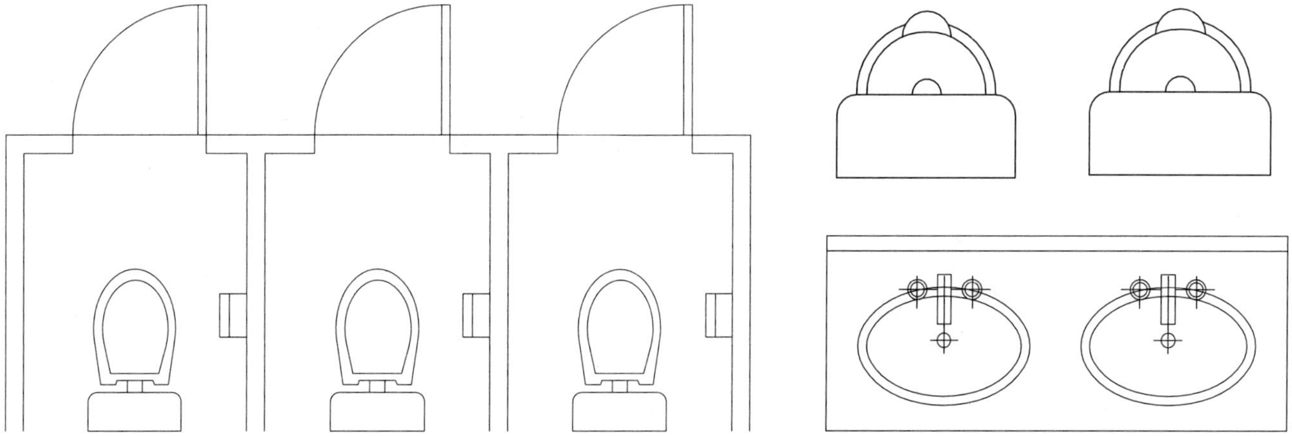

▲WYYP-A620

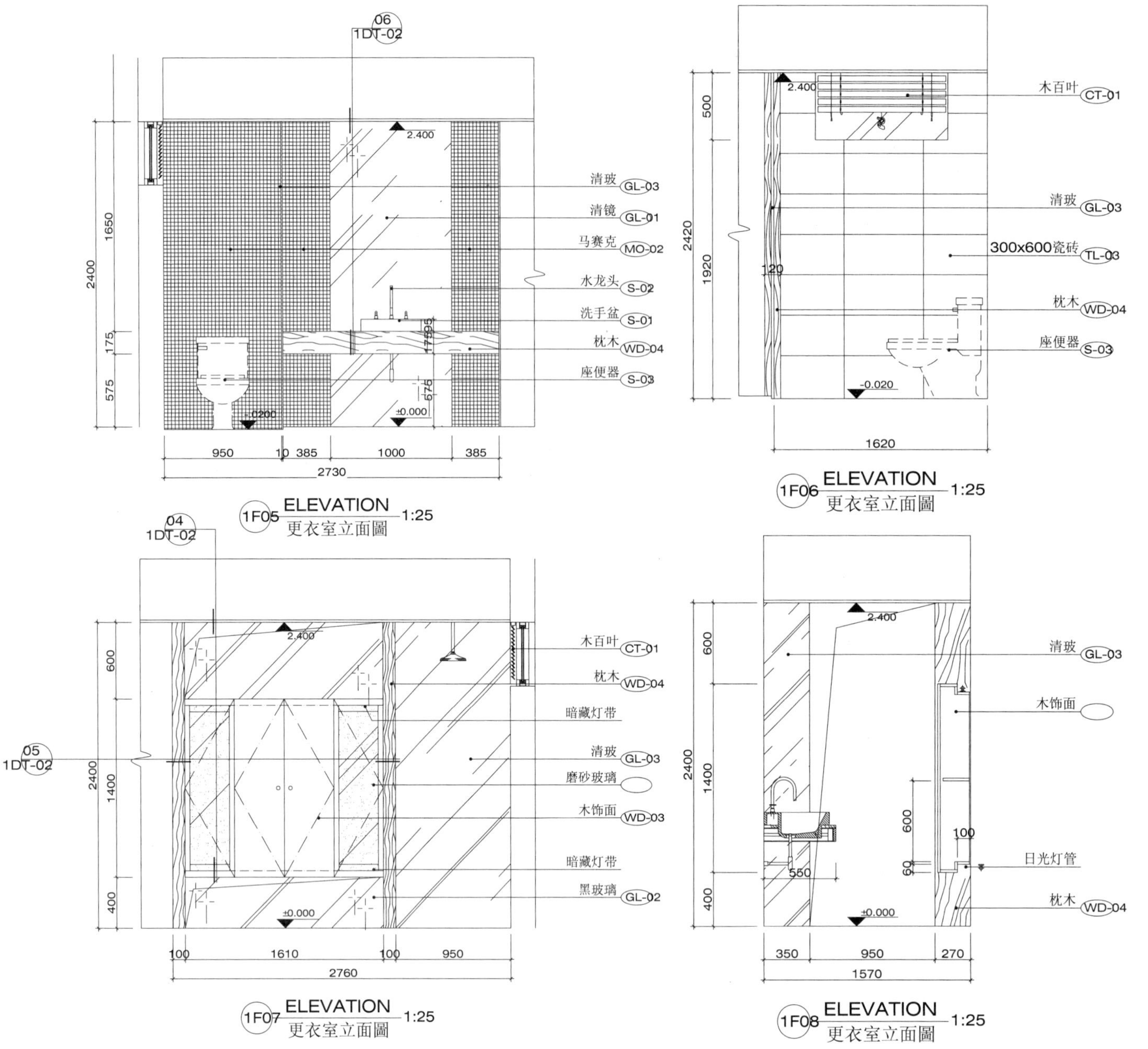
1F05 ELEVATION 1:25
更衣室立面圖
清玻 GL-03
清镜 GL-01
马赛克 MO-02
水龙头 S-02
洗手盆 S-01
枕木 WD-04
座便器 S-03
2730
1F06 ELEVATION 1:25
更衣室立面圖
木百叶 CT-01
清玻 GL-03
300x600瓷砖 TL-03
枕木 WD-04
座便器 S-03
1620
1F07 ELEVATION 1:25
更衣室立面圖
木百叶 CT-01
枕木 WD-04
暗藏灯带
清玻 GL-03
磨砂玻璃
木饰面 WD-03
暗藏灯带
黑玻璃 GL-02
2760
1F08 ELEVATION 1:25
更衣室立面圖
清玻 GL-03
木饰面
日光灯管
枕木 WD-04
1570

▲WYYP-B621-1

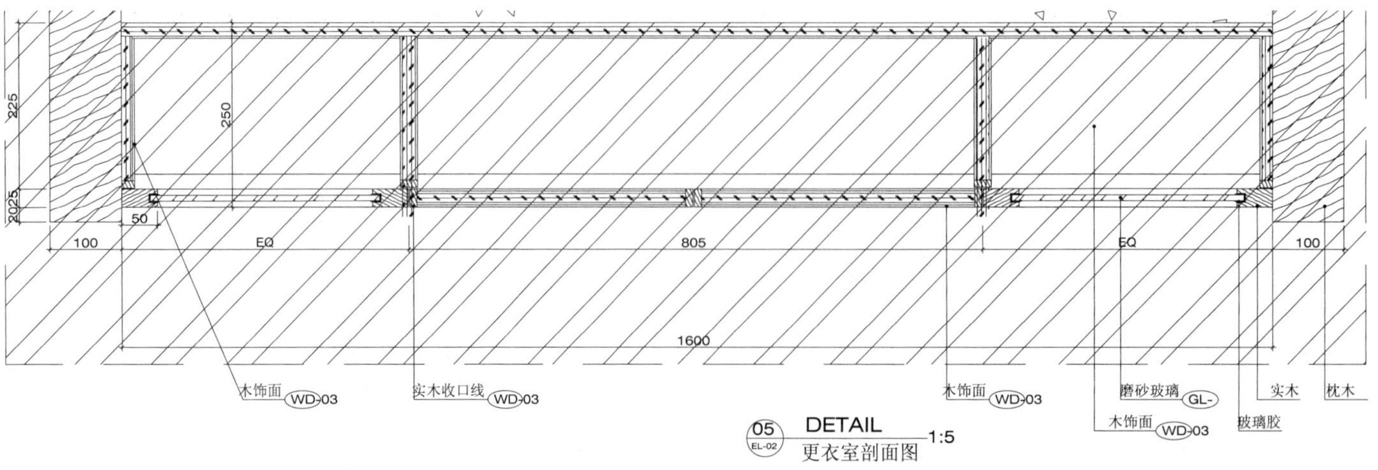
木饰面 WD-03
实木收口线 WD-03
木饰面 WD-03
磨砂玻璃 GL-
木饰面 WD-03
玻璃胶
实木
枕木
1600
05 DETAIL 1:5
更衣室剖面图

▲WYYP-B621-2

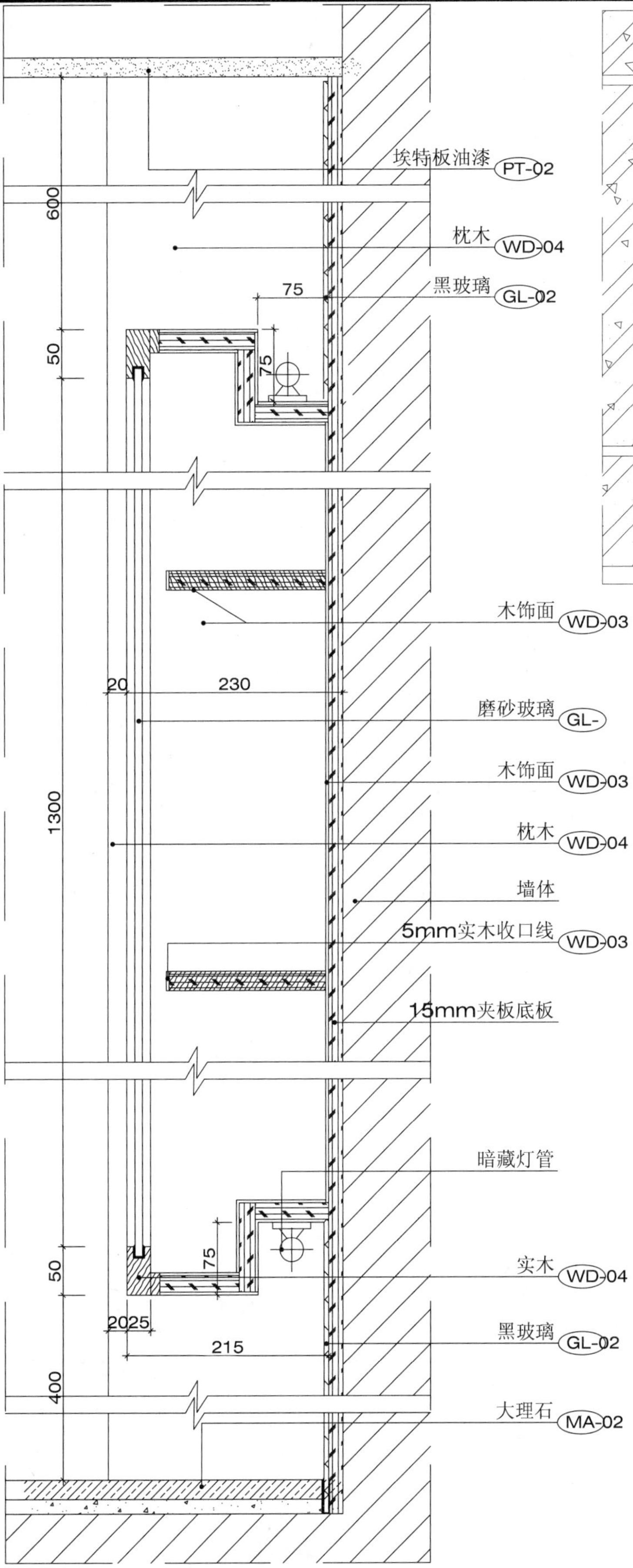
600
50
1300
50
400
75
75
20
230
2025
215
埃特板油漆 PT-02
枕木 WD-04
黑玻璃 GL-02
木饰面 WD-03
磨砂玻璃 GL-
木饰面 WD-03
枕木 WD-04
墙体
5mm实木收口线 WD-03
15mm夹板底板
暗藏灯管
实木 WD-04
黑玻璃 GL-02
大理石 MA-02

04
EL-02
DETAIL 1:5
更衣室剖面图

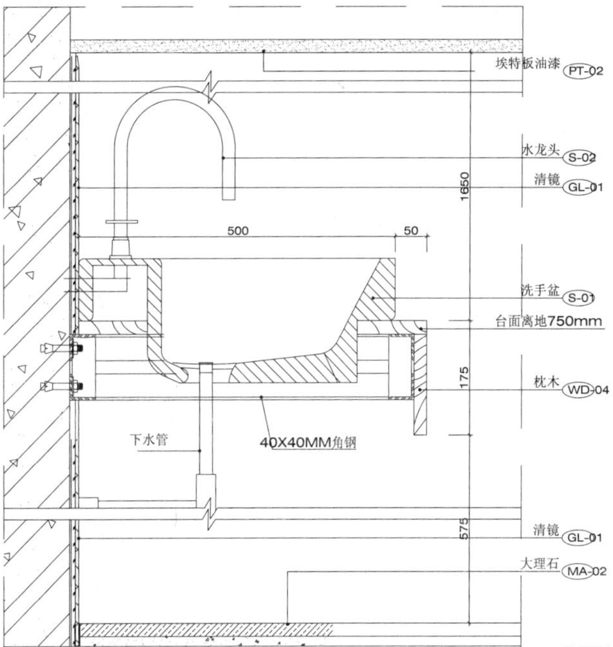
埃特板油漆 PT-02
水龙头 S-02
清镜 GL-01
1650
500
50
洗手盆 S-01
台面离地750mm
175
枕木 WD-04
下水管
40X40MM角钢
575
清镜 GL-01
大理石 MA-02

06
EL-02
DETAIL 1:5
更衣室剖面图

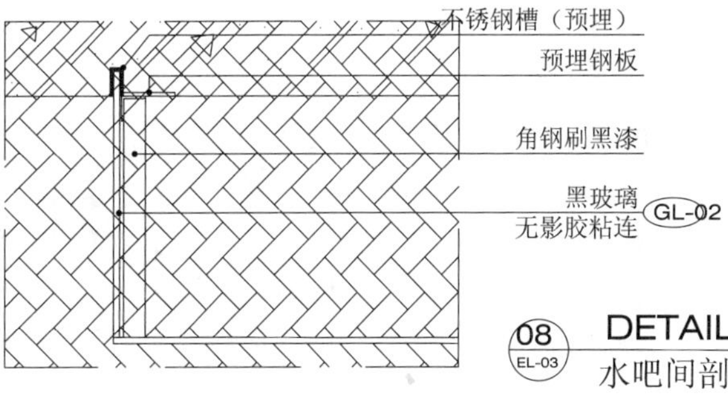
不锈钢槽（预埋）
预埋钢板
角钢刷黑漆
黑玻璃
无影胶粘连 GL-02

08
EL-03
DETAIL 1:5
水吧间剖面图

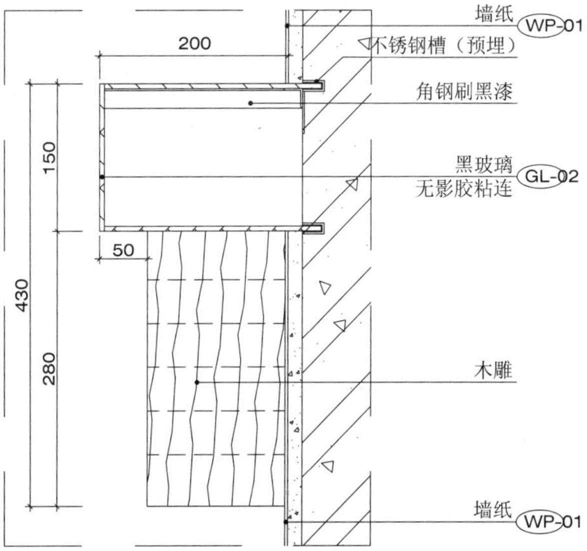

07
EL-03
DETAIL 1:5
水吧间剖面图

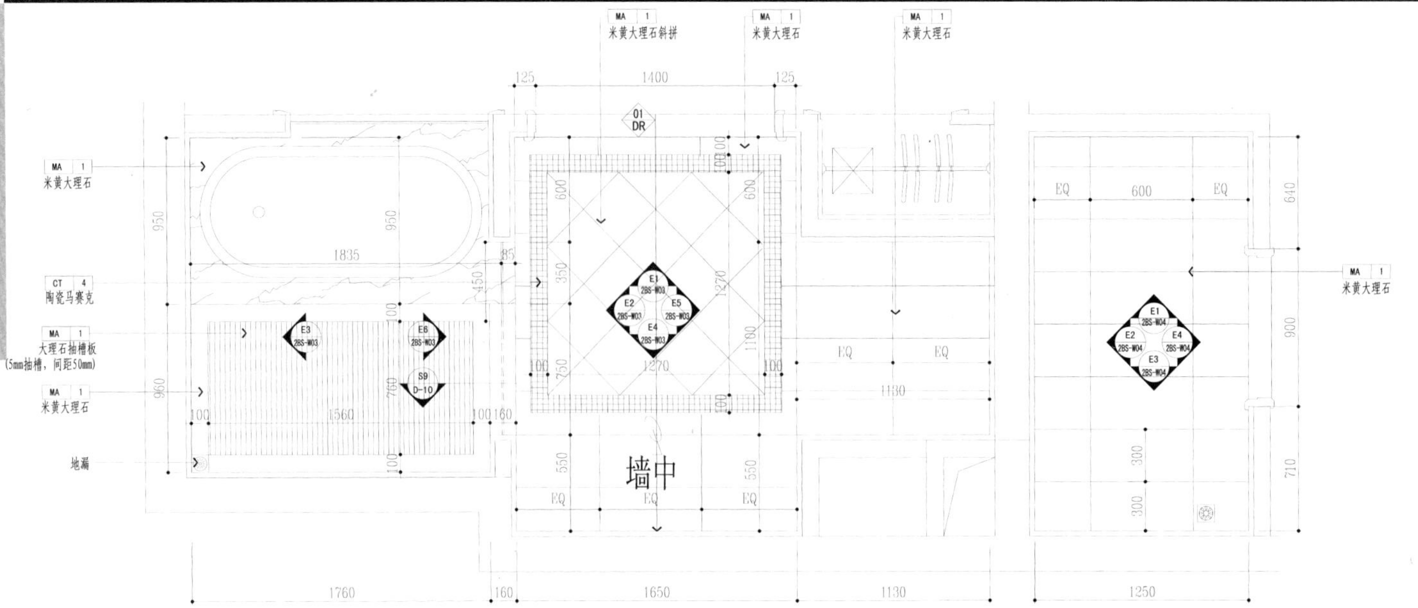

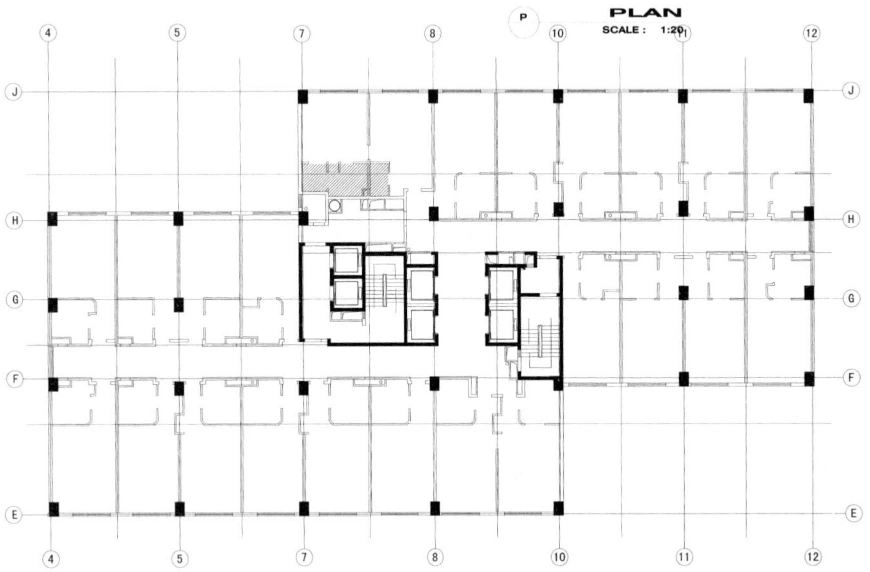

图标	图解
	排气格栅
	空调回风格栅
A/S	空调侧出风
	400*400检修口
	节能筒灯
	防潮筒灯
	防潮射灯
	射灯
	喇叭
Ⓟ	顶面喷淋
Ⓨ	烟感
	吊灯

▲WYYP-B622-1

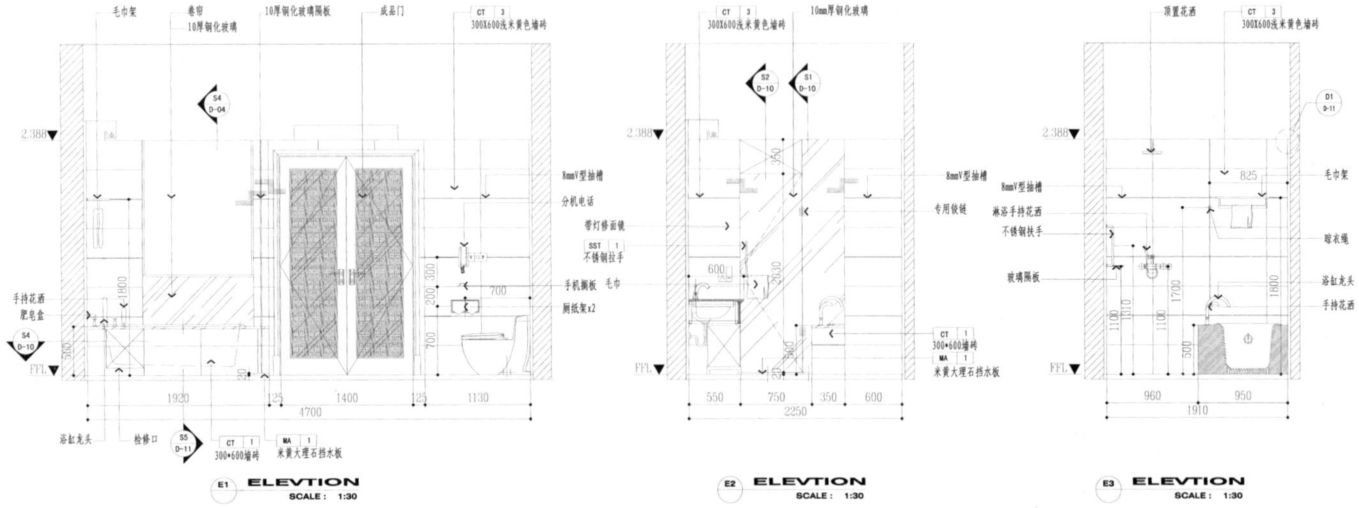

▲WYYP-B622-3

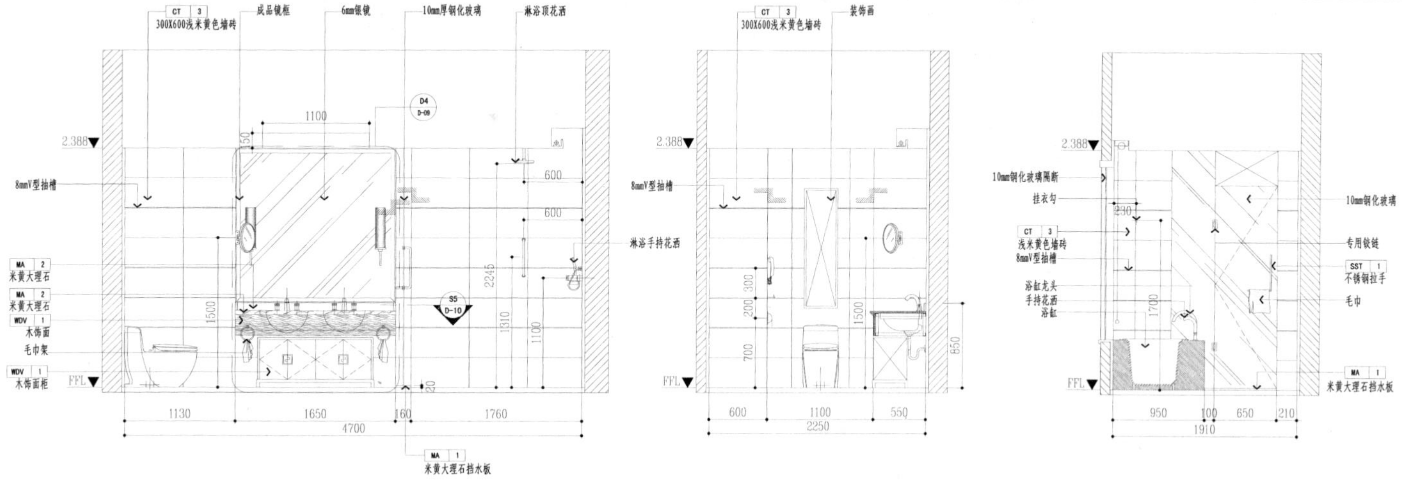

E4 **ELEVTION** SCALE： 1:30

E5 **ELEVTION** SCALE： 1:30

E6 **ELEVTION** SCALE： 1:30

▲WYYP-B621-2

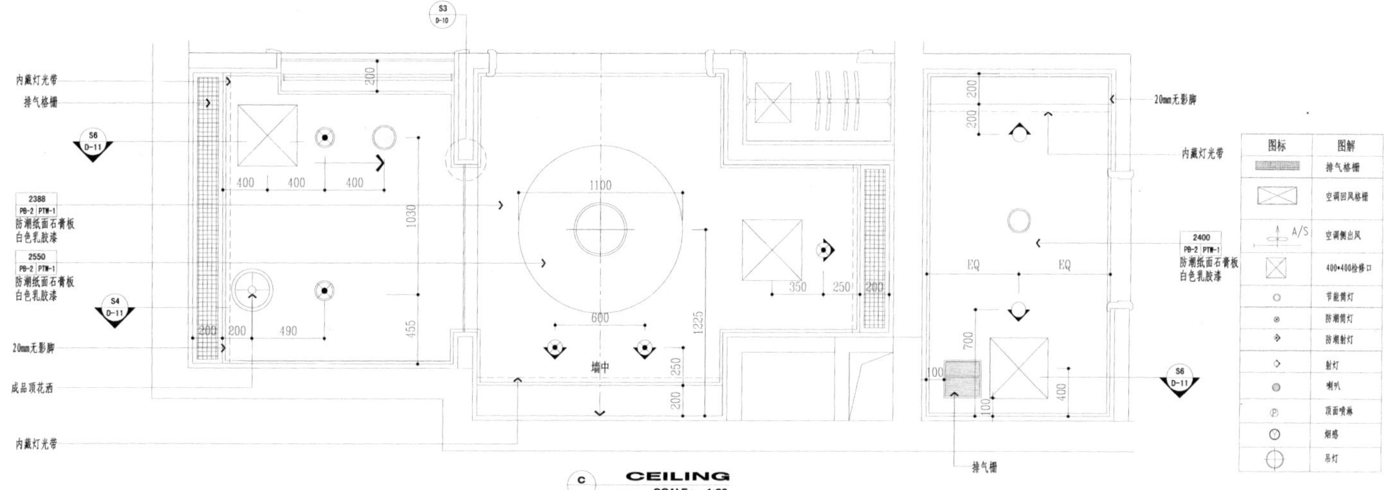

C **CEILING** SCALE： 1:20

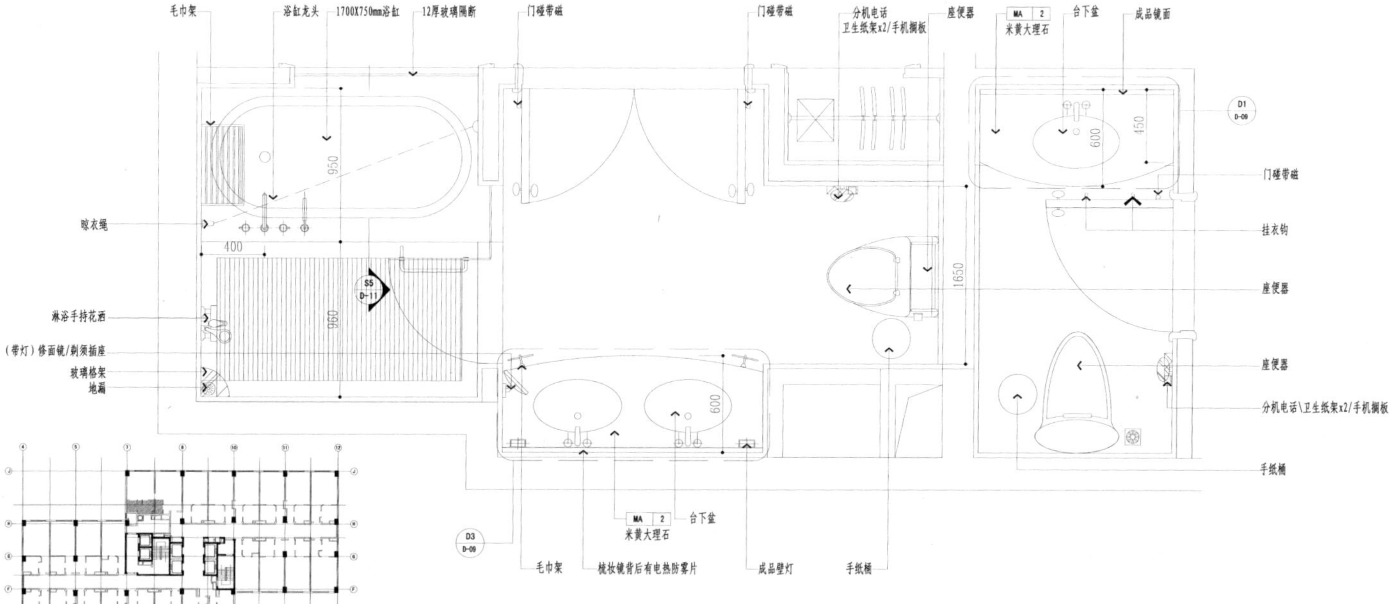

P **PLAN** SCALE： 1:20

▲WYYP-B622-2

本页解压密码: 84890846

卫浴用品

定制成品镜框线条
壁灯
零灯修面镜
6mm车边银镜
（后衬防雾贴片）
台盆水嘴
WDV 1 木饰面（横纹）
毛巾吊环
底柜（由家具公司深化设计）

零灯修面镜

ELEVATION
SCALE: 1:10

定制成品镜框线条
壁灯
零灯修面镜
6mm车边银镜
（后衬防雾贴片）
台盆水嘴
WDV 2 木饰面（横纹）
毛巾吊环
底柜（由家具公司深化设计）

ELEVATION
SCALE: 1:10

毛巾吊环
MA 2 大理石台面
台下盆
台盆水嘴
6mm车边银镜

DETAIL
SCALE: 1:10

毛巾吊环
MA 2 大理石台面
台下盆
台盆水嘴
6mm车边银镜

DETAIL
SCALE: 1:10

▲WYYP-B623-1

专用上门边胶条
淋浴间内
10厚钢化清玻璃
专用挡水胶条
MA 1 大理石挡水板

SECTION
SCALE: 1:2

双层防潮石膏板
定制成品镜框线条
台盆水嘴
MA 2 大理石台面
大理石挡水板
WDV 1/2 木饰面
成品专用夜灯
底柜 由家具公司深化设计

注：套房为有影麦哥利木饰面
标准间为白影木饰面

SECTION
SCALE: 1:10

定制成品镜框线条
6mm车边银镜
基层板

SECTION
SCALE: 1:1

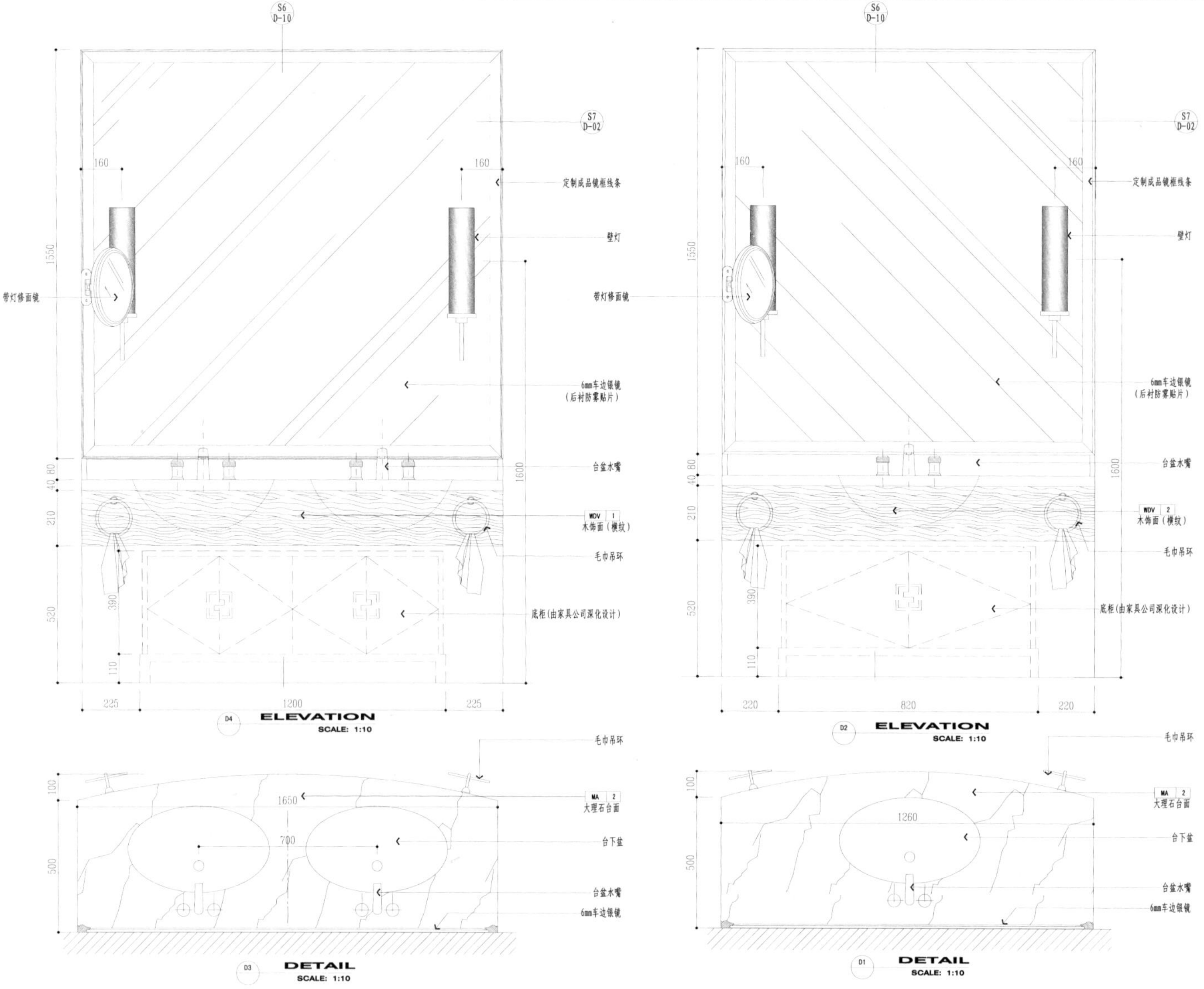

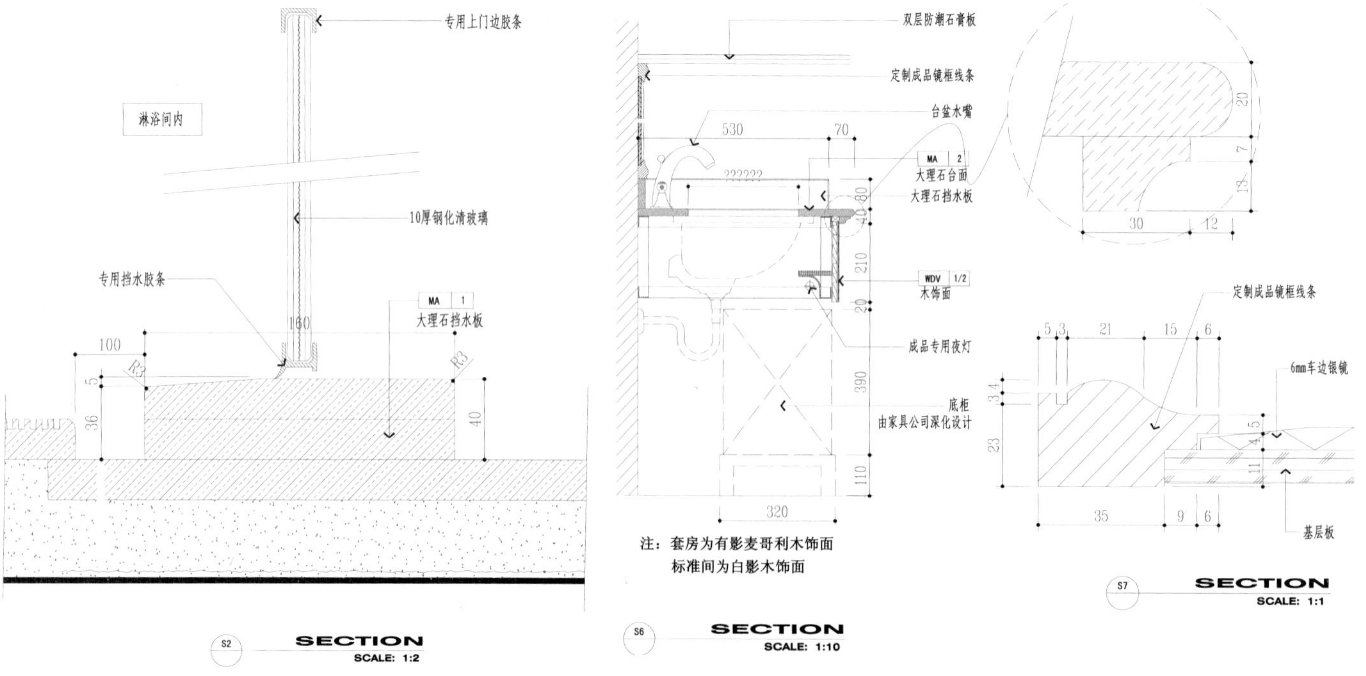

▲WYYP-B623-2

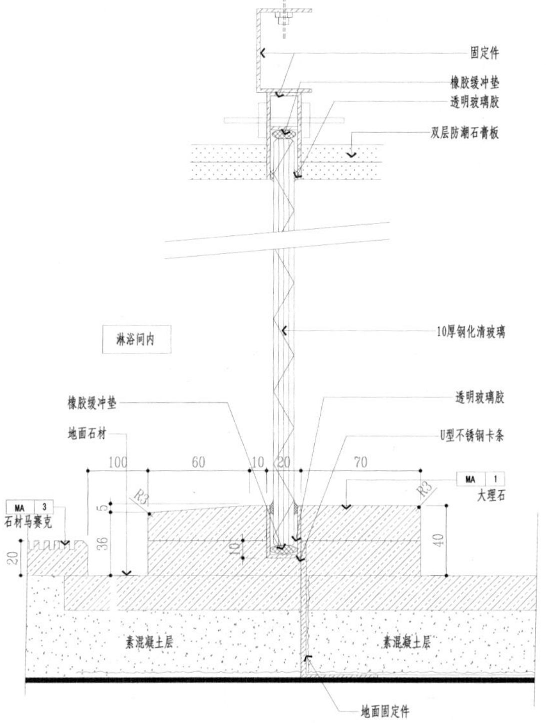

S1 SECTION SCALE: 1:2

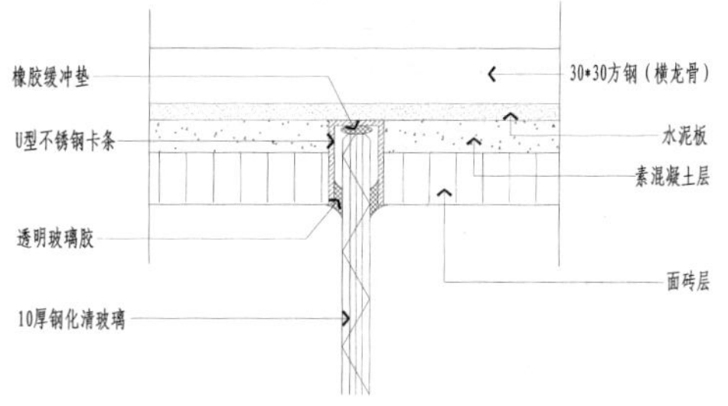

S3 SECTION SCALE: 1:2

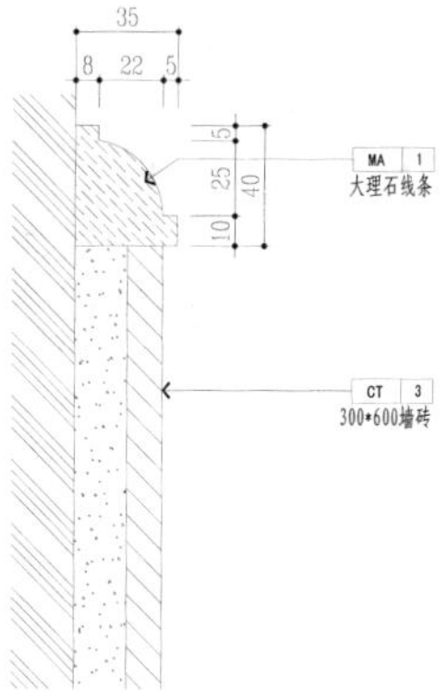

S5 SECTION SCALE: 1:2

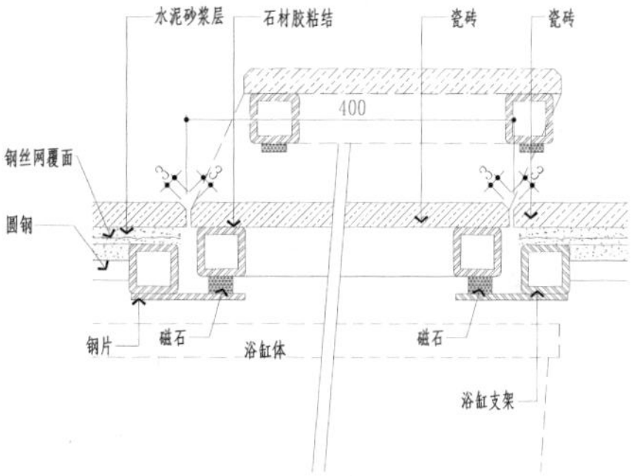

S4 SECTION SCALE: 1:2

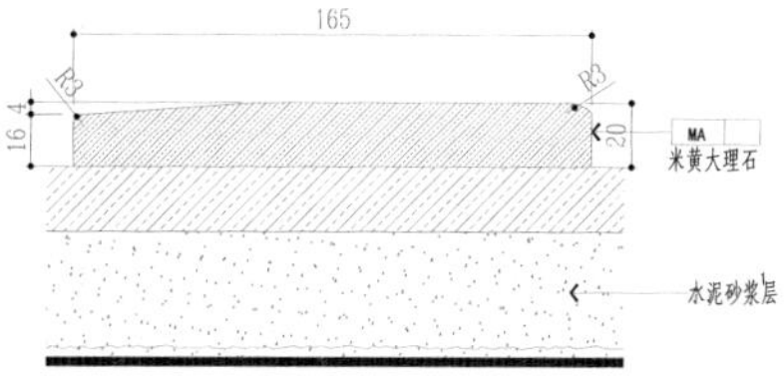

S9 SECTION SCALE: 1:2

▲WYYP-B623-2

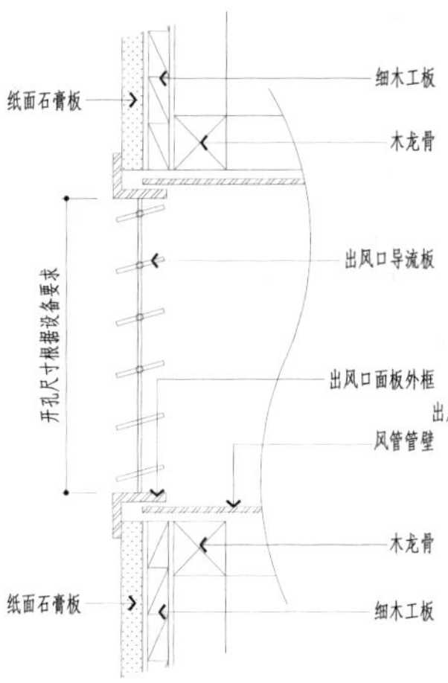

S3 SECTION SCALE: 1:3

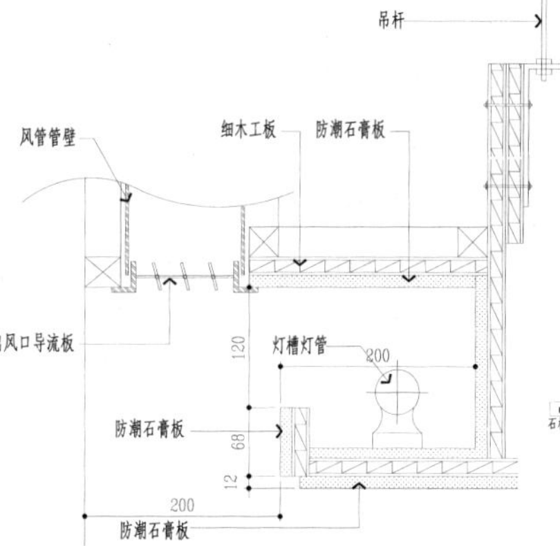

S4 SECTION SCALE: 1:5

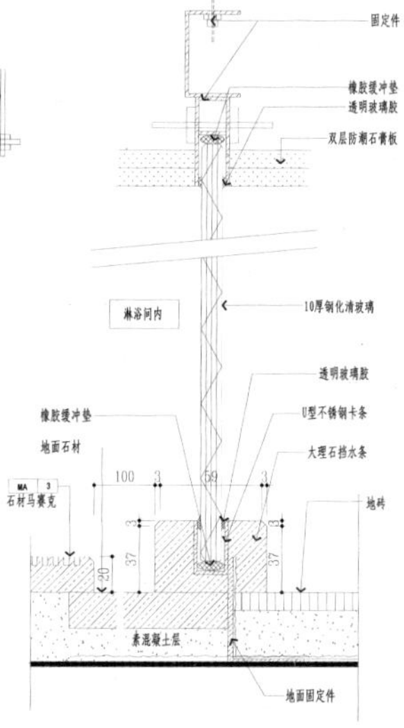

S1 SECTION SCALE: 1:2

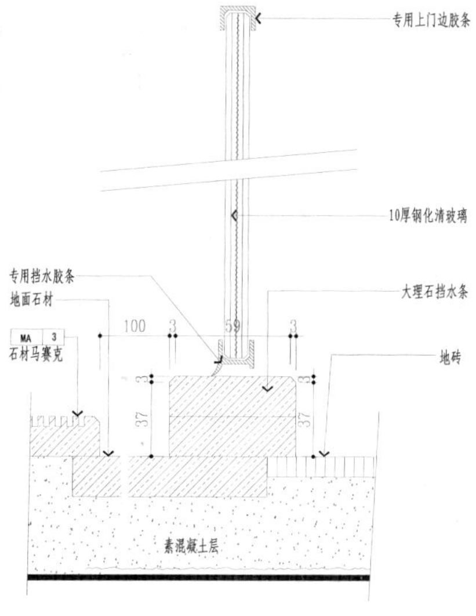

S2 SECTION SCALE: 1:2

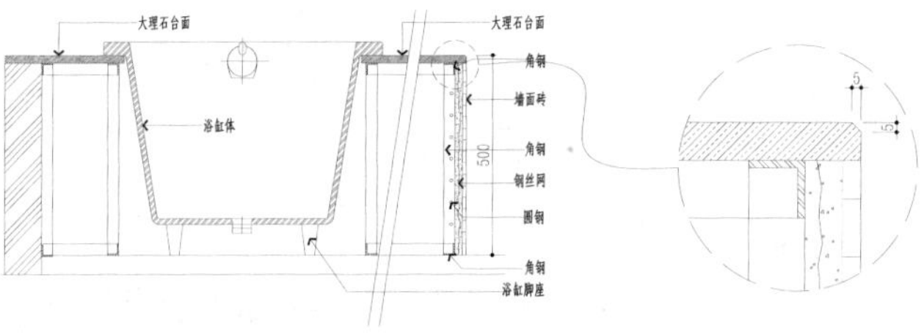

S5 SECTION SCALE: 1:10

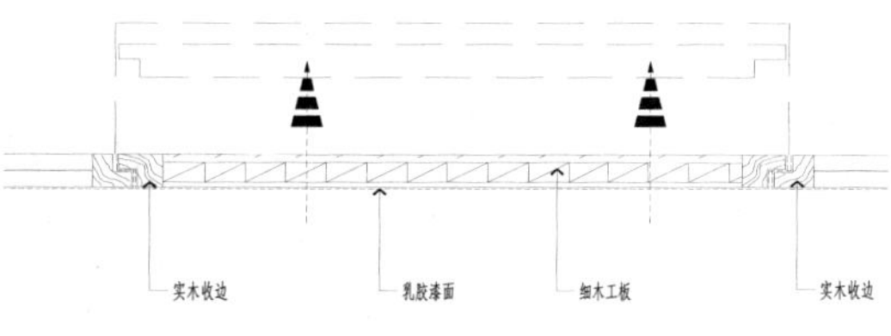

S6 SECTION SCALE: 1:3

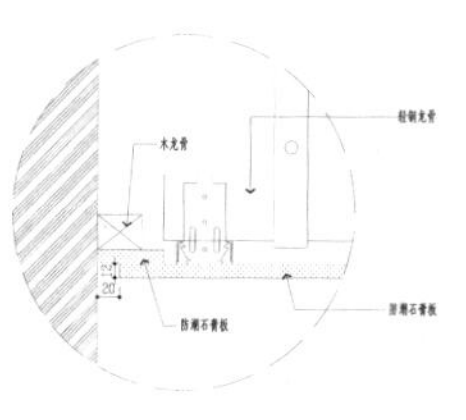

S1 SECTION SCALE: 1:3

▲WYYP-B623-3

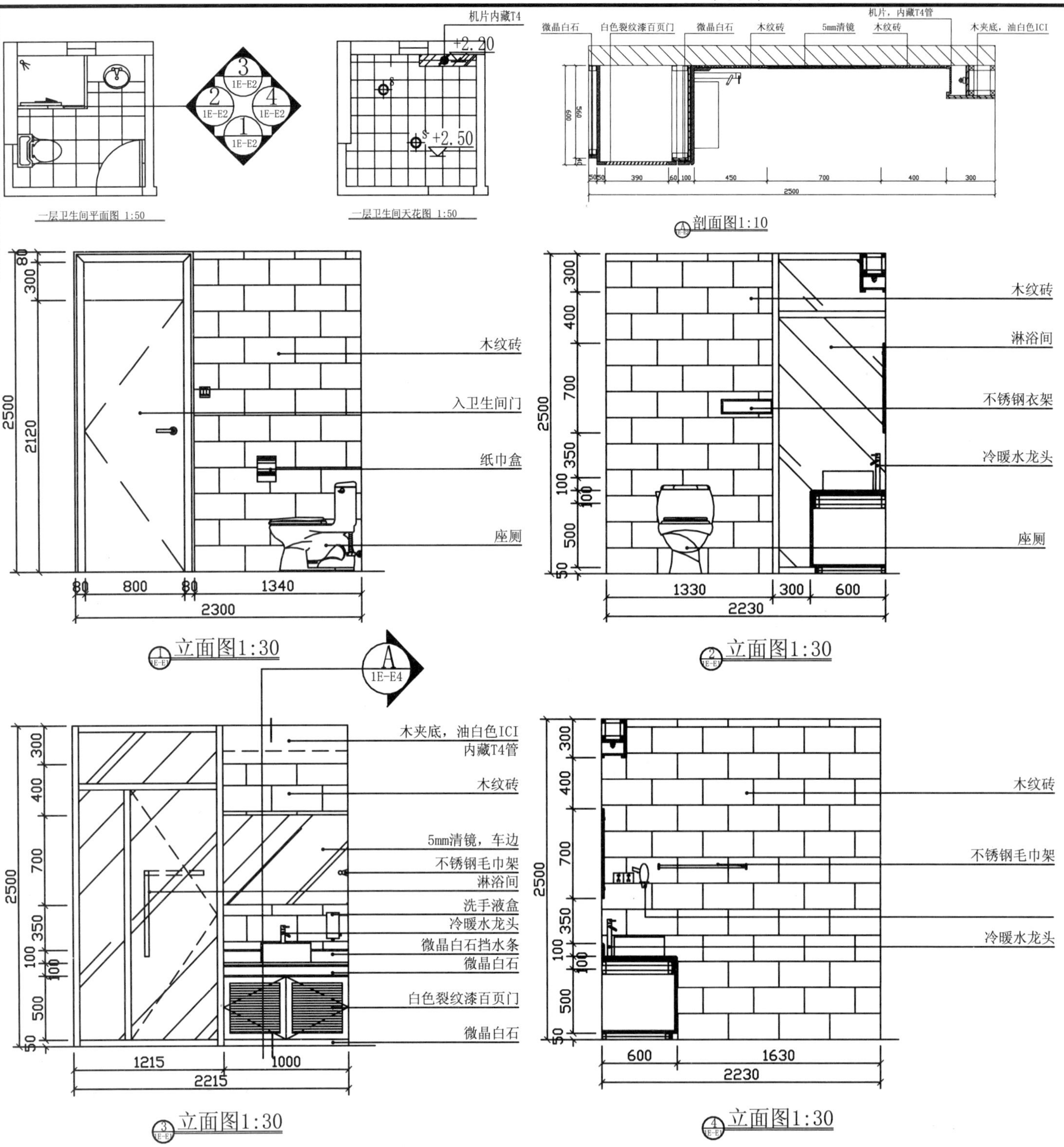
一层卫生间平面图 1:50
一层卫生间天花图 1:50
机片内藏T4
+2.20
+2.50
微晶白石
白色裂纹漆百页门
微晶白石
木纹砖
5mm清镜
机片，内藏T4管
木纹砖
木夹底，油白色ICI
剖面图1:10
立面图1:30
木纹砖
入卫生间门
纸巾盒
座厕
2500
2120
80
800
1340
2300
木纹砖
淋浴间
不锈钢衣架
冷暖水龙头
座厕
1330
300
600
2230
木夹底，油白色ICI
内藏T4管
木纹砖
5mm清镜，车边
不锈钢毛巾架
淋浴间
洗手液盒
冷暖水龙头
微晶白石挡水条
微晶白石
白色裂纹漆百页门
微晶白石
1215
1000
2215
木纹砖
不锈钢毛巾架
冷暖水龙头
1630
2230

▲WYYP-B624

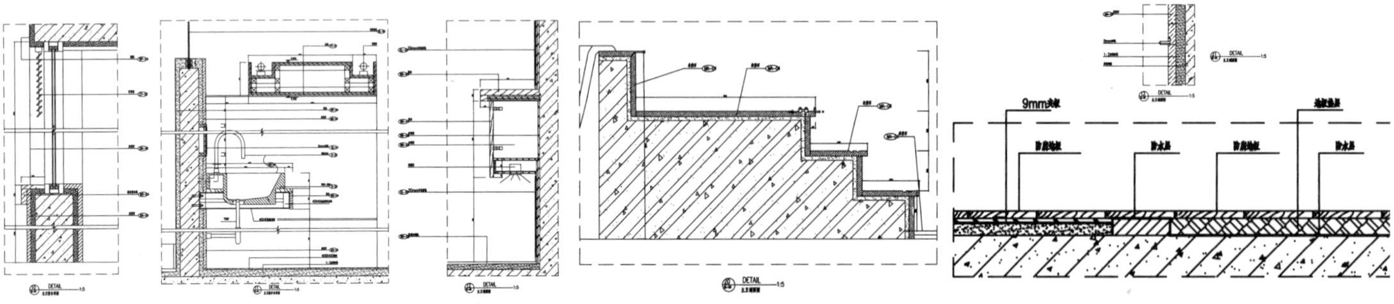

▲WYYP-B625

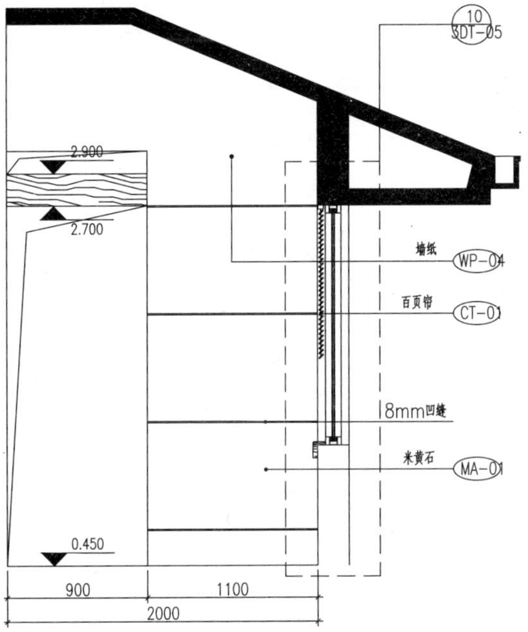

3F14A ELEVATION 1:30
主卫立面D

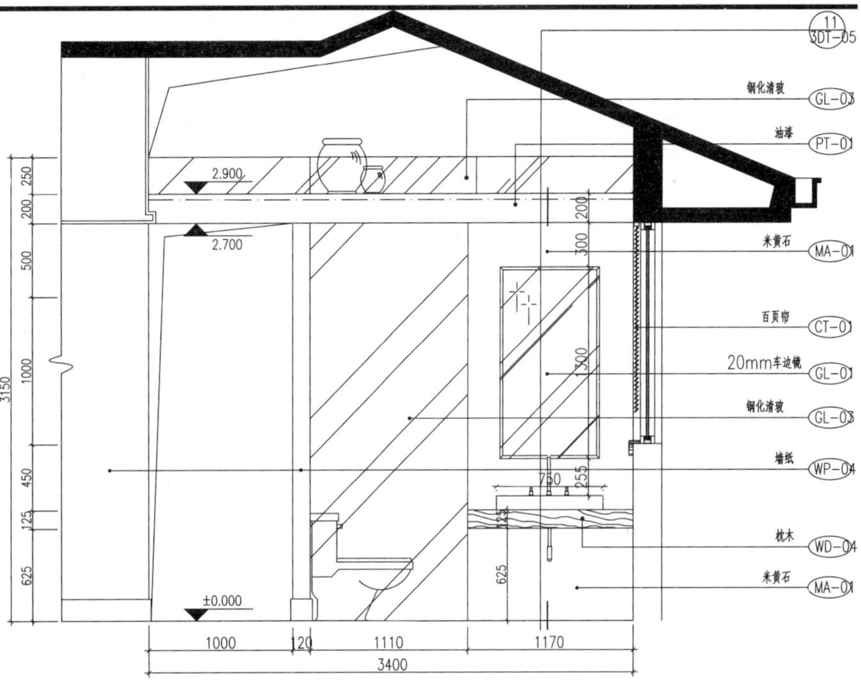

3F14 ELEVATION 1:30
主卫立面D

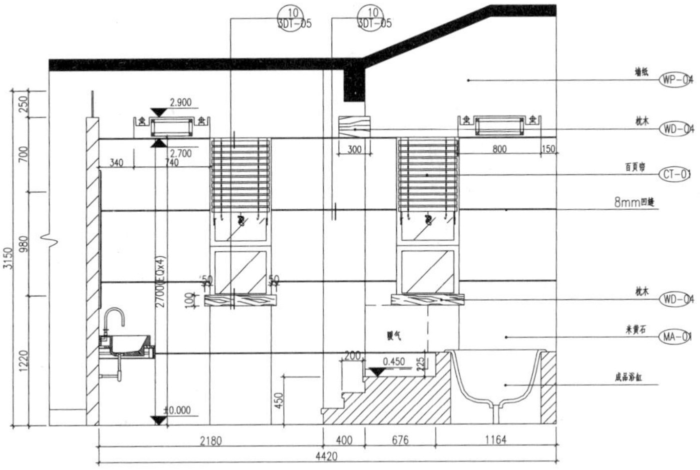

3F13 ELEVATION 1:30
主卫立面D

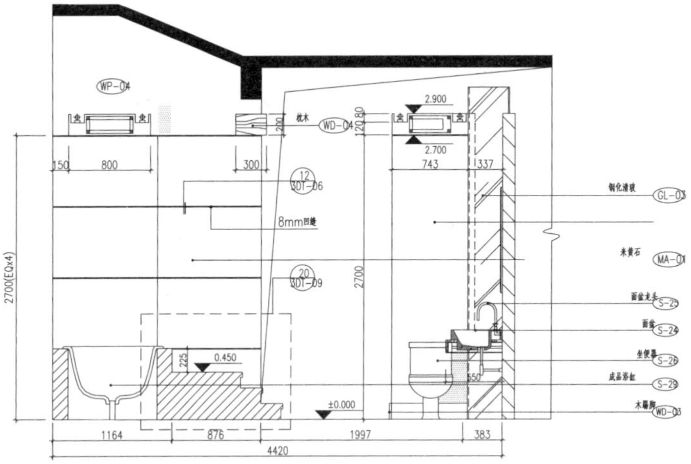

3F15 ELEVATION 1:30
主卫立面D

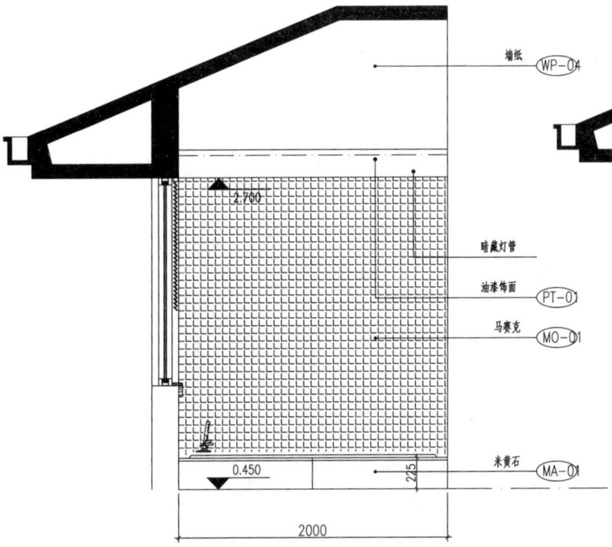

3F16A ELEVATION 1:30
主卫立面D

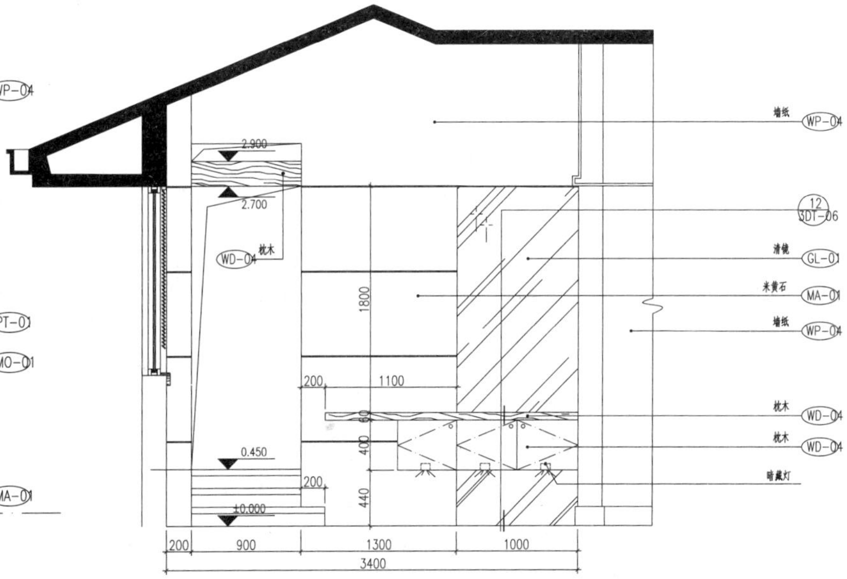

3F16 ELEVATION 1:30
主卫立面D

▲CFYJ001

▲CFYJ002

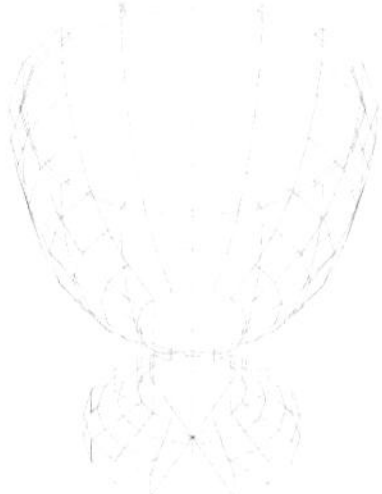
▲CFYJ003

▲CFYJ004

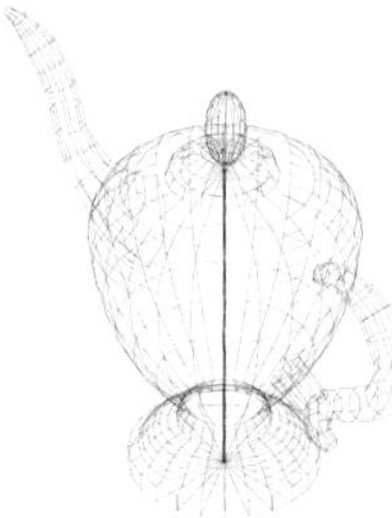
▲CFYJ005

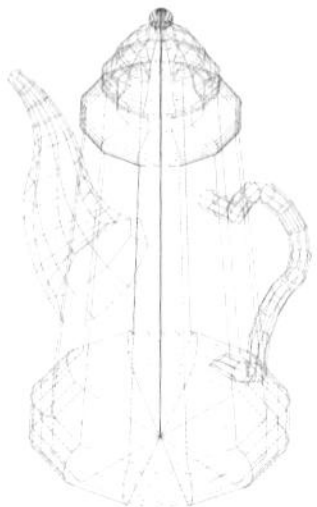
▲CFYJ006

▲CFYJ007

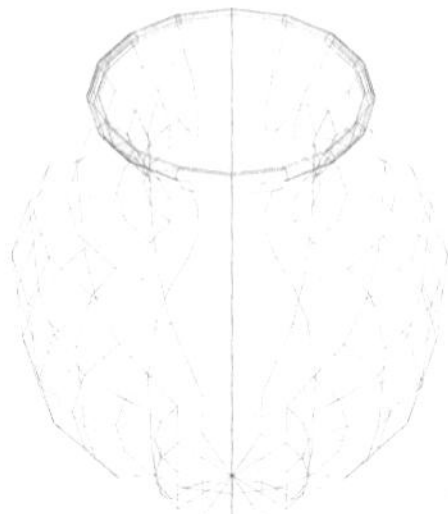
▲CFYJ008

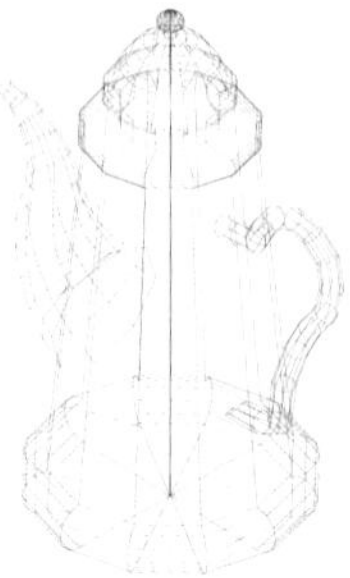
▲CFYJ009

▲CFYJ010

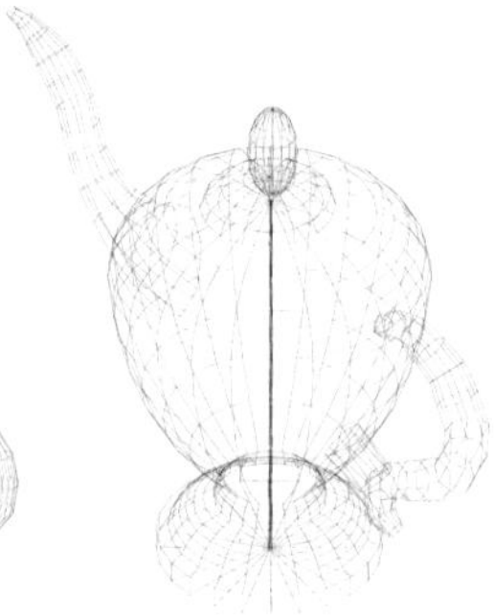
▲CFYJ011

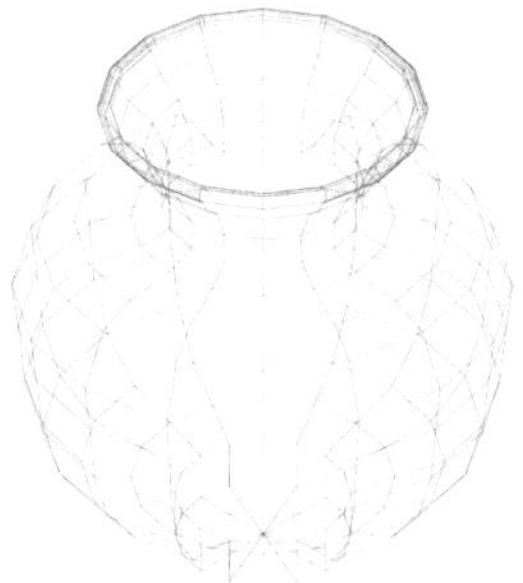
▲CFYJ012

▲CFYJ013

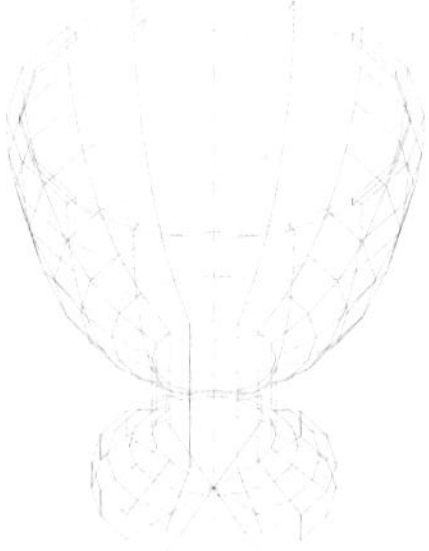
▲CFYJ014

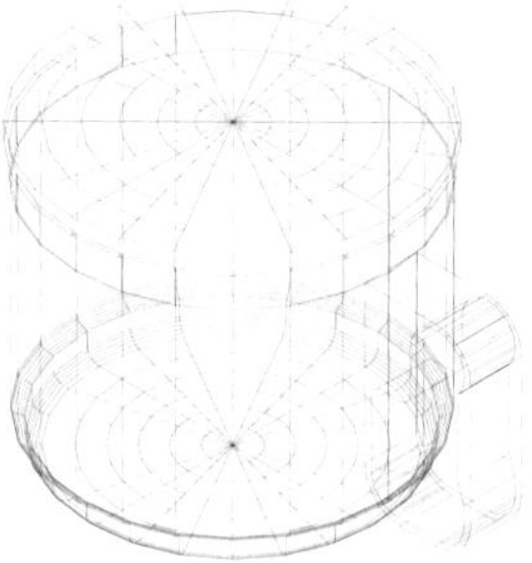
▲CFYJ015

▲CFYJ016

▲CFYJ017

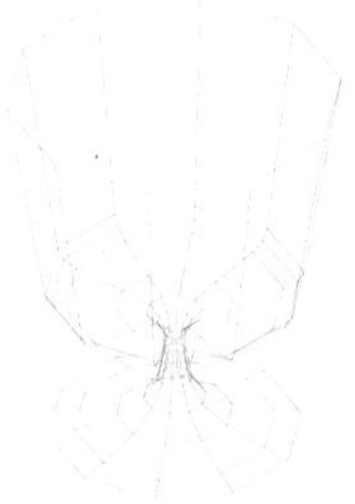
▲CFYJ018

▲CFYJ019

▲CFYJ020

▲CFYJ021

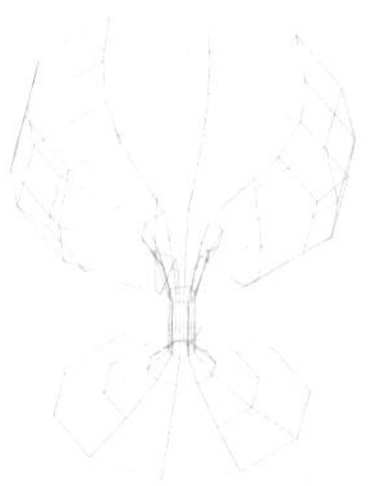
▲CFYJ022

▲CFYJ023

▲CFYJ024

▲CFYJ025

▲CFYJ026

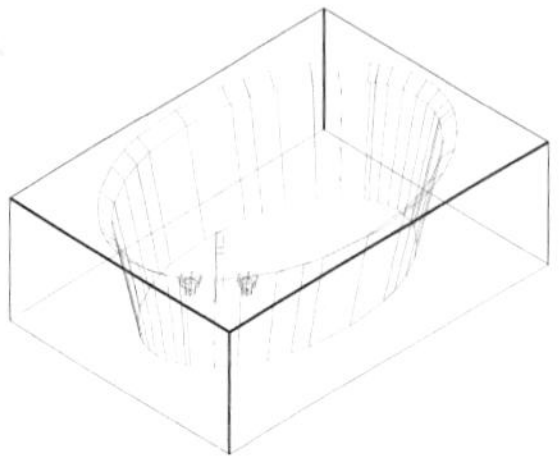
▲CFYJ027

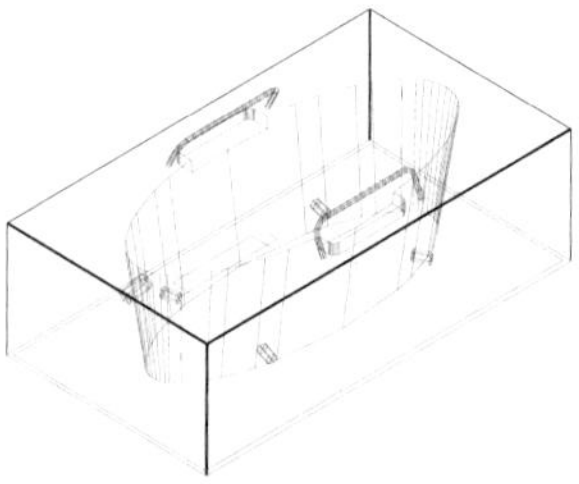
▲CFYJ028

▲CFYJ029

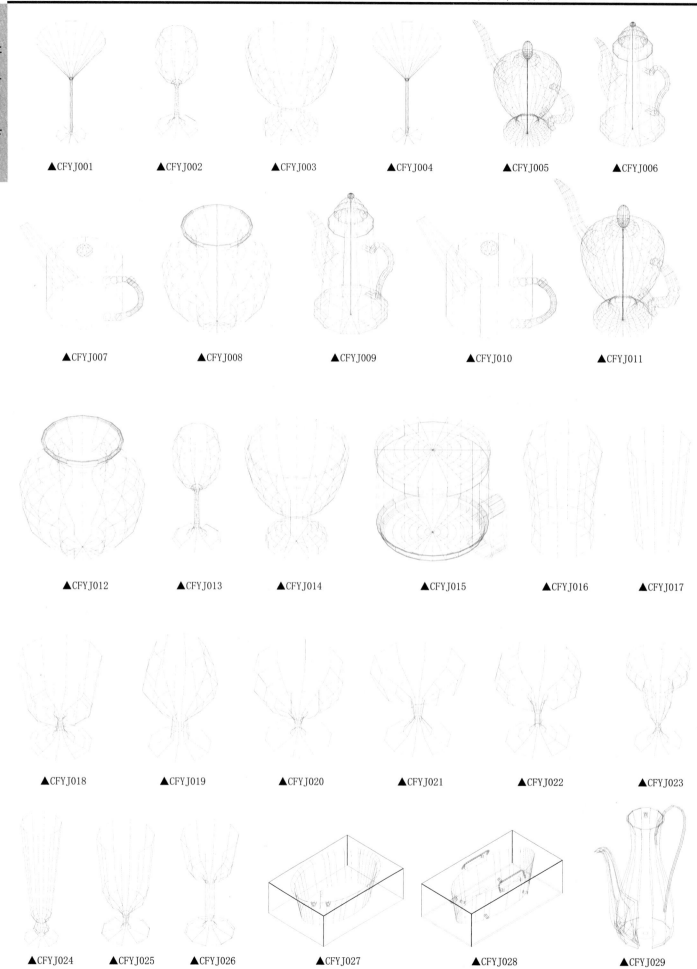

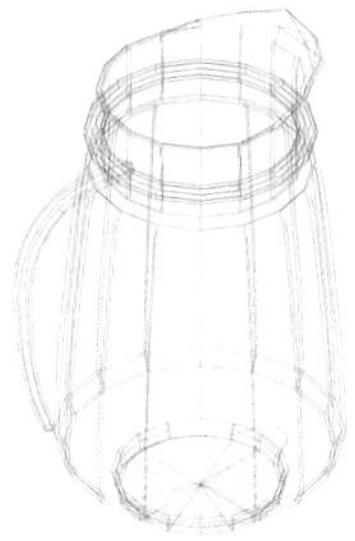
▲CFYJ030

▲CFYJ031

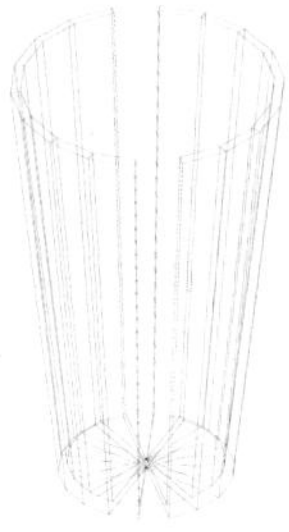
▲CFYJ032

▲CFYJ033

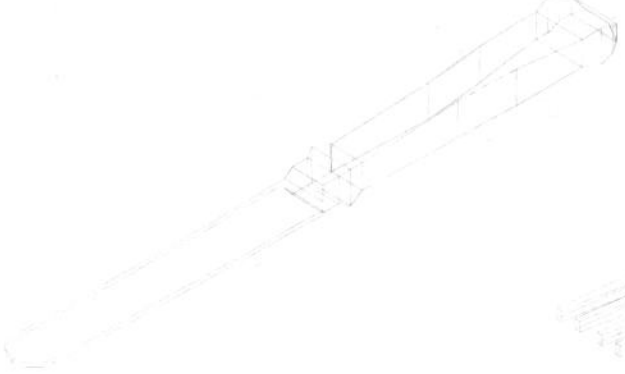
▲CFYJ034

▲CFYJ035

▲CFYJ036

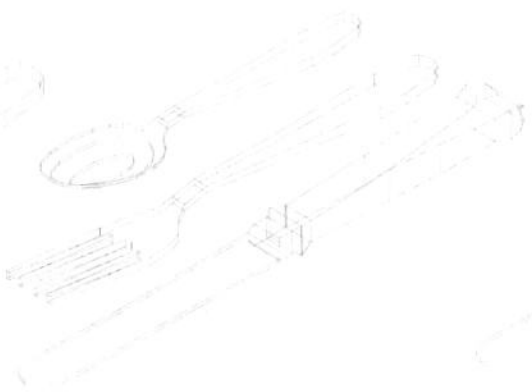
▲CFYJ037

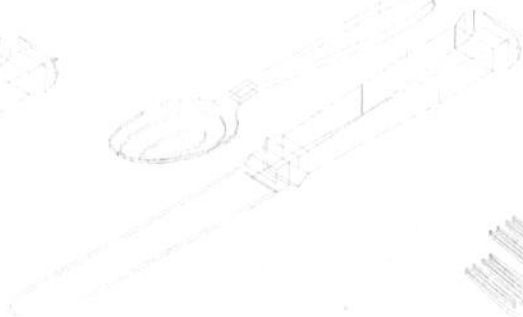
▲CFYJ038

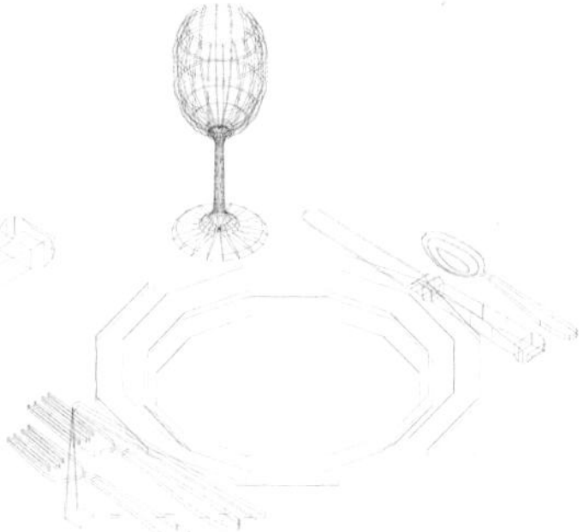
▲CFYJ039

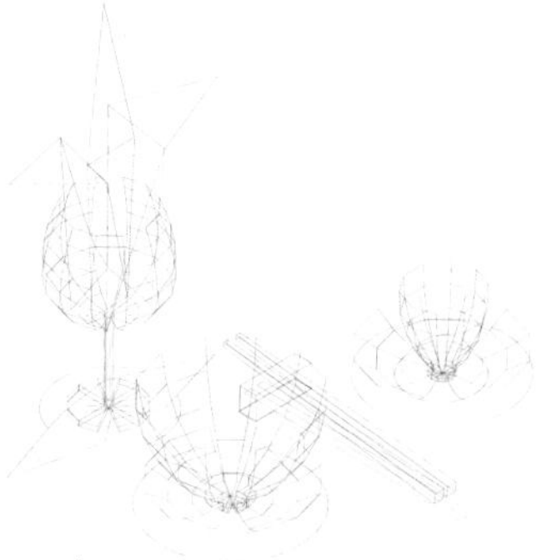
▲CFYJ040

▲CFYJ041

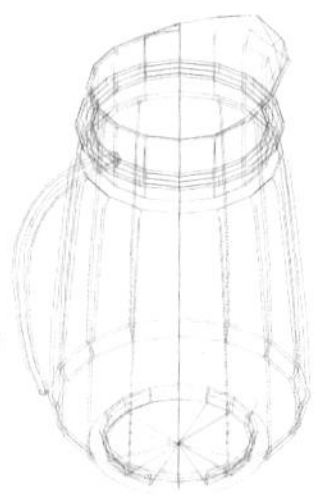
▲CFYJ042

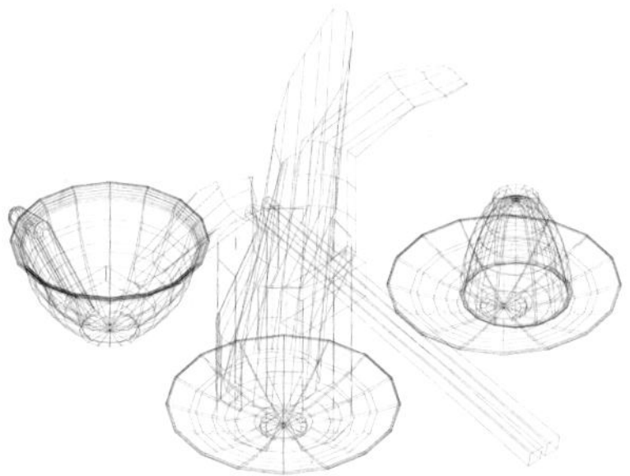
▲CFYJ043

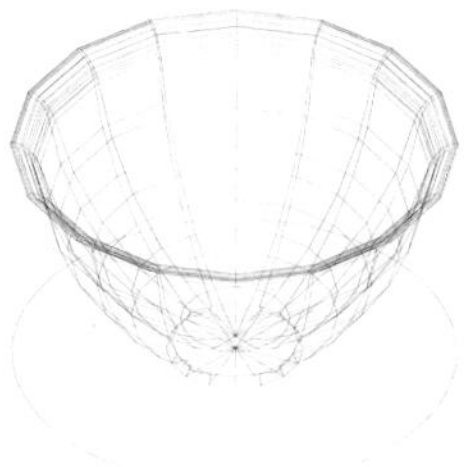
▲CFYJ044

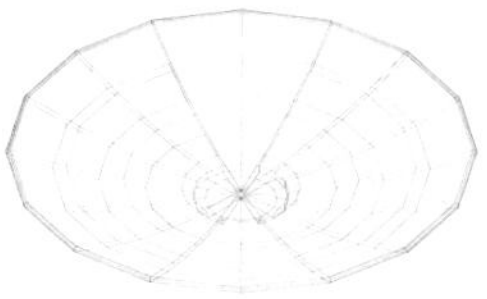
▲CFYJ045

▲CFYJ046

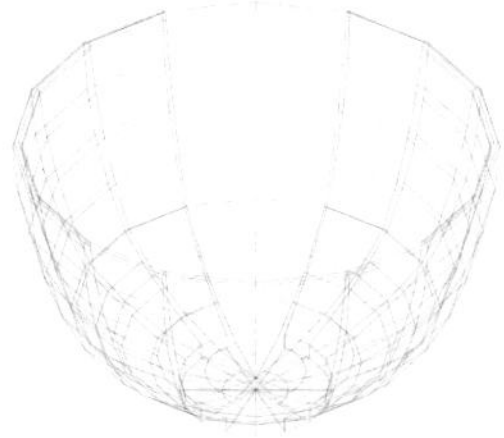
▲CFYJ047

▲CFYJ048

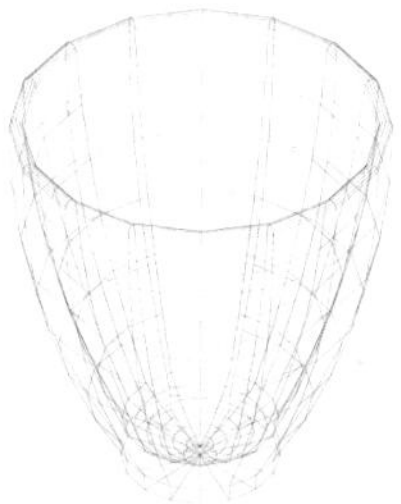
▲CFYJ049

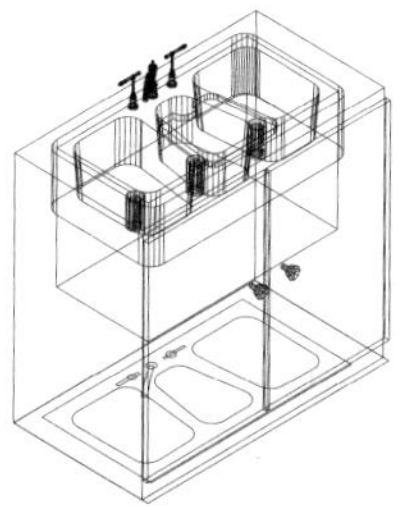
▲CFYJ050

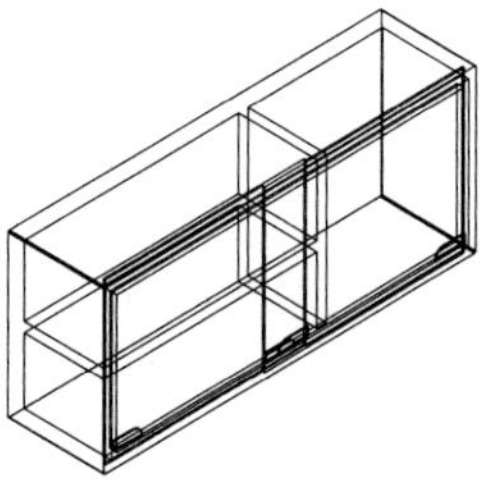
▲CFYJ051

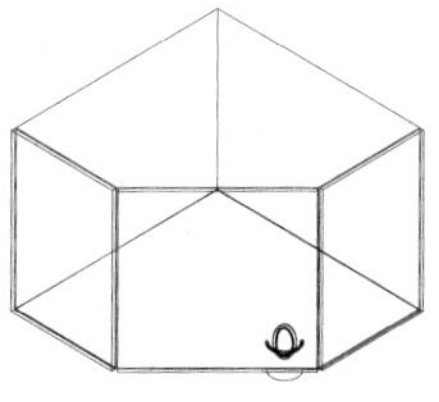
▲CFYJ052

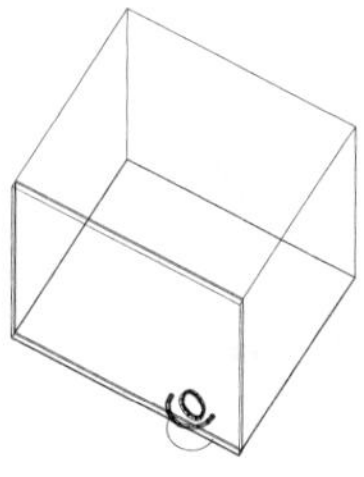
▲CFYJ053

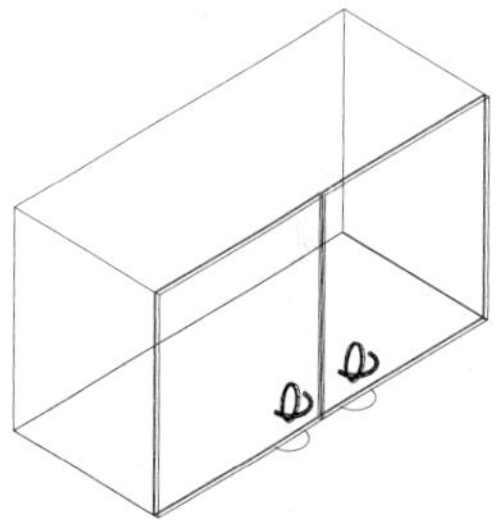
▲CFYJ054

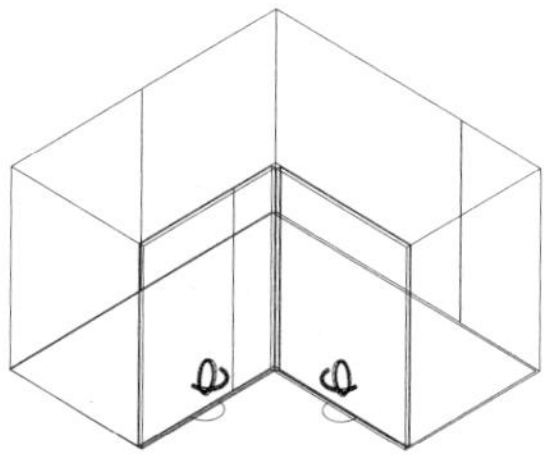
▲CFYJ055

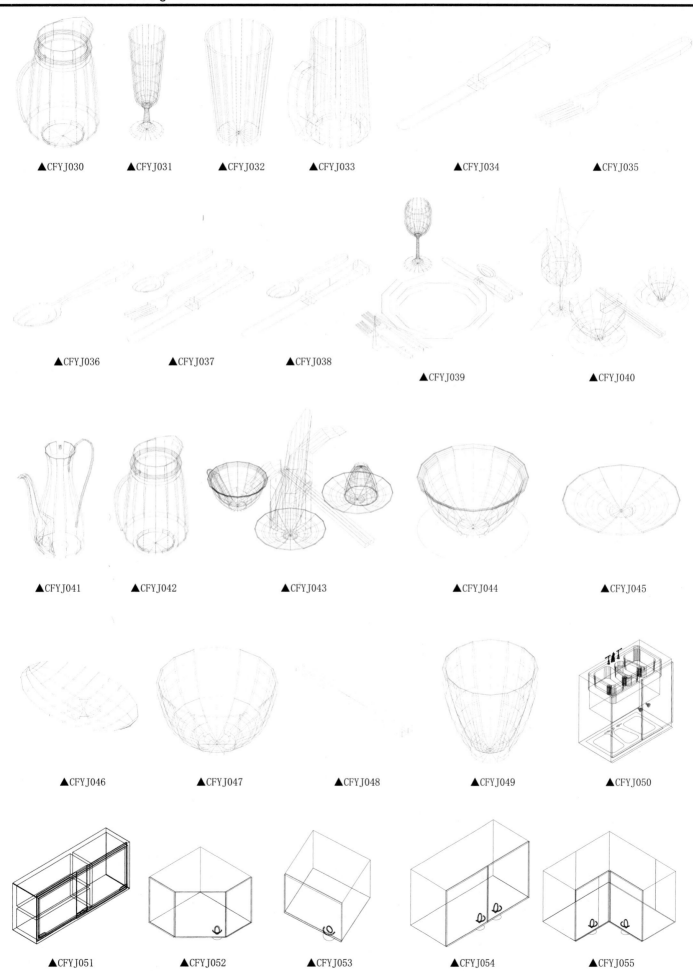

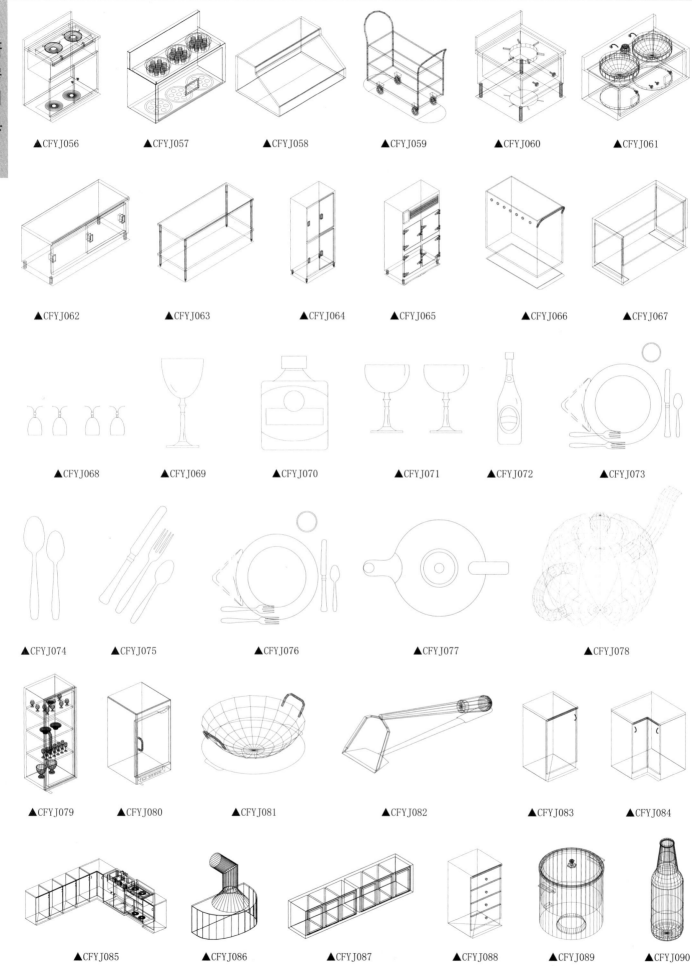

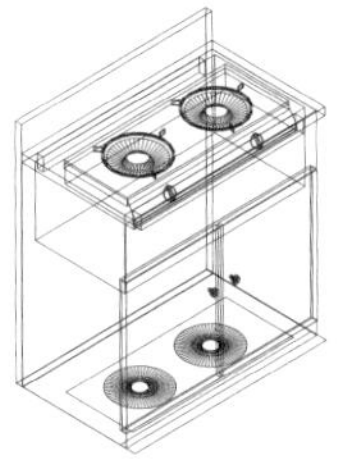
▲CFYJ056

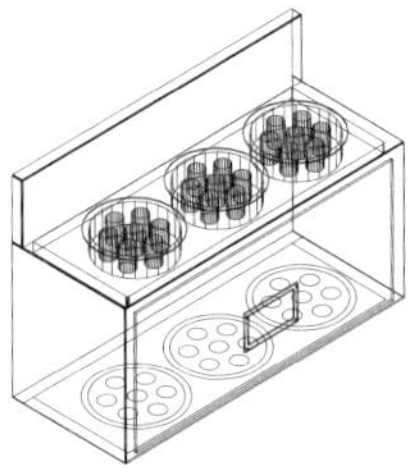
▲CFYJ057

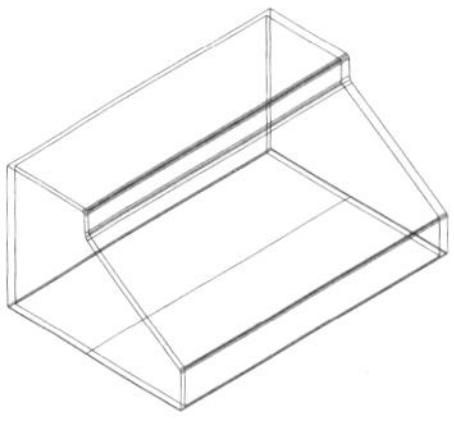
▲CFYJ058

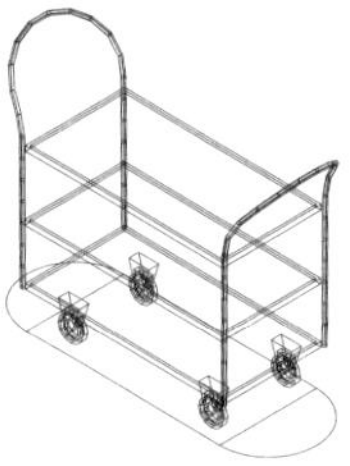
▲CFYJ059

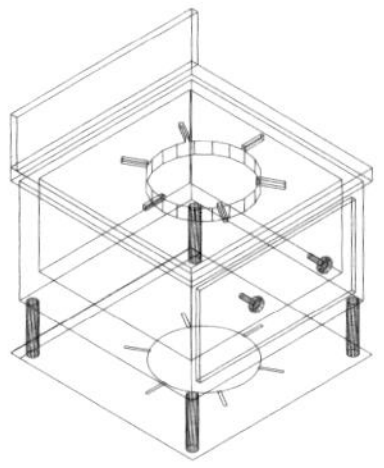
▲CFYJ060

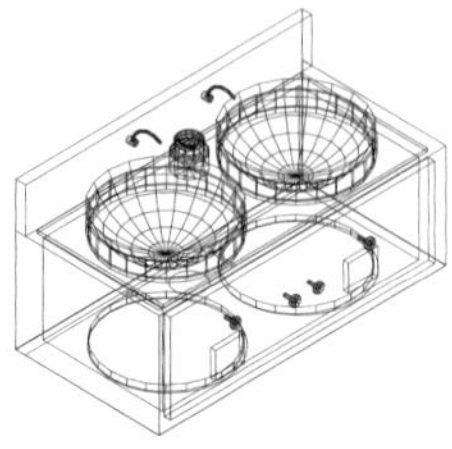
▲CFYJ061

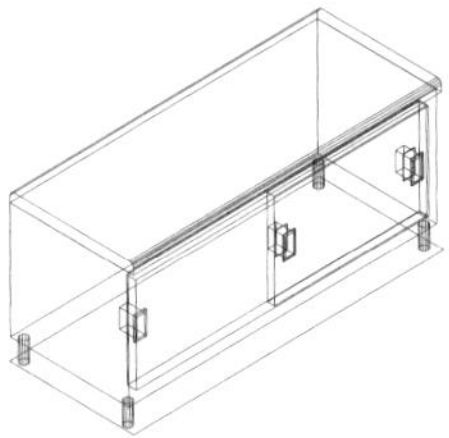
▲CFYJ062

▲CFYJ063

▲CFYJ064

▲CFYJ065

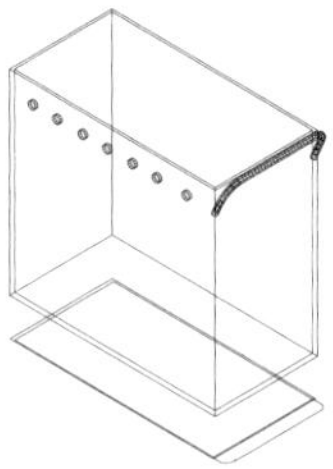
▲CFYJ066

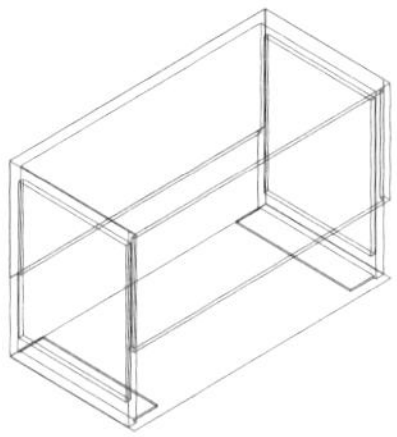
▲CFYJ067

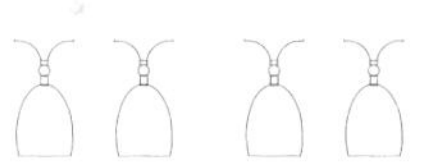
▲CFYJ068

▲CFYJ069

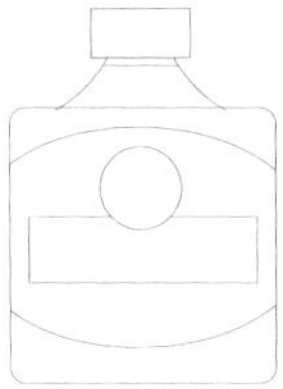
▲CFYJ070

▲CFYJ071

▲CFYJ072

▲CFYJ073

▲CFYJ074

▲CFYJ075

▲CFYJ076

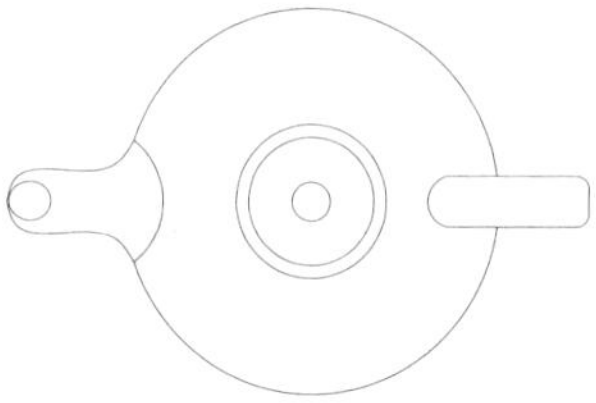
▲CFYJ077

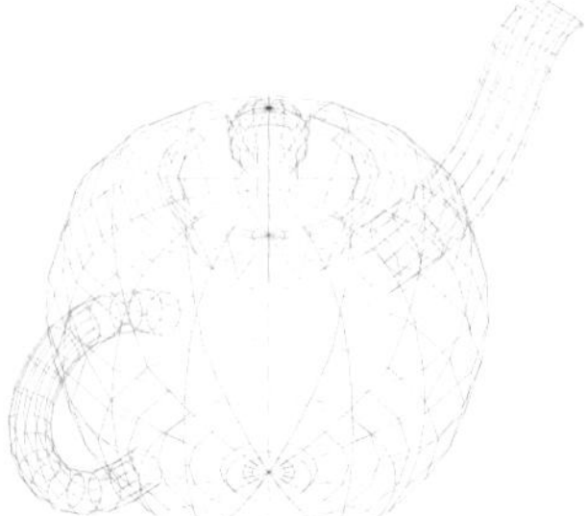
▲CFYJ078

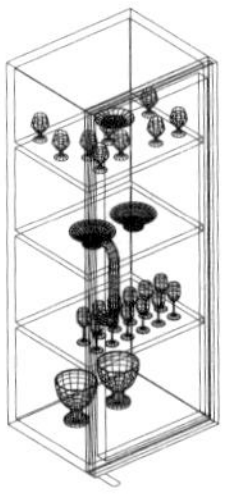
▲CFYJ079

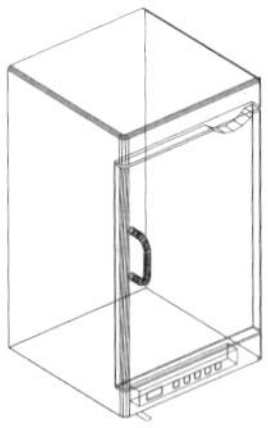
▲CFYJ080

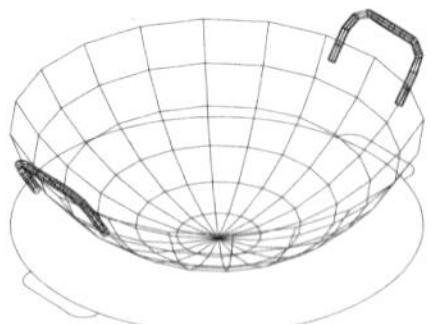
▲CFYJ081

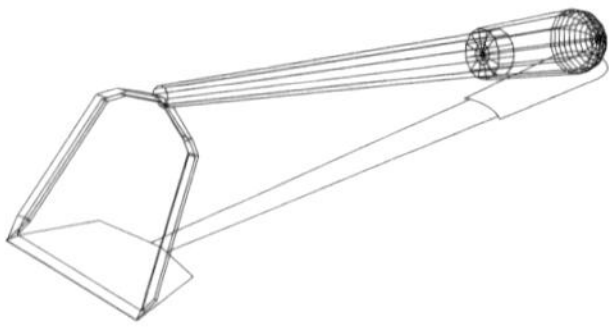
▲CFYJ082

▲CFYJ083

▲CFYJ084

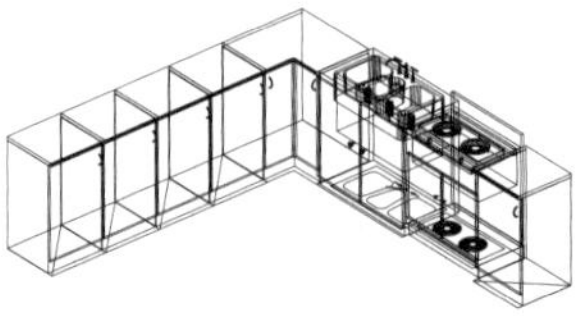
▲CFYJ085

▲CFYJ086

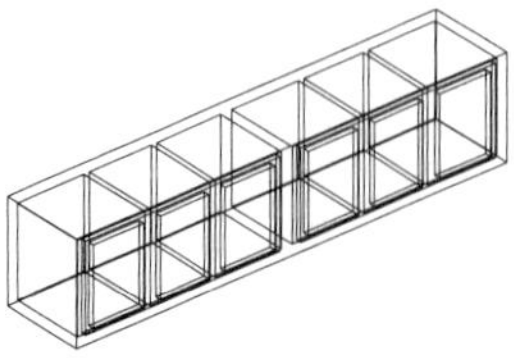
▲CFYJ087

▲CFYJ088

▲CFYJ089

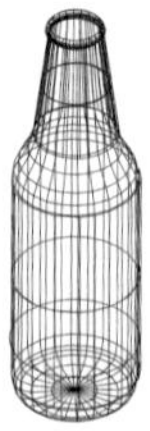
▲CFYJ090

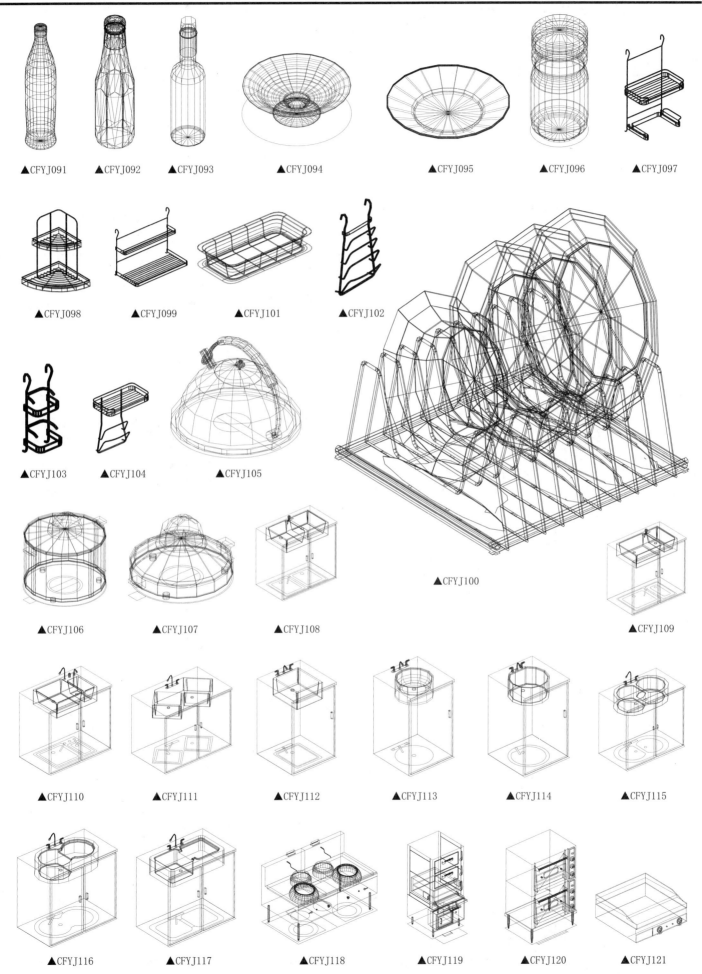

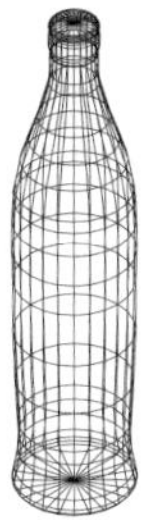
▲CFYJ091

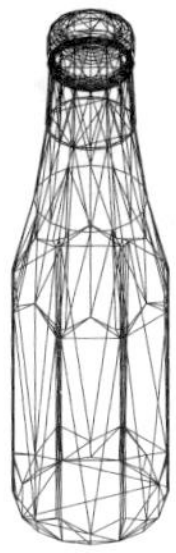
▲CFYJ092

▲CFYJ093

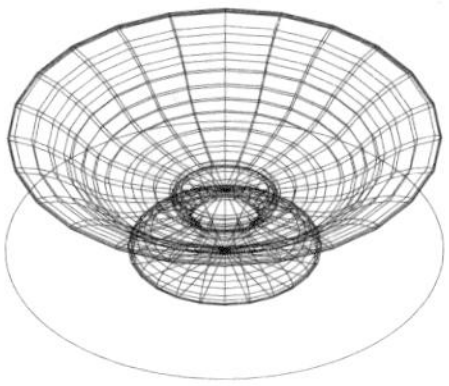
▲CFYJ094

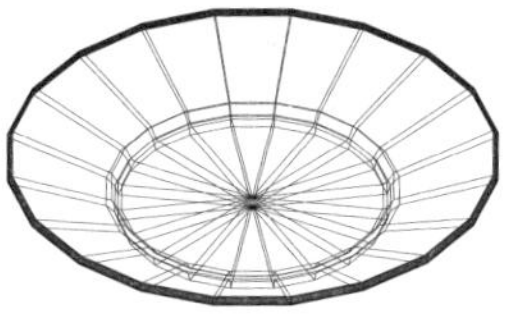
▲CFYJ095

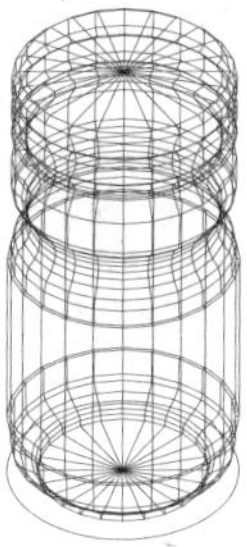
▲CFYJ096

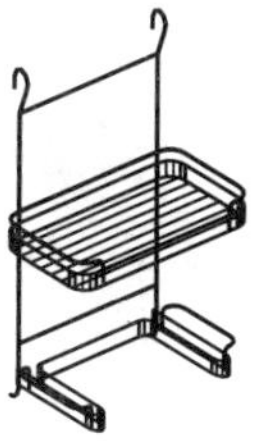
▲CFYJ097

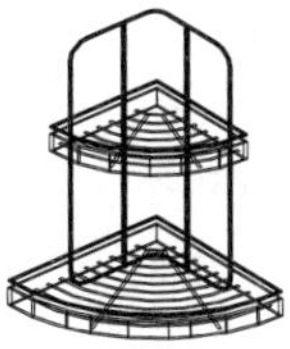
▲CFYJ098

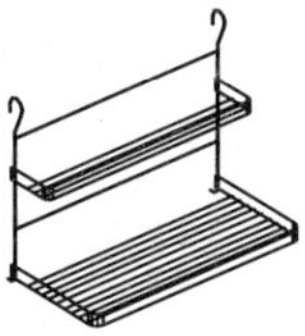
▲CFYJ099

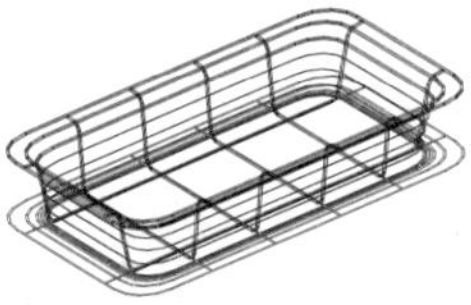
▲CFYJ101

▲CFYJ102

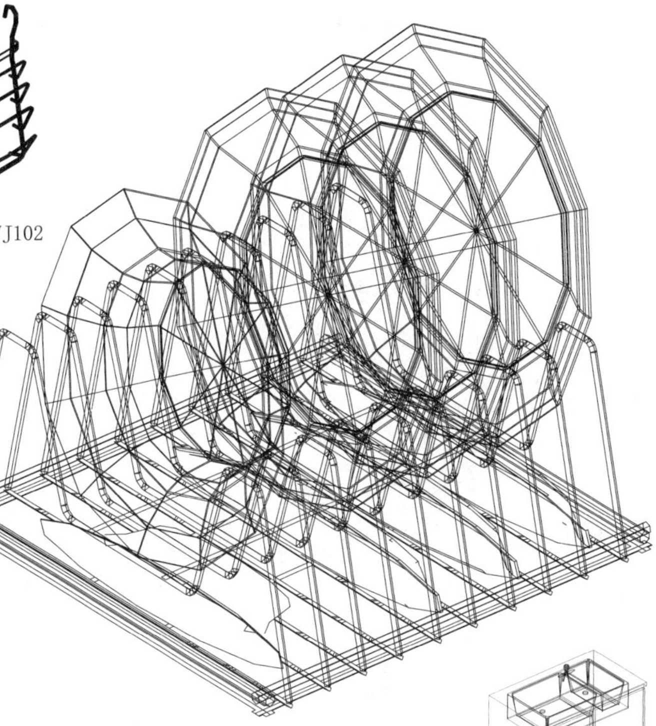
▲CFYJ100

▲CFYJ103

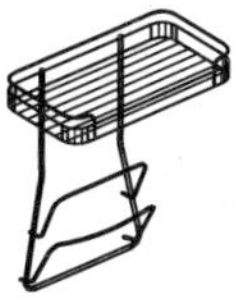
▲CFYJ104

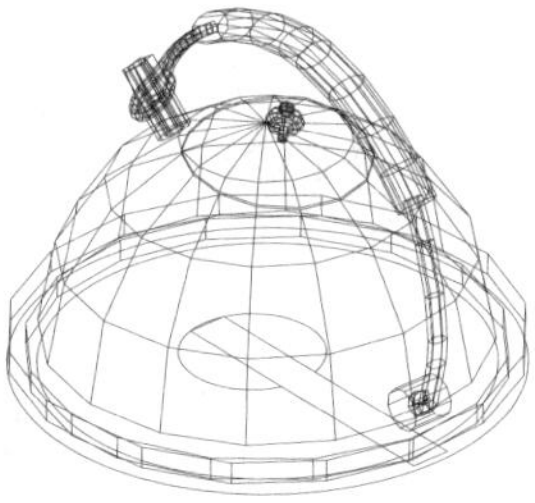
▲CFYJ105

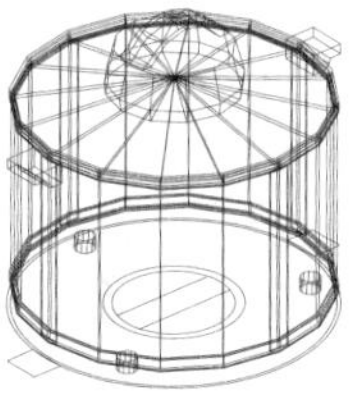
▲CFYJ106

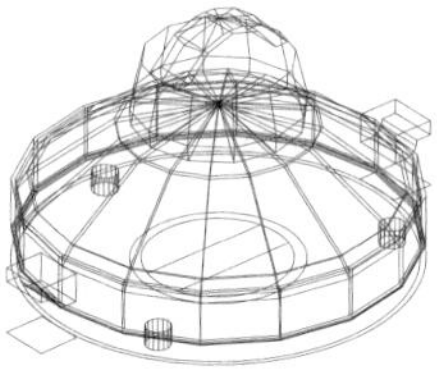
▲CFYJ107

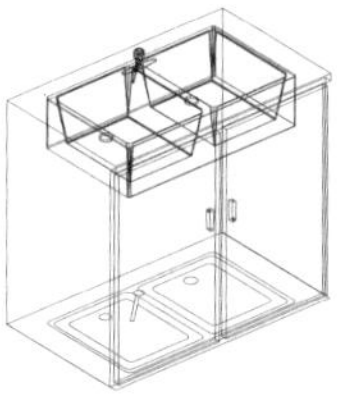
▲CFYJ108

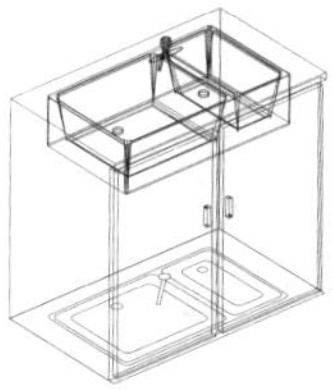
▲CFYJ109

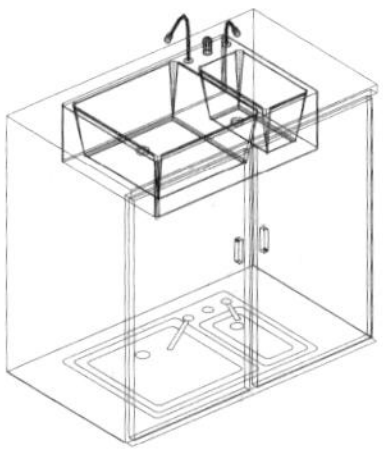
▲CFYJ110

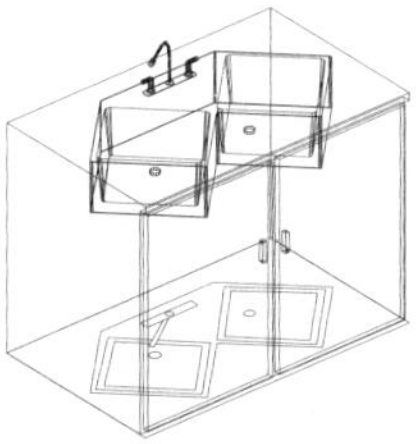
▲CFYJ111

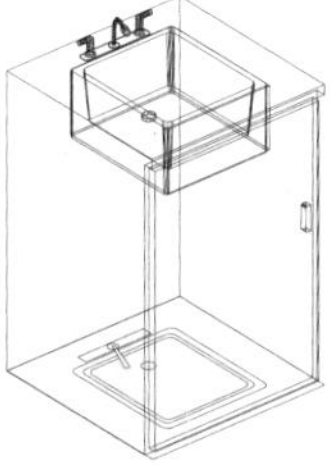
▲CFYJ112

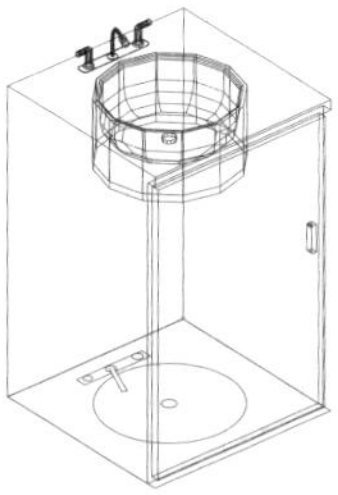
▲CFYJ113

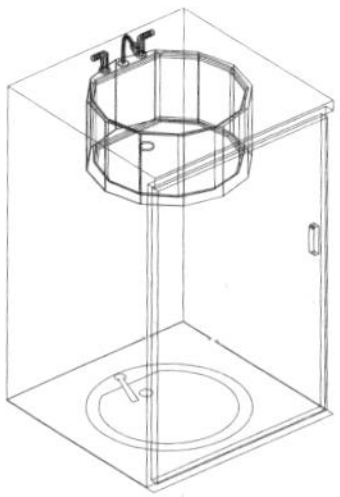
▲CFYJ114

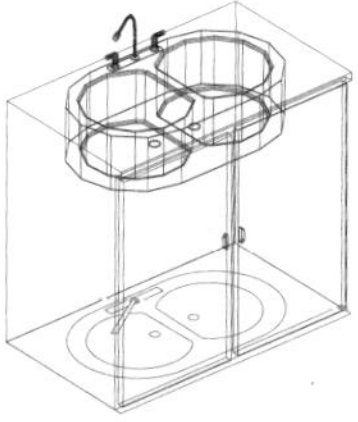
▲CFYJ115

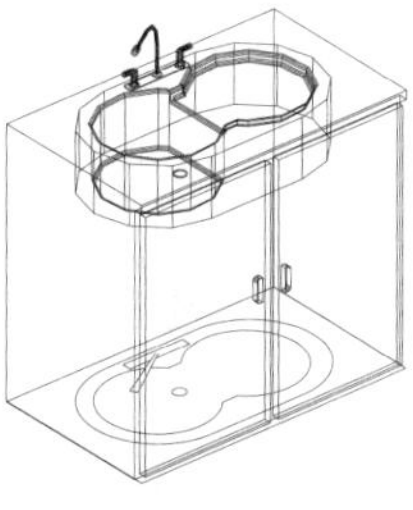
▲CFYJ116

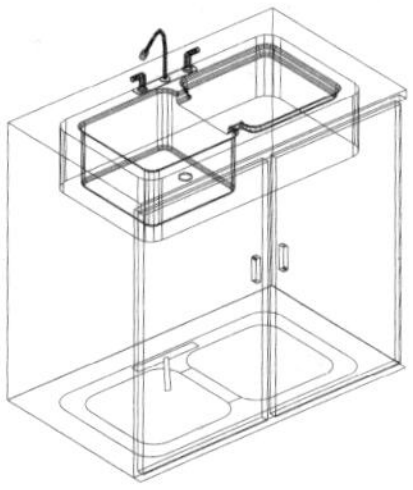
▲CFYJ117

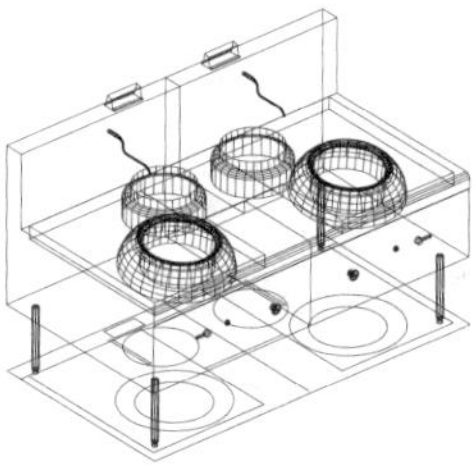
▲CFYJ118

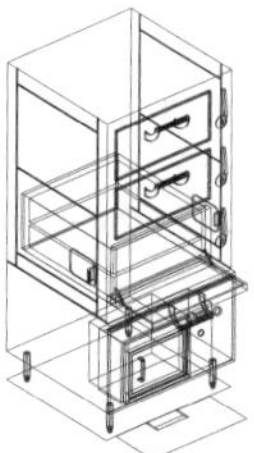
▲CFYJ119

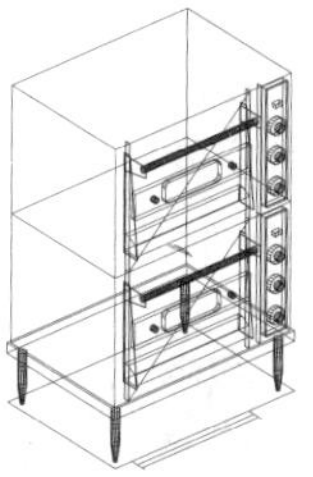
▲CFYJ120

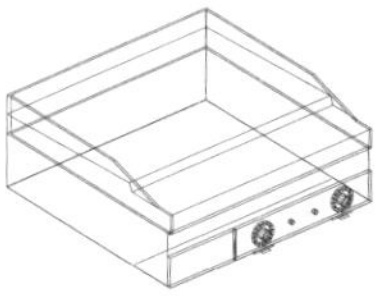
▲CFYJ121

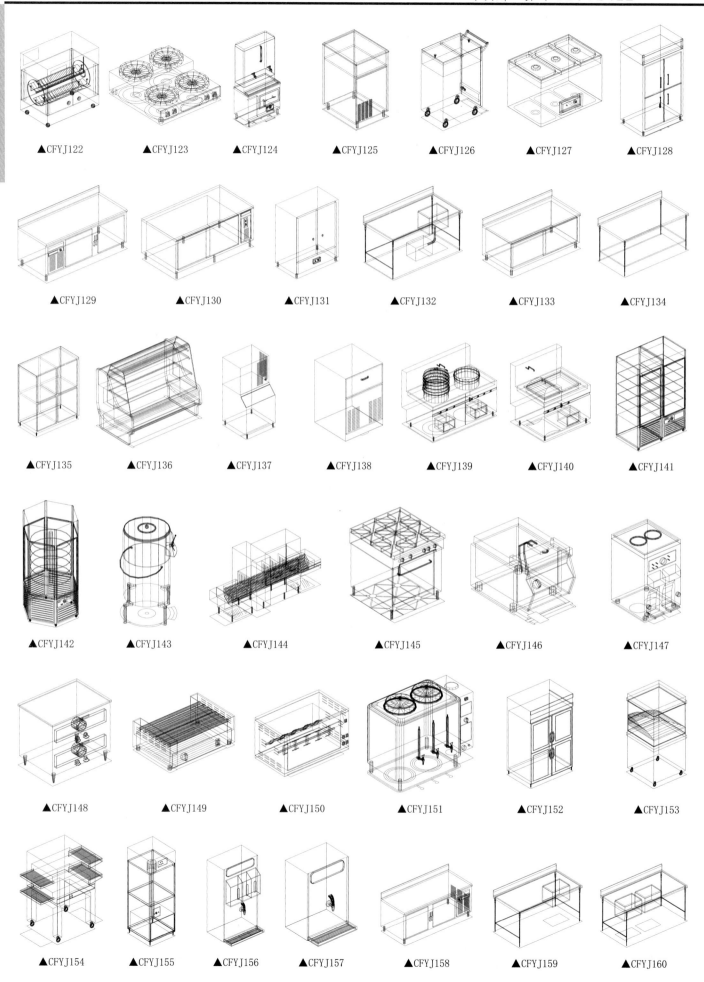

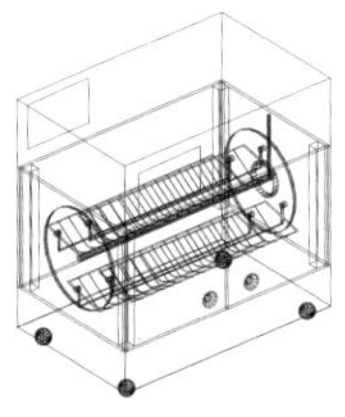
▲CFYJ122

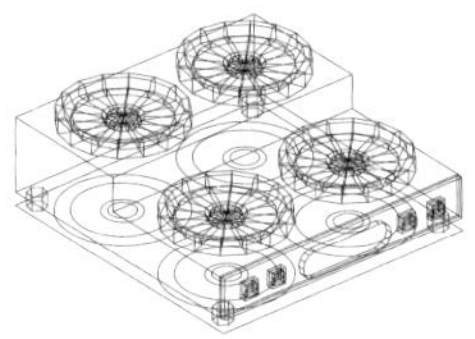
▲CFYJ123

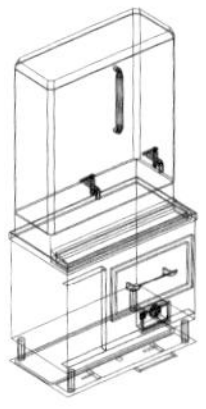
▲CFYJ124

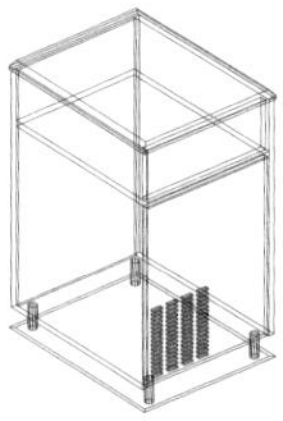
▲CFYJ125

▲CFYJ126

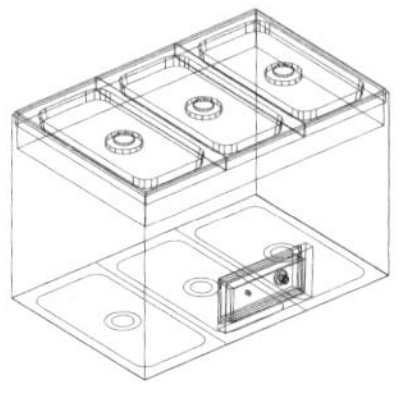
▲CFYJ127

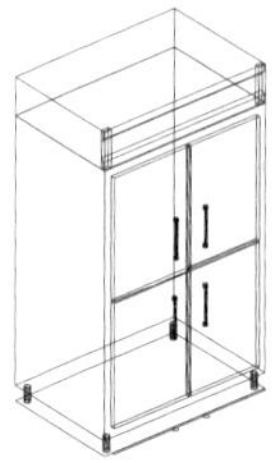
▲CFYJ128

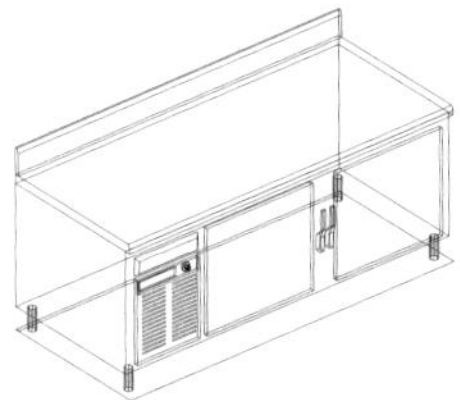
▲CFYJ129

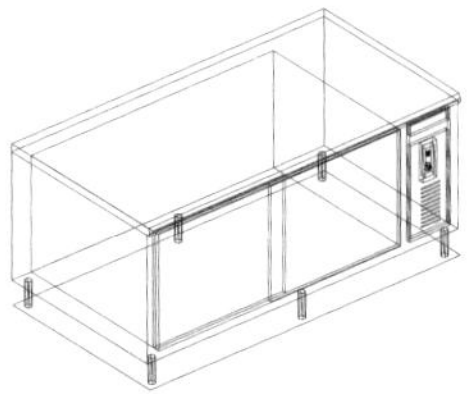
▲CFYJ130

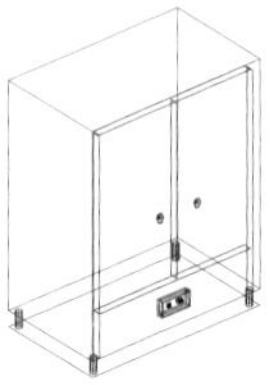
▲CFYJ131

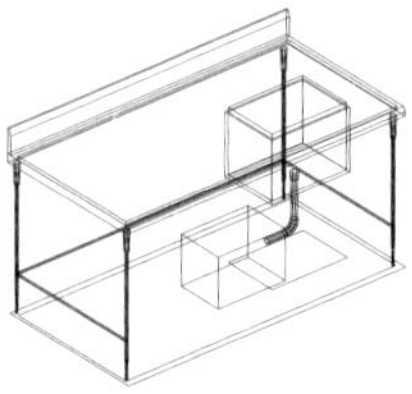
▲CFYJ132

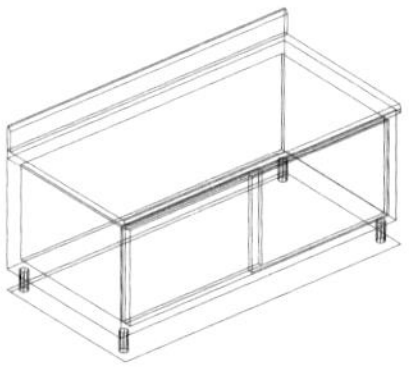
▲CFYJ133

▲CFYJ134

▲CFYJ135

▲CFYJ136

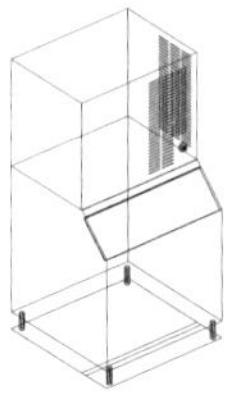
▲CFYJ137

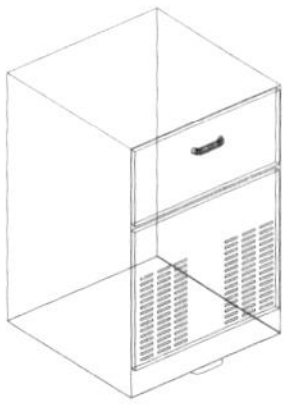
▲CFYJ138

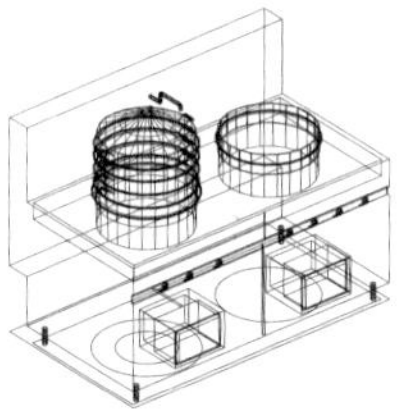
▲CFYJ139

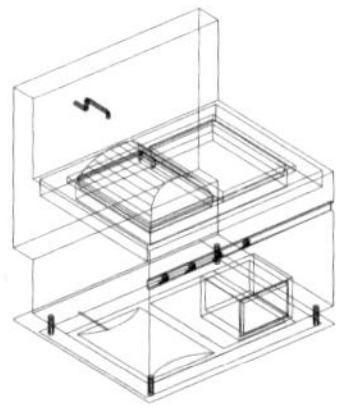
▲CFYJ140

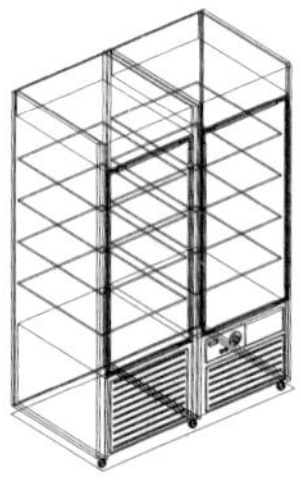
▲CFYJ141

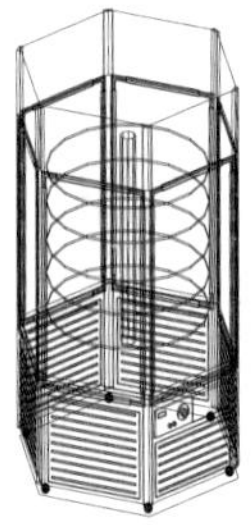
▲CFYJ142

▲CFYJ143

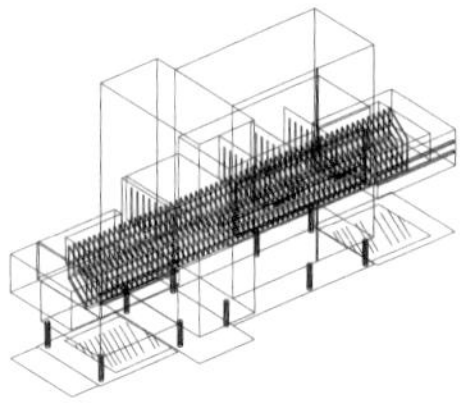
▲CFYJ144

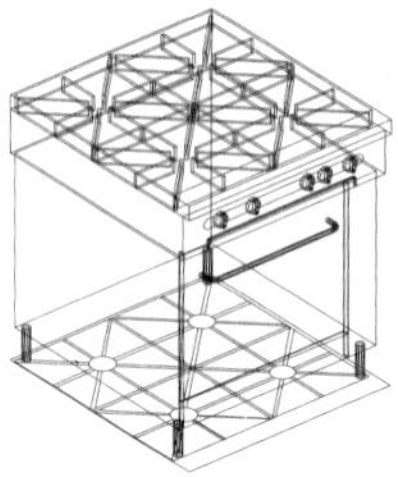
▲CFYJ145

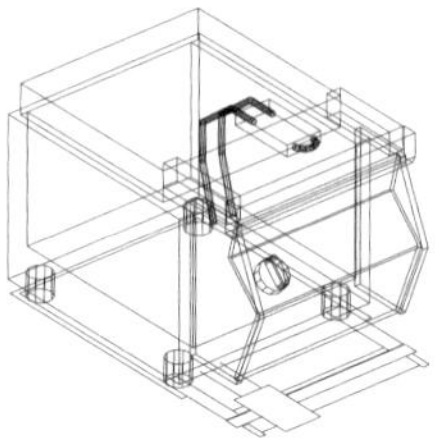
▲CFYJ146

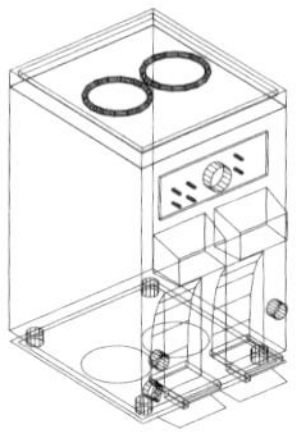
▲CFYJ147

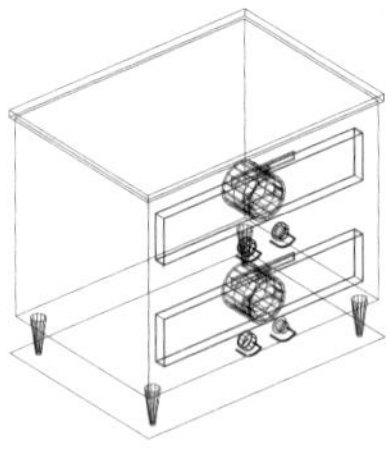
▲CFYJ148

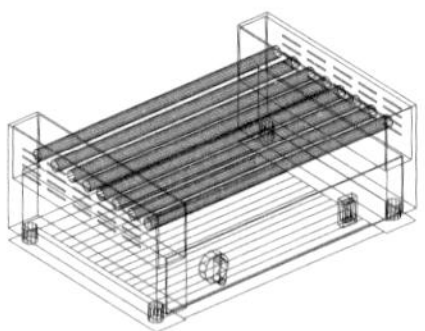
▲CFYJ149

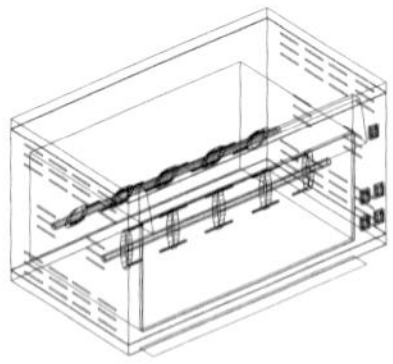
▲CFYJ150

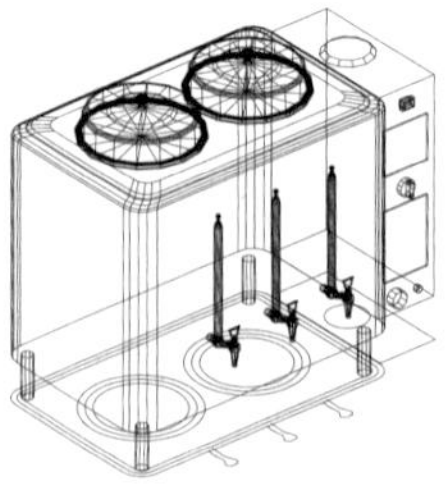
▲CFYJ151

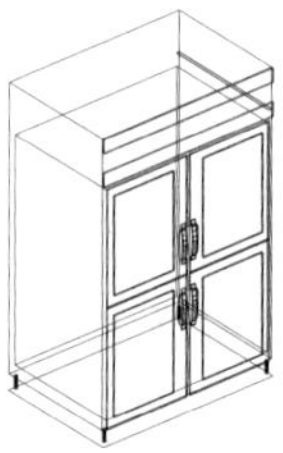
▲CFYJ152

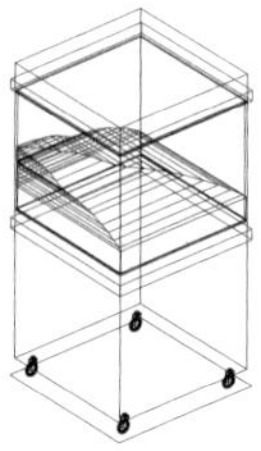
▲CFYJ153

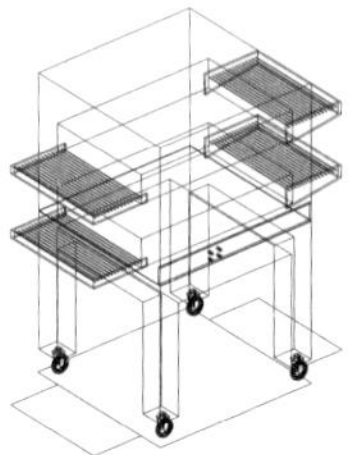
▲CFYJ154

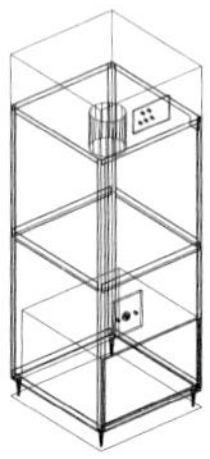
▲CFYJ155

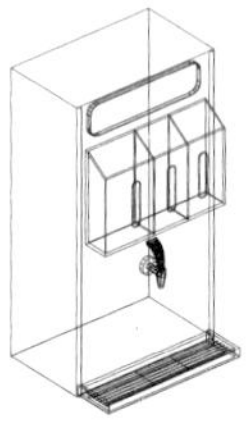
▲CFYJ156

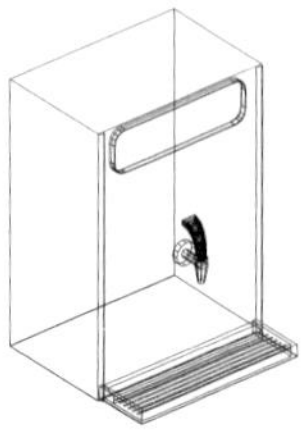
▲CFYJ157

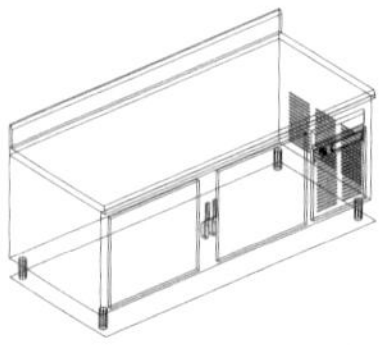
▲CFYJ158

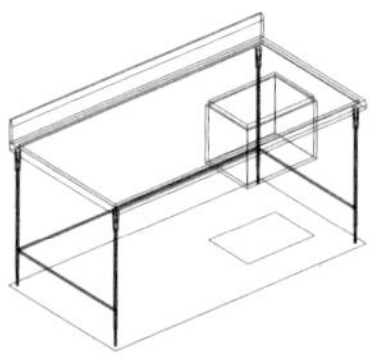
▲CFYJ159

▲CFYJ160

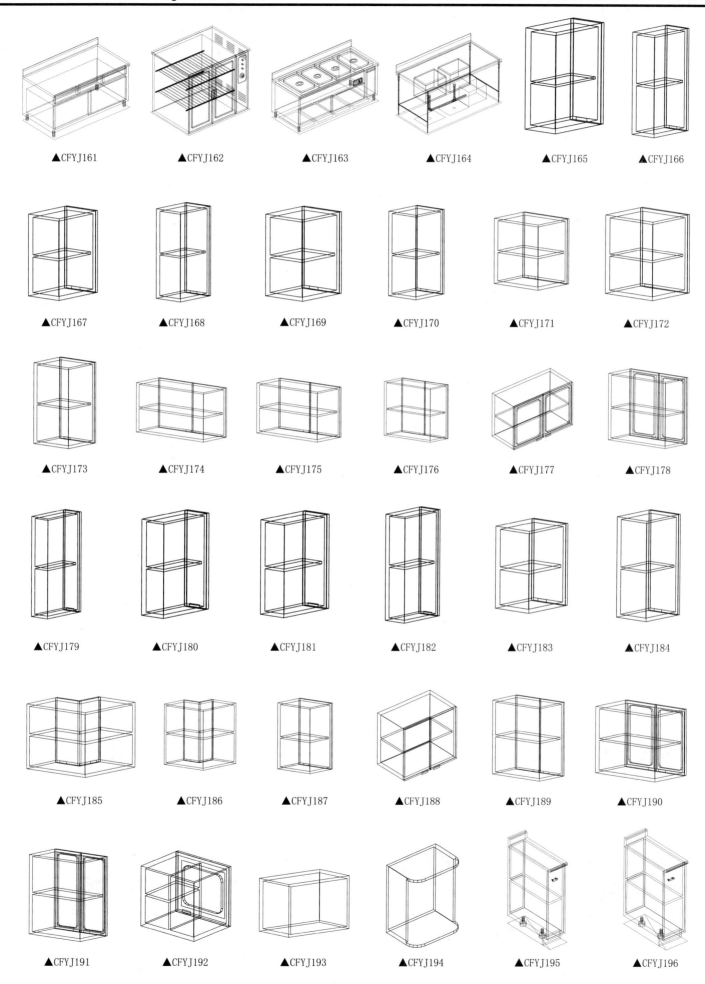

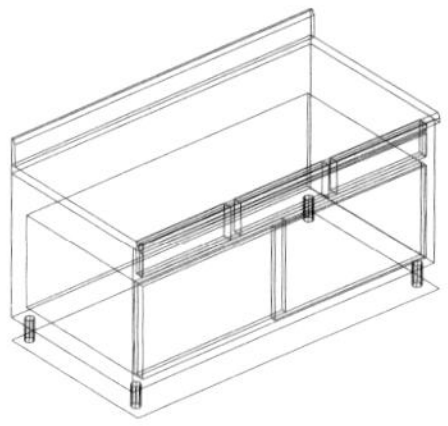
▲CFYJ161

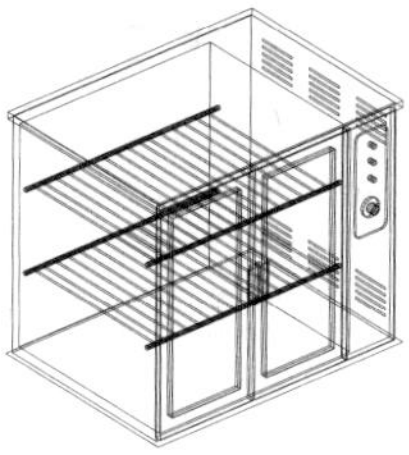
▲CFYJ162

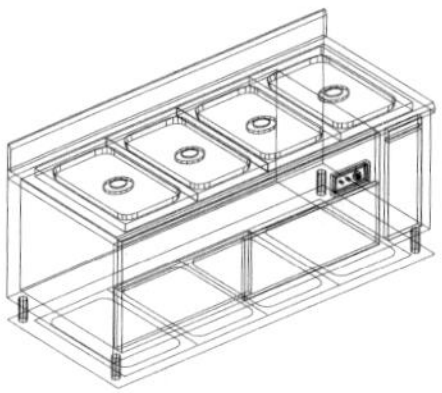
▲CFYJ163

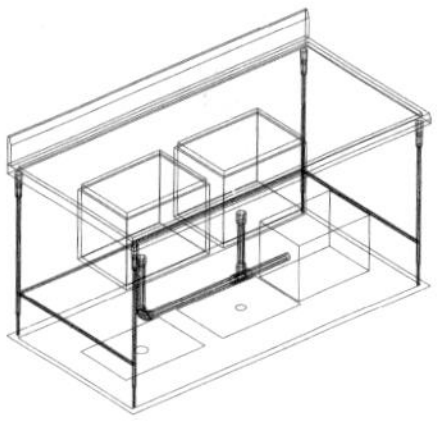
▲CFYJ164

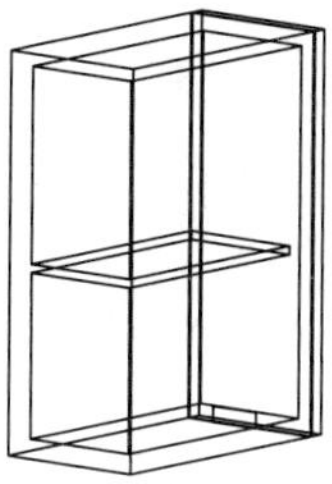
▲CFYJ165

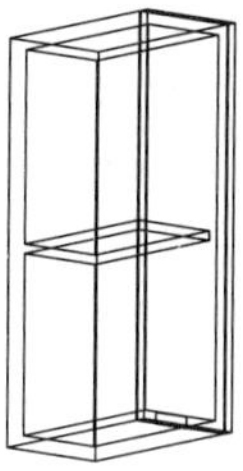
▲CFYJ166

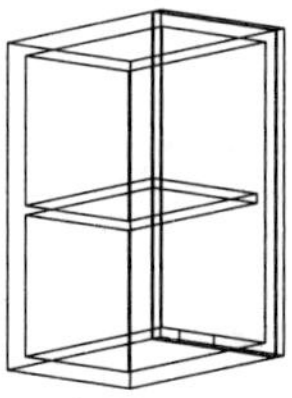
▲CFYJ167

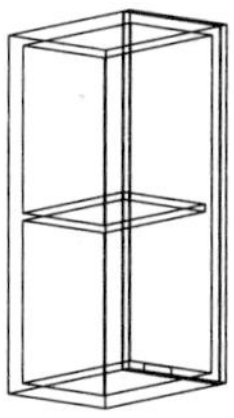
▲CFYJ168

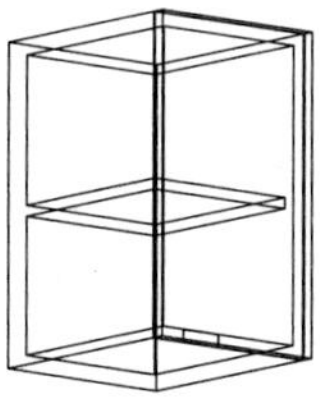
▲CFYJ169

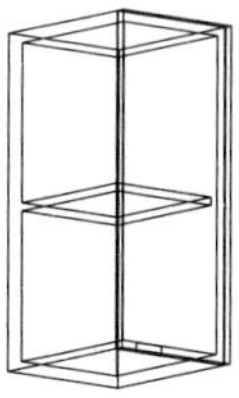
▲CFYJ170

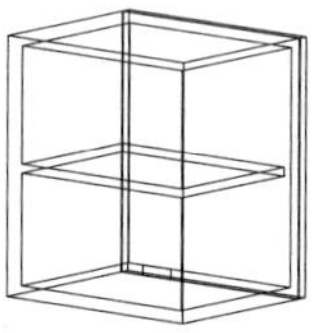
▲CFYJ171

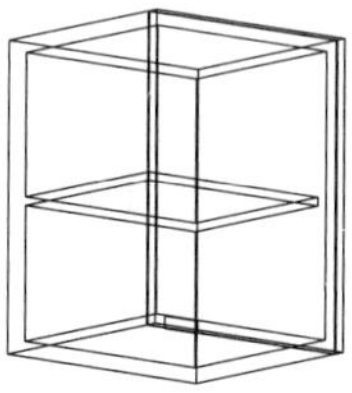
▲CFYJ172

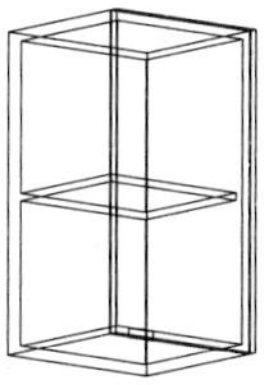
▲CFYJ173

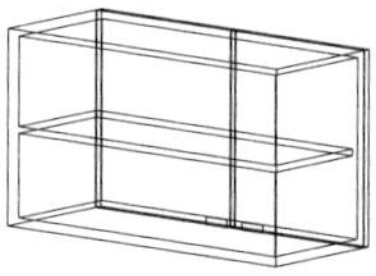
▲CFYJ174

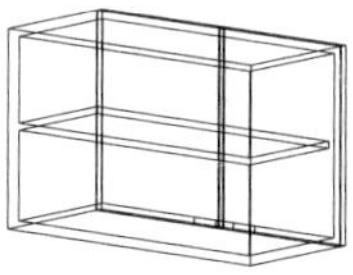
▲CFYJ175

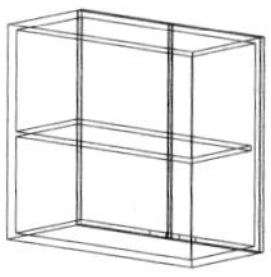
▲CFYJ176

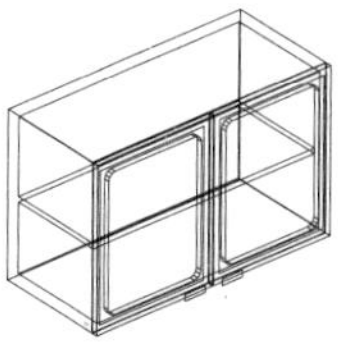
▲CFYJ177

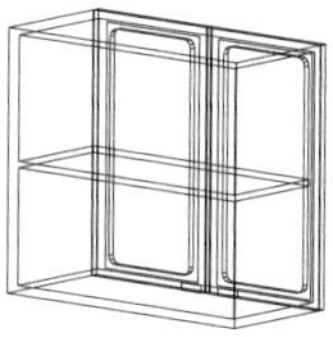
▲CFYJ178

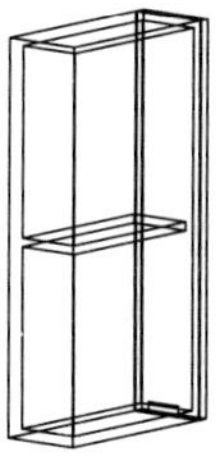
▲CFYJ179

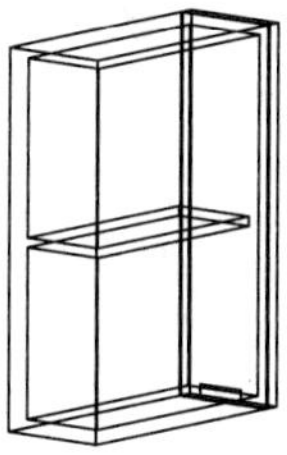
▲CFYJ180

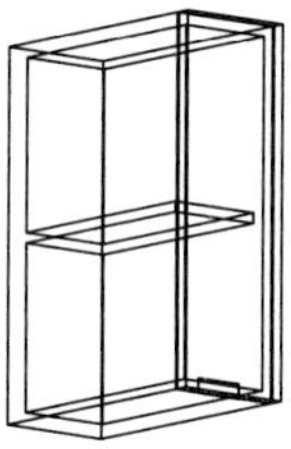
▲CFYJ181

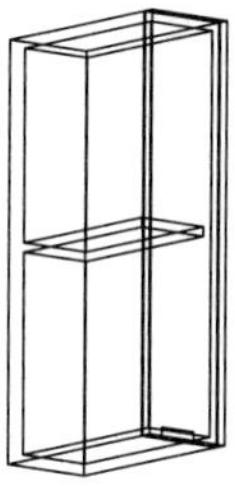
▲CFYJ182

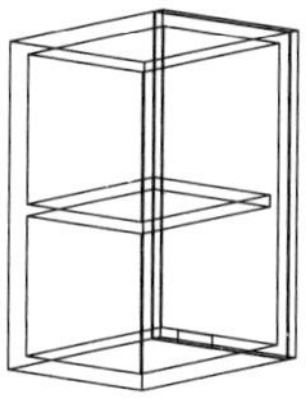
▲CFYJ183

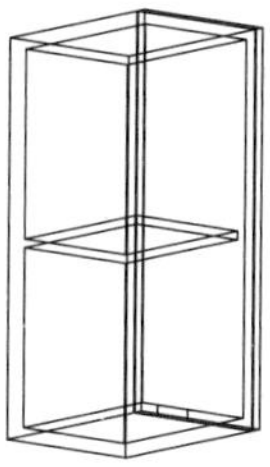
▲CFYJ184

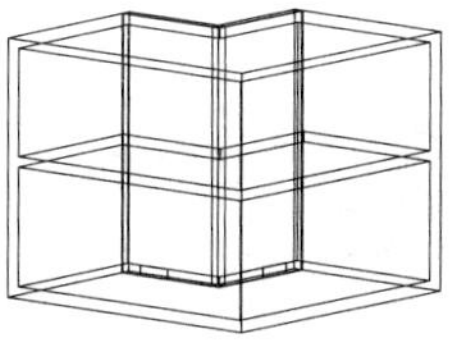
▲CFYJ185

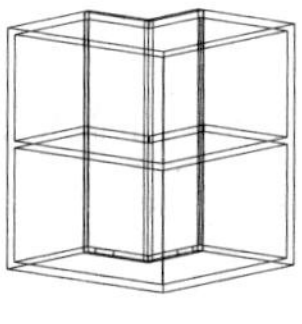
▲CFYJ186

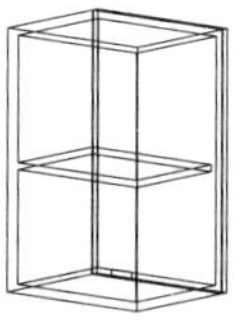
▲CFYJ187

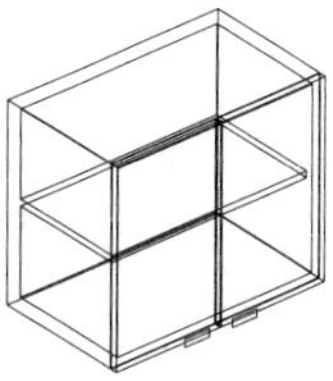
▲CFYJ188

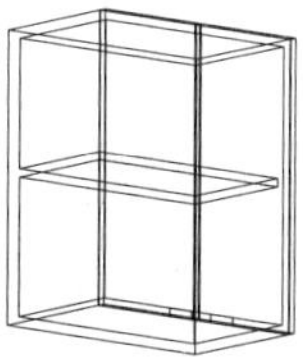
▲CFYJ189

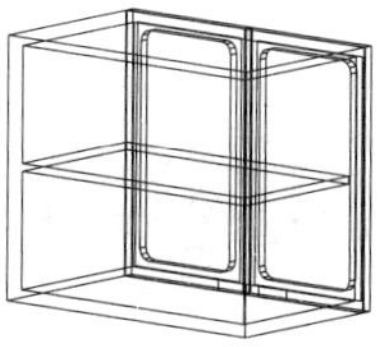
▲CFYJ190

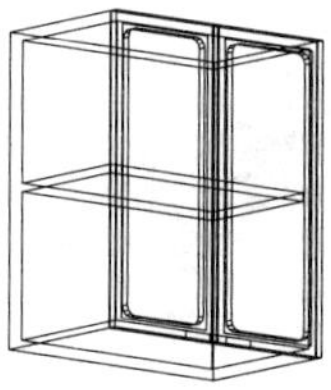
▲CFYJ191

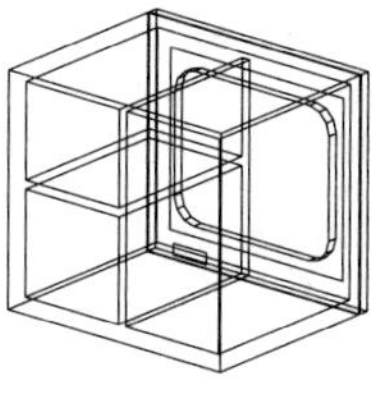
▲CFYJ192

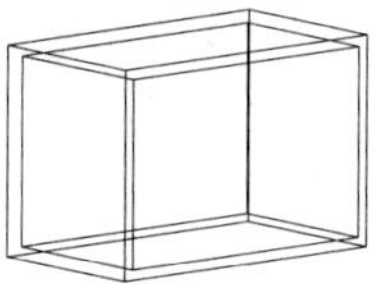
▲CFYJ193

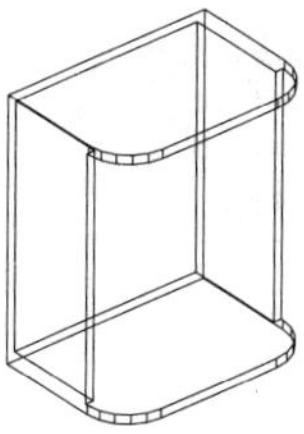
▲CFYJ194

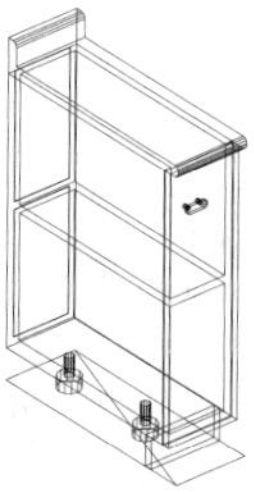
▲CFYJ195

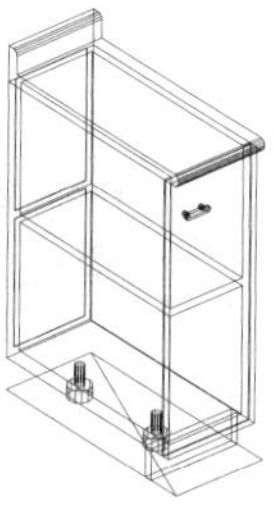
▲CFYJ196

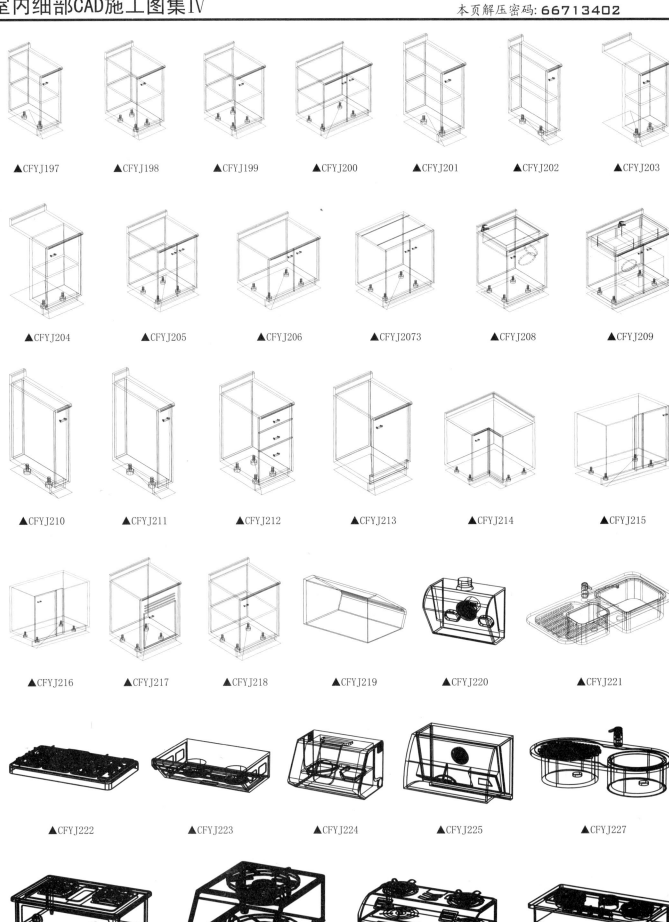

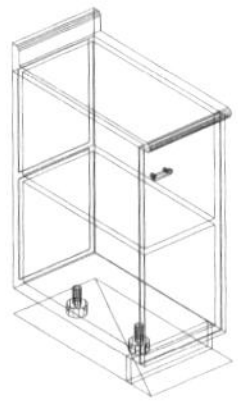
▲CFYJ197

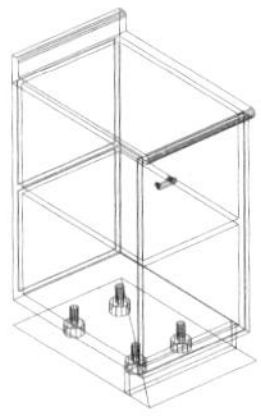
▲CFYJ198

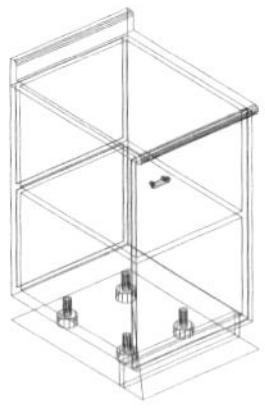
▲CFYJ199

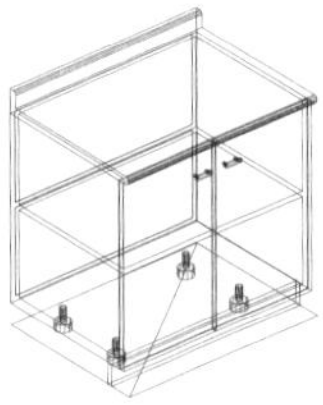
▲CFYJ200

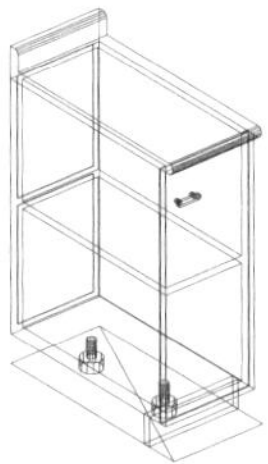
▲CFYJ201

▲CFYJ202

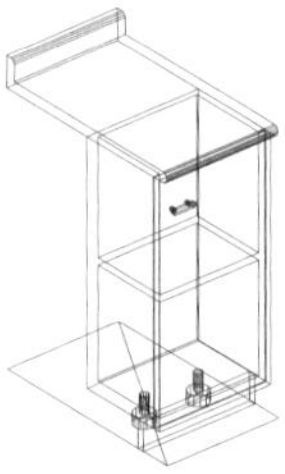
▲CFYJ203

▲CFYJ204

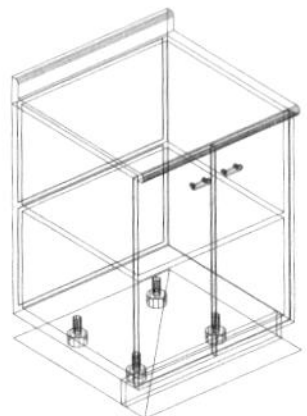
▲CFYJ205

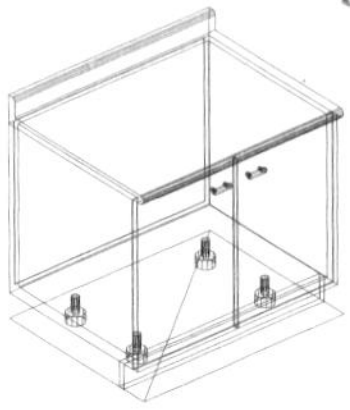
▲CFYJ206

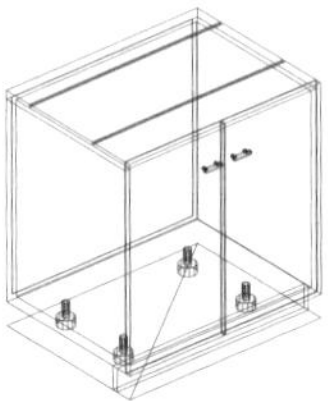
▲CFYJ2073

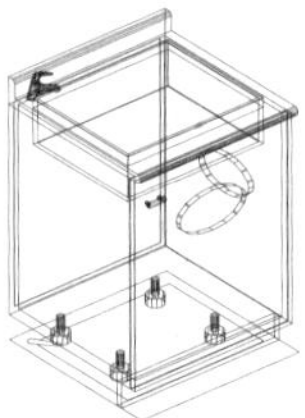
▲CFYJ208

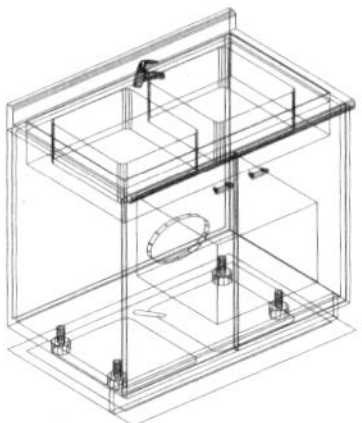
▲CFYJ209

▲CFYJ210

▲CFYJ211

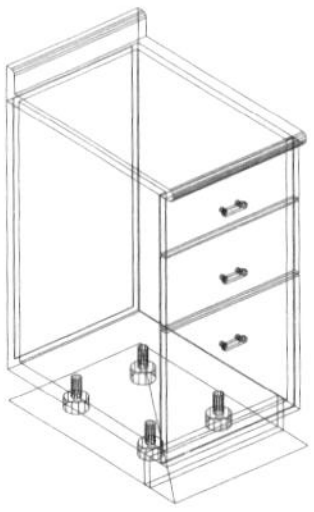
▲CFYJ212

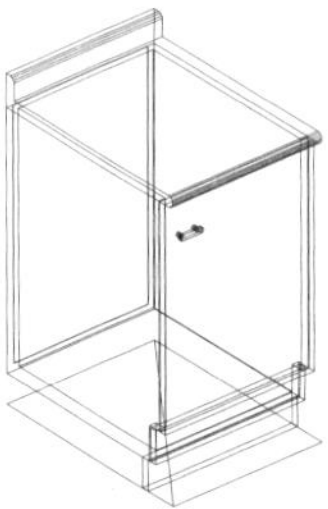
▲CFYJ213

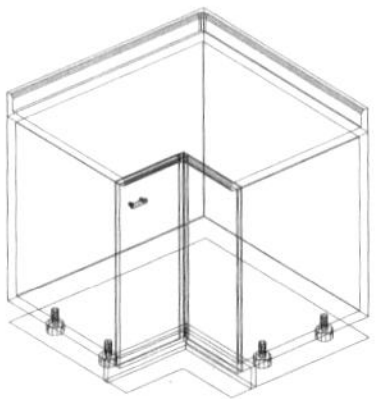
▲CFYJ214

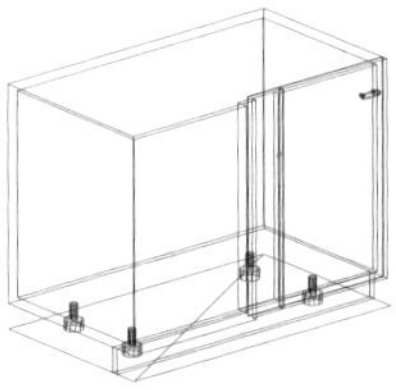
▲CFYJ215

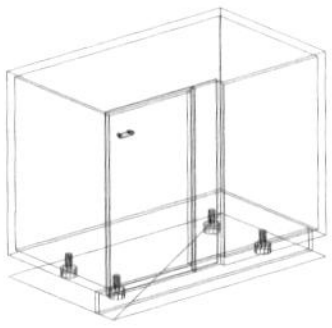
▲CFYJ216

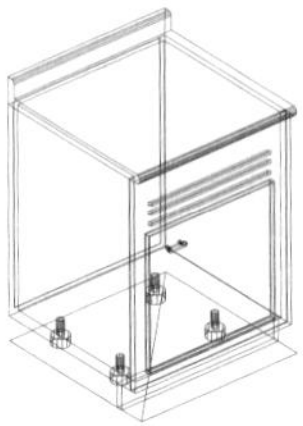
▲CFYJ217

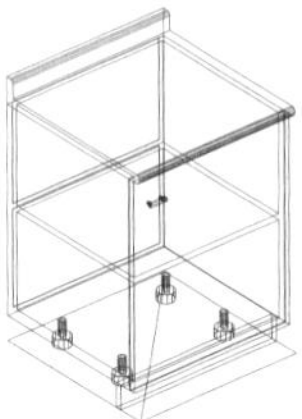
▲CFYJ218

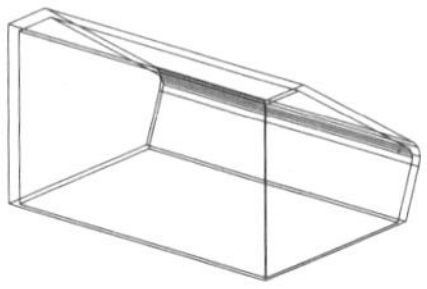
▲CFYJ219

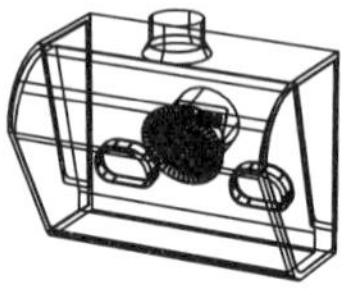
▲CFYJ220

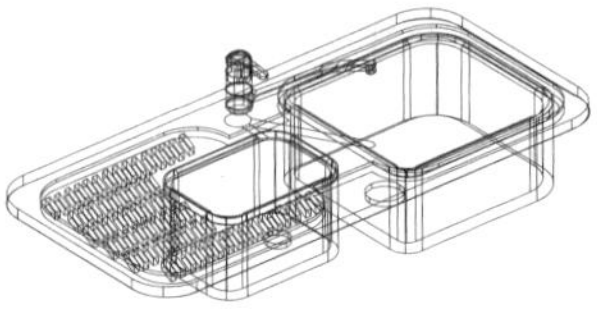
▲CFYJ221

▲CFYJ222

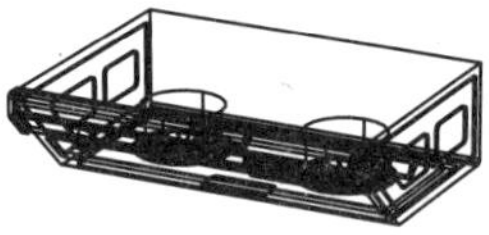
▲CFYJ223

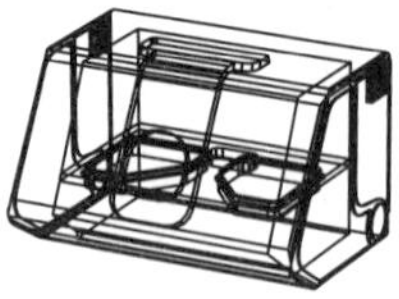
▲CFYJ224

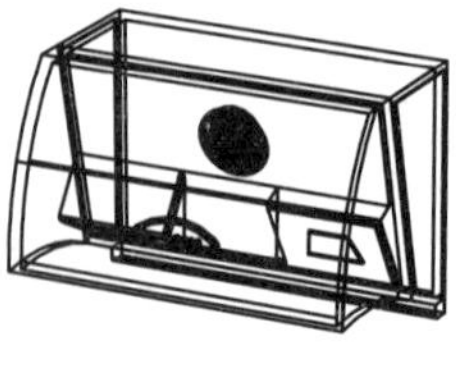
▲CFYJ225

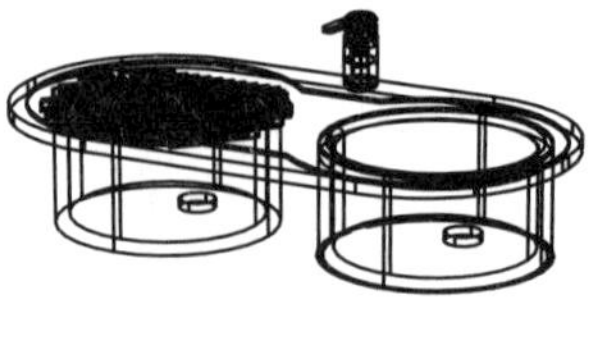
▲CFYJ227

▲CFYJ228

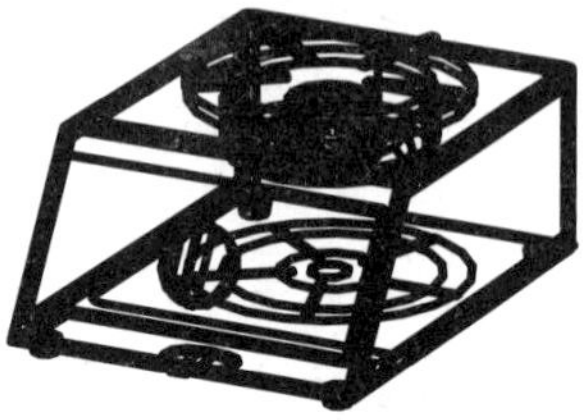
▲CFYJ229

▲CFYJ230

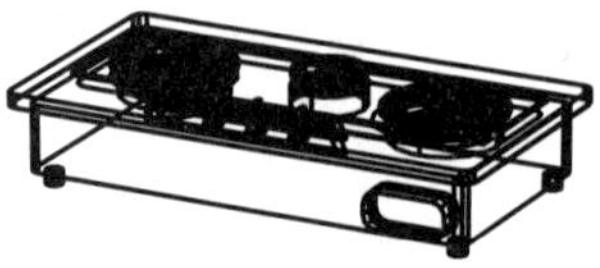
▲CFYJ231

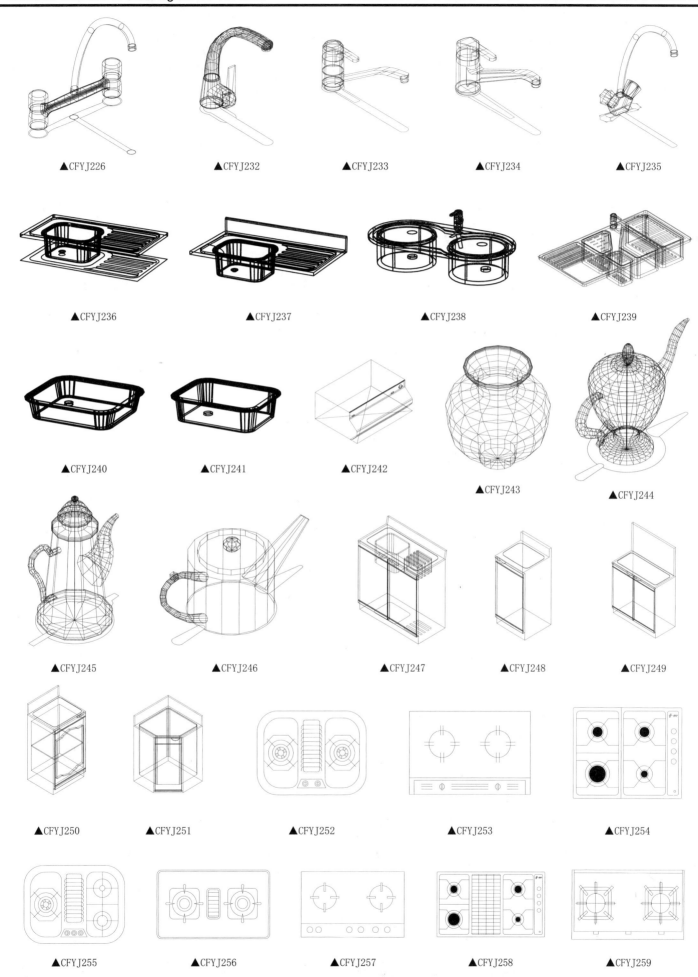

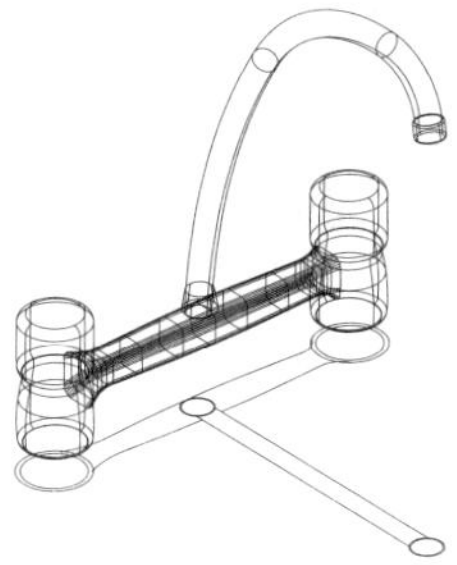
▲CFYJ226

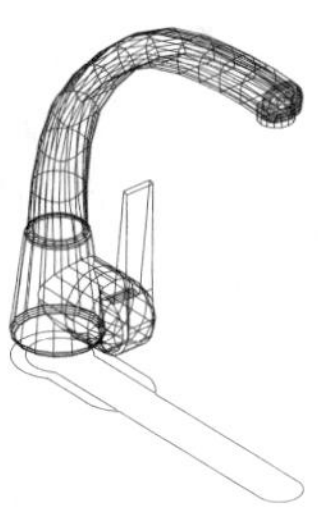
▲CFYJ232

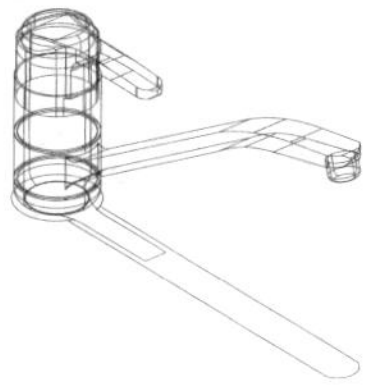
▲CFYJ233

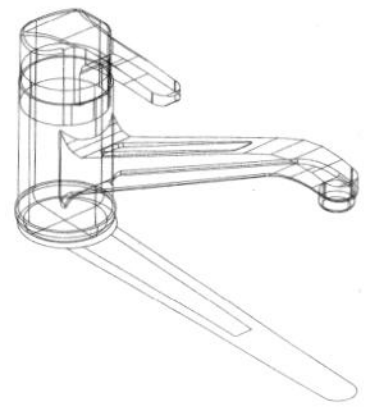
▲CFYJ234

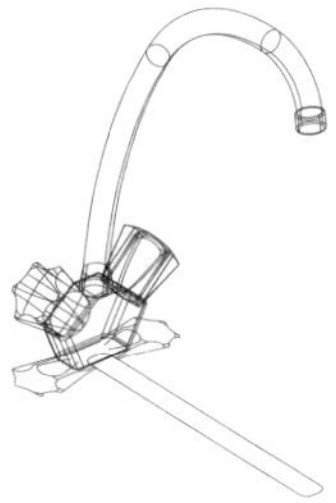
▲CFYJ235

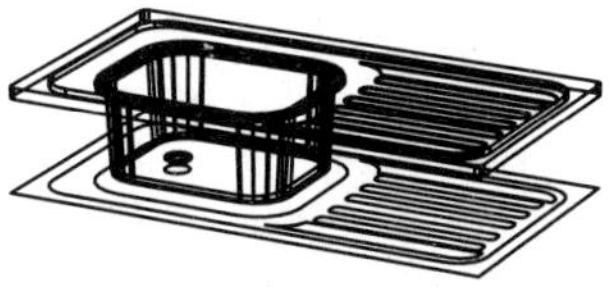
▲CFYJ236

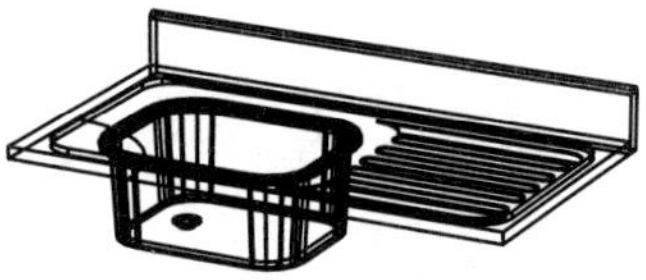
▲CFYJ237

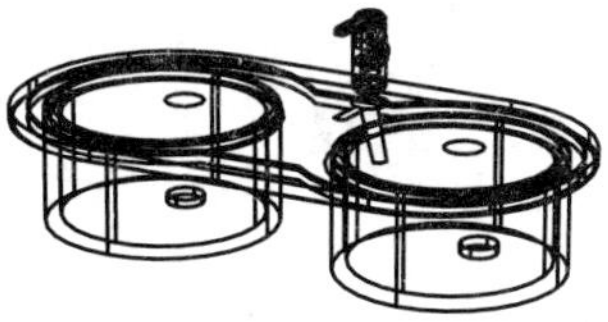
▲CFYJ238

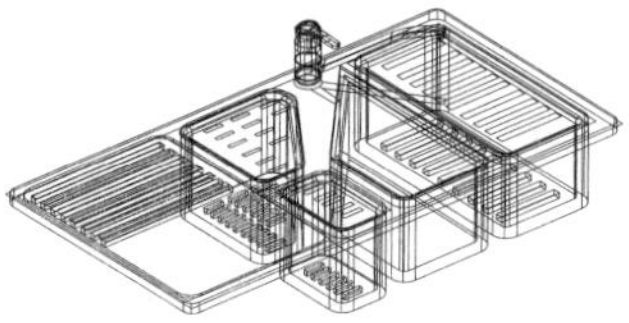
▲CFYJ239

▲CFYJ240

▲CFYJ241

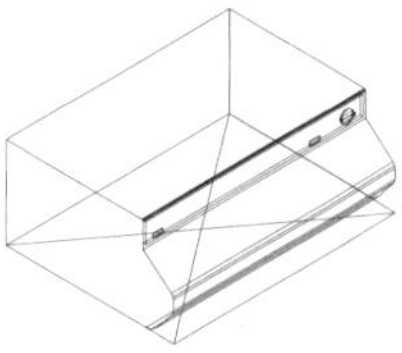
▲CFYJ242

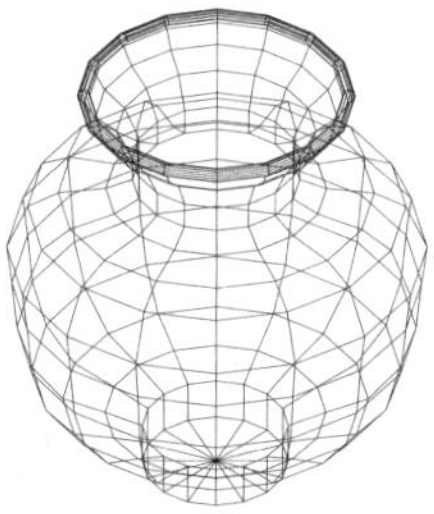
▲CFYJ243

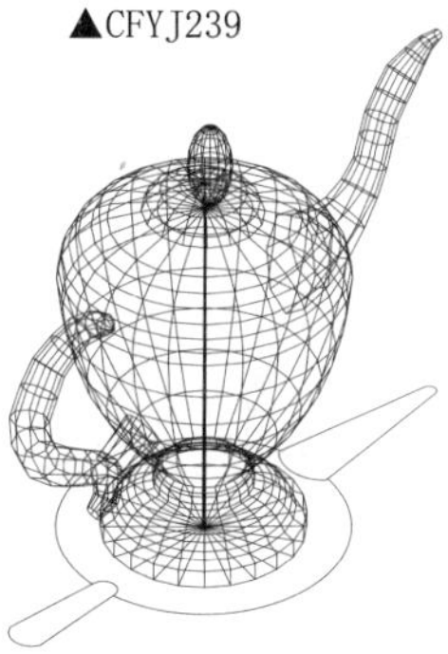
▲CFYJ244

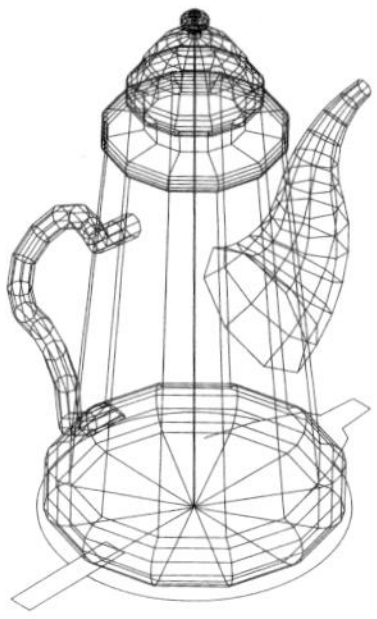
▲CFYJ245

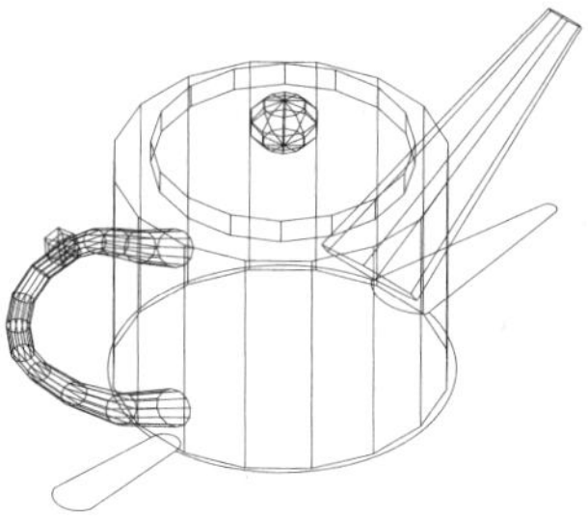
▲CFYJ246

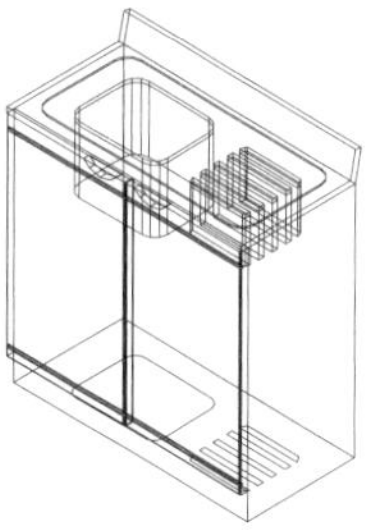
▲CFYJ247

▲CFYJ248

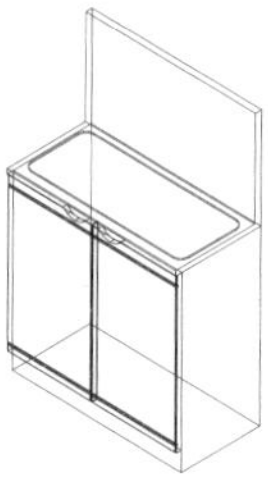
▲CFYJ249

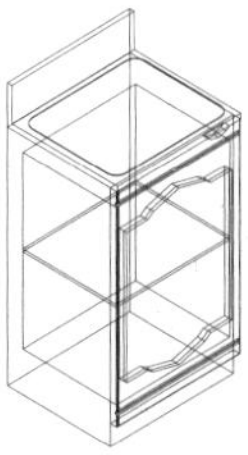
▲CFYJ250

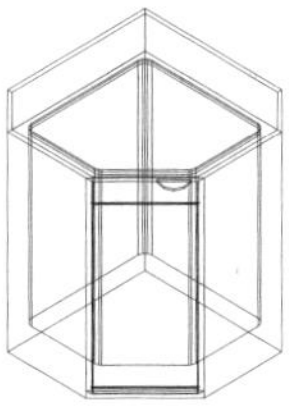
▲CFYJ251

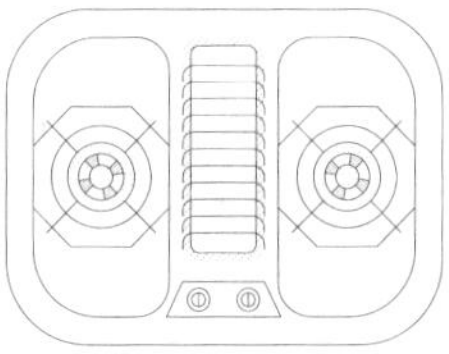
▲CFYJ252

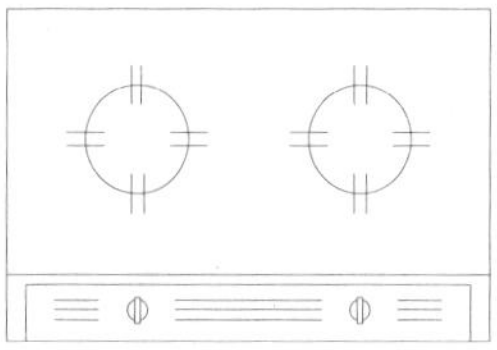
▲CFYJ253

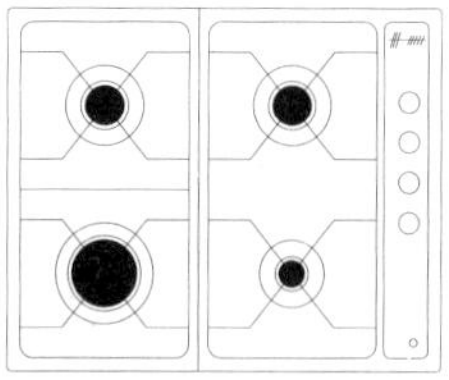
▲CFYJ254

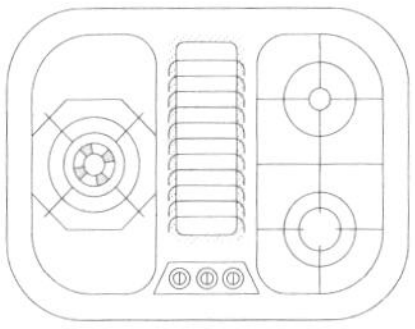
▲CFYJ255

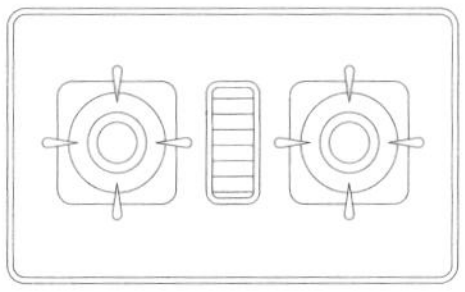
▲CFYJ256

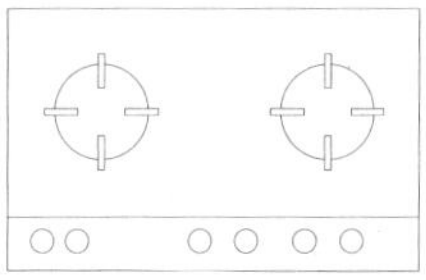
▲CFYJ257

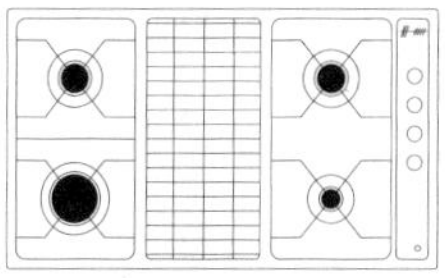
▲CFYJ258

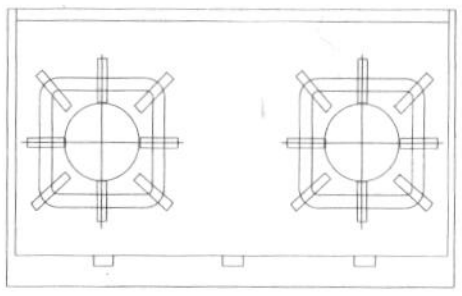
▲CFYJ259

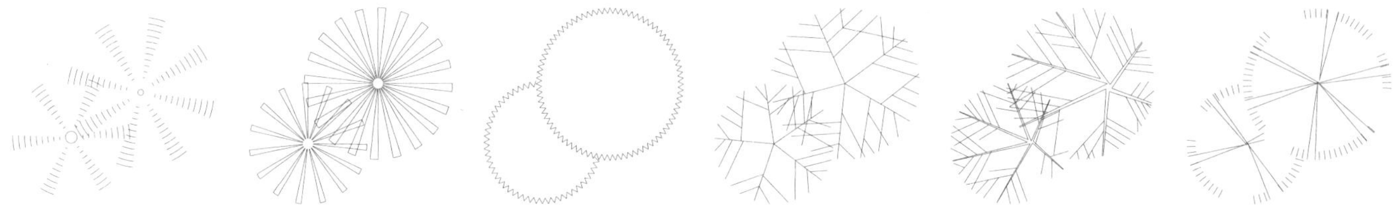

▲ZW001 ▲ZW002 ▲ZW003 ▲ZW004 ▲ZW005 ▲ZW006

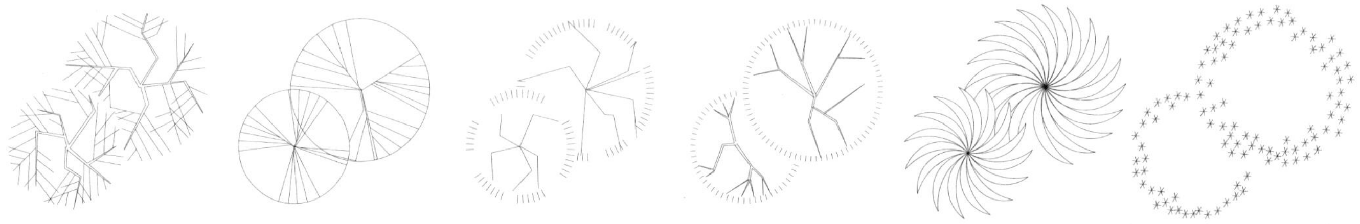

▲ZW007 ▲ZW008 ▲ZW009 ▲ZW010 ▲ZW011 ▲ZW012

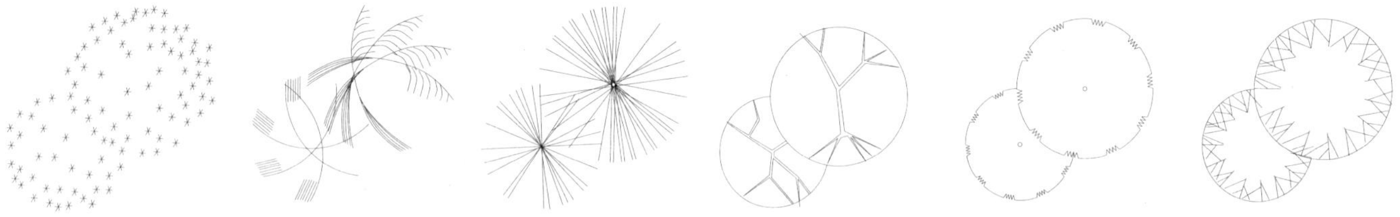

▲ZW013 ▲ZW014 ▲ZW015 ▲ZW016 ▲ZW017 ▲ZW018

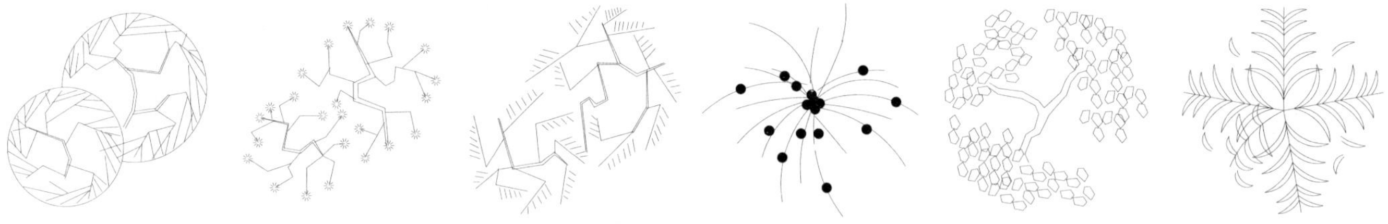

▲ZW019 ▲ZW020 ▲ZW021 ▲ZW022 ▲ZW023 ▲ZW024

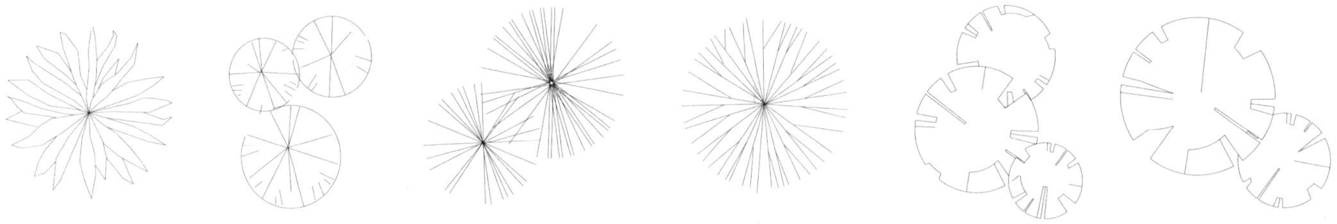

▲ZW025 ▲ZW026 ▲ZW027 ▲ZW028 ▲ZW029 ▲ZW030

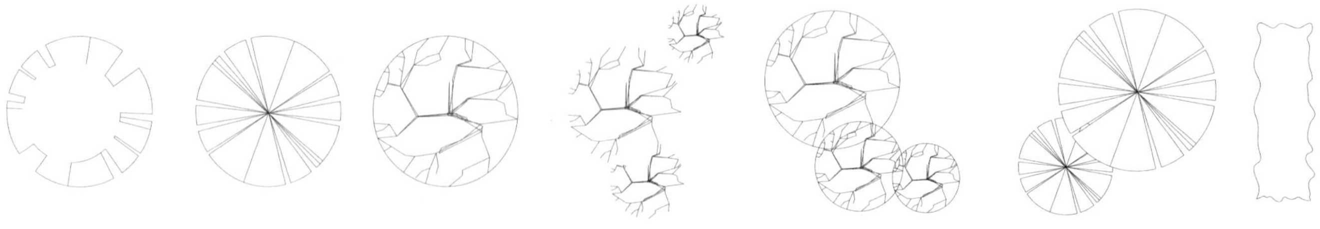

▲ZW031 ▲ZW032 ▲ZW033 ▲ZW034 ▲ZW035 ▲ZW036 ▲ZW037

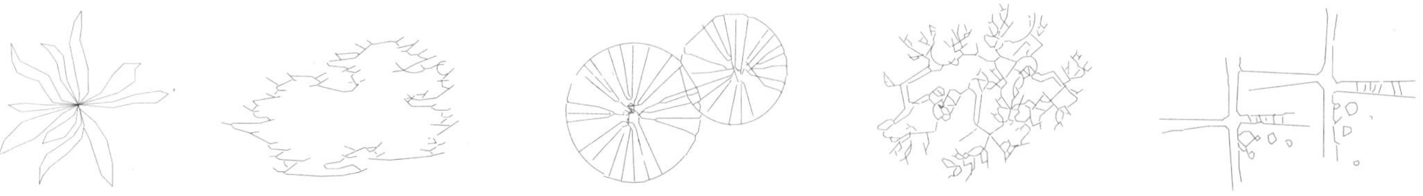

▲ZW038 ▲ZW039 ▲ZW040 ▲ZW041 ▲ZW042

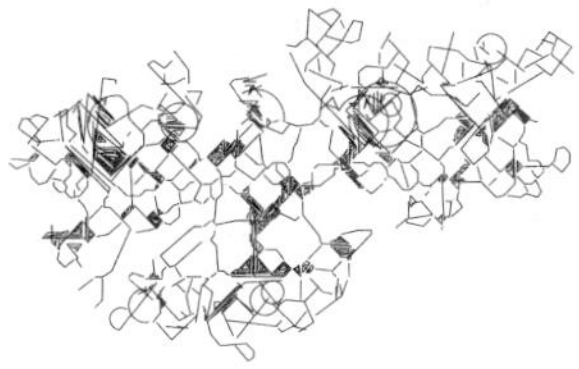
▲ZW043

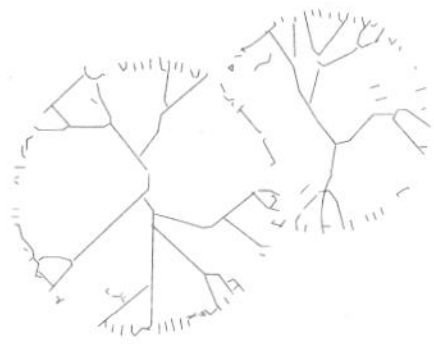
▲ZW044

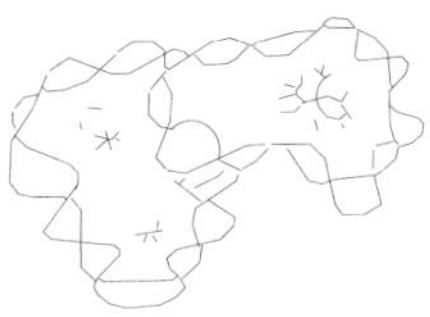
▲ZW045

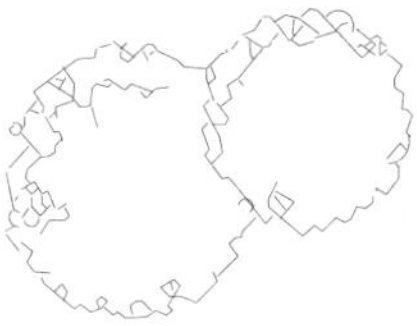
▲ZW046

▲ZW047

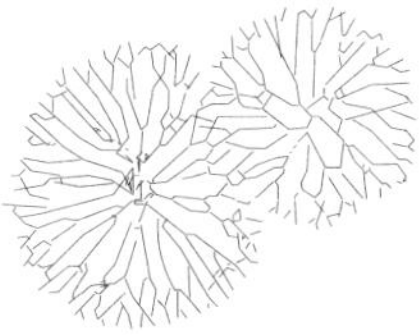
▲ZW048

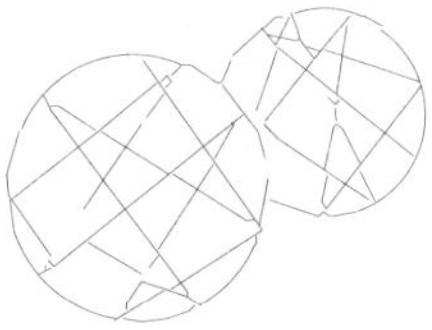
▲ZW049

▲ZW050

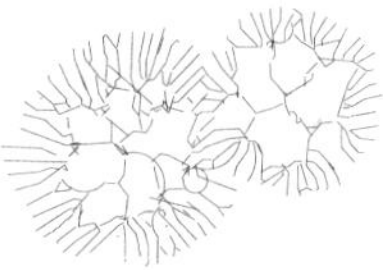
▲ZW051

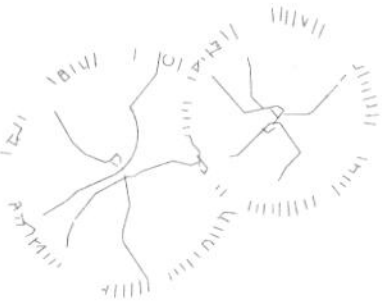
▲ZW052

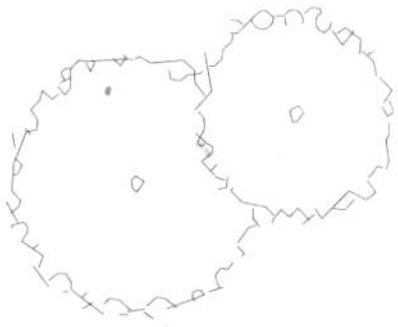
▲ZW053

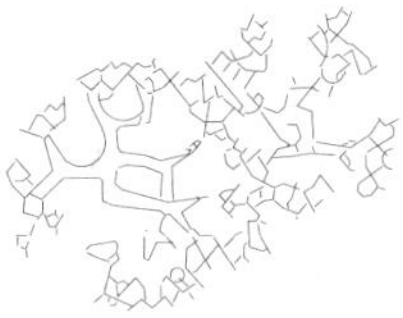
▲ZW054

▲ZW055

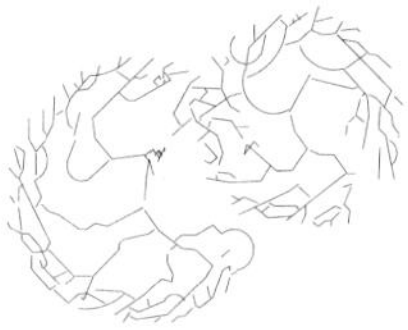
▲ZW056

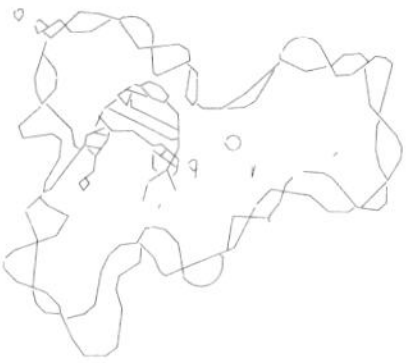
▲ZW057

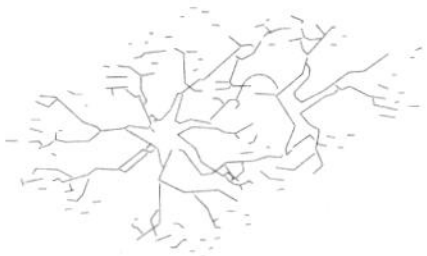
▲ZW058

▲ZW059

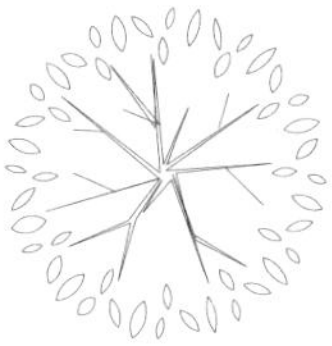
▲ZW060

▲ZW061

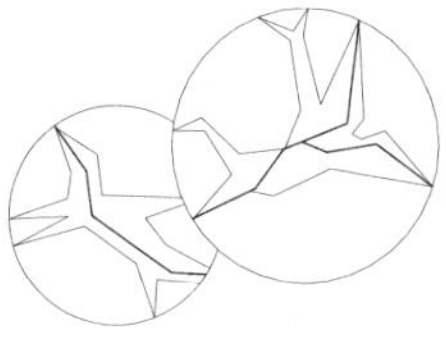
▲ZW062

▲ZW063

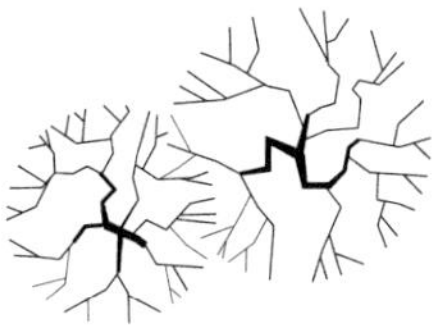
▲ZW064

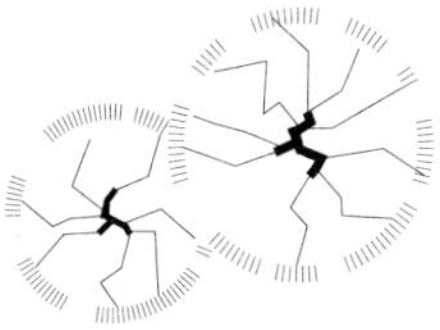
▲ZW065

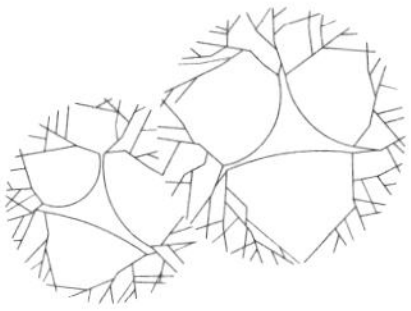
▲ZW066

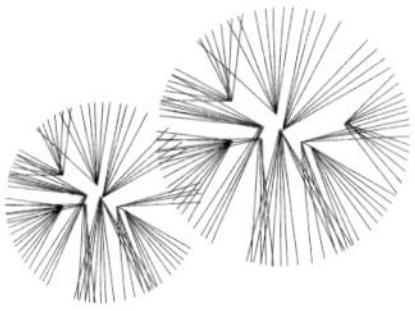
▲ZW067

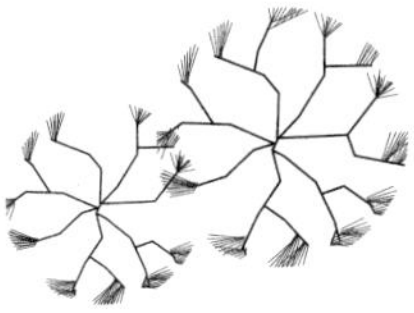
▲ZW068

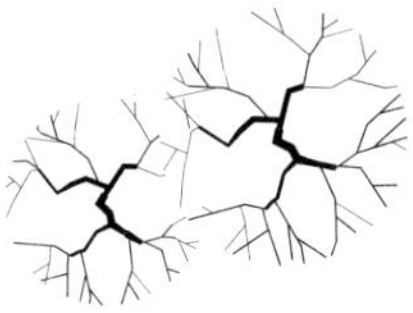
▲ZW069

▲ZW070

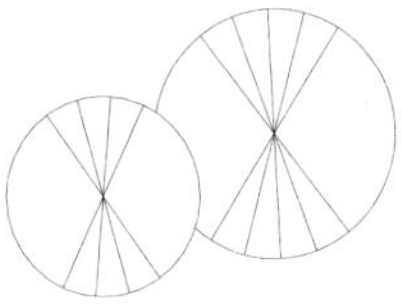
▲ZW071

▲ZW072

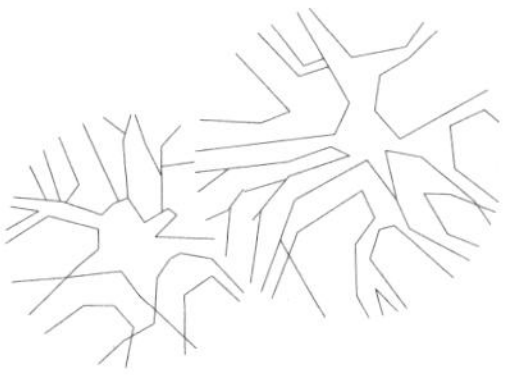
▲ZW073

▲ZW074

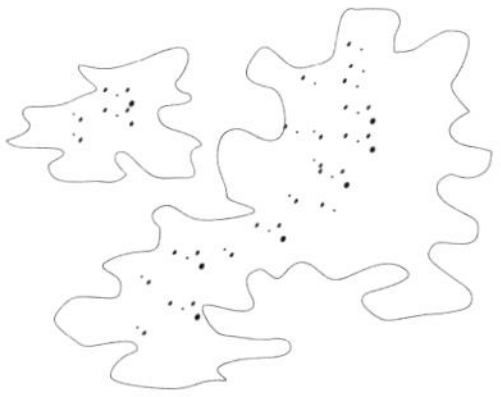
▲ZW075

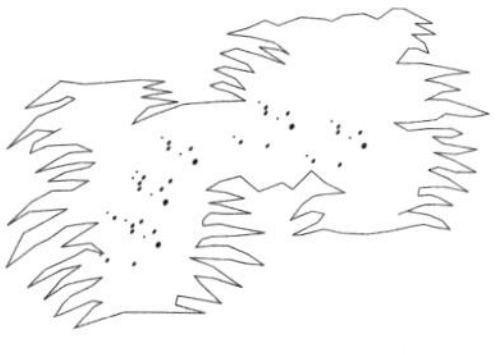
▲ZW076

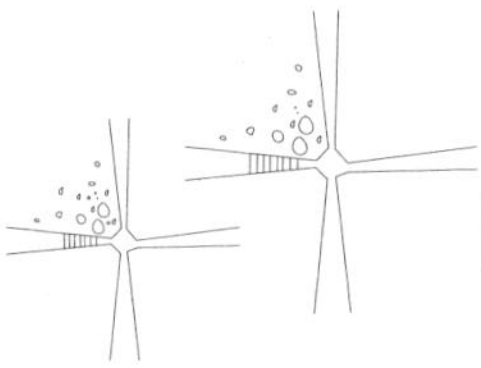
▲ZW077

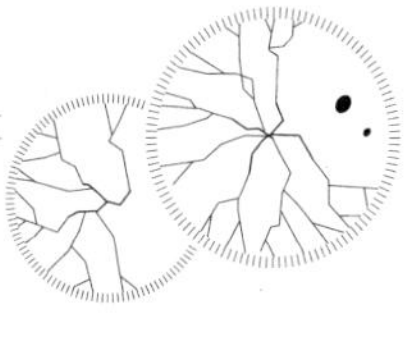
▲ZW078

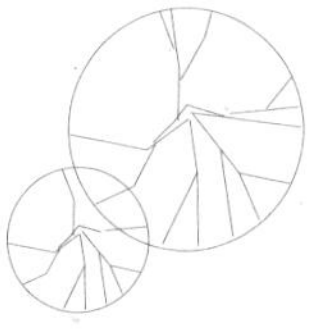
▲ZW079

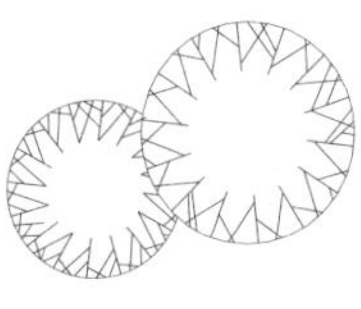
▲ZW080

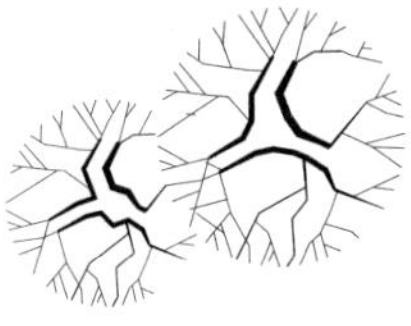
▲ZW081

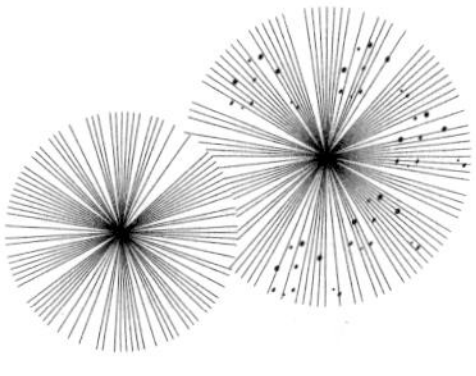
▲ZW082

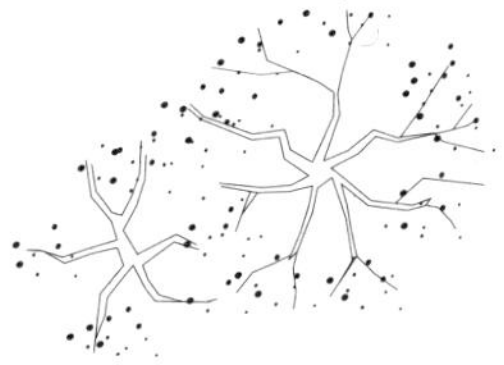
▲ZW083

▲ZW084

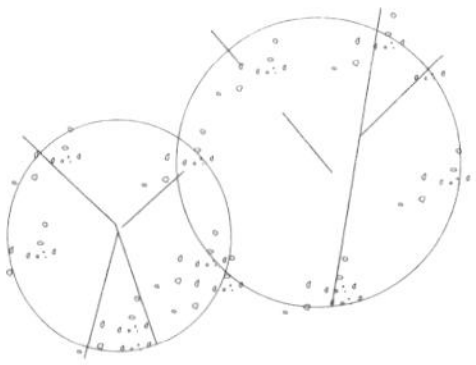
▲ZW085

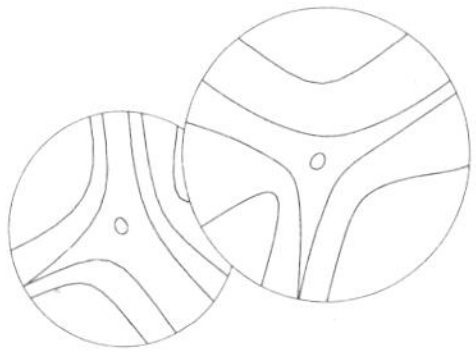
▲ZW086

▲ZW087

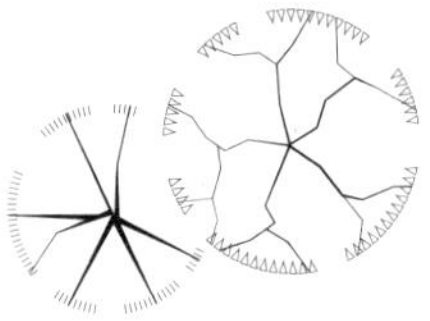
▲ZW088

▲ZW089

▲ZW090

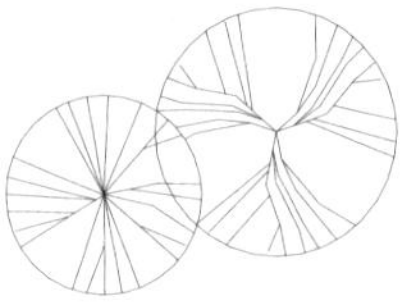
▲ZW091

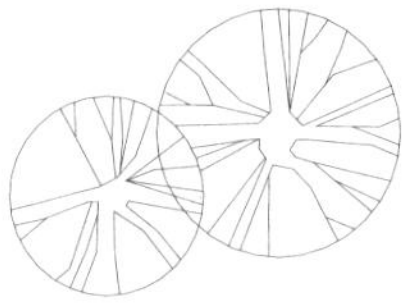
▲ZW092

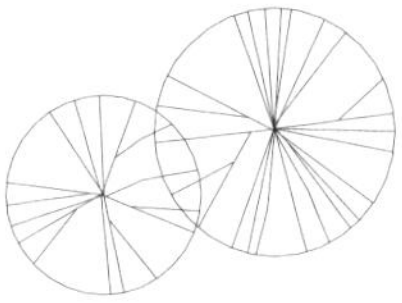
▲ZW093

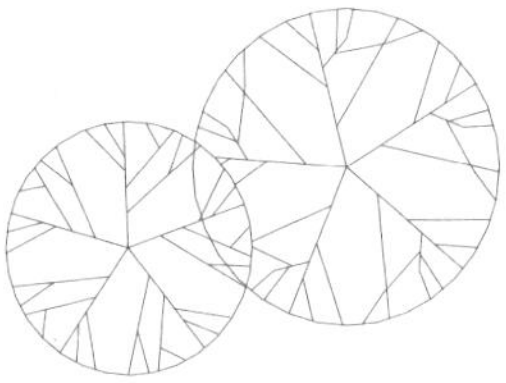
▲ZW094

▲ZW095

▲ZW096

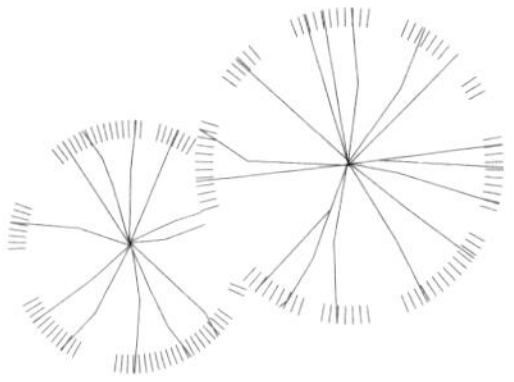
▲ZW097

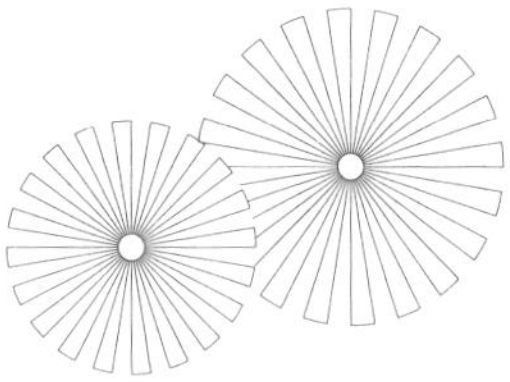
▲ZW098

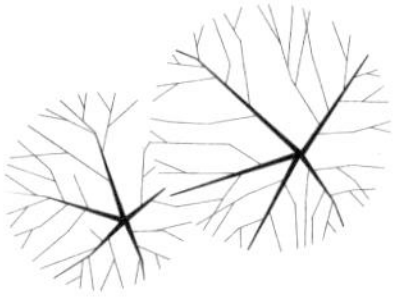
▲ZW099

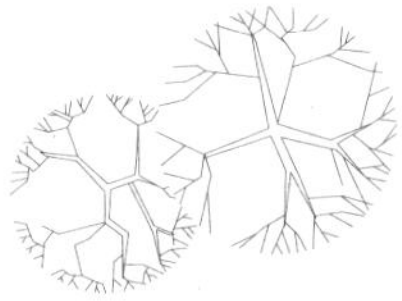
▲ZW100

▲ZW101

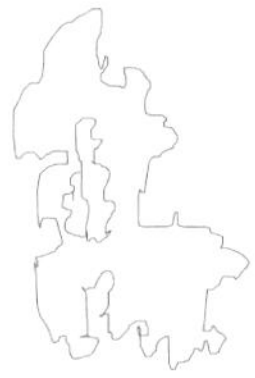
▲ZW102

▲ZW103

▲ZW104

▲ZW105

▲ZW106

▲ZW107

▲ZW108

▲ZW109

▲ZW110

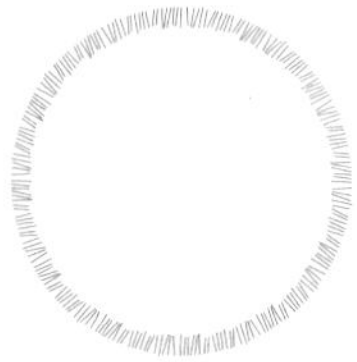
▲ZW111

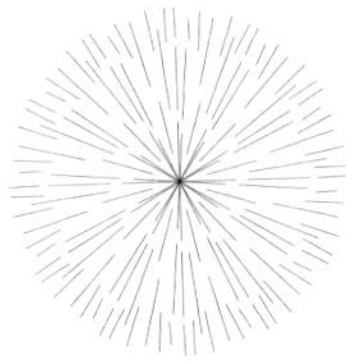
▲ZW112

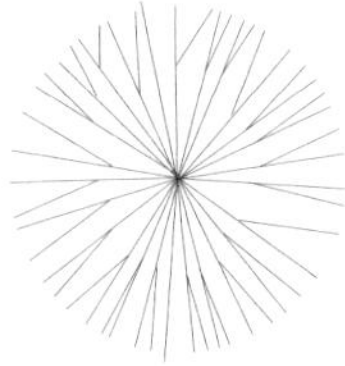
▲ZW113

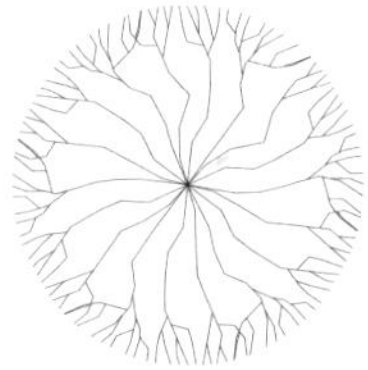
▲ZW114

▲ZW115

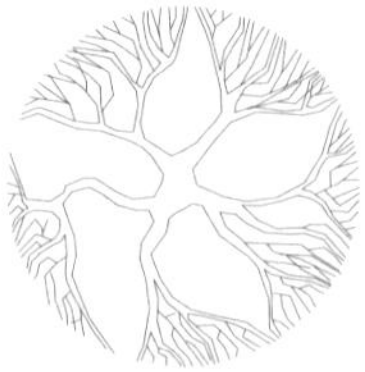
▲ZW116

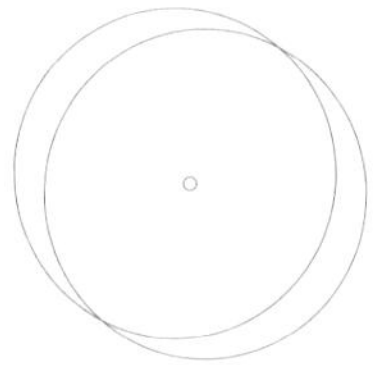
▲ZW117

▲ZW118

▲ZW119　▲ZW120　▲ZW121　▲ZW122　▲ZW123　▲ZW124

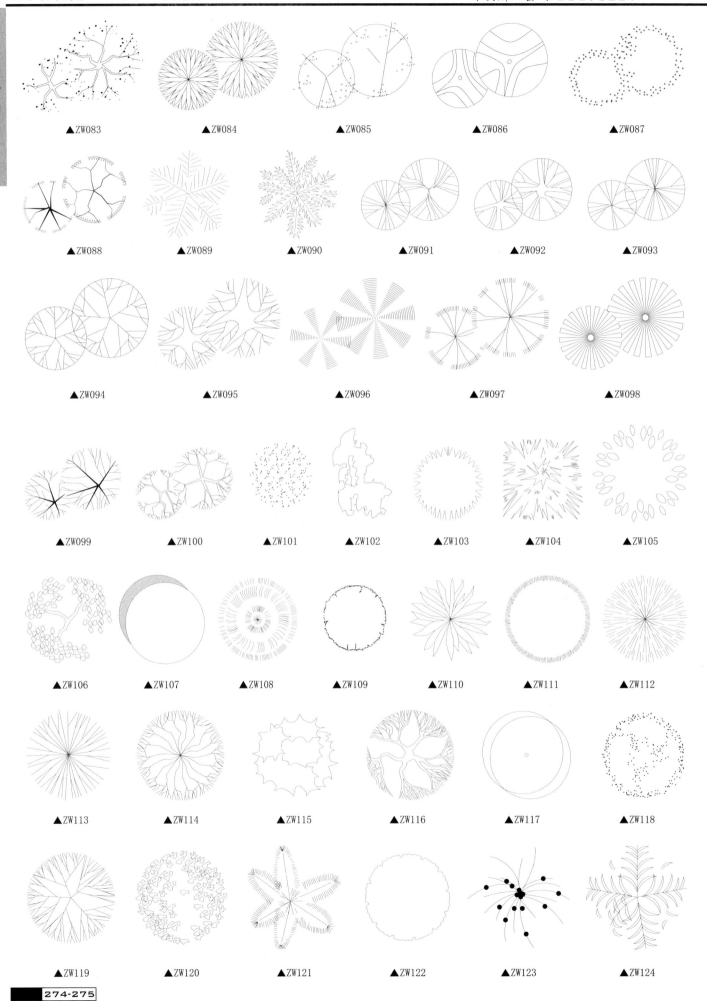

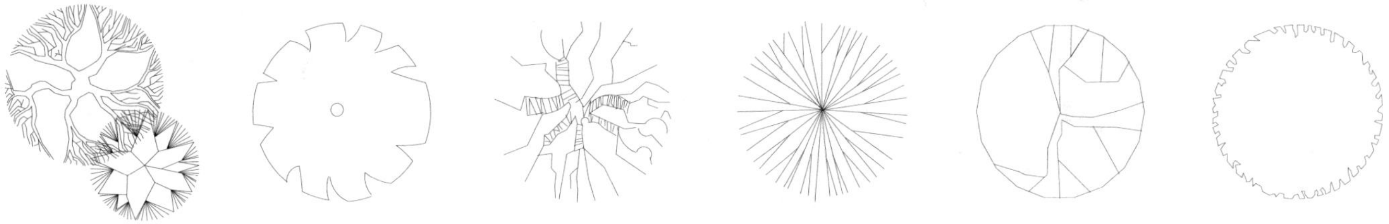

▲ZW125 ▲ZW126 ▲ZW127 ▲ZW128 ▲ZW129 ▲ZW130

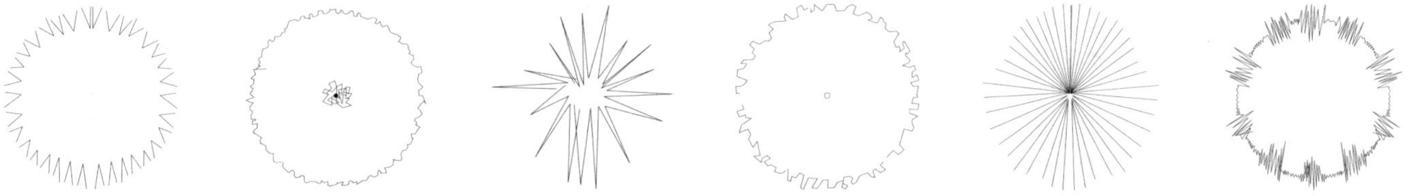

▲ZW131 ▲ZW132 ▲ZW133 ▲ZW134 ▲ZW135 ▲ZW136

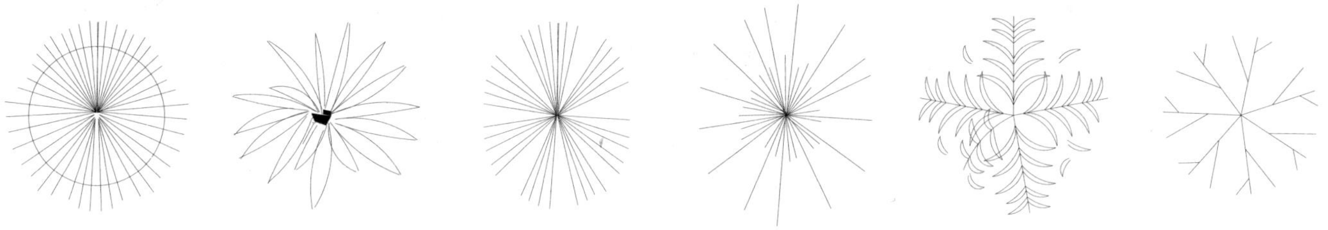

▲ZW137 ▲ZW138 ▲ZW139 ▲ZW140 ▲ZW141 ▲ZW142

▲ZW143 ▲ZW144 ▲ZW145 ▲ZW146 ▲ZW147 ▲ZW148

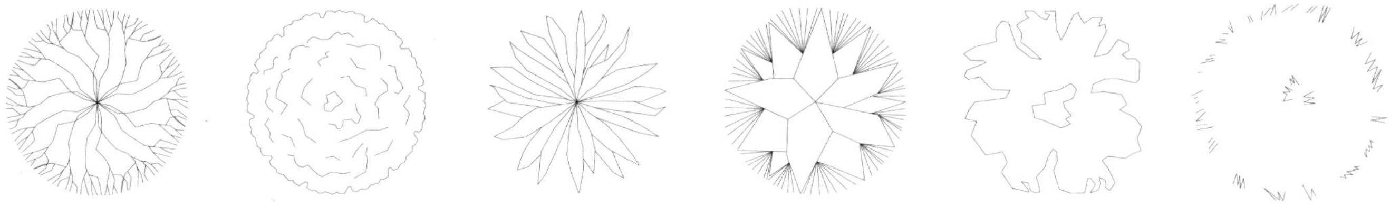

▲ZW149 ▲ZW150 ▲ZW151 ▲ZW152 ▲ZW153 ▲ZW154

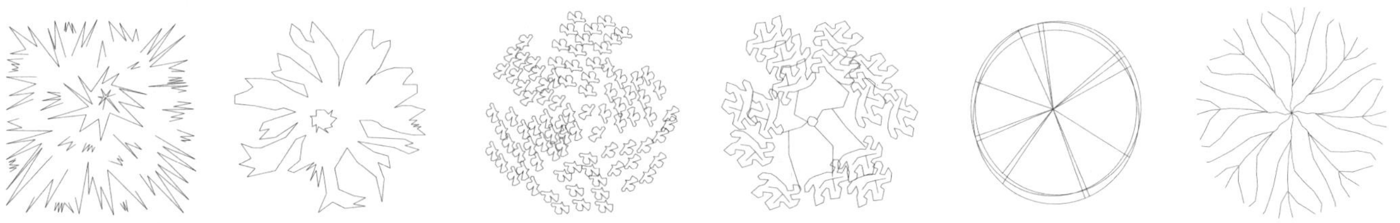

▲ZW155 ▲ZW156 ▲ZW157 ▲ZW158 ▲ZW159 ▲ZW160

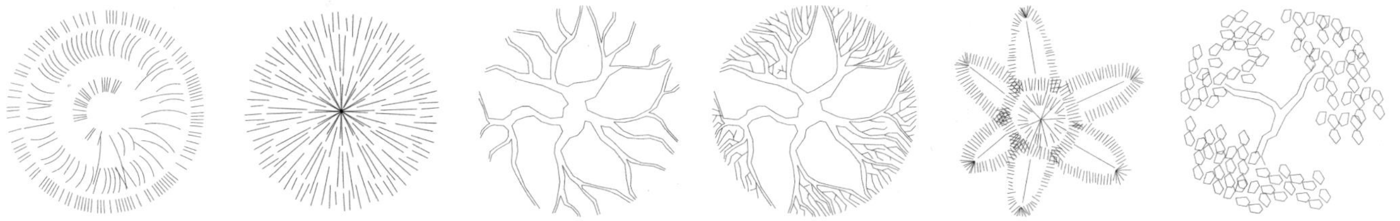

▲ZW161 ▲ZW162 ▲ZW163 ▲ZW164 ▲ZW165 ▲ZW166

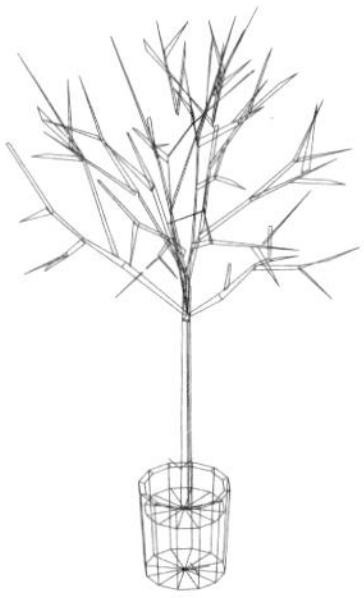
▲ZW167

▲ZW168

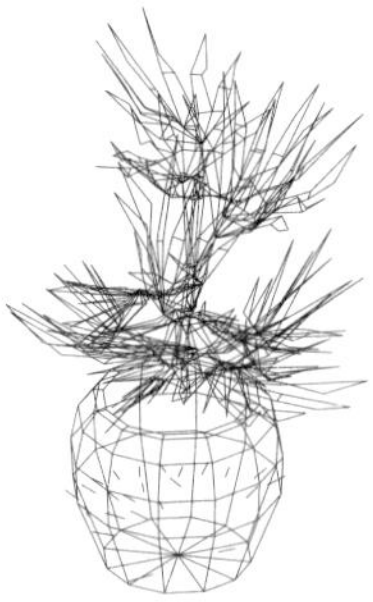
▲ZW169

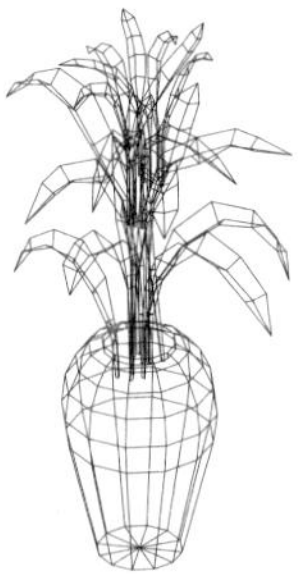
▲ZW170

▲ZW171

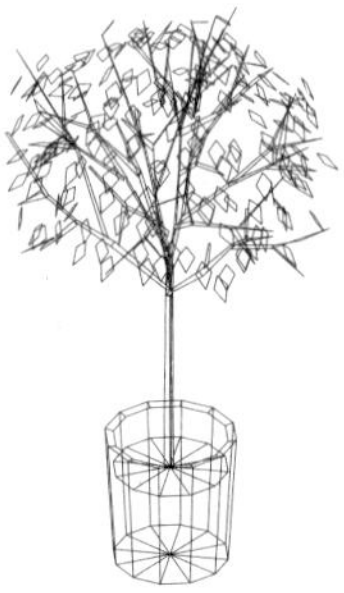
▲ZW172

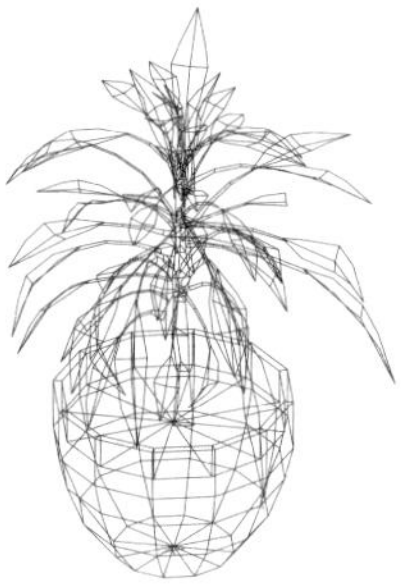
▲ZW173

▲ZW174

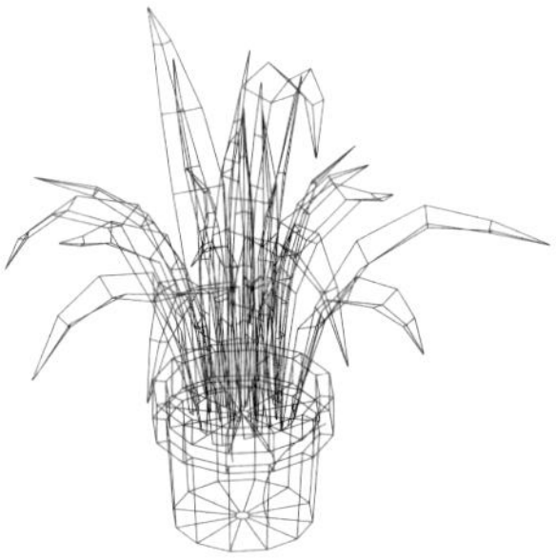
▲ZW175

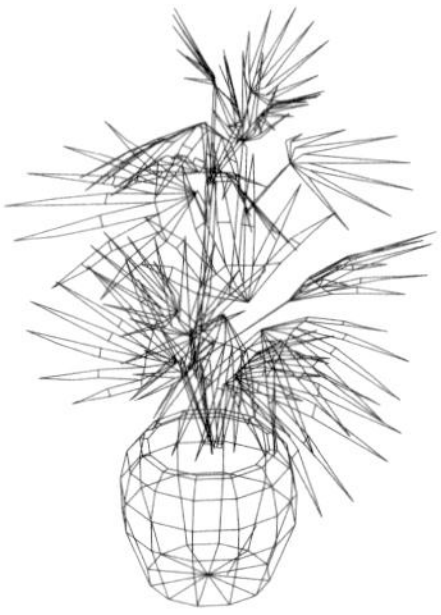
▲ZW176

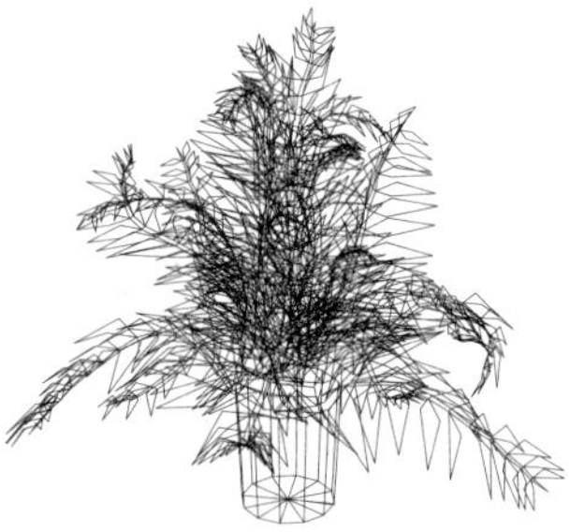
▲ZW177

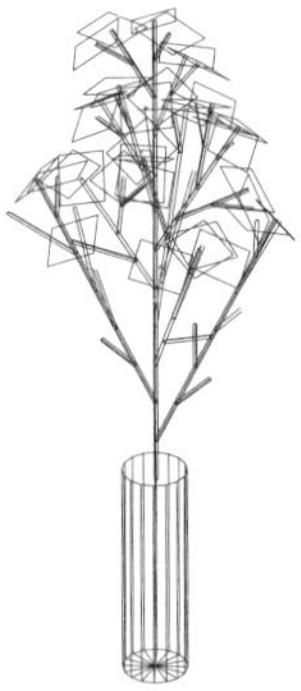
▲ZW178

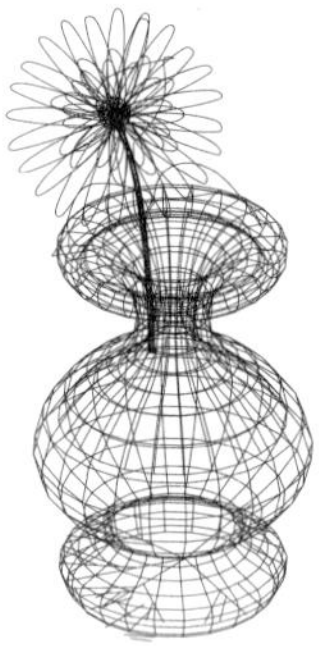
▲ZW179

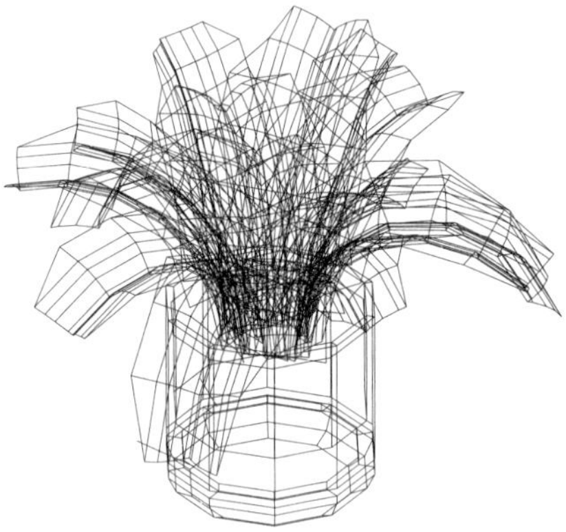
▲ZW180

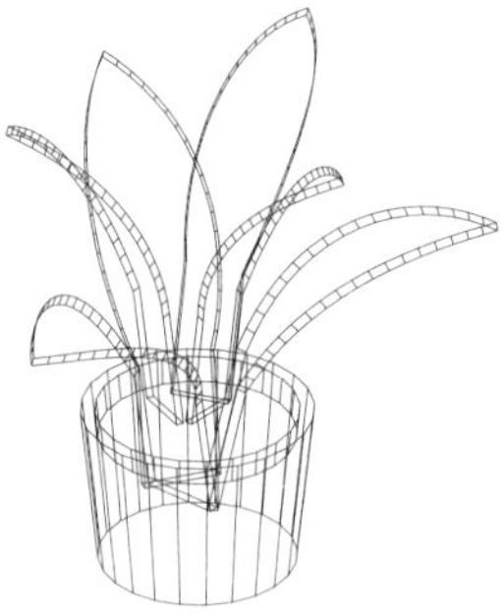
▲ZW181

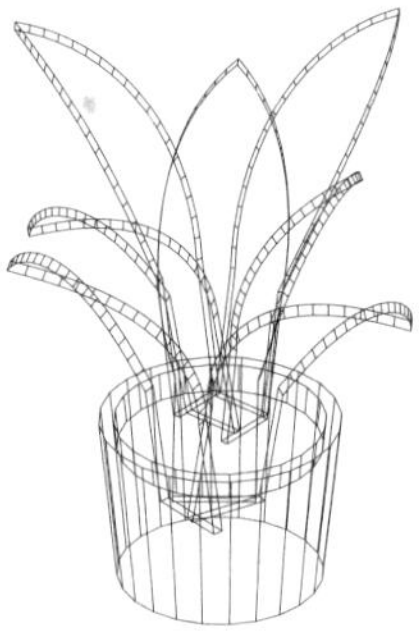
▲ZW182

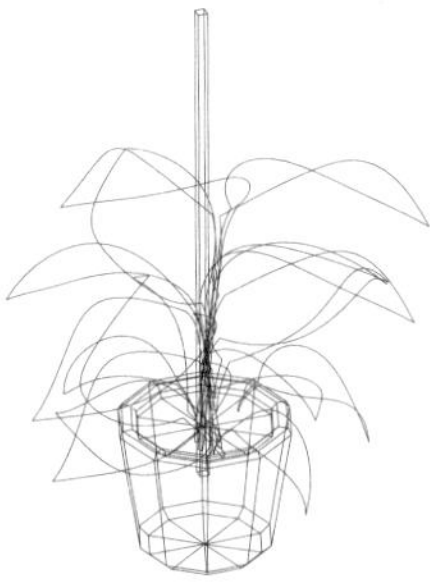
▲ZW183

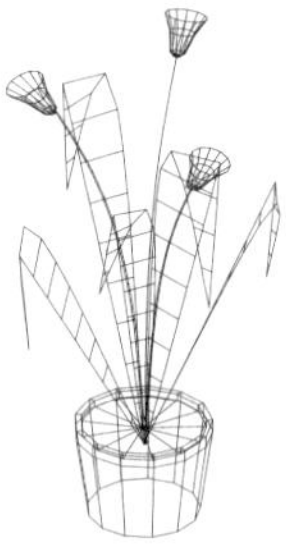
▲ZW184

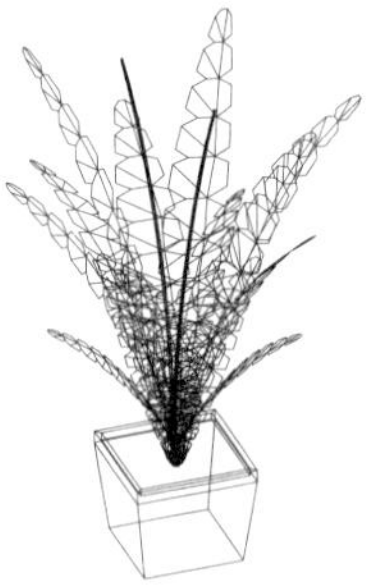
▲ZW0185

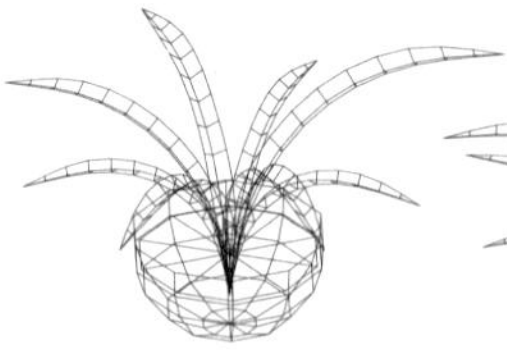
▲ZW186

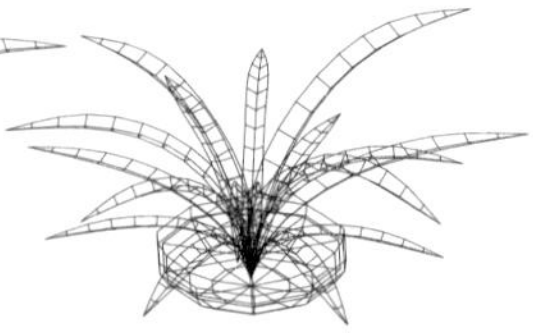
▲ZW187

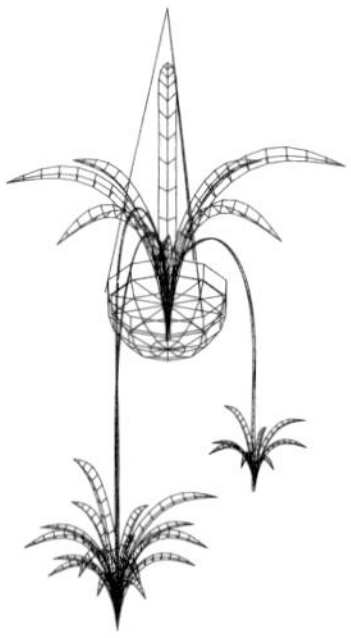
▲ZW188

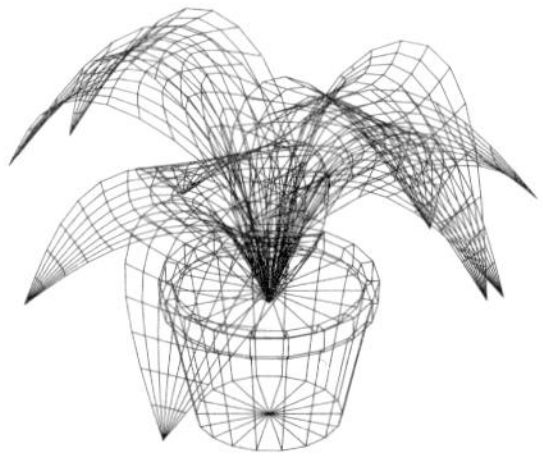
▲ZW189

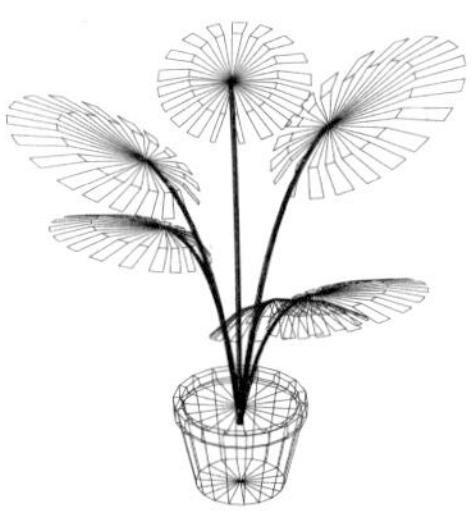
▲ZW190

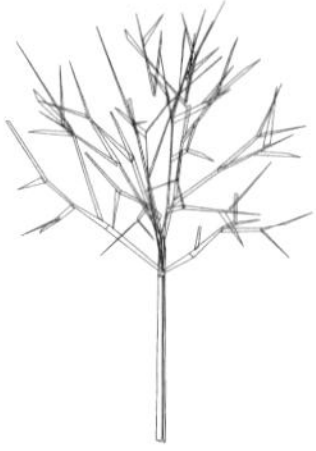
▲ZW191

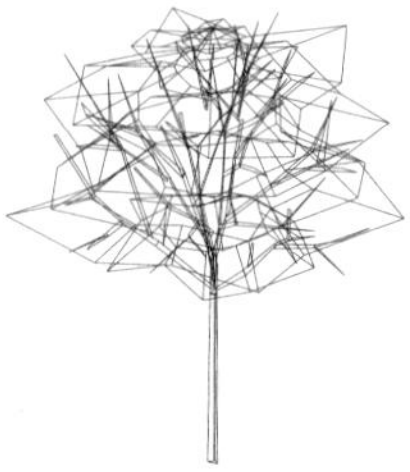
▲ZW192

▲ZW193

▲ZW194

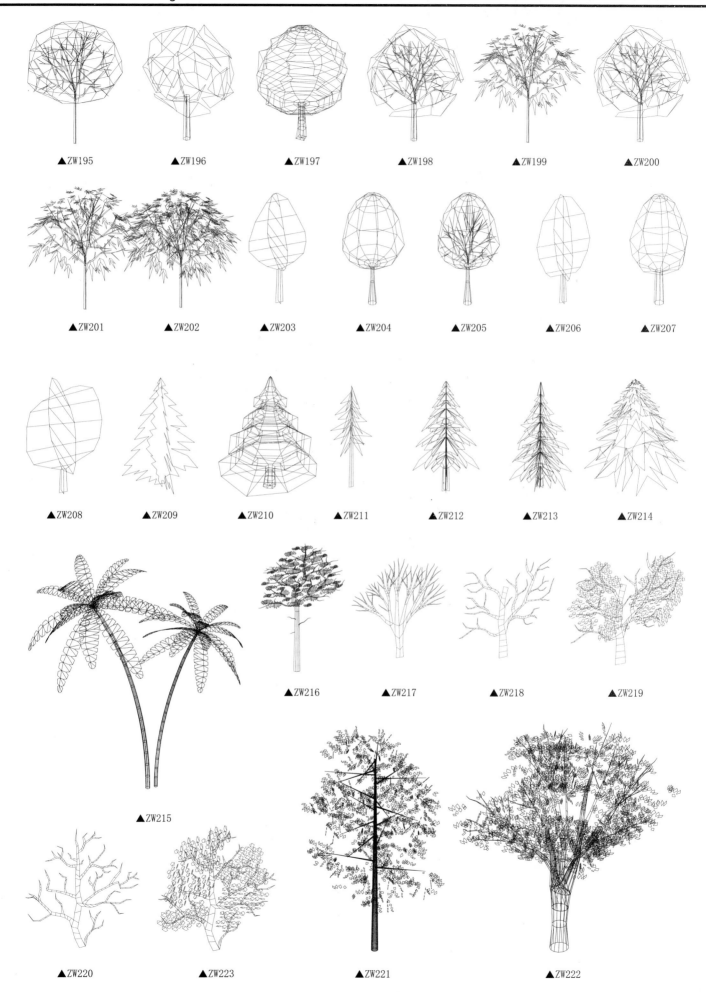

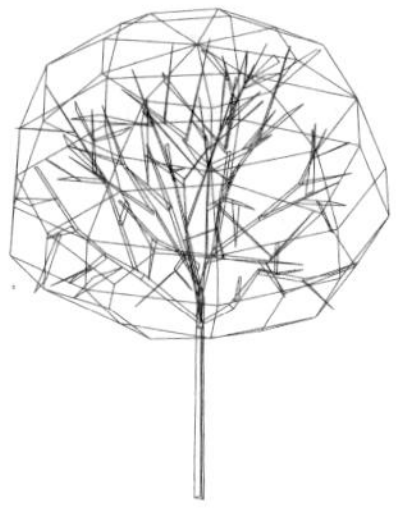
▲ZW195

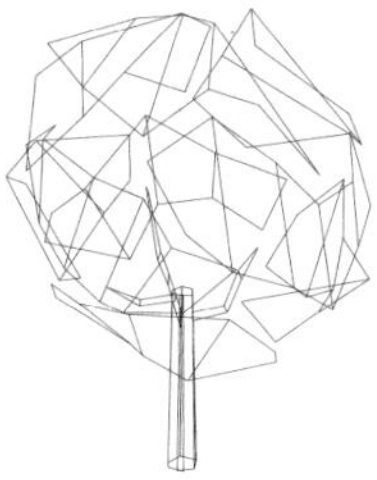
▲ZW196

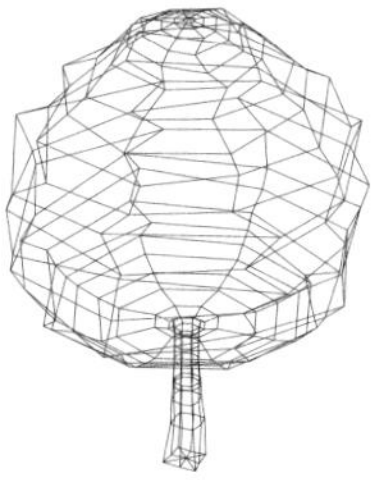
▲ZW197

▲ZW198

▲ZW199

▲ZW200

▲ZW201

▲ZW202

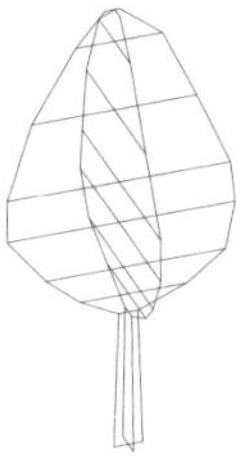
▲ZW203

▲ZW204

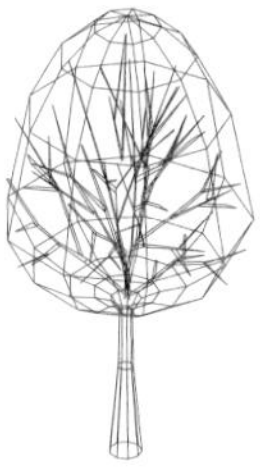
▲ZW205

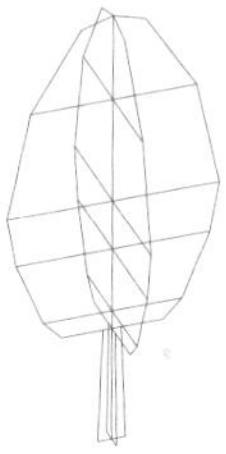
▲ZW206

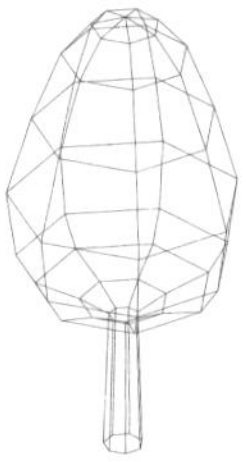
▲ZW207

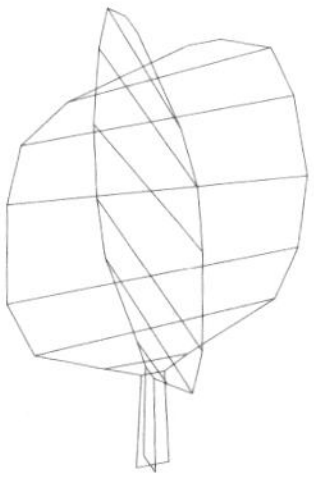
▲ZW208

▲ZW209

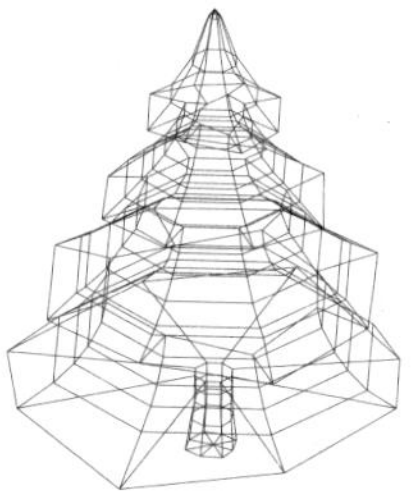
▲ZW210

▲ZW211

▲ZW212

▲ZW213

▲ZW214

▲ZW215

▲ZW216

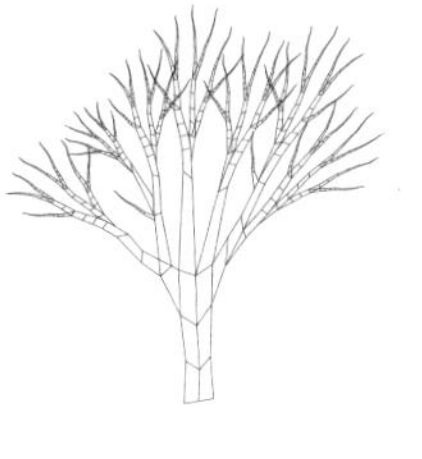
▲ZW217

▲ZW218

▲ZW219

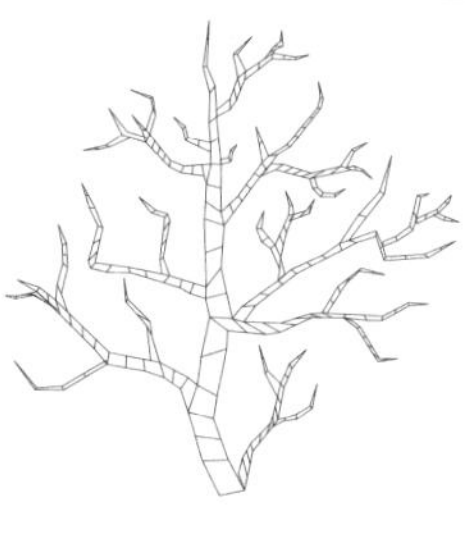
▲ZW220

▲ZW223

▲ZW221

▲ZW222

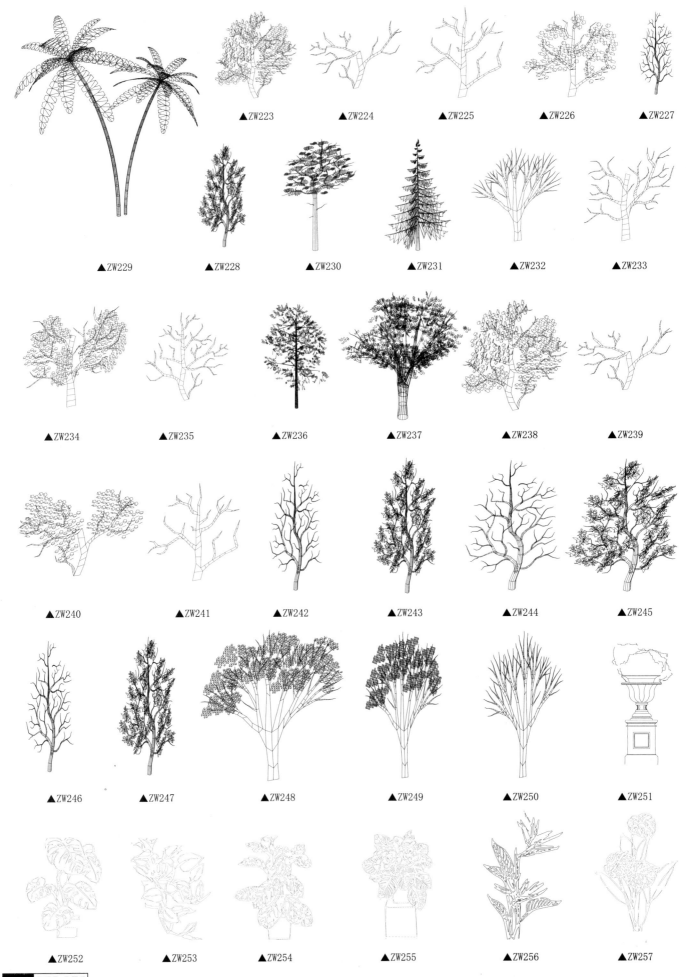

▲ZW229

▲ZW223

▲ZW224

▲ZW225

▲ZW226

▲ZW227

▲ZW228

▲ZW230

▲ZW231

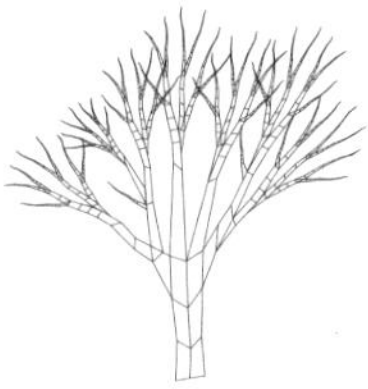

▲ZW232

▲ZW233

▲ZW234

▲ZW235

▲ZW236

▲ZW237

▲ZW238

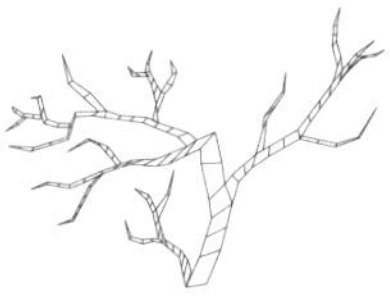

▲ZW239

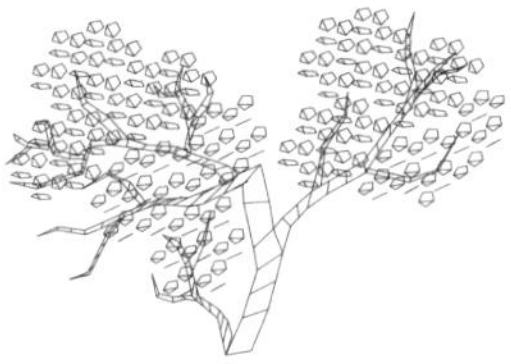

▲ZW240

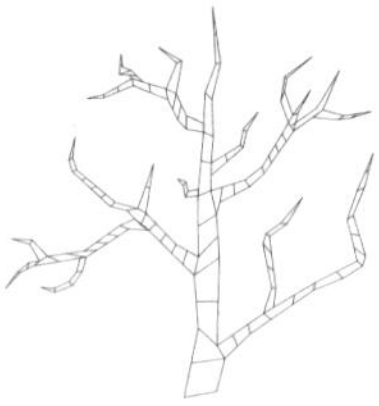

▲ZW241

▲ZW242

▲ZW243

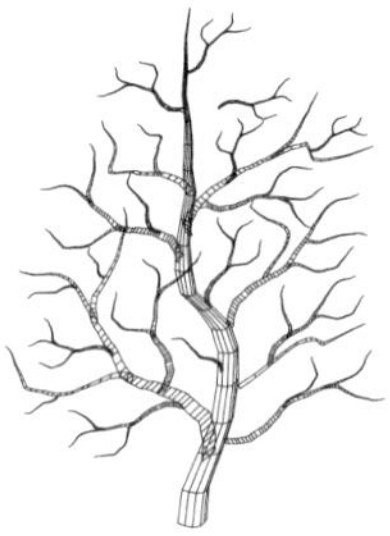

▲ZW244

▲ZW245

▲ZW246

▲ZW247

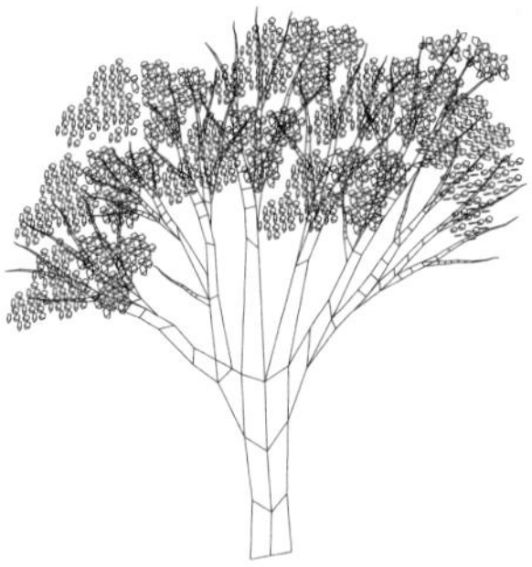

▲ZW248

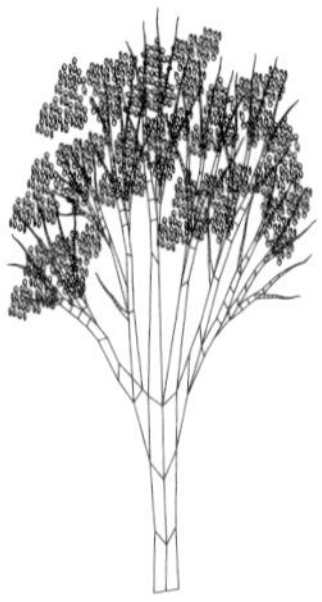

▲ZW249

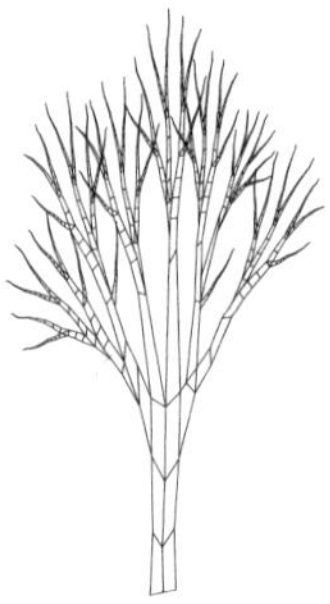

▲ZW250

▲ZW251

▲ZW252

▲ZW253

▲ZW254

▲ZW255

▲ZW256

▲ZW257

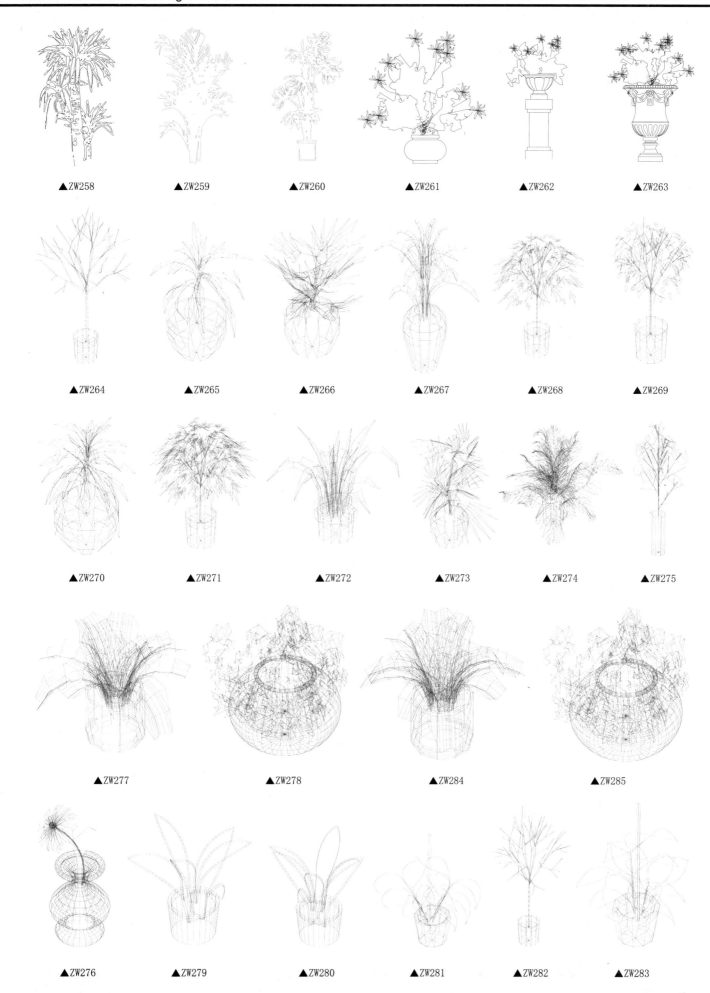

▲ZW258

▲ZW259

▲ZW260

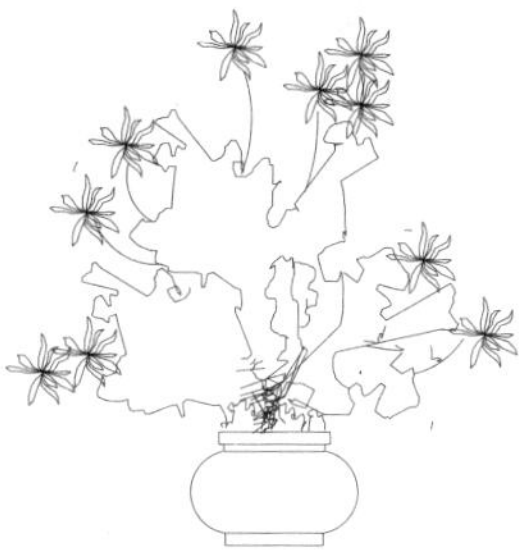
▲ZW261

▲ZW262

▲ZW263

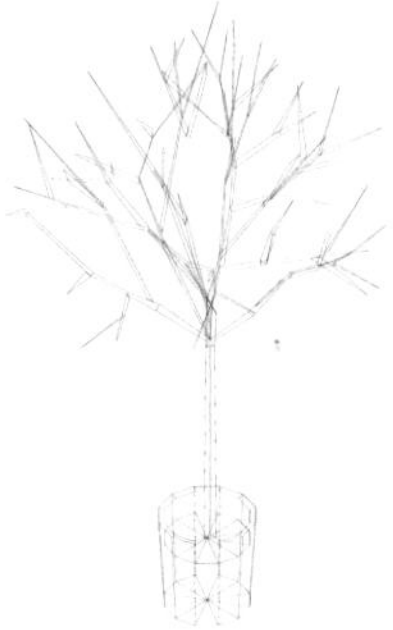
▲ZW264

▲ZW265

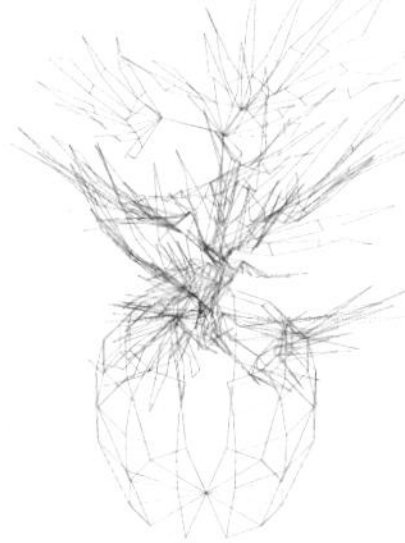
▲ZW266

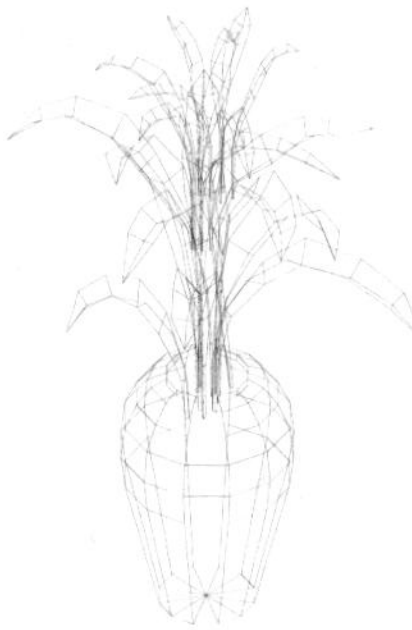
▲ZW267

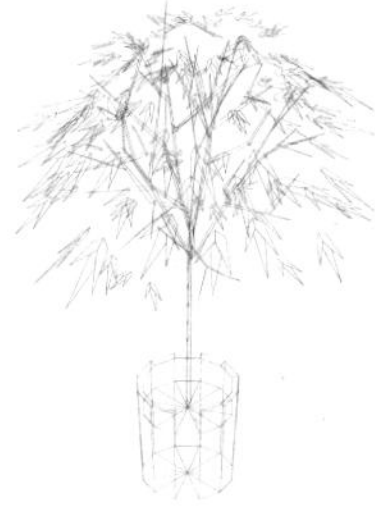
▲ZW268

▲ZW269

▲ZW270

▲ZW271

▲ZW272

▲ZW273

▲ZW274

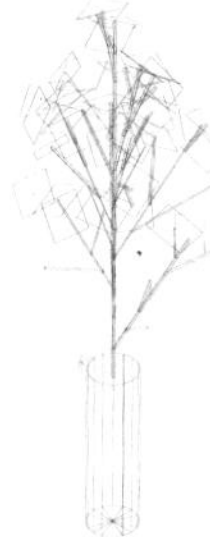
▲ZW275

▲ZW277

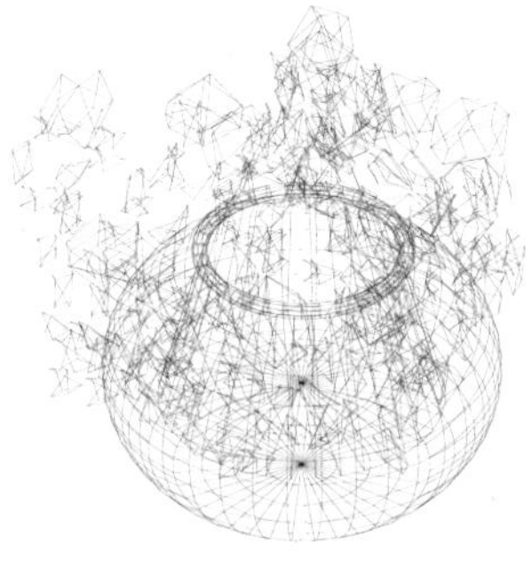
▲ZW278

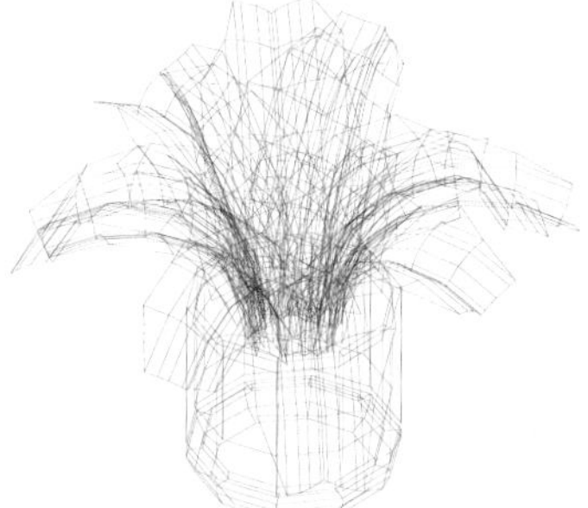
▲ZW284

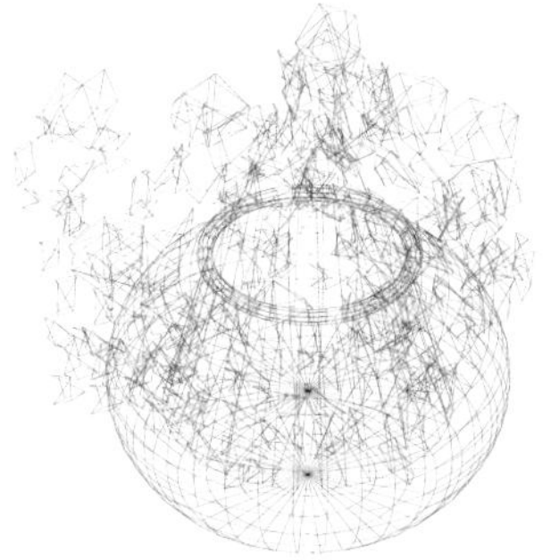
▲ZW285

▲ZW276

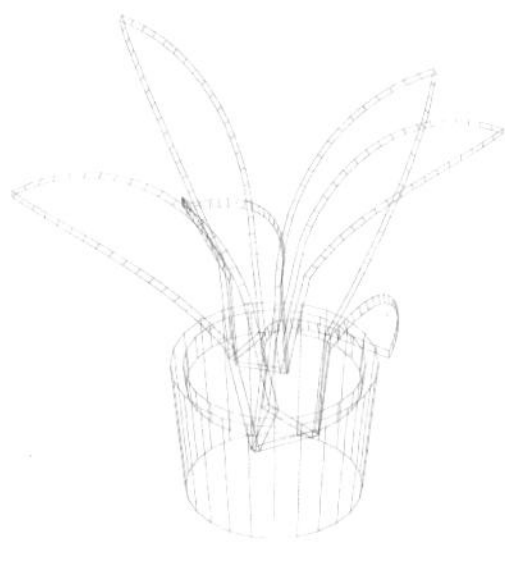
▲ZW279

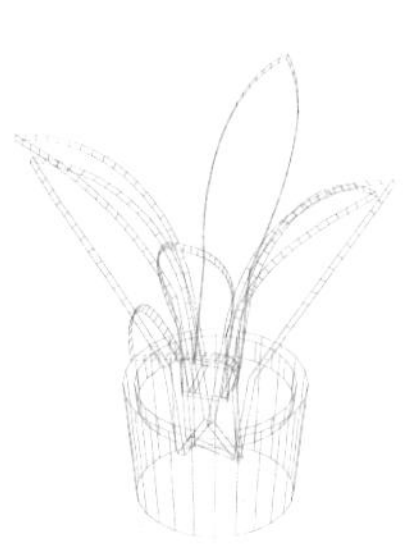
▲ZW280

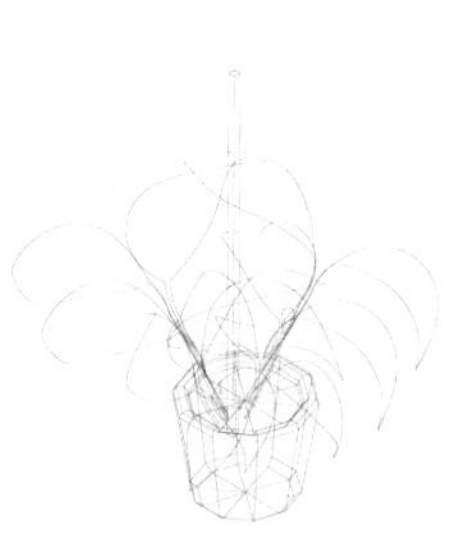
▲ZW281

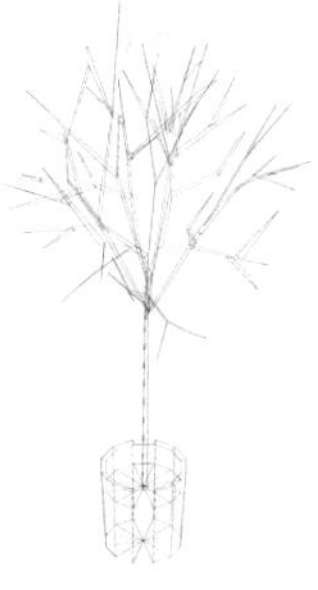
▲ZW282

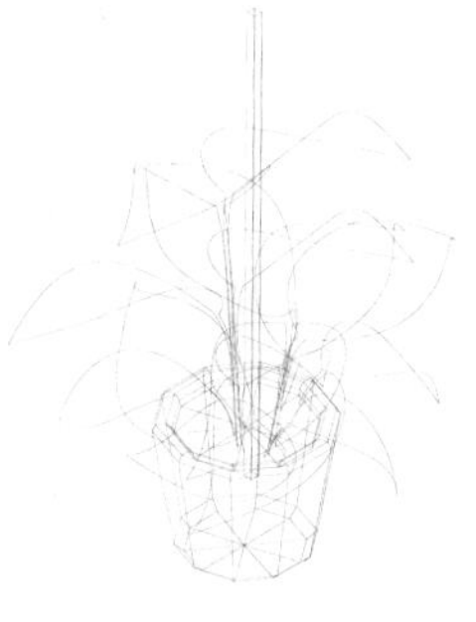
▲ZW283

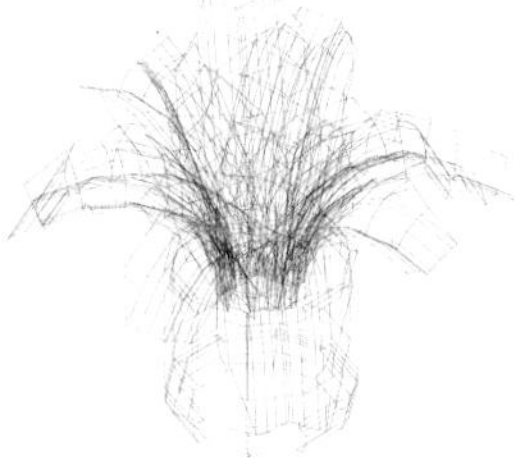
▲ZW284

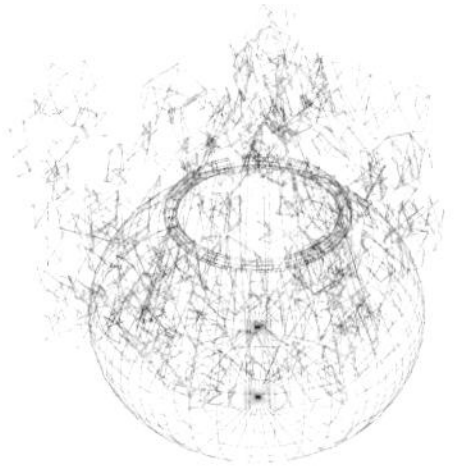
▲ZW285

▲ZW286

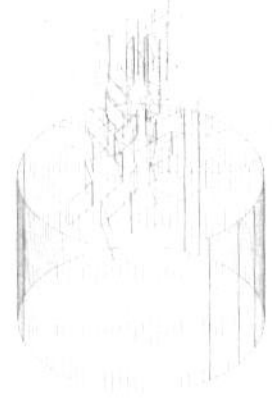
▲ZW287

▲ZW288

▲ZW289

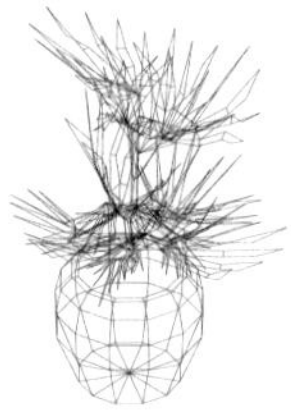
▲ZW290

▲ZW291

▲ZW292

▲ZW293

▲ZW294

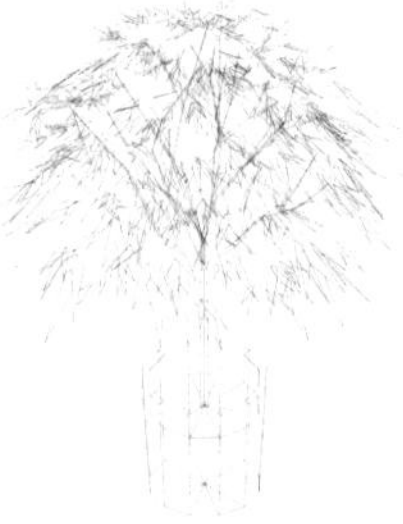
▲ZW295

▲ZW296

▲ZW297

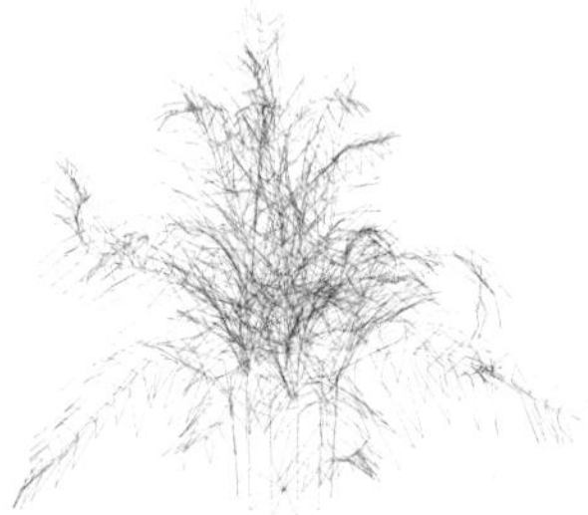
▲ZW298

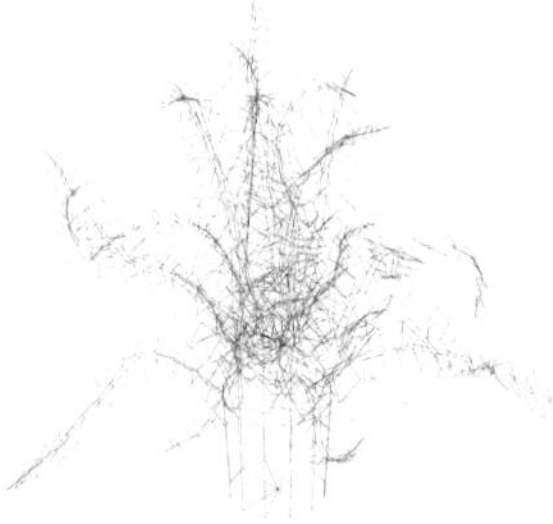
▲ZW299

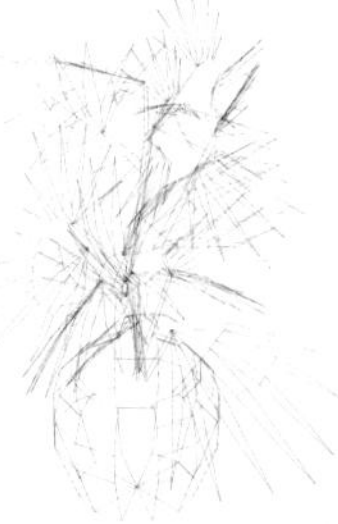
▲ZW300

▲ZW301

▲ZW302

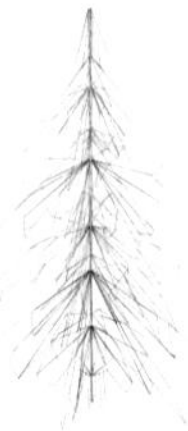
▲ZW303

▲ZW304

▲ZW305

▲ZW306

▲ZW307

▲ZW308

▲ZW309

▲ZW310

▲ZW311

▲ZW312

▲ZW313

▲ZW314

▲ZW315

▲ZW316

▲ZW317

▲ZW318

▲ZW319

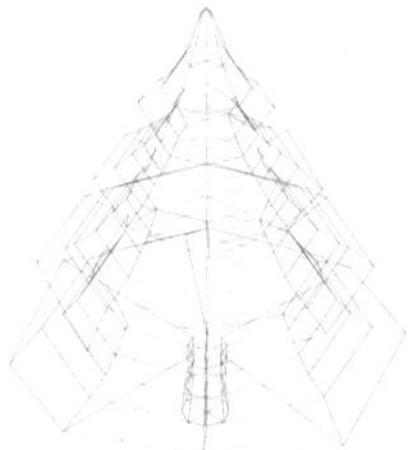
▲ZW320

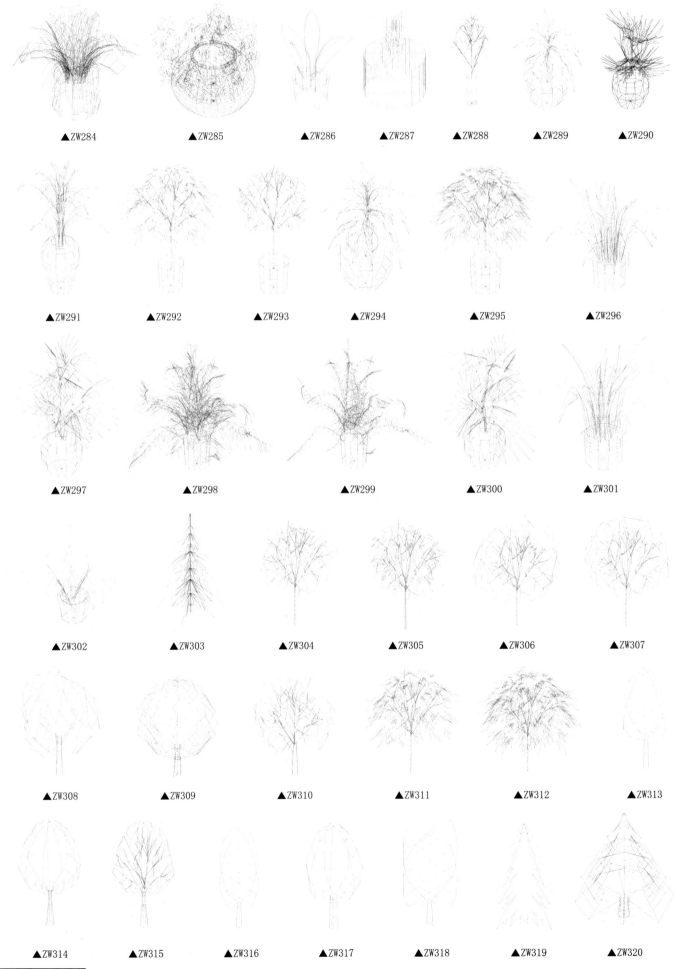

▲ZW321

▲ZW322
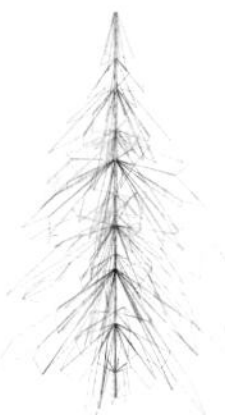
▲ZW323

▲ZW324

▲ZW325

▲ZW326

▲ZW327

▲ZW328

▲ZW329

▲ZW330

▲ZW331

▲ZW332

▲ZW333

▲ZW334

▲ZW335
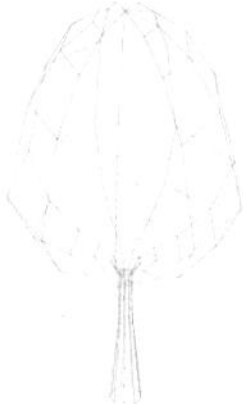
▲ZW336

▲ZW337

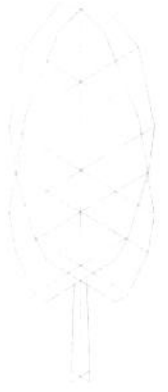

▲ZW338

▲ZW339

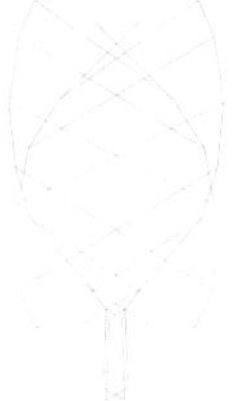

▲ZW340

▲ZW341

▲ZW342

▲ZW343
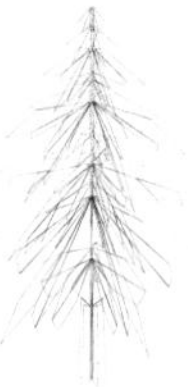
▲ZW344

▲ZW345

▲ZW346

▲ZW347

▲ZW348

▲ZW349

▲ZW350

▲ZW351

▲ZW352

▲ZW353

▲ZW354

▲ZW355

▲ZW356

▲ZW357

▲ZW358

▲ZW359

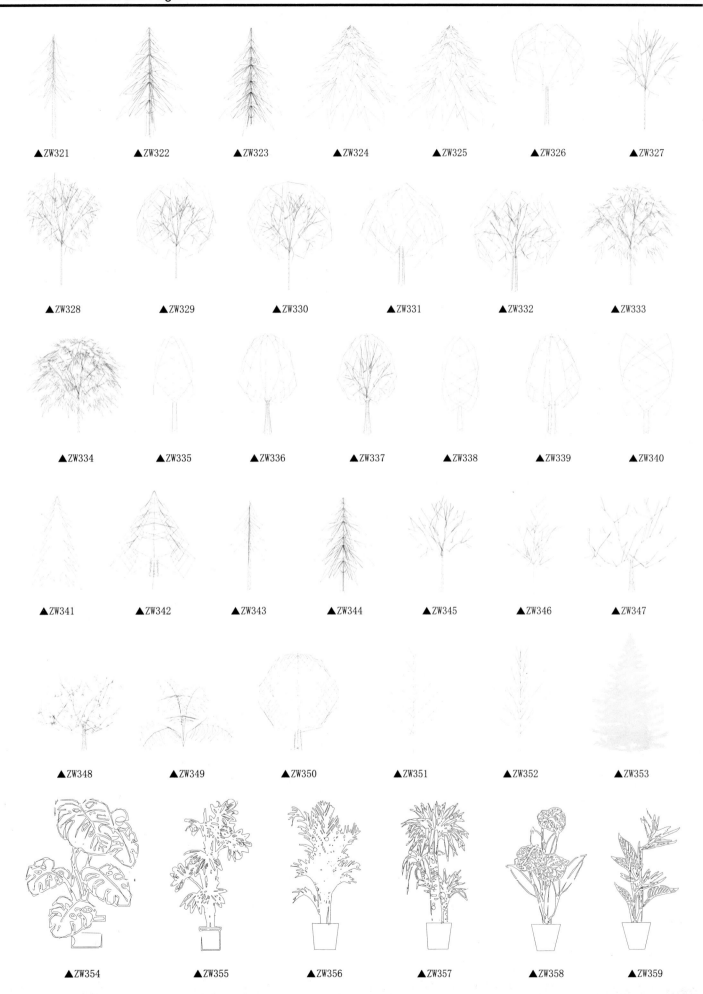

▲ZW360 ▲ZW361 ▲ZW362 ▲ZW363 ▲ZW364 ▲ZW365 ▲ZW366

▲ZW367 ▲ZW368 ▲ZW369 ▲ZW370 ▲ZW371 ▲ZW372 ▲ZW373 ▲ZW374

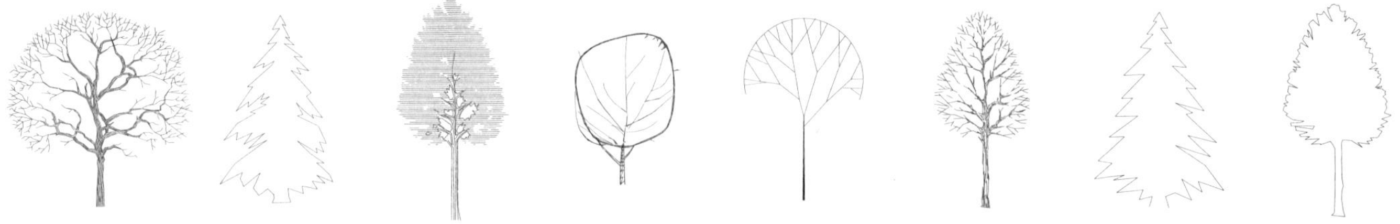

▲ZW375 ▲ZW376 ▲ZW377 ▲ZW378 ▲ZW379 ▲ZW380 ▲ZW381 ▲ZW382

▲ZW383 ▲ZW384 ▲ZW385 ▲ZW386 ▲ZW387 ▲ZW388 ▲ZW389 ▲ZW390

▲ZW391 ▲ZW392 ▲ZW393 ▲ZW394 ▲ZW395 ▲ZW396 ▲ZW397 ▲ZW398

▲ZW399 ▲ZW400 ▲ZW401 ▲ZW402 ▲ZW403 ▲ZW404 ▲ZW405 ▲ZW406 ▲ZW407

▲ZW408 ▲ZW409 ▲ZW410 ▲ZW411 ▲ZW412 ▲ZW413 ▲ZW414 ▲ZW415 ▲ZW416

▲ZW418

▲ZW417 ▲ZW419 ▲ZW420 ▲ZW421 ▲ZW422 ▲ZW423 ▲ZW424

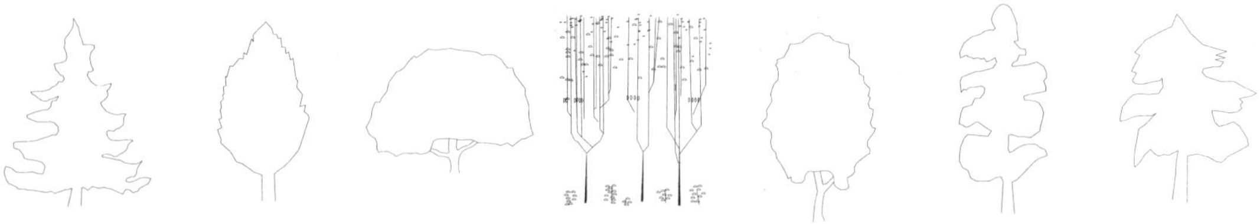

▲ZW425 ▲ZW426 ▲ZW427 ▲ZW428 ▲ZW429 ▲ZW430 ▲ZW431

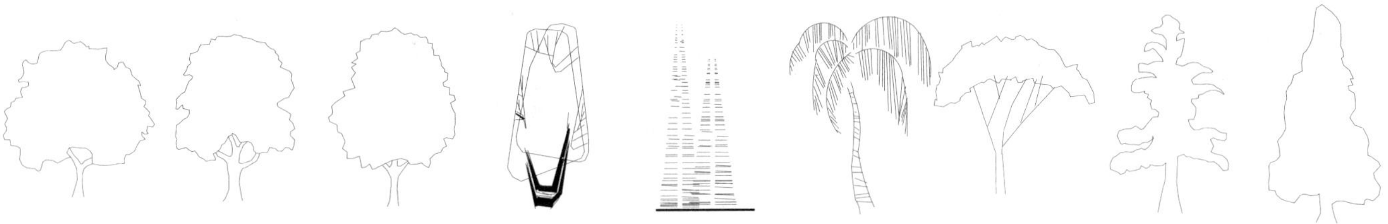

▲ZW432 ▲ZW433 ▲ZW434 ▲ZW435 ▲ZW436 ▲ZW437 ▲ZW438 ▲ZW439 ▲ZW440

▲ZW441 ▲ZW442 ▲ZW443 ▲ZW444 ▲ZW445 ▲ZW446 ▲ZW447 ▲ZW448

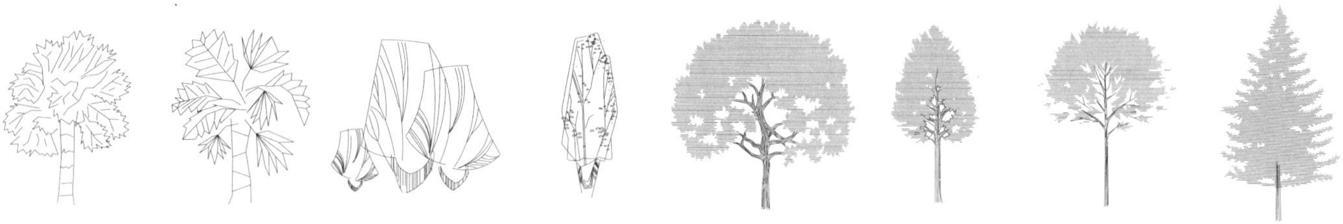

▲ZW449 ▲ZW450 ▲ZW451 ▲ZW452 ▲ZW453 ▲ZW454 ▲ZW455 ▲ZW456

▲ZW457 ▲ZW458 ▲ZW459 ▲ZW460 ▲ZW461 ▲ZW462 ▲ZW463 ▲ZW464 ▲ZW465

▲ZW466 ▲ZW467 ▲ZW468 ▲ZW469 ▲ZW470 ▲ZW471 ▲ZW472 ▲ZW473

盆景

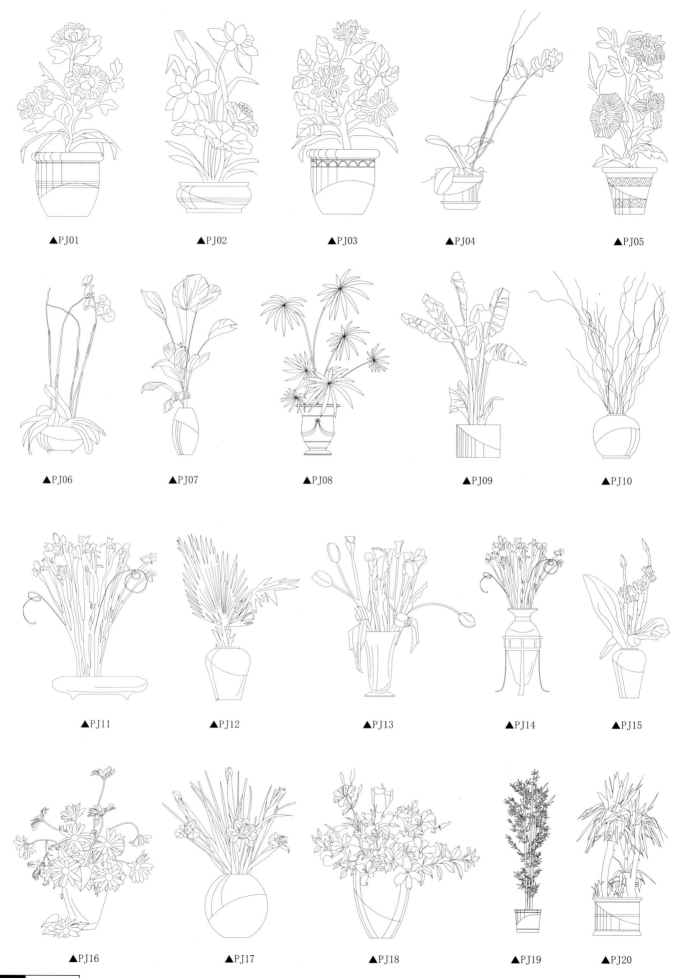

▲PJ01

▲PJ02

▲PJ03

▲PJ04

▲PJ05

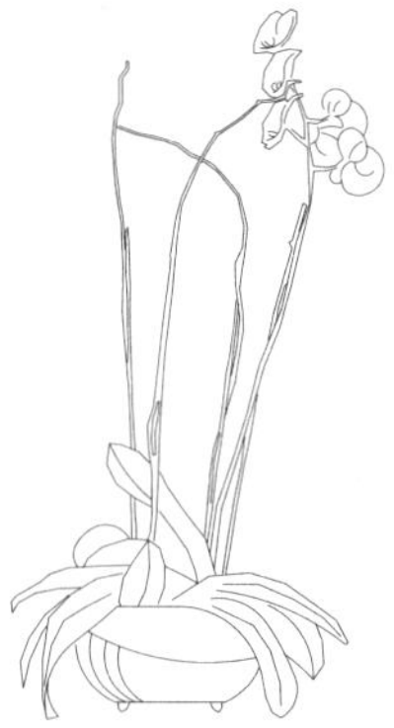

▲PJ06

▲PJ07

▲PJ08

▲PJ09

▲PJ10

▲PJ11

▲PJ12

▲PJ13

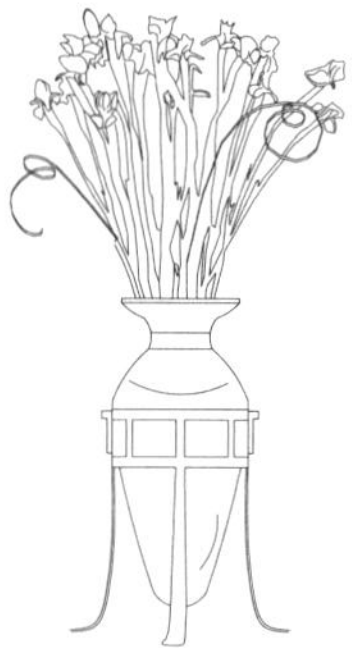

▲PJ14

▲PJ15

▲PJ16

▲PJ17

▲PJ18

▲PJ19

▲PJ20

▲PJ21

▲PJ22

▲PJ23

▲PJ24

▲PJ25

▲PJ26

▲PJ27

▲PJ29

▲PJ28

▲PJ31

▲PJ30